普通高等教育“十一五”国家级规划教材
江苏“十四五”普通高等教育本科省级规划教材
高等学校电子信息类精品教材



# 模拟电路与数字电路

## (第5版)

寇 戈 蒋立平 吴少琴 编著

電子工業出版社
Publishing House of Electronics Industry
北京·BEIJING

## 内 容 简 介

本书为普通高等教育"十一五"国家级规划教材,2009年普通高等教育国家精品教材,2013年入选"十二五"江苏省高等学校重点教材(编号2013-1-094),2017年入选"十三五"江苏省高等学校重点教材(编号2017-1-070),2024年入选江苏"十四五"普通高等教育本科省级规划教材。

本书主要介绍模拟电路和数字电路相关基本概念和基本计算,全书内容分为五个部分,共14章。第一部分为第1章绪论,介绍电子电路相关基本概念;第二部分为模拟电路,包括第2~7章,内容为:半导体器件基础、放大电路基础、放大电路中的反馈、集成运算放大器、正弦波振荡电路和直流稳压电源;第三部分为数字电路,包括第8~13章,内容为:数字逻辑基础、组合逻辑电路、时序逻辑电路引论、时序逻辑电路的分析与设计、存储器和可编程逻辑器件及脉冲信号的产生与整形;第四部分是第14章,内容为电子电路应用举例;第五部分为附录A~F,内容包括:半导体分立元件和集成电路型号命名方法、半导体器件产品说明书举例、电子电路教学常用EDA软件简介、集成电路基础知识、常见电子电路术语中英文对照和部分习题参考答案。

本书注重基本概念、基本原理与基本计算的介绍,力求叙述简明扼要,通俗易懂,图形符号均采用了新国标,可以作为高等学校非电类各专业、电气信息类计算机专业及其他相近专业的电子技术基础教材,也可供有关工程技术人员参考。



**图书在版编目(CIP)数据**

模拟电路与数字电路 / 寇戈, 蒋立平, 吴少琴编著 .
5版 . -- 北京 : 电子工业出版社, 2025.3. -- ISBN
978-7-121-49744-5

Ⅰ. TN710.4; TN79

中国国家版本馆CIP数据核字第2025N89A86号

责任编辑:韩同平
印　　刷:三河市华成印务有限公司
装　　订:三河市华成印务有限公司
出版发行:电子工业出版社
　　　　　北京市海淀区万寿路173信箱　邮编 100036
开　　本:787×1092　1/16　印张:24.25　字数:776千字
版　　次:2004年8月第1版
　　　　　2025年3月第5版
印　　次:2025年3月第1次印刷
定　　价:89.90元

凡所购买电子工业出版社图书有缺损问题,请向购买书店调换。若书店售缺,请与本社发行部联系,联系及邮购电话:(010)88254888, 88258888。

质量投诉请发邮件至zlts@phei.com.cn,盗版侵权举报请发邮件至dbqq@phei.com.cn。

本书咨询联系方式:88254525, hantp@phei.com.cn。

# 第 5 版前言

本书是国家级一流本科课程“模拟电路与数字电路”的配套教材，前四版分别于 2004、2008、2015 和 2019 年出版。初版至今，整整 20 年，一路承蒙广大读者厚爱！它陪伴使用该教材的首批学生步入中年，也被国内 100 多所高校相关专业选用，得到广泛的认可与肯定，先后遴选为：

- 2008 年，教育部普通高等教育“十一五”国家级规划教材
- 2009 年，教育部普通高等教育国家精品教材
- 2013 年，“十二五”江苏省高等学校重点教材
- 2017 年，“十三五”江苏省高等学校重点教材
- 2024 年，江苏“十四五”普通高等教育本科省级规划教材

诸多荣誉的获得，使编著者感到荣幸的同时，也驱使编著者更有动力和责任进一步修订好本教材，以更好地服务于新工科背景下新时代的高等学校课程教学和人才培养。虽科学技术日新月异，但编著者始终保持着清醒的认识，作为专业基础课，电子技术教材的核心内容不会有很大的变化，编著者也无意为修订做一些刻意的更改，而是依然保持首版初衷——方便教师教与学生学，使学生不仅获得相关电路基础知识和技能，而且提升分析问题和解决问题的能力及综合素养，激发他们的创新精神和探索欲望。因此，第 5 版教材保持了前四版“针对非电类专业，定位准确，注重基础，详略得当，适合教学”的特点，同时在内容方面做了一些新的拓展。本教材的特色概括如下：

- 注重反映电子技术最新成果，使学生能够接触到学科前沿。
- 结合电子电路实例，综合运用模拟电路与数字电路相关知识，便于读者理论联系实际，学以致用。例如，第 14 章的应用电路，以读者学完前面基础知识可以看懂电路为前提，即是模拟电路与数字电路的综合应用。
- 每节后配有思考题，可通过扫描二维码查看参考答案，便于读者及时掌握所学内容，检验学习效果；书后给出了各章习题的答案或主要提示，以方便师生检验做题效果。
- 采用最新仿真软件，相关例题和作业题可通过扫描二维码获取源文件，方便读者进行实验和验证。
- 附录内容全面，可以拓宽视野，供不同读者多方位使用。

第 5 版在基本框架不变的前提下，进行了相关内容的更新和完善，精心通读、梳理了全书内容，除订正了书中的印刷错误、不规范的表示、不严谨的表述外，所做的主要修订如下：

1. 融入思政内容，弘扬强国使命。将电子技术发展和“实现高水平科技自立自强，进入创新型国家前列”紧密联系，增强学生学好专业基础课、投身科技报国的自信心，激发学生的使命感和家国情怀。在夯实学生知识基础的同时，培养其探索性、创新性思维品质。

2. 追踪前沿，拓宽视野，激发学习兴趣。教材特别注重基础与前沿的关联，将“人工智能+”时代的最新电子技术发展呈现于读者面前，使学生在学习基础时亦能触摸到学科发展的最新脉搏。

3. 对部分课后思考题进行详细解析。读者可以通过扫描书中的二维码查看详细解答过程，这将有助于加深对知识点的掌握，提升学习的便捷性，也为自主学习提供有力的支持。

4. 更新仿真软件，增加仿真作业题，提供仿真源文件下载。书中各仿真例题的运行环境全

部切换至 Multisim 14.0，每一章的课后作业中增加了仿真作业题，并提供详细的题解。为了进一步支持读者的实践操作，提供了部分仿真例题和作业题的源文件下载，读者可以通过扫描二维码获取源文件，更好地理解和应用所学知识，提高动手能力和实践能力。

本教材建议学时数为 60~100 学时（编著者所在的南京理工大学使用该教材的课程总学分为 5 学分，总学时 80 学时，模拟电路和数字电路各 40 学时，可供参考），不同学校、不同专业方向可根据需求选择教学内容。另外，书中注有“ * ”处是选讲内容，可根据具体学时数进行取舍。本教材所有习题的详尽解答可参见配套用书《模拟电路与数字电路学习指导与考研辅导》（电子工业出版社，ISBN：978-7-121-31576-3）。

第 5 版由寇戈主编，模拟电路部分由寇戈和吴少琴负责，数字电路部分由蒋立平负责。任何问题及建议，欢迎联系我们。邮箱：mdandsd@2008.sina.com。

第 4 版出版时，人工智能（AI）还只是小荷才露尖尖角，而在短短五年后的今天，AI 已经深深渗透到人类社会生活和生产的方方面面，在很多领域展露锋芒，成为无法忽视的重要存在。AI 不仅改变了许多行业的面貌，也为电子电路的学习和应用带来了新的机遇和挑战。本教材在为读者学习电子技术提供相关基础内容的同时，作为编著者的我们一直在思考教材如何适应新技术的发展，更加贴合教学的需求。我们期望第 5 版能为读者学习电子技术打好坚实的基础并且为他们提升迎接未来挑战的能力助一臂之力！

最后，衷心感谢所有关心和支持本教材的读者（特别是那些选用教材的兄弟院校的师生和提出宝贵意见的同行们），以及为本教材的编写和出版付出辛勤劳动的南京理工大学的领导和同事们。大家的努力和帮助，使第 5 版得以顺利出版。我们期待着与广大读者一起，共同迎接电子技术的美好未来。

编著者
于南京理工大学

本书结构

- 第一部分
  - 第 1 章　绪论
- 第二部分
  - 第 2 章　半导体器件基础
  - 第 3 章　放大电路基础
  - 第 4 章　放大电路中的反馈
  - 第 5 章　集成运算放大器
  - 第 6 章　正弦波振荡电路
  - 第 7 章　直流稳压电源
- 第三部分
  - 第 8 章　数字逻辑基础
  - 第 9 章　组合逻辑电路
  - 第 10 章　时序逻辑电路引论
  - 第 11 章　时序逻辑电路的分析与设计
  - 第 12 章　存储器和可编程逻辑器件
  - 第 13 章　脉冲信号的产生与整形
- 第四部分
  - 第 14 章　电子电路应用举例
- 第五部分
  - 附录 A　半导体分立元件和集成电路型号命名方法
  - 附录 B　半导体器件产品说明书举例
  - 附录 C　电子电路教学常用 EDA 软件简介
  - 附录 D　集成电路基础知识
  - 附录 E　常见电子电路术语中英文对照
  - 附录 F　部分习题参考答案

# 目　　录

## 第 一 部 分



## 第二部分　模 拟 电 路

## 第三部分 数 字 电 路

## 第四部分



## 第五部分 附录

# 第一部分

## 第1章 绪　　论

本章学习目标：

- 了解电子技术在科技领域所处地位及应用范围。
- 了解电子技术有关名词、术语、基本概念及电子技术发展历史，掌握电子系统的基本组成。
- 掌握电子电路的特点和分析方法，明确本课程的学习任务，为学好这门课程奠定基础。

电子技术已渗透到工业、农业、科技和国防等各个领域，宇宙航行、人造卫星、通信、广播电视、电子计算机、自动控制、电子医疗设备以及我们的日常生活都离不开电子技术。20世纪下半叶迅速发展起来的激光、光纤、光盘存储等技术及其与电子技术结合形成的光电子技术已经成为信息社会的重要技术基础。特别是世界进入信息时代的21世纪后，作为信息技术发展基础之一的电子技术必将随着微电子技术、光电子技术和其他高技术的进步而飞速发展，应用领域将更加广泛，给人类带来全新的工作方式和生活方式。

本章主要介绍电子技术的一些基本概念和电子系统的基本组成，简要介绍电子电路的特点和分析方法，为学好这门课程奠定基础。

### 1.1 电子技术相关基本概念

本节简要介绍电子技术的研究内容，以及模拟信号与数字信号，模拟电路与数字电路，分立元件电路与集成电路，A/D与D/A转换电路，电子系统，电子设备与电气设备，微电子技术与光电子技术等相关基本概念。

**1. 电子技术**

电子技术是研究电子器件、电子电路及其应用的科学技术。

电子器件用来实现信号的产生、放大、调制及探测等功能，常见的电子器件有电子管、晶体管和集成电路等。

电子电路是组成电子设备的基本单元，由电阻、电容、电感等电子元件和电子器件构成，具有某种特定功能。

**2. 模拟信号与数字信号**

信号是信息的载体。在人们周围的环境中，存在着电、声、光、磁、力等各种形式的信号。电子技术所处理的对象是载有信息的电信号。目前对于电信号的处理技术已经比较成熟。但是，在通信、测量、自动控制以及日常生活等各个领域也会经常遇到非电信号的处理问题，需要把待处理的非电信号先变成电信号，经过处理后再还原成非电信号。

在电子技术中遇到的电信号按其不同特点可分为两大类,即模拟信号和数字信号。

在时间上和幅值上均是连续的信号叫做模拟信号。此类信号的特点是,在一定动态范围内幅值可取任意值。许多物理量,例如声音、压力、温度等均可通过相应的传感器转换为时间连续、数值连续的电压或电流。图1.1所示为一个随时间变化的模拟电压信号波形。

与模拟信号相对应,时间和幅值均离散(不连续)的信号叫做数字信号。数字信号的特点是幅值只可以取有限个值。图1.2所示为一个常见的、应用最广的二进制数字信号波形。

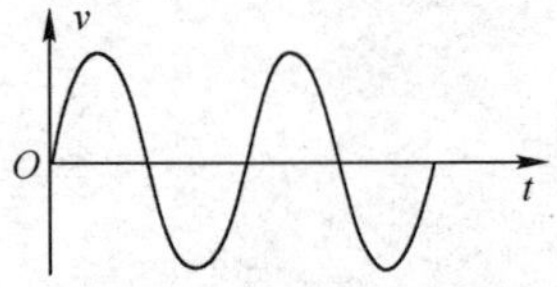


图1.1　模拟电压信号波形

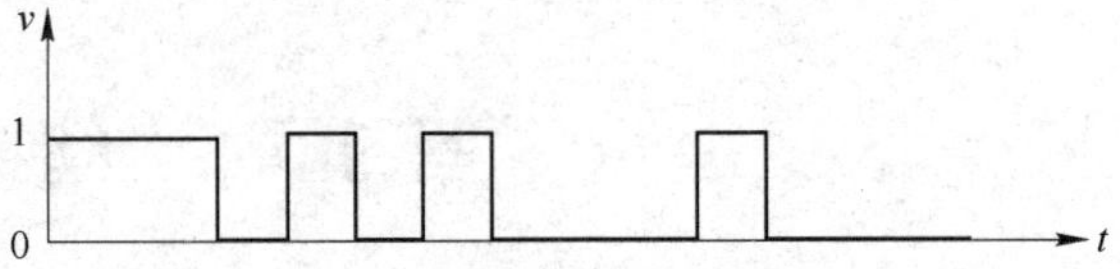


图1.2　二进制数字信号波形

同一个物理量,既可以采用模拟信号进行表征,也可以采用数字信号进行表征。例如,传统的录音磁带是以模拟形式记录声音信息的,而CD光盘(Compact Laser Disk)则是以数字形式记录声音信息的。

**3. 模拟电路与数字电路**

模拟信号和数字信号的特点不同,处理这两种信号的方法和电路也不同。一般地,电子电路可分为模拟电路和数字电路两大类。

处理模拟信号的电子电路称为模拟电路。模拟电路研究的重点是信号在处理过程中的波形变化以及器件和电路对信号波形的影响,主要采用电路分析的方法。

处理数字信号的电子电路称为数字电路。数字电路着重研究各种电路的输入和输出之间的逻辑关系,分析时常利用逻辑代数、真值表、卡诺图和状态转换图等方法。

模拟电路和数字电路的分析方法有很大的差别,这是由模拟信号和数字信号的不同特点决定的。由于电子电路分为模拟电路和数字电路两部分,通常电子技术也被人们分为模拟电子技术和数字电子技术。但是这两种技术并不是孤立的,在许多情况下往往是模拟和数字两种技术并用的。

但是,随着电子技术的不断发展,数字电路的应用越来越广泛,在很多领域取代了模拟电路。其主要原因是:①数字电路更易采用各种算法进行编程,使其应用更加灵活;②数字电路可以提供更快的工作速度;③采用数字电路,数字信息的范围可以更宽,表示精度可以更高;④数字电路可以采用嵌入式纠错系统;⑤数字电路比模拟电路更易做到微型化,等等。

图1.3所示为模拟电路和数字电路在一定噪声干扰下的输出信号。图1.3(a)中的模拟信

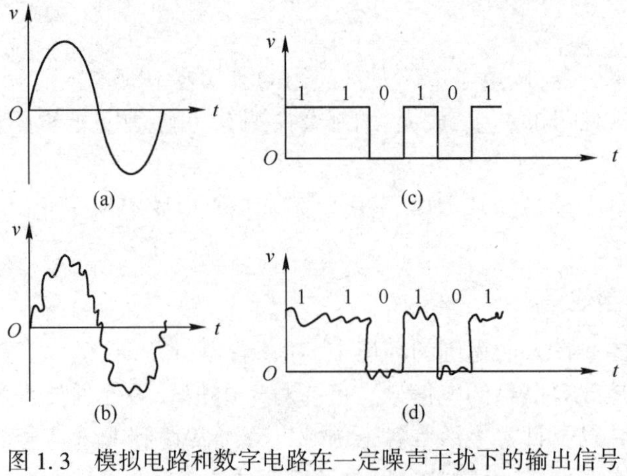


图1.3　模拟电路和数字电路在一定噪声干扰下的输出信号

号由于其所有幅值均为有效值，难以对原始信号进行精确还原，受到噪声干扰的信号如图 1.3(b)所示；而图 1.3(c)中的数字信号由于其特定的幅值，其噪声可以完全去除，如图 1.3(d)所示。由此可以很直观地看出数字电路的抗干扰能力优于模拟电路。

尽管人类已经进入数字时代，但是认为模拟技术已经停滞与过时的想法似乎有些片面。一方面，随着数字技术的进步，对高精度、高速度、高频率、低功耗模拟产品的需求越来越大，模拟产品正沿着继续提高性能的方向前进；另一方面，与数字技术结合的混合信号器件则将是模拟产品的另一个主要发展方向。很多的现代电子系统都包含模拟电路与数字电路两种电路，其性能较之单纯由模拟电路或数字电路构成的系统，更为优越。因此，数字化浪潮也给模拟技术带来了更为广泛的发展空间，可以预计未来的电路系统将是模拟电路与数字电路共存的。

**4. 分立元件电路与集成电路**

分立元件电路是将单个的电子元器件连接起来组成的电路。如果用分立元件实现功能复杂的电路或系统，势必造成元器件数目众多，体积、质量和功耗都将增大，而且可靠性也较差。

集成电路是采用一定的制造工艺将所有元器件都制作在一小块硅片上形成的电路。其优点是成本低、体积小、质量轻、功耗低、可靠性高，且便于维修。集成电路的应用范围很广，发展非常迅速。

在模拟电路和数字电路中，虽然都在大量使用集成电路器件，很多场合分立元件电路已经被集成电路所取代，但在这两种不同的电路中，集成电路器件的使用呈现不同的特点。在数字电路中，分立元件电路几乎被淘汰；而在模拟电路中，由于信号形状的多样性，功率要求的多样性，以及集成电路制造技术等原因，无法在集成电路内部实现大阻值电阻、大容量的电容器和电感、变压器等元件，因此在模拟电路的大功率、超高频等领域中，分立元件电路仍有一席之地。

常见的模拟集成电路有集成运算放大器、集成功率放大器、模拟乘法器、锁相环、混频器和检波电路等；常见的数字集成电路有门电路、触发器、编码器、译码器、计数器、运算电路、数据选择器、寄存器和存储器等。

本书第二部分首先通过分立元件电路介绍电路的一些基本概念和基本原理，然后引入典型的集成电路——集成运算放大器，使读者了解集成电路的特点和应用。第三部分的数字器件则主要涉及集成电路。

**5. 线性电路和非线性电路**

我们知道，电路元器件分为线性元器件和非线性元器件。如果电路参数不随外加电压或电流变化，则此类元器件是线性元器件；反之则为非线性元器件。根据电路中是否包含非线性元器件可以把电路分为线性电路和非线性电路。线性电路可以采用叠加原理来分析，但是非线性电路需要采用小信号模型法、图解法等进行分析研究。

其实，上述分类的目的主要是为了研究方便。从本质上来讲，由于电路元器件或多或少会随着外加电压或电流变化，因此严格来说所有电子元器件都是非线性元器件，也就是说所有电子线路都是非线性电路。可以说，线性是相对的，而非线性是绝对的。

非线性元器件往往具有复杂的物理特性。例如，实际的晶体二极管不仅其伏安关系呈现非线性电阻的特点，电容特性也因 PN 结的势垒电容和扩散电容形成非线性电容效应，用数学语言描述显得颇为困难。虽然如此，由于使用条件不同，各电子元器件表现出的非线性程度可以不尽相同。例如，双极结型晶体管在足够小的输入信号作用下，在一定范围内可以呈现很好的线性特性，这样就可以采用线性电路的研究方法进行研究，使问题简化。本书中由非线性器件（BJT 和 FET）构成的放大电路就采用了非线性器件线性化处理的工程近似方法，作为线性电路进行研究的。

**6. 低频电路与高频电路**

电子线路经常被划分为低频电子线路与高频电子线路，简称低频电路和高频电路，那么所谓的“低频”和“高频”，其界定的依据是什么呢？哪个频率是作为划分标准的分界频率呢？

实际上，并不存在一个这样非常明确的分界频率，因此低频电路和高频电路之间很难明确通过某一频率值进行界定。只是在习惯上，模拟电子线路研究的电路是工作在较低的频率范围，一般是基于声（音）频（频率范围约为 20~20000Hz）的电路，基本上属于低频电子线路范畴，此时器件的频率参数经常可以不予考虑。

一般地，按照无线电波的波段规定划分，高频是指 3~30MHz 的频率范围。实际上，在电子技术中，高于数十千赫兹频率的振荡信号有一些共同的特性，因此习惯上把这种频率范围的信号简单地称为高频信号，而研究该频率范围信号产生、放大及变换等的电路称为高频电路。广义上来讲，只要电路尺寸比工作波长小很多，可用集中参数来分析电路，相应信号可用电路来实现，都可认为属于高频范围。射频电子线路研究的正是这部分内容。

还有一种常用的划分方法，按使用器件内部电抗分量在电路中所产生影响的大小来区分。当器件内部等效电抗对电路的工作特性不产生显著影响时，为低频电路；否则为高频电路。本教材所研究的低频电路的频率足够低，可以忽略寄生电容、分布电容、分布电感等对电路产生的影响。

需要注意的是，当研究某个电子设备或系统时，即使同一个电路也会分出低频、中频和高频范围。因此低频电路和高频电路所说的频率范围，只是一个相对的概念。

**7. A/D 和 D/A 转换电路**

随着数字技术，特别是信息技术的飞速发展与普及，在现代控制、通信及检测等领域，为了提高系统的性能指标，对信号的处理广泛采用了数字技术。由于人类生活在一个连续变化的模拟世界里，系统的实际对象往往都是一些模拟量（如温度、压力、位移、图像等），要使计算机或数字仪表能识别、处理这些信号，各种模拟信号必须通过模数转换电路转换成数字信号；而经计算机分析、处理后输出的数字量也往往需要将其转换为相应的模拟信号，并经过适当的调整与放大之后，才能成为人类能够感知的声音与图像等信息。这样，就需要一种能在模拟信号与数字信号之间起桥梁作用的电路——模数转换电路和数模转换电路。

将模拟信号转换成数字信号的电路，称为模数转换器（Analog to Digital Converter，简称 A/D 转换器或 ADC）；将数字信号转换成模拟信号的电路称为数模转换器（Digital to Analog Converter，简称 D/A 转换器或 DAC）。A/D 和 D/A 转换电路已成为信息系统中不可缺少的接口电路。图 1.4 所示为模拟信号与数字信号转换的示意图。图 1.4（a）所示为模拟信号转换为数字信号，首先模拟信号被周期性地采样，然后对每个采样点进行编码（通常采用二进制编码），这样就可以采用数字形式表示一个量；图 1.4（b）所示为数字信号转换为模拟信号，精确地恢复模拟量数值几乎是不可能的，因为某一个范围内的数值均会采用相同的编码。因此，D/A 转换器只能得到与原来模拟信号近似的还原信号，二者之间一定会存在量化误差，该误差可以通过提高 DAC 的位数（二进制数码的位数），即增多电压等级的方法降低（每个电压等级对应的电压数值越小，理论上可以体现出精度越高）。

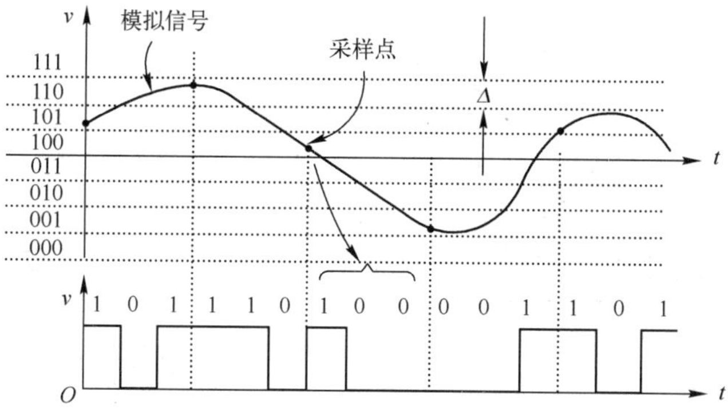


(a) 模拟信号转换为数字信号

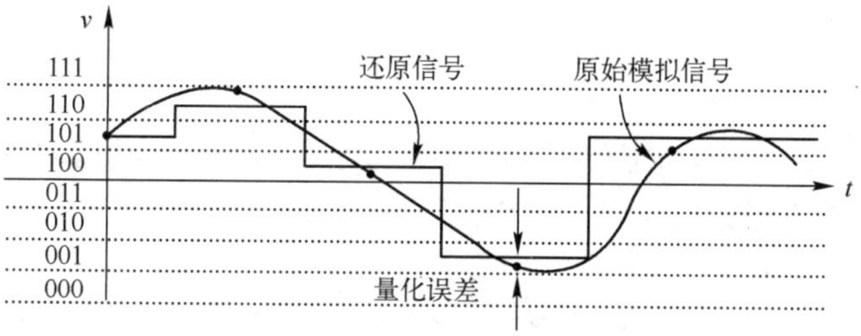


(b) 数字信号转换为模拟信号

图 1.4　模拟信号与数字信号转换的示意图

**8. 电子系统**

电子系统是指由相互作用的基本电路和器件构成的能够完成某种特定功能的电路整体。

图 1.5 所示为常见的扩音系统，是一个典型的模拟信号处理系统。先用传声器（话筒）将声波的机械振动转化为电信号，经声频放大器对电信号进行放大，再由扬声器（喇叭）将电信号还原成声音，这样就可以获得提高的音量。

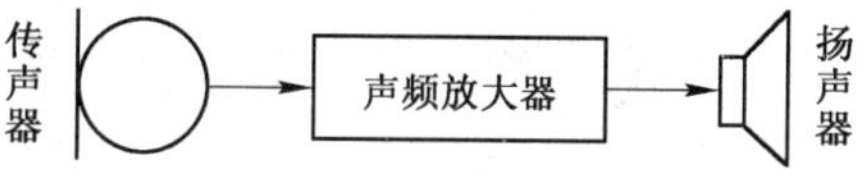


图 1.5　扩音系统

图 1.6 所示为一个用于流动细胞分析的激光血球计数系统，是一个较为简单的数字处理系统的例子。通过一定的方法，可以使血球排列成单行进入计数通道，当激光光束通过血球时，其散射光照射到硅光电池上，由光的强弱变化产生电脉冲信号，然后由数字信号处理电路进行计数，再通过数字显示器显示出来，同时由记录设备记录数据。电源的作用是为信号处理、显示、记录电路提供电能，使其正常工作。

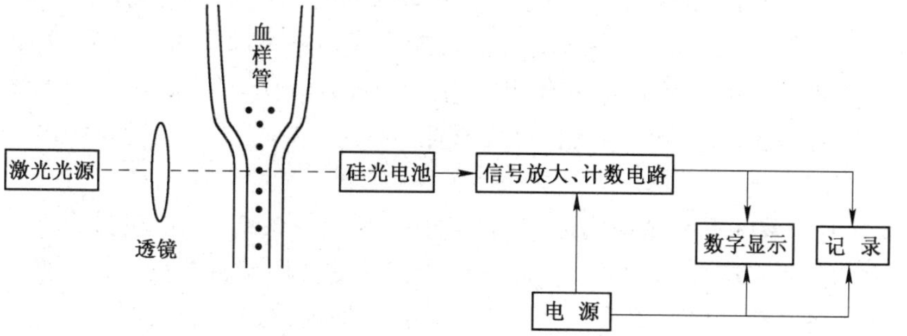


图 1.6　激光血球计数系统

广播通信系统主要由如图 1.7 所示的两大模块构成：

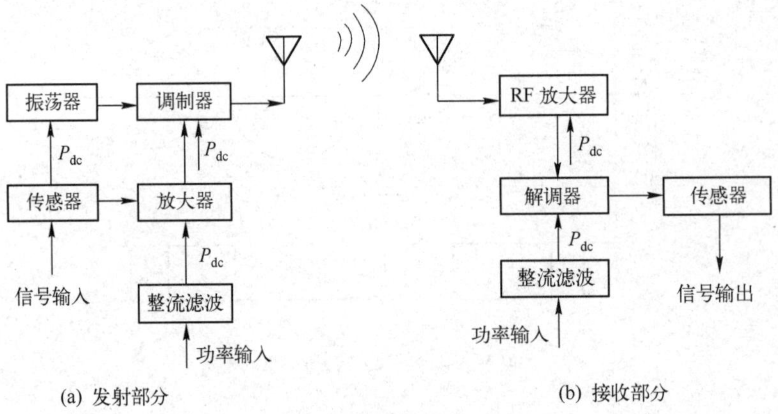


图 1.7　广播通信系统

（1）信号的发射。首先用话筒把声音信号转换成音频电信号，通过调制器把音频电信号加载到高频电磁波上（通常调制级也兼有放大作用），最后通过天线把载有音频电信号的电磁波发射出去。

（2）信号的接收。先利用处在电磁波传播范围内的天线接收电磁波，再利用收音机调谐器选出所需某一频率的电磁波。但是把调谐器选出来的频率很高的电信号直接送到耳机，不能使耳机发出声音，因此还需要从高频电信号中取出音频信号，解调放大后，送到扬声器中，把音频电信号转换成声音，这样就能听到收音机里的节目了。注意系统的各电路部分均需要整流滤波得到的直流能量 $P_{dc}$。

图 1.5 和图 1.6 是电子技术中处理信号的两种常见方式：一种是纯模拟方式；一种是纯数字方式。对于比较复杂的系统（如图 1.7 所示）一般需采用模拟–数字混合方式。不论采用哪种方式，其电子系统大致可由四个部分组成，即传感器、信号处理电路、再生器和电源，如图 1.8 所示。

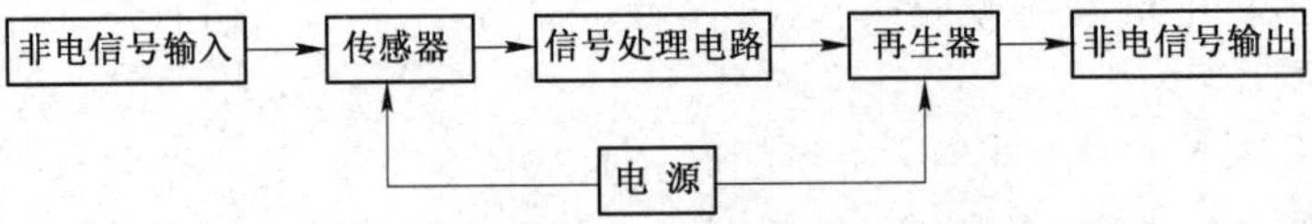


图 1.8　电子系统的基本组成

如果需要处理的信号为电信号，则可以省去传感器。若在输出端不需要还原成非电信号，则可省去再生器。

有的电子系统是非常复杂的，包含许多不同的功能电路。特别是集成电路飞速发展的今天，集成度越来越高，功能越来越多，在单个芯片上可能集成多种不同类型的电路，从而自成一个系统，外围电路却越来越简单。因此对于有些电路的内部结构及工作原理，没有必要搞得非常清楚，应用中关注的是系统的整个信号处理过程及外部特性，这一点对于正确使用电子系统是非常重要的。

许多实际的电子系统不是孤立地存在的，必须与其他的系统（例如机械系统、光学系统、图像处理系统、自动控制系统等）相互配合，才能构成完整的实用设备或仪器。因此在设计电子系统时，就要考虑到各系统的协调关系，采用合理的接口，保证被连接的两部分电路之间信号的通畅和各自处于正常工作状态。

**9. 电子设备与电气设备**

“电子”和“电气”两个概念经常出现在一起，如何进行区分呢？实际上，二者在概念上没有非常严格的定义来进行划分。有时人们以“弱电”和“强电”来进行区分（弱电一般是用来进行信号处理的，电压和电流都很小；而强电则是用来驱动大功率的电力设备的），有时会以是否包含有源器件进行界定。这里我们举一个常见的墙壁开关的例子进行两个概念的理解。普通的墙壁开关属于电气设备，通过开关的闭合和断开来控制灯的亮和灭。有时候，我们需要调光开关满足人们在不同情况下对灯光亮度的不同需求，调光开关可以直接代替墙壁开关来进行灯光亮度的控制，只不过在灯的亮灭两种状态之间有很大的亮度改变范围以输出不同强度的光，这里调光开关是一个简单的电子设备，它是通过有源器件来控制电流的。

**10. 微电子技术和光电子技术**

有的时候，除了电子技术，我们也经常会遇到“微电子技术”和“光电子技术”等概念，同样“硅谷”（代表微电子信息产业）和“光谷”（代表光电子信息产业）这样的字眼也不断见诸报端，此处简单解释说明一下。

（1）微电子技术（Microelectronics）

微电子技术是电子技术中发展极为迅速的一个前沿分支学科，主要研究在半导体上制作微型电路及系统，其核心是集成电路技术。当前，人类赖以生存与发展的信息技术的重要基础就是微电子技术。

根据国家统计局数据显示，2023 年我国集成电路产量累计约为 3514.4 亿块，销售额达到 1.22 万亿元；2013 年全年对应的数据是，集成电路产量 867.1 亿块，年度销售额 2508.5 亿元。十年时间，集成电路产量和销售额分别增长到 4.05 倍和 4.86 倍，这充分体现了我国集成电路生产能力和产业整体价值的显著提升。同时，集成电路销售额在全球市场的占比也从 2013 年的 16.46%提高到 2023 年的 40.4%，显示出随着自主技术的发展，我国集成电路国产化水平的稳步提高。数据的背后是微电子技术的飞速发展及对社会方方面面极大的影响。可以说，微电子技术是当今信息社会和时代的核心竞争力，该技术产业的发展规模和水平已成为衡量一个国家综合实力的重要标志。特别地，微电子技术在军事领域中有重要的应用，它的出现改变了传统战争的模式，并且导致了新式武器以及新兵种的出现。

现阶段微电子技术主要有三个发展方向：第一，增大晶圆尺寸，减小特征尺寸，从而在芯片上集成更多数目的晶体管，提高芯片的集成度。第二，存储技术将会向更高容量、更快速度和更低成本的方向发展，以适应大数据、人工智能和物联网等领域，满足现代社会对数据存储的多样化和高容量需求。从目前的 3G（$10^9$）逐步发展到 3T（$10^{12}$），即存储容量由 G 位发展到 T 位、集成电路器件的速度由 GHz 发展到 THz、数据传输速率由 Gbps（Bits Per Second，每秒位）发展到 Tbps。集成电路将发展成为片上系统，系统的速度和可靠性可以大大提高，价格也会大幅度下降，这将成为微电子领域的一场革命。第三，可编程器件取代专用集成电路（ASIC，Application Specific Integrated Circuit），同时微电子技术正与生物技术、物联网等其他领域深度融合，从而催生新的产业和学科。

（2）光电子技术（Optoelectronics）

光电子技术是电子技术同光学相结合的产物，包括激光技术、光纤通信技术、远程传感技术、医学诊断技术和光学信息技术等，可以认为是“利用光技术的电子技术”，它可以实现电子技术无法实现的一些功能。具体地，光电子技术以光的电子学效应基本理论和应用原理为研究对象，通过研究红外光、可见光、紫外光、X 射线直至 $\gamma$ 射线波段范围内光与物质的相互作用，实现光信号与电信号或二者能量的相互转换，是电子技术在光频波段的延续与发展。

虽然微电子技术迅猛发展,但是在实现超高速、超大容量、超低功耗等方面遭遇了发展瓶颈。作为信息和能量载体的光电子,在光显示和光存储等方面,对经济建设、国家安全及整个社会发展起着至关重要的作用。这里列举几个简单的数据:光纤通信目前只是利用了从 1.2μm 到 1.7μm 的波段范围,而仅仅这部分能够传输的信息量就可达到 75Tbps;光波频率比微波频率大约高 $10^5$倍,它的带宽与通信容量大致也可提高 $10^5$倍。通常一个微波通道上可以通上千路电话或者传输一个彩色电视节目,而在一个光波频段上可以通上亿路电话或者 10 万个电视节目,也就是说,理论上在一个光波通道上,可供 1 亿人同时打电话。并且光子间互不干涉,可以并行处理信息,能极大地提高信息的处理速度及光存储的记录密度。

可以预见,随着光子技术与电子技术的进一步深度结合,光电子技术必将使信息社会进入全新的发展阶段。

## 1.2　与人们生活相关的电子技术及产品

电子技术已经渗透到人们生活的方方面面,给人们带来舒适、便捷、安全的生活体验。一个现代人,离了电子技术有时候甚至可以说是寸步难行。设想一下:假如没有计算机、移动电话、调频收音机,假如没有 GPS、数码相机、MP3 播放器,假如没有……我们的生活会是什么样子?

下面例举的一些与人们生活相关的电子技术及电子产品,虽然只是极少一部分,并且有的产品还正在逐步完善中,但是由此可以启发读者思考电子技术当前在我们生活中的角色以及未来在我们生活中的位置。

(1) 智能音箱

从“互联网+”进入“人工智能+”时代,新一代信息技术使消费电子产品功能变得日益强大。融入了远场识别、语音识别、语音唤醒等核心技术的智能音箱,已经完全颠覆了人们对传统音箱的认知,成为超出了自身属性的全新智能化电子产品。

智能音箱内置了对话式人工智能系统,让用户可以查询天气或体育赛事,获得交通、股市行情的信息,设置多个定时器和提醒事项、拨打和接听电话等。另外,智能音箱可以存储海量音频和视频资源,还可以玩游戏、看电视,通过连接热点服务,更好地服务用户的生活所需,进行接入地图、语音打车、点餐等,使人们告别复杂烦琐的键盘输入。

值得一提的是,智能音箱在智能交互方面,能够记录用户的兴趣爱好,达到越用越好用的状态。同时,智能音箱可以通过新一代智能语音交互技术为孩子们讲故事,并且作为物联网的入口和智能家居中枢,控制一系列支持智能家居的产品。

(2) 智能眼镜

智能眼镜属于适合人类穿戴的电子设备(Body-adapted Wearable Electronics)范畴,按照人体工学进行设计,体积小、质量轻,形状上尽可能易于被大众接受。智能眼镜具有和智能手机一样的功能,由传感器和反馈系统构成,包含摄像头、电脑处理器、头戴式微型显示屏,以及适应不同脸型的鼻托,还有两块目镜分别显示地图和导航信息。

具有非常强大功能的“眼镜”其质量一般仅有几十克,并且还包含音响系统、网络连接,支持蓝牙和 Wi-Fi,可以实现 GPS 和短信发送等应用。通过智能眼镜可以拍照、视频通话和方向定位,以及进行上网冲浪、处理文字信息和收发电子邮件等活动。

(3) 智能手表

智能手表也属于可穿戴电子设备,它运行在特定的操作系统中,采用内置传感器收集用户的健康和运动数据,并通过蓝牙或 Wi-Fi 与手机连接,实现数据同步和信息推送。智能手表常配备触摸屏,方便用户进行交互操作。

智能手表不仅仅是一块手表,它还可以作为相机、温度计、指南针、计时器、计算器等多种工具使用,甚至可充当大容量存储设备。用户可以根据需求下载并安装各种应用程序,扩展手表的功能,从而大幅提升生活便利性和健康管理能力。

智能手表堪称功能强大的个人数码助理,集成了多项实用功能,可以进行健康监测,监测心率、血氧、血压、睡眠质量,也可以进行运动追踪,记录步数、跑步距离、卡路里消耗,还可以通过内置 GPS 记录运动路线、提供导航服务、实现定位,以及方便快捷地进行移动支付,等等。

(4) 无线充电器

由于电子技术的迅猛发展,人们的生活已经和各种各样的电子产品密不可分。电子产品在带来各种便利的同时也给人们带来了一些烦恼。例如,出门旅行必须携带充电器,否则有些电子产品只能成为摆设。可是,需要充电的便携式电子产品由于厂家、产品的不同而需要使用不同的充电器。除去电线缠绕等不便外,目前使用较为普遍的数据线插接式充电器的插口也大多"各自为政",令使用者感到苦不堪言。即便插口相同,多次插拔也常会产生接触不良的现象。在这种情况下,能够对多台不同电子产品同时进行充电的无线充电器有着巨大的应用需求和良好的市场前景。

无线充电系统主要采用电磁感应原理,通过线圈进行能量耦合以实现能量的传递,使用的充电座和终端分别内置了线圈,使二者靠近便开始从充电座向终端供电。这些无线充电器免去了接线的烦恼,便于用户在外出时使用,使人们的生活更加方便。

电子技术无处不在,生活中处处有电子技术发展的痕迹。迅猛发展的电子技术让生活充满神奇,也改变着人们的生活方式和生活习惯。

## 1.3 电子技术的发展历史及相关研究热点

### 1.3.1 电子技术的发展历史

电子技术,特别是微电子技术是 20 世纪发展最为迅速、影响最为广泛的技术成就。电子技术的核心是电子器件,电子器件的进步和换代,引起了电子电路极大的变化,出现了很多新的电路和应用。因此,电子技术的发展历史也可以说是电子器件不断更新换代的历史。

1869 年 Hittorf 和 Crookes 发明阴极射线管应是电子技术发展历史的起点。1904 年 11 月英国伦敦大学的 John Fleming 发明了真空电子二极管,这是一种在真空条件下利用电子在电场中的运动规律实现单向导电的器件。电子管的诞生,是人类电子文明的起点。当时意大利的 Marconi 已经发明了无线电(1901 年),于是二极管立即被应用于无线电检波和整流。

1906 年美国的 Lee De Forest 发明了对电子信号具有放大作用的真空电子三极管(简称电子管),该发明是电子技术史上的一个里程碑,他本人因发明三极管而被称为"无线电之父"。人们从此找到了放大电信号的方法,使远程无线电通信成为可能。随着无线电技术的迅速发展,电子工业开始形成。

1926—1936 年间随着量子力学的创立和量子场论的发展,不仅使人们对半导体的认识程度逐渐深入,也为微电子与光电子技术以及信息技术的发展奠定了科学基础。1930 年*Electronics*杂志出版,从此出现了一个新的名词和新的产业。电子学是电路和系统中运用电子器件的工程领域及产业,20 世纪前半叶电子学中真空管起主导作用。20 世纪 30 年代末期,实验室中已经制作出早期的半导体器件。

在晶体管发明以前的近半个世纪里,电子管几乎是各种电子设备中唯一可用的电子器件。电子技术随后取得的许多成就,如电视、雷达、计算机的发明,都是和电子管分不开的。但是,电子管在体积、质量、功耗、寿命等方面存在局限性,远不能满足军事上轻便、高效的要求。美国贝尔实验室的研究人员 John Bardeen、William Shockley 和 Walter Brattain 合作研究晶体管的理论和制作。1947 年底,他们用锗半导体晶体制成了具有电流、电压放大功能的第一只点接触型晶体三极管。这是电子科学技术发展史上又一个划时代的重大发明,从此拉开了电子技术革命的帷幕,为电子电路集成化和数字化提供了重要的物理基础。

初期的晶体管是点接触型的,制造比较困难,稳定性较差。1957 年,贝尔实验室的研究人员发明了面接触型晶体管,将电子技术推向了一个新的阶段。此后取得的电子技术方面的许多成就,如集成电路、微处理器和微型计算机等,都是从晶体管发展而来的。晶体管出现后在众多技术领域中很快取代了电子管,目前仅在显示器件(例如电视机和计算机的显示器中的显像管、一些电子仪器中的示波管,等等)等不多的场合还在用电真空器件。

1958 年,美国得克萨斯仪器公司(Texas Instruments)宣布一种集成振荡器问世,首次把晶体管和电阻、电容等集成在一块硅片上,构成了一个基本完整的单片式功能电路。1961 年,美国仙童公司(Fairchild Semiconductor Inc.)宣布制成一种集成触发器。从此,集成电路获得了飞速的发展。所谓集成电路,就是把半导体管和电阻、电容等做在同一块硅片上,封装为一个具有多个引出端子的器件,它能够独立地或者与少数其他元件配合起来共同完成某种或某些功能,实现了材料、元件和电路的三合一,与传统的分立元件电路在设计方法、结构形式和生产方式上有着相当大的区别。集成电路的发明开创了集电子器件与某些电子元件于一体的新局面,使传统的电子器件概念发生了变化。这种新型的、封装好的器件体积和功耗都很小,具有独立的电路功能,甚至具有系统的功能。集成电路的发明使电子技术进入了微电子技术时期,是电子技术发展的一次重大飞跃。几十年来,集成电路经历了从小规模(SSI)、中规模(MSI)、大规模(LSI)到超大规模(VLSI)集成阶段的发展。1993 年随着集成了 1000 万个晶体管的 16M FLASH 和 256M DRAM 的研制成功,而进入了极大规模集成电路(USI)时代。而在 21 世纪初采用 0.12μs 微细加工技术,1GB(千兆字节)SRAM(静态随机存取存储器)的问世,标志着集成电路已进入巨大规模集成(GSI)这一重要发展阶段。描述集成电路发展速度的摩尔定律认为:集成度每 18 个月增长一倍,价格则下降为原来的一半。

21 世纪人类已进入了网络时代,超高速计算机、移动通信和数字化视听产品将彻底改变电子元器件的结构、特征尺寸和性能。传统意义上的分立元器件将被超微化、片式化、模块化、数字化、多功能化、智能化、绿色化,以及高频、高速、高可靠性和低功耗的复合器件所取代,这样就要求核心器件——芯片必须具有强大的数据存储和处理能力,现代"蓝牙(Bluetooth)芯片"技术利用在一个芯片上集成这种系统功能,将芯片数量从 5 个降到 1 个,集信号处理器、微处理器、电话听筒模拟/数字转换器、扬声器、解码器于一身,完成了由 IC(Integrated Circuits)到 IS(Information System)的转变。可以说,现代电子技术的核心已经不再是简单的电路集成,而是片上系统(SoC, System on Chip),也即把整个系统制作在一个集成电路芯片上,完整的系统功能可以集成在一起,满足系统功能和技术指标的要求。因此,现代电子技术的发展趋势是硬件系统集成技术和系统设计软件技术。

在信息时代,产品以其信息含量的多少和处理信息能力的强弱,决定着其附加值的高低,从而决定它在国际市场分工中的地位。即使家电的更新换代也都基于微电子技术的进步。电子装备,包括机械装置,其灵巧程度直接关系到它的高附加值和市场竞争力,这些方面都依赖于集成电路芯片的"智慧"程度和使用程度。计算机的发展可以充分说明电子技术的发展与信息产业的关系。计算机从最初的机械手摇式,进而随电子器件的发展经历了电子管、晶体管、集成电路和大规模及超大规模集成电路 4 个时代,电子计算机日新月异的发展充分代表了电子技术的水平,没有大规模及超大规模集成电路,计算机不可能迅速普及。同时计算机的发展也大大促进了电子技术的发展。

综上所述,电子技术的发展是以信息业市场(例如电信、广播、电视、计算机)的需求为动力的,而电子技术的发展,信息业设备和技术水平的提高,又反过来促进了信息业市场的扩大,形成良性循环。21 世纪是信息时代,信息技术将在信息资源、信息处理和信息传递等方面实现微电子与光电子结合。智能计算与认知、脑科学结合将造就未来新一代电子元器件。作为电子信息产业发展基础的电子元器件产业将面临一场世纪性的变革,依靠技术创新,紧扣时代高科技的脉搏,加快电子元器件行业自身改造和完善,适应并推动我国信息产业的发展,支撑国民经济信息化,是我国电子元器件产业神圣的历史使命,也是在世界电子元器件产业中准确定位,在经济全球化中占有一席之地的唯一途径。

### 1.3.2 与电子技术相关的研究热点

电子技术本身发展很快,由于它的广泛应用和深刻影响,促进了许多学科的发展,同时也滋生出一些新的交叉研究领域,如人工智能、物联网、5G 及未来通信技术、量子计算与量子通信、新型材料与纳米技术、嵌入式系统、网络安全等,这些技术正在成为人们研究的热点和新的技术发展领域。这里仅就人工智能技术、纳米电子技术、微机电技术和生物芯片技术做一简单介绍。

#### 1. 人工智能技术

人工智能(Artificial Intelligence,AI)是计算机科学的一个分支,属于跨学科的前沿科学,致力于创建能够模拟人类智能的系统和程序。这些系统能够执行复杂的任务,如学习、推理、理解自然语言和解决问题等。人工智能分为狭义人工智能(Narrow AI)和广义人工智能(General AI)。狭义人工智能专注于特定任务,如图像识别和语音识别,而广义人工智能则具备人类一般智能,能够自主学习和适应。

人工智能的历史可以追溯到上个世纪 50 年代,1956 年达特茅斯会议被广泛认为是现代人工智能的起点。此后将近 70 年间,人工智能的研究历经沉浮。直至进入 21 世纪,计算能力的提升和大数据的兴起,使人工智能再次迎来发展。机器学习,尤其是深度学习的崛起,使得人工智能在图像识别、自然语言处理等领域取得突破。

人工智能的实现依赖于多种技术,电子技术涉及硬件的设计与制造,是人工智能的基础,为人工智能算法提供了计算能力和数据处理能力。电子技术的发展推动了人工智能的普及,微处理器、FPGA(现场可编程门阵列)和 GPU(图形处理单元)等硬件的性能提升,使得复杂的人工智能模型得以实现,降低了 AI 系统的成本。

人工智能的应用领域广泛,已渗透到生产和生活的方方面面,涵盖医疗、金融、制造、交通和教育等多个行业。智能家居、可穿戴设备和智能机器人等产品的普及,展示了 AI 技术的进步对人们生活的巨大影响和改变。

人工智能与电子技术的深度融合,正在深刻改变着行业的面貌。随着电子技术的不断进步,人工智能的应用将变得更加广泛,并将继续推动各行各业的数字化转型和创新发展。

#### 2. 纳米电子技术

纳米电子技术(Nanoelectronics)诞生于 20 世纪 80 年代末期,属于当前国际上的科技前沿之一,是纳米技术与信息技术的结合点。纳米技术的研究对象是 1~100nm 之间的物质构成。这个极其微小的空间,是原子和分子的尺寸范围,也是它们相互作用的空间,物质的很多性能将发生质变。如今,纳米电子技术几乎渗透进了所有的工业部门,该产业创造的价值占据全球的 1%,将在国防、通信、安全、信息存储、自动控制、生物医学、航空航天、先进制造等方面起到重要作用。

纳米电子技术的研究内容包括基于量子效应的纳米电子器件、纳米结构的光电性质、纳米电子材料的表征,以及原子操纵和原子组装等。纳米电子技术与微电子技术的主要区别是:纳米电子技术通过控制单个原子、分子来实现设备特定的功能,是利用电子的波动性来工作的;而微电子技术则通过控制电子群体来实现其功能,是利用电子的粒子性来工作的。人们研究和开发纳米电子技术的目的,就是要实现对整个微观世界的有效控制。

**3. 微机电技术**

21 世纪的前沿技术—— 微机电系统(Micro-Electro-Mechanical Systems,MEMS)是指运用微制造技术在一块普通的硅片基体上制造出集机械零件、传感器执行元件及电子元件于一体的系统,属于典型的多学科交叉的前沿性研究领域,几乎涉及自然及工程科学的所有领域,如电子技术、机械技术、物理学、化学、生物医学、材料科学及能源科学等。

可以说,MEMS 是集微型传感器、微型执行器,以及信号处理和控制电路、接口电路、通信电路和电源于一体的完整微机电系统。MEMS 技术采用微电子技术和微加工技术相结合的制造工艺,制造出各种性能优异、价格低廉、微型化的传感器、执行器、驱动器和微系统。

MEMS 几乎给所有产品带来一场革命,它也使得 SoC 变得现实可行。通过把微电子元件的计算能力和微传感器的感觉能力及微执行元件的控制能力集于一体,微机电系统具备了真正的发展细小产品的能力。MEMS 技术的发展开辟了一个全新的技术领域和产业,采用 MEMS 技术制作的微传感器、微执行器、微型构件、微机械光学器件、真空微电子器件等 MEMS 产品在航空、航天、汽车、生物医学、环境监控、军事,以及几乎人们所接触到的所有领域中都有着十分广阔的应用前景。

MEMS 技术正发展成为一个巨大的产业,如同近 20 年来微电子产业和计算机产业给人类带来的巨大变化一样,MEMS 也正在孕育一场深刻的技术变革并对人类社会产生新的影响。

**4. 生物芯片技术**

微电子学和生物学结合的生物芯片(Biochip)技术是近年来在生命科学领域中迅速发展起来的一种高新生物检测技术。它融微电子学、生物学、化学、物理学、计算机科学为一体,通过在固体基片表面构建微型生物化学分析系统,能对生物成分或生物分子进行快速处理和分析,以实现对细胞、蛋白质、核酸以及其他生物组分的准确、快速及大信息量的检测。

生物芯片的概念源于计算机芯片,因为生物芯片的制备工艺与计算机芯片的制备工艺有一定的相似性,其主要特点是高通量、微型化、自动化和网络化,并且还具有无污染、分析速度快、所需样品和试剂少等优点。生物芯片通过光刻或者生物分子自组装技术,在平板载体内部或者表面制作出可以完成一定生物反应功能的微装置。由于采用微电子加工技术,可以在与人手指甲大小一样的硅片上制作含有多达 10~20 万种 DNA 基因片段的芯片。通过这些芯片可在极短的时间内检测或发现遗传基因的变化,对遗传学研究、疾病诊断、疾病治疗和预防、转基因工程等具有极其重要的作用。

微电子技术与生物技术紧密结合的生物芯片将是 21 世纪微电子领域的另一个热点和新的经济增长点。

以上仅列举了几个当今的研究热点。电子技术目前已成为各种工程技术的核心,在现代工程技术中,只要通过传感器将其他形式的信号转换为电信号,就可以采用电子技术来进行处理。因此,电子技术被广泛应用于各个领域,推动着社会的发展和进步。

## 1.4 电路模型

在对实际电路的分析过程中,经常采用电路模型来表示器件或整个系统。因此,如何用相对简单的模型来表征复杂的物理器件是在电子技术中要研究的问题。电路模型的主要优点是易于采用数学方法和熟知的电路定律来处理问题。本书中半导体器件和放大电路均是采用电路模型来研究的。

下面以电压放大电路为例,简单介绍电路模型在电路分析中的应用,以使读者对于电路模型的运用有初步概念。

放大是最基本的模拟信号处理功能,是通过放大电路实现的。大多数电子系统都应用了不同类型的放大电路。放大电路也是构成其他模拟电路,如滤波、振荡、稳压等功能电路的基本单元电路。放大电路可用如图 1.9 所示电路表示。图中$\dot{V}_s$为信号源电压,$R_s$为信号源内阻,$\dot{V}_i$和$\dot{I}_i$分别为输入电压和输入电流,$R_L$为负载电阻,$\dot{V}_o$和$\dot{I}_o$分别为输出电压和输出电流。

放大电路在图中以方框表示,这一部分可能由较复杂的电路组成,但在实际应用中,一般采用双口网络作为其模型,用一些基本的元件来构成电路模型(元件参数值可以通过对电路和元器件在工作状态下的分析来确定,也可以通过对实际电路的测量而得到),用来等效实际放大电路的输入特性和输出特性,对于实际放大电路的内部结构则忽略不计。

图 1.10 虚线框内的电路是一般的电压放大电路模型,它由输入电阻 $R_i$、输出电阻 $R_o$和受控电压源$\dot{A}_{vo}\dot{V}_i$三个基本元件构成。其中$\dot{V}_i$为输入电压,$\dot{A}_{vo}$为输出开路($R_L=\infty$)时的电压增益。受控电压源是一种非独立的电压信号源,其输出受$\dot{V}_i$信号的控制。图中放大电路模型由电压信号源$\dot{V}_s$供能,可在负载 $R_L$两端得到所需的输出信号$\dot{V}_o$。

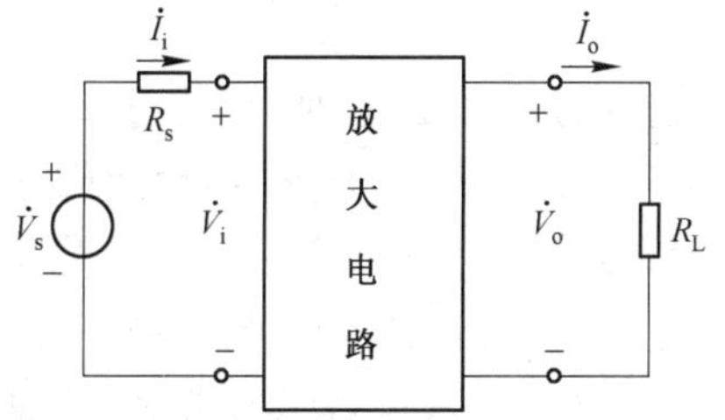

图 1.9　放大电路表示方法

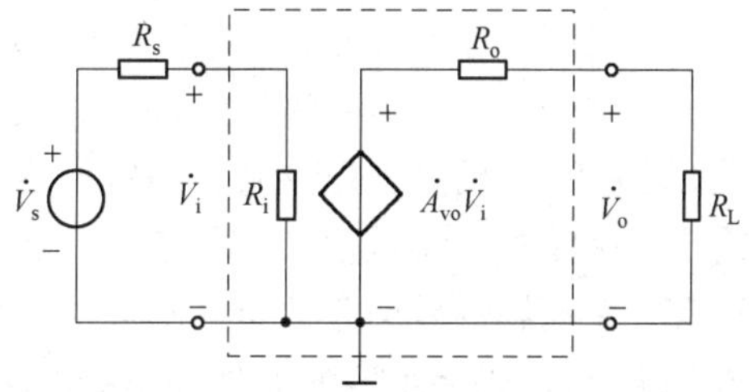

图 1.10　电压放大电路模型

注意到图 1.10 中的输入回路和输出回路之间有一根连线,作为电路输入与输出信号的共同端点或参考电位点,标以"⊥"符号,该参考电位点有利于电子电路的分析。

那么,什么样的电路适宜采用电压放大电路模型呢? 以下从输出负载与输入内阻两方面加以考虑。

由于 $R_o$与 $R_L$的分压作用,使 $R_L$上的电压信号$\dot{V}_o$小于受控电压源的信号幅值,即

$$\dot{V}_o=\dot{A}_{vo}\dot{V}_i\frac{R_L}{R_L+R_o}$$

电压增益为

$$\dot{A}_v=\frac{\dot{V}_o}{\dot{V}_i}=\dot{A}_{vo}\frac{R_L}{R_L+R_o}$$

$R_L$的变化会影响$\dot{A}_v$的数值,$R_L$的减小使$\dot{A}_v$下降。因此,为了避免信号衰减,要求$R_o \ll R_L$。理想电压放大电路的输出电阻 $R_o=0$。

对于输入电路,由于信号源内阻 $R_s$和放大电路输入电阻 $R_i$的分压作用,使放大电路输入端的实际电压为

$$\dot{V}_i = \dot{V}_s \frac{R_i}{R_s + R_i}$$

若要使 $R_s$ 对信号的衰减作用减小，应设法提高电压放大电路的 $R_i$，使 $R_i \gg R_s$ 成立。理想电压放大电路的 $R_i = \infty$，此时 $\dot{V}_i = \dot{V}_s$。

由以上分析可知，电压放大电路适用于 $R_s$ 较小且 $R_L$ 较大的场合。

根据实际的输入信号和所需的输出信号的不同，放大电路可分为 4 种类型，即电压放大、电流放大、互阻放大和互导放大。原则上，一个实际的放大电路可以取 4 种电路模型中任意一种作为它的电路模型。但是根据信号源的性质和负载要求，一般只有其中一种模型在电路设计或分析中概念最明确，运用最方便，需要设计者分析使用条件，从而正确运用。

## 1.5 电子电路的特点及研究方法

电子技术的发展经历了电子管、晶体管、集成电路、大规模和超大规模集成电路 4 个阶段，新的电子器件出现使电子电路发生了很大的变化，但就电路理论来说，发展却相对较慢，基本的电路理论和分析方法已经比较成熟。因此，在学习时要注重掌握基本理论，这对于设计、分析新的电路是非常有益的。

电子技术中所涉及的电路虽然很多，但将其按功能分类，一般可以分为信号产生电路、信号放大电路、信号变换电路、信号存储电路、信号运算与处理电路、组合逻辑电路、时序逻辑电路和电源电路等，在学习的时候要注意从不同功能的角度去学习、掌握，并且搞清楚整个电子系统各个功能电路之间的连接和互相影响，这样有助于电路的学习。

电子技术中常用的电子器件大都是非线性的，电路结构有时非常复杂，难以进行精确的分析计算，因此在工程计算的过程中，在一定的前提条件下，常常采用一些工程近似以简化问题。初学者需要特别注意工程近似的前提条件，以便正确解决问题，并使产生的误差在允许的范围内。

还有一个问题需要引起注意。随着电子技术的发展，器件和电路的性能会越来越好，同样的电路或系统，可以采用不同的器件和功能电路实现，这样就要求设计者进行综合考虑，从而提高性能，降低成本。

目前，科技的不断进步和人工智能的迅猛发展，为电子电路赋予了更高的智能化水平，AI 在电路设计自动化、故障检测和性能优化等领域的应用，显著提升了设计效率和电路性能。AI 技术在电路设计自动化方面，可以通过算法自动生成电路图、优化布局，从而缩短设计周期，减少人力成本。在故障检测中，AI 可以通过机器学习分析大量的历史数据，快速识别潜在问题并提出解决方案，显著提高可靠性和维护效率。此外，在性能优化方面，AI 可以对电路运行状态进行实时监测，调整参数以达到最佳性能。

随着 AI 技术的不断成熟，其应用必然会渗透到基础的电子电路学习中。学习者结合 AI 进行电子电路研究将提升其跨学科技能，在未来的工程实践中具备更强的竞争力，成为更适应未来科技发展的复合型人才。同时，这种模式的学习能够激发学习者的创新思维，使其在面对复杂问题时，能够综合运用多种技术手段，提出创新的解决方案，在实际应用中提高解决问题的能力。

## 1.6 学习本课程的目的及方法

本课程是实践性很强的技术基础课，其目的是通过相关内容的学习，获得电子技术的基本理论、基本知识和基本技能，为学习后续课程及从事工程技术和科学研究奠定基础。

由于电子技术是一门以实验为基础的学科，实践性很强，因此在学习过程中，要注意理论联系实际。要熟悉有关测试仪器、设备的性能和正确的使用方法，通过实验培养分析问题和解决问题的能力。在日常生活中要注意身边与电子技术有关的设备和家用电器，有条件时多动手，以不断增强观察能力、思维能力和动手能力。在学习课程的同时，有意识地培养自身的科学精神和工程思维，这样才能既学好课程，又提高综合能力，真正地达到学习的目的。

## 本章小结

- 介绍了电子技术学科的研究对象、研究意义和电子技术的发展历史，引入了相关的基本概念。
- 通过具体实例给出了电子系统的概念，讨论了本课程所涉及的各种信号的特点。模拟电路处理的是模拟信号，数字电路中运行的是数字信号。
- 信号放大电路是最基本的模拟信号处理电路。根据实际应用所要求的输入信号和输出信号之间的关系，放大电路可分为四种类型：电压放大、电流放大、互阻放大和互导放大。用输入电阻、输出电阻和受控电压源或受控电流源等基本元件，可建立起四种放大电路的简化模型，用于对放大电路基本特性的分析。根据电路分析的要求，这四种放大电路模型之间可实现相互转换。

# 第二部分　模拟电路

## 第 2 章　半导体器件基础

本章学习目标：

- 了解半导体的基础知识，掌握半导体器件的核心环节——PN 结。
- 掌握半导体二极管的物理结构、工作原理、特性曲线和主要参数，二极管基本电路及其分析方法与应用，了解特殊二极管用途。
- 掌握双极型三极管的物理结构、工作原理、特性曲线和主要参数。
- 掌握场效应管的物理结构、工作原理、特性曲线和主要参数。

半导体器件是构成各种模拟电路和数字电路的基础。本章首先简要介绍半导体的基础知识，接着讨论半导体器件的核心内容 PN 结的特性，并重点讨论半导体二极管、双极型三极管及场效应管的物理结构、工作原理、特性曲线和主要参数。

## 2.1　半导体的基本知识

导电性能介于导体与绝缘体之间的材料，称之为半导体。在电子器件中，常用的半导体材料有硅(Si)和锗(Ge)。

半导体有如下特点：

① 导电能力介于导体与绝缘体之间；

② 受到外界光和热的刺激时，其导电能力将会有显著变化；

③ 在纯净半导体中，加入微量的杂质，其导电能力会急剧增强。

### 2.1.1　本征半导体

纯净的半导体称为本征半导体。由于其原子结构是晶体结构，故半导体管也称为晶体管。

半导体硅和锗的原子外层轨道上都有 4 个电子(通常称为价电子)，两个相邻的原子共用 1 对价电子，形成共价键，如图 2.1 所示。在热力学温度零度时，共价键结构使价电子受原子核束缚较紧，无法挣脱其束缚，因此晶体中没有自由电子，半导体不能导电。

共价键上的某些电子受外界能量激发(如受热或光照)后会挣脱共价键束缚，成为带负电荷的自由电子。在电场力作用下，自由电子逆着电场方向做定向运动，形成电子电流。这时半导体具有一定的导电能力。常温下一般自由电子数量较少，所以半导体的导电能力很弱。

共价键上的电子挣脱共价键束缚成为自由电子的同时，在原来的位置留下一个空位，称为空穴。空穴的出现是半导体区别于导体的一个重要特点。

空穴出现后，对邻近原子共价键上的电子有吸引作用。如果邻近共价键的电子进来填补，则其共价键又会产生新的空穴，再吸引其他的电子来填补。从效果上看，相当于空穴沿着电子填补运动的反方向移动。为了与自由电子移动相区别，把这种电子的填补运动叫做空穴运动，形成的电流叫空穴电流。这种情况好比剧场中前座的观众走了出现了一个空位，后座的观众依次向前递补空位，如果以人为参照物，就好像空位在向后移动一样。

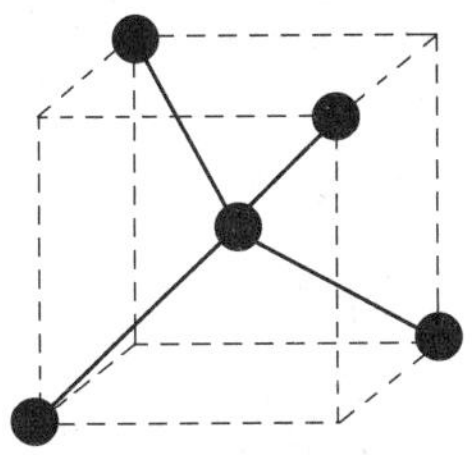

(a) 硅晶体的空间排列

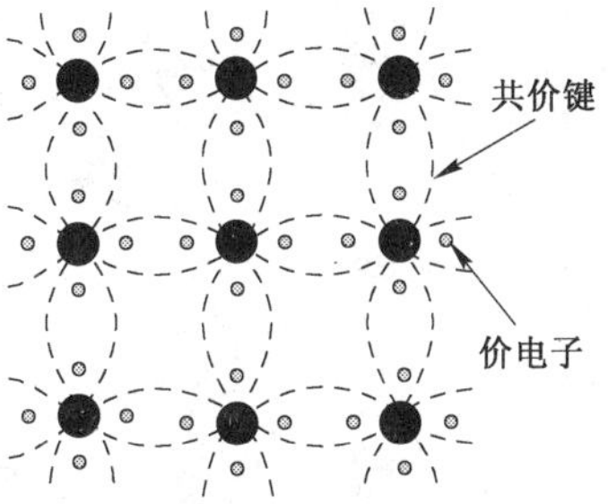


(b) 共价键结构平面示意图

图 2.1　硅原子空间排列及共价键结构平面示意图

所以，半导体中存在两种载流子：电子和空穴。电子带负电荷，空穴带正电荷。自由电子和空穴是两种电量相等、性质相反的载流子。所谓载流子，就是可以移动并参与电流传导的电荷载体。

在本征半导体中，自由电子和空穴总是成对出现的，称为电子-空穴对。因此自由电子和空穴两种载流子的浓度是相等的。由于物质运动，半导体中的电子-空穴对不断产生，同时也不断会有电子填补空穴，使电子-空穴对消失，达到动态平衡时会有确定的电子-空穴对浓度。常温下，载流子很少，导电能力很弱。当温度升高或光照增强时，激发出的电子-空穴对数目增加，半导体的导电性能将增强。利用本征半导体的这种特性，可以制成热敏器件和光敏器件，例如热敏电阻和光敏电阻等，其阻值可以随温度的高低和光照射的强弱而变化。

本征半导体常温下很弱的导电能力，以及对热和光的敏感，决定了不能直接使用这种材料制造半导体器件。实际的器件材料是采用在本征半导体中掺入微量杂质形成的杂质半导体。

### 2.1.2　杂质半导体

在本征半导体中掺入微量杂质形成杂质半导体后，其导电性能将发生显著变化。按掺入杂质的不同，杂质半导体可分为 N 型半导体和 P 型半导体。

**1. N 型半导体**

如果在本征半导体硅（或锗）中掺入微量 5 价杂质元素，如磷、锑、砷等，由于杂质原子的最外层有 5 个价电子，当其中的 4 个与硅原子形成共价键时，就会有多余的 1 个价电子。这个价电子只受自身原子核的吸引，不受共价键的束缚，室温下就能变成自由电子，如图 2.2(a)所示。磷（或锑、砷）原子失去一个电子后，成为不能移动的正离子。掺入的杂质元素越多，自由电子的浓度就越高，数量就越多。并且在这种杂质半导体中，电子浓度远远大于空穴浓度。因此，电子称为多数载流子（简称多子），空穴称为少数载流子（简称少子）。在外电场的作用下，这种杂质半导体的电流主要是电子电流。由于电子带负电荷，因此这种以电子导电为主的半导体称为 N 型半导体（Negative 的词头）。

**2. P 型半导体**

如果在本征半导体硅（或锗）中掺入微量 3 价元素，如硼、镓、铟等，由于杂质原子的最外层有 3 个价电子，当它和周围的硅原子形成共价键时，将缺少 1 个价电子而出现 1 个空位（严格来说，此空位不是空穴，因此不是载流子）。但是附近的共价键中的电子很容易来填补这个空位，于是在该价电子的原位上产生了一个空穴，如图 2.2(b)所示。硼（或镓、铟）原子获得 1 个价电子后，成为不能移动的负离子。所以，掺入了3价元素的杂质半导体，空穴是多数载流子，电子是少数载流子。在外电场的作用下，其电流主要是空穴电流。这种以空穴导电为主的半导体称为P型半导体（Positive的词头）。

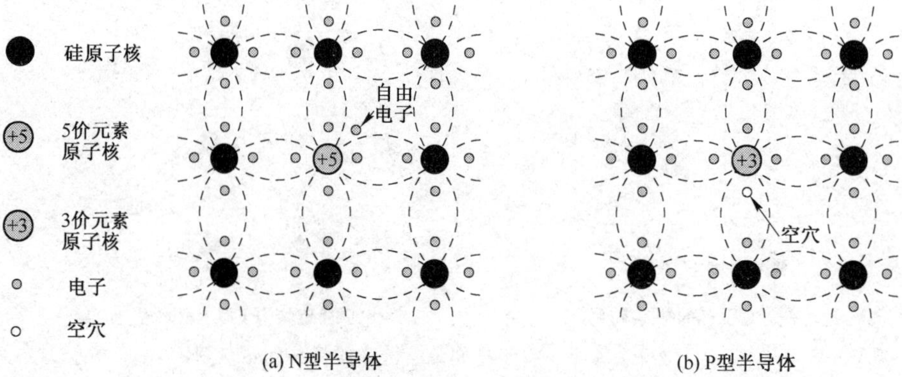


图2.2　N型半导体和P型半导体

综上所述，在本征半导体中掺入5价元素可以得到N型半导体，掺入3价元素可以得到P型半导体。在N型半导体中，由于自由电子数目大大增加，增加了与空穴复合的机会，因此空穴数目便减少了；同样，在P型半导体中，空穴数目大大增加，自由电子数目较掺杂前减少了。由此可知，多数载流子的浓度取决于掺杂浓度；而少数载流子的浓度受温度影响很大。

本征半导体中电子和空穴的浓度相等，而掺杂半导体中电子和空穴的浓度差异相当大。在动态平衡条件下，N型半导体和P型半导体中少数载流子的浓度满足下列关系：

$$p_i \cdot n_i = p_p \cdot n_p = p_n \cdot n_n$$

式中，$p_i$，$n_i$，$p_p$，$n_p$，$p_n$，$n_n$分别为本征半导体、P型半导体和N型半导体中的空穴浓度和电子浓度。

应当注意的是，掺杂后对于P型半导体和N型半导体而言，尽管都有一种载流子是多数载流子，一种载流子是少数载流子，但整个半导体中由于正负电荷数是相等的，它们的作用相互抵消，因此保持电中性。

### 2.1.3　PN结及其单向导电性

本征半导体掺杂后形成的P型半导体和N型半导体，虽然导电能力大大增强，但一般并不能直接用来制造半导体器件，各种半导体器件的核心结构是将P型半导体和N型半导体通过一定的制作工艺形成的PN结，因此，掌握PN结的基本原理十分重要。

**1. PN结的形成**

如果一块半导体的两部分分别掺杂形成P型半导体和N型半导体，在它们的交界面处就形成了PN结。

交界面处存在载流子浓度的差异，会引起载流子的扩散运动，如图2.3(a)所示。P区空穴多，电子少；N区电子多，空穴少。于是，N区电子要向P区扩散，扩散到P区的电子与空穴复合，在交界面附近的N区留下一些带正电的5价杂质离子，形成正离子区；同时，P区空穴向N区扩散，P区一侧留下带负电的3价杂质离子，形成负离子区。这些正负离子通常称为空间电荷，它们不能自由移动，不参与导电。扩散运动的结果，产生从N区指向P区的内电场，如图2.3(b)所示。

在内电场的作用下，P区的少子电子向N区运动，N区的少子空穴向P区运动。这种在内电场作用下的载流子运动称为漂移运动。

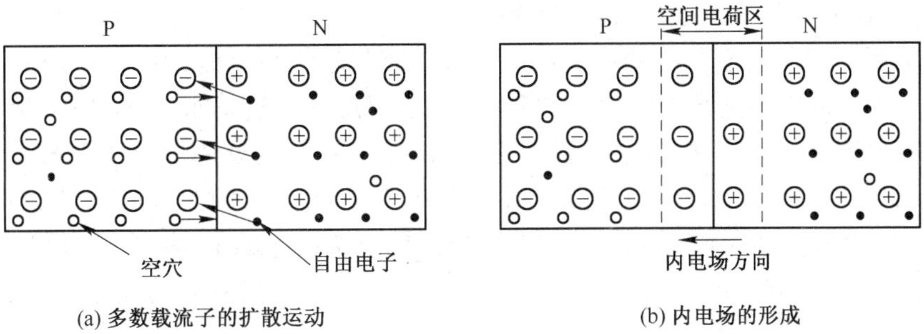


图 2.3　PN 结的形成

由上述分析可知,P 型半导体和 N 型半导体交界面存在着两种相反的运动——多子的扩散运动和少子的漂移运动。内电场促进了少子的漂移运动,却阻挡多子的扩散运动。当这两种运动达到动态平衡时,空间电荷区的宽度稳定下来,不再变化,这种宽度稳定的空间电荷区,就称做 PN 结。

在 PN 结内,由于载流子已扩散到对方并复合掉了,或者说被耗尽了,所以空间电荷区又称为耗尽层。

**2. PN 结的单向导电性**

PN 结无外加电压时,扩散运动和漂移运动处于动态平衡,流过 PN 结的电流为 0。当外加一定的电压时,由于所加电压极性的不同,PN 结的导电性能不同。

(1) 正向偏置——PN 结低阻导通

通常将加在 PN 结上的电压称为偏置电压。若 PN 结外加正向电压(P 区接电源的正极,N 区接电源的负极,或 P 区电位高于 N 区电位),称为正向偏置,如图 2.4(a)所示。这时外加电压在 PN 结上形成的外电场的方向与内电场的方向相反,因此扩散运动与漂移运动的平衡被破坏。外电场有利于扩散运动,不利于漂移运动,于是多子的扩散运动加强,中和了一部分空间电荷,整个空间电荷区变窄,形成较大的扩散电流,方向由 P 区指向 N 区,称为正向电流。在一定范围内,外加电压越大,正向电流越大,PN 结呈低阻导通状态。

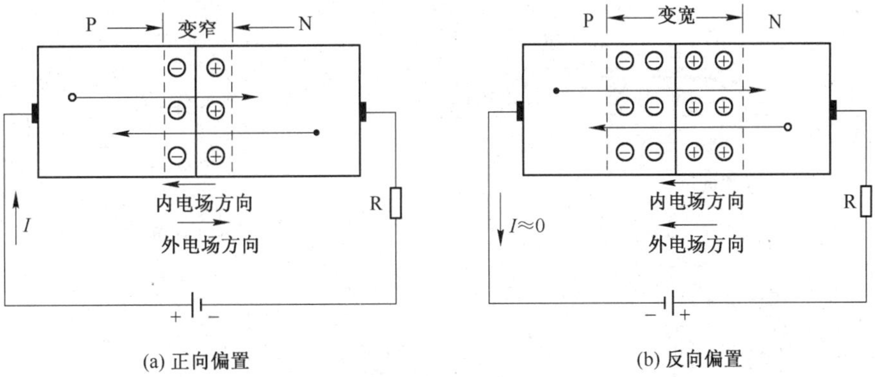


图 2.4　PN 结的单向导电性

注意:正向电流由两部分组成,即电子电流和空穴电流,虽然电子和空穴的运动方向相反,但形成的电流方向一致。

(2) 反向偏置——PN 结高阻截止

若 PN 结外加反向电压(P 区接电源的负极,N 区接电源的正极,或 P 区电位低于 N 区电位),称为反向偏置,如图 2.4(b)所示。这时外加电压在 PN 结上形成的外电场的方向与内电场的方向相同,加强了内电场,促进了少子的漂移运动,使空间电荷区变宽,不利于多子扩散运动的进行。此时主要由少子的漂移运动形成的漂移电流将超过扩散电流,方向由 N 区指向 P 区,称为反向电流。由于在常温下少数载流子数量很少,所以反向电流很小。此时 PN 结呈高阻截止状态。在一定温度下,若反向偏置电压超过某个值(零点几伏),反向电流不会随着反向电压的增大而增大,称为反向饱和电流。反向饱和电流是由少子产生的,因此对温度变化非常敏感。

综上所述,PN 结具有单向导电性:正向偏置时,呈导通状态;反向偏置时,呈截止状态。

除了单向导电性,PN 结还有感温、感光、发光等特性,这些特性经常得到应用,制成各种用途的半导体器件。

**思考题 2.1(参考答案请扫描二维码 2-1)**

二维码 2-1

1. 填空

(1) 半导体的载流子分为______和______两种;

(2) PN 结正向偏置时,空间电荷区将______。

2. 判断(叙述正确在括号内打√,叙述错误在括号内打×)

(1) PN 结反向偏置时没有电流流过;(　　)

(2) 杂质半导体中主要掺入的是三价或者五价元素;(　　)

(3) 本征半导体常温下其导电特性与绝缘体相当。(　　)

# 2.2 二　极　管

## 2.2.1 二极管的结构、符号、类型

从 PN 结的 P 区引出一个电极,称阳极;从 N 区引出一个电极,称阴极。用金属、玻璃或塑料封装起来就构成一只晶体二极管(简称二极管)。二极管是具有一个 PN 结的半导体元件,具有单向导电性。图 2.5 (a)是二极管的结构示意图,图 2.5(b)是二极管的电路符号。符号中的箭头方向表明,二极管的电流从阳极流向阴极。图 2.5(c)为常见二极管外形图。

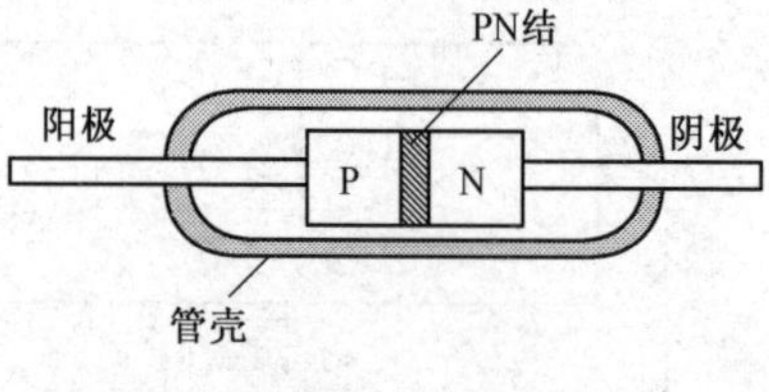


(a) 二极管结构示意图

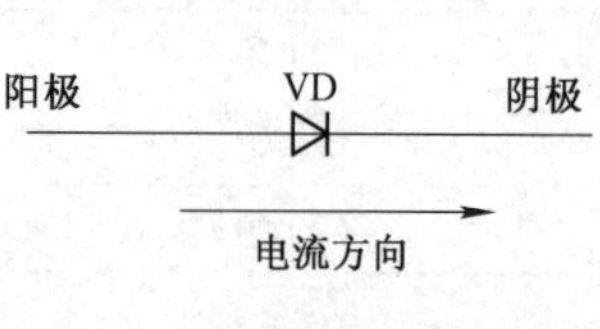


(b) 电路符号

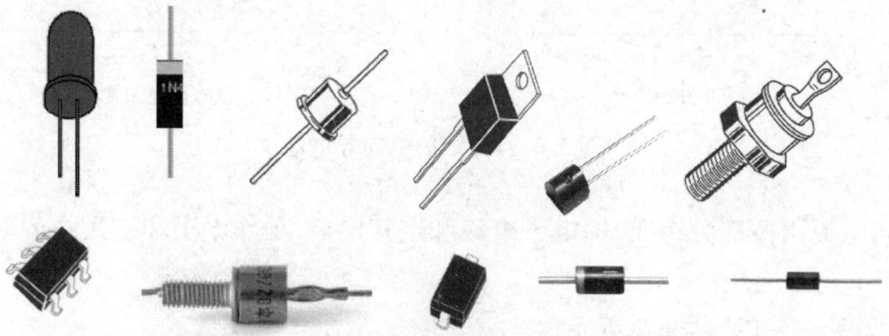

(c) 常见二极管外形图

图 2.5　二极管的结构示意图、电路符号及外形图

常见的二极管的结构类型如图 2.6 所示。二极管按结构分为点接触型、面接触型和平面型三大类。点接触型二极管的 PN 结面积小,结电容小,用于检波和变频等高频电路;面接触型二极管的 PN 结面积大,用于工频大电流整流电路;平面型二极管常用于集成电路制造工艺中,其 PN 结面积可大可小,用于高频整流和开关电路中。

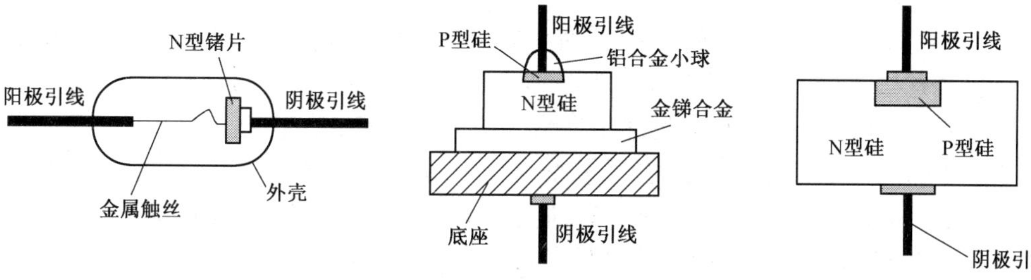


图 2.6　常见的二极管的结构类型

二极管的种类很多,按制造材料分,有硅二极管和锗二极管;按用途分,有整流二极管、检波二极管、稳压二极管、开关二极管等。各种类型二极管的型号与符号的意义可参考有关技术手册及文献。

### 2.2.2　二极管的伏安特性与等效电路

#### 1. 伏安特性

二极管两端的电压与通过它的电流的关系曲线,称为二极管的伏安特性。二极管的伏安特性与 PN 结的伏安特性是一致的。根据半导体物理理论推导,二极管的伏安特性可用下式表示:

$$I=I_S(e^{\frac{V}{V_T}}-1)=I_S(e^{\frac{qV}{kT}}-1)$$

式中,$I_S$为反向饱和电流,$V$ 为二极管两端的电压降,$V_T=kT/q$ 称为温度的电压当量,$k$ 为玻耳兹曼常量($k=1.3806505\times10^{-23}$J/K),$q$ 为电子电荷量($q=1.6021892\times10^{-19}$C),$T$ 为热力学温度。室温时(相当于 $T=300$K),有 $V_T=26$mV。

二极管的伏安特性曲线可以通过实验获得,在二极管的两端加电压,测出流经二极管的电流,即可获得二极管的伏安特性曲线。伏安特性曲线也可以通过晶体管特性图示仪测出。图 2.7 所示为一个典型的二极管的伏安特性曲线。

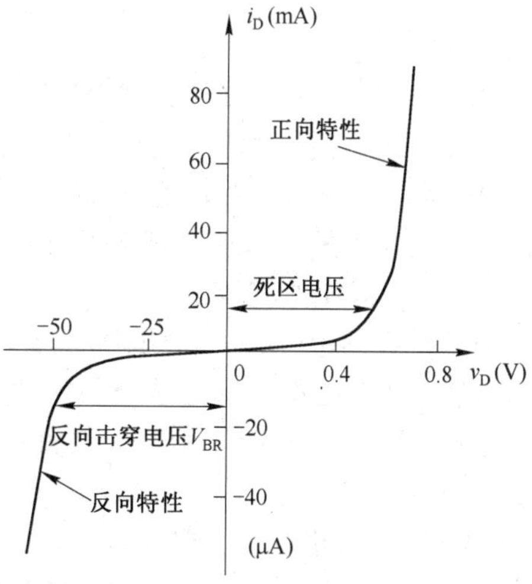


图 2.7　二极管的伏安特性曲线

根据二极管所加电压的正负,特性曲线分为正向特性和反向特性两部分。

(1) 正向特性

当二极管所加正向电压较小时,由于外加电压不足以克服 PN 结内电场对载流子运动的阻挡作用,二极管呈现的电阻较大,因此正向电流几乎为 0。与这一部分相对应的电压叫死区电压(也称门坎电压或阈值电压),死区电压的大小与二极管材料及温度等因素有关。一般硅二极管约为 0.5V,锗二极管约为 0.1V。

当正向电压大于死区电压时，二极管正向导通。导通后，随着正向电压的升高，正向电流急剧增大，电压与电流的关系基本上为一条指数曲线。导通后二极管两端的正向电压称为正向压降，一般硅二极管约为0.7V，锗二极管约为0.2V。由图2.7可见，这个电压比较稳定，几乎不随流过二极管电流的大小而变化。

(2) 反向特性

当二极管加反向电压时，加强了PN结内电场，只有少数载流子在反向电压作用下通过PN结，形成很小的反向电流。反向电压增加但不超过某一数值时，反向电流很小且基本不变，此处的反向电流通常也称为反向饱和电流，特性曲线中此段区域称为反向截止区。反向电流是由少数载流子形成的，它会随温度升高而增大，实际应用中，此值越小越好。

当反向电压增大到超过某一个值时（特性曲线中的对应电压称为反向击穿电压，不同二极管的反向击穿电压不同），反向电流急剧增大，此时二极管失去了单向导电性，这种现象叫反向击穿（属于电击穿）。反向击穿后电流很大，电压又很高，因而消耗在二极管上的功率很大，容易使PN结发热而超过它的耗散功率，产生热击穿。

产生反向击穿的原因是，当外加反向电压太高时，在强电场作用下，空穴和电子数量大大增多，使反向电流急剧增大，此时二极管失去单向导电性。反向击穿可分为雪崩击穿和齐纳击穿，二者的物理过程不同。齐纳击穿常发生在掺杂浓度高、空间电荷区较薄的PN结；雪崩击穿常发生在掺杂浓度低、空间电荷区较厚的PN结。一般二极管中的电击穿大多属于雪崩击穿；齐纳击穿常出现在稳压管（齐纳二极管）中。

值得注意的是，在反向电流和反向电压的乘积不超过PN结容许的耗散功率这一前提下，两种电击穿过程是可逆的，反向电压降低后，二极管可恢复其单向导电性；否则会因过热而烧毁，此时击穿过程就不可逆了，二极管就失效了。

通过上述对特性曲线的分析可得出如下结论：(1)二极管是非线性器件。在正向导通区，通过二极管的电流与加在其两端的电压近似呈指数关系。(2)二极管只有在一定电压范围内才具有单向导电性。

**2. 电路模型**

由于电路分析是以线性原理为基础的，而二极管是非线性器件，显然在分析二极管电路时会很不方便。工程上常用等效电路（或电路模型）来代替电子器件，从而在一定范围内简化计算，并导出实际应用中器件的性能。根据电路模型计算所得的结果与实际值比较接近。以下介绍二极管常用的两种模型：理想模型和简化模型。

(1) 二极管的理想模型

在实际电路中，如果电源电压远远大于二极管的管压降，且电路电阻远远大于二极管的平均电阻，就可以采用二极管的理想模型，此时的二极管可称为理想二极管。

理想模型忽略了二极管正向导通电压与反向工作时的反向电流，即认为伏安特性如图2.8(a)所示。此时给二极管加正向电压，则二极管相当于短路，加反向电压则相当于断路。理想二极管加不同极性电压时的等效电路如图2.9所示，相当于一个理想开关。

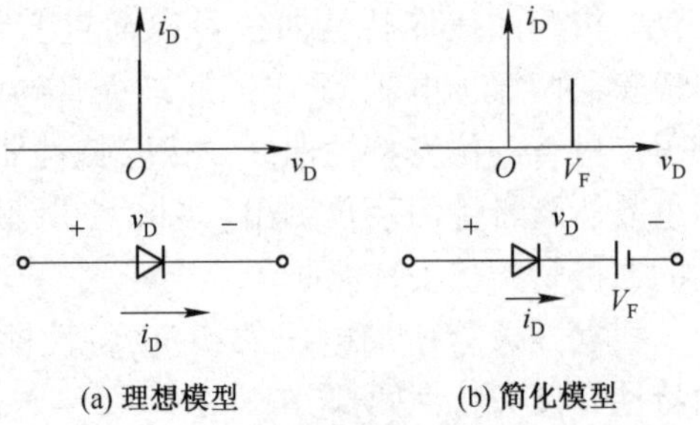


图2.8 二极管的伏安特性及其电路模型

(2) 简化模型

二极管的简化模型（也称恒压模型）应用也很广泛，如果实际电路的电阻远远大于二极管的平均电阻,就可以采用简化模型。该模型认为管压降恒定不变,为 $V_F$,伏安特性如图2.8(b)所示。图2.8(b)中画出了考虑 $V_F$时的二极管等效电路。此时给二极管加正向电压且超过 $V_F$时,二极管导通并且认为电压不再变化;加正向电压但小于 $V_F$或加反向电压时,二极管相当于断开。因此,考虑管压降 $V_F$的二极管在加不同电压时的等效电路如图 2.10 所示。

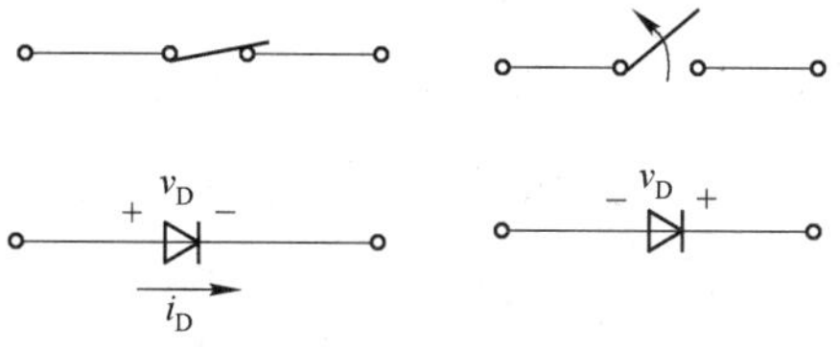


(a) 加正向电压　　(b) 加反向电压

图 2.9　理想二极管在加不同电压时的等效电路

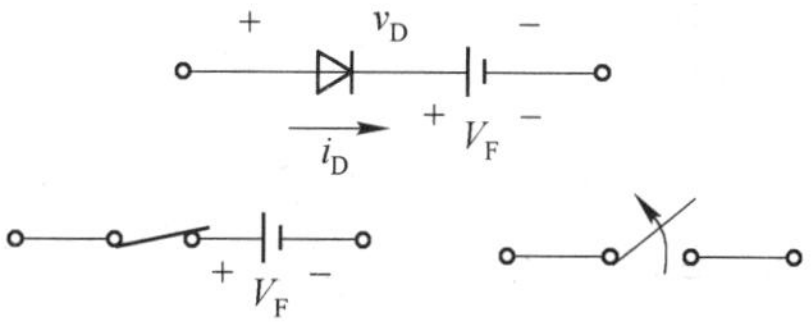


(a) $V>V_F$　　(b) $V<V_F$

图 2.10　考虑管压降 $V_F$的二极管在加不同电压时的等效电路

二极管还有其他的模型,这里不再赘述。值得注意的是,在一定的条件下,正确选择器件的模型,是学习电路需要掌握的基本技能。

## 2.2.3　二极管的主要参数

二极管的参数是合理选用和安全使用二极管的依据。二极管的主要参数有:

**1. 最大整流电流 $I_r$**

$I_r$是二极管长期运行允许通过的最大正向平均电流,由 PN 结的面积和散热条件所决定。使用时若超过此值,可能烧坏管子。

**2. 反向峰值电压 $V_{RM}$**

$V_{RM}$是指允许加在二极管上的反向电压的最大值。通常规定 $V_{RM}$约为击穿电压的一半。

**3. 反向峰值电流 $I_R$**

$I_R$是指在室温下,二极管两端加反向峰值电压时的反向电流值,其值越小,管子的单向导电性能越好。二极管温度升高时该值会急剧增加,因此二极管在高温运行时要特别注意。

此外,二极管的参数还有最高工作频率 $f_M$、结电容及最高结温等。

二极管的主要参数可以从半导体器件手册中查到。但应指出,由于工艺制造的原因,参数的分散性较大,手册上给出的往往是参数值的范围。另外,各种参数是在规定的条件下测得的,在使用时要注意这些条件。特别需要注意的是,使用时不要超过最大整流电流 $I_r$和反向峰值电压 $V_{RM}$,否则会损坏管子。

## 2.2.4　二极管的温度特性

温度对二极管的性能有较大的影响,温度升高时,反向电流将呈指数规律增大。例如,硅二极管的温度每增加 8℃,反向电流将增大约 1 倍;锗二极管的温度每增加 12℃,反向电流约增大 1 倍。另外,温度升高时,二极管的正向压降将减小,每增加 1℃,正向压降约减小 2mV,即二极管具有负的温度系数。这些可以从图 2.11 所示二极管的伏安特性曲线上看出。

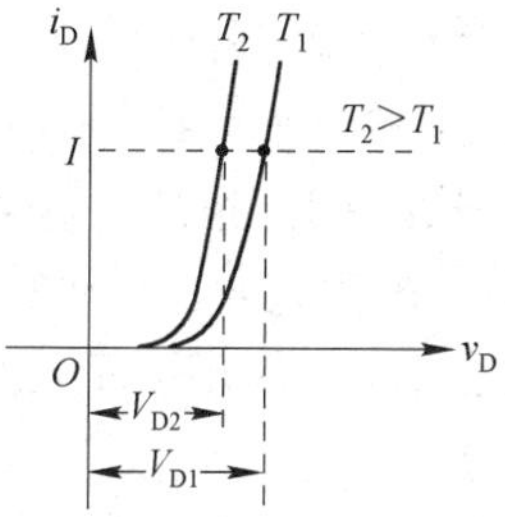


图 2.11　温度对二极管伏安特性曲线的影响

### 2.2.5　二极管的应用

二极管在电子技术中有着广泛的应用，例如它可用于整流、检波、开关元件、稳压、限幅（削波）、钳位等。本节通过具体电路举例说明二极管的限幅作用和钳位作用，其他应用将在后续章节陆续介绍。

**1. 限幅**

利用二极管的单向导电性和导通后两端电压基本不变的特点，可组成限幅电路，用来限制输出电压的幅度。根据二极管是与负载支路串联还是并联，限幅电路常分为两种：串联限幅和并联限幅。二极管限幅电路可用做保护电路，也可用来产生数字信号中的恒幅波等。

**【例 2.1】**　硅二极管限幅电路如图 2.12（a）和（b）所示，当输入电压 $v_i$ 的波形如图 2.12（c）所示时，画出输出电压 $v_o$ 的波形，设二极管为理想器件。

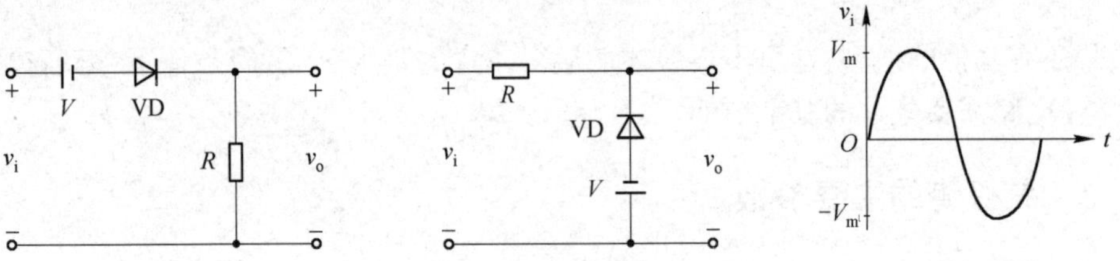


(a) 串联限幅　　(b) 并联限幅　　(c) 输入电压波形

图 2.12　限幅电路

**解**：对于图 2.12（a）的串联限幅电路，当 $v_i>V$ 时，二极管导通，$v_o=v_i-V$；当 $v_i<V$ 时，二极管截止，$v_o=0$。输出波形如图 2.13（a）所示。

对于图 2.12（b）的并联限幅电路，当输入波形 $v_i<-V$ 时，二极管导通，输出电压 $v_o=-V$；当 $v_i>-V$ 时，二极管截止，$v_o=v_i$。输出 $v_o$ 的波形如图 2.13（b）所示。

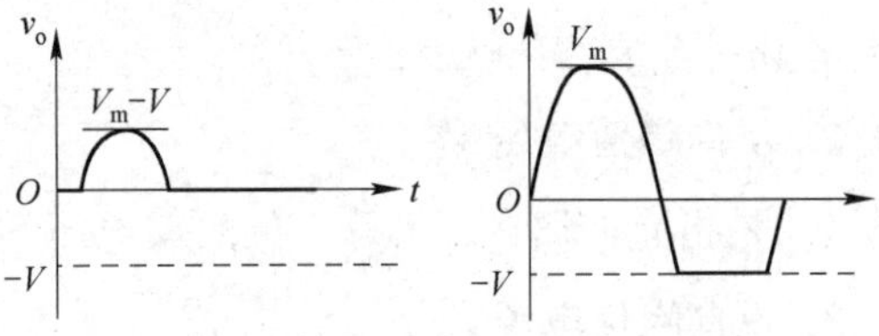


(a)　　(b)

图 2.13　例 2.1 的输出波形

上述两种情况下，输出电压正、负半波的幅度受到了限制，所以称该电路为限幅电路。

**【例 2.2】**　求图 2.14（a）所示电路的输出波形，并绘制该电路的电压传输特性曲线，设二极管为理想器件。

**解**：由直流电源的极性和二极管的方向可知：若输入信号 $v_i<4V$，二极管应该处于导通状态，此时等效电路如图 2.15（a）所示，输出 $v_o=4V$；若输入信号 $v_i>4V$，则二极管截止，此时等效电路如图 2.15（b）

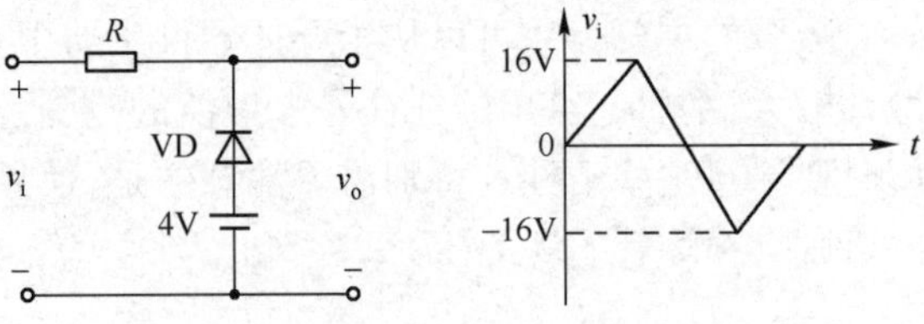


(a)　　(b)

图 2.14　例 2.2 图

所示，输出 $v_o=v_i$；若输入信号 $v_i=4V$，则 $i_d=0$，$v_d=0$，此时电路处于过渡时刻，等效电路如图 2.15（c）所示。输入/输出波形如图 2.16（a）所示。如上分析，该电路的电压传输特性曲线如图 2.16（b）所示。

图 2.17 是例 2.2 的 Multisim 仿真。示波器给出了输入波形和输出波形，可以看出仿真结果与图 2.16 理论分析的结果完全一致。为了使图看得清楚（由于黑白印刷波形无法区分），示波器显示的输出波形在 Y 轴方向做了调整。有关 Multisim 软件的使用见附录 C。

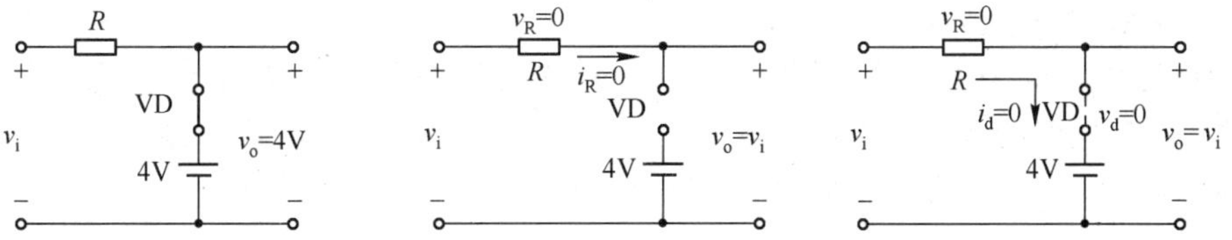


(a) $v_i$<4V　　(b) $v_i$>4V　　(c) $v_i$= 4V

图 2.15　不同输入信号对应的等效电路

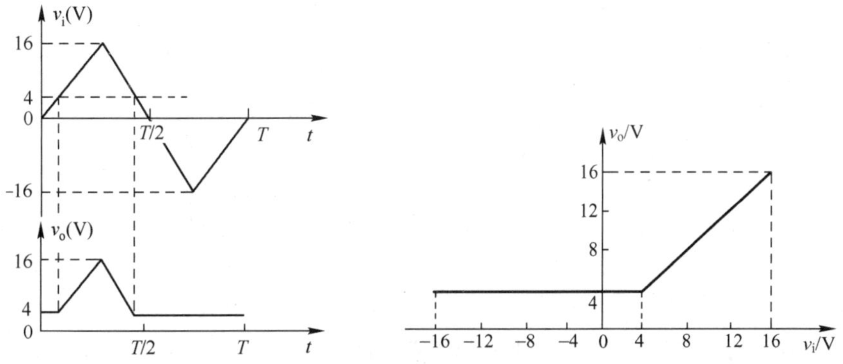


(a)　　(b)

图 2.16　例 2.2 的输入/输出波形和电压传输特性曲线

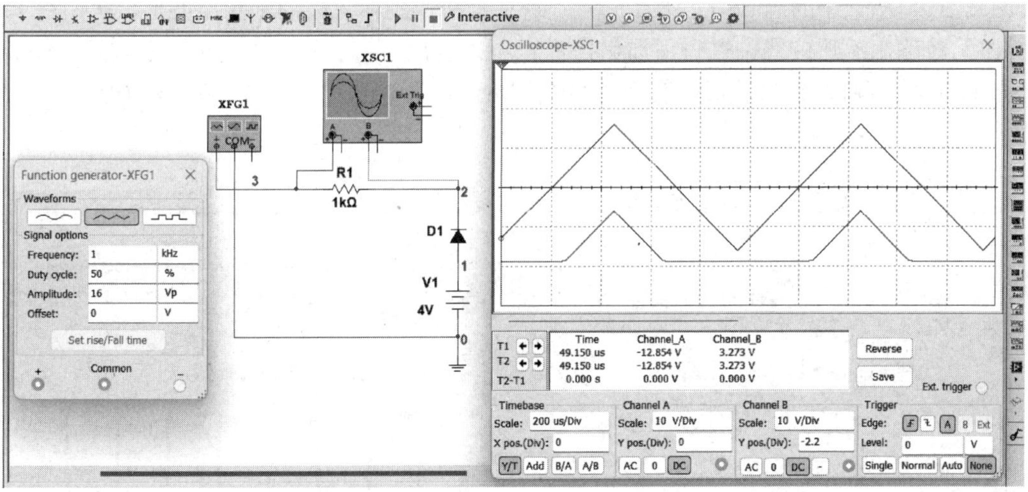


图 2.17　例 2.2 的 Multisim 仿真

## 2. 钳位

钳位是将信号“钳制”在不同的直流电位。为了实现钳位,电路中必须包含电容 $C$、二极管和电阻 $R$,$R$ 和 $C$ 的大小必须进行选择,使得时间常数 $\tau=RC$ 足够大,这样在二极管截止时电容不会很快放电。实际中可以认为电容充分充、放电的时间为时间常数的 5 倍。

**【例 2.3】**　硅二极管钳位电路如图 2.18(a)所示,当输入电压 $v_i$ 的波形如图 2.18(b)所示时,画出输出电压 $v_o$

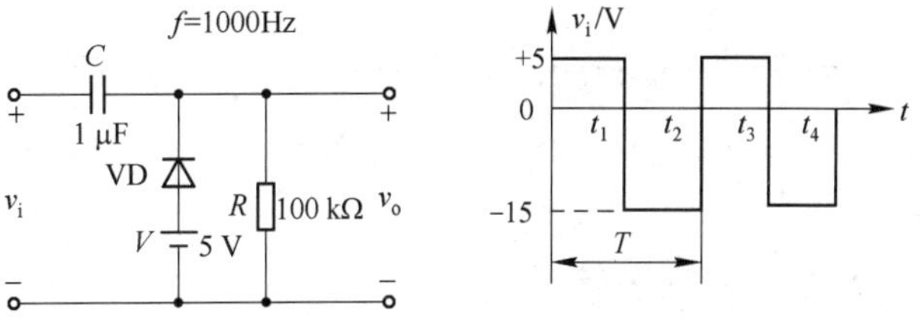


(a) 钳位电路　　(b) 输入波形

图 2.18　钳位电路及输入波形

的波形，设二极管为理想器件。

**解**：因为频率 $f=1000\text{Hz}$，所以周期 $T=1\text{ms}$。对于钳位电路，其输出幅值变化等于输入幅值变化。一般来说，电路的分析始于输入信号使二极管导通的部分。在图 2.18(a)中，$t_1\sim t_2$时段，二极管导通，$v_o=5\text{V}$；根据基尔霍夫电压定律，此时电容上电压充电至 $v_C=20\text{V}$。等效电路如图 2.19(a)所示。

在图 2.18(a)中，$t_2\sim t_3$时段，二极管截止，此时 $v_o=5+20=25\text{V}$，等效电路如图 2.19(b)所示。放电时间常数 $\tau=RC=100\text{k}\Omega\times1\mu\text{F}=100\text{ms}$，因此总的放电时间为 500ms。但$t_2\sim t_3$时段仅为 0.5ms，因此在放电期间电压基本不变。

$v_o$的波形如图 2.19(c)所示，摆幅仍为 20V，但输出波形与输入波形相比其底部被“钳制”在+5V 的电位上。

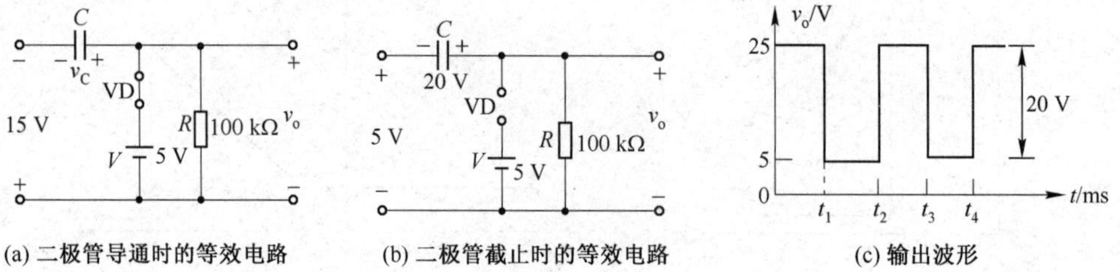


(a) 二极管导通时的等效电路　(b) 二极管截止时的等效电路　(c) 输出波形

图 2.19　钳位电路的等效电路及输出波形

图 2.20 是例 2.3 的 Multisim 仿真。通过瞬态分析得到输入波形和输出波形(为了区分输入输出波形，将输出波形的线条进行了加粗处理)，可以看出二者波形完全一致，只是输出波形在 Y 轴上有了 20V 的移位，输出波形的底部被“钳制”在 5V 的电位上，和图 2.19(c)的理论分析结果一致。

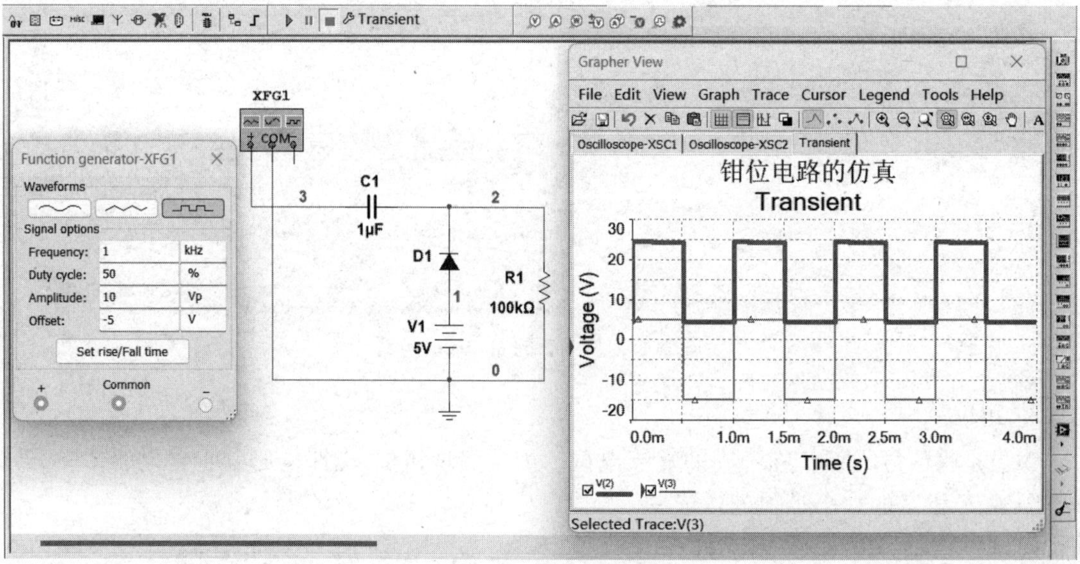


图 2.20　例 2.3 的 Multisim 仿真

### 2.2.6　稳压管

除了前述普通二极管，还有一些特殊的二极管，如稳压二极管、发光二极管、光电二极管、变容二极管等，应用也很广泛。本节着重介绍稳压二极管(简称稳压管)，又称做齐纳二极管。

稳压管是一种面接触型硅二极管，其伏安特性与普通二极管类似，只是反向特性曲线非常陡直，如图 2.21 所示。

稳压管工作在反向击穿区，在规定的反向电流范围内可以重复击穿。反向电压超过击穿电压时，稳压管反向击穿。此后，反向电流在 $I_{Zmin} \sim I_{Zmax}$ 之间变化，但稳压管两端的电压 $V_Z$ 几乎不变。利用这种特性，稳压管在电路中就能达到稳压的目的。图 2.22 就是稳压管 VZ 与负载 $R_L$ 并联的稳压电路。显然，负载两端的输出电压 $v_o$ 等于稳压管的稳定电压 $V_Z$，即 $v_o = V_Z$。

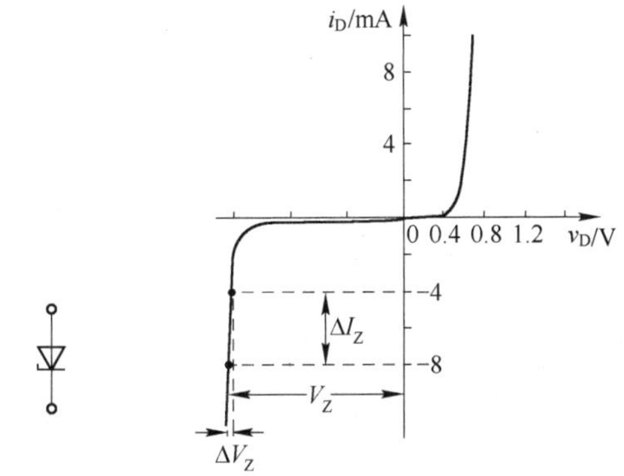


(a) 符号　　(b) 伏安特性

图 2.21　稳压二极管的符号和伏安特性

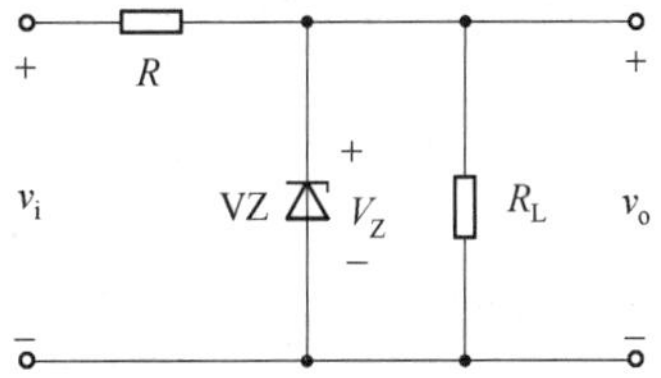


图 2.22　稳压管稳压电路

稳压管的主要参数有：

① 稳定电压 $V_Z$：$V_Z$ 是稳压管正常工作时管子两端的反向电压。由于制造工艺等方面的原因，即使是同一型号的稳压管，其稳定电压也不相同，因此使用时需要测定该值。

② 动态电阻 $r_Z$：动态电阻是指稳压管两端电压的变化量与相应电流变化量的比值，即 $r_Z = \Delta V_Z / \Delta I_Z$。动态电阻越小，则稳压特性越好，其特性曲线越陡直。

③ 稳定电流 $I_Z$：$I_Z$ 是稳压管的工作电流，取值在 $I_{Zmax} \sim I_{Zmin}$ 之间，通常取 $I_Z = (1/2 \sim 1/4) I_{Zmax}$。

**思考题 2.2（参考答案请扫描二维码 2-2）**

1. 填空

（1）究其本质而言，二极管内部结构就是一个________。

（2）温度升高时，二极管的反向饱和电流会________。

（3）稳压管的稳压区是指其工作在________ 状态。

二维码 2-2

2. 选择

（1）二极管两端加正向电压时（　　）。

A. 一定导通　　B. 超过 0.7V 才导通　　C. 超过 0.3V 才导通　　D. 超过死区电压才导通

（2）假如某硅材料二极管的反向击穿电压为 75V，则其最高反向工作电压（　　）。

A. 约为 75V　　B. 大于 75V　　C. 不超过 75V　　D. 约为 37.5V

## 2.3　三　极　管

晶体三极管（简称晶体管、三极管）也称做双极型三极管（Bipolar Junction Transistor，缩写为 BJT），它是电子电路中的主要放大器件。本节主要介绍三极管的结构、类型、放大原理、电路特性及主要参数。

## 2.3.1 三极管的结构、符号、类型及应用

通过一定的制作工艺使 3 层半导体形成 2 个 PN 结，自 3 层半导体各引出 1 个电极，然后用管壳封装，就构成了组成各种电子电路的核心半导体器件——三极管，3 个电极分别称做发射极 e、基极 b、集电极 c。3 个电极对应的每层半导体分别称做发射区、基区、集电区，如图 2.23(a)所示。发射区与基区交界处的 PN 结叫发射结，集电区与基区交界处的 PN 结叫集电结。不论是硅管还是锗管，根据结构都可分为 NPN 和 PNP 两种类型。

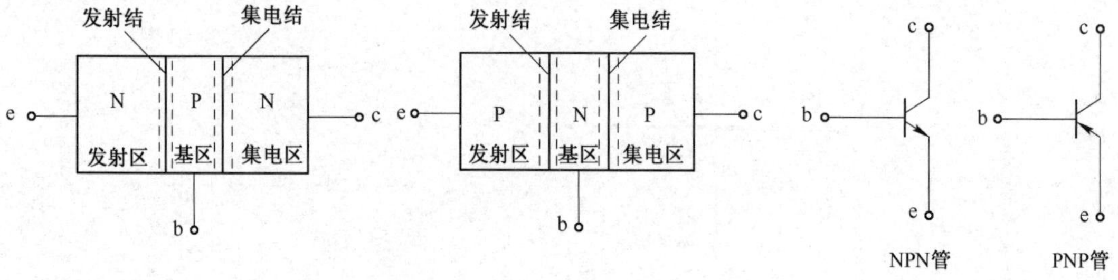


(a) 三极管结构　　(b) 电路符号

图 2.23　三极管结构及电路符号

三极管的电路符号如图 2.23(b)所示，图中箭头方向表示发射结正偏时发射极电流的实际方向。图 2.24 所示为常见三极管的实际外形封装及典型引脚排列。

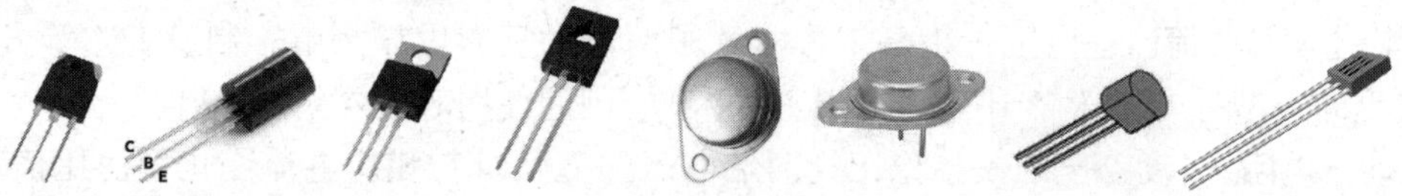


(a) 实际外形封装

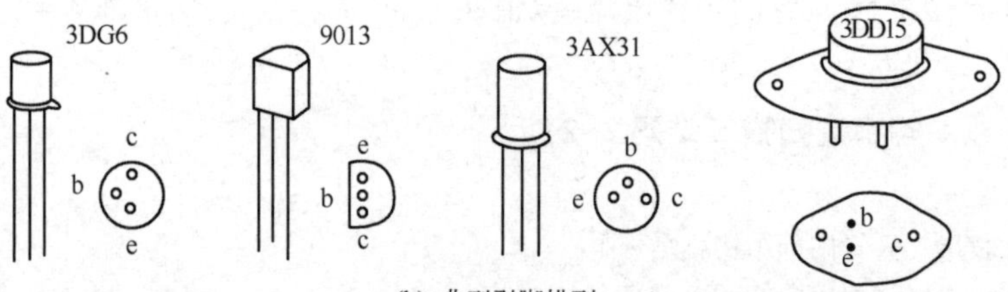


(b) 典型引脚排列

图 2.24　常见三极管实际外形封装及典型引脚排列

三极管的种类很多，除了按照结构分类，还经常有以下分类方法：按照制造材料，分为锗管与硅管（两种管子特性大致相同，硅管受温度影响较小，工作较稳定）；按照功率的大小分为小功率管、中功率管和大功率管；按照工作频率的高低分为高频管和低频管；按照用途的不同，分为放大管和开关管，等等。

三极管的应用主要分为两个方面：①利用其饱和、截止状态使 BJT 作为一个可以控制的无触点开关；②工作在放大状态，用做放大器。

## 2.3.2 三极管的电流分配及放大作用

### 1. 三极管处于放大状态的工作条件

为了使三极管具有放大作用，一定要满足两方面的条件：①在制造时应使发射区的掺杂浓度

比较高,基区做得很薄且掺杂浓度远远低于发射区(一般低几百倍),要求集电结的面积大,掺杂浓度更低,这些制造工艺是保证三极管具有电流放大作用的内部条件。②外加电压必须保证发射结正向偏置,集电结反向偏置,这是使三极管具有电流放大作用的外部条件。此条件对于NPN 管来说,要求 $V_B>V_E$,$V_C>V_B$,也即 NPN 管集电极电位最高,发射极电位最低;对于 PNP 管来说,情况正好相反,要求 $V_B<V_E$,$V_C<V_B$,也即 PNP 管发射极电位最高,集电极电位最低。

**2. 三极管在电路中的 3 种接法**

在电路中,三极管 3 个电极中的 2 个电极可以作为输入端,2 个电极可以作为输出端,这样必然有 1 个电极是公共电极。采用不同的电极作为公共电极就形成了三极管在电路中的 3 种接法,也称 3 种组态,如图 2.25 所示。

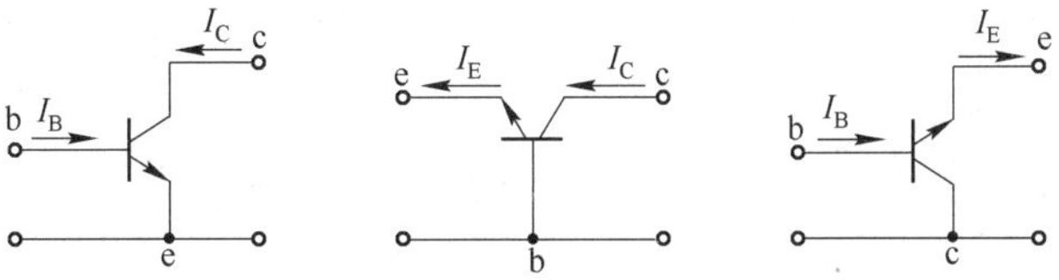


图 2.25　三极管的 3 种接法

发射极作为公共电极,称做共发射极接法,用 CE(Common Emitter)表示;集电极作为公共电极,称做共集电极接法,用 CC(Common Collector)表示;基极作为公共电极,称做共基极接法,用 CB(Common Base)表示。

**3. 三极管的电流分配及放大作用**

(1) 三极管中载流子的运动及电流分配

本节以 NPN 管共发射极接法电路为例,介绍三极管的电流分配及放大作用。

NPN 管共发射极接法如图 2.26 所示。其中,由基极电源 $V_{BB}$ 和基极电阻 $R_b$ 供给 NPN 管发射结正向偏压,构成输入电路;由集电极电源 $V_{CC}$ 和集电极电阻 $R_c$ 供给集电结反向偏压($V_{CC}>V_{BB}$),构成输出电路。由于三极管的发射极作为输入电路和输出电路的公共端,所以电路属于共发射极接法。

当 NPN 管发射结加正向电压时,发射结的内电场被削弱,有利于发射结两边半导体中多子的扩散。由于发射区掺杂浓度很高,发射区将有大量的电子向基区扩散,形成电子电流 $I_{EN}=\gamma I_E$,其中 $\gamma$ 为发射极发射系数,接近于 1,如图 2.27 所示。同时从基区向发射区也有空穴的扩散运动,基区中的多子空穴通过发射结注入到发射区,形成的空穴电流为 $I_{EP}$,$I_{EN}$ 与 $I_{EP}$ 之和即为发射极电流 $I_E$。因为基区的掺杂浓度远远小于发射区的掺杂浓度,因此,与电子电流相比,空穴电流是很小的,其值为 $(1-\gamma)I_E$。有

$$I_E=I_{EN}+I_{EP}\quad (I_{EN}\gg I_{EP})$$

电子到达基区后,因为基区掺杂浓度较低,并且基区很薄,因而在基区电子与空穴复合的机会很少,形成的基区复合电流 $I_{BN}$ 只是 $I_E$ 中的很小一部分,大小为 $(\gamma-\alpha)I_E$,其中 $\alpha$ 为正向电流传输系数,其值在 0.90~0.999 之间,典型值为 0.98。由于基区接基极电源的正极,基区中的电子不断被电源 $V_{BB}$ 拉走,相当于不断地向基区补充被复合掉的空穴。

基区很薄,载流子又少,为了保证把扩散到基区的大量电子拉入集电区,必须给集电结加反向电压。这样,在集电结反偏电压的作用下,绝大多数电子穿越集电结,形成集电极电子电流的主要构成部分 $I_{CN1}=\alpha I_E$。由于集电结外加反向电压,集电结的内电场被加强,有利于集电结两边少子的漂移。因此,流过集电极的电流 $I_C$,除了包括发射区注入到基区的电子穿越集电结形成的

集电极电子电流 $I_{CN1}$外，还包括由于集电结反偏，集电区的少子空穴和基区中的少子电子形成的漂移电流 $I_{CBO}=I_{CN2}+I_{CP}$，也称反向饱和电流。因此

$$I_C=I_{CN1}+I_{CBO}=I_{CN1}+I_{CN2}+I_{CP}$$

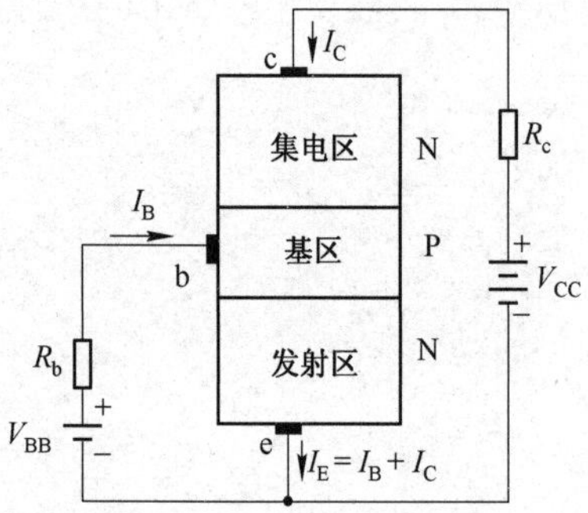

图 2.26　NPN 管共发射极接法

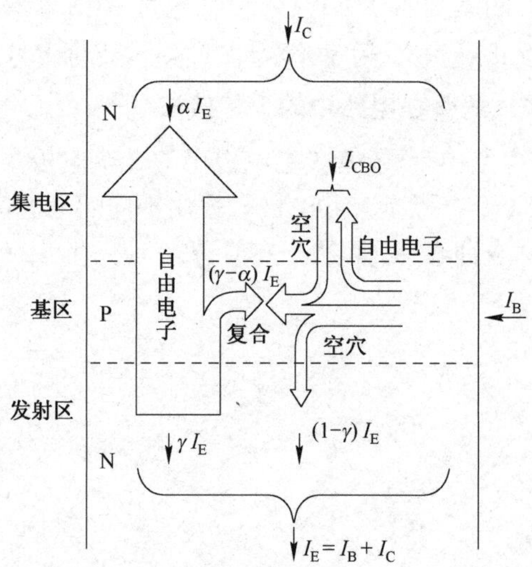


图 2.27　共发射极接法时 NPN 管中的载流子的运动

基极电流则由以下几部分组成：基区中的多子空穴通过发射结形成的空穴电流 $I_{EP}$，发射区电子在向集电区运动过程中形成的基区复合电子电流 $I_{BN}=I_{EN}-I_{CN1}$，以及反向饱和电流 $I_{CBO}$。即

$$I_B=I_{EP}+I_{BN}-I_{CBO}=I_{EP}+(I_{EN}-I_{CN1})-I_{CBO}$$

上式利用了关系 $I_{EN}=I_{CN1}+I_{BN}$，其中 $I_{EN}\gg I_{BN}$，$I_{CN1}\gg I_{BN}$。

由上述分析，可以得到 3 个电极的电流之间的关系式为

$$I_E=I_{EP}+I_{EN}=I_{EP}+I_{CN1}+I_{BN}=I_{EP}+I_{CN1}+I_B-I_{EP}+I_{CBO}=I_{CN1}+I_B+I_{CBO}=I_C+I_B$$

由于 $I_C=I_{CN1}+I_{CBO}=\alpha I_E+I_{CBO}\approx I_E$，所以 $I_B$是两个近乎相等的电流之间的微小差值。

(2) 电流放大系数

如前所述，在共发射极接法下，输入电流是基极电流 $I_B$，输出电流是集电极电流 $I_C$。因为 $I_E=I_C+I_B$，所以

$$I_C=\alpha I_E+I_{CBO}=\alpha(I_C+I_B)+I_{CBO}$$

于是可以得到 $I_C$与 $I_B$的关系为

$$I_C=\frac{\alpha}{1-\alpha}I_B+\frac{1}{1-\alpha}I_{CBO}$$

为简化上式，定义晶体管的共发射极直流电流放大系数

$$\bar{\beta}=\frac{\alpha}{1-\alpha}$$

并且
$$\frac{I_{CBO}}{1-\alpha}=\left(\frac{\alpha}{1-\alpha}+\frac{1-\alpha}{1-\alpha}\right)I_{CBO}=(1+\bar{\beta})I_{CBO}=I_{CEO}$$

其中，$I_{CEO}$是集电极与发射极间的反向电流。

这样，$I_C$与 $I_B$的关系可简写为

$$I_C=\bar{\beta}I_B+I_{CEO}$$

下面举例说明上述几个参数的数量关系。

例如，$\alpha=0.99$，$I_{CBO}=10^{-11}$ A，$I_B=20\mu$A，则

$$\bar{\beta}=\frac{\alpha}{1-\alpha}=\frac{0.99}{1-0.99}=99,\quad I_{CEO}=(1+\bar{\beta})I_{CBO}=10^{-9}\text{A}$$

$$I_C=\bar{\beta}I_B+I_{CEO}=1.98\text{mA},\quad I_E=I_B+I_C=2\text{mA}$$

由上面的例子可以看出，$I_{CEO}$是非常小的一个值，因此一般可用$\bar{\beta}=I_C/I_B$近似表示共发射极直流电流放大系数。

三极管在制成之后，基区宽度与载流子浓度均是确定的值，从发射区扩散到基区的载流子在基区的复合数目与被拉入集电区的载流子数目也是确定的。这样，$I_C$与$I_B$的比值$\bar{\beta}$也是一个确定的值，一般取值范围为几十到几百，典型值为30~80。

但是，三极管常常工作在有变化信号输入的情况下，此时发射结两端的电压发生变化，会引起$I_B$变化，$I_C$也会随$I_B$的变化按一定比例变化。定义

$$\beta=\Delta I_C/\Delta I_B$$

为三极管的共发射极交流电流放大系数。

注意：$\beta$与$\bar{\beta}$概念不同，但在小信号条件下计算时，两者近似相等，一般不予严格区分。

(3) 三极管的电压极性和电流方向

三极管实际的电压极性和电流方向如图2.28所示。

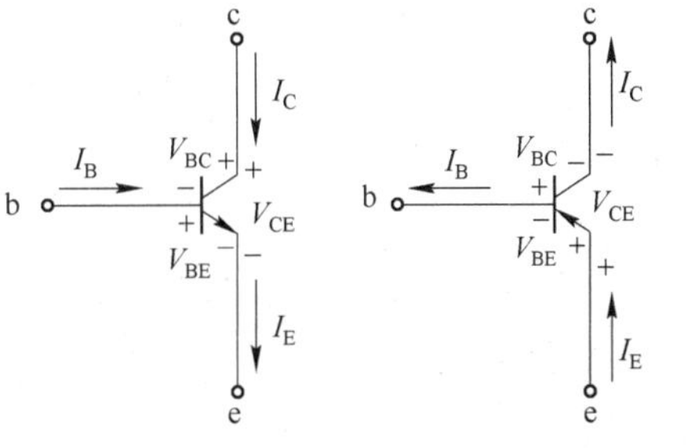


(a) NPN管　(b) PNP管

图2.28　三极管实际的电压极性和电流方向

## 2.3.3　三极管的输入特性与输出特性

三极管的伏安特性包括输入特性和输出特性，两者可以全面描述三极管各电极电流及电压间的关系。本节以NPN管为例，介绍共射组态下三极管的输入特性和输出特性。

### 1. 输入特性

产生基极电流$i_B$的回路称做三极管的输入电路，如图2.29(a)的虚线所示。输入电路的电压-电流关系曲线称做晶体管的输入特性曲线，表示成函数式为

$$i_B=f(v_{BE})\big|_{v_{CE}=\text{常数}}$$

在基极电路中串联电流表，测量基极电流$i_B$；在基极、发射极间并联电压表，测量基极、发射极间电压$v_{BE}$。保持$v_{CE}$不变，改变基极电阻$R_b$（即改变$i_B$），可以测得与之对应的$v_{BE}$的值，它们可以在输入特性曲线上确定一个点；获得一系列这样的点，绘成曲线，即得到输入特性曲线。如图2.29(b)所示。

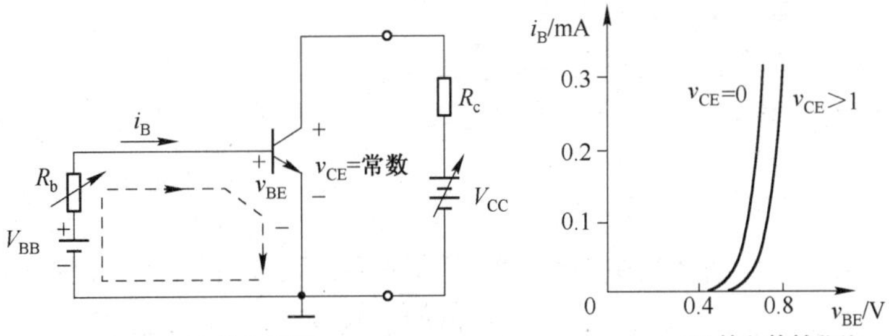


(a) 输入电路　(b) 输入特性曲线

图2.29　三极管的输入电路与输入特性曲线

当$v_{CE}=0$时，输入特性曲线即为二极管的伏安特性曲线，由于此时从三极管的输入电路看，基极和发射极之间相当于两个PN结并联。随着$v_{CE}$的增大，三极管发射区的载流子大部分被集电极收集，形成集电极电流$i_C$，只有少数与基区载流子复合，形成基极电流$i_B$。这样，和$v_{CE}=0$时相比，若$v_{BE}$相同，则$i_B$大大减小，因此输入特性曲线右移。

若$v_{CE}$继续增大，超过某一数值(例如$v_{CE}>1V$)时，所有的输入特性曲线几乎重叠，因为集电结反向偏置电压将基区的载流子基本都收集过来，$v_{CE}$的增大不会使$i_B$有显著减小。因此三极管的输入特性曲线可以用$v_{CE}>1V$后的任何一条曲线表示。

**2. 输出特性**

产生集电极电流$i_C$的电路称为三极管的输出电路。图2.30(a)中虚线框表示的电路即为输出电路。三极管的输出特性曲线是指集电极、发射极间的电压$v_{CE}$与集电极电流$i_C$的关系曲线，用函数式表示为

$$i_C=f(v_{CE})\big|_{i_B=\text{常数}}$$

调整$R_b$的值，使$i_B$保持某一确定的值不变。此时改变$V_{CC}$的值，可以获得一系列与$v_{CE}$对应的$i_C$的值，绘成线，即得一条输出特性曲线。再调节$R_b$，重复上述过程，可以获得一系列曲线构成的曲线族，如图2.30(b)所示。

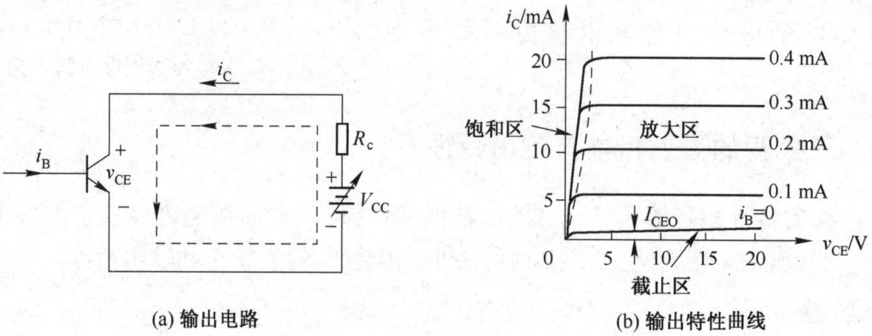


图2.30 晶体管的输出电路与输出特性曲线

由三极管的输出特性曲线可以看出，其起始部分很陡，超过某一数值后变得平坦。为研究方便，输出特性曲线可以分成三个区域：截止区、饱和区和放大区。下面分别介绍。

(1) 截止区

对应于$i_B=0$的输出特性曲线与$v_{CE}$轴之间的区域，称为截止区。在截止区内，三极管的发射结和集电结都处于反向偏置状态，$v_{BE}<0$，$v_{BC}<0$，$v_{CE}\approx V_{CC}$，$i_C\approx 0$(此时$i_C=I_{CEO}$，$I_{CEO}$的值很小，通常小于1μA，在输出特性曲线上不容易表示出来)。实际上，当发射结所加电压小于死区电压，也就是说$V_{BE}<0.5V$时，即已进入截止状态。

截止的三极管c、e极间呈现高阻状态。若$I_{CEO}$忽略不计时，此时的BJT如同工作在断开状态，三极管可以近似地等效为1个断开的开关，如图2.31所示，其集电极电流几乎为0，没有放大作用。

(2) 饱和区

输出特性曲线中靠近$i_C$轴附近位于虚线左侧的区域，称为饱和区。在该区域，不同的$i_B$值对应的曲线几乎重叠，也即$i_C$基本上不随$i_B$变化，此时三极管失去放大作用。

饱和现象的产生是由于$v_{CE}$减小到一定的程度后，集电结收集载流子的能力减弱，发射极发射有余，而集电极收集不足，这时即使$i_B$增加，但$i_C$却不能增加，也即此时不再服从$i_C=\beta i_B$的规律。

输出特性曲线中的虚线为临界饱和线，临界饱和线上各点满足 $v_{CE}=v_{BE}$，即 $v_{CB}=0$。三极管饱和时，$v_{CE}<v_{BE}$。饱和时的管压降用 $V_{CES}$表示。一般地，硅管的 $V_{CES}=0.3V$；锗管的 $V_{CES}=0.1V$。

三极管饱和时，发射结和集电结均为正向偏置，集电极与发射极间呈低阻状态，BJT 如同工作在短接状态。若忽略 $V_{CES}$，饱和时 c、e 极间近似地等效为 1 个闭合的开关，如图 2.32 所示。

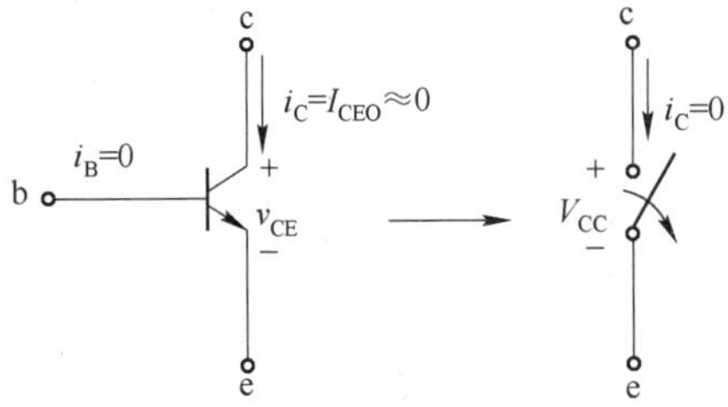


图 2.31　截止时等效为断开的开关

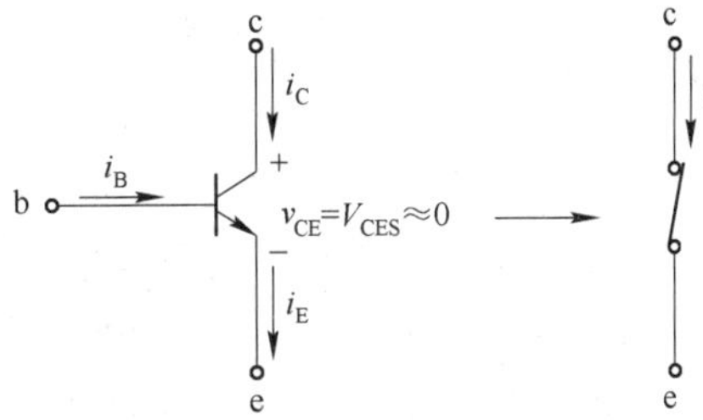


图 2.32　饱和时等效为闭合的开关

(3) 放大区

输出特性曲线比较平坦的区域是放大区，位于截止区与饱和区之间。此时发射结正偏，集电结反偏，集电极与发射极的极间电压满足：$v_{BE}<v_{CE}<V_{CC}$。在放大区内，$i_B$一定时，$i_C$基本上不随 $v_{CE}$变化，因此输出特性曲线近似平行于 $v_{CE}$轴，集电极电流具有恒流特性。并且，$i_C$变化只受 $i_B$的控制，$i_B$的微小变化将引起 $i_C$ 较大的变化。如图 2.30 所示，$i_B$由 0.1mA 增大到 0.2mA 时，$i_C$由 5mA 增大到 10mA，二者的变化量成正比，这一点正是体现了三极管的电流放大作用，也即一个小电流对大电流的控制作用。电流放大系数为 $\beta=i_C/i_B$。

下面举例说明三极管 3 种工作状态的判断方法。

**【例 2.4】**　三极管 3 个电极的对地电位如图 2.33 所示，试判断三极管的工作状态。

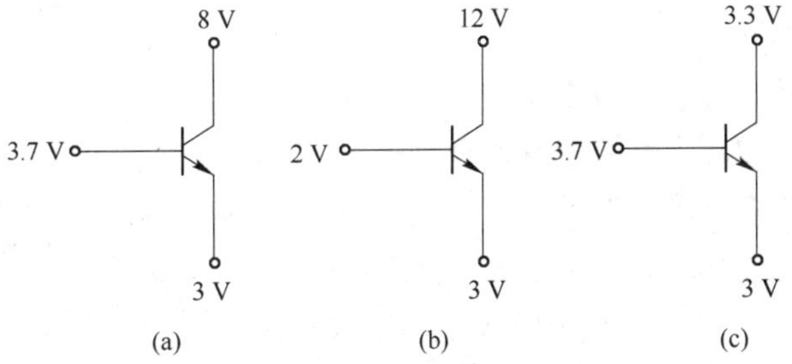


图 2.33　例 2.4 的图

**解：**(a) 因为 $v_{BE}=0.7V$，$v_{CE}=5V$，$v_{BE}<v_{CE}$，此时发射结正偏，集电结反偏，所以三极管处于放大状态；

(b) 因为 $v_{BE}=-1V$，$v_{BE}<0$，发射结和集电结均反向偏置，所以三极管处于截止状态；

(c) 因为 $v_{BE}=0.7V$，$v_{CE}=0.3V$，$v_{CE}<v_{BE}$，发射结和集电结均正向偏置，所以三极管处于饱和状态。

## 2.3.4　三极管的主要参数

三极管的参数是判断管子质量的标准，同时又是正确安全使用的依据，一般可分为性能参数和极限参数两大类。由于制造工艺的离散性，同一型号的管子，参数也会有差异，这一点在使用时要特别注意。

**1. 三极管的主要性能参数**

(1) 电流放大系数 $\beta$

通过前述分析可知:电流放大系数 $\beta$ 表征共发射极接法电流的放大作用。由于三极管输出特性的非线性,只有在输出特性曲线的近似水平部分,$\beta$ 值的大小才可以认为基本恒定。该值在输出特性曲线上表现为曲线间隔的大小:$\beta$ 值大,意味着输出特性曲线的间隔大;反之则意味着输出特性曲线的间隔小。

(2) 反向饱和电流

① 集电极和基极之间的反向饱和电流 $I_{CBO}$

$I_{CBO}$ 是指发射极开路时,集电极和基极之间由于集电区和基区中的少数载流子漂移运动所形成的反向饱和电流,该值受温度的影响很大。$I_{CBO}$ 越小意味着管子的温度稳定性越高。硅管的 $I_{CBO}$ 小于锗管的。

② 集电极和发射极之间的穿透电流 $I_{CEO}$

$I_{CEO}$ 是指基极开路时,集电极流到发射极的电流,又称穿透电流。前面讲过,$I_{CEO}=(1+\bar{\beta})I_{CBO}$,所以 $I_{CEO}$ 受温度的影响更严重。

$I_{CBO}$ 和 $I_{CEO}$ 都是表征三极管热稳定性的参数,二者的值越小,工作越稳定,质量越好。因此在选择管子时,要求 $I_{CBO}$ 和 $I_{CEO}$ 尽可能地小。

**2. 三极管的主要极限参数**

(1) 集电极最大允许电流 $I_{CM}$

$I_C$ 增大到某一数值时,$\beta$ 的值会降低。当 $\beta$ 下降到正常值的 2/3 时的集电极电流,称为集电极最大允许电流 $I_{CM}$。虽然 $I_C$ 超过 $I_{CM}$ 时,三极管不一定损坏,但此时 $\beta$ 已降低,使用时要注意。

(2) 集电极-发射极反向击穿电压 $V_{(BR)CEO}$

$V_{(BR)CEO}$ 是基极开路条件下,加在集电极与发射极间的最高允许电压。如果集电极与发射极间的电压 $V_{CE}$ 超过 $V_{(BR)CEO}$,$I_{CEO}$ 会突然增大,造成集电结反向击穿。

(3) 集电极最大允许耗散功率 $P_{CM}$

$P_{CM}$ 是指集电结上允许损耗功率的最大值。$I_C$ 通过集电结时,会产生损耗,导致三极管发热,甚至造成损坏。使用时应当保证 $P_C<P_{CM}$,否则有可能导致管子烧毁。

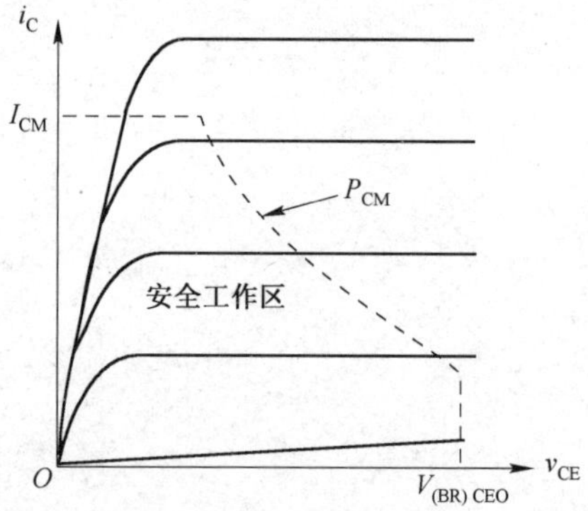


图 2.34　三极管的安全工作区

根据 $P_C=V_{CE}I_C$,可以在输出特性曲线上画出管子的最大允许耗散功率曲线。由晶体管的 3 个极限参数 $I_{CM}$、$P_{CM}$ 和 $V_{(BR)CEO}$,可以在输出特性曲线上画出管子的安全工作区,如图 2.34 所示。

**思考题 2.3(参考答案请扫描二维码 2-3)**

二维码 2-3

1. 判断(叙述正确在括号内打√,叙述错误在括号内打×)

(1) 选择 $I_{CEO}$ 大的三极管可以获得更高的温度稳定性;(　　)

(2) 温度升高时,三极管输出特性曲线之间的间隔将增大;(　　)

(3) 经测试:一只硅材料三极管的三个电极对地电压分别为 $V_C=11V$,$V_B=6V$,$V_E=5.3V$,由此可以判断此三极管工作在饱和状态。(　　)

2. 填空

(1) 用来放大时，双极结型三极管的发射结应________偏置，集电结应________偏置；

(2) 从结构上来分，双极结型三极管有________ 和________ 两种；

(3) 图 S2.3.1 中的三极管其另一个电极的电流为________ ，该管是________ 型三极管，其$\beta$值为________。

3. 在集成电路中三极管有时接成图 S2.3.2 所示的电路形式，试分析三极管此种接法的目的。

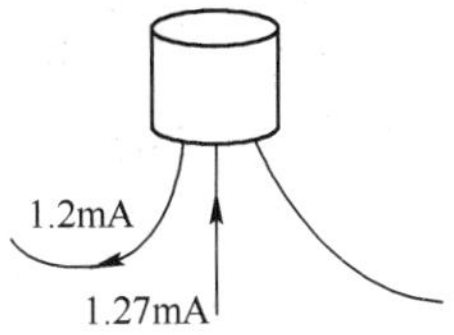


图 S 2.3.1

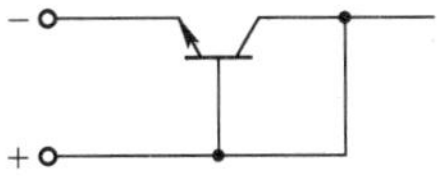


图 S 2.3.2

# 2.4 场效应管

场效应管(Field Effect Transistor,FET)也是一种三端半导体器件，也可以作为放大器件或者开关使用。前面介绍的三极管中多数载流子和少数载流子同时参与导电，所以又称为双极型三极管。而场效应管的控制特性与三极管是不同的，它是利用输入电压所产生的电场效应来控制其输出电流的，属于电压控制器件，如图 2.35 所示。场效应管只有一种载流子(多数载流子)参与导电，故又称为单极型晶体管。BJT 和 FET 尽管区别很大，但也有很多相似之处。对比学习，可以加深对两者概念的理解。由于两种导电载流子的区别，FET 有 N 沟道(电子导电)和 P 沟道(空穴导电)之分。

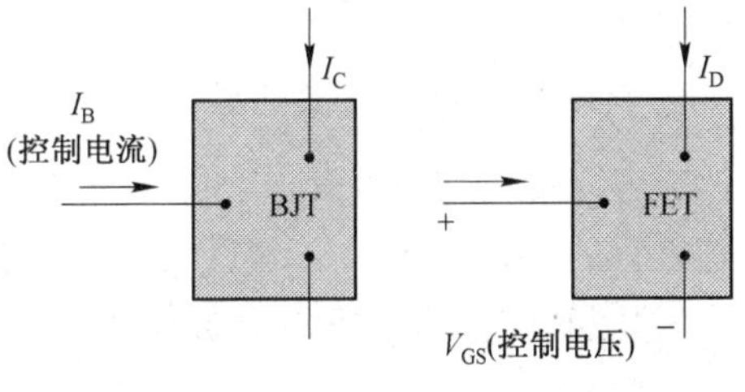


(a) 电流控制　　(b) 电压控制

图 2.35　BJT 和 FET 不同的控制方式

场效应管的输入电阻很高，远远超过 BJT，可达 $10^9\Omega$ 以上。在设计交流放大器时输入电阻是非常重要的性能参数。一般来说，FET 的噪声比 BJT 小，温度稳定性要优于 BJT，体积比 BJT 小。特别是 MOSFET，与 BJT 相比，制造工艺简单，而且功耗很小，适用于大规模集成，这些特点使 FET 在集成电路尤其是计算机电路的设计中特别有用。

## 2.4.1 场效应管的结构、类型

场效应管根据结构的不同可以分为结型场效应管(Junction Field Effect Transistor，简写成 JFET)和绝缘栅场效应管(Insulated Gate Field Effect Transistor，简写成 IGFET)两类。JFET 是利用半导体内部的电场效应进行工作的，也称体内场效应器件；IGFET 是利用半导体表面的电场效应进行工作的，也称表面场效应器件。结型和绝缘栅型都可以按导电沟道分为 N 沟道和 P 沟道。本节重点讨论绝缘栅型场效应管，该器件是设计和制造电子计算机中集成电路最重要的器件之一。下面以 N 沟道绝缘栅场效应管为例，介绍 IGFET 的结构。

如图 2.36 所示，在一块 P 型硅片(称为衬底)上，用半导体工艺形成两个高掺杂的 N 型区($N^+$)，然后在 P 型衬底表面生成二氧化硅($SiO_2$)薄层。自两个 $N^+$区和 $SiO_2$层表面分别引出三个金属铝电极——源极 S、漏极 D 和栅极 G，封装之后就形成了场效应管。通常衬底也引出一个电极，与源极 S 相连。因为场效应管的栅极 G 与其他两个电极 D、S 之间绝缘，所以称其为绝缘栅场效应管。由于其结构中包含了金属、氧化物和半导体，所以又称为金属-氧化物-半导体场效应管(Metal-Oxide-Semiconductor Field Effect Transistor),简称 MOS 管或 MOSFET。

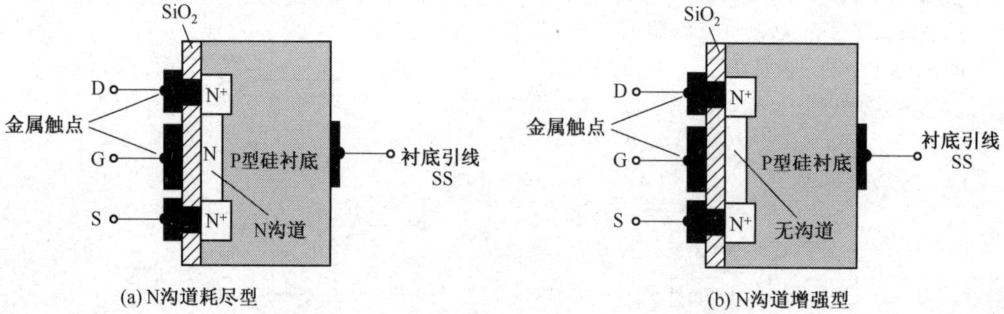


图 2.36　N 沟道绝缘栅场效应管的结构示意图

N 沟道和 P 沟道 MOSFET 按工作方式都有增强型和耗尽型之分,增强型管内部无原始导电沟道,耗尽型管内有原始导电沟道。

## 2.4.2　场效应管的工作原理

本节分别以 N 沟道增强型和 N 沟道耗尽型场效应管为例,介绍绝缘栅场效应管的基本工作原理。

**1. N 沟道增强型场效应管**

N 沟道增强型场效应管的工作原理如图 2.37 所示。当 $V_{GS}=0$ 时,源区、衬底和漏区形成两个背靠背的 PN 结,此时不论漏源电压 $V_{DS}$ 极性如何,漏极电流 $I_D$ 始终为 0。假如 $V_{DS}$ 为正,即 $V_{DS}>0$,则漏极与衬底之间的 PN 结反偏,使得漏极与源极之间的电阻很高,几乎没有电流,此时 $I_D=0$;假如 $V_{DS}$ 为负,即 $V_{DS}<0$,则源极与衬底之间的 PN 结零偏,此时亦有 $I_D=0$。

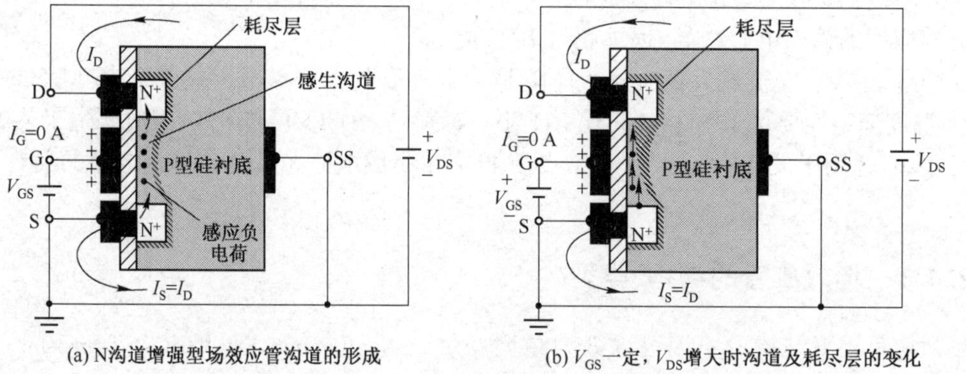


图 2.37　N 沟道增强型场效应管的工作原理

实际上,栅极金属层和衬底之间等同于一个以 $SiO_2$ 层为介质的平板电容器,当栅源正向电压 $V_{GS}$ 达到某一值(此值称为开启电压)时,介质中形成较强的电场,方向由栅极垂直指向衬底。此电场吸引衬底中的电子在衬底表面形成一个 N 型薄层,称为反型层。该反型层作为导电沟道把漏极 D 和源极 S 连接在一起。由于导电沟道是由 $V_{GS}$ 感应产生的,因此也叫感生沟道。

$V_{GS}$ 的值越大,导电沟道越宽。若漏源间加上一定的正电压 $V_{DS}$,沟道中就有电流 $I_D$。由于这种场效应管是将 $V_{GS}$ 增大到一定值后才能产生导电沟道的,故称为增强型 MOS 管。

需要注意的是,由于 $I_D$ 流过导电沟道时会产生电压降,使得沟道各处电位不同,栅极电位与沟道上某处电位的差值决定着该处沟道的宽窄。靠近漏极处电位最高,因而感应电荷产生的沟道最窄;靠近源极处电位最低,感应电荷产生的沟道最宽。所以导电沟道呈现不均匀的楔形。当 $V_{DS}$ 增大时,$I_D$ 随之增大,导电沟道的不均匀性加剧,如图 2.37(b)所示。$V_{DS}$ 增大到一定数值时,靠近漏极处沟道被夹断,此时若继续增大 $V_{DS}$,则 $I_D$ 趋于饱和。

**2. N 沟道耗尽型场效应管**

这类场效应管在制造时,会在 $SiO_2$ 层中掺入大量正离子。由于正离子的作用,在两个 $N^+$ 区之间的 P 型衬底上就会感应出较多带负电荷的电子,形成 N 沟道。当 $V_{GS}=0$ 时,若漏源间加上正电压 $V_{DS}$,就有漏极电流 $I_D$ 产生,由漏极流向源极,此时的 $I_D=I_{DSS}$($I_{DSS}$ 称为饱和漏极电流),如图 2.38 所示。如果所加栅源电压为正,即 $V_{GS}>0$,此时感应的负电荷增加,$I_D$ 增大;如果所加栅源电压为负,即 $V_{GS}<0$,此时感应的负电荷减小,$I_D$ 减小。当 $V_{GS}$ 减小到一定值时(此值称为夹断电压),导电沟道中的载流子消耗殆尽,$I_D=0$,所以称此类 MOS 管为耗尽型 MOS 管。

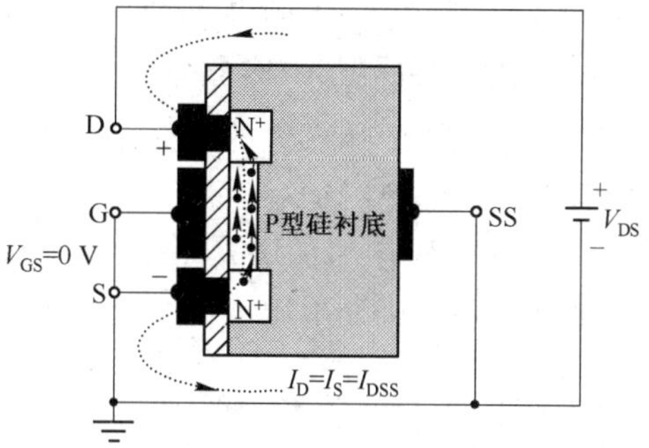

图 2.38 N 沟道耗尽型场效应管的工作原理

可以看出,N 沟道耗尽型场效应管可在正的或者负的栅源电压 $V_{GS}$ 下工作,这一点与增强型场效应管是不同的。

P 沟道场效应管的工作原理与 N 沟道类似,只要把电源极性反向即可进行类似分析。

综上所述,MOS 管利用感应电荷的多少来改变导电沟道性质,达到控制漏极电流的目的,也就是利用栅极电压产生的电场来控制漏极电流,因此属于电压控制型器件。通常也称 N 沟道的 MOS 管为 NMOS 管,P 沟道的 MOS 管为 PMOS 管。

MOS 管类型中还有 CMOS 管和 VMOS 管。CMOS(Complementary MOS)是互补金属氧化物半导体的缩写,是将 NMOS 和 PMOS 制作在同一衬底上。CMOS 具有极高的输入电阻,开关速度快,功耗低,在计算机逻辑设计中应用非常广泛。

VMOS(Vertical MOS)是垂直导电结构金属氧化物半导体的缩写,此处"垂直"主要是指导电沟道方向互相垂直。VMOS 具有短沟道、高电阻漏极漂移区和垂直导电等特点,因而大大提高了器件的电压阻断能力、载流能力和开关速度,使 MOSFET 真正进入了功率领域。

### 2.4.3 场效应管的特性曲线

FET 的伏安特性通常分为转移特性和输出特性。当 $v_{DS}$ 为定值时,$v_{GS}$ 与 $i_D$ 的关系曲线称为转移特性曲线;当 $v_{GS}$ 为定值时,$v_{DS}$ 与 $i_D$ 的关系曲线称为输出特性曲线。下面以 N 沟道 MOS 管为例介绍 FET 的伏安特性,分析过程同样适用于 P 沟道 MOS 管。因为 P 沟道 MOS 管是依靠空穴导电的,所以衬底材料及各电极极性要改变。

**1. N 沟道增强型 MOS 管**

N 沟道增强型 MOS 管的转移特性和输出特性曲线分别如图 2.39(a)和(b)所示。由图可以看出:FET 的转移特性与双极型三极管的输入特性($v_{BE}$ 对 $i_B$ 的控制)相类似,$v_{GS}<V_T$($V_T$ 表示管子由截止变为导通时的临界栅源电压,称为开启电压)时,$i_D=0$;当 $v_{GS}>V_T$ 以后才有漏极电流 $i_D$。改变栅源电压 $v_{GS}$ 的值可控制 $i_D$ 的大小。

FET 的输出特性也与 BJT 相似,可分成三个区——可变电阻区、恒流区和击穿区。

在 $v_{DS}$ 很低的可变电阻区内,$i_D$ 随 $v_{GS}$ 的增大直线上升。改变 $v_{GS}$,则直线斜率改变,阻值改变。这种特性类似一只受 $v_{GS}$ 控制的可变电阻。

在输出特性曲线的中部，当$v_{GS}$为定值时，$i_D$几乎不随$v_{DS}$变化，此时 FET 具有恒流特性。当$v_{DS}$为定值时，$i_D$随$v_{GS}$的增大而增大，因此在恒流区 FET 具有放大作用，且 $i_D$受$v_{GS}$控制。

当$v_{DS}$增大到一定值以后（输出特性曲线的右部），反向偏置的漏源之间的 PN 结会发生击穿，$i_D$将急剧增大。为了避免 MOS 管损坏，不允许 FET 进入击穿区。

**2. N 沟道耗尽型 MOS 管**

N 沟道耗尽型 MOS 管的转移特性曲线和输出特性曲线分别如图 2.40（a）和（b）所示。由图可以看出：与增强型 MOS 管不同，耗尽型 MOS 管可以在$v_{GS}<0$ 的情况下工作；改变$v_{GS}$的值可控制 $i_D$的大小，$i_D$随着$v_{GS}$的增大而增大；当$v_{GS}<V_P$时不再有 $i_D$，此时导电沟道消失，感应电荷被耗尽。因此 $V_P$称为夹断电压。

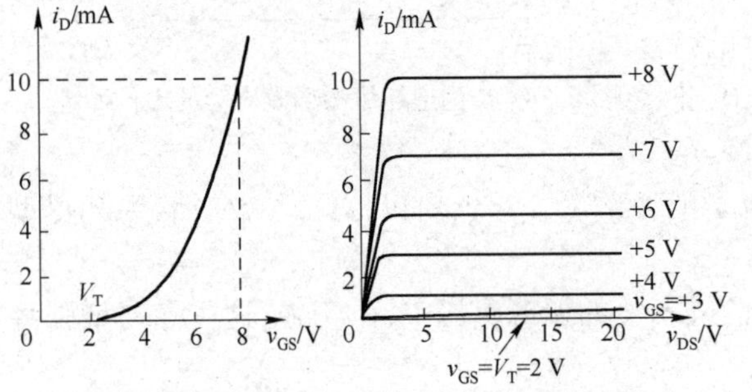


(a) 转移特性曲线　(b) 输出特性曲线

图 2.39　N 沟道增强型 MOS 管的特性曲线

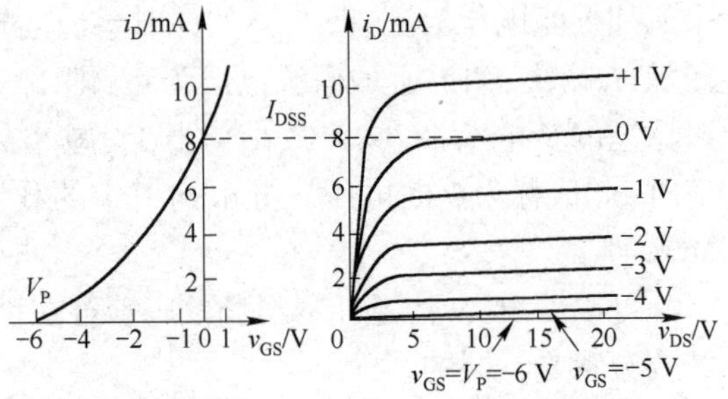


(a) 转移特性曲线　(b) 输出特性曲线

图 2.40　N 沟道耗尽型 MOS 管的特性曲线

## 2.4.4　场效应管的符号表示及主要参数

**1. 场效应管的符号表示**

各类场效应管的符号如图 2.41 所示。其中箭头由 P 区指向 N 区。D，S 之间是沟道，用实线表示耗尽型（有原始导电沟道），虚线表示增强型（无原始导电沟道）。此外，符号中栅极用短线和沟道隔开，表示栅极绝缘。据此可以判断场效应管的类型。

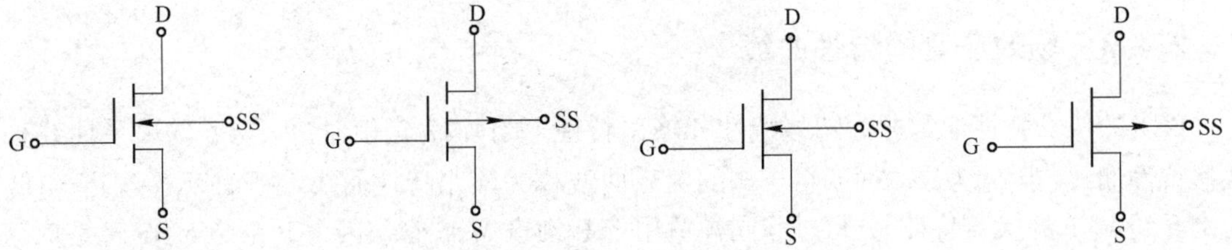


(a) N沟道增强型　(b) P沟道增强型　(c) N沟道耗尽型　(d) P沟道耗尽型

图 2.41　各类场效应管的符号

**2. 场效应管的主要参数**

场效应管的主要参数是选择、使用 FET 的依据。由于 FET 有不同的分类，使得不同的 FET 具有不同的性能参数和极限参数，使用时要加以注意。下面简要介绍 FET 的主要参数。

（1）饱和漏极电流 $I_{DSS}$

这是耗尽型 FET 的参数，指$v_{GS}=0$ 时管子的漏极电流。

(2) 跨导 $g_m$

该参数表明$v_{GS}$对 $i_D$的控制能力。当$v_{DS}$保持恒定时,栅源电压的变化量 $\Delta v_{GS}$与相应的漏极电流的变化量 $\Delta i_D$之比,称为跨导。即

$$g_m = \frac{\Delta i_D}{\Delta v_{GS}}\bigg|_{v_{DS}=\text{常数}}$$

(3) 开启电压 $V_T$

这是增强型 FET 的参数。当$v_{DS}$保持一定时,使增强型场效应管导通的最小电压定义为开启电压 $V_T$。$v_{GS}>V_T$后,FET 导通。

(4) 夹断电压 $V_P$

这是耗尽型 FET 的参数。当$v_{DS}$保持一定时,使耗尽型场效应管截止(夹断)的最小栅源电压定义为夹断电压 $V_P$。$v_{GS}>V_P$后,FET 导通。

(5) 漏源击穿电压 $V_{(BR)DS}$

在 FET 的输出特性曲线上,$v_{DS}$增大的过程中,使 $i_D$急剧增大时的$v_{DS}$称为漏源击穿电压 $V_{(BR)DS}$。正常工作时漏源电压不允许超过此值。

(6) 栅源击穿电压 $V_{(BR)GS}$

在 FET 正常工作时,栅源之间的 PN 结反向偏置,$v_{GS}$过高,有可能使二氧化硅层击穿。FET 正常工作时的 $V_{GS}$的允许最大值称为栅源击穿电压 $V_{(BR)GS}$。超过该值,管子即损坏。

(7) 最大漏极电流 $I_{DM}$

$I_{DM}$为管子正常工作时允许的最大漏极电流。

(8) 漏极最大允许耗散功率 $P_{DM}$

FET 工作时,漏极耗散功率 $P_D=I_DV_{DS}$,也即漏极电流与漏源电压的乘积。$P_{DM}$为漏极允许耗散功率的最大值,使用时应保证 $P_D<P_{DM}$。

### 2.4.5 各种场效应管比较

本章重点介绍了 MOSFET,对 JFET 的工作原理并未深入研究。此处将各种场效应管的符号、特性曲线及计算公式列入表 2.1(也包括 JFET),以方便读者比较、学习。

**表 2.1 各种场效应管的符号、特性曲线及计算公式**

| | 结型场效应管 | | 绝缘栅场效应管 | | | |
|---|---|---|---|---|---|---|
| | JFET (N 沟道) | JFET (P 沟道) | MOSFET (增强型 N 沟道) | MOSFET (增强型 P 沟道) | MOSFET (耗尽型 N 沟道) | MOSFET (耗尽型 P 沟道) |
| 符号 | 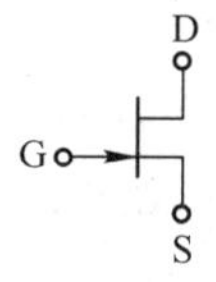 | 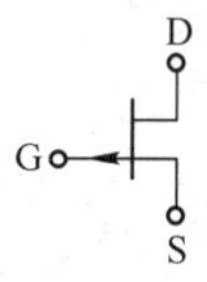 | 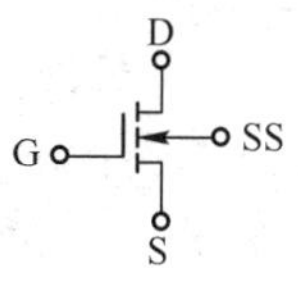 | 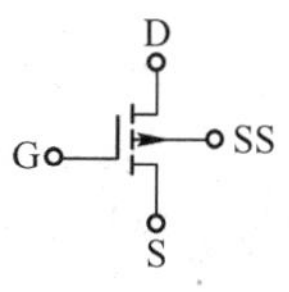 | 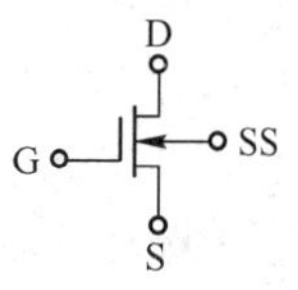 | 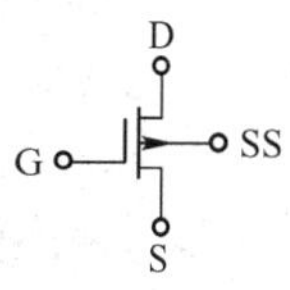 |
| 转移特性 | 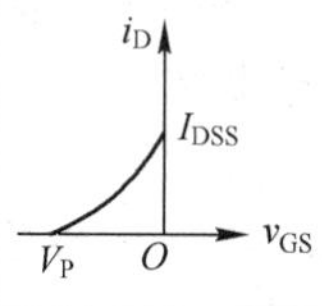 | 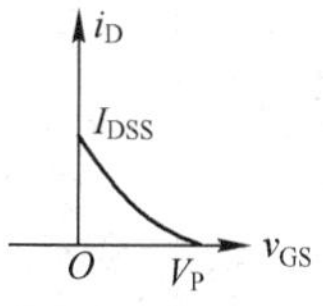 | 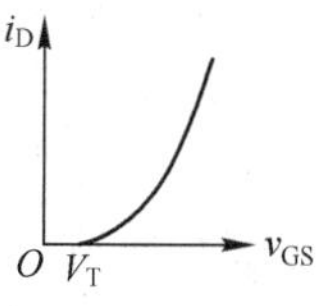 | 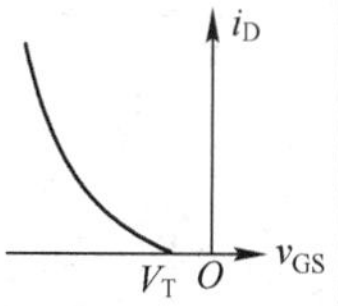 | 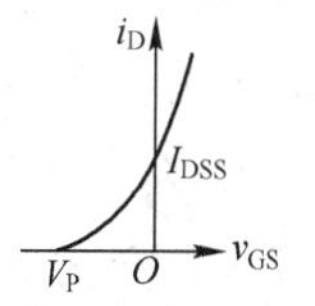 | 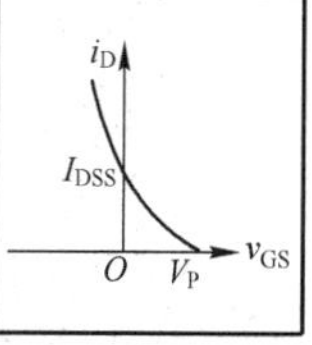 |

续表

| | 结型场效应管 | | 绝缘栅场效应管 | | | |
|---|---|---|---|---|---|---|
| | JFET<br>（N 沟道） | JFET<br>（P 沟道） | MOSFET<br>（增强型<br>N 沟道） | MOSFET<br>（增强型<br>P 沟道） | MOSFET<br>（耗尽型<br>N 沟道） | MOSFET<br>（耗尽型<br>P 沟道） |
| 输出特性 | 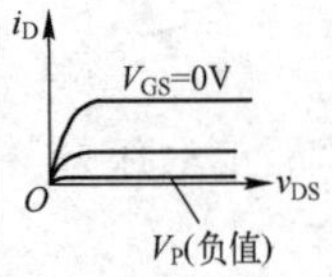 | 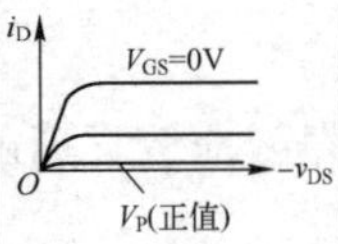 | 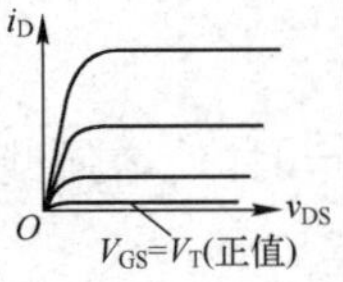 | 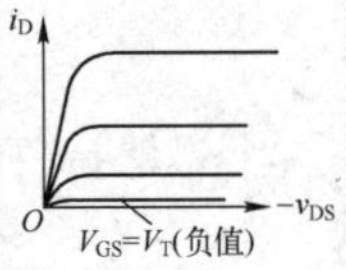 | 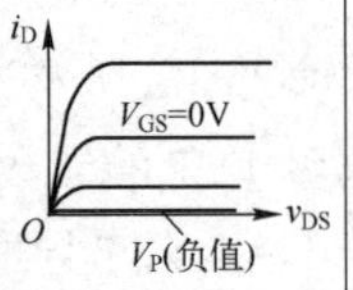 | 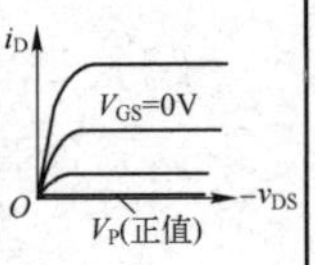 |
| 计算公式 | $i_G\approx 0$<br>$i_D=i_S$<br>$i_D=I_{DSS}\left(1-\frac{v_{GS}}{V_P}\right)^2$<br>$g_m=\frac{2I_{DSS}}{\lvert V_P\rvert}\left(1-\frac{V_{GSQ}}{V_P}\right)$ | | $i_G\approx 0$<br>$i_D=i_S$<br>$i_D=k(v_{GS}-V_T)^2$<br>$k=\frac{I_{D(ON)}}{(V_{GS(ON)}-V_T)^2}$<br>$g_m=2k(V_{GSQ}-V_T)$ | | $i_G\approx 0$<br>$i_D=i_S$<br>$i_D=I_{DSS}\left(1-\frac{v_{GS}}{V_P}\right)^2$<br>$g_m=\frac{2I_{DSS}}{\lvert V_P\rvert}\left(1-\frac{V_{GSQ}}{V_P}\right)$ | |
| 输入电阻 | $R_i>10^8\Omega$ | | $R_i>10^{10}\Omega$ | | | |

注：$I_{DSS}$为饱和漏极电流，$V_{GS(ON)}$，$I_{D(ON)}$为增强型场效应管输出特性上的一个点（器件参数一般会给出该数值），$k$ 是与器件结构有关的常数。

**思考题 2.4（参考答案请扫描二维码 2-4）**

二维码 2-4

1. 填空

（1）场效应管是________控制型半导体器件，通过________控制漏极电流；

（2）栅源电压 $V_{GS}=0$ 时能够工作的场效应管是________；

（3）某场效应管的 $I_{DSS}=6\text{mA}$，自漏极流出的电流 $I_{DQ}=9\text{mA}$，则该管的类型属于________。

2. 图 S2.4 为场效应管的转移特性曲线，试确定 $I_{DSS}$和 $V_P$的值，并估算在 $i_D=3\text{mA}$ 及 $i_D=6\text{mA}$ 时，$g_m$的值。

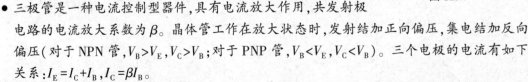

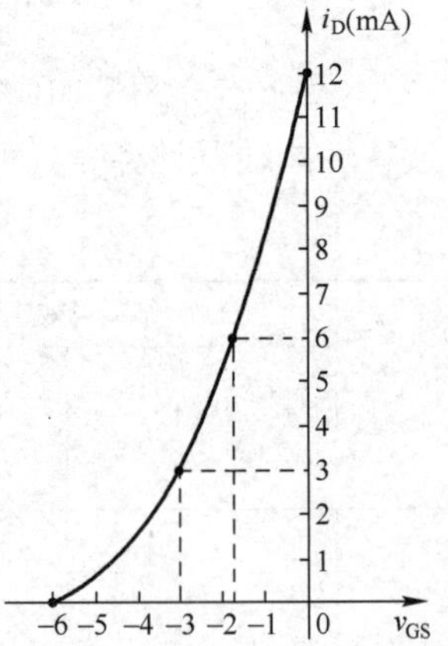


图 S2.4

# 本 章 小 结

- 半导体中有两种载流子：电子与空穴。P 型半导体中，空穴是多数载流子，电子是少数载流子；N 型半导体中，电子是多数载流子，空穴是少数载流子。PN 结是构成各种半导体器件的基础，它具有单向导电特性。
- 二极管由一个 PN 结构成，其伏安特性就是 PN 结内部特性的外部表现。硅二极管的死区电压约为 0.5V，导通压降约为 0.7V；锗二极管的死区电压约为 0.1V，导通压降约为 0.2V。二极管导通时呈低阻状态，二极管截止时呈高阻状态。
- 三极管是一种电流控制型器件，具有电流放大作用，共发射极电路的电流放大系数为$\beta$。晶体管工作在放大状态时，发射结加正向偏压，集电结加反向偏压（对于 NPN 管，$V_B>V_E$，$V_C>V_B$；对于 PNP 管，$V_B<V_E$，$V_C<V_B$）。三个电极的电流有如下关系：$I_E=I_C+I_B$，$I_C=\beta I_B$。
- 当三极管工作在截止与饱和状态时，可作为开关使用。其特点为：饱和时，发射结与集电结均正偏，$I_C=I_{CS}=V_{CC}/R_C$，$V_{CE}\leqslant V_{CES}$，c、e 极间相当于短路；截止时，发射结与集电结均反偏，$I_B \leq 0, I_C \approx 0, V_{CE} \approx V_{CC}$，c、e 极间相当于开路。

- 三极管的主要参数是正确运用它的重要依据，据此可以确定其质量好坏及使用范围。
- 场效应管利用栅源电压来控制漏极电流，属于电压控制器件。场效应管有结型和绝缘栅型两大类，输入电阻较高，可作为放大器或开关使用。作为放大器时，g、s 极间等效的输入电阻看做无穷大，即开路，d、s 极间等效为电流源 $g_m V_{GS}$（$g_m$ 称为跨导，它是衡量场效应管放大能力的参数）。
- 稳压二极管工作于反向击穿区。当电流有较大范围变化时，稳压管的端电压变化很小，利用这一特性，可构成简单的硅稳压管稳压电路。在硅稳压管稳压电路中，限流电阻与稳压管串联连接，负载电阻与稳压管并联连接。
- 三极管与场效应管的主要区别见表 2.2。

**表 2.2 三极管与场效应管的主要区别**

| | 三极管（双极型） | 场效应管（单极型） |
|---|---|---|
| 导电特点 | 多数载流子和少数载流子参与导电 | 只有一种载流子导电 |
| 控制方式 | 电流控制电流 | 电压控制电流 |
| 类型 | PNP，NPN | N 沟道、P 沟道、增强型、耗尽型 |
| | c、e 一般不可倒置使用 | d、s 一般可倒置使用 |
| 输入量 | 电流 | 电压 |
| 放大参数 | $\beta$ | $g_m$ |
| 输入电阻 | 小 | 很大 |
| 噪声 | 较大 | 较小 |
| 热稳定性 | 差 | 好 |
| 抗辐射性 | 差 | 强 |
| 制造工艺 | 较复杂，不易大规模集成 | 简单，易于大规模、超大规模集成 |

## 习　　题

2.1　N 型半导体多数载流子是自由电子，P 型半导体多数载流子是空穴，是否意味着 N 型半导体带负电，P 型半导体带正电？

2.2　用万用表测量二极管的正向电阻时，用“R×10”挡比用“R×100”挡测得的电阻值小，为什么？

2.3　由于三极管包含 2 个 PN 结，可否采用 2 只二极管背靠背连接构成 1 只三极管？三极管的发射极和集电极是否可以对调使用？如何用模拟型欧姆表判别 1 只 BJT 的管型和 3 个电极？

2.4　二极管电路如图题 2.4 所示，试判断图中的二极管是导通还是截止，并求出各电路的输出电压 $V_o$，设二极管的导通压降为 0.7V。

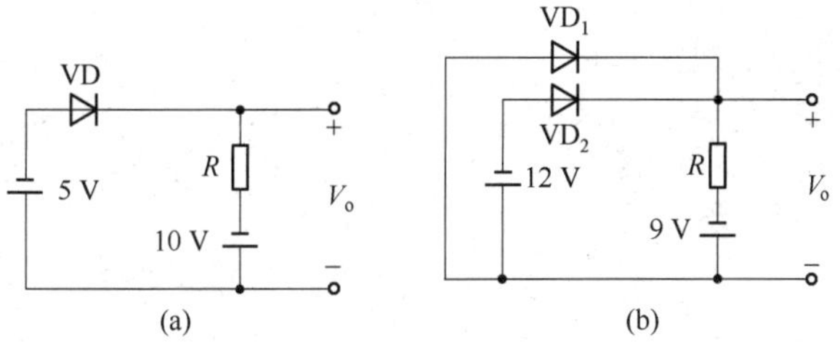


图　题 2.4

2.5　电路如图题 2.5 所示，图中二极管是理想的，设输入电压 $v_i = 10\sin\omega t$(V) 时，试绘出 $v_o(t)$ 的波形。

2.6　硅二极管限幅电路如图题 2.6(a) 所示，当输入电压 $v_i$ 的波形如图题 2.6(b) 所示时，画出输出电压 $v_o$ 的波形。

2.7　(1) 已知两只硅稳压管的稳压值分别为 8V 和 6V，若它们串联或并联使用，可以得到几种不同的电压值？

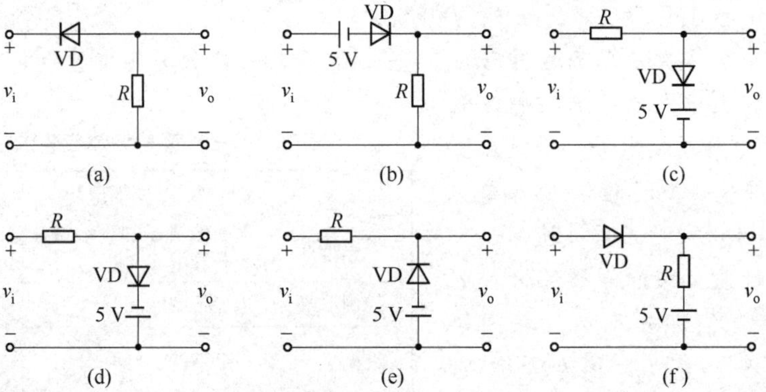


图　题 2.5

(2) 稳压值为 6V 的稳压管接成如图题 2.7 所示电路，$R_1 = 4\text{k}\Omega$，在下面四种情况下确定 $V_o$ 的值。

ⓐ $V_i = 12\text{V}, R_2 = 8\text{k}\Omega$； ⓑ $V_i = 12\text{V}, R_2 = 4\text{k}\Omega$； ⓒ $V_i = 24\text{V}, R_2 = 2\text{k}\Omega$； ⓓ $V_i = 24\text{V}, R_2 = 1\text{k}\Omega$。

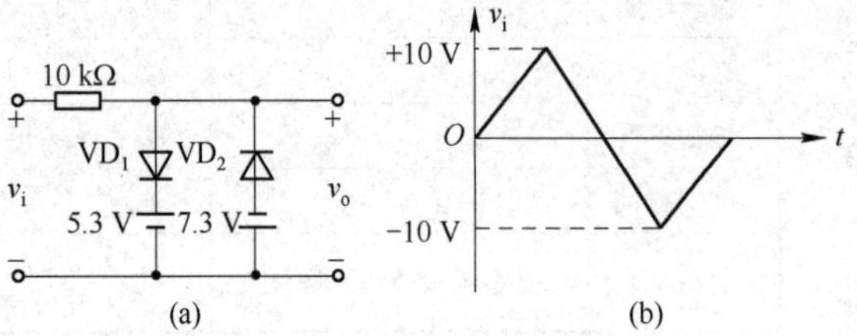


图　题 2.6

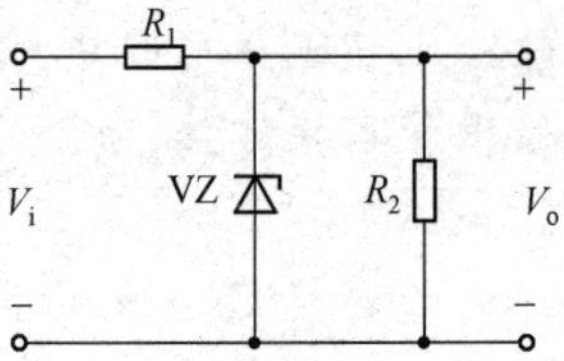


图　题 2.7

2.8　电路如图题 2.8 所示，在下列几种情况下求输出端 F 的电位 $V_F$ 以及电路各元件中流过的电流：(1) $V_A = V_B = 0\text{V}$；(2) $V_A = 3\text{V}$，$V_B = 0\text{V}$；(3) $V_A = V_B = 3\text{V}$。二极管的正向压降忽略不计。

2.9　要使 BJT 具有放大作用，发射结和集电结应如何偏置？三极管能起放大作用的内部条件是什么？NPN 型和 PNP 型三极管的主要区别是什么？

2.10　为什么 BJT 的输出特性在 $v_{CE} > 1\text{V}$ 以后是平坦的？为什么说 BJT 是电流控制器件？

2.11　在三极管放大电路中测得其 3 个电极的电位如图题 2.11 所示，试判断三极管的类型、材料，并区分 e,b,c 3 个电极。

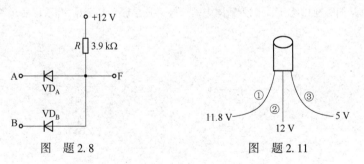

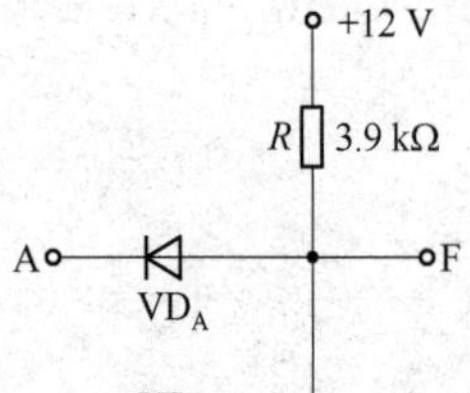


图　题 2.8

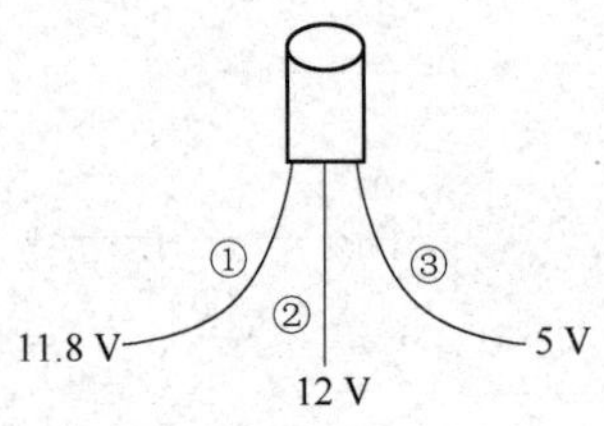


图　题 2.11

2.12　某个三极管的参数如下：$P_{CM} = 100\text{mW}$，$I_{CM} = 20\text{mA}$，$V_{(BR)CEO} = 15\text{V}$，问下列哪种情况下三极管可以正常工作？

(1) $V_{CE} = 3\text{V}, I_C = 10\text{mA}$；(2) $V_{CE} = 2\text{V}, I_C = 40\text{mA}$；(3) $V_{CE} = 6\text{V}, I_C = 20\text{mA}$。

2.13　试画出 P 沟道增强型 MOS 管的结构示意图。

2.14　试画出 P 沟道耗尽型 MOS 管的结构示意图，并说明它的夹断电压是正值还是负值。

2.15　与三极管相比，场效应管的性能有哪些特点？为什么场效应管的热稳定性、抗辐射能力比三极管的要好？

2.16　四个场效应管的转移特性曲线分别如图题 2.16 所示，说明它们各是哪种类型的场效应管，并标出夹

断电压 $V_P$ 或开启电压 $V_T$ 和漏极饱和电流 $I_{DSS}$。

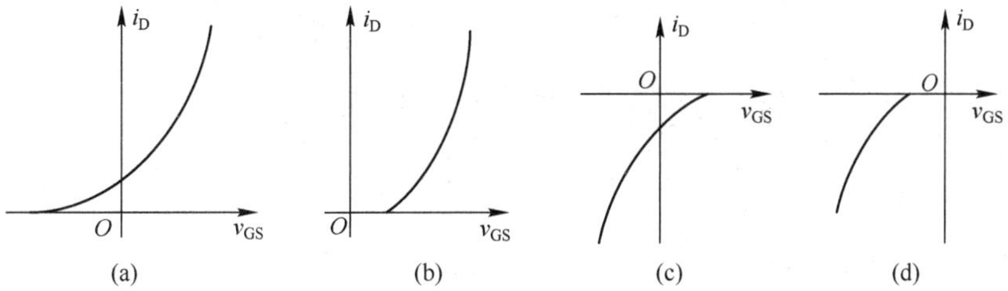


图　题 2. 16

2. 17　已知场效应管的输出特性曲线如图题 2. 17 所示，试判断场效应管的类型并确定夹断电压或开启电压的值。

2. 18　仿真题：双向限幅电路如图题 2. 18 所示，利用 Multisim 软件研究该电路，其中二极管选用实际二极管，如 1BH62，其他元件可采用虚拟元件。

（1）使用 IV 分析仪测量所选二极管的伏安特性曲线；

（2）利用 DC 扫描分析绘制电压传输特性曲线 $v_O = f(v_I)$；

（3）若输入电压 $v_I = v_i = 10\sin\omega t$V，分析 $v_O$ 的波形。（该题的题解请扫二维码 2-5）

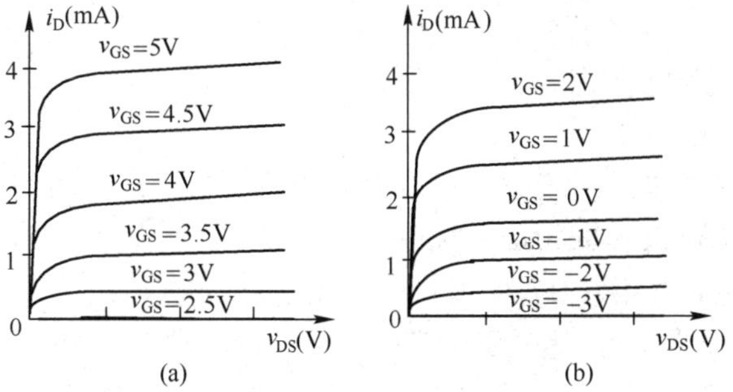


图　题 2. 17

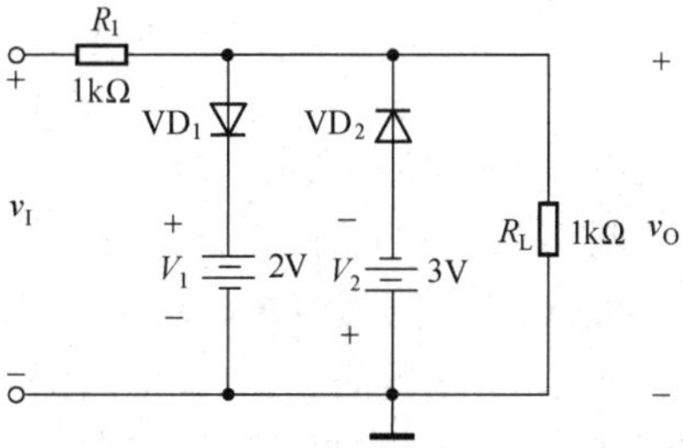


图　题 2. 18

二维码 2-5

# 第 3 章　放大电路基础

本章学习目标：

- 掌握基本单管放大电路的组成及工作原理，三种接法电路的特点；
- 掌握放大电路的分析方法——图解法和小信号模型法，能够对放大电路进行静态和动态计算；熟练掌握共发射极放大电路的电压增益、输入电阻及输出电阻的分析计算方法；
- 了解共集电极电路和共基极电路的分析计算方法；
- 了解放大电路频率响应的概念；
- 掌握共源极场效应管放大电路的分析计算方法；
- 掌握多级放大电路的构成及分析计算方法；
- 掌握放大电路性能参数的含义及对放大电路的影响。

## 3.1　放大电路的基本概念

基本放大电路一般是指由 1 个三极管组成的放大电路，它是构成各种复杂放大电路的基本单元。基本放大电路有 3 种接法，即共发射极（Common Emitter，简称 CE）、共基极（Common Base，简称 CB）和共集电极（Common Collector，简称 CC）。

在实际工作、生活中，放大电路的应用非常广泛，这是由于实际信号往往非常微弱，必须经过放大才能进行观测或驱动后续设备。无论是简单的扩音器、收音机，还是复杂的、精密的各种电子设备，常常都包含放大电路这一基本的功能电路。放大电路的作用就是利用 BJT 的电流控制作用或 FET 的电压控制作用把微弱的电信号增强到所要求的数值，便于人们测量、使用。放大电路的结构如图 3.1 所示。

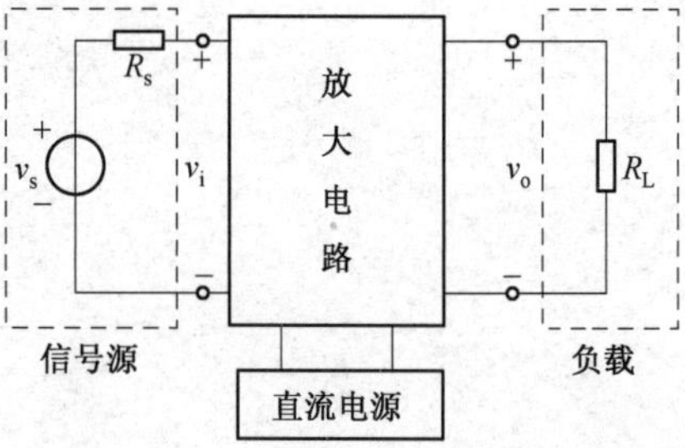


图 3.1　放大电路结构

这里，我们先对放大电路的基本特征做如下初步认识：第一，放大电路主要用于放大微弱信号，使输出电压或电流在幅度上得到放大，使输出信号的能量得到加强；第二，输出信号的能量实际上是由直流电源提供的，只是经过三极管的控制，使之转换成信号能量，提供给负载。

本章所讨论的放大电路用于放大交流信号，第 5 章研究的集成运算放大器既可以放大直流信号，也可以放大交流信号。

**思考题 3.1（参考答案请扫描二维码 3-1）**

1. 基本放大电路的 3 种接法分别是什么？
2. 放大电路的作用是什么？

二维码 3-1

# 3.2 共发射极放大电路

## 3.2.1 共发射极基本放大电路的构成

共发射极基本放大电路如图 3.2 所示。该电路是采用 NPN 型硅材料三极管构成的单管放大电路。若采用 PNP 管,只需将电路中的电源及电容极性反向即可。

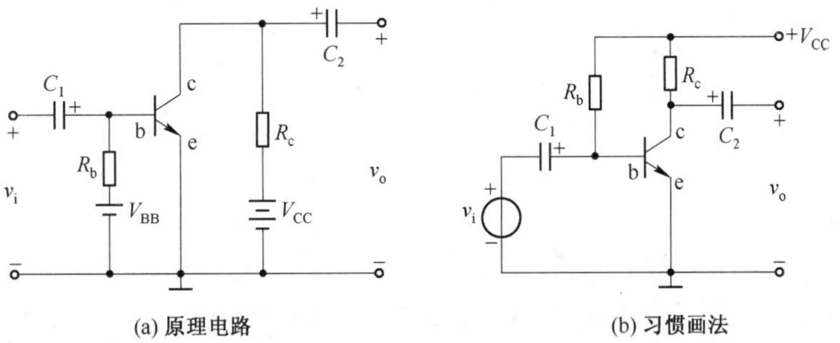


图 3.2　共发射极基本放大电路

电路中的三极管是放大电路的核心器件,用来实现放大。电容 $C_1$和 $C_2$称为隔直电容或耦合电容(其数值为几微法到几十微法,一般选用有极性的电解电容,该种电容正负极由直流电压方向决定,不能接错),它们在电路中的作用是使输入信号和输出信号中的交流成分基本无衰减地通过,而直流成分则被隔离;$V_{CC}$是集电极直流电源(其数值为几伏到几十伏),作用是使集电结反向偏置,并为输出信号提供能量;$R_c$是集电极电阻(其数值为几千欧至几十千欧),作用是将三极管的集电极电流 $i_C$的变化转变为集电极电压 $v_{CE}$的变化;$R_b$为基极电阻(其数值为几十千欧至几百千欧),与基极直流电源 $V_{BB}$共同作用,向发射结提供正向偏置,并为基极提供一个合适的基极电流 $I_B$(常称为偏流)。

为便于学习和记忆,将放大电路各基本组成部分的作用简单归纳如下:三极管起放大作用;$R_c$将变化的集电极电流转换为电压输出;偏置电路 $V_{BB}$和 $R_b$使三极管工作在线性区;$C_1$、$C_2$将输入的交变信号加到发射结,并将交变的信号进行输出。

为了简化电路,实际使用中常常省去原理电路中的 $V_{BB}$,将 $R_b$改接至 $V_{CC}$的正端,如图 3.2(b)所示。有

$$I_B = \frac{V_{CC} - V_{BE}}{R_b} \tag{3.1}$$

对于硅管,$V_{BE} \approx 0.7\text{V}$,对于锗管,$V_{BE} \approx 0.2\text{V}$。由于 $V_{CC} \gg V_{BE}$,所以

$$I_B \approx V_{CC}/R_b \tag{3.2}$$

由上式可知,$I_B$取决于 $V_{CC}$和 $R_b$的大小,在 $V_{CC}$和 $R_b$确定后,$I_B$就是确定的值,这种电路被称为固定偏流电路,$R_b$被称为基极偏置电阻。

## 3.2.2 共发射极基本放大电路的工作原理

共发射极基本放大电路的工作原理如下:输入端的交流电压 $v_i$通过 $C_1$加到三极管的发射结,从而引起 $i_B$相应的变化 $\Delta i_B$。由于三极管工作在放大区,$i_B$的变化使 $i_C$随之变化 $\Delta i_C$,$\Delta i_C$在 $R_c$上产生压降 $\Delta v_{CE}$。集电极电压 $v_{CE} = V_{CC} - i_C R_c$,当 $i_C$的瞬时值增加时,$v_{CE}$就要减小,即 $\Delta v_{CE}$

与$\Delta i_C$极性相反。$\Delta v_{CE}$经过$C_2$传送到输出端,成为输出电压$v_o$(即$v_{CE}$中的交流分量$v_{ce}$)。如果电路参数选择适当,$v_o$的幅度将比$v_i$大得多,从而达到放大的目的。对应的电流、电压波形示于图3.3中。

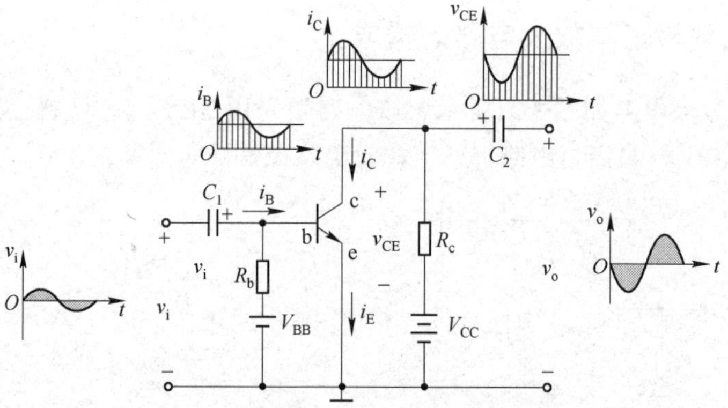


图3.3 基本放大电路对应的电流、电压波形

输入信号通过$C_1$加在三极管的发射结,三极管集电结上的电压通过$C_2$后输出,该过程一般可以简单表示如下:

$$v_i \xrightarrow{C_1} v_{BE} \longrightarrow i_B \xrightarrow{\text{三极管的放大作用}} i_C(\beta i_B) \longrightarrow i_C R_c \xrightarrow[\text{转变为变化的电压输出}]{\text{变化的 } i_C \text{ 通过 } R_c} v_{CE} \xrightarrow{C_2} v_o$$

**思考题3.2(参考答案请扫描二维码3-2)**

1. 什么是固定偏流电路?图3.2(b)中电容的作用是什么?
2. 图3.2(b)中,若$V_{CC}=12\text{V}$,$V_{BE}=0.7\text{V}$,$R_b=300\text{k}\Omega$,那么基极电流为多少?
3. 图3.2中$R_c$的作用是什么?

二维码3-2

## 3.3 放大电路的分析方法

放大电路的分析包括静态分析和动态分析。静态分析常采用近似估算法和图解法;动态分析常采用图解法和小信号模型法。本节以共发射极放大电路为例,介绍放大电路常见的分析方法。

### 3.3.1 静态和动态

当放大电路没有输入信号($v_i=0$)时,电路中各处的电压、电流都是不变的直流量,此时称放大电路处于直流工作状态或静止状态,简称静态。当放大电路输入信号后($v_i\neq0$时),电路中各处的电压、电流处于变动状态,电路处于动态工作情况,此时称放大电路处于交流工作状态,简称动态。

在静态工作情况下,三极管各电极的直流电压和直流电流的数值,将在管子的特性曲线上确定一点,称为静态工作点(简写成$Q$点)。放大电路静态工作点的正确建立,是保证电路动态正常工作的前提。分析放大电路必须正确地区分静态和动态。

我们约定用大写字母和大写角标组合表示直流量(如$I_B$),小写字母和小写角标组合(如$i_b$)表示交流量,小写字母和大写角标组合(如$i_B$)表示瞬时总量。在本教材中静态直流量没有刻意采用角标$Q$标注,也即$I_B$与$I_{BQ}$表示的含义没有区分,这一点请读者注意。

### 3.3.2 直流通路和交流通路

直流通路是直流信号的流通路径，交流通路是交流信号的流通路径。根据放大电路的直流通路和交流通路，可分别对静态和动态进行分析。

图 3.2(b) 所示共发射极基本放大电路的直流通路和交流通路分别如图 3.4(a) 和(b) 所示。在直流通路中，$C_1$、$C_2$相当于开路，故直流通路包含直流电阻 $R_c$、$R_b$和直流电源 $V_{CC}$。在交流通路中，直流电源和耦合电容对交流信号相当于短路。因为交流电流流过固定的直流电源和足够大的 $C_1$、$C_2$时，产生的交流压降近似为 0。对信号而言，它们都可视为短路，所以在交流通路中，可将直流电源和耦合电容除去。

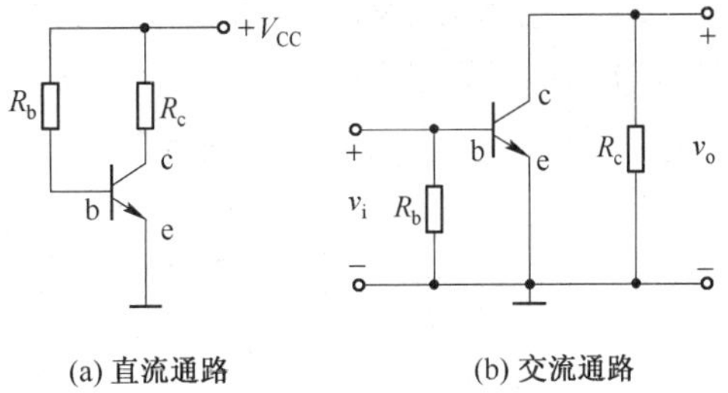


图 3.4　共发射极基本放大电路的直流通路和交流通路

### 3.3.3 放大电路的静态分析

放大电路的静态分析方法有计算法(近似估算法)和图解分析法两种。

**1. 近似估算法**

根据图 3.4(a) 的直流通路，放大电路的静态参数 $I_B$、$I_C$、$V_{CE}$可分别计算如下：

$$I_B=\frac{V_{CC}-V_{BE}}{R_b}\approx\frac{V_{CC}}{R_b} \tag{3.3}$$

$$I_C=\beta I_B \tag{3.4}$$

$$V_{CE}=V_{CC}-I_C R_c \tag{3.5}$$

$I_B$、$I_C$和 $V_{CE}$所代表的工作状态称为放大电路的静态，在三极管的输出特性曲线上对应于一点，即静态工作点，用 $Q$ 表示。

**2. 图解分析法**

该方法是根据放大电路的输入、输出特性曲线，采用直接作图的方法来分析放大电路的工作情况。

对于图 3.2 所示的共发射极基本放大电路，根据已知参数，可以确定它的 $Q$ 点。图解的方法和步骤如下。

静态分析需要使用放大电路的直流通路。由于器件手册通常会给出三极管的输出特性曲线，所以首先根据式(3.3)近似估算出 $I_B$，然后在输出特性曲线上获得 $I_C$和 $V_{CE}$。

放大电路的输出回路可以分成非线性和线性两个部分：非线性部分是由三极管构成的集电极回路；线性部分包括放大电路的外部电路，由 $V_{CC}$和 $R_c$构成串联电路(由于两元件均为线性元件，故称该部分为输出回路的线性部分)，如图 3.5 所示。

放大电路输出回路是非线性部分和线性部分连在一起构成的电路整体，因此静态特性既要符合三极管输出特性 $i_C=f(v_{CE})\mid_{i_B=I_B}$，又要满足放大电路的外部电路中电压与电流之间的线性关系：$v_{CE}=V_{CC}-i_C R_c$。所以，静态工作点应为电路非线性部分的伏安关系曲线——三极管的输出特性曲线族中对应于 $i_B=I_B$的一条输出特性曲线与线性部分的伏安关系曲线——直流负载线(DC Load Line，简写为 DCLL)的交点，如图 3.6 所示。由图可读出交点的 $I_B$、$I_C$、$V_{CE}$的数值，即为静态工作点参数。

直流负载线与横轴和纵轴分别相交于两点($V_{CC}$,0)和(0,$V_{CC}/R_c$)，其斜率为$-1/R_c$，由集电

极负载电阻 $R_c$ 确定，该值越小，直流负载线越陡。图 3.7 分别画出了三种情况下直流负载线及 $Q$ 点的变化情况。

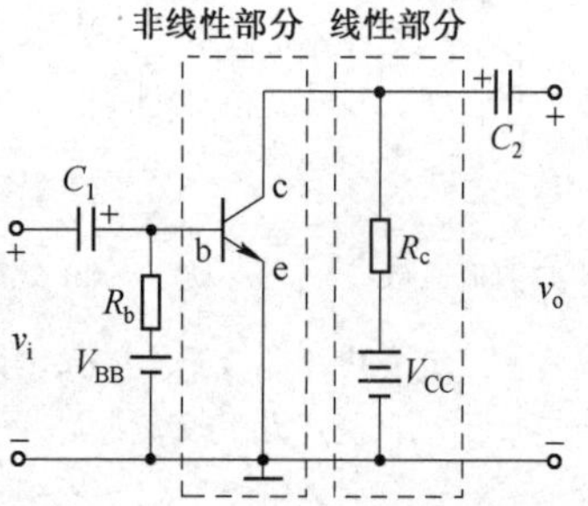


图 3.5 静态工作的图解电路图

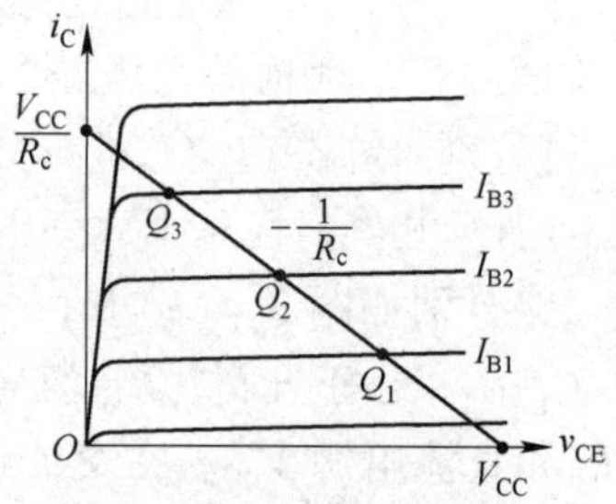


图 3.6 静态工作的图解分析法

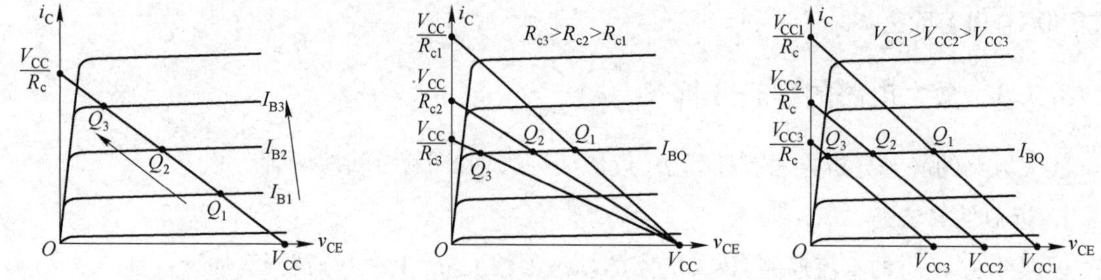


(a) $V_{CC}$ 与 $R_c$ 不变，$I_B$ 增大时，$Q$ 点上移

(b) $V_{CC}$ 与 $I_B$ 不变，$R_c$ 增大时，直流负载线变得平坦，$Q$ 点移近饱和区

(c) $R_c$ 与 $I_B$ 不变，$V_{CC}$ 升高时，直流负载线平行右移，$Q$ 点移向右上方

图 3.7 电路参数改变时，直流负载线及 $Q$ 点的变化情况

直流负载线及 $Q$ 点的确定方法可归纳如下：

① 由直流负载特性列出方程式：$V_{CE}=V_{CC}-I_C R_c$；

② 在输出特性曲线的横轴及纵轴上确定两个特殊点（$V_{CC}$，0）和（0，$V_{CC}/R_c$），即可画出直流负载线；

③ 由输入回路列方程式：$I_B=(V_{CC}-V_{BE})/R_b$；

④ 在输出特性曲线上，找出直流负载线与 $I_B$ 对应的那条输出特性曲线的交点即是 $Q$ 点，其参数为 $I_{BQ}$、$I_{CQ}$ 和 $V_{CEQ}$。$Q$ 点所对应的电流、电压值就是静态工作情况下的电流和电压。

$Q$ 点确定后，就可以在此基础上进行动态分析了。

**【例 3.1】** 固定偏流电路的直流负载线和 $Q$ 点如图 3.8 所示，求 $V_{CC}$、$R_b$ 和 $R_c$ 的值。

**解：** 由图可知 $V_{CC}=20\text{V}$，$V_{CC}/R_c=10\text{mA}$，所以

$$R_c=V_{CC}/I_C=20/10=2(\text{k}\Omega)$$

$$R_b=\frac{V_{CC}-V_{BE}}{I_B}=\frac{20-0.7}{25}=772(\text{k}\Omega)$$

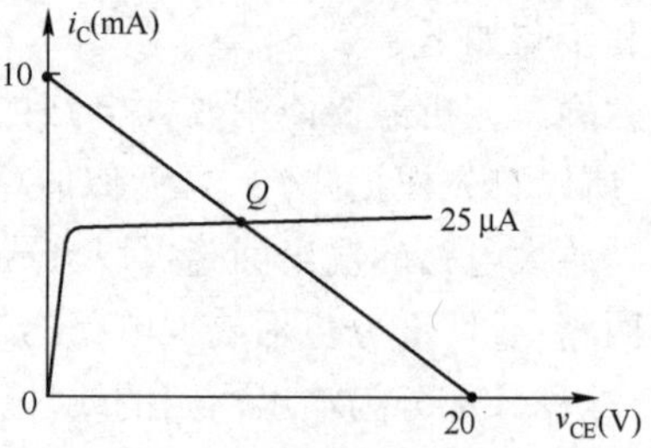


图 3.8 例 3.1 图

### 3.3.4 放大电路的动态分析——图解分析法

放大电路的动态分析方法包括图解分析法和小信号模型法。本节讨论图解分析法。

**1. 图解步骤**

放大电路动态情况的图解分析是指根据三极管输入输出特性曲线，用作图的方法来研究放大电路在一定输入信号下输出信号（电压和电流）的动态变化，从而确定输出电压和电流，得出

输入信号与输出信号的相位关系和动态范围，确定放大电路的电压增益。

图解的步骤是先根据输入信号电压$v_i$在输入特性曲线上画出$i_B$的波形，然后根据$i_B$的变化在输出特性曲线上画出对应的$i_C$和$v_{CE}$的波形。

假设放大电路接入正弦信号，输入电压为$v_i = A\sin\omega t$（$A$为输入信号振幅），此时三极管的$v_{BE}$就是在原有直流电压$V_{BE}$的基础上叠加了一个交流量$v_i$（$v_{be}$）。根据$v_{BE}$的变化规律，可根据输入特性曲线画出对应的$i_B$的波形图，如图3.9所示。这样，根据$i_B$就可以在输出特性曲线上得到对应的$i_C$和$v_{CE}$的波形图，$v_{CE}$中的交流量$v_{ce}$的波形就是输出电压$v_o$的波形。

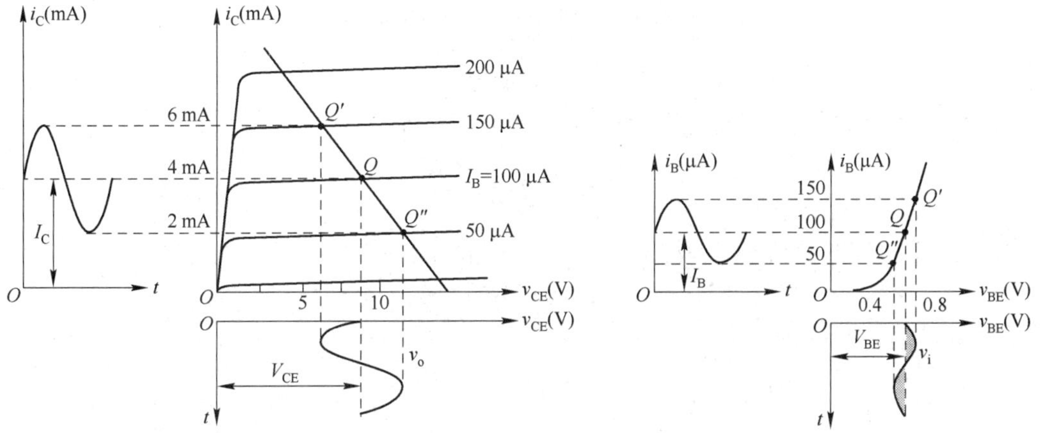


图3.9　输入正弦信号时，放大电路工作情况图解

为清楚起见，图3.9中各信号的变化情况重画于图3.10中，该图可以很清楚地说明放大的概念。

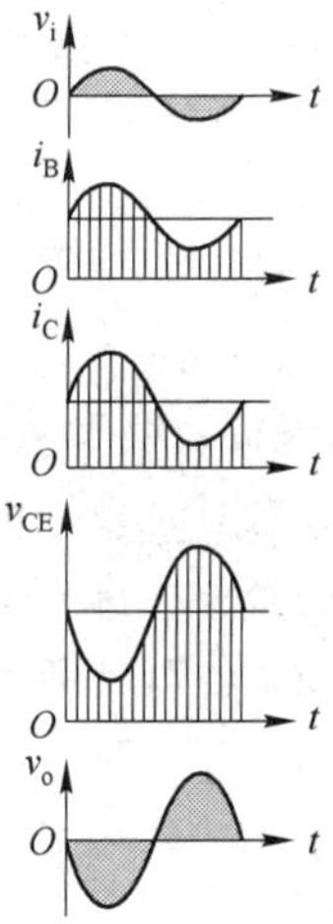


图3.10　共发射极组态基本放大电路动态工作情况图解

利用图解分析法也可求电压增益。对应于输入信号$v_i$引起的$v_{BE}$的变化量，在输入特性曲线上找到对应的$i_B$的变化量，继而画出对应的$i_C$、$v_{CE}$的变化量，将$v_{CE}$的变化量与$v_i$相比较即可得到电压增益。即：$A_V = \Delta v_{CE} / \Delta v_{BE}$。

**2. 动态工作范围和交流负载线**

因为放大电路的直流负载线是不变的，当$i_B$在一定范围变动时，直流负载线与输出特性曲线的交点也会随之改变。由图3.9可知，放大电路的工作点随着$i_B$的变动将沿着直流负载线在$Q'$与$Q''$点之间移动，由于直线段$Q'Q''$是工作点移动的轨迹，通常称为动态工作范围。

在$v_i$的正半周，$i_B$先逐渐增大，放大电路的工作点将由$Q$移到$Q'$，相应的$i_C$由$I_C$增到最大值，而$v_{CE}$由原来的$V_{CE}$减小到最小值；然后$i_B$逐渐减小，放大电路的工作点将由$Q'$回到$Q$，相应的$i_C$也由最大值回到$I_C$，而$v_{CE}$则由最小值回到$V_{CE}$。在$v_i$的负半周，变化规律正好相反，放大电路的工作点先由$Q$移到$Q''$，再由$Q''$回到$Q$。

放大电路正常工作时，输出端一般都要接上一定的负载，如图3.11所示。静态分析时，由于隔直电容的作用，可以不考虑负载。动态分析时，负载会影响放大电路的工作情况，需要加以考虑。此时不能再用直流负载线描述放大电路的动态情况，必须用交流负载线（AC Load Line，简写为ACLL）来描述。

交流通路外电路的伏安特性在特性曲线上被称做交流负载线，它是外加正弦信号时，放大电路工作点移动的轨迹。交流通路中电压与电流的关系为

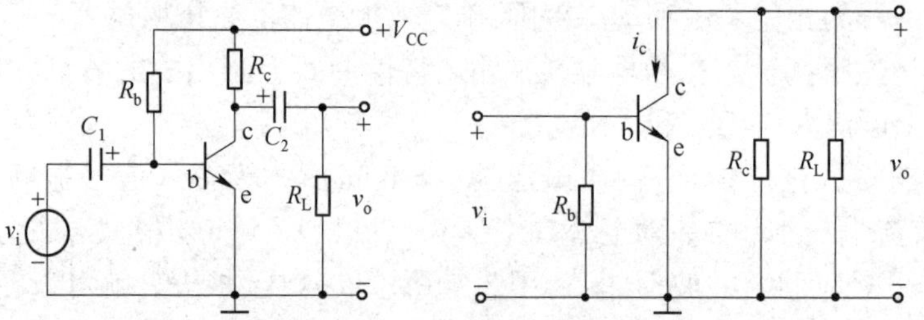


(a) 电路图　　　　(b) 交流通路

图 3.11　放大电路输出端接上负载电阻 $R_L$ 的电路

$$v_{ce}=-i_c R_L'$$

式中，$R_L'$ 为放大电路的交流负载电阻，是 $R_c$ 与 $R_L$ 的并联，即

$$R_L'=R_c /\!/ R_L=\frac{R_c R_L}{R_c+R_L}$$

因为 $i_c=i_C-I_C$，$v_{ce}=v_{CE}-V_{CE}$，所以

$$v_{CE}=V_{CE}+v_{ce}=V_{CE}+(-i_c R_L')=V_{CE}-(i_C-I_C)R_L'$$

于是交流负载线的方程为

$$i_C=-\frac{1}{R_L'}(v_{CE}-V_{CE})+I_C$$

对于交流分量来说，应当用 $R_L'$ 来表示电流、电压之间的关系，因此交流负载线的斜率为 $-1/R_L'$。当放大电路不带负载 $R_L$ 时，交流负载线的斜率为 $-1/R_c$，此时交流负载线与直流负载线重合。

很明显，带有负载的交流负载线要比直流负载线陡一些。

交流负载线和直流负载线一定会在 $Q$ 点相交，这是因为表征静态工作情况的 $v_i=0$，也是动态过程中的一个点，所以该时刻的 $i_C$ 和 $v_{CE}$ 应同时在两条负载线上，也即处于两条负载线的交点位置。一般通过 $Q$ 点作一条斜率为 $-1/R_L'$ 的直线就可得到交流负载线，如图 3.12 所示。

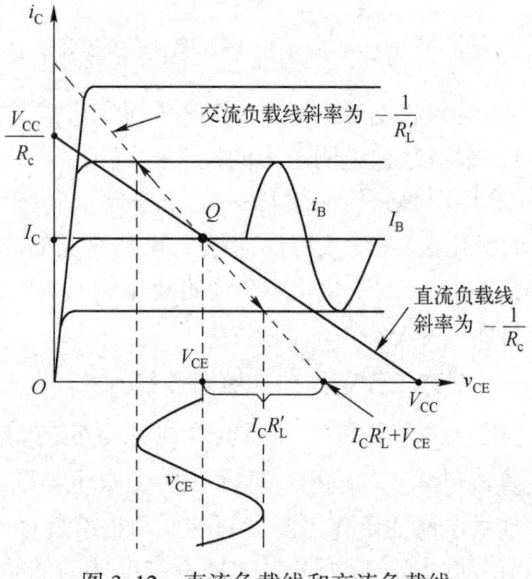


图 3.12　直流负载线和交流负载线

实际上，由交流负载线方程可知其与横轴的交点为 $(I_C R_L'+V_{CE},0)$，因此过该点与 $Q$ 点的直线即为交流负载线，这也是获得交流负载线的常用方法之一。

**3. $Q$ 点对输出波形的影响和 $Q$ 点的选择**

三极管的输出特性分成饱和区、放大区和截止区三个区域，只有恰当地选择 $Q$ 点才能使其处于放大区，通过电流控制实现放大作用。如果 $Q$ 点过高，三极管就会从放大状态转化为饱和状态；而 $Q$ 点过低时，三极管又会从放大状态转换为截止状态。

图 3.13 所示为输出信号波形与输入信号波形存在差异，称为失真。由于三极管特性的非线性造成的失真称为非线性失真(Nonlinear Distortion)，分为截止失真和饱和失真。由于三极管在部分时间内截止而引起的失真，称为截止失真。由于三极管在部分时间内饱和而引起的失真，称为饱和失真。

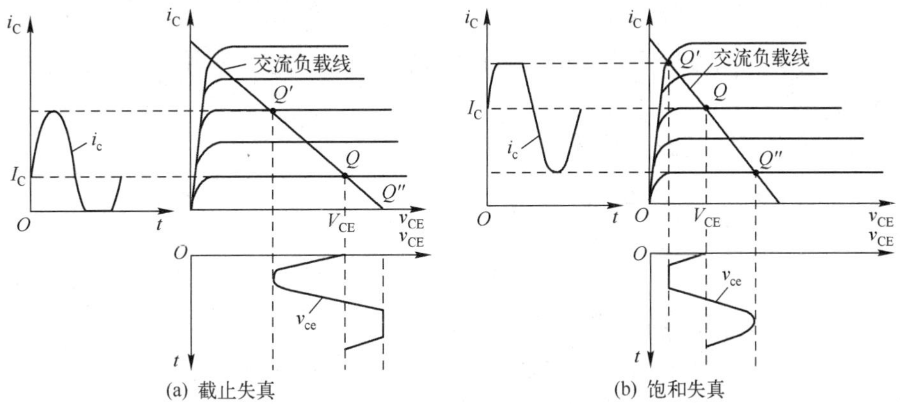


图 3.13　NPN 管波形失真

应当注意的是，三极管的三种工作状态的转换是通过改变 $I_B$ 实现的。在放大电路中要尽量避免使三极管在饱和区和截止区工作，否则会产生饱和失真和截止失真，失去放大作用。$Q$ 点选得过低，将产生截止失真；反之，若 $Q$ 点选得过高，又将引起饱和失真。在实际工作中，常可利用测量三极管各电极之间的电压来判断它的工作状态。

针对共发射极放大电路，$Q$ 点选择不当所引起的失真可概括为如表 3.1 所示。

为了减小或避免非线性失真，必须合理选择静态工作点位置。一般来说，$Q$ 点应选在交流负载线的中央，这时可获得最大的不失真电压输出，亦即可以得到最大的动态工作范围。但是在某些情况下（无最大的动态工作范围的要求），也可以灵活处理。当信号幅度不大时，为了降低直流电源 $V_{CC}$ 的能量消耗，在不产生失真和保证一定的电压增益的前提下，常可把 $Q$ 点选得低一些。

**表 3.1　$Q$ 点选择不当所引起的失真**

| 三极管类型 | $v_o$ 与 $v_{ce}$ 关系 | 输出波形 $v_o$ | |
|---|---|---|---|
| | | 截止失真 | 饱和失真 |
| NPN 管 | $v_o = v_{ce}$ | 正半周削波 | 负半周削波 |
| PNP 管 | $v_o = -v_{ce}$ | 负半周削波 | 正半周削波 |
| 原因 | $Q$ 点 | 过低 | 过高 |
| | $R_b$ | 偏大 | 偏小 |
| 调整方法 | | 减小 $R_b$ 使 $Q$ 点上移 | 增大 $R_b$ 使 $Q$ 点下移 |

综上分析，可得出如下结论：

（1）放大电路中的电压和电流，即 $i_B$、$i_C$、$v_{BE}$ 和 $v_{CE}$（被称做瞬时总量）都包含两个分量：一个是静态直流量 $I_B$、$I_C$、$V_{BE}$ 和 $V_{CE}$，另一个是由输入电压引起的交流量 $i_b$、$i_c$、$v_{be}$ 和 $v_{ce}$。因此放大电路中的信号（电流和电压值）是交直流并存的，电压、电流信号都是在原来直流量的基础上叠加了一个交流量，即

$$i_B = I_B + i_b, i_C = I_C + i_c; \qquad v_{BE} = V_{BE} + v_{be}, v_{CE} = V_{CE} + v_{ce}$$

（2）由于输出端电容的隔直作用，$v_{CE}$ 中的交流分量 $v_{ce}$（即交流输出电压 $v_o$）为正弦信号，幅度远比 $v_i$ 要大，此即所谓的放大作用。

由图 3.10 还可以看出，$v_i$ 瞬时值增大，$v_o$（$v_{ce}$）瞬时值减小，也即二者相位相反，所以共发射极放大电路也被称做反相电压放大电路。

**【例 3.2】**　如图 3.14 所示共发射极放大电路，已知 $\beta = 50$，$V_{CES} = 0.7\text{V}$，$V_{BE} = 0.7\text{V}$，$A_V = -100$。

（1）画出直流负载线、交流负载线；

（2）求出电路最大的不失真输出电压幅值 $V_{omax}$（有效值）；

（3）若输入信号为 $v_i = 29\sin\omega t$（mV），该电路能否正常放大该信号？

（4）为使电路具有最大的输出电压幅值，如何调整电路元件参数？电路最大的不失真输出电压幅值 $V_{omax}$ 为多少？

**解**:(1) 根据直流负载特性列出方程式$v_{CE}=V_{CC}-i_C R_c$,在输出特性曲线横轴及纵轴上确定两个特殊点$(V_{CC},0)$和$(0,V_{CC}/R_c)$,即可画出直流负载线。在本题中该两点为(12,0)和(0,2),连接两点即得 DCLL。

交流负载线也采用两点法作图,其中一点为 $Q$ 点,可得:

$$I_B=\frac{V_{CC}-V_{BE}}{R_b}=\frac{12-0.7}{377}\approx 30(\mu A),\quad I_C=\beta I_B=50\times 30=1.5(mA)$$

$$V_{CEQ}=V_{CC}-I_C R_C=12-1.5\times 6=3(V)$$

再计算 ACLL 上另一点与横轴的交点数值

$$V_{CEQ}+I_C R'_L=3+1.5\times(6/\!/3)=6(V)$$

因此,ACLL 可由(3,1.5)和(6,0)两点连线得到,如图 3.15 所示。

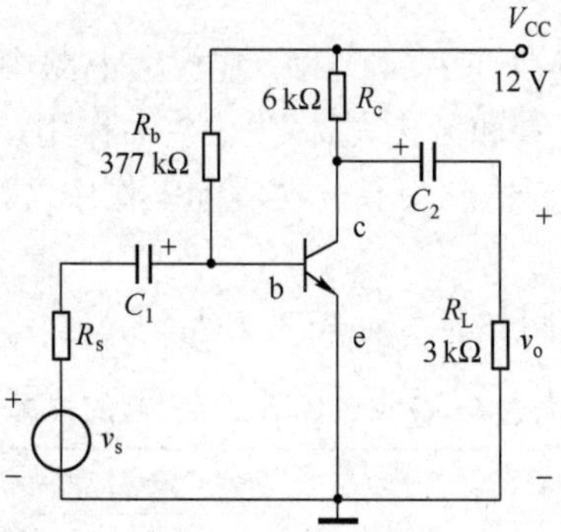

图 3.14　例 3.2 图

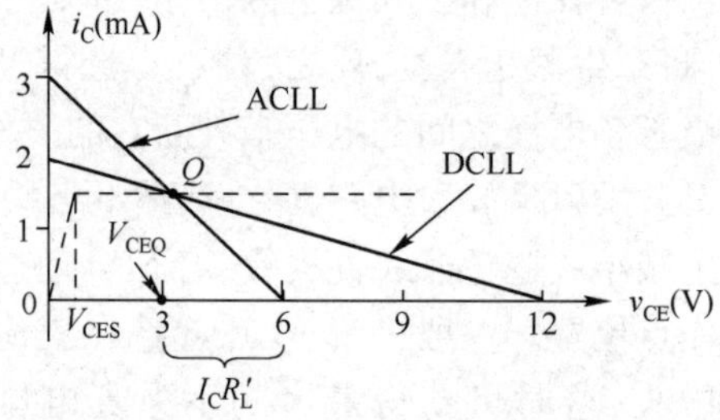

图 3.15　例 3.2 的 DCLL 和 ACLL

(2) $V_{omax}$可由交流负载线上 $Q$ 点两侧线段在横轴上的投影决定。$v_i$的正半周期输出峰值电压受到饱和失真限制,其值为$V_{CEQ}-V_{CES}$;$v_i$的负半周期输出峰值电压受到截止失真限制,其值为$I_C R'_L$。$V_{omax}$应取上述两个值中数值小的一个,除以$\sqrt{2}$即得所求有效值。因此

$$V_{omax}(\text{有效值})=\min[(V_{CEQ}-V_{CES}),I_C R'_L]/\sqrt{2}=\min[(3-0.7),(1.5\times(6/\!/3))]/\sqrt{2}$$
$$=2.3/\sqrt{2}=1.63(V)$$

(3) 若输入信号为$v_i=29\sin\omega t(mV)$,则该电路输出信号幅值应为:

$$V_{om}=29\times 100=2.9(V)$$

由于电路输出信号幅值超过了电路最大输出幅值 $V_{omax}$,因此不能正常放大该信号,将产生失真。从(2)的计算可知,电路出现的是饱和失真。

(4) 为了克服饱和失真,必须降低 $Q$ 点的位置。而为了使电路具有最大的输出电压幅值,应该使 $Q$ 点位于交流负载线的中央,也即令:

$$V_{CEQ}-V_{CES}=I_C R'_L$$

由上式可得

$$V_{CC}-I_C R_c-V_{CES}=I_C(R_c/\!/R_L)$$

于是

$$I_C=\frac{V_{CC}-V_{CES}}{R_c+(R_c/\!/R_L)}=\frac{12-0.7}{6+(6/\!/3)}=1.41(mA)$$

此时

$$R_b=\frac{V_{CC}-V_{BE}}{I_{BQ}}=\frac{V_{CC}-V_{BE}}{I_{CQ}/\beta}=\frac{12-0.7}{1.41/50}=400(k\Omega)$$

因此,只要 $R_b$增大到 400kΩ,电路就可以获得最大的不失真输出电压幅值 $V_{omax}$。此时

$$V_{omax}=V_{CEQ}-V_{CES}=I_C R'_L=1.4125\times 2=2.83(V)$$

### 3.3.5 放大电路的动态分析——小信号模型法

前已述及，三极管属于非线性器件。但如果研究对象为变化量，并且放大电路的输入信号很小，就可以近似地把三极管小范围内的特性曲线看成直线，这样由三极管这个非线性器件所组成的电路就可以用线性电路的方法来处理。

小信号（微变量）工作条件指的是输入信号变化范围很小，此时三极管在线性条件下工作，电压电流变化量之间呈现线性关系。小信号模型法也称微变等效电路法，它是动态分析的一种基本方法，用来分析信号的交流分量的传输情况。

**1. H(Hybrid)参数的引出**

H 参数模型即混合(Hybrid)参数模型，是在电路分析和设计中广泛使用的小信号模型。除了这种模型，有时也用开路阻抗参数（Z 参数）和短路导纳参数（Y 参数）来进行分析，但 Z 参数和 Y 参数不易准确测量。

三极管是一个有源双口网络，如图 3.16 所示。这个网络有输入端和输出端两个端口，通常可以通过输入和输出电压、电流来研究网络的特性。

选择 $v_i$、$v_o$ 及 $i_i$、$i_o$ 这 4 个参数中的 2 个作为自变量，其余 2 个作为因变量，就可得到不同的网络参数。下面是三极管电路常用的一组方程：

$$v_i = h_{11}i_i + h_{12}v_o, \quad i_o = h_{21}i_i + h_{22}v_o$$

其中 $h_{11}$、$h_{12}$、$h_{21}$、$h_{22}$ 称为混合参数（H 参数）。

三极管在共发射极接法时，可表示为图 3.17 所示的双口网络。这里选择 $v_{BE}$、$v_{CE}$、$i_B$、$i_C$ 4 个参数中的 $i_B$、$v_{CE}$ 作为自变量，$v_{BE}$、$i_C$ 作为因变量。这样，图 3.17 中输入回路和输出回路电压、电流的关系可分别表示为

$$v_{BE} = f_1(i_B, v_{CE}), \quad i_C = f_2(i_B, v_{CE}) \tag{3.6}$$

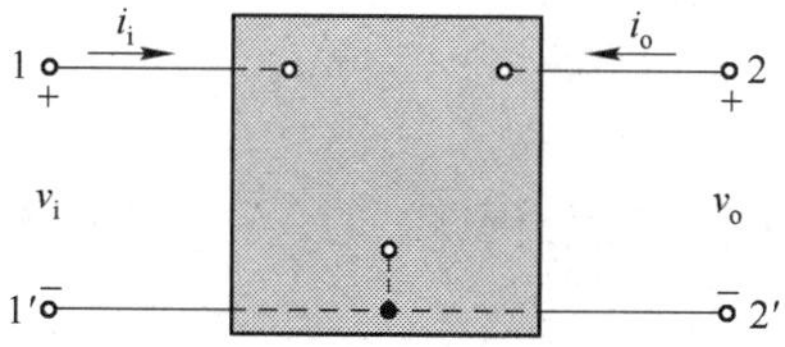


图 3.16 双口网络

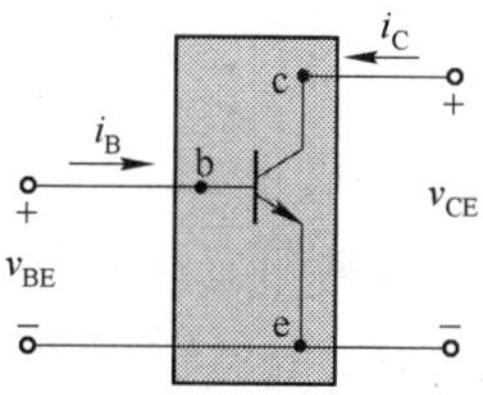


图 3.17 三极管共发射极接法构成的双口网络

由于三极管在小信号下工作，电压、电流的变化均为微变关系，对式(3.6)取全微分，根据上述双口网络的概念，管子内部电压、电流微变量的关系可用数学形式表示如下

$$\mathrm{d}v_{BE} = \left.\frac{\partial v_{BE}}{\partial i_B}\right|_{V_{CE}} \cdot \mathrm{d}i_B + \left.\frac{\partial v_{BE}}{\partial v_{CE}}\right|_{I_B} \cdot \mathrm{d}v_{CE} \tag{3.7}$$

$$\mathrm{d}i_C = \left.\frac{\partial i_C}{\partial i_B}\right|_{V_{CE}} \cdot \mathrm{d}i_B + \left.\frac{\partial i_C}{\partial v_{CE}}\right|_{I_B} \cdot \mathrm{d}v_{CE} \tag{3.8}$$

式中，$\mathrm{d}v_{BE}$、$\mathrm{d}v_{CE}$ 及 $\mathrm{d}i_B$、$\mathrm{d}i_C$ 表示无限小的信号增量。在小信号作用下，无限小的信号增量就可以用有限的增量来代替，也就是可以用电压、电流的交流分量来代替。这样可把式(3.7)及式(3.8)写成下列形式

$$v_{be} = h_{ie}i_b + h_{re}v_{ce} \tag{3.9}$$

$$i_c = h_{fe}i_b + h_{oe}v_{ce} \tag{3.10}$$

式中 $h_{ie} = \left.\frac{\partial v_{BE}}{\partial i_B}\right|_{v_{ce}=0}$ 为输出端交流短路时的输入电阻，单位为欧姆(Ω)；

$$h_{fe}=\left.\frac{\partial i_C}{\partial i_B}\right|_{v_{ce}=0}$$ 为输出端交流短路时的正向电流传输比或电流放大系数(无量纲)；

$$h_{re}=\left.\frac{\partial v_{BE}}{\partial v_{CE}}\right|_{i_b=0}$$ 为输入端交流开路时的反向电压传输比(无量纲)；

$$h_{oe}=\left.\frac{\partial i_C}{\partial v_{CE}}\right|_{i_b=0}$$ 为输入端交流开路时的输出电导,单位为西门子(S)。

其中,$h_{ie}$、$h_{re}$、$h_{fe}$、$h_{oe}$分别与$h_{11}$、$h_{12}$、$h_{21}$、$h_{22}$相对应,称为三极管在共发射极接法下的H参数,下标e表示共发射极接法,i、r、f、o分别表示输入电阻(Input Resistance)、反向电压传输比(Reverse Transfer Voltage Ratio)、正向电流传输比(Forward Transfer Current Ratio)、输出电导(Output Conductance)。由于"混合"变量(电压和电流)形成的参数系统中4个参数的量纲各不相同,所以这种参数系统称为混合参数系统。

**2. H参数的物理意义图解**

4个参数的物理意义在图3.18所示的输入/输出特性曲线上示出。

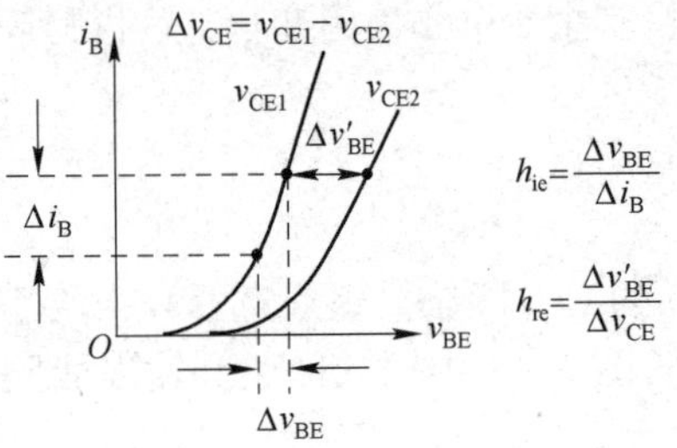

(a) $h_{ie}$和$h_{re}$的意义

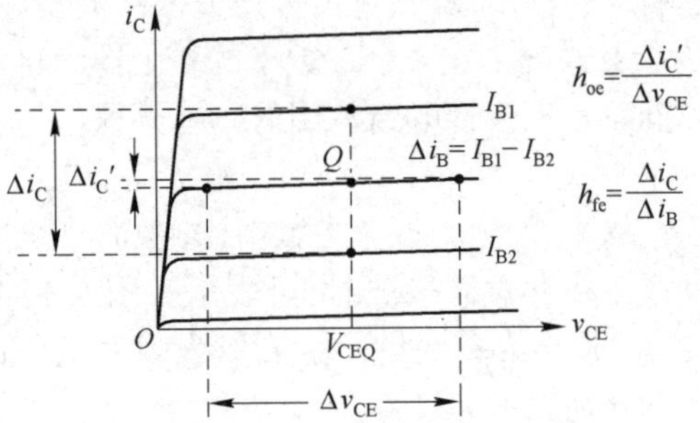

(b) $h_{fe}$和$h_{oe}$的意义

图3.18　4个参数的物理意义

**3. H参数小信号模型**

三极管的小信号模型即为包含4个H参数的线性模型。在分析计算时,可用这个模型来代替三极管。这样,复杂电路的计算就可以简化。

式(3.9)和式(3.10)分别可以看成输入回路方程和输出回路方程。式(3.9)表明输入回路的电压关系,即$v_{be}$由两部分构成:一部分是$h_{ie}i_b$,表示输入电流$i_b$产生的电压降;另一部分是$h_{re}v_{ce}$,表示输出电压$v_{ce}$对输入回路的反作用。同样,式(3.10)表示输出回路的电流关系,亦由两部分构成:一部分是由基极电流引起的$h_{fe}i_b$,另一部分是输出电压产生的$h_{oe}v_{ce}$。

一般地,$h_{ie}i_b$中的$h_{ie}$可认为是一个电阻,$h_{re}v_{ce}$可用一个电压源来代表,这样输入回路可以看成由一个电阻与一个电压源串联构成的戴维南等效电路;同理,输出电路可以看成由电流源$h_{fe}i_b$并联一个输出电阻$1/h_{oe}$构成的两条支路来等效,显然这是诺顿等效电路的形式,如图3.19所示。

在三极管的小信号模型中,需要注意的是电压源$h_{re}v_{ce}$和电流源$h_{fe}i_b$均为受控源,不是独立电源。其中电压源在电路中的极性根据$h_{re}$的定义如图3.19中所示,不能随意假定;电流源的流向如图中的箭头所示,由集电极流向发射极,因为电流源受$i_b$控制,其流向也应该由$i_b$(也即$v_{be}$)决定,不能任意改变。

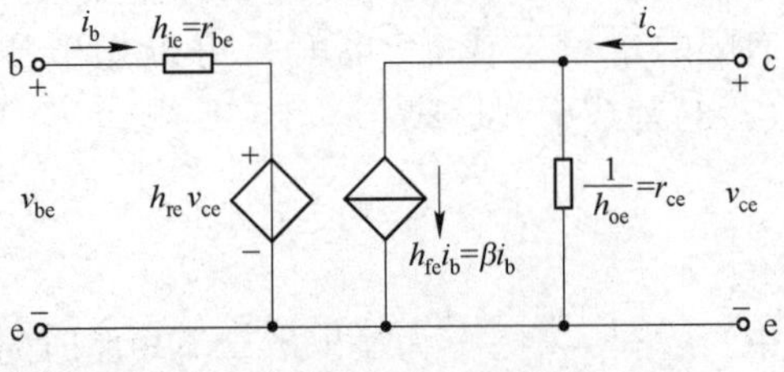

图3.19　三极管的H参数小信号模型

使用三极管小信号模型的条件是，研究对象（电压、电流）应为变化量，因此不能用H参数小信号模型来求静态工作点，也不能用该模型来计算电压和电流的瞬时总值。

但是小信号模型与静态值并非没有关联，小信号H参数是在静态工作点求出的，小信号模型的计算结果实际上反映了$Q$点附近的工作情况。

**4. H参数小信号简化模型**

对于共发射极接法的三极管的H参数小信号模型，H参数的数量级可以通过一些典型值加以了解，如表3.2所示。

$h_{oe}$和$h_{re}$相对而言是很小的。$h_{re}$反映三极管内部的电压反馈，因数值很小，一般可以忽略；$h_{oe}$具有电导的量纲，与电流源并联时，因分流极小，可做开路处理。这样在模型中常常可以把$h_{oe}$和$h_{re}$忽略掉，在工程计算上不会带来显著的误差。利用这个简化模型来表示三极管时，将使三极管放大电路的分析计算进一步简化。其小信号简化模型如图3.20所示。

**表3.2 H参数的数量级**

| 共发射极接法的参数 | 典　型　值 |
|---|---|
| 输入电阻 $h_{ie}$ | 1kΩ |
| 反向电压传输系数 $h_{re}$ | $2.5\times10^{-4}$ |
| 正向电流比 $h_{fe}$ | 50 |
| 输出电导 $h_{oe}$ | 25μS |
| 输出电阻 $1/h_{oe}$ | 40kΩ |

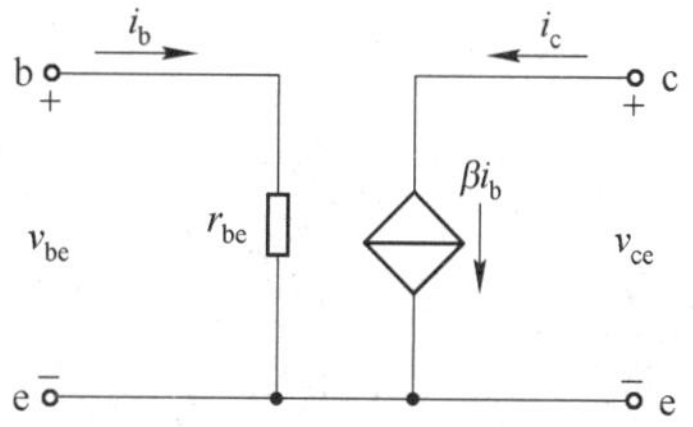

图3.20　三极管的小信号简化模型

**5. H参数的确定**

应用H参数小信号模型法分析放大电路之前，必须确定所用的三极管在给定$Q$点上的H参数。获得H参数的方法可采用H参数测试仪，或利用三极管特性图示仪测量$\beta$和$r_{be}$。

对于低频小功率管，$r_{be}$通常也可以采用如下公式进行估算

$$r_{be}\approx r_{bb'}+(1+\beta)\frac{26(\mathrm{mV})}{I_E} \tag{3.11}$$

式中，$r_{bb'}$是基区体电阻，约为100～300Ω；$I_E$是发射极静态电流，单位为mA；$r_{be}$的单位是Ω。

**6. 图解分析法和H参数小信号模型分析法的比较**

图解分析法和小信号模型分析法，是分析放大电路的两种基本方法。这两种方法虽然在形式上是两种独立的分析方法，但二者在本质上却是相互关联的，经常要配合使用。一般来说，两种分析方法使用场合如下：

（1）确定静态工作点、合理安排电路工作点、判断电路失真情况、估算最大的动态范围，以及分析放大电路输出电压的最大幅值等问题，采用图解分析法；另外，当输入电压幅度较大，三极管的工作点延伸到特性曲线的非线性部分时（如功率放大电路），也需要采用图解分析法。

（2）当输入电压幅度较小或三极管基本上在线性范围内工作，特别是放大电路比较复杂时，可用小信号模型来进行动态分析和计算。

**思考题3.3（参考答案请扫描二维码3-3）**

1. 简答

（1）什么是放大电路的静态和动态？

（2）如何绘制放大电路的直流负载线和交流负载线？

（3）静态工作点过高或者过低对放大电路有何影响？$Q$点选择不当应当如何调整？

二维码3-3

(4) 如何确定 H 参数？图 3.19 的 H 参数小信号模型为什么可以采用图 3.20 的简化模型？

(5) 如果不进行直流偏置，放大电路可以放大交流信号吗？

2. 填空

(1) 如果减小基极电阻的值，则三极管输入电阻 $r_{be}$ 的值________；

(2) 图 3.11 电路的三极管换成 PNP 管。若输入信号是正弦波，用示波器观察输出波形如图 S3.3 所示，则该失真是______________；

(3) 图 3.11 所示电路中，若 $\beta=100$，$R_c=5.6\text{k}\Omega$，$R_b=1\text{M}\Omega$，$V_{CC}=12\text{V}$，则该电路的三极管处于________区。

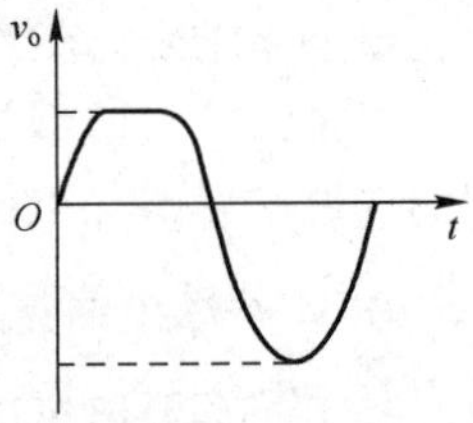


图 S3.3

## 3.4 用 H 参数小信号模型分析共发射极基本放大电路

应用 H 参数小信号模型分析如图 3.21(a)所示的基本放大电路。图 3.21(b)为该电路的小信号等效电路。

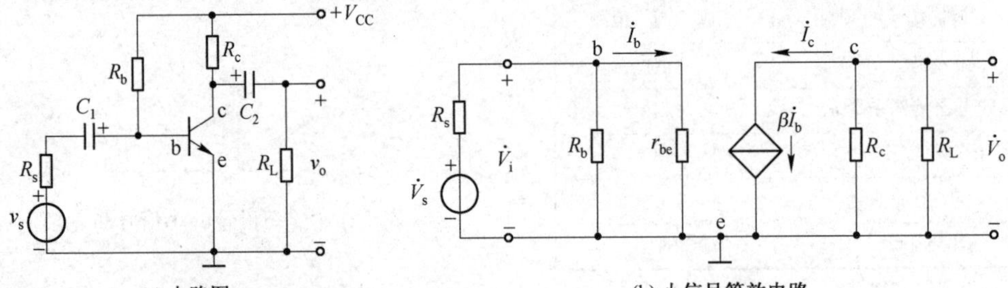


图 3.21 共发射极基本放大电路

H 参数小信号等效电路的绘制过程如下：首先画出放大电路的交流通路，然后将三极管用 H 参数小信号模型表示。值得注意的是：由于分析和测试时常用正弦信号作为输入信号，因此在小信号等效电路中电压和电流均采用相量表示。

画出小信号等效电路之后，就可用求解线性电路的方法求解电压增益、输入电阻和输出电阻等动态参数。

### 3.4.1 求电压增益

由图 3.21(b)可以看出 $\dot{V}_i=\dot{I}_b r_{be}$，$\dot{I}_c=\beta\dot{I}_b$，$\dot{V}_o=-\dot{I}_c R'_L$，$R'_L=R_c /\!/ R_L$

由此可得电压增益为

$$\dot{A}_v=\frac{\dot{V}_o}{\dot{V}_i}=\frac{-\dot{I}_c R'_L}{\dot{I}_b r_{be}}=\frac{-\beta\dot{I}_b R'_L}{\dot{I}_b r_{be}}=-\beta\frac{R'_L}{r_{be}} \tag{3.12}$$

式中，负号表示输出电压与输入电压反相，这与图解法得到的结论一致。

当放大电路输出端开路（未接负载，即 $R_L=\infty$）时，式(3.12)变为

$$\dot{A}_v=-\beta\frac{R_c}{r_{be}} \tag{3.13}$$

利用小信号模型可以方便地求得电压增益。计算时所用的小信号参数 $\beta$ 及 $r_{be}$ 都应是工作点 $Q$ 上的参数。但要注意，$\dot{A}_v$ 除了与 $R'_L$ 有关，还与 $\beta$ 及 $r_{be}$ 有关。如果适当地加大三极管的静态工作电流 $I_{EQ}$，在没有饱和的情况下，$r_{be}$ 减小，放大倍数增大。因此，增大 $I_{EQ}$ 是提高共发射极电路电压放大倍数的一个有效措施。但是随着 $r_{be}$ 的减小，$\dot{A}_v$ 的增大，输入电阻 $R_i$

将会减小。另外要注意，$I_{EQ}$增大时 $Q$ 点将上移，为避免产生饱和失真，应对 $I_{EQ}$的增大进行一定的限制。

### 3.4.2 求输入电阻和输出电阻

一个放大电路不是孤立地存在的，其输入端要与信号源或前级放大电路相连，其输出端要与负载或后级放大电路相连。放大电路的输入电阻和输出电阻即是考虑前后关联的电路参数。

**1. 计算输入电阻**

根据放大电路输入电阻的定义有

$$R_i = \dot{V}_i / \dot{I}_i$$

式中，$\dot{V}_i$为输入端外加电压，$\dot{I}_i$为对应的电流。

根据 KCL，对于图 3.22 中的 b 点有

$$\dot{I}_i = \dot{I}_{R_b} + \dot{I}_b = \frac{\dot{V}_i}{R_b} + \frac{\dot{V}_i}{r_{be}}$$

故

$$R_i = \dot{V}_i / \dot{I}_i = R_b \,/\!/\, r_{be}$$

一般地，$R_b \gg r_{be}$，所以 $R_i \approx r_{be}$。但要注意 $R_i$和 $r_{be}$是两个不同的概念，$r_{be}$表示三极管的输入电阻，而 $R_i$则表示放大电路的输入电阻。

一般来说，放大电路的输入电阻高一些比较好，这是因为实际输入电压是经过信号源内阻和输入电阻的分压，输入电阻高一些会使实际输入电压增大，提高电路获取有效信号的能力。若该放大电路为多级放大电路的一级，则其输入电阻为前一级的负载电阻，这样高一些的输入电阻不会降低前级的电压增益。

**2. 计算输出电阻**

可利用图 3.23 所示的电路来计算输出电阻。根据定义，在外加电压 $\dot{V}_o$($R_L = \infty$)的作用下，产生相应的电流 $\dot{I}_o$，则输出电阻为 $R_o = \left.\frac{\dot{V}_o}{\dot{I}_o}\right|_{\dot{V}_s=0}$。

由图 3.23 可知，$\dot{I}_o = \dot{V}_o / R_c$，故 $R_o = \dot{V}_o / \dot{I}_o = R_c$。

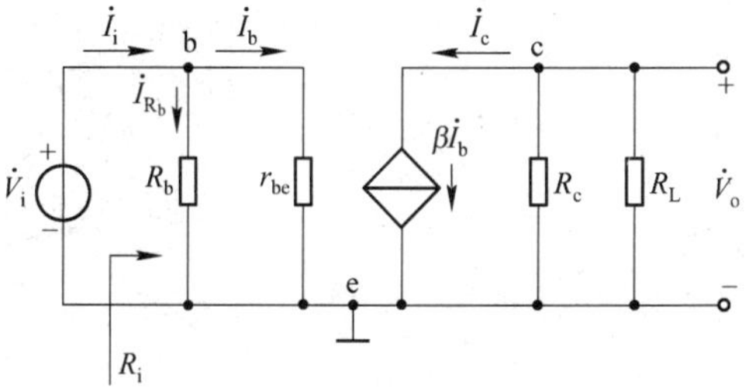


图 3.22 共发射极基本放大电路的输入电阻

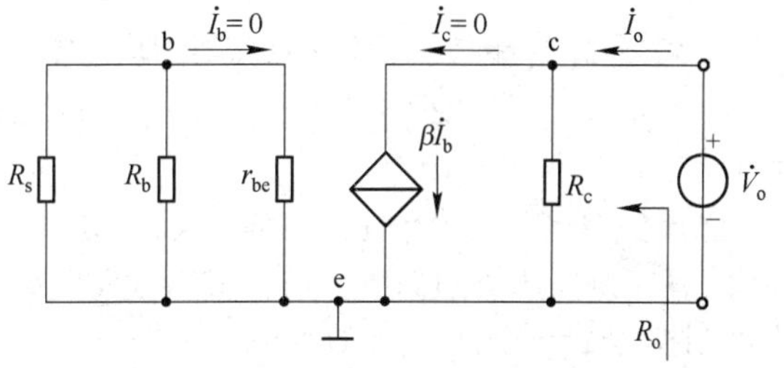


图 3.23 共发射极基本放大电路的输出电阻

通常希望放大电路的输出电阻低一些，因为输出电阻是放大电路带负载能力的体现。若输出电阻过高，则负载变化时，电路的输出电压变化过大，这就意味着放大电路带负载的能力较差。在分析、设计放大电路时，必须全面考虑各项指标，根据具体情况，灵活掌握。

【例 3.3】 如图 3.24 所示电路,若已知三极管在 $Q$ 点上的 $\beta=100$,$V_{BE}=0.7V$,$r_{bb'}=200\Omega$,试确定静态工作点 $Q$,计算电压增益 $\dot{A}_v$、输入电阻 $R_i$和输出电阻 $R_o$。

**解:**采用近似估算法确定 $Q$ 点:

$$I_B=\frac{V_{CC}-V_{BE}}{R_b}=\frac{12-0.7}{470}=24.04(\mu A)$$

$$I_C=\beta I_B=100\times 24.04=2.404(mA)\approx I_E$$

$$V_{CE}=V_{CC}-I_C R_c=12-2.404\times 3=4.788(V)$$

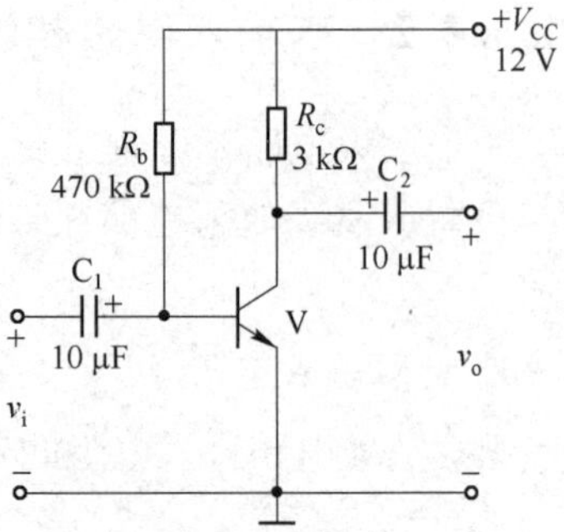


图 3.24 例 3.3 的图

利用式(3.11)得 $r_{be}=r_{bb'}+(1+\beta)\dfrac{26(mV)}{I_E(mA)}$

$$=200+(1+100)\frac{26}{2.404}$$

$$\approx 1.29(k\Omega)$$

于是

$$\dot{A}_v=-\beta\frac{R_c}{r_{be}}=-100\times\frac{3}{1.29}\approx -232$$

$$R_i\approx r_{be}=1.29k\Omega, R_o=R_c=3k\Omega$$

至此我们研究的多是由 NPN 管构成的放大电路,对 PNP 管构成的放大电路,分析过程是类似的。在静态分析时,与 NPN 管构成的放大电路相比,PNP 管构成的放大电路只是电流方向正好相反,并且 $V_{BE}$ 和 $V_{CE}$ 应为负值。以图 3.25(a) 为例

$$V_{EB}+I_B R_b-V_{CC}=0$$

由于 $V_{BE}=-V_{EB}$,所以

$$I_B=\frac{V_{CC}+V_{BE}}{R_b}\approx\frac{V_{CC}}{R_b}$$

$$V_{CE}=-V_{EC}=-(V_{CC}-I_C R_c)=-V_{CC}+I_C R_c$$

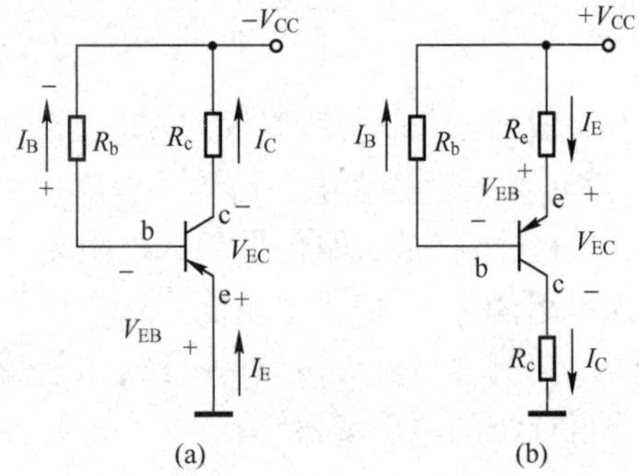


图 3.25 PNP 管构成的放大电路两种形式

有的时候,为了在电路中使用正电源,电路中 PNP 管被画成如图 3.25(b)所示的倒置形式。

在进行动态分析时,由于小信号等效电路的研究对象仅针对变化量,因此,NPN 管和 PNP 管的等效电路完全相同,电压极性和电流方向没有任何变化,即 PNP 管构成的放大电路的小信号等效电路与 NPN 管的完全相同。

**思考题 3.4(参考答案请扫描二维码 3-4)**

1. 在进行交流小信号分析,画小信号模型时,电路中的直流电源和隔直电容是如何处理的?

2. 共发射极放大电路中,如何进行输入电阻和输出电阻的选择?

3. 图 3.21(a)所示电路中,如果下述参数发生变化,在其余参数不变的情况下,集电极-发射极之间的管压降 $V_{CE}$将如何变化?

(1) 当 $R_b$增加时; (2) 当 $R_c$增加时; (3) 当 $\beta$ 增加时; (4) 当 $R_L$增加时。

二维码 3-4

4. 图 3.21(a)所示电路中,如果下述参数发生变化,在其余参数不变的情况下,电压增益 $A_v$、输入电阻 $R_i$和输出电阻 $R_o$的数值将如何变化?

(1) 当 $R_b$增加时; (2) 当 $R_c$增加时; (3) 当 $\beta$ 增加时; (4) 当 $R_L$增加时。

## 3.5 稳定静态工作点的放大电路

放大电路必须有合适的静态工作点 $Q$,才能保证其正常工作(既满足所需的放大效果,又不产生非线性失真)。前已述及,静态工作点是直流负载线与三极管输出特性曲线的交点。当电源电压和集电极电阻大小确定后,静态工作点的位置就取决于偏置电流的大小。对于固定偏流电路

$$I_B=\frac{V_{CC}-V_{BE}}{R_b}\approx\frac{V_{CC}}{R_b}$$

固定偏流电路结构简单,偏流调整方便,但是外部因素(例如温度、电源电压波动、三极管老化等)将引起静态工作点的变动,有可能使其移到不合适的位置而使放大电路无法正常工作。为此必须设计能够自动调整静态工作点位置的偏置电路,以使静态工作点能稳定在合适的位置。

对放大电路静态工作点影响最大的是环境温度的变化。下面首先讨论温度对静态工作点的影响,接着研究稳定静态工作点的分压式偏置电路。

### 3.5.1 温度对静态工作点的影响

造成静态工作点不稳定的因素很多,但主要是由于三极管的特性参数($I_{CBO}$、$V_{BE}$、$\beta$ 等)随温度变化造成的。温度变化时将影响管子内部载流子(电子和空穴)的运动,从而使 $I_{CBO}$、$V_{BE}$、$\beta$ 发生变化。

由于半导体的负温度系数特性,温度升高时三极管的输入特性曲线会左移。若保持 $I_B$ 不变必须将 $V_{BE}$ 减小。在共发射极基本放大电路中,由于 $I_B=\frac{V_{CC}-V_{BE}}{R_b}$,故温度升高会引起 $I_B$ 增大。一般情况下 $V_{CC}\gg V_{BE}$,故温度升高引起的 $I_B$ 增大不明显。大多数管子(包括硅管和锗管)$V_{BE}$ 的温度系数约为-2.2mV/℃,即温度每升高 1℃,$V_{BE}$ 下降 2.2mV。这样,温度变化时通过影响 $V_{BE}$ 使 $I_B$ 发生变化,从而影响静态工作点。

另外,温度升高时,三极管的电流放大系数 $\beta$ 会增大,原因在于温度升高使得注入基区的载流子的扩散速度加快。这样,基区电子与空穴的复合数目减少,使集电极电流与基极电流之比($\beta$ 值)增大。$\beta$ 的变化会引起三极管的输出特性的变化——$\beta$ 变大使输出特性曲线族的间隔变宽;反之则变窄。输出特性的变化直接影响到 $Q$ 点,当 $\beta$ 增大时,$Q$ 点上移,$I_C$ 增加;当 $\beta$ 减小时,$Q$ 点下移,$I_C$ 减小。一般地,温度每升高 1℃,$\beta$ 要增加 0.5%~1.0%。

同时,当温度升高时,三极管的反向饱和电流 $I_{CBO}$ 将急剧增大,这是由于反向电流是由少数载流子形成的,受温度影响较大。$I_{CBO}$ 随温度呈指数规律增大,温度每升高 10℃,$I_{CBO}$ 将增大约 1 倍。

综上所述可知:$I_{CBO}$、$V_{BE}$、$\beta$ 三个参数随温度升高的结果,都表现在 $Q$ 点电流 $I_C$ 的增大。这样,$Q$ 点移近饱和区,有可能使放大电路不能正常工作,输出波形产生饱和失真;相反,温度降低使 $Q$ 点移近截止区,也有可能使放大电路不能正常工作,输出波形产生截止失真。

对于硅管而言,尽管上述三个参数均随温度的变化而变化,但 $V_{BE}$ 和 $\beta$ 受温度的影响较大,$I_{CBO}$ 的值很小,对 $Q$ 点的影响较小。锗管受 $I_{CBO}$ 的影响较大。

### 3.5.2 分压式偏置电路

三极管参数($I_{CBO}$、$V_{BE}$、$\beta$)随温度变化对 $Q$ 点的影响都可以表现在使 $Q$ 点电流 $I_C$ 的变化。因

此，为了保证放大电路正常工作，一方面要保持其工作温度恒定，另一方面要考虑对放大电路本身做改进，设法使其在温度变化时仍然能使 $I_C$ 近似维持恒定。

**1. 电路组成**

图 3.26 是常见的静态工作点稳定电路，称为分压式偏置电路，亦称射极偏置电路，它是交流放大电路中最常用的一种基本电路。这种电路有时也被称为自偏置电路，意即自动调节三极管的电流 $I_C$ 以稳定 $Q$ 点。该电路与前述固定偏流电路在结构上的主要区别为发射极接有电阻 $R_e$ 和电容 $C_e$，直流电源通过 $R_{b1}$ 和 $R_{b2}$ 分压接到三极管的基极。

该电路稳定静态工作点的过程如下：在图 3.26 中，如果 $I_R \gg I_B$，则可以认为 $I_R$ 是流经 $R_{b1}$ 和 $R_{b2}$ 的电流，基极电位由 $R_{b1}$ 和 $R_{b2}$ 组成的分压器决定：$V_B \approx V_{CC}R_{b2}/(R_{b1}+R_{b2})$，该值可近似地认为不受温度影响。当温度升高时，$I_C$ 将增大，则 $I_E$ 增大，在 $R_e$ 上产生的压降 $I_E R_e$ 也要增大（即发射极的电位升高），此时三极管的 $V_{BE}=V_B-V_E=V_B-I_E R_e$ 将减小。由于 $V_{BE}$ 的减小将使 $I_B$ 减小，$I_C$ 会随之减小，这样 $I_C$ 就基本保持恒定。温度降低时其作用过程正好相反。

图 3.26 中，为使 $Q$ 点稳定，要求 $I_R$ 比 $I_B$ 大得多，$V_B$ 比 $V_{BE}$ 大得多，这样 $R_{b1}$ 和 $R_{b2}$ 的值就比较小。$R_{b1}$ 和 $R_{b2}$ 减小时，电阻上的功耗将增大，并且放大电路的输入电阻会降低。综合考虑各项指标，实际电路中，对于硅管，一般可选取 $I_R=(5\sim10)I_B$，$V_B=3\sim5\text{V}$；对于锗管，$I_R=(10\sim20)I_B$，$V_B=1\sim3\text{V}$。

**2. 电路的静态分析与动态分析**

下面对分压式偏置电路进行静态分析与动态分析。

(1) 静态分析

画出图 3.26 所示分压式偏置电路的直流通路，如图 3.27 所示。首先采用近似估算法计算静态参数。

由于 $V_B=\dfrac{R_{b2}}{R_{b1}+R_{b2}}V_{CC}$，所以

$$I_C \approx I_E=\frac{V_B-V_{BE}}{R_e}\approx\frac{V_B}{R_e}$$

$$V_{CE}=V_{CC}-I_C R_c-I_E R_e \approx V_{CC}-I_C(R_c+R_e)$$

$$I_B=I_C/\beta$$

利用上述表达式可以分别求得 $Q$ 点的 $I_C$、$I_B$ 及 $V_{CE}$。

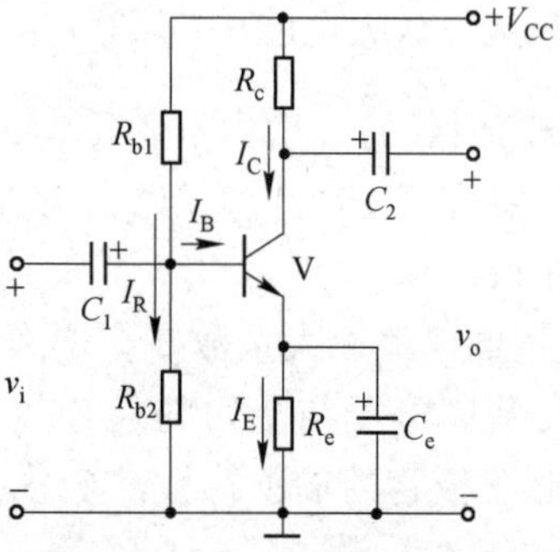


图 3.26　分压式偏置电路

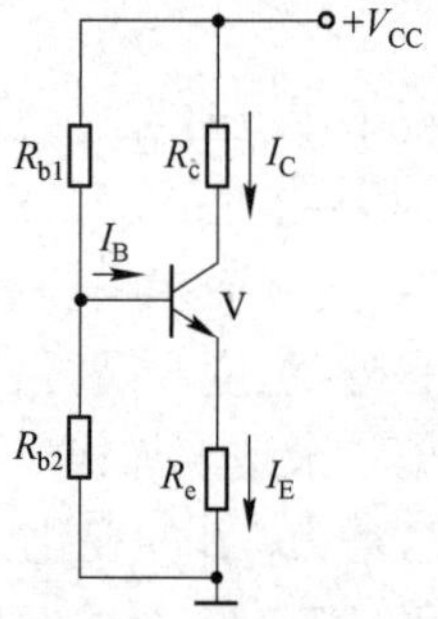


图 3.27　图 3.26 的直流通路

对于分压式偏置电路，也常采用戴维南定理对静态值进行较为精确的计算。说明如下。

先画出图 3.26 电路输入端的直流通路，如图 3.28 所示。其戴维南等效电路可采用图 3.29 所示方法求得。

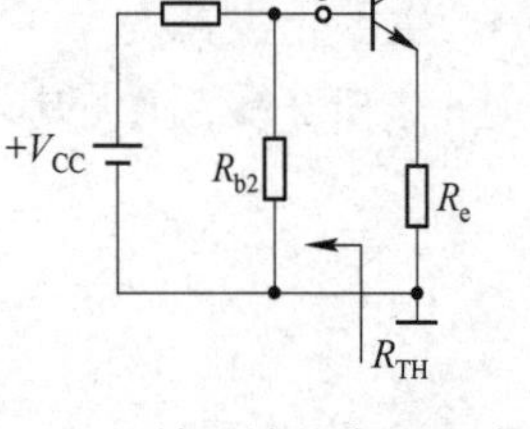


图 3.28　输入端的直流通路

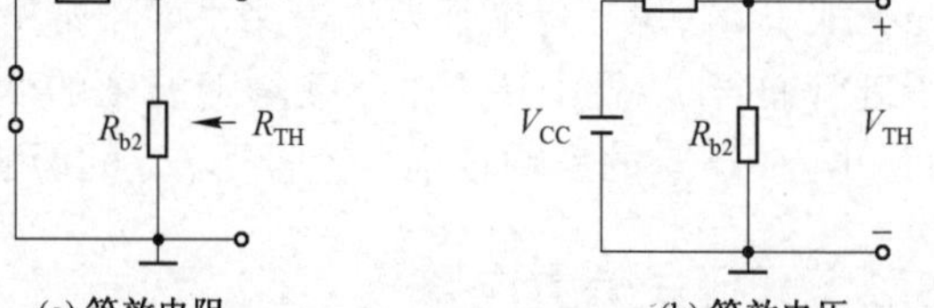


(a) 等效电阻　(b) 等效电压

图 3.29　求戴维南等效电路的等效电阻和等效电压

等效电阻 $R_{TH}=R_{b1}/\!/R_{b2}$

等效电压 $V_{TH}=\dfrac{R_{b2}}{R_{b1}+R_{b2}}V_{CC}$

图 3.28 电路可以重绘为如图 3.30 所示。这样，就可以很容易地求出 $Q$ 点的 $I_C$、$I_B$ 及 $V_{CE}$。

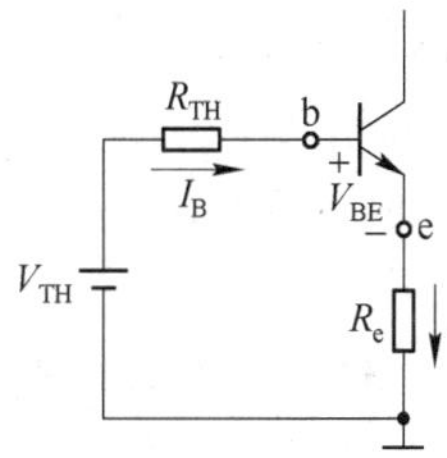


图 3.30 求解分压式偏置电路静态参数的戴维南等效电路

根据 KVL 有 $V_{TH}-I_BR_{TH}-V_{BE}-I_ER_e=0$

而 $I_E=(1+\beta)I_B$，所以

$$I_B=\frac{V_{TH}-V_{BE}}{R_{TH}+(1+\beta)R_e},I_C=\beta I_B$$

$$V_{CE}=V_{CC}-I_CR_c-I_ER_e\approx V_{CC}-I_C(R_c+R_e)$$

采用戴维南定理进行计算与前述近似估算法计算的结果略有差异，在计算时可根据实际情况选择上述方法之一求解静态参数。根据图 3.31 可知，$R'=r_{be}+(1+\beta)R_e$，若 $R'\gg R_{b2}$（近似情况下一般要求 $\beta R_e\geqslant 10R_{b2}$），则 $I_1\approx I_2$，可以采用近似计算方法；否则宜采用戴维南定理进行计算。

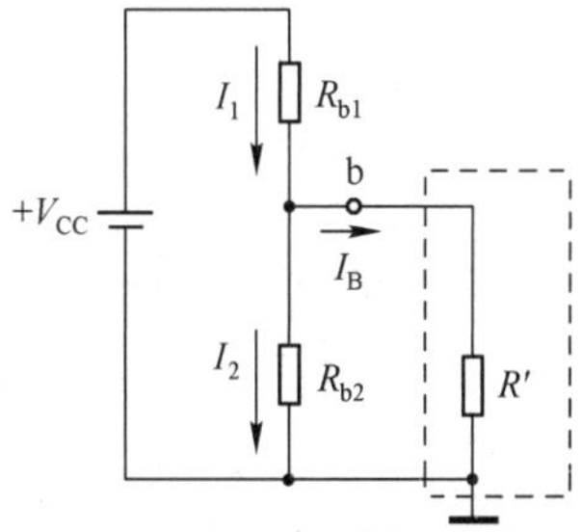


图 3.31 计算 $V_B$ 的偏置电路

(2) 动态分析

① 先求电压增益。画出图 3.26 电路的小信号等效电路如图 3.32 所示。由图可得

$$\dot V_o=-\beta\dot I_bR'_L,\quad R'_L=R_c/\!/R_L,\quad \dot V_i=\dot I_br_{be}$$

所以
$$\dot A_v=\dot V_o/\dot V_i=-\beta R'_L/r_{be}\tag{3.14}$$

此电压增益表达式与固定偏流电路电压增益表达式相同。

② 讨论一下旁路电容 $C_e$ 的作用。假设分压式偏置电路中不加旁路电容，则等效电路如图 3.33 所示。

由图可以看出 $\dot V_o=-\beta\dot I_bR'_L,\quad R'_L=R_c/\!/R_L$

$$\dot V_i=\dot I_br_{be}+\dot I_eR_e=\dot I_b[r_{be}+(1+\beta)R_e]$$

$$\dot A_v=\frac{\dot V_o}{\dot V_i}=\frac{-\beta\dot I_bR'_L}{\dot I_b[r_{be}+(1+\beta)R_e]}=-\frac{\beta R'_L}{r_{be}+(1+\beta)R_e}\tag{3.15}$$

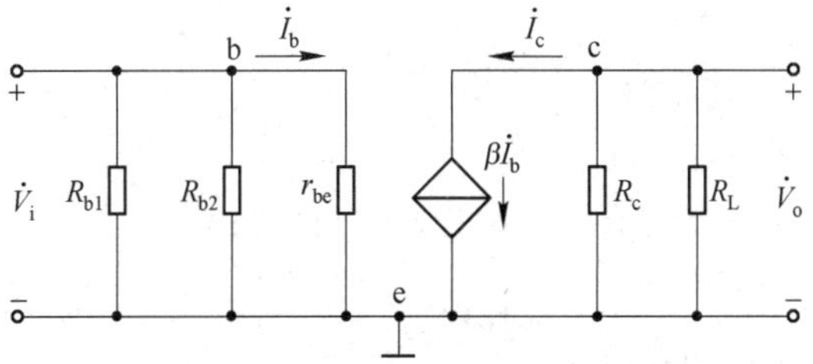


图 3.32 图 3.26 电路的小信号等效电路

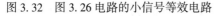

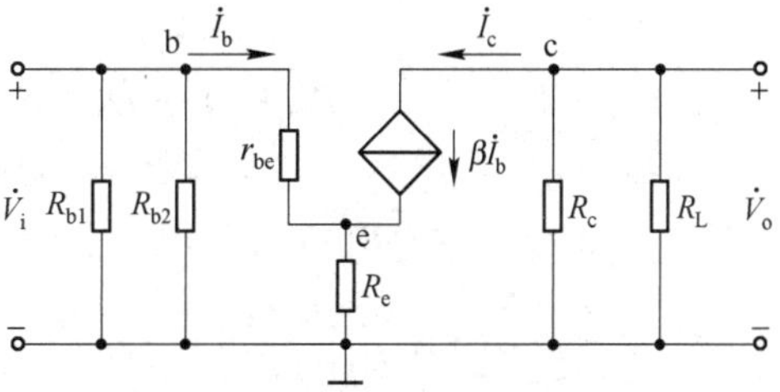


图 3.33 不加旁路电容的分压式偏置电路

比较式(3.14)和式(3.15)可知，如果不接 $C_e$，那么由于 $R_e$ 的接入，会引起电压增益的下降，$R_e$ 越大，增益下降得就越多。虽然自偏置电路能稳定静态工作点，但我们不希望增益下降。为了解决这个问题，通常在 $R_e$ 上并联一个大电容 $C_e$（约几十到几百微法），$C_e$ 称为射极旁路电容。在交流通路中，$R_e$ 两端的交流压降可以忽略，这样就可消除 $R_e$ 对交流分量的影响，使电压增益保持

不变，同时稳定了静态工作点。加了射极旁路电容后，自偏置电路和固定偏置电路计算 $\dot{A}_v$ 的公式就完全相同了。

③ 求输入电阻和输出电阻。由图 3.32 可知，电路的输入电阻为 $R_i = R_{b1} // R_{b2} // r_{be}$，输出电阻为 $R_o = R_c$。

**【例 3.4】** 放大电路如图 3.34 所示，图中三极管的 $\beta = 100$，$V_{BE} = 0.7V$，$r_{bb'} = 200\Omega$。已知 $V_{CC} = 16V$，$R_{b1} = 39k\Omega$，$R_{b2} = 4.7k\Omega$，$R_c = 3.9k\Omega$，$R_e = 1.2k\Omega$，$C_1 = C_2 = 1\mu F$，$C_e = 47\mu F$。(1) 求三极管的静态工作点 $Q$；(2) 求电压增益 $\dot{A}_v$，输入电阻 $R_i$ 和输出电阻 $R_o$。

**解：**(1) 先计算是否满足 $\beta R_e \geq 10R_{b2}$。

由于 $100 \times 1.2k\Omega = 120k\Omega > 10 \times 4.7k\Omega = 47k\Omega$，因此可以采用近似方法。

$$V_B = \frac{R_{b2}}{R_{b1}+R_{b2}} V_{CC} = \frac{4.7 \times 16}{39+4.7} = 1.721(V)$$

$$V_E = V_B - V_{BE} = 1.721 - 0.7 = 1.021(V)$$

$$I_E = V_E / R_E = 1.021/1.2 = 0.85(mA) \approx I_C$$

$$V_{CE} = V_{CC} - I_C R_c - I_E R_e \approx V_{CC} - I_C(R_c + R_e)$$

$$= 16 - 0.85 \times (3.9+1.2) = 11.67(V)$$

$$I_B = I_C / \beta = 0.85mA/100 = 8.5(\mu A)$$

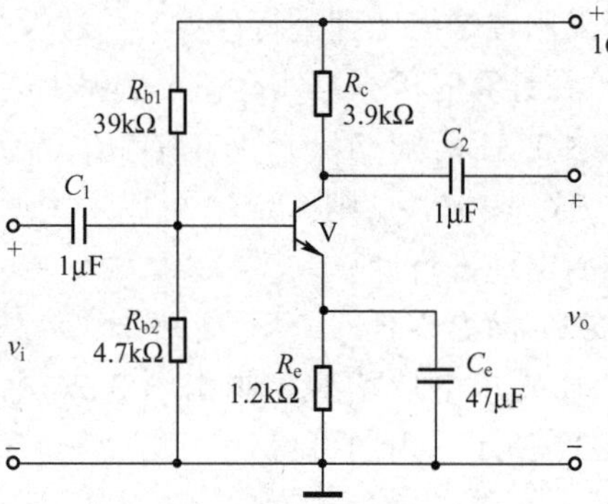


图 3.34　例 3.4 电路

(2) $$r_{be} = r_{bb'} + (1+\beta)\frac{26(mV)}{I_E(mA)}$$

$$= 200\Omega + (1+100)\frac{26}{0.85}$$

$$= 3.29(k\Omega)$$

$$\dot{A}_v = \dot{V}_o / \dot{V}_i = -\beta R'_L / r_{be} = -100 \times 3.9/3.29 = -118.54$$

$$R_i = R_{b1} // R_{b2} // r_{be} = 4.7//39//3.29 = 1.84(k\Omega)$$

$$R_o = R_c = 3.9k\Omega$$

下面采用戴维南方法进行对比计算。

(1) 戴维南等效电阻为

$$R_{TH} = R_{b1} // R_{b2} = 39//4.7 = 4.19(k\Omega)$$

戴维南等效电压为
$$V_{TH} = \frac{R_{b2}}{R_{b1}+R_{b2}} V_{CC} = 1.72(V)$$

$$I_B = \frac{V_{TH} - V_{BE}}{R_{TH} + (1+\beta)R_e} = \frac{1.72-0.7}{4.19+(1+100) \times 1.2} = 8.13(\mu A)$$

$$I_C = \beta I_B = 100 \times 8.13 = 0.81(mA) \approx I_E$$

$$V_{CE} = V_{CC} - I_C R_c - I_E R_e \approx V_{CC} - I_C(R_c + R_e) = 16 - 0.81 \times (3.9+1.2) = 11.87(V)$$

(2) $$r_{be} = r_{bb'} + (1+\beta)\frac{26(mV)}{I_E(mA)} = 200 + (1+100)\frac{26(mV)}{0.81(mA)} = 3.44(k\Omega)$$

$$\dot{A}_v = \dot{V}_o / \dot{V}_i = -\beta R'_L / r_{be} = -100 \times 3.9/3.44 = -113.37$$

$$R_i = R_{b1} // R_{b2} // r_{be} = 4.7//39//3.425 = 1.89(k\Omega)$$

$$R_o = R_c = 3.9k\Omega$$

将以上两种方法求得的电路参数列入表 3.3 进行比较，在满足近似条件的情况下，近似方法获得的 $I_C$ 较戴维南方法大约 4.9%，而 $V_{CE}$ 小 1.7%，$\dot{A}_v$ 大约 4.6%，结果非常接近。

表 3.3　例 3.4 共射组态分压式偏置电路两种方法计算结果比较

| 电路参数 | $I_B$ | $I_C$ | $V_{CE}$ | $r_{be}$ | $\dot{A}_v$ | $R_i$ | $R_o$ |
|---|---|---|---|---|---|---|---|
| 近似方法 | 8.5μA | 0.85mA | 11.67V | 3.29kΩ | −118.54 | 1.84kΩ | 3.9kΩ |
| 戴维南方法 | 8.13μA | 0.81mA | 11.87V | 3.43kΩ | −113.37 | 1.89kΩ | 3.9kΩ |

**【例 3.5】** 放大电路如图 3.34 所示，其中电路参数改变如下：三极管的 $\beta=180$，$V_{BE}=0.7V$，$r_{bb'}=200\Omega$，$V_{CC}=20V$，$R_{b1}=220k\Omega$，$R_{b2}=56k\Omega$，$R_c=6.8k\Omega$，$R_e=2.2k\Omega$，$C_1=C_2=10\mu F$，$C_e=47\mu F$。(1)求三极管的静态工作点 $Q$；(2) 求电压增益$\dot{A}_v$，输入电阻 $R_i$和输出电阻 $R_o$。

**解：**先计算是否满足 $\beta R_e \geqslant 10R_{b2}$。

由于 $180\times2.2k\Omega=396k\Omega<10\times56k\Omega=560k\Omega$，因此不能采用近似方法。下面采用戴维南方法进行计算。

(1) 戴维南等效电阻为：$R_{TH}=R_{b1}//R_{b2}=220//56=44.64k\Omega$

戴维南等效电压为：$V_{TH}=\dfrac{R_{b2}}{R_{b1}+R_{b2}}V_{CC}=4.06V$

$$I_B=\frac{V_{TH}-V_{BE}}{R_{TH}+(1+\beta)R_e}=\frac{4.06-0.7}{44.64+(1+180)\times2.2}=7.59\mu A$$

$$I_C=\beta I_B=180\times7.59=1.37(mA)\approx I_E$$

$$V_{CE}=V_{CC}-I_CR_c-I_ER_e\approx V_{CC}-I_C(R_c+R_e)=20-1.37\times(6.8+2.2)=7.67(V)$$

(2) $r_{be}=r_{bb'}+(1+\beta)\dfrac{26(mV)}{I_E(mA)}=200+(1+180)\dfrac{26}{1.364}=3.64(k\Omega)$

$$\dot{A}_v=\dot{V}_o/\dot{V}_i=-\beta R'_L/r_{be}=-180\times6.8/3.65=-336$$

$$R_i=R_{b1}//R_{b2}//r_{be}=220//56//3.64=3.37(k\Omega)$$

$$R_o=R_c=6.8k\Omega$$

如果该题用近似计算法，则

(1)
$$V_B=\frac{R_{b2}}{R_{b1}+R_{b2}}V_{CC}=\frac{56\times20}{220+56}=4.06(V)$$

$$V_E=V_B-V_{BE}=4.06-0.7=3.36V$$

$$I_E=V_E/R_e=3.36/2.2=1.53(mA)\approx I_C$$

$$V_{CE}=V_{CC}-I_CR_c-I_ER_e\approx V_{CC}-I_C(R_c+R_e)=20-1.53\times(6.8+2.2)=6.23(V)$$

$$I_B=I_C/\beta=1.53/180=8.5(\mu A)$$

(2) $r_{be}=r_{bb'}+(1+\beta)\dfrac{26(mV)}{I_E(mA)}=200+(1+180)\dfrac{26}{1.53}\approx3.28(k\Omega)$

$$\dot{A}_v=\dot{V}_o/\dot{V}_i=-\beta R'_L/r_{be}=-180\times6.8/3.28=-373$$

$$R_i=R_{b1}//R_{b2}//r_{be}=220//56//3.28=3.06(k\Omega)$$

$$R_o=R_c=6.8k\Omega$$

将以上两种方法求得的电路参数列入表 3.4 进行比较可知，在不满足近似条件的情况下，近似方法获得的 $I_C$ 较戴维南方法的数值大约 12%，而 $V_{CE}$小 19%，$\dot{A}_v$数值大约 11%，结果相差较大。

表 3.4　例 3.5 共发射极分压式偏置电路两种方法计算结果比较

| 电路参数 | $I_B$ | $I_C$ | $V_{CE}$ | $r_{be}$ | $\dot{A}_v$ | $R_i$ | $R_o$ |
|---|---|---|---|---|---|---|---|
| 戴维南方法 | 7.59μA | 1.37mA | 7.67V | 3.64kΩ | −337 | 3.37kΩ | 6.8kΩ |
| 近似方法 | 8.5μA | 1.53mA | 6.23V | 3.28kΩ | −373 | 3.06kΩ | 6.8kΩ |

图 3.35 为例 3.5 静态工作点及电压增益的 Multisim 仿真结果。

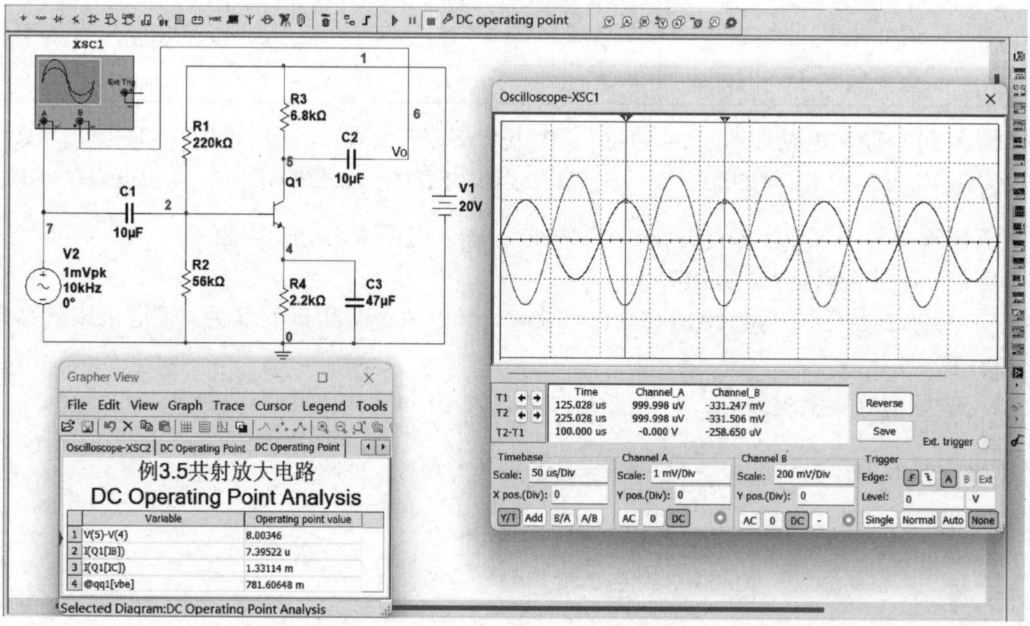


图 3.35　例 3.5 的 Multisim 仿真

由图 3.35 可得：$I_B=7.40\mu A$，$I_C=1.33mA$，$V_{CE}=8V$，$\dot{A}_v=-331.51$。仿真数值与戴维南计算得到的结果比较接近，但仍存在一些差异，这是由于即使在较为精确的戴维南计算方法中，也采用了一些工程近似数值（比如 $V_{BE}$ 和 $r_{be}$ 等）的缘故。

实际电路有时为了提高 $Q$ 点的稳定性，会在集电极与基极之间引入反馈（相关内容参见第 4 章），如图 3.36 所示。此时，$Q$ 点的相关参数计算值为

$$I_B \approx \frac{V_{CC}-V_{BE}}{R_b+\beta(R_c+R_e)}, I_C=\beta I_B$$

$$V_{CE}=V_{CC}-I_CR_c-I_ER_e \approx V_{CC}-I_C(R_c+R_e)$$

而有时为了获得较高的输入电阻，也常采用如图 3.37 所示形变的两种射极偏置电路。

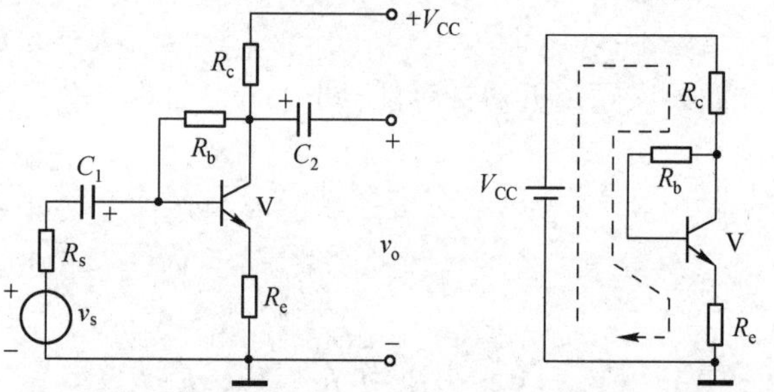


(a) 带有反馈的偏置电路　(b) 基极-发射极回路静态电流示意图

图 3.36　提高 $Q$ 点稳定性的偏置电路

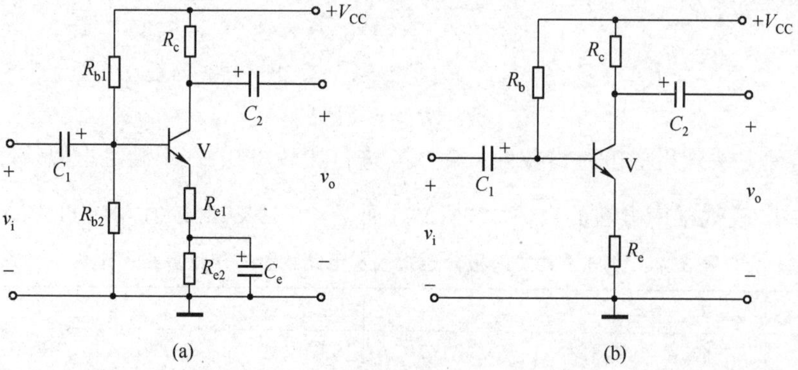


(a)　(b)

图 3.37　形变的两种射极偏置电路

【例 3.6】 放大电路如图 3.37(b)所示，$\beta=120$，$V_{BE}=0.7V$，$r_{bb'}=200\Omega$，$V_{CC}=20V$，$R_b=470k\Omega$，$R_c=2.2k\Omega$，$R_e=0.56k\Omega$。$C_1$、$C_2$容量都足够大。

(1) 估算 $Q$ 点；(2) 画出 H 参数小信号等效电路；(3) 求电压放大倍数 $\dot{A}_v$；(4) 求输入电阻 $R_i$和输出电阻 $R_o$。

**解**：(1) 静态分析。采用近似估算法确定 $Q$ 点：

$$I_B=\frac{V_{CC}-V_{BE}}{R_b+(1+\beta)R_e}=\frac{20-0.7}{470+121\times0.56}=35.89(\mu A)$$

$$I_C=\beta I_B=120\times35.89=4.31(mA)\approx I_E$$

$$V_{CE}=V_{CC}-I_C(R_c+R_e)=20V-4.31\times(2.2+0.56)k\Omega=8.1(V)$$

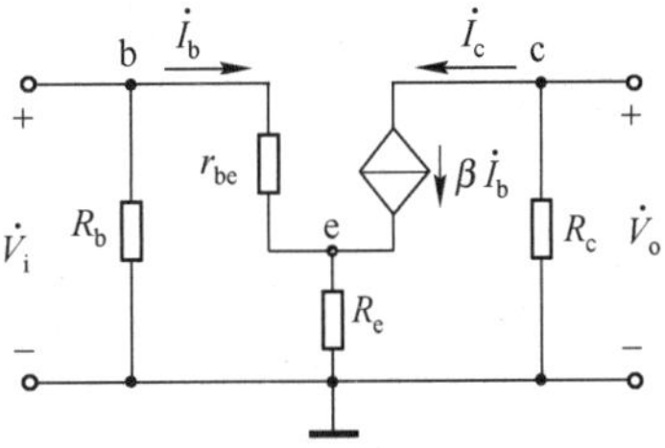

图 3.38 例 3.6 的小信号等效电路

(2) 小信号等效电路如图 3.38 所示。

(3) 求 $\dot{A}_v$。利用式(3.11)得

$$r_{be}=r_{bb'}+(1+\beta)\frac{26(mV)}{I_E(mA)}=200+(1+120)\times\frac{26}{4.31}\approx0.93(k\Omega)$$

于是
$$\dot{A}_v=-\beta\frac{R_c}{r_{be}+(1+\beta)R_e}=-120\times\frac{2.2}{0.93+121\times0.56}=-3.84$$

(4) $$R_i=R_b /\!/ [r_{be}+(1+\beta)R_e]=470 /\!/ [0.93+121\times0.56]=59.93(k\Omega)$$

$R_o\approx R_c=2.2k\Omega$。

**思考题 3.5(参考答案请扫描二维码 3-5)**

1. 影响静态工作点稳定的原因是什么？
2. 采用分压式偏置电路如何使静态工作点基本稳定？
3. 在对分压式偏置电路进行静态分析时，满足什么条件才可采用近似计算方法？
4. 分压式偏置电路若换用不同 $\beta$ 值的同类型三极管，静态工作点参数是否会有较大改变？

二维码 3-5

# 3.6 共集电极放大电路和共基极放大电路

前几节均以共发射极放大电路为例讨论放大电路的基本原理。本节将研究放大电路的另外两种基本接法——共集电极电路和共基极电路。

## 3.6.1 共集电极放大电路(射极输出器)

共集电极放大电路如图 3.39(a)所示。其静态和动态工作情况分析如下。

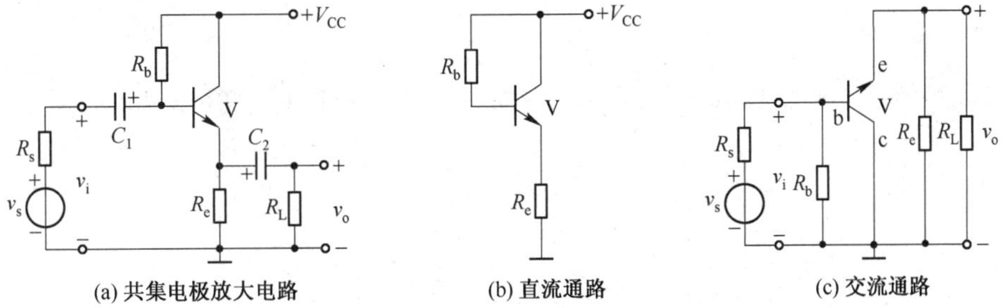

图 3.39 共集电极放大电路及其直流通路、交流通路

**1. 静态分析**

共集电极放大电路的直流通路如图 3.39(b)所示。可以用近似估算法求静态工作点。因为 $V_{CC}-I_BR_b-V_{BE}-I_ER_e=0$,而 $I_E=(1+\beta)I_B$,所以

$$I_B=\frac{V_{CC}-V_{BE}}{R_b+(1+\beta)R_e},\quad I_C=\beta I_B,\quad V_{CE}=V_{CC}-I_ER_e\approx V_{CC}-I_CR_e$$

**2. 动态分析**

画出图 3.39(a)的共集电极放大电路的小信号等效电路,如图 3.40 所示,就可以进行动态分析了。

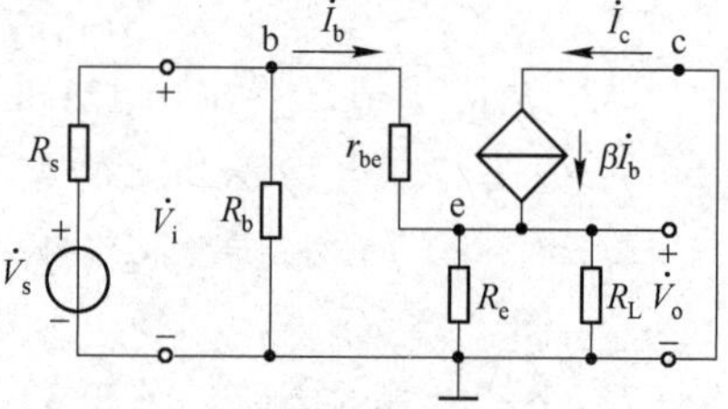


图 3.40　共集电极放大电路的小信号等效电路

(1) 求电压增益

由图 3.40 可得　$\dot{V}_i=\dot{I}_br_{be}+R'_L(\dot{I}_b+\beta\dot{I}_b)$,$R'_L=R_e/\!/R_L$

而　$$\dot{V}_o=R'_L(\dot{I}_b+\beta\dot{I}_b)=R'_L(1+\beta)\dot{I}_b$$

故　$$\dot{A}_v=\frac{\dot{V}_o}{\dot{V}_i}=\frac{(1+\beta)R'_L}{r_{be}+(1+\beta)R'_L}\approx\frac{\beta R'_L}{r_{be}+\beta R'_L}\tag{3.16}$$

比较共发射极和共集电极放大电路的电压增益表达式,它们的分子都是 $\beta$ 乘以输出电极对地的交流等效负载电阻,分母都是三极管基极对地的交流输入电阻。

由式(3.16)可以看出,共集电极放大电路的输出电压 $\dot{V}_o$ 总是小于输入电压 $\dot{V}_i$。一般地,$\beta R'_L\gg r_{be}$,所以电压增益接近于 1 而略小于 1。由式(3.16)还可看出,输出电压和输入电压相位相同,因此共集电极放大电路通常又称为电压跟随器或射极跟随器。

(2) 求输入电阻

由图 3.41(a)可以求得共集电极放大电路的输入电阻为

$$R_i=R_b/\!/[r_{be}+(1+\beta)(R_e/\!/R_L)]\tag{3.17}$$

由式(3.17)可知,与共发射极放大电路相比,电压跟随器的输入电阻提高了很多(约高几十倍到几百倍)。

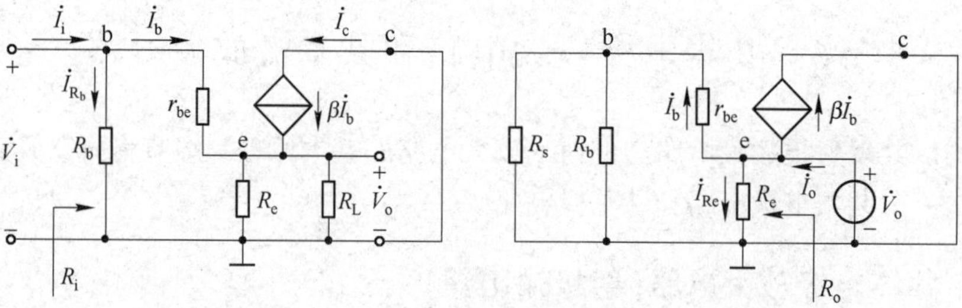


(a) 求 $R_i$　　(b) 求 $R_o$

图 3.41　求 $R_i$ 和 $R_o$ 的小信号等效电路

(3) 求输出电阻

将输入信号源 $\dot{V}_s$ 短路,负载开路,在输出端加一外加电压源 $\dot{V}_o$,如图 3.41(b)所示,则得到

$$\dot{I}_o=\dot{I}_b+\beta\dot{I}_b+\dot{I}_{Re}=\dot{I}_b(1+\beta)+\frac{\dot{V}_o}{R_e}=\frac{\dot{V}_o}{R'_s+r_{be}}(1+\beta)+\frac{\dot{V}_o}{R_e}$$

式中,$\dot{I}_b=\dfrac{\dot{V}_o}{R'_s+r_{be}}$,$R'_s=R_s/\!/R_b$。所以

$$\dot{I}_o=\left[\frac{1}{(R'_s+r_{be})/(1+\beta)}+\frac{1}{R_e}\right]\dot{V}_o$$

$$R_o=\dot{V}_o/\dot{I}_o=R_e /\!/ \frac{R'_s+r_{be}}{1+\beta}$$

电压跟随器的输出电阻由发射极电阻 $R_e$ 与电阻 $(R'_s+r_{be})/(1+\beta)$ 并联组成。$(R'_s+r_{be})/(1+\beta)$ 实际上是基极回路的电阻 $(R'_s+r_{be})$ 折合到发射极回路的等效电阻。一般地，$R_e \gg \frac{R'_s+r_{be}}{1+\beta}$，且 $\beta \gg 1$，所以 $R_o \approx \frac{R'_s+r_{be}}{\beta}$。

电压跟随器的输出电阻很低，一般在几十欧到几百欧。为了降低输出电阻，应选用 $\beta$ 较大的三极管。

虽然电压跟随器的电压增益小于 1，但是其输入电阻高，输出电阻低，且输出电压与输入电压同相，因此也得到了广泛的应用。高输入电阻使放大电路获取信号源（或前级）有效信号的能力增强（信号源内阻上的衰减减小），低输出电阻使负载变动对电压增益的影响减小。同时，可以利用电压跟随器进行阻抗变换，作为多级放大电路的中间级（缓冲级）使用。此外，电压跟随器对电流仍有放大作用。

### 3.6.2 共基极放大电路

共基极放大电路的两种常见电路分别如图 3.42(a) 和 (b) 所示。图 3.42(a) 采用了两个电源，3.42(b) 采用了一个电源但用了两只基极电阻，两种电路本质上是一样的。

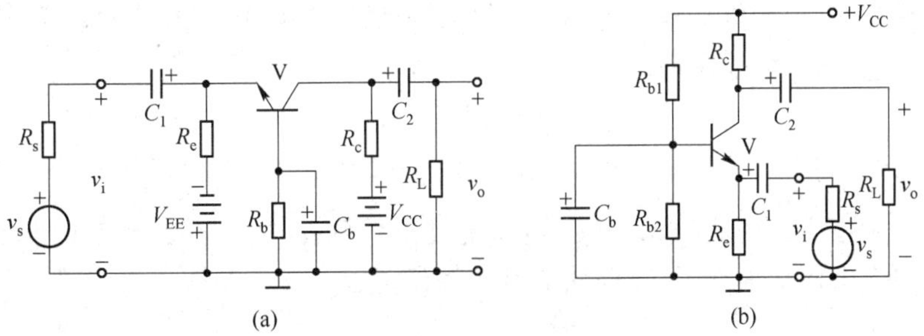


图 3.42　共基极放大电路

#### 1. 静态分析

图 3.42 电路的直流通路如图 3.43 所示。图 3.42(a) 的直流通路与共发射极电路中射极偏置电路的直流通路类似，图 3.42(b) 的直流通路与共发射极电路中射极偏置电路的直流通路完全相同，在此不再赘述。

#### 2. 动态分析

共基极放大电路的小信号等效电路如图 3.44 所示。

(1) 求电压增益

由图 3.44 可知　$\dot{V}_o=-\dot{I}_cR'_L$，$R'_L=R_c /\!/ R_L$

$$\dot{A}_v=\frac{\dot{V}_o}{\dot{V}_i}=\frac{-\dot{I}_cR'_L}{-\dot{I}_br_{be}}=\frac{(\beta\dot{I}_b)R'_L}{\dot{I}_br_{be}}=\frac{\beta R'_L}{r_{be}} \tag{3.18}$$

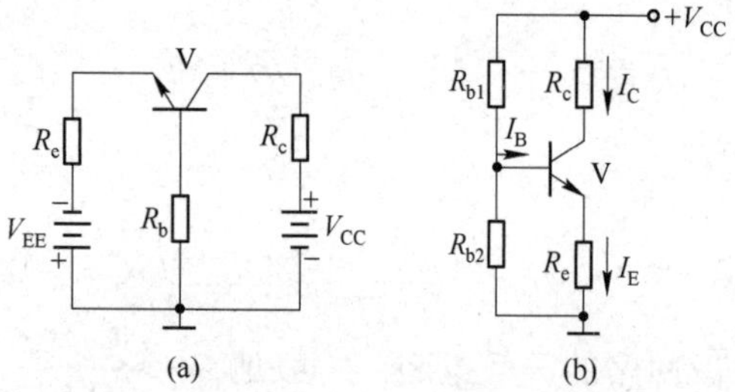


图 3.43　共基极放大电路的直流通路

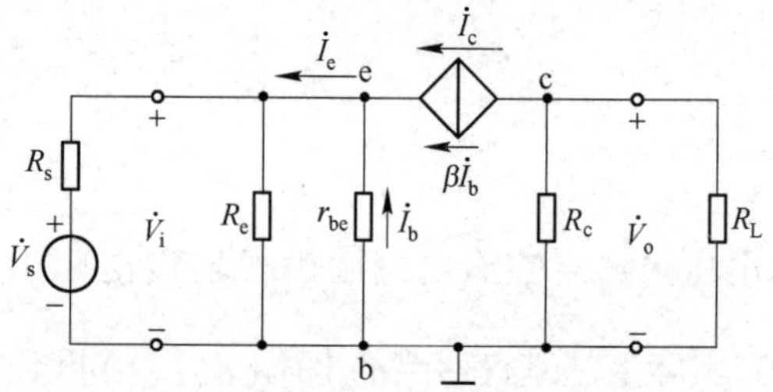


图 3.44　共基极放大电路的小信号等效电路

由式(3.18)可知，共基极放大电路的输出电压 $\dot{V}_o$ 与输入电压 $\dot{V}_i$ 同相，与共发射极放大电路的电压增益数值相同，只差一个负号。

(2) 求输入电阻

由图 3.44 可知，三极管在共基极接法时的输入电阻为

$$r_{eb}=\frac{\dot{V}_i}{-\dot{I}_e}=\frac{-\dot{I}_b r_{be}}{-(1+\beta)\dot{I}_b}=\frac{r_{be}}{1+\beta} \tag{3.19}$$

因此，放大电路的输入电阻为

$$R_i=R_e /\!/ r_{eb}\approx r_{eb} \tag{3.20}$$

由式(3.19)和式(3.20)可知，共基极放大电路的输入电阻为共发射极放大电路输入电阻的 $1/(1+\beta)$，该值很低，一般为几欧至几十欧。

(3) 求输出电阻

在共基极接法时，三极管的输出电阻 $r_{cb}$ 比共发射极接法时的 $r_{ce}$ 大得多。若考虑集电极电阻 $R_c$ 时，则共基极放大电路的输出电阻为

$$R_o=R_c /\!/ r_{cb}\approx R_c$$

需要引起注意的是：上述共基极放大电路的动态参数是用共发射极接法的参数 $\beta$ 和 $r_{be}$ 进行计算的。另外还须指出：共基极放大电路的电流放大系数 $\alpha=\dot{I}_c/\dot{I}_e$ 接近于 1，但小于 1，因此共基极放大电路没有电流放大作用，有时称其为电流跟随器。

## *3.6.3　三种接法的 H 参数分析

三极管在不同接法下有不同的 H 参数，对于共基极接法和共集电极接法的三极管，也有类似的等效电路，这是由 H 参数本身性质所决定的，可以按照与共发射极接法 H 参数类似的方法进行小信号模型的建立和分析。表 3.5 列出了三种接法 H 参数的物理意义（小信号情况下，直接采用了交流量来表示相关概念）。

**表 3.5　三种接法 H 参数的物理意义**

| 接法 / 物理意义 | 共发射极接法 | 共基极接法 | 共集电极接法 |
|---|---|---|---|
| 输出端交流短路时的输入电阻 | $h_{ie}=v_{BE}/i_B$ | $h_{ib}=v_{EB}/i_E$ | $h_{ic}=v_{BC}/i_B$ |
| 输出端交流短路时的电流放大系数 | $h_{fe}=i_C/i_B$ | $h_{fb}=i_C/i_E$ | $h_{fc}=i_E/i_B$ |
| 输入端交流开路时的反向电压传输比 | $h_{re}=v_{BE}/v_{CE}$ | $h_{rb}=v_{EB}/v_{CB}$ | $h_{rc}=v_{BC}/v_{EC}$ |
| 输入端交流开路时的输出电导 | $h_{oe}=i_C/v_{CE}$ | $h_{ob}=i_C/v_{CB}$ | $h_{oc}=i_E/v_{EC}$ |

但实际上,三种不同接法 H 参数的物理意义也是相近的,而且由于不同接法的 H 参数之间有一定关联,例如,经过简单的推导可得:$h_{fc}=h_{fe}$,$h_{ic}=h_{ie}$,$h_{oc}=h_{oe}$,$h_{ie}=h_{fe}\cdot h_{ib}$,$h_{fb}=\dfrac{h_{fe}}{h_{fe}+1}$,…因此,为简便起见,在进行共集电极接法和共基极接法动态分析时(3.6.1 节和 3.6.2 节)的 H 参数都可以用共发射极接法 H 参数来表示,并且共发射极接法 H 参数最简单,这也是其被广泛采用的原因之一。

值得注意的是,H 参数并非为一成不变的常数,会随着温度、集电极电流及集射管压降的变化而变化,因此设计电路时,需要对与实际电路相同条件的 H 参数进行测试。

### 3.6.4 三种基本放大电路的比较

这里对三种基本放大电路的性能特点进行简要比较。

共发射极放大电路的电压、电流、功率增益都比较大,在对性能参数无特殊要求的情况下,均可采用,主要应用于低频放大电路。

共基极放大电路的输入电阻很低,使三极管结电容的影响不明显,因而频率响应特性较好。在宽频带或高频情况下,要求稳定性较高时,共基极放大电路就比较合适。

共集电极放大电路的独特优点是输入电阻很高,输出电阻很低,电压增益接近于 1,可用于电压跟随,因此常被用做多级放大电路的输入级、输出级或缓冲级。

三种基本放大电路的比较归纳于表 3.6。

**表 3.6 三种基本放大电路的比较**

| 接法 | | 电压增益 $A_v$ | 电流增益 $A_i$ | 输入电阻 $R_i$ | 输出电阻 $R_o$ |
| --- | --- | --- | --- | --- | --- |
| 共发射极接法 | 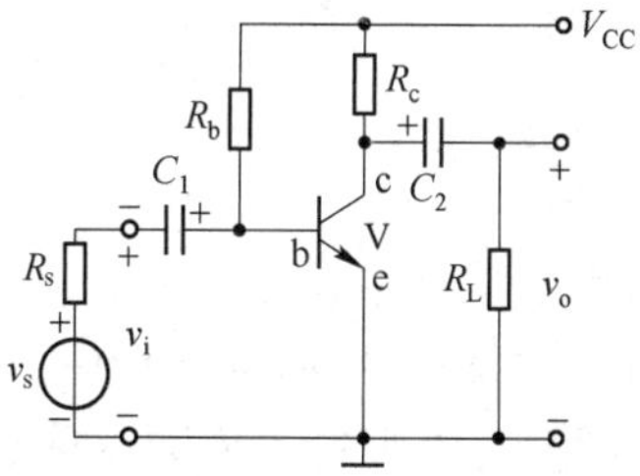  | $-\dfrac{\beta R'_L}{r_{be}}$ ($R'_L=R_c/\!/R_L$) (高) | $\beta$ (高) | $R_b/\!/r_{be}$ (中等) | $R_c$ (中等) |
| | 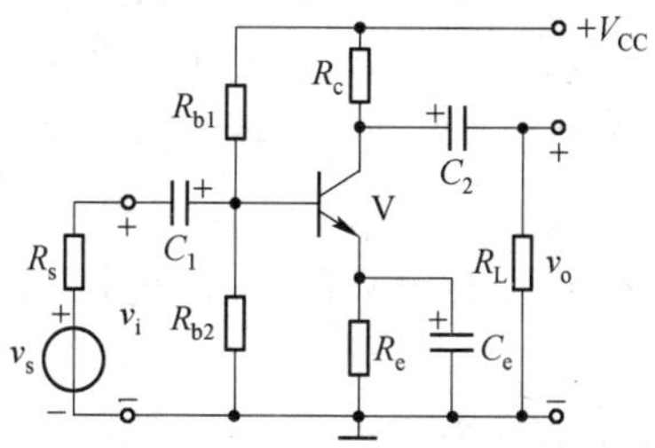  | $-\dfrac{\beta R'_L}{r_{be}}$ ($R'_L=R_c/\!/R_L$) (高) | $\dfrac{\beta(R_{b1}/\!/R_{b2})}{r_{be}+(R_{b1}/\!/R_{b2})}$ (高) | $R_{b1}/\!/R_{b2}/\!/r_{be}$ (中等) | $R_c$ (中等) |
| | 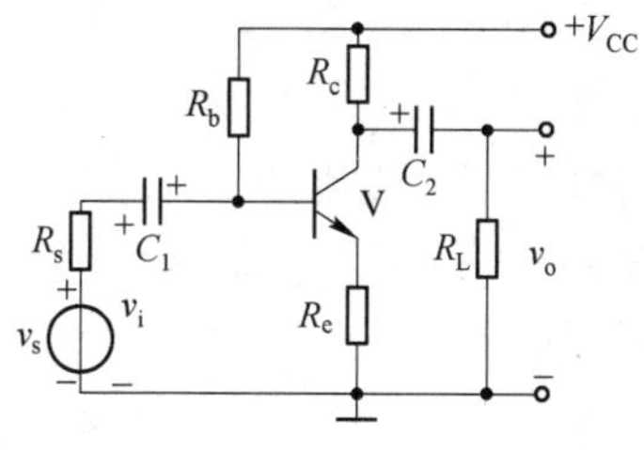  | $-\dfrac{\beta R'_L}{r_{be}+(1+\beta)R_e}\approx-\dfrac{R'_L}{R_e}$ ($R'_L=R_c/\!/R_L$) (低) | $\dfrac{\beta R_b}{r_{be}+R_b+\beta R_e}$ (高) | $R_b/\!/(1+\beta)R_e$ (高) | $R_c$ (中等) |

续表

| 接法 | | 电压增益 $A_v$ | 电流增益 $A_i$ | 输入电阻 $R_i$ | 输出电阻 $R_o$ |
| --- | --- | --- | --- | --- | --- |
| 共集电极接法 | 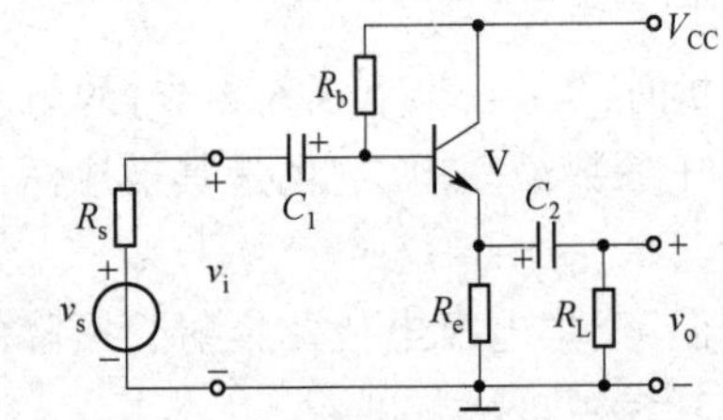 | $\frac{\beta R'_L}{r_{be}+(1+\beta)R'_L}\approx 1$ ($R'_L=R_e//R_L$) (低) | $-(1+\beta)$ (高) | $R_b//[r_{be}+(1+\beta)(R_e//R_L)]$ (高) | $R_o\approx\frac{R'_s+r_{be}}{1+\beta}$ ($R'_s=R_s//R_b$) (低) |
| 共基极接法 | 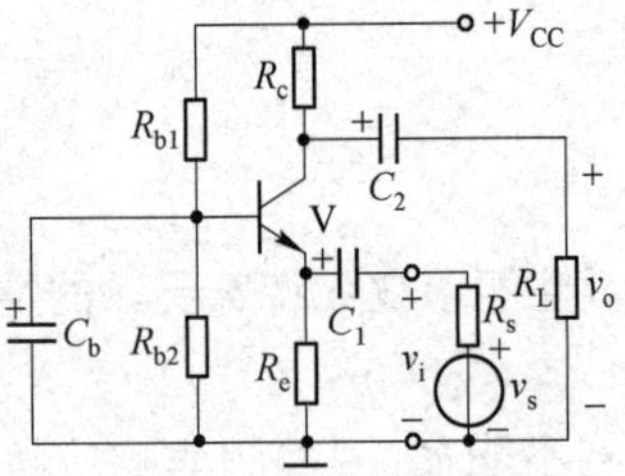 | $\frac{\beta R'_L}{r_{be}}$ (高) | $-\alpha\approx-1$ (低) | $R_e//r_{eb}\approx$ $r_{eb}=r_{be}/(1+\beta)$ (低) | $R_c$ (中等) |

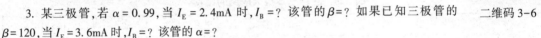

**思考题 3.6(参考答案请扫描二维码 3-6)**

1. 共集电极放大电路由于其电压增益小于 1,所以一般不会使用这种放大电路。上述说法对吗？为什么？

2. 共基极放大电路的主要特点是什么？

3. 某三极管,若 $\alpha=0.99$,当 $I_E=2.4\text{mA}$ 时,$I_B=$？该管的 $\beta=$？如果已知三极管的 $\beta=120$,当 $I_E=3.6\text{mA}$ 时,$I_B=$？该管的 $\alpha=$？

二维码 3-6

## 3.7 放大电路的频率响应

频率响应是衡量放大电路对不同频率输入信号响应能力的一项技术指标。电子电路中所要处理的信号常常不是单一频率的,而是具有一定的频谱。在前面对放大电路的分析中,认为增益与频率无关,实际上,这种结论只对一定的频率范围(中频区)适用,因为在这个频率区域电容的作用可忽略不计(此时旁路电容和耦合电容可视为短路,三极管电容、寄生电容可视为开路)。随着频率的增高或频率的降低,分别需要考虑电路中并联的或者串联的电容。输入不同频率的正弦信号,放大电路的增益便成为频率的函数,这种函数关系被称为放大电路的频率响应或频率特性。

为方便起见,通常将放大电路的频率响应分为高频段、低频段和中频段 3 部分进行研究,最后获得总的频率响应特性。

本节简要介绍频率响应的一些基本概念,使读者对频率响应有初步的了解和认识。

### 3.7.1 幅频特性和相频特性

若输入不同频率的正弦信号,由于放大电路中电抗性元件的作用,输出信号在信号幅值得到放大的同时,还会产生相应的相位移动。幅值和相位移动都是频率的函数。幅频特性用来描绘输入信号幅度固定时,输出信号的幅度随频率变化而变化的规律,即

$$|\dot{A}|=|\dot{V}_o/\dot{V}_i|=f(\omega)$$

相频特性用来描绘输出信号与输入信号之间相位差随信号频率变化而变化的规律,即

$$\angle\dot{A}=\angle\dot{V}_o-\angle\dot{V}_i=f(\omega)$$

幅频特性和相频特性统称为放大电路的频率响应，二者综合起来可全面表征放大电路的频率特性。

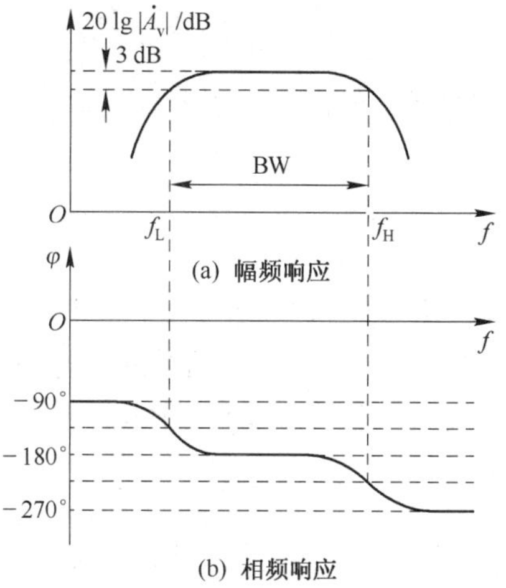


图 3.45　单管共发射极电路的波特图

## 3.7.2　波特图

在研究放大电路的频率响应时，经常根据其频率特性的表达式，绘制频率特性曲线。应用最为广泛的是对数频率特性曲线，称为波特图（Bode Plot）。单管共发射极电路的波特图如图 3.45 所示。

波特图的横坐标为频率，纵坐标为增益，均采用对数刻度，这样处理不仅能把频率和增益变化范围展宽，而且在绘制近似频率响应曲线时也十分简便。并且，采用对数频率特性对于多级放大电路来说使用更加方便，因为增益之积转变为对数增益之和，将各级对数增益相加即可得到总增益。

在输入信号幅值保持不变的条件下，增益下降 3dB 的频率点（此时增益应为中频时的 $1/\sqrt{2}$，即 0.707 倍），其输出功率约等于中频区输出功率的一半，通常称为半功率点。一般把幅频响应的高、低两个半功率点间的频率差定义为放大电路的带宽（通频带），即

$$BW=f_H-f_L$$

带宽是放大电路的重要技术指标，在带宽范围内，信号具有相同的放大能力。超出带宽范围，信号会很快衰减。

## 3.7.3　共发射极放大电路的频率特性

在介绍放大电路的频率特性之前，有必要对三极管的物理模型及不同频率时的等效电路做一简要说明。

三极管的物理模型如图 3.46 所示。图中，$r_{bb'}$是基区的体电阻，b′是基区中假想的一个点，$r_e$是发射结电阻，$r_{b'e}$是 $r_e$ 归算到基极回路的电阻，$C_{b'e}$是发射结电容（$C_{b'e}$也用 $C_\pi$ 这一符号），$r_{b'c}$是集电结电阻，$C_{b'c}$是集电结电容（$C_{b'c}$也用 $C_\mu$ 这一符号）。

三极管的低频小信号模型前已述及。图 3.47 为三极管的高频小信号电路模型。在高频时，与 $C_{b'c}$并联的 $r_{b'c}$的数值很大，可忽略不计；而 $r_{ce}$与负载电阻并联，该电阻的值常常远大于负载电阻的值，也可省略。

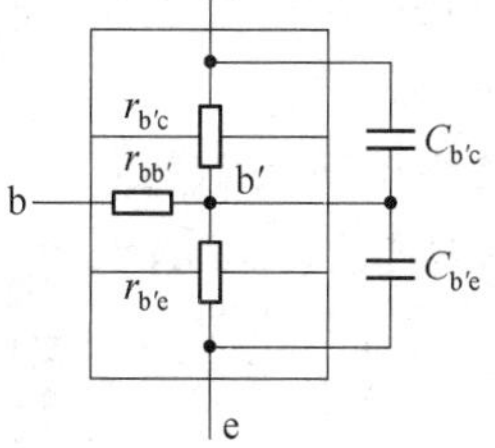


图 3.46　三极管的物理模型

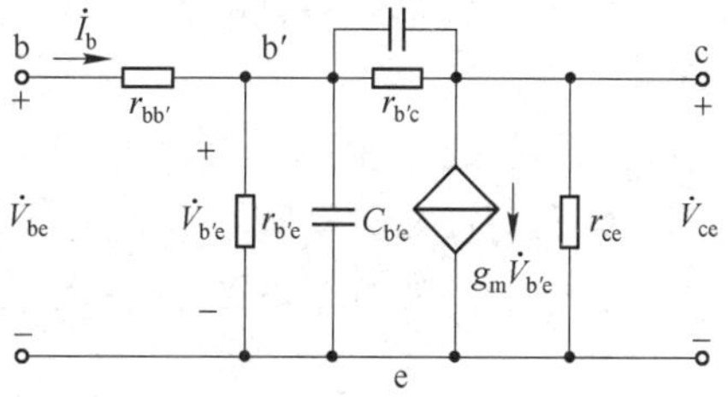


图 3.47　三极管的高频小信号电路模型

必须注意到，在高频小信号模型中，电流源用 $g_m\dot{V}_{b'e}$而非 $\beta\dot{I}_b$表示，这是因为 $\beta$ 本身与频率有关，而 $g_m$与频率无关。二者关系如下

$$\beta_0 \dot{I}_b = \beta_0 \frac{\dot{V}_{b'e}}{r_{b'e}} = \beta_0 \frac{\dot{I}_b \dot{V}_{b'e}}{\dot{I}_b r_{b'e}} = \frac{\dot{I}_c \dot{V}_{b'e}}{\dot{V}_{b'e}} = g_m \dot{V}_{b'e}$$

$\beta_0$是低频时的$\beta$,与高频时的$\beta$相区分。$g_m$称为跨导,可表示为

$$g_m = \frac{\dot{I}_c}{\dot{V}_{b'e}} = \frac{\dot{I}_c / \dot{I}_b}{\dot{V}_{b'e} / \dot{I}_b} = \frac{\beta_0}{r_{b'e}}$$

由此可见$g_m$与频率无关。

对于图 3.48(a)所示的共发射极放大电路,图 3.48(b)、(c)和(d)分别画出了其低、中、高 3 个频段的小信号模型(图中$R_b = R_{b1} /\!/ R_{b2}$)。

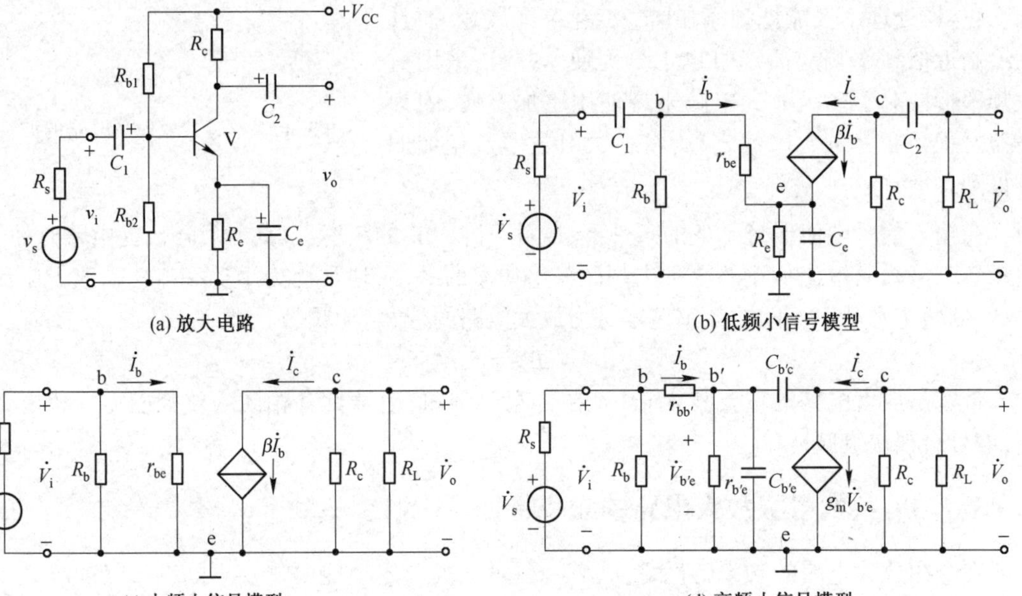


(a) 放大电路 (b) 低频小信号模型

(c) 中频小信号模型 (d) 高频小信号模型

图 3.48　共发射极放大电路及低、中、高 3 个频段的小信号模型

在放大电路的低频段,三极管的极间电容被忽略,隔直电容$C_1$、$C_2$和旁路电容$C_e$等外接电容的影响需要加以考虑。

在中频段,隔直电容的容抗比串联回路中的其他电阻的值小得多,可以认为是交流短路;三极管极间电容的容抗较并联支路其他电阻的值大得多,可以视为交流开路。也就是说,中频段可以忽视容抗的影响,得到与前述分析结果一致的中频等效电路。

高频段小信号模型中的隔直电容$C_1$、$C_2$和旁路电容$C_e$短路,但此时并联在电路中的极间电容必须考虑。

根据中频、低频和高频时的等效电路可以分别得到不同频段电压增益的表达式,综合起来,就可得到单管共发射极放大电路在全频段总电压增益的表达式。根据表达式绘图,就可得到单管共发射极放大电路的波特图如图 3.45 所示。

**思考题 3.7(参考答案请扫描二维码 3-7)**

1. 在波特图上,增益下降 3dB 的频率为什么被称为半功率频率?
2. 绘制波特图时,为什么采用对数刻度?

二维码 3-7

# 3.8　场效应管放大电路

场效应管(FET)与三极管一样,也具有放大作用,可以组成共源极、共漏极和共栅极 3 种接法的放大电路。由于场效应管只有在恒流区才具有放大作用,因此场效应管放大电路同样需要进行直流偏置,以保证场效应管的正常工作。本节重点介绍共源极接法 FET 放大电路。

## 3.8.1　FET 放大电路的静态分析

### 1. 直流偏置电路

FET 是电压控制器件,静态时需要有合适的栅极电压。FET 有不同的种类,偏置电路应根据不同的管子选择不同的电压极性及电路形式。通常 FET 的偏置方式有两种,即自偏压方式和分压式偏置方式。下面以 N 沟道耗尽型 MOS 管为例进行说明。

(1) 自偏压方式

自偏压方式直流偏置电路如图 3.49(a)所示,此方式仅适宜于耗尽型 FET。在源极接入源极电阻 $R_s$,耗尽型 FET 的 $v_{GS}=0$ 时,漏极电流 $I_D$ 流过 $R_s$ 时会产生压降。由于栅极电阻上没有电流(也即 $V_G=0$),所以在静态时栅源之间电压为

$$V_{GS}=V_G-V_S=-I_DR_s$$

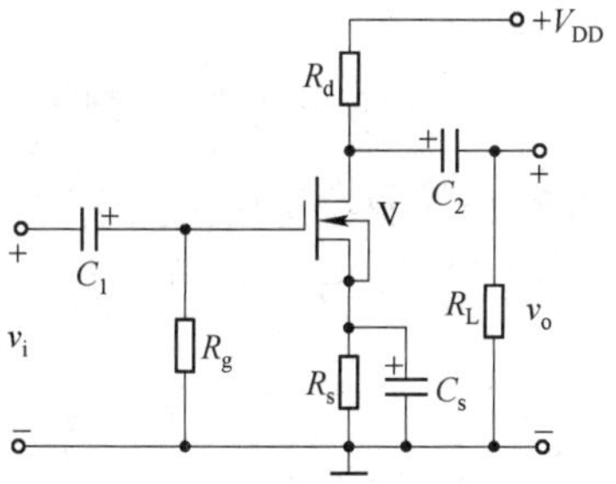


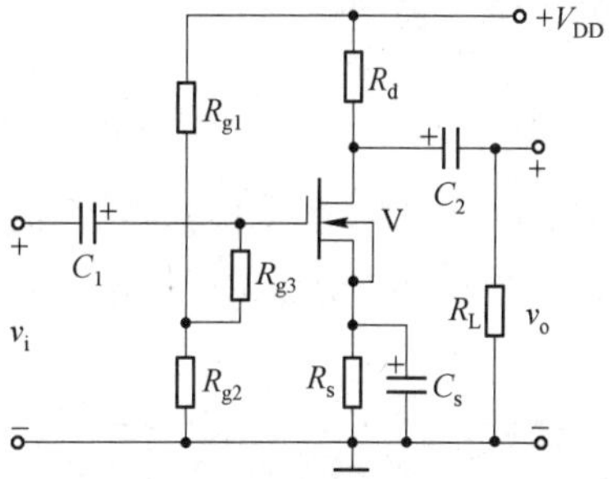


图 3.49　FET 的直流偏置电路

该方式之所以称为自偏压方式,是因为偏置电压是由管子本身的漏极电流流经源极电阻产生的电压。图中电容 $C_s$ 称为源极旁路电容,主要目的是防止增益的下降。

自偏压电路的优点是结构简单,但其有一缺陷:静态工作点确定后,$V_{GS}$ 和 $I_D$ 就随之确定了,$R_s$ 的选择范围很小。

(2) 分压式偏置方式

这种偏压方式既适用于耗尽型 FET,又适用于增强型 FET。

分压式偏置电路是在图 3.49(a)的基础上,在栅极接上两个分压电阻 $R_{g1}$ 和 $R_{g2}$ 构成的,如图 3.49(b)所示。漏极电源 $V_{DD}$ 经分压电阻分压后加到 $R_{g3}$ 上。由于 $R_{g3}$ 上没有电流,所以栅极电压为

$$V_G=\frac{R_{g2}}{R_{g1}+R_{g2}}V_{DD}$$

漏极电流在 $R_s$ 上产生的压降为 $V_S=I_DR_s$,因此,静态时加在 FET 上的栅源电压为

$$V_{GS}=V_G-V_S=\frac{R_{g2}}{R_{g1}+R_{g2}}V_{DD}-I_DR_s=-(I_DR_s-\frac{R_{g2}}{R_{g1}+R_{g2}}V_{DD})$$

**2. 静态工作点 $Q$ 的确定**

对 FET 放大电路的静态分析可以采用图解法或用公式计算。如果管子的输出特性曲线和电路参数已知,可用图解法进行分析,方法与三极管图解法类似。下面讨论用公式进行近似估算以确定 $Q$ 点。

由耗尽型 MOSFET 的转移特性表达式,即

$$I_D = I_{DSS}\left(1-\frac{V_{GS}}{V_P}\right)^2 \tag{3.21}$$

采用图 3.49(a)和 3.49(b)的不同偏置电路分别有

$$V_{GS} = -I_D R_s \tag{3.22}$$

$$V_{GS} = \frac{R_{g2}}{R_{g1}+R_{g2}}V_{DD} - I_D R_s \tag{3.23}$$

这样,联立式(3.21)与式(3.22)或式(3.21)与式(3.23)可求得 $V_{GS}$ 和 $I_D$,再根据 $V_{DS}=V_{DD}-I_D(R_d+R_s)$,求出 $V_{DS}$,就可确定 $Q$ 点。

## 3.8.2 FET 放大电路的小信号模型分析法

和三极管一样,FET 工作在输出特性曲线的恒流区时,也可采用小信号模型来分析其放大电路。

**1. FET 的小信号模型**

FET 的小信号模型及简化模型如图 3.50 所示。由于 FET 为电压控制器件,$g_m\dot{V}_{gs}$ 表示由栅源电压 $\dot{V}_{gs}$ 控制的电流源;$r_d$ 表示电流源电阻,通常为几百千欧的数量级,当负载电阻比该电阻小很多时,可认为 $r_d$ 开路;输入电阻 $r_{gs}$ 是栅源间的电阻,阻值很高。在简化模型中,可认为 $r_{gs}$ 开路。

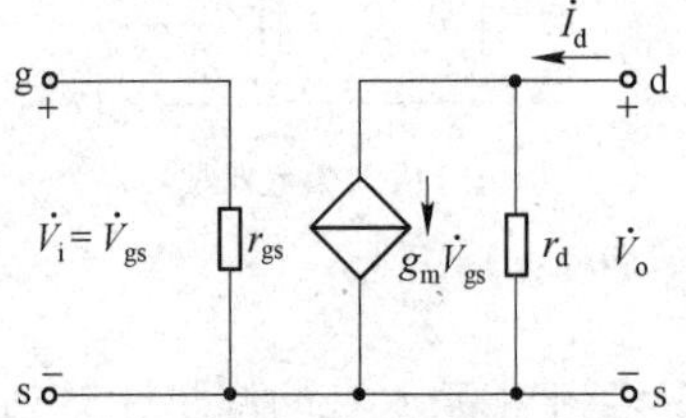


(a) FET 的小信号模型

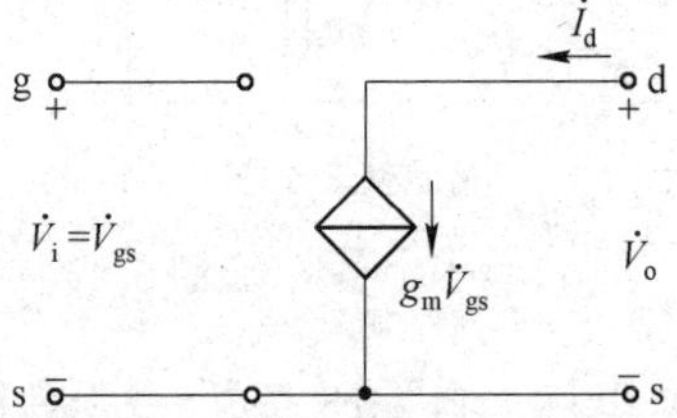


(b) 简化模型

图 3.50 FET 的小信号模型及简化模型

**2. FET 放大电路的小信号模型**

FET 放大电路有 3 种接法,现在应用小信号模型来分析图 3.49(b)所示的共源极放大电路。FET 放大电路同样存在频率响应,在不同频段有不同的等效电路。这里仅研究其中频小信号模型,如图 3.51 所示。

由图可知 $\dot{V}_o = -g_m\dot{V}_{gs}(R_d /\!/ R_L)$ (3.24)

所以共源极放大电路的中频增益为

$$\dot{A}_v = \frac{\dot{V}_o}{\dot{V}_i} = \frac{-g_m\dot{V}_{gs}(R_d /\!/ R_L)}{\dot{V}_{gs}} = -g_m(R_d /\!/ R_L) \tag{3.25}$$

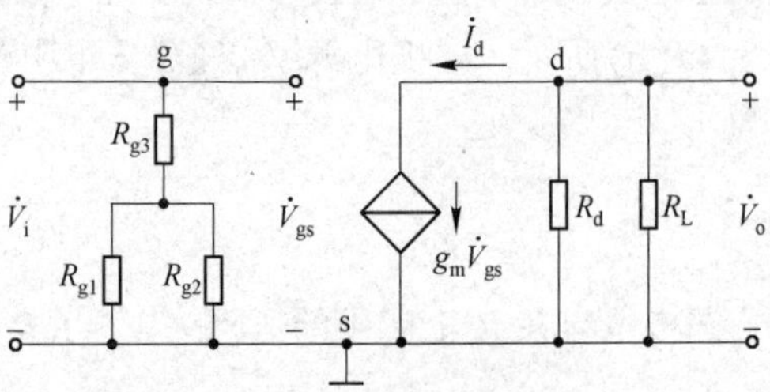


图 3.51 图 3.49(b)的中频小信号模型

式(3.25)中的负号表示输出信号与输入信号相位相反,因此共源极放大电路是反相电压放大电路。

输入电阻为 $R_i = R_{g3} + (R_{g1} /\!/ R_{g2})$

输出电阻为 $R_o \approx R_d$

## *3.8.3 FET 三种接法的比较

除了共源极放大电路,FET 放大电路还有共栅极放大电路和共漏极放大电路,可以进行与三极管放大电路 3 种接法类似的分析。

表 3.7 列出了 FET 三种放大电路的比较(其中有些参数是近似表示)。有了小信号等效电路的基本概念,采用基尔霍夫电流定律、基尔霍夫电压定律及欧姆定律等电路基本关系,可以很容易得出增益 $A_v$、输入电阻 $R_i$ 和输出电阻 $R_o$ 等参数的表达式。

**表 3.7 FET 三种放大电路的比较(以耗尽型 MOSFET 为例)**

| 接法 | | 静态参数 | 小信号等效电路 | $A_v$ | $R_i$ | $R_o$ |
|---|---|---|---|---|---|---|
| 共源极接法 | 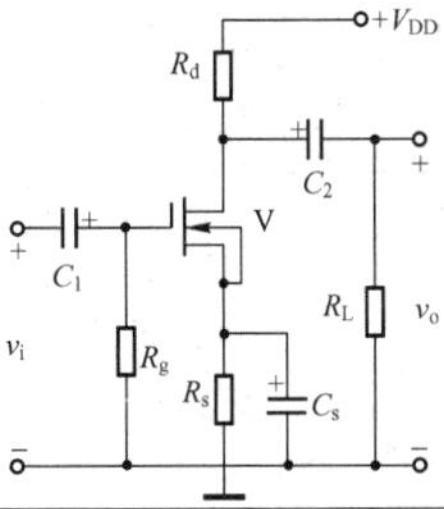 | $V_{GS}=V_G-V_S=-I_DR_s$<br>$I_D=I_{DSS}\left(1-\frac{V_{GS}}{V_P}\right)^2$<br>$V_{DS}=V_{DD}-I_D(R_d+R_s)$ | 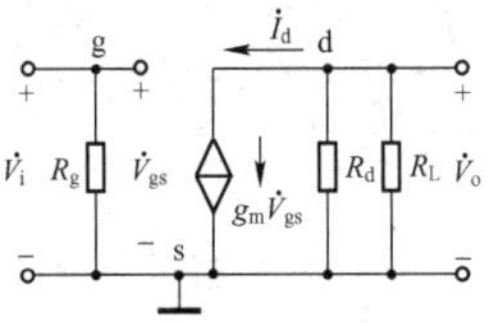 | $-g_m(R_d//R_L)$<br>(中等) | $R_g$<br>(高) | $R_d$<br>(中等) |
| 共源极接法 | 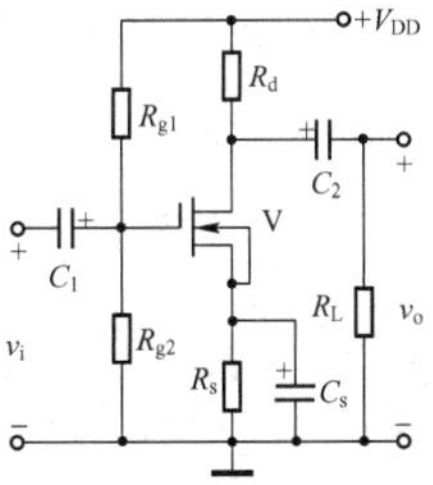 | $V_G=\frac{R_{g2}}{R_{g1}+R_{g2}}V_{DD}$<br>$I_D=I_{DSS}\left(1-\frac{V_{GS}}{V_P}\right)^2$<br>$V_{GS}=\frac{R_{g2}}{R_{g1}+R_{g2}}V_{DD}-I_DR_s$<br>$V_{DS}=V_{DD}-I_D(R_d+R_s)$ | 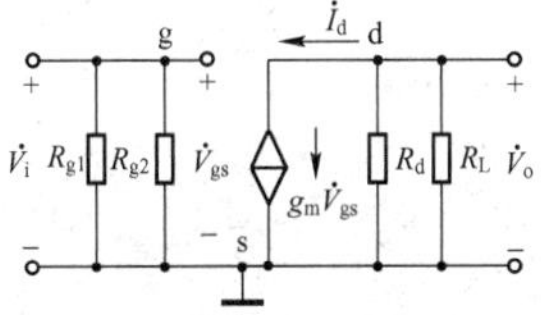 | $-g_m(R_d//R_L)$<br>(中等) | $R_{g1}//R_{g2}$<br>(中等) | $R_d$<br>(中等) |
| | 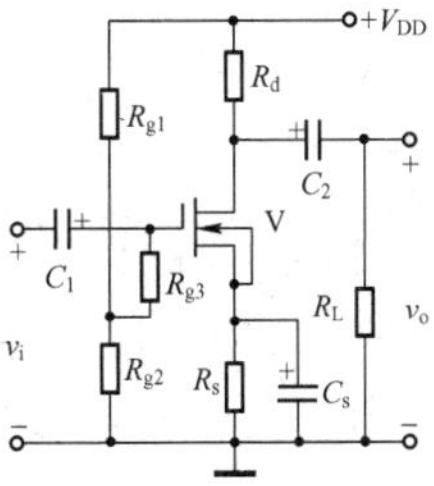 | $V_{GS}=\frac{R_{g2}}{R_{g1}+R_{g2}}V_{DD}-I_DR_s$<br>$I_D=I_{DSS}\left(1-\frac{V_{GS}}{V_P}\right)^2$<br>$V_{DS}=V_{DD}-I_D(R_d+R_s)$ | 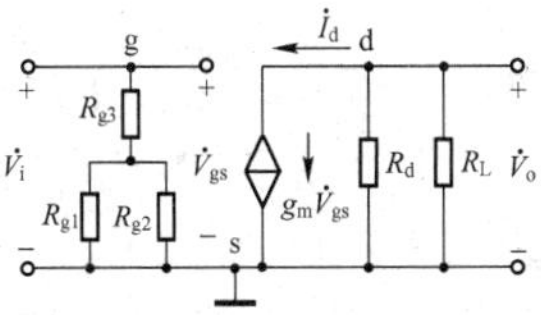 | $-g_m(R_d//R_L)$<br>(中等) | $R_{g3}+(R_{g1}//R_{g2})$<br>(高) | $R_d$<br>(中等) |
| 共栅极接法 | 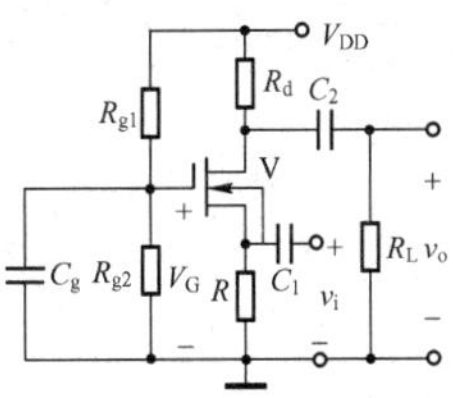 | $V_G=\frac{R_{g2}}{R_{g1}+R_{g2}}V_{DD}$<br>$I_D=I_{DSS}\left(1-\frac{V_{GS}}{V_P}\right)^2$<br>$V_{GS}=\frac{R_{g2}}{R_{g1}+R_{g2}}V_{DD}-I_DR$<br>$V_{DS}=V_{DD}-I_D(R_d+R)$ | 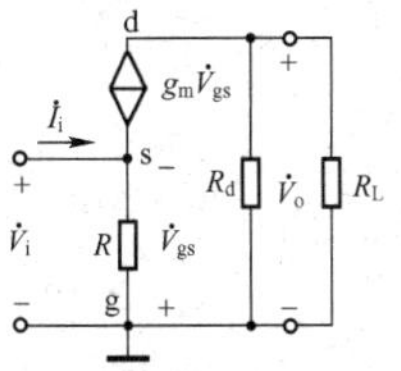 | $g_m(R_d//R_L)$<br>(中等) | $R//\left(\frac{1}{g_m}\right)$<br>(低) | $R_d$<br>(中等) |

| 接　　法 | | 静 态 参 数 | 小信号等效电路 | $A_v$ | $R_i$ | $R_o$ |
|---|---|---|---|---|---|---|
| 共漏极接法 | 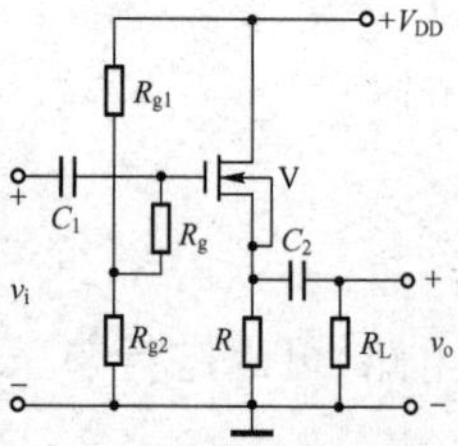 | $V_{GS}=\frac{R_{g2}}{R_{g1}+R_{g2}}V_{DD}-I_DR_s$<br>$I_D=I_{DSS}\left(1-\frac{V_{GS}}{V_P}\right)^2$<br>$V_{DS}=V_{DD}-I_D(R_d+R_s)$ | 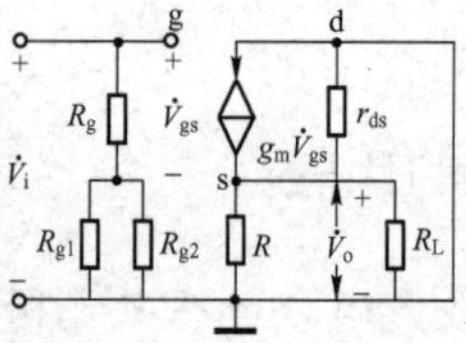 | $\frac{g_m(R//R_L)}{1+g_m(R//R_L)}$<br>（低） | $R_g+(R_{g1}//R_{g2})$<br>（高） | $R//\left(\frac{1}{g_m}\right)$<br>（低） |

下面以共漏极放大电路为例推导输出电阻 $R_o$ 的关系式，其余相关表达式和参数读者可自行推导，此处不再赘述。

**【例 3.7】** 如图 3.52(a)所示的共漏极放大电路，求该电路的输出电阻 $R_o$。

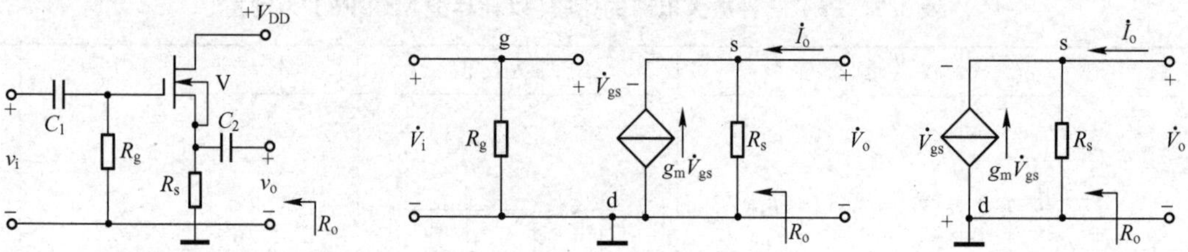


(a) 共漏极放大电路　　(b) 小信号等效电路　　(c) 求解 $R_o$ 的电路

图 3.52　例 3.7 的图

**解**：根据输出电阻的定义，此时 $\dot{V}_i=0$，因此栅极接地，$\dot{V}_{gs}=-\dot{V}_{sg}=-\dot{V}_o$。

在 s 点，由 KCL 可得

$$\dot{I}_o+g_m\dot{V}_{gs}=\frac{\dot{V}_o}{R_s}$$

$$\dot{I}_o=\frac{\dot{V}_o}{R_s}-g_m\dot{V}_{gs}=\frac{\dot{V}_o}{R_s}-g_m(-\dot{V}_o)=\dot{V}_o\left(\frac{1}{R_s}+g_m\right)$$

$$R_o=\frac{\dot{V}_o}{\dot{I}_o}=\frac{\dot{V}_o}{\dot{V}_o\left(\frac{1}{R_s}+g_m\right)}=\frac{1}{\frac{1}{R_s}+g_m}=\frac{1}{\frac{1}{R_s}+\frac{1}{\frac{1}{g_m}}}=R_s//(1/g_m)$$

例 3.8 以共源极接法为例对场效应管相关参数进行计算。

**【例 3.8】** 电路如图 3.53(a)所示。已知：$V_{DD}=16\text{V}$，$R_{g1}=10\text{M}\Omega$，$R_{g2}=3\text{M}\Omega$，$R_d=5\text{k}\Omega$，$R_s=1\text{k}\Omega$，$R_L=5\text{k}\Omega$。场效应管的参数 $V_T=2.1\text{V}$，当 $V_{GS(on)}=5\text{V}$ 时，$I_{D(on)}=450\text{mA}$。$C_1$、$C_2$、$C_s$ 容量都足够大。(1)计算 $I_{DQ}$、$V_{GSQ}$ 和 $V_{DSQ}$；(2)画出小信号等效电路；(3)若该电路的输入电压 $v_i=1\text{mV}$，求输出电压 $v_o$。

**解**：(1) 正如第 2 章表 2.1 所描述的那样，增强型场效应管的输入特性曲线及相关参数如图 3.53(b)所示。

由于　$$V_G=\frac{R_{g2}}{R_{g1}+R_{g2}}V_{DD}=\frac{3}{10+3}\times16=3.6923(\text{V})$$

而 $V_{GS}=V_G-I_DR_S$，所以　$$V_{GS}=3.6923-I_D$$

本题中　$$k=I_{D(on)}/(V_{GS(on)}-V_T)^2=450/(5-2.1)^2=53.51(\text{mA/V}^2)$$

$$I_D=k(V_{GS}-V_T)^2=53.51(V_{GS}-2.1)^2$$

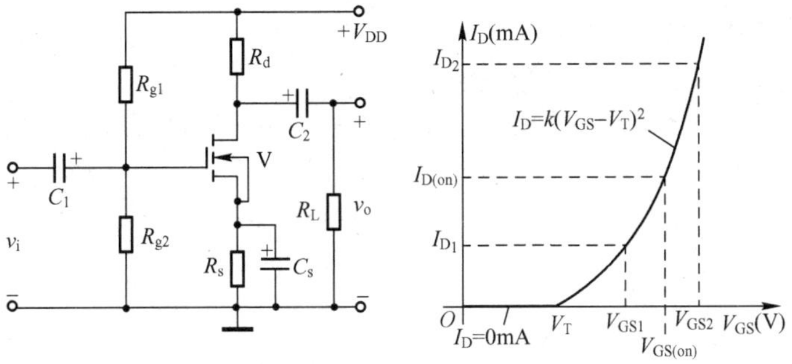


(a) 例3.8电路　　(b) 输入特性曲线及相关参数　　(c) 小信号等效电路

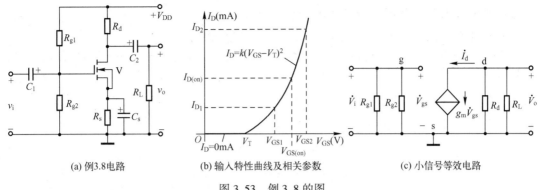

图 3.53　例 3.8 的图

采用公式法,解以下联立方程组:

$$\begin{cases} V_{GS}=3.6923-I_D \\ I_D=53.51(V_{GS}-2.1)^2 \end{cases}$$

得　　$V_{GSQ1}=2.2634V, V_{GSQ2}=1.9178V$(小于 $V_T$ 舍去)

因此　　$I_{DQ1}=3.6923-2.2634=1.43(mA)$

于是　　$V_{DSQ}=V_{DD}-I_{DQ}(R_d+R_s)=7.43(V)$

(2) 小信号等效电路如图 3.53(c)所示。

(3) 将 $V_{GSQ}=2.2634V$ 代入 $g_m=2k(V_{GSQ}-V_T)$ 可得:

$$g_m=2\times53.51\times(2.2634-2.1)=17.49(ms)$$

于是　　$A_v=-g_mR_L'=-g_m(R_d//R_L)=-17.49\times(5//5)=-43.73$

输出电压　　$v_o=A_vv_i=-43.73\times1=-43.73(mV)$

图 3.54 是例 3.8 的 Multisim 仿真。通过静态工作点分析(DC Operating Point Analysis)可以得到:场效应管放大电路的静态参数 $V_{GSQ}$、$V_{DSQ}$、$I_{DQ}$ 分别为 2.17V、6.89V 和 1.52mA。电压增益可以由示波器参数直接求解得到 $A_v=-43.745mV/999.945\mu V=-43.75$。无论是静态参数还是动态参数,均与理论结果比较接近。

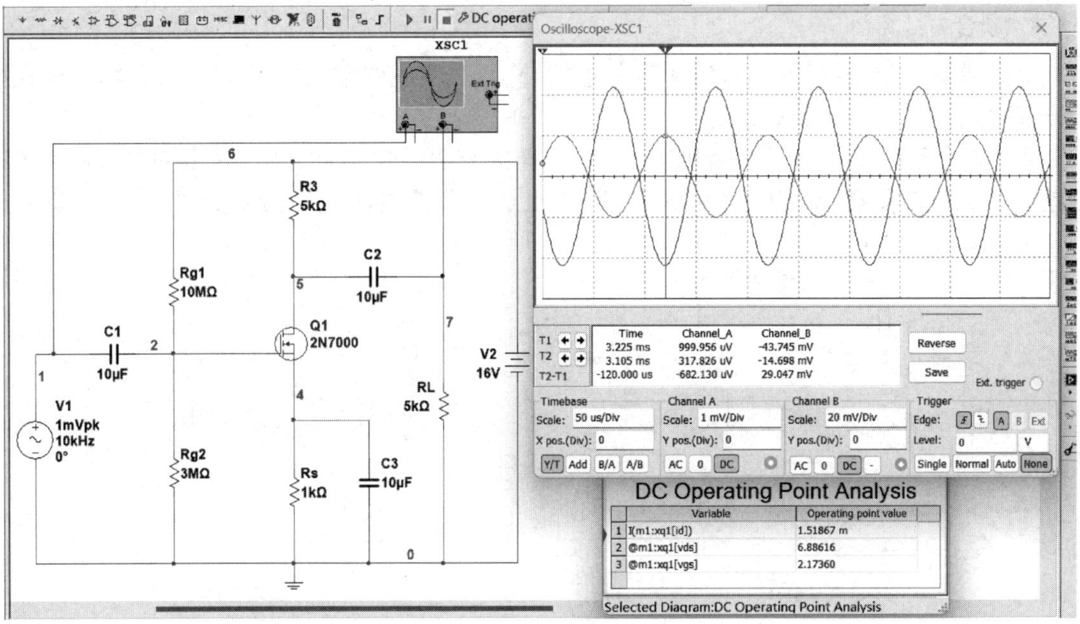


图 3.54　例 3.8 的 Multisim 仿真

**思考题 3.8(参考答案请扫描二维码 3-8)**

1. 场效应管放大电路是否需要偏置电路?如需要该如何进行偏置?

2. 图 S3.8 为耗尽型 MOS 管的特性曲线。若 $V_P=-6V$,$I_{DSS}=10mA$,试计算 $V_{GS}=-2V$ 时的 $g_m$,并将结果与图解法的结果进行比较。

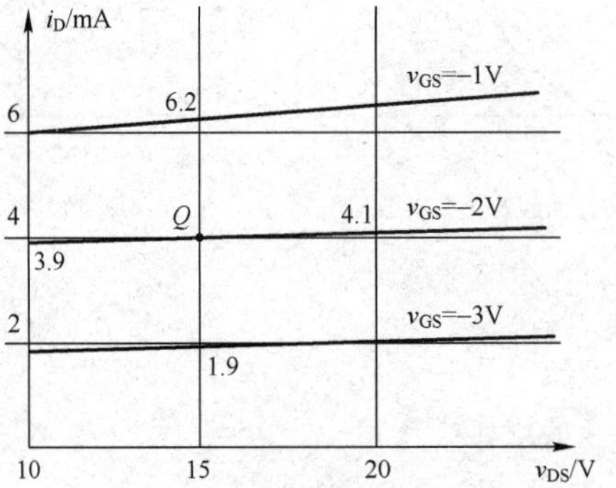


图 S3.8

二维码 3-8

# 3.9 多级放大电路

## 3.9.1 多级放大电路概述

前述由一个三极管或场效应管构成的单管放大电路,其电压增益一般只能达到几十倍,并且其他性能指标(输入电阻、输出电阻)也不一定能满足使用要求。因此,实际使用时常常将若干个单管放大电路连接起来,构成多级放大电路,使微弱的输入电压信号达到足够高的幅度,推动负载工作。

多级放大电路的连接方式称为放大电路的耦合方式。放大电路的级间耦合必须保证信号的正确传输,且保证各级的静态工作点正确。

**1. 耦合方式**

级间耦合方式是由输入信号的性质决定的。多级放大电路常用的耦合方式有 3 种,即直接耦合、阻容耦合和变压器耦合。

直接耦合是前、后级间采用直接连接或电阻连接,不采用电抗性元件。直接耦合电路可传输低频甚至直流信号,因此缓慢变化的漂移信号可以通过直接耦合放大电路,如图 3.55(a)所示。

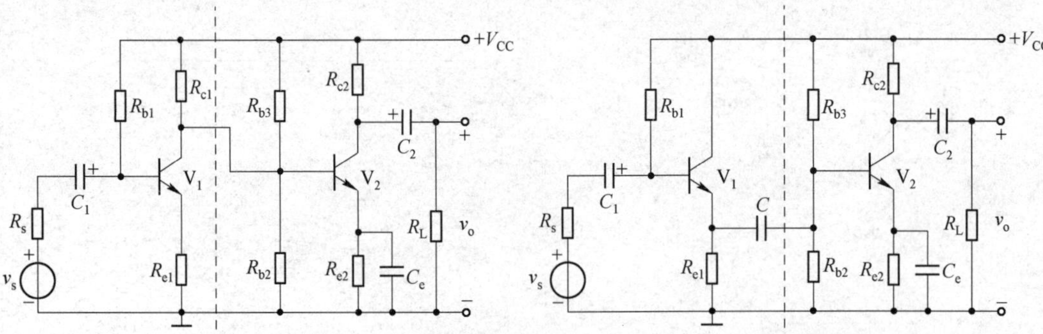


(a) 直接耦合　　(b) 阻容耦合

图 3.55　耦合放大电路

阻容耦合和变压器耦合属于电抗性元件耦合，级间采用电容或变压器耦合。这两种耦合方式，只能传输交流信号，漂移信号和低频信号不能通过。采用变压器耦合的优点是可以实现输出级与负载的阻抗匹配，以获得有效的功率传输；也可以隔掉直流，传递一定频率的交流信号。因此各放大级的 $Q$ 点互相独立。变压器耦合在放大电路中应用较少。本节只介绍阻容耦合放大电路，如图 3.55(b)所示。

**2. 直接耦合放大电路**

直接耦合放大电路可以使缓慢变化的信号或直流信号得到放大。采用直接耦合或电阻耦合必须解决两个问题：①前后各放大级的静态工作点的相互影响；②零点漂移。

(1) 前后各放大级的静态工作点的相互影响

如果将基本放大电路的耦合电容去掉，前后级直接连接，如图 3.56 所示，即构成电平移动直接耦合放大电路，其中：

$$V_{C1}=V_{B2},\quad V_{C2}=V_{B2}+V_{CB2}>V_{B2}(V_{C1})$$

前后级直接连接会使集电极的电位逐级升高，后面放大级要接较大的发射极电阻，才能获得正确的静态工作点。但是较大的发射极电阻会使该级的电压放大倍数下降(实际上是引入了电流负反馈)，直流信号或缓变信号则无法采用在发射极电阻两端并联旁路电容的方法来排除负反馈，因此这种方式只适用于级数较少的电路。

如果多级电路级间采用 NPN 管和 PNP 管组合的方式，如图 3.57 所示，则构成 NPN+PNP 组合电平移动直接耦合放大电路。由于 NPN 管集电极电位高于基极电位，PNP 管集电极电位低于基极电位，它们的组合使用可避免集电极电位的逐级升高。

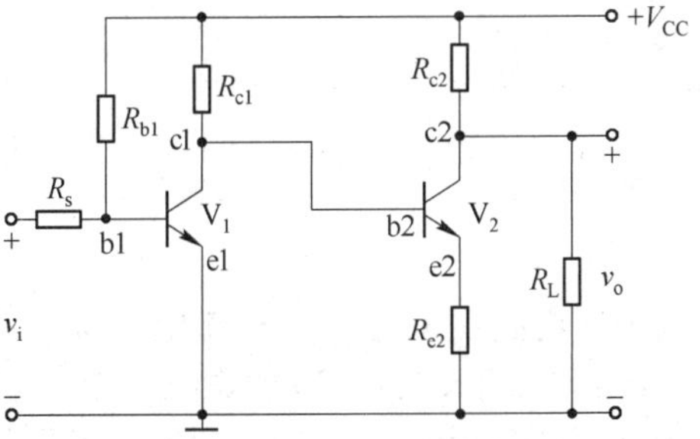


图 3.56　电平移动直接耦合放大电路

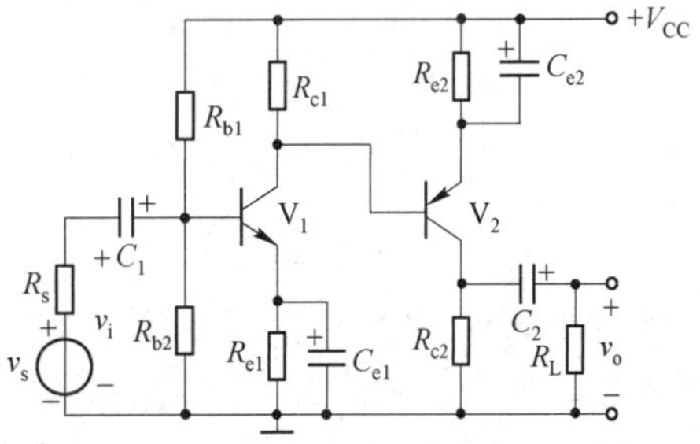


图 3.57　NPN 管和 PNP 管组合电路

(2) 零点漂移

零点漂移是三极管的工作点随时间变化而逐渐偏离原有静态值的现象。一个理想的直接耦合放大电路在静态时的输出电压应保持不变。但在实际中，如果对输出电压进行测试，就会发现它缓慢、无规则地变化，这种现象即是所谓的零点漂移。

产生零点漂移的主要原因是温度的影响，所以有时也用温度漂移或时间漂移来表示。一般地，可用一定时间内，或一定温度变化范围内的输出级静态工作点的变化值除以放大倍数(也即将输出级的漂移值归算到输入级)来表示零点漂移，例如 μV/℃ 或 μV/min，等等。

多级放大电路中，第一级产生的零点漂移的影响最大。这是由于采用直接耦合方式，会使得漂移被逐级放大。因此抑制零点漂移要从第一级着手。

尽管直接耦合放大电路存在上述两个问题，但由于不使用电容耦合，因此满足集成化的要求。在第 5 章要介绍的集成运算放大器中，其内部级联均采用直接耦合。

**3. 阻容耦合放大电路**

阻容耦合放大电路的前后级间是通过电容耦合的，由于电容有隔直作用，因此前后级间的直流工作状况不互相影响,也即各级放大电路的静态工作点不会互相影响。耦合电容(一般取几微法到几十微法)对交流信号的容抗必须很小,这样其交流分压才可忽略不计,前级放大电路的电压信号几乎可以无损失地传输到后级放大电路。

阻容耦合在分立元件放大电路中应用较广,但在集成电路中,由于制造大容量电容非常困难,因此集成电路中各放大电路级间一般不采用阻容耦合方式。

### 3.9.2 多级放大电路的分析

多级放大电路的分析是在单级放大电路分析的基础上进行的,同样有静态分析和动态分析。进行静态分析时,要注意多级放大电路的级联方式是否会使前后级的静态参数相互影响;动态分析时既要各级分别分析计算,又要考虑到前后级的联系,如图 3.58 所示。

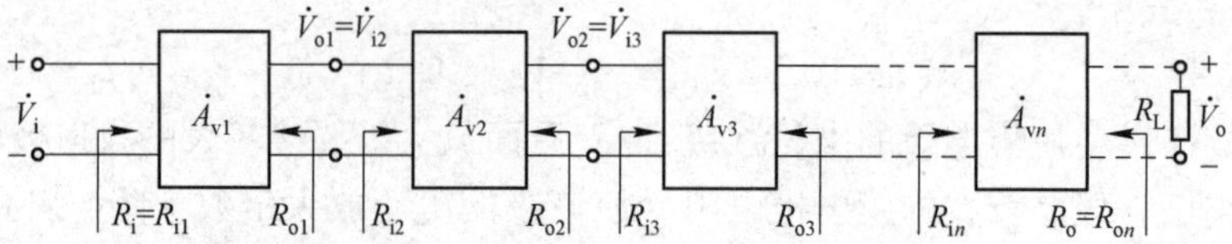


图 3.58 多级放大电路前后级间的联系

#### 1. 多级放大电路电压增益的计算

提高增益是构成多级放大电路的一个主要目的。$n$ 个单管放大电路经过级联构成多级放大电路后,总的电压增益应为各单管放大电路电压增益的连乘积,即

$$\dot{A}_v=\frac{\dot{V}_{on}}{\dot{V}_{i1}}=\frac{\dot{V}_{i2}}{\dot{V}_{i1}}\cdot\frac{\dot{V}_{i3}}{\dot{V}_{i2}}\cdot\frac{\dot{V}_{i4}}{\dot{V}_{i3}}\cdot\cdots\cdot\frac{\dot{V}_{on}}{\dot{V}_{in}}=\frac{\dot{V}_{o1}}{\dot{V}_{i1}}\cdot\frac{\dot{V}_{o2}}{\dot{V}_{i2}}\cdot\frac{\dot{V}_{o3}}{\dot{V}_{i3}}\cdot\cdots\cdot\frac{\dot{V}_{on}}{\dot{V}_{in}}$$

$$=\dot{A}_{v1}\cdot\dot{A}_{v2}\cdot\dot{A}_{v3}\cdot\cdots\cdot\dot{A}_{vn}=\prod_{i=1}^{n}\dot{A}_{vi}$$

由于单管放大电路构成多级放大电路时彼此相互影响,因此在求分立元件多级放大电路的电压增益时要考虑到前后级的级联关系。一般情况下,电压增益并不是各级的简单相乘。例如,图 3.59 所示的两级放大电路,分别为射极输出器和共基极放大电路,假如电路参数如图 3.59 中所示(其中电压增益 $\dot{A}_{vo}$ 为不带负载时的开路电压增益),根据 1.3 节电路模型给出的表达式,有

$$\dot{V}_{o1}=\frac{R_{i2}}{R_{o1}+R_{i2}}\dot{A}_{vo1}\dot{V}_{i1}$$

所以
$$\dot{A}_{v1}=\frac{\dot{V}_{o1}}{\dot{V}_{i1}}=\frac{R_{i2}}{R_{o1}+R_{i2}}\dot{A}_{vo1}=\frac{26}{26+12}\times1=0.68$$

同样
$$\dot{A}_{v2}=\frac{\dot{V}_{o2}}{\dot{V}_{i2}}=\frac{R_L}{R_L+R_{o2}}\dot{A}_{vo2}=\frac{8.2}{8.2+5.1}\times240=147.97$$

因此
$$\dot{A}_v=\dot{A}_{v1}\cdot\dot{A}_{v2}=0.68\times147.97=100.62$$

如果考虑电源内阻,则两级电路的总增益为

$$\dot{A}_{vs}=\frac{R_{i1}}{R_{i1}+R_s}\dot{A}_{v1}\cdot\dot{A}_{v2}=\frac{10}{10+1}\times0.68\times147.97=91.47$$

由上述计算我们可以看出对于两级放大电路:

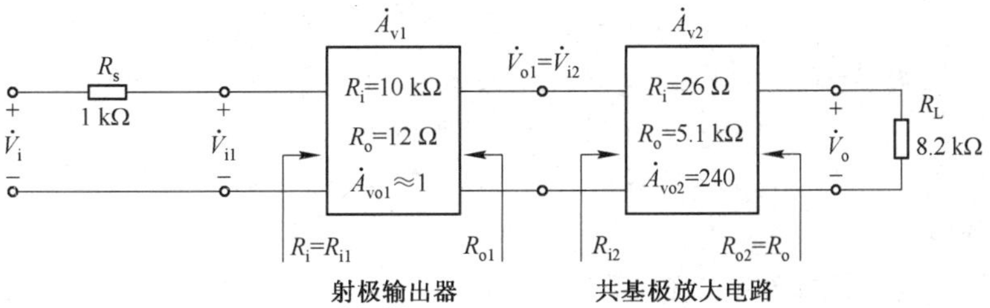


图 3.59　射极输出器和共基极放大电路构成的两级放大电路

$$\dot{A}_v=\dot{A}_{v1}\cdot\dot{A}_{v2}=\frac{\dot{V}_{o1}}{\dot{V}_{i1}}\cdot\frac{\dot{V}_{o2}}{\dot{V}_{i2}}=\dot{A}_{vo1}\cdot\frac{R_{i2}}{R_{o1}+R_{i2}}\cdot\dot{A}_{vo2}\cdot\frac{R_L}{R_L+R_{i2}}=\dot{A}_{vo1}\cdot\frac{R_{i2}}{R_{o1}+R_{i2}}\cdot\dot{A}_{v2}$$

多级放大电路增益的计算方法与上述两级放大电路类似。一般是将后一级与前一级断开，计算前一级的开路电压增益和输出电阻,使其作用到后一级的输入端,这种方法称做开路电压法。应当注意的是,在计算各级电压增益时,前一级的开路电压是后一级的信号源电压;前一级的输出电阻是后一级的信号源内阻;而后一级的输入电阻是前一级的负载。

**2. 多级放大电路的输入电阻和输出电阻**

多级放大电路的输入电阻是第一级放大电路的输入电阻,多级放大电路的输出电阻是最后一级放大电路的输出电阻。了解到这一点,就可以通过分析第一级和最后一级的接法,利用前面所学的知识,很方便地获得多级放大电路的输入电阻和输出电阻。

**3. 多级放大电路的频率响应**

多级放大电路的增益虽然提高了,但其带宽却变窄了,而且比构成多级放大电路的任何单管放大电路的都窄。级数越多,则下限频率 $f_L$ 越高,上限频率 $f_H$ 越低,通频带越窄。在研究多级放大电路时需要注意这个问题。

下面以一个两级放大电路为例说明多级放大电路的计算。

**【例 3.9】** 两只三极管的电流放大倍数相同,$\beta_1=\beta_2=\beta=100$,$r_{bb'}=300$,且 $V_{BE1}=V_{BE2}=0.7V$,其余参数如图 3.60 所示。求该两级放大电路的静态工作点 $Q$、电压增益 $A_v$、输入电阻 $R_i$ 和输出电阻 $R_o$。

**解:**(1) 静态分析。

由于两只管子是直接耦合的,所以静态工作点会互相影响。

$V_1$ 管的基极电压为

$$V_{B1}=V_{CC}\cdot\frac{R_{b2}}{R_{b1}+R_{b2}}=12\times\frac{20}{20+51}=3.38(V)$$

根据共发射极分压式偏置电路的静态计算公式有

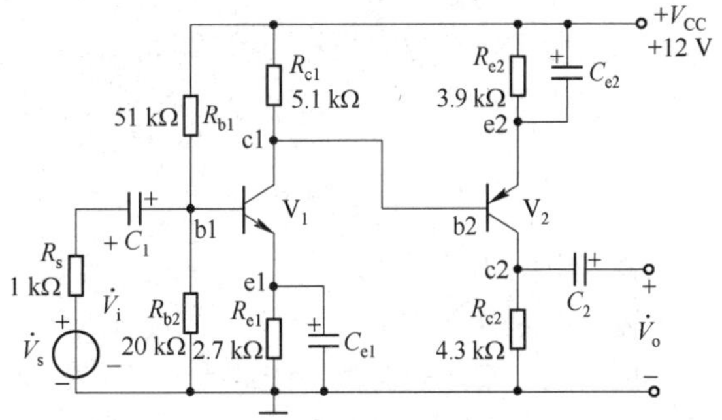


图 3.60　例 3.9 的图

$$I_{BQ1}=\frac{V_{B1}-V_{BE1}}{(R_{b1}/\!/R_{b2})+(1+\beta)R_{e1}}=\frac{3.38-0.7}{(51/\!/20)+101\times2.7}=9.3(\mu A)$$

所以
$$I_{CQ1}=\beta I_{BQ1}=0.93mA$$

于是
$$V_{C1}=V_{CC}-I_{CQ1}R_{c1}=12-0.93\times5.1=7.26(V)$$

$$V_{CEQ1}=V_{CC}-I_{CQ1}R_{c1}-(I_{CQ1}+I_{BQ1})R_{e1}\approx V_{CC}-I_{CQ1}(R_{c1}+R_{e1})$$
$$=12-0.93\times7.8=4.75(V)$$

因为
$$V_{C1}=V_{B2}=7.26V$$

所以
$$V_{E2}=V_{B2}+V_{BE2}=7.26+0.7=7.96(V)$$
$$I_{EQ2}\approx I_{CQ2}=(V_{CC}-V_{E2})/R_{e2}=(12-7.96)/3.9=1.04(mA)$$
$$V_{C2}=I_{CQ2}R_{c2}=1.04\times4.3=4.47(V)$$
$$V_{CEQ2}=V_{C2}-V_{E2}=4.47-7.96=-3.49(V)$$

（2）动态分析。

两级电路的小信号模型如图 3.61 所示。

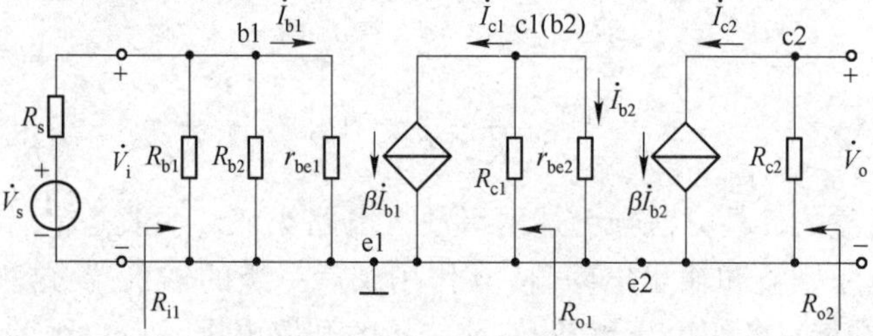

图 3.61　两级电路的小信号模型

先求电压增益。两只三极管的输入电阻为
$$r_{be1}=r_{bb'}+(1+\beta_1)\frac{26(mV)}{I_{E1}(mA)}=300+101\times\frac{26}{0.93}=3.1(k\Omega)$$
$$r_{be2}=r_{bb'}+(1+\beta_2)\frac{26(mV)}{I_{E2}(mA)}=300+101\times\frac{26}{1.04}=2.8(k\Omega)$$

第一级的开路电压增益
$$A_{vo1}=-\frac{\beta R_{c1}}{r_{be1}}=-\frac{100\times5.1}{3.1}=-164.5$$

因为 $R_L=\infty$，所以
$$A_{v2}=A_{vo2}=-\frac{\beta R_{c2}}{r_{be2}}=-\frac{100\times4.3}{2.8}=-153.6$$

又由于 $R_{o1}\approx R_{c1}$，所以 $A_v=A_{v1}A_{v2}=A_{o1}\cdot\frac{R_{i2}}{R_{o1}+R_{i2}}\cdot A_{v2}=-164.5\times\frac{2.8}{5.1+2.8}\times(-153.6)=8955$

所以总的增益为 8955。

如果考虑电源内阻损耗，则计算如下：
$$R_{i1}=r_{be1}/\!/R_{b1}/\!/R_{b2}=3.1/\!/51/\!/20=2.55(k\Omega)$$
$$A_{vs}=A_{vs1}\cdot A_{v2}=\frac{R_{i1}}{R_s+R_{i1}}A_{v1}\cdot A_{v2}=\frac{R_{i1}}{R_s+R_{i1}}\cdot A_v=\frac{2.55}{1+2.55}\times8955=6432$$

输入电阻为
$$R_i=R_{i1}=2.55(k\Omega)$$

输出电阻为
$$R_o=R_{o2}\approx R_{c2}=4.3(k\Omega)$$

例 3.9 是直接耦合的两级放大电路，三极管分别是 NPN 型和 PNP 型的。下面再举两个例题，分别是阻容耦合的多级放大电路，以及由 BJT 和 FET 构成的多级放大电路。通过这些例题，可以对多级放大电路相关概念及计算有更清楚的认识。

**【例 3.10】**　两级放大电路如图 3.62 所示，$\beta_1=\beta_2=\beta=100$。试求该电路的电压增益 $A_v$。

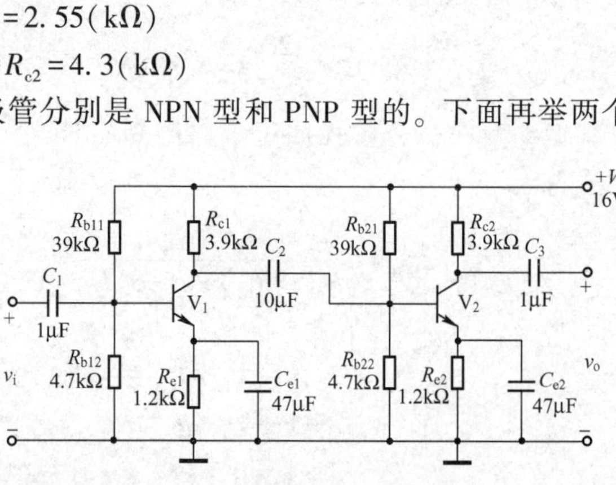

图 3.62　例 3.10 电路

**解**：由于两级放大电路采用的是阻容耦合，因此静态工作点互不干扰。由例 3.4

可知,两管的静态参数分别为:

$$I_{B1}=I_{B2}=8.13\mu A,\quad I_{C1}=I_{C2}=0.813mA,\quad V_{CE1}=V_{CE2}=11.87V$$

由于 $R_{i1}=R_{i2}=1.89k\Omega, r_{be1}=r_{be2}=3.44k\Omega$,则

$$A_{v1}=-\frac{\beta(R_{c1}//R_{i2})}{r_{be1}}=-\frac{100\times(3.9//1.89)}{3.43}=-37.24$$

$$A_{v2}=-\frac{\beta R_{c1}}{r_{be2}}=-\frac{100\times 3.9}{3.43}=-113.7$$

因此,总电压增益为　$A_v=A_{v1}\cdot A_{v2}=-37.24\times(-113.7)=4234$

在本例的电压增益求解中,我们采用了与例 3.9 不同的方法。该方法将下一级电路的输入电阻作为前一级电路的负载考虑,因此这种方法也称为输入电阻法,该方法也是求解多级放大电路增益的常用方法。由于放大电路增益计算过程有一些工程近似,因此对于同一电路,采用输入电阻法和开路电压法的结果会略有差异,这一点请读者注意。

图 3.63 是例 3.10 的 Multisim 仿真,输出端的万用表测出输出电压为 106.83mV,输入信号的有效值为 25μV,于是得到总的电压增益为 4273。电压增益还可以通过示波器的输入波形和输出波形的幅度值得到:$A_v=150.068mV/35.355\mu A=4245$。两种结果和理论计算都基本吻合,从示波器波形可以看出该电路实现了同步放大。

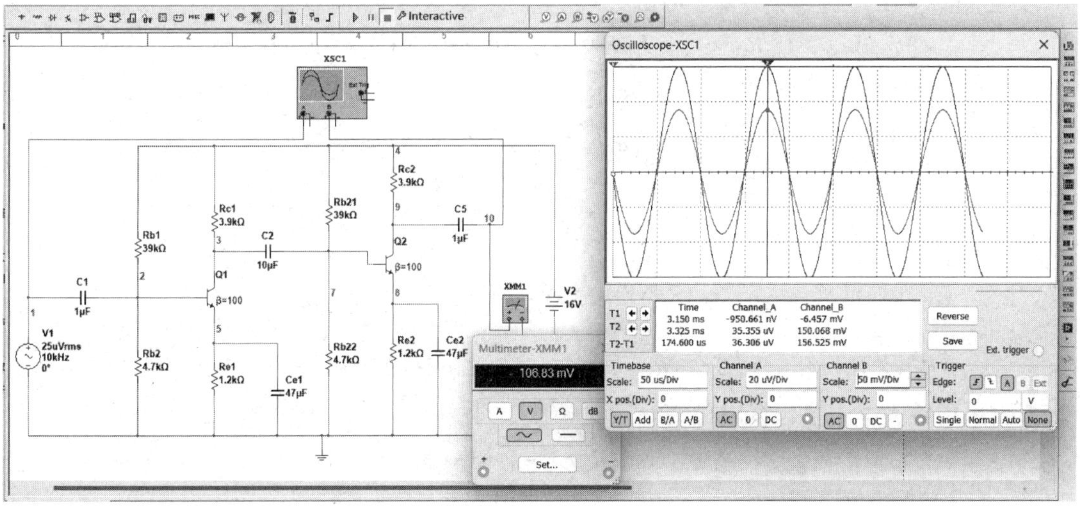


图 3.63　例 3.10 的 Multisim 仿真

**【例 3.11】**　已知电路参数如图 3.64 所示, FET 的 $I_{DSS}=8mA, V_P=-6V$,三极管的 $\beta=120$, $r_{bb'}=200\Omega, V_{BE}=0.7V$。(1)求解静态工作点;(2)画出小信号等效电路;(3)设 FET 的 $r_{ds}$ 很大,可视为开路,求两级放大电路的电压增益 $A_v$、输入电阻 $R_i$ 及输出电阻 $R_o$。

**解:**(1) 该例中的两级放大电路由共源极放大电路和共集电极放大电路构成。首先进行静态计算。

由于两级放大电路采用阻容耦合,可以分别计算静态工作点。

对 $V_1$: $I_G\approx 0, I_D=I_S, I_{DQ}=I_{DSS}\left(1-\frac{V_{GSQ}}{V_P}\right)^2, V_{GSQ}=-I_{DQ}R_s, V_{DSQ}=V_{DD}-I_{DQ}(R_s+R_d)$

将相应数值代入,解得 $I_{DQ}=2.6mA, V_{GSQ}=-2.6V, V_{DSQ}=8.82V$。

对 $V_2$: 采用戴维南等效。

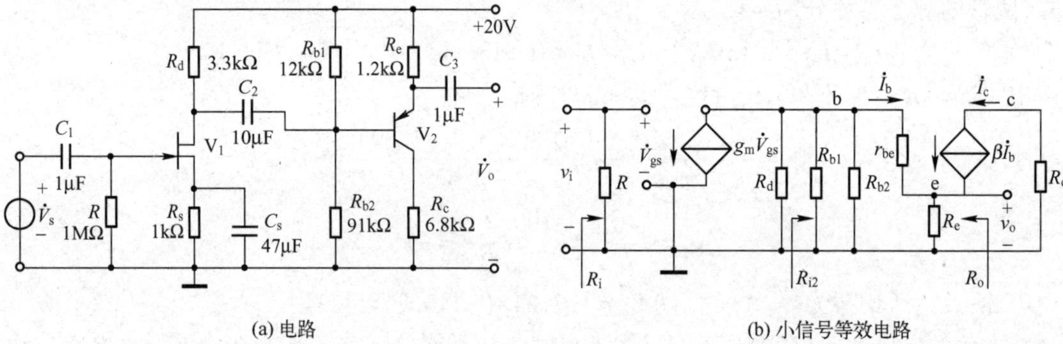


图 3.64 例 3.11 的图

$$V_{Th}=\frac{R_{b2}}{R_{b1}+R_{b2}}V_{CC}=\frac{12}{91+12}\times 20=2.33(\mathrm{V})$$

$$R_{Th}=R_{b1}//R_{b2}=91//12=10.6(\mathrm{k\Omega})$$

$$I_{BQ}=\frac{V_{Th}-V_{BE}}{R_{Th}+(\beta+1)R_e}=\frac{2.33-0.7}{10.6+121\times 1.2}=10.46(\mu\mathrm{A})$$

$$I_{CQ}=\beta I_{BQ}=120\times 10.46=1.26(\mathrm{mA})$$

$$V_{CEQ}=I_{CQ}R_c-(V_{CC}-I_{EQ}R_e)\approx I_{CQ}(R_c+R_e)-V_{CC}=-9.92(\mathrm{V})$$

（2）小信号等效电路如图 3.64(b)所示。

（3）计算电压增益，首先需要计算 $g_m$，$r_{be}$和 $R_{i2}$这几个参数。

$$g_m=\frac{2I_{DSS}}{|V_P|}\left(1-\frac{V_{GSQ}}{V_P}\right)=\frac{2\times 8}{6V}\left(1-\frac{-2.6}{-6}\right)=1.51(\mathrm{mS})$$

$$r_{be}=r_{bb'}+(1+\beta)\frac{26}{I_E}=200+121\times\frac{26}{1.27}=2.68(\mathrm{k\Omega})$$

$$R_{i2}=R_{b1}//R_{b2}//[r_{be}+(\beta+1)R_e]=91//12//[2.68+(120+1)\times 1.2]=9.89(\mathrm{k\Omega})$$

本例采用输入电阻法计算电压增益。

$$A_{v1}=-g_mR'_{L1}=-g_m(R_d//R_{i2})=-1.51\times(3.3//9.89)=-3.74$$

$$A_{v2}=\frac{\beta R_e}{r_{be}+(1+\beta)R_e}=\frac{120\times 1.2}{2.68+121\times 1.2}\approx 0.97$$

总的电压增益 $A_v=A_{v1}\cdot A_{v2}=-3.74\times 0.97=-3.63$

$$R_i=R_{i1}=R=1\mathrm{M\Omega}$$

$$R_o=R_{o2}=R_e//\left[\frac{r_{be}+(R_{b1}//R_{b2}//R_d)}{1+\beta}\right]=1.2//\frac{2.68+(91//12//3.3)}{121}\approx 41.46(\Omega)$$

图 3.65 是例 3.11 的 Multisim 仿真，由静态工作点分析可以得到场效应管和三极管的静态工作点分别为：$I_{DQ}=2.59\mathrm{mA}$，$V_{GSQ}=-2.59\mathrm{V}$，$V_{DSQ}=8.86\mathrm{V}$；$I_{BQ}=9.96\mu\mathrm{A}$，$I_{CQ}=1.19\mathrm{mA}$，$V_{CEQ}=-10.43\mathrm{V}$。从示波器的输入波形与输出波形的幅度值可以求出电压增益：$A_v=-52.359/14.142=-3.702$，电压增益的数值还可以从输入端和输出端的万用表读数求解：36.959/10=3.696。从输入端万用表的电压值和电流值能得到放大器的输入电阻：$R_i=10\mathrm{mV}/10\mathrm{nA}=1\mathrm{M\Omega}$。不管是静态工作点的数据还是动态指标的结果都与理论计算吻合较好。该电路实现了反相放大。

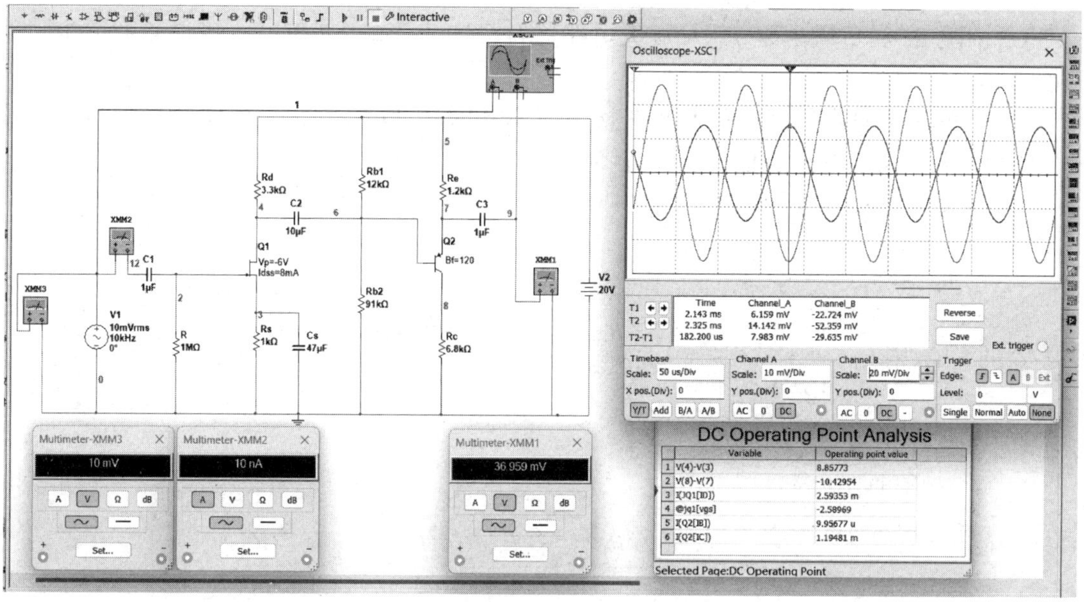


图 3.65　例 3.11 的 Multisim 仿真

**思考题 3.9（参考答案请扫描二维码 3-9）**

1. 填空

(1) 在多级放大电路中，前级的输出电阻可以看做后级的________，后级的输入电阻可以看做前级的________。

(2) 多级放大电路常用的耦合方式有 3 种，即________、________和________。

(3) 直接耦合放大电路中，第________级产生的零点漂移对电路的影响最大。

(4) 放大电路零点漂移产生的主要原因是________。

2. 判断(叙述正确的在括号内打√，叙述错误的在括号内打×)：

(1) 获得高增益是构成多级放大电路的唯一目的。(　　)

(2) 两个完全相同的共发射极放大电路，若空载增益为-20，则级联后构成的两级放大电路增益为 400。(　　)

(3) 直接耦合多级放大电路只能放大直流信号，阻容耦合多级放大电路只能放大交流信号。(　　)

二维码 3-9

## 3.10　放大电路的主要性能指标

前面各节比较详细地讨论了各种放大电路的构成、工作原理及计算方法。本节作为本章的归纳，从总体上研究放大电路的性能指标，从而了解衡量放大电路品质优劣的标准及其适用范围。

放大电路的性能指标主要包括增益、输入电阻、输出电阻、带宽、非线性失真及最大输出功率。

**1. 增益**

增益是衡量放大电路放大能力的指标。前面所述的电压增益即为输出电压与输入电压之比

$$\dot{A}_v = \dot{V}_o / \dot{V}_i$$

电压增益反映了放大电路在输入信号控制下，将电源能量转换为信号能量的能力。除此之外还有电流增益、互阻增益及互导增益。

电源内阻 $R_s$ 和负载电阻 $R_L$ 对放大电路增益会产生影响,下面以电压增益$\dot{A}_v$ 为例进行讨论。

在图 3.66 所示的共发射极放大电路中,如果不考虑 $R_s$ 和 $R_L$ 对放大电路的影响(即不考虑图中虚线以外的电路部分),则其电压增益为

$$\dot{A}_v=\frac{\dot{V}_o}{\dot{V}_i}=\frac{-\dot{I}_c R_c}{\dot{I}_b r_{be}}=\frac{-\beta\ \dot{I}_b R_c}{\dot{I}_b r_{be}}=-\beta\frac{R_c}{r_{be}}$$

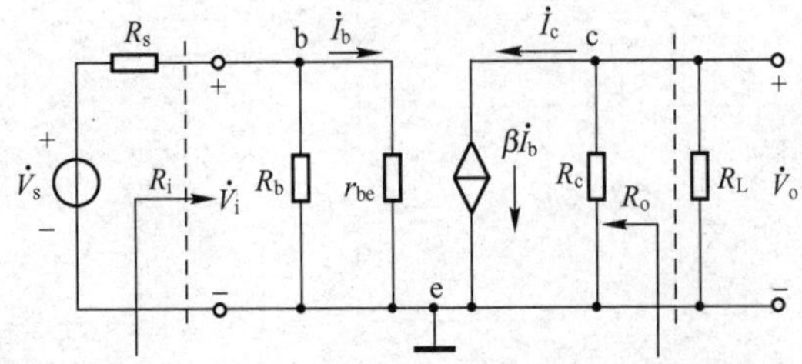


图 3.66　$R_s$ 和 $R_L$ 对放大电路增益的影响

考虑 $R_s$ 的影响,则$\dot{A}_{vs}=\frac{\dot{V}_o}{\dot{V}_s}=\frac{\dot{V}_o}{\dot{V}_i}\cdot\frac{\dot{V}_i}{\dot{V}_s}=\dot{A}_v\frac{R_i}{R_i+R_s}$

由上式可以看出,$R_s$ 越小,$\dot{A}_{vs}$越高。

考虑 $R_L$ 的影响,则

$$\dot{A}_{vL}=\frac{\dot{V}_o}{\dot{V}_i}=\frac{-\dot{I}_c(R_c//R_L)}{\dot{I}_b r_{be}}=\frac{-\beta\ \dot{I}_b(R_c//R_L)}{\dot{I}_b r_{be}}=-\beta\frac{R_c//R_L}{r_{be}}$$

由上式可以看出,$R_L$ 越大,电压增益越高。

在电路结构及参数相同的情况下,上述三个电压增益的数值大小关系为:$\dot{A}_v>\dot{A}_{vL}>\dot{A}_{vs}$。

在工程上也常使用对数增益的概念,单位为 dB(分贝),即

$$对数增益=20\lg|\dot{A}_v|(\text{dB})$$

采用对数增益在有些情况下有助于问题简化,如 3.7 节所述,讨论频率响应时,可扩大增益变化的范围,方便绘制波特图,另外就是计算多级放大电路的总增益时,可将乘法化为加法进行运算。

**2. 输入电阻**

如图 3.67 所示,输入电阻定义为输入电压 $\dot{V}_i$ 与输入电流 $\dot{I}_i$ 的比值,即

$$R_i=\dot{V}_i/\dot{I}_i$$

对于输入电路,由于信号源内阻 $R_s$ 和放大电路输入电阻 $R_i$ 的分压作用,使放大电路输入端的实际电压为

$$\dot{V}_i=\dot{V}_s\frac{R_i}{R_s+R_i}$$

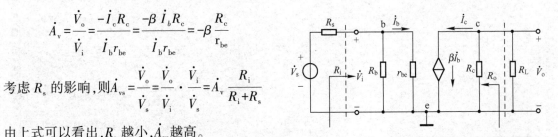

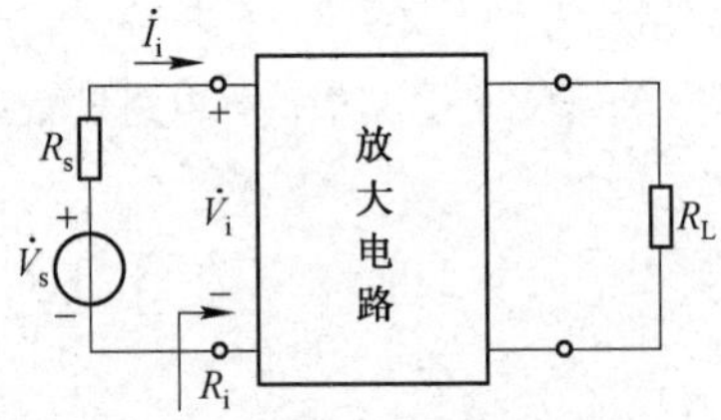


图 3.67　放大电路的输入电阻

可见,$R_i$ 的大小决定了放大电路从信号源吸取信号幅值的大小。对于前面讨论的电压放大电路,$R_i$ 越大,则放大电路输入端的 $\dot{V}_i$ 值越大。因而输入电阻越高意味着信号源的衰减越小,输入端有效信号越强。

**3. 输出电阻**

放大电路输出电阻的定义如图 3.68 所示。在信号源短路和 $R_L$ 开路的情况下,在放大电路输出端加测试电压 $\dot{V}_T$,则可测得输出电阻为

$$R_o=\left.\frac{\dot{V}_T}{\dot{I}_T}\right|_{\dot{V}_s=0}$$

$R_o$ 的大小决定了其带负载的能力。对输出为电压信号的放大电路,有

$$\dot{V}_o=\dot{A}_{vo}\dot{V}_i\frac{R_L}{R_L+R_o}$$

所以 $$\dot{A}_v=\frac{\dot{V}_o}{\dot{V}_i}=\dot{A}_{vo}\frac{R_L}{R_L+R_o}$$

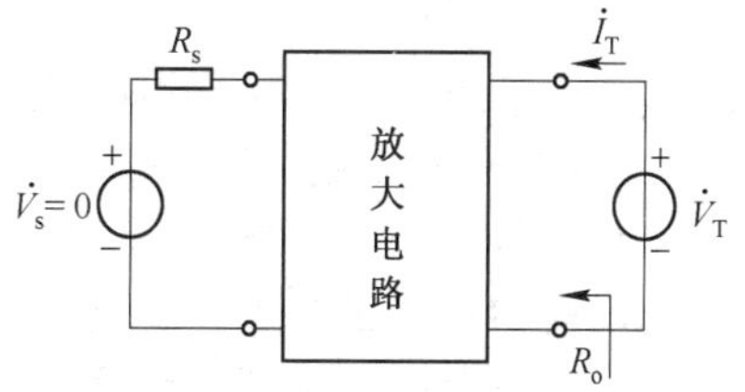

图 3.68　放大电路的输出电阻的定义

由上式可见，$R_L$ 的变化会影响 $\dot{A}_v$ 的大小，$R_L$ 的减小使 $\dot{A}_v$ 下降。$R_o$ 越小，则 $R_L$ 的变化对 $\dot{V}_o$ 的影响越小。

**4. 带宽(通频带)**

在 3.7 节中已经讨论了放大电路的频率响应。由于实际的放大电路中存在一些电抗性元件，如电容、电感、电子器件的极间电容，以及接线电容与接线电感等，因此其增益必然是信号频率的函数。随着频率的升高或降低，增益会下降。高频段和低频段增益下降到中频增益的 $1/\sqrt{2}$ 倍(对数增益对应为 3dB)时的频率范围称为带宽 BW，即

$$BW=f_H-f_L$$

带宽越宽，表明放大电路对频率变化的适应能力越强。但是带宽过宽，会造成噪声电平升高及生产成本增加，因此设计时要综合考虑。

**5. 非线性失真**

由于放大器件的输入特性曲线与输出特性曲线的非线性，造成放大电路输出波形失真，称为放大电路的非线性失真。

非线性失真可用非线性失真系数来衡量。非线性失真系数的定义为：当放大电路输入为标准的单一频率正弦波信号时，输出电压信号的高次谐波总量的有效值与基波分量的有效值的比值。非线性失真是难以避免的，对于放大电路来说，该值越小越好。

**6. 最大输出功率**

最大输出功率是指在输出信号不失真的情况下能够提供的最大的输出功率。该参数对于功率放大电路非常重要。

放大电路除上述几种主要性能指标外，根据不同应用场合还有其他一些指标，例如效率、信号噪声比、温度、湿度、抗干扰能力，等等。在设计和使用放大电路时，一定要注意结合实际工作条件，使放大电路能够正常工作，满足使用要求。

**思考题 3.10(参考答案请扫描二维码 3-10)**

1. 输入电阻对电压放大电路有什么影响？输出电阻对电压放大电路有什么影响？
2. 一个放大电路，空载增益 $A_{vo}=-400$，$R_i=4\text{k}\Omega$，$R_o=2\text{k}\Omega$。
(1) 分别计算 $R_L=1\text{k}\Omega$ 和 $R_L=5\text{k}\Omega$ 时的电压增益 $A_v$；
(2) 计算电源内阻 $R_s=200\Omega$ 时的电压增益 $A_{vs}$；
(3) 若 $R_o=100\Omega$，在其他参数不变的情况下，重复(1)；
(4) 若 $R_i=200\text{k}\Omega$，在其他参数不变的情况下，重复(2)；
(5) 比较上述计算结果，会得出什么结论？

二维码 3-10

## 本章小结

- 三极管在基本单管放大电路中有共发射极、共集电极和共基极三种基本接法，根据相应的电路输出量与输入量之间的大小和相位关系，分别称之为反相电压放大器、电压跟随器和

电流跟随器。

- 放大电路的静态分析方法有近似估算法和图解法，动态分析方法有图解法和小信号模型(亦称微变等效电路)分析法。图解法承认电子器件的非线性，小信号模型分析法则将非线性特性局部线性化。通常使用图解法求 $Q$ 点，而用小信号模型分析法求电压增益、输入电阻和输出电阻。
- 放大电路静态工作点不稳定的原因，主要是由于温度的影响。常用的稳定静态工作点的电路是分压式偏置电路，它是利用反馈原理来实现的。
- 频率响应与带宽是放大电路的重要指标之一。用高频小信号模型分析高频响应，而用含电容的低频等效电路分析低频响应，二者的电路基础是 RC 低通电路和 RC 高通电路。
- 不同的 FET 放大电路对偏置电压的要求不同：JFET 的 $V_{GS}$、$V_{DS}$ 极性相反，增强型 MOSFET 的 $V_{GS}$、$V_{DS}$ 极性相同，耗尽型 MOSFET 的 $V_{GS}$ 可以为正，也可以为负和零。
- 多级放大电路电压增益的计算方法通常有：输入电阻法和开路电压法。
- 输入电阻、输出电阻、增益、频率响应和非线性失真等主要性能指标是衡量放大电路品质优劣的标准，也是设计放大电路的依据。这些指标可以通过对电路的分析、计算或对实际电路的测量来确定。

# 习　　题

3.1　判断如下电路对正弦交流信号有无放大作用？并简述理由(设各电容的容抗可忽略)。

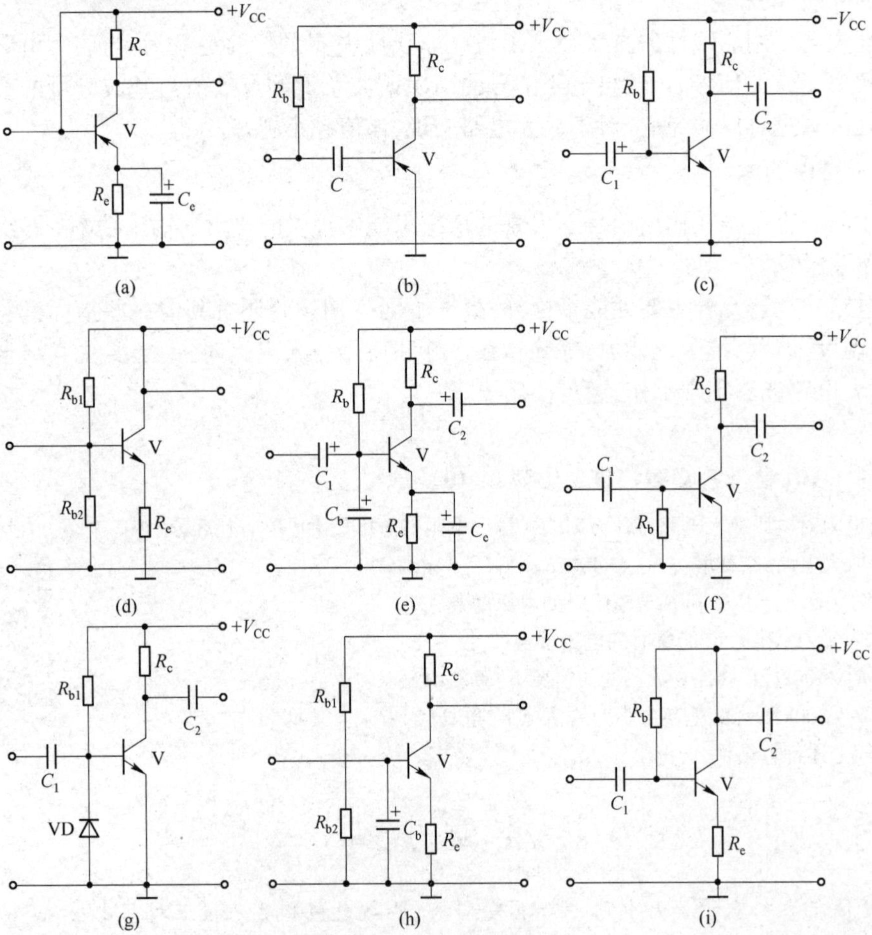


图　题 3.1

3.2 三极管为什么可以作为放大器件来使用？放大的原理是什么？为什么说放大器是一种能量控制部件？

3.3 电路如图题 3.3 所示，设三极管的 $\beta=80$，$V_{BE}=0.6V$，$I_{CEO}$及 $V_{CES}$可忽略不计，试分析当开关 S 分别置于 A、B、C 三个位置时，三极管分别工作在其输出特性曲线的哪个区域，并求出相应的集电极电流 $I_C$。

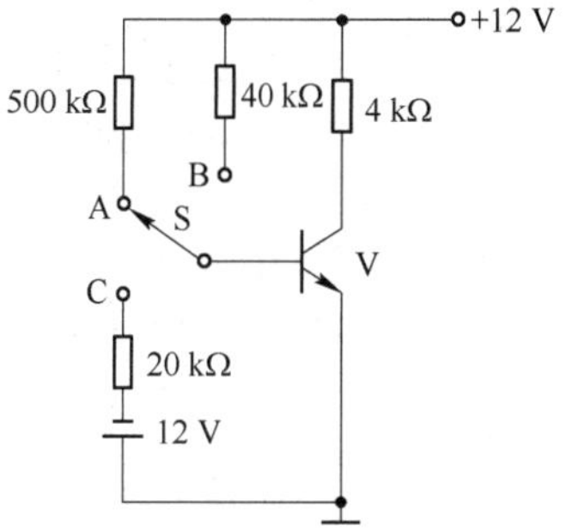

图 题 3.3

3.4 试画出图题 3.4 所示的各电路的直流通路和交流通路。

3.5 共发射极电路如图题 3.5(a)所示，三极管的 $\beta=30$，$V_{BE}=-0.2V$，输出特性曲线如图题 3.5(b)所示。设 $-V_{CC}=-12V$，$R_b=200k\Omega$，$R_c=4k\Omega$，$R_L=6k\Omega$。

(1) 试用图解法求出静态工作点，并判断该工作点选得是否合适；

(2) 若将图中三极管换成同类型的管子，但 $\beta=100$，该电路能否正常工作？

(3) 画出交流负载线，并求该电路的最大不失真输出电压 $V_{omax}$（有效值）。

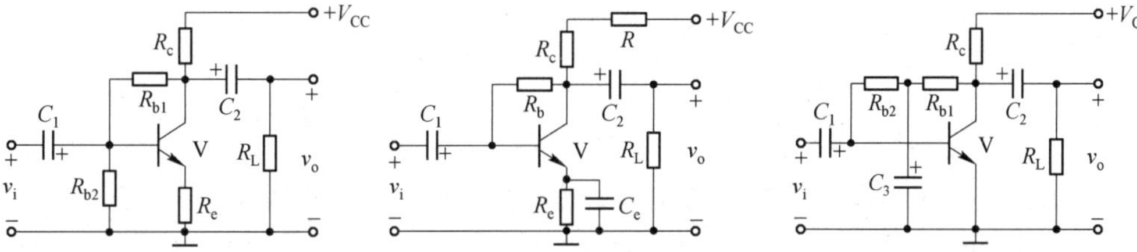

(a) (b) (c)

图 题 3.4

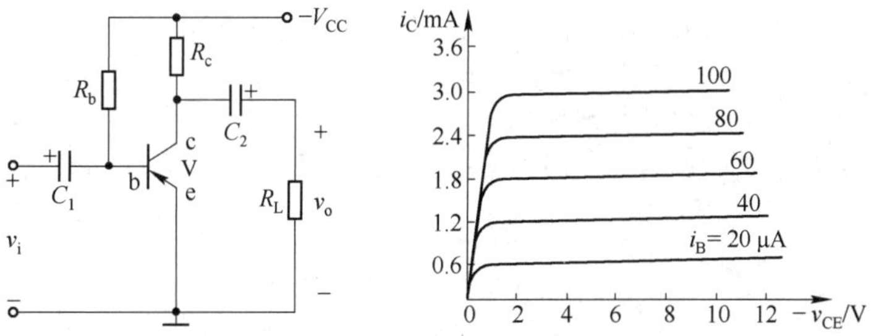

(a) (b)

图 题 3.5

3.6 图题 3.6 所示放大电路中，已知三极管的 $V_{BE}=0.7V$，$\beta=50$，$r_{bb'}=200\Omega$。

(1) 求静态工作点；(2) 画出 H 参数小信号等效电路；(3) 计算 $A_v$ 和 $A_{vs}$；(4) 计算 $R_i$ 和 $R_o$。

3.7 电路如图题 3.7(a)所示，已知三极管的 $\beta=100$，$V_{BE}=-0.7V$，$r_{bb'}=200\Omega$。

(1) 试计算该电路的 $Q$ 点；(2) 画出 H 参数小信号等效电路；

(3) 求该电路的电压增益 $A_v$，输入电阻 $R_i$ 及输出电阻 $R_o$。

(4) 若 $v_o$ 出现如图题 3.7(b)所示的失真，则该失真是截止失真还是饱和失真？为消除此失真，应调整电路中的哪个元件？如何调整？

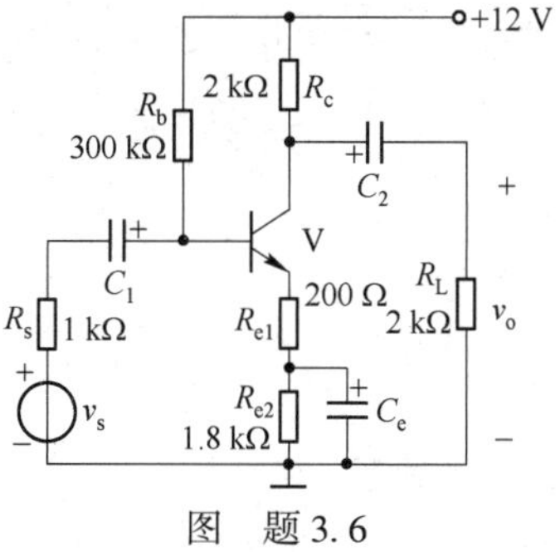

图 题 3.6

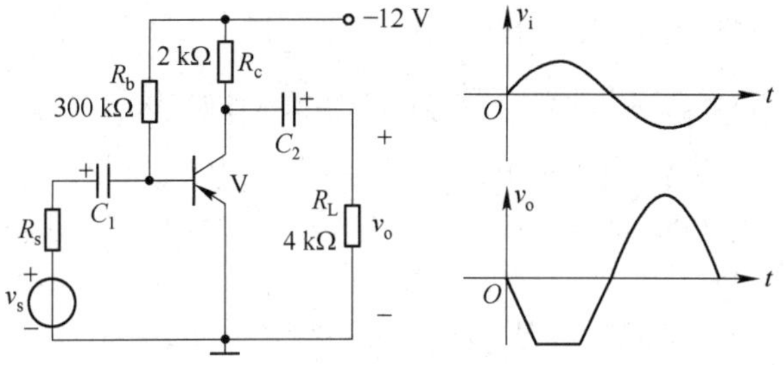

(a) (b)

图 题 3.7

3.8　已知图题 3.8 电路中三极管的 $\beta=100, V_{BE}=0.7V, r_{bb'}=200\Omega$。试求：

(1) 不接负载时的电压放大倍数；(2) 负载 $R_L=2k\Omega$ 时的电压放大倍数 $A_v$；

(3) 输入电阻 $R_i$ 和输出电阻 $R_o$；　(4) 信号源内阻 $R_s=500\Omega$ 时的电压放大倍数 $A_{vs}$。

3.9　已知图题 3.9 电路中三极管的 $\beta=50, V_{BE}=0.7V, r_{bb'}=200\Omega$。

(1) 估算静态工作点。若将图中三极管换成同类型的管子，但 $\beta=100$，该电路能否正常工作？

(2) 求电压放大倍数 $A_v$。　(3) 求输入电阻 $R_i$ 及输出电阻 $R_o$。　(4) 求电容 $C_e$ 虚焊时的电压放大倍数 $A_v$。

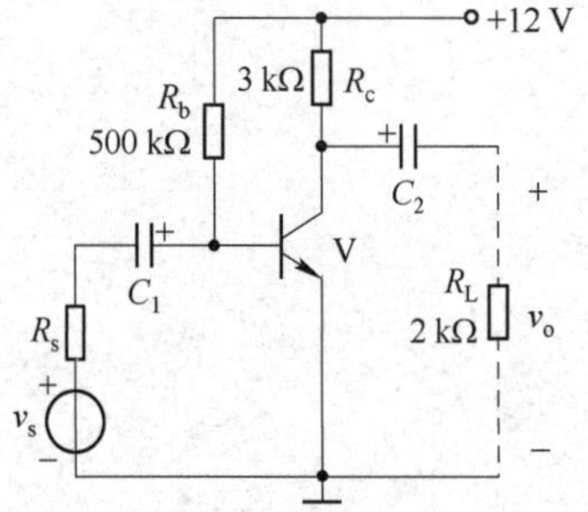


图　题 3.8

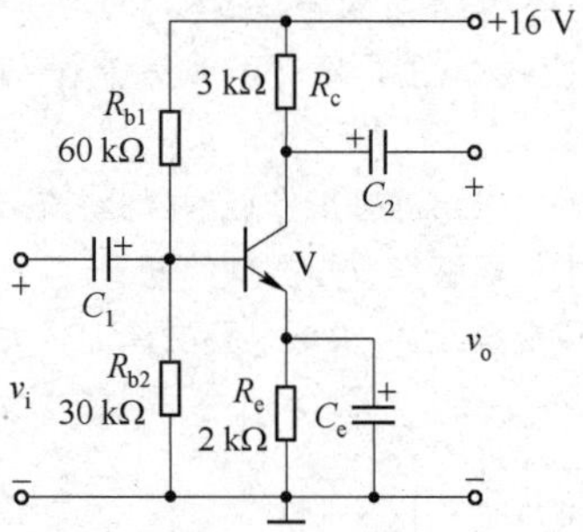


图　题 3.9

3.10　已知图题 3.10 共集电极电路中三极管的 $\beta=100, V_{BE}=0.7V, r_{bb'}=200\Omega$。

(1) 估算静态工作点；(2) 画出 H 参数小信号等效电路；(3) 求 $R_L=1.2k\Omega$ 和 $R_L=\infty$ 时的电压放大倍数 $A_v$、输入电阻 $R_i$ 和输出电阻 $R_o$。

3.11　放大电路如图题 3.11 所示。设电路中三极管的 $\beta=100, V_{BE}=0.7V, r_{bb'}=200\Omega$。$C_1$、$C_2$、$C_e$ 容量都很大。(1)求静态工作点 $Q$；(2)画出 H 参数小信号等效电路；(3)求 $A_V$、$R_i$ 和 $R_o$。

3.12　电路如图题 3.12 所示。已知三极管的 $\beta=50, V_{BE}=0.7V, r_{bb'}=200\Omega, V_{CC}=20V, R_{b1}=50k\Omega, R_{b2}=68k\Omega, R_c=500\Omega, R_e=5\ k\Omega$, $C_1$、$C_2$、$C_b$ 容量都很大。

(1) 判断电路的接法，并求三极管的静态工作点 $Q$；(2) 画出 H 参数小信号等效电路；

(3) 求 $A_v$、$R_i$ 和 $R_o$。

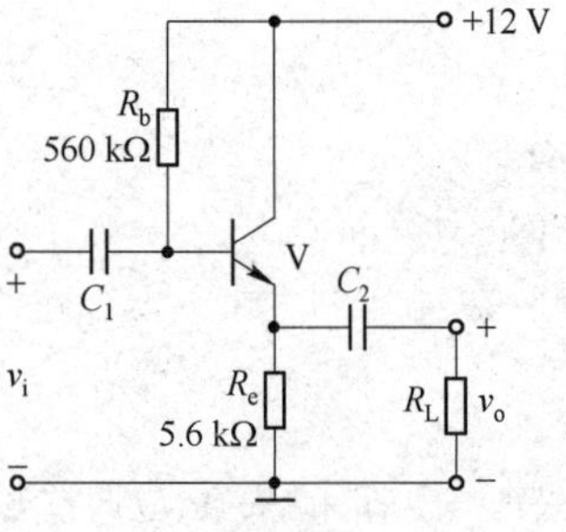


图　题 3.10

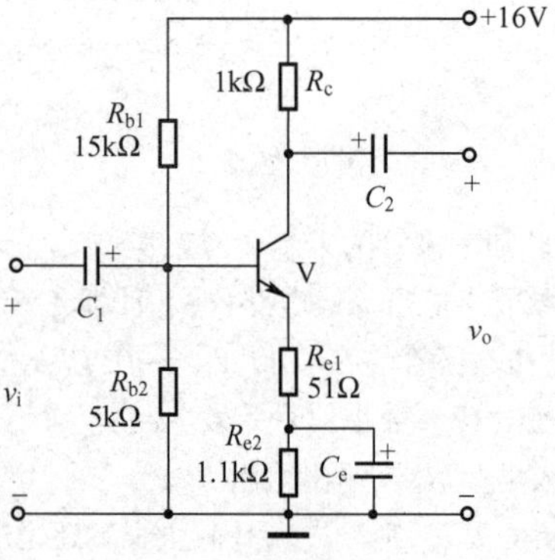


图　题 3.11

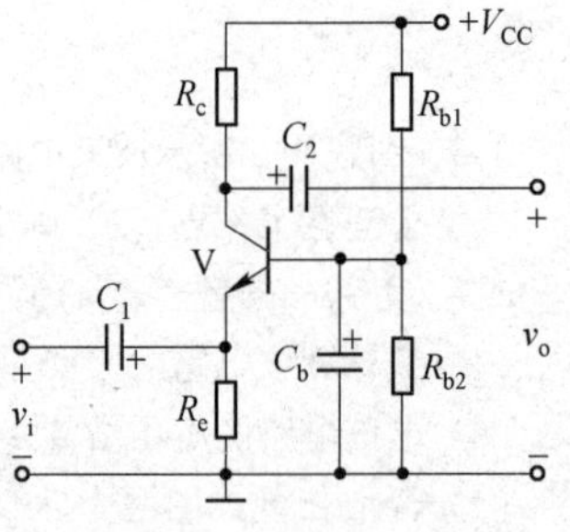


图　题 3.12

3.13　什么叫幅频特性？什么叫相频特性？$f_H$、$f_L$ 的定义是什么？放大电路的频带宽度是怎样定义的？

3.14　某放大电路中，$\dot{A}_v$ 的对数幅频特性如图题 3.14 所示。

(1) 试求该电路的中频电压增益 $|\dot{A}_{vm}|$，上限频率 $f_H$、下限频率 $f_L$；

(2) 当输入信号的频率 $f=f_L$ 或 $f=f_H$ 时，该电路实际的电压增益是多少分贝？

3.15　一个放大电路的理想频响是一条水平线，而实际放大电路的频响一般只在中频区是平坦的，在低频区或高频区，其频响则是衰减的，这是由哪些因素引起的？

3.16　夹断电压 $V_P$ 与开启电压 $V_T$ 各是哪种类型场效应管的参数？它们有区别吗？说明理由。

3.17　场效应管与三极管均是电压放大器件，为什么场效应管的放大能力只能用 $g_m$ 表示，而三极管的放大能力可用$\beta$或$g_m$表示?

3.18　已知图题3.18所示放大电路中场效应管的$V_P=-2.5V$,$I_{DSS}=2.5mA$,试估算静态工作点$Q$的值。

3.19　图题3.19所示电路中,设场效应管在静态工作点处的低频跨导$g_m=3.18mS$,$R_{g1}=100k\Omega$,$R_{g2}=16k\Omega$,$R_{g3}=10k\Omega$,$R_d=4.7k\Omega$,$R_s=2k\Omega$,$V_{DD}=24V$。试求$R_L=\infty$时的电压放大倍数$A_v$、输入电阻$R_i$和输出电阻$R_o$。

3.20　图题3.20所示为两级放大电路,已知两个三极管的电流放大倍数均为$\beta$,输入电阻为$r_{be}$,写出放大电路输入电阻和输出电阻的表达式。

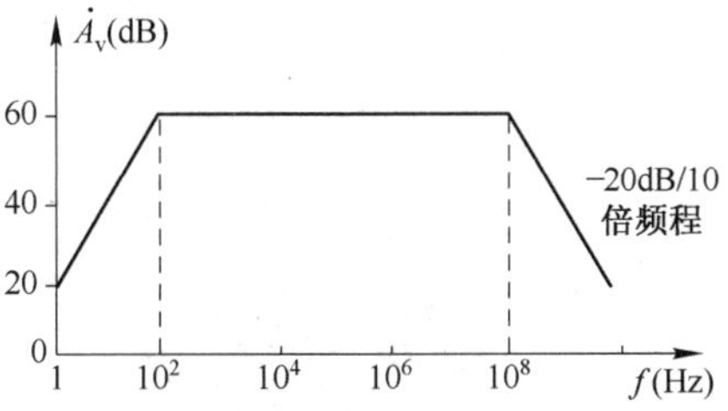


图　题3.14

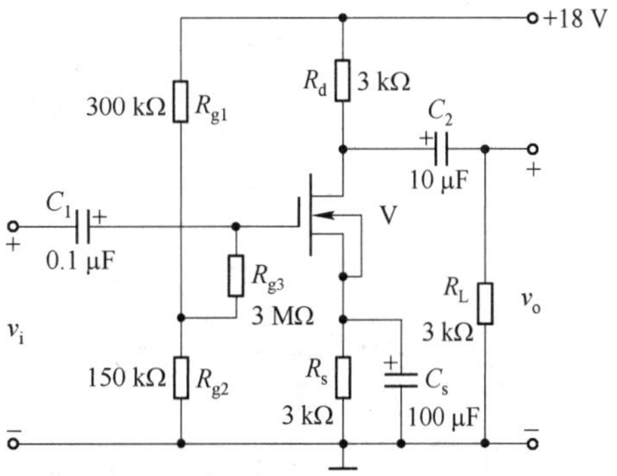


图　题3.18

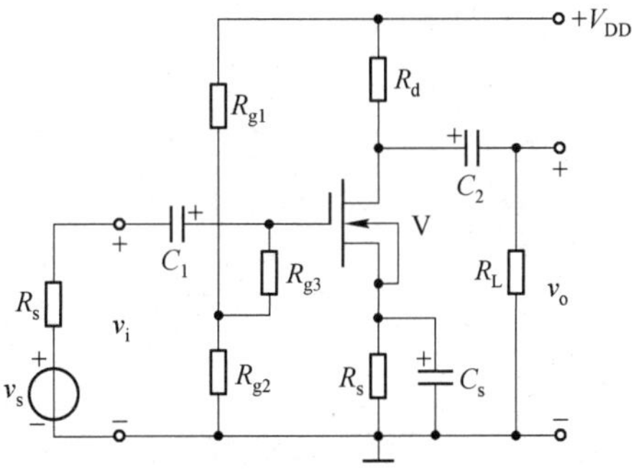


图　题3.19

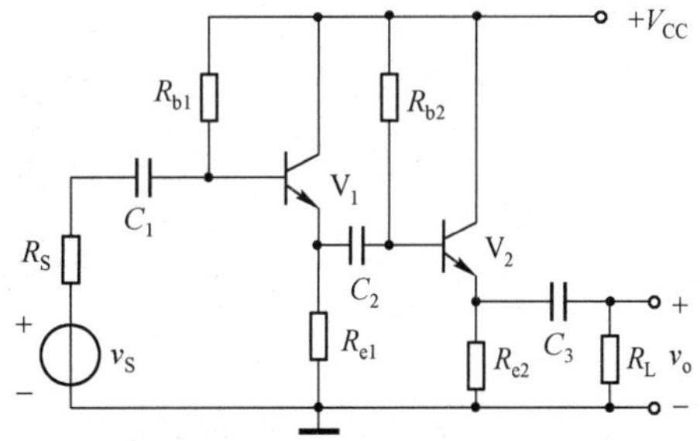


图　题3.20

3.21　两级放大电路如图题3.21所示。已知$V_1$管和$V_2$管的$\beta$均为100,$r_{be1}=5.3k\Omega$,$r_{be2}=6k\Omega$。

(1) 画出小信号等效电路;　(2) 求输入电阻$R_i$和输出电阻$R_o$;

(3) 分别求$R_L=3.6k\Omega$和$R_L=\infty$时的电压放大倍数$A_v$。

3.22　两级放大电路如图题3.22所示。已知:$V_{CC}=12V$,$R_g=3.3M\Omega$,$R_d=6.2k\Omega$;场效应管的参数$I_{DSS}=1mA$,$g_m=1mS$;三极管的$\beta=30$,$V_{BE}=0.7V$,$r_{bb'}=300\Omega$,$R_{b1}=47k\Omega$,$R_{b2}=13k\Omega$,$R_{e1}=100\Omega$,$R_{e2}=1.8k\Omega$,$R_c=5.1k\Omega$,$R_L=6.8k\Omega$。$C_1$,$C_2$,$C_3$,$C_e$的容量都足够大。

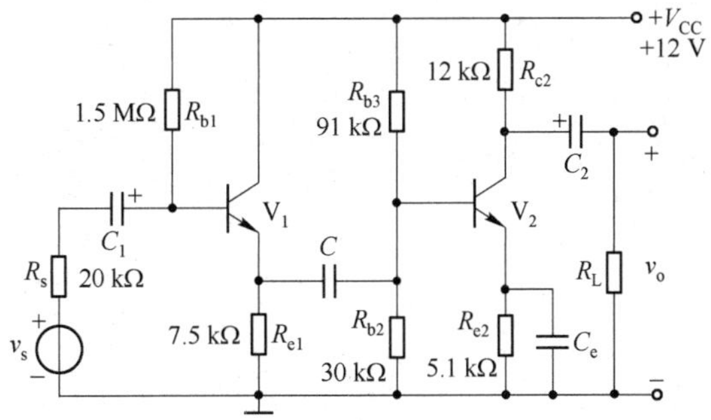


图　题3.21

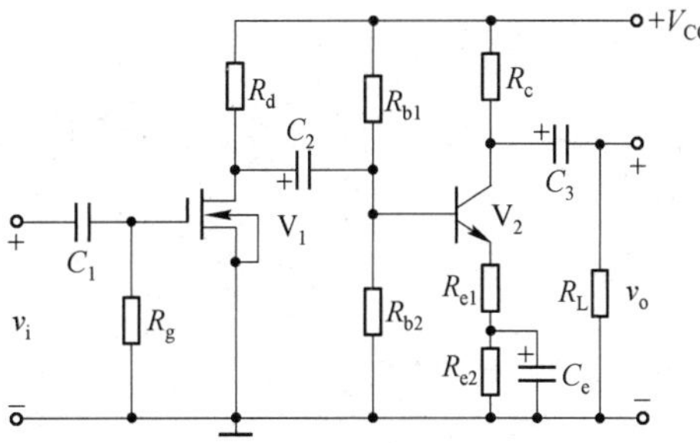


图　题3.22

(1) 计算 $V_1$ 管和 $V_2$ 管的静态工作点及三极管的 $r_{be}$；

(2) 求电压放大倍数 $A_v$；

(3) 求输入电阻 $R_i$ 和输出电阻 $R_o$。

3.23　仿真题：共发射极放大电路如图题 3.23 所示，利用 Multisim 研究该电路，其中三极管选择 2N2222A，其他器件均可采用虚拟元件。

(1) 使用静态工作点分析求放大电路的静态工作点；

(2) 输入电压幅值为 1mV、频率为 10kHz 的正弦信号，分析电路的电压增益和输入电阻；

(3) 使用交流扫描(AC Sweep)分析获得放大电路的频率响应，求出放大器的上限频率和下限频率；

(4) 改变偏置电阻 $R_{b1}$，观察饱和失真波形。(该题的题解请扫二维码 3-11)

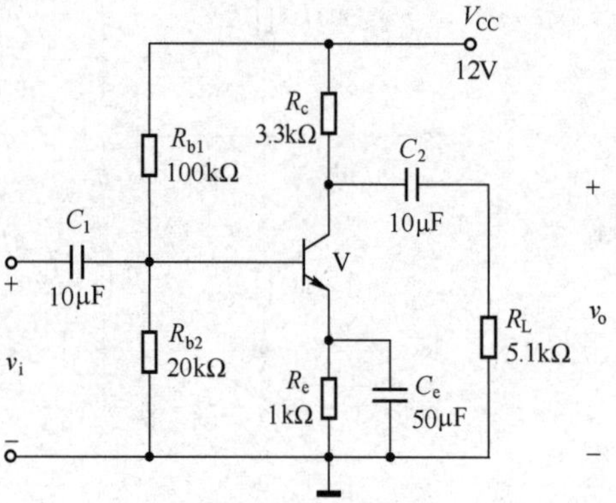


图　题 3.23

二维码 3-11

# 第 4 章　放大电路中的反馈

本章学习目标：

- 掌握反馈的基本概念。
- 熟悉反馈类型与组态的判别方法。
- 了解四种基本反馈类型。
- 掌握负反馈对放大电路性能的影响。

反馈是自然界普遍存在的一种现象，在很多领域都存在反馈。在电子技术中，反馈是指将放大电路输出信号（电压或电流）的一部分或全部通过一定的形式回送到输入端，和原输入信号共同作用于基本放大电路，从而控制电路输出的过程。

反馈在电子技术中的应用相当广泛。反馈有正负之分，正反馈可以产生振荡，因此用于各种振荡电路；负反馈虽然使增益下降，但可以改善放大电路的许多性能，因此几乎所有的放大电路都有负反馈。

## 4.1　反馈的基本概念

反馈的概念实际上在第 3 章研究分压式偏置电路时已出现过，如图 4.1 所示，该电路之所以能稳定静态工作点 $Q$，主要是利用发射极电阻 $R_e$ 的反馈作用。$R_e$ 既在直流通路的输入回路，又在直流通路的输出回路。由于 $V_B$ 基本固定不变，$R_e$ 两端的电压 $V_E$ 反映了集电极电流 $I_C$ 的变化，利用 $I_C$ 在 $R_e$ 两端产生的压降把输出量 $I_C$ 反送到放大电路的输入回路（基极回路），改变 $V_{BE}$，从而改变输入回路偏流 $I_B$，使 $I_C$ 基本保持不变。

图 4.2 所示是反馈放大电路的原理框图。由图可知，反馈放大电路包含基本放大电路 A、反馈电路 F、求和（或比较）环节等几个部分。其中 $\dot{V}_s$ 是信号源的输入信号，$\dot{V}_o$ 是放大电路的输出信号，$\dot{V}_f$ 是反馈信号，$\dot{V}_i$ 是放大电路的净输入信号，即 $\dot{V}_i=\dot{V}_s-\dot{V}_f$。上述信号以电压信号为例，实际电路中也可以是电流信号。

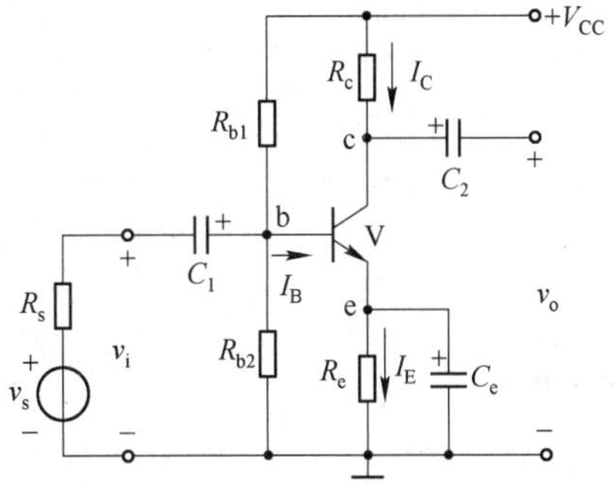


图 4.1　分压式偏置电路

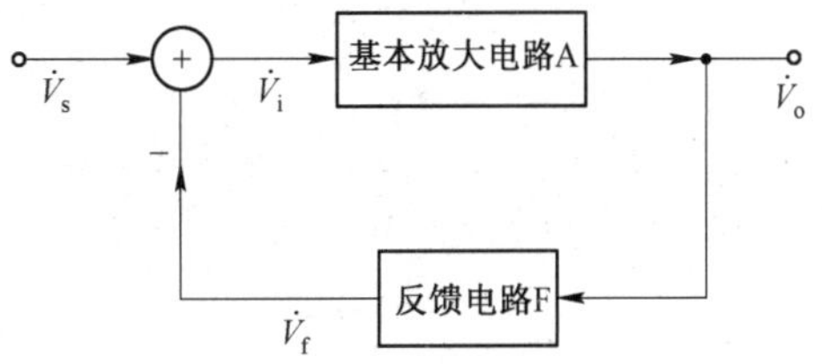


图 4.2　反馈放大电路的原理框图

未加反馈的放大电路，信号传递方向只能由输入到输出，此时放大电路称为开环放大电路（或基本放大电路）。可用 $\dot{V}_o=\dot{A}\,\dot{V}_i$ 表示各量的关系，$\dot{A}$ 称为基本放大电路的开环增益。

对于含有反馈的放大电路,反馈电路从输出端取出反馈信号反向传递到输入端,此时放大电路既有从输入端到输出端的信号,又有从输出端到输入端的信号。这种从输出端反送到输入端的信号称为反馈信号,传送反馈信号的电路称为反馈电路。放大电路与反馈电路构成闭合环路,称为闭环放大电路。反馈电路一般由电阻、电容等线性元件组成。若 $\dot{F}$ 是反馈电路的反馈系数,则 $\dot{V}_f=\dot{F}\dot{V}_o$。

**思考题 4.1(参考答案请扫描二维码 4-1)**

1. 什么是开环放大电路?什么是闭环放大电路?
2. 在放大电路中引入负反馈可以提高增益吗?

二维码 4-1

## 4.2 反馈的分类

反馈常见的分类方法有 4 种,即正反馈和负反馈,直流反馈和交流反馈,电压反馈和电流反馈,串联反馈和并联反馈。分别介绍如下。

**1. 正反馈和负反馈**

反馈按极性可以分为正反馈和负反馈。

如果外加输入信号 $\dot{V}_s$ 与反馈信号 $\dot{V}_f$ 相位相反,则基本放大电路的净输入信号 $\dot{V}_i$ 增大,$\dot{V}_i=\dot{V}_s+\dot{V}_f\geqslant\dot{V}_s$,这种反馈称为正反馈。

如果外加输入信号 $\dot{V}_s$ 与反馈信号 $\dot{V}_f$ 相位相同,则基本放大电路的净输入信号 $\dot{V}_i$ 减小,$\dot{V}_i=\dot{V}_s-\dot{V}_f\leqslant\dot{V}_s$,这种反馈称为负反馈。

通常采用瞬时极性法判断反馈的正负。方法如下:在放大电路的输入端,假设一个输入信号的电压极性,可用“+”“-”或“↑”“↓”表示。按信号传输方向依次判断相关点的瞬时极性,直至判断出反馈信号的瞬时电压极性。如果反馈信号的瞬时极性使净输入减小,则为负反馈;反之为正反馈。

例如在图 4.3(a)的电路中,假设某时刻输入信号 $\dot{V}_s$ 所示的极性为正,则三极管集电极的交流信号的瞬时极性为负(共射组态输出电压与输入电压反相),发射极的交流信号的瞬时极性为正,即反馈信号的瞬时极性为正,三极管的 b、e 极间的净输入量减小,所以 $R_e$ 引起的反馈应为负反馈。

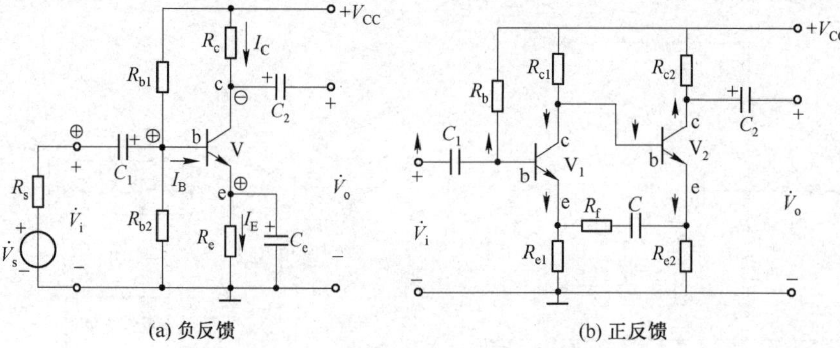

(a) 负反馈　　(b) 正反馈

图 4.3　采用瞬时极性法判断反馈的极性

在图 4.3(b)中,假设某时刻输入信号 $\dot{V}_i$ 的极性为正,则 $V_1$ 集电极的交流信号的瞬时极性为负,$V_2$ 发射极的交流信号的瞬时极性也为负,反馈到 $V_1$ 发射极的反馈信号为负,使 $V_1$ 发射极的电位降低,净输入信号 $v_{be}$ 加大,因此是正反馈。

在正反馈中，当反馈信号 $\dot{V}_f$ 等于外加输入信号 $\dot{V}_s$ 时，即使去掉 $\dot{V}_s$，放大电路仍有输出，这种现象称为自激振荡。虽然正反馈可以提高电压增益，但因其容易引起振荡，且会使放大电路的工作稳定性及其他许多性能指标变差，因此，在放大电路中一般不使用正反馈。正反馈主要用于振荡电路和脉冲数字电路中。

负反馈会降低放大电路的电压增益，但却能显著改善放大电路的工作稳定性及其他许多性能指标，故广泛应用于各种放大电路中。以下重点介绍负反馈放大电路。

**2. 直流反馈和交流反馈**

根据反馈信号是直流量还是交流量可把反馈分为直流反馈和交流反馈。

直流反馈的反馈信号是直流量，它影响放大电路的直流性能。图 4.1 所示的分压式偏置电路中射极电阻 $R_e$ 就起着直流电流负反馈的作用，它把静态电流 $I_C$ 反馈回输入回路，调节输入偏置电流 $I_B$，从而稳定静态工作点。

交流反馈的反馈信号是交流量，它对放大电路的交流性能会产生多方面的影响，在本章 4.4 节会详细论述。

在许多电路中，直流反馈和交流反馈同时存在。图 4.4 所示电路中，$R_{e2}$ 起直流电流负反馈的作用，$R_{e1}$ 既起直流负反馈又起交流电流负反馈作用。只要分别画出放大电路的直流通路与交流通路，就可区分直流反馈与交流反馈。直流反馈仅存在于直流通路，交流反馈仅存在于交流通路。

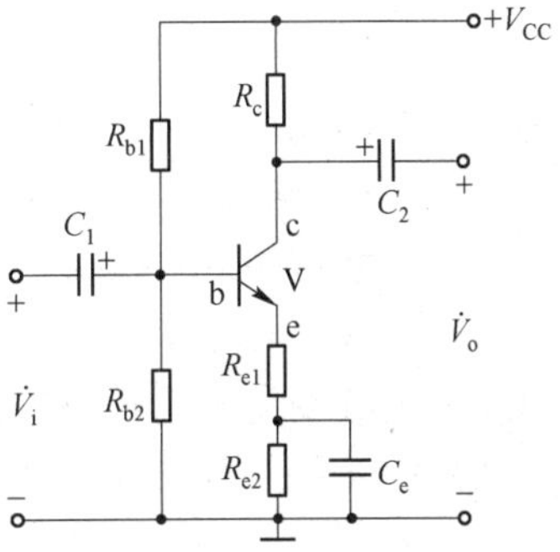


图 4.4 直流反馈和交流反馈

**3. 电压反馈和电流反馈**

根据反馈信号 $\dot{V}_f$ 与放大电路输出信号 $\dot{V}_o$ 的采样关系可分为电压反馈与电流反馈，采样关系如图 4.5 所示。

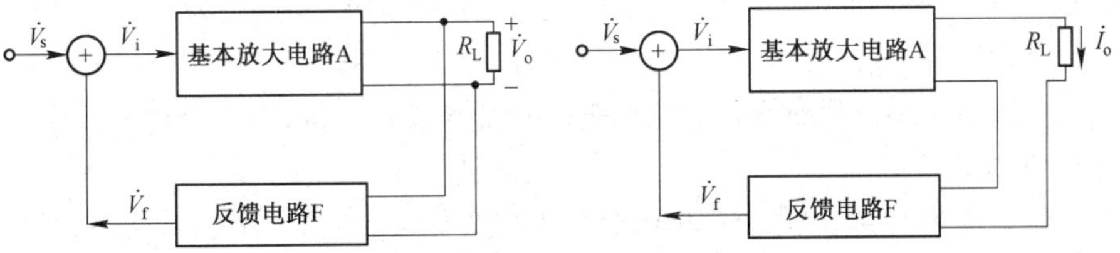


(a) 电压反馈：$\dot{V}_f=\dot{F}\dot{V}_o$　　(b) 电流反馈：$\dot{V}_f=\dot{F}\dot{I}_o$

图 4.5 电压反馈与电流反馈

如果反馈信号取自输出电压，反馈信号与输出电压成正比，则为电压反馈；如果反馈信号取自输出电流，反馈信号与输出电流成正比，则为电流反馈。

判别电压反馈与电流反馈的常用方法是把输出端交流短路，即令输出电压 $\dot{V}_o=0$，如反馈信号不存在，则为电压反馈；如果反馈信号仍然存在，则为电流反馈。

还有一种方法可以判别电压反馈与电流反馈，即将输出端交流负载开路，使 $\dot{I}_o=0$，如反馈信号不存在，则为电流反馈；如果反馈信号仍然存在，则为电压反馈。

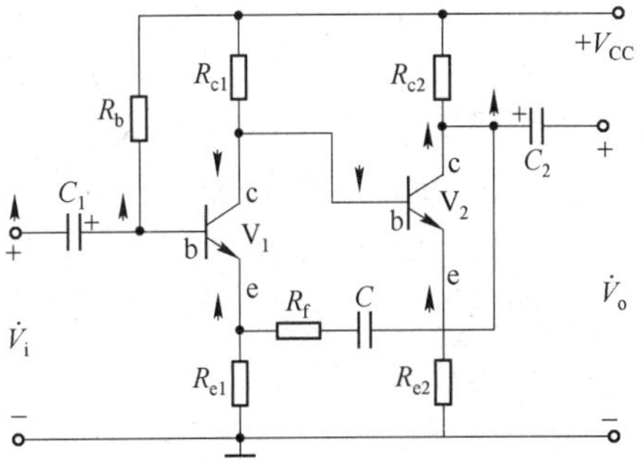


图 4.6 电压反馈

例如，图 4.3(b) 所示电路与图 4.4 所示电路，反馈信号均与输出电流 $\dot{I}_o$ 成正比，它们都是电流反馈电路。图 4.6 所示电路中,反馈信号与输出电压 $\dot{V}_o$ 成正比,因此为电压反馈电路。

**4. 串联反馈和并联反馈**

根据反馈信号与放大电路输入信号的叠加关系可分为串联反馈与并联反馈。

如图 4.7(a)所示,若反馈信号 $\dot{V}_f$ 与外加输入信号 $\dot{V}_s$ 在放大电路的输入回路中串联,以电压方式叠加,也即向基本放大电路提供净输入电压信号的称为串联反馈。

若反馈信号 $\dot{V}_f$ 与外加输入信号 $\dot{V}_s$ 在放大电路的输入回路中并联,以电流方式叠加,也即向基本放大电路提供净输入电流信号的称为并联反馈。如图 4.7(b)所示。

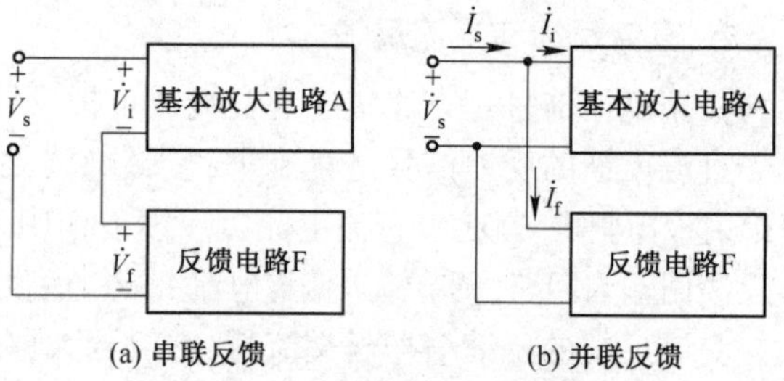

图 4.7 串联反馈与并联反馈

判别串联反馈与并联反馈的方法如下:若反馈信号与输入信号加在放大电路输入回路的同一个电极,则为并联反馈,此时反馈信号与输入信号是电流相加减的关系;反之,若反馈信号与输入信号加在放大电路输入回路的两个电极,则为串联反馈,此时反馈信号与输入信号是电压相加减的关系。对于三极管来说,反馈信号与输入信号同时加在三极管的基极或发射极,为并联反馈;一个加在基极,另一个加在发射极,则为串联反馈。

对于运算放大器来说,反馈信号与输入信号同时加在同相输入端或反相输入端,则为并联反馈;一个加在同相输入端,另一个加在反相输入端,则为串联反馈(运算放大器的概念见第5章)。

很明显,图 4.6 所示电路为串联反馈。

在首先明确了串联反馈和并联反馈后,电路中反馈的正负也可用下列规则来判断:

反馈信号和输入信号加于输入回路一点时,若二者瞬时极性相同则为正反馈,瞬时极性相反则为负反馈;反馈信号和输入信号加于输入回路两点时,若二者瞬时极性相同则为负反馈,瞬时极性相反则为正反馈。对三极管来说这两点指的是基极和发射极,对运算放大器来说是指同相输入端和反相输入端。

根据反馈的分类方式,负反馈放大电路有 4 种组态电路,即电压串联负反馈、电压并联负反馈、电流串联负反馈和电流并联负反馈。下面通过例题说明如何利用上述判断方法进行反馈组态的判断。

**【例 4.1】** 试判断如图 4.8 所示电路的反馈组态。

**解:**根据瞬时极性法可知,经 $R_1$ 加在 $V_1$ 管基极上的反馈信号为负,与输入电压极性相反,因此构成直流并联负反馈。因为反馈信号与输出电流成比例,故为电流反馈。

经 $R_f$ 加在 $V_1$ 管发射极上的是交流负反馈。反馈信号和输入信号加在三极管的两个电极,故为串联反馈。

因此,$R_1$(级间反馈):直流电流并联负反馈;$R_f$(级间反馈):交流电压串联负反馈。

此外,本电路还存在级本身的反馈。$R_{e11}$:交、直流电流串联负反馈;$R_{e12}$和 $R_{e2}$:直流电流串联负反馈。

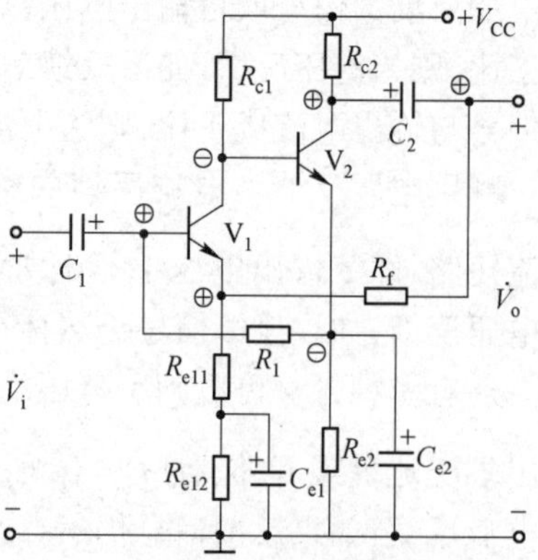

图 4.8 例 4.1 电路

**【例 4.2】** 试判断图 4.9 所示电路的反馈组态。

**解:**根据瞬时极性法判断,经 $R_f$ 加在 $V_1$ 管发射极上的反馈电压为“+”，与输入电压极性相同，且加在输入回路的两点，故为串联负反馈。反馈信号与输出电压成比例，是电压反馈。后级对前级的这一反馈是交流反馈。因此，$R_f$（级间反馈）：交流电压串联负反馈。

同时 $R_{e1}$ 和 $R_{e2}$ 上还有级本身的反馈，反馈电压分别从 $R_{e1}$ 和 $R_{e2}$ 上取出，根据瞬时极性和反馈电压接入方式，可判断为串联负反馈。因输出电压短路，反馈电压仍然存在，故为电流负反馈。因此 $R_{e1}$ 和 $R_{e2}$ 均为电流串联负反馈。

**【例 4.3】** 试判断如图 4.10 所示电路的反馈组态。

**解**：反馈元件为 $R_f$，很明显应为交直流反馈；由于反馈元件加在基极，故为并联反馈；$R_f$ 直接接在输出端，从输出电压采样，因此是电压反馈；由瞬时极性可判断出反馈为负反馈。所以 $R_f$ 带来的反馈是交、直流电压并联负反馈。

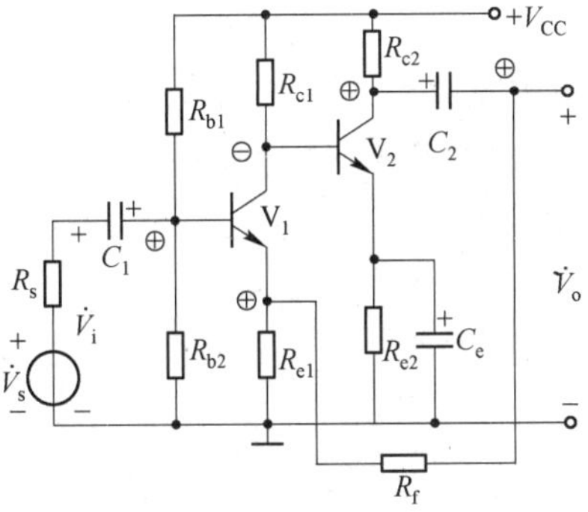


图 4.9　例 4.2 电路

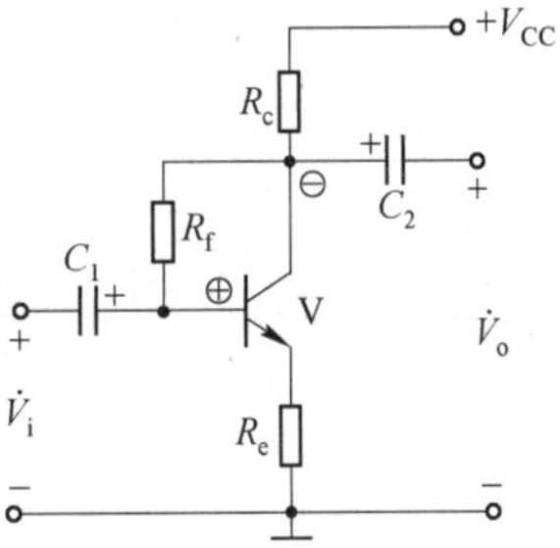


图 4.10　例 4.3 电路

**思考题 4.2（参考答案请扫描二维码 4-2）**

1. 判断（叙述正确在括号内打√，叙述错误在括号内打×）

(1) 在输入量不变的情况下，若引入反馈使得净输入量减小，则该反馈是负反馈。(　　)

(2) 引入负反馈，可以使放大电路在负载变化时输出电压基本不变。(　　)

(3) 放大交流信号时引入的反馈一定是交流反馈。(　　)

(4) 只要引入负反馈，放大电路的性能一定可以得到改善。(　　)

二维码 4-2

2. 填空

(1) 判断正反馈和负反馈通常采用________。

(2) 反馈信号与输入信号加在放大电路输入回路的同一个电极，则该反馈为________反馈。

(3) 为了稳定静态工作点，应该引入________反馈。

(4) 电流负反馈的反馈信号取自________。

## 4.3　负反馈放大电路的增益

由上节内容可知，负反馈放大电路有 4 种，如图 4.11 所示。下面求解负反馈放大电路的增益。

先来研究图 4.11(a)所示的电压串联负反馈。

基本放大电路增益为 $\dot{A}=\dot{V}_o/\dot{V}_i$，净输入电压 $\dot{V}_i=\dot{V}_s-\dot{V}_f$，所以

$$\dot{V}_o=\dot{A}\dot{V}_i=\dot{A}(\dot{V}_s-\dot{V}_f)=\dot{A}\dot{V}_s-\dot{A}\dot{V}_f$$

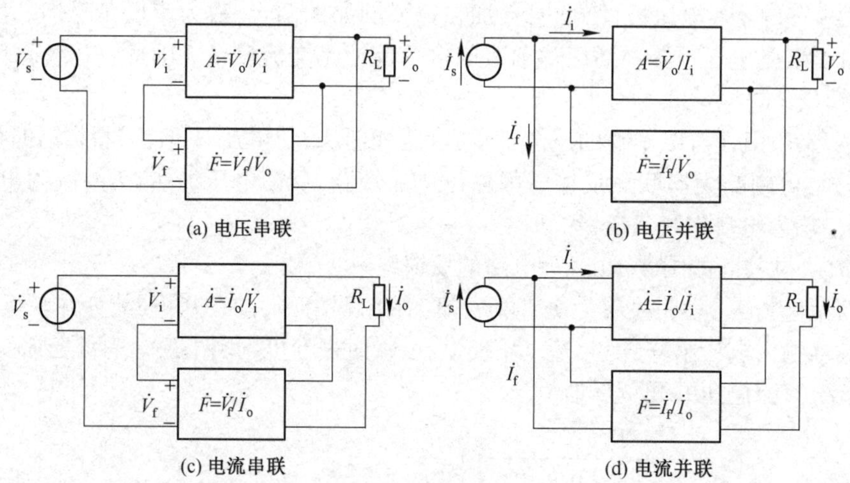


图 4.11　4 种负反馈

又因为 $\dot{A}\dot{V}_f=\dot{A}(\dot{F}\dot{V}_o)$，代入上式，则

$$(1+\dot{F}\dot{A})\dot{V}_o=\dot{A}\dot{V}_s$$

于是电压串联负反馈放大电路增益(闭环增益)为

$$\dot{A}_f=\frac{\dot{V}_o}{\dot{V}_s}=\frac{\dot{A}}{1+\dot{F}\dot{A}} \tag{4.1}$$

对于图 4.11(b)所示的电压并联负反馈，有

$$\dot{A}_f=\frac{\dot{V}_o}{\dot{I}_s}=\frac{\dot{A}\dot{I}_i}{\dot{I}_i+\dot{I}_f}=\frac{\dot{A}\dot{I}_i}{\dot{I}_i+\dot{F}\dot{V}_o}=\frac{\dot{A}\dot{I}_i}{\dot{I}_i+\dot{F}\dot{A}\dot{I}_i}=\frac{\dot{A}}{1+\dot{F}\dot{A}}$$

可以用类似的方法研究图 4.11(c)及(d)所示电流串联负反馈和电流并联负反馈两种放大电路的增益，可以得到与式(4.1)相同的增益表达式，也即式(4.1)为反馈放大电路增益的一般表达式。

下面通过一个例题来求解引入负反馈后放大电路的电压增益。

**【例 4.4】**　电路如图 4.12 所示。已知 $g_m=1.51\text{mS}$，$V_{CC}=16\text{V}$，$R=1\text{k}\Omega$，$R_f=20\text{k}\Omega$，$R_d=5.1\text{k}\Omega$，$R_s=1\text{k}\Omega$，$C_s=47\mu\text{F}$。计算电路在没有反馈电阻 $R_f$ 及引入反馈电阻 $R_f$ 两种情况下的电压增益 $A_v$ 和 $A_{vf}$。

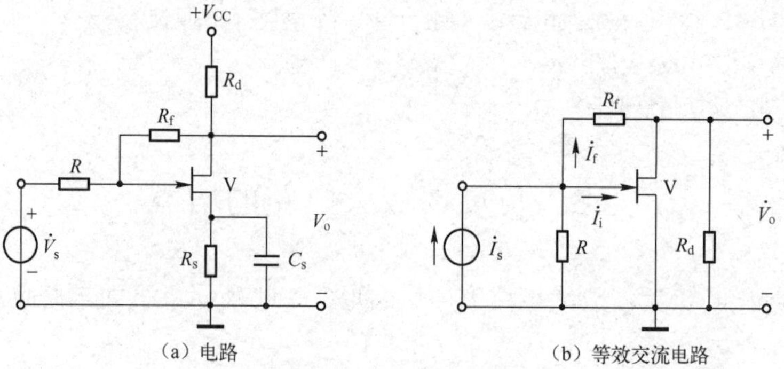


图 4.12　例 4.4 电路

**解：** 电压并联负反馈 FET 放大电路在没有反馈电阻 $R_f$ 时，信号源输入电流即为净输入电流，即 $I_i=I_s$，因此

$$A=\frac{V_o}{I_i}=\frac{-g_m R_d V_s}{I_s}=-g_m R_d R=-1.51\times 5.1\times 1=-7.70\text{k}\Omega$$

注意:此处 $A$ 的量纲为电阻量纲。

$$A_v=\frac{V_o}{V_s}=\frac{-g_m R_d V_s}{V_s}=-g_m R_d=1.51\times 5.1=-7.70$$

有反馈电阻 $R_f$ 时,由于引入的是电压并联负反馈,于是

$$F=\frac{I_f}{V_o}=-\frac{1}{R_f}$$

$$A_f=\frac{V_o}{I_s}=\frac{A}{1+AF}=\frac{-g_m R_d R}{1+(-g_m R_d R)\cdot(-1/R_f)}=-\frac{g_m R_d R R_f}{R_f+g_m R_d R}$$

所以

$$A_{vf}=\frac{V_o}{V_s}=\frac{V_o}{I_s}\cdot\frac{I_s}{V_s}=A_f\cdot\frac{1}{R}=-\frac{g_m R_d R R_f}{R_f+g_m R_d R}\cdot\frac{1}{R}=-g_m R_d\frac{R_f}{R_f+g_m R_d R}$$

$$=-1.51\times 5.1\times\frac{20}{20+1.51\times 5.1\times 1}=-5.56$$

图 4.13 是例 4.4 电路在有无反馈电阻 $R_f$ 两种情况下的 Multisim 仿真。在输入信号有效值均为 1mV 的正弦波信号下,有 $R_f$ 时输出信号有效值为 5.521mV,表示有反馈时电路的电压增益为 5.521,由于共源放大器是反相放大器,所以闭环电压增益为-5.521。同理,无 $R_f$ 时输出信号有效值为 7.641mV,因此开环电压增益为-7.641。仿真结果与理论数值吻合较好。

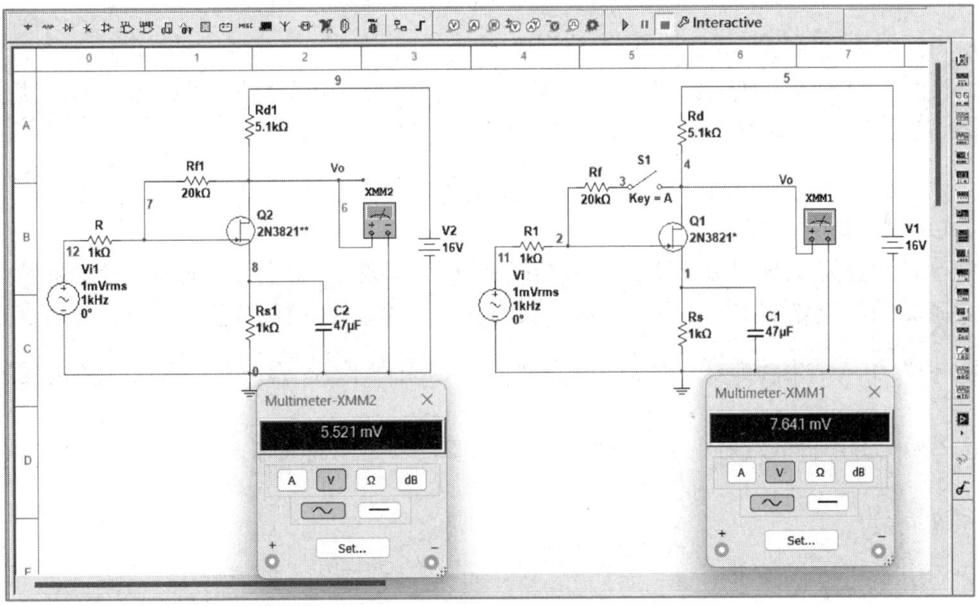


图 4.13 例 4.4 电路在有、无反馈电阻 $R_f$ 两种情况下的 Multisim 仿真

由该例可以看出:引入电压并联负反馈之后的电压增益较引入负反馈之前数值下降了。事实上,不仅仅是电压并联负反馈,其他三种类型的负反馈均使电压增益数值降低。这是由于在式(4.1) 中,对于负反馈来说,分母的数值总是大于 1 的缘故。

由式(4.1)也可以定义正负反馈:

- 若 $|1+\dot{F}\dot{A}|<1$,则 $|\dot{A}_f|>|\dot{A}|$,此时反馈为正反馈;若 $|1+\dot{F}\dot{A}|>1$,则 $|\dot{A}_f|<|\dot{A}|$,此时反馈为负反馈。虽然负反馈放大电路的闭环增益 $|\dot{A}_f|$ 降至开环增益 $|\dot{A}|$ 的 $1/|1+\dot{F}\dot{A}|$ 倍,但它能改善放大电路的许多性能指标。因此放大电路中一般都采用负反馈。

- 如果 $|1+\dot{F}\dot{A}|=0$，则 $|\dot{A}_f|=\infty$。此时电路中即使无外加输入信号，也会有输出信号。放大电路的这种状态称为自激振荡。放大电路出现自激振荡时，不能正常放大，输出信号不再受输入信号的控制。对于放大电路来说这是不希望出现的。但是在后面章节要研究的振荡电路中，正是通过引入正反馈满足一定条件时产生的自激振荡来构成各种波形发生器的。

$|1+\dot{F}\dot{A}|$ 在工程上被称做反馈深度，用来表征负反馈对放大电路的影响程度。该值越大，说明反馈越深，放大电路增益下降得越多，反馈对放大电路的影响越大。

需要注意的是：反馈深度 $|1+\dot{F}\dot{A}|$ 与反馈系数 $\dot{F}$ 是两个不同的概念，如果基本放大电路的 $\dot{A}$ 很大，即使 $\dot{F}$ 较小，也可能得到较大的反馈深度。

如果 $|1+\dot{F}\dot{A}|\gg 1$，则称反馈为深度负反馈。这时放大电路的闭环增益的计算公式可简化为

$$\dot{A}_f=\frac{\dot{A}}{1+\dot{F}\dot{A}}\approx\frac{\dot{A}}{\dot{F}\dot{A}}=\frac{1}{\dot{F}} \tag{4.2}$$

式(4.2)表明，在深度负反馈的条件下，$\dot{A}_f$ 基本上等于 $\dot{F}$ 的倒数，几乎与 $\dot{A}$ 无关。$\dot{F}$ 一般由构成反馈电路的电阻阻值决定，因而 $\dot{A}_f$ 非常稳定，并且可以通过改变电阻阻值的办法来控制该参数。

在深度负反馈条件下，$\dot{A}_f$ 的估算比较简单，常见的方法有两种：

① 当反馈为电压串联负反馈时，直接利用 $\dot{A}_{vf}\approx 1/\dot{F}_v$ 估算闭环增益；

② 当反馈为电流串联负反馈、电流并联负反馈及电压并联负反馈时，在深度负反馈条件下的净输入信号非常小，此时反馈信号近似等于输入信号，即

$$\dot{X}_f\approx\dot{X}_i(\dot{X}\ \text{可能是电压或电流信号})$$

利用该式可以估算闭环增益。

以下通过例题来说明对负反馈放大电路在深度负反馈条件下进行增益计算的两种常用方法。

*【例 4.5】 电路如图 4.14 所示，满足深度负反馈的条件，试估算闭环源电压增益。

**解**：电路引入了电流并联负反馈。在深度负反馈条件下，有 $\dot{I}_f\approx\dot{I}_i$。深度并联负反馈的输入电阻 $R_{if}\to 0$，即由输入端看过去的电阻为零，也即 $\dot{I}_i\approx\frac{\dot{V}_s}{R_s}$。而反馈电流 $\dot{I}_f=\frac{0-\dot{V}_{E2}}{R_f}$，其中，$\dot{V}_{E2}=\dot{I}_o(R_{e2}/\!/R_f)$，故

$$\dot{I}_f\approx-\frac{R_{e2}}{R_{e2}+R_f}\dot{I}_o$$

因此 $$\dot{V}_s\approx\dot{I}_iR_s=-\frac{R_{e2}R_s}{R_{e2}+R_f}\dot{I}_o$$

由于 $$\dot{V}_o=-\dot{I}_{c2}R_{c2}\approx-\dot{I}_oR_{c2}$$

所以闭环源电压增益为

$$\dot{A}_{vsf}=\frac{\dot{V}_o}{\dot{V}_s}=\frac{\dot{I}_{c2}R_{c2}(R_{e2}+R_f)}{R_{e2}R_s\dot{I}_o}\approx\frac{R_{c2}(R_{e2}+R_f)}{R_{e2}R_s}$$

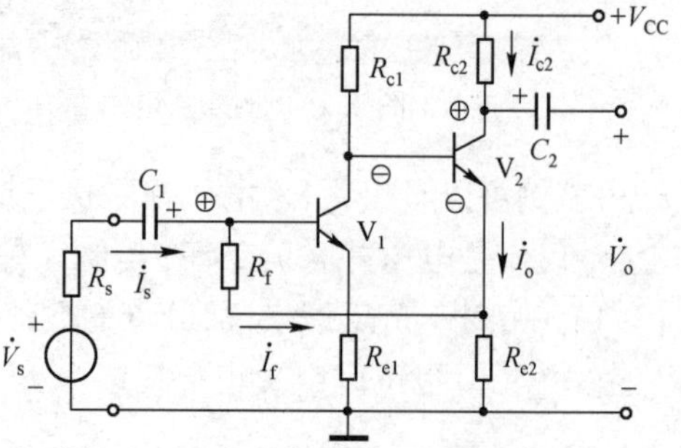


图 4.14 例 4.5 的电路

*【例 4.6】 电路如图 4.15 所示，满足深度负反馈的条件，试估算闭环电压增益。

**解**:电路引入了电流串联负反馈。在深度负反馈条件下,$\dot{V}_f \approx \dot{V}_i$。

由于 $$\dot{V}_f = \dot{I}_e R_e$$

而 $$\dot{V}_o = -\dot{I}_c R'_L, R'_L = R_c /\!/ R_L$$

故 $$\dot{A}_{vf} = \frac{\dot{V}_o}{\dot{V}_i} \approx \frac{-\dot{I}_c R'_L}{\dot{I}_c R_e} = -\frac{R'_L}{R_e}$$

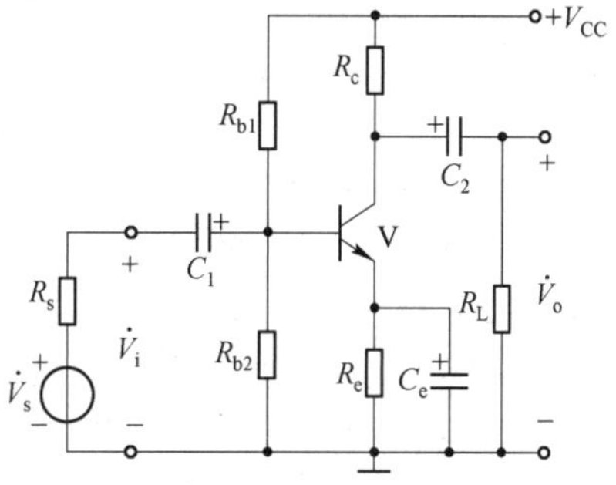

图 4.15　例 4.6 的电路

*【例 4.7】　电路如图 4.16 所示,满足深度负反馈的条件,试估算闭环电压增益。

**解**:电路引入了电压串联负反馈。在深度负反馈条件下,$\dot{V}_f \approx \dot{V}_i$,反馈系数为

$$\dot{F}_v = \frac{\dot{V}_f}{\dot{V}_o} = \frac{R_{e1}}{R_{e1}+R_f}$$

因此 $$\dot{A}_{vf} \approx \frac{1}{\dot{F}_v} = \frac{R_{e1}+R_f}{R_{e1}}$$

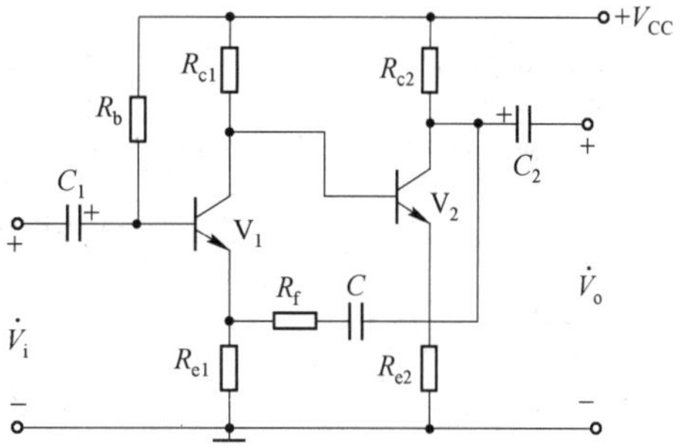

图 4.16　例 4.7 的电路

上面通过例题介绍了深度负反馈条件下计算闭环电压增益的两种方法。对于不满足深度负反馈条件的放大电路,可用小信号模型法,由于计算比较麻烦,这里就不做介绍了。

**思考题 4.3(参考答案请扫描二维码 4-3)**

1. 负反馈放大电路的四种典型电路是________、________、________和________。

2. 在研究放大电路的反馈时,经常用到 $|1+\dot{F}\dot{A}|$,我们称其为________。若该数值大于 1,则反馈为________,电压增益会下降。

3. 在深度负反馈条件下,放大电路的闭环增益接近于________。

二维码 4-3

## 4.4　负反馈对放大电路性能的改善

负反馈虽然使得放大电路的增益下降,但是却能改善放大电路的性能。本节从提高增益的稳定性、减小噪声和非线性失真、扩展频带及控制输入和输出电阻大小等方面进行论述。

**1. 提高增益的稳定性**

基本放大电路的开环增益 $\dot{A}$ 并不是恒定不变的,由于电源电压波动、元器件参数的变化(元器件的老化、更新或者负载变化),特别是环境温度变化导致的晶体管参数改变,使电路的静态工作点及电压增益均会有所变化。

若不考虑放大电路的附加相移,则开环增益 $\dot{A}$ 和反馈系数 $\dot{F}$ 都是实数,可以从数量上表示增益的变化情况。将式(4.1)对 $A$ 求导,得

$$\frac{dA_f}{dA} = \frac{1}{1+FA} - \frac{FA}{(1+FA)^2} = \frac{1}{(1+FA)^2} \tag{4.3}$$

式(4.1)可变换为

$$\frac{A_f}{A}=\frac{1}{1+FA} \tag{4.4}$$

将式(4.4)代入式(4.3),则有

$$\frac{dA_f}{A_f}=\frac{1}{1+FA}\cdot\frac{dA}{A} \tag{4.5}$$

式(4.5)表明:引入负反馈后,放大电路闭环增益的相对变化是未引入反馈时的开环增益的相对变化的 $1/|1+FA|$ 倍。负反馈越深,$|1+FA|$越大,闭环增益越稳定。下面通过一个例题来说明 $A$ 与 $A_f$ 相对变化的数量关系。

**【例 4.8】** 某放大电路的开环电压增益 $A=1000$。如果由于某种原因,使 $A$ 下降为 600。现引入反馈系数 $F=0.01$ 的负反馈,试求闭环电压增益 $A_f$ 和开环电压增益 $A$ 的相对变化量。

**解:** 当 $A=1000$ 时

$$A_f=\frac{A}{1+FA}=\frac{1000}{1+1000\times0.01}=90.91$$

当 $A=600$ 时

$$A_f=\frac{A}{1+FA}=\frac{600}{1+600\times0.01}=85.71$$

开环增益 $A$ 的相对变化量为

$$\frac{\Delta A}{A}=\frac{600-1000}{1000}=-40\%$$

闭环增益 $A_f$ 的相对变化量为

$$\frac{\Delta A_f}{A_f}=\frac{85.71-90.91}{90.91}=-5.7\%$$

很明显,引入负反馈后,$A$ 的相对变化量由$-40\%$下降为 $A_f$ 相对变化量的$-5.7\%$,放大电路的工作稳定性提高了。

需要引起注意的是电压增益也下降了,如果需要保持原来的电压增益,则可用多级负反馈放大电路级联实现。

放大电路增益的稳定性提高后,在输入量一定时,就可得到较稳定的输出(电压输出或电流输出)。引入电压负反馈能稳定输出电压,引入电流负反馈能稳定输出电流。

**2. 减小非线性失真和噪声**

三极管是非线性器件,在多级放大电路的后几级,当输入信号较大时,输出信号波形将出现非线性失真。引入负反馈后,就能显著减小非线性失真,改善输出信号波形。

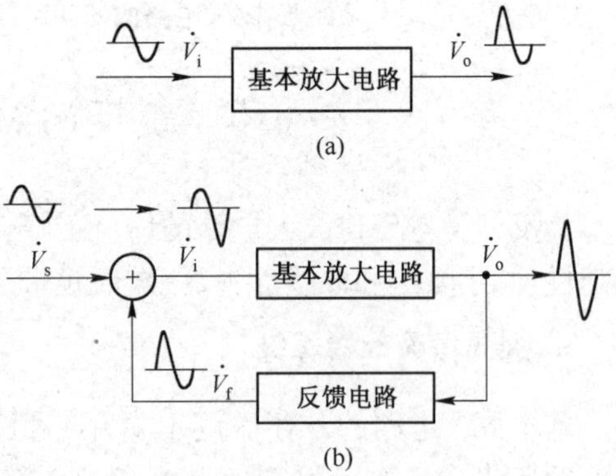


图 4.17 负反馈改善波形失真

负反馈能减小非线性失真的实质是产生一个相反失真的波形来矫正输出波形的失真。反馈越深,波形失真越小。图 4.17(a)是无反馈时的放大电路,输入信号为正弦波,假定输出信号出现非线性失真,其正负半周不对称,正半周幅度较大,负半周幅度较小。图 4.17(b)表示负反馈将失真的输出信号的一部分引回输入端,由于反馈信号与输出信号成比例,所以反馈信号也是正半周幅度较大、负半周幅度较小。这样,反馈信号与输入的正弦信号叠加后得到的净输入信号正半周的幅度较小,负半周的幅度较大。经过放大后,输出信号的波形就得到一定程度的改善。

值得注意的是,引入负反馈减小非线性失真只能针对反馈回路内部的失真而言。若输入信号本身为失真波形,则无法通过引入负反馈的方式改善波形。

引入负反馈降低噪声的原理与减小非线性失真类似,这里不再赘述。

### 3. 扩展放大电路的通频带

通频带是放大电路的一个重要性能指标,可以反映放大电路对输入信号频率变化的适应能力。引入负反馈能够扩展通频带的主要原因可用图 4.18 来说明。图中所示上、下两条曲线是同一放大电路在无负反馈和有负反馈两种情况下的幅频特性曲线。上面的一条曲线表示无负反馈时的开环电压增益 $\dot{A}$ ,下面的一条曲线表示有负反馈时的闭环电压增益 $\dot{A}_f$。

根据理论推导可以求得,有负反馈时放大电路的上限频率 $f'_H$ 是无负反馈时上限频率 $f_H$ 的 $(1+\dot{F}\dot{A})$ 倍。即

$$f'_H=(1+\dot{F}\dot{A})\cdot f_H \tag{4.6}$$

而放大电路的下限频率 $f'_L$ 是无负反馈时下限频率 $f_L$ 的 $1/(1+\dot{F}\dot{A})$ 倍,即

$$f'_L=\frac{f_L}{1+\dot{F}\dot{A}} \tag{4.7}$$

又 $f_H \gg f_L$, $BW=f_H-f_L\approx f_H$

所以 $BW'=f'_H-f'_L\approx(1+\dot{F}\dot{A})f_H=(1+\dot{F}\dot{A})\cdot BW$

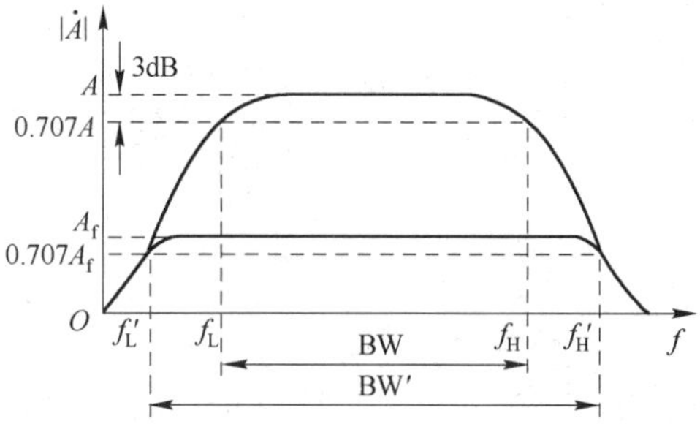

图 4.18 负反馈扩展通频带

可见,闭环放大电路的通频带是开环放大电路通频带的 $(1+\dot{F}\dot{A})$ 倍。负反馈越深,则通频带越宽。注意此时闭环放大增益也会随之下降。

### 4. 改变放大电路的输入电阻和输出电阻

不同的反馈对放大电路输入电阻和输出电阻的影响是不同的。实际应用中,可根据电路需要引入所需的负反馈。

(1) 串联负反馈

未加负反馈时,开环放大电路的输入电阻为

$$R_i=\dot{V}_s/\dot{I}_s=\dot{V}_i/\dot{I}_i$$

加入串联负反馈后,由于 $\dot{V}_f$ 和 $\dot{V}_i$ 串联作用于输入端, $\dot{V}_f$ 抵消了 $\dot{V}_i$ 的一部分,因此,在 $\dot{V}_s$ 相同的情况下,输入电流 $\dot{I}_s$ 比没有反馈时减小了,故输入电阻 $R_{if}$增大了。参见图 4.19,简单推导如下:

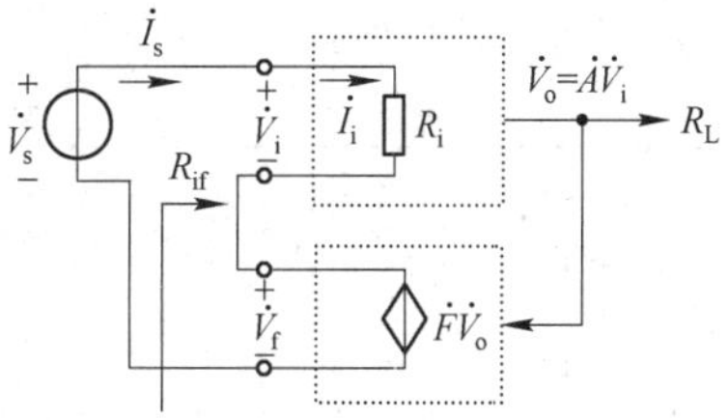

图 4.19 串联反馈对输入电阻的影响

$$R_{if}=\frac{\dot{V}_s}{\dot{I}_s}=\frac{\dot{V}_i+\dot{V}_f}{\dot{I}_s}=\frac{\dot{V}_i+\dot{F}\dot{V}_o}{\dot{I}_s}=\frac{\dot{V}_i+\dot{F}\dot{A}\dot{V}_i}{\dot{I}_s}=\frac{\dot{V}_i}{\dot{I}_s}(1+\dot{F}\dot{A})=(1+\dot{F}\dot{A})R_i \tag{4.8}$$

当放大电路的输入端采用串联负反馈时,不管输出端是电压反馈,还是电流反馈,闭环放大电路的输入电阻 $R_{if}$均是无负反馈时输入电阻 $R_i$ 的 $(1+\dot{F}\dot{A})$ 倍。反馈越深,$R_{if}$增加得越多。

(2) 并联负反馈

进行类似的分析,并联负反馈时,有

$$R_{if}=\frac{\dot{V}_i}{\dot{I}_s}=\frac{\dot{V}_i}{\dot{I}_i+\dot{I}_f}=\frac{\dot{V}_i}{\dot{I}_i(1+\dot{F}\dot{A})}=\frac{R_i}{1+\dot{F}\dot{A}} \tag{4.9}$$

由式(4.9)可知:当放大电路输入端采用并联负反馈时,不管输出端是电压反馈,还是电流反馈,$R_{if}$均是无反馈时 $R_i$ 的 $1/(1+\dot{F}\dot{A})$ 倍。

(3) 电流负反馈

同样可以证明：当放大电路输出端采用电流负反馈时，不管输入端采用串联反馈，还是并联反馈，闭环放大电路的输出电阻 $R_{of}$ 均是无反馈时开环放大电路输出电阻 $R_o$ 的 $(1+\dot{F}\dot{A})$ 倍。

(4) 电压负反馈

当放大电路输出端采用电压负反馈时，不管输入端采用串联反馈，还是并联反馈，闭环放大电路的输出电阻 $R_{of}$ 均是无反馈时开环放大电路输出电阻 $R_o$ 的 $1/(1+\dot{F}\dot{A})$ 倍。

**【例 4.9】** 已知放大电路的电压增益 $A=-100$，输入电阻和输出电阻分别为 $R_i=10\text{k}\Omega$，$R_o=20\text{k}\Omega$。当分别引进 $F=-0.1$ 和 $F=-0.5$ 的电压串联型反馈时，求电压增益 $A_{vf}$、输入电阻 $R_{if}$ 和输出电阻 $R_{of}$。

**解**：当 $F=-0.1$ 时

$$A_{vf}=\frac{A}{1+FA}=\frac{-100}{1+(-0.1)\times(-100)}=-9.09$$

$$R_{if}=(1+FA)R_i=10\times(1+10)=110(\text{k}\Omega)$$

$$R_{of}=\frac{R_o}{1+FA}=\frac{20}{11}=1.82(\text{k}\Omega)$$

当 $F=-0.5$ 时

$$A_{vf}=\frac{A}{1+FA}=\frac{-100}{1+(-0.5)\times(-100)}=-1.96$$

$$R_{if}=(1+FA)R_i=10\times(1+50)=510(\text{k}\Omega)$$

$$R_{of}=\frac{R_o}{1+FA}=\frac{20}{51}=392.16(\Omega)$$

综合以上分析，可以得出这样的结论：引进负反馈后，放大电路性能得到多方面的改善，原因在于电路的输出信号反送到输入端后与输入信号进行比较，可以对输入信号进行调整。增益的稳定性的提高、非线性失真的减小、噪声的抑制、通频带的扩展，以及输入和输出电阻大小的控制均体现了这种调整作用。但是必须注意：性能的改善是以降低增益为代价的，反馈越深，性能越好，增益下降得越厉害。

为了便于读者更好地了解负反馈放大电路，四种负反馈放大电路的比较如表 4.1 所示。

**表 4.1　四种负反馈放大电路比较**

| 负反馈放大电路组态 | 输入信号 | 输出信号 | 反馈信号 | 信号净增量 | 反馈系数 $F$ | 开环增益 $\dot{A}$ | 闭环增益 $\dot{A}_f$ | 输入电阻 $R_{if}$ | 输出电阻 $R_{of}$ |
|---|---|---|---|---|---|---|---|---|---|
| 电压串联（放大电压） | $\dot{V}_s$ | $\dot{V}_o$ | $\dot{V}_f$ | $\dot{V}_i$ | $\frac{\dot{V}_f}{\dot{V}_o}$ | $\frac{\dot{V}_o}{\dot{V}_i}$ | $\dot{V}_o/\dot{V}_s$（量纲为 1） | $(1+\dot{F}\dot{A})\cdot R_i$ | $\frac{R_o}{1+\dot{F}\dot{A}}$ |
| 电压并联（电流-电压转换） | $\dot{I}_s$ | $\dot{V}_o$ | $\dot{I}_f$ | $\dot{I}_i$ | $\frac{\dot{I}_f}{\dot{V}_o}$ | $\frac{\dot{V}_o}{\dot{I}_i}$ | $\dot{V}_o/\dot{I}_s$（量纲：电阻） | $\frac{R_i}{1+\dot{F}\dot{A}}$ | $\frac{R_o}{1+\dot{F}\dot{A}}$ |
| 电流串联（电压-电流转换） | $\dot{V}_s$ | $\dot{I}_o$ | $\dot{V}_f$ | $\dot{V}_i$ | $\frac{\dot{V}_f}{\dot{I}_o}$ | $\frac{\dot{I}_o}{\dot{V}_i}$ | $\dot{I}_o/\dot{V}_s$（量纲：电导） | $(1+\dot{F}\dot{A})\cdot R_i$ | $(1+\dot{F}\dot{A})\cdot R_o$ |
| 电流并联（放大电流） | $\dot{I}_s$ | $\dot{I}_o$ | $\dot{I}_f$ | $\dot{I}_i$ | $\frac{\dot{I}_f}{\dot{I}_o}$ | $\frac{\dot{I}_o}{\dot{I}_i}$ | $\dot{I}_o/\dot{I}_s$（量纲为 1） | $\frac{R_i}{1+\dot{F}\dot{A}}$ | $(1+\dot{F}\dot{A})\cdot R_o$ |

**思考题 4.4(参考答案请扫描二维码 4-4)**

1. 负反馈能够抑制反馈环外的干扰和噪声吗？
2. 为了抑制温度漂移，放大电路宜引入何种反馈？
3. 信号源内阻对于反馈有何影响？
4. 在具有很高内阻且负载变化时希望得到稳定的电压输出，应该采用哪种反馈方式？

二维码 4-4

# 本章小结

- 在放大电路中,把输出回路的电量(电压或电流)馈送到输入回路的过程称为反馈。
- 从反馈基本概念出发,应用瞬时极性法判断反馈极性并确定四种反馈组态。
- 本章主要讨论了负反馈对放大电路性能的改善。负反馈可以提高增益的恒定性、减小非线性失真、抑制噪声、扩展通频带及控制输入电阻和输出电阻。
- 性能的改善与反馈深度有关,反馈越深,改善程度越好。但反馈深度不宜无限增大,否则易引起自激振荡。

# 习　　题

4.1　什么是反馈?如何判断电路中有无反馈?什么是正反馈和负反馈?什么是放大电路的开环状态和闭环状态?若在放大电路中仅引入交流正反馈,电路能正常工作吗?为什么?

4.2　指出图题4.2所示各电路中的反馈通路,并判断哪些是正反馈,哪些是负反馈?哪些是直流反馈,哪些是交流反馈?哪些是电流反馈,哪些是电压反馈?哪些是串联反馈,哪些是并联反馈?设电路中各电容的容量很大,对交流信号可视为短路。

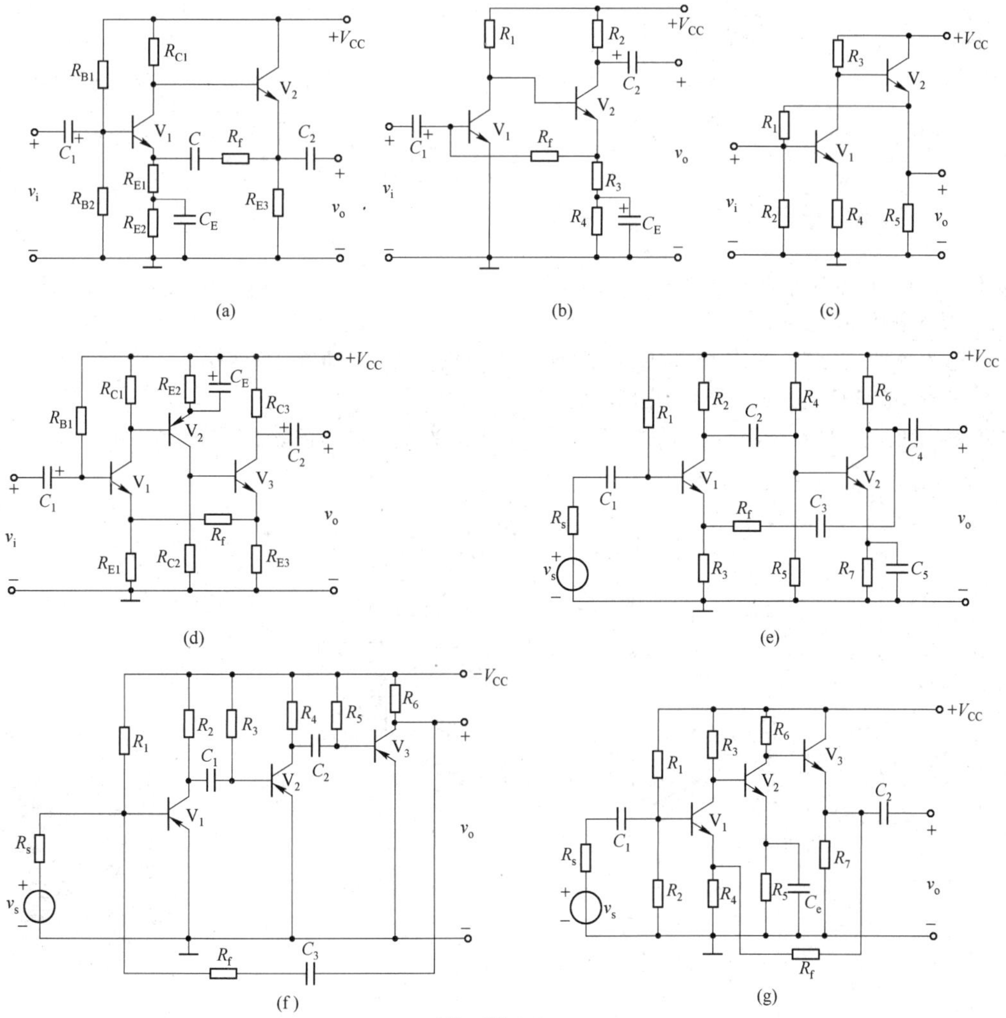


图　题4.2

4.3　试说明图题 4.2 所示电路中,电路的输入电阻和输出电阻有何变化?哪些电路能够稳定输出电压?哪些电路能够稳定输出电流?

4.4　在深度负反馈放大电路中,闭环增益 $A_f = 1/F$ 与反馈系数有关,而与放大电路开环时的增益无关,是否此时基本放大电路的参数无实际意义?

4.5　反馈放大电路如图题 4.5 所示。为了在 $R_{C2}$ 变化时仍能得到稳定的输出电流 $\dot{I}_o$,应如何引入一个级间反馈电阻 $R_f$(在图中画出)?要求引入的反馈电阻不影响原静态工作点。

4.6　为了使负反馈的效果更佳,对信号源内阻有什么要求?

4.7　已知某电压串联负反馈放大电路的反馈系数 $F_v = 0.01$,输入信号 $V_s = 100\text{mV}$,开环电压增益 $A_v = 10^4$,试求该电路的闭环电压增益 $A_{vf}$、反馈电压 $V_f$ 和净输入电压 $V_i$。

4.8　某负反馈放大电路的开环电压放大倍数 $A_v + \Delta A_v = 1000 \pm 100$,若要求闭环电压放大倍数 $A_{vf}$ 的变化小于 $\pm 0.1\%$,试求电压反馈系数 $F_v$ 和闭环电压放大倍数 $A_{vf}$。

4.9　电路如图题 4.9 所示。(1)分别说明由 $R_{f1}$、$R_{f2}$ 引入的两路反馈的类型及各自的主要作用;(2)指出这两路反馈在影响该放大电路性能方面可能出现的矛盾是什么?(3)为了消除上述可能出现的矛盾,有人提出将 $R_{f2}$ 断开,此办法是否可行?为什么?你认为怎样才能消除这个矛盾?

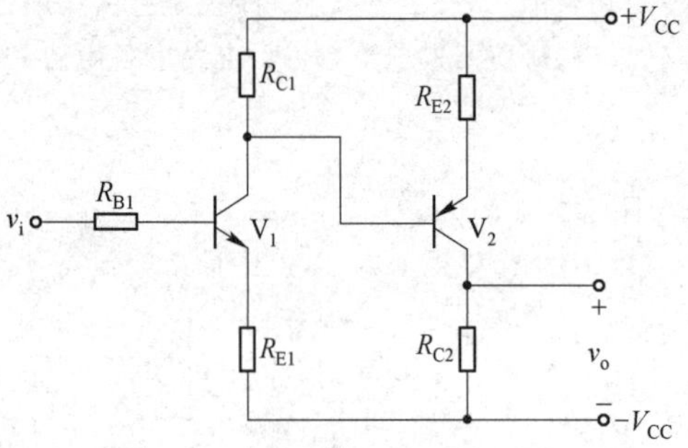


图　题 4.5

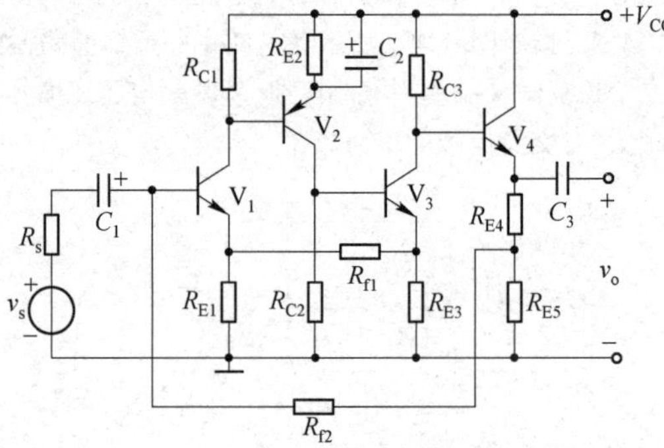


图　题 4.9

4.10　仿真题:电压串联负反馈电路如图题 4.10 所示,利用 Multisim 研究该电路,其中三极管选择 2N2222A,其他器件均可采用虚拟元件。

(1) 输入频率为 10kHz、幅值为 10mV 的正弦波信号,观察反馈前后输出波形的变化;

(2) 分析反馈前后电压增益和输入电阻的变化;

(3) 利用交流扫描(AC Sweep)分析研究反馈前后带宽的变化。(该题的题解请扫二维码 4-5)

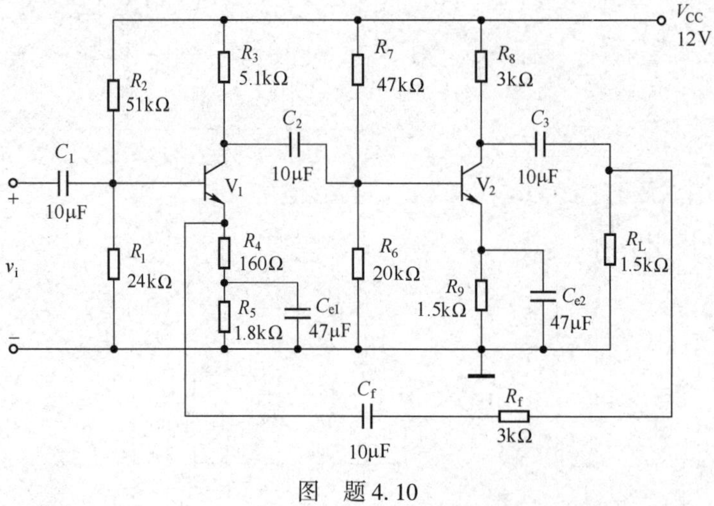


图　题 4.10

二维码 4-5

# 第5章　集成运算放大器

本章学习目标：

- 掌握集成运算放大器的构成及各部分电路特点；
- 掌握差分放大电路的概念及基本计算；
- 熟悉理想运算放大器的特点；
- 熟练掌握比例、求和、积分等运算电路；
- 了解集成运算放大器在线性与非线性情况下工作的特点，掌握集成运算放大器在非线性条件下的重要应用——比较器，了解电压比较器的电路组成、工作原理及应用；
- 了解功率放大器的特点、分类与应用。

1958年集成电路（Integrated Circuit，简称IC）问世以来，发展速度惊人。从电子测量仪器、计算机系统到通信设备，从国防尖端到工业及民用领域，都与IC密切相关。IC产业已成为衡量综合国力的重要标志和发展电子信息技术的核心。集成电路是信息技术产业群的核心和基础，建立在集成电路技术进步基础上的全球信息化、网络化和知识经济浪潮，使集成电路产业的战略地位越来越重要，对国民经济、国防建设和人民生活的影响也越来越大。

集成电路按其功能可分为模拟集成电路和数字集成电路。模拟集成电路是微电子技术的核心技术之一，因而模拟集成电路成为信息时代的重要技术发展目标。

集成运算放大器（简称集成运放，英文缩略为op-amp）是最重要的模拟集成电路器件，其名称来源于该器件的早期应用——用于模拟计算机中求解微分方程和积分方程等数学运算。现在集成运放的应用范围已大大拓展。由于它具有高增益、高输入电阻和低输出电阻的特性，被广泛应用于各种电子电路之中。

## 5.1　集成运算放大器的构成

集成运算放大器是一个高增益直接耦合多级放大电路，由输入级、中间级、输出级和偏置电路4个部分组成，如图5.1所示。输入级一般采用双端输入/双端输出的差分放大电路，对共模信号具有很强的抑制能力；中间级为主要提供高电压增益的放大级，可由一级或多级放大电路组成；输出级通常采用功率放大器，以满足负载的需求；偏置电路为各级电路提供合适的偏置电流，保持工作点的稳定。下面对差分放大电路、偏置电路及功率放大电路分别进行介绍。

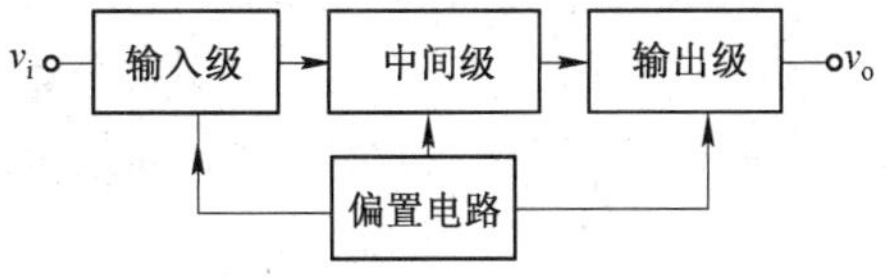

图5.1　集成运算放大器的组成方框图

### 5.1.1　差分放大电路

集成运算放大器的输入级大多采用差分放大电路，该电路对两个输入信号之差进行放大，在电路性能方面有许多优点。

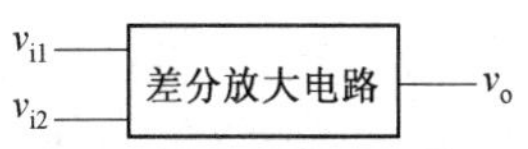

图5.2　差分放大电路的原理框图

差分放大电路的原理框图如图5.2所示，它有两个输入端和一个输出端，输入信号为$v_{i1}$与$v_{i2}$，输出信号为$v_o$。在电路对称的理想情况

下，输出电压可表示为

$$v_o = A_{vd}(v_{i1} - v_{i2}) \tag{5.1}$$

式中，$A_{vd}$是差分放大电路的差模电压增益。由式(5.1)可以看出，放大电路对两个输入端的信号差进行放大，而两个输入端共有的任何信号不会影响输出电压。

### 1. 差模信号和共模信号

差模信号是指在两个输入端所加幅度相等，极性相反的信号；共模信号是指在两个输入端所加幅度相等，极性相同的信号。如图5.3(a)～(c)所示。差分放大电路仅对差模信号具有放大能力，对共模信号不予放大。

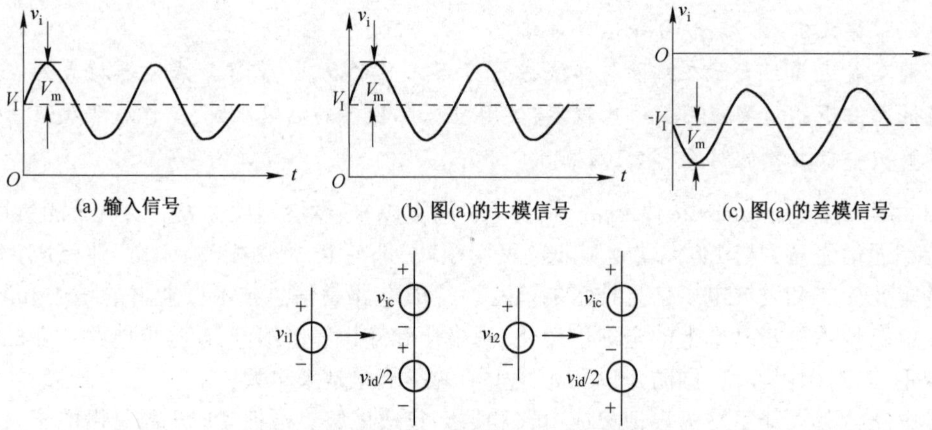


(d) 差分放大电路两个输入信号用共模部分和差模部分代数和表示

图5.3　差模信号和共模信号

一般情况下，实际的输出电压不仅取决于两个输入信号的差模信号$v_{id}$，而且还与两个输入信号的共模信号$v_{ic}$有关。对于任何两个输入信号$v_{i1}$与$v_{i2}$，其差模信号和共模信号可以分别表示为

$$v_{id} = v_{i1} - v_{i2} \tag{5.2}$$

$$v_{ic} = \frac{1}{2}(v_{i1} + v_{i2}) \tag{5.3}$$

即差模信号是两个输入信号之差，而共模信号则是二者的算术平均值。例如，$v_{i1} = 20\mu V$，$v_{i2} = -20\mu V$，则这两个信号的共模信号$v_{ic} = 0$，差模信号$v_{id} = 40\mu V$。但是如果$v_{i1} = 120\mu V$，$v_{i2} = 80\mu V$，则这两个信号的共模信号$v_{ic} = 100\mu V$，差模信号$v_{id} = 40\mu V$。可见这两组输入信号的差模信号是相同的。若将这两组输入加于差分放大电路的两个输入端，那么差分放大电路产生的输出是完全相同的。当用共模信号和差模信号表示两个输入电压时，有

$$v_{i1} = v_{ic} + v_{id}/2 \tag{5.4}$$

$$v_{i2} = v_{ic} - v_{id}/2 \tag{5.5}$$

对于差模信号和共模信号同时存在的线性放大电路来说，可利用叠加原理来求出总的输出电压，即

$$v_o = A_{vd}\,v_{id} + A_{vc}\,v_{ic} \tag{5.6}$$

式中，$A_{vd} = v_{od}/v_{id}$表征了差模电压输出与差模电压输入之比，称为差模电压增益；$A_{vc} = v_{oc}/v_{ic}$表征了共模电压输出与共模电压输入之比，称为共模电压增益。集成运放中采用双端输入双端输出的差分放大电路，此时式(5.6)只包含差模信号产生的输出电压，即可以用式(5.1)表示（当然这是完全理想的情形，实际上输出中也会包含共模信号产生的输出信号，只是由于差分放大电路对

共模信号的抑制作用,共模信号对输出的影响会降得很低)。

在下面章节研究差分放大电路时,就是把输入信号分为共模信号和差模信号两部分分别进行研究的,这样比较容易理解。此时两端的输入信号如图 5.3(d)所示,可以用共模部分和差模部分的代数和表示。

**2. 零点漂移**

集成运算放大器的输入级采用差分式放大电路的主要原因是为了抑制零点漂移。零点漂移(简称零漂),是指放大电路输入端短路时,输出端还有缓慢变化的电压产生,即输出电压偏离原来的起始点而上下漂动。零漂产生的原因有很多,例如电源电压变化、电路参数变化、器件更换及老化等,但最主要的原因是三极管的温度敏感特性。在多级直接耦合放大电路中,由于某种原因使输入级放大电路的 $Q$ 点不稳定时,其输出电压将发生变化。对于直接耦合放大电路来说,前级电路输出电压的微小变化会逐级被放大,这样放大电路的输出端就会产生较大的漂移电压。有时漂移电压的大小可以和有效信号电压相比,甚至把有效信号电压淹没,使放大电路无法正常工作。因此对于多级直接耦合放大电路,抑制零漂是一个非常重要的问题。差分放大电路可以利用其结构特点抑制零漂。

**3. 差分放大电路的零漂抑制原理**

常见的差分放大电路有基本差分放大电路、长尾式差分放大电路和恒流源式差分放大电路。三种形式的差分放大电路均利用两个三极管组成的对称结构抑制零漂。差分放大电路中,无论是温度还是其他因素的变化都会引起两管集电极电流以及相应的集电极电压相同的变化,这种相同的变化相当于在两个输入端加上了共模信号。由于电路的对称性和恒流源偏置,理想情况下,可使输出电压不变,从而抑制了零点漂移。但是实际情况下,要做到两管电路完全对称和理想恒流源比较困难,但采用差分结构可使零点漂移大大减小,所以多级直接耦合放大电路的输入级一般选用差分放大电路。关于差分放大电路对于共模信号的抑制作用,下面将结合具体电路进一步分析。

(1) *基本差分放大电路*

图 5.4 所示是一个基本差分放大电路,它由两个完全相同的三极管 $V_1$ 和 $V_2$ 构成,左右两部分对称电路在公共的发射极耦合。两个三极管的电路参数完全相同,即

$$\beta_1=\beta_2=\beta,\ V_{BE1}=V_{BE2}=V_{BE},\ r_{be1}=r_{be2}=r_{be},\ I_{C1}=I_{C2}=I_C,\ R_{c1}=R_{c2}=R_c$$
$$R_{b1}=R_{b2}=R_b,\ I_{CBO1}=I_{CBO2}=I_{CBO},\ \cdots$$

当电路没有差模输入信号,即 $v_{i1}-v_{i2}=0$ 时,由于基本差分放大电路完全对称的电路结构,因此

$$v_o=v_{C1}-v_{C2}=V_{C1}-V_{C2}=(V_{CC}-I_{C1}R_{c1})-(V_{CC}-I_{C2}R_{c2})=0$$

也就是说,输入信号 $v_{id}=v_{i1}-v_{i2}=0$ 时,输出信号 $v_o=0$。

如果由于某种原因(例如温度升高)使 $I_{C1}$ 增大,则 $V_{CE1}$ 降低。因为电路完全对称,$I_{C2}$ 也将增大,$V_{CE2}$ 也会降低,两管参数的变化量完全相同,这样输出电压将保持为 0 不变,零点漂移被相互抵消。

(2) *长尾式差分放大电路*

实际情况下,要做到两管电路完全对称是不可能的,因此基本差分放大电路抑制零点漂移并不十分理想。为了抑制由于两管不对称引起的零点漂移,必须采用长尾式差分放大电路。

图 5.5 所示是一个长尾式差分放大电路。为使差分放大电路在静态时,输入端基本上是 0 电位,将 $R_e$ 从接地改为接负电源($-V_{EE}$),偏置电阻 $R_b$ 可以取消,改为由 $-V_{EE}$ 和 $R_e$ 提供基极偏置电流。$R_e$ 称为长尾电阻,起电流负反馈作用,可以克服电路不对称引起的零漂,并减小每管集电

极对地的漂移电压。

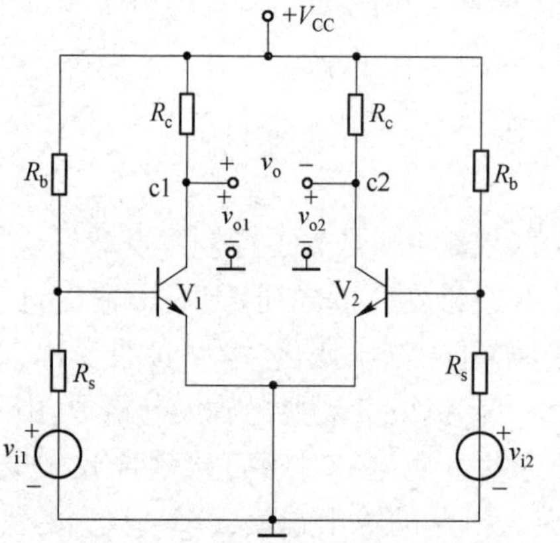


图 5.4　基本差分放大电路

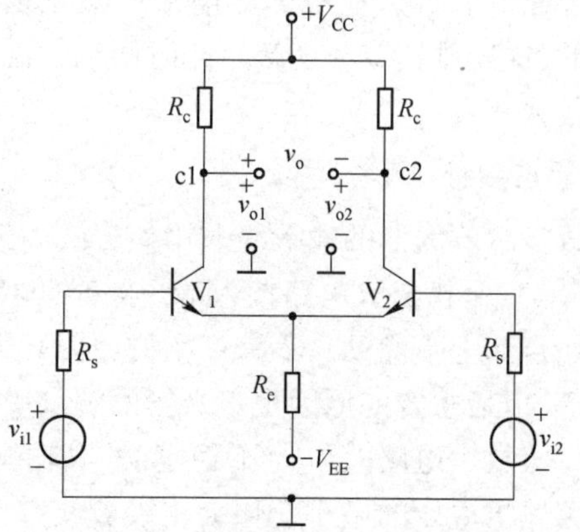


图 5.5　长尾式差分放大电路

对于差模信号，由于两管的输入信号使两管电流变化方向相反，只要电路对称性足够好，两管的电流总量就保持不变，$I_{C1}$的增加量等于$I_{C2}$的减少量，因此 $R_e$ 两端没有差模信号压降。故 $R_e$ 对于差模信号没有负反馈。

$R_e$ 对共模信号有负反馈作用。如果在电路两端加上共模信号（例如温度升高同时作用在两个管子上），则两个管子的 $I_C$ 同时增加，流过 $R_e$ 的电流应为单管集电极电流的 2 倍，$R_e$ 上电流的增加量亦为 2 倍，发射极电位 $V_E$ 升高，反馈到基极回路中，$V_{BE1}$与 $V_{BE2}$则降低，使得 $I_{B1}$与 $I_{B2}$降低，就会抑制 $I_{C1}$与 $I_{C2}$的增加。

$R_e$ 越大，共模负反馈作用越强，零漂越小。但是对于 $V_{CC}$一定的情况，如果 $R_e$ 过大，其上的直流压降必然增大，使得集电极电流减小，就会影响静态工作点和电压增益。因此引入负电源 $-V_{EE}$来补偿 $R_e$ 上的直流压降，避免输出电压变化范围太小，同时也为电路提供合适的静态电流。

（3）恒流源式差分放大电路

长尾式差分放大电路中，通过 $R_e$ 的共模负反馈来抑制结构不对称引起的零点漂移。$R_e$ 越大，抑制零点漂移的效果越好。但是 $R_e$ 增大后，为保证工作点不变，必须提高负电源，这是很不经济的。为此在实际电路中可用三极管 $V_3$ 和稳压管 $V_Z$ 组成的恒流源来代替 $R_e$，构成恒流源式差分放大电路，如图 5.6 所示。恒流源的动态交流电阻大，而其管压降只有几伏，可不必提高负电源。恒流源电流为 $I_{E3}=(V_Z-V_{BE3})/R_e$。图 5.7 是恒流源式差分放大电路的简化表示法。

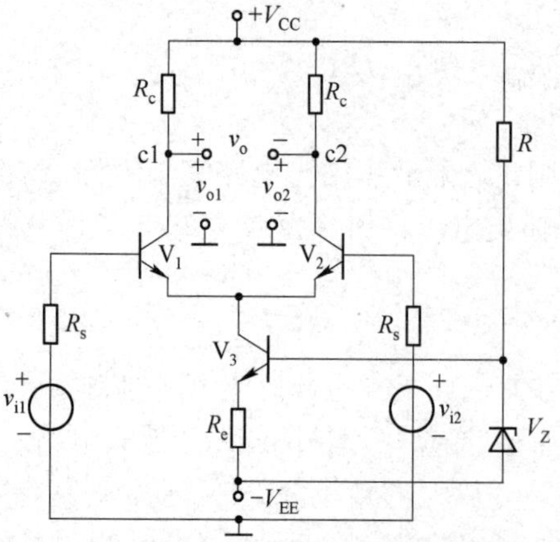


图 5.6　恒流源式差分放大电路

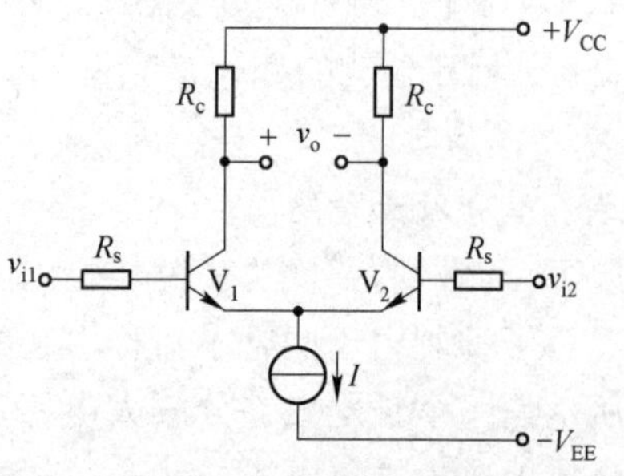


图 5.7　恒流源式差分放大电路的简化表示法

## 5.1.2 差分放大电路的静态分析和动态分析

本节以长尾式差分放大电路为例介绍差分放大电路的静态分析和动态分析，恒流源式差分放大电路的分析与其类似。

**1. 差分放大电路的静态分析**

对于图5.5所示的长尾式差分放大电路，当输入电压为0时，由于电路结构对称，两管静态参数相等，基极电流为

$$I_{BQ}=\frac{|V_{EE}|-V_{BE}}{R_s+2(1+\beta)R_e}$$

集电极电流为 $I_{CQ}=\beta I_{BQ}$

集电极对地电位为 $V_{CQ}=V_{CC}-I_{CQ}R_c$

发射极对地电位为 $V_{EQ}=2I_{EQ}R_e-V_{EE}$

集电极与发射极的电位差为 $V_{CEQ}=V_{CQ}-V_{EQ}=V_{CC}-I_{CQ}R_c-2I_{EQ}R_e+V_{EE}$

基极电位为 $V_{BQ}=V_{EQ}+V_{BE}=2I_{EQ}R_e-V_{EE}+V_{BE}$

注意：上述表达式中 $V_{EE}$ 为正值，$-V_{EE}$ 表示负电源，为负值。

**2. 差分放大电路的动态分析**

(1) 输入和输出方式

差分放大电路由2个三极管在发射极耦合构成，其输入、输出可以有4种不同的接法，即：①双端输入、双端输出；②双端输入、单端输出；③单端输入、双端输出；④单端输入、单端输出。

当输入、输出方式不同时，放大电路具有不同的性能及特点。以下分别就差模信号和共模信号的4种工作方式进行分析。

(2) 差模信号的动态分析

1) 差模电压增益

图5.5所示的长尾式差分放大电路在差模输入时的波形变化如图5.8(a)所示，交流通路、小信号等效电路如图5.8(b)～(d)所示。根据前面单管电路的工作原理，可以比较容易地对长尾式差分放大电路进行动态分析。首先来求不同工作方式时的电压增益，再求输入电阻和输出电阻。

① 双端输入、双端输出(如图5.9所示)

对于差模信号，输入电压和输出电压分别为

$$v_i=v_{i1}-v_{i2}=2v_{i1},\quad v_o=v_{o1}-v_{o2}=2v_{o1}$$

差模电压增益为

$$A_{vd}=\frac{v_o}{v_i}=\frac{v_{o1}-v_{o2}}{v_{i1}-v_{i2}}=\frac{2v_{o1}}{2v_{i1}}=\frac{v_{o1}}{v_{i1}}=-\frac{\beta\left[R_c//\frac{R_L}{2}\right]}{R_s+r_{be}}$$

由于输入信号为差模信号，三极管 $V_1$ 和 $V_2$ 的集电极 $c_1$ 和 $c_2$ 的输出电压向相反方向变化，且增量大小相等，因此 $R_L$ 的中点为交流地电位。所以对差分放大电路的半边输入而言，负载电阻应为 $R_L/2$。

这种方式适用于对称输入和对称输出，并且输入、输出均不接地的情况。

② 双端输入、单端输出(如图5.10所示)

单端输出时只从一个三极管的集电极获取电压变化量，因此输出电压应为双端输出时的一半，差模增益亦约为双端输出时的一半，即

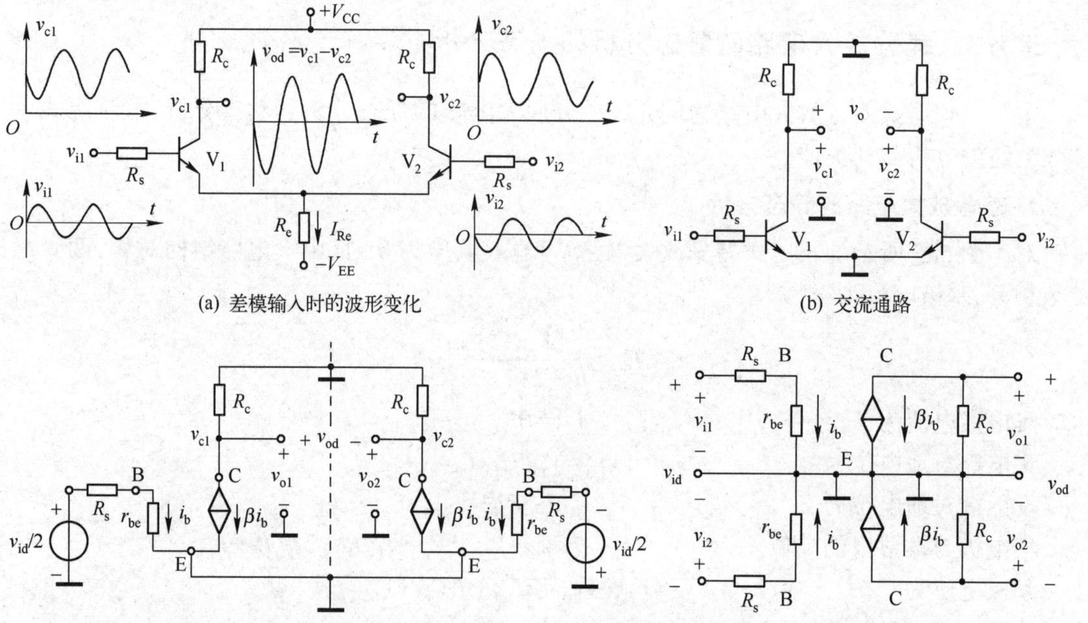


(a) 差模输入时的波形变化　　(b) 交流通路

(c) 小信号等效电路　　(d) 小信号等效电路的另一种画法

图 5.8　长尾式差分放大电路在差模输入时的波形变化、交流通路及小信号等效电路

$$A_{vd}=-\frac{\beta(R_c//R_L)}{2(R_s+r_{be})}$$

这种方式适用于将差分信号转换为单端输出信号。

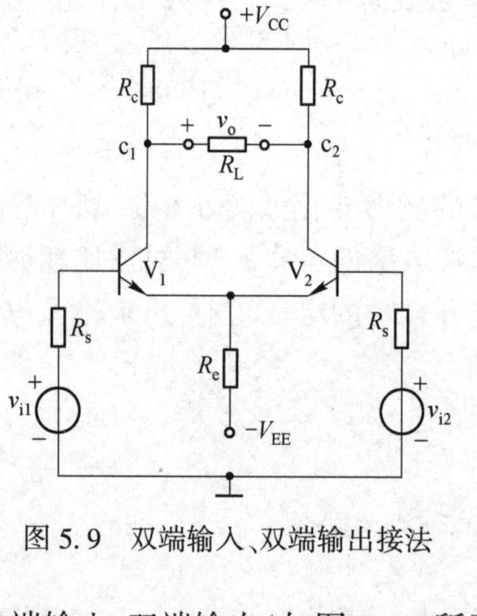


图 5.9　双端输入、双端输出接法

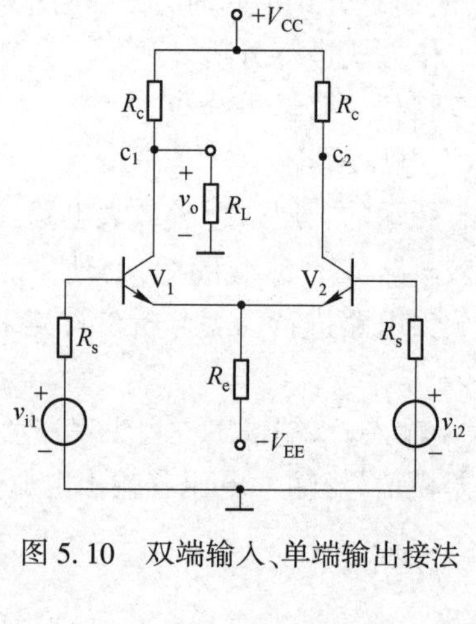


图 5.10　双端输入、单端输出接法

③ 单端输入、双端输出(如图 5.11 所示)

单端输入信号只加在一只三极管(图中的 $V_1$ 管)上,另一只管子的输入端接地,但此时单端输入信号可以转换为双端输入。

由于 $R_e$ 一般较大,$R_s+r_{be}$ 折算到发射极回路的值为 $(R_s+r_{be})/(1+\beta)\ll R_e$,故 $R_e$ 的分流 $i_e$ 极小,可忽略不计。这样就可以近似认为输入信号电压 $v_i$ 均匀地加在两只三极管的输入端,即:$v_{i1}=-v_{i2}=v_i/2$。因此单端输入时的差模电压增益应与双端输入时的差模电压增益表达式相同,即:$A_{vd}=-\beta\left(R_c//\frac{R_L}{2}\right)/(R_s+r_{be})$。

这种方式用于将单端信号转换成双端差分信号,可用于输出负载不接地的情况。

④ 单端输入、单端输出(如图 5.12 所示)

根据上述分析,单端输入、单端输出时的差模电压增益为

$$A_{vd}=-\frac{\beta(R_c//R_L)}{2(R_s+r_{be})}$$

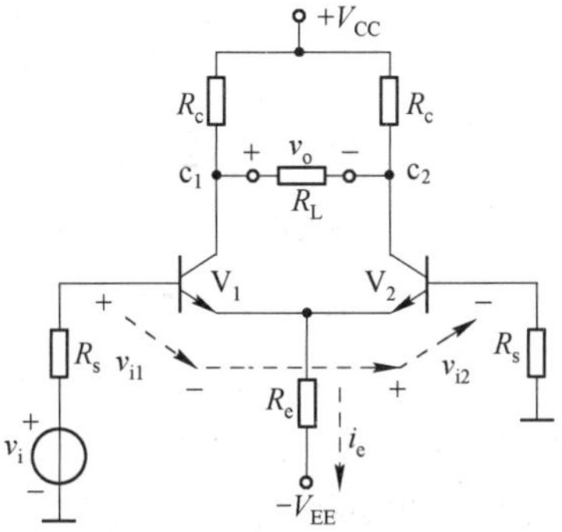


图 5.11　单端输入、双端输出接法

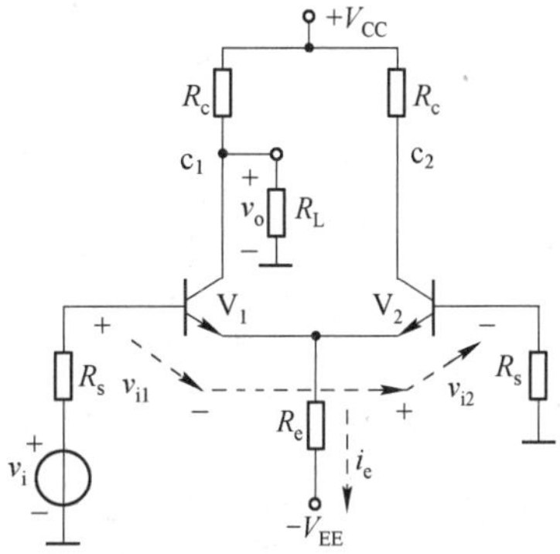


图 5.12　单端输入、单端输出接法

通过从 $V_1$ 或 $V_2$ 的集电极输出,可以得到输出与输入之间不同的相位关系。从 $V_1$ 的基极输入信号,从 $V_1$ 的集电极 $c_1$ 输出,则输出与输入反相;从 $V_2$ 的集电极 $c_2$ 输出,则输出与输入同相。

2) 差模输入电阻和差模输出电阻

差模输入电阻 $R_{id}$的定义是差模输入电压$v_{id}$与输入电流 $i_b$ 之比,因此 $R_{id}$应为整个电路输入端(基极)的电阻。由于图 5.8(c)所示的小信号等效电路左右对称(只是输入电压极性有差异),为简便起见可以只分析半边电路。图 5.13 所示为差模信号输入时的半边电路,由图可得

$$\frac{v_{id}}{2}=i_{b1}(R_s+r_{be})$$

由上式可以推出: $R_{id}=v_{id}/i_{b1}=2(R_s+r_{be})$。

实际上,从图 5.8(d)的输入端看过去,可以很清楚地看出差模信号输入电阻是由两个半边电路串联构成的。因此不论是单端输入还是双端输入,$R_{id}$ 均是基本放大电路输入电阻的 2 倍,即

$$R_{id}=2(R_s+r_{be})$$

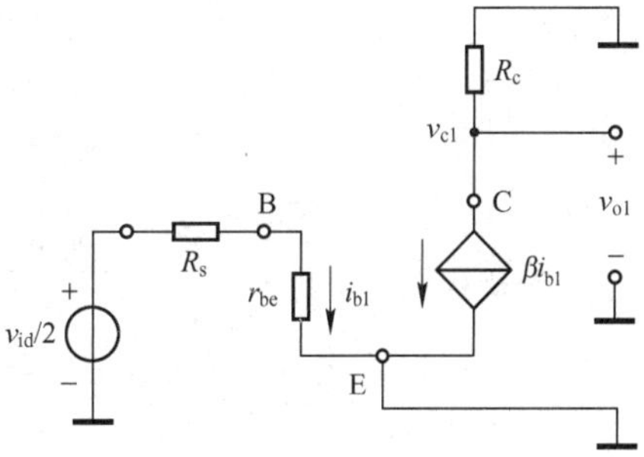


图 5.13　差模信号输入时的半边电路

单端输出时的输出电阻为 $R_{od}=R_c$。

双端输出时两集电极间的输出电阻为 $R_{od}=2R_c$。

综上分析可知,差分式放大电路有两种输入方式和两种输出方式,组合后便有四种典型电路,双端输出的差模增益为单端输出时的 2 倍。需要引起注意的是:差分放大电路采用单端输入、单端输出方式时与单管放大电路相比较,抑制零漂的能力提高了很多。并且,差分放大电路可以根据需求获得输入/输出间同相或反相输出,较单管放大电路更具灵活性。

(3) 共模信号的动态分析

① 共模电压增益

共模信号对放大电路来说也是变化量,不能视为直流量。图 5.14(a)为共模输入时的波形变化,交流通路、小信号等效电路如图 5.14(b)~(d)所示。电路的两个输入端接入共模输入电压,即$v_{i1}=v_{i2}=v_{ic}$时,因两管的电流是同时增加或同时减小的,因此发射极电位为$v_e=i_eR_e=2i_{e1}R_{e1}$。对于每个管子而言,相当于发射极接了 $2R_e$ 的电阻,小信号等效电路关于虚线对称,射极耦合电

阻可以看成两个值为 $2R_e$ 的电阻的并联。计算共模电压增益 $A_{vc}$ 的小信号等效电路中 $R_e$ 应用 $2R_e$ 等效，这一点与差模增益计算时是不同的，需加以注意。

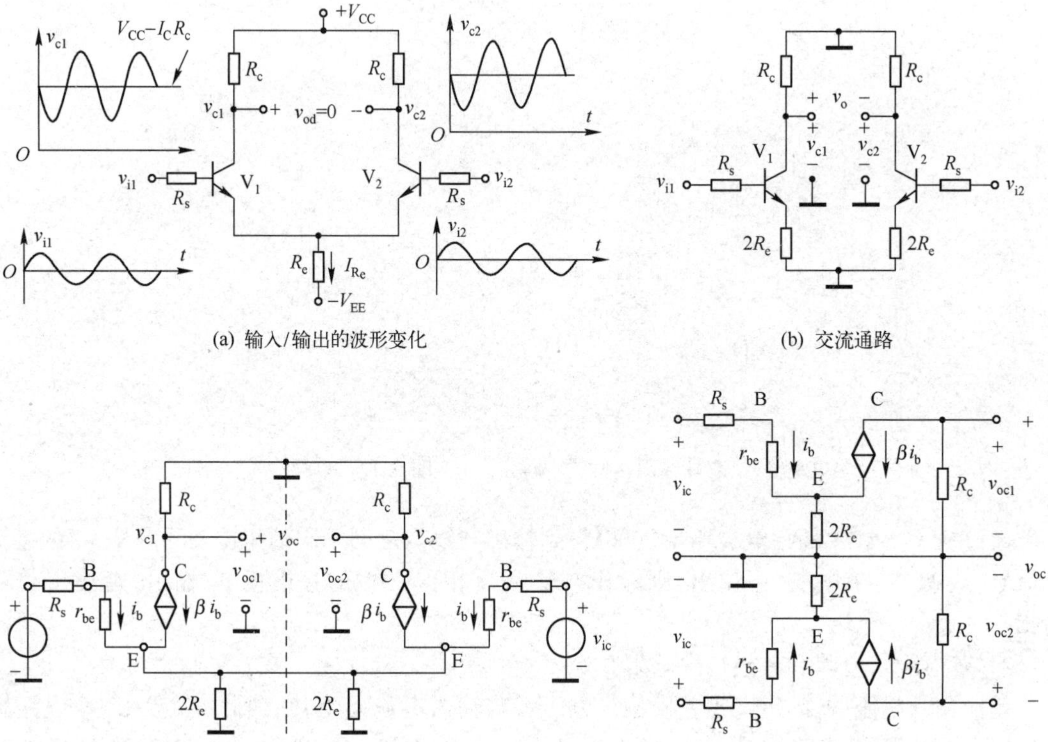


(a) 输入/输出的波形变化　　(b) 交流通路

(c) 小信号等效电路　　(d) 小信号等效电路的另一种画法

图 5.14　长尾式差分放大电路共模输入时的输入/输出波形变化、交流通路及小信号等效电路

双端输出时，由于电路的对称性，其输出电压为 $v_{oc}=v_{oc1}-v_{oc2}\approx 0$，此时的共模电压增益

$$A_{vc}=\frac{v_{oc}}{v_{ic}}\approx 0$$

单端输出时

$$A_{vc}=\frac{v_{oc1}}{v_{ic}}=-\frac{\beta R'_L}{R_s+r_{be}+(1+\beta)\cdot 2R_e}\approx -\frac{R'_L}{2R_e}$$

由上式可以看出：$R_e$ 越大，则 $A_{vc}$ 越小，说明电路抑制共模信号的能力越强。

② 共模抑制比

虽然在实际中要达到电路完全对称很不容易，但差分放大电路依然具有很强的抑制共模信号的能力。一般地，共模信号就是漂移信号或者是伴随输入信号一起加入的干扰信号（对两个输入端而言，干扰信号是相同的），因此，共模电压增益越小，说明放大电路的性能越好。差分放大电路除了采用共模电压增益表征放大电路的性能，还经常采用共模抑制比这一技术指标来衡量。

共模抑制比定义为放大电路的差模信号的电压增益 $A_{vd}$ 与共模信号的电压增益 $A_{vc}$ 之比的绝对值，即

$$K_{CMRR}=\left|\frac{A_{vd}}{A_{vc}}\right|$$

差模电压增益越大，共模电压增益越小，则共模抑制比越高，放大电路的性能越优良，对共模信号的抑制能力越强。因此对于差分放大电路，希望 $K_{CMRR}$ 的值越大越好。若电路完全对称，双端输出时的共模电压增益 $A_{vc}=0$，则共模抑制比 $K_{CMRR}$ 为无穷大。

共模抑制比有时也用对数来表示(单位为 dB),即

$$K_{CMRR}=20\lg\left|\frac{A_{vd}}{A_{vc}}\right|(dB)$$

由前面分析可知,长尾式差分放大电路中 $R_e$ 对差模信号没有负反馈,因此对差模电压增益没有影响。但对共模信号有负反馈,故使共模电压增益减小。所以采用差分放大电路能有效地提高共模抑制比。恒流源式差分放大电路中恒流源的动态交流电阻较长尾式差分放大电路 $R_e$ 的数值更大,因此抑制共模信号的能力更强。

③ 共模输入电阻

由图 5.14(d)可以看出,当差分放大电路加上共模信号时,两个半边电路实际上是并联关系(图 5.15 可以更清楚地显示出来),因此,共模输入电阻为半边电路输入电阻阻值的一半,即

$$R_{ic}=\frac{1}{2}[R_s+r_{be}+2(1+\beta)R_e]$$

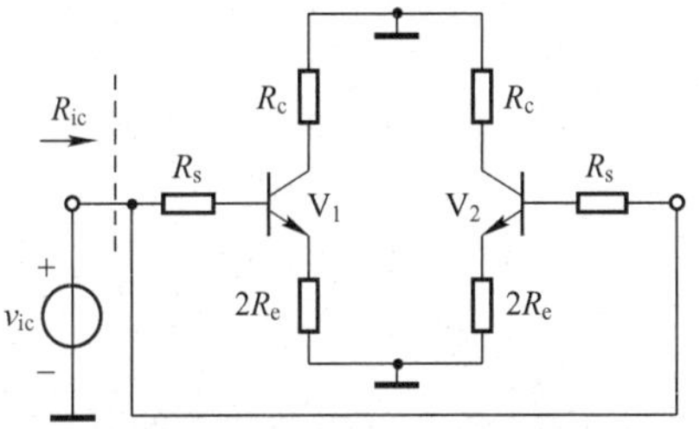

图 5.15　求共模输入电阻的电路

以下是几个关于差分放大电路静态与动态计算的例题。在静态计算时,我们采用了假设基极电位近似为 0 的计算方法。这种方法与列出基极回路 KVL 方程的计算方法相比,更加简单,并且二者的计算结果相差很小(例 5.1 中会对两种方法做一比较)。

**【例 5.1】** 某差分放大电路如图 5.16 所示。$V_1$、$V_2$ 参数相同,$V_{CC}=V_{EE}=6V$,$V_{BE1}=V_{BE2}=V_{BE}=0.7V$,$\beta=100$,$R_s=51\Omega$,$r_{bb'}=100\Omega$。试计算:

(1) 静态时两管的 $I_{BQ}$、$I_{CQ}$和 $V_{CEQ}$各为多少?

(2) 计算差模电压增益 $A_{vd}$;

(3) 计算差模输入电阻 $R_{id}$和输出电阻 $R_{od}$。

**解:**(1) 静态电路如图 5.17 所示。静态时,基极电位 $V_{BQ}\approx 0V$。

由 $V_{BE1}=V_{BE2}=V_{BE}=0.7V$,于是发射极电位为 $V_{EQ}=-0.7V$。

$$I_{EQ}=\frac{V_{EQ}-(-V_{EE})}{2R_e}=\frac{-0.7+6}{2\times 5.1}=0.52(mA)$$

$$I_{CQ1}=I_{CQ2}\approx I_{EQ}=0.52(mA)$$

$$I_{BQ}=I_{CQ}/\beta=5.2(\mu A)$$

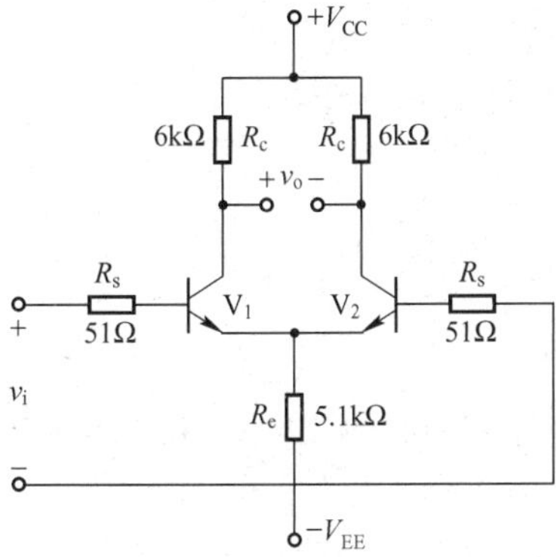

图 5.16　例 5.1 图

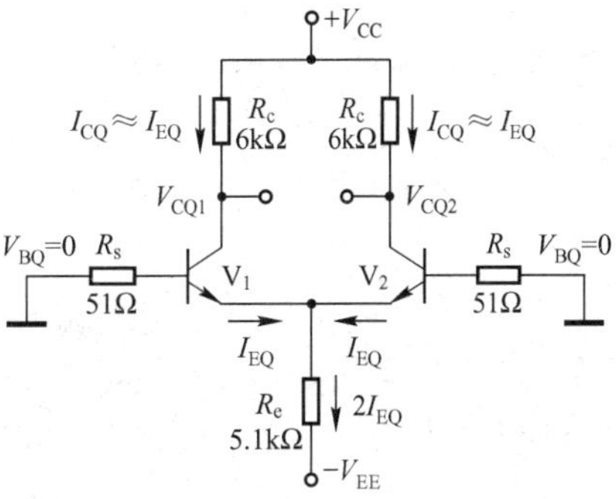

图 5.17　例 5.1 静态电路

$$V_{CEQ1}=V_{CEQ2}=V_{CQ}-V_{EQ}=V_{CC}-I_{CQ}R_c-V_{EQ}=6-0.52\times 6-(-0.7)=3.58(V)$$

这里介绍静态参数的另一种求法——采用 KVL 方程求解。

由于 $$V_{EE}=I_{BQ}R_s+V_{BE}+2I_{EQ}R_e=I_{BQ}R_s+V_{BE}+2(1+\beta)I_{BQ}R_e$$

可得 $$I_{BQ}=\frac{V_{EE}-V_{BE}}{R_s+2(1+\beta)R_e}=\frac{6-0.7}{0.051+2\times(1+100)\times5.1}=5.14(\mu A)$$

$$I_{CQ}=\beta I_{BQ}=0.51mA\approx I_{EQ}$$

$$V_{CEQ1}=V_{CEQ2}=V_{CQ}-V_{EQ}=(V_{CC}+V_{EE})-I_{CQ}R_C-2I_{EQ}R_e$$
$$=(6+6)-0.51\times6-2\times0.51\times5.1=3.67(V)$$

通过比较发现二者计算结果相差比较小。

事实上我们注意到 $V_{BQ}=-5.144\times0.051\approx-0.26mV$，基极电位虽然较小，但并不真正为零。在实际电路中，一般通过选择合适的偏流电阻使基极电位为零。基极电位为零可以使静态时信号源电流为零，并且放大电路工作时受到的干扰较小。

（2）由于 $r_{bb'}=100\Omega$，所以

$$r_{be}=r_{bb'}+(1+\beta)\frac{26(mV)}{I_E(mA)}=100\Omega+(1+100)\frac{26}{0.52}=5.21(k\Omega)$$

$$A_{vd}=-\frac{\beta R_c}{R_s+r_{be}}=-\frac{100\times6}{0.051+5.21}=-114.05$$

（3） $$R_{id}=2(R_s+r_{be})=2\times(0.051+5.21)=10.52(k\Omega)$$

$$R_o=2R_c=12k\Omega$$

**【例 5.2】** 恒流源式差分放大电路如图 5.18 所示。已知三极管的 $V_{BE1}=V_{BE2}=V_{BE3}=0.7V$，$\beta=50$，$r_{bb'}=100\Omega$，$V_Z=+6V$，$+V_{CC}=+12V$，$-V_{EE}=-12V$，电位器 RP 置于中间。

（1）试计算两管的静态工作点 $Q(I_{BQ}$、$I_{CQ}$和 $V_{CEQ})$；

（2）计算差模电压增益 $A_{vd}$；

（3）计算差模输入电阻 $R_{id}$和输出电阻 $R_{od}$。

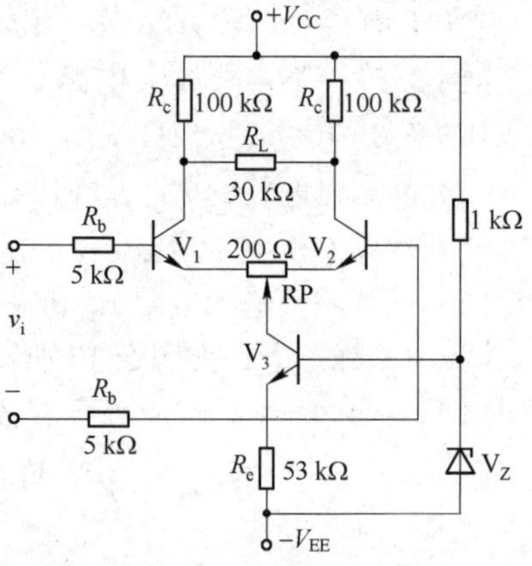


图 5.18 例 5.2 的电路

**解**：此电路中接入电位器 RP（称为调 0 电位器）的目的是在差分放大电路两端参数不完全对称时使静态输出电压 $V_o=0V$。和长尾式差分放大电路不同的是，恒流源式差分放大电路静态参数计算应从 $V_3$ 管开始。

（1）静态时，$V_3$ 管基极电位为

$$V_{B3}=-V_{EE}+V_Z=-12+6=-6V$$

$V_3$ 管发射极电流为 $$2I_{EQ}=\frac{V_{B3}-V_{BE3}-(-V_{EE})}{R_e}=\frac{-6-0.7+12}{53}=0.1(mA)$$

若电位器 RP 不影响参数的对称性，则 $V_1$ 和 $V_2$ 两管的集电极电流为

$$I_{CQ1}=I_{CQ2}=I_{CQ}\approx I_{EQ}=0.05(mA)$$

$V_1$ 和 $V_2$ 管的基极电流为 $$I_{BQ1}=I_{BQ2}=I_{BQ}=I_{CQ}/\beta=1(\mu A)$$

基极电位为 $$V_{BQ}\approx0V$$

因 $V_{BE1}=V_{BE2}=V_{BE}=0.7V$，于是得 $V_{EQ1}=V_{EQ2}=V_{C3}=-0.7V$。

所以 $V_1$ 和 $V_2$ 的管压降为 $V_{CEQ1}=V_{CEQ2}=V_{CC}-I_{CQ}R_c-V_{EQ}=12-0.05\times100-(-0.7)=7.7(V)$

此时 $V_3$ 管的基极电流为 $$I_{BQ3}=I_{CQ3}/\beta\approx0.1/50=2(\mu A)$$

$V_3$ 管的管压降为 $V_{CEQ3}=V_{C3}-V_{E3}\approx V_{E1}-V_{E3}=-0.7-(-6-0.7)=6(V)$

（2）由于 $r_{bb'}=100\Omega$，所以

$$r_{be1}=r_{be2}=r_{be}=r_{bb'}+(1+\beta)\frac{26(mA)}{I_E(mA)}=100+(1+50)\frac{26}{0.05}=26.62(k\Omega)$$

$$A_{vd}=-\frac{\beta\left(R_c//\frac{R_L}{2}\right)}{(1+\beta)\frac{R_{RP}}{2}+R_b+r_{be}}=-\frac{50\times(100//15)}{5+26.5+(1+50)\times0.1}=-17.76$$

(3)
$$R_{id}=2\left[R_b+r_{be}+(1+\beta)\frac{R_{RP}}{2}\right]=73(\text{k}\Omega)$$

$$R_o=2R_c=200\text{k}\Omega$$

**【例 5.3】** 双端输入、单端输出长尾式差分放大电路如图 5.19 所示。已知三极管的 $V_{BE}=0.6\text{V}$，$\beta=80$，$r_{bb'}=100\Omega$，$+V_{CC}=+12\text{V}$，$-V_{EE}=-12\text{V}$，$R_L=50\text{k}\Omega$。试计算：

(1) 静态时两管的基极电流 $I_{BQ1}$ 和 $I_{BQ2}$，管压降 $V_{CEQ1}$ 和 $V_{CEQ2}$；

(2) 差模电压增益 $A_{vd}$；

(3) 差模输入电阻 $R_{id}$ 和差模输出电阻 $R_{od}$；

(4) 共模输入电阻 $R_{ic}$ 和共模电压增益 $A_{vc}$；

(5) 共模抑制比 $K_{CMRR}$；

(6) 若输入有效值 $V_{i1}=40\text{mV}$，$V_{i2}=20\text{mV}$，求电路的输出电压有效值 $V_o$。

**解：**(1) 静态时，基极电位 $V_{BQ}\approx0\text{V}$，由 $V_{BE}=0.6\text{V}$，于是发射极电位 $V_{EQ}=-0.6\text{V}$。

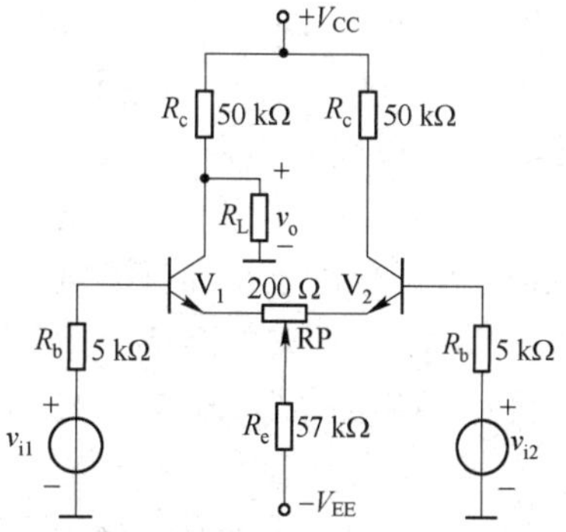


图 5.19　例 5.3 的电路

流经 $R_e$ 的电流为

$$2I_{EQ}=\frac{V_E-(-V_{EE})}{R_e}=\frac{-0.6+12}{57}=0.2(\text{mA})$$

$V_1$ 和 $V_2$ 两管的集电极电流为

$$I_{CQ1}=I_{CQ2}\approx I_{EQ}=0.1\text{mA}$$

所以　$I_{BQ1}=I_{BQ2}=I_{CQ}/\beta=0.1/80(\text{mA})=1.25(\mu\text{A})$

$V_1$ 的集电极电位 $V_{CQ1}$ 满足　$\dfrac{V_{CC}-V_{CQ1}}{R_c}=\dfrac{V_{CQ1}}{R_L}+I_{CQ1}$

因此
$$V_{CQ1}=\frac{\frac{V_{CC}}{R_c}-I_{CQ1}}{\frac{1}{R_c}+\frac{1}{R_L}}=\frac{\frac{12}{50}-0.1}{\frac{1}{50}+\frac{1}{50}}=3.5(\text{V})$$

$V_2$ 的集电极电位为　$V_{CQ2}=V_{CC}-I_{CQ2}R_c=12-0.1\times50=7(\text{V})$

所以 $V_1$ 和 $V_2$ 两管的管压降分别为

$$V_{CEQ1}=V_{CQ1}-V_{EQ1}=3.5+0.6=4.1(\text{V})$$
$$V_{CEQ2}=V_{CQ2}-V_{EQ2}=7+0.6=7.6(\text{V})$$

(2)
$$r_{be}=r_{bb'}+(1+\beta)\frac{26(\text{mV})}{I_E(\text{mA})}=100+(1+80)\frac{26}{0.1}=21.16(\text{k}\Omega)$$

$$A_{vd}=-\frac{\beta(R_c//R_L)}{2\left[(1+\beta)\frac{R_{RP}}{2}+R_b+r_{be}\right]}=-\frac{80\times(50//50)}{2\times(81\times0.1+5+21.16)}=-29.19$$

(3)
$$R_{id}=2\left[R_b+r_{be}+(1+\beta)\frac{R_{RP}}{2}\right]=2\times(5+21.16+81\times0.1)=68.52(\text{k}\Omega)$$

$$R_{od}=R_c=50\text{k}\Omega$$

(4) $R_{ic}=\dfrac{1}{2}\left[R_b+r_{be}+(1+\beta)\left(\dfrac{R_{RP}}{2}+2R_e\right)\right]=\dfrac{1}{2}\times[5+21.16+81\times(0.1+2\times57)]=4634.13(\text{k}\Omega)$

$$A_{vc}=-\frac{\beta(R_c//R_L)}{(1+\beta)\left[\dfrac{R_{RP}}{2}+2R_e\right]+R_b+r_{be}}=-\frac{80\times(50//50)}{5+21.16+81\times(0.1+114)}=-0.22$$

(5) $$K_{CMRR}=\left|\frac{A_{vd}}{A_{vc}}\right|=\frac{29.15}{0.22}=132.68$$

(6) 输入 $V_{i1}=40\text{mV}$, $V_{i2}=20\text{mV}$ 时,因为

$$V_{id}=V_{i1}-V_{i2}=20\text{mV},\ V_{ic}=\frac{1}{2}(V_{i1}+V_{i2})=30\text{mV}$$

因此电路输出 $V_o=A_{vd}V_{id}+A_{vc}V_{ic}=-29.19\times20+(-0.22\times30)=-590(\text{mV})=-0.59(\text{V})$

图 5.20 是例 5.3 的 Multisim 仿真,由图 5.20(a)的静态工作点分析仿真结果可以得到两管的静态工作点为:$I_{BQ1}=I_{BQ2}=1.22\mu\text{A}$,$I_{CQ1}=I_{CQ2}=0.098\text{mA}$,$V_{CQ1}=3.56\text{V}$,$V_{CQ2}=7.19\text{V}$,$V_{CEQ1}=4.28\text{V}$,$V_{CEQ2}=7.84\text{V}$。图 5.20(b)是差模输入电阻和差模电压增益的仿真,输入信号是一对有效值为±5mV 的差模信号,从左到右的三个万用表分别测试差模输入电压、输入电流和差模输出电压,于是可以得到差模输入电阻 $R_{id}=10\text{mV}/144.75\text{nA}=69.08\text{k}\Omega$,差模电压增益 $A_{vd}=-289.493/10=-28.95$。图 5.20(c)是共模输入电阻和共模电压增益的仿真,输入信号是有效值为 100mV 的共模信号,从左到右的三个万用表分别测试共模输入电压、输入电流和共模输出电压,得到共模输入电阻 $R_{ic}=100\text{mV}/21.58\text{nA}=4633.92\text{k}\Omega$,共模电压增益 $A_{vc}=-21.578/100=-0.22$。图 5.20(d)是输入信号 $V_{i1}=40\text{mV}$、$V_{i2}=20\text{mV}$ 时电路输出电压的仿真,两个万用表分别测试输出端交流电压和直流电压,得到交流电压的有效值为 0.579mV,直流电压为 3.558V(与图 5.20(a) 中测得的静态 $V_{CQ1}$ 一致)。从示波器的波形看,下面是输入信号,上面是输出信号,这是个反相放大器,输出信号是在静态的集电极电压 3.558V 基础上叠加反相的有效值为 0.579mV 的交流信号。所有数据与例题理论计算结果吻合情况均较好。

**3. 差分放大电路的比较**

表 5.1 对长尾式差分放大电路及恒流源式差分放大电路的结构、静态参数、动态参数(差模参数和共模参数)进行了比较。这里请注意,在计算静态参数 $V_{CEQ}$ 时,采用了两种常见方法:利用 KVL 方法和近似方法。这两种方法均可采用,计算结果相差不大。并且,单端输出是以 $V_1$ 集电极对地输出为例的。若采用 $V_2$ 集电极对地输出,则差模电压增益表达式前去掉负号。同时,表 5.1 中给出的都是包含调零电位器 $R_w$ 的电路结构。如果电路不含 $R_w$,在计算时此项取值为 0 即可。

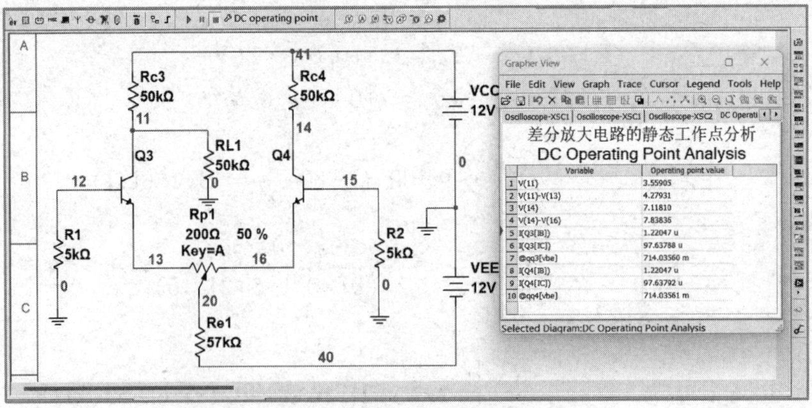


(a) 静态工作点的仿真

图 5.20 例 5.3 的 Multisim 仿真

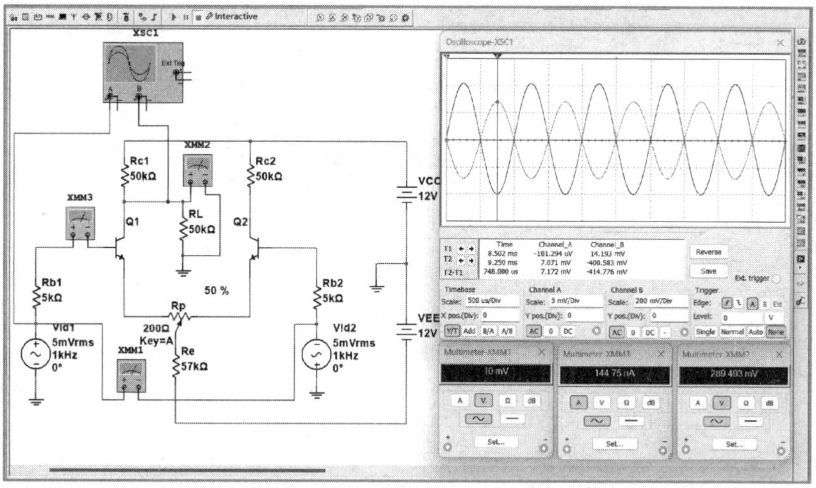


(b) 差模输入电阻和差模电压增益的仿真

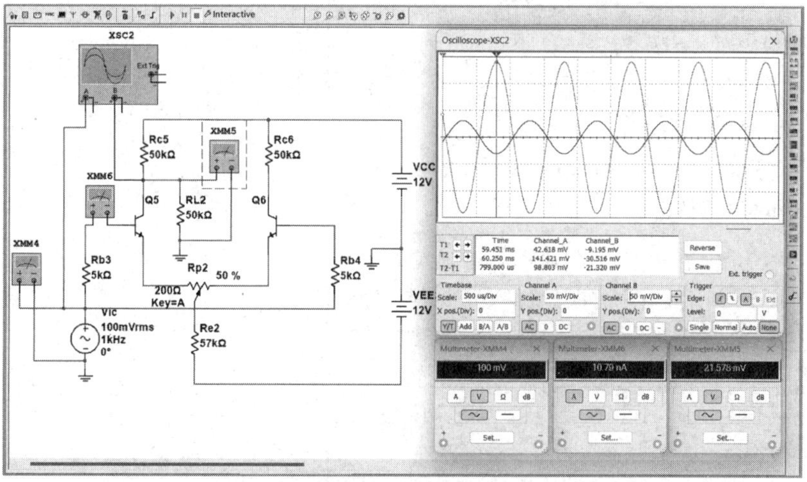


(c) 共模输入电阻和共模电压增益的仿真

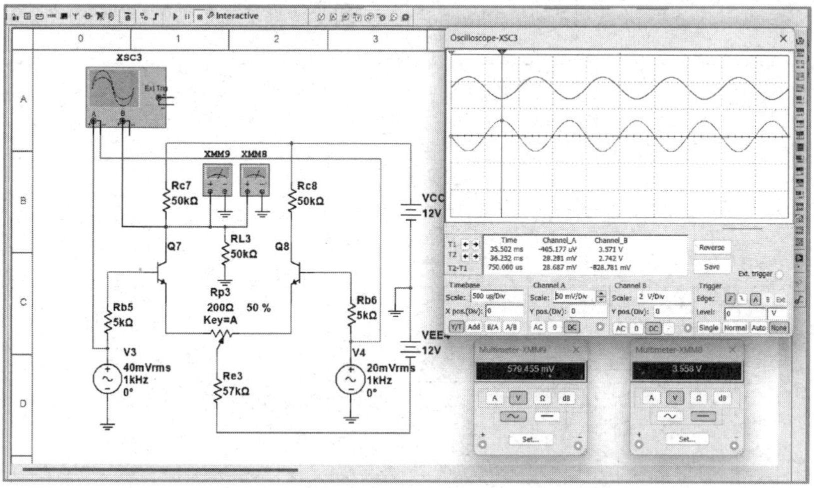


(d) $V_{i1}$= 40mV、$V_{i2}$= 20mV 时电路输出电压的仿真

图 5.20　例 5.3 的 Multisim 仿真(续)

**表 5.1　差分放大电路的比较**

| | | 长尾式差分放大电路 | | 恒流源式差分放大电路 | |
|---|---|---|---|---|---|
| | | 双端输出 | 单端输出 | 双端输出 | 单端输出 |
| 电路结构 | | 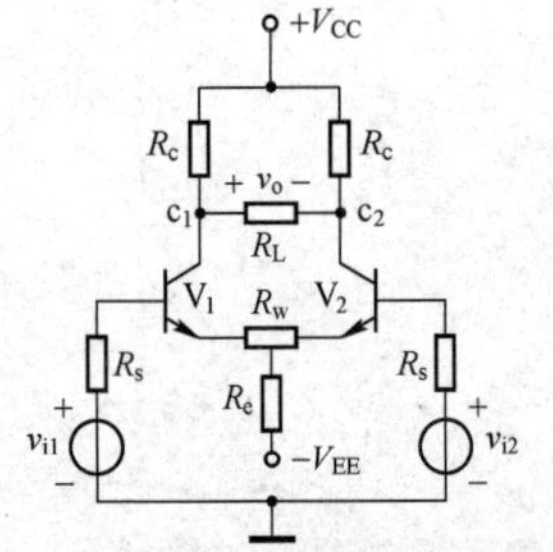 | 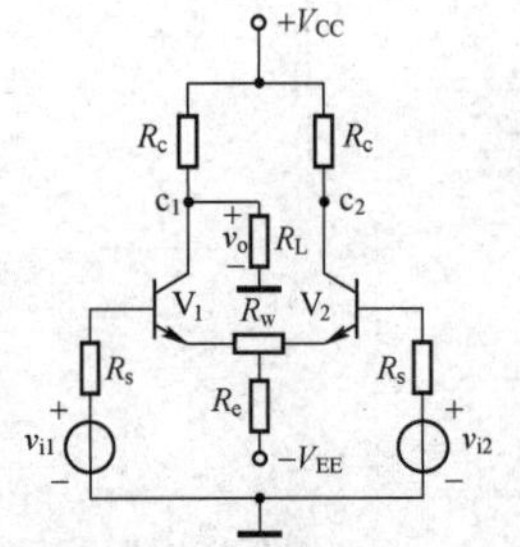 | 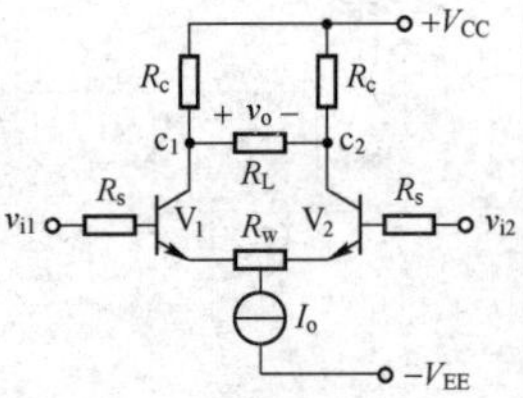 | 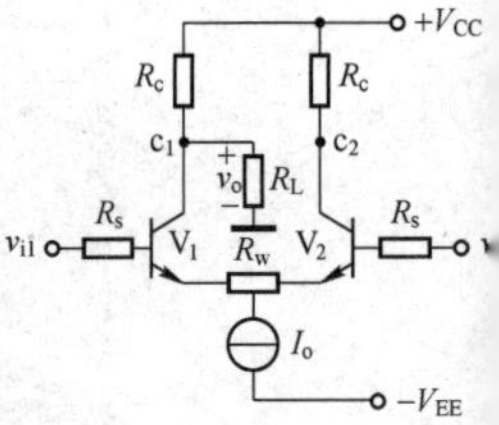 |
| 静态参数 | | $I_{BQ}=\dfrac{\lvert V_{EE}\rvert-V_{BE}}{R_s+(1+\beta)\left[\dfrac{R_w}{2}+2R_e\right]}$<br>$I_{CQ}=\beta I_{BQ}$<br>$V_{CEQ}=V_{CQ}-V_{EQ}=V_{CC}-I_{CQ}R_c-I_{EQ}\cdot\dfrac{1}{2}R_w-2I_{EQ}R_e+V_{EE}$<br>（此处采用 KVL 求解） | $I_{BQ}=\dfrac{\lvert V_{EE}\rvert-V_{BE}}{R_s+(1+\beta)\left[\dfrac{R_w}{2}+2R_e\right]}$<br>$I_{CQ}=\beta I_{BQ}$<br>$V_{CQ1}=\dfrac{\dfrac{V_{CC}}{R_c}-I_{CQ1}}{\dfrac{1}{R_c}+\dfrac{1}{R_L}}$<br>$V_{CEQ1}=V_{CQ1}-V_{EQ1}\approx V_{CQ1}+V_{BE}$<br>$V_{CQ2}=V_{CC}-I_{CQ2}R_c$<br>$V_{CEQ2}=V_{CC}-I_{CQ2}R_c+V_{BE}$<br>（此处采用近似方法<br>$V_{EQ}=V_{BQ}-V_{BE}\approx -V_{BE}$） | $I_{E1}=I_{E2}=I_E=\dfrac{1}{2}I_o$<br>$I_{C1}=I_{C2}=I_C\approx I_E$<br>$I_{B1}=I_{B2}=I_C/\beta$<br>$V_{CE1}=V_{CE2}=V_{CC}-I_CR_c-V_E$<br>$\approx V_{CC}-I_CR_c+V_{BE}$<br>（此处采用近似方法<br>$V_{EQ}=V_{BQ}-V_{BE}\approx -V_{BE}$） | $I_{E1}=I_{E2}=I_E=\dfrac{1}{2}I_o$<br>$I_{C1}=I_{C2}=I_C\approx I_E$<br>$I_{B1}=I_{B2}=I_C/\beta$<br>$V_{CQ1}=\dfrac{\dfrac{V_{CC}}{R_c}-I_{CQ1}}{\dfrac{1}{R_c}+\dfrac{1}{R_L}}$<br>$V_{CEQ1}=V_{CQ1}-V_{EQ1}$<br>$\approx V_{CQ1}+V_{BE}$<br>$V_{CQ2}=V_{CC}-I_{CQ2}R_c$<br>$V_{CEQ2}=V_{CC}-I_{CQ2}R_c+V_{BE}$<br>（此处采用近似方法<br>$V_{EQ}=V_{BQ}-V_{BE}\approx -V_{BE}$） |
| 动态参数（差模） | 电压增益 $A_{vd}$ | $\dfrac{-\beta\left(R_c//\dfrac{R_L}{2}\right)}{R_s+r_{be}+(1+\beta)\dfrac{R_w}{2}}$ | $\dfrac{-\beta(R_c//R_L)}{2\left[R_s+r_{be}+(1+\beta)\dfrac{R_w}{2}\right]}$ | $\dfrac{-\beta\left(R_c//\dfrac{R_L}{2}\right)}{R_s+r_{be}+(1+\beta)\dfrac{R_w}{2}}$ | $\dfrac{-\beta(R_c//R_L)}{2\left[R_s+r_{be}+(1+\beta)\dfrac{R_w}{2}\right]}$ |
| | 输入电阻 $R_{id}$ | $2\left[R_s+r_{be}+(1+\beta)\dfrac{R_w}{2}\right]$（差分放大电路单边电阻进行串联） | | | |
| | 输出电阻 $R_{od}$ | $2R_c$ | $R_c$ | $2R_c$ | $R_c$ |
| 动态参数（共模） | 电压增益 $A_{vc}$ | 0 | $\dfrac{-\beta(R_c//R_L)}{R_s+r_{be}+(1+\beta)\dfrac{R_w}{2}+(1+\beta)\cdot 2R_e}$ | 0 | $\dfrac{-\beta(R_c//R_L)}{R_s+r_{be}+(1+\beta)\dfrac{R_w}{2}+(1+\beta)\cdot 2}$<br>（$r_o$是恒流源阻值） |
| | 输入电阻 $R_{ic}$ | $\dfrac{1}{2}\left[R_s+r_{be}+(1+\beta)\dfrac{R_w}{2}+(1+\beta)\cdot 2R_e\right]$<br>（差分放大电路单边电阻进行并联） | | $\dfrac{1}{2}\left[R_s+r_{be}+(1+\beta)\dfrac{R_w}{2}+(1+\beta)\cdot 2r_o\right]$<br>（差分放大电路单边输入电阻进行并联） | |
| | 输出电阻 $R_{oc}$ | $2R_c$ | $R_c$ | $2R_c$ | $R_c$ |
| 动态参数（共模抑制比 $K_{CMRR}$） | | $\infty$ | $\dfrac{R_s+r_{be}+(1+\beta)\dfrac{R_w}{2}+(1+\beta)\cdot 2R_e}{2\left[R_s+r_{be}+(1+\beta)\dfrac{R_w}{2}\right]}$ | $\infty$ | $\dfrac{R_s+r_{be}+(1+\beta)\dfrac{R_w}{2}+(1+\beta)\cdot}{2\left[R_s+r_{be}+(1+\beta)\dfrac{R_w}{2}\right]}$ |

### 5.1.3　偏置电路

前述章节中，大多数三极管和 FET 放大电路采用分压式电阻偏置电路，但是这种偏置电路只有在分立元件电路中才能使用。由于电阻元件与三极管相比占用芯片面积很大，所以集成电路中一般不直接使用电阻。

集成电路的偏置电路与前述分立元件偏置电路有很大区别，一般采用电流源电路。电流源是集成电路中基本的单元电路，可以使输出电流保持恒定，是与电压源相对应的一种电源电路。电流源为放大电路提供稳定的偏置电流，用以稳定静态工作点，这对直接耦合放大器是十分重要的。电流源亦可用做放大电路的有源负载，使放大电路获得较高的增益及较大的动态范围。

由于三极管的输出特性具有恒流的特点，因此电流源常常采用由三极管构成的电流负反馈电路，并利用 PN 结的温度特性，对电流源电路进行温度补偿，以减小温度对电流的影响，这样就可以使三极管的恒流特性更接近于理想情况。

在模拟集成电路中，常用的电流源电路有：镜像电流源、精密镜像电流源、Wilson 电流源、Widlar 电流源和多路电流源等。

**1. 镜像电流源**

镜像电流源是集成电路电流源最基本的形式，如图 5.21 所示。$V_1$ 和 $V_2$ 是两个完全相同的三极管，基极和发射极分别相连，因此两只管子的基极和发射极的极间压降 $V_{BE}$ 相同。在工作温度相同时，$V_2$ 的集电极电流是电流源电路（$V_1$）电流的镜像（二者相等）。

由于两只三极管的参数完全相同，即 $\beta_1=\beta_2=\beta$，$V_{BE1}=V_{BE2}=V_{BE}$，当三极管的 $\beta$ 较大时，基极电流 $I_B$ 可以忽略。$V_2$ 的集电极电流 $I_{C2}$ 近似等于基准电流 $I_{REF}$。

$$I_{REF}=I_{C1}+2I_B=I_{C2}+2I_B=I_{C2}\left[1+\frac{2}{\beta}\right]$$

由于 $I_{REF}=\dfrac{V_{CC}-V_{BE}}{R}$，$R$ 确定后，$I_{REF}$ 就确定了。当 $\beta\gg 2$ 时，$I_{C2}=I_O\approx I_{REF}$，$I_{C2}$ 和 $I_{REF}$ 是镜像关系。

镜像电流源电路结构简单，$V_1$ 对 $V_2$ 具有温度补偿作用，$I_{C2}$ 的温度稳定性也较好。但 $I_{REF}$ 受电源变化的影响大，要求电源应十分稳定。

**2. 精密镜像电流源**

精密镜像电流源是在普通镜像电流源的基础上再加上一只三极管构成的，如图 5.22 所示。$V_3$ 向 $V_1$ 和 $V_2$ 提供基极电流，由于 $V_3$ 的电流较 $V_1$ 和 $V_2$ 的电流小很多（$I_{B3}$ 将比镜像电流源的 $2I_B$ 小 $\beta_3$ 倍），因此 $I_{C2}$ 和 $I_{REF}$ 更加接近。

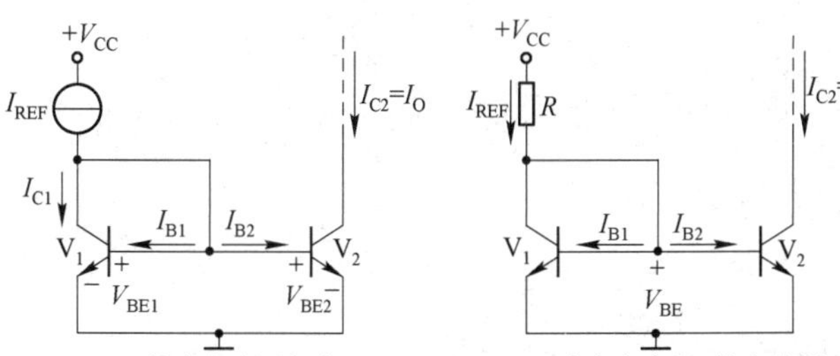

(a) 基本电流源电路　　(b) 有参考电阻R的电流源

图 5.21　镜像电流源

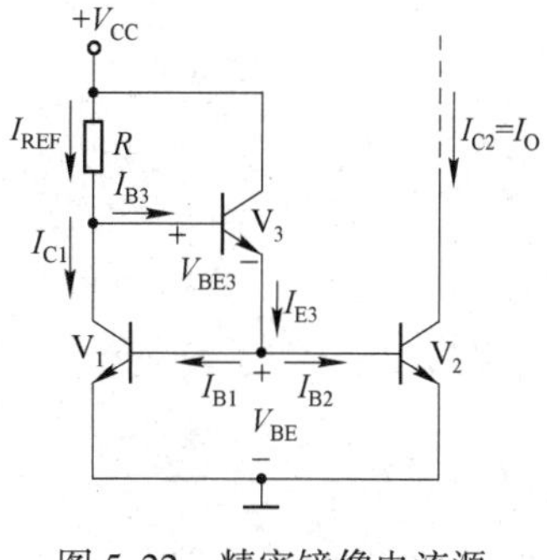

图 5.22　精密镜像电流源

因为 $I_{B1}=I_{B2}=I_B$，所以 $I_{E3}=2I_B$，于是

$$I_{REF}=I_{C1}+I_{B3}=I_{C1}+\frac{I_{E3}}{1+\beta_3}=I_{C2}+\frac{2I_{B2}}{1+\beta_3}=I_{C2}+\frac{2I_{C2}}{\beta(1+\beta_3)}=I_{C2}\left[1+\frac{2}{\beta(1+\beta_3)}\right]$$

所以输出电流
$$I_{C2}=I_O=I_{REF}\bigg/\left[1+\frac{2}{\beta(1+\beta_3)}\right]$$

和普通镜像电流源相比，精密镜像电流源的精度提高了，这种电流源电路适用于工作电流较大(毫安数量级)的场合。

**3. Wilson 电流源**

还有一种由 3 只相同的三极管构成的电流源电路，叫做 Wilson 电流源，如图 5.23 所示。

通过分析可得
$$I_{REF}=I_{C1}+I_{B3},\quad I_{E3}=I_{C2}+2I_B=I_{C2}\left(1+\frac{2}{\beta}\right)$$

由三极管 3 个电极电流之间的关系可得

$$I_{C2}=I_{E3}\bigg/\left[1+\frac{2}{\beta}\right]=\left[\frac{1+\beta}{\beta}\right]I_{C3}\bigg/\left[1+\frac{2}{\beta}\right]=\frac{1+\beta}{2+\beta}I_{C3}$$

$$I_{REF}=I_{C2}+I_{B3}=\frac{1+\beta}{2+\beta}I_{C3}+\frac{I_{C3}}{\beta}$$

因此输出电流
$$I_{C3}=I_O=I_{REF}\bigg/\left[1+\frac{2}{\beta(2+\beta)}\right]$$

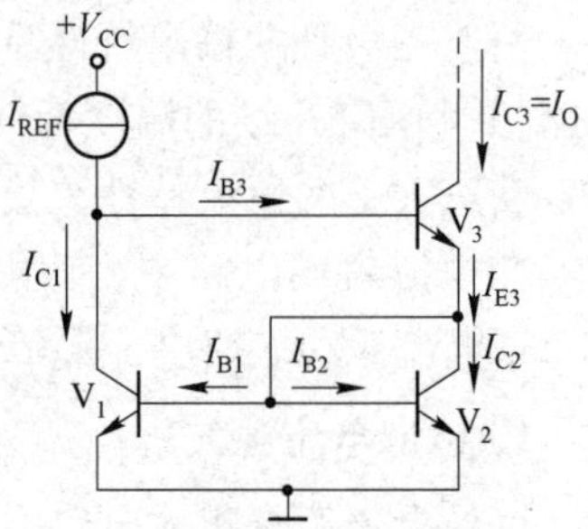

图 5.23　Wilson 电流源

可以看出：Wilson 电流源与精密镜像电流源的关系式是类似的。

**4. Widlar 电流源**

前面几种电流源电路中，负载电流与参考电流近似相等。但是这些电路存在一个问题。例如对于图 5.21(b)的电流源电路，若需要输出电流 $I_O=10\mu A$，则对于 $V_{CC}=10V$ 的情况，参考电阻的阻值为

$$R=\frac{V_{CC}-V_{BE}}{I_{REF}}=\frac{10-0.7}{10\times10^{-6}}=930(k\Omega)$$

这是一个接近 1MΩ 数量级的电阻，对于集成电路来说精确制造十分困难。

图 5.24 所示的 Widlar 电流源可以解决此类问题。该电流源电路通过接入电阻 $R_e$ 得到一个比基准电流小许多倍的微小电流，适用于微功耗的集成电路中。

根据三极管电压与电流的基本关系式，$I_O$ 与 $I_{REF}$ 的关系可简单推导如下：

$$I_{REF}\approx I_{E1}\approx I_{S1}e^{V_{BE1}/V_T},\ I_O=I_{C2}\approx I_{E2}\approx I_{S2}e^{V_{BE2}/V_T}$$

发射极与基极之间的电压可分别表示为

$$V_{BE1}=V_T\left(\ln\frac{I_{REF}}{I_{S1}}\right),\ V_{BE2}=V_T\left(\ln\frac{I_O}{I_{S2}}\right)$$

所以
$$\Delta V_{BE}=V_{BE1}-V_{BE2}=V_T\left(\ln\frac{I_{REF}}{I_{S1}}-\ln\frac{I_O}{I_{S2}}\right)$$

由图 5.24 可知
$$V_{BE1}=V_{BE2}+I_{E2}R_e$$

因此
$$\Delta V_{BE}=V_{BE1}-V_{BE2}=I_{E2}R_e\approx I_OR_e$$

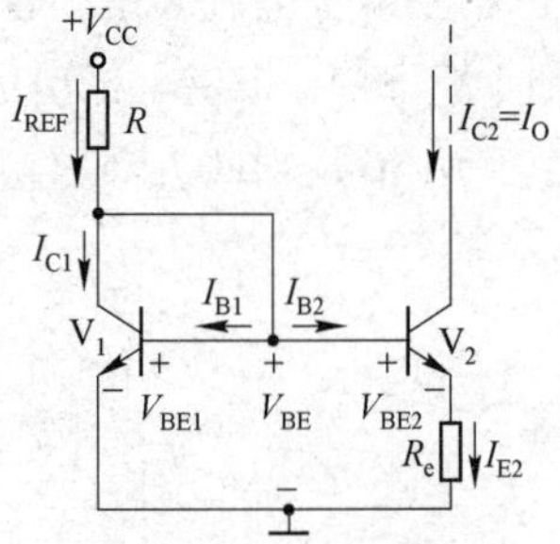

图 5.24　Widlar 电流源

由于 $V_1$ 和 $V_2$ 为对称管，有 $I_{S1}=I_{S2}$，于是

$$I_OR_e=\Delta V_{BE}=V_T\ln\left(\frac{I_{REF}}{I_O}\right)$$

$\Delta V_{BE}$的值很小，只要选取合适的 $R_e$，即可获得微小的电流，使$I_O\ll I_{REF}$。

因为 $V_1$ 对 $V_2$ 有温度补偿作用，所以 $I_0$ 的温度稳定性也较好。同时，$R_e$ 具有电流负反馈作用，因此 Widlar 电流源具有很好的恒流特性。

**5. 多路电流源**

前面研究的各种电流源电路均有一路与参考电流对应的负载电流，在实际中有时需要多路负载电流，可以采用如图 5.25 所示的多路电流源实现。

假设各三极管参数相同，则输出电流为

$$I_{O1}=I_{O2}=\cdots=I_{ON}=I_{REF}\bigg/\left(1+\frac{1+N}{\beta}\right)$$

上述各种电流源也可用 FET 实现，此处不再赘述。

**6. 电流源做有源负载**

在三极管放大电路中，电压增益与 $R_c$ 成正比，增大 $R_c$ 就可以提高电压增益。但是，随着 $R_c$ 的增大，若保持集电极电流及集电极-发射极的极间压降不变，必须增大 $V_{CC}$。由于实际中对 $R_c$ 和 $V_{CC}$ 的取值是有一定限制的，因此电压增益的提高会受到制约。

三极管电阻可以很好地解决这个问题，它不仅可以大大提高分立元件电路的增益，还可以在集成电路中只占用很小的面积。

电流源的直流电阻小，但交流电阻很大，常作为负载使用，称为有源负载，如图 5.26 所示。V 是放大管，PNP 型三极管 $V_1$、$V_2$ 和电阻 $R$ 组成镜像电流源，作为 V 的集电极有源负载。电流源亦常用做射极负载。

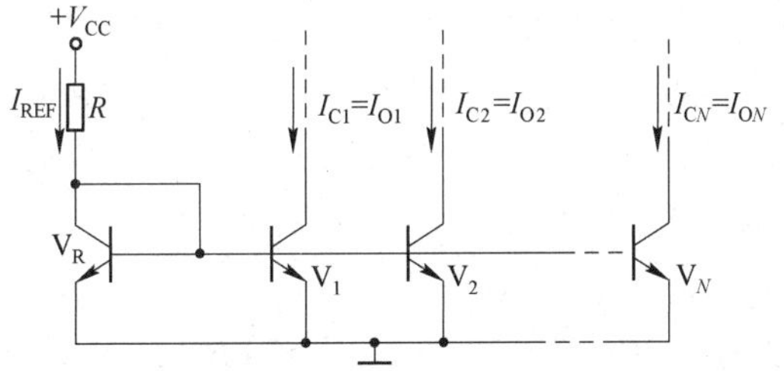


图 5.25　多路电流源

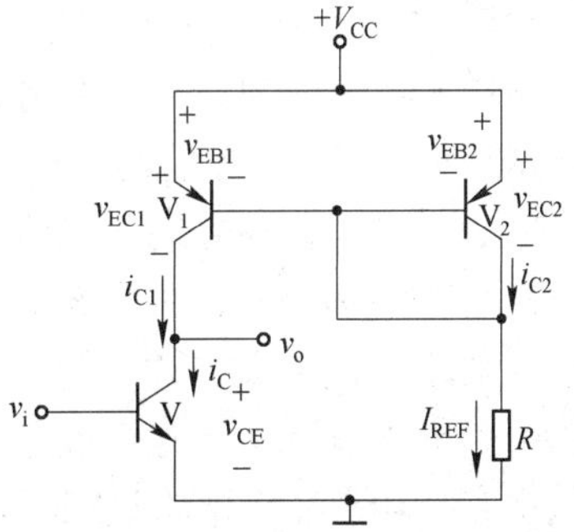


图 5.26　电流源用做集电极有源负载

## 5.1.4　功率放大电路

集成运放的最后一级（输出级）往往采用功率放大电路。本节对此做简要介绍。

**1. 概述**

一般地，多级电路的最后一级总是要提供一定的功率，用以驱动负载工作。例如，收音机中扬声器的音圈、显示仪表的指针、电动机的控制绕组、计算机显示器或电视机的扫描偏转线圈等。所以多级放大电路除了应有电压放大级，还要有一个能输出一定功率信号的输出级。工程上把这种主要用于向负载提供较大功率输出的放大电路称为功率放大电路。

功率放大电路与前述电压放大电路在本质上是相同的，都是能量控制器件，即利用三极管的电流控制作用将直流电源的能量转换为一定形式的交流信号的能量进行输出。

但是，功率放大电路与电压放大电路又有一定的区别，二者工作的目的是不同的。电压放大电路主要用来不失真地放大较小的输入信号（小信号）的幅值，一般用于多级电路的前级和中间级；而功率放大电路通常在大信号条件下工作，主要作用是获得不失真的或较小失真的功率输出。因此，功率放大电路必然有一些与电压放大电路不同之处，功率放大电路要求输出功率尽可能高,效率高,非线性失真小,并且需要考虑三极管的散热问题(功率管的损坏与保护),等等。

功率放大电路是一种以输出较高功率为目的的放大电路。为了获得高的输出功率,必须使输出信号有高的电压输出和大的电流输出。在研究方法上,一般不能再采用小信号模型法来研究功率放大电路,但图解法仍然适用。

**2. 功率放大电路的类型及工作原理**

(1) 三极管的4种工作方式

在讨论功率放大电路的类型及工作原理之前,需要简要说明三极管的4种工作方式。三极管根据导通时间可分为如下4种工作方式:甲类、乙类、甲乙类和丙类,如图5.27所示。

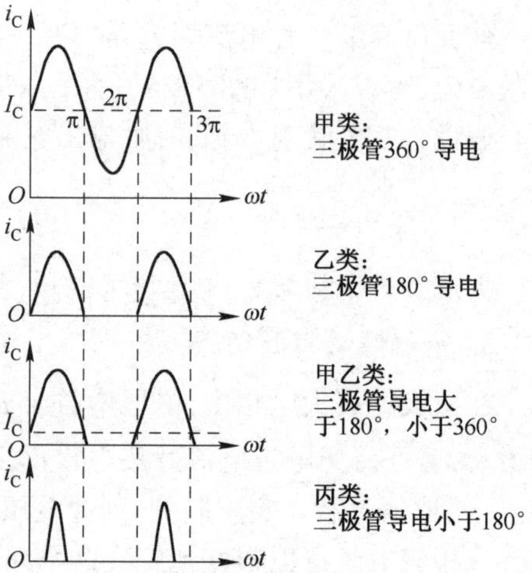

图5.27 三极管的4种工作方式

电压放大器一般工作在甲类,其输出功率由功率三角形确定。甲类功率放大电路的效率不高,理论上不超过50%。

功率放大电路必须考虑效率问题。所谓效率就是负载上的有用功率与电源提供的直流功率之比。效率与三极管的静态管耗有关,静态管耗越小,则效率越高。而静态管耗是由静态集电极电流决定的。因此,为了提高效率,必须降低静态时的工作电流。这样三极管的工作状态就由甲类工作状态改为乙类或甲乙类工作状态。此时虽降低了静态工作电流,但又产生了失真问题。如果不能解决乙类状态下的失真问题,乙类工作状态在功率放大电路中就不能采用。推挽电路和互补对称电路较好地解决了乙类工作状态下的失真问题。

所谓推挽电路,就是电路所采用的两只三极管输入信号的极性相反,一管导通时,另一管截止,交替工作,采用这种方式工作的电路称为推挽电路。所谓互补对称电路,就是采用的功率输出管分别是PNP和NPN型三极管(或N沟道和P沟道场效应管),导电极性相反,称之为"互补",同时要求特性参数一致,即所谓"对称",因此这种电路形式称为互补对称电路。

(2) 乙类互补功率放大电路

乙类互补功率放大电路如图5.28所示。它由一对特性相同的NPN和PNP互补三极管组成。这种电路也称为OCL(英文Output CapacitorLess的缩写)互补功率放大电路。

当输入信号处于正半周,且信号幅度远大于三极管的开启电压时,NPN型三极管导电,有电流自上而下通过$R_L$。

当输入信号处于负半周,且信号幅度远大于三极管的开启电压时,PNP型三极管导电,有电流自下而上通过$R_L$。

在一个周期内,两个三极管一个在正半周、另一个在负半周轮流导电,负载上将得到一个完整的不失真波形,如图5.29(a)所示。

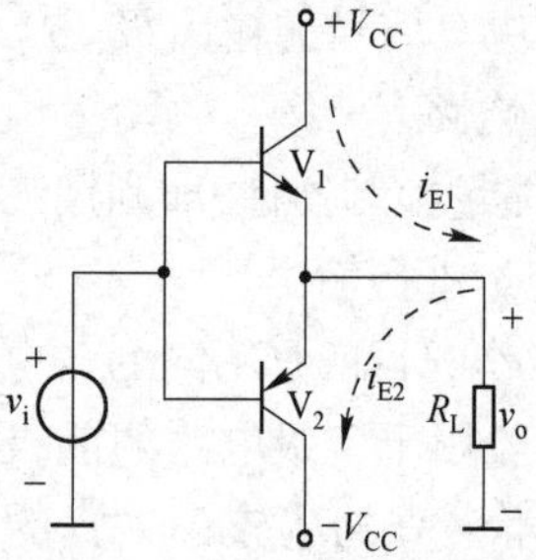

图5.28 乙类互补功率放大电路

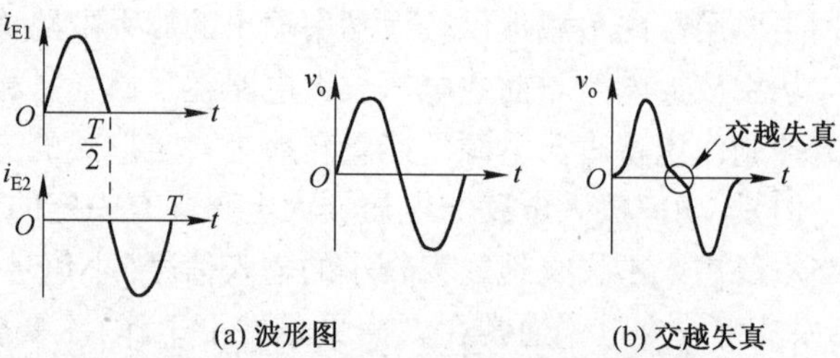

图5.29 乙类互补功率放大电路的波形

实际上，当输入信号很小，达不到三极管的开启电压时，三极管不导电。因此在正、负半周交替过0处会出现非线性失真，这个失真称为交越失真，如图5.29(b)所示。

(3) 甲乙类互补功率放大电路

为了减小或克服交越失真，实际电路通常给三极管稍稍加一点偏置，使之工作在甲乙类，两管在静态时处于微导通状态，由于电路对称，两管的静态电流相等，因此 $R_L$ 上无电流通过。有外加输入信号时，有一个三极管处于导通状态，这样位于0点附近的波形就可以得到线性放大。

图5.30所示电路由正、负两个电源供电，静态时输出端E的直流电位为0，静态输出电流亦为0。这种电路可以直接接负载电阻 $R_L$，不需要接耦合电容，故称其为OCL互补功率放大电路。图中 $V_1$ 处于甲类工作状态，用做推动级。硅二极管 $VD_1$、$VD_2$ 的正向导通压降（约1.4V）为 $V_2$、$V_3$ 提供正向偏压，使 $V_2$、$V_3$ 在静态时处于微导通状态。$VD_1$、$VD_2$ 的动态电阻很小，因此交流压降也很小，使得 $V_2$、$V_3$ 的基极交流电位基本相等，极性相同。这样就保证了 $V_2$、$V_3$ 交替对称导电，在负载上得到对称的不失真的输出波形。

图5.31所示电路采用单电源供电，静态时输出端E的直流电位比较高$\left(为\frac{1}{2}V_{CC}\right)$。为了使负载上仅获得交流信号（静态时没有输出），用一个大电容器串联在负载与输出端之间。这种功率放大电路也称为OTL（英文 Output TransformerLess 的缩写）互补功率放大电路。

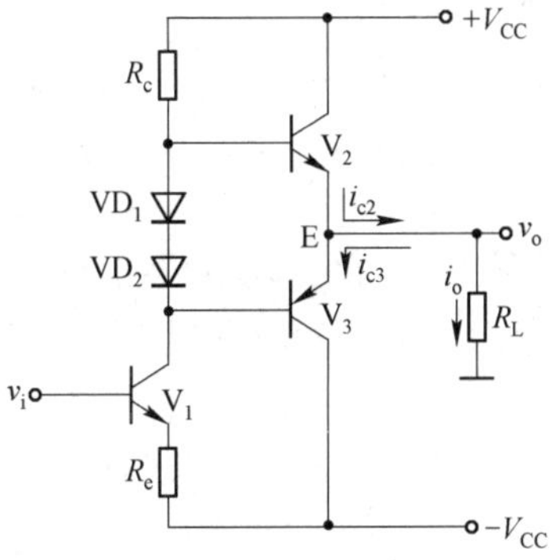


图5.30 OCL互补功率放大电路

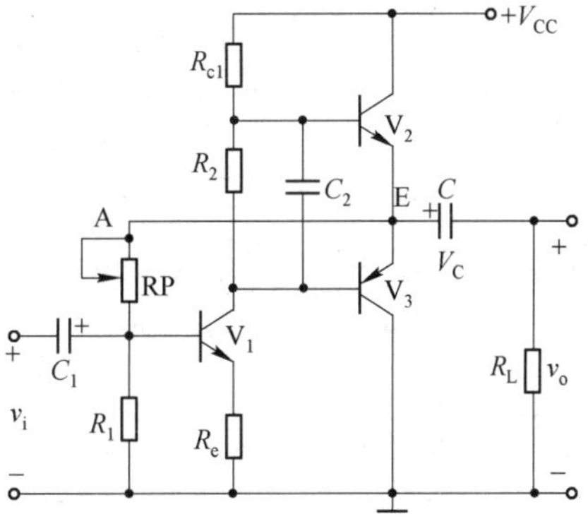


图5.31 OTL互补功率放大电路

在静态时，调节电位器RP，使E点的直流电位为$\frac{1}{2}V_{CC}$，$I_{C1}$在 $R_2$ 上产生的压降为 $V_2$ 及 $V_3$ 提供了合适的偏置。电容 $C_2$ 的作用是使 $V_2$ 及 $V_3$ 的基极交流电位基本相等。

当有信号输入时，负半周 $V_2$ 导通，有电流流过 $R_L$，并向电容 $C$ 充电；正半周 $V_3$ 导通，此时已充电的电容 $C$ 起着负电源的作用，通过 $R_L$ 放电。为了使输出信号对称，电容 $C$ 上的电压应基本保持为$\frac{1}{2}V_{CC}$，因此电容 $C$ 应足够大。

实际电路中，还常常在 $V_2$ 及 $V_3$ 之间点E的两端分别加上限流电阻。

电路中A点和E点相连，构成电压并联负反馈，用以提高增益的稳定性，降低输出电阻，改善放大电路的性能。

**3. 其他类型的功率放大电路**

除了单电源、双电源的标准互补功率放大电路，还有一些其他类型的互补功率放大电路。

(1) 采用复合管的互补功率放大电路

当输出功率较大时，输出级的前一级也应该是一个功率放大级。此时往往采用复合管。复合管有4种形式，其极性由前面的一个三极管决定。由NPN-NPN或PNP-PNP组合形成的复合管一般称为达林顿管,如图 5.32 所示。

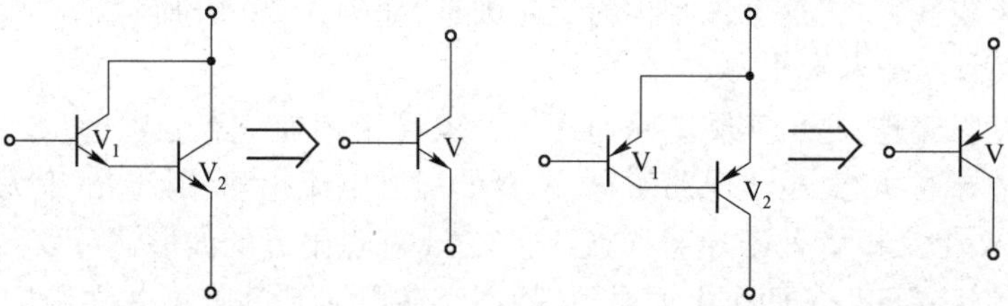


图 5.32　两种类型的复合管(达林顿管)

(2) 集成功率放大器

集成功率放大器广泛用于音响、电视和小电机的驱动。集成功率放大器是在集成运算放大器的电压互补输出级后,加入互补功率输出级而构成的。大多数集成功率放大器实际上也就是一个具有直接耦合特点的运算放大器,它的使用方法原则上与集成运算放大器相同。

(3) BTL 互补功率放大电路

BTL 互补功率放大电路的方框图如图 5.33 所示。它是由两路功率放大电路和反相器组合而成的,负载接在两输出端之间。两路功率放大电路的输入信号是反相的,所以负载一端的电位升高时,另一端则降低。因此负载上获得的信号电压要增加 1 倍。BTL 互补功率放大电路的输出功率较大,负载可以不接地。

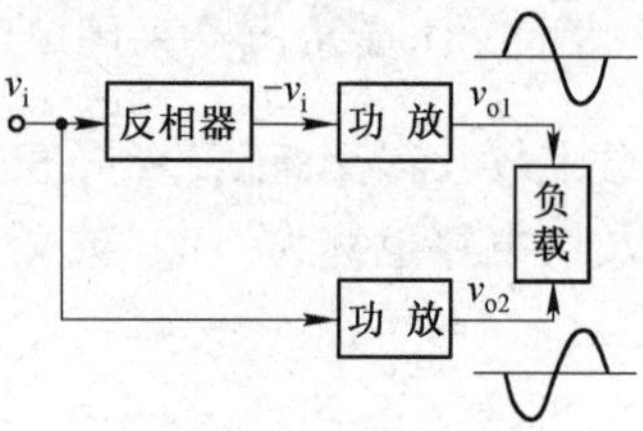


图 5.33　BTL 互补功率放大电路的方框图

(4) 双通道功率放大电路

双通道功率放大电路有一个左声道功放和一个右声道功放,两个功放的技术指标是相同的,是专门用于立体声音响设备的功率放大电路,需要在专门的立体声音源下才能显现出立体声效果。

有的高级音响设备将一个声道分成 2~3 个频段进行放大,有相应的低频段、中频段和高频段放大器。

**思考题 5.1(参考答案请扫描二维码 5-1)**

二维码 5-1

1. 填空

(1) 集成运算放大器一般由 4 个部分构成,即________、________、________和________。

(2) 为了抑制零点漂移,集成运算放大器的输入级多采用________放大电路。

(3) 差分放大电路具有电路结构________的特点。

(4) 理想情况下,差分放大电路在采用双端输出时其共模电压增益为________。

(5) 电流源电路是集成电路的基本单元电路,可以使输出电流________,在集成运算放大器中作为偏置电路使用。

(6) 乙类互补功率放大电路出现的非线性失真称为________。

2. 判断(叙述正确在括号内打√,叙述错误在括号内打×)

(1) 集成运算放大器只能放大直流信号。(　　)

(2) 在其他参数不改变的情况下,将差分放大电路由单端输入改为双端输入,则该放大电路的增益会变为原来的两倍。(　　)

(3) 共模抑制比数值越大,表明放大电路性能越优良。(　　)

(4) 直流放大器级数越多,放大倍数越大,输出端漂移现象越严重。(　　)

(5) 差分放大电路公共射极耦合电阻 $R_e$ 对共模信号和差模信号都有负反馈。(　　)

(6) 电流源电路的特点是直流电阻大,动态电阻高,常作为放大电路的有源负载。(    )

(7) 功率放大电路主要为了获得不失真的输出功率,一般工作在大信号状态下。(    )

3. 集成运算放大器的输出级一般采用何种电路?采用该种电路的目的是什么?

## 5.2 集成运算放大器的基础

### 5.2.1 集成运算放大器的符号

集成运算放大器的符号、国外常用符号、等效电路和与外部电源的连接如图 5.34 所示。集成运算放大器输入级一般选用差分放大电路,所以集成运算放大器的符号包含两个输入端和一个输出端。两个输入端中用符号"+"表示的一端称为同相输入端,该端输入信号变化的极性与输出端的相同;用符号"-"表示的一端称为反相输入端,该端输入信号变化的极性与输出端的相反。输出端一般画在与输入端相对的另一侧,在符号边框内标有"+"号。通常情况下,实际的集成运算放大器必须有正、负电源端,有的集成运算放大器还有补偿端和调 0 端。

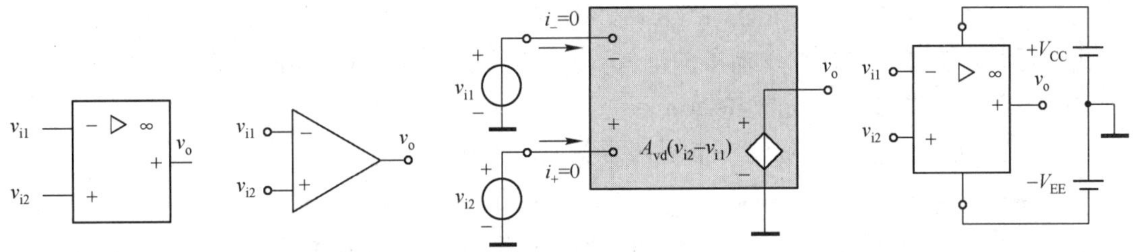


(a) 符号　(b) 国外常用符号　(c) 等效电路　(d) 与外部电源的连接

图 5.34 集成运算放大器

### 5.2.2 集成运算放大器的主要参数

集成运算放大器的结构特点,决定了其技术指标有很多,其中一部分与差分放大器和功率放大器的相同,另一部分则是根据集成运算放大器本身的特点而设立的。各种主要参数均比较适中的是通用型集成运算放大器,对某些技术指标有特殊要求的是各种特种集成运算放大器。为了正确选用集成运算放大器,有必要对其性能参数做一些了解。下面从静态参数和动态参数两方面介绍其主要技术指标。

**1. 静态参数**

(1) 输入失调电压 $V_{IO}$(Input Offset Voltage)

输入失调电压 $V_{IO}$是表征集成运算放大器内部电路对称性的指标。其定义为:欲使其输出电压为 0,在其输入级差分放大器所加的输入电压的数值。

(2) 输入失调电流 $I_{IO}$(Input Offset Current)

输入失调电流 $I_{IO}$是在输入电压为 0 时,差分输入级差分对管的基极偏置电流之差。该参数用于表征差分输入级输入电流不对称的程度,质量越高的集成运算放大器该数值越小。

(3) 输入偏置电流 $I_{IB}$(Input Bias Current)

定义为集成运算放大器的两个输入端偏置电流的平均值,用于衡量差分对管输入电流的大小。该值取决于集成运算放大器静态集电极电流及输入级三极管的电流放大倍数 $\beta$。一般地,

$I_{IB}$越大，$I_{IO}$也越大。

(4) 输入失调电压温漂 $\alpha_{VIO}$

定义为在规定的温度范围内，输入失调电压随温度的变化量与温度变化量之比，即

$$\alpha_{VIO} = \Delta V_{IO} / \Delta T$$

(5) 输入失调电流温漂 $\alpha_{IIO}$

在规定的温度范围内，输入失调电流随温度的变化量与温度变化量之比，即

$$\alpha_{IIO} = \Delta I_{IO} / \Delta T$$

(6) 最大差模输入电压 $V_{idmax}$(Maximum Differential Mode Input Voltage)

集成运算放大器的两个输入端所能承受的最大差模输入电压。当超过此电压时，输入级差分管将出现反向击穿现象。

(7) 最大共模输入电压 $V_{icmax}$(Maximum Common Mode Input Voltage)

定义为集成运算放大器的两个输入端所能承受的最大的共模输入电压。当超过此电压时，集成运算放大器共模抑制能力显著下降。

**2. 动态参数**

(1) 开环差模电压增益 $A_{vd}$(Open Loop Voltage Gain)

集成运算放大器在无外加反馈条件下，输出电压的变化量与输入电压的变化量之比。

(2) 差模输入电阻 $R_{id}$(Input Resistance)

输入为差模信号时，运放的输入电阻即为差模输入电阻 $R_{id}$。

(3) 共模抑制比 $K_{CMRR}$(Common Mode Rejection Ratio)

与差分放大电路中的定义是一样的，为差模电压增益 $A_{vd}$ 与共模电压增益 $A_{vc}$ 之比，常用分贝数来表示，即

$$K_{CMRR} = 20\lg\left|\frac{A_{vd}}{A_{vc}}\right|(\text{dB})$$

(4) -3dB 带宽(-3dB Bandwidth)

定义为集成运算放大器的差模电压增益 $A_{vd}$ 下降 3dB 时对应的上限截止频率 $f_H$。

(5) 单位增益带宽(Unit Gain Bandwidth)

当 $A_{vd}$ 下降到 1 时所对应的频率定义为单位增益带宽。

(6) 转换速率(压摆率)$S_R$(Slew rate)

该参数反映集成运算放大器对于快速变化的输入信号的响应能力。定义为放大电路在输入为大信号时，输出电压对时间变化率的最大值，即

$$S_R = \left|\frac{\mathrm{d}v_o(t)}{\mathrm{d}t}\right|_{MAX}$$

### 5.2.3 理想运算放大器的特性

集成运放的应用非常广泛，在分析满足一定条件的集成运算放大器时，通常将其视做理想的运算放大器即所谓的“理想运放”来处理。在做一般的原理性分析时，只要实际的使用条件不使运算放大器的某个技术指标明显下降，也可将产品运放视为理想运放。

**1. 理想运算放大器的条件**

集成运算放大器电路满足下列条件时，通常将其视为理想的运算放大器来处理。即：

① 开环差模电压增益 $A_{vd} = \infty$；

② 差模输入电阻 $R_{id}=\infty$；

③ 输出电阻 $R_o=0$；

④ −3dB 带宽 $f_H=\infty$；

⑤ 共模抑制比 $K_{CMRR}=\infty$。

如未加特别说明，集成运算放大器均可视为理想运放。

**2. 集成运算放大器的电压传输特性**

图 5.35 所示为理想运放与实际运放的电压传输特性。由于集成运放的开环电压增益很高，因此很小的差模电压输入就会使输出趋向饱和。输出不是正饱和，就是负饱和，也即实际集成运放的线性工作区域很窄。下面通过具体的计算可以对此问题有比较明确的了解。

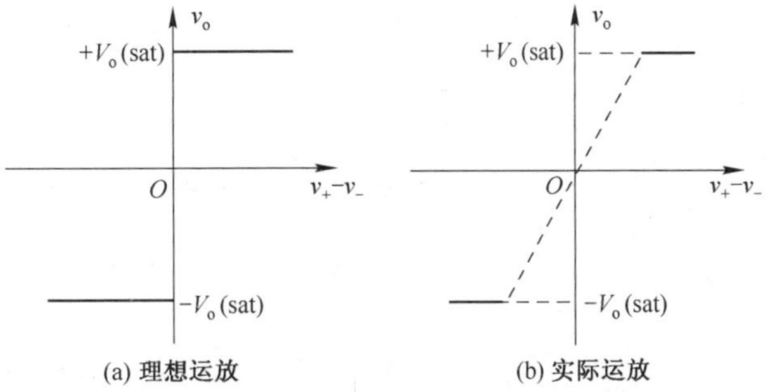


图 5.35　理想运放与实际运放的电压传输特性

假设集成运放的电源电压为±14V（也即$\pm V_{omax}=\pm 14\text{V}$），如果差模电压增益 $A_{vd}=5\times10^5$（集成产品易于实现的数值），则根据输出电压的表达式

$$v_o=A_{vd}(v_+-v_-)$$

可得

$$|v_+-v_-|\leqslant 28\mu\text{V}$$

当输入差模信号电压小于 28μV 时（这是一个非常微小的电压数值），输出电压与输入电压是线性关系，超出此区域即进入非线性区。因此，为了保证集成运放的线性运用，其必须在闭环状态下工作。也就是说，必须引入负反馈，以减小电压增益，提高加在两个输入端的净输入电压的数值，也即拓宽集成运放的工作范围。

**3. 理想运算放大器的特性**

理想运算放大器具有“虚短”和“虚断”的特性。这两个特性对分析线性运用的集成运放电路十分有用。

（1）虚短

由于集成运放的电压增益很高，而集成运放的输出电压是有限的，因此，两个输入端近似等电位，集成运放的差模输入电压很小，相当于“短路”。在分析处于线性状态的集成运放时，可以把两个输入端视为等电位。这一特性称为虚假短路，简称虚短。

开环电压增益越高，两个输入端的电位越接近于相等。这样，集成运放两个输入端之间的电压越接近于 0，即$v_i=v_+-v_-\approx 0$。若将其理想化，则有$v_i=v_+-v_-=0$。

（2）虚断

由于集成运放的差模输入电阻很大，一般通用型集成运放的输入电阻都在 1MΩ 以上，因此，流入集成运放输入端的电流往往远小于输入端外电路的电流。故通常可把集成运放的两个输入端视为开路。在分析处于线性状态的集成运放时，可以把两个输入端视为开路。这一特性称为虚假开路，简称虚断。

输入电阻越大，两输入端越接近于开路。这样，集成运放两个输入端几乎没有电流，即$i_+\approx i_-\approx 0$。将其理想化，则有 $i_+=i_-=0$。

下面介绍虚短和虚断两个概念在最基本的运算电路——反相比例运算电路和同相比例运算电路中的应用。下节将要介绍的许多运算电路都是在这两种基本电路的基础上演化而来的。

图 5.36 为反相比例运算电路，电阻 $R_f$ 引入电压并联负反馈，输入信号经 $R_1$ 接到集成运放

的反相输入端,同相输入端经过 $R'$ 接地。对于理想运算放大器,$R'$ 是否接入不影响分析结果。但是在实际电路中,由于集成运放的输入级为差放电路,为了保证差放电路两个输入端的参数对称,以免产生附加的偏差电压,一般选择 $R'=R_1 /\!/ R_f$。

根据虚断 $\quad i_+ \approx i_- \approx 0$

故 $\quad v_+ \approx 0,\ i_i \approx i_f$

根据虚短 $\quad v_+ - v_- \approx 0$

所以
$$i_i = \frac{v_i - v_-}{R_1} \approx \frac{v_i}{R_1}$$

于是
$$v_o = v_- - i_f R_f = 0 - \frac{v_i}{R_1}R_f = -\frac{v_i}{R_1}R_f$$

电压增益
$$A_{vf} = \frac{v_o}{v_i} = -\frac{R_f}{R_1}$$

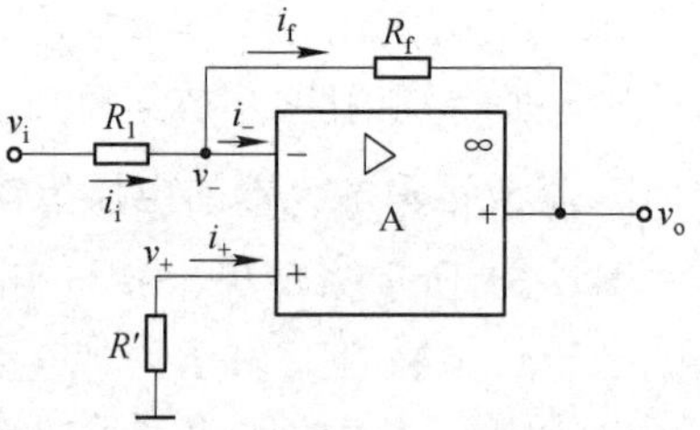


图 5.36　反相比例运算电路

由上述关系式可知,该电路实现了反相比例运算,即输出电压与输入电压的幅值成正比,但相位相反。电路增益取决于 $R_1$ 和 $R_f$ 之比,而与集成运放的内部参数无关。

如果 $R_1=R_f$,则 $A_{vf}=-1$。此时输出电压与输入电压的幅值相等,相位相反,称为“单位增益倒相器”,也称为“反相器”。

图 5.37 为同相比例运算电路,$R_f$ 引入电压串联负反馈,输入信号经 $R$ 接到集成运放的同相输入端,输出电压通过 $R_f$ 接到反相输入端,再经过 $R_1$ 接地。同样,为了保证差放电路两个输入端的参数对称,以免产生附加的偏差电压,一般选择 $R=R_1 /\!/ R_f$。

根据虚断 $\quad v_i = v_+$

根据虚短 $\quad v_i = v_+ = v_-$

于是
$$v_+ = v_i = \frac{R_1}{R_1+R_f} \cdot v_o$$

所以电压增益
$$A_{vf} = \frac{v_o}{v_i} = 1 + \frac{R_f}{R_1}$$

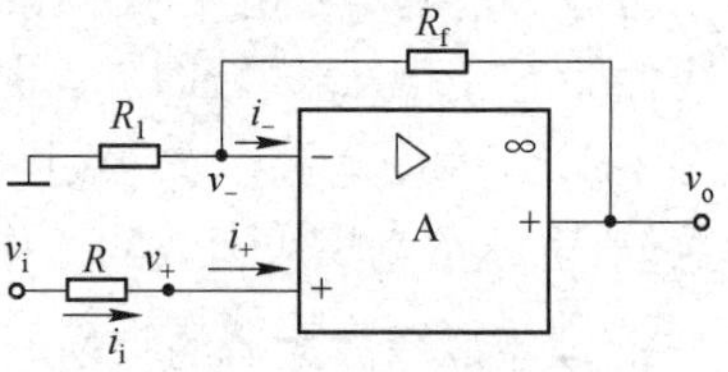


图 5.37　同相比例运算电路

由上述关系式可知,该电路实现了同相比例运算,即输出电压与输入电压的幅值成正比,且相位相同。同样,电路增益取决于 $R_1$ 和 $R_f$ 之比,与集成运放的内部参数无关。

如果 $R_f=0$ 或 $R_1=\infty$,则 $A_{vf}=1$。此时输出电压与输入电压的幅值相等,且相位相同,如图 5.38所示,称为电压跟随器。

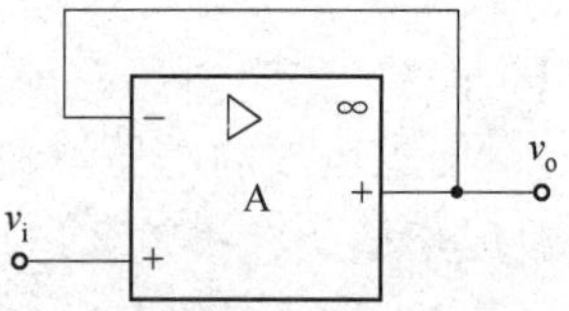


图 5.38　电压跟随器

**4. 集成运算放大器分类**

为满足实际使用对集成运放性能的特殊要求,除性能指标比较适中的通用型集成运放外,还有在某些技术指标上比较突出、适应不同需要的专用型集成运放。根据集成运放的技术指标可以对其进行分类,主要有通用型、高速型、高输入电阻型、高压型、高精度型和大功率型等。人们可以根据实际需要选用不同类型的集成运放。

**思考题 5.2(参考答案请扫描二维码 5-2)**

1. 选择

(1) 关于集成运放,下列哪个陈述是正确的?(　　)

A. 具有很高增益的直接耦合放大器　　B. 具有很低的输出电阻

C. 具有很高的输入电阻　　D. 以上都正确

二维码 5-2

(2) 图 S5.2.1 中,如果 $v_i=0.25V$, $v_o=2.75V$,那么 $R_f=$(　　)。

A. 40.0kΩ　　B. 20.0kΩ　　C. 10.0kΩ　　D. 5.0kΩ

(3) 图 S5.2.2 中,如果 $v_i=0.25V$, $v_o=-2.0V$,那么 $R_f=$(　　)。

A. 40.0 kΩ　　B. 20.0 kΩ　　C. 16.0 kΩ　　D. 5.0 kΩ

(4) 图 S5.2.3 中,如果 $R_f=2.0k\Omega$, $R'=16k\Omega$, $v_i=0.25V$,那么 $v_o=$(　　)。

A. 2.0V　　B. 0.25V　　C. −2.25V　　D. −2V

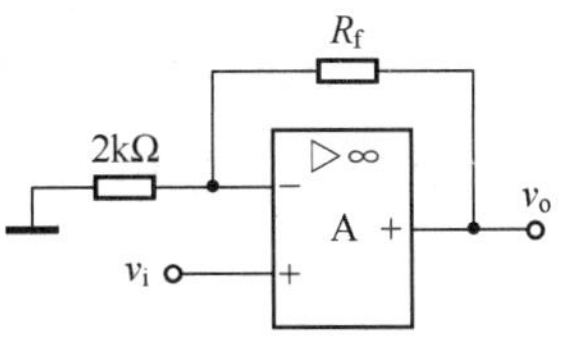


图 S5.2.1

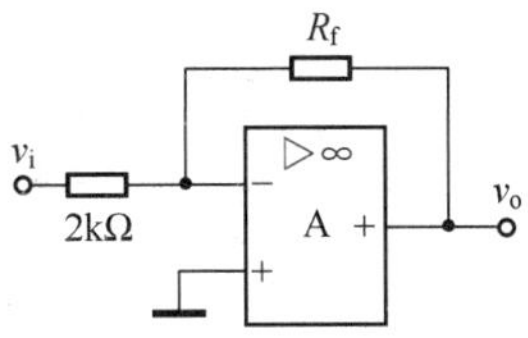


图 S5.2.2

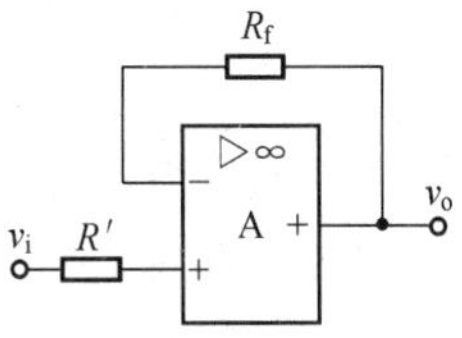


图 S5.2.3

2. 集成运放进行线性应用的条件是什么?可运用哪两个概念分析线性应用的集成运放?

# 5.3　集成运算放大器构成的基本运算电路

本节将介绍求和、减法、积分、微分、指数和对数等几种由集成运算放大器构成的基本运算电路。

## 5.3.1　求和运算电路

求和电路反映输入端多个输入量相加的结果,有反相输入求和电路和同相输入求和电路两种。

### 1. 反相输入求和电路

如图 5.39 所示,在反相比例运算电路的基础上,增加一个输入支路,就构成了反相输入求和电路。为了保证差放电路两输入端的参数对称,以免产生附加的偏差电压,一般选择$R'=R_1 /\!/ R_2 /\!/ R_f$。

由于虚断,$i_-=0$,两个输入电压信号产生的电流都流向 $R_f$。

$$v_o=-i_fR_f=-(i_{i1}+i_{i2})R_f=-\left(\frac{v_{i1}}{R_1}+\frac{v_{i2}}{R_2}\right)R_f$$

$$=-\left(\frac{R_f}{R_1}v_{i1}+\frac{R_f}{R_2}v_{i2}\right)$$

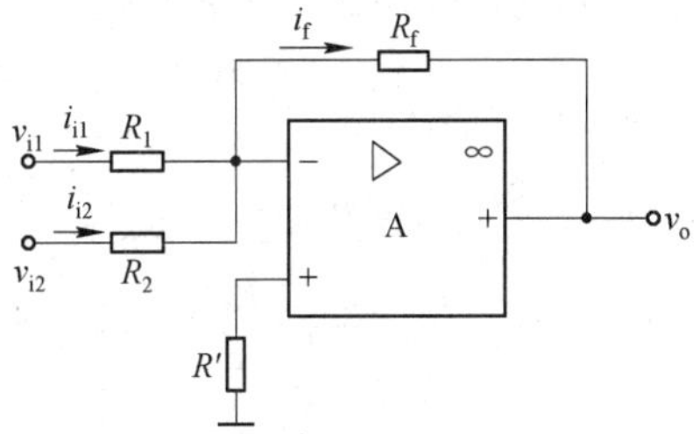


图 5.39　反相输入求和电路

可以看出:输出电压是两个输入电压的比例和。当 $R_1=R_2=R_f$ 时,输出电压等于两个输入电压的反相之和,即 $v_o=-(v_{i1}+v_{i2})$。

### 2. 同相输入求和电路

如图 5.40 所示,在同相比例运算电路的基础上,增加一个输入支路,就构成了同相输入求和电路。

由于虚断,所以反相输入端电位为:$v_-=\dfrac{R}{R_f+R}v_o$

同相输入端的电位可用叠加原理求得。假设 $v_{i2}=0$,则

$$v_{1+}=\frac{(R_2/\!/R')v_{i1}}{R_1+(R_2/\!/R')}$$

假设 $v_{i1}=0$，则 $v_{2+}=\dfrac{(R_1/\!/R')v_{i2}}{R_2+(R_1/\!/R')}$

所以 $v_+=v_{1+}+v_{2+}=\dfrac{(R_2/\!/R')v_{i1}}{R_1+(R_2/\!/R')}+\dfrac{(R_1/\!/R')v_{i2}}{R_2+(R_1/\!/R')}$

由于虚短 $v_-=v_+$，利用上述关系式可得

$$v_o=\left[\frac{(R_2/\!/R')v_{i1}}{R_1+(R_2/\!/R')}+\frac{(R_1/\!/R')v_{i2}}{R_2+(R_1/\!/R')}\right]\frac{R_f+R}{R}$$

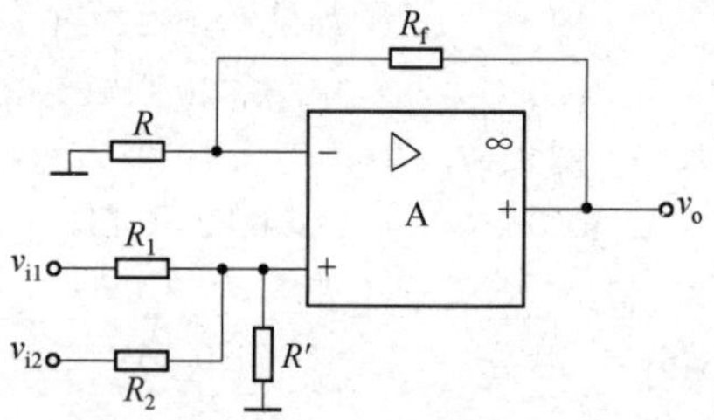


图 5.40 同相输入求和电路

当同相端电阻与反相端电阻相等，即 $R_+=R_-$（其中 $R_+=R_1/\!/R_2/\!/R'$，$R_-=R/\!/R_f$），$R_1=R_2=R_f$ 时，上式可简化为 $v_o=v_{i1}+v_{i2}$。

在实际中同相输入求和电路很少采用，原因是电路参数需要反复调整，过程非常复杂。如需要进行同相求和，可借助两级反相求和电路实现。

## 5.3.2 减法运算电路

减法运算电路可采用两种方法实现：①用反相信号求和电路实现减法运算；②利用差分输入求和电路实现减法运算。分别介绍如下。

### 1. 用反相信号求和电路实现减法运算

其电路如图 5.41 所示。电路分为两级，第一级为反相比例运算电路，第二级为反相求和电路。若 $R_{f1}=R_1$，则 $v_{o1}=-v_{i1}$，输出电压表达式为

$$v_o=-\frac{R_{f2}}{R_2}(v_{o1}+v_{i2})=\frac{R_{f2}}{R_2}(v_{i1}-v_{i2}),$$

若 $R_{f2}=R_2$，则 $v_o=v_{i1}-v_{i2}$，输出信号为两个输入信号之差，实现了减法运算。

### 2. 利用差分输入求和电路实现减法运算

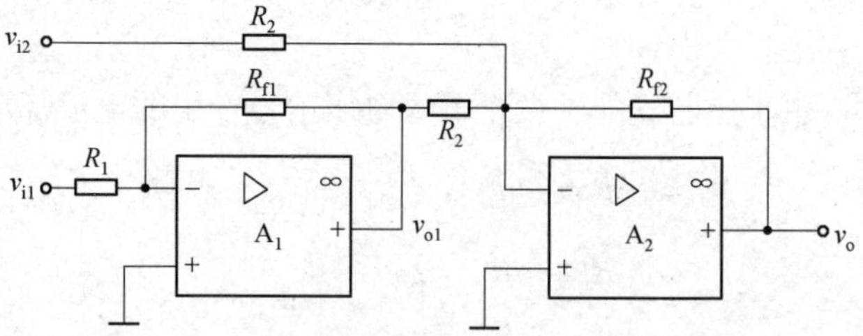


图 5.41 用反相信号求和实现减法运算的电路

其电路如图 5.42 所示，同相输入端和反相输入端各有一个输入信号。

根据虚断，$i_+\approx i_-\approx 0$，此时

$$\frac{v_{i1}-v_-}{R_1}=\frac{v_--v_o}{R_f}$$

整理该式可求得反相端的电位为

$$v_-=\frac{R_1}{R_f+R_1}v_o+\frac{R_f}{R_f+R_1}v_{i1}$$

同相端的电位为 $v_+=\dfrac{R'}{R_2+R'}v_{i2}$

根据虚短，$v_+=v_-$，有

$$\frac{R_1}{R_f+R_1}v_o+\frac{R_f}{R_f+R_1}v_{i1}=\frac{R'}{R_2+R'}v_{i2}$$

为简化起见，取 $R_1=R_2=R$，$R_f=R'$，整理上式得

$$v_o=\frac{R_f}{R}(v_{i2}-v_{i1})$$

若 $R_f=R$，则有 $v_o=v_{i2}-v_{i1}$，这样就实现了减法运算。

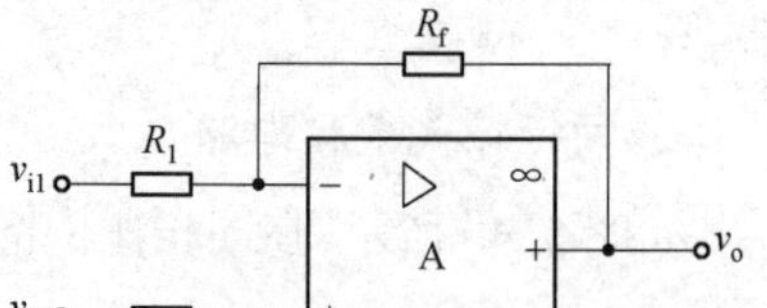

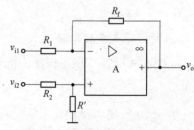

图 5.42 利用差分输入求和电路实现减法运算

**【例 5.4】** 理想运放组成如图 5.43 所示电路，写出输出电压与输入电压的关系表达式 $v_o=f(v_1,v_2,v_3,v_4)$。

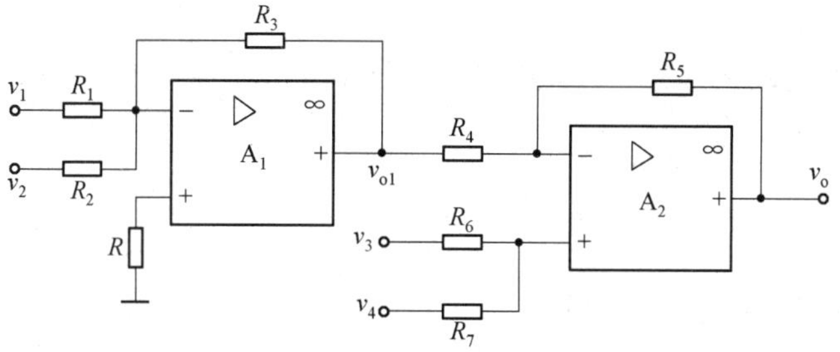


图 5.43 例 5.4 的电路

**解**：$A_1$ 为反相求和电路，$A_2$ 为双端（差分）求和电路。

对于 $A_1$，其输出为
$$v_{o1}=-\left(\frac{R_3}{R_1}v_1+\frac{R_3}{R_2}v_2\right)$$

对于 $A_2$，由于 $A_1$ 的输出为其反相端输入信号，所以

$$v_o=\left(-\frac{R_5}{R_4}\right)\left[-\left(\frac{R_3}{R_1}v_1+\frac{R_3}{R_2}v_2\right)\right]+\left(1+\frac{R_5}{R_4}\right)\left(\frac{R_7}{R_6+R_7}v_3+\frac{R_6}{R_6+R_7}v_4\right)$$
$$=\frac{R_5}{R_4}\left(\frac{R_3}{R_1}v_1+\frac{R_3}{R_2}v_2\right)+\left(1+\frac{R_5}{R_4}\right)\left(\frac{R_7}{R_6+R_7}v_3+\frac{R_6}{R_6+R_7}v_4\right)$$

应当注意的是：对于比例运算电路，输入信号是指同相输入端和反相输入端的信号，因此应先求出 $v_+$ 和 $v_-$ 的大小，然后才可运用 $A_{vf}=\frac{v_o}{v_i}=1+\frac{R_f}{R_1}$ 和 $A_{vf}=\frac{v_o}{v_i}=-\frac{R_f}{R_1}$ 两个公式求解，切不可对任何输入信号都直接运用这两个表达式，以免得出错误结论。

**【例 5.5】** 图 5.44 所示电路为由理想运放组成的反相输入高阻抗比例运算电路，采用 T 型电阻网络提高输入电阻。分析电路的工作原理，写出输出电压与输入电压的关系表达式。

**解**：本电路为反相输入，反相输入端 $v_-$ 是虚地，$v_+=v_-=0$

根据虚断，$i_-=0$，所以 $i_1=i_2=v_i/R_1$

图中 T 点的电位为 $v_T=-i_2R_2=-\frac{R_2}{R_1}v_i=-i_4R_4$

因此 $i_4=\frac{R_2}{R_4}i_2$。

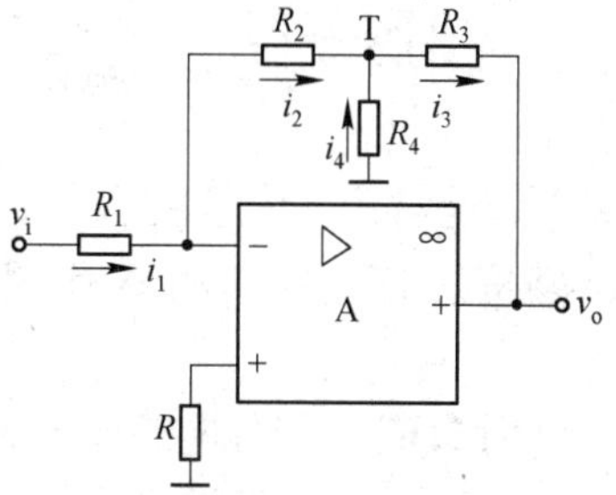


图 5.44 例 5.5 的电路

因为 $v_o=-(i_2R_2+i_3R_3)$

将 $i_3=i_2+i_4$ 代入上式，则

$$v_o=-[i_2R_2+(i_2+i_4)R_3]=-i_2\left(R_2+R_3+\frac{R_2R_3}{R_4}\right)$$

这样，就可求得该 T 型网络电路的电压增益为

$$A_{vf}=\frac{v_o}{v_i}=-\frac{R_2+R_3+\frac{R_2R_3}{R_4}}{R_1}$$

由上式可知，该电路的输出与输入之间也存在反相比例关系。

由反相比例运算表达式 $A_{vf}=v_o/v_i=-R_f/R_1$ 可知：若要取得较大的闭环增益，电路的输入电阻 $R_1$ 不能取得太大；闭环增益一定时，$R_1$ 的增大必然导致 $R_f$ 同比例增大，而 $R_f$ 过大将影响电路的精度和稳定性。

对于T型网络电路，由于增益表达式中的分子 $\left(R_2+R_3+\frac{R_2R_3}{R_4}\right)$ 相当于反相比例运算表达式中的 $R_f$，这样就可通过选择合适的 $R_3$ 和 $R_4$，而不必仅仅依靠选用大阻值的 $R_2$ 来获得较高的闭环增益。

### 5.3.3 积分电路和微分电路

**1. 积分电路**

积分电路如图5.45所示。输入信号由反相输入端通过电阻 $R$ 接入，反馈元件为电容 $C$。

根据虚地有：$i=\frac{v_i}{R}$，所以 $v_o=-v_C=-\frac{1}{C}\int i_C\mathrm{d}t=-\frac{1}{RC}\int v_i\mathrm{d}t$。

由于输出电压与输入电压的积分成比例，因此叫做积分电路。式中的负号表示该电路为反相积分电路，输出电压与输入电压的相位相反。

当输入信号是阶跃直流电压 $V_I$ 时

$$v_o=-v_C=-\frac{1}{RC}\int v_i\mathrm{d}t=-\frac{V_I}{RC}t$$

此时积分电路的输入和输出波形如图5.46所示。

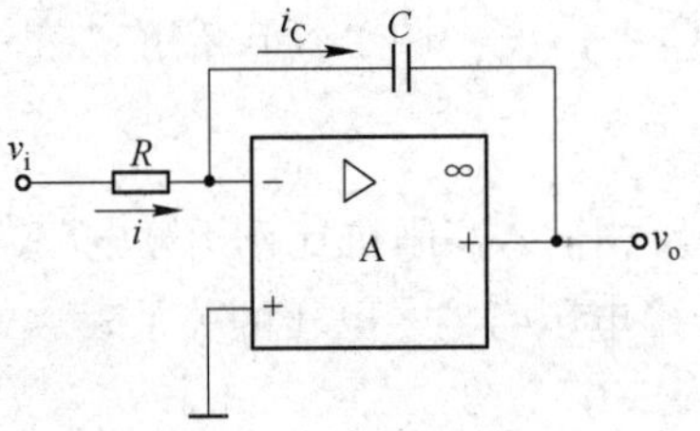


图5.45　积分电路

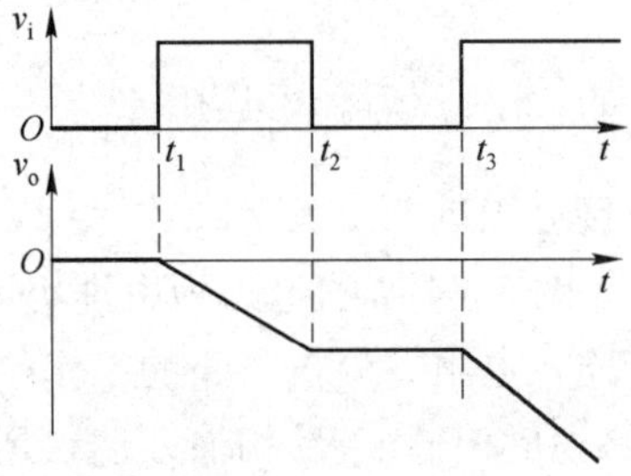


图5.46　积分电路的输入和输出波形

注意：当输入信号在某一个时间段为0时，积分电路的输出是不变的，保持前一个时间段的最终数值。因为虚地的原因，积分电阻 $R$ 两端无电位差，电容 $C$ 不能放电，故输出电压保持不变。

**【例5.6】** 积分电路如图5.45所示，其中 $R=10\mathrm{k}\Omega$，$C=0.01\mu\mathrm{F}$。若输入信号分别是幅值为1V、周期为1ms的正弦波及方波，试绘制相应的输出波形（已知集成运放的最大输出电压 $V_{opp}=\pm20\mathrm{V}$，$t=0$ 时积分电容上的初始电压等于零）。

**解：** 由

$$v_o(t)=-\frac{1}{RC}\int_0^t v_i\mathrm{d}t+v_o(0)$$

本题中 $v_o(0)=0$，因此

$$v_o(t)=-\frac{1}{RC}\int_0^t v_i\mathrm{d}t$$

若输入信号是幅值为1V、周期为1ms的正弦波，即 $v_i=\sin2\pi t$（$t$ 取ms为单位），则

$$v_o=-\frac{1}{RC}\int_0^t \sin2\pi t\mathrm{d}t=\left.\frac{\cos2\pi t}{2\pi RC}\right|_0^t=\frac{5}{\pi}\cos2\pi t-\frac{5}{\pi}$$

若输入信号是幅值为 1V、周期为 1ms 的方波,为简便起见,按一个周期来处理(其余周期结果类似):$v_i = \begin{cases} 1, 0 \leqslant t < T/2 \\ -1, T/2 < t \leqslant T \end{cases}$,则

$$v_o = -\frac{1}{RC}\int v_i \mathrm{d}t = -10\int v_i \mathrm{d}t \quad (t\text{ 的单位为 ms})$$

$v_i = 1$ 时, $v_o = -10\int_0^t v_i \mathrm{d}t + N_0(0) = -10t$

$v_i = -1$ 时, $v_o = -10\int_{T/2}^t v_i \mathrm{d}t + v_0\left(\frac{T}{2}\right) = 10t\Big|_{T/2}^{t} + (-5) = 10(t-0.5) - 5 = 10(t-1)$

因此
$$v_o = \begin{cases} -10t, & 0 \leqslant t < T/2 \\ 10(t-1), & T/2 < t \leqslant T \end{cases}$$

当输入信号分别是幅值为 1V、周期为 1ms 的正弦波和方波时,相应的输出波形分别如图 5.47(a)和(b)所示(均绘制了两个周期)。很明显,积分电路可以使正弦信号移相,并且积分电路可用做波形变换电路,将方波转换为三角波。

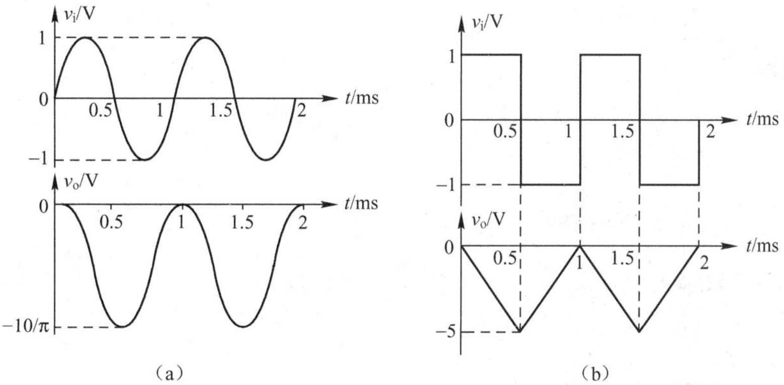


图 5.47　例 5.6 输出波形

图 5.48(a)是例 5.6 输入为正弦波时的仿真,图 5.48(b)是例 5.6 输入为方波时的仿真,由示波器上的波形可以看出:仿真结果与理论计算值非常接近。

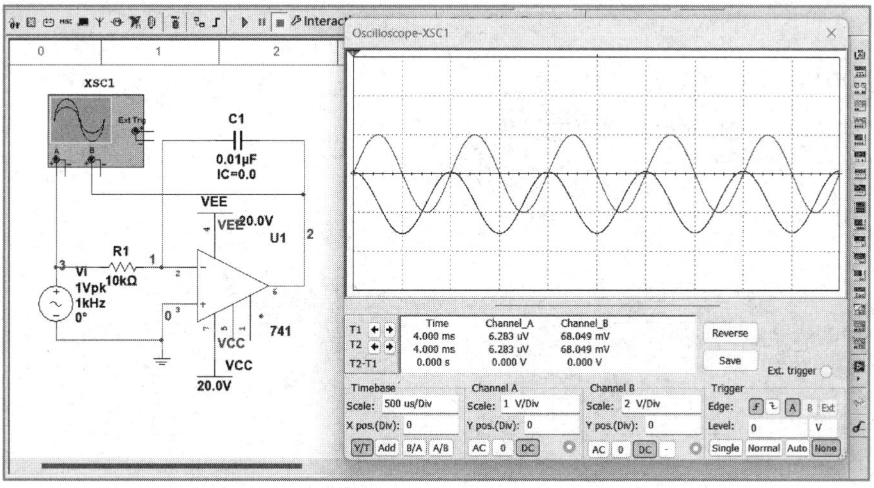


(a) 输入为正弦波时的仿真

图 5.48　例 5.6 的 Multisim 仿真

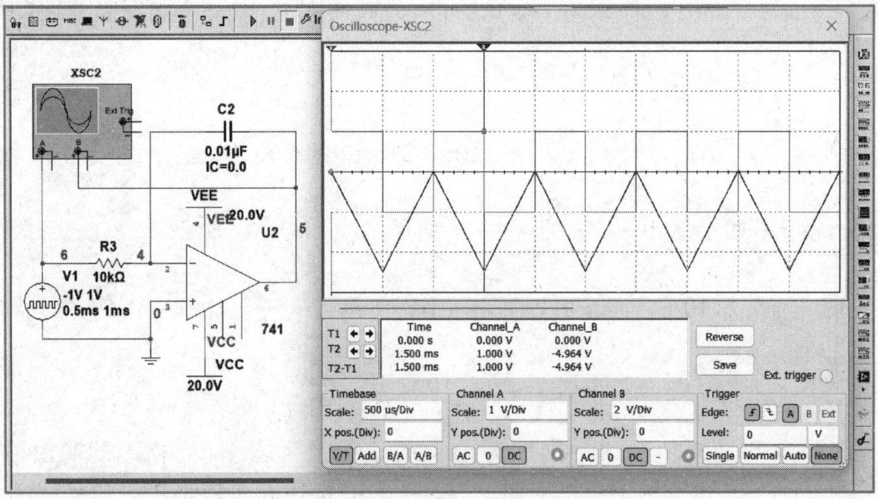


(b) 输入为方波时的仿真

图 5.48　例 5.6 的 Multisim 仿真(续)

**2. 微分电路**

微分电路如图 5.49 所示。输入信号由反相输入端通过电容 $C$ 接入,反馈元件为电阻 $R$。

$$v_o = -i_R R = -i_C R = -RC\frac{\mathrm{d}v_C}{\mathrm{d}t} = -RC\frac{\mathrm{d}v_i}{\mathrm{d}t}$$

由于输出电压与输入电压的微分成比例,因此叫做微分电路。同样图 5.49 所示为反相微分电路。

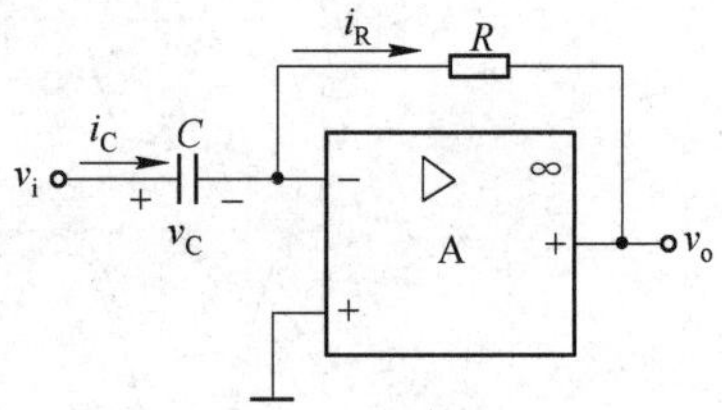


图 5.49　微分电路

## *5.3.4　对数电路和指数电路

**1. 对数电路**

对数电路如图 5.50 所示。因为 $i_R = i_D$,所以 $v_o = -v_D$,而 $i_D = I_S e^{v_D/V_T}$,故

$$v_o = -V_T \ln\frac{i_D}{I_S} = -V_T \ln\frac{v_i}{RI_S}$$

**2. 指数电路**

指数电路如图 5.51 所示。输出电压为

$$\begin{aligned} v_o &= -i_R R = -i_D R = -RI_S e^{v_i/V_T} \\ &= -RI_S e^{v_i/V_T} \end{aligned}$$

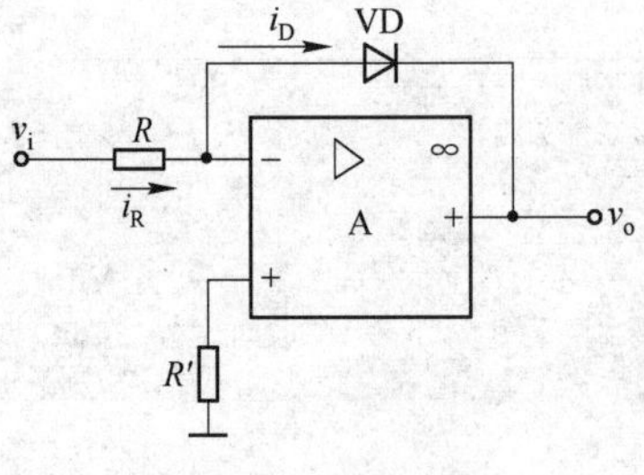


图 5.50　对数电路

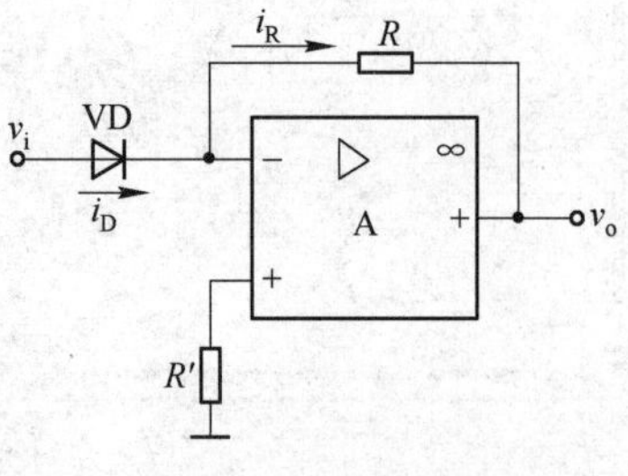


图 5.51　指数电路

**思考题 5.3(参考答案请扫描二维码 5-3)**

1. 图 S5.3.1 中的集成运放均为理想运放,试写出输出电压 $v_o$ 与输入电压 $v_i$ 的关系表达式。

2. 图 S5.3.2 中的集成运放采用±12V 电源。若 $v_{i1}=1V$, $v_{i2}=0.1V$,试求输出电压 $v_o$ 的值。

二维码 5-3

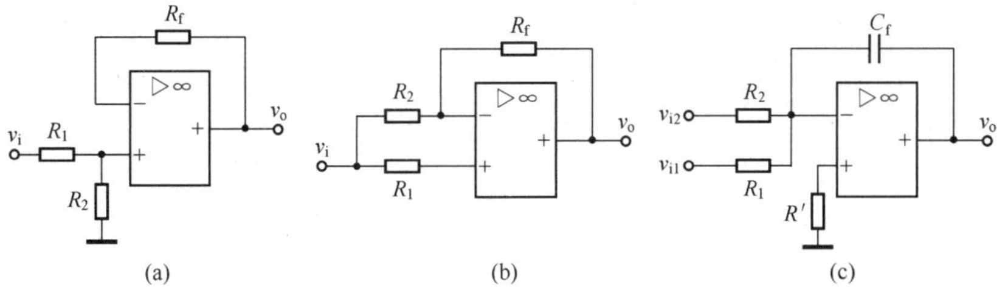


图 S5.3.1

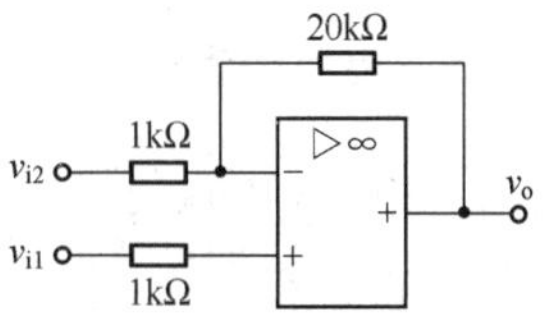


图 S5.3.2

# 5.4 集成运算放大器的非线性应用

本节介绍集成运放的非线性应用。首先介绍电压比较器的概念,然后讨论它在非正弦波(方波、矩形波、三角波和锯齿波)产生电路中的应用。

## 5.4.1 电压比较器

电压比较器是常用的模拟信号处理电路,它将一个模拟电压信号与一个基准电压相比较,并将比较结果输出。电压比较器的输入信号是模拟量,输出只可能有两种状态:高电平或低电平,也即输出信号是数字量,所以电压比较器可以作为模拟电路与数字电路的接口,用于模数转换。此外,电压比较器还常常用于非正弦波的产生和变换等。

电压比较器是集成运放工作在开环或正反馈状态的情况,由于开环增益很大,比较器的输出只有高电平和低电平两个稳定状态,输出和输入不呈线性关系。此时集成运放处于非线性状态,具有开关特性。

常用的电压比较器有过零比较器、单限比较器、滞回比较器和窗口比较器等,这些比较器的阈值是固定的,有的只有一个阈值,有的具有两个阈值,下面分别介绍。

**1. 过零比较器**

过零比较器是比较简单的幅度比较电路,它的电路图和电压传输特性曲线如图 5.52 所示。由于比较器的门限电压为 0,所以称为过零比较器。

**2. 单限比较器**

将过零比较器的一个输入端从接地改接到一个固定电压值 $V_{REF}$ 上,就得到单限比较器,如图 5.53 所示。调节 $V_{REF}$ 可以很方便地改变阈值。有时可以在输出端接上背靠背的稳压管以实现限幅。很明显,过零比较器是单限比较器参考电压为 0 时的特例。

**3. 滞回比较器(施密特触发器)**

单限比较器电路简单,调节方便,但是其抗干扰能力较差。为了解决此问题,可从单限比较器的输出端引一个电阻分压支路到同相输入端,构成滞回比较器,如图 5.54(a)所示电路。下面介绍滞回比较器的工作原理。

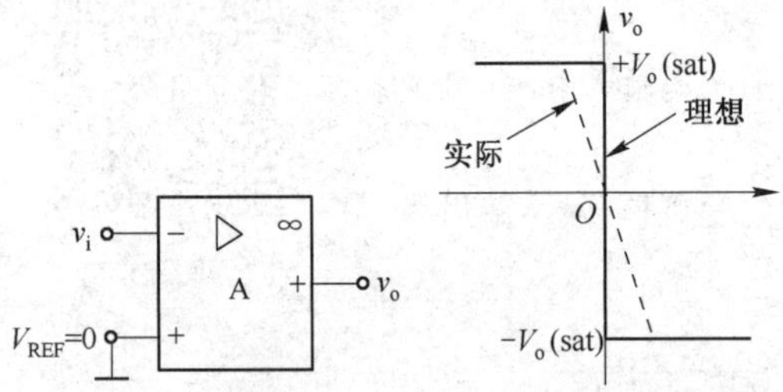


(a) 电路图　　(b) 电压传输特性曲线

图 5.52　过零比较器

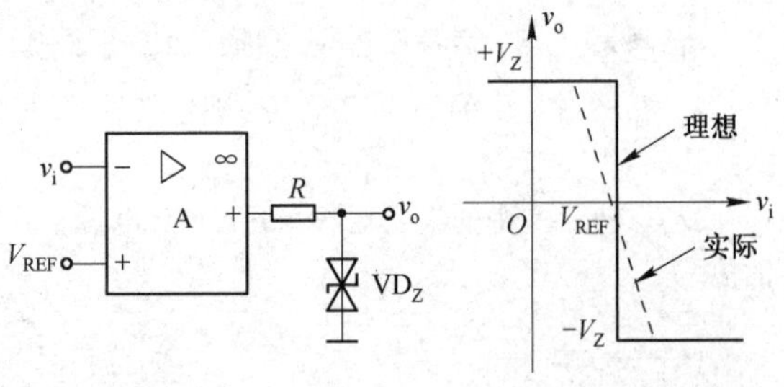


(a) 电路图　　(b) 电压传输特性曲线

图 5.53　单限比较器

当输入电压$v_i$从 0 逐渐增大,且$v_i \leqslant V_{T+}$[$V_{T+}$称为上限阈值(触发)电平]时,$v_o=+V_Z$。利用叠加原理可求得

$$V_{T+}=\frac{R_f}{R_f+R_2}V_{REF}+\frac{R_2}{R_f+R_2}V_Z$$

当$v_i \geqslant V_{T+}$时,$v_o=-V_Z$。此时触发电平变为$V_{T-}$,$V_{T-}$称为下限阈值(触发)电平。同样可得

$$V_{T-}=\frac{R_f}{R_f+R_2}V_{REF}+\frac{R_2}{R_f+R_2}(-V_Z)$$

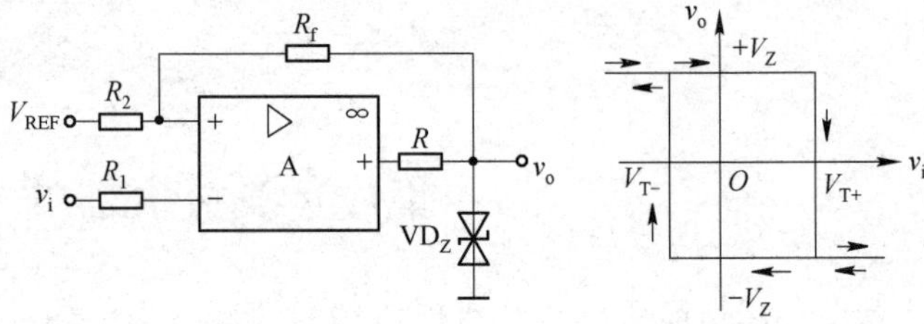


(a) 电路图　　(b) 电压传输特性曲线

图 5.54　滞回比较器

当$v_i$逐渐减小,且$v_i \leqslant V_{T-}$时,电压输出始终为$v_o=-V_Z$,因此出现了如图 5.54(b)所示的电压传输特性曲线。

门限宽度$\Delta V_T$称为回差电压

$$\Delta V_T=V_{T+}-V_{T-}=\frac{2R_2}{R_f+R_2}V_Z$$

由上式可以看出:回差电压的大小由$R_2$和$R_f$以及稳压管的稳压值$V_Z$决定,而与参考电压$V_{REF}$无关。改变$V_{REF}$,$V_{T+}$及$V_{T-}$会随之改变,但二者之差$\Delta V_T$不变,这就意味着$V_{REF}$改变时,电压传输特性曲线以相同的形状左移或右移。

**4. 窗口比较器**

窗口比较器(Window Comparator)的电路如图 5.55(a)所示。电路由两个幅度比较器和一些二极管与电阻构成。该比较器主要用于检测输入信号电平是否位于两门限电平之间,也称双限比较器。

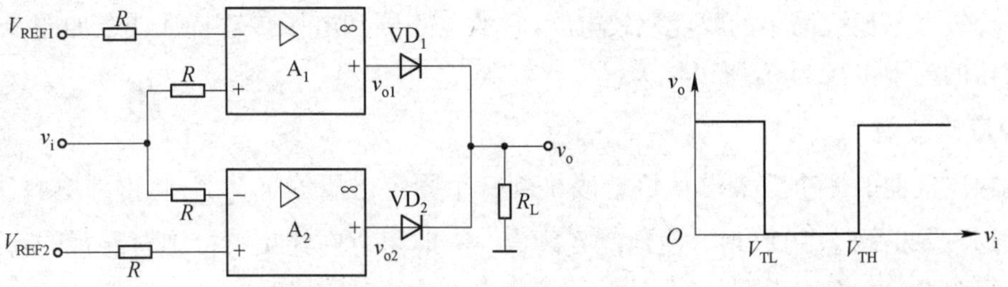


(a) 电路图　　(b) 电压传输特性曲线

图 5.55　窗口比较器

在图 5.55(a)的电路中,有　$V_{TH}=V_{REF1}$,$V_{TL}=V_{REF2}$

式中,$V_{TH}$称为上门限电平,$V_{TL}$称为下门限电平。窗口比较器的电压传输特性曲线如图 5.55(b)

所示。

当$v_i>V_{TH}$时，$v_{o1}$为高电平，$VD_1$ 导通；$v_{o2}$为低电平，$VD_2$ 截止，$v_o=v_{o1}$。

当$v_i<V_{TL}$时，$v_{o2}$为高电平，$VD_2$ 导通；$v_{o1}$为低电平，$VD_1$ 截止，$v_o=v_{o2}$。

当 $V_{TH}>v_i>V_{TL}$时，$v_{o1}$为低电平，$v_{o2}$为低电平，$VD_1$ 与 $VD_2$ 截止，$v_o$ 为低电平。

可以看出：当输入信号电平高于某规定值 $V_{TH}$或低于某规定值 $V_{TL}$时，比较电路为正饱和输出；当输入信号电平在 $V_{TL}$和$V_{TH}$之间时，比较电路为负饱和输出。该电压比较器有两个阈值，电压传输特性曲线呈窗口状，故称为窗口比较器。

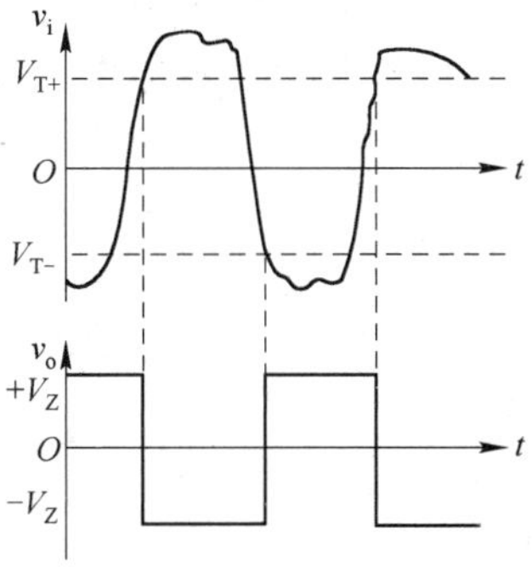


图 5.56　用滞回比较器实现波形变换

**5. 电压比较器的应用**

电压比较器广泛应用于自控及测量领域，用以实现模数转换或报警，并且可以实现各种非正弦波的产生和整形。

图 5.56 所示主要对输入波形进行整形，可以将不规则的输入波形（有干扰的正弦波）变换为方波输出。

非正弦波的产生电路将在下节专门论述。

### *5.4.2　非正弦波产生电路

常见的非正弦波产生电路有方波产生电路、矩形波产生电路、三角波产生电路及锯齿波产生电路等，这些电路经常在数字系统中作为信号源使用。下面分别介绍它们的电路构成及工作原理。

**1. 方波产生电路**

方波产生电路是由滞回比较器和 $RC$ 定时电路构成的，如图 5.57 所示。

假设电源刚接通时$v_C=0$，$v_o=+V_Z$，此时$v_P=\dfrac{R_2V_Z}{R_1+R_2}$，输出电压通过电阻 $R_f$ 向电容 $C$ 充电，使电容 $C$ 上的电压$v_C$ 升高。

当$v_C=v_N\geqslant v_P$ 时，滞回比较器输出发生跳变，$v_o=-V_Z$。此时$v_P=-\dfrac{R_2V_Z}{R_1+R_2}$，电容 $C$ 通过电阻 $R_f$ 放电，$v_C$ 下降。

当电容 $C$ 上的电压下降到$v_C=v_N\leqslant v_P$ 时，滞回比较器输出再次发生跳变，$v_o=+V_Z$。此后将重复上述过程，使得滞回比较器的输出在正负电平之间跳变，形成方波输出，如图 5.58 所示。方波的周期为

$$T=2R_fC\ln\left(1+\frac{2R_2}{R_1}\right)$$

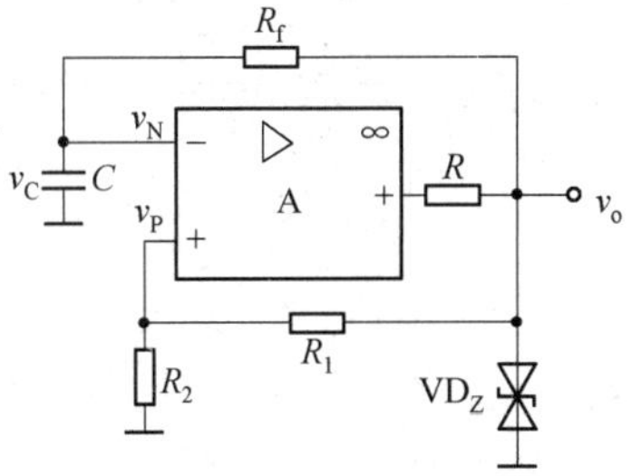


图 5.57　方波产生电路

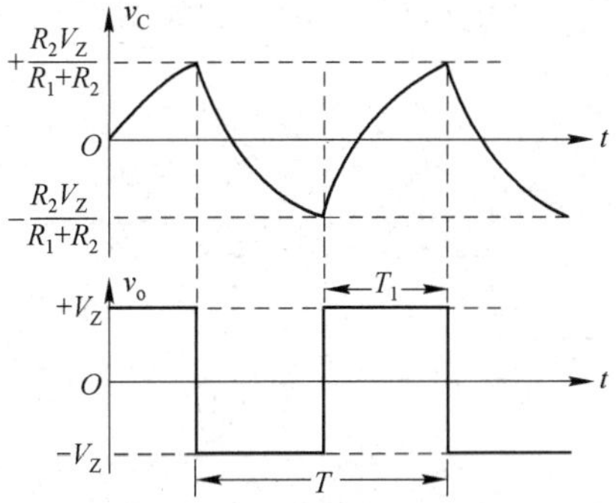


图 5.58　方波产生电路波形图

**2. 占空比可调的矩形波电路**

图 5.58 所示为正负半周对称的方波，其输出电压为高电平和低电平的时间是相等的，均为周期的一半，因此称方波为占空比为 50%的矩形波。为了改变输出矩形波的占空比，应调整电容 $C$ 的充电和放电时间常数。占空比可调的矩形波电路如图 5.59(a)所示。

电容 $C$ 充电时，充电电流流经电位器 RP 的上半部 RP1、$VD_1$ 及 $R_1$。

电容 $C$ 放电时，放电电流流经 $R_1$、$VD_2$、电位器 RP 的下半部 RP2。

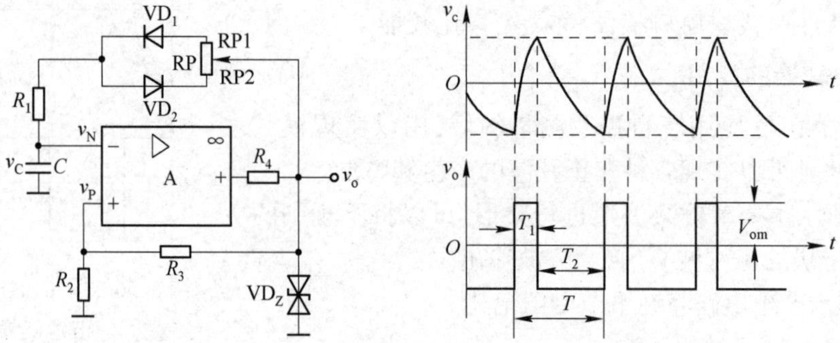


(a) 电路　　(b) 波形

图 5.59　占空比可调的矩形波电路及波形

占空比为
$$\frac{T_1}{T}=\frac{\tau_1}{\tau_1+\tau_2}$$
$$\tau_1=(R_{RP1}+r_{d1}+R_1)C,\quad \tau_2=(R_{RP2}+r_{d2}+R_1)C$$
其中，$r_{d1}$是 $VD_1$ 的导通电阻，$r_{d2}$是 $VD_2$ 的导通电阻。这样，改变 RP 的触点位置，就可以改变占空比，而总的周期不变。

**3. 三角波产生电路**

三角波产生电路如图 5.60 所示。集成运放 $A_1$ 组成滞回比较器，$A_2$ 组成积分电路。滞回比较器的输出加在积分电路的反相输入端，积分电路的输出又反馈给滞回比较器，作为滞回比较器的参考电压 $V_{REF}$。

假设初始状态滞回比较器的输出为高电平，即 $v_{o1}=+V_Z$，而电容的初始电压 $v_C(0)=0$，这样电容 $C$ 开始充电，同时 $v_o$ 按线性规律逐渐下降。

当 $v_o$ 的下降使 $A_1$ 的同相端电位 $v_P$ 小于 0( $v_N$ )时，滞回比较器的输出发生跳变，$v_{o1}$ 从 $+V_Z$ 跳变为 $-V_Z$，即 $v_{o1}=-V_Z$。

此后，电容 $C$ 开始放电，$v_o$ 则按线性规律上升。当 $v_o$ 的上升使 $A_1$ 的 $v_P>0$( $v_N$ )时，滞回比较器的输出再次发生跳变，$v_{o1}$ 从 $-V_Z$ 跳变为 $+V_Z$。这样的过程不断重复，由于 $v_o$ 的上升、下降时间相等，斜率绝对值也相等，就可得到如图 5.61 的三角波。

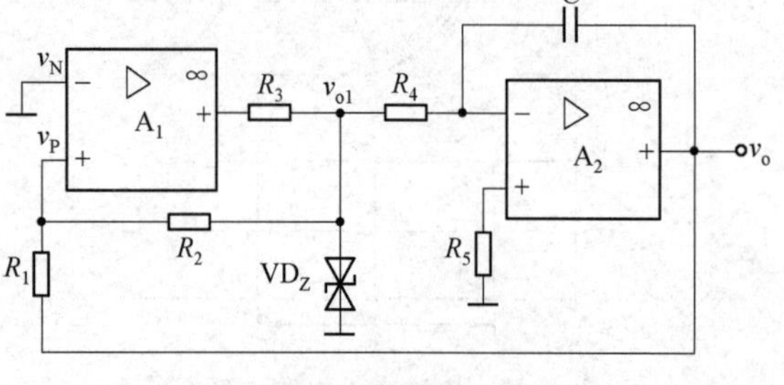


图 5.60　三角波产生电路

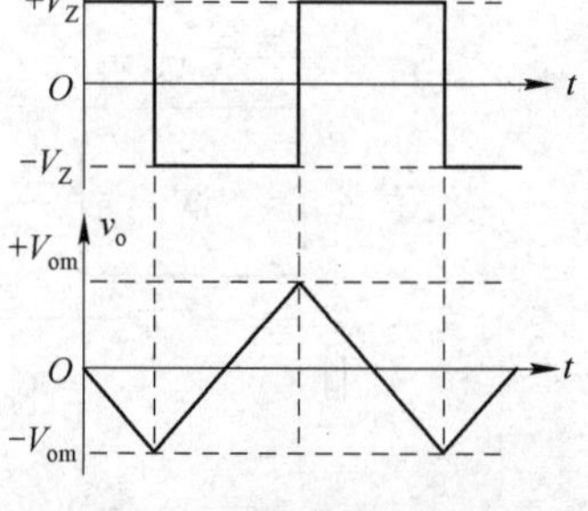


图 5.61　三角波产生电路的波形

假设 $V_{om}$ 为三角波的输出峰值，由于滞回比较器的同相端电位为

$$v_P=\frac{R_1}{R_1+R_2}v_{o1}+\frac{R_2}{R_1+R_2}v_o$$

而三角波输出 $v_o$ 达到最大 $V_{om}$ 时，$v_{o1}=\pm V_Z$，$v_P=v_N=0$，将这些条件代入上式，可得：

$$0=\frac{R_1\cdot(\pm V_Z)}{R_1+R_2}+\frac{R_2}{R_1+R_2}V_{om}$$

这样就可求得正向峰值 $V_{om}=\frac{R_1}{R_2}V_Z$，负向峰值 $V_{om}=-\frac{R_1}{R_2}V_Z$

输出电压由负向峰值向正向峰值变化的过程中有

$$\frac{1}{C}\int_0^{T/2}\frac{V_Z}{R_4}dt=2V_{om}$$

因此振荡周期为

$$T=4R_4C\frac{V_{om}}{V_Z}=\frac{4R_4R_1C}{R_2}$$

**4. 锯齿波产生电路**

锯齿波产生电路如图 5.62 所示。图中 $VD_1$ 和 $VD_2$ 分别与 RP 的上半部 RP1、下半部 RP2 构成充、放电回路。为了获得锯齿波，应改变积分器的充、放电时间常数，使二者不再相等。锯齿波产生电路的波形如图 5.63 所示。

锯齿波的周期可以根据时间常数和锯齿波的幅值求得。

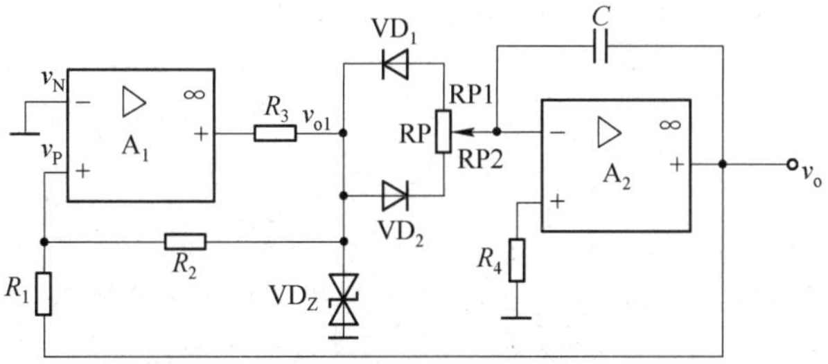


图 5.62　锯齿波产生电路

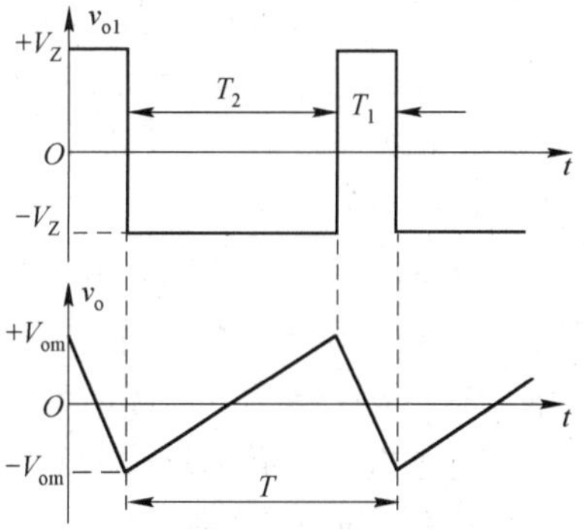


图 5.63　锯齿波产生电路的波形

因为 $A_1$ 的最大输出电压

$$V_{o1m}=|V_Z|=\frac{R_2}{R_1}V_{om}$$

所以锯齿波的幅值为

$$V_{om}=\frac{R_1}{R_2}V_Z$$

锯齿波的周期为

$$T=\frac{2R_1R_{RP}C}{R_2}$$

其中

$$T_1=\frac{2R_1R_{RP1}C}{R_2},\qquad T_2=\frac{2R_1R_{RP2}C}{R_2}$$

**思考题 5.4(参考答案请扫描二维码 5-4)**

1. 集成运放在非线性应用时，其工作状态与线性应用时有何区别？
2. 图 5.53 所示电压比较器中的集成运放，输出电压何时发生跳变？

二维码 5-4

3. 图 S5.4.1 中的集成运放采用±5V 电源，若加入图 S5.4.2 所示的输入信号 $v_i$，试画出输出电压 $v_o$ 的波形。

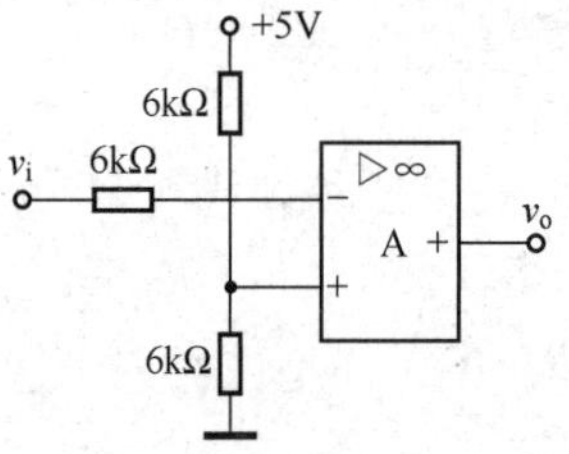


S5.4.1

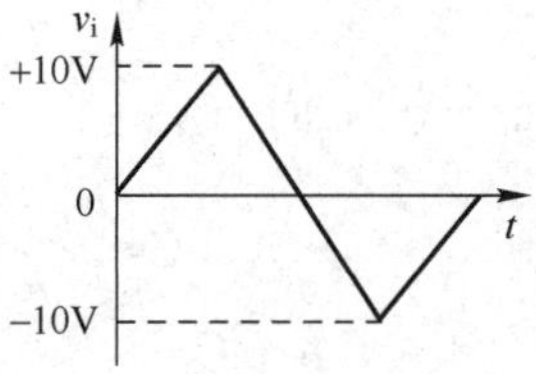


S5.4.2

## 本章小结

- 集成运放是用集成工艺制成的、具有高增益的直接耦合多级放大电路。一般由输入级、中间级、输出级和偏置电路四部分构成。为了抑制零漂、提高共模抑制比，常采用差分放大电路作为输入级；中间为电压增益级；互补对称电压跟随电路常作为输出级；电流源电路构成偏置电路。
- 电流源电路是模拟集成电路的基本单元电路，其特点是直流电阻小，交流电阻很大，并具有温度补偿作用，常用做放大电路的有源负载，并且为放大电路提供稳定的偏置电流。
- 功率放大电路是在大信号下工作的，通常采用图解法进行分析。研究的重点是如何在允许的失真情况下，尽可能提高输出功率和效率。
- 与甲类功率放大电路相比，乙类互补对称状态下功率放大电路的主要优点是效率高，理想情况为 78.5%。由于三极管存在死区电压，工作在乙类互补对称状态下的功率放大电路将出现交越失真，克服的办法是采用甲乙类互补对称电路。通常利用二极管或 $V_{BE}$ 扩大电路进行偏置。
- 集成运放是模拟集成电路的典型组件，电路内部的分析和工作原理只要求定性了解，目的在于掌握主要技术指标，做到根据电路系统的要求，正确选择元器件。
- 差分放大电路是集成运放的重要组成单元，它既能放大直流信号，又能放大交流信号，并对差模信号具有很强的放大能力，而对共模信号有很强的抑制能力。由于电路输入、输出方式的不同组合，共有四种典型电路。分析这些电路时，着重分析两边电路输入信号分量的不同，至于具体的指标计算与共射单级电路基本一致。
- 模拟运算电路是由集成运放接成负反馈的电路形式，可实现加、减、积分、微分、对数和指数等多种数学运算，此时集成运放工作在线性工作区内。分析这类电路可用虚短和虚断两个重要的概念，以求出输出和输入之间的函数关系。

## 习　题

5.1　什么是差模信号？什么是共模信号？差分放大电路对这两种信号的放大能力如何？差分放大电路中发射极电阻 $R_e$ 对差模信号和共模信号的作用各如何？

5.2　什么是零点漂移？在讨论交流放大器时为什么没提出零点漂移的问题？在实际电路中应如何抑制零点漂移？

5.3　有的同学认为，差分放大电路主要采用双端输出方式抑制零点漂移，单端输出方式意义不大，不如采用单管放大电路。这种说法是否正确？为什么？

5.4　现有一个双端输入的差分放大电路，求解下列问题：

（1）若 $v_{i1}=1500\text{mV}$，$v_{i2}=500\text{mV}$，求差模输入电压 $v_{id}$ 及共模输入电压 $v_{ic}$ 的值；

(2) 若 $A_{vd}=100$，求差模输出电压 $v_{od}$ 的值；

(3) 当输出电压 $v_o=1000v_{i1}-999v_{i2}$ 时，求 $A_{vd}$、$A_{vc}$ 和 $K_{CMRR}$ 的值。

5.5　功率放大器有何特点？对其有何基本要求？何谓甲类、乙类、甲乙类、丙类放大器？各有什么特点？

5.6　如图题 5.6 所示功率放大电路，试回答下列问题：

(1) 该电路的名称是什么？输出级属于何种类型放大？

(2) 该电路的输出电压与输入电压的相位是什么关系？

5.7　某差分放大电路如图题 5.7 所示。$V_1$ 与 $V_2$ 的参数相同，$V_{BE}=0.7V$，$\beta=150$。为了使输入为 0 时，输出也为 0，加了调零电位器 RP。已知 $r_{bb'}=200\Omega$，$R_{RP}=200\Omega$。试计算：

(1) 静态时两管的 $I_{BQ}$、$I_{CQ}$ 和 $V_{CEQ}$ 各为多少？

(2) 计算差模电压增益 $A_{vd}$；

(3) 计算差模输入电阻 $R_{id}$ 和输出电阻 $R_{od}$；

(4) 求共模输入电阻 $R_{ic}$、共模电压增益 $A_{vc}$ 和共模抑制比 $K_{CMRR}$。

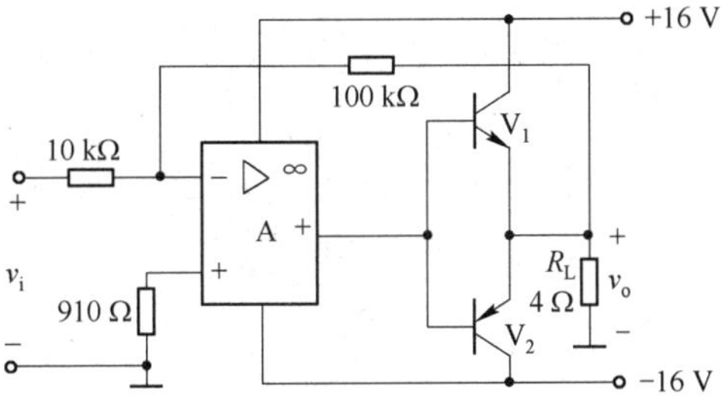


图　题 5.6

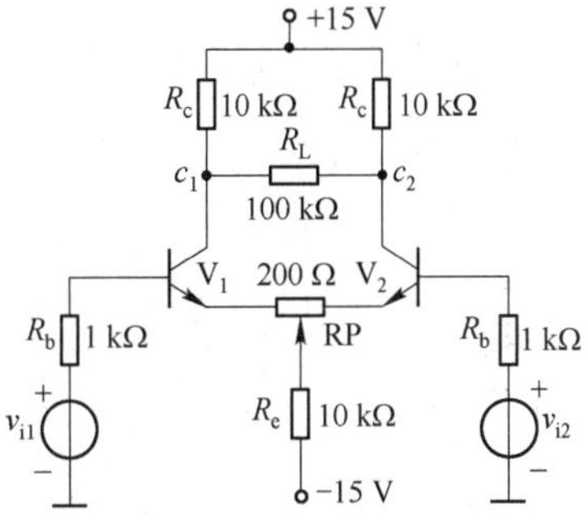


图　题 5.7

5.8　电路如图题 5.8 所示。$V_1$ 与 $V_2$ 的参数相同，$V_{BE}=0.7V$，$\beta=50$。已知电流表支路的总电阻为 2kΩ。试计算加多大的输入电压可使电流表的电流为 0.1mA？

5.9　差分放大电路如图题 5.9 所示。试求双端输出差模增益 $A_{vd}$、单端输出差模增益 $A_{vd1}$ 和差模输入电阻 $R_{id}$。

5.10　某差分放大电路如图题 5.10 所示。$V_1$ 与 $V_2$ 的参数相同，$V_{BE}=0.7V$，$\beta=80$，$r_{bb'}=100\Omega$，发射极调零电位器 RP 的阻值为 100Ω。试求：(1) 静态时的输出电压；(2) 共模抑制比 $K_{CMRR}$；(3) 当 $v_{i1}=610mV$，$v_{i2}=590mV$ 时，求 $v_o$。

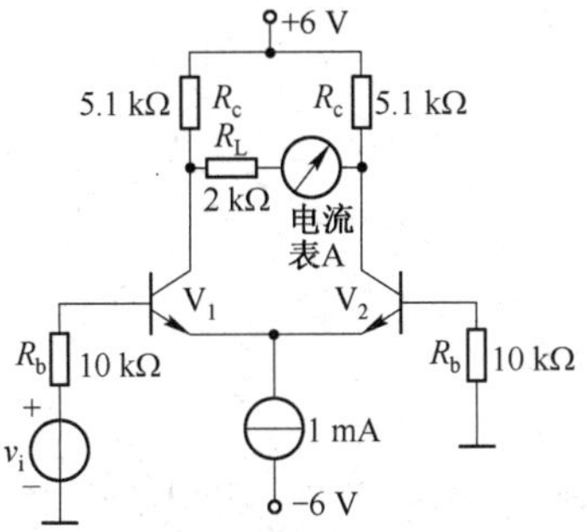


图　题 5.8

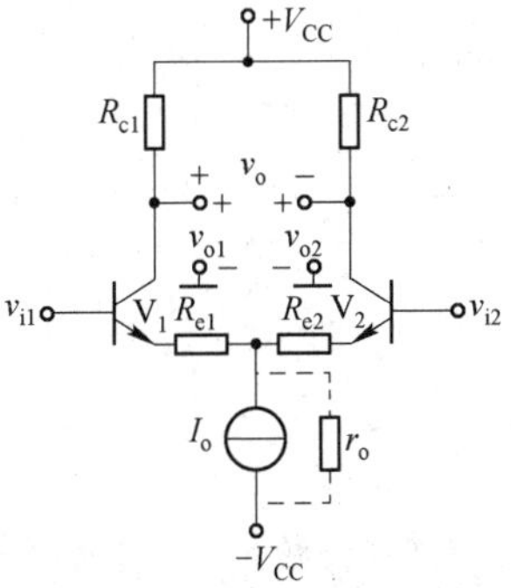


图　题 5.9

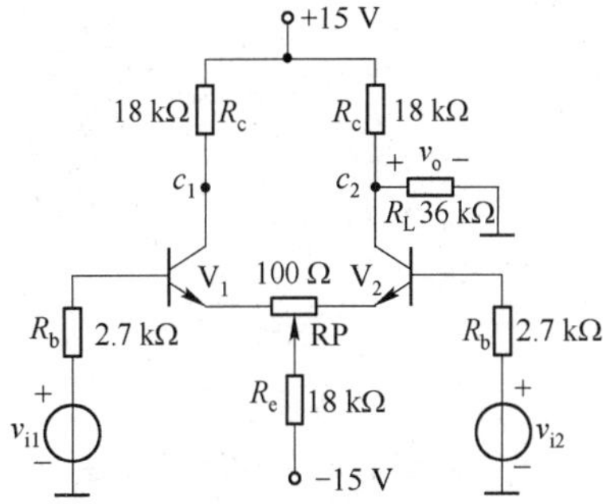


图　题 5.10

5.11　用 3 只阻值分别为 10kΩ、11kΩ 和 110kΩ 的电阻和 1 个集成运算放大器构成反相比例运算电路。试画出电路图，标出各参数值，并求电压放大倍数。

5.12　由两个运算放大器构成的单端输入差动输出放大电路如图题 5.12 所示。写出输出电压 $v_o$ 与输入电压 $v_i$ 的关系式。

5.13　电路如图题 5.13 所示。设集成运放是理想的，求输出电压 $v_o$ 的表达式。

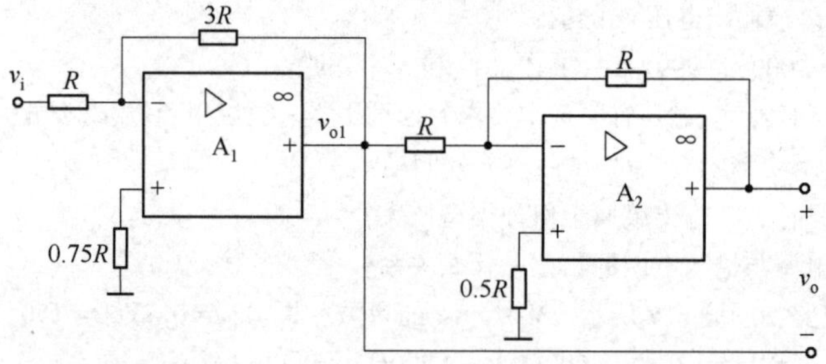


图　题 5.12

5.14　设计一个运算电路，完成 $v_o = -6v_{i1} - v_{i2} + 1.5v_{i3}$。

5.15　加减运算电路如图题 5.15 所示。已知 $R_1 = 40\text{k}\Omega$，$R_2 = 25\text{k}\Omega$，$R_3 = 10\text{k}\Omega$，$R_4 = 20\text{k}\Omega$，$R_5 = 30\text{k}\Omega$，$R_f = 50\text{k}\Omega$，求输出电压 $v_o$ 的表达式。

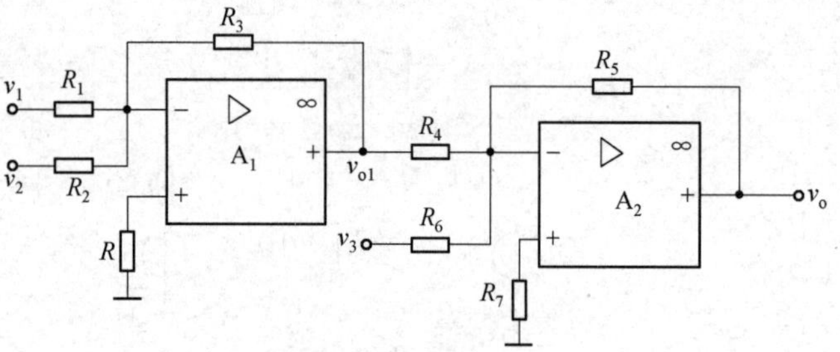


图　题 5.13

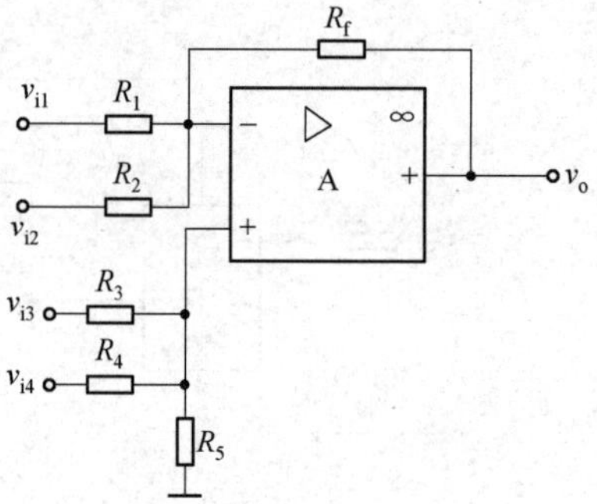


图　题 5.15

5.16　电路如图题 5.16 所示，求输出电压 $v_o$。

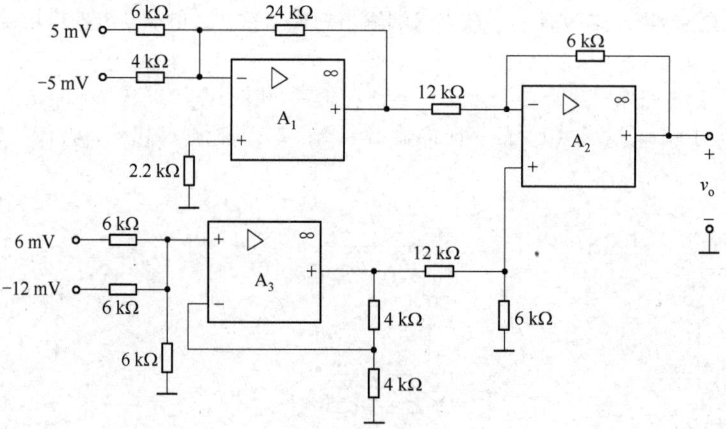


图　题 5.16

5.17　设有一如图题 5.17(a)所示的方波加在图题 5.17(b)所示电路的输入端，其中 $R_1 = 50\text{k}\Omega$，$C = 1\mu\text{F}$。试画出理想情况下输出电压的波形。

5.18　积分电路如图 5.17(b)所示，若输入如图题 5.18 所示的波形，试绘制相应的输出电压波形。已知：$R_1 = R_2 = 10\text{k}\Omega$，$C = 0.2\mu\text{F}$，电容 $C$ 上的初始电压 $v_C(0) = 0\text{V}$。

5.19　电路如图题 5.19 所示，$A_1$、$A_2$ 为理想运放，最大输出电压 $V_{om} = \pm 12\text{V}$。

(1) 说明电路是由哪两种电路组成的？

(2) 设电路初始电压为 0，$t = 0$ 时，$v_o = -12\text{V}$。当加入 $v_i = 1\text{V}$ 的阶跃信号后，需多长时间 $v_o$ 跳变到 +12V。

(3) 画出 $v_{o1}$ 与 $v_o$ 的波形。

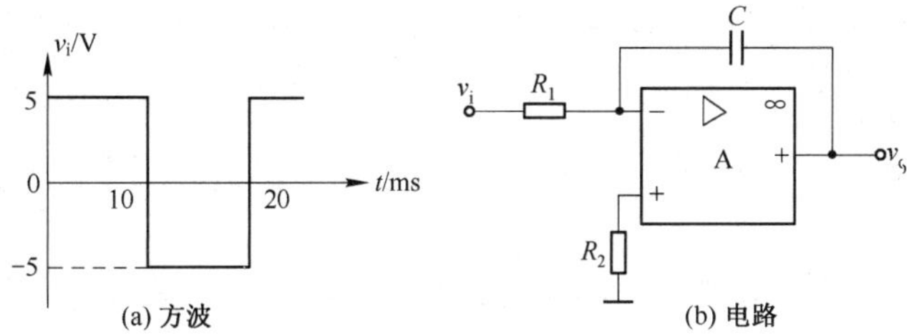


(a) 方波　　(b) 电路

图　题 5.17

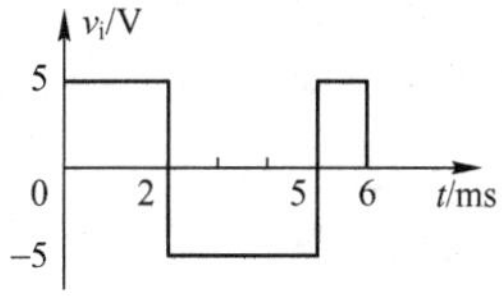


图　题 5.18

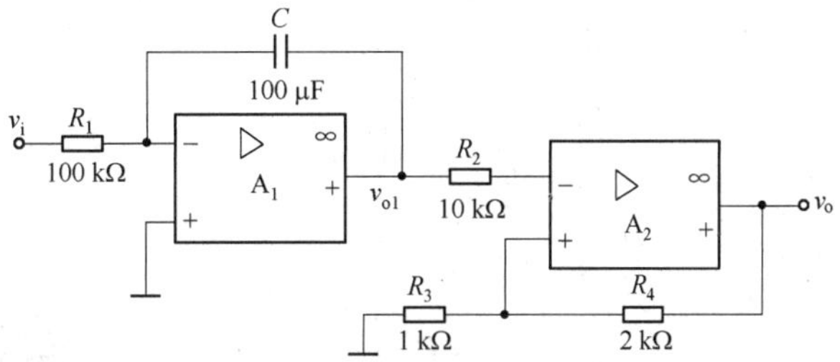


图　题 5.19

5.20　电路如图题 5.20 所示，设 $A_1$、$A_2$ 和 $A_3$ 均为理想运放，电容 $C$ 上的初始电压 $v_C(0)=0V$。若 $v_i$ 为 0.11V 的阶跃信号，求信号加上 1s 后，$v_{o1}$、$v_{o2}$、$v_{o3}$ 所达到的数值。

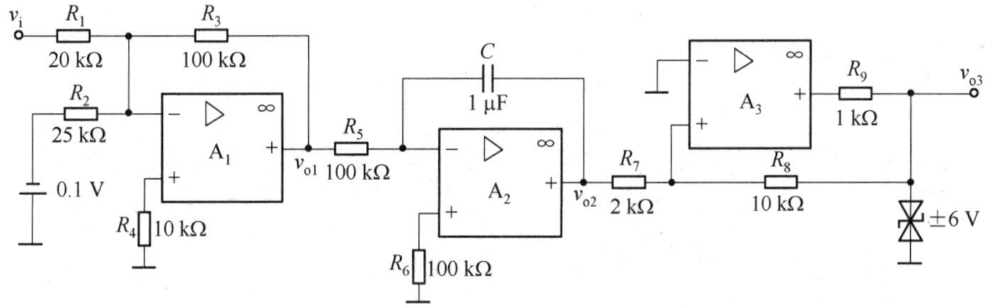


图　题 5.20

5.21　图题 5.21(a)所示电路中，设 $A_1$、$A_2$、$A_3$ 均为理想运放，最大输出电压幅值均为 ±12V，$v_I$ 的波形如图题 5.21(b)所示，画出 $v_{o1}$、$v_{o2}$、$v_{o3}$ 的波形。

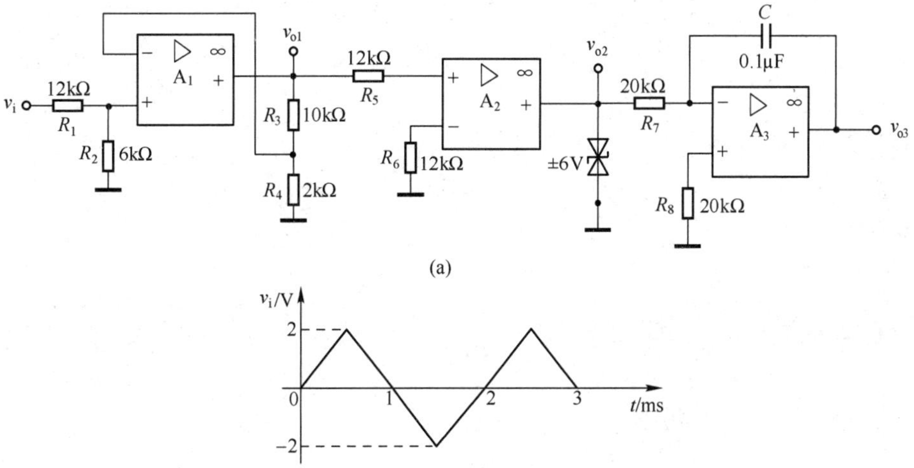


图　题 5.21

5.22 仿真题：带恒流源式差分放大电路如图题 5.22 所示，利用 Multisim 分析该电路，图中三极管选择 2N2222A，其他器件均可采用虚拟元件。

（1）求仿真图中三个三极管的静态工作点；

（2）给电路输入 20mV 的直流差模小信号，空载下分别测试电路的双端输出的差模增益 $A_{vd}$、单端输出的差模增益 $A_{vd1}$、$A_{vd2}$ 的值；

（3）给电路输入 1V 的直流共模信号，空载下分别测试双端输出的共模增益 $A_{vc}$ 以及单端输出的共模增益 $A_{vc1}$、$A_{vc2}$ 的值。（该题的题解请扫二维码 5-5）

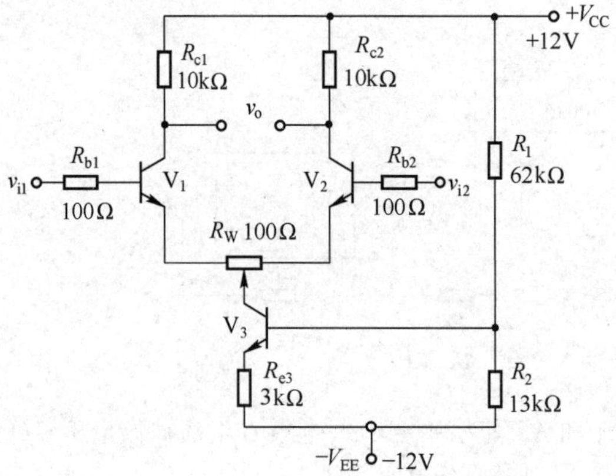


图 题 5.22

二维码 5-5

# 第 6 章　正弦波振荡电路

本章学习目标：

- 掌握振荡的基本概念，振荡产生的条件；
- 掌握 RC 振荡器的构成和工作原理；
- 了解 LC 振荡器的构成和工作原理。

振荡电路是一种不需要外接输入信号就能将直流电源转换成具有特定频率、幅度和波形的交流信号输出的电路。按振荡波形可分为正弦波振荡电路和非正弦波振荡电路。非正弦波振荡电路在第 5 章已做了介绍，本章介绍正弦波振荡电路。

正弦波振荡电路是模拟电子技术中的一种基本电路，能产生正弦波输出。正弦波振荡电路是在放大电路的基础上加上正反馈而形成的，是各类波形发生器和信号源的核心电路。几乎所有数字仪器都要用到振荡器和波形发生器，没有振荡器的装置无法完成任何操作。可以说，振荡电路对电子设备十分必要，如同直流电源提供稳定供电一样必不可少。

正弦波振荡电路也称为正弦波发生电路或正弦波振荡器，在测量、通信、无线电技术、超声波探伤、自动控制和热加工等许多领域有着广泛的应用。本章从产生正弦波振荡的条件出发，讨论正弦波振荡电路的构成和分析方法，然后介绍常见的 RC 振荡电路、LC 振荡电路和石英晶体振荡电路。

## 6.1　正弦波振荡电路的基本原理

### 1. 产生振荡的条件

自激振荡电路方框图如图 6.1 所示，图中放大电路净输入信号 $\dot{V}_i=\dot{V}_s+\dot{V}_f$。如果输入端没有外加信号，即 $\dot{V}_s=0$，那么当反馈信号 $\dot{V}_f$ 与 $\dot{V}_i$ 幅度相等且相位相同时，电路的输出信号 $\dot{V}_o$ 将保持原来的数值不变。此时电路虽然未加任何输入信号，输出端却有输出信号 $\dot{V}_o$ 产生。

通过对图 6.1 的分析可知，产生正弦波振荡时满足下式

$$\dot{V}_i=\dot{V}_f \tag{6.1}$$

电路中的电压关系为

$$\dot{V}_f=\dot{F}\dot{V}_o \tag{6.2}$$

$$\dot{V}_o=\dot{A}\dot{V}_i \tag{6.3}$$

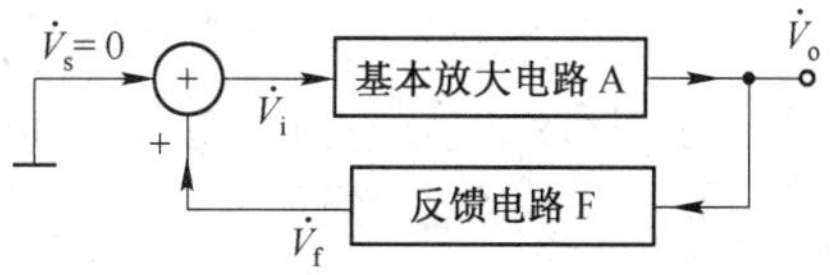


图 6.1　自激振荡电路方框图

由式(6.1)、式(6.2)和式(6.3)可以得到产生正弦波振荡的条件是

$$\dot{A}\dot{F}=1 \tag{6.4}$$

式(6.4)表示电路维持振荡的平衡条件。由于电压增益 $\dot{A}$ 和反馈系数 $\dot{F}$ 都是复数，所以式(6.4)包含了产生正弦波振荡的两个条件：

幅度平衡条件　$|\dot{A}\dot{F}|=1$　(6.5)

相位平衡条件　$\varphi_A+\varphi_F=\pm 2n\pi$（$n$ 为正整数）　(6.6)

式(6.6)中 $\varphi_A$ 表示基本放大电路的输出信号 $\dot{V}_o$ 与输入信号 $\dot{V}_i$ 之间的相移,$\varphi_F$ 表示反馈网络的输出 $\dot{V}_f$ 与 $\dot{V}_o$ 之间的相移,$\varphi_A+\varphi_F$ 为反馈放大电路的总相移。实际上,相位条件要求反馈网络必须是正反馈。

**2. 正弦波振荡电路的起振与稳定过程**

上述幅度平衡条件是与振荡电路进入稳定振荡情况相对应的。但是该条件只能维持振荡,不能使振荡电路起振,因此一定要注意区分振荡维持条件与起振条件。

振荡电路在开始接通电源时,由于 $\dot{V}_s=0$,$\dot{V}_o=0$,因此 $\dot{V}_f$ 和 $\dot{V}_i$ 也为0。如果此时满足幅度平衡条件:$\dot{A}\dot{F}=1$,则 $\dot{V}_i=\dot{V}_f$,电路将保持 $\dot{V}_o$、$\dot{V}_f$ 和 $\dot{V}_i$ 为0的状态,不会产生振荡。

振荡电路的起振条件应为 $\dot{A}\dot{F}>1$,这样,振荡电路接通电源后,当满足相位条件和起振条件时,信号可以被逐渐放大,我们称这个过程为振荡电路的起振。

图6.2(a)是振荡电路起振与稳定过程的示意图,可以看出放大电路输入信号与输出信号的关系是非线性的,并且随着输入信号的不断增强,放大电路的增益会下降。反馈电路的特性用一条直线表征,因为 $\dot{V}_f$ 和 $\dot{V}_o$ 是线性关系。由图6.2(a)可知:输入信号为 $\dot{V}_{i1}$时,对应的输出信号为 $\dot{V}_{o1}$,$\dot{V}_{o1}$的反馈信号为 $\dot{V}_{f1}=\dot{V}_{i2}$;输入信号为 $\dot{V}_{i2}$时,对应的输出信号为 $\dot{V}_{o2}$,$\dot{V}_{o2}$的反馈信号为 $\dot{V}_{f2}=\dot{V}_{i3}$;……由于满足 $\dot{A}\dot{F}>1$,所以 $\dot{V}_f>\dot{V}_i$。直至 $A$ 点,$\dot{V}_i=\dot{V}_f$ 时,$\dot{A}\dot{F}=1$,电路达到平衡稳定状态。一般来说,从起振到稳定的过程是极短的瞬间,用仪器很难观测到。

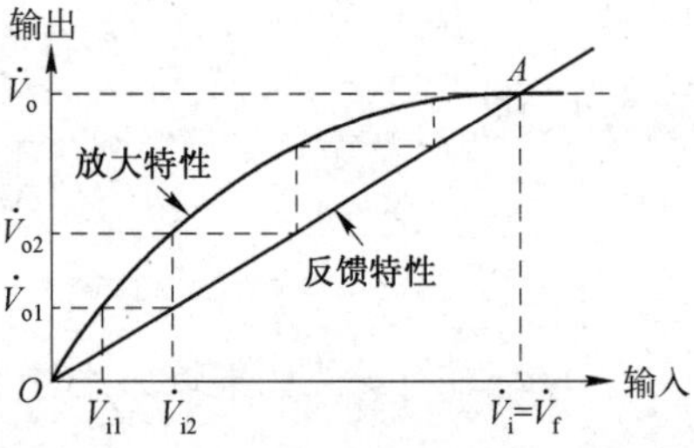


(a) 起振与稳定过程

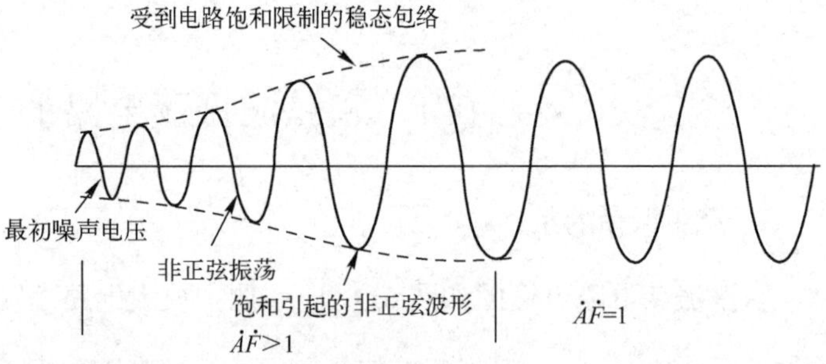


(b) 稳态振荡的建立

图6.2 振荡电路的起振与稳态振荡的建立

既然振荡电路的起振条件是 $\dot{A}\dot{F}>1$,那么输出信号的振幅会不会无限制地增大呢?答案是否定的。原因有二:第一,由于电源电压一定,放大电路动态范围会受到限制;第二,由于三极管是非线性器件,振荡幅度增大到一定程度后,三极管进入饱和区和截止区,电路放大倍数降低,限制了输出幅度的增大。直到 $\dot{A}\dot{F}=1$ 时,电路才达到稳定的工作状态。

实际中,振荡器工作不需外界输入信号。由于放大电路存在频谱分布很宽的噪声电压或瞬态扰动,当满足 $\dot{A}\dot{F}>1$ 时,系统通过放大某个频率的微弱噪声信号开始振荡。由于实际电路的饱和限制,$\dot{A}\dot{F}\approx1$ 而非精确的 $\dot{A}\dot{F}=1$,这样会使得输出波形不是精确的正弦波。但是,$\dot{A}\dot{F}$ 与1越接近(即与1的差值越小),输出波形就越接近正弦波。图6.2(b)所示为噪声导致的稳态振荡的建立过程。

**3. 正弦波振荡电路与负反馈自激振荡电路的区别**

我们知道,负反馈可以改善放大电路的性能指标,但是负反馈引入不当,则会引起放大电路的自激振荡。例如，在中频条件下，放大电路有 180°的相移，若在其他频段电路出现 180°的附加相移 $\varphi_{AF}$，则使放大电路的总相移达到 360°，负反馈就变成了正反馈。如果幅度条件满足要求，放大电路将产生自激振荡。为了使放大电路正常工作，必须要研究放大电路产生自激的原因和消除自激的有效方法。

产生正弦波的条件与负反馈放大电路产生自激振荡的条件十分类似，只不过负反馈放大电路中由于信号频率达到了通频带的两端，产生了足够大的附加相移，从而使负反馈变成了正反馈；而在振荡电路中加的就是正反馈，振荡建立后只是一种频率的信号，无所谓附加相移。

图 6.3 可以很清楚地说明正弦波振荡电路与负反馈自激振荡电路的区别。

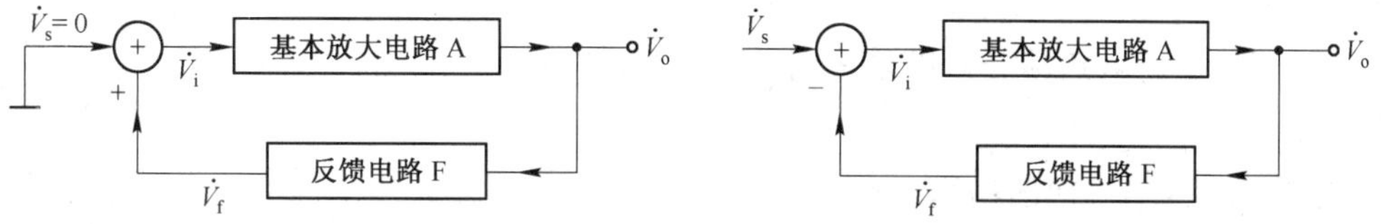


(a) 正弦波振荡电路　　(b) 负反馈自激振荡电路

图 6.3　正弦波振荡电路与负反馈自激振荡电路

**思考题 6.1（参考答案请扫描二维码 6-1）**

1. 判断（叙述正确在括号内打√，叙述错误在括号内打×）

（1）只要引入正反馈，放大电路就能产生振荡。（　　）

（2）只有引入正反馈，放大电路才能产生振荡。（　　）

（3）必须满足 $\dot{A}\dot{F}>1$，振荡电路才能起振。（　　）

2. 振荡电路没有外接输入信号，那么振荡电路中放大电路所放大的信号是什么信号？

二维码 6-1

## 6.2　正弦波振荡电路的组成、分类和分析方法

**1. 正弦波振荡电路的组成和分类**

为了产生正弦波，必须在放大电路中加入正反馈。因此放大电路和正反馈网络是振荡电路最主要的组成部分。但是，由这样两部分构成的振荡器一般得不到正弦波，原因是正反馈的量很难控制。如果正反馈量过大，则输出幅度不断增大，越来越大的幅度受到具有非线性特性的三极管的限幅，必然产生非线性失真；反之，如果正反馈量不足，则输出幅度不断减小，可能引起停振。为此振荡电路中要有一个稳幅电路。同时，为了获得单一频率的正弦波输出，应该有选频网络。选频网络可以由正反馈网络实现，或者由放大电路实现。选频网络通常由电阻（$R$）、电容（$C$）和电感（$L$）等电抗性元件组成。

因此，正弦波振荡电路由四部分构成：进行信号放大的放大电路；引进正反馈的反馈网络；选择某一单一频率的选频网络；使振幅稳定、改善波形的稳幅环节。正弦波振荡电路一般由选频网络来命名。常见的正弦波振荡电路有 $RC$ 振荡电路、$LC$ 振荡电路和石英晶体振荡电路等。

**2. 振荡电路的分析方法**

振荡电路的分析一般依据下列步骤进行：

（1）判断能否产生正弦波振荡

首先检查电路是否包含放大电路、反馈网络、选频网络和稳幅电路等基本环节；其次检查放大电路是否工作在放大状态；最后检查电路是否满足振荡产生的条件。一般情况下，幅度平衡条件容易满足，应重点检查是否满足相位平衡条件和起振条件。

判断电路是否满足相位平衡条件采用瞬时极性法。可以断开反馈支路与放大电路输入端的连接点,在断点处的放大电路输入端加信号 $\dot{V}_i$,并设其极性为正(对地),然后沿着放大和反馈环路判断反馈的性质,从而确定 $\dot{V}_i$ 和 $\dot{V}_f$ 的相位关系。如果是正反馈,则 $\dot{V}_i$ 和 $\dot{V}_f$ 在某一频率下同相,电路满足相位平衡条件;否则,不满足相位平衡条件。

(2) 对于能振荡的电路,根据选频网络的选频条件推算其振荡频率

为了保证振荡电路起振,由起振条件确定电路的某些参数。

振荡频率由相位平衡条件决定。由 $\varphi_A+\varphi_F=\pm 2n\pi$ 可求出满足相位平衡条件的振荡频率 $f_0$,在该频率下得到的 $|\dot{A}\dot{F}|>1$ 即为振荡电路的起振条件。

以下对各种振荡电路的分析都是采用上述方法进行的。

**思考题 6.2(参考答案请扫描二维码 6-2)**

1. 常见的正弦波振荡电路有哪几类?是如何进行分类的?命名的依据是什么?
2. 如何判断某个电路是否满足振荡电路所必需的相位平衡条件?

二维码 6-2

## 6.3 *RC* 振荡电路

*RC* 振荡电路的选频网络由 *R*、*C* 元件组成,振荡频率较低,一般为几赫至几百千赫,常用于低频电子设备中。*RC* 振荡电路又可分为文氏桥式(*RC* 串并联网络)、移相式和双 T 式等电路形式。

### 6.3.1 文氏桥式振荡电路

**1. 电路组成**

文氏桥式振荡电路如图 6.4 所示。其中集成运放 A 构成振荡电路的放大部分,$R_f$ 和 $R'$ 构成负反馈支路,$R_1$、$C_1$ 和 $R_2$、$C_2$ 组成的串并联网络构成正反馈支路。由于两个反馈支路正好形成四臂电桥,故称之为文氏桥式振荡电路,也称做 *RC* 串并联网络振荡电路。

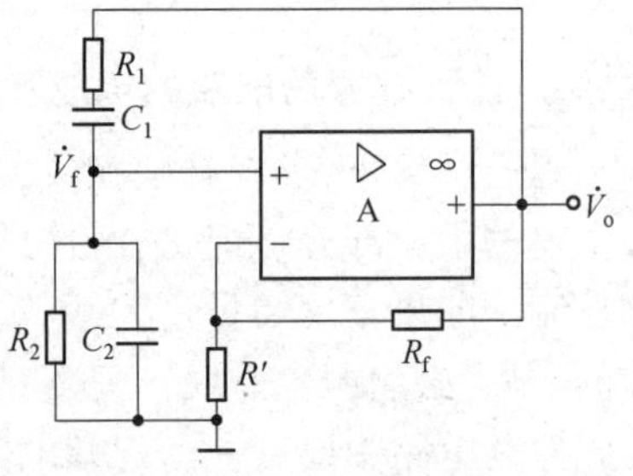

图 6.4　文氏桥式振荡电路

$R_1$、$C_1$ 和 $R_2$、$C_2$ 组成串并联网络构成的正反馈支路同时实现正反馈和选频作用,使电路产生振荡。$R_f$ 和 $R'$ 组成的负反馈支路没有选频作用,但可以改善输出波形。

**2. *RC* 串并联网络的频率特性**

由 $R_1$、$C_1$ 和 $R_2$、$C_2$ 组成的 *RC* 串并联网络如图 6.5 所示。其中 $\dot{V}_o$ 为输出电压,$\dot{V}_f$ 为反馈电压。下面分析其频率特性。

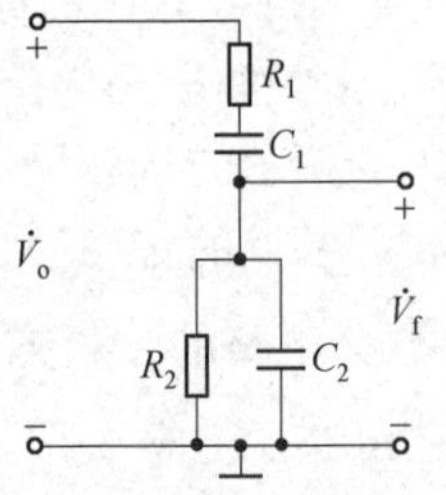

图 6.5　*RC* 串并联网络

由图 6.5 所示电路,可写出反馈系数的频率特性表示式

$$\dot{F}=\frac{\dot{V}_f}{\dot{V}_o}=\frac{Z_2}{Z_1+Z_2}=\frac{\dfrac{R_2}{1+j\omega R_2C_2}}{R_1+\dfrac{1}{j\omega C_1}+\dfrac{R_2}{1+j\omega R_2C_2}}$$

$$=\frac{1}{\left(1+\dfrac{R_1}{R_2}+\dfrac{C_2}{C_1}\right)+j\left(\omega C_2R_1-\dfrac{1}{\omega R_2C_1}\right)} \tag{6.7}$$

为方便起见，通常取 $R_1=R_2=R$，$C_1=C_2=C$，并且取角频率$\omega_0=\dfrac{1}{RC}$。这样，式(6.7)可简化为

$$\dot{F}=\frac{1}{3+\mathrm{j}\left(\dfrac{\omega}{\omega_0}-\dfrac{\omega_0}{\omega}\right)} \tag{6.8}$$

其幅频特性为

$$|\dot{F}|=\frac{1}{\sqrt{3^2+\left(\dfrac{\omega}{\omega_0}-\dfrac{\omega_0}{\omega}\right)^2}} \tag{6.9}$$

相频特性为

$$\varphi_{\mathrm{F}}=-\arctan\frac{\dfrac{\omega}{\omega_0}-\dfrac{\omega_0}{\omega}}{3} \tag{6.10}$$

由式(6.9)及式(6.10)可知，当 $\omega=\omega_0=\dfrac{1}{RC}$时，$\dot{F}$ 的幅值最大，即

$$|\dot{F}|=1/3 \tag{6.11}$$

此时 $\dot{F}$ 的相位角为0，即

$$\varphi_{\mathrm{F}}=0 \tag{6.12}$$

也即，当 $\omega=\omega_0=\dfrac{1}{RC}$时，$\dot{V}_{\mathrm{f}}$ 的幅值达到最大，等于 $\dot{V}_{\mathrm{o}}$ 幅值的1/3，此时 $\dot{V}_{\mathrm{f}}$ 与 $\dot{V}_{\mathrm{o}}$ 同相。RC 串并联网络的幅频特性和相频特性如图6.6所示。

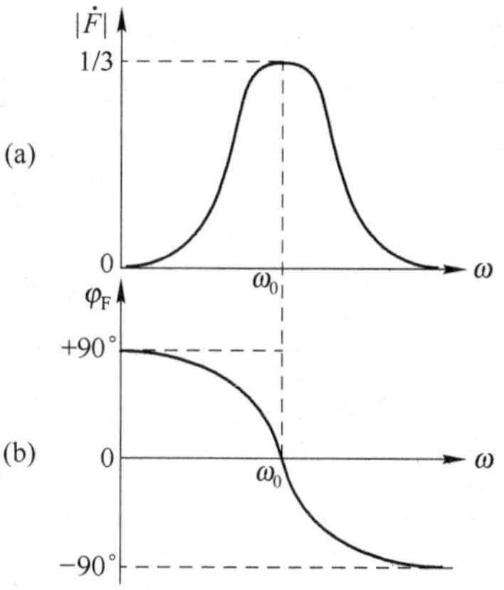


图6.6　RC 串并联网络的幅频特性和相频特性

**3. 电路的振荡频率和起振条件**

(1) 振荡频率

根据相位平衡条件，只有当$f=f_0$ 时，图6.5所示电路的 $\dot{V}_{\mathrm{f}}$ 才与 $\dot{V}_{\mathrm{o}}$ 同相，即电路满足相位平衡条件；而除此以外的其他任何频率都不满足相位平衡条件，因为 $\dot{V}_{\mathrm{o}}$ 与 $\dot{V}_{\mathrm{f}}$ 不同相，不可能产生自激振荡。因此 RC 串并联网络的振荡频率为

$$f_0=\frac{1}{2\pi RC} \tag{6.13}$$

很明显，改变 $R$ 或 $C$ 可以很方便地进行振荡频率的调节。

(2) 起振条件

如上所述，$f=f_0$ 时，RC 串并联网络的反馈系数的值最大，即$|\dot{F}_{\max}|=1/3$。此时，根据起振条件$|\dot{A}\dot{F}|>1$，可以求出电路的电压增益应满足

$$|\dot{A}|>3 \tag{6.14}$$

对于文氏桥式振荡电路，同相比例放大电路的电压增益为

$$A=1+\frac{R_{\mathrm{f}}}{R'} \tag{6.15}$$

将式(6.14)代入式(6.15)，可以求出电路满足起振条件时，$R_{\mathrm{f}}$ 和 $R'$的关系为

$$R_{\mathrm{f}}>2R' \tag{6.16}$$

**4. 负反馈支路的稳幅作用**

一般文氏桥式振荡电路中的集成运放的增益很高，只要满足$|\dot{A}|>3$，就可以产生振荡，但是

过大的振荡幅度会使波形产生失真。而且,集成运放易受环境温度的影响,造成波形不稳定,同时波形还会受到器件非线性特性的影响。为了改善输出波形,减小非线性失真,一般要在电路中引入负反馈。

图 6.4 所示电路中,$R_f$ 和 $R'$构成电压串联负反馈支路。调整 $R_f$ 和 $R'$可以改变电路的放大增益,使放大电路工作在线性区,减小波形失真。

实际中,$R_f$ 可选用具有负温度系数的热敏电阻以实现自动稳幅。当 $V_o$ 增大时,$R_f$ 上功耗加大,温度升高,阻值减小,使电路增益减小,$V_o$ 减小;相反,当 $V_o$ 减小时,$R_f$ 上功耗减小,阻值增大,使电路增益增大,$V_o$ 增大。这样就可以使 $V_o$ 保持稳定,也即使输出幅度保持稳定。

*RC* 正弦波振荡电路结构简单,容易起振,频率调节方便,但振荡频率受电路结构影响,只能产生几赫至几百千赫的低频信号。更高频率的振荡信号,可以采用 *LC* 振荡电路实现。

**【例 6.1】** 文氏桥式振荡电路如图 6.4 所示,其中 $R_1=R_2=100\Omega$,$C_1=C_2=0.22\mu F$,$R'=10k\Omega$,求适合该电路的反馈电阻 $R_f$ 的值及该电路所产生的正弦波的振荡频率 $f_0$。

**解:**由式(6.16)可知:$R_f>2R'$,在本电路中,选取 $R_f=20.1k\Omega$,由式(6.13)可得

$$f_0=\frac{1}{2\pi RC}=\frac{1}{2\pi\times100\times0.22\times10^{-6}}\approx7.23kHz$$

图 6.7 所示为例 6.1 的 Multisim 仿真。由仿真图可以看出该电路产生了正弦波输出,示波器显示正弦波的周期为 144.9μs,因此振荡频率 $f_0=1/T\approx6.9kHz$。与理论结果基本吻合。

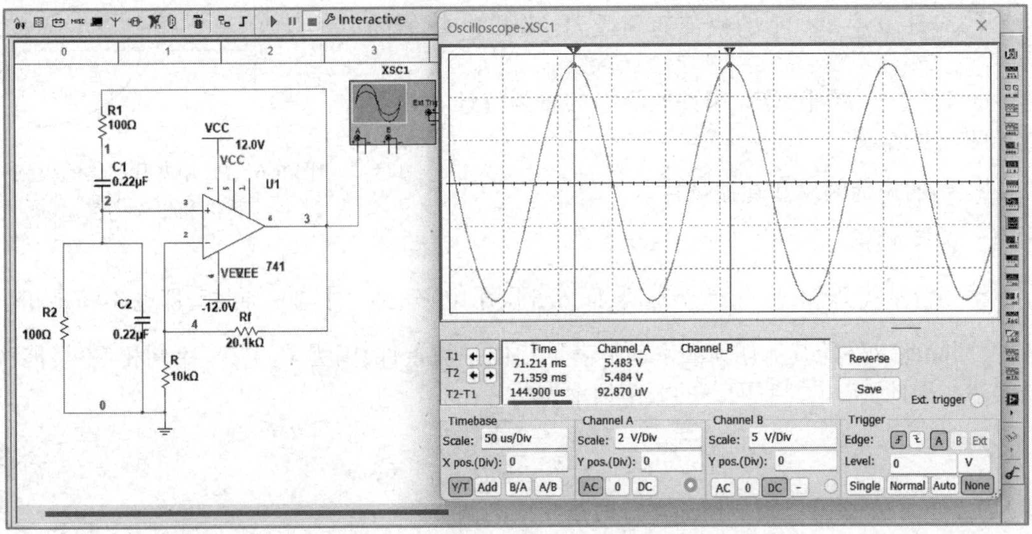


图 6.7　例 6.1 的 Multisim 仿真

## 6.3.2　*RC* 移相式振荡电路

*RC* 移相式振荡电路结构简单,在测量电路中经常采用。其电路结构如图 6.8 所示,由反相比例电路和三节 *RC* 移相电路构成。

集成运放采用反相输入,因此放大电路产生的相移$\varphi_A=180°$。而 *RC* 高通电路是相位超前电路,每节产生的相位超前小于 90°。对于两节 *RC* 电路来说,当相移接近 180°时,频率很低,输出电压接近于 0,无法满足振荡的幅值条件。所以欲同时满足振荡的幅值条件和相位条件,至少需要三节 *RC* 高通电路。这样,移相范围最大可至 270°,那么在某个频率 $f=f_0$ 时,会出现 $\varphi_F=180°$,电路就会满足振荡的相位平衡条件。

在图 6.8 中，为方便起见，常选取 $R_1=R_2=R$，$C_1=C_2=C_3=C$。此时可求得电路的振荡频率

$$f_0=\frac{1}{2\sqrt{3}\pi RC}$$

起振条件为 $R_f>12R$

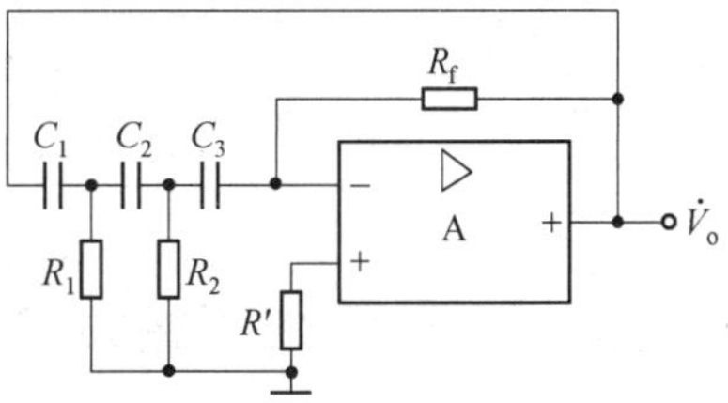


图 6.8 RC 移相式振荡电路

RC 移相式振荡电路结构比文氏桥式振荡电路简单，但选频作用较差，频率调节不方便，输出幅度不太稳定，且波形较差。一般用于振荡频率固定，并且稳定性要求不高的场合。

### 6.3.3 双 T 式振荡电路

双 T 式振荡电路如图 6.9 所示。由 RC 构成的双 T 式振荡电路具有选频特性。

在图 6.9 中，常选取 $R_1=R_2=R$，$R_3$ 的阻值略小于 $R/2$，$C'=2C$。可求得电路的振荡频率近似表示为

$$f_0\approx 1/5RC$$

起振条件为 $R_3<R/2$

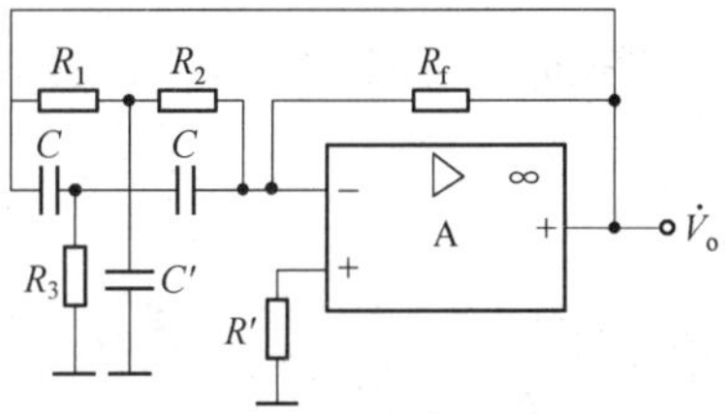


图 6.9 双 T 式振荡电路

双 T 式振荡电路的振荡频率略高于文氏桥式振荡电路，输出信号的频率稳定性较高，波形较好，应用较广泛。但是频率调节不方便，一般用于产生固定振荡频率的场合。

**思考题 6.3（参考答案请扫描二维码 6-3）**

二维码 6-3

1. 文氏桥式振荡电路中 RC 串并联网络的作用是什么？引入负反馈的目的是什么？

2. 图 S6.3 所示电路能够产生正弦波吗？为什么？如果不行，需要如何改变电路？

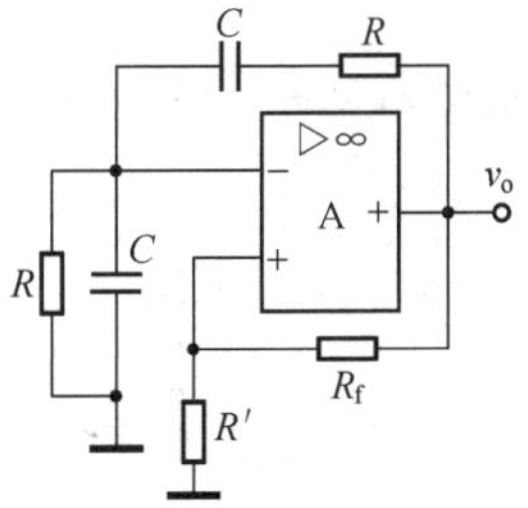


图 S6.3

## 6.4 LC 振荡电路

LC 振荡电路的选频网络是由电感 L 和电容 C 并联谐振电路构成的，其工作频率较高，一般在几千赫以上，多用于高频电子电路或设备中。正反馈网络因不同类型的 LC 正弦波振荡电路而有所不同。常用的 LC 振荡电路有变压器反馈式、电感三点式和电容三点式等。

**1. LC 并联谐振电路的频率响应**

LC 并联谐振电路如图 6.10 所示。用 R 表示电感支路的损耗。LC 并联谐振电路的等效阻抗为

$$Z=\frac{\frac{1}{\mathrm{j}\omega C}(R+\mathrm{j}\omega L)}{\frac{1}{\mathrm{j}\omega C}+R+\mathrm{j}\omega L} \tag{6.17}$$

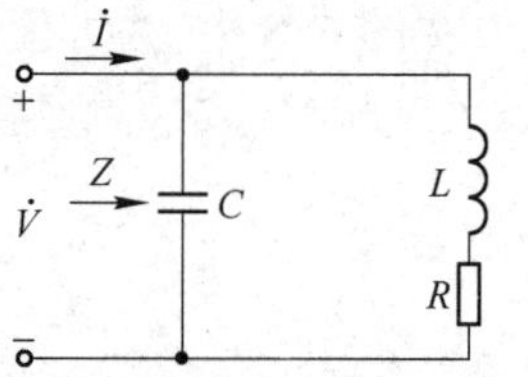

图 6.10　LC 并联谐振电路

一般情况下，回路损耗很小，即 $R\ll\omega L$，这样

$$Z\approx\frac{L/C}{R+\mathrm{j}\left(\omega L-\frac{1}{\omega C}\right)} \tag{6.18}$$

产生谐振时，LC 并联谐振电路呈电阻性，所以上式中虚部为 0，即

$$\omega_0 L-\frac{1}{\omega_0 C}=0 \tag{6.19}$$

从而求得

$$\omega_0=\frac{1}{\sqrt{LC}},\quad 或 f_0=\frac{1}{2\pi\sqrt{LC}} \tag{6.20}$$

谐振时，回路的最大等效阻抗为

$$Z_0=\frac{L}{RC}=Q\omega_0 L=\frac{Q}{\omega_0 C}=Q\sqrt{\frac{L}{C}} \tag{6.21}$$

其中，$Q=\frac{\omega_0 L}{R}=\frac{1}{\omega_0 CR}$，称为并联谐振电路的品质因数，用来表征回路损耗的大小。通常情况下 $Q$ 值为几十到几百。$Q$ 值越大，谐振时等效阻抗越大，幅频特性曲线越尖锐，选频特性越好。

谐振时，LC 并联谐振电路相当于一个电阻，因此 $\dot{I}$ 与 $\dot{V}$ 同相位。由式(6.18)、式(6.20)和式(6.21)可得

$$Z\approx\frac{L/RC}{1+\mathrm{j}\,\frac{\omega L}{R}\left(1-\frac{1}{\omega^2 LC}\right)}=\frac{L/RC}{1+\mathrm{j}\,\frac{\omega L}{R}\left(1-\frac{\omega_0^2}{\omega^2}\right)}=\frac{Z_0}{1+\mathrm{j}\,\frac{\omega L}{R}\left[\frac{(\omega-\omega_0)(\omega+\omega_0)}{\omega^2}\right]} \tag{6.22}$$

若只考虑 $\omega_0$ 附近 LC 并联谐振电路的阻抗，则 $\omega\approx\omega_0$。将 $\omega-\omega_0=\Delta\omega$，$\omega+\omega_0=2\omega_0$，$\frac{\omega L}{R}\approx\frac{\omega_0 L}{R}=Q$ 代入式(6.22)，则

$$Z=\frac{Z_0}{1+\mathrm{j}Q\,\frac{2\Delta\omega}{\omega_0}}$$

所以阻抗的幅频特性和相频特性分别为

$$|Z|=\frac{Z_0}{\sqrt{1+\left(Q\,\frac{2\Delta\omega}{\omega_0}\right)^2}},\quad \varphi_Z=-\arctan\left(Q\,\frac{2\Delta\omega}{\omega_0}\right)$$

并联谐振电路的频率特性如图 6.11 所示。

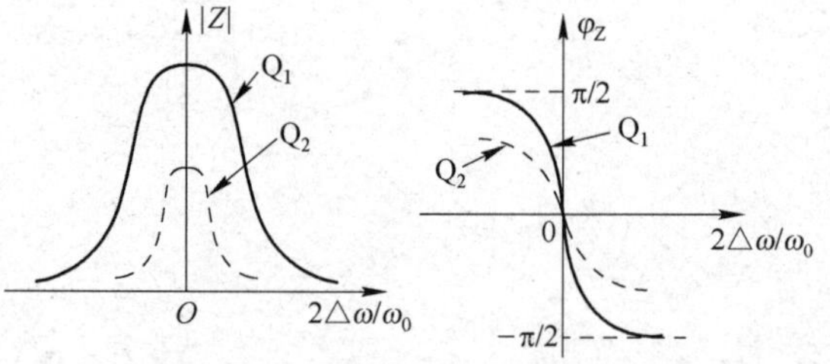

(a) 幅频特性　　(b) 相频特性

图 6.11　并联谐振电路的频率特性($Q_1>Q_2$)

**2. 变压器反馈式振荡电路**

变压器反馈式 LC 振荡电路如图 6.12 所示。三极管用来实现放大；LC 并联谐振电路作为集电极负载，实现选频；电感线圈 $N_2$ 与 $N_1$ 相耦合，将反馈信号送入三极管的输入回路实现反馈。交换反馈线圈的两个线头，可改变反馈的极性。调整 $N_2$ 的匝数可以改变反馈信号的强度，以使正反馈的幅度条件得以满足。

本节前面已经讨论过 LC 并联网络在不同频率下的阻抗特性，产生谐振时阻抗最大，且呈现

纯电阻特性。图 6.12 所示电路对于谐振频率下的信号具有很高的增益,而对其他频率下的信号增益则很低,也即谐振频率下的信号满足幅值条件。

用瞬时极性法可以判断图 6.12 所示电路是否满足相位平衡条件。断开放大电路的输入端,假定在断点处的放大电路输入端加信号 $\dot{V}_i$,并设其瞬时极性为正;然后沿着放大和反馈环路判断反馈的性质,可知变压器次级线圈感应电压的极性为上正下负,从而确定 $\dot{V}_f$ 的极性为正。$\dot{V}_i$ 和 $\dot{V}_f$ 在某一频率下同相,是正反馈,电路满足相位平衡条件。

变压器反馈 *LC* 振荡电路的振荡频率与并联 *LC* 谐振电路相同,即

$$f_0 \approx \frac{1}{2\pi\sqrt{LC}}$$

起振条件为

$$\beta > \frac{r_{be} R' C}{M}$$

式中,$\beta$ 是三极管的电流增益,$r_{be}$ 是三极管 b、e 间的等效电阻,$M$ 为绕组 $N_1$ 和 $N_2$ 间的互感,$R'$ 是折合到谐振回路中的等效总损耗电阻。

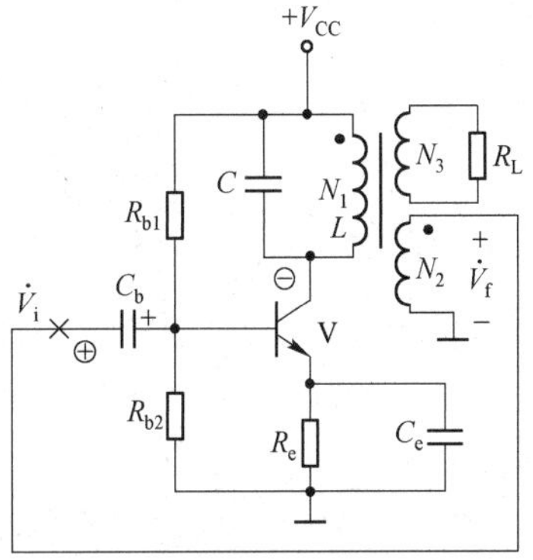


图 6.12　变压器反馈式 *LC* 振荡电路

起振条件对于三极管比较容易满足,因此变压器反馈 *LC* 振荡电路很容易起振。

### 3. 电感三点式 *LC* 振荡电路

在实际工作中,为了避免确定变压器同名端的麻烦,也为了绕制线圈的方便,变压器采用自耦方式连接,如图 6.13 所示。由于从电感的三个端点引出了接线,所以该电路称为电感三点式 *LC* 振荡电路,也称哈特莱(Hartley)振荡电路。

在图 6.13 中,电感线圈 $L_1$ 和 $L_2$ 是一个线圈,2 点是中间抽头。断开放大电路的输入端,假定某个瞬间在断点处的放大电路输入端加极性为正的信号 $\dot{V}_i$,由于三极管是共发射极接法,集电极极性为负,线圈上的瞬时极性为上负下正,因此 $L_2$ 上的反馈电压 $\dot{V}_f$ 的极性为正,符合正反馈的相位条件。

在 *Q* 值很高的情况下,电感三点式 *LC* 振荡电路的振荡频率与并联 *LC* 谐振电路基本相同,即

$$f_0 \approx \frac{1}{2\pi\sqrt{LC}}$$

式中,$L = L_1 + L_2 + 2M$,$M$ 为绕组 $L_1$ 和 $L_2$ 间的互感。

起振条件可由幅值平衡条件推出:

$$\beta > \frac{L_1 + M}{L_2 + M} \cdot \frac{r_{be}}{R'}$$

式中,$\beta$ 是三极管的电流增益,$r_{be}$ 是三极管 b、e 间的等效电阻,$R'$ 是折合到三极管发射极与集电极间的等效并联总损耗电阻。

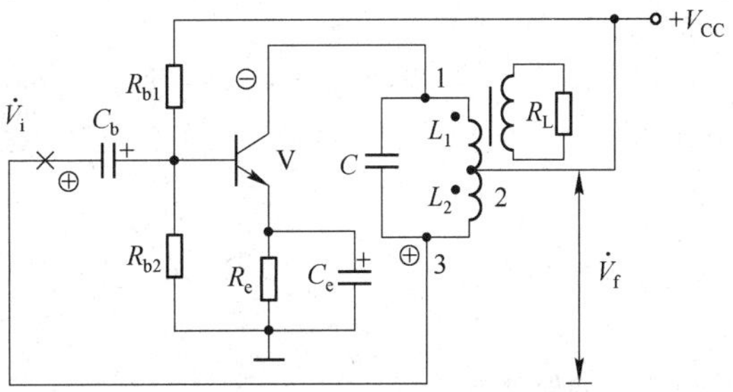


图 6.13　电感三点式 *LC* 振荡电路

由于线圈 $L_1$ 和 $L_2$ 耦合紧密,起振条件容易满足。并且改变 *C* 的值,可以很方便地调节频率。但是此种电路频率稳定性不好,因此常用于要求不高的电子设备中。

**4. 电容三点式 *LC* 振荡电路**

与电感三点式 *LC* 振荡电路类似的有电容三点式 *LC* 振荡电路，如图 6.14 所示。电容三点式 *LC* 振荡电路也称考比兹(Colpitts)振荡电路，其输出波形要好于电感三点式 *LC* 振荡电路。

在图 6.14 中，三极管三个电极与电容相连，故称为电容三点式 *LC* 振荡电路。断开放大电路的输入端，用瞬时极性法可以判断 $\dot{V}_f$ 与 $\dot{V}_i$ 同相，符合正反馈的相位条件。

电容三点式 *LC* 振荡电路的振荡频率与并联 *LC* 谐振电路基本相同，即

$$f_0 \approx \frac{1}{2\pi\sqrt{LC}}$$

式中，$C=\frac{C_1C_2}{C_1+C_2}$。

起振条件可由幅值平衡条件推出：

$$\beta > \frac{C_2}{C_1} \cdot \frac{r_{be}}{R'}$$

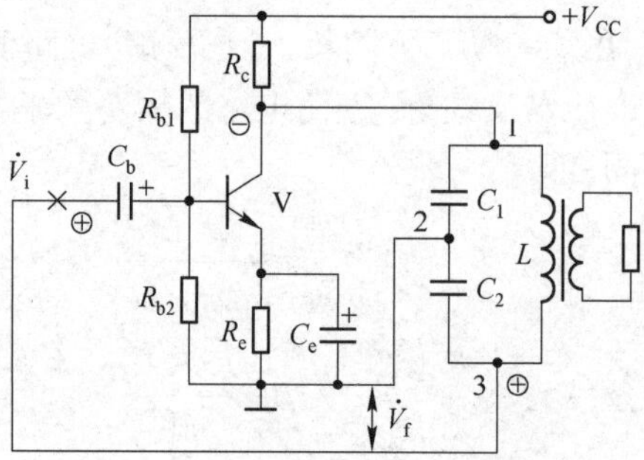


图 6.14　电容三点式 *LC* 振荡电路

式中，$\beta$ 是三极管的电流放大倍数，$r_{be}$ 是三极管 b、e 间的等效电阻，$R'$ 是折合到三极管发射极与集电极间的等效并联总损耗电阻。

对于电容三点式 *LC* 振荡电路，由于反馈电压取自 $C_2$，电容对于高次谐波阻抗很小，所以反馈电压中谐波分量很小，输出波形较好。调节 $C_1$ 和 $C_2$ 可以改变振荡频率，但会影响起振条件，因此适合产生固定频率的振荡。由于 $C_1$ 和 $C_2$ 的取值可以较小，因此可以产生高频振荡(达到 100MHz)。

**思考题 6.4(参考答案请扫描二维码 6-4)**

1. 从电路结构上比较电感三点式和电容三点式 *LC* 振荡电路。

2. 图 6.13 所示电感三点式 *LC* 振荡电路，假设绕组间的互感 $M=1\text{mH}$，$L_1=100\mu\text{H}$，$L_2=22\mu\text{H}$，$C=0.001\mu\text{F}$，则该振荡电路的频率是多少？

3. 图 6.14 所示电容三点式 *LC* 振荡电路参数为：$C_1=1\mu\text{F}$，$C_2=33\mu\text{F}$，$L=4.7\text{mH}$，该电路产生的正弦波频率是多少？

4. 一个振荡电路如图 S6.4 所示，试判断该电路类型。若 $C_1=10\mu\text{F}$，$C_2=C_3=0.1\mu\text{F}$，$L=5\text{mH}$，计算该电路的振荡频率。

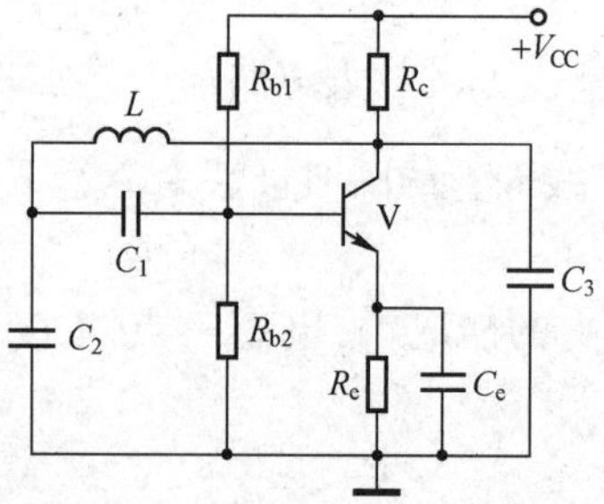


图 S6.4

二维码 6-4

## *6.5　石英晶体振荡电路

**1. 石英晶体简介**

石英晶体属于各向异性晶体，将一块晶体以一定的方位角切下晶体薄片，称为石英晶片。石英晶片的两个表面涂上银层，引出电极，进行封装后就构成石英晶体振荡器。

在石英晶体的两个电极加上交变电场，晶片就会产生机械变形振动。同时，晶片的机械变形振动也会产生交变电场，这种现象称为压电效应。

一般情况下，晶片的机械变形振动和交变电场的振幅很小，但是当外加交变电压的频率等于

石英晶体的固有频率时,振幅就会比一般情况下大很多,这种现象称为压电谐振。

图 6.15 所示为石英晶体振荡器的符号、等效电路及电抗频率特性。

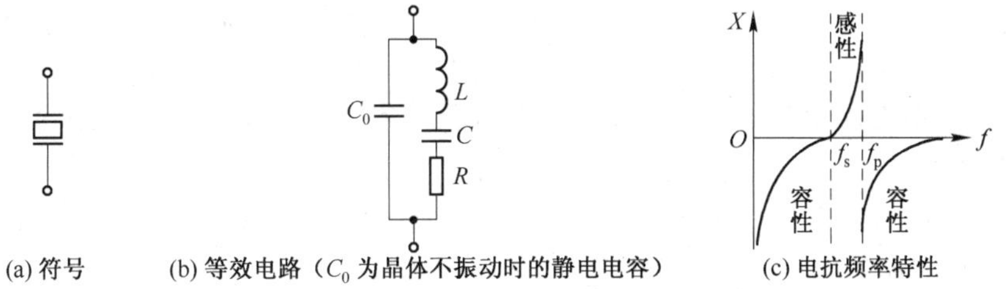


图 6.15　石英晶体振荡器

石英晶体的固有频率或谐振频率有两个:

① 当 $L,C,R$ 支路串联谐振时,谐振频率为

$$f_s=\frac{1}{2\pi\sqrt{LC}}$$

② 当等效电路并联谐振时,谐振频率为

$$f_p=\frac{1}{2\pi\sqrt{L\dfrac{CC_0}{C+C_0}}}=f_s\sqrt{1+\frac{C}{C_0}}$$

由于 $C\ll C_0$,因此石英晶体的两个谐振频率非常接近,如图 6.15(c)所示。可以看出,当 $f_s<f<f_p$ 时,石英晶体振荡器的电抗呈感性;当 $f>f_p$ 及 $f<f_s$ 时,石英晶体振荡器的电抗呈容性。

**2. 石英晶体振荡电路**

*LC* 正弦波振荡电路的频率稳定性受到一定的限制,很难超过 $10^{-5}$量级。在需要更高的频率稳定性时,可利用石英晶体品质因数高的特点,构成石英晶体振荡电路。其频率稳定性可达 $10^{-10}\sim10^{-11}$量级。

石英晶体振荡电路的选频作用主要依靠石英晶体谐振器来完成,这种振荡电路工作频率一般在几十千赫以上,多用于时基电路或测量设备中。石英晶体振荡电路分为并联式和串联式两类。

(1) 并联式石英晶体振荡电路

图 6.16 所示为并联式石英晶体振荡电路。其选频网络由石英晶体以及电容 $C_1$ 和 $C_2$ 构成。谐振频率为

$$f_0\approx\frac{1}{2\pi\sqrt{L\dfrac{C(C_0+C')}{C+C_0+C'}}}$$

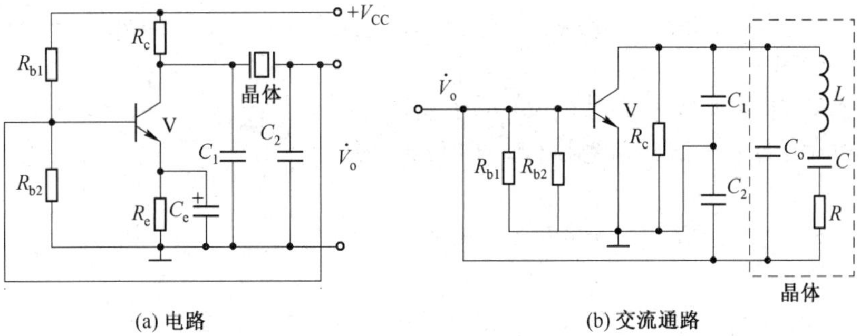


图 6.16　并联式石英晶体振荡电路

其中 $C'=\dfrac{C_1C_2}{C_1+C_2}$。由于 $C \ll C_0+C'$，因此石英晶体中电容 $C$ 起决定作用，谐振频率可近似为

$$f \approx \frac{1}{2\pi\sqrt{LC}}=f_s$$

由上式可以看出，谐振频率基本上就是由石英晶体的固有频率决定的，因此频率的稳定性很高。

(2) 串联式石英晶体振荡电路

图 6.17 为串联式石英晶体振荡电路。当振荡频率等于石英晶体的串联谐振频率 $f_s$ 时，晶体的阻抗最小，且为纯电阻，此时正反馈最强，相移为 0，电路满足振荡条件。调节 $R$ 可以获得良好的正弦波输出。但需要注意的是，过大的 $R$ 可能使电路幅值平衡条件不能满足，过小的 $R$ 会使波形产生失真。

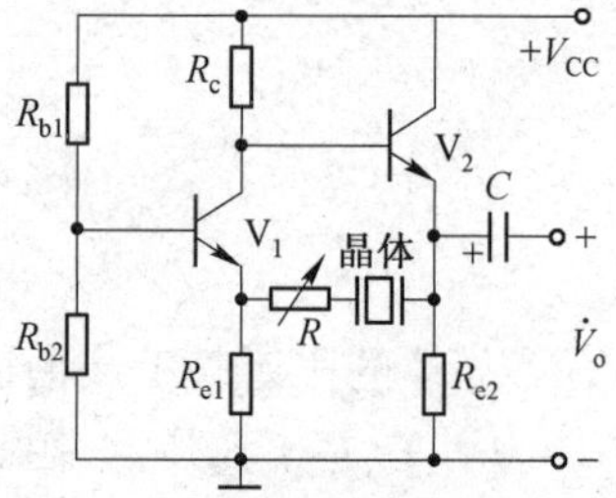

图 6.17　串联式石英晶体振荡电路

由于石英晶体的固有频率与温度有关，因此只有在温度稳定的情况下才能获得很高的频率稳定性。如果对于频率稳定性要求比较高，应考虑恒温环境及选用高精度和高稳定度的石英晶体。

## 本章小结

- 从振荡条件考虑，当反馈深度过深或环路增益过大时，负反馈放大电路趋于不稳定，产生自激振荡。
- 正弦波振荡器是在电路中有意地构成正反馈以满足相位平衡条件和振幅平衡条件，形成自激以产生正弦信号。
- 按结构来分，正弦波振荡器主要有 $RC$ 和 $LC$ 两大类，石英晶体振荡器是 $LC$ 振荡电路的特例。振荡电路的基本组成包括：放大电路、反馈网络、选频电路和稳幅电路。一般从相位和幅度平衡条件来计算振荡频率和放大电路所需的增益。

## 习　题

6.1　正弦波振荡电路由哪几部分构成？各起什么作用？产生正弦振荡的条件是什么？

6.2　电容三点式 $LC$ 振荡电路与电感三点式 $LC$ 振荡电路比较，其输出的谐波成分小，输出波形较好，为什么？

6.3　什么是自激振荡？在放大电路中，只要具有正反馈，就会产生自激振荡，对吗？负反馈放大电路产生自激振荡的条件是什么？多级负反馈放大电路在什么情况下容易引起自激振荡？

6.4　$RC$ 桥式正弦波振荡电路在 $R_1=R_2=R, C_1=C_2=C$ 时，振荡频率 $f_0=1/(2\pi RC)$。为什么此时放大电路的电压增益应当大于或等于 3？

6.5　若分别需要振荡频率：(1) 在 100Hz～1kHz 范围内；(2) 在 100Hz～20MHz 范围内。应选用哪种类型的正弦波振荡电路？

6.6　图题 6.6 所示为一个正弦波振荡电路，为保证电路正常工作，则：

(1) 节点 K，J，M，N 应该如何连接？(2) $R_2$ 应选多大才能振荡？(3) 振荡频率是多少？(4) $R_2$ 使用热敏电阻时，应该具有何种温度系数？

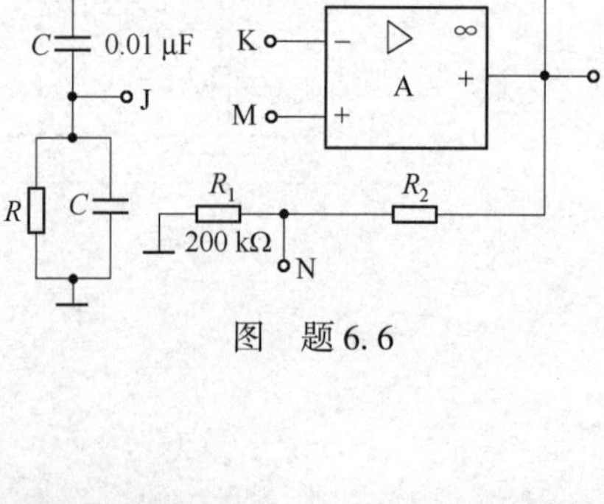

图　题 6.6

6.7　用相位平衡条件判断图题 6.7 所示电路能否产生正弦波振荡,并简述理由(图中耦合电容与射极旁路电容足够大,对振荡频率的阻抗近似为 0)。

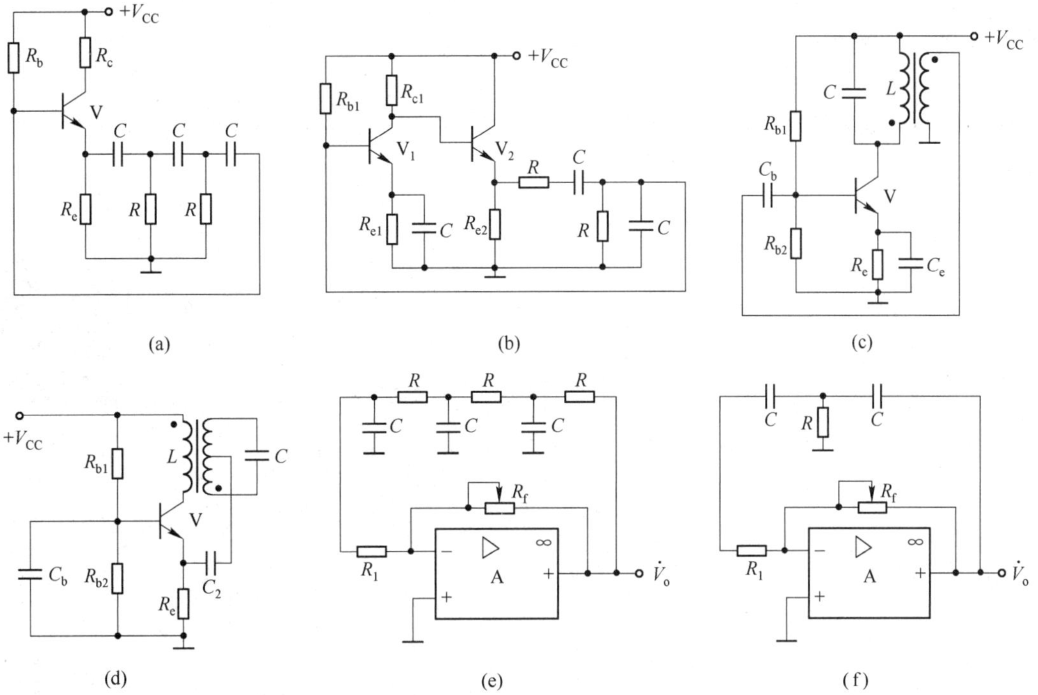


图　题 6.7

6.8　将图题 6.8 所示电路的左右两部分电路用导线适当连接,构成一个正弦波振荡电路。

6.9　电路如图题 6.9 所示,判断它们能否振荡?若不能请修改电路,并说明振荡电路的类型。

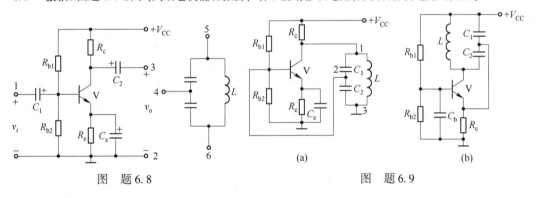

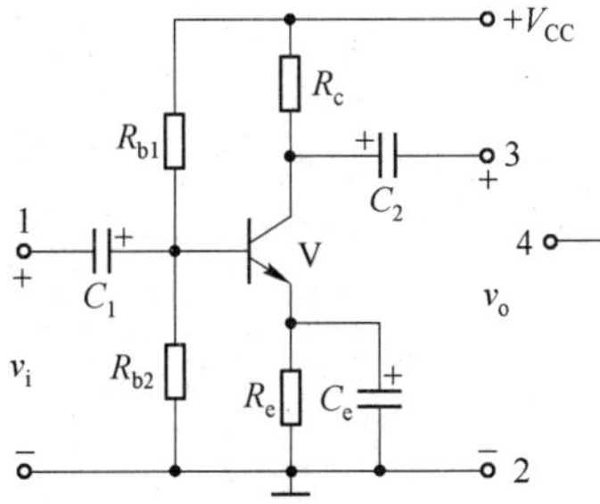

图　题 6.8

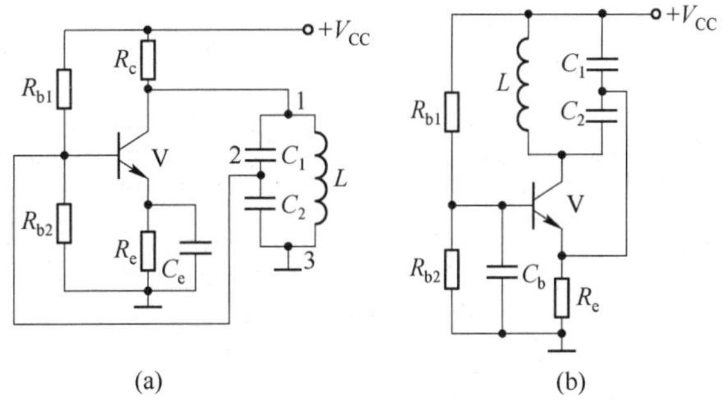


图　题 6.9

6.10　图题 6.10 所示电路中,为保证电路能产生振荡,则节点 J,K,M,N 应该如何连接?

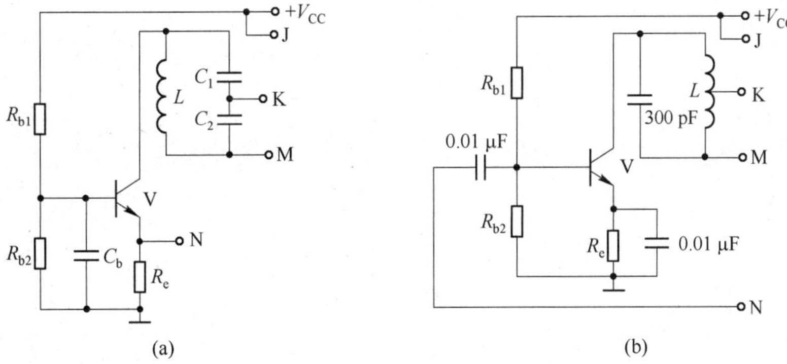


图　题 6.10

6.11　仿真题：RC 桥式正弦波振荡电路如图题 6.11 所示，图中两个二极管是为了稳定输出电压而增加的非线性环节，利用 Multisim 分析该电路，其中集成运放采用 LM324，电源电压为±15V，二极管采用 1BH62，其他均可用虚拟元件。

（1）调节 $R_f$的值，使电路产生正弦波振荡，观察电路的起振过程；

（2）分析方框内选频网络的幅频特性和相频特性，求出中心频率；

（3）观察电路稳定后的波形，通过输出波形的周期得到信号的频率。（该题的题解请扫二维码 6-5）

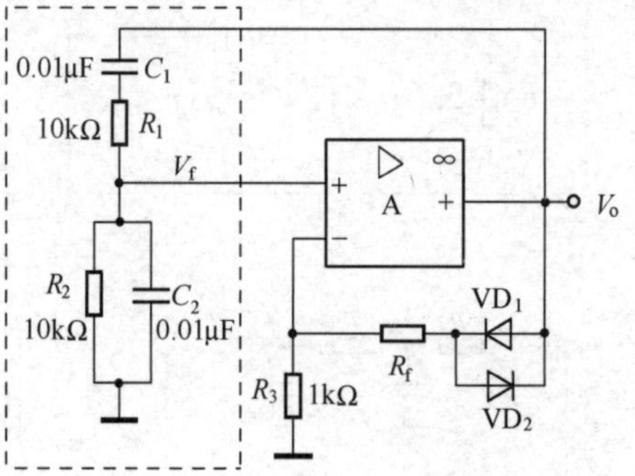


图　题 6.11

二维码 6-5

# 第 7 章　直流稳压电源

本章学习目标：

- 熟悉直流稳压电源的构成及特点；
- 掌握整流、滤波和稳压电路的组成和工作原理。

电源是向各种电子电路提供电能的装置，没有电源，电子电路将无法正常工作。电源分为直流电源和交流电源，但是几乎所有的电子电路工作时都需要直流电源提供能量。便携式低功率电子系统可以使用电池，但使用电池费用较高，所以电子设备通常采用直流电源提供能量。

从稳定性考虑，电子电路需要稳定的电源，稳定电源有稳流电源和稳压电源之分。电子电路使用较多的是稳压电源。稳压电源又分为直流稳压电源和交流稳压电源。本章讨论如何把交流电网电压(220V，50Hz)变换成电子设备供电所要求的直流稳定电压，着重研究直流稳压电源各部分的电路组成和工作原理。

## 7.1　直流稳压电源的基本组成

一般直流稳压电源的组成如图 7.1 所示。它由电源变压器、整流电路、滤波电路和稳压电路四个部分组成。

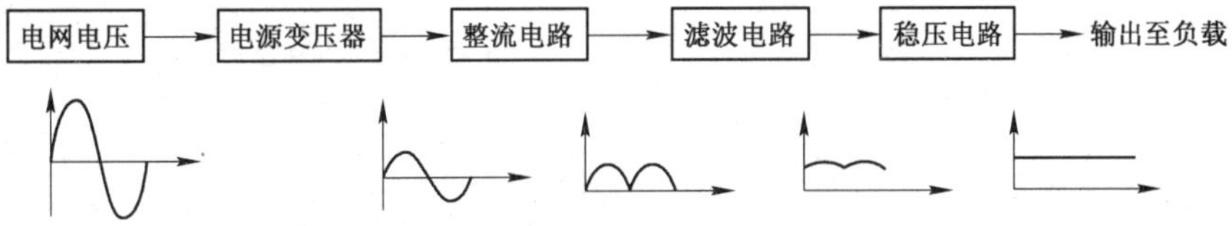


图 7.1　直流稳压电源的组成

电源变压器是将交流电网 220V 的电压变为所需要的交流电压值。半导体电路中常用的直流电源有 5V、6V、12V、24V 等额定电压值，因此电源变压器主要起降压作用；整流电路的作用是将交流电压变成单方向脉动的直流电压；滤波电路将脉动直流中的交流成分滤除，减少交流成分，增加直流成分；稳压电路采用负反馈技术，进一步稳定整流后的直流电压。

一般地，对直流稳压电源的主要要求为：

- 输出电压稳定。
- 电源内阻小。由于电源内阻的存在，当负载电流变化时，会引起输出电压的变化。内阻小，输出电压受负载变化的影响就小。
- 输出纹波小。输出纹波的大小主要取决于滤波电路和稳压电路的质量。
- 具有保护功能。若输出电流过大，或输入交流电压过高，都会使整流管或电路中的三极管受到损坏，因此电路应有必要的自我保护功能。

**思考题 7.1(参考答案请扫描二维码 7-1)**

1. 直流稳压电源中变压器的作用是什么？
2. 如何区分直流稳压电源和交流稳压电源？

二维码 7-1

# 7.2 整流电路

整流电路利用二极管的单向导电作用将交流电压变成单方向脉动的直流电压。常用的整流电路有半波整流、全波整流、桥式整流等。

## 7.2.1 半波整流电路

半波整流电路如图 7.2(a)所示，输入电压 $v_i$ 为变压器的次级电压。假设 $v_i=\sqrt{2}V\sin\omega t$。对于理想二极管，在整流电路中相当于一只开关：当 $v_i>0$ 时，$v_o=v_i$；$v_i<0$ 时，$v_o=0$。因此，负载上的输出电压 $v_o$ 是单方向的半波信号，如图 7.2(b)所示。

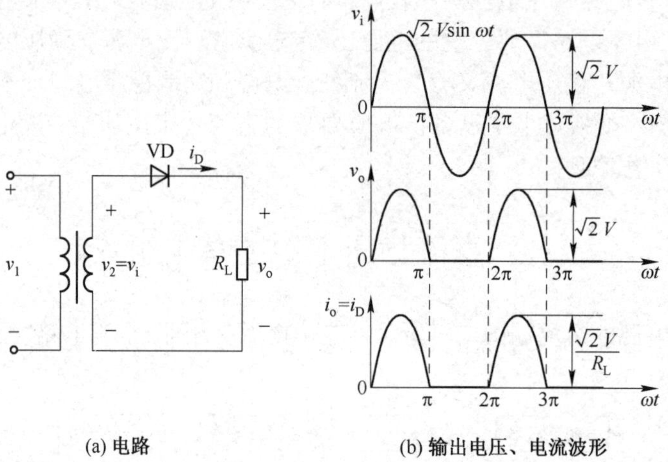


图 7.2 半波整流

$v_o$ 用傅里叶级数表示为

$$v_o=\frac{\sqrt{2}}{\pi}V\left(1+\frac{\pi}{2}\sin\omega t-\frac{2}{3}\cos2\omega t-\frac{2}{15}\cos4\omega t-\cdots\right) \tag{7.1}$$

$v_o$ 是一个非正弦周期电压，其大小可用一个周期的平均值来表示

$$V_O=\frac{1}{2\pi}\int_0^{\pi}\sqrt{2}V\sin\omega t\,\mathrm{d}(\omega t)=\frac{\sqrt{2}}{\pi}V=0.45V \tag{7.2}$$

由式(7.1)可知，$v_o$ 含有直流分量和交流谐波分量。$v_o$ 的平均值 $V_O$ 就是式(7.2)中的直流分量。

输出电流 $i_o$ 的波形与 $v_o$ 的波形相同，其平均值为

$$I_O=V_O/R=0.45V/R \tag{7.3}$$

组成整流电路时，根据负载所需要的直流电压 $V$ 和直流电流 $I$ 选择整流器件。除此以外，还需考虑整流二极管截止时所承受的最高反向电压 $V_{DRM}$。

半波整流电路中 $V_{DRM}$ 应为变压器次级电压的最大值，即

$$V_{DRM}=\sqrt{2}V \tag{7.4}$$

整流电路中输出电压的交流谐波分量总称为纹波。它叠加于直流分量之上，造成输出电压的脉动。可用纹波系数(亦称脉动系数)$k_r$ 来表示脉动的大小，其定义为输出电压最低次谐波的幅值 $V_{O1m}$ 与输出电压的平均值 $V_O$ 之比，即

$$k_r=V_{O1m}/V_O \tag{7.5}$$

对半波整流，有

$$k_r = \frac{V}{\sqrt{2}} \Bigg/ \frac{\sqrt{2}V}{\pi} = 1.57 \tag{7.6}$$

图 7.3 是图 7.2 电路的 Multisim 仿真。变压器匝数比 22:1，初级线圈电压为 220V。变压器次级线圈电压为 14.142V(最大值)，有效值为 10V。由仿真图可以很清楚地观察到该电路实现了半波整流(为了便于观察，在纵轴方向交叠的输入波形和输出波形进行了移位处理)。

半波整流的输出波形脉动比较大，直流成分(平均值)比较低，而且这种电路交流电压只有半个周期可以利用，也称单相半波整流电路。虽然电路结构简单，但只能用于输出功率较小，负载不大的场合。

需要注意的是，整流电路既有交流量，又有直流量。通常对输入(交流)用有效值或最大值表示；输出(交直流)用平均值表示。整流管正向电流用平均值表示；整流管反向电压用最大值表示。

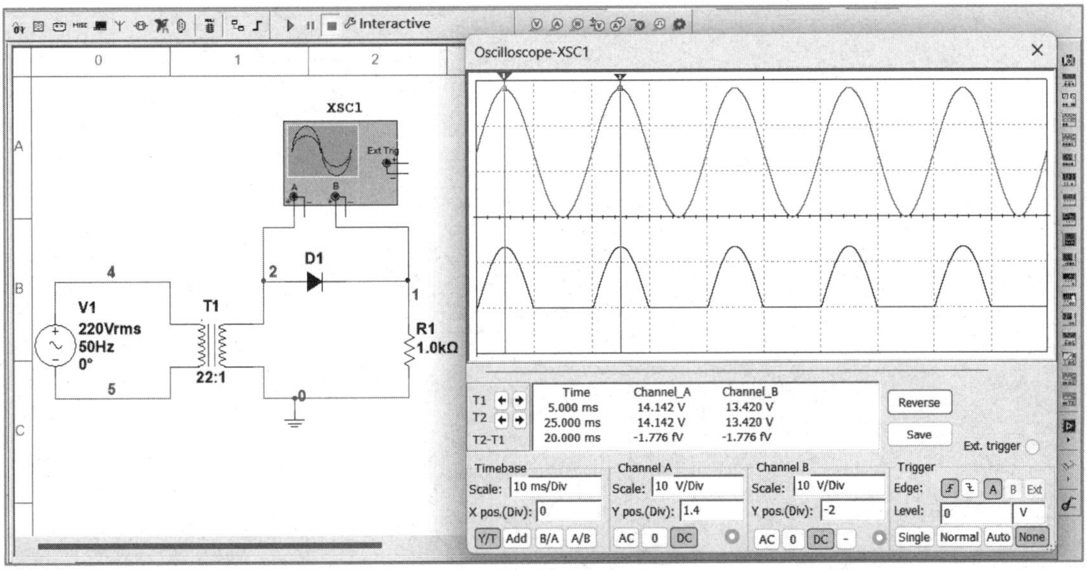


图 7.3　图 7.2 的 Multisim 仿真

## 7.2.2　单相全波整流电路

单相全波整流电路如图 7.4(a)所示，波形如图 7.4(b)所示。

根据图 7.4(b)可知，输出电压的平均值为

$$V_0 = V_L = \frac{1}{\pi}\int_0^{\pi}\sqrt{2}V\sin\omega t\,d(\omega t) = \frac{2\sqrt{2}}{\pi}V = 0.9V \tag{7.7}$$

流过负载的平均电流为

$$I_0 = I_L = \frac{2\sqrt{2}V}{\pi R_L} = \frac{0.9V}{R_L} \tag{7.8}$$

二极管所承受的最大反向电压为

$$V_{DRM} = 2\sqrt{2}V \tag{7.9}$$

单相全波整流电路的脉动系数为

$$k_r = \frac{4\sqrt{2}V}{3\pi} \Bigg/ \frac{2\sqrt{2}V}{\pi} = \frac{2}{3} = 0.67 \tag{7.10}$$

图 7.5 是图 7.4 电路的 Multisim 仿真。变压器匝数比 22:1，初级线圈电压为 220V，由仿真图可以看出次级线圈电压为 14.142V(最大值)，从示波器输出可以很清楚地观察到该电路实现了全波整流(为了便于观察，对纵轴方向交叠的输入波形和输出波形进行了移位处理)。

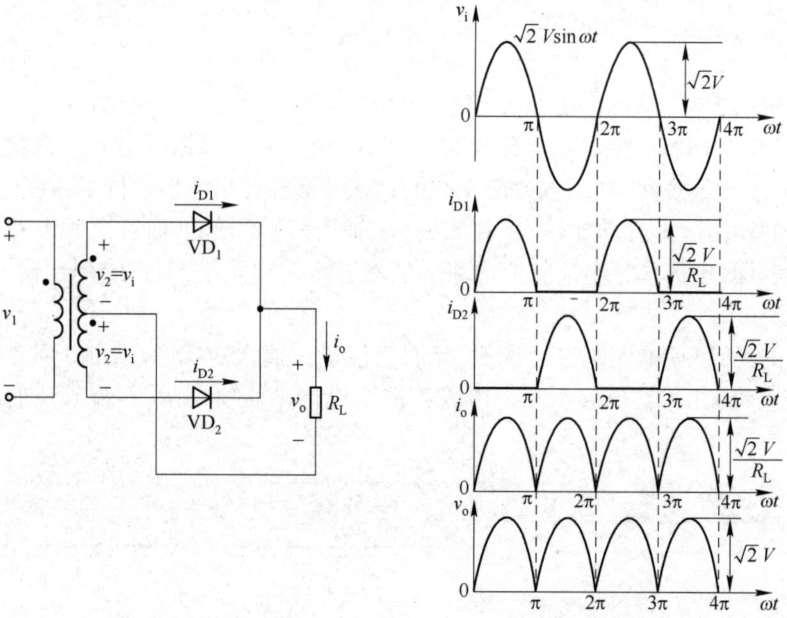


(a) 电路　　　　(b) 波形

图 7.4　单相全波整流

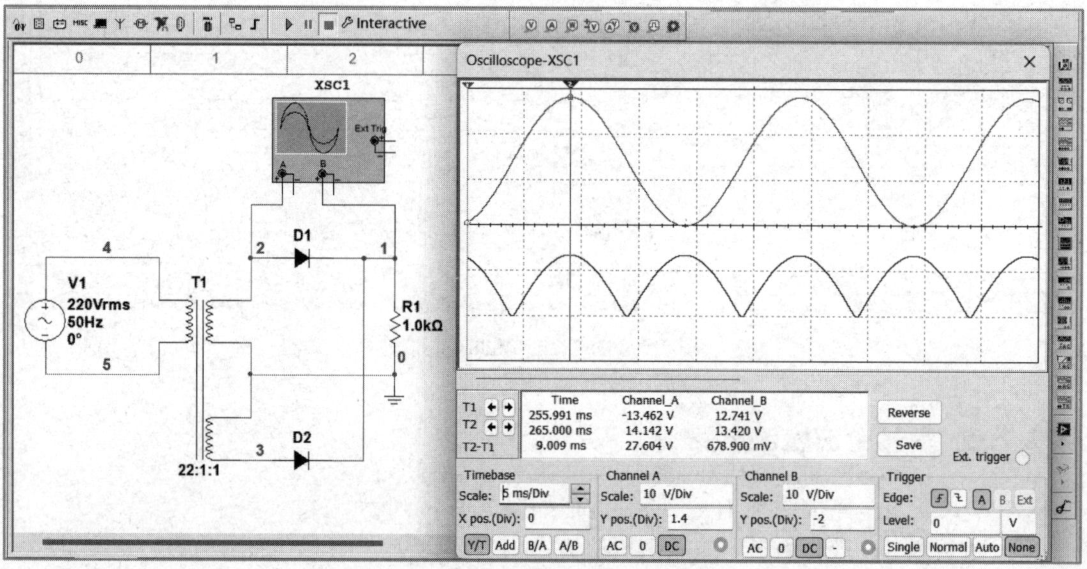


图 7.5　图 7.4 的 Multisim 仿真

### 7.2.3　桥式全波整流电路

桥式全波整流电路一般画法如图 7.6(a)所示，四个整流二极管接成电桥的形式，图 7.6(b)是简化表示法。

设次级变压器的交流电压为$v_i=\sqrt{2}V\sin\omega t$。当$v_i>0$时，$VD_1$及$VD_2$导通，$VD_3$及$VD_4$截止，电流从 A 端沿$VD_1\to R_L\to VD_2$流向 B 端；当$v_i<0$时，$VD_1$及$VD_2$截止，$VD_3$及$VD_4$导通，电流从 B 端沿$VD_3\to R_L\to VD_4$流向 A 端。如果忽略二极管的管压降及变压器的内阻，在$R_L$上得到的输出电压和电流波形如图 7.7 所示。

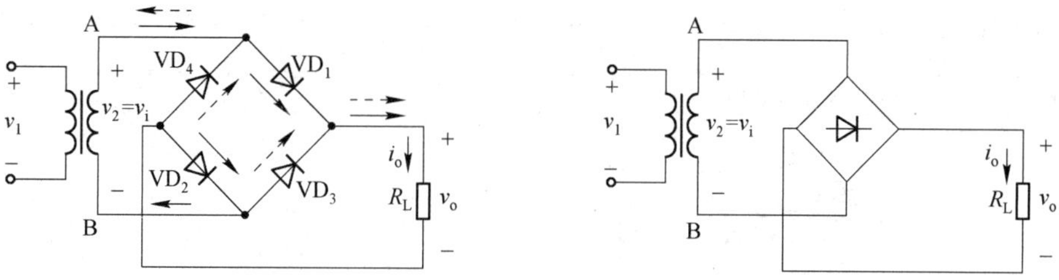


(a) 一般画法　　(b) 简化表示法

图 7.6　桥式全波整流电路

不论输入信号的正半周还是负半周，在 $R_L$ 上的电压方向始终是一致的，即 $v_o$ 是单方向全波脉动电压。其傅里叶级数展开式为

$$v_o=\frac{\sqrt{2}}{\pi}V\left(2-\frac{4}{3}\cos 2\omega t-\frac{4}{15}\cos 4\omega t-\cdots\right) \tag{7.11}$$

桥式整流电路与单相全波整流电路的输出电压相同。输出电压的平均值为

$$V_O=\frac{2\sqrt{2}}{\pi}V=0.9V \tag{7.12}$$

流经 $R_L$ 的电流 $i_o$ 的平均值为

$$I_O=V_O/R_L=0.9V/R_L \tag{7.13}$$

在桥式整流电路中，每两只二极管串联导电半个周期，两两轮流导通，流经每个二极管的平均电流为

$$I_D=\frac{1}{2}I_O=0.45V/R_L \tag{7.14}$$

$V_{DRM}$ 为输入电压 $v_i$ 幅值的最大值，即

$$V_{DRM}=\sqrt{2}V \tag{7.15}$$

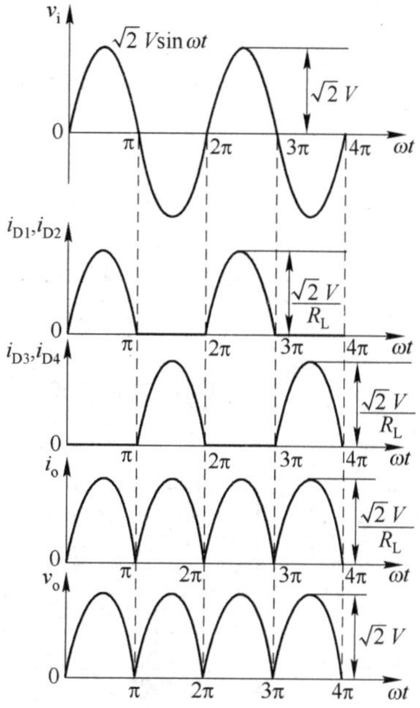


图 7.7　桥式全波整流各电压、电流波形

桥式全波整流的纹波系数与单相全波整流电路的纹波系数相同，即

$$k_r=\frac{4\sqrt{2}V}{3\pi}\bigg/\frac{2\sqrt{2}V}{\pi}\approx 0.67=67\% \tag{7.16}$$

图 7.8 是图 7.6 电路的 Multisim 仿真。变压器匝数比 22∶1，初级线圈电压为 220V，由仿真图可以很清楚地观察到该电路实现了全波整流（为了便于观察，对纵轴方向交叠的输入波形和输出波形进行了移位处理）。

### 7.2.4　整流电路的比较

为了对这三种整流电路有更清晰的认识，下面分别对半波整流与全波整流，以及单相变压器抽头式和桥式全波整流电路进行分析和比较。

全波整流每个二极管仅流经负载电流的一半，而半波整流二极管流经的则是整个负载电流；全波整流一个周期有两个输出脉冲，而半波整流只有一个输出脉冲；全波整流更易于滤波；单相全波整流与半波整流相比较，需要次级线圈的匝数较多，因为电流在某一时段只流经部分线圈。

而对于两种全波整流电路而言，桥式整流电路所用二极管数目多于单相全波整流电路；两个反向偏置的二极管会降低反向电压数值；桥式整流电路由于使用整个次级线圈，其输出电压将两倍于单相全波整流电路;或者说,仅需要一半的单相全波整流电路线圈就可以提供相同的输出电压。

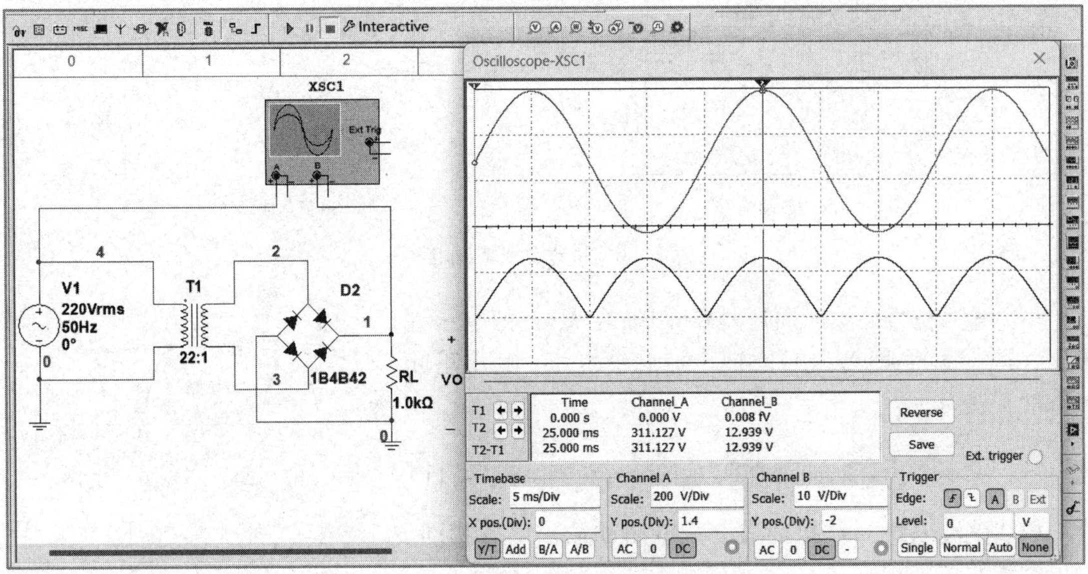


图 7.8　图 7.6 的 Multisim 仿真

表 7.1 对本教材所介绍的三类整流电路进行了比较。

**表 7.1　三类整流电路比较**

| 整流电路分类 | 半波整流电路 | 单相全波整流电路 | 桥式全波整流电路 |
|---|---|---|---|
| 电路结构 | 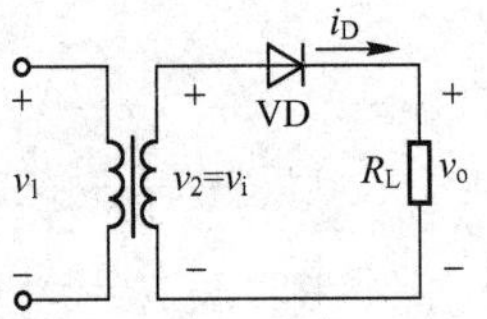 | 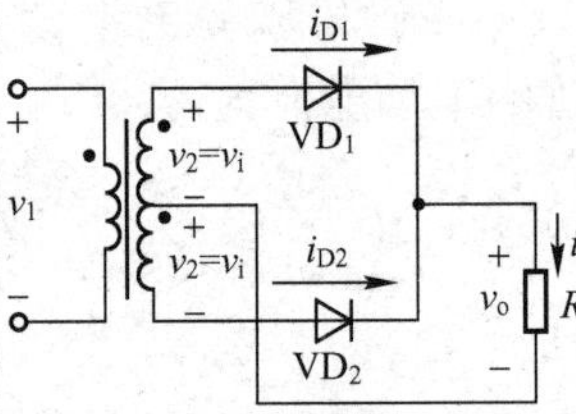 | 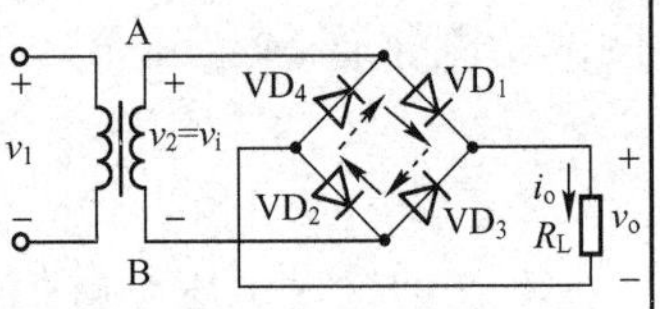 |
| 输出电压波形 | 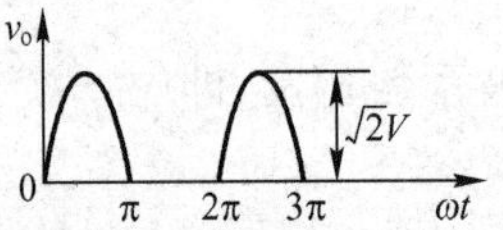 | 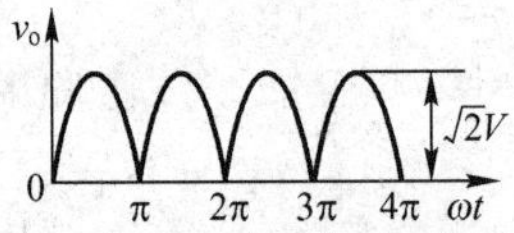 | 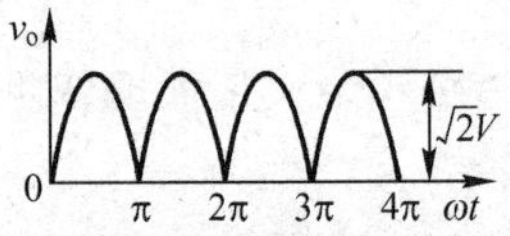 |
| 输出电压平均值 | $V_O=0.45V$ | $V_O=0.9V$ | $V_O=0.9V$ |
| 二极管平均电流 | $I_D=0.45V/R_L$ | $I_D=0.45V/R_L$ | $I_D=0.45V/R_L$ |
| 二极管承受的最高反向电压 | $V_{DRM}=\sqrt{2}V$ | $V_{DRM}=2\sqrt{2}V$ | $V_{DRM}=\sqrt{2}V$ |
| 脉动系数 | 1.57 | 0.67 | 0.67 |
| 电路特点 | 输出波形脉动大,直流成分(平均值)比较少,交流电压有半个周期没有利用上 | 输出电压高,脉动较小,但变压器需要中心抽头,制造复杂,且二极管需承受的最高反向电压高,故一般适用于要求输出电压不太高的场合 | 输出电压高,输出电压脉动较小,电源利用率高 |

由以上分析可知:桥式全波整流电路输出电压脉动较小,正负半周均有电流流过,电源利用率高,输出的直流电压比较高。所以桥式全波整流电路中变压器的效率较高,在同样功率容量条件下,体积可以小一些,其总体性能优于单相半波和单相全波整流电路,因此广泛应用于直流稳压电源中。

**思考题 7.2(参考答案请扫描二维码 7-2)**

1. 比较半波整流、单相全波整流和桥式全波整流电路。

2. 图 7.6 所示桥式全波整流电路中,若变压器次级线圈电压 $v_2=16\text{V}$, $R_L=2\text{k}\Omega$,那么 $v_o=$? 流经每个二极管的电流 $I_D=$? 每个二极管能够承受的最高反向电压 $V_{DRM}=$?

二维码 7-2

# 7.3 滤波电路

无论哪种整流形式,其输出电压都含有较高的交流成分,因此必须通过一定的方式,尽可能地减小输出电压的脉动成分,并保留其直流成分,以获得比较平滑的直流电压。滤波电路就是用来平滑波形的。

滤波电路利用电容、电感等电抗元件对交、直流成分阻抗的不同来实现滤波。电容对直流开路,对交流阻抗小;电感对直流阻抗小,对交流阻抗大。通过合理安排,就可以降低不需要的交流电压分量,保留直流成分,从而减小电路的脉动系数,改善输出的直流电压。

常见的滤波电路有电容滤波、电感滤波、*LC* 滤波和 π 形滤波等基本电路形式。

## 7.3.1 电容滤波电路

利用电容两端电压不能突变的特点,将负载与电容并联构成电容滤波电路以平滑波形。

图 7.9 为桥式整流电容滤波电路,它在桥式整流电路的输出端和 $R_L$ 之间并联一只大电容 $C$。为便于说明问题,电路中接了一个闭合开关 S。

当 S 断开时($R_L$ 未接入),假设 $C$ 上的初始电压为 0,在交流电源的正半周,即 $v_i>0$ 时,$v_i$ 通过 $VD_1$ 及 $VD_2$ 向 $C$ 充电;在交流电源的负半周,即 $v_i<0$ 时,$v_i$ 通过 $VD_3$ 及 $VD_4$ 向 $C$ 充电。充电时间常数为

$$\tau_o=R_{int}C \tag{7.17}$$

式中,$R_{int}$ 包括变压器次级线圈的直流电阻和二极管的正向电阻,一般来说该值很小,因此 $C$ 很快就充电到 $v_2$ 的幅值电压。如果变压器次级线圈电压 $v_i<v_C$,则二极管截止,由于 $C$ 无放电回路,因此输出电压 $v_o$ 为一恒定的直流电压,$v_C$ 保持 $\sqrt{2}V$ 不变,如图 7.10 中 $\omega t<0$ 部分所示。

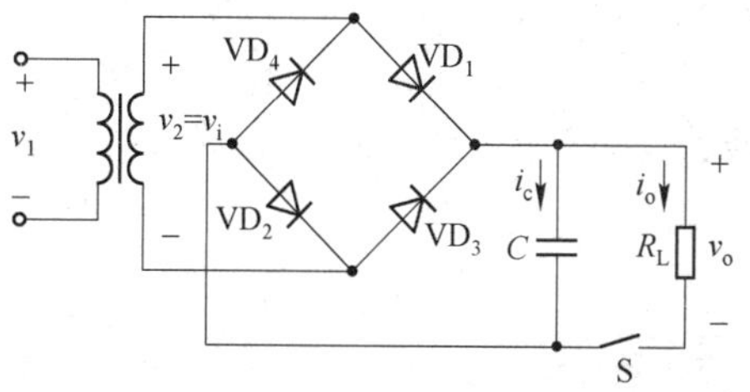


图 7.9　桥式整流电容滤波电路

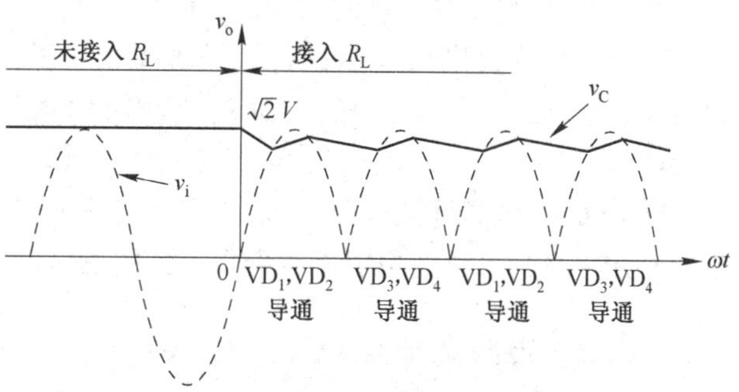


图 7.10　桥式整流电容滤波输出电压波形

假设 $C$ 已充电至 $\sqrt{2}V$,此时接入 $R_L$(S 闭合),则 $v_i<v_C$ 时,二极管截止,$C$ 经 $R_L$ 放电。放电时间常数为

$$\tau_d=R_LC \tag{7.18}$$

一般 $\tau_d$ 的值比较大,所以 $C$ 两端的电压 $v_C$ 按指数规律慢慢下降。与此同时 $v_i$ 按正弦波规律上

升。当$v_i > v_C$时，$VD_1$及$VD_2$导通。此时$v_i$经$VD_1$及$VD_2$一方面向$R_L$提供电流，另一方面向$C$充电，充电时间常数$\tau_o = R_{int}C$很小。$v_C$随$v_i$升高到接近最大值$\sqrt{2}V$，然后$v_i$开始下降。当$v_i < v_C$时，二极管截止，$C$又经$R_L$放电。

$C$不断地进行充放电，$R_L$上得到的输出电压$v_o = v_C$的脉动大为减小，如图7.10中$\omega t > 0$实线部分所示。

根据以上分析可知：经过电容滤波之后，输出电压的直流成分提高了（$v_o$波形包围的面积增大了），脉动成分减小了。并且$C$的放电时间常数越大，放电过程越慢，则输出电压越高，脉动成分越小，滤波效果越好。

由图7.10可知：在电容滤波电路中，二极管导通时间缩短，并且随着放电时间常数的增大，导通时间会减小。同时，导通时电流的幅值较未加滤波电路之前提高了，电流的平均值（近似等于负载电流的平均值，$I_O = V_O/R_L$）也增大了，所以整流管在短时间内会通过一个很大的冲击电流，影响二极管的使用寿命。故滤波电路中应选择正向电流较大的整流二极管，并在实际整流电路中串联一只限流电阻，以限制二极管导通时瞬间的冲击电流。

图7.11描述了电容滤波电路的外特性，即电容滤波电路输出电压平均值$V_O$与$C$和$R_L$的关系（这里忽略内阻的影响）。空载（$R_L \to \infty$）时，$V_O = \sqrt{2}V$。$R_L$越小，时间常数$R_LC$越小，放电越快，$V_O$减小。当$R_L$很小（输出电流很大）时，$V_O$与桥式整流无电容滤波电路的输出电压平均值（$V_O = 0.9V$）近似相等。对于电容滤波电路，随着输出电流的增大，输出电压下降得很快。所以电容滤波适用于负载电流变化不大的场合。由图7.11可知，$V_O$在$(0.9 \sim \sqrt{2})V$之间。

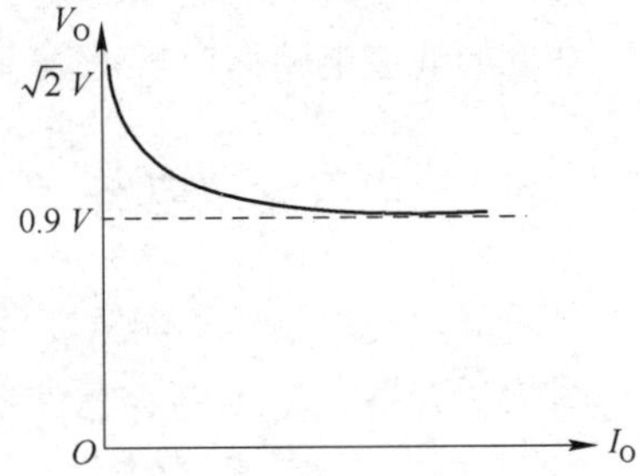

图7.11　电容滤波电路的外特性

为了减小脉动程度，得到比较平直的输出直流电压，$C$应该大一些，一般在几十微法到几千微法，视负载电流的大小而定，其耐压应大于输出电压的最大值$\sqrt{2}V$（通常采用电解电容）。而且要求$R_L$也应该大一些。一般要求

$$R_LC \geqslant (3 \sim 5)T/2 \tag{7.19}$$

式中，$T$为交流电源电压的周期。此时，$V_O$可按下面经验公式计算

$$V_O = 1.2V \tag{7.20}$$

图7.12是图7.9电路的Multisim仿真。变压器匝数比22:1，初级线圈电压为220V，由仿真图可以很清楚地看出该电路进行了波形平滑。其中图7.12(a)和图7.12(b)分别是电容为47μF和1000μF时的滤波输出，通过比较可以很清楚地观察到电容数值大小对滤波效果的影响。

综上所述，电容滤波电路简单，负载上直流电压（$V_O$）较高，纹波也较小。但是它的外特性较差，冲击电流较大，只适用于负载变化不大的场合。

### 7.3.2　电感滤波电路

利用流经电感的电流不能突变的特点，将负载与电感串联构成电感滤波电路以平滑波形。图7.13为电感滤波电路。若忽略电感$L$的电阻，那么$R_L$上输出电压的平均值$V_O$与桥式全波整流电路输出电压的平均值相同，即$0.9V$。

由于电感的直流电阻很小而交流阻抗较大，所以采用电感滤波时直流成分通过电感的损失很小，交流成分大部分保留于电感上，这样就有效地减小了脉动成分，可以获得比较平滑的输出波形。

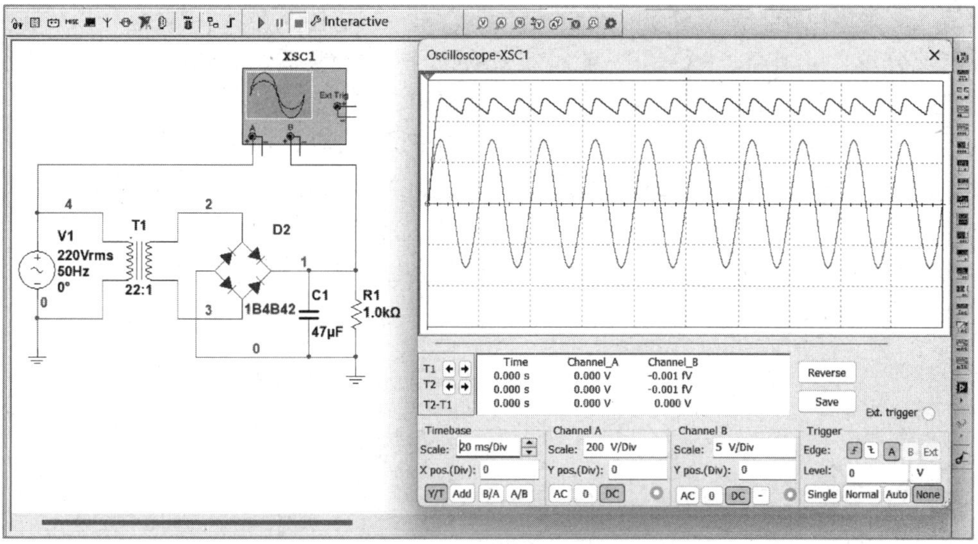


(a) 电容为47μF时的滤波输出

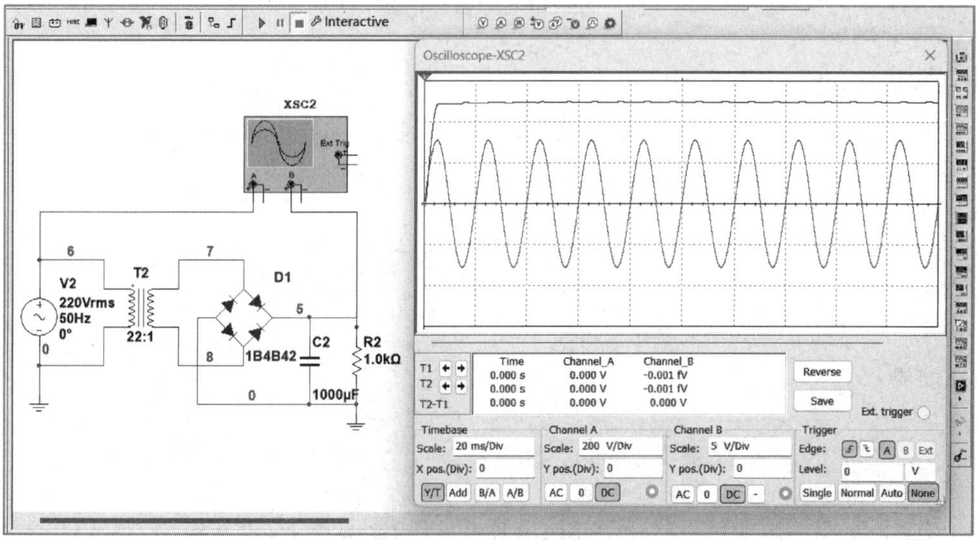


(b) 电容为1000μF时的滤波输出

图 7.12　图 7.9 的 Multisim 仿真

一般来说,信号频率越高,电感数值越大,负载越小,电感滤波效果就会越好。但是,由于电感铁芯的存在,会造成设备体积和质量的增加,且较易引起电磁干扰,因此小型电子设备较少使用电感滤波。

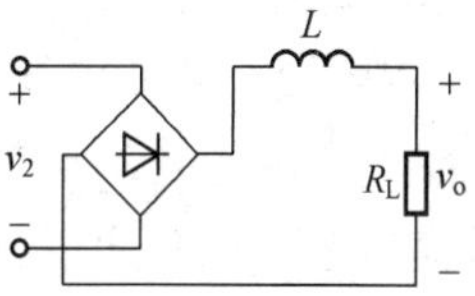


图 7.13　电感滤波电路

### 7.3.3　其他滤波电路

#### 1. *LC* 滤波电路

为了进一步改善滤波效果,在电容滤波的基础上,在整流电路和负载之间再串联一个电感 $L$,就构成了 $LC$ 滤波电路,如图 7.14(a)所示。

$LC$ 滤波电路中,若 $L$ 太小,或者 $R_L$ 过大,则会呈现电容滤波特性。因此 $LC$ 滤波电路的参数要满足一定的要求,近似表示为 $R_L<3\omega L$。

因为电感具有限制流经其电流变化的特点,会使通过整流二极管的电流更为平滑。并且电感对整流电路输出电流的交流分量具有阻抗。谐波频率越高,阻抗越大,因此它可以滤除整流电流中的交流分量。$\omega L$ 比 $R_L$ 大得越多,滤波效果越好。电感滤波后,利用电容再一次滤掉交流分量。这样,通过 *LC* 滤波电路就可得到更为平直、脉动更小的直流输出电压。

将图 7.14(a)电路中的电感和电容位置互换,即得图 7.14(b)所示电路,这也是一种 *LC* 滤波电路。图 7.14(a)的电感型电路是经过电感滤波后再用电容滤波,图 7.14(b)的电容型电路是经过电容滤波后再用电感滤波,滤波效果均比较好,优于单独采用电容或电感的滤波电路。二者的区别在于,图 7.14(a)的电压输出特性主要取决于电感滤波,而图 7.14(b)的电压输出特性主要取决于电容滤波。

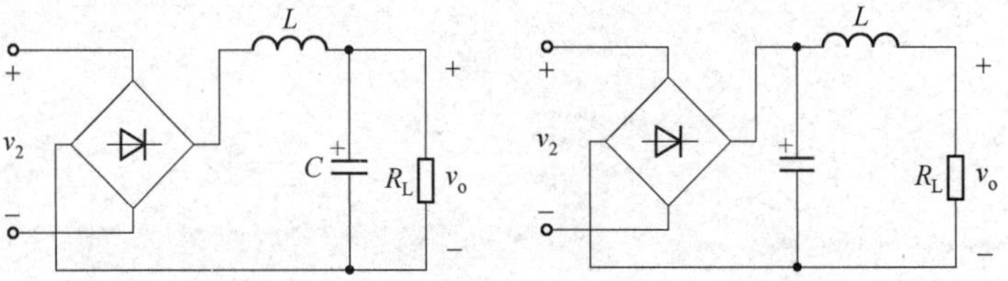

(a) 电感型　　(b) 电容型

图 7.14　*LC* 滤波电路

**2. π 形滤波电路**

π 形滤波电路实质上也是在电容滤波的基础上构成的。常见的两种 π 形滤波电路有 π 形 *LC* 滤波电路和 π 形 *RC* 滤波电路,分别如图 7.15 和图 7.16 所示。

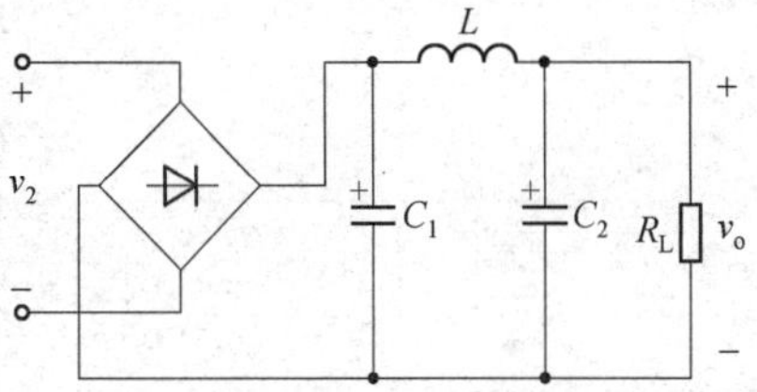

图 7.15　π 形 *LC* 滤波电路

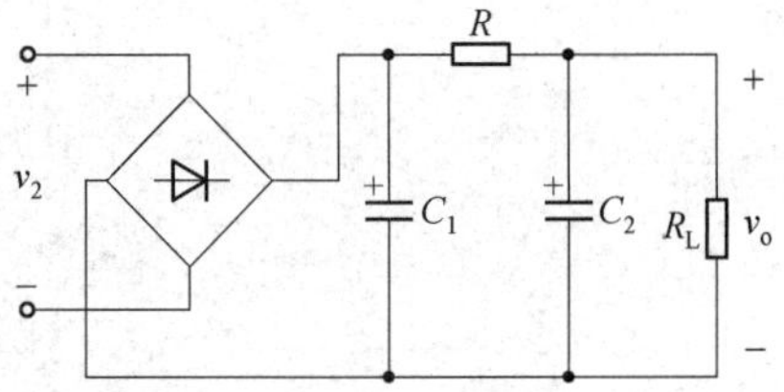

图 7.16　π 形 *RC* 滤波电路

在 *LC* 滤波电路的前面再并联一个滤波电容,可以构成 π 形 *LC* 滤波电路。经过第一次电容滤波之后,再经过 *LC* 滤波电路,电路输出电压的脉动会更小,波形更加平滑。并且由于在输入端接入了电容,因此提高了直流输出电压。但是 π 形 *LC* 滤波电路的外特性与电容滤波类似,整流管的冲击电流较大。为了得到更好的滤波效果,可采用多级串联的形式。

由于 *LC* 滤波电路使用电感线圈,使电路的体积、质量增大,增加了成本,因此 π 形 *LC* 滤波电路中的电感线圈也常用电阻 $R$ 代替,这样就构成了 π 形 *RC* 滤波电路。π 形 *RC* 滤波电路采用简单的电阻电容元件,使整流后的电压先经 $C_1$ 滤波,然后经 $R$、$C_2$ 构成的低通电路,进一步降低脉动系数。与 *LC* 滤波电路不同的是,$R$ 对于交直流电流都具有降压作用。$R$ 越大,$C_2$ 越大,滤波效果越好。但是 $R$ 太大,会使直流压降增大,必须提高变压器次级线圈上的电压。同时由于 $R$ 上有压降,随着输出电流的增大,输出电压下降得很快,所以这种滤波电路主要适用于负载电流较小,并且要求输出电压脉动很小的场合。同样,为了得到更好的滤波效果,也可采用多级串联的形式。

### 7.3.4　常见滤波电路的比较

表 7.2 列出了常见的各种滤波电路的比较,在使用时可以根据实际情况选择合适的滤波电路来实现波形的平滑。

**表 7.2　各种滤波电路的比较**

| 滤波类型 | | 电路构成 | 电路特点 | 输出电压 | 适用场合 | 滤波效果 |
|---|---|---|---|---|---|---|
| 电容滤波 | | 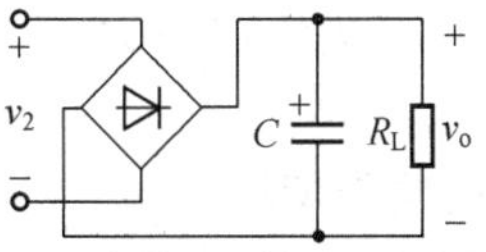 | 电路简单，直流电压数值高 | 约 1.2V | 负载电流小 | 较差 |
| 电感滤波 | | 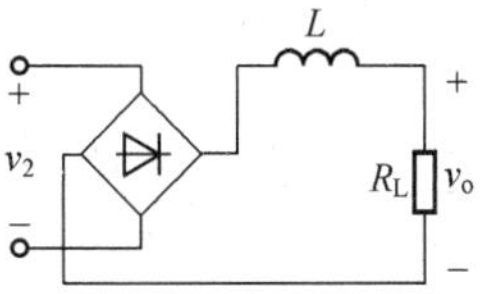 | 电路体积大，质量大，成本高 | 约 0.9V | 负载电流大，负载变化大 | 较差 |
| LC 滤波 | 电感型 | 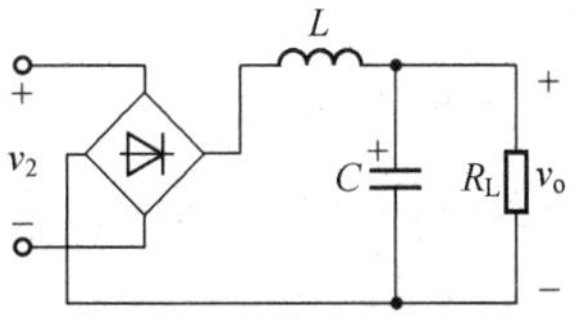 | 滤波效果较好，但电路体积大，质量大，成本高 | 约 0.9V | 负载电流大且负载有变化 | 较好 |
| | 电容型 | 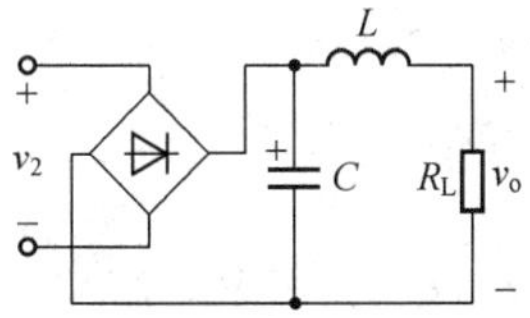 | | 约 1.2V | | |
| π 形滤波 | π 形 LC 滤波 | 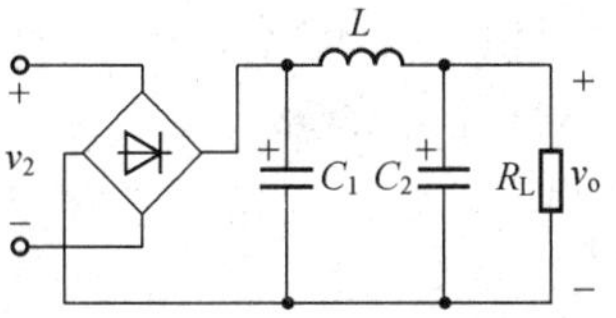 | 滤波效果好，但电路体积大，质量大，成本高 | 约 1.2V | 输出电压稳定且输出电流小 | 好 |
| | π 形 RC 滤波 | 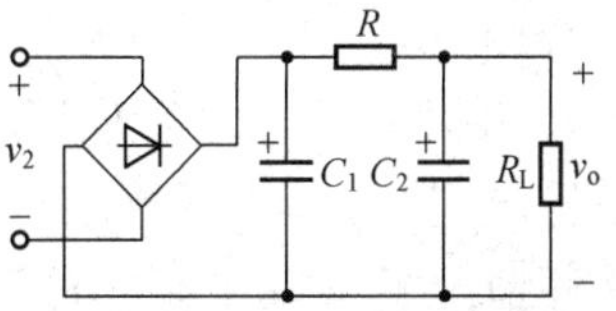 | 电阻会损失一些直流电压 | 约 1.2V | 负载电流小，输出电压脉动小 | 较好 |

**思考题 7.3（参考答案请扫描二维码 7-3）**

1. 什么是滤波？常见的滤波电路有哪些？

2. 负载需要通过大电流的情况下应选用何种滤波电路？在输出电压直流成分要求高的情况下应选用何种滤波电路？

二维码 7-3

# 7.4　稳压电路

经过滤波得到的输出电压并非是理想的直流电压，它还会随电网电压波动（一般有±10%左右的波动，直接影响变压器次级线圈的输出电压），以及负载和温度的变化而变化。为了获得更加稳定的直流电压，在整流、滤波电路之后，还需要稳压电路，以维持输出电压的稳定。

常见的稳压电路有稳压管稳压电路、晶体管串联型稳压电路、晶体管开关型稳压电路和集成稳压电路等。

## 7.4.1　稳压管稳压电路

稳压管稳压电路是最简单的稳压电路，利用稳压二极管的反向击穿特性来实现稳压输出。

如图 7.17 所示，稳压管在电路中反接，与负载电阻并联。稳压电路是由稳压管 VZ 的电流调节作用和电阻 $R$ 的电压调节作用互相配合来实现稳压的。$R$ 除了起电压调节作用，还起限流作用。因为如果稳压管没有经过 $R$ 而直接并在输出端，则该电路不仅没有稳压作用，还可能使稳压管中流过很大的反向电流 $I_Z$ 而烧坏管子。因此 $R$ 也称为限流电阻。

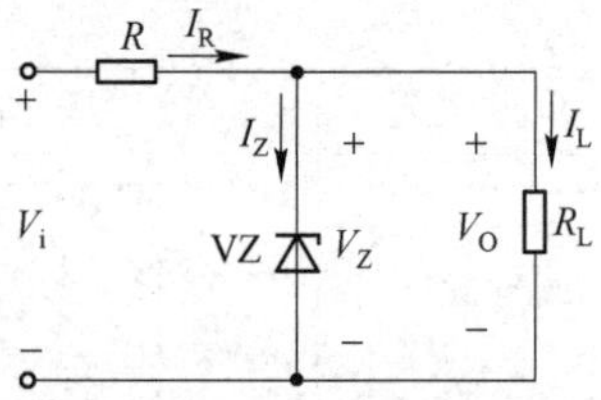

图 7.17　稳压管稳压电路

整流滤波所得的电压 $V_i$ 为稳压电路的输入电压，$V_Z$ 为稳压二极管的稳定电压。由图 7.17 可知，输出电压 $V_O=V_i-I_RR=V_Z$。下面分两种情况分析该电路的稳压过程。

(1) $R_L$ 保持不变

假定由于电网电压升高使得稳压电路的 $V_i$ 增大时，$V_O=V_Z$ 也将增大。由稳压管的伏安特性可知，稳压二极管的电流将急剧增大，使 $R$ 上的压降增大，这样就会抵消 $V_O$ 的增加，从而使 $V_O$ 基本维持不变。

稳压过程可表示为：　$V_i\uparrow\Rightarrow V_O\uparrow\Rightarrow I_Z\uparrow\Rightarrow I_R\uparrow\Rightarrow V_R\uparrow\Rightarrow V_O\downarrow$

如果 $V_i$ 减小，稳压过程正好与上面描述的相反。

(2) $V_i$ 保持不变

假定由于 $R_L$ 的变化使得电流变化，例如 $R_L$ 变小使 $I_L$ 增大，则由于总电流 $I_R$ 的增大，使 $R$ 上的压降增大，$V_O$ 下降。由于稳压二极管与输出端并联，因此 $V_Z$ 略有下降。由稳压管的伏安特性可知，流过稳压二极管的电流 $I_Z$ 会急剧减小，$I_Z$ 的减小量和 $I_L$ 的增大量大体相当，使得总电流几乎不变。这里实际上用 $I_Z$ 的减小量抵消了 $I_L$ 的增大量，使 $I_R$ 基本保持不变，从而保证了输出电压的稳定。

稳压过程可表示为：　$I_L\uparrow\Rightarrow I_R\uparrow\Rightarrow V_R\uparrow\Rightarrow V_O\downarrow\Rightarrow I_Z\downarrow\Rightarrow I_R\downarrow\Rightarrow V_R\downarrow\Rightarrow V_O\uparrow$

当输出电压不需要调节，且负载电流比较小的情况下，使用稳压二极管稳压电路有较好的稳压效果。但这种电路也存在不足：输出电压由稳压管型号决定，稳压值不能随意改变；并且当电网电压和负载电流变化太大时，电路将不能适应。在这种情况下可以采用三极管串联型稳压电路克服上述缺点。

### 7.4.2　三极管串联型稳压电路

三极管串联型稳压电路可以克服稳压二极管稳压受负载影响大的不足。其电路如图 7.18 所示。稳压电路的输入电压 $V_i$ 和 $R_L$ 之间串联了一个三极管 V，起调整电压的作用，故 V 也称为调整管，$R$ 为限流电阻。

稳压管 VZ 提供基准电压 $V_Z$，$V_Z$ 是一个稳定性较高的直流电压。假定由于某种原因使输出电压 $V_O$ 下降时，由于 $V_Z$ 不变，$V_{BE}=V_Z-V_O$，所以 $V_{BE}$ 随 $V_O$ 的下降而增大。由三极管输入特性知基极电流 $I_B$ 将增大，集电极电流 $I_C$ 亦将增大。因为三极管电路是利用射极输出器的特点构成的，因此 $V_{CE}$ 减小。而 $V_i=V_{CE}+V_O$，这样就会使 $V_O$ 回升，从而使 $V_O$ 基本维持不变，达到稳定输出电压的目的。

电路的稳压过程可描述如下：　$V_O\downarrow\Rightarrow V_{BE}\uparrow\Rightarrow I_E(I_B)\uparrow\Rightarrow V_{CE}\downarrow\Rightarrow V_O\uparrow$

同样可分析 $V_O$ 增大时电路的稳压调节过程。

可见，三极管串联型稳压电路由 $V_O$ 的变化直接控制调整管的变化，如果将 $V_O$ 的变化经放大后，再去控制调整管，则可以大大提高调整的灵敏度和输出电压的稳定程度。

图 7.19 是一个具有放大环节的三极管串联型稳压电路。图中 $V_i$ 是整流滤波电路的输出电

压；$R_1$、$R_2$ 和 $R_3$ 组成反馈网络，用来反映输出电压的变化，因此称为取样电路；稳压管用来提供基准电压 $V_Z$，与放大电路的同相输入端相连，采样电压与基准电压比较后进行差分放大；A 为比较放大器，其作用是将稳压电路输出电压的变化进行放大，然后送到调整管的基极。由于放大电路增益较高，输出电压的微小变化也能引起调整管基极电压的较大变化，这样就可以提高输出电压的稳定性。V 为调整管，串联在稳压电路的输入电压 $V_i$ 和 $R_L$ 之间。若输出电压 $V_O$ 改变，其变化量经采样、比较、放大后送到调整管的基极，影响调整管集电极与发射极的极间压降，从而使 $V_O$ 基本稳定。

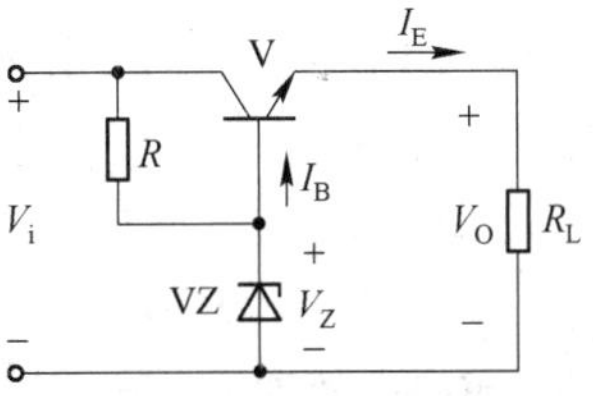

图 7.18　三极管串联型稳压电路

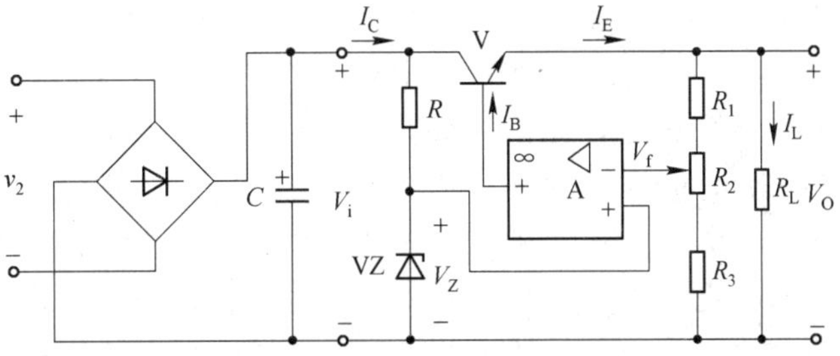

图 7.19　具有放大环节的三极管串联型稳压电路

假定由于某种原因使 $V_O$ 下降，则放大电路反相输入端的电压 $V_f$ 也将下降。由于同相输入端的电压 $V_Z$ 不变，所以放大电路差分输入电压 $V_{id}=V_Z-V_f$ 将增大，因此放大电路输出电压增大，使调整管基极输入电压 $V_{BE}$ 增大。由三极管输入特性可知，$I_B$ 将增大，$I_C$ 亦随之增大，因此 $V_{CE}$ 减小，这样就会使 $V_O$ 回升，从而使 $V_O$ 基本维持不变。

电路的稳压过程可描述如下：　$V_O\downarrow\Rightarrow V_f\downarrow\Rightarrow V_{id}\uparrow\Rightarrow V_{BE}\uparrow\Rightarrow I_E(I_B)\uparrow\Rightarrow V_{CE}\downarrow\Rightarrow V_O\uparrow$

同样可分析 $V_O$ 增大时电路的稳压调节过程。

该电路允许输出电压在一定范围内调节。经过简单推导即可得到 $V_O$ 的调整范围：

$$\frac{R_1+R_2+R_3}{R_2+R_3}V_Z\leqslant V_O\leqslant\frac{R_1+R_2+R_3}{R_3}V_Z$$

需要注意的是，$V_f$ 与 $V_Z$ 必须有（偏差）调整管 V 才能起调整作用。如果 $V_O$ 不变，调整管 V 的 $V_{CE}$ 也不变，则电路不能进行调整。

另外，由于调整管 V 与负载串联，流过调整管的电流是负载电流，所以管子工作在大电流功率放大状态。如果负载过载或短路，调整管 V 便会因流过大电流而损坏。因此电路中还要设置调整管保护电路。在正常工作情况下，保护电路应对稳压电路基本上没有影响，一旦发生过载或输出短路，输出电流超过规定的最大额定值时，保护电路会立即发生作用，从而达到限制或减小输出电流，保护调整管的目的。保护电路的种类很多，常用的有限流式保护电路和截流式保护电路。此处不再赘述，读者可参阅相关参考文献。

**【例 7.1】**　在图 7.20 所示电路中，若 $R_3=15\text{k}\Omega$，$R_4=30\text{k}\Omega$，$V_Z=9\text{V}$. 求输出电压 $V_O=?$

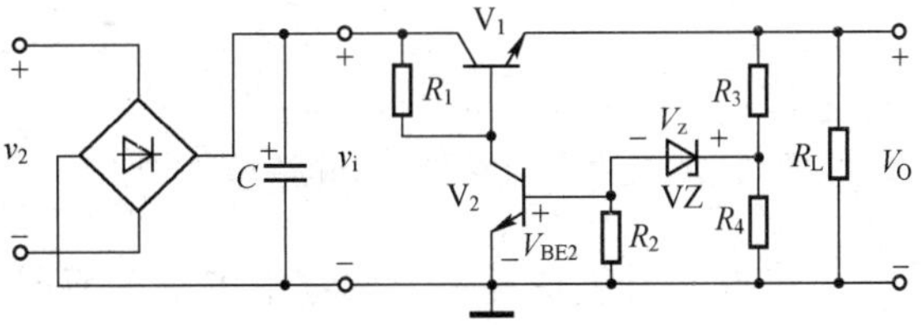

图 7.20　例 7.1 的电路

**解：**因为

$$V_{BE2}+V_Z=\frac{R_4}{R_3+R_4}V_O$$

所以 $$V_O=\frac{R_3+R_4}{R_4}(V_{BE2}+V_Z)=\frac{15+30}{30}\times(0.7+9)=14.55(\text{V})$$

### *7.4.3 三极管开关型稳压电路

上节介绍的三极管串联型稳压电路，其调整管始终工作在线性放大区。虽然结构简单，输出电压调整方便且脉动较小，但是这种电路工作效率低（一般只有 20%～40%）。并且当负载电流较大时，管子的功耗很大，电路需要配备散热装置，使电源的体积和质量都增大。为克服上述缺点，可采用三极管开关型稳压电路。

三极管开关型稳压电路的调整管工作在开关状态，即饱和导通和截止两种状态，工作效率较高（一般可达 65%～90%），功耗很低，减少了散热装置。并且开关频率通常为几十千赫，所以滤波电感和电容可减小，整个电源的体积和质量会大大减小。同时由于该电路的输出电压与调整管导通与截止时间的比例有关，因而对电网电压要求不高。因此在大功率稳压电源中，这种电路的应用非常广泛。但三极管开关型稳压电路也有缺点，其电路较为复杂，输出电压所含纹波较大。

下面简要介绍三极管开关型稳压电路的组成及工作原理。

三极管开关型稳压电路的组成如图 7.21 所示。电路首先将整流滤波输出的连续电压经开关调整管变为断续的矩形波电压，再通过续流滤波电路将断续的电压变成另一种连续的直流电压，并且通过采样电路、比较放大、基准电路及开关控制器等控制环节实现输出电压的稳定。

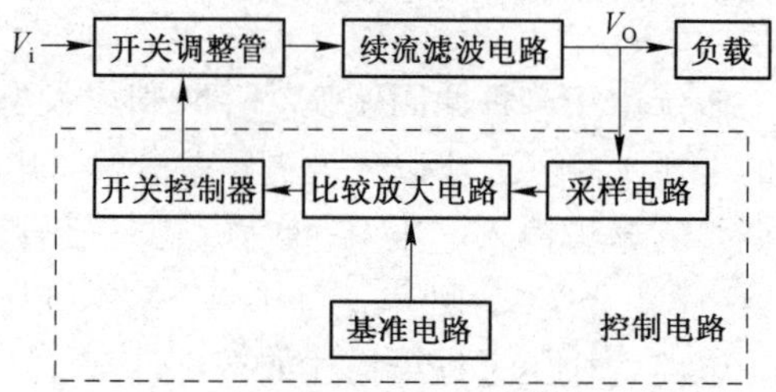


图 7.21 三极管开关型稳压电路的组成

三极管开关型稳压电路原理电路如图 7.22 所示。三角波发生器通过比较器 $A_2$ 产生一个方波 $v_B$，用来控制调整管 V 的导通和截止。当三角波的幅度小于比较器 $A_1$ 的输出时，$A_2$ 输出高电平，此时调整管导通（对应调整管的导通时间为 $T_{on}$），向电感充电；当三角波的幅度大于 $A_1$ 的输出时，$A_2$ 输出低电平，此时调整管截止（对应调整管的截止时间为 $T_{off}$），电感通过 VD 进行放电，$R_L$ 上仍然有电流流过，所以 VD 也被称为续流二极管。这样，虽然调整管处于开关工作状态，但由于 VD 的续流作用和 $LC$ 滤波电路，可以得到比较平稳的电压输出。

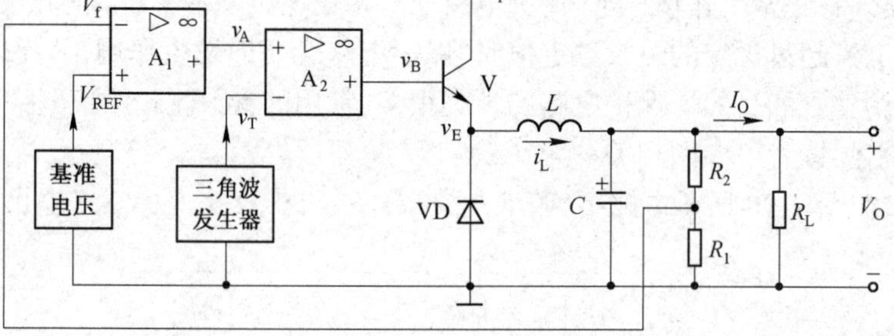


图 7.22 三极管开关型稳压电路原理电路

为了稳定输出电压 $V_O$，需要引入电压负反馈。假定由于某种原因使 $V_O$ 增大，则反馈电压 $V_f=FV_O$ 也随之增大，比较 $A_1$ 的输出 $v_A$ 减小，这样比较器 $A_2$ 输出方波对应的调整管的截止时间 $T_{off}$增加，导通时间 $T_{on}$减小，使得 $V_O$ 下降。

若 $V_O$ 减小，同样可以分析电路通过闭环反馈系统，自动调整脉冲波形的占空比，从而使 $V_O$ 稳定。

电路中各点电压波形见图 7.23。由于调整管发射极输入为方波，滤波电感的存在使输出电流 $i_L$ 为锯齿波，趋于平滑，输出则为带纹波的直流电压。

如果忽略电感的直流电阻，则输出电压 $V_O$ 即为 $v_E$ 的平均值，于是有

$$V_O = \frac{1}{T}\int_0^{T_{on}} v_E \mathrm{d}t + \frac{1}{T}\int_{T_{on}}^{T} v_E \mathrm{d}t$$

$$= \frac{1}{T}(-V_D)T_{off} + \frac{1}{T}(V_i - V_{CES})T_{on}$$

$$\approx V_i \frac{T_{on}}{T} = V_i q$$

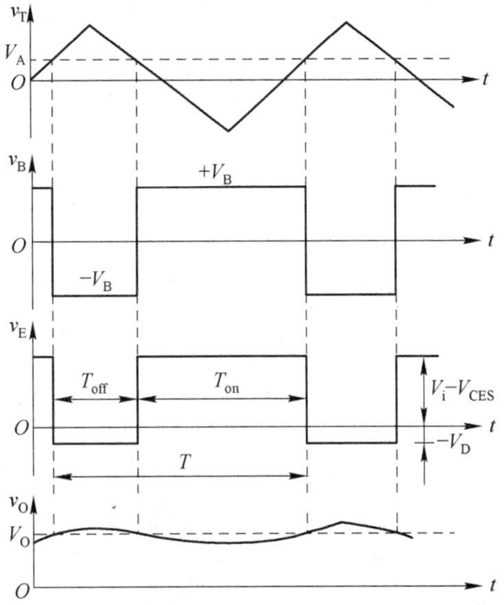


图 7.23　三极管开关型稳压电路各点电压波形

注意：上式中三极管的饱和管压降 $V_{CES}$ 和二极管的正向导通压降 $V_D$ 都很小，与直流输入电压 $V_i$ 比较可以忽略。上式表明：在输入电压一定时，输出电压与占空比 $q$ 成正比。可以通过改变比较器输出方波的宽度（占空比）来控制输出电压的值。这种控制方式称为脉冲宽度调制（PWM）。

三极管开关型稳压电路通过控制调整管的开关时间来实现对输出电压的调整和稳定。由于调整管饱和导通时的管压降 $V_{CES}$ 和截止时的穿透电流 $I_{CEO}$ 都很小，因此管子的平均功耗很小，电源的效率可大为提高。

### 7.4.4　集成稳压电路

随着集成电路工艺的发展，稳压电路已实现了集成化。目前集成稳压器已成为模拟集成电路的重要分支，广泛地应用于各种电子设备中。集成稳压器具有体积小、质量轻、使用方便、温度特性好和可靠性高等一系列优点。常见的集成稳压器分为多端式和三端式。三端式集成稳压器外部只有三个引线端子，分别接输入端、输出端和公共接地端，一般不需外接元件，并且内部有限流保护、过热保护及过压保护，使用方便、安全。

三端式集成稳压器又分为固定输出和可调输出两种。图 7.24 所示为三端式集成稳压电路中的 CW7800 系列集成稳压器的外形图。这种稳压器输出电压固定，可分为固定正压输出和固定负压输出两大系列，分别用代号 CW78XX 和 CW79XX 表示，其中 XX 表示输出固定电压值的大小，一般有 5.0V，6.0V，8.0V，12V，15V，18V，20V，24V 等多种。例如 CW7805 的输出为 +5V，CW7815 的输出为+15V。

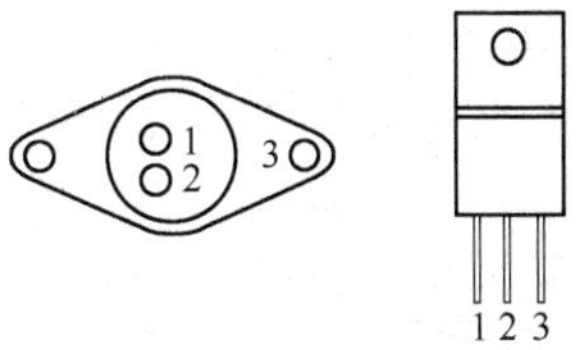


(a) 金属菱形封装　(b) 塑料封装

图 7.24　CW7800 系列集成稳压器外形图

三端式集成稳压器的电路符号如图 7.25 所示。

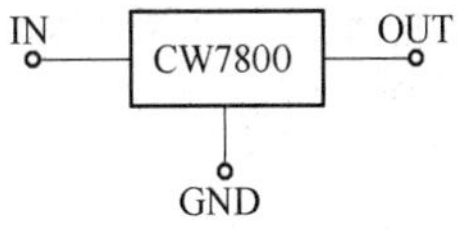


图 7.25　三端式集成稳压器电路符号

**【例 7.2】**　电路如图 7.26 所示。若可变电阻 $R$ 的两部分之和 $R_1+R_2=10\text{k}\Omega$，$R_3=15\text{k}\Omega$，$R_4=30\text{k}\Omega$。试求输出电压 $V_O=?$

**解**：集成运放同相端的电位为

$$V_+ = \frac{R_2}{R_1+R_2}V_O$$

集成运放的输出电压为

$$V_3=\left(1+\frac{R_3}{R_4}\right)V_+=\left(1+\frac{R_3}{R_4}\right)\frac{R_2}{R_1+R_2}V_O$$

因为 $V_O=V_3+V_{23}$，将 $V_3$ 代入输出电压表达式

$$V_O=\left(1+\frac{R_3}{R_4}\right)\frac{R_2}{R_1+R_2}V_O+V_{23}$$

则

$$V_O=\frac{R_4(R_1+R_2)}{R_1R_4-R_2R_3}V_{23}$$

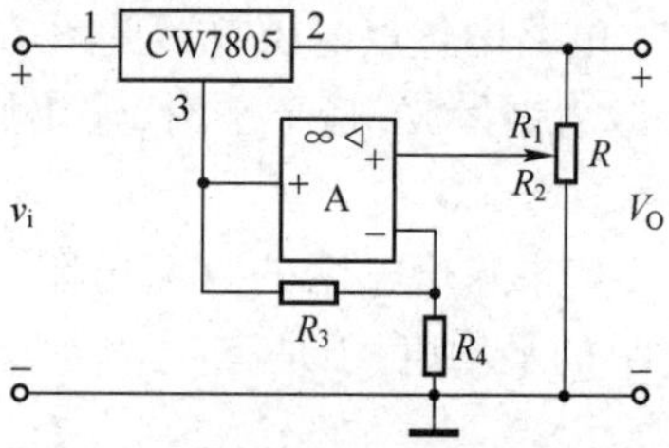


图 7.26　例 7.2 的电路

可变电阻 $R$ 的滑动端变化时，$R_1$ 和 $R_2$ 的值会发生变化，$V_O$ 随之会发生变化。

$R_1=0$ 时
$$V_O=\frac{R_4R_2}{-R_2R_3}V_{23}=-\frac{R_4}{R_3}V_{23}=-\frac{30}{15}\times5=-10\text{V}$$

$R_2=0$ 时
$$V_O=\frac{R_4R_1}{R_1R_3}V_{23}=V_{23}=5\text{V}$$

因此，该电路是一个调节范围为−10V～5V 的稳压电路，可以通过选择合适的电阻使得电路的输出电压在一定范围内可调。

**思考题 7.4（参考答案请扫描二维码 7-4）**

1. 图 7.18 所示三极管串联电路中的“串联”是指什么？该电路中三极管的作用是什么？

2. 经过滤波输出的电压 $v_i=24\text{V}$，$R_1=2\text{k}\Omega$，$R_2=20\text{k}\Omega$，$R_3=10\text{k}\Omega$，$V_Z=6\text{V}$。试计算图 S7.4 所示电路的输出电压。

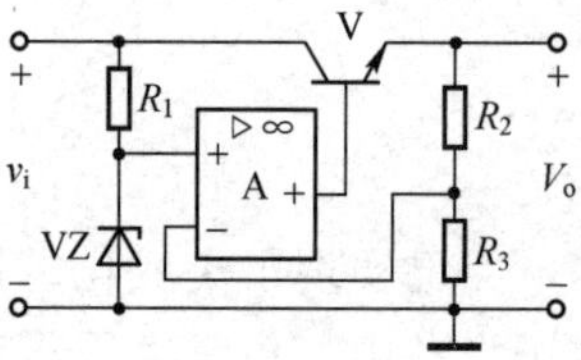


图 S7.4

二维码 7-4

## 本章小结

- 电子系统中，常需要将交流电网电压转换为稳定的直流电压，为此要用整流、滤波、稳压等环节来实现。
- 整流电路中，利用二极管的单向导电性将交流电转换为脉动的直流电。为抑制直流电中的纹波，常在整流电路后接滤波电路。滤波电路一般可分为电容输入式和电感输入式两大类。在直流输出电流较小且负载几乎不变的场合，采用电容输入式；在负载电流大的大功率场合，采用电感输入式。
- 为了保证输出电压不受电网电压、负载和温度的变化而产生波动，可再接入稳压电路。小功率供电系统中，多采用串联反馈式稳压电路，中、大功率稳压电源一般采用三极管开关稳压电路。

## 习　题

7.1　小功率直流稳压电源由哪几个部分组成？衡量稳压电源质量的指标有哪几项？其含义如何？

7.2　串联反馈式稳压电路由哪几个部分组成？各部分的功能如何？

7.3　交流电经整流、滤波后，输出电压已接近直流，为何还需要稳压电路？

7.4　在图题7.4所示单相桥式全波整流电路中，若出现以下故障，电路会出现什么现象？

(1) $VD_1$ 正负极反接；(2) $VD_1$ 短路；(3) $VD_1$ 开路。

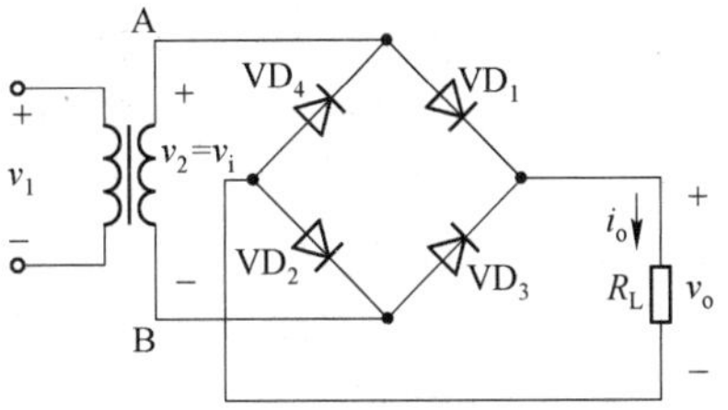


图　题7.4

7.5　根据图题7.5所示各电路，回答下列问题：

(1) 哪个电路滤波效果最好？哪个电路不能起到滤波作用？

(2) 当 $R_L$ 较大时，应选用哪个滤波电路？

(3) 当 $R_L$ 变化较大时，应选用哪个滤波电路？

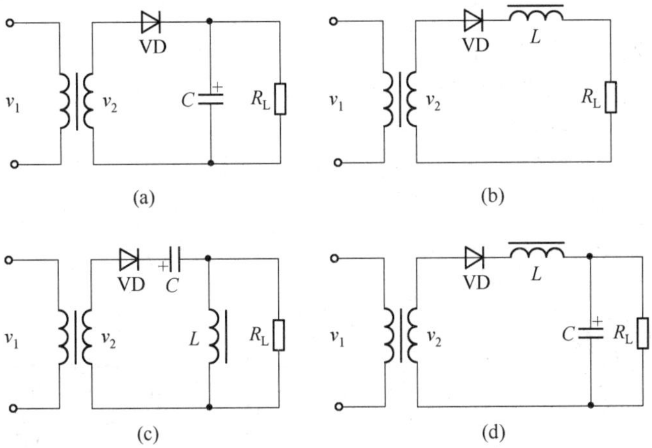


图　题7.5

7.6　硅稳压管稳压电路如图题7.6所示。已知直流输入电压 $V_i=24V$，硅稳压管VZ的稳定电压 $V_Z=10V$，限流电阻 $R=1k\Omega$，$R_L=1k\Omega$，硅稳压管的动态电阻和反向饱和电流均可以忽略。

(1) 试求 $V_O$，$I_O$，$I_R$ 及 $I_Z$；

(2) 若负载电阻 $R_L$ 的阻值减小为 $0.5k\Omega$，$V_O$、$I_O$、$I_R$ 及 $I_Z$ 的值各为多少？

7.7　图题7.7所示是一个输出6V正电压的稳压电路，试指出图中有哪些错误，并在图上加以改正。

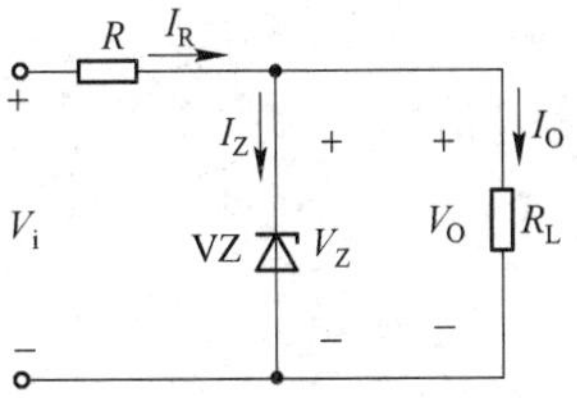


图　题7.6

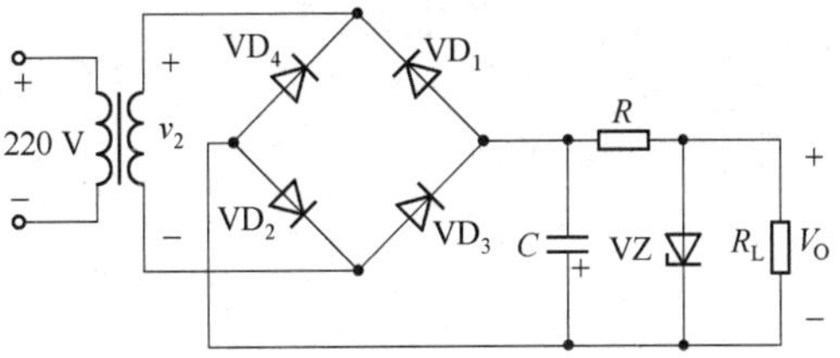


图　题7.7

7.8　在图题7.8所示桥式整流滤波电路中，已知变压器次级线圈的电压 $v_2=20\sqrt{2}\sin\omega t(V)$。在下列情况下，说明输出端对应的直流电压平均值 $V_O$ 为多少？

(1) C虚焊；　(2) $R_L$ 开路；　(3) 有一个二极管因虚焊断路。

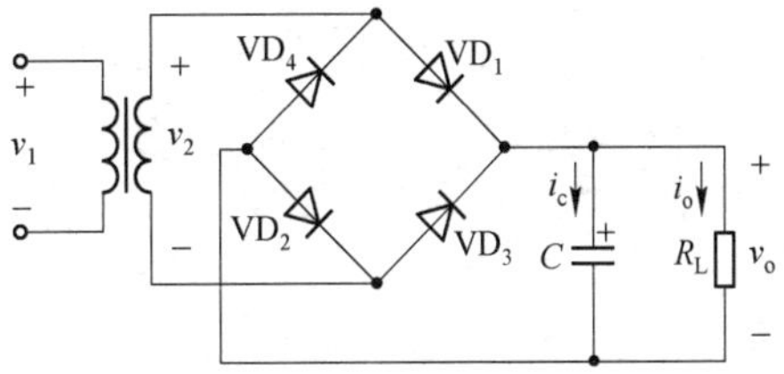


图　题7.8

7.9　串联型稳压电路如图题7.9所示。已知三极管的 $\beta=100$，$R_1=600\Omega$，$R_2=400\Omega$，$I_{Zmin}=10mA$。

(1) 分析集成运放A的作用；

(2) 若 $V_Z=5V$，$V_O$ 为多少？

(3) 若集成运放A的电流 $I_{max}=1.5mA$，计算 $I_{Lmax}$。

7.10　由固定输出三端集成稳压器CW7815组成的稳压电路如图题7.10所示。其中 $R_1=1k\Omega$，$R_2=1.5k\Omega$，三端集成稳压器本身的工作电流 $I_Q=2mA$，$V_i$ 的值足够大。

试求输出电压 $V_O$ 的值。

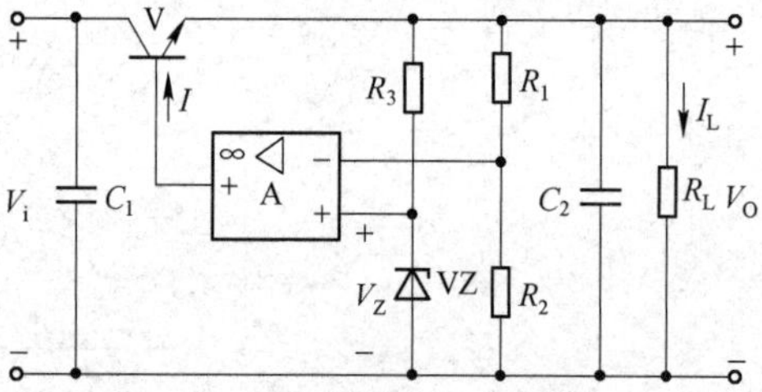


图 题7.9

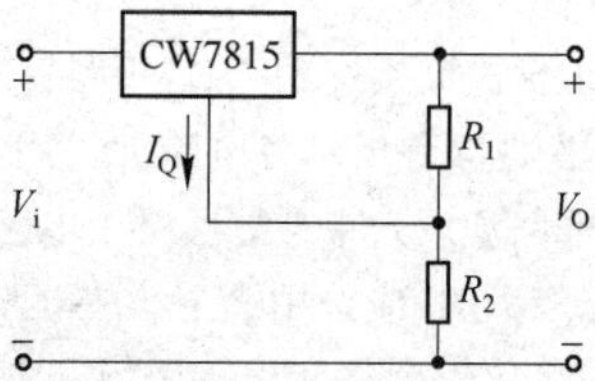


图 题7.10

7.11 仿真题:直流稳压电路如图题7.11所示,设变压器副边$v_2$是振幅为17V,频率为50Hz的正弦信号,利用Multisim分析该电路,其中二极管采用1N4007G,稳压管采用1N750A,其它均可使用虚拟元器件。

(1) 给出 $V_I$和 $V_O$的波形,观察输出电压的建立和稳定的过程;

(2) 输出电压稳定后,分别求 $V_I$和 $V_O$的直流平均值及其纹波大小;

(3) 稳压管IN750的稳定电压为4.7V,最小稳定电流为20mA,最大稳定电压为75mA,分析负载电阻允许的变化范围。(该题的题解请扫二维码7-5)

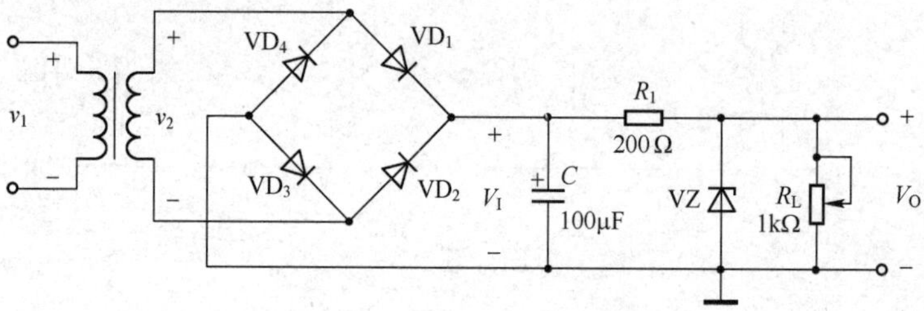


二维码 7-5

图 题7.11

# 第三部分 数 字 电 路

## 第 8 章 数字逻辑基础

本章学习目标：

- 了解数字电路的基本特点。
- 掌握十进制、二进制、十六进制等常用数制。
- 掌握二进制数和十进制数之间的转换。
- 掌握十进制数的 BCD 码表示。
- 掌握与、或、非三种基本逻辑运算，以及与非、或非、与或非、异或和同或等复合逻辑运算。
- 能正确应用逻辑代数的基本定律和规则。
- 掌握逻辑函数式的最小项之和形式和最大项之积形式。
- 掌握逻辑函数的公式化简法。
- 掌握逻辑函数的卡诺图化简法。
- 掌握利用无关项化简逻辑函数的方法。
- 了解逻辑函数的 Q-M 化简法

电子电路中的信号可分为两类：①模拟信号，是指该信号是时间的连续函数，处理模拟信号的电路，称为模拟电路；②数字信号，是指该信号无论从时间上还是从幅值上看其变化都是离散的，即不连续的，处理数字信号的电路称为数字电路。

目前数字电路在电子计算机、电子测量、仪表、通信、自动控制等各方面已得到广泛应用。随着集成电路的发展，特别是大规模和超大规模集成电路的发展，数字电路的应用领域将更加广阔。它将渗透到国民经济及人民生活的所有领域，并将产生越来越深刻的影响。现广泛使用的数字石英表，就是一个典型的例子。

和模拟电路相比，数字电路具有以下一些特点：

① 在数字电路中，工作信号是二进制的数字信号，即只有 0 和 1 两种可能的取值。反映到电路上，就是电平的高、低或脉冲的有、无两种状态。因此，凡是具有两个稳定状态的元件，其状态就可以用来表示二进制的两个数码，故其基本单元电路简单，对实现电路的集成化十分有利。

② 数字电路中处理的是二进制的数字信号，在稳态时，数字电路中的半导体器件一般都工作在截止或导通状态，即相当于开关工作时的开或关状态，而研究数字电路时关心的仅是输出和输入之间的逻辑关系。

③ 数字电路不仅能进行数值运算，而且能进行逻辑判断和逻辑运算，这在计算机技术等很多应用中是不可缺少的，因此，也常把数字电路称为“数字逻辑电路”。

④ 数字电路工作可靠，精度高，并且具有较强的抗干扰能力。数字信号便于长期储存，可使大量可贵的信息资源得以妥善保存，保密性好，使用方便，通用性强。

数字电路的上述特点，使其发展十分迅速。但是，数字电路也有一定的局限性。与此同时，模拟电路也有其优于数字电路的一些特点。因此，实际的电子系统往往是将数字电路和模拟电路相结合。

## 8.1　数制与 BCD 码

所谓“数制”，指的是进位计数制，即用进位的方式来计数。同一个数可以采用不同的进位计数制来计量。日常生活中，人们习惯于使用十进制，而在数字电路中常采用二进制。本节先从十进制分析入手，然后介绍其他常用数制，从中可以了解各种数制的共同规律，特别是二进制的特点，以及二进制和其他常用数制的联系和转换，最后介绍二-十进制的编码（BCD 码）。

### 8.1.1　常用数制

**1. 十进制**

十进制是人们最常用的一种数制。它有以下特点：

① 采用 10 个计数符号（也称数码）：0，1，2，…，9。也就是说，十进制数中的任一位，只可能出现这 10 个符号中的 1 个。

② 十进制数的进位规则是“逢 10 进 1”。即每位计满 10 就向高位进 1，进位基数为 10。所谓“基数”，它表示该数制所采用的计数符号的个数及其进位规则。因此，同一个符号在一个十进制数中的不同位置时，它所代表的数值是不同的。

例如，十进制数 1287.5 可写为

$$1287.5=1\times10^3+2\times10^2+8\times10^1+7\times10^0+5\times10^{-1}$$

我们把一种数制中各位计数符号为 1 时所代表的数值称为该数位的“权”。十进制数中各位的权是基数 10 的整数次幂。

③ 根据上述特点，任何十进制数可表示为

$$(N)_{10}=\sum_{i=-m}^{n-1}a_i\times10^i \tag{8.1}$$

式中，$a_i$ 为基数 10 的 $i$ 次幂的系数，它可以是 0~9 中的任一个计数符号；$n$ 为 $(N)_{10}$ 的整数位个数；$m$ 为 $(N)_{10}$ 的小数位个数；下标 10 为十进制的进位基数；$10^i$ 为 $a_i$ 所在位的权。通常将式（8.1）的表示形式称为按权展开式或多项式表示法。

从计数电路的角度来看，采用十进制是不方便的。因为要构成计数电路，必须把电路的状态跟计数符号对应起来，十进制有 10 个计数符号，电路就必须有 10 个能严格区别的状态与之对应，这样会在技术上带来许多困难，而且也不经济。因此在计数电路中一般不直接采用十进制。

**2. 二进制**

和十进制类似，二进制具有以下特点：

① 采用两个计数符号 0 和 1。

② 二进制的进位规则为“逢 2 进 1”，即 1+1=10（读为“壹零”）。必须注意，这里的“10”和十进制中的“10”是完全不同的，它实际上等值于十进制数的“2”。

③ 根据上述特点，任何具有 $n$ 位整数和 $m$ 位小数的二进制数的按权展开式可表示为

$$(N)_2=\sum_{i=-m}^{n-1}a_i\times2^i \tag{8.2}$$

式中，系数 $a_i$ 可以是 0 或 1；下标 2 表示二进制的进位基数。

例如 $(1011.01)_2=1\times2^3+0\times2^2+1\times2^1+1\times2^0+0\times2^{-1}+1\times2^{-2}$

目前数字电路普遍采用二进制,原因是:

① 二进制的数字装置简单可靠,所用元件少。二进制只有两个计数符号 0 和 1,因此它的每一位数都可以用任何具有两个不同稳定状态的元件来实现。例如:继电器的闭合和断开,晶体管的饱和与截止等。只要规定一种状态代表“1”,另一种状态代表“0”,就可以表示二进制数。这样使数码的存储和传送变得简单而可靠。

② 二进制的基本运算规则简单。例如:

加法运算 $0+0=0$ $1+0=0+1=1$ $1+1=10$

乘法运算 $0\times0=0$ $0\times1=1\times0=0$ $1\times1=1$

因此二进制数的运算操作简便。

**3. 十六进制和八进制**

用二进制表示一个数,所用的数位要比十进制多得多。例如表示十进制数$(255)_{10}$,只需 3 位,而用二进制表示该数却需 8 位,即$(11111111)_2$,不便于书写和记忆。为此常采用十六进制和八进制来表示二进制数。上述十进制数和二进制数的表示法可推广到十六进制数和八进制数。

十六进制中,采用 16 个计数符号:0,1,2,3,4,5,6,7,8,9,A,B,C,D,E,F。符号 A~F 分别对应于十进制数的 10~15。进位规则是“逢 16 进 1”,进位基数是 16,十六进制数中各位的权是 16 的整数次幂。任何一个有 $m$ 位小数和 $n$ 位整数的十六进制数,其按权展开式为

$$(N)_{16}=\sum_{i=-m}^{n-1}a_i\times16^i \tag{8.3}$$

例如: $(6D.4B)_{16}=6\times16^1+D\times16^0+4\times16^{-1}+B\times16^{-2}$

$=6\times16^1+13\times16^0+4\times16^{-1}+11\times16^{-2}$

八进制中,采用 8 个计数符号:0,1,2,3,4,5,6,7,进位规则是“逢 8 进 1”,进位基数是 8,八进制数中各位的权是 8 的整数次幂。任何一个有 $m$ 位小数和 $n$ 位整数的八进制数,其按权展开式为

$$(N)_8=\sum_{i=-m}^{n-1}a_i\times8^i \tag{8.4}$$

例如: $(570.2)_8=5\times8^2+7\times8^1+0\times8^0+2\times8^{-1}$

十六进制数和八进制数与二进制数之间的转换比较方便,即 4 位二进制数对应 1 位十六进制数,3 位二进制数对应 1 位八进制数。其转换方法为:将二进制数转换为十六进制数(或八进制数)时,从二进制数小数点开始,分别向左、右按 4 位(转换为十六进制)或 3 位(转换为八进制)分组,最后不满足 4 位(或 3 位)的添 0 补位,将每组以对应的十六进制或八进制数代替,即得等值的十六进制数(或八进制数)。将十六进制数(或八制数)转换为二进制数时,过程与上述相反。

**【例 8.1】** 将二进制数$(10100101.101101)_2$转换成十六进制数。

**解:**首先将$(10100101.101101)_2$写成分组形式:$(1010\ 0101.1011\ 0100)_2$

然后将各组 4 位二进制数转换为十六进制数,得:$(A5.B4)_{16}$

**【例 8.2】** 将二进制数$(11110101.1)_2$转换成八进制数。

**解:**将$(11110101.1)_2$写成分组形式:$(011\ 110\ 101.100)_2$

然后将各组 3 位二进制数转换为八进制数,得:$(365.4)_8$

**【例 8.3】** 将十六进制数$(6FA.35)_{16}$转换成二进制数。

**解:**首先分别将 6,F,A,3,5 转换为 4 位二进制数,然后按位的高低依次排列,就得到相应的

二进制数：

$$(6FA.35)_{16}=(0110\ 1111\ 1010.0011\ 0101)_2$$

**【例 8.4】** 将八进制数$(347.12)_8$转换成二进制数。

**解：**可分别将 3,4,7,1,2 转换成 3 位二进制数，按位的高低依次排列，就得到相应的二进制数：

$$(347.12)_8=(011\ 100\ 111.001\ 010)_2$$

**4. 二进制数与十进制数之间的转换**

(1) 二进制数转换为十进制数

将二进制数转换为等值的十进制数，常用按权展开法和基数连乘、连除法。

1) 按权展开法

这种方法是将二进制数按式(8.2)展开，然后按十进制的运算规则求和，即得等值的十进制数。

**【例 8.5】** 将二进制数$(101011.01)_2$转换为等值的十进制数。

**解：** $(101011.01)_2=1\times2^5+0\times2^4+1\times2^3+0\times2^2+1\times2^1+1\times2^0+0\times2^{-1}+1\times2^{-2}$

$=32+0+8+0+2+1+0+0.25=(43.25)_{10}$

简化此法，只要将二进制数中数码为 1 的那些位的权值相加即可，而不必考虑数码为 0 的情况。

**【例 8.6】** 将二进制数$(11011.101)_2$转换为等值的十进制数。

**解：**

$$\begin{array}{cccccccccc}(1 & 1 & 0 & 1 & 1 & . & 1 & 0 & 1)_2 \\ \downarrow & \downarrow & & \downarrow & \downarrow & & \downarrow & & \downarrow \\ 2^4 & +2^3 & + & 2^1 & +2^0 & + & 2^{-1} & + & 2^{-3}\end{array}$$

$=16+8+2+1+0.5+0.125=(27.625)_{10}$

这种方法要求对 2 的各次幂值比较熟悉，才能较快地实现转换。

2) 基数连乘、连除法

二进制数(为简化分析，假设有 4 位整数，4 位小数)的表示形式可以改写成如下连乘、连除的形式：

$$\begin{aligned}(N)_2&=(a_3a_2a_1a_0.a_{-1}a_{-2}a_{-3}a_{-4})_2\\&=a_3\times2^3+a_2\times2^2+a_1\times2^1+a_0\times2^0+a_{-1}\times2^{-1}+a_{-2}\times2^{-2}+a_{-3}\times a^{-3}+a_{-4}\times2^{-4}\\&=[(a_3\times2+a_2)\times2+a_1]\times2+a_0\ +\{a_{-1}+[a_{-2}+(a_{-3}+a_{-4}\times2^{-1})\times2^{-1}]\times2^{-1}\}\times2^{-1}\end{aligned} \tag{8.5}$$

式(8.5)中，为了说明运算次序，在式子下面画上了算法线条。可见，用连乘、连除法把二进制数转换为十进制数时，其整数和小数部分的转换方法不相同。

- 整数部分的转换从整数部分的最高位开始：

① 将最高位数乘以 2，将所得乘积与下一位数相加；

② 把①所得之和乘以 2，将其乘积再与更下一位数相加。

这样重复做下去，直到加上整数部分的最低位数为止，即得到转换后的十进制整数部分。

- 小数部分的转换从小数部分的最低位开始：

① 将最低位数除以 2(即$\times2^{-1}$)，将所得结果与高一位数相加；

② 把①所得结果除以 2，将其结果再与更高一位数相加。

这样重复做下去，直到加上小数部分的最高位后，再除以 2，即得到转换后的十进制小数部分。

最后把整数部分和小数部分相加，即得到所求十进制数。

【例 8.7】 用基数连乘、连除法将二进制数$(101011.101)_2$转换为等值的十进制数。

**解:** 分别转换二进制数的整数部分和小数部分,然后把两部分结果相加。

整数部分: 1 0 1 0 1 1

从最高位开始

$1\times2+0=2$

$2\times2+1=5$

$5\times2+0=10$

$10\times2+1=21$

$21\times2+1=43$

即整数部分结果　$(101011)_2=(43)_{10}$

小数部分:　0.101

从最低位开始

$1\div2+0=0.5$

$0.5\div2+1=1.25$

$1.25\div2=0.625$

即小数部分结果　$(0.101)_2=(0.625)_{10}$

故　$(101011.101)_2=(43.625)_{10}$

(2) 十进制数转换为二进制数

将上述二进制数转换为十进制数的两种方法的运算过程反过来,就可以实现十进制数向二进制数的转换。相应的两种方法为:提取 2 的幂及基数连除、连乘法。

1) 提取 2 的幂

这种方法是前述用按权展开法将二进制数转换为十进制数的逆过程,即将十进制数分解为 2 的幂之和,然后从该和式求得对应的二进制数。

【例 8.8】 将十进制数$(87)_{10}$转换为等值的二进制数。

**解:** $(87)_{10}=64+16+4+2+1=2^6+2^4+2^2+2^1+2^0$

$=1\times2^6+0\times2^5+1\times2^4+0\times2^3+1\times2^2+1\times2^1+1\times2^0=(1010111)_2$

这种方法的关键是要熟悉 2 的各次幂值。

2) 基数连除、连乘法

这种方法也是把十进制整数部分和小数部分分别进行转换,然后将结果相加。

整数部分采用"除 2 取余"法转换,即把十进制整数连续除以 2,直到商等于 0 为止,然后把每次所得余数(1 或者 0)按相反的次序排列即得转换后的二进制整数。

【例 8.9】 将十进制数$(47)_{10}$转换为等值的二进制数。

**解:**

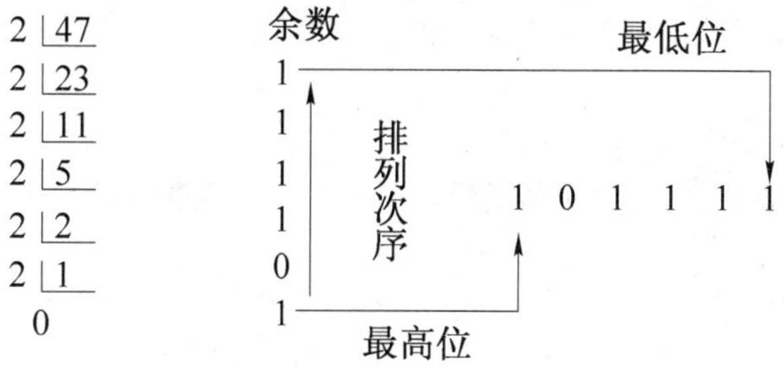


故　$(47)_{10}=(101111)_2$

小数部分采用"乘 2 取整"法转换,即把十进制小数连续乘以 2,直到小数部分为 0 或者达到规定的位数为止,然后将每次所取整数按次序排列即得到转换后的二进制小数。

【例 8.10】 将十进制数$(0.8125)_{10}$转换为等值的二进制数。

解：

| 计算 | 取整数 | |
|---|---|---|
| 0.8125 × 2 = 1.6250 | 1 | 最高位 |
| 0.6250 × 2 = 1.2500 | 1 | |
| 0.2500 × 2 = 0.5000 | 0 | |
| 0.5000 × 2 = 1.0000 | 1 | 最低位 |

排列次序：0.1101

故 $(0.8125)_{10}=(0.1101)_2$

以上每一步都是将前一步所得的小数部分乘以 2。

【例 8.11】 将十进制数$(0.68)_{10}$转换为二进制数(取小数点后六位)。

解：

| 计算 | 取整数 | |
|---|---|---|
| 0.68 × 2 = 1.36 | 1 | 最高位 |
| 0.36 × 2 = 0.72 | 0 | |
| 0.72 × 2 = 1.44 | 1 | |
| 0.44 × 2 = 0.88 | 0 | |
| 0.88 × 2 = 1.76 | 1 | |
| 0.76 × 2 = 1.52 | 1 | 最低位 |

排列次序：0.101011

故 $(0.68)_{10}=(0.101011)_2$

**5. 二进制算术运算**

(1) 二进制算术运算的特点

当两个二进制数码表示两个数的大小时,它们之间可以进行数值运算,这种运算称为算术运算。二进制算术运算和十进制算术运算的规则基本相同,唯一的区别在于二进制数是“逢 2 进 1”而不是“逢 10 进 1”。

例如,两个二进制数 1101 和 0101 的算术运算有

加法运算
```
   1101
 + 0101
 ------
  10010
```

减法运算
```
   1101
 - 0101
 ------
   1000
```

乘法运算
```
       1101
   ×   0101
   --------
       1101
      0000
     1101
  + 0000
  ---------
    1000001
```

除法运算
```
           10.1…
      ________
 0101 / 1101
        101
        ----
         011
         000
         ----
          110
          101
          ----
          010
```

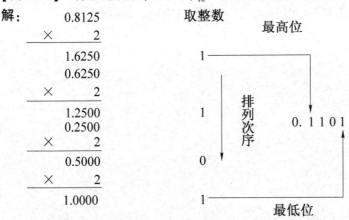

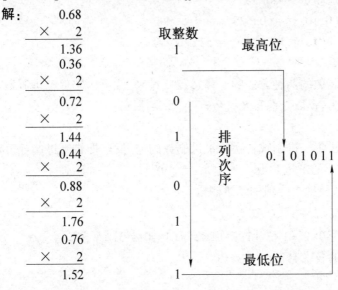

从上面的例子中可以看到二进制算术运算的两个特点，即二进制数的乘法运算可以通过若干次的“被乘数（或零）左移1位”和“被乘数（或零）与部分积相加”这两种操作完成；而二进制数的除法运算能通过若干次的“除数右移1位”和“从被除数或余数中减去除数”这两种操作完成。

如果再设法将减法运算转化为某种形式的加法运算，那么加、减、乘、除运算就全部可以用“移位”和“相加”两种操作实现了。利用上述特点能使运算电路的结构大为简化。这也是数字电路中普遍采用二进制算术运算的重要原因之一。

(2) 反码、补码和补码运算

我们已经知道，在数字电路中是用逻辑电路输出的高、低电平来表示二进制数的1和0的。那么数的正、负又如何表示呢？通常采用的方法是在二进制数的前面增加一位符号位。符号位为0表示这个数是正数，符号位为1表示这个数是负数。这种形式的二进制数称为原码。

在做减法运算时，如果两个二进制数是用原码表示的，则需要首先比较两个数绝对值的大小，然后以绝对值大的一个作为被减数、绝对值小的一个作为减数，求其差值，并以绝对值大的那个数的符号作为差值的符号。不难看出，这个操作过程比较麻烦，而且需要使用数值比较电路和减法运算电路。如果能用两数的补码相加代替上述的减法运算，那么计算过程中就无需使用数值比较电路和减法运算电路了，从而使运算器的电路结构大为简化。

对于有效数字（不包括符号位）为 $n$ 位的二进制数 $N$，它的补码 $[N]_2$ 的表示方法为

$$[N]_2=\begin{cases}N & (N\text{ 为正数})\\ 2^n-N & (N\text{ 为负数})\end{cases} \tag{8.6}$$

即正数（当符号位为0时）的补码与原码相同，负数（当符号位为1时）的补码等于 $2^n-N$。符号位保持不变。

在一些国外的教材中，也将式(8.6)定义的补码称为“2的补码”（2’s Complement）。

为了避免在求补码的过程中做减法运算，通常先求出 $N$ 的反码 $\overline{N}$，然后在负数的反码上加1而得到补码。二进制数 $N$ 的反码 $\overline{N}$ 是这样定义的：

$$\overline{N}=\begin{cases}N & (N\text{ 为正数})\\ (2^n-1)-N & (N\text{ 为负数})\end{cases} \tag{8.7}$$

由上式可知，当 $N$ 为负数时，$N+\overline{N}=2^n-1$，而 $2^n-1$ 是 $n$ 位全为1的二进制数，所以只要将 $N$ 中每一位的1改为0、0改为1，就得到了 $\overline{N}$。以后我们将会看到，将二进制数的每一位求反，在电路上是很容易实现的。国外的有些教材中将式(8.7) 定义的反码称为“1的补码”（1’s complement）。

由式(8.7)又可得到，当 $N$ 为负数时，$\overline{N}+1=2^n-N$，而从式(8.6)可知，当 $N$ 为负数时，$N$ 的补码 $[N]_2=2^n-N$，由此得到

$$[N]_2=\overline{N}+1 \tag{8.8}$$

即二进制负数的补码等于它的反码加1。

**【例8.12】** 写出带符号位二进制数01011010（+90）、11011010（−90）、00101101（+45）和10101101（−45）的反码和补码。

**解：**根据式(8.7)和式(8.8)得到：

| 十进制数 | 原　码 | 反　码 | 补　码 |
| --- | --- | --- | --- |
| +90 | 01011010 | 01011010 | 01011010 |
| −90 | 11011010 | 10100101 | 10100110 |
| +45 | 00101101 | 00101101 | 00101101 |
| −45 | 10101101 | 11010010 | 11010011 |

表 8.1 是带符号位的 3 位二进制数原码、反码和补码的对照表。其中规定用 1000 表示-8 的补码,而不表示-0。

**表 8.1　原码、反码、补码对照表**

| 十进制数 | 二进制数 | | | 十进制数 | 二进制数 | | |
|---|---|---|---|---|---|---|---|
| | 原码（带符号数） | 反码 | 补码 | | 原码（带符号数） | 反码 | 补码 |
| +7 | 0111 | 0111 | 0111 | -1 | 1001 | 1110 | 1111 |
| +6 | 0110 | 0110 | 0110 | -2 | 1010 | 1101 | 1110 |
| +5 | 0101 | 0101 | 0101 | -3 | 1011 | 1100 | 1101 |
| +4 | 0100 | 0100 | 0100 | -4 | 1100 | 1011 | 1100 |
| +3 | 0011 | 0011 | 0011 | -5 | 1101 | 1010 | 1011 |
| +2 | 0010 | 0010 | 0010 | -6 | 1110 | 1001 | 1010 |
| +1 | 0001 | 0001 | 0001 | -7 | 1111 | 1000 | 1001 |
| +0 | 0000 | 0000 | 0000 | -8 | 1000 | 1111 | 1000 |

为了确定用补码表示的二进制数相加所产生的符号位,下面分 4 种情况进行说明。

(1) 两个正数相加

两个正数的加法直接进行。例如,+9 和+4 相加:

```
+9→ 0 1001（被加数）
+4→ 0 0100（加数）
    0 1101（和为+13)
    ↑
    └─符号位
```

注意,其中被加数和加数的符号位都为 0,和的符号位也是 0,说明和为正数。另外,被加数和加数的位数要一致。这在补码系统中是必须的。

(2) 正数与一个比它小的负数相加

例如,+9 和-4 相加。记住:-4 要用补码形式表示,所以+4(00100)必须转换成-4(11100)。

```
      ┌─符号位
      ↓
+9→   0 1001（被加数）
-4→   1 1100（加数）
   χ  0 0101
   ↑
   └─这个进位忽略，结果为 00101(和为+5)
```

在这种情况下,加数的符号位是 1。注意符号位也参加了加法运算的过程。事实上,在加法的最高位产生了一个进位。这个进位是要被忽略的,所以最后的和为 00101,即+5。

(3) 正数与比它大的负数相加

例如,-9 和+4 相加:

```
-9→ 1 0111
+4→ 0 0100
    1 1011(和为-5)
    ↑
    └─负的符号位
```

这里和的符号位是 1,所以和为负数。因为和是负数,以补码形式表示,即最后的 4 位码 1011,是和的补码。

(4) 两个负数相加

例如,-9 和-4 相加:

```
      ┌─符号位
      ↓
-9→   1 0111
-4→   1 1100
   χ  1 0011
   ↑
   └─这个进位忽略，结果为 10011(和为-13)
```

这个最后的结果也是负数,并且也是符号位为 1 的补码形式。

### 8.1.2　几种简单的编码

#### 1. 二-十进制码(BCD 码)

在目前的数字系统中,一般是采用二进制数进行运算的。由于人们习惯采用十进制数,因此常需进行十进制数和二进制数之间的转换，其转换方法上面已讨论过了。为了便于数字系统处理十进制数，经常还采用编码的方法，即以若干位二进制码来表示一位十进制数，这种码称为二进制编码的十进制数，简称二-十进制码，或 BCD(Binary Coded Decimal)码。

因为十进制数有 0~9 共 10 个计数符号，为了表示这 10 个符号中的某一个，至少需要 4 位二进制码。4 位二进制码有 $2^4$(16)种不同组合，我们可以在 16 种不同的组合码中任选 10 种来表示十进制数的 10 个计数符号。根据这种要求可供选择的方法是很多的，选择的方法不同，就能得到不同的编码形式。常用的 BCD 码有 8421 码、5421 码、2421 码和余 3 码等，如表 8.2 所示。

(1) 有权 BCD 码

有权 BCD 码是以码的位权值来命名的。在表 8.2 中，8421 码、5421 码和 2421 码为有权码。在这些表示 10 个数码的 4 位二进制码中，每位数码都有确定的权值，因此可以根据权值展开求得所代表的十进制数。例如，对 8421 码而言，二进制码各位的权值从高位到低位依次为 8，4，2，1，所以 $(0110)_{8421BCD}$ 所代表的十进制数为：0×8+1×4+1×2+0×1=6。又例如，对 5421 码而言，二进制码各位的权值从高位到低位依次为 5，4，2，1，所以 $(1010)_{5421BCD}$ 所代表的十进制数为：1×5+0×4+1×2+0×1=7。

**表 8.2　常用的 BCD 码**

| 十进制数 | 8421 码 | 5421 码 | 2421 码 | 余 3 码 |
|---|---|---|---|---|
| 0 | 0000 | 0000 | 0000 | 0011 |
| 1 | 0001 | 0001 | 0001 | 0100 |
| 2 | 0010 | 0010 | 0010 | 0101 |
| 3 | 0011 | 0011 | 0011 | 0110 |
| 4 | 0100 | 0100 | 0100 | 0111 |
| 5 | 0101 | 1000 | 1011 | 1000 |
| 6 | 0110 | 1001 | 1100 | 1001 |
| 7 | 0111 | 1010 | 1101 | 1010 |
| 8 | 1000 | 1011 | 1110 | 1011 |
| 9 | 1001 | 1100 | 1111 | 1100 |

在有权码中，8421 码是最常用的，这是由于 8421 码的每位权值和二进制数是相同的。因此 8421 码对十进制的 10 个计数符号的表示与普通二进制数是一样的，这样便于记忆。

**【例 8.13】** 用 8421 码表示十进制数 $(95.12)_{10}$。

**解：** 只要将十进制数的各位写出对应的码即可。

| | | | | | |
|---|---|---|---|---|---|
| 十进制数 | 9 | 5 | . | 1 | 2 |
| | ↓ | ↓ | | ↓ | ↓ |
| 8421 码 | 1001 | 0101 | . | 0001 | 0010 |

故　　$(95.12)_{10}=(10010101.00010010)_{8421BCD}$

(2) 无权 BCD 码

无权码的每位无确定的权值，因此不能按权展开来求它所代表的十进制数。但是这些码都各有其特点，在不同的场合可以根据需要选用。在表 8.2 中，余 3BCD 码属无权码，它是在每个对应的 8421 码上加 $(3)_{10}=(0011)_2$ 而得到的。例如，十进制数 6 在 8421 码中为 0110，将它加 $(3)_{10}$，即：0110+0011=1001，得到的 1001 即为十进制数 6 的余 3 码。

**2. 格雷码**

格雷码(Gray 码)是一种常见的无权码，其编码见表 8.3。这种码的特点是：相邻两个码之间仅有一位不同，其余各位均相同。具有这种特点的码称为循环码，故格雷码是一种循环码。格雷码的这个特点使它在码形成与传输中引起的误差较小。例如在模拟量到数字量的转换设备中，当模拟量发生微小变化而可能引起数字量发生变化时，格雷码仅改变一位，

**表 8.3　格雷码与二进制码的关系对照表**

| 十进制数 | 二进制码 $B_3B_2B_1B_0$ | 格雷码 $R_3R_2R_1R_0$ | 十进制数 | 二进制码 $B_3B_2B_1B_0$ | 格雷码 $R_3R_2R_1R_0$ |
|---|---|---|---|---|---|
| 0 | 0000 | 0000 | 8 | 1000 | 1100 |
| 1 | 0001 | 0001 | 9 | 1001 | 1101 |
| 2 | 0010 | 0011 | 10 | 1010 | 1111 |
| 3 | 0011 | 0010 | 11 | 1011 | 1110 |
| 4 | 0100 | 0110 | 12 | 1100 | 1010 |
| 5 | 0101 | 0111 | 13 | 1101 | 1011 |
| 6 | 0110 | 0101 | 14 | 1110 | 1001 |
| 7 | 0111 | 0100 | 15 | 1111 | 1000 |

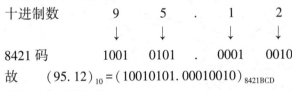

这样与其他码同时改变两位或多位的情况相比更为可靠，即减小了出错的可能性。

假定 $n$+1 位二进制码为 $B_n \cdots B_1 B_0$，$n$+1 位格雷码为 $R_n \cdots R_1 R_0$，则两码之间的关系为

$$R_n = B_n \qquad R_i = B_{i+1} \oplus B_i \qquad i \neq n$$

$$B_n = R_n \qquad B_i = B_{i+1} \oplus R_i \qquad i \neq n$$

式中，“$\oplus$”为异或运算符。异或运算的规则为：两运算数相同，结果为 0；两运算数相异，结果为 1。

格雷码无固定的“权”，在数字系统中不能直接进行算术运算。如果需要进行算术运算，则先得把格雷码转换成普通的二进制码，这是它的缺点。

### 3. 美国信息交换标准码(ASCII)

美国信息交换标准码(American Standard Code for Information Interchange，简称 ASCII 码)是由美国国家标准化协会(ANSI)制定的一种信息码，广泛地用于计算机和通信领域中。ASCII 码已经由国际标准化组织(ISO)认定为国际通用的标准码。

ASCII 码是一组 7 位二进制码($b_7 b_6 b_5 b_4 b_3 b_2 b_1$)，共 128 个，其中包括表示 0~9 的 10 个码，表示大、小写英文字母的 52 个码，32 个表示各种符号的码以及 34 个控制码。表 8.4 是 ASCII 码的编码表，每个控制码在计算机操作中的含义列于表 8.5 中。

**表 8.4　ASCII 码的编码表**

| $b_4 b_3 b_2 b_1$ | $b_7 b_6 b_5$ | | | | | | | |
|---|---|---|---|---|---|---|---|---|
| | 000 | 001 | 010 | 011 | 100 | 101 | 110 | 111 |
| 0000 | NUL | DLE | SP | 0 | @ | P | 、 | p |
| 0001 | SOH | DCI | ! | 1 | A | Q | a | q |
| 0010 | STX | DC2 | “ | 2 | B | R | b | r |
| 0011 | ETX | DC3 | # | 3 | C | X | c | s |
| 0100 | EOT | DC4 | $ | 4 | D | T | d | t |
| 0101 | ENQ | NAK | % | 5 | E | U | e | u |
| 0110 | ACK | SYN | & | 6 | F | V | f | v |
| 0111 | BEL | ETB | ‘ | 7 | G | W | g | w |
| 1000 | BS | CAN | ( | 8 | H | X | h | x |
| 1001 | HT | EM | ) | 9 | I | Y | i | y |
| 1010 | LF | SUB | * | : | J | Z | j | z |
| 1011 | VT | ESC | + | ; | K | [ | k | { |
| 1100 | FF | FS | , | < | L | / | l | \| |
| 1101 | CR | GS | - | = | M | ] | m | } |
| 1110 | SO | RS | . | > | N | ^ | n | ~ |
| 1111 | SI | US | / | ? | O | — | o | DEL |

**表 8.5　ASCII 码中控制码的含义**

| 控制码 | 含义 | 控制码 | 含义 |
|---|---|---|---|
| NUL | 空白，无效 | DCI | 设备控制 1 |
| SOH | 标题开始 | DC2 | 设备控制 2 |
| STX | 文本开始 | DC3 | 设备控制 3 |
| ETX | 文本结束 | DC4 | 设备控制 4 |
| EOT | 传输结束 | NAK | 否定 |
| ENQ | 询问 | SYN | 同步闲置符 |
| ACK | 认可 | ETB | 信息块传输结束 |
| BEL | 报警 | CAN | 取消 |
| BS | 退格 | EM | 媒体结束 |
| HT | 水平制表 | SUB | 代替，置换 |
| LF | 换行 | ESC | 转义 |
| VT | 垂直制表 | FS | 文件分隔 |
| FF | 换页 | GS | 组分隔 |
| CR | 回车 | RS | 记录分隔 |
| SO | 移出 | US | 单位分隔 |
| SI | 移入 | SP | 空格 |
| DLE | 数据通信换码 | DEL | 删除 |

**思考题 8.1（参考答案请扫描二维码 8-1）**

二维码 8-1

1. 16 位二进制数其最高有效位的权值是多少？
2. 至少需要用多少位二进制数表示$(10000)_{10}$？
3. 在八进制计数序列中，324、325、326 的后 3 个数分别为________、________、________。
4. 4 位十六进制数所表示的十进制数的范围是多少？
5. 在十六进制计数序列中，E9C、E9D 的后 3 个数分别为________、________、________。
6. 与二进制数比较，采用 BCD 码对十进制数进行编码的主要优点是什么？
7. 怎样将二进制数转换为 8421 码？
8. 表 8.2 所示的 2421 码、5421 码和余 3 码，它们和 8421 码之间有什么关系？

# 8.2 逻辑代数基础

数字电路无论多么复杂,它们都是由若干种简单的基本电路所组成的。这些基本电路的工作具有下列基本特点:从电路内部看,电子器件(如晶体管)不是工作在导通状态就是工作在截止状态,即电路工作在开关状态,故也称为开关电路;从电路的输入和输出来看,或是电平的高低,或是脉冲的有无;就整体而言,输入和输出量之间的关系是一种因果关系,所以也将数字电路称为逻辑电路。

逻辑代数是研究逻辑电路的数学工具。它的基本概念是由英国数学家乔治·布尔(George Boole)在 1847 年提出的,故也称为布尔代数。

## 8.2.1 基本逻辑运算

逻辑代数和普通代数有相同的地方,例如,也用字母 $A,B,C,\cdots,x,y,z$ 等表示变量,但变量的含义及取值范围是不同的。逻辑代数中的变量不表示数值,只表示两种对立的状态,如脉冲的有和无,开关的接通和断开,命题的正确和错误等。因此,这些变量的取值只能是 0 或 1,这些变量称为逻辑变量。

此外,逻辑代数中对变量的运算和普通代数也有不同的地方。在逻辑代数中只有 3 种基本逻辑运算,即**与**(AND)、**或**(OR)、**非**(NOT)。为了理解它们的含义,现通过开关电路的例子来说明。

图 8.1 中给出了三个指示灯的控制电路。在图(a)中,只有当两个开关同时闭合时,指示灯才会亮;在图(b)中,只要有任何一个开关闭合,指示灯就亮;而在图(c)中,开关断开时灯亮,开关闭合时灯反而不亮。

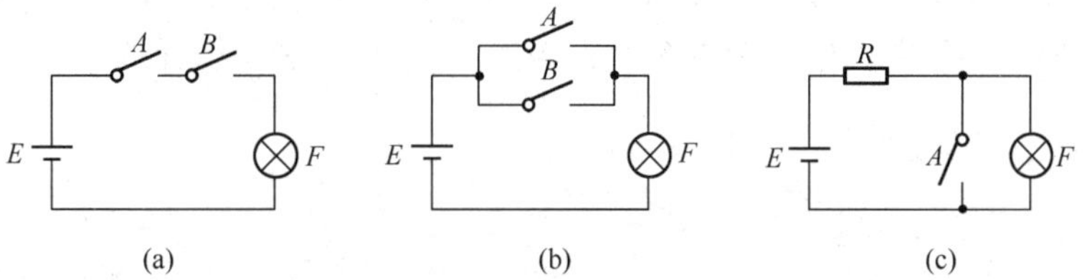


图 8.1 说明**与**、**或**、**非**定义的电路

如果把开关闭合作为条件(或导致事物结果的原因),把灯亮作为结果,那么图 8.1 中的三个电路代表了三种不同的因果关系:

图(a)的例子表明,只有决定事物结果的全部条件同时具备时,结果才发生。这种因果关系称为逻辑**与**,或称逻辑乘。

图(b)的例子表明,在决定事物结果的诸条件中只要有任何一个满足,结果就会发生。这种因果关系称为逻辑**或**,也称逻辑加。

图(c)的例子表明,只要条件具备了,结果便不会发生;而条件不具备时,结果一定发生。这种因果关系称为逻辑**非**,也称逻辑反。

若以 $A$、$B$ 表示开关的状态①,并以 1 表示开关闭合,以 0 表示开关断开;以 $F$ 表示指示灯的状态,并以 1 表示灯亮,以 0 表示不亮,就可以列出以 0、1 表示的与、或、非逻辑关系表,如表 8.6、表 8.7 和表 8.8 所示。这种表称为逻辑真值表(truth table),简称真值表。

---

① 根据数字电路的特点,元件开关及其状态、器件引脚(端)及其所输入(输出)的信号(状态),习惯用同一个文字符号表示,为简洁,本书统一用斜体字母表示,读者根据具体的语境,很容易区分每处文字符号的具体含义。例如,这里的 3 个开关及其状态用 $A$、$B$、$C$ 表示。又如,在图 8.2(a)中,其 $A$、$B$ 既表示与门输入端名称,也表示该与门输入信号(状态)。

表 8.6　与逻辑真值表

| *A* | *B* | *F* |
|---|---|---|
| 0 | 0 | 0 |
| 0 | 1 | 0 |
| 1 | 0 | 0 |
| 1 | 1 | 1 |

表 8.7　或逻辑真值表

| *A* | *B* | *F* |
|---|---|---|
| 0 | 0 | 0 |
| 0 | 1 | 1 |
| 1 | 0 | 1 |
| 1 | 1 | 1 |

表 8.8　非逻辑真值表

| *A* | *F* |
|---|---|
| 0 | 1 |
| 1 | 0 |

在逻辑代数中,将与、或、非看做逻辑变量 *A*、*B* 间的 3 种最基本的逻辑运算,并以“·”表示与运算,以“+”表示或运算,以变量上的“-”表示非运算。因此,*A* 和 *B* 进行与、或、非逻辑运算时可分别写成

$$F=A\cdot B \tag{8.9}$$

$$F=A+B \tag{8.10}$$

$$F=\overline{A} \tag{8.11}$$

同时,将实现与逻辑运算的单元电路称为**与门**,将实现或逻辑运算的单元电路称为**或门**,将实现非逻辑运算的单元电路称为**非门**(也称为反相器)。门逻辑符号如图 8.2 所示。

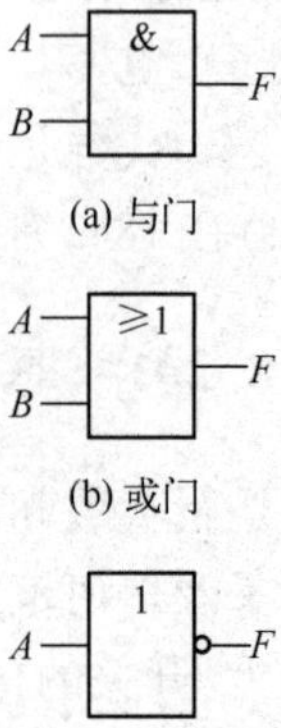

(a) 与门　(b) 或门　(c) 非门

图 8.2　门的逻辑符号

与门可有多个输入端,与门的逻辑功能可以概括为“全 1 出 1,有 0 出 0”。即:只有全部输入均为 1 时,输出才为 1;输入有 0 时,输出为 0。

或门也可有多个输入端,或门的逻辑功能可以概括为“有 1 出 1,全 0 出 0”。即:输入有 1 时,输出为 1;只有全部输入均为 0 时,输出才为 0。

以上介绍的逻辑代数中 3 种基本逻辑运算,即与、或、非,是人们在进行逻辑推理时常用的 3 种基本逻辑关系。和这 3 种基本逻辑关系相对应的门电路,也是数字电路中最基本的逻辑电路。和 3 种门电路相对应的代数表达式,也是逻辑代数中最简单的逻辑函数式(简称函数式)。

但是,在实际使用中,并不只是采用与门、或门、非门这 3 种基本单元电路,而是更广泛地采用**与非门**、**或非门**、**与或非门**、**异或门**及**同或门**等多种复合门电路。它们的逻辑关系可以由与、或、非 3 种基本逻辑关系推导出,故称为复合逻辑运算,下面分别予以介绍。

### 8.2.2　复合逻辑运算

**1. 与非逻辑**

与非逻辑是由与逻辑和非逻辑组合而成的。其逻辑函数式为:

$$F=\overline{AB}\qquad \text{(假定是两个输入变量)}$$

与非逻辑真值表如表 8.9 所示,其逻辑功能可概括为“有 0 出 1,全 1 出 0”。

实现与非逻辑的逻辑电路称为与非门,其逻辑符号如图 8.3 所示。和与门逻辑符号相比,与非门逻辑符号输出端上多一个小圆圈,用其表示“非”。

**2. 或非逻辑**

或非逻辑是由或逻辑和非逻辑组合而成的,其逻辑函数式为:

$$F=\overline{A+B}\qquad \text{(假定是两个输入变量)}$$

或非逻辑真值表如表 8.10 所示。其逻辑功能可概括为“全 0 出 1,有 1 出 0”。

实现或非逻辑的逻辑电路称为或非门,其逻辑符号如图 8.4 所示。

表 8.9　与非逻辑真值表

| *A* | *B* | $F=\overline{AB}$ |
|---|---|---|
| 0 | 0 | 1 |
| 0 | 1 | 1 |
| 1 | 0 | 1 |
| 1 | 1 | 0 |

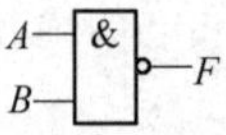

图 8.3　与非门逻辑符号

表 8.10　或非逻辑真值表

| *A* | *B* | $F=\overline{A+B}$ |
|---|---|---|
| 0 | 0 | 1 |
| 0 | 1 | 0 |
| 1 | 0 | 0 |
| 1 | 1 | 0 |

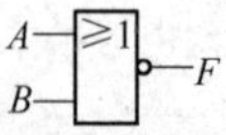

图 8.4　或非门的逻辑符号

### 3. 与或非逻辑

与或非逻辑是与、或、非 3 种逻辑的组合,其逻辑函数式为:

$$F=\overline{AB+CD}\qquad（假定有两组“与”输入）$$

与或非逻辑的运算次序是:先组内相“与”,然后组间相“或”,最后再“非”。其逻辑功能可概括为:“每组有 0 出 1;某组全 1 出 0”。由此不难导出其真值表。

实现与或非逻辑的逻辑电路称为与或非门,其逻辑符号如图 8.5 所示。

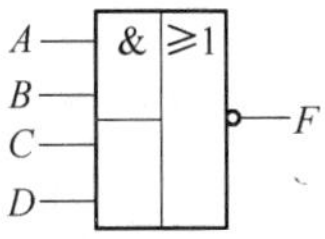


图 8.5 与或非门的逻辑符号

### 4. 异或逻辑

两个变量的异或逻辑函数式为:

$$F=A\overline{B}+\overline{A}B=(\overline{A}+\overline{B})(A+B)=A\oplus B$$

式中“$\oplus$”表示异或运算。

异或逻辑真值表如表 8.11 所示。其逻辑功能可概括为“相异出 1,相同出 0”,这也是异或的含义所在。

**表 8.11 异或逻辑真值表**

| $A$ | $B$ | $F=A\oplus B$ |
|---|---|---|
| 0 | 0 | 0 |
| 0 | 1 | 1 |
| 1 | 0 | 1 |
| 1 | 1 | 0 |

实现异或逻辑的逻辑电路称为异或门,其逻辑符号如图 8.6(a)所示。

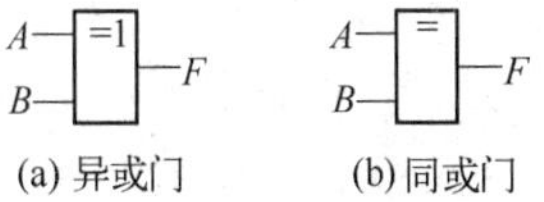


图 8.6 异或门和同或门的逻辑符号

### 5. 同或逻辑

两个变量的同或逻辑函数式为:

$$F=\overline{A}\,\overline{B}+AB=(A+\overline{B})(\overline{A}+B)=A\odot B$$

式中“$\odot$”表示同或运算。

同或逻辑真值表如表 8.12 所示。其逻辑功能可概括为“相同出 1,相异出 0”,故又名为“一致”逻辑或“符合”逻辑。

**表 8.12 同或逻辑真值表**

| $A$ | $B$ | $F=A\odot B$ |
|---|---|---|
| 0 | 0 | 1 |
| 0 | 1 | 0 |
| 1 | 0 | 0 |
| 1 | 1 | 1 |

从异或和同或的逻辑真值表可以看出,两者互为反函数,即:

$$A\oplus B=\overline{A\odot B}\qquad A\odot B=\overline{A\oplus B}$$

同或门的逻辑符号如图 8.6(b)所示。

为便于查阅,将逻辑门的几种表示法列于表 8.13 中。在表中,“原部标”为过去我国使用的逻辑符号标准,这些符号在当前出版的书籍中已不多见。“国外流行”的逻辑符号常见于外文书籍中,特别在我国引进的一些计算机辅助电路分析和设计软件中,常使用这些符号。

**表 8.13 逻辑门的几种表示法**

| 输入 $A$ | 输入 $B$ | 与 (AND) $Y=A\cdot B$ | 或 (OR) $Y=A+B$ | 与非 (NAND) $Y=\overline{A\cdot B}$ | 或非 (NOR) $Y=\overline{A+B}$ | 异或 (EXOR) $Y=A\oplus B$ | 同或 (EXNOR) $Y=A\odot B$ | 非 (NOT) $Y=\overline{A}$ |
|---|---|---|---|---|---|---|---|---|
| 0 | 0 | 0 | 0 | 1 | 1 | 0 | 1 | 1 |
| 0 | 1 | 0 | 1 | 1 | 0 | 1 | 0 | 1 |
| 1 | 0 | 0 | 1 | 1 | 0 | 1 | 0 | 0 |
| 1 | 1 | 1 | 1 | 0 | 0 | 0 | 1 | 0 |

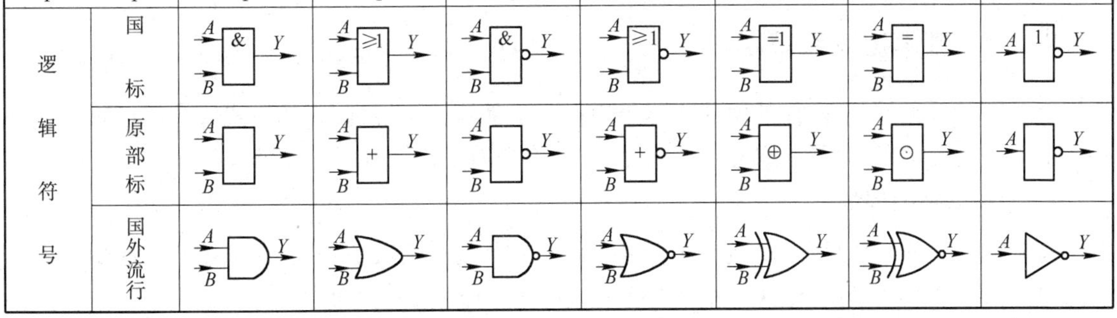

### 8.2.3 逻辑电平与正、负逻辑

在前面的讨论中,都未涉及逻辑电路的内部结构。在逻辑电路(包括各种逻辑门)中,为了能表示二值逻辑的各种运算(功能),其输入及输出变量(信号)也必然是二值的。也就是说,它们不是用电压 $V$ 的高低来表示,就是用电流 $I$ 的大小来表示。实际上,用电压表示逻辑变量的居多数,通常用高电平 $V_H$ 代表逻辑 1,低电平 $V_L$ 代表逻辑 0,这和人们的习惯比较符合,便于测试和观察。至于这高、低电平是正、是负以及具体为何值,要看所使用的集成电路品种和所加电源电压而定。

通常,将上述高电平 $V_H$(简写 $H$)代表逻辑 1,低电平 $V_L$(简写 $L$)代表逻辑 0 的约定,称为正逻辑约定,简称正逻辑。前面所介绍的与、或、与非及或非等基本门电路的命名,都是在正逻辑约定下的结果。

也可以用相反的约定,即高电平 $H$ 代表逻辑 0,低电平 $L$ 代表逻辑 1,称为负逻辑约定,简称负逻辑。

现在以一个具体的门电路为例,分析它在不同逻辑约定下的命名有什么不同。如表 8.14 所示,其中(a)是用输入、输出电平列出的真值表;(b)是用正逻辑表示的真值表,显然它应称为与非门;(c)是用负逻辑表示的真值表,很明显它应称为或非门。

由此可见,正、负逻辑是可以相互转换的。不难得出结论:正逻辑的与、或、与非及或非门,在负逻辑约定的场合,便可分别称为或、与、或非及与非门,反之亦然。同样,正逻辑的异或门和同或门,分别称为负逻辑的同或门和异或门,反之亦然。

**表 8.14 正、负逻辑转换举例**

| (a) | | | (b) | | | (c) | | |
|---|---|---|---|---|---|---|---|---|
| $V_{i1}$ | $V_{i2}$ | $V_o$ | $A$ | $B$ | $Y$ | $A$ | $B$ | $Y$ |
| $L$ | $L$ | $H$ | 0 | 0 | 1 | 1 | 1 | 0 |
| $L$ | $H$ | $H$ | 0 | 1 | 1 | 1 | 0 | 0 |
| $H$ | $L$ | $H$ | 1 | 0 | 1 | 0 | 1 | 0 |
| $H$ | $H$ | $L$ | 1 | 1 | 0 | 0 | 0 | 1 |

目前广泛使用的数字集成电路按照其内部所用的半导体器件的不同,可分为双极型(如 TTL,ECL 等)和单极型(如 NMOS,CMOS)电路。作为常用的双极型电路——TTL 器件,它的工作电压一般为+5V,在正逻辑约定下,当其输出信号电压约为 3.6V 时,即认为是逻辑 1;当其输出信号电压小于 0.3V 时,便认为是逻辑 0。而对于常用的单极型电路——CMOS 器件而言,其电源电压视器件的类型不同而不同,如 4000 系列的 CMOS 电路,电源电压范围为 3~18V,而 74HC 系列电路的电源电压范围为 2~6V,一般来说 CMOS 器件输出的高电平不低于 $0.9V_{DD}$($V_{DD}$ 指电源电压),而其输出的低电平近似为 0V。

无论是 TTL 器件还是 CMOS 器件的与门、非门、与非门等逻辑门都还存在一种特殊的输出结构,称之为三态输出门(简称三态门),意指这种门具有 3 种可能的输出状态:高电平状态、低电平状态、高阻抗状态。这里的高阻抗仅是一种输出状态,并非是第 3 种逻辑值。三态门一个重要的用途是,可以实现用一根导线轮流传送若干个门的输出信号,这种连接信号的方式叫做总线结构,总线结构在计算机中应用极为广泛。

### 8.2.4 基本定律和规则

和普通代数相似,逻辑代数中的运算也遵循一定的定律和规则。下面,我们介绍逻辑代数的基本定律和几条常用的规则,熟悉这些内容,对数字电路的分析和设计是非常有用的。

#### 1. 逻辑函数的相等

逻辑函数和普通代数一样,也有相等的问题。判断两个函数是否相等,可依照下面的规则:

设有两个函数 $F_1=f_1(A_1,A_2,\cdots,A_n)$ 和 $F_2=f_2(A_1,A_2,\cdots,A_n)$,如果对于 $A_1,A_2\cdots,A_n$ 的任何

一组取值(共 $2^n$ 组),$F_1$ 和 $F_2$ 的值均相等,则我们说函数 $F_1$ 和 $F_2$ 相等,记做 $F_1=F_2$。换言之,如果 $F_1$ 和 $F_2$ 两个函数的真值表相同,则 $F_1=F_2$。反之,如果 $F_1=F_2$,那么这两个函数的真值表一定相同。

**【例 8.14】** 设有两个逻辑函数式:$F_1=AB+\overline{A}C+BC$,　$F_2=AB+\overline{A}C$

求证:$F_1=F_2$。

**解:**这两个函数都具有 3 个变量,有 $2^3=8$ 组逻辑取值,可以列出 $F_1$ 和 $F_2$ 的真值表,如表 8.15 所示。由表可见:对应于 $A,B,C$ 的每组取值,$F_1$ 的值和 $F_2$ 的值均相等,所以 $F_1=F_2$。

**表 8.15　$F_1$ 和 $F_2$ 的真值表**

| $A$ | $B$ | $C$ | $F_1$ | $F_2$ |
|---|---|---|---|---|
| 0 | 0 | 0 | 0 | 0 |
| 0 | 0 | 1 | 1 | 1 |
| 0 | 1 | 0 | 0 | 0 |
| 0 | 1 | 1 | 1 | 1 |
| 1 | 0 | 0 | 0 | 0 |
| 1 | 0 | 1 | 0 | 0 |
| 1 | 1 | 0 | 1 | 1 |
| 1 | 1 | 1 | 1 | 1 |

**2. 基本定律**

| | | |
|---|---|---|
| ① 0-1 律 | $A\cdot 0=0$ | $A+1=1$ |
| ② 自等律 | $A\cdot 1=A$ | $A+0=A$ |
| ③ 重叠律 | $A\cdot A=A$ | $A+A=A$ |
| ④ 互补律 | $A\cdot\overline{A}=0$ | $A+\overline{A}=1$ |
| ⑤ 交换律 | $A\cdot B=B\cdot A$ | $A+B=B+A$ |
| ⑥ 结合律 | $A(BC)=(AB)C$ | $A+(B+C)=(A+B)+C$ |
| ⑦ 分配律 | $A(B+C)=AB+AC$ | $A+BC=(A+B)(A+C)$ |
| ⑧ 反演律 | $\overline{A+B}=\overline{A}\cdot\overline{B}$ | $\overline{AB}=\overline{A}+\overline{B}$ |
| ⑨ 还原律 | $\overline{\overline{A}}=A$ | |

反演律也叫德·摩根(De. Morgan)定理,是一个非常有用的定律。

以上逻辑代数的基本定律的正确性,可由前述的 3 种基本逻辑运算规则推得,也可像例 8.14 那样用真值表加以验证。以基本定律为基础,可以推导出逻辑代数的其他公式,这将在后面介绍。

**3. 逻辑代数的 3 条规则**

逻辑代数有 3 条重要规则,即代入规则、反演规则和对偶规则。分别叙述如下。

(1) 代入规则

任何一个含有变量 $x$ 的等式,如果将所有出现 $x$ 的位置,都代之以一个逻辑函数式 $F$,则等式仍然成立。这个规则称为代入规则。

由于任何一个逻辑函数和任何一个变量一样,只有 0 或 1 两种取值,显然,以上规则是成立的。

**【例 8.15】** 已知等式 $\overline{A+B}=\overline{A}\cdot\overline{B}$,有函数 $F=B+C$,若用 $F$ 取代已知等式中的 $B$,则有

$$\overline{A+(B+C)}=\overline{A}\cdot\overline{B+C}\qquad \overline{A+B+C}=\overline{A}\cdot\overline{B}\cdot\overline{C}$$

据此可以证明 $n$ 变量的德·摩根定理的成立。

(2) 反演规则

设 $F$ 为任意的逻辑函数式,若将 $F$ 中所有的运算符、常量及变量做如下变换

| · | + | 0 | 1 | 原变量 | 反变量 |
|---|---|---|---|---|---|
| ↓ | ↓ | ↓ | ↓ | ↓ | ↓ |
| + | · | 1 | 0 | 反变量 | 原变量 |

则所得新的逻辑函数式即为 $F$ 的反函数,记为 $\overline{F}$。这个规则称为反演规则。

反演规则(又称为香农定理)实际上是前述反演律的推广,这里不再严格证明了。

反演规则为直接求取 $\overline{F}$ 提供了方便。

**【例 8.16】** 已知 $F=\overline{A}\,\overline{B}+CD$,求 $\overline{F}$。

**解:**利用反演规则可得:　$\overline{F}=(A+B)(\overline{C}+\overline{D})$

应用反演规则时，应注意原式的运算优先次序是先与后或，因此，把 $F$ 中的与项变成 $F$ 中的或项时，应加括号。如果写成$\overline{F}=A+B\cdot\overline{C}+\overline{D}$，这显然是错误的。

**【例 8.17】** 已知 $F=\overline{A+\overline{\overline{B}C}}+\overline{\overline{D}E}$，求$\overline{F}$。

**解**：直接应用反演规则可得：

$$\overline{F}=\overline{\overline{A}\cdot\overline{B+\overline{C}}}\cdot\overline{D+\overline{E}}$$

此例是有多层“非”号的情况，在直接运用反演规则求$\overline{F}$时，注意对不属于单个变量上的“非”号保留不变。

(3) 对偶规则

首先介绍对偶式的概念，所谓“对偶式”是这样定义的：设 $F$ 为任意的逻辑函数式，若将 $F$ 中所有的运算符号和常量做如下变换：

$$\begin{array}{cccc}\cdot & + & 0 & 1\\ \downarrow & \downarrow & \downarrow & \downarrow\\ + & \cdot & 1 & 0\end{array}$$

但变量不变，则所得新的逻辑函数式即为 $F$ 的对偶式，记为 $F'$。

例如：若 $F=A\overline{B}+C\overline{D}$，则 $F'=(A+\overline{B})(C+\overline{D})$；

若 $F=\overline{A+B+\overline{C}+\overline{D+\overline{E}}}$，则 $F'=\overline{A\cdot B\cdot\overline{C}\cdot\overline{D\cdot\overline{E}}}$。

实际上对偶是相互的，即 $F$ 和 $F'$互为对偶式。求对偶式时需要注意：

① 保持原式运算的优先次序；

② 原式中的长短“非”号一律不变；

③ 单变量的对偶式，仍为其自身，如 $F=A,F'=A$；

④ 一般情况下，$F'\neq\overline{F}$。只有在某些特殊情况下，才有 $F'=\overline{F}$。例如，异或表达式 $F=A\overline{B}+\overline{A}B$，$F'=(A+\overline{B})(\overline{A}+B)$，而$\overline{F}=(\overline{A}+B)(A+\overline{B})$，故 $F'=\overline{F}$。

对偶规则：若有两个逻辑函数式 $F$ 和 $G$ 相等，则各自的对偶式 $F'$和 $G'$也相等，这就是对偶规则。

对偶规则实际上是反演规则和代入规则的应用。因为 $F=G$，所以$\overline{F}=\overline{G}$。而$\overline{F}$和 $F'$以及$\overline{G}$和 $G'$的区别仅在于，求反函数时要改变变量，而求对偶式时变量不改变。若分别将$\overline{F}$和$\overline{G}$中所有的变量都代之以它们的“非”，则得 $F'$和 $G'$。根据代入规则，既然$\overline{F}=\overline{G}$，则有$F'=G'$。

回顾前述的基本定律，可以发现，除还原律外，每个定律的两个等式都是互为对偶式。所以，有了对偶规则，使得要证明和记忆的公式数目减少了一半。有时为了证明两个逻辑函数式相等，也可以通过证明它们的对偶式相等来完成。因为在有些情况下，证明它们的对偶式相等更加容易。

例如，已知 $A(B+C)=AB+AC$，则根据对偶规则，必有：$A+BC=(A+B)(A+C)$。

**4. 常用公式**

运用基本定律和 3 条规则，可以得到更多的公式。现将经常用到的几个公式列出如下：

① 消去律 $\quad AB+A\overline{B}=A$

证明： $\quad AB+A\overline{B}=A(B+\overline{B})=A\cdot1=A$

该公式说明：两个乘积项相加时，若它们只有一个因子互为取反(如一项中有 $B$，另一项中有 $\overline{B}$)，而其余因子完全相同，则这两项可以合并成一项，且能消去那个不同的因子(即 $B$ 和 $\overline{B}$)。

由对偶规则可得： $\quad (A+B)(A+\overline{B})=A$

② 吸收律 1 $\quad A+AB=A$

证明： $\quad A+AB=A(1+B)=A\cdot1=A$

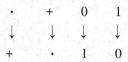

该公式说明：两个乘积项相加时，若其中一项是另一项的因子，则另一项是多余的。

由对偶规则可得： $A(A+B)=A$

③ 吸收律 2 $A+\overline{A}B=A+B$

证明： $A+\overline{A}B=(A+\overline{A})(A+B)=1\cdot(A+B)=A+B$

该公式说明：两乘积项相加时，若其中一项的非是另一项的因子，则此因子是多余的。

由对偶规则可得： $A(\overline{A}+B)=AB$

④ 包含律 $AB+\overline{A}C+BC=AB+\overline{A}C$

证明：

$$\begin{aligned}AB+\overline{A}C+BC&=AB+\overline{A}C+(A+\overline{A})BC\\&=AB+\overline{A}C+ABC+\overline{A}BC\\&=AB(1+C)+\overline{A}C(1+B)=AB+\overline{A}C\end{aligned}$$

该公式说明：3 个乘积项相加时，其中两个乘积项中，一项含有原变量 $A$，另一项含有反变量 $\overline{A}$，而这两项的其余因子都是第 3 个乘积的因子，则第 3 个乘积项是多余的。

由对偶规则可得： $(A+B)(\overline{A}+C)(B+C)=(A+B)(\overline{A}+C)$

该公式可以推广为： $AB+\overline{A}C+BCDE=AB+\overline{A}C$

⑤ 关于异或（同或）逻辑运算

2 输入变量的异或和同或互为反函数，可以证明，对任意偶数个变量而言，结论也是成立的，如

$$A\oplus B\oplus C\oplus D=\overline{A\odot B\odot C\odot D}$$

而对奇数个变量，可以证明，异或等于同或，如

$$A\oplus B\oplus C=A\odot B\odot C$$

另外，异或和同或具有如下性质：

| 异或 | 同或 |
|---|---|
| $A\oplus 0=A$ | $A\odot 1=A$ |
| $A\oplus 1=\overline{A}$ | $A\odot 0=\overline{A}$ |
| $A\oplus A=0$ | $A\odot A=1$ |
| $A\oplus A\oplus A=A$ | $A\odot A\odot A=A$ |
| $A\oplus\overline{A}=1$ | $A\odot\overline{A}=0$ |
| $A\oplus B=B\oplus A$ | $A\odot B=B\odot A$ |
| $A\oplus(B\oplus C)=(A\oplus B)\oplus C$ | $A\odot(B\odot C)=(A\odot B)\odot C$ |
| $A\cdot(B\oplus C)=AB\oplus AC$ | $A+(B\odot C)=(A+B)\odot(A+C)$ |

借助以上介绍的逻辑代数中的基本定律、3 个规则和常用公式，可以对复杂的逻辑函数式进行推导、变换和简化，这在分析和设计逻辑电路时是非常有利的。但这些公式反映的是对逻辑变量进行的逻辑运算，而不是对数进行的数值运算。因此，在运用过程中务必注意逻辑代数和普通代数的区别，不能简单地套用普通代数的运算规则。在逻辑代数中，不存在指数、系数、减法和除法。逻辑等式两边相同的项不能随便消去。

例如：

| | | |
|---|---|---|
| $A+A=A$ | 不能得到 | $A+A=2A$ |
| $A\cdot A=A$ | 不能得到 | $A\cdot A=A^2$ |
| $A+\overline{A}=1$ | 不能得到 | $A=1-\overline{A}$ |
| $A\overline{B}+\overline{A}B+AB=A+B+AB$ | 不能得到 | $A\overline{B}+\overline{A}B=A+B$ |
| $A(A+B)=A$ | 不能得到 | $A+B=1$ |

另外，对于所有公式，要正确理解其含义，避免引起误解。

例如，$A+\overline{A}C=A+C$，这是根据吸收律 2 得到的。运用代入规则可推广为 $AB+\overline{AB}C=AB+C$。但

如果认为 $AB+\bar{A}\bar{B}C=AB+C$,则显然是错误的;这是误认为 $\bar{A}\bar{B}$ 等于$\overline{AB}$了。

另外,对逻辑代数的运算顺序和书写方式有下列规定:

① 逻辑代数的运算顺序和普通代数一样,应该先算括号里的内容,然后算逻辑乘,最后算逻辑加。

② 逻辑式求反后可以不再加括号。例如:$\overline{(A+B\cdot C)}+\overline{(D\cdot E)}$,可以写成$\overline{A+B\cdot C}+\overline{D\cdot E}$。

### 8.2.5 逻辑函数的标准形式

**1. 逻辑函数的与-或和或-与式**

利用逻辑代数的基本公式,总可以把任何一个逻辑函数展开成**与或式**和**或与式**。其中与或式又叫**积之和式**,而或与式又叫**和之积式**。

与或式,是指一个逻辑函数式中包含有若干个与项,其中每个与项可由一个或多个原变量或反变量组成。这些与项的"或"就表示了一个函数。例如,一个 4 变量逻辑函数为:

$$F(A,B,C,D)=A+\bar{B}C+\bar{A}B\bar{C}D$$

其中,$A$,$\bar{B}C$,$\bar{A}B\bar{C}D$ 均为与项。$F$ 就是一个与或式。

或与式,是指一个逻辑函数式中包含有若干个或项,其中每个或项可由一个或多个原变量或反变量组成。这些或项的"与"就表示了一个逻辑函数。例如,一个 3 变量逻辑函数为:

$$F(A,B,C)=(A+B)(\bar{A}+C)(\bar{A}+\bar{B}+\bar{C})$$

其中,$(A+B)$,$(\bar{A}+C)$,$(\bar{A}+\bar{B}+\bar{C})$ 均为或项,这些或项的"与"构成了 $F$。

除上述两种形式外,逻辑函数还可以表示成其他形式。例如,很容易看出,上述 3 变量逻辑函数可写成:

$$F(A,B,C)=\overline{\bar{A}\cdot\bar{B}}\cdot\overline{A\cdot\bar{C}}\cdot\overline{ABC}$$

这种表示形式既不是与或式,又不是或与式。

另外,即使是同一种形式,写出的逻辑函数式也不唯一。仍以上面的 3 变量逻辑函数为例:

$$\begin{aligned}F(A,B,C)&=(A+B)(\bar{A}+C)(\bar{A}+\bar{B}+\bar{C})\\&=(A+B+C\cdot\bar{C})(\bar{A}+C)(\bar{A}+\bar{B}+\bar{C})\\&=(A+B+C)(A+B+\bar{C})(\bar{A}+C)(\bar{A}+\bar{B}+\bar{C})\end{aligned}$$

可见,最后一个式子和第一个式子同为或与式,但表示形式不相同。

**2. 逻辑函数的两种标准形式**

(1) 最小项概念

1) 最小项特点

最小项是一种特殊的乘积项("与"项)。

例如,2 个变量 $A,B$,它们可以构成多个乘积项,但有 4 个乘积项特别值得注意,即 $\bar{A}\bar{B}$,$\bar{A}B$,$A\bar{B}$,$AB$,这 4 个乘积项就是 2 个变量 $A,B$ 构成的 4 个最小项。

最小项的特点:

① $n$ 个变量构成的每个最小项,一定是包含 $n$ 个因子的乘积项;

② 在各个最小项中,每个变量必须以原变量或反变量形式作为因子出现一次,而且仅出现一次。

根据上述特点,容易写出 3 个变量 $A,B,C$ 的所有最小项为 $\bar{A}\bar{B}\bar{C}$,$\bar{A}\bar{B}C$,$\bar{A}B\bar{C}$,$\bar{A}BC$,$A\bar{B}\bar{C}$,$A\bar{B}C$,$AB\bar{C}$,$ABC$,共 8 项。不难看出,$n$ 个变量最多可构成 $2^n$ 个最小项。

2) 最小项编号

为了便于书写和识别,常对最小项进行编号,记为 $m_i$。这里 $m$ 表示最小项;$i$ 是代号,且 $i=0,1,2,\cdots,2^n-1$;$n$ 为变量个数。例如:3 个变量 $A,B,C$ 构成的 8 个最小项之一 $A\bar{B}C$,只有当 $A=1$,$B=0$,$C=1$ 时,才使 $A\bar{B}C=1$,若把 $ABC$ 的取值 101 看成二进制数,那么与之等值的十进制数就是 5,则把$A\bar{B}C$这个最小项记为 $m_5$。按照类似的方法便可得出 3 变量最小项的编号表如表 8.16 所示。

由最小项的代数形式求其编号还有一个简单的方法,即:最小项中的变量若以原变量形式出现的,记为 1;若以反变量形式出现的,记为 0。把这些 1 和 0 的有序排列(按最小项中变量排列的顺序)看成二进制数,则与之等值的十进制数即为该最小项编号 $m_i$ 的下标 $i$。例如上例中的 $A\bar{B}C=m_5$ 是这样得到的

$$A\bar{B}C=m_5$$
$$\downarrow$$
$$101$$

反之,由最小项的编号,也可写出相应最小项的代数形式。不过需要注意的是,在提到最小项时,首先要说明变量的数目,以及变量排列的顺序。

例如:3 变量 $A,B,C$ 构成的最小项 $m_0$ 和 $m_3$,分别为 $\bar{A}\,\bar{B}\,\bar{C}$ 和 $\bar{A}BC$。

4 变量 $W,X,Y,Z$ 构成的最小项 $m_0$ 和 $m_3$,分别为$\bar{W}\,\bar{X}\,\bar{Y}\,\bar{Z}$和$\bar{W}\,\bar{X}YZ$。

3) 最小项性质

现以 3 变量为例,说明最小项的性质,3 变量 $A,B,C$ 构成的全部最小项的真值表如表 8.17 所示。

**表 8.16　3 变量最小项的编号表**

| 最小项 | 使最小项为 1 的变量取值 | | | 对应的十进制数 | 编　号 |
|---|---|---|---|---|---|
| | $A$ | $B$ | $C$ | | |
| $\bar{A}\,\bar{B}\,\bar{C}$ | 0 | 0 | 0 | 0 | $m_0$ |
| $\bar{A}\,\bar{B}C$ | 0 | 0 | 1 | 1 | $m_1$ |
| $\bar{A}B\bar{C}$ | 0 | 1 | 0 | 2 | $m_2$ |
| $\bar{A}BC$ | 0 | 1 | 1 | 3 | $m_3$ |
| $A\bar{B}\,\bar{C}$ | 1 | 0 | 0 | 4 | $m_4$ |
| $A\bar{B}C$ | 1 | 0 | 1 | 5 | $m_5$ |
| $AB\bar{C}$ | 1 | 1 | 0 | 6 | $m_6$ |
| $ABC$ | 1 | 1 | 1 | 7 | $m_7$ |

**表 8.17　3 变量全部最小项的真值表**

| $A$ | $B$ | $C$ | $m_0$<br>$\bar{A}\,\bar{B}\,\bar{C}$ | $m_1$<br>$\bar{A}\,\bar{B}C$ | $m_2$<br>$\bar{A}B\bar{C}$ | $m_3$<br>$\bar{A}BC$ | $m_4$<br>$A\bar{B}\,\bar{C}$ | $m_5$<br>$A\bar{B}C$ | $m_6$<br>$AB\bar{C}$ | $m_7$<br>$ABC$ |
|---|---|---|---|---|---|---|---|---|---|---|
| 0 | 0 | 0 | 1 | 0 | 0 | 0 | 0 | 0 | 0 | 0 |
| 0 | 0 | 1 | 0 | 1 | 0 | 0 | 0 | 0 | 0 | 0 |
| 0 | 1 | 0 | 0 | 0 | 1 | 0 | 0 | 0 | 0 | 0 |
| 0 | 1 | 1 | 0 | 0 | 0 | 1 | 0 | 0 | 0 | 0 |
| 1 | 0 | 0 | 0 | 0 | 0 | 0 | 1 | 0 | 0 | 0 |
| 1 | 0 | 1 | 0 | 0 | 0 | 0 | 0 | 1 | 0 | 0 |
| 1 | 1 | 0 | 0 | 0 | 0 | 0 | 0 | 0 | 1 | 0 |
| 1 | 1 | 1 | 0 | 0 | 0 | 0 | 0 | 0 | 0 | 1 |

由表 8.17 可以看出最小项具有以下主要性质:

① 每个最小项只有对应的一组变量取值能使其值为 1。例如,最小项 $\bar{A}B\bar{C}$($m_2$)只和"010"这组取值对应,即只有当 $ABC$ 取值为 010 时,最小项 $\bar{A}B\bar{C}$ 才为 1。变量取其他各组值时,最小项$\bar{A}B\bar{C}$的值皆为 0。正因为这种"与"函数真值表中 1 的个数最少,所以称为"最小项"。

② $n$ 个变量的全体最小项(共有 $2^n$ 个)之和恒为 1,即:$\sum\limits_{i=0}^{2^n-1} m_i=1$。

从表 8.17 中看出,对变量的每组取值,总有一个相应的最小项为 1,所以全部最小项之和必为 1。

③ $n$ 个变量的任意两个不同的最小项之积恒为 0,即 $m_i \cdot m_j=0(i\neq j)$,这是因为变量的每组取值,对于任何两个不同的最小项不能同时为 1。

④ 相邻的两个最小项相加,可以合并成一项(等于相同因子之积),并消去一个因子。

这里的"相邻"不是几何位置的相邻,而是指逻辑上相邻。意即:如果两个最小项中只有一个因子不同,其余因子完全相同,则称这两个最小项是相邻的,或者称这两个最小项互为相邻项。例如,3 变量最小项 $\bar{A}B\bar{C}$ 和 $AB\bar{C}$ 是相邻的,因为它们之中只有一个因子不同(前项中有 $\bar{A}$,后项中有 $A$),其余因子完全相同(两项中都有 $B$ 和 $\bar{C}$)。于是这两项相加可以合并成一项(等于两项

中相同因子之积)，并消去那个不同的因子，即 $\overline{A}B\overline{C}+AB\overline{C}=B\overline{C}$。

根据上述“相邻”的定义，试问由 3 个变量构成的每个最小项有几个相邻项呢？例如，3 变量最小项 $ABC$，将 $A$ 取反得 $\overline{A}BC$ 相邻项，将 $B$ 取反得 $A\overline{B}C$ 相邻项，将 $C$ 取反得 $AB\overline{C}$ 相邻项，即 3 变量最小项 $ABC$ 有 3 个相邻项：$\overline{A}BC$，$A\overline{B}C$，$AB\overline{C}$。同理，$n$ 变量构成的每个最小项有 $n$ 个相邻项。

(2) 最大项概念

1) 最大项特点

最大项是一种特殊的和项(“或”项)，其特点为：

① $n$ 个变量构成的每个最大项，一定是包含 $n$ 个因子的和项；

② 在各个最大项中，每个变量必须以原变量(或反变量)形式作为一个因子出现一次，而且仅出现一次。

例如，2 变量 $A$，$B$ 构成的最大项最多有 4 个，即 $A+B$，$A+\overline{B}$，$\overline{A}+B$，$\overline{A}+\overline{B}$。$n$ 个变量最多可以构成 $2^n$ 个最大项。

2) 最大项编号

同样我们也可以给最大项编号，记为 $M_i$。这里 $M$ 表示最大项，$i$ 是代号。例如，3 变量 $A$，$B$，$C$ 构成的 8 个最大项之一 $\overline{A}+B+\overline{C}$，只有当 $A=1$，$B=0$，$C=1$ 时，才使 $\overline{A}+B+\overline{C}=0$。若把 $ABC$ 的取值 101 看成二进制数，那么与之等值的十进制数就是 5，则把 $\overline{A}+B+\overline{C}$ 这个最大项记为 $M_5$。按照类似的方法便可得出 3 变量最大项的编号表如表 8.18 所示。

**表 8.18　3 变量最大项的编号表**

| 最大项 | 使最大项为 0 的变量取值 | | | 对应的十进制数 | 编　号 |
|---|---|---|---|---|---|
| | $A$ | $B$ | $C$ | | |
| $A+B+C$ | 0 | 0 | 0 | 0 | $M_0$ |
| $A+B+\overline{C}$ | 0 | 0 | 1 | 1 | $M_1$ |
| $A+\overline{B}+C$ | 0 | 1 | 0 | 2 | $M_2$ |
| $A+\overline{B}+\overline{C}$ | 0 | 1 | 1 | 3 | $M_3$ |
| $\overline{A}+B+C$ | 1 | 0 | 0 | 4 | $M_4$ |
| $\overline{A}+B+\overline{C}$ | 1 | 0 | 1 | 5 | $M_5$ |
| $\overline{A}+\overline{B}+C$ | 1 | 1 | 0 | 6 | $M_6$ |
| $\overline{A}+\overline{B}+\overline{C}$ | 1 | 1 | 1 | 7 | $M_7$ |

由最大项的代数形式求其编号，也有一个简单方法，即：最大项中的变量若以原变量形式出现，记为 0；若以反变量形式出现，记为 1。把这些 1 和 0 的有序排列(按最大项中变量排列的顺序)看成二进制数，则与之等值的十进制数即为最大项编号 $M_i$ 的下标 $i$。例如上例中的 $\overline{A}+B+\overline{C}=M_5$ 是这样得到的：

$$\overline{A}+B+\overline{C}=M_5$$

$$\downarrow \qquad \uparrow$$

$$101 \longrightarrow M_5$$

反之，由最大项的编号，也可直接写出该最大项的代数形式。

3) 最大项性质

现以 3 变量为例，说明最大项的性质。3 变量 $A$，$B$，$C$ 构成的全部最大项的真值表如表 8.19 所示。

**表 8.19　3 变量全部最大项的真值表**

| $A$ | $B$ | $C$ | $M_0$ $A+B+C$ | $M_1$ $A+B+\overline{C}$ | $M_2$ $A+\overline{B}+C$ | $M_3$ $A+\overline{B}+\overline{C}$ | $M_4$ $\overline{A}+B+C$ | $M_5$ $\overline{A}+B+\overline{C}$ | $M_6$ $\overline{A}+\overline{B}+C$ | $M_7$ $\overline{A}+\overline{B}+\overline{C}$ |
|---|---|---|---|---|---|---|---|---|---|---|
| 0 | 0 | 0 | 0 | 1 | 1 | 1 | 1 | 1 | 1 | 1 |
| 0 | 0 | 1 | 1 | 0 | 1 | 1 | 1 | 1 | 1 | 1 |
| 0 | 1 | 0 | 1 | 1 | 0 | 1 | 1 | 1 | 1 | 1 |
| 0 | 1 | 1 | 1 | 1 | 1 | 0 | 1 | 1 | 1 | 1 |
| 1 | 0 | 0 | 1 | 1 | 1 | 1 | 0 | 1 | 1 | 1 |
| 1 | 0 | 1 | 1 | 1 | 1 | 1 | 1 | 0 | 1 | 1 |
| 1 | 1 | 0 | 1 | 1 | 1 | 1 | 1 | 1 | 0 | 1 |
| 1 | 1 | 1 | 1 | 1 | 1 | 1 | 1 | 1 | 1 | 0 |

由表 8.19 可以看出最大项具有以下主要性质：

① 每个最大项只有对应的一组变量取值能使其值为 0。例如，最大项 $\overline{A}+B+\overline{C}$($M_5$)只和

“101”这组取值对应，即只有当 $ABC$ 取值为 101 时最大项 $\bar{A}+B+\bar{C}$ 才为 0。变量取其他各组值时，最大项 $\bar{A}+B+\bar{C}$ 的值皆为 1。正因为这种“或”函数真值表中 1 的个数最多，所以称为“最大项”。

② $n$ 个变量的全体最大项（共有 $2^n$ 个）之积恒为 0，即：$\prod_{i=0}^{2^n-1} M_i=0$

从表 8.19 中看出，变量的每组取值，总有一个相应的最大项为 0，所以全部最大项之积必为 0。

③ $n$ 个变量的任意两个不同的最大项之和恒为 1，即：

$$M_i+M_j=1 \qquad (i\neq j)$$

这是因为变量的每组取值，对于任何两个不同的最大项不能同时为 0。

④ 相邻的两个最大项相乘，可以合并成一项（等于相同因子之和），并消去一个因子。

例如：
$$(A+B+C)(A+B+\bar{C})=A+B$$

（3）最小项和最大项的关系

由表 8.16 和表 8.18 可以发现，在相同变量取值的情况下，编号下标相同的最小项和最大项互为反函数，即：

$$m_i=\overline{M}_i \qquad M_i=\overline{m}_i \tag{8.12}$$

例如：
$$m_0=\bar{A}\,\bar{B}\,\bar{C}=\overline{A+B+C}=\overline{M}_0 \quad M_0=A+B+C=\overline{\bar{A}\,\bar{B}\,\bar{C}}=\overline{m}_0$$

（4）逻辑函数的最小项之和的形式

如果一个逻辑函数式是积之和形式（与或式），而且其中每个乘积项（与项）都是最小项，则称该逻辑函数式为最小项之和的形式（也称标准的积之和形式，或称标准的与或式）。

例如，$F(A,B,C)=\bar{A}\bar{B}C+\bar{A}B\bar{C}+A\bar{B}\,\bar{C}+ABC$，就是一个最小项之和的形式。为简明起见，该式还可写成

$$F(A,B,C)=m_1+m_2+m_4+m_7=\sum m(1,2,4,7)=\sum(1,2,4,7)$$

任何一种逻辑函数式都可以展开为最小项之和的形式，而且是唯一的。

**【例 8.18】** 试将 $F(A,B,C,D)=AB+\bar{A}CD$ 写为最小项之和的形式。

**解：**原式为与或式，但不是最小项之和的形式。其中 $AB$ 和 $\bar{A}CD$ 都缺少变量，应当补入所缺变量，使之成为最小项，但又不能改变原逻辑函数的功能。方法是：$AB$ 项乘 $(\bar{C}+C)(\bar{D}+D)$，$\bar{A}CD$ 项乘 $(B+\bar{B})$，可得：

$$\begin{aligned}F(A,B,C,D)&=AB+\bar{A}CD\\&=AB(\bar{C}+C)(\bar{D}+D)+\bar{A}CD(\bar{B}+B)\\&=AB\bar{C}\,\bar{D}+AB\bar{C}D+ABC\bar{D}+ABCD+\bar{A}\,\bar{B}CD+\bar{A}BCD\\&=m_{12}+m_{13}+m_{14}+m_{15}+m_3+m_7\\&=\sum m(3,7,12,13,14,15)\end{aligned}$$

（5）逻辑函数的最大项之积的形式

如果一个逻辑函数式是和之积形式（或与式），而且其中每个和项（或项）都是最大项，则称该逻辑函数式为最大项之积的形式（也称标准的和之积形式，或称标准的或与式）。

例如：
$$F(A,B,C)=(A+B+C)(A+\bar{B}+C)(\bar{A}+B+C)$$

就是一个最大项之积的形式。

为简明起见，上式还可写成 $F(A,B,C)=M_0\cdot M_2\cdot M_4=\prod M(0,2,4)=\prod(0,2,4)$

任何一种逻辑函数式也都可以写为最大项之积的形式，而且是唯一的。

**【例 8.19】** 试将 $F(A,B,C,D)=(\bar{A}+\bar{B}+C)(B+\bar{C})$ 写为最大项之积的形式。

**解：**$F(A,B,C,D)=(\bar{A}+\bar{B}+C)(B+\bar{C})$

$$= (\bar{A}+\bar{B}+C+D\bar{D})(A\bar{A}+B+\bar{C}+D\bar{D}) \quad (利用分配律)$$
$$= (\bar{A}+\bar{B}+C+D)(\bar{A}+\bar{B}+C+\bar{D})(A+B+\bar{C}+D)(A+B+\bar{C}+\bar{D})(\bar{A}+B+\bar{C}+D)(\bar{A}+B+\bar{C}+\bar{D})$$
$$= M_{12} \cdot M_{13} \cdot M_2 \cdot M_3 \cdot M_{10} \cdot M_{11}$$
$$= \prod M(2,3,10,11,12,13)$$

(6) 最小项之和形式与最大项之积形式的关系

由最小项性质可知：
$$\sum_{i=0}^{2^n-1} m_i = 1$$

而
$$F(A_1,A_2,\cdots,A_n)+\bar{F}(A_1,A_2,\cdots,A_n)=1$$

故
$$F(A_1,A_2,\cdots,A_n)+\bar{F}(A_1,A_2,\cdots,A_n)=\sum_{i=0}^{2^n-1} m_i$$

以 3 变量函数为例,最多有 $2^3=8$ 个最小项:$m_0,m_1,\cdots,m_7$。

若 $F(A,B,C)=m_1+m_3+m_4+m_6+m_7$

则 $\bar{F}(A,B,C)=m_0+m_2+m_5$

故 $F(A,B,C)=\overline{m_0+m_2+m_5}=\bar{m}_0 \cdot \bar{m}_2 \cdot \bar{m}_5=M_0 \cdot M_2 \cdot M_5$

对于任意变量的逻辑函数式都存在与上式类似的关系。由此可以得出结论:若已知逻辑函数的最小项之和的形式,则可直接写出其最大项之积的形式。这些最大项的编号就是在 0,1,…,($2^n-1$)这 $2^n$ 个编号中,除原式最小项编号外的编号;反之,若已知逻辑函数的最大项之积的形式,也可直接写出其最小项之和的形式。这些最小项的编号,也就是除原式最大项编号外的编号。

**【例 8.20】** 试将 $F(A,B,C)=\bar{A}BC+A$ 化为最大项之积的形式。

**解:** $F(A,B,C)=\bar{A}BC+A$
$$=\bar{A}BC+A(B+\bar{B})(C+\bar{C})$$
$$=\bar{A}BC+A\bar{B}\,\bar{C}+A\bar{B}C+AB\bar{C}+ABC$$
$$=m_3+m_4+m_5+m_6+m_7$$
$$=M_0 \cdot M_1 \cdot M_2=(A+B+C)(A+B+\bar{C})(A+\bar{B}+C)$$

**3. 真值表与逻辑函数式**

前面曾经提出,真值表和逻辑函数式都是表示逻辑函数的方法。下面介绍这两种表示方法之间的内在联系以及它们之间的相互转换。

由前述最小项性质得知,最小项只和变量的一组取值相对应,意即只有这组变量的取值才能使该最小项为1。设 $a_1,a_2,\cdots,a_n$ 是变量 $A_1,A_2,\cdots,A_n$ 的一组取值,逻辑函数 $F(A_1,A_2,\cdots,A_n)$ 为最小项之和的形式,$m_i$ 是该函数的一个最小项,则使 $m_i=1$ 的一组变量取值 $a_1,a_2,\cdots,a_n$,必定有 $F(a_1,a_2,\cdots,a_n)=m_i+0=1+0=1$;反之,如果变量的一组取值 $a_1,a_2,\cdots,a_n$,使 $F(a_1,a_2,\cdots,a_n)=1$,则和 $a_1,a_2,\cdots,a_n$ 的对应项 $m_i$ 必定是 $F$ 的一个最小项,由此可以比较方便地实现逻辑函数式与真值表之间的相互转换。

(1) 由逻辑函数式列出真值表

**【例 8.21】** 已知逻辑函数式 $F=\bar{A}B+A\bar{B}$,试列出其值表。

**解:**原式是 2 变量函数,而且是最小项之和的形式。使最小项 $\bar{A}B$ 和 $A\bar{B}$ 的值为 1 的变量取值分别为 01 和 10。也就是说,当 $AB$ 等于 01 和 10 时,有 $F=1$;而当 $AB$ 取其他各组值时,$F=0$。故可列出 $F$ 的真值表如表 8.20 所示。

**【例 8.22】** 试列出逻辑函数式 $F=AB+BC$ 的真值表。

**解:**这是一个 3 变量函数,而且是一个非标准与或式。如果将它写成标准与或式(即最小项之和的形式)，固然可以很方便地列出真值表，但毕竟烦琐。由原式可知，只要 $AB=1$ 或 $BC=1$，就有 $F=1$。要使 $AB=1$，只要 $A$，$B$ 同时为 1(不管 $C$ 如何)即可；而要使 $BC=1$，只要 $B$，$C$ 同时为 1(不管 $A$ 如何)即可。因此在真值表中，只要找出 $A$，$B$ 取值同时为 1 的行，以及 $B$，$C$ 取值同时为 1 的行，并将对应的 $F$ 填 1，除此以外，$F$ 填 0 即可。最后所得真值表如表 8.21 所示。

(2) 由真值表写出逻辑函数式

**【例 8.23】** 已知逻辑函数 $F$ 的真值表如表 8.22 所示，试写出其逻辑函数式。

**解**：先从真值表找出使 $F=1$ 的各行 $ABC$ 变量取值，它们是

$$010,100,110,111$$

将这些取值为 1 的变量写成原变量，为 0 的写成反变量，则得对应的最小项为

$$\overline{A}B\overline{C},A\overline{B}\ \overline{C},AB\overline{C},ABC$$

再将这些最小项相加，即得 $F$ 的最小项之和形式

$$F=\overline{A}B\overline{C}+A\overline{B}\ \overline{C}+AB\overline{C}+ABC$$

**表 8.20 例 8.21 真值表**

| $A$ | $B$ | $F$ |
|---|---|---|
| 0 | 0 | 0 |
| 0 | 1 | 1 |
| 1 | 0 | 1 |
| 1 | 1 | 0 |

**表 8.21 例 8.22 真值表**

| $A$ | $B$ | $C$ | $F$ |
|---|---|---|---|
| 0 | 0 | 0 | 0 |
| 0 | 0 | 1 | 0 |
| 0 | 1 | 0 | 0 |
| 0 | 1 | 1 | 1 |
| 1 | 0 | 0 | 0 |
| 1 | 0 | 1 | 0 |
| 1 | 1 | 0 | 1 |
| 1 | 1 | 1 | 1 |

**表 8.22 例 8.23 真值表**

| $A$ | $B$ | $C$ | $F$ |
|---|---|---|---|
| 0 | 0 | 0 | 0 |
| 0 | 0 | 1 | 0 |
| 0 | 1 | 0 | 1 |
| 0 | 1 | 1 | 0 |
| 1 | 0 | 0 | 1 |
| 1 | 0 | 1 | 0 |
| 1 | 1 | 0 | 1 |
| 1 | 1 | 1 | 1 |

从以上举例可以看出，对于一个逻辑函数的与或式和真值表的关系，可以通过函数的最小项之和的形式来联系。最小项之和的形式中各个最小项与真值表中 $F=1$ 的各行变量取值一一对应。具体地说，将真值表中使 $F=1$ 的变量取值，0 代以反变量，1 代以原变量，便得到最小项之和形式中的各个最小项。

类似地，对于一个逻辑函数的或与式和真值表的关系，可以通过逻辑函数的最大项之积的形式来联系。最大项之积的形式中各个最大项将与真值表中 $F=0$ 的各行变量取值一一对应，其对应关系正好与上述相反，即 0 对应原变量，1 对应反变量。这里不再一一举例了。

最后需要指出，对同一个逻辑函数的真值表，既可以用最小项之和的形式来表示，也可以用最大项之积的形式来表示，它们所描述的逻辑功能是相同的，可以根据不同的情况来选用这两种表示形式。一般地说，当真值表中 $F=1$ 的行数少时，可选用最小项之和的形式；$F=0$ 的行数少时，可选用最大项之积的形式。因为这意味着所得逻辑函数式简单，从而可能使相应的逻辑电路简单。

### 8.2.6 逻辑函数的化简

逻辑函数最终要由逻辑电路来实现，逻辑函数式复杂，对应的逻辑电路就复杂。对逻辑函数进行化简，求得最简逻辑函数式，可以使实现逻辑函数的逻辑电路简单。这既有利于节省器件、降低成本，也有利于降低器件的故障率、提高电路的可靠性，同时简化电路，使器件间的连线减少，给制作带来了方便。

由上节讨论知道，同一个逻辑函数可以用不同类型的逻辑函数式表示，与或式是最基本的形式，其他类型的逻辑函数式都可由它转换得到。例如

$$F(A,B,C)=A\overline{B}+\overline{A}C \quad \text{与或式}$$

$$=(A+C)(\overline{A}+\overline{B}) \quad \text{或与式}$$

$$=\overline{\overline{A\bar{B}}\cdot\overline{\bar{A}C}}$$ **与非与非式**

$$=\overline{\overline{A+C}+\overline{\bar{A}+\bar{B}}}$$ **或非或非式**

$$=\overline{AB+\bar{A}\,\bar{C}}$$ **与或非式**

上述为 5 种常用形式，当然，还可以得到更多种形式。对于不同的形式，有不同的“最简”标准。这里首先介绍与或式的化简，然后说明如何把与或式转换为其他类型的逻辑函数式。

最简与或函数式的标准是：

① 所得与或式中，乘积项(与项)数目最少；

② 每个乘积项中含的变量数最少。

逻辑函数常用的化简方法有：公式化简法、卡诺图化简法和列表法($Q$-$M$ 法)。

### 1. 公式化简法

所谓公式化简法，是指针对某一逻辑函数式反复运用逻辑代数公式消去多余的乘积项和每个乘积项中多余的因子，使该逻辑函数式符合最简标准。利用公式进行化简，无固定步骤可循，全凭化简者的经验和技巧。下面介绍化简中几种常用的方法。

(1) 并项法

利用公式 $AB+A\bar{B}=A$，将两项合并为一项，并消去因子 $B$ 和 $\bar{B}$。根据代入规则，$A$ 和 $B$ 可以是任何复杂的逻辑函数式。例如：

$$\begin{aligned}F_1&=A\bar{B}+A\bar{C}+ABC\\&=A(\bar{B}+\bar{C})+ABC\\&=A\,\overline{BC}+ABC\\&=A\end{aligned}$$

$$\begin{aligned}F_2&=A\bar{B}C+\bar{A}BC+ABC+\bar{A}\,\bar{B}C\\&=(A\bar{B}+\bar{A}B)C+(AB+\bar{A}\,\bar{B})C\\&=(A\oplus B)C+(A\odot B)C\\&=(A\oplus B)C+\overline{(A\oplus B)}C\\&=C\end{aligned}$$

(2) 吸收法

利用公式 $A+AB=A$，消去多余项。例如：

$$\begin{aligned}F_1&=A\bar{B}+A\bar{B}C+A\bar{B}CD\\&=A\bar{B}\end{aligned}$$

$$\begin{aligned}F_2&=\bar{A}+A\,\overline{\overline{BC}}\ \overline{B+AC+\bar{D}}+BC\\&=(\bar{A}+BC)+(\bar{A}+BC)\overline{B+AC+\bar{D}}\\&=\bar{A}+BC\end{aligned}$$

(3) 消项法

利用公式 $AB+\bar{A}C+BC=AB+\bar{A}C$，消去多余项。例如：

$$\begin{aligned}F_1&=ABC+\bar{A}D+\bar{B}D+CD\\&=ABC+\overline{AB}D+CD\\&=ABC+\bar{A}D+\bar{B}D\end{aligned}$$

$$\begin{aligned}F_2&=A\bar{B}C\bar{D}+\bar{A}E+BE+C\bar{D}E\\&=A\bar{B}C\bar{D}+(\bar{A}+B)E+C\bar{D}E\\&=A\bar{B}C\bar{D}+\overline{A\bar{B}}E+C\bar{D}E\\&=A\bar{B}C\bar{D}+(\bar{A}+B)E\\&=A\bar{B}C\bar{D}+\bar{A}E+BE\end{aligned}$$

(4) 消因子法

利用公式 $A+\bar{A}B=A+B$，消去多余的变量因子 $\bar{A}$。例如：

$$\begin{aligned}F_1&=\bar{A}+AB+\bar{B}C\\&=\bar{A}+B+\bar{B}C\\&=\bar{A}+B+C\end{aligned}$$

$$\begin{aligned}F_2&=AB+\bar{A}C+\bar{B}C\\&=AB+(\bar{A}+\bar{B})C\\&=AB+\overline{AB}C\\&=AB+C\end{aligned}$$

(5) 配项法

利用 $A\cdot 1=A$ 和 $A+\bar{A}=1$,为某项配上一个变量,以便用其他方法进行化简。例如:

$$
\begin{aligned}
F &= A\bar{B}+\bar{B}C+\bar{A}C\\
&= A\bar{B}+(A+\bar{A})\bar{B}C+\bar{A}C\\
&= A\bar{B}+A\bar{B}C+\bar{A}\,\bar{B}C+\bar{A}C\\
&= (A\bar{B}+A\bar{B}C)+(\bar{A}\,\bar{B}C+\bar{A}C)\\
&= A\bar{B}+\bar{A}C
\end{aligned}
$$

还可以利用公式 $A+A=A$,为某项配上其所能合并的项。例如:

$$
\begin{aligned}
F &= \bar{A}\,\bar{B}\,\bar{C}+\bar{A}\,\bar{B}C+A\bar{B}C\\
&= (\bar{A}\,\bar{B}\,\bar{C}+\bar{A}\,\bar{B}C)+(\bar{A}\,\bar{B}C+A\bar{B}C)\\
&= \bar{A}\,\bar{B}+\bar{B}C
\end{aligned}
$$

以上介绍了几种常用方法。在实际应用中可能遇到比较复杂的逻辑函数式,只要熟练掌握逻辑代数的公式和定理,灵活运用上述方法,总能把逻辑函数式化成最简。

下面是几个综合运用上述方法化简逻辑函数的例子。

$$
\begin{aligned}
F_1 &= A\bar{B}+B\bar{C}+\bar{B}C+\bar{A}B\\
&= A\bar{B}+B\bar{C}+(A+\bar{A})\bar{B}C+\bar{A}B(C+\bar{C}) && \text{(配项法)}\\
&= (A\bar{B}+A\bar{B}C)+(B\bar{C}+\bar{A}B\bar{C})+(\bar{A}\,\bar{B}C+\bar{A}BC)\\
&= A\bar{B}+B\bar{C}+\bar{A}C && \text{(吸收法)}
\end{aligned}
$$

$$
\begin{aligned}
F_2 &= A\bar{C}+ABC+AC\bar{D}+CD\\
&= A(\bar{C}+BC)+C(A\bar{D}+D)\\
&= A(\bar{C}+B)+C(A+D) && \text{(消因子法)}\\
&= A\bar{C}+AB+AC+CD\\
&= (A\bar{C}+AC)+AB+CD\\
&= A+AB+CD && \text{(并项法)}\\
&= A+CD && \text{(吸收法)}
\end{aligned}
$$

下面以 $F=AB+\bar{A}C$ 为例,说明如何将与或式转换为其他类型的逻辑函数式。

$$
\begin{aligned}
F &= AB+\bar{A}C && \text{(与或式)}\\
&= \overline{\overline{AB+\bar{A}C}}\\
&= \overline{\overline{AB}\cdot\overline{\bar{A}C}} && \text{(与非与非式)}\\
&= \overline{(\bar{A}+\bar{B})(A+\bar{C})}\\
&= \overline{A\bar{B}+\bar{A}\,\bar{C}} && \text{(与或非式)}\\
&= \overline{\overline{\overline{A\bar{B}}}+\overline{\overline{\bar{A}\,\bar{C}}}}\\
&= \overline{(\overline{\bar{A}+B})+(\overline{A+C})} && \text{(或非或非式)}\\
&= (\bar{A}+B)(A+C) && \text{(或与式)}
\end{aligned}
$$

当然,还可以采用其他方法得到转换结果。

由上面的介绍可以看出,公式化简法不仅使用不方便,而且难以判断所得结果是否为最简。因此,公式化简法一般适用于逻辑函数式较为简单的情况。

**2. 卡诺图化简法**

卡诺图化简法是将逻辑函数用一种称为“卡诺图”的图形来表示,然后在卡诺图上对逻辑函数进行化简的方法。这种方法简单、直观,可以很方便地将逻辑函数化成最简形式。

(1) 卡诺图的构成

卡诺图是一种包含一些方格的几何图形。卡诺图中的每一个方格称为一个单元,每个单元对应一个最小项。当输入变量有 $n$ 个时,最小项有 $2^n$ 个,单元数也是 $2^n$ 个。最小项在卡诺图中的位置不是任意的,它必须满足相邻性规则。所谓相邻性规则,是指任意两个相邻的最小项(两最小项中仅有一个变量不相同),它们在卡诺图中也必须是相邻的。卡诺图中的相邻有两层含义:

① 几何相邻性,即几何位置上相邻,也就是左右紧挨着或者上下相接;

② 对称相邻性,即认为图形中两个位置对称的单元是相邻的。

图 8.7 为 3 变量卡诺图,3 个输入变量分别为 $A,B,C$。该图是这样形成的,先画一个含有 8 个方格($2^3$)的矩形图,在图的左上角画一斜线。将 3 个变量分为两组,$A$ 为一组,$BC$ 为一组。然后列出每组变量的所有可能的取值,对于单变量 $A$,可能的取值为 0,1;对于两变量 $BC$,可能的取值为 00,01,11,10 共 4 种。当变量取值的排列顺序确定之后,便可根据图中两组变量的取值组合来确定对应单元的最小项。例如,当 $A=0,BC=11$ 时,它们的组合为 $ABC=011$,对应单元的最小项即为 $\bar{A}BC=m_3$,因此,可以把变量取值和最小项编号直接对应起来。为简化起见,图 8.7(a)可画成图 8.7(b)的形式。

仔细观察图 8.7 可发现,在该图中任何最小项均满足相邻性规则,如 $m_1$,它和 $m_0,m_3,m_5$ 是相邻的,它在几何位置上也满足和 $m_0,m_3,m_5$ 相邻性规则。要注意的是,在 3 变量卡诺图中,$m_0$ 和 $m_2$ 是相邻的,$m_4$ 和 $m_6$ 也是相邻的,它们分别属位置对称单元。

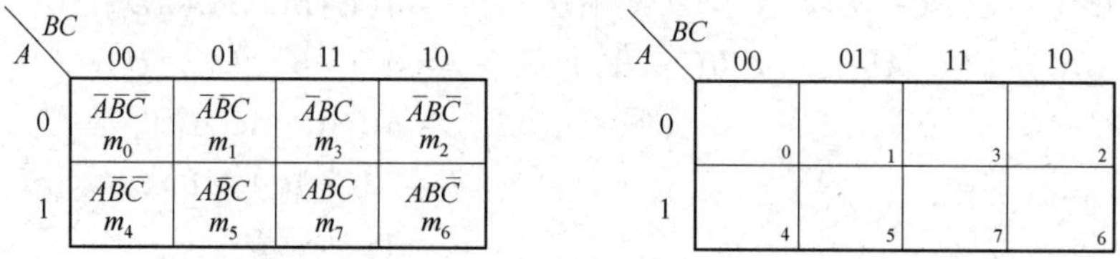


(a) 3变量卡诺图　　(b) 简化3变量卡诺图

图 8.7　3 变量卡诺图

在图 8.7 的卡诺图中,将变量 $BC$ 的取值按 00,01,11,10 进行排列,这样排列的特点是:任何两组相邻取值,只有一位变量取值不同,其余都相同,即符合循环码的排列规则。容易看出,变量取值只有满足这种排列,才能使卡诺图中的任何最小项均符合相邻性规则。

图 8.8 为 2 变量、4 变量、5 变量的卡诺图。卡诺图中对称位置相邻在 5 变量卡诺图中尤其值得注意,如 $m_1$ 和 $m_5$ 属位置对称,它们是相邻的,$m_{27}$和 $m_{31}$也是相邻的,等等。

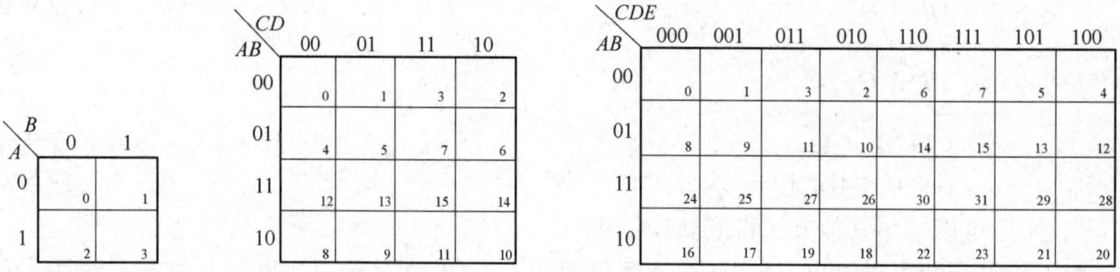


(a) 2变量卡诺图　　(b) 4变量卡诺图　　(c) 5变量卡诺图

图 8.8　2、4、5 变量的卡诺图

当变量数大于 6 个时,卡诺图就显得很庞大,在实际应用中已失去了它的优越性,一般很少采用。

(2) 逻辑函数的卡诺图表示法

先回顾一下逻辑函数的真值表表示法。例如有逻辑函数:

$$F(A,B,C)=\bar{A}BC+A\bar{B}C+ABC=m_3+m_5+m_7$$

当用真值表来表示该函数时，直接根据 $ABC$ 的取值，写出 $F$ 的值。当 $ABC$ 取值分别为 011，101，111 时，$F=1$，否则 $F=0$。

类似地，用卡诺图来表示逻辑函数时，只要把各组变量取值所对应的逻辑函数 $F$ 的值填在对应的方格中，就构成了该逻辑函数的卡诺图。

**【例 8.24】** 画出 $F(A,B,C)=\bar{A}BC+A\bar{B}C+ABC$ 的卡诺图。

**解：**首先画出 3 变量卡诺图，然后在 $ABC$ 变量取值为 011，101，111 所对应的 3 个方格中填入 1（即在这 3 种取值时函数 $F$ 的值），在其他方格中填入 0，如图 8.9 所示。

| A \ BC | 00 | 01 | 11 | 10 |
|---|---|---|---|---|
| 0 | 0 | 0 | 1 | 0 |
| 1 | 0 | 1 | 1 | 0 |

图 8.9　例 8.24 的卡诺图

**【例 8.25】** 画出 $F(A,B,C,D)=\bar{A}\,\bar{B}\,\bar{C}\,\bar{D}+B\bar{C}D+\bar{A}\,\bar{C}+A$ 的卡诺图。

**解：**这是一个 4 变量逻辑函数，式中第一项是最小项，可直接在 4 变量卡诺图 $m_0$ 的方格中填 1；第 2 项 $B\bar{C}D$ 与变量 $A$ 无关，即只要 $BCD=101$，$F=1$，所以可直接在 $CD=01$ 的列与 $B=1$ 的行相交的两个方格（$m_5$ 和 $m_{13}$）内填 1；第 3 项 $\bar{A}\,\bar{C}$ 只含两个变量，说明 $AC=00$ 时，$F=1$，应在 $A=0$ 的两行和 $C=0$ 的两列相交的方格（$m_0$，$m_1$，$m_4$，$m_5$）内填 1；第 4 项 $A$ 为单变量，当 $A=1$ 时，$F=1$，$A=1$ 在卡诺图中的位置为下面两行，即该两行的 8 个方格（$m_8\sim m_{15}$）中均填 1。最后得到的卡诺图如图 8.10 所示。

| AB \ CD | 00 | 01 | 11 | 10 |
|---|---|---|---|---|
| 00 | 1 | 1 | 0 | 0 |
| 01 | 1 | 1 | 0 | 0 |
| 11 | 1 | 1 | 1 | 1 |
| 10 | 1 | 1 | 1 | 1 |

图 8.10　例 8.25 的卡诺图

由上两例可知，卡诺图实际上是一种较特殊的真值表，其特殊点在于卡诺图通过几何位置的相邻性，形象地表示出构成逻辑函数的最小项之间在逻辑上的相邻性。由图 8.9 可知，$m_3$ 和 $m_7$ 相邻，$m_5$ 和 $m_7$ 相邻。而在图 8.10 中，最小项之间的相邻关系就更多了。

（3）在卡诺图上合并最小项的规则

在前面讨论最小项性质时已指出，两相邻的最小项相加，可合并成一项，并可消去一个因子。利用卡诺图化简逻辑函数的基本原理，也就是利用人的直观的阅图能力，去识别卡诺图中最小项之间的相邻关系，并利用合并最小项的规则，将逻辑函数化为最简。

在卡诺图上合并最小项具有下列规则：

① 卡诺图上任何 2 个标 1 的方格相邻，可以合并为一项，并消去一个变量。

例如，在图 8.11（a）中，$m_2$ 和 $m_6$ 相邻，可以合并，得 $\bar{A}B\bar{C}+AB\bar{C}=B\bar{C}$。简化项中保留了相同的变量 $B$ 和 $\bar{C}$，消去了不同的变量 $A$ 和 $\bar{A}$。为表示这两项已合并，在卡诺图中用一小圈将该两项圈在一起。

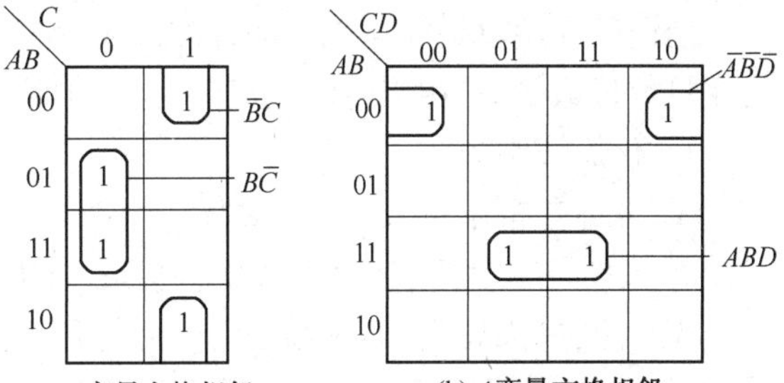


(a) 3变量方格相邻　　(b) 4变量方格相邻

图 8.11　两个标 1 方格相邻的情况

② 卡诺图上任何 4 个标 1 的方格相邻，可以合并为一项，并消去两个变量。

例如，在图 8.12（a）中，最小项 $m_5$，$m_7$，$m_{13}$，$m_{15}$ 彼此相邻，这 4 个最小项可以合并，即有

$$(m_5+m_7)+(m_{13}+m_{15})=\bar{A}BD+ABD=BD$$

这种合并，在卡诺图中表示为把 4 个 1 圈在一起。图 8.12 同时列出了 4 个标 1 方格相邻的几种典型情况，可以看出，4 个可合并的相邻最小项在卡诺图中有下列特点：① 同在一行或一列；② 同在一田字格中。

要注意的是：4 个角中的 4 个方格也是符合上面第 2 个特点的，图 8.12（c）中的两种情况，也属于 4 个最小项同在一田字格中。

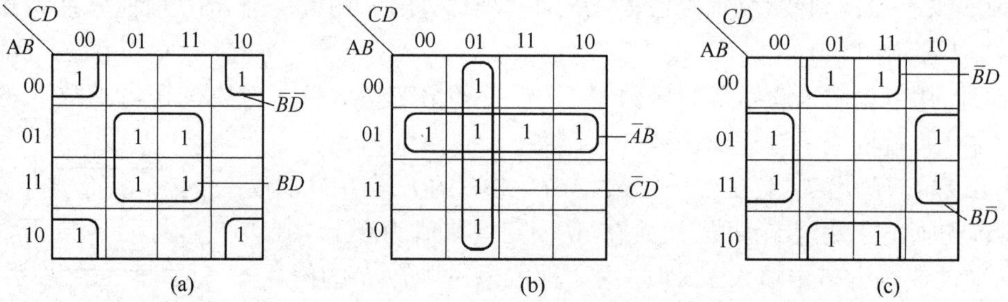


图 8.12　4 个标 1 方格相邻的情况

③ 卡诺图上任何 8 个标 1 的方格相邻,可以合并为一项,并可消去 3 个变量。

图 8.13 列出了两种 8 个标 1 方格相邻的情况,即当相邻两行或相邻两列的方格中均为 1 时,它们可以圈在一起,合并成一项。

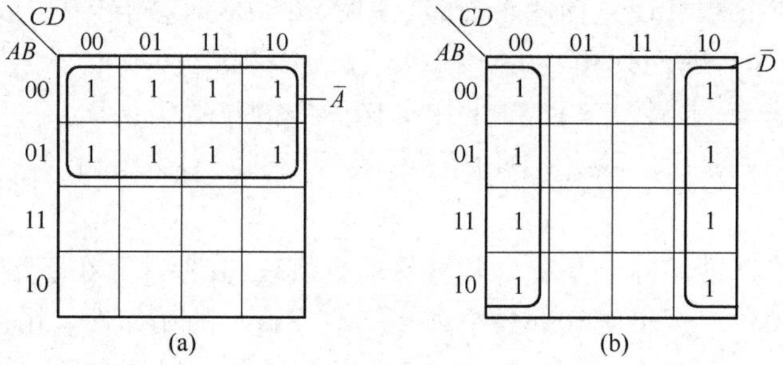


图 8.13　8 个标 1 方格相邻的情况

综上所述,在 $n$ 个变量的卡诺图中,只有 $2^i(i=0,1,2,\cdots,n)$ 个相邻的标 1 方格(必须排列成方形格或矩形格的形状)才能圈在一起,合并为一项,该项保留了原来各项中 $n-i$ 个相同的变量,消去了 $i$ 个不同变量。

(4) 用卡诺图化简逻辑函数

首先重点介绍将逻辑函数化为最简的与或式。

前面已介绍过最简与或式的标准,即在所得的与或式中同时满足乘积项数目最少和每项中的变量数目最少,在用卡诺图化简时,也必须符合这个标准。

1) 化简规则

① 将所有相邻的标 1 方格圈成尽可能少的圈;

② 在①的条件下,使每个圈中包含最多的相邻标 1 方格。

简言之,即圈要少,而且圈要大。因为每个圈对应一个乘积项,圈少意味着所得与或式中的乘积项数目少。圈大意味着所得乘积项中所含变量数目少。因此这两条规则与前述公式化简法的标准是一致的。

**【例 8.26】**　试用卡诺图将 $F(A,B,C,D)=\sum m(0,1,2,3,4,6,7,8,9,11,15)$ 化为最简与或式。

**解:**这是 4 变量函数,首先画出 4 变量卡诺图框。再根据构成该逻辑函数的各个最小项在卡诺图框上找到相应的方格,并填入 1,如图 8.14(a)所示。根据化简规则将图中的标 1 方格应圈成 3 个圈。故得最简与或式为

$$F(A,B,C,D)=\bar{A}\,\bar{D}+\bar{B}\,\bar{C}+CD$$

注意,如果圈成如图 8.14(b)所示,则得

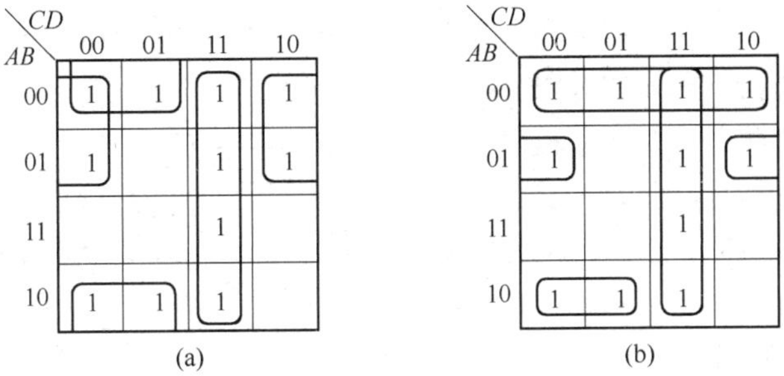


图 8.14　例 8.26 的卡诺图

$$F(A,B,C,D)=\bar{A}\ \bar{B}+CD+\bar{A}B\bar{D}+A\bar{B}\ \bar{C}$$

这不是最简式。用公式化简法可得

$$F(A,B,C,D)=\bar{A}\ \bar{B}+CD+\bar{A}B\bar{D}+A\bar{B}\ \bar{C}=\bar{A}\ \bar{D}+\bar{B}\ \bar{C}+CD$$

2）化简步骤

在用卡诺图化简的过程中，容易出错的是，增加了多余的圈和圈不是最大。为了避免此类错误，下面通过举例来说明。化简的一般步骤。

**【例 8.27】** 试用卡诺图将 $F(A,B,C,D)=\sum m(0,2,4,7,10,12,13)$ 化为最简与或式。

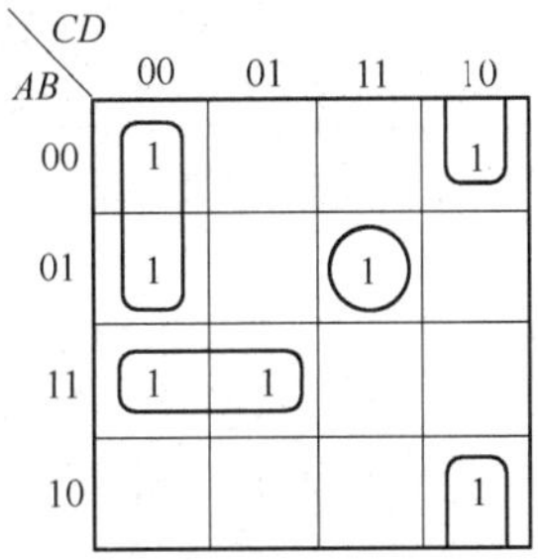


图 8.15　例 8.27 的卡诺图

**解：**① 根据逻辑函数的变量数，画出相应卡诺图框，再将函数填入得到卡诺图。本例为 4 变量函数，所得卡诺图如图 8.15 所示。

② 圈出孤立的标 1 方格（如果有的话）。所谓孤立，指该标 1 方格与其他所有标 1 方格皆不相邻。本例的孤立的标 1 方格为：$m_7=\bar{A}BCD$。

③ 找出只被一个最大的圈所覆盖的标 1 方格（如果有的话），并圈出覆盖该标 1 方格的最大圈。本例只被一个最大的圈所覆盖的标 1 方格有 $m_{10},m_{13}$，覆盖这些标 1 方格的唯一最大圈有：$\sum(2,10)=\bar{B}C\bar{D}$，$\sum(12,13)=AB\bar{C}$，这一步很重要，因为完成这一步后，剩余的标 1 方格少了，再圈圈就比较直观。

④ 将剩余的相邻标 1 方格，圈成尽可能少、而且尽可能大的圈。本例剩余的标 1 方格有 $m_0$，$m_4$，只能圈成一个最大圈，即 $\sum(0,4)=\bar{A}\ \bar{C}\ \bar{D}$。

⑤ 最后将各个圈对应的乘积项相加，即得最简式。本例为

$$F(A,B,C,D)=\bar{A}BCD+\bar{A}\ \bar{C}\ \bar{D}+AB\bar{C}+\bar{B}C\bar{D}$$

**【例 8.28】** 试用卡诺图将 $F=\bar{A}\ \bar{B}\ \bar{C}+\bar{A}\ \bar{B}\ \bar{D}+BCD+AC\bar{D}+A\bar{C}$ 化为最简与或式。

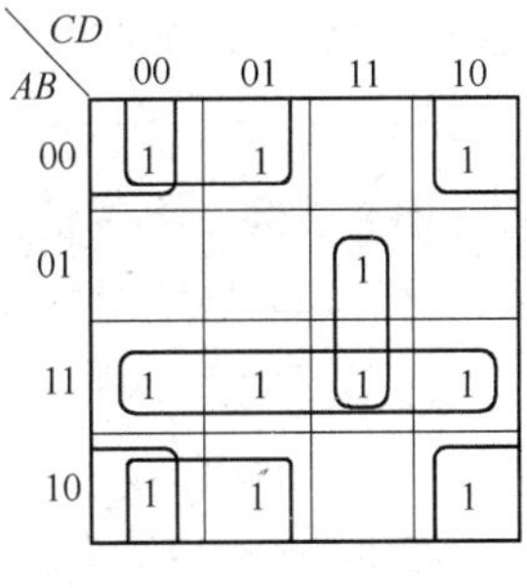


图 8.16　例 8.28 的卡诺图

**解：**① 将逻辑函数填入卡诺图，如图 8.16 所示。

② 本例无孤立的标 1 方格。

③ 本例只被一个最大圈覆盖的标 1 方格有 $m_7,m_1,m_2$，覆盖这些标 1 方格的唯一最大圈有

$$\sum(7,15)=BCD\qquad\sum(0,2,8,10)=\bar{B}\ \bar{D}\qquad\sum(0,1,8,9)=\bar{B}\ \bar{C}$$

④ 将剩余的标 1 方格（$m_{12},m_{13},m_{14}$）圈成一个最大圈，即

$$\sum(12,13,14,15)=AB$$

⑤ 所得最简式为　$F(A,B,C,D)=BCD+\bar{B}\ \bar{D}+\bar{B}\ \bar{C}+AB$

上述化简步骤，对大多数情况都是适用的。但对特殊情况，就不完全适用。

【例 8.29】 试用卡诺图将 $F(A,B,C)=\sum m(0,1,3,4,6,7)$ 化为最简与或式。

解:此逻辑函数的卡诺图如图 8.17 所示。图中每个标 1 方格都被两个最大圈所覆盖。这是一种特殊情况,因此可以得到两种化简结果:

如图 8.17(a)所示,得: $F=\bar{A}\bar{B}+BC+A\bar{C}$

如图 8.17(b)所示,得: $F=\bar{B}\bar{C}+\bar{A}C+AB$

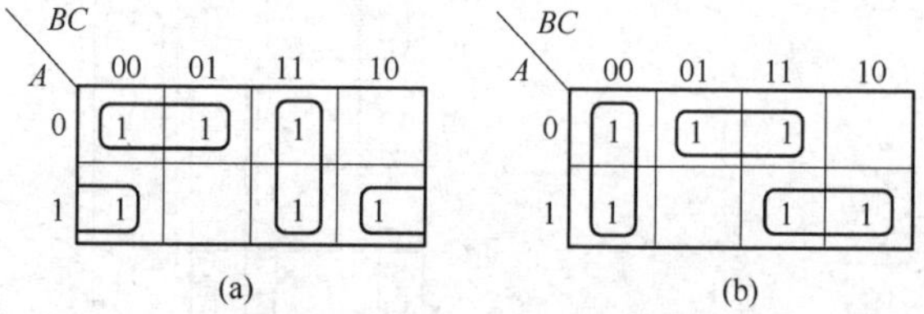

图 8.17 例 8.29 的卡诺图

3) 化简中应注意的问题

除了遵循上述化简规则和化简步骤,还需注意以下几个问题。

① 所有的圈必须覆盖全部标 1 方格,即每个标 1 方格必须至少被圈一次。

② 每个圈中包含的相邻方格数,必须为 2 的整数次幂。

③ 为了得到尽可能大的圈,圈与圈之间可以重叠 1 个或 $n$ 个标 1 方格。

④ 若某个圈中所有的标 1 方格,已经完全被其他圈所覆盖,则该圈是多余的,即每个圈中至少有一个标 1 方格未被其他圈覆盖。

【例 8.30】 试用卡诺图将 $F(A,B,C,D)=\sum m(3,4,5,7,9,13,14,15)$ 化为最简与或式。

解:此逻辑函数的卡诺图如图 8.18 所示。

本例只被一个最大圈覆盖的标 1 方格有 $m_3,m_4,m_9,m_{14}$,覆盖这些标 1 方格的唯一最大圈为:

$$\sum(3,7)=\bar{A}CD,\qquad \sum(4,5)=\bar{A}B\bar{C}$$

$$\sum(9,13)=A\bar{C}D,\qquad \sum(14,15)=ABC$$

到此所有标 1 的方格都被圈过,已经可得最简结果(如果再圈中间 4 个标 1 方格,将是多余的),因此:

$$F(A,B,C,D)=\bar{A}CD+\bar{A}B\bar{C}+A\bar{C}D+ABC$$

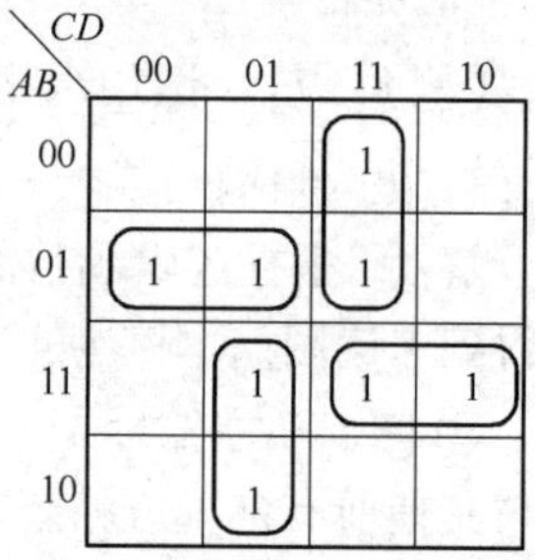

图 8.18 例 8.30 的卡诺图

此例说明,不能孤立地讲“圈越大越好”,而应当在圈尽量少的前提下,使圈尽量大。

⑤ 最简的与或式不一定是唯一的,如例 8.29 就有两种最简结果。

(5) 用卡诺图求反函数的最简与或式及进行逻辑函数运算

如果在函数 $F$ 的卡诺图中,合并那些标 0 的方格,则可得到 $\bar{F}$ 的最简与或式。

【例 8.31】 试用卡诺图求逻辑函数 $F(A,B,C)=\sum m(1,3,4,6,7)$ 的反函数 $\bar{F}$ 的最简与或式。

解:① 画出 $F$ 的卡诺图,如图 8.19 所示。

② 合并图中标 0 的方格

$$m_0+m_2=\bar{A}\bar{C},\quad m_5=A\bar{B}C$$

③ 写出 $\bar{F}$ 的最简与或式

$$\bar{F}=\bar{A}\bar{C}+A\bar{B}C$$

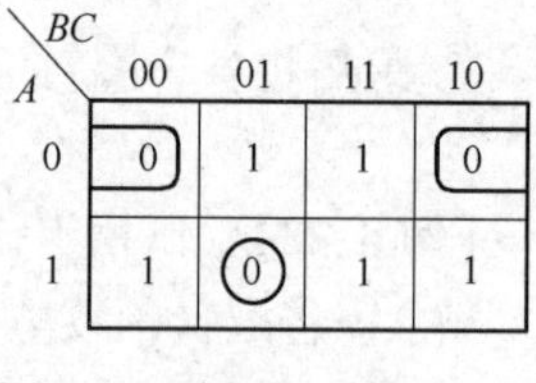

图 8.19 例 8.31 的卡诺图

利用卡诺图可以对比较复杂的逻辑函数进行运算。

【例 8.32】 将逻辑函数 $F(A,B,C,D)=(AB+\bar{A}C+\bar{B}D)\oplus(A\bar{B}\bar{C}D+\bar{A}CD+BCD+\bar{B}C)$ 表示为标准与或式,并求其最简与或式。

解:① 将逻辑函数表示为 $F=F_1\oplus F_2$

其中 $F_1=AB+\bar{A}C+\bar{B}D\quad F_2=A\bar{B}\bar{C}D+\bar{A}CD+BCD+\bar{B}C$

② 分别画出 $F_1,F_2$ 的卡诺图,如图 8.20(a)和(b)所示。

③ 因为 $F=F_1\oplus F_2$,所以观察 $F_1$ 和 $F_2$ 的卡诺图,当 $F_1$ 和 $F_2$ 取值不同时,$F$ 即为 1,可求出 $F$ 的卡诺图如图 8.20(c)所示。

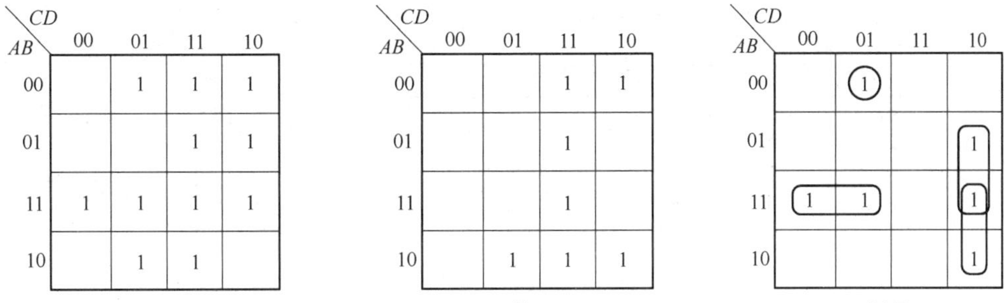

(a) $F_1$　　(b) $F_2$　　(c) $F_3$

图 8.20　例 8.32 的卡诺图

④ 由 $F$ 的卡诺图写出 $F$ 的标准与或式：

$$F(A,B,C,D)=\sum m(1,6,10,12,13,14)$$

⑤ 在 $F$ 的卡诺图上进行化简，求得 $F$ 的最简与或式：

$$F(A,B,C,D)=\overline{A}\ \overline{B}\ \overline{C}D+AB\overline{C}+BC\overline{D}+AC\overline{D}$$

（6）不完全确定的逻辑函数及其化简

前面所讨论的逻辑函数都是属于完全确定的逻辑函数。就是说，函数的每一组输入变量的取值，都能得到一个完全确定的函数值（0 或 1）。如果逻辑函数有 $n$ 个变量，则逻辑函数就有 $2^n$ 个最小项，其中每一项都有确定值。

在某些数字电路实例中，逻辑函数的输出只和一部分最小项有对应关系，而和余下的最小项无关。余下的最小项无论写入逻辑函数式还是不写入逻辑函数式，都不影响电路的逻辑功能。我们把这些最小项称为无关项。无关项常用英文字母 $d$ 表示，对应的函数值记为“×”（或∅）。包含无关项的逻辑函数称为不完全确定的逻辑函数。

发生无关项的情况有两种：一种是由于逻辑变量之间具有一定的约束关系，使得有些变量的取值不可能出现，即所谓“未定义状态”，它所对应的最小项恒等于 0，通常称为约束项；另一种是在某些变量取值下，函数值是 1 还是 0 都可以，并不影响电路的功能，这些变量取值下所对应的最小项称为随意项。

在数字电路的设计中，这种包含有无关项的不完全确定的逻辑函数是经常遇到的。例如，如果逻辑电路的输入是 BCD 码，4 位二进制输入共有 16 种不同的状态，其中只有 10 种是允许的，有确定的输出；而其余 6 种是不允许的（即存在 6 个无关项），没有确定的输出。在设计中，充分利用无关项可以使逻辑函数得到简化。

**【例 8.33】** 设有一个数值范围监视器，其输入变量 $A,B,C,D$ 是 8421 码，用以表示一位十进制数 $x$。当 $x\geqslant 5$ 时，输出 $F=1$，否则，$F=0$。试列出其真值表及卡诺图，写出 $F$ 的最简与或式。

**解：**根据题意，输入变量 $A,B,C,D$ 为 8421 码，因此其取值只能为 0000～1001，而不能为 1010～1111。故有约束条件：

$$\sum d(10,11,12,13,14,15)=0$$

也可写成

$$AB+AC=0$$

列出 $F$ 的真值表如表 8.23 所示。表中输入变量 $A,B,C,D$ 有 6 组取值（1010～1111）不会出现，因而对应的 $F$ 值不确定，所以这是一个不完全确定逻辑函数。即：

$$F(A,B,C,D)=\sum m(5,6,7,8,9)+\sum d(10,11,12,13,14,15)$$

式中，$\sum d$ 表示无关项。

画出卡诺图如图 8.21 所示。图中和 6 个无关项所对应的方格填入“×”。

表 8.23　例 8.33 的真值表

| x | A | B | C | D | F | x | A | B | C | D | F |
|---|---|---|---|---|---|---|---|---|---|---|---|
| 0 | 0 | 0 | 0 | 0 | 0 | 8 | 1 | 0 | 0 | 0 | 1 |
| 1 | 0 | 0 | 0 | 1 | 0 | 9 | 1 | 0 | 0 | 1 | 1 |
| 2 | 0 | 0 | 1 | 0 | 0 | — | 1 | 0 | 1 | 0 | × |
| 3 | 0 | 0 | 1 | 1 | 0 | — | 1 | 0 | 1 | 1 | × |
| 4 | 0 | 1 | 0 | 0 | 0 | — | 1 | 1 | 0 | 0 | × |
| 5 | 0 | 1 | 0 | 1 | 1 | — | 1 | 1 | 0 | 1 | × |
| 6 | 0 | 1 | 1 | 0 | 1 | — | 1 | 1 | 1 | 0 | × |
| 7 | 0 | 1 | 1 | 1 | 1 | — | 1 | 1 | 1 | 1 | × |

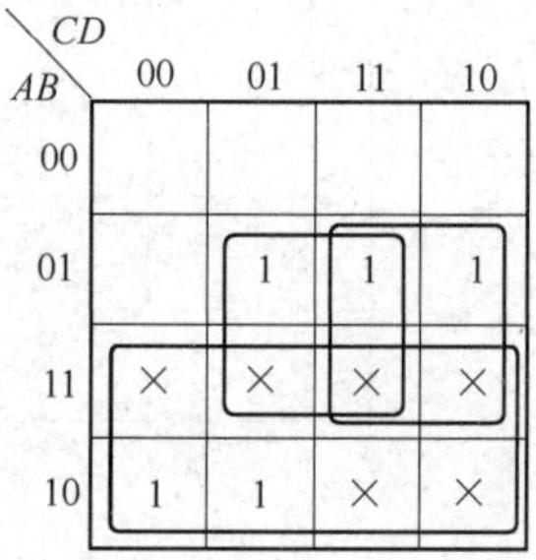

图 8.21　例 8.33 的卡诺图

若不利用无关项化简，即圈中不包含填“×”的方格，结果得：

$$F=\overline{A}BD+\overline{A}BC+A\overline{B}\,\overline{C}$$

若利用无关项化简，即圈中包含填“×”的方格，以获得尽可能大的圈，则得：

$$F=A+BD+BC$$

完整地将逻辑函数写为 $\begin{cases} F = A + BD + BC \\ \sum d(10,11,12,13,14,15) = 0 \end{cases}$，　或者 $\begin{cases} F=A+BD+BC \\ AB+AC=0 \end{cases}$

即在写出 $F$ 的逻辑函数式的同时，把约束条件也写上，以便全面地表示逻辑函数的性质。

由上例可见，充分利用无关项，有可能使逻辑函数进一步简化，从而使逻辑电路更为简单。

**3. 奎恩-麦克拉斯基化简法(Q-M 法)**

从上面的内容中不难看出，虽然卡诺图化简法具有直观、简单的优点，但它同时又存在着很大的局限性。首先，在函数的输入逻辑变量较多时(例如大于 5)，便失去了直观的优点。其次，在许多情况下要凭设计者的经验确定应如何合并最小项才能得到最简单的化简结果，因而不便于借助计算机完成化简工作。

公式化简法虽然不受输入变量数目的影响，但由于化简的过程没有固定的、通用的步骤可循，所以同样不适用于计算机辅助化简。

由奎恩(W. V. Quine)和麦克拉斯基(E. J. McCluskey)提出的用列表方式进行化简的方法则有一定的规则和步骤可循，较好地克服了公式化简法和卡诺图化简法在这方面的局限性，因而适用于编制计算机辅助化简程序。通常将这种化简方法称为奎恩-麦克拉斯基法，简称 Q-M 法或列表法。

Q-M 法的基本原理仍然是通过合并相邻最小项并消去多余因子而求得逻辑函数的最简与或式。下面结合一个具体的例子简要地介绍 Q-M 法的基本原理和化简步骤。

假定需要化简的 5 变量逻辑函数为

$$F(A,B,C,D,E)=\overline{A}BCD\overline{E}+\overline{A}\,\overline{C}\,\overline{D}\,\overline{E}+\overline{A}\,\overline{B}\,\overline{C}D+\overline{A}BD\overline{E}+BCDE+A\overline{B}C\,\overline{(D\oplus E)} \quad (8.13)$$

则使用 Q-M 法的化简步骤如下：

(1) 将逻辑函数写为最小项之和形式，列出最小项编码表。将式(8.13)写为最小项之和形式后得到

$$\begin{aligned} F(A,B,C,D,E) &= \overline{A}\,\overline{B}\,\overline{C}\,\overline{D}\,\overline{E} + \overline{A}\,\overline{B}\,\overline{C}D\overline{E} + \overline{A}\,\overline{B}\,\overline{C}DE + \overline{A}B\overline{C}\,\overline{D}\,\overline{E} + \overline{A}B\overline{C}D\overline{E} + \overline{A}BCD\overline{E} + \\ &\quad \overline{A}BCDE + A\overline{B}CD\overline{E} + AB\overline{C}\,\overline{D}\,\overline{E} + AB\overline{C}DE + ABCDE \\ &= \sum m(0,2,3,8,10,14,15,22,24,27,31) \end{aligned} \quad (8.14)$$

用 1 表示最小项中的原变量，用 0 表示最小项中的反变量，就得到了表 8.24 所示的最小项编码表。

**表 8.24　式(8.14)最小项编码表**

| 0 | 2 | 3 | 8 | 10 | 14 | 15 | 22 | 24 | 27 | 31 |
|---|---|---|---|---|---|---|---|---|---|---|
| 00000 | 00010 | 00011 | 01000 | 01010 | 01110 | 01111 | 10110 | 11000 | 11011 | 11111 |

（2）按包含 1 的个数将最小项分组，如表 8.25 中最左边一列所示。

**表 8.25　列表合并最小项**

| 合并前的最小项（$\sum m_i$） | | | | | | | 第一次合并结果（含 $n-1$ 个变量的乘积项） | | | | | | | 第二次合并结果（含 $n-2$ 个变量的乘积项） | | | | | | |
|---|---|---|---|---|---|---|---|---|---|---|---|---|---|---|---|---|---|---|---|---|
| 编号 | A | B | C | D | E | | 编号 | A | B | C | D | E | | 编号 | A | B | C | D | E | |
| 0 | 0 | 0 | 0 | 0 | 0 | √ | 0,2 | 0 | 0 | 0 | — | 0 | √ | 0,2<br>8,10 | 0 | — | 0 | — | 0 | $P_8$ |
| 2 | 0 | 0 | 0 | 1 | 0 | √ | 0,8 | 0 | — | 0 | 0 | 0 | √ | | | | | | | |
| 8 | 0 | 1 | 0 | 0 | 0 | √ | 2,3 | 0 | 0 | 0 | 1 | — | $P_2$ | 0,8<br>2,10 | 0 | — | 0 | — | 0 | $P_8$ |
| 3 | 0 | 0 | 0 | 1 | 1 | √ | 2,10 | 0 | — | 0 | 1 | 0 | √ | | | | | | | |
| 10 | 0 | 1 | 0 | 1 | 0 | √ | 8,10 | 0 | 1 | 0 | — | 0 | √ | | | | | | | |
| 24 | 1 | 1 | 0 | 0 | 0 | √ | 8,24 | — | 1 | 0 | 0 | 0 | $P_3$ | | | | | | | |
| 14 | 0 | 1 | 1 | 1 | 0 | √ | 10,14 | 0 | 1 | — | 1 | 0 | $P_4$ | | | | | | | |
| 22 | 1 | 0 | 1 | 1 | 0 | $P_1$ | 14,15 | 0 | 1 | 1 | 1 | — | $P_5$ | | | | | | | |
| 15 | 0 | 1 | 1 | 1 | 1 | √ | 15,31 | — | 1 | 1 | 1 | 1 | $P_6$ | | | | | | | |
| 27 | 1 | 1 | 0 | 1 | 1 | √ | 27,31 | 1 | 1 | — | 1 | 1 | $P_7$ | | | | | | | |
| 31 | 1 | 1 | 1 | 1 | 1 | √ | | | | | | | | | | | | | | |

（3）合并相邻的最小项。将表 8.25 中最左边一列里每一组的每一个最小项与相邻组里所有的最小项逐一比较，若仅有一个因子不同，则一定可以合并，并消去不同的因子。消去的因子用"—"号表示，将合并后的结果列于表 8.25 的第二列中。同时，在第一列中可以合并的最小项右边标以"√"号。

按照同样的方法再将第二列中的乘积项合并，合并后的结果写在第三列中。

如此进行下去，直到不能再合并为止。

（4）选择最少的乘积项。只要将表 8.25 合并过程中没有用过的那些乘积项相加，自然就包含了函数 $F$ 的全部最小项，故得

$$F(A,B,C,D,E,)=P_1+P_2+P_3+P_4+P_5+P_6+P_7+P_8 \tag{8.15}$$

然而，上式并不一定是最简的与或式。为了进一步将式(8.15)化简，将 $P_1 \sim P_8$ 各包含的最小项列成表 8.26。因为表中带圆圈的最小项仅包含在一个乘积项中，所以化简结果中一定包含它们所在的这些乘积项，即 $P_1, P_2, P_3, P_7, P_8$。而且，选取了这 5 项之和以后，已包含了除 $m_{14}$ 和 $m_{15}$ 以外所有 $F$ 的最小项。

剩下的问题就是要确定化简结果中是否包含 $P_4, P_5, P_6$ 了。为此，可将表 8.26 中有关 $P_4$，$P_5, P_6$ 的部分简化成表 8.27 的形式。

由表 8.27 中可以看到，$P_4$ 行所有的 1 和 $P_6$ 行所有的 1 皆与 $P_5$ 中的 1 重叠，亦即 $P_5$ 中的最小项包含了 $P_4$ 和 $P_6$ 的所有最小项，故可将 $P_4$ 和 $P_6$ 两行删掉。因此，可将式(8.15)中的 $P_4$ 和 $P_6$ 两项去掉，从而得到最后的化简结果

$$\begin{aligned} F(A,B,C,D,E) &= P_1+P_2+P_3+P_5+P_7+P_8 \\ &= A\overline{B}CD\overline{E}+\overline{A}\,\overline{B}\,\overline{C}D+B\overline{C}\,\overline{D}\,\overline{E}+\overline{A}BCD+ABDE+\overline{A}\,\overline{C}\,\overline{E} \end{aligned}$$

表 8.26　用列表法选择最少的乘积项

| $P_j$ \ $m_i$ | 0 | 2 | 3 | 8 | 10 | 14 | 15 | 22 | 24 | 27 | 31 |
|---|---|---|---|---|---|---|---|---|---|---|---|
| $P_1$ | | | | | | | | ① | | | |
| $P_2$ | | 1 | ① | | | | | | | | |
| $P_3$ | | | | 1 | | | | | ① | | |
| $P_4$ | | | | | 1 | 1 | | | | | |
| $P_5$ | | | | | | 1 | 1 | | | | |
| $P_6$ | | | | | | | 1 | | | | 1 |
| $P_7$ | | | | | | | | | | ① | 1 |
| $P_8$ | ① | 1 | | 1 | 1 | | | | | | |

表 8.27　表 8.26 的 $P_4$，$P_5$，$P_6$ 部分

| $P_j$ \ $m_i$ | 14 | 15 |
|---|---|---|
| $P_4$ | 1 | |
| $P_5$ | 1 | 1 |
| $P_6$ | | 1 |

从上面的例子中可以看到，虽然 Q-M 法的化简过程看起来比较烦琐，但由于它有确定的流程，适用于任何复杂逻辑函数的化简，这就为编制计算机辅助化简程序提供了方便。因此，很少有人用手工使用 Q-M 法去化简复杂的逻辑函数，而是使用基于 Q-M 法的基本原理去编制各种计算机软件，然后在计算机上完成逻辑函数的化简。

**思考题 8.2（参考答案请扫描二维码 8-2）**

二维码 8-2

1. 对于 2 输入端的与门和或门，如果希望加在第一个输入端的信号被禁止到达输出端，那么第二个输入端应该加什么样的逻辑值？
2. 如果要控制一个信号的输出极性，可选用何种门？
3. 试画出实现 $F=\overline{A}BC\,\overline{A+D}$的逻辑图。
4. 若 $F(A,B,C)=\sum m(1,3,5)$，则其反函数的最小项之和、最大项之积表达式分别是什么？其对偶函数的最小项之和、最大项之积式分别是什么？
5. 要填一个逻辑函数的卡诺图，是否一定要将该逻辑函数表示成标准式，或先列出其真值表？
6. 什么是无关项？带无关项的逻辑函数化简时如何利用无关项？
7. 将逻辑函数化简为或与式，较为简便的方法是什么？

# 本章小结

- 数字电路普遍采用二进制。
- 二进制数的按权展开式为：$(N)_2=\sum_{i=-m}^{n-1} a_i\times 2^i$。
- 一个十六进制数可表示 4 位二进制数，而一个八进制数可表示 3 位二进制数，常用十六进制和八进制表示二进制数，可使位数变小，阅读方便。
- 二进制数和十进制数之间的转换常采用按权展开法和基数连乘连除法。
- 为便于处理十进制数，常采用二-十进制编码（BCD 码），它是利用 4 位二进制编码替换每一位十进制数字而得到的。
- 格雷码是一种循环码，循环码的特点是在码的形成和传输中引起的误差较小。
- 实现基本逻辑运算和复合逻辑运算的器件称为“门”，真值表可用来描述逻辑门的功能。
- 为进行逻辑运算，熟练掌握逻辑代数的基本定律和规则，以及常用公式是十分必要的。
- 逻辑函数可表示为多种形式，如其值表、逻辑函数式、逻辑图、卡诺图，这几种表示方法可

相互转换。

- 逻辑函数式有最小项之和和最大项之积两种标准形式。
- 常用逻辑函数的化简方法有公式化简法和卡诺图化简法。公式化简法的优点是使用不受条件的限制,卡诺图化简法的优点是简单、直观,有一定的化简步骤可循。
- 利用无关项,往往可以使逻辑函数化成更简单的形式。
- Q-M 法的基本原理仍然是通过合并相邻最小项的方法化简逻辑函数。由于 Q-M 法有一定的化简步骤,所以特别适合于机器运算。这种方法已被用于编制数字电路的计算机辅助分析程序。

## 习　　题

8.1　试将下列二进制数转换为十进制数。

(1) $(101011)_2$　(2) $(1101.101)_2$　(3) $(0.1011)_2$

8.2　试将下列十进制数转换为二进制数(取小数点后六位)。

(1) $(75)_{10}$　(2) $(0.756)_{10}$　(3) $(57.83)_{10}$

8.3　试将下列二进制数转换为十六进制数及八进制数。

(1) $(0.11011)_2$　(2) $(10111101)_2$　(3) $(110111.01111)_2$

8.4　试将下列数转换为二进制数。

(1) $(136.5)_8$　(2) $(465.43)_8$　(3) $(8E.D)_{16}$　(4) $(57B.F2)_{16}$

8.5　试将下列十进制数表示为 8421 码。

(1) $(932.1)_{10}$　(2) $(67.58)_{10}$

8.6　试将下列 BCD 码转换成十进制数。

(1) $(10001001.01110101)_{8421BCD}$　(2) $(11001101.11100010)_{2421BCD}$

(3) $(010011001000)_{5421BCD}$　(4) $(10100011.01110110)_{余3BCD}$

8.7　写出下列二进制数的原码、反码和补码。

(1) $(+1011)_2$　(2) $(+011001)_2$　(3) $(-1101)_2$　(4) $(-001101)_2$

8.8　写出下列带符号二进制数(最高位为符号位)的反码和补码。

(1) $(001011)_2$　(2) $(011011)_2$　(3) $(101011)_2$　(4) $(111011)_2$

8.9　用 8 位二进制补码表示下列十进制数。

(1) +19　(2) +43　(3) -17　(4) -79　(5) -115　(6) -125

8.10　计算下列用补码表示的二进制数的代数和。如果和为负数,请求出负数的绝对值。

(1) 00100110+01001101　(2) 01001101+00101101　(3) 00110010+10000011

(4) 11011101+01001011　(5) 11011011+11100111　(6) 10001000+11111001

8.11　用真值表证明下列各式相等。

(1) $A\bar{B}+B+\bar{A}B=A+B$　(2) $A(B\oplus C)=(AB)\oplus(AC)$

(3) $\overline{A\bar{B}+C}=(\bar{A}+B)\bar{C}$　(4) $\bar{A}\bar{B}+BC+A\bar{C}=AB+\bar{B}\bar{C}+\bar{A}C$

8.12　写出下列逻辑函数式的对偶式 $F'$ 及反函数 $\bar{F}$。

(1) $F=\bar{A}\bar{B}+CD$　(2) $F=[(A\bar{B}+C)D+E]G$　(3) $F=\overline{A\bar{B}+C}+\overline{A+\overline{BC}}$

8.13　将下列逻辑函数式化为最小项之和及最大项之积的形式。

(1) $F=AB\bar{C}+BC$　(2) $F=\overline{AC+BC}$　(3) $F=(A+\bar{B})(A+C)$

8.14　用逻辑代数公式将下列逻辑函数式化成最简与或式。

(1) $F=AB+ABD+\bar{A}C+BCD$　(2) $F=(A\oplus B)C+ABC+\bar{A}\bar{B}C$

(3) $F=A\bar{B}(C+D)+B\bar{C}+\bar{A}\bar{B}+\bar{A}C+BC+\bar{B}\bar{C}\bar{D}$　(4) $F=\overline{\overline{AC+\bar{B}C}+B(A\oplus C)}$　(5) $F=\overline{\overline{A+B}C+\bar{A}B}+B+C$

8.15　用卡诺图将下列逻辑函数式化成最简与或式。

(1) $F=ABC+ABD+\overline{C}\,\overline{D}+A\overline{B}C+\overline{A}C\overline{D}$　　(2) $F=\overline{B\overline{C}D+AB\overline{D}+AC\overline{D}}$

(3) $F=(AB+\overline{A}C+\overline{B}D)(A\overline{B}\,\overline{C}D+\overline{A}CD+BCD+\overline{B}C)$　　(4) $F(A,B,C)=\sum m(0,1,5,6,7)$

(5) $F(A,B,C,D)=\sum m(0,1,3,5,6,7,11,13)$　(6) $F(A,B,C,D)=\sum m(4,7,9,10,12,13,14,15)$

(7) $F(A,B,C,D)=\sum m(0,1,2,3,4,5,6,7,8,9,10,12)$

(8) $F(A,B,C,D)=\sum m(0,2,3,4,5,6,7,8,10,11,15)$

8.16　用卡诺图将下列逻辑函数式化成最简与或式。

(1) $F(A,B,C,D)=\sum m(0,1,8,10)+\sum d(2,3,4,5,11)$

(2) $F(A,B,C,D)=\sum m(0,1,4,7,9,10,13)+\sum d(2,5,8,12,15)$

(3) $F(A,B,C,D)=\sum m(1,2,4,11,13,14)+\sum d(8,9,10,12,15)$

(4) $F=\overline{A}\,\overline{B}\,\overline{C}+ABC+ABD+\sum d$,　式中 $\sum d=A\oplus B$

(5) $F=\overline{A}\,\overline{B}\,\overline{D}+\overline{A}C\overline{D}+A\overline{C}\,\overline{D}+A\overline{B}\,\overline{C}$,　且 $AC+CD=0$

(6) $F=B\overline{C}+\overline{B}(A\oplus C)$,且 $ABC$ 不能同时为 0 或同时为 1

8.17　将下列逻辑函数式化简为与非与非式、或非或非式及与或非式。

(1) $F=A\overline{B}+B\oplus C$　　(2) $F=\overline{A}\,\overline{C}\,\overline{D}+\overline{A}BC+A\overline{B}\,\overline{D}+\overline{B}C\overline{D}$

(3) $F(A,B,C,D)=\sum m(2,3,4,6,7,10,12,14)$

8.18　用 Q-M 法化简下列逻辑函数式:

(1) $F(A,B,C,D)=\sum m(0,2,3,4,8,9,12,15)$　　(2) $F(A,B,C,D)=\sum m(1,2,3,7,9,10,11,13,15)$

# 第 9 章　组合逻辑电路

本章学习目标

- 掌握由逻辑门构成的组合逻辑电路的分析方法。
- 掌握由逻辑门构成的组合逻辑电路的设计方法。
- 了解编码器电路的逻辑功能，掌握基本二进制编码器的设计方法。
- 了解二进制译码器的电路结构；掌握用二进制译码器实现组合逻辑函数的方法；掌握利用译码器使能端实现译码器容量扩展的方法。
- 了解七段显示译码器的工作原理和电路结构。
- 掌握 4 选 1 数据选择器的电路结构；了解常用的数据选择器集成电路；掌握利用选通端实现通道扩展的方法；掌握利用数据选择器实现组合逻辑函数的方法。
- 掌握半加器和全加器的设计方法，以及如何利用全加器实现多位加法器；了解超前进位加法器的电路结构及工作原理。
- 掌握一位数值比较器的电路结构；了解多位数值比较器的逻辑功能及芯片扩展方法。

按照逻辑功能的不同特点，数字逻辑电路可以分为两大类：组合逻辑电路和时序逻辑电路。所谓组合逻辑电路（简称组合电路），是指该电路在任一时刻的输出状态仅由该时刻的输入信号决定，与电路在此信号输入之前的状态无关。组合电路通常由一些逻辑门构成，而许多具有典型功能的组合电路都已集成为商品电路。在电路变量较多、逻辑关系较复杂的情况下，还可以利用只读存储器（ROM）或可编程逻辑器件（PLD）等半定制器件来实现逻辑功能。

本章首先讨论由基本逻辑门构成的组合电路，然后介绍一些常用的中规模集成电路。

## 9.1　由基本逻辑门构成的组合电路的分析和设计

组合电路所讨论的两个基本问题是逻辑分析和逻辑设计。逻辑分析，是根据给定的组合电路逻辑图，确定其逻辑功能，即找出输出与输入之间的逻辑关系。例如，在推敲某个逻辑电路的设计思想，或者评价某个逻辑电路技术指标的合理性，或者进行产品仿制、维修和改进时，分析的过程是很重要的。逻辑设计（或称逻辑综合），是逻辑分析的逆过程，即根据给定的逻辑功能要求，确定一个能实现这种功能的最简逻辑电路。

尽管目前中规模集成电路和大规模集成电路已经普遍应用，但由基本逻辑门构成的组合电路的分析和设计方法仍是研究数字电路的重要基础。

### 9.1.1　组合电路的一般分析方法

由门电路构成的组合电路的分析，一般可按以下几个步骤进行：

（1）根据所给的逻辑电路图，写出输出逻辑函数式。一般从电路的输入端开始，逐级写出各级门电路的输出函数，直到整个电路的输出端。

（2）根据已写出的输出逻辑函数式，列出其真值表。

（3）由真值表或逻辑函数式分析电路功能。

下面举例说明。

【例 9.1】 分析图 9.1 所示组合电路的逻辑功能。

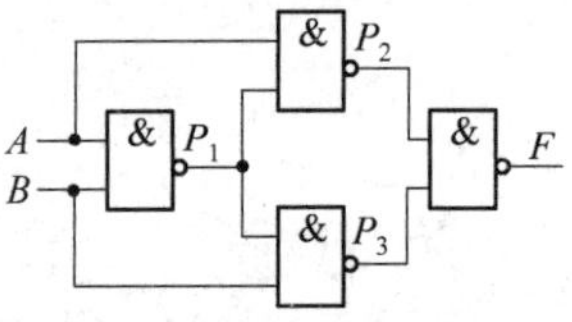

图 9.1 例 9.1 逻辑图

**表 9.1 例 9.1 的真值表**

| A | B | F |
|---|---|---|
| 0 | 0 | 0 |
| 0 | 1 | 1 |
| 1 | 0 | 1 |
| 1 | 1 | 0 |

**解**：① 写出电路的输出逻辑函数式。

$$P_1=\overline{AB},\quad P_2=\overline{A\cdot P_1}=\overline{A\cdot\overline{AB}}=\overline{A\overline{B}}$$

$$P_3=\overline{B\cdot P_1}=\overline{B\cdot\overline{AB}}=\overline{B\overline{A}}$$

$$F=\overline{P_2\cdot P_3}=\overline{\overline{A\overline{B}}\cdot\overline{B\overline{A}}}=A\overline{B}+B\overline{A}$$

② 列出真值表，如表 9.1 所示。

③ 确定电路的逻辑功能。由真值表可见，当输入变量的取值相异时，输出为“1”；当输入变量的取值相同时，输出为“0”。因此，该电路完成“异或”功能。

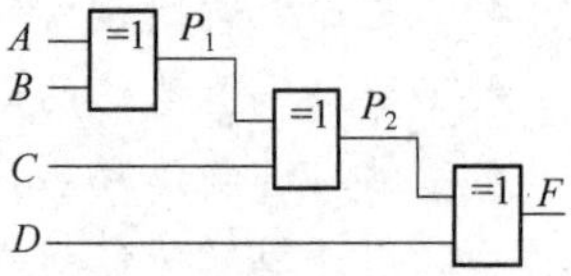

图 9.2 例 9.2 的逻辑图

【例 9.2】 分析图 9.2 所示组合电路的逻辑功能。

**解**：① 写出电路输出逻辑函数式。

$$P_1=A\oplus B,P_2=P_1\oplus C=A\oplus B\oplus C$$

$$F=P_2\oplus D=A\oplus B\oplus C\oplus D$$

② 列出真值表，如表 9.2 所示。

**表 9.2 例 9.2 的真值表**

| A | B | C | D | F |
|---|---|---|---|---|
| 0 | 0 | 0 | 0 | 0 |
| 0 | 0 | 0 | 1 | 1 |
| 0 | 0 | 1 | 0 | 1 |
| 0 | 0 | 1 | 1 | 0 |
| 0 | 1 | 0 | 0 | 1 |
| 0 | 1 | 0 | 1 | 0 |
| 0 | 1 | 1 | 0 | 0 |
| 0 | 1 | 1 | 1 | 1 |
| 1 | 0 | 0 | 0 | 1 |
| 1 | 0 | 0 | 1 | 0 |
| 1 | 0 | 1 | 0 | 0 |
| 1 | 0 | 1 | 1 | 1 |
| 1 | 1 | 0 | 0 | 0 |
| 1 | 1 | 0 | 1 | 1 |
| 1 | 1 | 1 | 0 | 1 |
| 1 | 1 | 1 | 1 | 0 |

③ 确定电路的逻辑功能。由真值表可以看出，输入变量 $A,B,C,D$ 的取值组合中，如果有奇数个 1，则输出 $F=1$；否则，$F=0$。此种电路被称为“输入奇校验电路”。

相反，若输入变量中有偶数个为 1 时，输出 $F=1$；有奇数个为 1 时，输出 $F=0$，这样的电路被称为“偶校验电路”。奇(偶)校验电路是实际中经常用的一种电路，尤其是在通信中经常用其来校验所传送的二进制码是否有错。

从以上的例子可以看出，分析组合电路时，前两步并不困难，而由真值表或由输出函数逻辑式说明电路功能时，需要具备一定的电路知识。这一步对初学者是困难的，因此需要不断积累知识。

## 9.1.2 组合电路的一般设计方法

设计由小规模集成电路构成的组合电路时，强调的基本原则是获得最简的电路，即所用的门最少，以及每个门的输入端数最少。一般可以按以下步骤进行：

(1) 由实际问题列出真值表。一般首先根据事件的因果关系确定输入、输出变量，进而对输入、输出进行逻辑赋值，即用 0、1 表示输入、输出各自的两种不同状态；再根据输入、输出之间的逻辑关系列出真值表。$n$ 个输入变量，应有 $2^n$ 个输入变量取值的组合，即真值表中有 $2^n$ 行。但有些实际问题，只出现部分输入变量取值的组合，未出现的，在真值表中可以不列出。如果列出，可在相应的输出处记上“×”号，以示区别，化简逻辑函数时，可作为无关项处理。

(2) 由真值表写出输出逻辑函数式。对于简单的逻辑问题，也可以不列真值表，而直接根据逻辑问题写出输出逻辑函数式。

(3) 化简、转换输出逻辑函数式。因为由真值表写出的输出逻辑函数式不一定是最简式，为使所设计的电路最简，需要运用第 8 章介绍的化简逻辑函数的方法，使输出逻辑函数式化为最简。同时根据实际要求(如级数限制等)和客观条件(如使用门电路的种类、输入有无反变量等)将输出逻辑函数式变换成适当的形式。例如，要求用与非门来实现所设计的电路，则需将输出逻辑函数式转换成最简的与非与非式。

(4) 画逻辑图。

以上步骤并非是固定不变的,设计时应当根据具体情况和问题的难易程度进行取舍。下面举例说明。

**【例 9.3】** 设计一个“逻辑不一致”电路。要求 3 个输入变量取值不一致时,输出为 1;取值一致时,输出为 0。

**解:**① 由实际问题列出真值表。设 $A$,$B$,$C$ 分别代表 3 个输入变量,$F$ 为输出变量。根据题意,可以列出真值表如表 9.3 所示。

② 写出最简的输出逻辑函数式。由真值表画出卡诺图如图 9.3(a)所示,经化简得

$$F=\overline{A}C+B\overline{C}+A\overline{B}$$

③ 画出逻辑图如图 9.3(b)所示。

**表 9.3 例 9.3 的真值表**

| $A$ | $B$ | $C$ | $F$ |
|---|---|---|---|
| 0 | 0 | 0 | 0 |
| 0 | 0 | 1 | 1 |
| 0 | 1 | 0 | 1 |
| 0 | 1 | 1 | 1 |
| 1 | 0 | 0 | 1 |
| 1 | 0 | 1 | 1 |
| 1 | 1 | 0 | 1 |
| 1 | 1 | 1 | 0 |

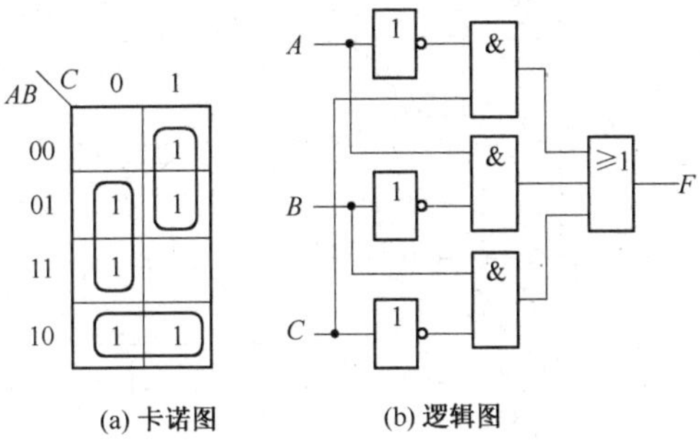

(a) 卡诺图　　(b) 逻辑图

图 9.3 例 9.3 的卡诺图和逻辑图

**【例 9.4】** 试用与非门设计一个 3 变量表决电路。

**解:**① 列真值表。设 $A$,$B$,$C$ 分别代表参加表决的 3 个输入变量,$F$ 为表决结果。规定输入变量等于 1 表示赞成,反之表示不赞成;$F=1$ 表示多数赞成,即通过,反之表示不通过。表决电路的原则(即功能)是“少数服从多数”,列出真值表如表 9.4 所示。

② 写出最简的输出逻辑函数式。由真值表画出卡诺图如图 9.4(a)所示,经化简并变换得

$$F=AB+BC+AC=\overline{\overline{AB}\cdot\overline{BC}\cdot\overline{AC}}$$

③ 画逻辑图如图 9.4(b)所示。

**表 9.4 例 9.4 的真值表**

| $A$ | $B$ | $C$ | $F$ |
|---|---|---|---|
| 0 | 0 | 0 | 0 |
| 0 | 0 | 1 | 0 |
| 0 | 1 | 0 | 0 |
| 0 | 1 | 1 | 1 |
| 1 | 0 | 0 | 0 |
| 1 | 0 | 1 | 1 |
| 1 | 1 | 0 | 1 |
| 1 | 1 | 1 | 1 |

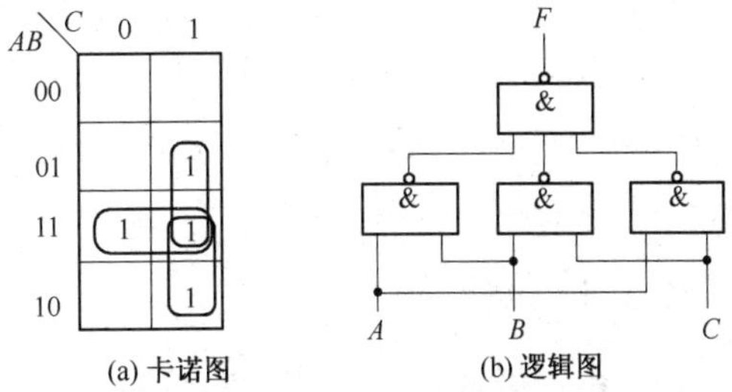

(a) 卡诺图　　(b) 逻辑图

图 9.4 例 9.4 的卡诺图和逻辑图

用 EDA 设计工具 QuartusⅡ(有关 QuartusⅡ软件的使用见附录 C.3)编辑的例 9.4 表决电路仿真原理图如图 9.5 所示,其仿真波形图如图 9.6 所示,由仿真结果可知所设计的电路是正确的。

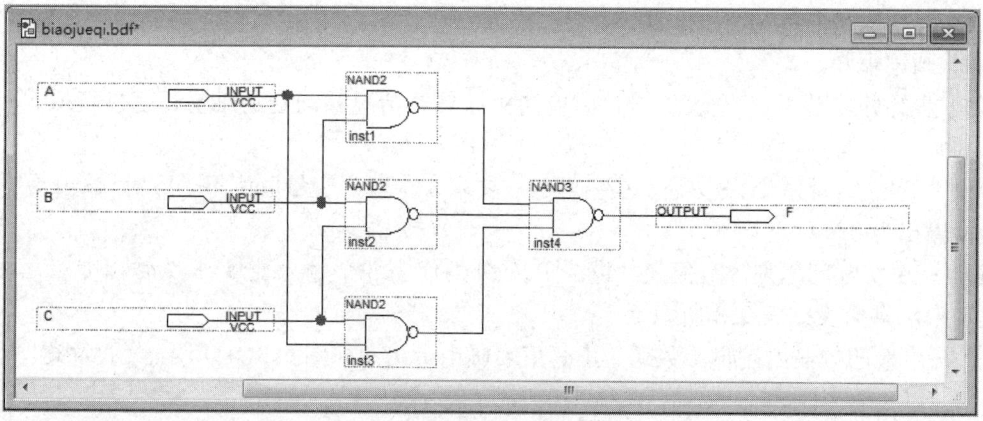


图 9.5　表决电路仿真原理图

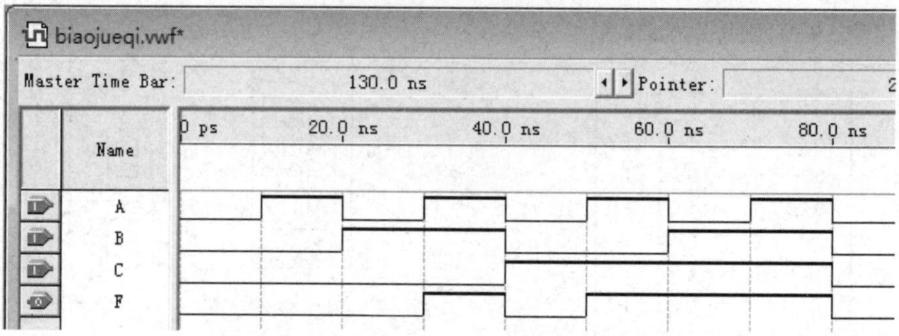


图 9.6　表决电路仿真波形图

**思考题 9.1(参考答案请扫描二维码 9-1)**

1. 如何判断一个逻辑电路是组合电路?
2. 用或非门来实现例 9.4 的表决电路,请写出逻辑函数的最简或非或非式。

二维码 9-1

## 9.2　MSI 构成的组合电路

上一节所介绍的组合电路设计方法,一般只适用于实现一些逻辑功能较为简单的数字系统。对变量数较多、功能较复杂的系统,若仍采用这种设计方法(列真值表→写最小项之和表达式→化简→画电路图),就显得不切实际了。容易想到的一个问题是:随着电路输入变量的增加,真值表的建立会变得越来越困难。本章介绍几种常用的组合逻辑功能模块,这些功能模块都有其对应的商品化电路,属于中规模集成电路(MSI)。本章内容将涉及如何由门电路来实现这些功能模块,以及这些中规模电路的应用。

### 9.2.1　编码器

由于数字设备只能处理二进制码信息,因此对需要处理的任何信息(如数和字符等),都必须转换成符合一定规则的二进制码。编码指的是用特定码表示特定信息的过程。完成编码功能的逻辑电路称为编码器。常用的编码器有:二进制编码器、二-十进制编码器及优先编码器等。

**1. 二进制编码器**

二进制编码器,是用 $n$ 位二进制码对 $N=2^n$ 个特定信息进行编码的逻辑电路。根据输入是否互相排斥,又可分为两类:一类称为输入互相排斥的编码器,另一类称为优先编码器。所谓输入互相排斥,是指在某一时刻编码器的 $N$ 个输入端中仅有一个为有效电平。换言之,编码器在某一时刻只对一个输入信号编码,而且一个输入信号对应一个 $n$ 位二进制码,不能重复。而优先编码器去除了输入互相排斥这一特殊的约束条件,它允许在某个时刻多个输入端为有效电平,但只对优先级最高的输入信号进行编码。优先级的高低是由设计者根据各个输入信号的轻重缓急情况决定的。下面通过具体例子说明二进制编码器的工作原理及设计过程。

**【例 9.5】** 试设计一个输入互相排斥的编码器,将 $X_0$,$X_1$,$X_2$ 和 $X_3$ 4 个输入信号(设高电平为有效电平)编成二进制码。

**解**:由于输入信号(被编码的对象)共有 4 个,即 $N=4$,则输出为一组 $n=2$ 的两位二进制代码,设为 $A_1A_0$,故称该编码器为两位二进制编码器。由于该编码器有 4 根输入线、2 根输出线,故常称为 4 线-2 线编码器。将输入信号和输出码之间的对应关系定义为:

$$X_0 \to 00 \quad X_1 \to 01 \quad X_2 \to 10 \quad X_3 \to 11$$

由上述定义和输入相互排斥的约束条件,可以得到编码器的真值表如图 9.7(a)所示,图 9.7(b)给出了求输出 $A_1$ 和 $A_0$ 的卡诺图。

对卡诺图化简,可得

$$A_1 = X_2 + X_3, \quad A_0 = X_1 + X_3$$

根据表达式画出的编码器的逻辑图如图 9.7(c)所示。

| $X_3$ | $X_2$ | $X_1$ | $X_0$ | $A_1$ | $A_0$ |
|---|---|---|---|---|---|
| 0 | 0 | 0 | 0 | × | × |
| 0 | 0 | 0 | 1 | 0 | 0 |
| 0 | 0 | 1 | 0 | 0 | 1 |
| 0 | 0 | 1 | 1 | × | × |
| 0 | 1 | 0 | 0 | 1 | 0 |
| 0 | 1 | 0 | 1 | × | × |
| 0 | 1 | 1 | 0 | × | × |
| 0 | 1 | 1 | 1 | × | × |
| 1 | 0 | 0 | 0 | 1 | 1 |
| 1 | 0 | 0 | 1 | × | × |
| 1 | 0 | 1 | 0 | × | × |
| 1 | 0 | 1 | 1 | × | × |
| 1 | 1 | 0 | 0 | × | × |
| 1 | 1 | 0 | 1 | × | × |
| 1 | 1 | 1 | 0 | × | × |
| 1 | 1 | 1 | 1 | × | × |

(a) 真值表

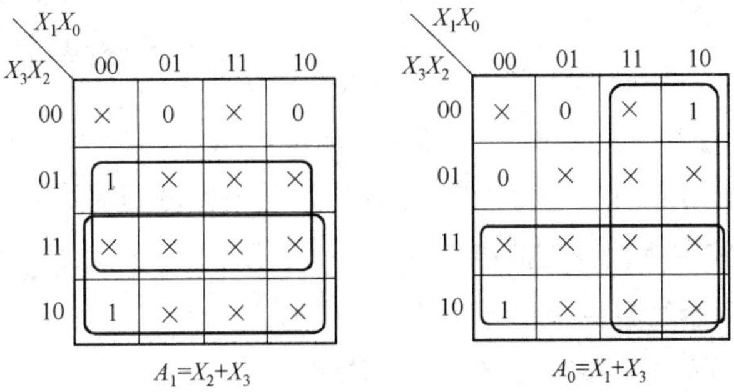


(b) 卡诺图

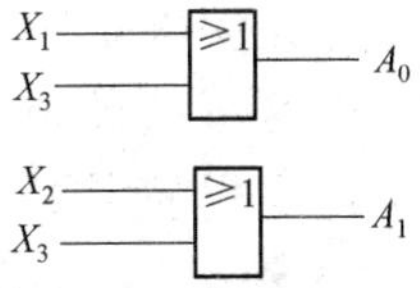


(c) 逻辑图

图 9.7 4 线-2 线编码器

上述编码器要求在任何时刻仅有一个输入信号有效,若不满足这个条件,输出将出现错误。例如,若同时使 $X_1$ 和 $X_2$ 为高电平 1,则由 $A_1$ 和 $A_0$ 的表达式可得 $A_1A_0=11$,和 $X_3$ 的码发生混淆。另外,在没有编码信号输入,即 $X_0 \sim X_3$ 均为 0 时,$A_1A_0=00$,它代表 $X_0$ 的码。

下面仍以上述例子来说明优先编码器的设计过程。首先去除上例中的约束条件,即允许多个输入端同时为有效电平,并规定输入信号优先级的高低次序为 $X_3$,$X_2$,$X_1$,$X_0$,即 $X_3$ 的优先级最高,$X_0$ 的最低。根据优先级的高低和上例中的码定义,4 线-2 线优先编码器的真值表如图 9.8(a)所示。为指示无信号输入情况,表中增加了 EO 输出端。图 9.8(b)给出了求 $A_1$ 和 $A_0$ 的卡诺图,利用卡诺图化简,可得

$$A_1 = X_2 + X_3 \quad A_0 = X_3 + X_1\overline{X_2} \quad \mathrm{EO} = \overline{X_3}\ \overline{X_2}\ \overline{X_1}\ \overline{X_0} = \overline{X_3 + X_2 + X_1 + X_0}$$

4 线-2 线优先编码器的逻辑图如图 9.8(c)所示。

**2. 二-十进制编码器**

二-十进制编码器,是用 BCD 码对 $I_0 \sim I_9$ 10 个输入信号进行编码的逻辑电路。显然,该电路

| $X_3$ | $X_2$ | $X_1$ | $X_0$ | $A_1$ | $A_0$ | EO |
|---|---|---|---|---|---|---|
| 0 | 0 | 0 | 0 | 0 | 0 | 1 |
| 0 | 0 | 0 | 1 | 0 | 0 | 0 |
| 0 | 0 | 1 | 0 | 0 | 1 | 0 |
| 0 | 0 | 1 | 1 | 0 | 1 | 0 |
| 0 | 1 | 0 | 0 | 1 | 0 | 0 |
| 0 | 1 | 0 | 1 | 1 | 0 | 0 |
| 0 | 1 | 1 | 0 | 1 | 0 | 0 |
| 0 | 1 | 1 | 1 | 1 | 0 | 0 |
| 1 | 0 | 0 | 0 | 1 | 1 | 0 |
| 1 | 0 | 0 | 1 | 1 | 1 | 0 |
| 1 | 0 | 1 | 0 | 1 | 1 | 0 |
| 1 | 0 | 1 | 1 | 1 | 1 | 0 |
| 1 | 1 | 0 | 0 | 1 | 1 | 0 |
| 1 | 1 | 0 | 1 | 1 | 1 | 0 |
| 1 | 1 | 1 | 0 | 1 | 1 | 0 |
| 1 | 1 | 1 | 1 | 1 | 1 | 0 |

(a) 真值表

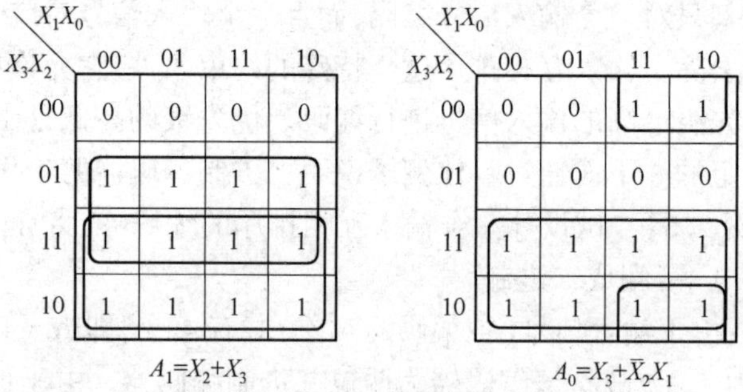


(b) 卡诺图

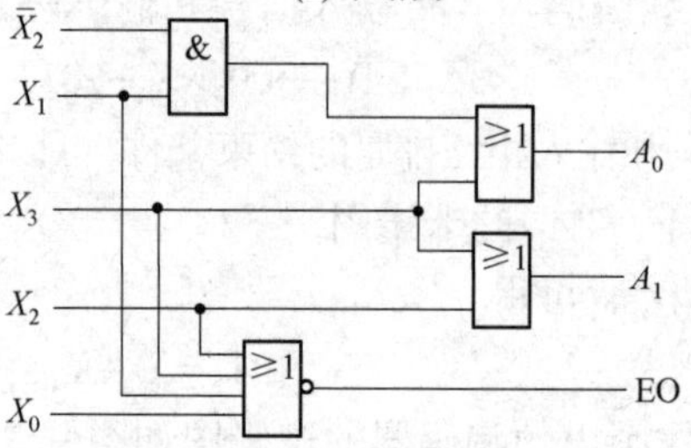


(c) 逻辑图

图 9.8　4 线-2 线优先编码器

有 10 个输入端,4 个输出端,常称为 10 线-4 线编码器。10 线-4 线编码器也可分为输入互相排斥和优先编码两种,它们的设计方法和上述二进制编码器是相同的,这里不再介绍。

**3. 常用编码器集成电路**

编码器的集成电路主要有两类,即 10 线-4 线优先编码器及 8 线-3 线优先编码器,它们的逻辑符号如图 9.9 所示。

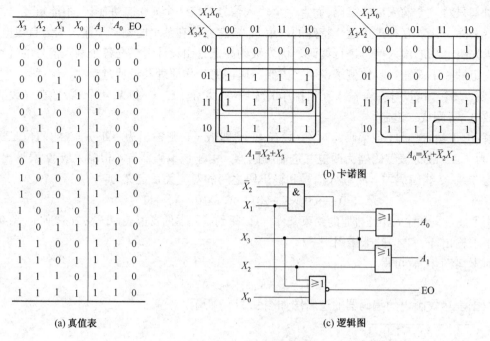

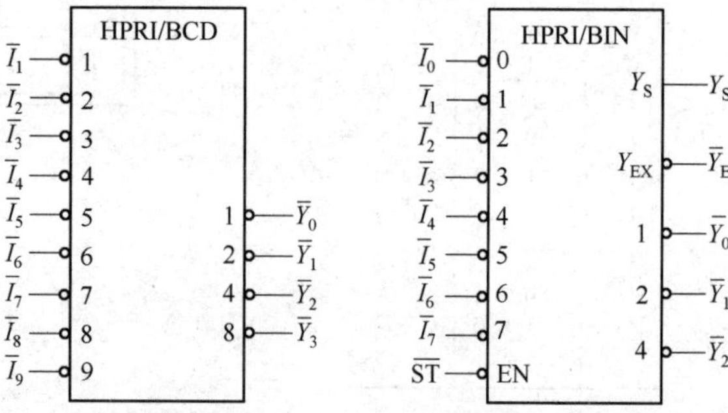


(a) 10 线-4 线 (74147)　　(b) 8 线-3 线 (74148)

图 9.9　两种优先编码器的逻辑符号

图中 HPRI 是最高位优先编码器的总说明符号。图 9.9(a)为 10 线-4 线优先编码器 74147(TTL 电路)的逻辑符号,而图 9.9(b)为 8 线-3 线优先编码器 74148(TTL 电路)的逻辑符号。

表 9.5 为 74147 的真值表。由真值表和图 9.9(a)的符号可以看出,这种编码器中没有输入$\overline{I}_0$ 端,这是因为$\overline{I}_0$ 的编码,同其他各输入端均为 1 是等效的,故在集成电路中省去了$\overline{I}_0$ 端。另由表 9.5 可知,输入编码信号为低电平有效,输出是反码形式的 8421 码。

74147 的引脚图如图 9.10 所示。

74148 的真值表如表 9.6 所示。由真值表可知,该电路有 8 个编码信号输入端,3 个输出端,并且编码输入$\overline{I}_0 \sim \overline{I}_7$ 与编码输出$\overline{Y}_0 \sim \overline{Y}_2$ 均为低电平有效。在输入信号中,$\overline{I}_7$ 优先级最高,$\overline{I}_0$ 最低。该编码器另设有选通输入,即使能$\overline{ST}$、选通输出 $Y_S$ 及扩展输出$\overline{Y}_{EX}$。从表 9.6 可以看出,$\overline{ST}=0$ 时,允许编码,有正常输出,即只要有一个输入$\overline{I}_i$ 为 0,$\overline{Y}_2\ \overline{Y}_1\ \overline{Y}_0$ 就输出对应的二进制码的反码,同时$\overline{Y}_{EX}=0$,而 $Y_S=1$。当输入$\overline{I}_i$ 均为 1 时,$\overline{Y}_2\ \overline{Y}_1\ \overline{Y}_0=111$,而$\overline{Y}_{EX}=1$,$Y_S=0$。当$\overline{ST}=1$ 时,电路禁止编码,此时$\overline{I}_0 \sim \overline{I}_7$ 不论为何种状态,$\overline{Y}_2$,$\overline{Y}_1$,$\overline{Y}_0$ 均为 1,$\overline{Y}_{EX}$和 $Y_S$ 均为 1。

当$\overline{Y}_2$,$\overline{Y}_1$,$\overline{Y}_0$ 均为 1 时,究竟是$\overline{I}_0=0$ 时的正常编码输出,还是$\overline{I}_i$ 为全 1(即无编码信号输入),或者是$\overline{ST}=1$ 禁止编码时的输出,这可由$\overline{Y}_{EX}$和 $Y_S$ 的输出状态来判定。

**表 9.5　74147 的真值表**

| 十进制 | 输入 | | | | | | | | | 输出（8421 反码） | | | |
|---|---|---|---|---|---|---|---|---|---|---|---|---|---|
| | $\bar{I}_1$ | $\bar{I}_2$ | $\bar{I}_3$ | $\bar{I}_4$ | $\bar{I}_5$ | $\bar{I}_6$ | $\bar{I}_7$ | $\bar{I}_8$ | $\bar{I}_9$ | $\bar{Y}_3$ | $\bar{Y}_2$ | $\bar{Y}_1$ | $\bar{Y}_0$ |
| 0 | 1 | 1 | 1 | 1 | 1 | 1 | 1 | 1 | 1 | 1 | 1 | 1 | 1 |
| 9 | × | × | × | × | × | × | × | × | 0 | 0 | 1 | 1 | 0 |
| 8 | × | × | × | × | × | × | × | 0 | 1 | 0 | 1 | 1 | 1 |
| 7 | × | × | × | × | × | × | 0 | 1 | 1 | 1 | 0 | 0 | 0 |
| 6 | × | × | × | × | × | 0 | 1 | 1 | 1 | 1 | 0 | 0 | 1 |
| 5 | × | × | × | × | 0 | 1 | 1 | 1 | 1 | 1 | 0 | 1 | 0 |
| 4 | × | × | × | 0 | 1 | 1 | 1 | 1 | 1 | 1 | 0 | 1 | 1 |
| 3 | × | × | 0 | 1 | 1 | 1 | 1 | 1 | 1 | 1 | 1 | 0 | 0 |
| 2 | × | 0 | 1 | 1 | 1 | 1 | 1 | 1 | 1 | 1 | 1 | 0 | 1 |
| 1 | 0 | 1 | 1 | 1 | 1 | 1 | 1 | 1 | 1 | 1 | 1 | 1 | 0 |

**表 9.6　74148 的真值表**

| 输入 | | | | | | | | | 输出 | | | | |
|---|---|---|---|---|---|---|---|---|---|---|---|---|---|
| $\overline{ST}$ | $\bar{I}_0$ | $\bar{I}_1$ | $\bar{I}_2$ | $\bar{I}_3$ | $\bar{I}_4$ | $\bar{I}_5$ | $\bar{I}_6$ | $\bar{I}_7$ | $\bar{Y}_2$ | $\bar{Y}_1$ | $\bar{Y}_0$ | $\bar{Y}_{EX}$ | $Y_S$ |
| 1 | × | × | × | × | × | × | × | × | 1 | 1 | 1 | 1 | 1 |
| 0 | 1 | 1 | 1 | 1 | 1 | 1 | 1 | 1 | 1 | 1 | 1 | 1 | 0 |
| 0 | × | × | × | × | × | × | × | 0 | 0 | 0 | 0 | 0 | 1 |
| 0 | × | × | × | × | × | × | 0 | 1 | 0 | 0 | 1 | 0 | 1 |
| 0 | × | × | × | × | × | 0 | 1 | 1 | 0 | 1 | 0 | 0 | 1 |
| 0 | × | × | × | × | 0 | 1 | 1 | 1 | 0 | 1 | 1 | 0 | 1 |
| 0 | × | × | × | 0 | 1 | 1 | 1 | 1 | 1 | 0 | 0 | 0 | 1 |
| 0 | × | × | 0 | 1 | 1 | 1 | 1 | 1 | 1 | 0 | 1 | 0 | 1 |
| 0 | × | 0 | 1 | 1 | 1 | 1 | 1 | 1 | 1 | 1 | 0 | 0 | 1 |
| 0 | 0 | 1 | 1 | 1 | 1 | 1 | 1 | 1 | 1 | 1 | 1 | 0 | 1 |

图 9.11 为 74148 的引脚图。

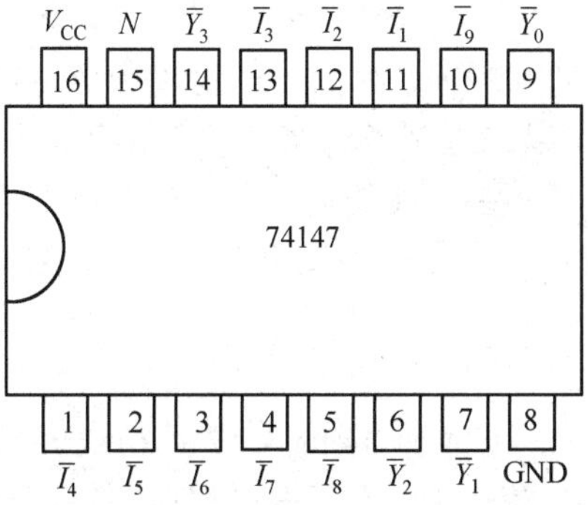

图 9.10　74147 的引脚图

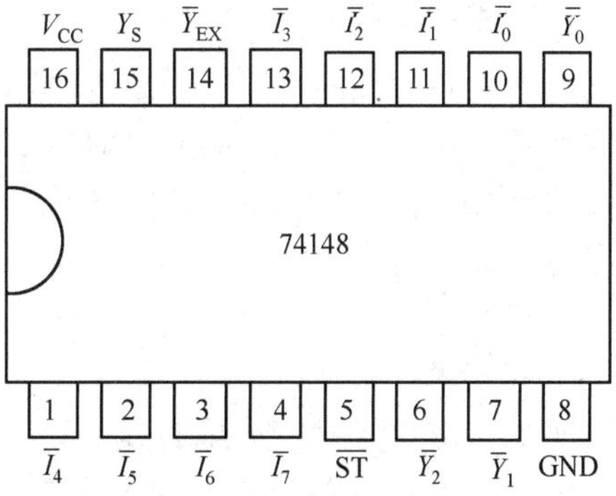

图 9.11　74148 的引脚图

下面举例说明用$\bar{Y}_{EX}$扩展编码器规模的方法。

**【例 9.6】**　试用两片 74148 构成 16 线-4 线优先编码器。要求将$\bar{I}_0$~$\bar{I}_{15}$ 16 个低电平输入信号编为输出 $\bar{a}_3\bar{a}_2\bar{a}_1\bar{a}_0$=1111~0000 16 个对应的 4 位二进制反码。其中以$\bar{I}_{15}$的优先级最高，$\bar{I}_0$ 的优先级最低。

**解：**① 编码输入信号的连接。因每片 74148 只有 8 个编码输入端，而现在要求编码的输入信号有 16 个，则可按优先级的高低，将$\bar{I}_{15}$~$\bar{I}_8$ 这 8 个优先级高的输入信号接到（1）片上，将$\bar{I}_7$~$\bar{I}_0$ 这 8 个优先级低的输入信号接到（2）片上，如图 9.12 所示。

② 片间连接。按优先顺序要求，两片之间应有如下关系：

a. 当（1）片的$\overline{ST}$=0 时，若该片有编码信号输入（$Y_S$=1），（2）片应当禁止编码（要求$\overline{ST}$=1）；

b. 当（1）片的$\overline{ST}$=0 时，若该片无编码信号输入（$Y_S$=0），（2）片允许编码（要求$\overline{ST}$=0）。

为此，只要将（1）片的$\overline{ST}$接地，将（1）片的 $Y_S$ 和（2）片的$\overline{ST}$连接，即将（1）片的选通输出 $Y_S$ 作为（2）片的选通输入信号即可。

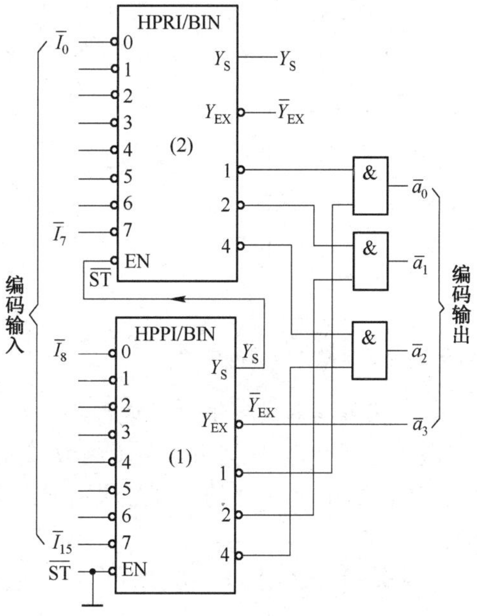

图 9.12　编码器扩展的逻辑图

③ 输出连接。当（1）片无编码信号输入时，该

片的$\overline{Y}_{\mathrm{EX}}=\overline{a}_3=1$，而(2)片处于允许编码状态，编码器输出为$\overline{a}_3\overline{a}_2\overline{a}_1\overline{a}_0=1000\sim1111$，其中最高位$\overline{a}_3=1$，低三位$\overline{a}_2\overline{a}_1\overline{a}_0$就等于(2)片的输出码(由于该时刻(1)片的输出码为111)；当(1)片有编码信号输入时，该片的$\overline{Y}_{\mathrm{EX}}=\overline{a}_3=0$，而(2)片处于禁止编码状态，编码器输出为$\overline{a}_3\overline{a}_2\overline{a}_1\overline{a}_0=0000\sim0111$，其中最高位$\overline{a}_3=0$，低三位$\overline{a}_2\overline{a}_1\overline{a}_0$就等于(1)片的输出码(这时(2)片的输出码为全1)。可见，这样连接正好满足了设计要求。

优先编码器在数字设备中，常用于优先中断电路及键盘编码电路。

### 9.2.2 译码器

在编码时，每一组码都赋予了特定的含意，即表示一个确定的信息。而译码则是编码的逆过程，是把每一组码的含义"翻译"出来的过程。完成译码功能的逻辑电路称为译码器。译码器的种类很多，但工作原理相似，设计方法相同。常见的译码器有二进制译码器、二-十进制译码器和显示译码器等。

**1. 二进制译码器**

将具有特定含义的一组二进制码，按其原意"翻译"成对应的输出信号的逻辑电路，叫做二进制译码器。由于$n$位二进制码可对应$2^n$个特定含义，所以二进制译码器是一个具有$n$个输入端和$2^n$个输出端的逻辑电路，其框图如图9.13所示。对每一组可能的输入码，译码器仅有一个输出信号为有效电平。因此，我们可以将二进制译码器当做一个最小项发生器，即每个输出正好对应一个最小项。

(1) 译码器电路结构

常见的二进制译码器有2线-4线译码器、3线-8线译码器和4线-16线译码器。图9.14(a)为2线-4线译码器的逻辑图，由该图可以看出，输入$BA$为不同的码时，选择不同的输出。例如：$BA=00$，选择$m_0$输出端；$BA=10$，选择$m_2$输出端，等等。容易写出：

$$m_0=\overline{B}\,\overline{A},m_1=\overline{B}A,m_2=B\overline{A},m_3=BA$$

图9.14(b)是另一种电路结构的译码器，电路由与非门组成，与图9.14(a)不同，该电路为输出低电平有效，即当输出端为0时，表示有译码信号输出。

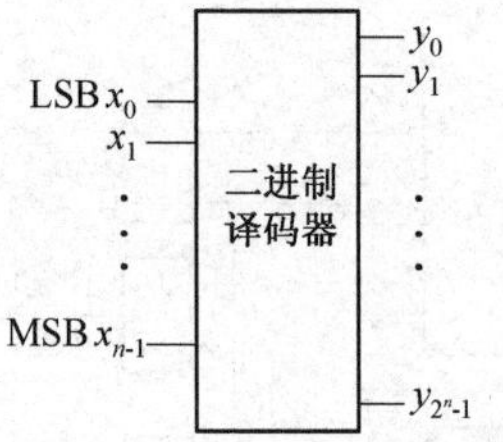

图9.13 二进制译码器的框图

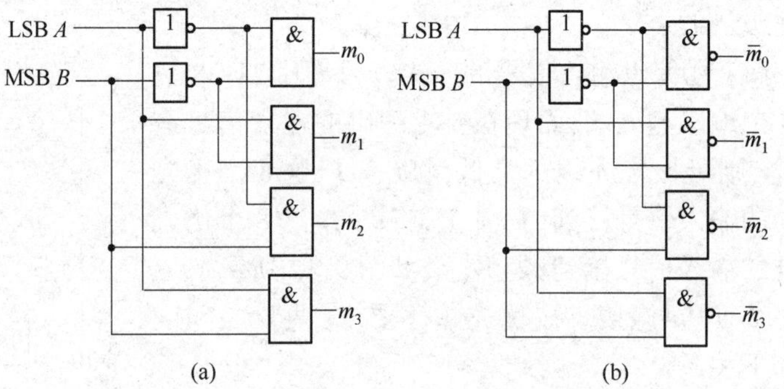

图9.14 2线-4线译码器的逻辑图

(2) 用译码器实现组合逻辑函数

我们已经知道，任何组合逻辑函数都可以写成最小项之和或最大项之积的形式。而二进制译码器能产生输入信号的全部最小项或最小项的非。因此，附加适当的逻辑门，就可实现任何组合逻辑函数。

**【例9.7】** 试用3线-8线译码器和逻辑门实现下列逻辑函数：

$$F(X,Y,Z)=\sum m(0,2,6)=\prod M(1,3,4,5,7)$$

**解**:分别选用输出不同有效电平的译码器及不同的逻辑门,该函数可以通过以下几种方案实现。

① 利用高电平有效输出的译码器和或门实现:

$$F(X,Y,Z)=m_0+m_2+m_6$$

逻辑图如图 9.15(a)所示。

② 利用低电平有效输出的译码器和与非门实现:

$$F(X,Y,Z)=\overline{\overline{m}_0\cdot\overline{m}_2\cdot\overline{m}_6}$$

逻辑图如图 9.15(b)所示。

③ 利用高电平有效输出的译码器和或非门实现:

$$F(X,Y,Z)=\overline{m_1+m_3+m_4+m_5+m_7}$$

逻辑图如图 9.15(c)所示。

④ 利用低电平有效输出的译码器和与门实现:

$$F(X,Y,Z)=\overline{m}_1\cdot\overline{m}_3\cdot\overline{m}_4\cdot\overline{m}_5\cdot\overline{m}_7$$

逻辑图如图 9.15(d)所示。

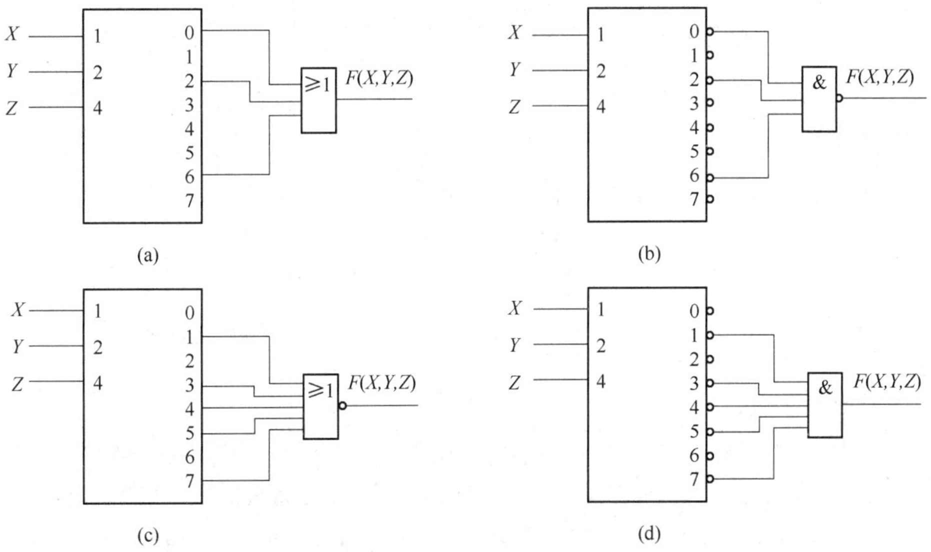


图 9.15　例 9.7 的逻辑图

(3) 译码器的使能控制输入端

译码器和其他功能模块经常都含有一个或几个使能输入端,利用使能端控制输入,既能允许电路正常工作,也能使电路处于禁止工作状态(电路输出为无效状态)。图 9.16(a)为一个带使能输入端的 2 线-4 线译码器,由图可知,$y_0=\overline{x}_1\ \overline{x}_0\mathrm{EN}=m_0\mathrm{EN}$,$y_1=\overline{x}_1x_0\mathrm{EN}=m_1\mathrm{EN}$,等等。写成一般形式:

$$y_k=m_k\mathrm{EN}$$

当 EN=0 时,所有的输出端被强迫为 0;而当 EN=1 时,每个输出端 $y_k=m_k$。

利用译码器的使能端,可将多个译码器级联在一起,实现译码器的规模扩展。图 9.17 为由两个 2 线-4 线译码器组成的 3 线-8 线译码器的逻辑图。由图可以知道,$I_2=0$ 时,允许左边的译码器译码,当输入码 $I_2I_1I_0$ 分别等于 000,001,010,011 时,输出分别对应于 $Y_0,Y_1,Y_2,Y_3$;$I_2=1$ 时,允许右边的译码器译码,当 $I_2I_1I_0$ 分别等于 100,101,110,111 时,输出分别对应于 $Y_4,Y_5,Y_6,Y_7$。因此,该电路完成 3 线-8 线译码器功能。

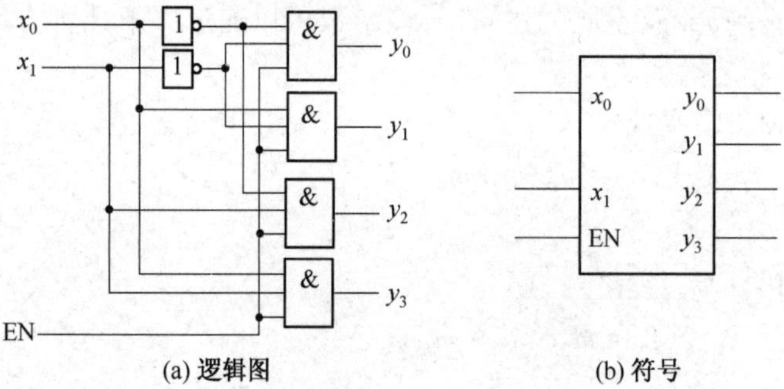


图 9.16　带使能端的 2 线-4 线译码器

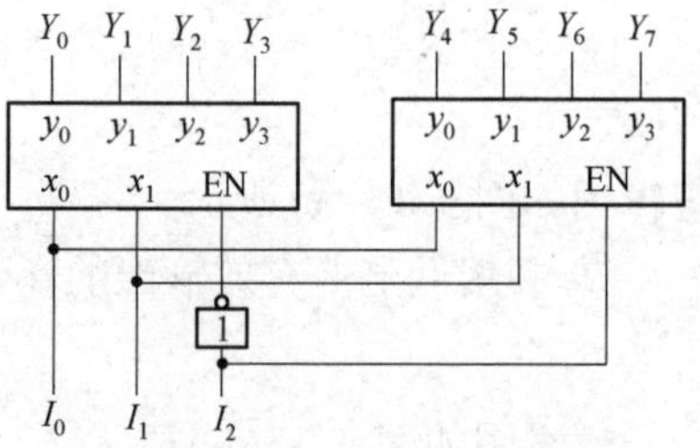


图 9.17　由两个 2 线-4 线译码器组成 3 线-8 线译码器的逻辑图

图 9.18 为由 5 个 2 线-4 线译码器组成的 4 线-16 线译码器，电路为分层结构，由下层的单个译码器的输出来控制上层 4 个译码器的工作状态，最终实现 4 线-16 线译码功能。

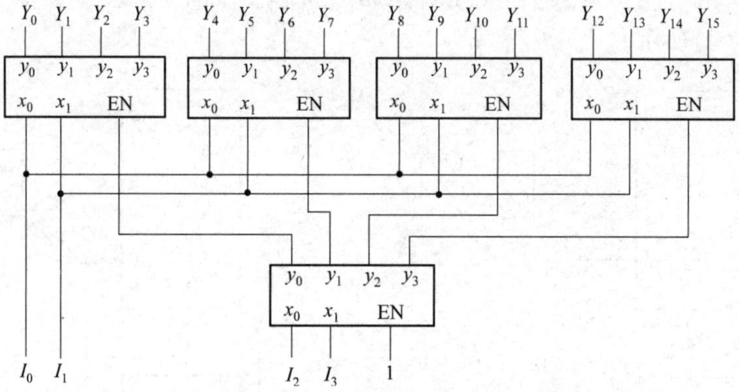


图 9.18　由 2 线-4 线译码器组成的 4 线-16 线译码器的逻辑图

**2. 二-十进制译码器**

二-十进制译码器的输入是 BCD 码，输出是 10 个高、低电平。因为该译码器有 4 个输入端，10 个输出端，常称为 4 线-10 线译码器。假设输入是 8421 码，输出低电平有效，并对 BCD 码以外的伪码（即 1010～1111 6 个无效码），所有输出端均无低电平信号产生，即译码器拒绝译码，其真值表如表 9.7 所示。

**表 9.7　4 线-10 线译码器的真值表**

| 序号 | $A_3$ | $A_2$ | $A_1$ | $A_0$ | $\overline{Y}_0$ | $\overline{Y}_1$ | $\overline{Y}_2$ | $\overline{Y}_3$ | $\overline{Y}_4$ | $\overline{Y}_5$ | $\overline{Y}_6$ | $\overline{Y}_7$ | $\overline{Y}_8$ | $\overline{Y}_9$ |
|---|---|---|---|---|---|---|---|---|---|---|---|---|---|---|
| 0 | 0 | 0 | 0 | 0 | 0 | 1 | 1 | 1 | 1 | 1 | 1 | 1 | 1 | 1 |
| 1 | 0 | 0 | 0 | 1 | 1 | 0 | 1 | 1 | 1 | 1 | 1 | 1 | 1 | 1 |
| 2 | 0 | 0 | 1 | 0 | 1 | 1 | 0 | 1 | 1 | 1 | 1 | 1 | 1 | 1 |
| 3 | 0 | 0 | 1 | 1 | 1 | 1 | 1 | 0 | 1 | 1 | 1 | 1 | 1 | 1 |
| 4 | 0 | 1 | 0 | 0 | 1 | 1 | 1 | 1 | 0 | 1 | 1 | 1 | 1 | 1 |
| 5 | 0 | 1 | 0 | 1 | 1 | 1 | 1 | 1 | 1 | 0 | 1 | 1 | 1 | 1 |
| 6 | 0 | 1 | 1 | 0 | 1 | 1 | 1 | 1 | 1 | 1 | 0 | 1 | 1 | 1 |
| 7 | 0 | 1 | 1 | 1 | 1 | 1 | 1 | 1 | 1 | 1 | 1 | 0 | 1 | 1 |
| 8 | 1 | 0 | 0 | 0 | 1 | 1 | 1 | 1 | 1 | 1 | 1 | 1 | 0 | 1 |
| 9 | 1 | 0 | 0 | 1 | 1 | 1 | 1 | 1 | 1 | 1 | 1 | 1 | 1 | 0 |
| 伪码 | 1 | 0 | 1 | 0 | 1 | 1 | 1 | 1 | 1 | 1 | 1 | 1 | 1 | 1 |
| | 1 | 0 | 1 | 1 | 1 | 1 | 1 | 1 | 1 | 1 | 1 | 1 | 1 | 1 |
| | 1 | 1 | 0 | 0 | 1 | 1 | 1 | 1 | 1 | 1 | 1 | 1 | 1 | 1 |
| | 1 | 1 | 0 | 1 | 1 | 1 | 1 | 1 | 1 | 1 | 1 | 1 | 1 | 1 |
| | 1 | 1 | 1 | 0 | 1 | 1 | 1 | 1 | 1 | 1 | 1 | 1 | 1 | 1 |
| | 1 | 1 | 1 | 1 | 1 | 1 | 1 | 1 | 1 | 1 | 1 | 1 | 1 | 1 |

由真值表可得：

$$\overline{Y}_0=\overline{\overline{A}_3\,\overline{A}_2\,\overline{A}_1\,\overline{A}_0}\qquad \overline{Y}_5=\overline{\overline{A}_3\,A_2\,\overline{A}_1\,A_0}$$

$$\overline{Y}_1=\overline{\overline{A}_3\,\overline{A}_2\,\overline{A}_1\,A_0}\qquad \overline{Y}_6=\overline{\overline{A}_3\,A_2A_1\,\overline{A}_0}$$

$$\overline{Y}_2=\overline{\overline{A}_3\,\overline{A}_2\,A_1\,\overline{A}_0}\qquad \overline{Y}_7=\overline{\overline{A}_3\,A_2\,A_1A_0}$$

$$\overline{Y}_3=\overline{\overline{A}_3\,\overline{A}_2\,A_1\,A_0}\qquad \overline{Y}_8=\overline{A_3\,\overline{A}_2\,\overline{A}_1\,\overline{A}_0}$$

$$\overline{Y}_4=\overline{\overline{A}_3\,A_2\overline{A}_1\,\overline{A}_0}\qquad \overline{Y}_9=\overline{A_3\,\overline{A}_2\,\overline{A}_1\,A_0}$$

画出逻辑图如图 9.19 所示。

**3. 常用译码器集成电路**

译码器的集成电路品种很多，有 2 线-4 线、3 线-8 线、4 线-10 线及 4 线-16 线译码器等。这里仅介绍 3 种常用译码器，一种是 3 线-8 线译码器，其商品型号为 74138；另一种是 4 线-16 线译码器，其商品型号为 74154；最后一种是 4 线-10 线译码器，其商品型号为 7442。

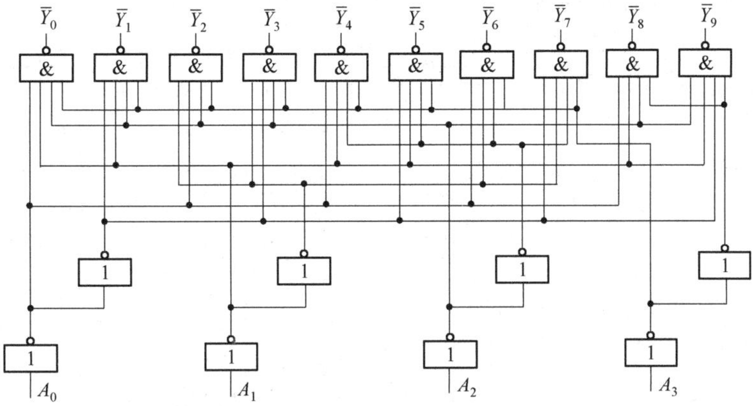


图 9.19　4 线-10 线译码器的逻辑图

74138 是一种应用广泛的译码器，图 9.20 为 74138 的逻辑图及逻辑符号。译码器的总限定符号是用输入/输出数码的缩写字符标注的。图 9.20(b)所示逻辑符号中的总限定符号 BIN/OCT，表示 74138 输入为二进制码，输出为 8 线。74138 的真值表如表 9.8 所示。

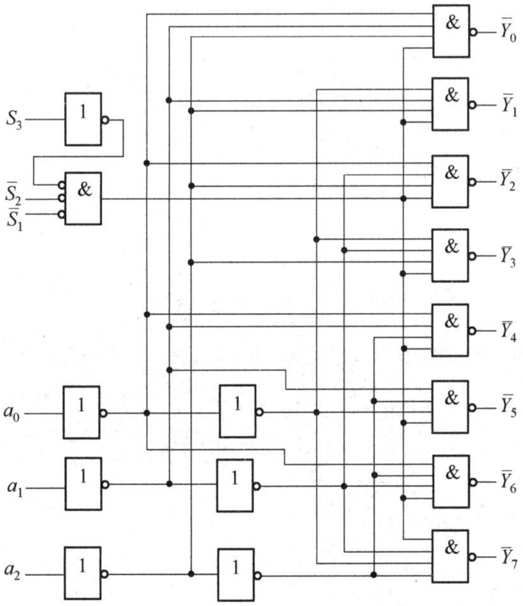


(a) 逻辑图

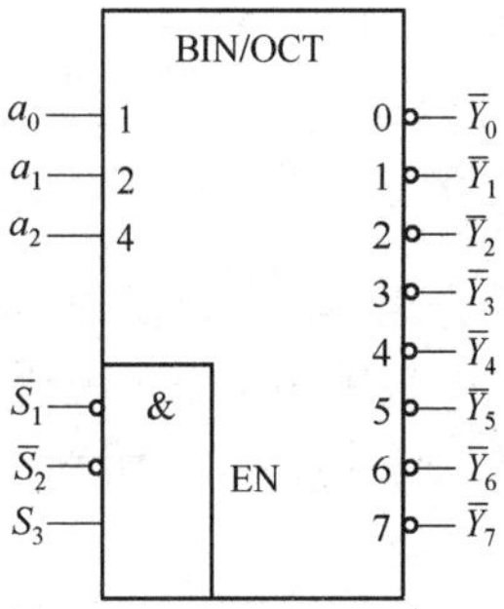


(b) 逻辑符号

图 9.20　74138

由图 9.20 可见，74138 属输出为低电平有效的 3 线-8 线译码器，输入端 $a_2, a_1, a_0$，$a_2$ 为高位，$a_0$ 为低位，每个输入端接有缓冲反相器，这样可以减轻信号源的负载。电路中有 3 个使能输入端 $\overline{S}_1, \overline{S}_2, S_3$，当 $\overline{S}_1 = \overline{S}_2 = 0$，且 $S_3 = 1$ 时，译码器才能正常工作，否则译码器处于禁止工作状态，所有输出端为高电平。

74154 的逻辑符号如图 9.21 所示。总限定符号 BIN/SIXTEEN 表示它的输入是二进制码，有 16 路输出。输出为低电平有效。74154 有两个使能输入端，当 $\overline{S}_1 = \overline{S}_2 = 0$ 时，译码器才能正常工作，否则译码器处于禁止状态，输出均呈现高电平。

7442 是一种典型的 4 线-10 线译码器，其逻辑符号如图 9.22 所示，总限定符号 BCD/DEC 表示，该译码器输入为 8421 码，有 10 路输出，输出为低电平有效。该电路有拒绝伪码输入功能，而不设使能输入端。

BCD 码的种类较多，对应的译码器商品电路还有余 3 码译码器等。

**表 9.8　3 线-8 线译码器的真值表**

| 序号 | 输入 | | | | | 输出 | | | | | | | |
|---|---|---|---|---|---|---|---|---|---|---|---|---|---|
| | $S_3$ | $\overline{S}_1+\overline{S}_2$ | $a_0$ | $a_1$ | $a_2$ | $\overline{Y}_0$ | $\overline{Y}_1$ | $\overline{Y}_2$ | $\overline{Y}_3$ | $\overline{Y}_4$ | $\overline{Y}_5$ | $\overline{Y}_6$ | $\overline{Y}_7$ |
| 0 | 1 | 0 | 0 | 0 | 0 | 0 | 1 | 1 | 1 | 1 | 1 | 1 | 1 |
| 1 | 1 | 0 | 1 | 0 | 0 | 1 | 0 | 1 | 1 | 1 | 1 | 1 | 1 |
| 2 | 1 | 0 | 0 | 1 | 0 | 1 | 1 | 0 | 1 | 1 | 1 | 1 | 1 |
| 3 | 1 | 0 | 1 | 1 | 0 | 1 | 1 | 1 | 0 | 1 | 1 | 1 | 1 |
| 4 | 1 | 0 | 0 | 0 | 1 | 1 | 1 | 1 | 1 | 0 | 1 | 1 | 1 |
| 5 | 1 | 0 | 1 | 0 | 1 | 1 | 1 | 1 | 1 | 1 | 0 | 1 | 1 |
| 6 | 1 | 0 | 0 | 1 | 1 | 1 | 1 | 1 | 1 | 1 | 1 | 0 | 1 |
| 7 | 1 | 0 | 1 | 1 | 1 | 1 | 1 | 1 | 1 | 1 | 1 | 1 | 0 |
| 禁止 | 0 | × | × | × | × | 1 | 1 | 1 | 1 | 1 | 1 | 1 | 1 |
| | × | 1 | × | × | × | 1 | 1 | 1 | 1 | 1 | 1 | 1 | 1 |

**4. 数据分配器**

数据分配是将一个数据源输入的数据根据需要送到不同的输出端上去。实现数据分配功能的逻辑电路称为数据分配器。数据分配器的功能示意图如图 9.23 所示，图中每组输入和输出有 $m$ 位，而选择信号输入码(通常称为地址码)用来决定输入数据将被送到哪一路输出。可见，数据分配器是将一路输入数据有选择地送到 $N$ 路输出通道中的某一路，它的作用相当于多个输出的单刀多掷开关，因此数据分配器又叫多路复用器。

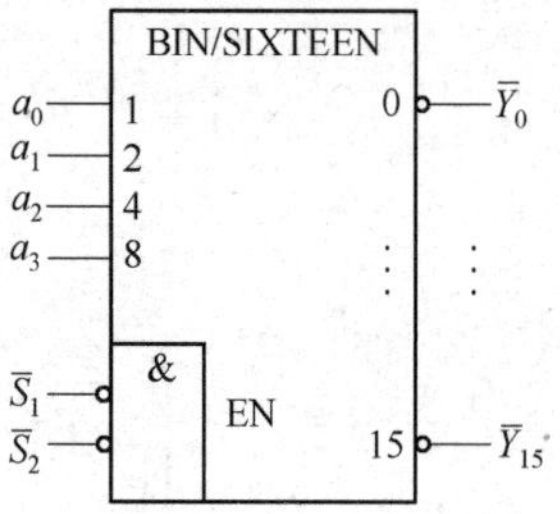


图 9.21　74154 的逻辑符号

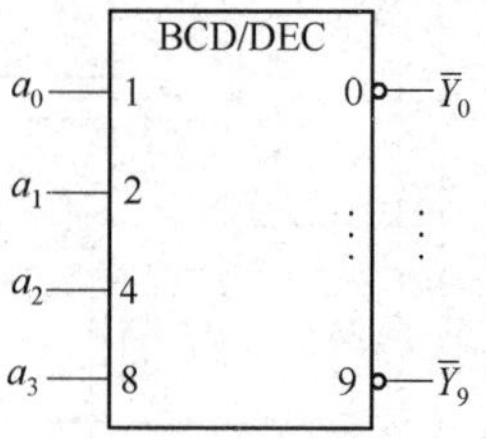


图 9.22　7442 的逻辑符号

数据分配器可以用带使能控制端的二进制译码器实现。例如，用 3 线-8 线译码器可以把 1 路数据信号分配到 8 个不同的输出通道上去。用 74138 作为数据分配器的逻辑图如图 9.24 所示。将 $\overline{S}_1$ 接低电平，$S_3$ 作为使能端，$C$、$B$ 和 $A$ 作为选择通道的地址码输入端，$\overline{S}_2$ 作为数据输入端。

由上节分析可知，74138 的输出逻辑函数式为

$$\overline{Y}_i=\overline{m_i S_3\,\overline{\overline{S}_2}\,\overline{\overline{S}_1}}\qquad i=0,1,\cdots,7$$

式中 $m_i$ 为地址变量构成的最小项。将上式中的 $S_3$、$\overline{S}_2$ 和 $\overline{S}_1$ 分别用 EN、$D$ 和 0 代入，可得

$$\overline{Y}_i=\overline{m_i\mathrm{EN}\overline{\overline{D}}}$$

若 EN=1(使能有效)，则当 $CBA=010$ 时，数据 $D$ 被传送到 $\overline{Y}_2$ 端；当 $CBA=111$ 时，数据 $D$ 被传送到 $\overline{Y}_7$ 端。当 EN=0 时，所有输出端均为高电平。74138 作为数据分配器时的功能表如表 9.9 所示。图 9.25 所示为图 9.24 的仿真波形图。图中，Y2n 对应 $\overline{Y}_2$ 输出端，Y7n 对应 $\overline{Y}_7$ 输出端。数据分配器的用途比较多。例如，用它将一台 PC 与多台外部设备连接，将计算机的数据分送到外部设备中；它还可以与时钟源相连接，组成时钟脉冲分配器；和数据选择器连接组成分时数据传送系统，也是数据分配器的一种典型应用。

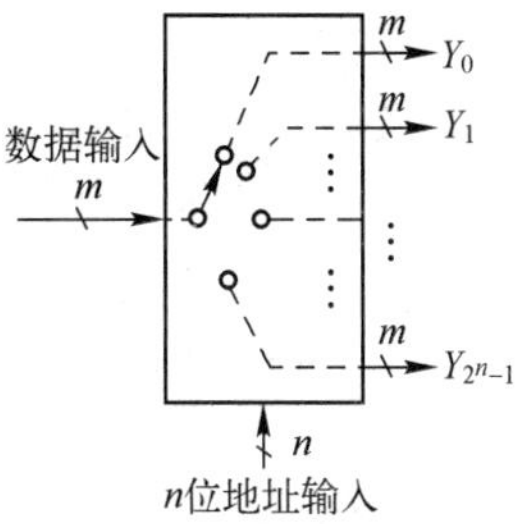


图 9.23　数据分配器的功能示意图

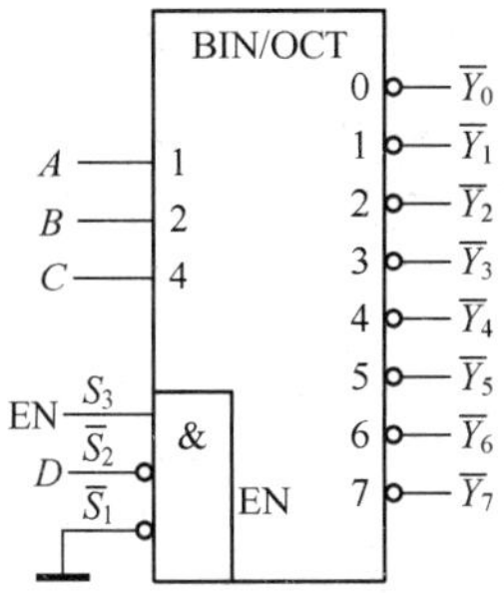


图 9.24　数据分配器的逻辑图

**表 9.9　74138 作为数据分配器时的功能表**

| $S_3$ | $\overline{S}_2$ | $C$ | $B$ | $A$ | $\overline{Y}_0$ | $\overline{Y}_1$ | $\overline{Y}_2$ | $\overline{Y}_3$ | $\overline{Y}_4$ | $\overline{Y}_5$ | $\overline{Y}_6$ | $\overline{Y}_7$ |
|---|---|---|---|---|---|---|---|---|---|---|---|---|
| 1 | D | 0 | 0 | 0 | D | 1 | 1 | 1 | 1 | 1 | 1 | 1 |
| 1 | D | 0 | 0 | 1 | 1 | D | 1 | 1 | 1 | 1 | 1 | 1 |
| 1 | D | 0 | 1 | 0 | 1 | 1 | D | 1 | 1 | 1 | 1 | 1 |
| 1 | D | 0 | 1 | 1 | 1 | 1 | 1 | D | 1 | 1 | 1 | 1 |
| 1 | D | 1 | 0 | 0 | 1 | 1 | 1 | 1 | D | 1 | 1 | 1 |
| 1 | D | 1 | 0 | 1 | 1 | 1 | 1 | 1 | 1 | D | 1 | 1 |
| 1 | D | 1 | 1 | 0 | 1 | 1 | 1 | 1 | 1 | 1 | D | 1 |
| 1 | D | 1 | 1 | 1 | 1 | 1 | 1 | 1 | 1 | 1 | 1 | D |
| 0 | × | × | × | × | 1 | 1 | 1 | 1 | 1 | 1 | 1 | 1 |

注：$\overline{S}_1=0$

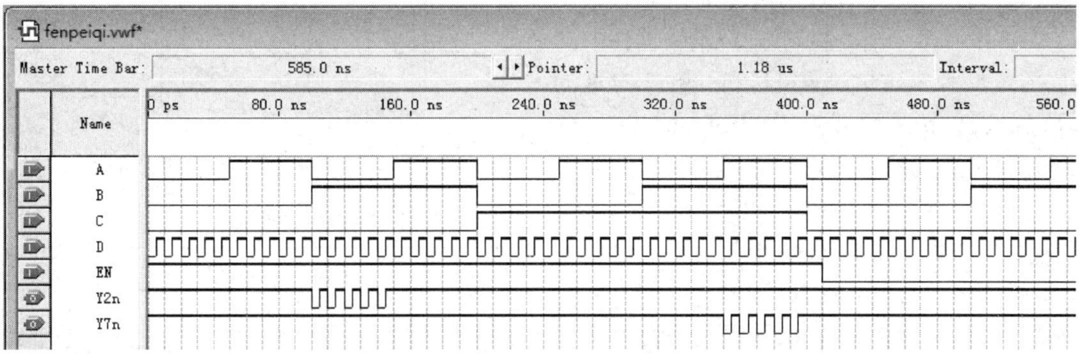


图 9.25　74138 实现 1 分 8 数据分配器的仿真波形图

### 5. 显示译码器

在数字系统中，经常需要将测量结果或数值运算结果用十进制数直观地显示出来，以便记录和查看。由于各种数字显示器件（简称数码管）的工作方式不同，因而对译码器的设计要求也不同。目前常用的数字显示器件是七段数码管，如荧光数码管、半导体数码管和液晶显示器等。下面以半导体数码管为例，说明其显示原理及相应译码器的设计过程。

（1）七段数码管

七段数码管的 7 个发光段是 7 个条状的发光二极管（简称 LED），它的 PN 结是用特殊的半导体材料（例如磷砷化镓）做成的。当外加正向电压时，发光二极管可以将电能转换成光能，从而发出清晰悦目的光线。7 个发光二极管排列成日字形，如图 9.26(a)所示。通过不同发光段的组合，显示出 0～9 10 个十进制数字，如图 9.26(b)所示。

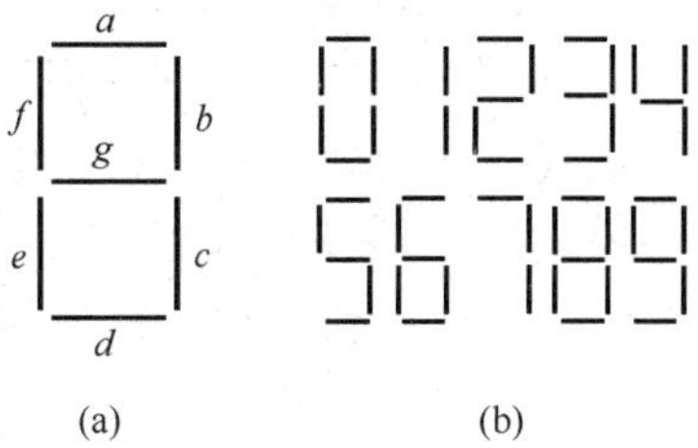


图 9.26　七段数码管

这种数码管的内部接法有两种：一种是 7 个发光二极管共用一个阳极，称为共阳极电路，阳极接高电平，当阴极接低电平时，则该段亮，接高电平则灭；另一种是 7 个发光二极管共用一个阴极，称为共阴极电路，阴极接低电平，当阳极接高电平时，则该段亮，接低电平则灭。

由于半导体数码管的工作电压比较低（1.5～3V），所以能直接用 TTL 或 CMOS 集成电路驱动。

（2）常用显示译码器集成电路

驱动七段数码管的译码器称为 BCD 七段显示译码器，通过它将数字系统中 BCD 码转换成数码管所需要的驱动信号，使数码管用十进制数字显示出 BCD 码所表示的数值。显示译码器有 4 个输入端，7 个输出端。输入为待显示的 BCD 码，输出为七段显示码。需要说明的是，显示译码器和上节介绍的二进制或二-十进制译码器不同，不再是某一个输出端为有效电平，而对每输入一组 BCD 码，译码器 7 个输出端中也许有几个为高电平，而其他为低电平。比如，当输入 BCD 码为 0001 时，若采用共阳极数码管，则显示译码器的输出 $abcdefg=1001111$。七段显示译码器设计和前面讨论的普通译码器设计方法是相同的，这里不再详细说明。

常用的七段显示译码器集成电路种类较多，如 7446、7447、7448、7449 和 4511 等。下面重点介绍 7448。

7448 输出高电平有效，用以驱动共阴极显示器。7448 设有多个辅助控制端，以增强器件的功能。图 9.27 为 7448 的逻辑符号和引脚图，7448 的功能表如表 9.10 所示，它有 LT、RBI、BI/RBO 3 个辅助控制端，现分别简要说明如下：

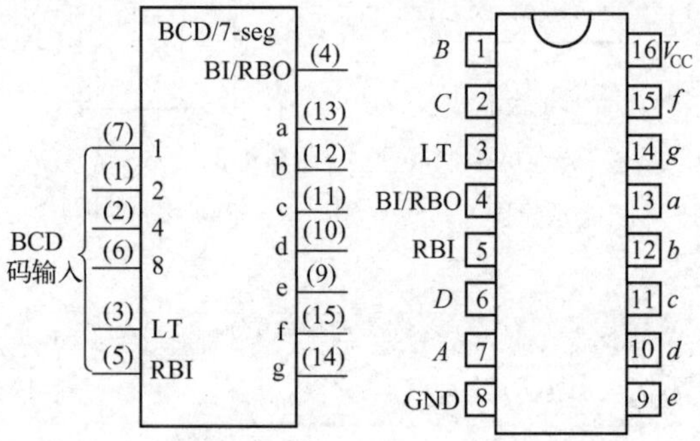


(a) 逻辑符号　　(b) 引脚图

图 9.27　7448 的逻辑符号和引脚图

**表 9.10　7448 的功能表**

| 十进制数或功能 | 输入 | | | | | | BI/RBO | 输出 | | | | | | | 字形 |
|---|---|---|---|---|---|---|---|---|---|---|---|---|---|---|---|
| | LT | RBI | $D$ | $C$ | $B$ | $A$ | | $a$ | $b$ | $c$ | $d$ | $e$ | $f$ | $g$ | |
| 0 | 1 | 1 | 0 | 0 | 0 | 0 | 1 | 1 | 1 | 1 | 1 | 1 | 1 | 0 | 0 |
| 1 | 1 | × | 0 | 0 | 0 | 1 | 1 | 0 | 1 | 1 | 0 | 0 | 0 | 0 | 1 |
| 2 | 1 | × | 0 | 0 | 1 | 0 | 1 | 1 | 1 | 0 | 1 | 1 | 0 | 1 | 2 |
| 3 | 1 | × | 0 | 0 | 1 | 1 | 1 | 1 | 1 | 1 | 1 | 0 | 0 | 1 | 3 |
| 4 | 1 | × | 0 | 1 | 0 | 0 | 1 | 0 | 1 | 1 | 0 | 0 | 1 | 1 | 4 |
| 5 | 1 | × | 0 | 1 | 0 | 1 | 1 | 1 | 0 | 1 | 1 | 0 | 1 | 1 | 5 |
| 6 | 1 | × | 0 | 1 | 1 | 0 | 1 | 0 | 0 | 1 | 1 | 1 | 1 | 1 | 6 |
| 7 | 1 | × | 0 | 1 | 1 | 1 | 1 | 1 | 1 | 1 | 0 | 0 | 0 | 0 | 7 |
| 8 | 1 | × | 1 | 0 | 0 | 0 | 1 | 1 | 1 | 1 | 1 | 1 | 1 | 1 | 8 |
| 9 | 1 | × | 1 | 0 | 0 | 1 | 1 | 1 | 1 | 1 | 1 | 0 | 1 | 1 | 9 |
| 10 | 1 | × | 1 | 0 | 1 | 0 | 1 | 0 | 0 | 0 | 1 | 1 | 0 | 1 | |
| 11 | 1 | × | 1 | 0 | 1 | 1 | 1 | 0 | 0 | 1 | 1 | 0 | 0 | 1 | |
| 12 | 1 | × | 1 | 1 | 0 | 0 | 1 | 0 | 1 | 0 | 0 | 0 | 1 | 1 | |
| 13 | 1 | × | 1 | 1 | 0 | 1 | 1 | 1 | 0 | 0 | 1 | 0 | 1 | 1 | |
| 14 | 1 | × | 1 | 1 | 1 | 0 | 1 | 0 | 0 | 0 | 1 | 1 | 1 | 1 | |
| 15 | 1 | × | 1 | 1 | 1 | 1 | 1 | 0 | 0 | 0 | 0 | 0 | 0 | 0 | |
| 消隐脉冲 | × | × | × | × | × | × | 0 | 0 | 0 | 0 | 0 | 0 | 0 | 0 | |
| 消隐灯 | 1 | 0 | 0 | 0 | 0 | 0 | 0 | 0 | 0 | 0 | 0 | 0 | 0 | 0 | |
| 测试 | 0 | × | × | × | × | × | 1 | 1 | 1 | 1 | 1 | 1 | 1 | 1 | 8 |

（1）灭灯输入 BI/RBO。BI/RBO 是特殊控制端，它有时作为输入，有时作为输出。当 BI/RBO 用做输入，且 BI = 0 时，无论其他输入是什么电平，所有各段输出 $a \sim g$ 均为 0，所以字形熄灭。

（2）试灯输入 LT。当 LT = 0 时，BI/RBO 作为输出端，且 RBO = 1，此时无论其他输入端是什么状态，各段输出 $a \sim g$ 均为 1，显示“8”的字形。该输入端常用于检查 7448 本身及显示器的好坏。

（3）动态灭零输入 RBI。当 LT = 1，RBI = 0 且输入码为 0000 时，各段输出 $a \sim g$ 均为低电平，这时不显示与之相应的“0”字形，故称“灭零”。利用 LT = 1 与 RBI = 0 可以实现某一位的“消隐”。此时 BI/RBO 作为输出端，且 RBO = 0。

（4）动态灭零输出 RBO。BI/RBO 作为输出时，受控于 LT 和 RBI。当 LT = 1 且 RBI = 0，输入 $DCBA$ 为 0000 时，RBO = 0；若 LT = 0 或 1 且 RBI = 1，则 RBO = 1。该端主要用于显示多位数字时，多个译码器之间的连接。

从功能表还可以看出，对输入 $DCBA=0000$，译码条件是：LT 和 RBI 同时等于 1，而对其他输入码则要求 LT = 1，这时，译码器各段 $a \sim g$ 输出的电平是由输入 BCD 码确定的并且满足显示字形的要求。

图 9.28 所示电路是一个用 7448 实现多位数字译码显示的例子,通过它可以了解译码芯片各控制端的用法,特别是如何动态灭零,实现无意义位的“消隐”。图中 6 个显示器由 6 个 7448 驱动。各片 7448 的 LT 均接高电平,由于(1)片的 RBI = 0 且 $DCBA$ = 0000,所以(1)片满足灭零条件,无字形显示,同时输出 RBO = 0;(1)片的 RBO 与(2)片的 RBI 相连,使(2)片也满足灭零条件,无显示并输出 RBO = 0;同理,(3)片也满足灭零条件,无显示。由于(4)片的输入为 $DCBA$ = 1001,所以输出 9 的字形码,同时输出 RBO = 1,这样(5)片译码器的 RBI = 1,所以它就能正常输出 0 的字形码。可见,用这样的连接方法,可达到使高位无意义的零被“消隐”的目的。

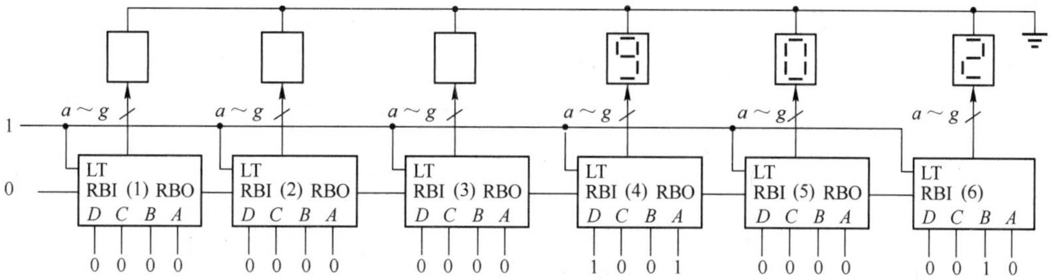


图 9.28　用 7448 实现多位数字译码显示

### 9.2.3　数据选择器

前面我们已经知道,将一个输入通道上的信号送到多个输出端中的某一个的逻辑电路,称为数据分配器。相反,在数字系统中,把从多路输入数据中选择其中一路送至输出端的逻辑电路称为数据选择器(简称 MUX)。通常把数据输入端的个数称为通道数。常见的有 2 选 1、4 选 1、8 选 1 和 16 选 1 数据选择器等。

**1. 数据选择器的电路结构**

一个 $N$ 选 1 的数据选择器,有 $N$ 路数据输入端,一路数据输出端,为确定选择何路输出,还须设有 $k$ 路地址码输入端。为使地址码与数据输入端之间有一一对应关系,应满足 $2^k=N$。下面以 4 选 1 数据选择器为例,说明其电路结构。

图 9.29(a)为 4 选 1 MUX 的原理图,图中,$D_0 \sim D_3$ 为数据输入端,$Y$ 为输出端,$A_1$,$A_0$ 为地址码输入端。地址码经 2 线-4 线译码器译码,产生有效信号,控制 $b_0 \sim b_3$ 四个开关,最终选择一路数据输出。图 9.29(b)为 4 选 1 MUX 的真值表。由真值表可写出 MUX 的逻辑函数式:

$$Y = (\overline{A}_1\overline{A}_0)D_0 + (\overline{A}_1A_0)D_1 + (A_1\overline{A}_0)D_2 + (A_1A_0)D_3$$

$$= \sum_{i=0}^{3} m_iD_i \quad (m_i \text{ 为地址输入变量构成的最小项})$$

图 9.29(c)为其逻辑图。当所采用数据选择器的通道数少于所要传输的数据通道时,可以进行通道扩展。图 9.30 给出了由 5 个 4 选 1 MUX 构成一个 16 选 1 MUX 的例子。由图可以看出,地址码 $A_1A_0$ 为下层 4 个 MUX 所共用,$A_3A_2$ 为上层 MUX 的地址码,当 $A_3A_2A_1A_0$ 为 0000 ~ 1111 时,就能将对应的输入数据 $I_0 \sim I_{15}$ 有选择地送到输出端。

**2. 常用数据选择器集成电路**

常用数据选择器集成电路产品较多,见表 9.11。

由表可知,CMOS 的 MUX 有两大类,其中能传输模拟信号的又称为多路模拟开关,它是由地址译码器和多路双向模拟开关组成的,所以它又能传送数字信号,并能在 $N$ 线和 1 线之间实现双向传送。

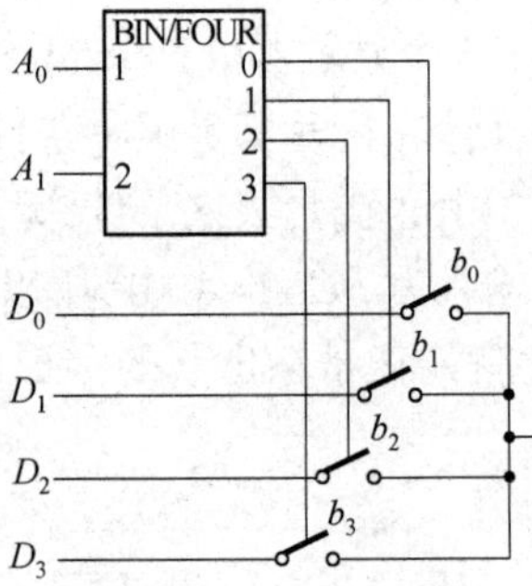


(a) 原理图

| $A_1$ | $A_0$ | $Y$ |
|---|---|---|
| 0 | 0 | $D_0$ |
| 0 | 1 | $D_1$ |
| 1 | 0 | $D_2$ |
| 1 | 1 | $D_3$ |

(b) 真值表

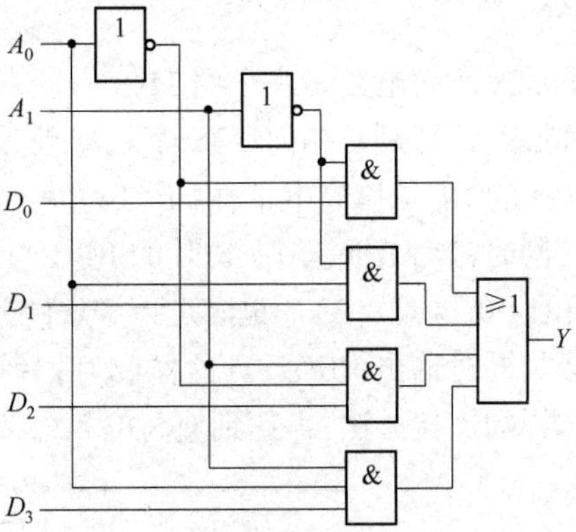


(c) 逻辑图

图 9.29　4 选 1 MUX

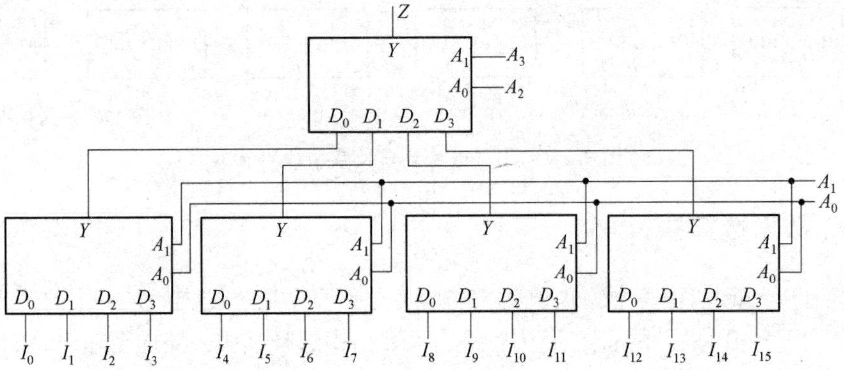


图 9.30　由 4 选 1 MUX 组成 16 选 1 MUX 的逻辑图

74153 是一种常用的双 4 选 1 MUX，其中地址码 $A_1A_0$ 是公共的，但每个电路另有单独的选通控制端$\overline{ST}$，它的真值表和按 ANSI/IEEE 标准规定的逻辑符号如图 9.31 所示。

**表 9.11　常用 MUX 集成电路产品**

| 输入数 | TTL | CMOS(数字) | CMOS(模拟) | ECL |
|---|---|---|---|---|
| 16 | 74150 | 4515 | 4067 | |
| 2×8 | 74451 | | 4097 | |
| 8 | 74151 | 4512 | 4051 | 10164 |
| 4×4 | 74453 | | | |
| 2×4 | 74153 | 4539 | 4052 | 10174 |
| 8×2 | 74604 | | | |
| 4×2 | 74157 | 4519 | | 10159 |

| 输入 | | | 输出 |
|---|---|---|---|
| $A_1$ | $A_0$ | $\overline{ST}$ | $Y$ |
| × | × | 1 | 0 |
| 0 | 0 | 0 | $D_0$ |
| 0 | 1 | 0 | $D_1$ |
| 1 | 0 | 0 | $D_2$ |
| 1 | 1 | 0 | $D_3$ |

(a) 真值表（单路）

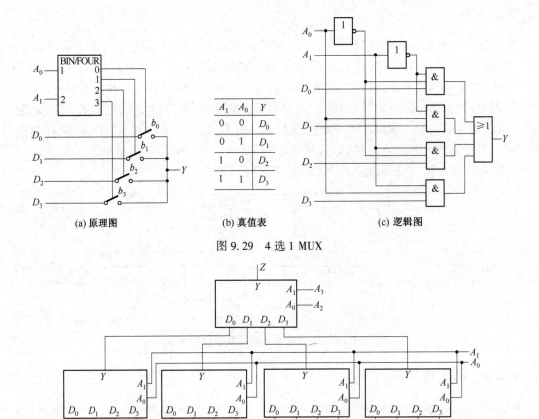

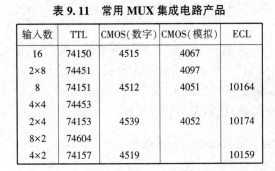

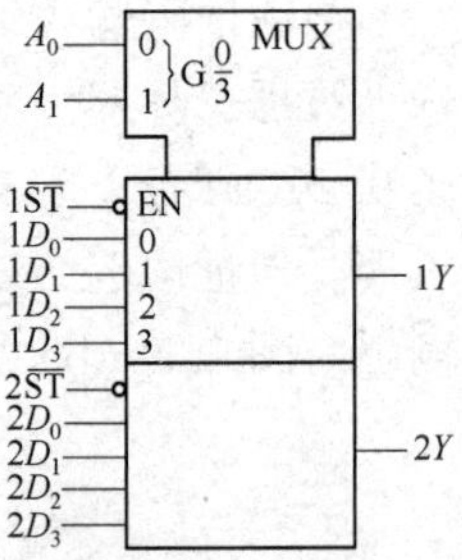


(b) ANSI/IEEE标准逻辑符号

图 9.31　74153

在图 9.31(b)中，顶部的公共控制框对应着图 9.29 电路中的 2 线-4 线译码器部分，其控制作用以“与”关联符号 G 表示，后面的$\frac{0}{3}$即为 0~3 的简写。下部为两个相同的单元框，其中选通端$\overline{ST}$为低电平有效，用 EN 说明它的使能作用，由于这个 EN 后面无数字，所以它对本单元全部输入端 0~3 均起作用，故可称之为单元选通端。当$\overline{ST}=1$ 时，则该单元禁止工作，或称未被选中。因此，每个单元的输出逻辑函数式为：

$$Y=(\overline{A}_1\overline{A}_0D_0+\overline{A}_1A_0D_1+A_1\overline{A}_0D_2+A_1A_0D_3)\mathrm{ST}$$

另一种常用的 MUX 为 74151，其逻辑符号如图 9.32 所示，它有 8 路输入端，需要 3 位地址码

$A_1A_1A_0$ 以控制 8 路输入信号中的某一路送到输出端。电路还提供数据的反码$\overline{Y}$输出端,以方便用户。74151 的输出逻辑函数式为:

$$Y=\mathrm{ST}(\overline{A_2}\,\overline{A_1}\,\overline{A_0}D_0+\overline{A_2}\,\overline{A_1}A_0D_1+\overline{A_2}A_1\overline{A_0}D_2+\overline{A_2}A_1A_0D_3+A_2\overline{A_1}\,\overline{A_0}D_4+ A_2\overline{A_1}A_0D_5+A_2A_1\overline{A_0}D_6+A_2A_1A_0D_7)$$

由于数据选择器集成电路一般都含有选通端$\overline{\mathrm{ST}}$,利用$\overline{\mathrm{ST}}$端,也能实现选择器通道扩展。

**【例 9.8】** 试用一片双 4 选 1 数据选择器 74153,实现 8 选 1 数据选择器功能。

**解:**图 9.33 是利用$\overline{\mathrm{ST}}$实现 MUX 通道扩展的逻辑图。由该图可以看出:

$$\begin{aligned}Y &= 1Y+2Y\\ &=\overline{A_2}(\overline{A_1}\,\overline{A_0}D_0+\overline{A_1}A_0D_1+A_1\overline{A_0}D_2+A_1A_0D_3)+A_2(\overline{A_1}\,\overline{A_0}D_4+\overline{A_1}A_0D_5+A_1\overline{A_0}D_6+A_1A_0D_7)\\ &= m_0D_0+m_1D_1+m_2D_2+m_3D_3+m_4D_4+m_5D_5+m_6D_6+m_7D_7\end{aligned}$$

其中,$m_0\sim m_7$ 为地址变量 $A_2\sim A_0$ 构成的最小项。

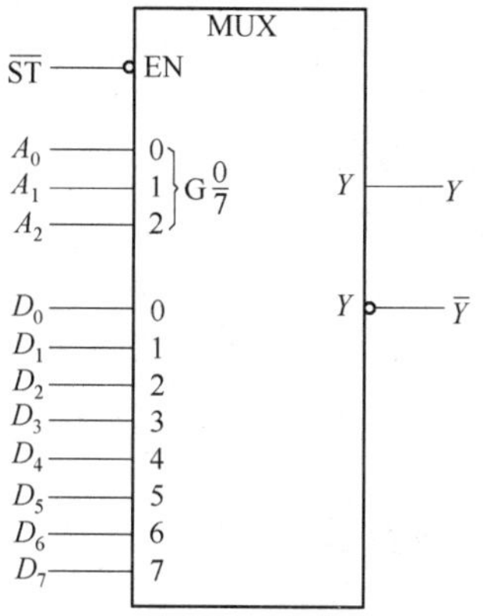

图 9.32 74151 的逻辑符号

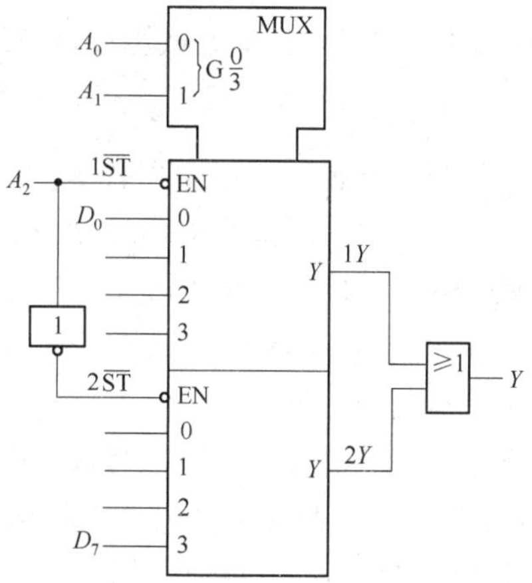


图 9.33 利用$\overline{\mathrm{ST}}$实现 MUX 通道扩展的逻辑图

### 3. 数据选择器的应用

(1) 用数据选择器实现组合逻辑函数

利用 MUX 实现组合逻辑函数的基本思想是:利用地址变量产生所有的最小项,通过数据输入信号 $D_i$ 的不同取值,来选取组成逻辑函数所需的最小项。下面举例说明利用 MUX 实现组合逻辑函数的方法。

**【例 9.9】** 试用 74151 实现逻辑函数 $F(A,B,C)=A\overline{B}+\overline{A}C$。

**解:** $F(A,B,C)=A\overline{B}+\overline{A}C=A\overline{B}\,\overline{C}+A\overline{B}C+\overline{A}\,\overline{B}C+\overline{A}BC=\sum m(1,3,4,5)$

74151 的输出逻辑函数式为:

$$Y=\mathrm{ST}\sum_{i=0}^{7}m_iD_i$$

其中,$m_i$ 为由地址变量 $A_2\sim A_0$ 构成的最小项。

要使 74151 实现逻辑函数 $F$ 的功能,应使 $Y=F$。因此,令 $Y$ 中$\overline{\mathrm{ST}}=0$,$A_2=A$,$A_1=B$,$A_0=C$(即将逻辑函数的输入变量 $A,B,C$ 分别接到数据选择器的地址变量输入端 $A_2\sim A_0$ 上)。此时

$$\begin{aligned}Y &=\overline{A}\,\overline{B}\,\overline{C}D_0+\overline{A}\,\overline{B}CD_1+\overline{A}B\overline{C}D_2+\overline{A}BCD_3+A\overline{B}\,\overline{C}D_4+A\overline{B}CD_5+AB\overline{C}D_6+ABCD_7\\ &=\sum_{i=0}^{7}m_iD_i\end{aligned}$$

再令 $D_1=D_3=D_4=D_5=1$, $D_0=D_2=D_6=D_7=0$

则 $Y(A,B,C)=m_0\cdot 0+m_1\cdot 1+m_2\cdot 0+m_3\cdot 1+m_4\cdot 1+m_5\cdot 1+m_6\cdot 0+m_7\cdot 0$

$$= \sum m(1,3,4,5) = F(A,B,C)$$

其逻辑图如图 9.34 所示。

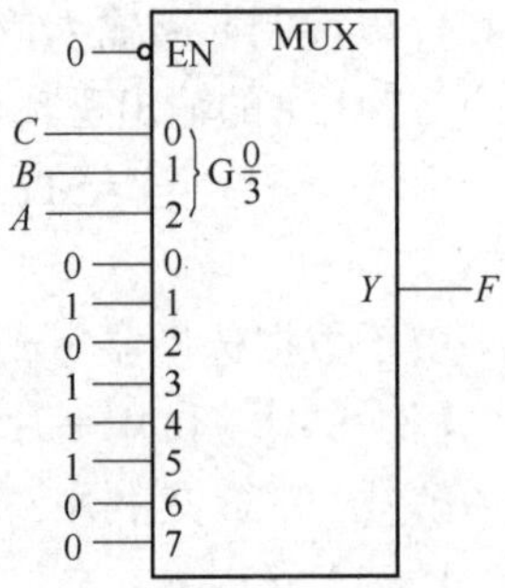


图 9.34　例 9.9 的逻辑图

在用数据选择器实现组合逻辑函数的时候,需要注意的是,$F$ 的输入变量接入数据选择器的地址输入端时,必须注意变量高低位次序。数据选择器地址输入变量 $A_2 \sim A_0$ 中,$A_2$ 是最高位,$A_0$ 是最低位。而所要实现的 $F$ 的输入变量 $A,B,C$ 中,$A$ 是最高位,$C$ 是最低位,所以应将 $A,B,C$ 依次加到 $A_2 \sim A_0$ 端。若变量不按这样的次序接入,数据选择器输出逻辑函数式中的最小项形式将和 $F$ 中的最小项形式不一致,为达到设计目的,就必须重新确定 $D_i$ 的值。

可以验证,在例 9.9 中,若使 $A_0=A,A_1=B,A_2=C$,则 $D_i$ 的取值应为

$$D_1=D_4=D_5=D_6=1,\quad D_0=D_2=D_3=D_7=0$$

**【例 9.10】**　试用 4 选 1 数据选择器实现逻辑函数 $F(A,B,C) = \sum m(2,4,6,7)$。

**解:**　$F(A,B,C) = \sum m(2,4,6,7) = \overline{A}B\overline{C} + A\overline{B}\,\overline{C} + AB\overline{C} + ABC$

当 4 选 1 数据选择器处于工作状态($\overline{ST}=0$)时,其输出逻辑函数式为:

$$Y=\overline{A}_1\overline{A}_0D_0+\overline{A}_1A_0D_1+A_1\overline{A}_0D_2+A_1A_0D_3$$

4 选 1 数据选择器只有两个地址变量 $A_1,A_0$,而 $F$ 有 3 个输入变量 $A,B,C$,所以应从 $A,B,C$ 中选出 2 个,作为数据选择器的地址变量(原则上可任意选取,但是选择不同的地址变量,电路结构的简易程度可能不同)。

假设选 $A,B$ 为地址,则可将 $F$ 写成下面的形式:

$$F(A,B,C)=(\overline{A}\,\overline{B})0+(\overline{A}B)\overline{C}+(A\overline{B})\overline{C}+(AB)(C+\overline{C})$$

对照 $Y$ 和 $F$ 的表达式,可以看出,只要令:

$$A_1=A,A_0=B,D_0=0,D_1=\overline{C},D_2=\overline{C},D_3=C+\overline{C}=1$$

则 $Y=F$。

用 4 选 1 数据选择器实现 $F$ 的逻辑图如图 9.35 所示。

在上面的两个例子中,采用的方法是把要实现的逻辑函数式变换成与所采用的数据选择器输出逻辑函数式完全对应的形式,然后对照两个函数式,最后确定数据选择器的地址和数据输入,这种方法也称为代数法。除了代数法,也可借助卡诺图或真值表来实现电路设计。当要实现的逻辑函数输入变量数大于数据选择器的地址输入端数时,借助卡诺图进行设计,往往更为简便直观。利用卡诺图或真值表实现电路设计的方法称为几何法。

**【例 9.11】**　试用 4 选 1 数据选择器实现逻辑函数

$$F(A,B,C,D)=B\overline{C}+\overline{A}\,\overline{C}\,\overline{D}+A\overline{C}D+\overline{A}\,\overline{B}CD+A\overline{B}C\overline{D}$$

**解:**首先画出 $F$ 的卡诺图,如图 9.36(a)所示。

其次,从 $F$ 的 4 个变量中选择两个作为地址变量。现选 $A$ 和 $B$ 作为地址变量,这两个地址变量按其取值的组合将卡诺图划分为 4 个区域——4 个子卡诺图(都是 2 变量卡诺图),如图中虚线框所示。各子卡诺图对应的函数就是与其地址码对应的数据输入函数 $D_i$,化简并求出 $D_i$ 可在各子卡诺图中进行。需要注意的是,由于一个数据输入对应一个地址码,因此画圈时只能在相应的子卡诺图内进行,不能越过图中的虚线。化简结果见图中的实线圈。标注这些圈的合并项时,应去掉所有地址变量。于是可得到:

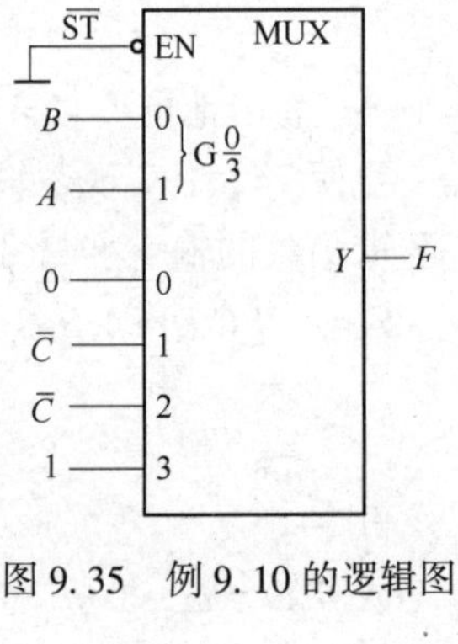


图 9.35　例 9.10 的逻辑图

$$D_0=\bar{C}\,\bar{D}+CD=\overline{\overline{\bar{C}\,\bar{D}}\cdot\overline{CD}},\quad D_1=\bar{C},\quad D_2=\bar{C}D+C\bar{D}=\overline{\overline{\bar{C}D}\cdot\overline{C\bar{D}}},\quad D_3=\bar{C}$$

其逻辑图如图 9.36(b)所示。

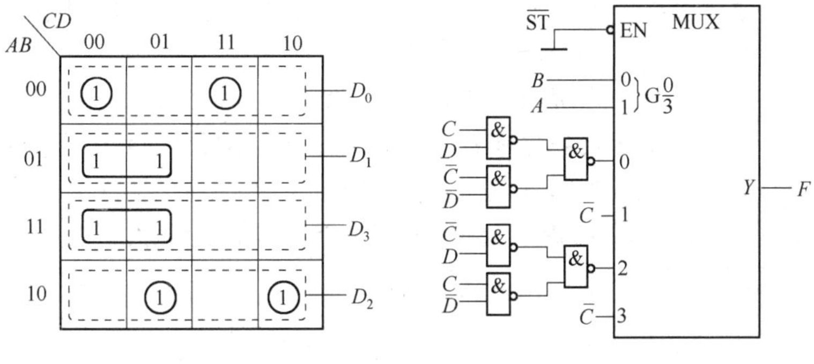


(a) 卡诺图　　(b) 逻辑图

图 9.36　例 9.11 的卡诺图和逻辑图

上述函数中,如果选用 $C$ 和 $D$ 作为地址变量,则和 $CD$ 取值组合对应的子卡诺图如图 9.37(a) 中虚线框所示。化简得到:

$$D_0=\bar{A}+B,\quad D_1=A+B,\quad D_2=A\,\bar{B},\quad D_3=\bar{A}\,\bar{B}$$

其逻辑图如图 9.37(b)所示。

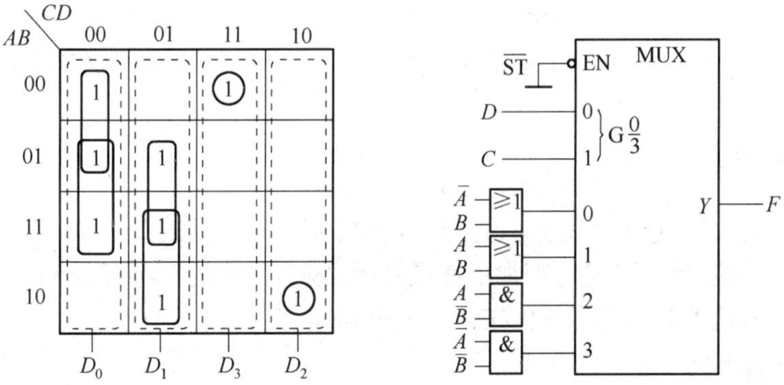


(a) 卡诺图　　(b) 逻辑图

图 9.37　实现例 9.11 的另一种方案

比较图 9.36 和图 9.37 可以看出,当选用不同的变量做地址变量时,所得到的电路结构是不同的。

由此例可见,凡用 $n$ 个地址变量的数据选择器实现 $l(l-n\geqslant 2)$ 个变量的逻辑函数时,数据选择器的输入数据 $D_i$ 一般是两个或两个以上变量(除地址变量外)的逻辑函数。只有通过对各种选择地址变量方案的比较,才能得到最简单经济的设计方案。

(2) 数据选择器的其他应用举例

数据选择器是一种通用性很强的逻辑器件,除了可以用来实现上述组合逻辑设计,还可用做分时多路传输电路、函数发生器及数码比较电路等。下面仅举几例说明。

1) 分时多路传输电路

当用一条传输线传输多路数字信号时,可以把要传输的多路信号分别送到数据选择器的数据输入端,然后周期地改变地址输入变量,即可分时地传输多路信号。其逻辑图及相应波形图如图 9.38 所示。

当地址输入 $A_1A_0=00$ 时，传输 $A$ 路信号；$A_1A_0=01$ 时，传输 $B$ 路信号；$A_1A_0=10$ 时，传输 $C$ 路信号；$A_1A_0=11$ 时，传输 $D$ 路信号。

根据上述原理，如果依次加在数据选择器数据输入端的是不规则的序列信号，当周期地改变地址输入变量时，则数据选择器便成为序列信号产生器，在输出端产生不规则的序列信号。

2）并行数码比较器

如果把一个译码器和一个数据选择器串接起来，就可以组成一个并行数码比较器。

图 9.39 是一个由 3 线-8 线译码器和 8 选 1 数据选择器组成的 3 位数码并行比较器。两个要比较的 3 位 2 进制数 $a_2a_1a_0$ 和 $b_2b_1b_0$ 分别加到数据选择器的地址输入端和译码器的输入端。当 $a_2a_1a_0=b_2b_1b_0$ 时，数据选择器的输出 $Y=0$，表示两个二进制数相等；当 $a_2a_1a_0\neq b_2b_1b_0$ 时，$Y=1$，表示两个二进制数不相等。

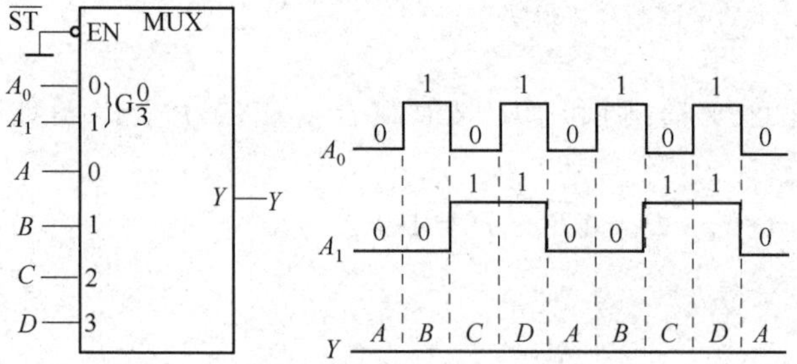


图 9.38　用数据选择器实现分时多路传输

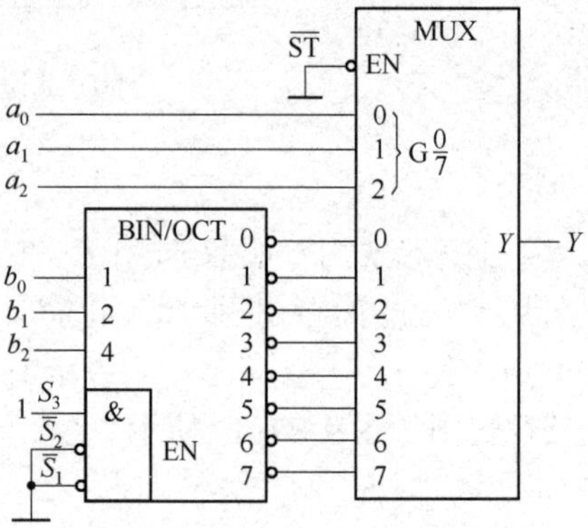


图 9.39　3 位数码并行比较器的逻辑图

## 9.2.4　加法器

在数字系统中，除了进行逻辑运算，还经常需要完成二进制数之间的算术运算。数字信号的算术运算主要有加、减、乘、除四种，而加运算最基础，因为其他的几种运算都可以分解成若干步加法运算。因此，加法器是算术运算的基本单元电路。

**1. 基本加法器电路**

（1）半加器（HA）

如果仅仅考虑两个 1 位二进制数 $A$ 和 $B$ 相加，而不考虑低位的进位，称为半加。实现半加运算的电路叫做半加器。半加器有两个输入端 $A$ 和 $B$，两个输出端 $S$ 和 $C$，其中 $S$ 为和，$C$ 为向高位的进位。半加器真值表如表 9.12 所示。由真值表可以写出输出逻辑函数式：

$$S=A\oplus B \quad C=AB$$

**表 9.12　半加器的真值表**

| $A$ | $B$ | $C$ | $S$ |
|---|---|---|---|
| 0 | 0 | 0 | 0 |
| 0 | 1 | 0 | 1 |
| 1 | 0 | 0 | 1 |
| 1 | 1 | 1 | 0 |

显然，用异或门和与门即可分别实现 $S$ 和 $C$ 而构成半加器。其逻辑图及逻辑符号如图 9.40 所示。

由于半加没有考虑低位的进位，所以仅用半加器是不能解决加法问题的。

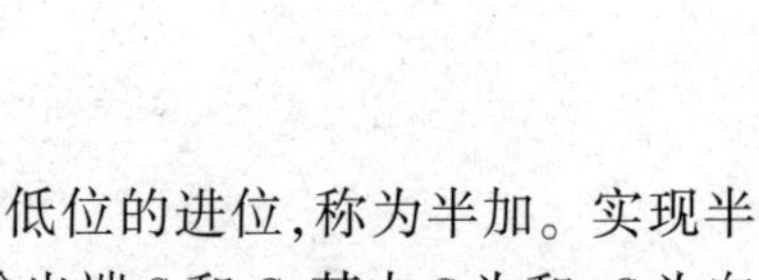

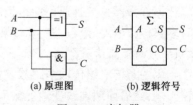

(a) 原理图　　(b) 逻辑符号

图 9.40　半加器

（2）全加器（FA）

为了说明什么是全加，我们先来分析两个二进制数相加的过程。设有两个 4 位二进制数相加，其竖式如下：

$$\begin{array}{rl} 1\ 1\ 0\ 1 & \text{被加数} \\ 1\ 1\ 1\ 1 & \text{加 数} \\ +)\ 1\ 1\ 1\ 1\ 0 & \text{低位向高位的进位} \\ \hline 1\ 1\ 1\ 0\ 0 & \text{和} \end{array}$$

可见,在相加过程中,除最低位外,其余各位既要考虑本位的被加数 $A_i$ 和加数 $B_i$,还要考虑低位向本位的进位 $C_{i-1}$。即在第 $i$ 位相加过程中,$C_{i-1}$ 也作为一个独立变量参与运算。因此,所谓全加就是求取 3 个变量($A_i$、$B_i$ 及 $C_{i-1}$)的和 $S_i$,以及本位向高位的进位 $C_i$。由于全加考虑了低位的进位,所以它反映了两个二进制数相加过程中任何一位相加的一般情况。实现全加运算的逻辑电路叫做全加器。显然,一位全加器有 3 个输入($A_i$,$B_i$,$C_{i-1}$),两个输出($S_i$,$C_i$),其真值表如表 9.13 所示。

由真值表可以写出逻辑函数式:

$$S_i=(\overline{A}_i\overline{B}_i+A_iB_i)C_{i-1}+(A_i\overline{B}_i+\overline{A}_iB_i)\overline{C}_{i-1} \tag{9.1}$$

$$C_i=(\overline{A}_iB_i+A_i\overline{B}_i)C_{i-1}+A_iB_i \tag{9.2}$$

由于半加器的和为 $S=\overline{A}_iB_i+A_i\overline{B}_i$, $\overline{S}=A_iB_i+\overline{A}_i\overline{B}_i$

因此将 $S$,$\overline{S}$代入 $S_i$,$C_i$ 的逻辑函数式,可得:

$$S_i=S\overline{C}_{i-1}+\overline{S}C_{i-1}=S\oplus C_{i-1} \tag{9.3}$$

$$C_i=SC_{i-1}+A_iB_i \tag{9.4}$$

可见,$S_i$ 是半加器的和 $S$ 与低位进位 $C_{i-1}$ 的异或逻辑,因此可用两个半加器和一个或门组成一个全加器,如图 9.41 所示。实际全加器的电路结构可有多种不同形式,它们都是通过变换 $S_i$ 和 $C_i$ 的逻辑函数式得到的。

**表 9.13 全加器的真值表**

| $A_i$ | $B_i$ | $C_{i-1}$ | $C_i$ | $S_i$ |
|---|---|---|---|---|
| 0 | 0 | 0 | 0 | 0 |
| 0 | 0 | 1 | 0 | 1 |
| 0 | 1 | 0 | 0 | 1 |
| 0 | 1 | 1 | 1 | 0 |
| 1 | 0 | 0 | 0 | 1 |
| 1 | 0 | 1 | 1 | 0 |
| 1 | 1 | 0 | 1 | 0 |
| 1 | 1 | 1 | 1 | 1 |

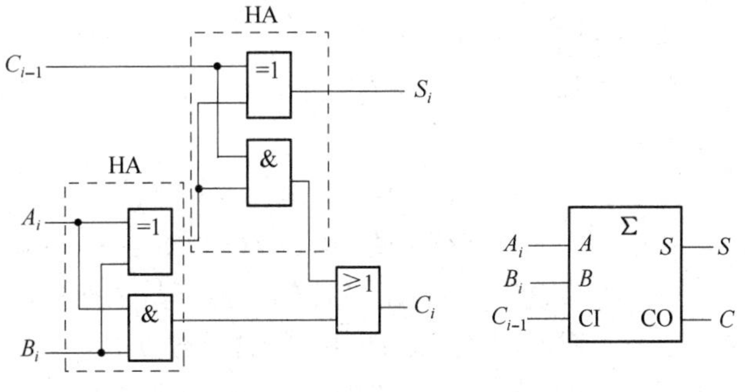


图 9.41 1 位全加器及逻辑符号

(3) 串行进位加法器

当有多位数字相加时,须将进位信号依次传向高位。图 9.42 是 4 位串行进位加法器(也称为行波进位加法器)的示意图,由 3 个全加器和 1 个半加器组成。由于低位的进位输出信号作为高位的进位输入信号,故每一位的加法运算都必须等到低位加法运算完成之后送来进位信号时才能进行,这种进位方法称为串行进位(或行波进位)。

串行进位加法器的优点是电路结构比较简单,缺点是运算速度慢。为提高运算速度,应设法缩短由于进位信号逐级传递所耗费的时间。

(4) 常用加法器集成电路

常用的加法器集成电路有 7482 和 7483 等。其中 7482 是两位串行进位加法器,其逻辑符号如图 9.43 所示。图中,$A_2A_1$ 是一组加数,$B_2B_1$ 是另一组加数,$C_0$ 为低位进位信号,$S_2S_1$ 为和,$C_2$ 为向高位的进位信号。该电路实际上是将两个一位全加器按串行进位结构集成到了一个电路中间。

7483 是另一种 4 位 MSI 加法器。7483 的逻辑符号如图 9.44 所示。图中 $A_4A_3A_2A_1$ 是一组加数,$B_4B_3B_2B_1$ 为另一组加数,$S_4S_3S_2S_1$ 为和,$C_0$ 为低位进位信号,$C_4$ 为向高位的进位信号。

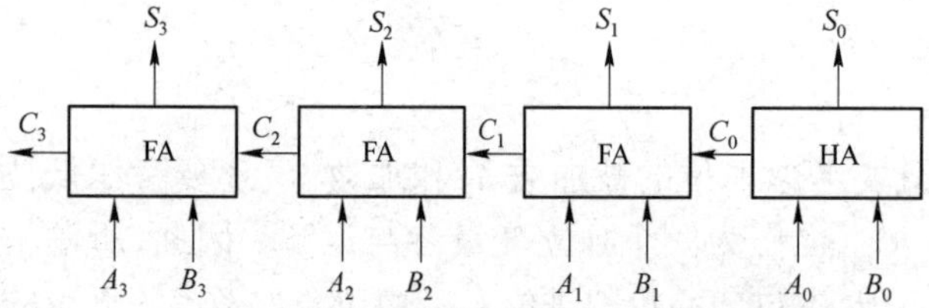


图 9.42　4 位串行进位加法器的示意图

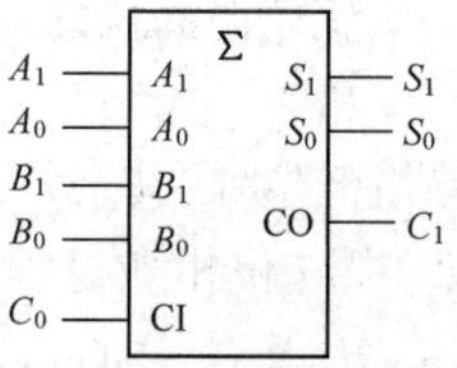


图 9.43　7482 的逻辑符号

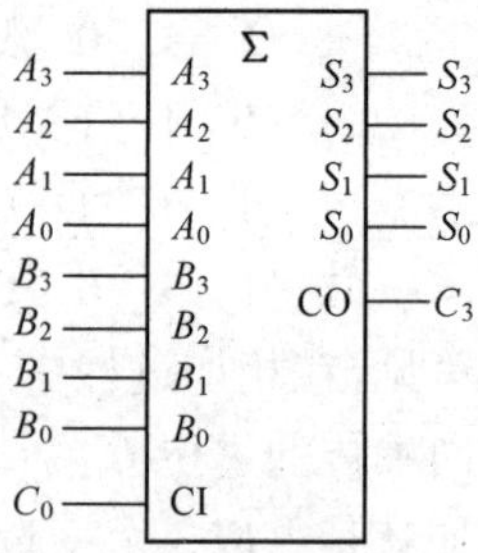


图 9.44　7483 的逻辑符号

**2. 超前进位加法器**

串行进位加法器运算速度较慢,其原因是进位信号是从低位依次传向高位的,因此,位数越多,进位信号传送经过的路径就越长,延迟时间就越长。因此,在一些要求高速运算的场合,不宜采用串行进位加法器,而采用超前进位加法器。

所谓超前进位,是指通过逻辑电路提前得出加到每一位全加器上的进位输入信号,而无需从最低位开始逐位传递进位信号。现以 3 位超前进位加法器为例说明其设计思想。

根据全加器的进位逻辑函数式:

$$\begin{aligned} C_i &= (\overline{A}_i B_i + A_i \overline{B}_i) C_{i-1} + A_i B_i \\ &= \overline{A}_i B_i C_{i-1} + A_i \overline{B}_i C_{i-1} + A_i B_i \overline{C}_{i-1} + A_i B_i C_{i-1} \\ &= A_i B_i + (A_i + B_i) C_{i-1} \end{aligned}$$

令:　　　　$G_i = A_i B_i$——进位产生项,　$P_i = A_i + B_i$——进位传送项

则 $C_i$ 的一般逻辑函数式为:　　　　$C_i = G_i + P_i C_{i-1}$

假设两个相加的 3 位二进制数是:$A = A_2A_1A_0$,$B = B_2B_1B_0$,则各位的进位的逻辑函数式为:

$$C_0 = G_0 \tag{9.5}$$

$$C_1 = G_1 + P_1 C_0 = G_1 + P_1 G_0 \tag{9.6}$$

$$C_2 = G_2 + P_2 C_1 = G_2 + P_2 G_1 + P_2 P_1 G_0 \tag{9.7}$$

由式(9.5)~式(9.7)可见,各位的进位都是从加法单元的 $P_i$ 和 $G_i$ 项出发而并行传送的,故进位的传输延迟时间缩短了。图 9.45(a)是根据式(9.5)~式(9.7)得到的超前进位电路(CLA)的逻辑图,图 9.45(b)是一个完整的 3 位超前进位加法器原理电路。

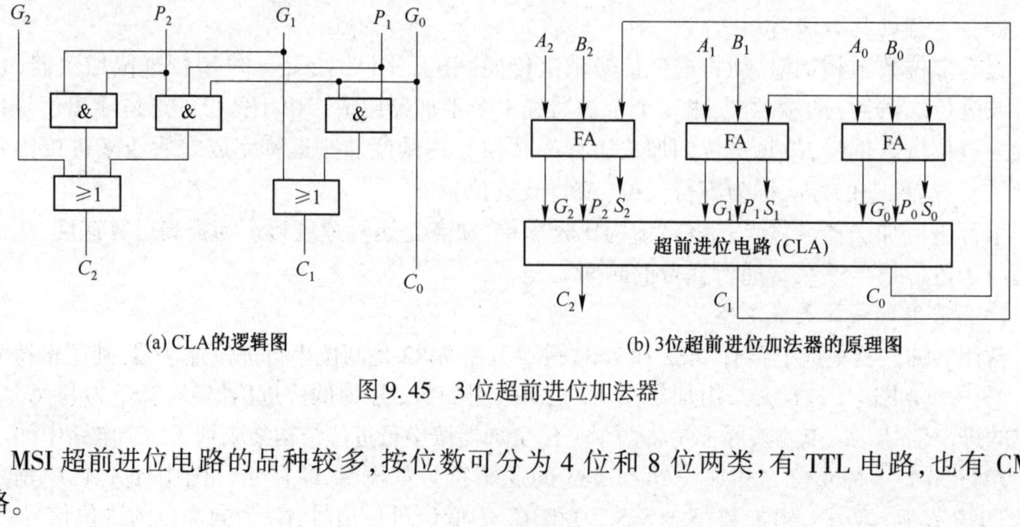


(a) CLA的逻辑图　　　(b) 3位超前进位加法器的原理图

图 9.45　3 位超前进位加法器

MSI 超前进位电路的品种较多,按位数可分为 4 位和 8 位两类,有 TTL 电路,也有 CMOS 电路。

74182 是一种超前进位发生器，用于从 4 位二进制加法器或加法器组群中，使进位信号超前发生。74182 的逻辑符号如图 9.46 所示。图中，$C_{in}$是低位进位信号，$\overline{G}_0$，$\overline{G}_1$，$\overline{G}_2$，$\overline{G}_3$ 是 4 个进位产生信号输入端，$\overline{P}_0$，$\overline{P}_1$，$\overline{P}_2$，$\overline{P}_3$ 是 4 个进位传送信号输入端，$C_{01}$，$C_{02}$，$C_{03}$是 3 个进位输出信号，$\overline{G}$ 是进位产生信号输出端，$\overline{P}$ 是进位传送信号输出端。

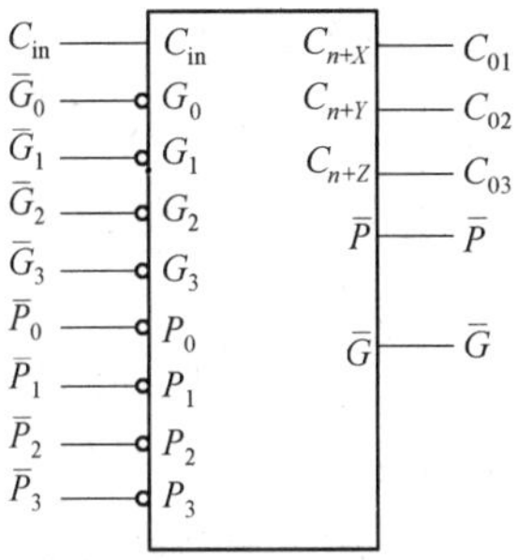


图 9.46　74182 的逻辑符号

### 3. 加法器的应用举例

加法器除了能进行多位二进制数的加法运算，还能实现其他功能。下面举例说明加法器的应用。

**【例 9.12】** 试用 4 位全加器 7483 设计一个能将 8421 码转换为 5421 码的码转换电器。

**解**：该码转换器输入 $DCBA$ 为 8421 码，输出 $Y_3Y_2Y_1Y_0$ 为 5421 码。分析表 8.1 所示的编码规律可知，5421 码和 8421 码的前 5 个码相同，而后 5 个 8421 码和 5421 码相差 0011，即只要将 8421 码加 0011 就转换成了 5421 码。图 9.47(a) 为用于判断输入 8421 码是前 5 个码还是后 5 个码的卡诺图，当出现前 5 个码时，$F=0$；当出现后 5 个码时，$F=1$。输出逻辑函数式可以写成：

$$Y_3Y_2Y_1Y_0=DCBA+00FF$$

根据卡诺图化简结果：$F(D,C,B,A)=D+CA+CB$，得到如图 9.47(b) 所示。

**【例 9.13】** 试用 4 位全加器 7483 实现一个 4 位二进制减法器。

**解**：在二进制数中，减去一个数等于加上这个数的补码，因此减法可以化成加法来实现，减法器就可以用加法器来替代。

设两个二进制数 $X$ 和 $Y$，其相减后的差为：

$$(D)_2=(X)_2-(Y)_2=(X)_2+(-Y)_2=(X)_2+[Y]_2=(X)_2+(\overline{Y})_2+1 \tag{9.8}$$

式中，$[Y]_2=(\overline{Y})_2+1$ 是 $(Y)_2$ 的补码，$(\overline{Y})_2$ 是 $(Y)_2$ 的反码。用 7483 实现四位减法器的逻辑图如图 9.48 所示。

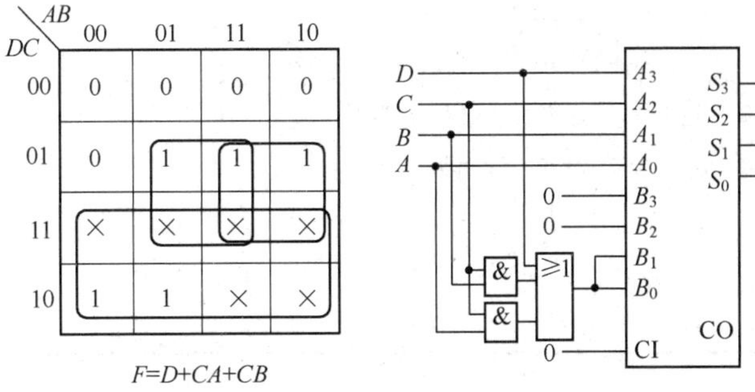


(a) 卡诺图　(b) 逻辑图

图 9.47　例 9.12 的卡诺图和逻辑图

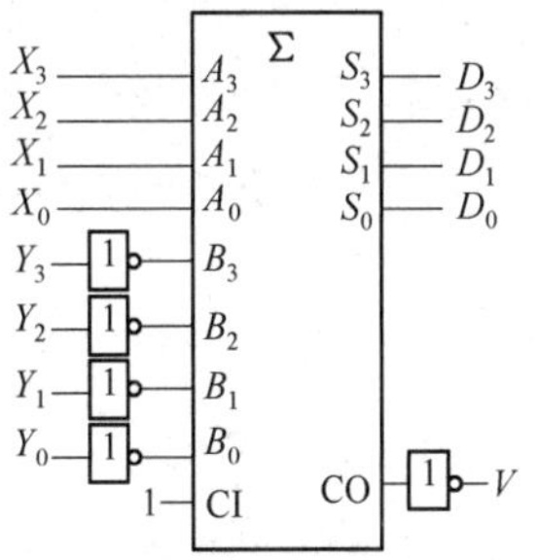


图 9.48　四位二进制减法器的逻辑图

图中，$X(X_3X_2X_1X_0)$是被减数，$Y(Y_3Y_2Y_1Y_0)$是减数，$Y$ 通过反相器输入其反码，进位输入端 CI=1，得到的输出 $D(D_3D_2D_1D_0)$ 即为差数。需要注意的是，当 $X>Y$ 时，$D$ 为$X-Y$ 的差；当 $X<Y$ 时，$D$ 为 $X-Y$ 之差的补码。另外，加法器进位输出端加非门后得到的 $V$ 信号，是借位信号，当 $X>Y$ 时，$V=0$，说明不需向高位借位；当 $X<Y$ 时，$V=1$，说明需要向高位借位。

## 9.2.5　数值比较器

在一些数字系统，特别是计算机中，经常需要比较两个数的大小。完成这种功能的逻辑电路统称为数值比较器。

**1. 1 位数值比较器**

1 位数值比较器的真值表如表 9.14 所示。根据此表可写出各输出的逻辑函数式:

$$Y_{(A>B)}=A\overline{B},\quad Y_{(A<B)}=\overline{A}B,\quad Y_{(A=B)}=A\odot B$$

画出逻辑图如图 9.49 所示。实际应用中,可根据具体情况选用逻辑门。

**2. 多位数值比较器**

比较两个多位数 $A$ 和 $B$,应从最高位开始,逐位进行比较。现以两个 4 位二进制数为例:设 $A=A_3A_2A_1A_0$, $B=B_3B_2B_1B_0$。若 $A_3>B_3$(或 $A_3<B_3$),则不管低位数值如何,必有 $A>B$(或 $A<B$);若 $A_3=B_3$,则需比较次高位,依次类推。显然,若对应的每一位都相等时,则 $A=B$。常用的 4 位数值比较器集成电路有 74HC85 和 CC14585 等,其中 74HC85 的功能表如表 9.15 所示。

表 9.15 中,输出变量 $Y_{(A>B)}$, $Y_{(A<B)}$, $Y_{(A=B)}$ 是总的比较结果。输入变量 $A_3A_2A_1A_0$ 和 $B_3B_2B_1B_0$ 是两个相比较的 4 位二进制数。$I_{(A>B)}$, $I_{(A<B)}$, $I_{(A=B)}$ 是另外两个低位数比较结果。设置低位数比较结果输入端是为了与其他数值比较器连接,以便扩展成更多位数值比较器。如果只比较两个四位数,应将 $I_{(A>B)}$ 和 $I_{(A<B)}$ 接低电平,将 $I_{(A=B)}$ 接高电平。

**表 9.14 1 位数值比较器的真值表**

| $A$ | $B$ | $Y_{A>B}$ | $Y_{A<B}$ | $Y_{A=B}$ |
|---|---|---|---|---|
| 0 | 0 | 0 | 0 | 1 |
| 0 | 1 | 0 | 1 | 0 |
| 1 | 0 | 1 | 0 | 0 |
| 1 | 1 | 0 | 0 | 1 |

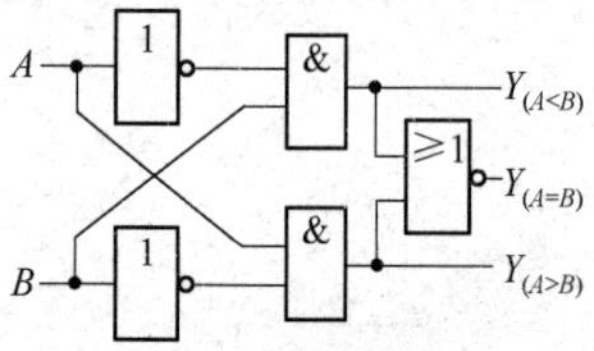


图 9.49 1 位数值比较器的逻辑图

**表 9.15 4 位数值比较器 74HC85 的功能表**

| 数据输入 | | | | 级联输入 | | | 输出 | | |
|---|---|---|---|---|---|---|---|---|---|
| $A_3$ $B_3$ | $A_2$ $B_2$ | $A_1$ $B_1$ | $A_0$ $B_0$ | $I_{(A>B)}$ | $I_{(A<B)}$ | $I_{(A=B)}$ | $Y_{(A>B)}$ | $Y_{(A<B)}$ | $Y_{(A=B)}$ |
| $A_3>B_3$ | × | × | × | × | × | × | 1 | 0 | 0 |
| $A_3<B_3$ | × | × | × | × | × | × | 0 | 1 | 0 |
| $A_3=B_3$ | $A_2>B_2$ | × | × | × | × | × | 1 | 0 | 0 |
| $A_3=B_3$ | $A_2<B_2$ | × | × | × | × | × | 0 | 1 | 0 |
| $A_3=B_3$ | $A_2=B_2$ | $A_1>B_1$ | × | × | × | × | 1 | 0 | 0 |
| $A_3=B_3$ | $A_2=B_2$ | $A_1<B_1$ | × | × | × | × | 0 | 1 | 0 |
| $A_3=B_3$ | $A_2=B_2$ | $A_1=B_1$ | $A_0>B_0$ | × | × | × | 1 | 0 | 0 |
| $A_3=B_3$ | $A_2=B_2$ | $A_1=B_1$ | $A_0<B_0$ | × | × | × | 0 | 1 | 0 |
| $A_3=B_3$ | $A_2=B_2$ | $A_1=B_1$ | $A_0=B_0$ | 1 | 0 | 0 | 1 | 0 | 0 |
| $A_3=B_3$ | $A_2=B_2$ | $A_1=B_1$ | $A_0=B_0$ | 0 | 1 | 0 | 0 | 1 | 0 |
| $A_3=B_3$ | $A_2=B_2$ | $A_1=B_1$ | $A_0=B_0$ | × | × | 1 | 0 | 0 | 1 |
| $A_3=B_3$ | $A_2=B_2$ | $A_1=B_1$ | $A_0=B_0$ | 1 | 1 | 0 | 0 | 0 | 0 |
| $A_3=B_3$ | $A_2=B_2$ | $A_1=B_1$ | $A_0=B_0$ | 0 | 0 | 0 | 1 | 1 | 0 |

在不考虑扩展的情况下,4 位数值比较器的逻辑函数式为

$$Y_{(A>B)}=A_3\overline{B}_3+(A_3\odot B_3)A_2\overline{B}_2+(A_3\odot B_3)(A_2\odot B_2)A_1\overline{B}_1+(A_3\odot B_3)(A_2\odot B_2)(A_1\odot B_1)A_0\overline{B}_0$$

$$Y_{(A<B)}=\overline{A}_3B_3+(A_3\odot B_3)\overline{A}_2B_2+(A_3\odot B_3)(A_2\odot B_2)\overline{A}_1B_1+(A_3\odot B_3)(A_2\odot B_2)(A_1\odot B_1)\overline{A}_0B_0$$

$$Y_{(A=B)}=(A_3\odot B_3)(A_2\odot B_2)(A_1\odot B_1)(A_0\odot B_0)\qquad(9.9)$$

利用 4 位数值比较器可以扩展为更多位数值比较器。扩展方法有串行接法和并行接法两种。

图 9.50 为用两片 4 位数值比较器 74HC85 扩展为 8 位数值比较器的串行接法。我们知道,对于两个 8 位数,若高 4 位相同,则总的输出状态由低 4 位的比较结果确定。这一点由功能表也可以看出。因此,低 4 位的比较结果应作为高 4 位比较的条件,即低 4 位比较器的输出应分别和高 4 位比较器的级联输入端连接。另外,由式(9.9)可知,为了不影响低 4 位的输出

状态，必须使低 4 位的 $I_{(A=B)}=1$。这种串行接法电路结构简单，但速度不快。

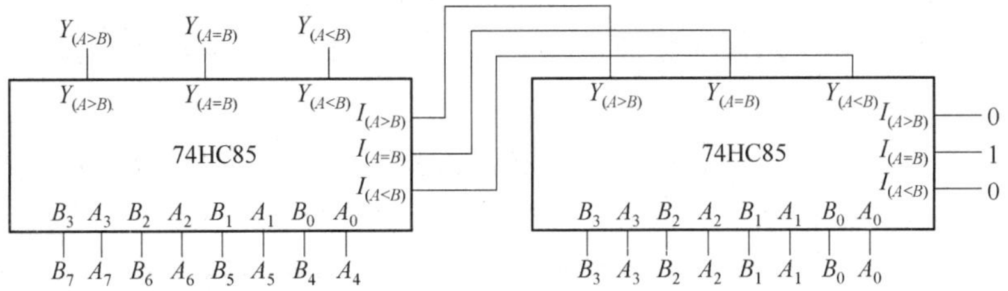


图 9.50　8 位数值比较器（串行接法）的逻辑图

图 9.51 为用 5 片 4 位数值比较器 74HC85 扩展为 16 位数值比较器的并行接法。由图可见，采用的是两级比较法。将 16 位按高低位次序组成 4 组，每组 4 位。每组的比较是并行进行的，将每组的比较结果再经 4 位数值比较器比较后得到结果。这种并行接法，从输入到稳定输出只需 2 倍集成电路芯片的延迟时间。若用串行接法，比较 16 位数则需 4 倍集成电路芯片的延迟时间。

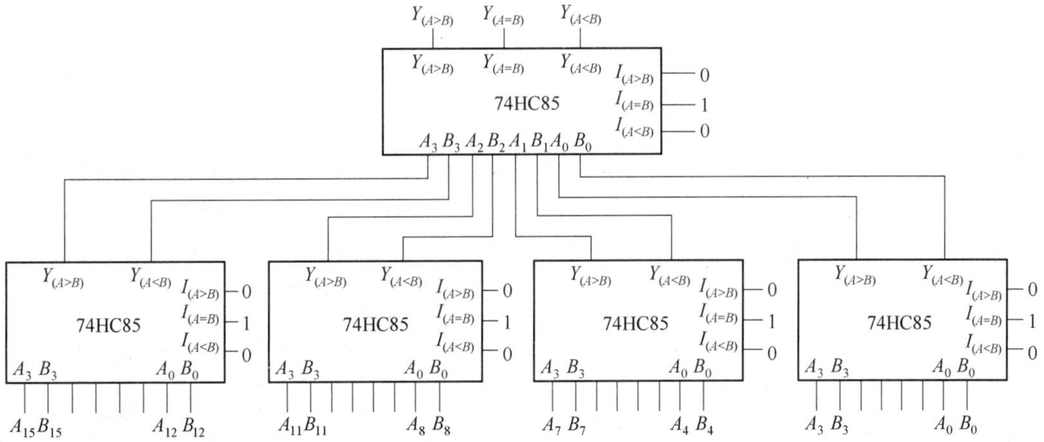


图 9.51　16 位数值比较器（并行接法）的逻辑图

**思考题 9.2（参考答案请扫描二维码 9-2）**

1. 具有输入互相排斥的编码器和优先编码器有何区别？

2. 若 8 线-3 线优先编码器 74148 的使能端 $\overline{ST}=0$，$\overline{I_0}\ \overline{I_1}\ \overline{I_2}\ \overline{I_3}\ \overline{I_4}\ \overline{I_5}\ \overline{I_6}\ \overline{I_7}=01001011$，则输出 $\overline{Y_2}\ \overline{Y_1}\ \overline{Y_0}$ 为何值？

3. 如何理解编码和译码的概念？

4. 二进制译码器的使能端的功能是什么？

5. 何种二进制译码器能作为数据分配器？如何将 4 线-10 线译码器 7442 连接成 8 路数据分配器？

二维码 9-2

6. 请归纳出二进制译码器实现组合电路的方法。

7. 如何区别数据分配器和数据选择器？

8. 串行进位加法器和超前进位加法器的区别是什么？它们各有什么优缺点？

9. 简要说明用二进制加法器实现减法运算的方法。

## 本章小结

- 组合电路在逻辑功能上的特点是，任意时刻的输出仅仅取决于该时刻的输入，而与电路过去的状态无关。它在电路结构上的特点是只包含门电路，并且不带有反馈回路。

- 掌握了组合电路分析的一般方法就可以识别任何一个组合电路的逻辑功能。分析组合电路的一般步骤为：首先根据所给的逻辑电路图，写出输出逻辑函数式，然后根据逻辑函数式列出其真值表，最后由真值表或逻辑函数式说明电路逻辑功能。
- 掌握了组合电路设计的一般方法，就可以根据给定的设计要求，设计出相应的组合电路。设计组合电路的一般步骤为：首先根据实际问题通过逻辑抽象列出真值表，然后由真值表写出逻辑函数式，为达到设计出最简电路的目的，对逻辑函数式必须进行化简，并根据实际要求将逻辑函数式变换为适当的形式，最后画出电路图。
- 常用的集成组合电路有编码器、译码器、数据选择器、加法器和数值比较器等，这些电路均可以按照组合电路的设计步骤进行设计。许多商品电路都带有使能扩展等功能，便于对电路进行控制和扩展。由于二进制译码器和数据选择器的逻辑函数式中包含有输入变量的最小项，所以经常将这两种器件当做设计组合电路的通用器件。加法器是实现算术运算的基本单元电路，串行进位加法器电路结构简单，但运算速度慢，为提高运算速度，常采用超前进位加法器。

# 习　题

9.1　分析图题9.1所示逻辑图的逻辑功能。写出输出逻辑函数式，列出真值表，说明其逻辑功能。

9.2　分析图题9.2所示逻辑图的逻辑功能。写出输出逻辑函数式，说明其逻辑功能。

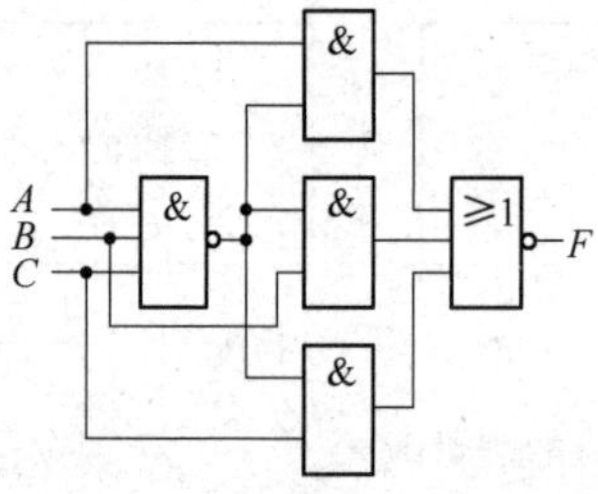


图　题9.1

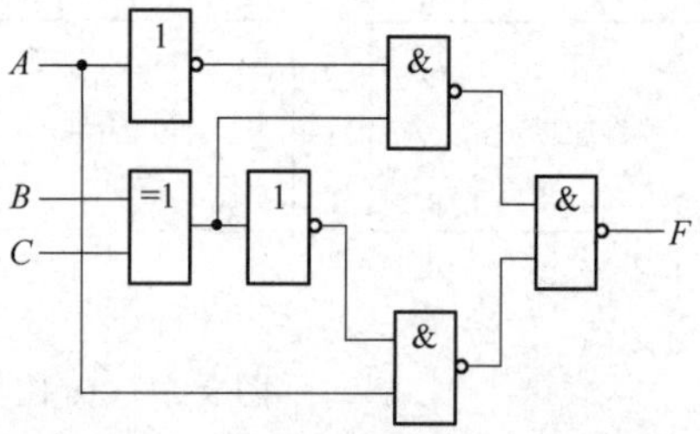


图　题9.2

9.3　试用与非门设计一个8421码(表示一位十进制数$N$)监视器，监视8421码的传输情况。当传输的数$N \geq 4$时，监视器输出为1，否则输出为0。

9.4　试设计一个能检测3台设备工作的故障显示器。要求如下：3台设备都正常工作时，绿灯亮；仅1台设备发生故障时，黄灯亮；2台或2台以上设备同时发生故障时，红灯亮。

9.5　试用与非门和反相器设计一个3位的偶校验器，即当3位数中有偶数个1时，校验器输出为1，否则输出0。

9.6　有4个单位(医院、工厂、学校、舞厅)共用1台发电机供电。要求在下列两种情况下对4个单位的用电情况进行编码，并设计相应的编码电路。

(1) 发电机不能同时给两个或两个以上的单位供电，而且任何时候也只有一个单位提出供电申请；

(2) 发电机不能同时给两个以上的单位供电，但是同一时刻可能会有多个单位提出供电申请，而发电机要按一定优先顺序供电，优先级别最高的是医院，其次是学校、工厂，优先级别最低的是舞厅。

9.7　试用5片3线-8线译码器74138扩展成一个5线-32线译码器。74138的真值表如表9.8所示。

9.8　试用一片4线-16线译码器74154(74154的逻辑符号如图9.21所示)和少量的逻辑门实现以下多输出逻辑函数：

(1) $$\begin{cases} F_1(A,B,C,D) = \bar{A}\,\bar{B}C + A\bar{C}D \\ F_2(A,B,C,D) = \sum m(1,3,5,7,9) \\ F_3(A,B,C,D) = \prod M(0,1,4\sim10,13\sim15) \end{cases}$$

(2) $$\begin{cases} F_1(A,B,C,D) = \prod M(1,3,4,5,7,8,9,10,12,14) \\ F_2(A,B,C,D) = \sum m(2,7,10,13) \\ F_3(A,B,C,D) = BC\bar{D} + A\bar{B}D \end{cases}$$

9.9　写出图题 9.9 所示逻辑图的输出 $F_1$ 和 $F_2$ 的最简逻辑函数式。74138 的功能表如表 9.8 所示。

9.10　试用 1 片 4 线-16 线译码器 74154 和与非门设计一个能将 4 位二进制码转换为格雷码的码转换器。74154 的逻辑符号如图 9.21 所示。

9.11　试用两片双 4 选 1 数据选择器 74153 和少许逻辑门，接成一个 16 选 1 数据选择器。74153 的真值表如图 9.31(a)所示。

9.12　试用 8 选 1 数据选择器 74151(74151 的逻辑符号如图 9.32 所示)实现下列逻辑函数：

(1) $F(A,B,C) = \prod M(0,1,3,6)$；　(2) $F(A,B,C) = \sum m(1,2,3,4,5)$

(3) $F(A,B,C) = A\overline{B} + AC + \overline{B}C$

9.13　试用 4 选 1 数据选择器实现下列逻辑函数：

(1) $F(A,B,C,D) = \sum m(1,3,4,6,10,12,13,15)$；　(2) $F(A,B,C,D) = AD + \overline{A}B\overline{D} + \overline{B}D + B\overline{C}$

(3) $F(A,B,C,D) = \sum m(1,3,4,5,14,15) + \sum d(6,7,10,11,12)$

9.14　试用 3 线-8 线译码器 74138 实现 1 位全加器。74138 的真值表如表 9.8 所示。

9.15　试用 1 片 4 选 1 数据选择器设计一个 8421 码的伪码(0~9 以外的 4 位二进制代码)检测器。

9.16　试用 1 片双 4 选 1 数据选择器 74153 和少量逻辑门实现 1 位全减器。74153 的真值表如图 9.31(a)所示。

9.17　请写出图题 9.17 所示逻辑图的输出 $F$ 的最小项之和表达式。

9.18　试用 4 位二进制加法器 7483 接成一个能将余 3 码转换为 8421 码的码转换器。7483 的功能图如图 9.44 所示。

9.19　试用 4 位二进制加法器 7483 和少量逻辑门设计一个能将余 3 码转换成 2421 码的码转换器。7483 的功能图如图 9.44 所示。

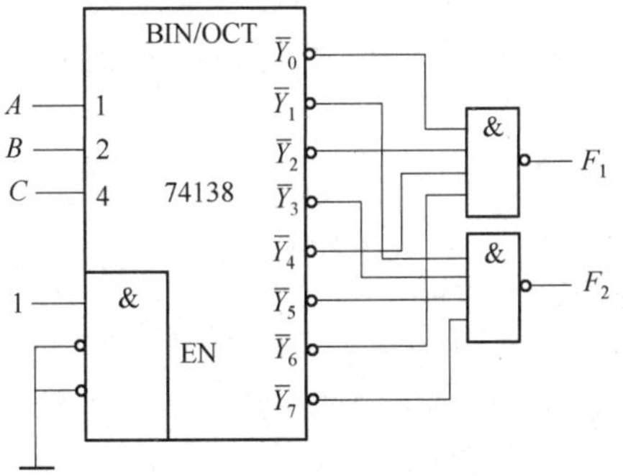


图　题 9.9

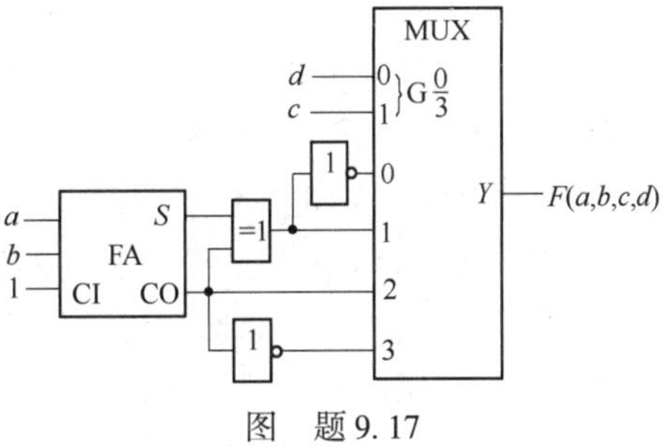


图　题 9.17

9.20　试用 4 位二进制数值比较器 74HC85 实现一个判断 8 位二进制数大于、等于或小于 156 的逻辑电路。7485 的功能表如表 9.15 所示。

9.21　仿真题：试用 4 位二进制数值比较器 74HC85、4 位二进制加法器 7483 和少量逻辑门设计一个求两个 4 位二进制数之差的绝对值电路，并用 Quartus Ⅱ 软件进行仿真，说明所设计电路的正确性。(参考答案请扫描二维码 9-3)

9.22　仿真题：试用两片 4 位二进制加法器 7483 和少许逻辑门构成 8421BCD 码加法器，并用 Quartus Ⅱ 软件进行仿真，说明所设计电路的正确性。(参考答案请扫描二维码 9-4)

二维码 9-3　　二维码 9-4

# 第 10 章　时序逻辑电路引论

本章学习目标：

- 了解时序逻辑电路的结构模型和时序逻辑电路的几种表示方法。
- 掌握由或非门和与非门组成的 RS 锁存器的分析与设计方法。
- 理解门控 RS 锁存器和门控 D 锁存器的工作原理。
- 理解 RS、D 和 JK 触发器的工作原理。
- 理解主从触发器和边沿触发器的区别。
- 掌握不同功能的触发器的各种表示方法。
- 对 RS、D 和 JK 触发器，能根据输入信号画出输出时序图。
- 理解触发器应用中输入信号的建立时间和保持时间，触发器的传输延迟时间和最高工作频率的意义。
- 通过设计转换电路，能实现触发器功能的转换。

## 10.1　时序逻辑电路的基本概念

数字电路分为组合逻辑电路（简称组合电路）和时序逻辑电路（简称时序电路）两类。在第 9 章中讨论的电路为组合电路。组合电路的结构模型如图 10.1 所示，它的输出逻辑函数式为：

$$z_i = f_i(x_1, x_2, \cdots, x_n) \qquad i = 1, \cdots, m$$

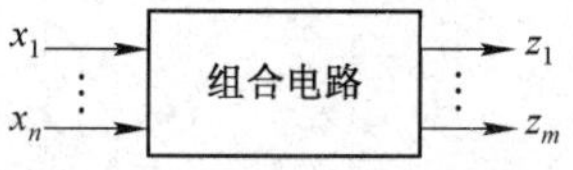

图 10.1　组合电路的结构模型

上式表明，电路在任何时刻产生的稳定输出信号都仅仅取决于该时刻电路的输入信号，而与该时刻以前的输入信号无关。因而，组合电路无记忆功能，即电路不能储存与过去输入有关的信息。时序电路和组合电路不同，时序电路在任何时刻的输出稳态值，不仅与该时刻的输入信号有关，而且与该时刻以前的输入信号也有关。例如，有一台自动售饮料的机器，它有一个投币口，规定只允许投入 1 元面值的硬币。若一罐饮料的价格为 3 元，则当顾客连续投入三个 1 元的硬币后，机器将输出一罐饮料。在这一操作过程中，输出饮料这一动作，虽然发生在第三枚硬币投入以后，但却和前两次硬币的投入有关。机器之所以能在第三枚硬币投入后输出饮料，是因为在第三枚硬币投入之前它已把前两次投币的信息记录并保存了下来，自动售饮料机的这一功能，可由机器内部的时序电路来实现。在时序电路中，用来保存与过去输入有关的信息的器件称为存储电路，存储电路中保存的信息称为状态。

下面介绍时序电路的结构模型和描述时序电路功能的方法。

### 10.1.1　时序电路的结构模型

时序电路的结构模型如图 10.2 所示。它包括组合电路和存储电路两部分。此外，在电路的结构上具有反馈也是时序电路的一个特点。

在图 10.2 中，有 $n$ 个外部输入变量（$x_1, x_2, \cdots, x_n$）；$m$ 个外部输出变量（$z_1, z_2, \cdots, z_m$）。存储电路的输入信号（$w_1, w_2, \cdots, w_k$）又称为驱动信号，是组合电路的部分输出信号；存储电路的输出信号（$q_1, q_2, \cdots, q_r$）是组合电路的部分输入信号，$q_1, q_2, \cdots, q_r$ 被称为状态变量，$q_1, q_2, \cdots, q_r$ 的每一种取值代表存储电路的一种状态。需要说明的是，上述输入、输出变量都是时间的函数，在时序电路中,这些变量取值的时刻都是离散的。因此,在逻辑函数描述中,必须引进时间变量 $t$。描述时序电路的输入变量、输出变量和电路状态之间的逻辑关系可采用下列三组向量方程:

① 输出方程: $Z(t_n)=F[X(t_n),Q(t_n)]$ (10.1)

② 驱动方程: $W(t_n)=Q[X(t_n),Q(t_n)]$ (10.2)

③ 状态方程: $Q(t_{n+1})=H[W(t_n),Q(t_n)]$ (10.3)

式中 $Z=\begin{bmatrix} z_1 \\ z_2 \\ \vdots \\ z_m \end{bmatrix}$, $X=\begin{bmatrix} x_1 \\ x_2 \\ \vdots \\ x_n \end{bmatrix}$, $W=\begin{bmatrix} w_1 \\ w_2 \\ \vdots \\ w_k \end{bmatrix}$, $Q=\begin{bmatrix} q_1 \\ q_2 \\ \vdots \\ q_r \end{bmatrix}$

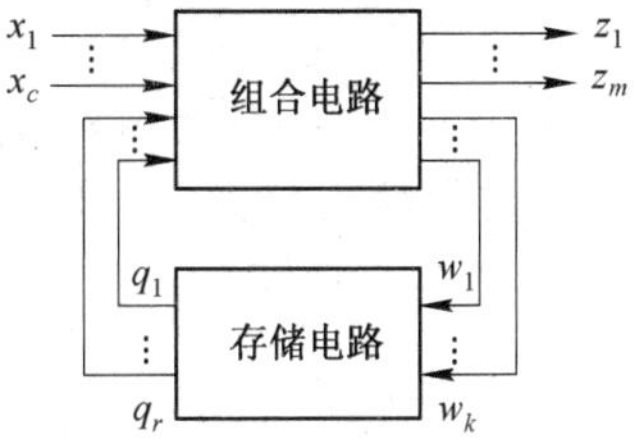


图 10.2 时序电路的结构模型

上式中,$t_n$,$t_{n+1}$表示相邻的两个离散时间。如果用 $t_n$ 表示当前的考察时间,用 $t_{n+1}$表示下一个考察时间,则 $Q(t_n)$表示存储电路的当前状态,称为原状态,记为 $Q^n$;$Q(t_{n+1})$表示存储电路的下一个状态,称为新状态(或次态)记为 $Q^{n+1}$。由上述三组方程可以看出时序电路的内在联系:$t_n$ 时刻的输出 $Z(t_n)$是由该时刻的输入 $X(t_n)$和该时刻存储电路的状态 $Q(t_n)$决定的;而 $t_{n+1}$时刻存储电路的状态 $Q(t_{n+1})$是由 $t_n$ 时刻存储电路的输入 $W(t_n)$和 $t_n$ 时刻存储电路的状态 $Q(t_n)$决定的;$W(t_n)$由 $X(t_n)$和 $Q(t_n)$来决定。这样依次递推下去,说明任何时刻的输出,不仅和该时刻的输入有关,而且和该时刻电路的状态,即和以前的外部输入也有关。上述三组方程充分地反映了时序电路逻辑功能的特点。

### 10.1.2 状态表和状态图

除了可以用方程来描述时序电路的逻辑功能,还可以用状态表和状态图等方法来描述时序电路的逻辑功能。

状态表(或称状态转换表)是反映时序电路输出 $Z(t_n)$、新状态 $Q(t_{n+1})$和输入 $X(t_n)$、原状态 $Q(t_n)$间对应取值关系的表格。表格可画成多种形式,图 10.3 为两种常见的形式。状态表上能清楚地反映出状态转换的全部过程,从而使时序电路的逻辑功能一目了然。

状态图是反映时序电路的状态数、状态转换规律及相应输入、输出取值的几何图形。图 10.4为状态图的示意图,图中的圈表示状态,状态转换(即由原状态 $Q^n$ 转换到新状态 $Q^{n+1}$)由带箭头的弧线表示,在每个弧线边上标上输入 $X$ 和输出 $Z$。状态图能更为形象和直观地反映出时序电路的逻辑功能。

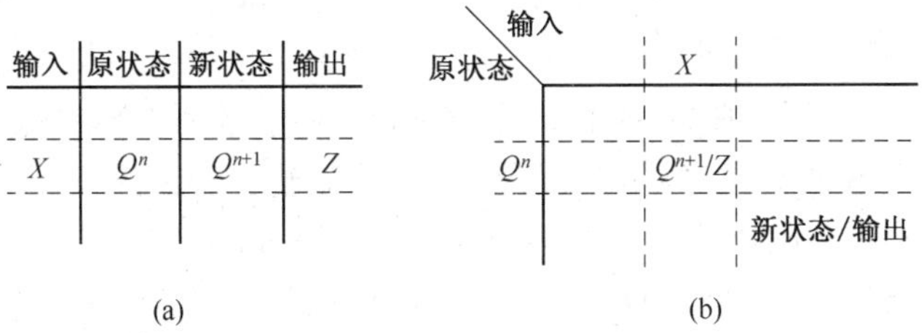


图 10.3 状态表

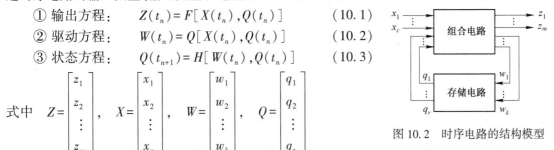

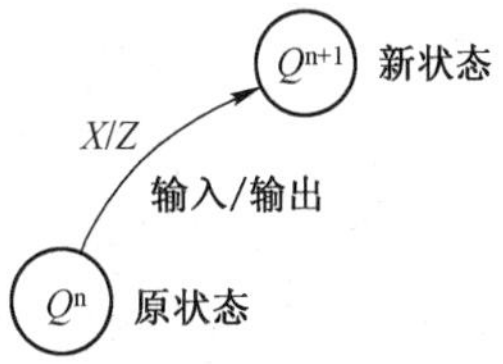


图 10.4 状态图的示意图

实际上,在状态表或状态图中还经常使用符号标记。如果一个时序电路有两个状态变量 $q_1$ 和 $q_2$,那么 $Q=\begin{bmatrix} q_1 \\ q_2 \end{bmatrix}$,因此,向量 $Q$ 有 4 种可能的值:

$$Q=\begin{bmatrix} 0 \\ 0 \end{bmatrix}\equiv A,\quad Q=\begin{bmatrix} 0 \\ 1 \end{bmatrix}\equiv B,\quad Q=\begin{bmatrix} 1 \\ 0 \end{bmatrix}\equiv C,\quad Q=\begin{bmatrix} 1 \\ 1 \end{bmatrix}\equiv D$$

即该时序电路仅可能有 4 种状态,它们分别可用 $A,B,C$ 和 $D$ 来标记。

**【例 10.1】** 一时序电路有一个输入变量 $x$,两个状态变量 $q_1$ 和 $q_2$,一个输出变量 $z$,若定义电路的状态为:

$[q_1 \quad q_2]=[0\ 0]\equiv A$, $[q_1 \quad q_2]=[0\ 1]\equiv B$, $[q_1 \quad q_2]=[1\ 0]\equiv C$, $[q_1 \quad q_2]=[1\ 1]\equiv D$

假设该时序电路的状态表和状态图如图 10.5 所示。并设电路最初处于状态 $A$。问:当输入信号 $x$ 按:0→1→1→0→1→0→1→1→0→0 的顺序输入电路时,对应的电路的输出 $z$ 是什么?

**解**:由状态图(或状态表)可知,时序电路处于状态 $A$ 时,若 $x=0$,则输出 $z=0$,下一个状态为 $D$;在状态 $D$ 处,$x=1$,则输出 $z=1$,下一个状态为 $B$;依次类推,可得表 10.1 所示结果:

| $x$ | $Q^n$ | $Q^{n+1}$ | $z$ |
|---|---|---|---|
| 0 | $A$ | $D$ | 0 |
| 1 | $A$ | $C$ | 1 |
| 0 | $B$ | $B$ | 1 |
| 1 | $B$ | $A$ | 0 |
| 0 | $C$ | $C$ | 1 |
| 1 | $C$ | $D$ | 0 |
| 0 | $D$ | $A$ | 0 |
| 1 | $D$ | $B$ | 1 |

(a) 状态表

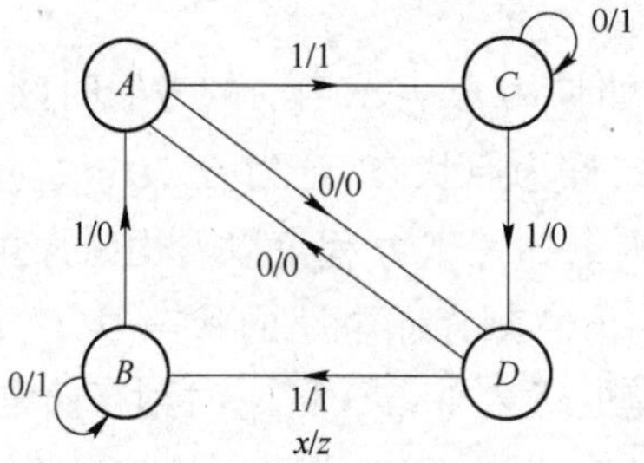


(b) 状态图

图 10.5 例 10.1 时序电路的状态表和状态图

**表 10.1 例 10.1 的表**

| 时间 | 0 | 1 | 2 | 3 | 4 | 5 | 6 | 7 | 8 | 9 | 10 |
|---|---|---|---|---|---|---|---|---|---|---|---|
| 原状态 | $A$ | $D$ | $B$ | $A$ | $D$ | $B$ | $B$ | $A$ | $C$ | $C$ | $C$ |
| 输入 | 0 | 1 | 1 | 0 | 1 | 0 | 1 | 1 | 0 | 0 | |
| 新状态 | $D$ | $B$ | $A$ | $D$ | $B$ | $B$ | $A$ | $C$ | $C$ | $C$ | |
| 输出 | 0 | 1 | 0 | 0 | 1 | 1 | 0 | 1 | 1 | 1 | |

因此,该时序电路的输出序列为 $z$=0 1 0 0 1 1 0 1 1 1,并最终停留在状态 $C$ 上。

**思考题 10.1(参考答案请扫描二维码 10-1)**

1. 简要描述时序电路的电路结构和描述方法。

二维码 10-1

## 10.2 存 储 器 件

存储电路是时序电路的重要组成部分。存储电路由存储器件组成,而能存储一位二值信号的器件称为存储单元电路。

在数字电路中,绝大部分存储单元电路是双稳态电路。双稳态电路有两个重要特性:第一,它具有两个稳定的工作状态,用 0 和 1 表示,在无外加信号作用时,电路能长期处于某一稳定状态,这两个稳定状态可用来表示一位二进制码;第二,它有一个或多个激励输入端,在外加信号的激励下,可使其从一种稳定状态转换到另一种稳定状态,以后即使激励信号消失,稳定状态仍能保持下去。可见,双稳态电路不仅能"记住"一位二进制信息,还能根据需要改变信息,这正是存储电路应具备的特点。

在数字电路中,最常用的存储单元有两类,一类是锁存器,另一类是触发器。锁存器是一种直接由激励信号控制电路状态的存储单元电路。一个复位-置位(Reset-Set)锁存器有两个输入端——复位端和置位端。当激励信号从复位端输入时,锁存器进入 0 状态;当激励信号从置位端输入时,锁存器进入 1 状态,故复位端也称为置 0 端,置位端也称为置 1 端。复位-置位锁存器的波形如图 10.6(a)所示。

触发器和锁存器不同,它除了具有激励输入端,还包含一个称为"时钟脉冲"(Clock Pulse,缩写为 CP)的控制信号输入端。当时钟有效时,允许它根据该时刻的激励输入信号改变其状态;当时钟无效时,不论有无激励输入信号,触发器的状态均保持不变。复位-置位触发器的波形如图 10.6(b)所示。

不论是锁存器还是触发器,它们的下一个状态都是由激励信号决定的。但是,由图 10.6(a)可见,锁存器状态的改变,是根据激励信号的改变即刻完成的。而触发器不是这样,由图 10.6(b)

可见，它要等到时钟脉冲来到（图中表现为 CP 的上升边沿）时才改变状态，它的下一个状态，由时钟信号来到时的激励信号所决定。这样，一个时序电路中的多个触发器能由一个共用的时钟信号来“同步”，使它们的状态变化在同一时刻发生。

下面介绍一些常用的锁存器和触发器的电路结构、工作原理、功能描述方法，以及触发器逻辑功能的转换方法，最后举例说明触发器的常见应用。

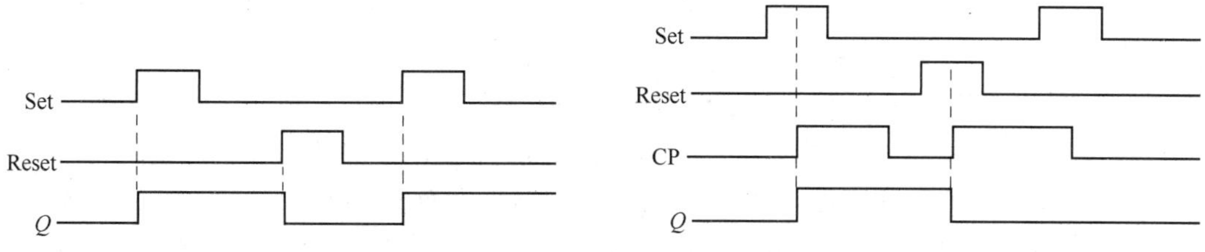


(a) 复位-置位锁存器　　(b) 复位-置位触发器

图 10.6　复位-置位锁存器和触发器的波形图

**思考题 10.2（参考答案请扫描二维码 10-2）**

1. 双稳态电路的特性是什么？
2. 图 10.6 的复位-置位锁存器和触发器工作波形的主要区别是什么？

二维码 10-2

## 10.3　锁　存　器

### 10.3.1　RS 锁存器

RS 锁存器（复位-置位锁存器）也称基本 RS 触发器，是一种结构简单的存储单元电路，是构成其他复杂电路结构的锁存器和触发器的基础。

**1. 电路结构及逻辑符号**

RS 锁存器可以用两个交叉耦合的或非门（或者与非门）组成。图 10.7（a）所示电路为由或非门构成的 RS 锁存器的逻辑图，图 10.7（b）为逻辑符号。图中有两个输入端，$S_D$ 和 $R_D$，其中 $S_D$ 称为置位端（或置 1 端），$R_D$ 称为复位端（或置 0 端），下标 D 表示信号能直接（Direct）起置位和复位作用。由于对或非门而言，只要输入端有 1（即高电平），就能使其输出为 0，故 $S_D$ 端或 $R_D$ 端为 1 时表示有激励信号，为 0 时表示无激励信号。电路有两个输出端 $Q$ 和 $\overline{Q}$，正常工作时，$Q$ 和 $\overline{Q}$ 的逻辑值是互补的：若 $Q=0$，则 $\overline{Q}=1$；若 $Q=1$；则 $\overline{Q}=0$。锁存器（或触发器）的状态，总是用输出端 $Q$ 的逻辑值来命名的：若 $Q=0$，则称锁存器（或触发器）为 0 状态（或复位状态）；若 $Q=1$，则称锁存器（或触发器）为 1 状态（或置位状态）。

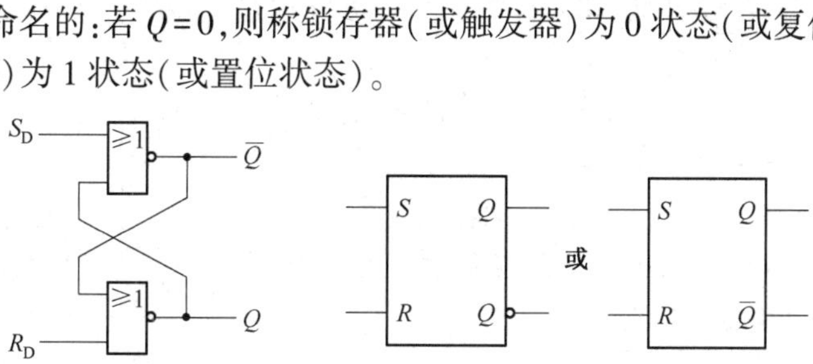


(a) 逻辑图　　(b) 逻辑符号

图 10.7　或非门构成的 RS 锁存器的逻辑图和逻辑符号

**2. 逻辑功能分析**

设激励信号作用前的锁存器状态为原状态，记为 $Q^n$，激励信号作用后的锁存器状态为新状态，记为 $Q^{n+1}$。

① 当 $S_D=R_D=0$ 时，即两个输入端均无激励信号，根据或非门的逻辑关系容易看出，不论电路原来是处于 0 状态还是 1 状态，锁存器将维持原状态不变。例如，设电路原状态为 1，即 $Q=1$，$\overline{Q}=0$，由于 $R_D=0$，所以 $Q$ 将维持为 1，$Q=1$ 又使 $\overline{Q}$ 维持为 0。

② 当 $S_D=0, R_D=1$ 时，即 $R_D$ 输入端有激励信号，则 $R_D=1$ 将迫使 $Q=0$，而 $Q=0$ 和 $S_D=0$ 又会使 $\overline{Q}=1$，电路进入 0 状态。这时如将 $R_D$ 的激励信号去除（即 $R_D$ 由 1→0），电路将维持为 0 状态。

③ 当 $S_D=1, R_D=0$ 时，即 $S_D$ 输入端有激励信号，则 $S_D=1$ 将迫使 $\overline{Q}=0$，而 $\overline{Q}=0$ 和 $R_D=0$ 又会使 $Q=1$，电路进入 1 状态。这时如将 $S_D$ 的激励信号去除（即 $S_D$ 由 1→0），电路将维持为 1 状态。

④ 当 $S_D=R_D=1$ 时，即 $S_D$ 和 $R_D$ 两个输入端同时加激励信号，两个或非门的输出端 $Q$ 和 $\overline{Q}$ 全为 0，这种 $Q$ 和 $\overline{Q}$ 的非互补状态属于不正常工作状态，并且当两个激励信号同时去除后，锁存器稳定在何种新的状态，将取决于两个或非门传输延迟时间的差异和外界干扰等因素，故不能确定锁存器的新状态。当然，如果 $S_D$ 和 $R_D$ 的激励信号不是同时消失的，锁存器的新状态将是确定的。例如，$S_D$ 先由 1 变为 0，则锁存器的 $\overline{Q}$ 将由 0 变为 1，即进入 0 状态，当 $R_D$ 端的信号去除后，电路维持在 0 状态。反之，若先去除 $R_D$ 端的激励信号，后去除 $S_D$ 端的激励信号，锁存器的新状态将是 1。一般情况下，$S_D=R_D=1$ 应禁止使用，即要求 $S_D$ 和 $R_D$ 满足 $S_DR_D=0$ 的约束条件。

在 RS 锁存器中，由于 $S_D$ 和 $R_D$ 的激励信号直接作用在两个或非门上，所以输入信号在全部作用时间内，都能直接改变电路的状态，这是 RS 锁存器的动作特点。

RS 锁存器也可以由与非门构成，如图 10.8 所示。在图 10.8(a) 中，输入端写为 $\overline{S}_D$ 和 $\overline{R}_D$，并在逻辑符号中输入端加小圆圈，如图 10.8(b) 所示，以强调输入端低电平有效，即 $\overline{S}_D$ 端或 $\overline{R}_D$ 端为 0 时表示有激励信号，为 1 时表示无激励信号。因此，两输入端无信号时，均应处于高电平状态。同时规定 $\overline{S}_D$ 和 $\overline{R}_D$ 不能同时为 0，即要求满足 $\overline{S}_D+\overline{R}_D=1$ 或 $S_DR_D=0$ 的约束条件。

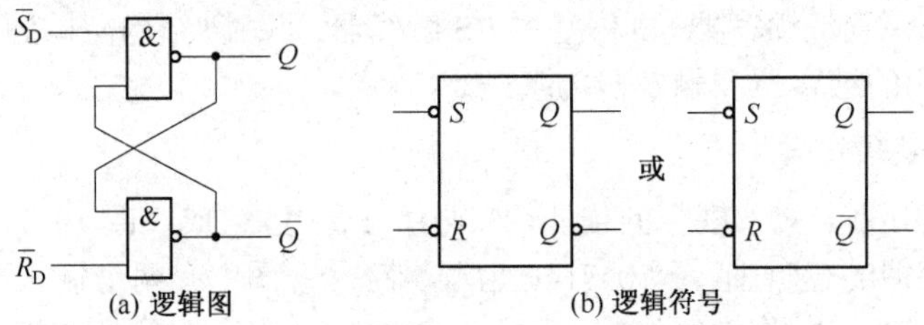


图 10.8　与非门构成的 RS 锁存器的逻辑图和逻辑符号

### 3. RS 锁存器的逻辑功能描述

对锁存器和触发器逻辑功能的描述，通常采用特性表、特性方程、状态图等几种方法。

(1) 特性表

RS 锁存器的特性表如表 10.2 所示。特性表是反映锁存器的新状态 $Q^{n+1}$ 和原状态 $Q^n$ 及输入信号之间关系的一种真值表，也称为状态转换真值表。通过特性表，我们可以清楚地看出，锁存器的新状态不仅和输入信号有关，而且和锁存器的原状态也有关。

(2) 特性方程

特性方程就是锁存器新状态的逻辑函数式，也是用以描述锁存器的新状态 $Q^{n+1}$ 和原状态 $Q^n$ 及输入信号之间逻辑关系的一种方法。根据表 10.2 可画出相应的状态转换卡诺图，如图 10.9(a) 所示。由此，可写出 RS 锁

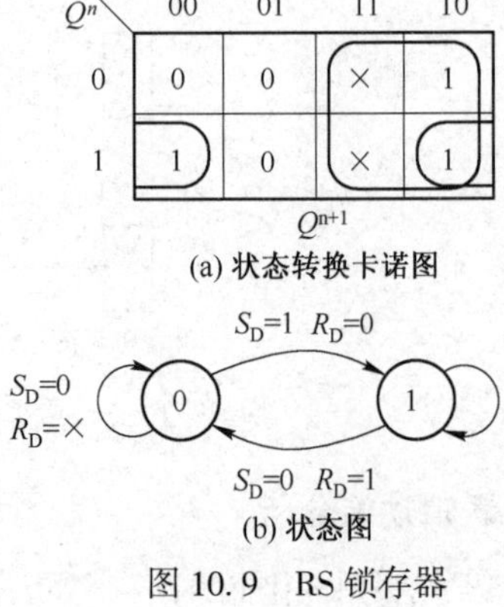


图 10.9　RS 锁存器

存器的特性方程：

$$\begin{cases} Q^{n+1}=S_D+\overline{R}_D Q^n \\ S_D R_D=0 \end{cases} \tag{10.4}$$

(3) 状态图

RS 锁存器的状态图如图 10.9(b)所示。由图可见，状态图形象而直观地描述了锁存器的逻辑功能。

为了更形象化地理解 RS 锁存器的工作特性，图 10.10 画出了锁存器在状态转换过程中各输入、输出信号的波形图，它包含了各种可能出现的输入情况。这类波形图，可在实验室中利用多踪示波器或多通道逻辑分析仪获取。波形图中的阴影部分为不确定状态，起始状态 $Q=0$ 是假设的。

**表 10.2 RS 锁存器的特性表**

| $S_D$ | $R_D$ | $Q^n$ | $Q^{n+1}$ |
|---|---|---|---|
| 0 | 0 | 0 | 0 |
| 0 | 0 | 1 | 1 |
| 0 | 1 | 0 | 0 |
| 0 | 1 | 1 | 0 |
| 1 | 0 | 0 | 1 |
| 1 | 0 | 1 | 1 |
| 1 | 1 | 0 | × |
| 1 | 1 | 1 | × |

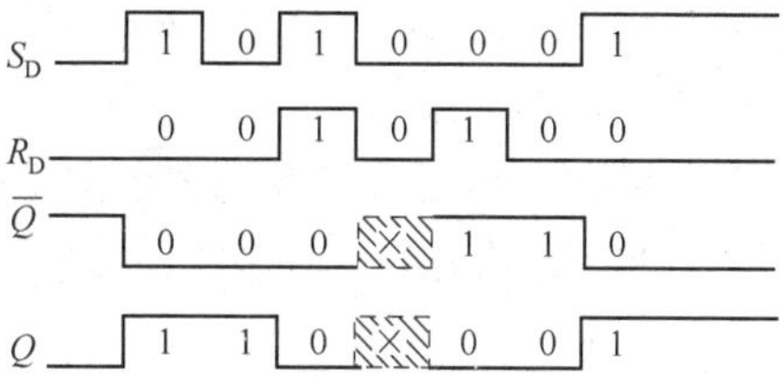


图 10.10 RS 锁存器的波形图

### 10.3.2 门控 RS 锁存器

RS 锁存器具有电路简单，操作方便的优点。但在实际使用中，更多的情况是希望能有一特定的控制信号去控制锁存器状态转换的时间，当 $S_D$ 和 $R_D$ 信号改变时（这时信号往往不稳定），控制信号无效，禁止锁存器状态转换；当 $S_D$ 和 $R_D$ 稳定以后，控制信号有效，使锁存器对新的 $S_D$ 和 $R_D$ 的值做出响应。这样的器件称为门控 RS 锁存器。

由与非门组成的门控 RS 锁存器的逻辑图如图 10.11(a)所示，图 10.11(b)为逻辑符号。

该电路包含两个部分：由 $G_1$，$G_2$ 两个与非门组成 RS 锁存器，由 $G_3$，$G_4$ 两个与非门组成输入控制门电路。$C$ 为控制信号，加在 $G_3$，$G_4$ 的输入端。

由图 10.11 可知 $\overline{R}_D=\overline{R\cdot C}$， $\overline{S}_D=\overline{S\cdot C}$

当 $C=0$ 时，$\overline{R}_D=\overline{S}_D=1$，锁存器状态 $Q$ 维持不变；当 $C=1$ 时，$\overline{R}_D=\overline{R}$，$\overline{S}_D=\overline{S}$，它等效为一个输入信号分别为 $\overline{R}$ 和 $\overline{S}$ 的 RS 锁存器。这里，锁存器的状态将随 $R$ 和 $S$ 发生转换。其特性表如表 10.3 所示。其特性方程为：

$$\begin{cases} Q^{n+1}=S+\overline{R}Q^n \\ SR=0 \end{cases}$$

其中，$SR=0$ 是约束条件。可见，在 $C=1$ 时，门控 RS 锁存器和 RS 锁存器的功能是相同的。门控 RS 锁存器的波形如图 10.12 所示。

**表 10.3 门控 RS 锁存器的特性表**

| $C$ | $S$ | $R$ | $Q^n$ | $Q^{n+1}$ |
|---|---|---|---|---|
| 0 | × | × | × | $Q^n$ |
| 1 | 0 | 0 | 0 | 0 |
| 1 | 0 | 0 | 1 | 1 |
| 1 | 0 | 1 | 0 | 0 |
| 1 | 0 | 1 | 1 | 0 |
| 1 | 1 | 0 | 0 | 1 |
| 1 | 1 | 0 | 1 | 1 |
| 1 | 1 | 1 | 0 | × |
| 1 | 1 | 1 | 1 | × |

需要说明的是，在图 10.11 所示的逻辑符号中，$C1$ 中的 $C$ 是控制关联标记，$C1$ 是产生操作的输入端（也就是锁存器的控制信号输入端），受其影响的输入是以数字 1 标记的数据输入，在这里是 $1S$ 和 $1R$。

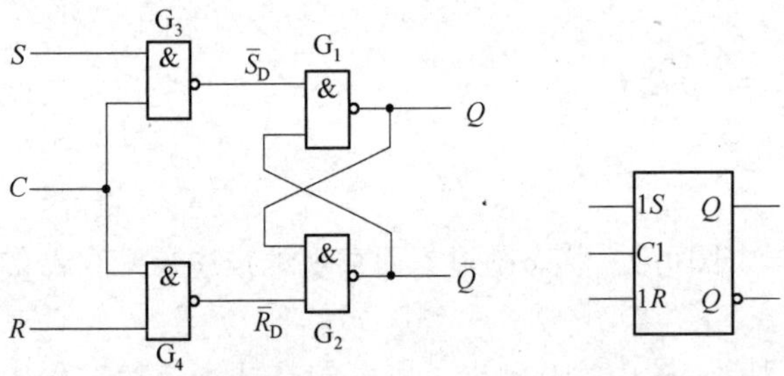


(a) 逻辑图　　(b) 逻辑符号

图 10.11　门控 RS 锁存器

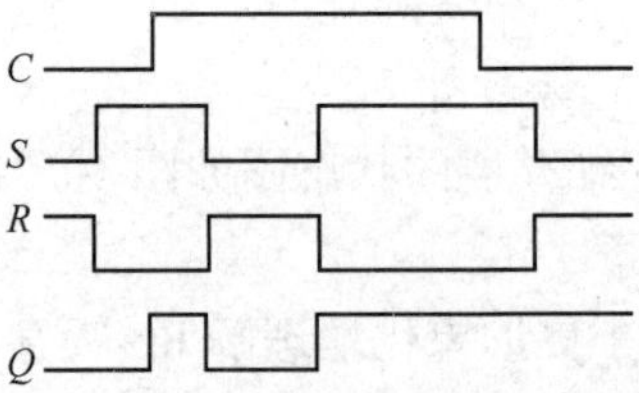


图 10.12　门控 RS 锁存器的波形图

### 10.3.3　门控 D 锁存器

在数字系统中，经常要进行存储数据的操作。在这种应用中，存储单元的激励（输入）就是要存入的数据。因此，我们需要一种器件，它能将呈现在激励输入端的单路数据 $D$ 存入交叉耦合结构的锁存器单元电路中。

一种能实现上述要求的逻辑图如图 10.13(a)所示，它称为门控 D 锁存器，电路由与非门组成。由图可见，$G_1$，$G_2$ 组成了一个 RS 锁存器，$G_3$，$G_4$ 为输入控制门，控制激励信号输入，$C$ 为控制信号。

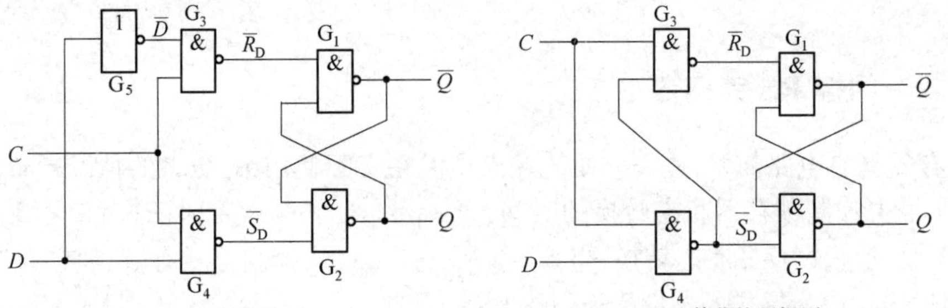


(a) 逻辑图　　(b) 简化的逻辑图

| $D$ | $Q^n$ | $Q^{n+1}$ |
|---|---|---|
| 0 | 0 | 0 |
| 0 | 1 | 0 |
| 1 | 0 | 1 |
| 1 | 1 | 1 |

(c) 特性表

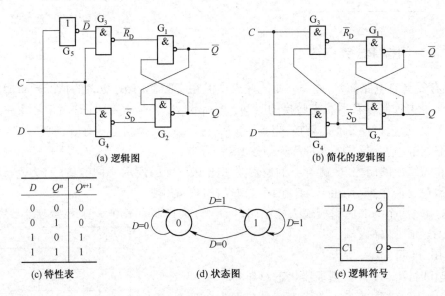

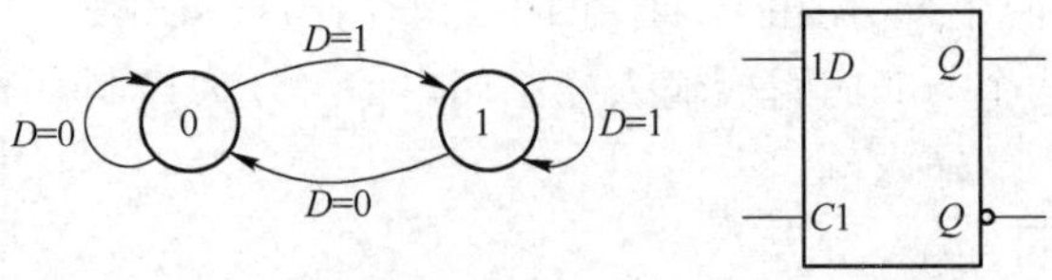


(d) 状态图　　(e) 逻辑符号

图 10.13　门控 D 锁存器

下面分析电路的逻辑功能。

① 当 $C=0$ 时，$\overline{R}_D=\overline{S}_D=1$，所以电路维持原状态不变。

② 当 $C=1$ 时，$\overline{R}_D=D$，$\overline{S}_D=\overline{D}$。这时，若 $D=0$，则 $\overline{R}_D=0$，$\overline{S}_D=1$，锁存器的输出为 $Q=0$，$\overline{Q}=1$，即 0 状态；若 $D=1$，则 $\overline{R}_D=1$，$\overline{S}_D=0$，锁存器的输出为 $Q=1$，$\overline{Q}=0$，即为 1 状态。也就是说，锁存器的状态由激励（输入）$D$ 来确定，并和 $D$ 值相同。

这样，可写出门控 D 锁存器的特性方程：　$Q^{n+1}=D$　　(10.5)

由此，可列出该锁存器的特性表，如图 10.13(c)所示，其状态图如图 10.13(d)所示。图 10.13(e)为其逻辑符号。

由上述分析可见，图 10.13(a)中 $G_4$ 的输出 $\overline{S}_D=\overline{D}$，因而可以把反相器 $G_5$ 省去，把 $\overline{S}_D$ 直接

引到 $G_3$ 的一个输入端即可。所以,实际的门控 D 锁存器只要 4 个门,其简化的逻辑图如图 10.13(b)所示。

门控 D 锁存器的波形图如图 10.14 所示。假设锁存器初始状态为 0,由图中可以看出,当控制信号 $C$ 为高电平时,$D$ 的所有变化都将直接引起门控 D 锁存器输出的变化,因此,门控 D 锁存器中存储的数据,为控制信号 $C$ 由高电平转为低电平时所对应的 $D$ 的值。

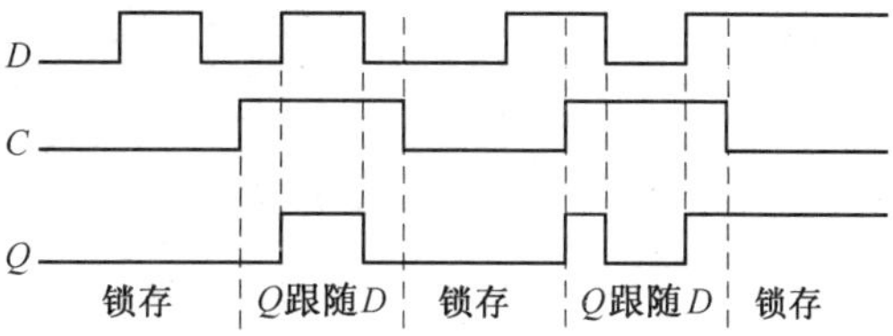

图 10.14　门控 D 锁存器的波形图

集成锁存器型号较多,常用的有 74279、7475、73373 等。74279 为由与非门组成的 RS 锁存器,输入低电平有效,一片 74279 中集成了 4 个独立的 RS 锁存器;7475 为门控 D 锁存器,一片 7475 中集成了 4 个 D 锁存器,分为两组,每两个为一组,共用一个门控信号;74373 为门控 D 锁存器,一片 74373 中集成了 8 个 D 锁存器,共用一个门控信号,并带三态输出功能。

**思考题 10.3(参考答案请扫描二维码 10-3)**

1. 当锁存器置位时,$Q$ 和 $\overline{Q}$ 的逻辑值分别是什么?
2. 如何理解由或非门构成的 RS 锁存器的约束条件 $S_D R_D=0$?
3. RS 锁存器和门控 RS 锁存器的工作有什么不同之处?

二维码 10-3

## 10.4　触　发　器

在时序电路中,往往要求电路中的存储器件能在同一控制信号的作用下同步工作,具有这种特征的时序电路称为同步时序电路。回顾我们上一节所介绍的锁存器,可以发现,将锁存器作为同步时序电路中的存储器件是不合适的,其原因可简述如下。

由于当门控锁存器的控制信号 $C$ 有效时,输入信号能直接被传送到输出 $Q$ 端,所以,输入信号的任何变化,都将直接引起锁存器输出状态的改变,这时输入信号若发生多次变化,输出状态也可能发生多次变化,这一现象称为锁存器的空翻。回顾时序电路的结构模型图 10.2 可知,存储电路的输出信号是组合电路的输入信号,而组合电路的输出信号又是存储电路的输入信号。当控制信号 $C$ 有效时,锁存器的作用也就和组合电路无异了。这样,图 10.2 的结构模型就等效为由两个组合电路构成的一个互为反馈网络的反馈系统,因此,该系统就有可能因其瞬态特性不稳定而产生振荡。

为了解决上述问题,可以利用一个称为"时钟"的特殊定时控制信号去限制存储单元状态的改变时间,具有这种特点的存储单元电路称为触发器。

触发器按照组成结构的不同可以分为两种类型:一是主从触发器,二是边沿触发器。

### 10.4.1　主从触发器

按照逻辑功能来分类,主从触发器包括主从 RS 触发器、主从 D 触发器等,下面重点介绍主从 RS 触发器的结构和功能特点。

(1) 主从 RS 触发器的电路结构和工作原理

图 10.15 所示为主从 RS 触发器的逻辑图及逻辑符号。该电路由两个相同的门控 RS 锁存器连接而成。它们的控制信号由时钟脉冲 CP 提供,并互为反相。$F_1$ 为主锁存器,$F_2$ 为从锁存器。由于主锁存器的输出信号($Q_m$ 和 $\overline{Q}_m$)就是从锁存器的输入信号,因而从锁存器的输出状态将由主锁存器的输出状态来决定,这就是"主从"的含义。

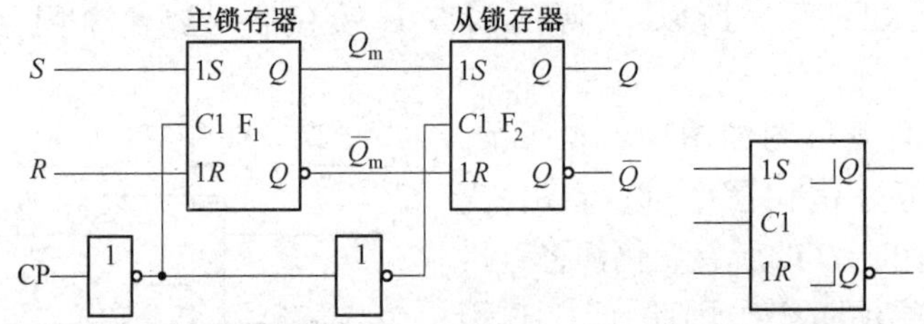


(a) 逻辑图　　(b) 逻辑符号

图 10.15　主从 RS 触发器的逻辑图和逻辑符号

该主从 RS 触发器的基本工作原理如下：

当 CP=0 时，主锁存器被选通，处于工作状态，从锁存器被封锁，处于保持状态。这是前半拍的工作情况，即输入信号先存入主锁存器中，而不直接影响输出状态。

当 CP 由低电平转换为高电平后，主锁存器被封锁，处于保持状态，而从锁存器被选通，处于工作状态。此时，不论输入信号 $S$，$R$ 如何变化，主锁存器的状态不再改变，而从锁存器按照与主锁存器相同的输出状态动作。这是后半拍的工作情况，在后半拍才实现整个触发器状态的改变。因此，在 CP 的一个变化周期中，触发器的输出状态只可能改变一次，从而克服了空翻现象。

将主从 RS 触发器用于时序电路中，不会因不稳定而产生振荡，这是因为在所有的时间内，主锁存器和从锁存器总有一个处于保持状态，它等效于阻断了电路的反馈回路，破坏了不稳定瞬态特性。主从 RS 触发器的波形图如图 10.16 所示。

综上所述，主从 RS 触发器是在 CP 为 0 期间接收 $R$，$S$ 信号，而在 CP 的上升沿到来后，输出 $Q$ 和 $\overline{Q}$ 才改变状态。故在图 10.15(b)所示的逻辑符号中，在 $Q$ 和 $\overline{Q}$ 端加上了延迟符号“⌐”。

（2）特性表和特性方程

主从 RS 触发器的特性表如表 10.4 所示。需要注意的是，表中 $S$，$R$，$Q^n$ 为 CP 作用之前的输入信号和触发器状态，$Q^{n+1}$ 是 CP 作用之后的新状态。和表 10.1 相比较，可以发现，主从 RS 触发器和简单的 RS 锁存器具有相同的功能，因此，主从 RS 触发器和 RS 锁存器具有相同的状态图和特性方程。特性方程为

$$\begin{cases} Q^{n+1}=S+\overline{R}Q^n \\ SR=0 \end{cases}$$

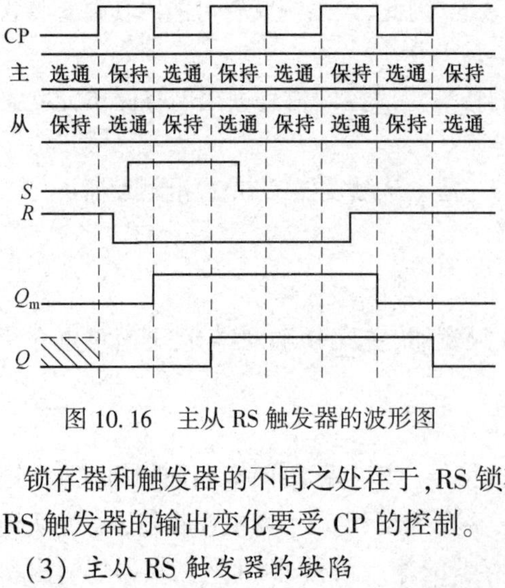


图 10.16　主从 RS 触发器的波形图

表 10.4　主从 RS 触发器的特性表

| CP | $S$ | $R$ | $Q^n$ | $Q^{n+1}$ |
|---|---|---|---|---|
| × | × | × | × | $Q^n$ |
| ⎍ | 0 | 0 | 0 | 0 } 保 |
| ⎍ | 0 | 0 | 1 | 1 } 持 |
| ⎍ | 0 | 1 | 0 | 0 } 置 |
| ⎍ | 0 | 1 | 1 | 0 } “0” |
| ⎍ | 1 | 0 | 0 | 1 } 置 |
| ⎍ | 1 | 0 | 1 | 1 } “1” |
| ⎍ | 1 | 1 | 0 | × } 禁 |
| ⎍ | 1 | 1 | 1 | × } 止 |

锁存器和触发器的不同之处在于，RS 锁存器的任何输入的改变，将立刻引起输出响应，而主从 RS 触发器的输出变化要受 CP 的控制。

（3）主从 RS 触发器的缺陷

上述主从结构的触发器，又称为脉冲触发器。这种触发器一般要求在接收信号期间，输入信

号要保持恒定,避免干扰,否则将导致状态的错误转换。

对图 10.15 所示的主从 RS 触发器,CP=0 时电路处于接收信号状态,即主锁存器选通。假设在此之前触发器处于 0 状态,并要求在 CP 的上升沿到达后触发器仍处于 0 状态,即 $Q^{n+1}=Q^n=0$。为满足这一要求,只要使输入信号 $S=R=0$ 即可。但若在这一期间内,有干扰信号影响 $S$,使 $S$ 短时间出现正向脉冲,那么,在影响期间,主锁存器的状态将立刻发生变化,由 0 变为 1,而在影响过后,主锁存器将保持 1 状态。当 CP 的上升沿到达后,从锁存器的状态(即触发器的状态)将变为 1,导致触发器状态的错误转换。图 10.17 给出了其波形图。

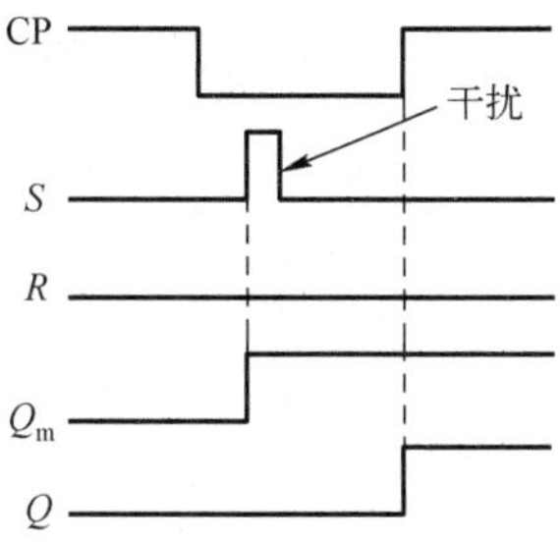

图 10.17　RS 触发器状态的错误转换波形图

## 10.4.2　边沿触发器

顾名思义,边沿触发器就是边沿触发的触发器,它只在 CP 发生跳变(上升沿或下降沿)期间(严格说还应包括跳变前后极短一段时间在内),触发器才能接收信号,并使输出状态转换。而在 CP 为稳定的 1 或 0 电平期间,输入信号都不能进入触发器,也就影响不了输出。所以,边沿触发器只要求在 CP 发生跳变的极短时间内,输入信号保持稳定。这就大大提高了触发器的抗干扰能力,也有效地避免了空翻现象,提高了工作的可靠性。

按照逻辑功能分类,边沿触发器包括边沿 D、边沿 JK、边沿 T 触发器等;按照触发方式分类,边沿触发器可分为上升沿(正边沿)触发器和下降沿(负边沿)触发器两种;按照组成结构分类,边沿触发器可分为维持阻塞边沿触发器、利用门电路传输延迟时间的边沿触发器、CMOS 边沿触发器等。需要说明的是,某些主从触发器也具有边沿触发器的特点。下面介绍几种边沿触发器。

**1. 主从结构边沿 D 触发器**

和主从 RS 触发器的组成方法相似,可以用两个 D 锁存器构成一个主从 D 触发器,但这种触发器具有边沿触发器的特点。主从结构边沿 D 触发器的逻辑图和逻辑符号如图 10.18 所示。

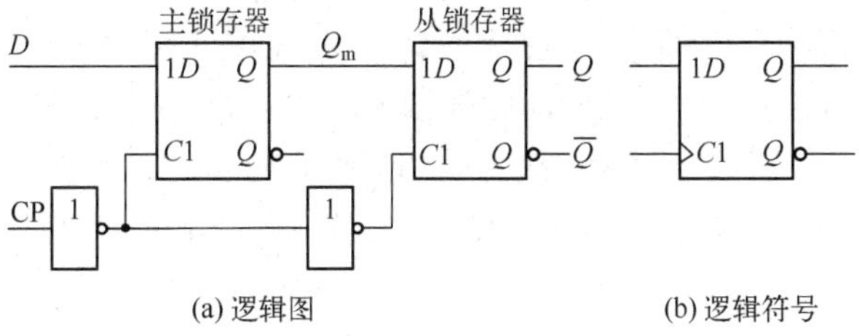

图 10.18　主从结构边沿 D 触发器的逻辑图和逻辑符号

由逻辑图可以看出,主从结构边沿 D 触发器的工作原理和主从 RS 触发器相同,当 CP=0 时,主锁存器被选通,其输出 $Q_m$ 由外输入 $D$ 确定,且 $Q_m=D$,从锁存器保持原状态不变;当 CP 由 0 变 1 时,主锁存器进入锁存器状态,而从锁存器被选通,从锁存器按照与主锁存器相同的输出状态动作。由于该触发器新的状态由 CP 上升沿到来时刻的输入 $D$ 所决定,所以它属于边沿型的。为表示边沿触发的特性,在图 10.18(b)逻辑符号中,在时钟脉冲输入处,加上了一个“>”标志。

边沿 D 触发器和 D 锁存器具有相同的特性方程和状态图,它的特性方程为

$$Q^{n+1}=D$$

图 10.19 为主从结构边沿 D 触发器的波

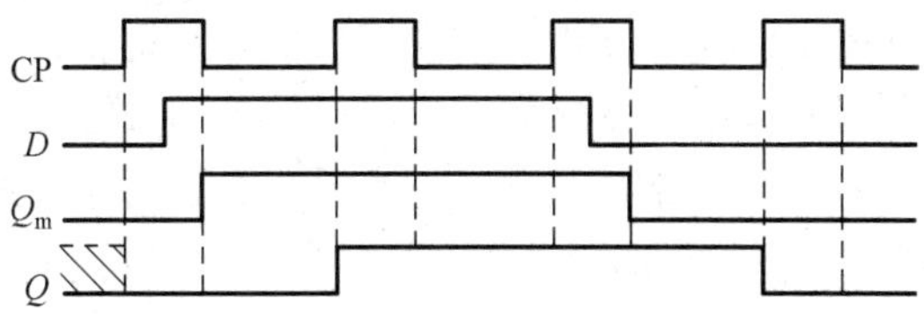

图 10.19　主从结构边沿 D 触发器的波形图

形图。

**2. CMOS 边沿 D 触发器**

CMOS 边沿 D 触发器也属于主从结构，但具有边沿触发器的触发特点。它可以是上升沿触发，也可以是下降沿触发。下面介绍 CMOS 上升沿 D 触发器。

(1) 电路结构

CMOS 上升沿 D 触发器的逻辑图如图 10.20 所示。该触发器由主锁存器和从锁存器两部分组成，主锁存器由非门 $G_1$，$G_2$和传输门 $TG_1$，$TG_2$组成，从锁存器由非门 $G_3$，$G_4$和传输门 $TG_3$，$TG_4$组成。传输门 TG 是一种特殊的逻辑门，它等效为一个受 CP 控制的开关。在图 10.20 中，当 $CP=0$，$\overline{CP}=1$ 时，$TG_1$，$TG_4$导通，而 $TG_2$，$TG_3$截止；当 $CP=1$，$\overline{CP}=0$ 时，$TG_1$，$TG_4$截止，而 $TG_2$，$TG_3$导通。图中 $D$ 是输入端，$Q$ 和 $\overline{Q}$ 为输出端。

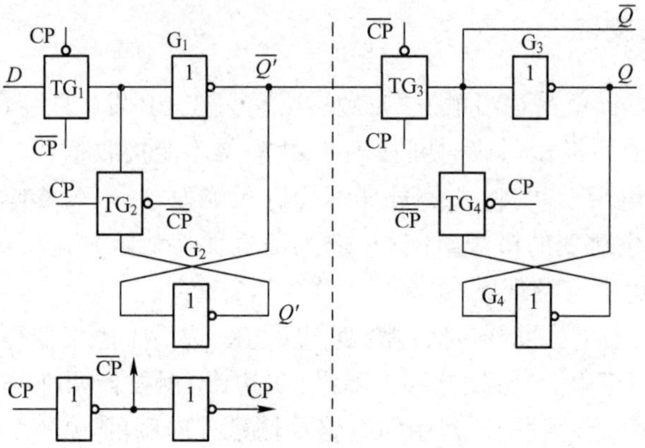


图 10.20 CMOS 上升沿 D 触发器的逻辑图

(2) 工作原理

电路的工作原理可以分两种情况来说明。

① 当 $CP=0$，$\overline{CP}=1$ 时，主锁存器中 $TG_1$导通，$TG_2$截止。输入信号 $D$ 经 $TG_1$进入主锁存器中，使 $Q'=D$，由于 $TG_2$截止，$Q'$的状态不能反馈到 $G_1$输入端，所以主锁存器尚不具备保持功能，即主锁存器的 $Q'$和$\overline{Q'}$的状态在 $CP=0$ 期间跟随输入端 $D$ 的状态而变化。

由于 $TG_3$截止，从锁存器和主锁存器之间的联系被切断，又因 $TG_4$是导通的，$Q$ 端的状态经反相器 $G_4$和传输门 $TG_4$后返回到 $G_3$的输入端，因此 $G_3$的输入是$\overline{Q}$，从而使触发器状态保持不变。

② 当 $CP=1$，$\overline{CP}=0$ 时，$TG_1$截止，$TG_2$导通，主锁存器形成反馈连接，$Q'$将 $TG_1$切断前一瞬间的输入信号 $D$ 保存下来。与此同时，$TG_3$导通、$TG_4$截止，主锁存器保存下来的状态直接传送到从锁存器的输出端，使 $Q=Q'=D$。另外，由于 $TG_1$截止，所以 CP 上升沿到来后，输入信号 $D$ 的变化不会影响输出，即不会产生空翻。

由上述分析可知，CMOS 上升沿 D 触发器的动作特点是：输出状态的改变发生在 CP 的上升沿，输出的新状态仅仅由 CP 上升沿到来前一瞬间的输入信号 $D$ 决定。这种 D 触发器的逻辑符号和图 10.18(b)相同。不难看出，只要把上述电路中所有传输门上的控制信号 CP 和$\overline{CP}$对换，就可以将该触发器改为下降沿触发的 D 触发器。

有些触发器集成电路带有异步置位、复位功能，为了实现异步置位、复位功能，需要引入 $S_D$ 和 $R_D$信号。图 10.21 为一种带有异步置位、复位端的 COMS 边沿 D 触发器的逻辑图。$S_D$和 $R_D$ 端的内部连线在图中以虚线示出。分析可知，置 1 和置 0 信号为高电平有效。

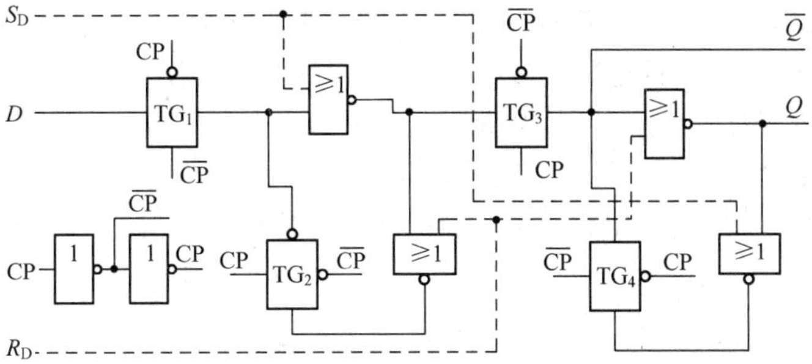


图 10.21　带有异步置位、复位端的 COMS 边沿 D 触发器的逻辑图

### 3. 边沿 JK 触发器

RS 触发器工作时必须遵循 $SR=0$ 这一约束条件，否则会使触发器的新状态无法确定。为克服这一缺点，人们研制了 JK 触发器。JK 触发器可有多种结构，其中一种简单结构，即边沿 JK 触发器的逻辑图如图 10.22(a)所示，它是在 D 触发器的基础上，加若干逻辑门组成的。图 10.22(b)为边沿 JK 触发器的逻辑符号，其中，时钟输入端的小圆圈表示该触发器为下降沿触发。

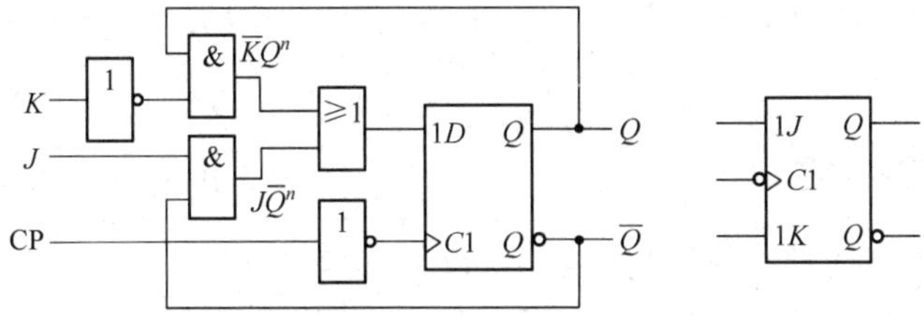


(a) 逻辑图　　(b) 逻辑符号

图 10.22　JK 触发器

由图 10.22 可以看出，D 触发器的输入方程可表示为：

$$D=J\overline{Q}^n+\overline{K}Q^n \qquad (10.6)$$

其中，$J$，$K$ 为两个外输入端，$Q^n$ 为 D 触发器的原状态。将式(10.6)代入 D 触发器的特性方程，有：

$$Q^{n+1}=D=J\overline{Q}^n+\overline{K}Q^n \qquad (10.7)$$

这就是 JK 触发器的特性方程。由特性方程，可以画出 JK 触发器的特性表和状态图，如图 10.23 所示。特性表的 CP 列中的“↓”标志，强调其为下降沿触发的。

将 JK 触发器的特性表和 RS 触发器的特性表(表 10.4)进行比较，可以发现，和 RS 触发器一样，JK 触发器也具有保持、置 0 和置 1 功能，当实现这三种功能时，$J$，$K$ 端分别和 $S$，$R$ 端的值相同。除此之外，JK 触发器还增加了一个翻转功能，即当 $J=K=1$ 时，在每次 CP 下降沿来到，输出状态将翻转一次。这样，JK 触发器就去除了 RS 触发器中存在的约束条件。另外，由于在 JK 触发器逻辑图(见图 10.22(a))中，CP 是经过一个反相器加到 D 触发器上的，所以，该 JK 触发器属下降沿触发的边沿触发器。

| CP | $J$ | $K$ | $Q^n$ | $Q^{n+1}$ | |
|---|---|---|---|---|---|
| × | × | × | × | $Q^n$ | |
| ↓ | 0 | 0 | 0 | 0 | 保持 |
| ↓ | 0 | 0 | 1 | 1 | |
| ↓ | 0 | 1 | 0 | 0 | 置“0” |
| ↓ | 0 | 1 | 1 | 0 | |
| ↓ | 1 | 0 | 0 | 1 | 置“1” |
| ↓ | 1 | 0 | 1 | 1 | |
| ↓ | 1 | 1 | 0 | 1 | 翻转 |
| ↓ | 1 | 1 | 1 | 0 | |

(a) 特性表

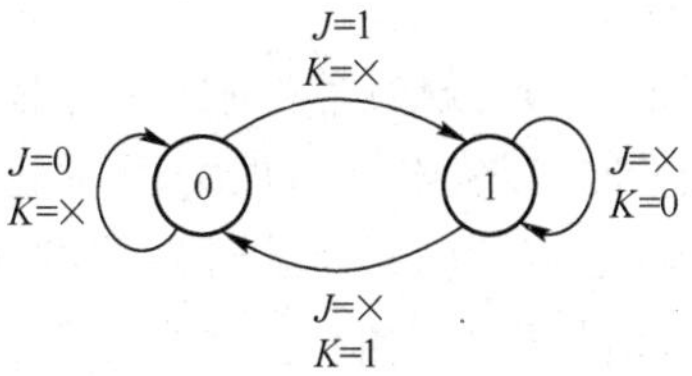


(b) 状态图

图 10.23　JK 触发器的特性表和状态图

有些集成 JK 触发器中的 $J$ 和 $K$ 输入端数可能超过 1 个，则 $J$ 和 $K$ 分别是各个 $J_i$ 和 $K_i$ 之间"与"的关系。在图 10.24 所示的逻辑符号中，$J$ 和 $K$ 的输入端数分别有两个，则 $J=J_1J_2$，$K=K_1K_2$。除此之外，在逻辑符号中，还有两个与 CP 无关的异步置位和复位端，即 $\overline{S}_D$ 及 $\overline{R}_D$ 端，又称直接置 1 端和直接置 0 端。在电路中，$\overline{S}_D$ 及 $\overline{R}_D$ 是直接作用于触发器的，为低电平或负脉冲有效。

图 10.24 所示的多输入 JK 触发器在正常工作时，若 $\overline{S}_D=1$，其波形图如图 10.25 所示。图中，在异步置 0 端 $\overline{R}_D$ 未作用前，原状态 $Q^n$ 是任意的，一经 $\overline{R}_D$ 负脉冲作用，$Q$ 就变为 0，成为以后连续触发的起始状态。确定起始状态，对分析时序电路是十分重要的。

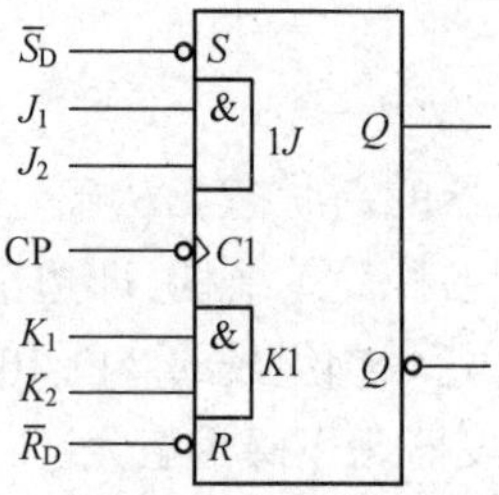


图 10.24　多输入 JK 触发器的逻辑符号

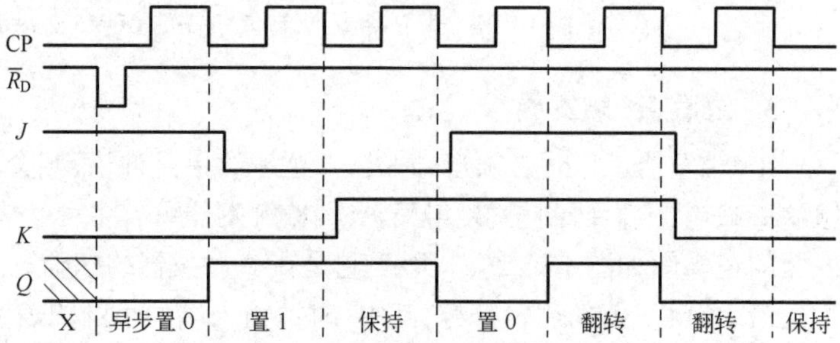


图 10.25　多输入 JK 触发器的波形图

### 10.4.3　集成触发器

边沿 JK 触发器和 D 触发器是目前数字电路中最常用的触发器，集成 JK 触发器和 D 触发器的种类较多，表 10.5 列出了部分常用集成触发器，其中 $\overline{R}_D$ 和 $\overline{S}_D$ 分别为异步置 0 和置 1 端。

**表 10.5　部分常用集成触发器**

| 型　号 | 集成器件数 | 功 能 说 明 |
|---|---|---|
| 7473A | 2 | 负边沿 JK 触发器，有 $\overline{R}_D$ 端 |
| 7474 | 2 | 正边沿 D 触发器，有 $\overline{R}_D$ 和 $\overline{S}_D$ 端 |
| 74109 | 2 | 正边沿 JK 触发器，有 $\overline{R}_D$ 和 $\overline{S}_D$ 端 |
| 74LS112 | 2 | 负边沿 JK 触发器，有 $\overline{R}_D$ 和 $\overline{S}_D$ 端 |
| 74S113 | 2 | 负边沿 JK 触发器，有 $\overline{S}_D$ 端 |
| 74LS114 | 2 | 负边沿 JK 触发器，有 $\overline{R}_D$ 和 $\overline{S}_D$ 端 |
| 74174 | 6 | 正边沿 D 触发器，有 $\overline{R}_D$ 端 |
| 74175 | 4 | 正边沿 D 触发器，有 $\overline{R}_D$ 端 |
| 74273 | 8 | 正边沿 D 触发器，有 $\overline{R}_D$ 端 |
| 74276 | 4 | 负边沿 JK 触发器，有 $\overline{R}_D$ 和 $\overline{S}_D$ 端 |
| 74LS374 | 8 | 正边沿 D 触发器，含输出使能，三态输出 |

**思考题 10.4（参考答案请扫描二维码 10-4）**

二维码 10-4

1. 门控 RS 锁存器和主从 RS 触发器的工作原理有什么不同之处？

2. JK 触发器有使输出不确定的输入条件吗？

3. 主从触发器就一定不是边沿触发器吗？

4. 如何理解边沿触发器抗干扰性能好的特点？

## *10.5　触发器的脉冲工作特性

在上一节对触发器的叙述中，都没有考虑信号在触发器电路内部的传输延迟时间，这在时钟频率较低时，是完全允许的。但当触发器的时钟脉冲或输入信号变化较快时，就需要考虑内部电路的传输延迟效应。所谓触发器的脉冲工作特性，是指为了保证触发器可靠动作，而对时钟脉冲、输入信号以及它们之间的时间关系所提出的要求。

为了定量地说明触发器的脉冲工作特性，通常给出建立时间、保持时间、传输延迟时间和最高工作频率等几个动态开关参数。

**1. 输入信号的建立时间和保持时间**

有些触发器,其输入信号必须先于时钟脉冲建立起来,才能保证电路可靠翻转。把要求输入信号提前建立的这段时间叫做信号的建立时间,用 $t_{set}$ 表示。

为了保证触发器可靠翻转,在时钟脉冲到达以后,输入信号必须保持足够的时间不变。这段时间称为信号的保持时间,用 $t_h$ 表示。

**2. 触发器的传输延迟时间**

从时钟脉冲到达时起,到触发器稳定地建立起新状态所需要的时间叫做传输延迟时间。常用 $t_{PHL}$ 表示输出端由高电平变为低电平的传输延迟时间,用 $t_{PLH}$ 表示输出端由低电平变为高电平的传输延迟时间。

**3. 触发器的最高时钟频率**

触发器各级逻辑门都有传输延迟时间。也就是说,触发器的翻转需要一定的时间才能完成。这就对时钟脉冲频率有一定的要求。当时钟脉冲频率高到一定程度以后,触发器的状态就来不及翻转。为了使触发器可靠翻转,要求时钟脉冲频率不得超过某个上限值(最高频率),用 $f_{max}$ 表示。

上述 $t_{sat}$,$t_h$,$t_{PHL}$,$t_{PLH}$ 等动态开关参数,无需具体计算。当选定了触发器的型号以后,可以从器件手册中查到。

# 10.6 触发器逻辑功能的转换

由表 10.5 可以看出,目前市场可提供的集成触发器型号较多,但多半是 JK 触发器和 D 触发器。而在实际应用中,经常需要用到其他功能的触发器。为满足这种要求,可以在已有触发器的基础上通过适当的连线或附加逻辑电路来实现,这就是触发器的逻辑功能转换。

图 10.26 为触发器逻辑功能转换示意图。由图可见,触发器逻辑功能转换,实际上是要求设计转换电路,也就是求已有触发器的输入 $X$、$Y$ 的逻辑函数式(称为驱动方程):

$$X=f_1(A,B,Q^n),\ Y=f_2(A,B,Q^n)$$

然后根据 $X$,$Y$,画出转换电路,最终得到待求触发器的逻辑图。常用的转换方法有代数法和图表法。下面分别举例说明。

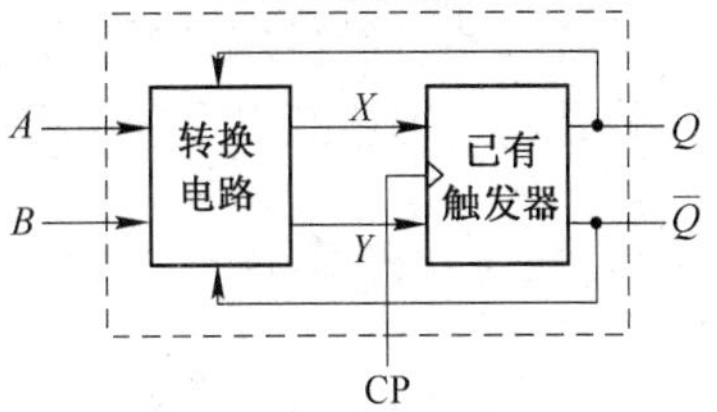

图 10.26 触发器逻辑功能转换示意图

## 10.6.1 代数法

通过比较已有触发器和待求触发器的特性方程,可以求出已有触发器的驱动方程。

**【例 10.2】** 把 JK 触发器转换为 D 触发器。

**解:** 已有 JK 触发器的特性方程为:

$$Q^{n+1}=J\overline{Q}^n+\overline{K}Q^n \tag{10.8}$$

待求 D 触发器的特性方程为:

$$Q^{n+1}=D \tag{10.9}$$

为了求出 $J$、$K$ 的逻辑函数式,将式(10.9)变换成式(10.8)的相似形式:

$$Q^{n+1}=D=D(\overline{Q}^n+Q^n)=D\overline{Q}^n+DQ^n$$

然后与式(10.8)比较。显然,若取

$$\begin{cases}J=D\\K=\overline{D}\end{cases}\tag{10.10}$$

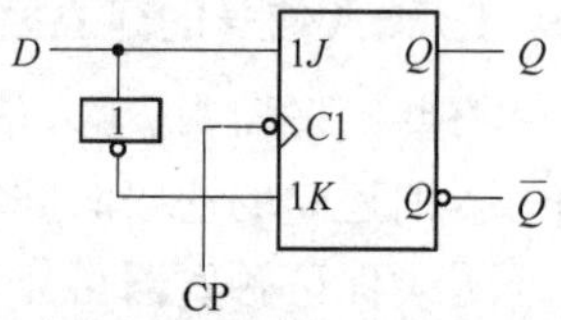


图 10.27　JK 触发器转换为 D 触发器的逻辑图

则式(10.8)就等于式(10.9)了。

式(10.10)即为所求已有触发器的驱动方程,根据它可以画出 JK 触发器转换为 D 触发器的逻辑图,如图 10.27 所示。

**【例 10.3】**　把 JK 触发器转换为 T 触发器。

**解**:T 触发器只有一个信号输入端 $T$ 和一个时钟脉冲输入端 CP。其逻辑功能是:在时钟脉冲作用下,具有保持和翻转两种功能。其特性表如表 10.6 所示。由表 10.6 可见:

当输入信号 $T=0$ 时,CP 触发沿到来后,状态保持不变,即 $Q^{n+1}=Q^n$;

当输入信号 $T=1$ 时,CP 触发沿到来后,状态翻转一次,即 $Q^{n+1}=\overline{Q}^n$;

**表 10.6　T 触发器的特性表**

| $T$ | $Q^n$ | $Q^{n+1}$ | |
|---|---|---|---|
| 0 | 0 | 0 | 保持 |
| 0 | 1 | 1 | |
| 1 | 0 | 1 | 翻转 |
| 1 | 1 | 0 | |

由特性表可以写出其特性方程为:

$$Q^{n+1}=T\overline{Q}^n+\overline{T}Q^n=T\oplus Q^n\tag{10.11}$$

将 T 触发器特性方程[式(10.11)]和 JK 触发器特性方程[式(10.7)]比较,可以发现,只要使 $J=K=T$,这两式就完全相等。所以,只要将 JK 触发器的 $J$ 和 $K$ 连接在一起,并令其为 $T$,就能实现 T 触发器的逻辑功能,如图 10.28 所示。

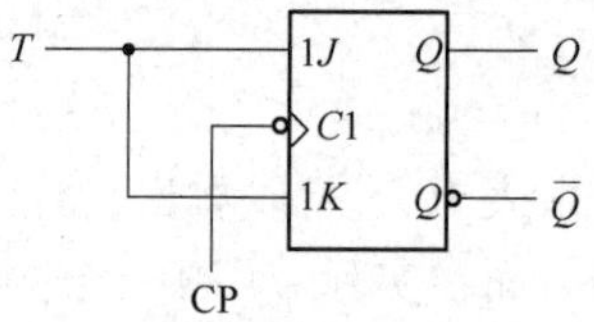


图 10.28　JK 触发器转换为 T 触发器的逻辑图

当 T 触发器的输入端 $T$ 接到固定的高电平(即 $T$ 恒等于 1)时,式(10.11)变为:

$$Q^{n+1}=\overline{Q}^n\tag{10.12}$$

即每经过一个 CP 作用以后,触发器状态翻转一次。通常把在 CP 控制下只具有翻转功能的触发器称为 T′触发器。式(10.12)即为 T′触发器的特性方程。

读者可能已经发现,前面介绍的 JK 触发器(见图 10.22)其实就是通过 D 触发器转换得到的。

### 10.6.2　图表法

用图表法实现触发器逻辑功能转换的步骤如下:

① 列出待求触发器的特性表;

② 根据步骤①所列特性表中的 $Q^n$ 转换为 $Q^{n+1}$ 的要求,逐行列出已有触发器的驱动要求(可从已有触发器的状态表或状态图中得知)。需要注意的是,这里的 $Q^n$ 和 $Q^{n+1}$ 既是待求触发器的原状态和新状态,也是已有触发器的原状态和新状态,所以 $Q^n$ 和 $Q^{n+1}$ 的对应关系也反映了对已有触发器的驱动要求。

③ 根据步骤②的驱动要求,求驱动方程,最后画出逻辑图。

显然,图表法比较麻烦,但不容易出错;而代数法比较简单,但需要一定技巧。

**【例 10.4】**　把 RS 触发器转换为 JK 触发器。

**解**:根据图表法步骤①、②列表,如表 10.7 所示。由表 10.7 画出 $S$,$R$ 的卡诺图,并求出驱动方程,如图 10.29 所示。

由 $S$,$R$ 的驱动方程可得:　　$SR=J\overline{Q}^n\cdot KQ^n=0$

满足 RS 触发器的约束条件。如果用代数法直接比较特性方程,就有可能得到 $S=J\overline{Q}^n$,$R=K$ 的结果,这样就不能满足 RS 触发器的约束条件,即 $SR$ 不恒等于 0,从而可能造成逻辑错误。最后画出逻辑图,如图 10.30 所示。

**表 10.7 RS 触发器转换为 JK 触发器的设计表**

| $J$ | $K$ | $Q^n$ | $Q^{n+1}$ | $S$ | $R$ |
|---|---|---|---|---|---|
| 0 | 0 | 0 | 0 | 0 | × |
| 0 | 0 | 1 | 1 | × | 0 |
| 0 | 1 | 0 | 0 | 0 | × |
| 0 | 1 | 1 | 0 | 0 | 1 |
| 1 | 0 | 0 | 1 | 1 | 0 |
| 1 | 0 | 1 | 1 | × | 0 |
| 1 | 1 | 0 | 1 | 1 | 0 |
| 1 | 1 | 1 | 0 | 0 | 1 |

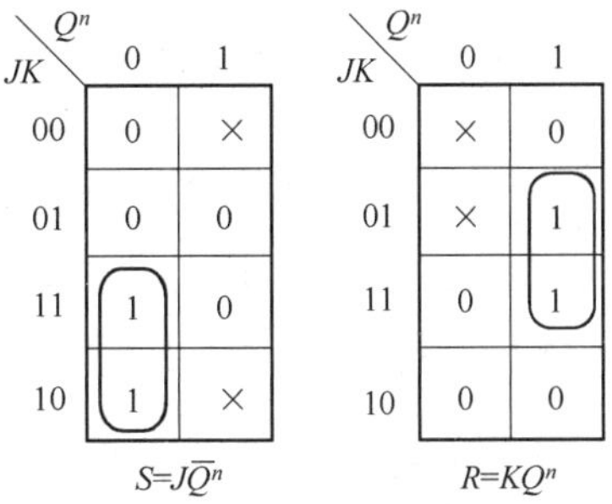


图 10.29 $S,R$ 的卡诺图及驱动方程

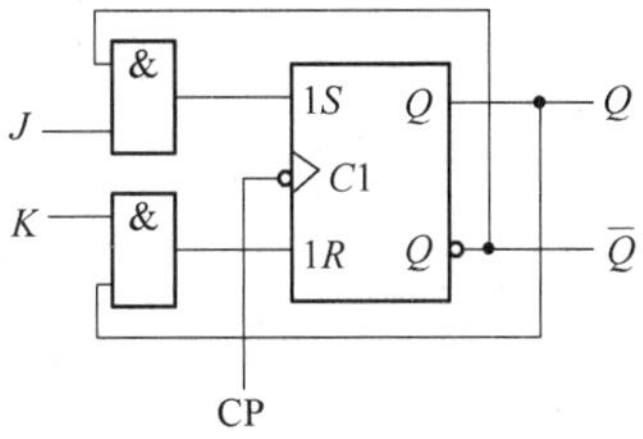


图 10.30 RS 触发器转换为 JK 触发器的逻辑图

**【例 10.5】** 试用 D 触发器和 4 选 1 数据选择器组成一个多功能触发器,该多功能触发器有两个控制端 $L,T$,一个信号输入端 $N$,其功能表如表 10.8 所示。

**解:** 根据图表法步骤①、②列表,如表 10.9 所示。由表 10.9,可画出卡诺图(见图 10.31)。若将 $L,T$ 作为数据选择器的地址变量,则数据选择器的输入信号表达式如卡诺图右侧所示。根据 $D_i$ 的表达式,可画出逻辑图如图 10.32 所示。这种具有多种触发功能特性的触发器,是构成许多集成计数器的基本单元电路。

**表 10.8 多功能触发器功能表**

| $L$ | $T$ | $N$ | $Q^{n+1}$ |
|---|---|---|---|
| 0 | 0 | × | $Q^n$ |
| 0 | 1 | × | $\overline{Q}^n$ |
| 1 | 0 | $N$ | $N$ |
| 1 | 1 | $N$ | $N$ |

**表 10.9 D 触发器实现多功能触发器设计用表**

| $L$ | $T$ | $N$ | $Q^{n+1}$ | $D$ |
|---|---|---|---|---|
| 0 | 0 | × | $Q^n$ | $Q^n$ |
| 0 | 1 | × | $\overline{Q}^n$ | $\overline{Q}^n$ |
| 1 | 0 | $N$ | $N$ | $N$ |
| 1 | 1 | $N$ | $N$ | $N$ |

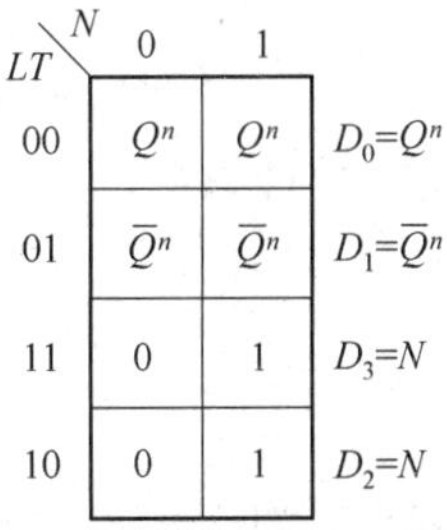


图 10.31 求数据选择器输入信号表达式的卡诺图

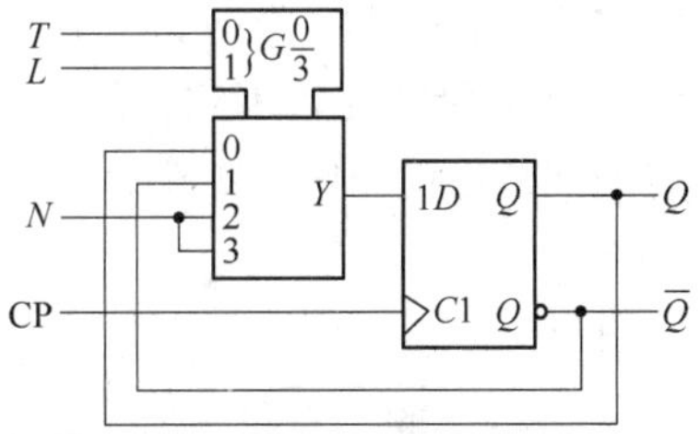


图 10.32 多功能触发器的逻辑图

**思考题 10.6(参考答案请扫描二维码 10-5)**

1. 如何将 D 触发器转换为 T 触发器?
2. 如何将 T 触发器转换为 D 触发器?

二维码 10-5

## 10.7 触发器应用举例

### 1. 消颤开关

一般的机械开关,在接通或断开过程中,由于受触点金属片弹性的影响,通常会产生一串脉冲式的振动。如果将它装在电路中,则会相应地引起一串电脉冲;若不采取措施,将造成电路的误操作。利用简单的 RS 锁存器可以很方便地消除这种机械颤动造成的不良后果。

图 10.33(a)为由 RS 锁存器构成的消颤开关电路。图中,K 为单刀双掷开关,假设开始时 K 与下部触点接通,即$\overline{R}=0,\overline{S}=1$,这时输出 $Y=0$。现在开始置位,将 K 拨至上方。然而,在 K 与 $\overline{R}$ 脱离接触、与 $\overline{S}$ 稳定接通的过程中,K 的抖动使 $\overline{S}$ 和 $\overline{R}$ 两触点上会产生不规则的噪声脉冲。但由于 RS 锁存器的记忆作用,它只对 $\overline{S}$ 的第一个负跳变产生置位响应,使 $Y$ 升到 1。同样地,在将 K 再拨向

下方时，在 $\overline{S}$ 和 $\overline{R}$ 两触点处照样会产生颤动，但锁存器只响应 $\overline{R}$ 中第一个下跳变，使 $Y$ 复位到 0。这样，输送到后面电路中去的表示 K 动作的信号，是无颤动的波形，如图 10.33(b)所示。

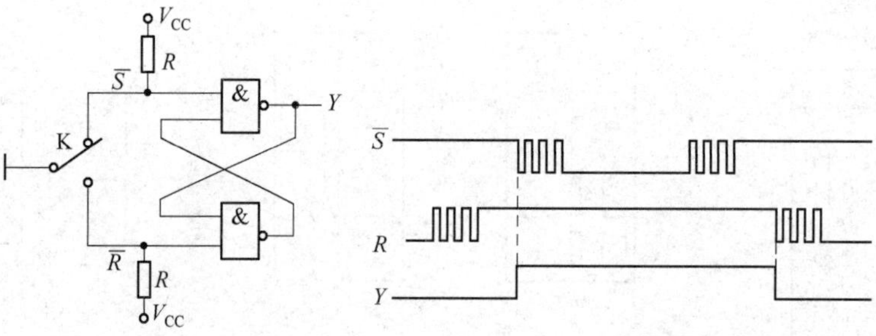


(a) 电路　　(b) 波形

图 10.33　消颤开关

另一种用于按钮开关的消颤启动电路如图 10.34 所示。它是很多数字仪表采用的单边启动电路，按钮开关 K 的颤动被触发器所吸收，输出 $Q$ 或 $\overline{Q}$ 的波形将启动设备中其他电路工作。当仪表工作经过一个完整的程序后，可以设法使该启动触发器复 0，例如可通过 $\overline{R}_D$ 端直接清 0，或使 $D=0$，通过 CP 使电路复 0。

**2. 异步脉冲的同步化**

异步输入脉冲同步化电路如图 10.35(a)所示，异步脉冲 $d$ 加到 D 触发器 $F_1$ 的 $D$ 端，CP 同时加到触发器 $F_1$ 和 $F_2$。从图 10.35(b)可以看出，输出 $Q_1$ 的波形已经和 CP 同步，它的前沿是由 $d$ 输入后的第一个时钟上升沿所定时的。但是，当 $d$ 的上升沿与 CP 上升沿几乎重合时，输出 $Q_1$ 的上升沿将变得不定，因为 $F_1$ 的信号预置时间 $t_{set}$ 未得到保证。为此添加 $F_2$，以保证得到稳定的同步化输出脉冲 $Y(Q_2)$，当然它要比 $Q_1$ 延迟一个时钟脉冲周期。

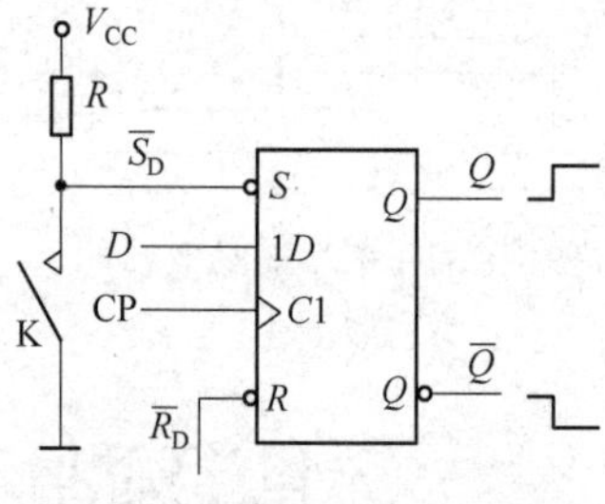


图 10.34　消颤启动电路

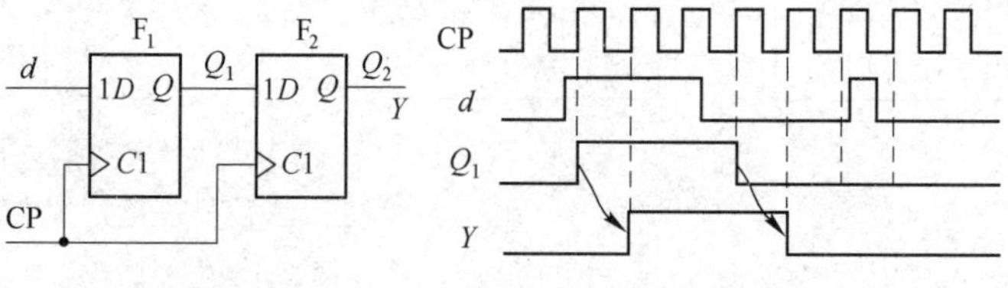


(a) 电路　　(b) 波形

图 10.35　异步脉冲同步化

图 10.35(a)所示电路的缺点是对太窄的输入脉冲可能失落，如图中 $d$ 的第 2 个脉冲即是。图 10.36(a)所示为一种对输入窄脉冲也能同步的改进电路。这里利用了 $F_1$ 的直接置位端，使脉冲 $d$ 一开始就直接进入 $F_1$。这样，即使脉冲较窄，也不易失落，同时，也使窄脉冲同步化后产生了加宽作用。

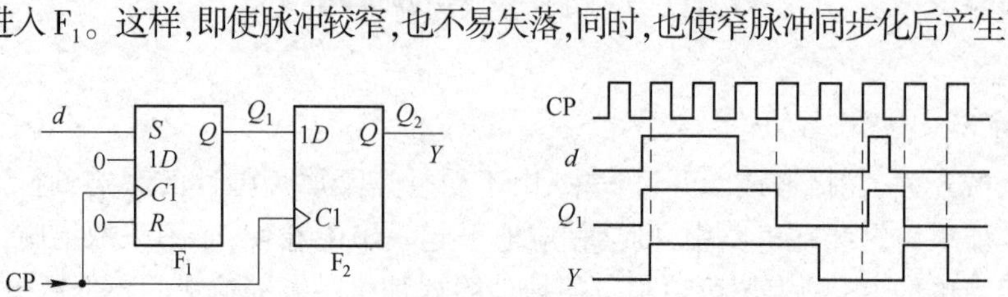


(a) 电路　　(b) 波形

图 10.36　窄脉冲同步化

**3. 单脉冲发生器**

单脉冲发生器是将一个任意宽度的输入脉冲转换为具有确定宽度的单个脉冲电路。很多数字设备都用单脉冲发生器作为调测信号源。

图 10.37(a)所示是一种输出脉宽 $t_w$ 等于一个时钟脉冲周期 $T_C$ 的单脉冲发生器，即同步单拍电路。

图 10.37(a)所示电路中，设 $F_1$ 和 $F_2$ 的起始状态均为 0，当所加控制信号 $d$ 由 0 变 1 后，随后而来的 CP 上升沿将使 $Q_1$ 由 0 变 1，下一个时钟脉冲的上升沿使 $\overline{Q}_2$ 由 1 变 0，在与门输出端 $Y$ 便获得一个单脉冲。这里，$d$ 的宽度不影响输出脉冲宽度，因为 $\overline{Q}_2$ 由 1 变 0 后，与门就被关闭了。

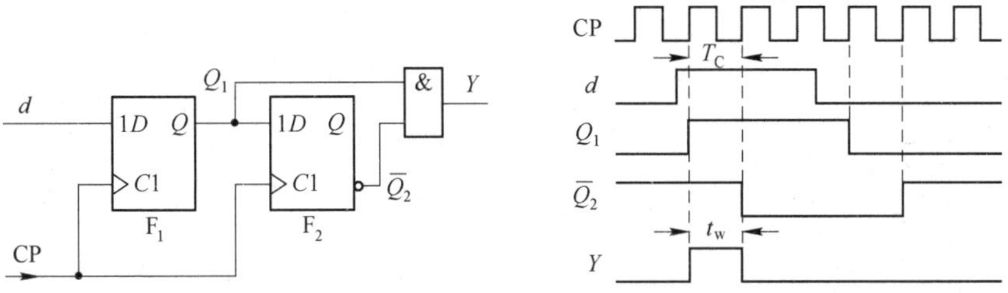


(a) 电路　　(b) 波形

图 10.37　同步单拍电路($t_w = T_C$)及波形

但是，这个电路也存在输入控制信号 $d$ 过窄的问题，$d$ 过窄就可能遇不到时钟脉冲的上升沿，使输入高电平未能存入触发器。为解决这个问题，可采用图 10.36 所示的方法，让 $d$ 先直接置位 $F_1$，再用附加 $F_2$ 使之同步化。如果遇到 $d$ 与时钟脉冲上升沿几乎同时发生的情况，而使 $F_1$ 的状态 $Q_1$ 不确定，也可像图 10.36 所示那样，采用附加触发器再完成同步化的操作。

**思考题 10.7(参考答案请扫描二维码 10-6)**

1. 如何用 D 触发器实现 2 分频电路?
2. 如何用 JK 触发器实现 2 分频电路?

二维码 10-6

## 本 章 小 结

- 时序电路的特点是，电路在任一时刻的输出稳态值，不仅与该时刻的输入信号有关，而且与该时刻以前的输入信号也有关。
- 时序电路在电路结构上包含有组合电路和存储电路两部分，并带有反馈支路。
- 描述时序电路可用逻辑方程、状态表、状态图等。
- 存储器件分为两类，一类为锁存器，另一类是触发器，它们均有两个稳定状态，在一定的输入条件下，两个稳定状态可以相互转换。
- RS 锁存器是一种结构简单的存储单元电路，它可以根据 $S_D$ 和 $R_D$ 的电平变化来确定电路的新状态。
- 门控锁存器有一个控制输入端，在控制输入端无效时，锁存器状态保持不变。
- 常用的触发器有 RS 触发器、D 触发器和 JK 触发器，其中 RS 触发器有约束条件，JK 触发器无约束条件。D 触发器只有一个激励输入端，常作为数据寄存器。
- 描述触发器逻辑功能可采用特性表、特性方程、状态图和波形图。
- 触发器可有不同的组成结构，如主从结构、维持阻塞结构、CMOS 传输门结构等，有些结构的触发器为边沿触发器，边沿触发器具有较强的抗干扰能力。
- 在实际触发器的使用中，应考虑建立时间、保持时间、传输延迟时间和最高工作频率等动态参数。
- 触发器逻辑功能转换常用两种方法：代数法比较简单，但需一定技巧；图表法比较麻烦，但不容易出错。

# 习　题

10.1　由图题 10.1 所示状态表画出状态图，并求出输出变量 $Z$ 的逻辑方程。

10.2　根据图题 10.2 所示状态表，求出当 $X$ 输入 010101000 序列时所对应的输出序列及状态序列（设电路的初始状态为 $A$）。

10.3　求出图题 10.3 所示锁存电路的状态图和特性方程。

| $Q^n$ \ $X$ ($Q^{n+1}/Z$) | 0 | 1 |
|---|---|---|
| $A$ | $D/1$ | $B/0$ |
| $B$ | $D/1$ | $C/0$ |
| $C$ | $D/1$ | $A/0$ |
| $D$ | $B/1$ | $C/0$ |

图　题 10.1

| $Q^n$ \ $X$ ($Q^{n+1}/Z$) | 0 | 1 |
|---|---|---|
| $A$ | $D/0$ | $B/0$ |
| $B$ | $D/0$ | $B/0$ |
| $C$ | $B/0$ | $C/0$ |
| $D$ | $B/1$ | $C/0$ |

图　题 10.2

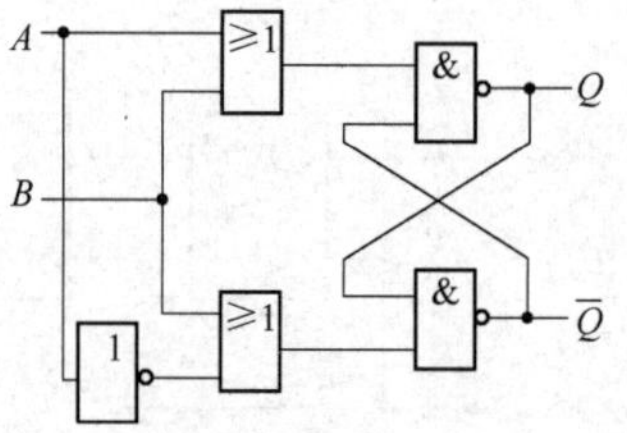


图　题 10.3

10.4　已知主从 RS 触发器的逻辑符号和 CP、$S$、$R$ 端的波形图如图题 10.4 所示，试画出 $Q$ 端对应的波形图（设触发器的初始状态为 0）。

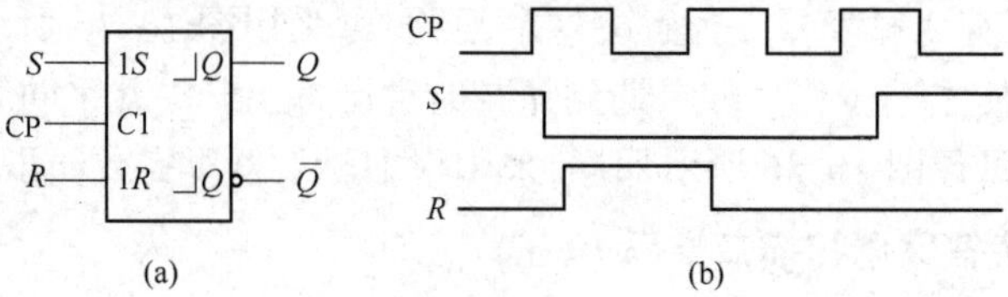


图　题 10.4

10.5　已知 JK 触发器的逻辑符号和 CP、$J$、$K$ 端的波形图如图题 10.5 所示，试画出 $Q$ 端对应的波形图（设触发器的初始状态为 0）。

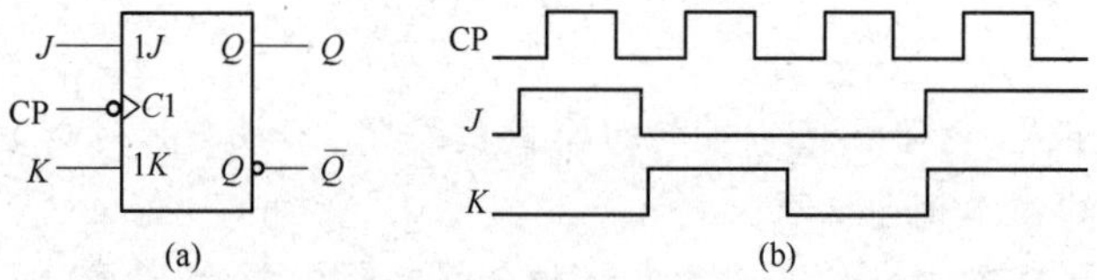


图　题 10.5

10.6　在图题 10.6(a) 中 $F_1$ 为 D 锁存器，$F_2$ 和 $F_3$ 为边沿 D 触发器，试根据图题 10.6(b) 所示 CP 和 $X$ 的波形图，画出 $Y_1$，$Y_2$，$Y_3$ 的波形图（设 $F_1$，$F_2$，$F_3$ 的初始状态均为 0）。

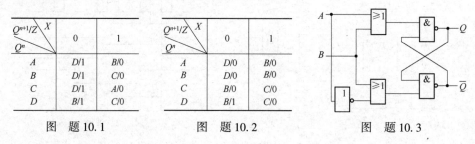

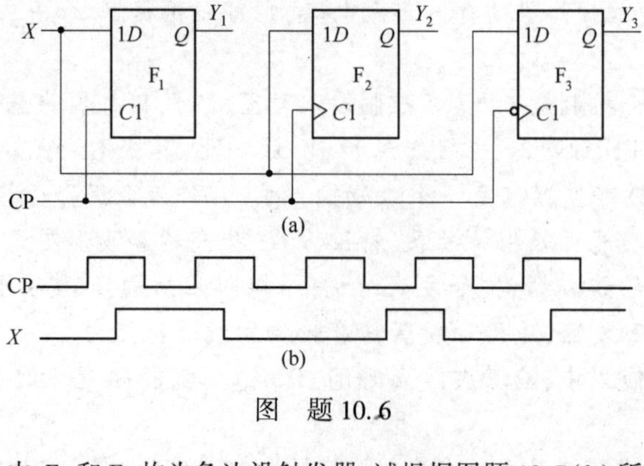


图　题 10.6

10.7　在图题 10.7(a) 中，$F_1$ 和 $F_2$ 均为负边沿触发器，试根据图题 10.7(b) 所示 CP 和 $X$ 的波形图，画出 $Q_1$，$Q_2$ 的波形图（设 $F_1$，$F_2$ 的初始状态为 0）。

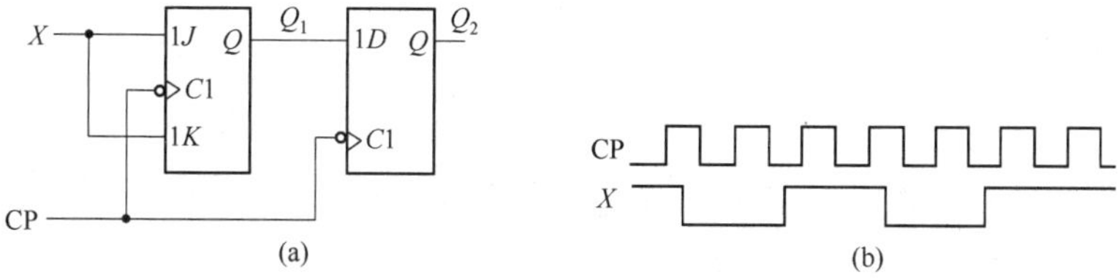


图　题 10.7

10.8　试根据图题 10.8(a)所示电路，画出在 CP 和 $X$ 信号(如图题 10.8(b)所示)作用下所对应的 $Q_1$ 及 $Q_2$ 的波形图(设 $Q_1$，$Q_2$ 初始状态均为 0)。

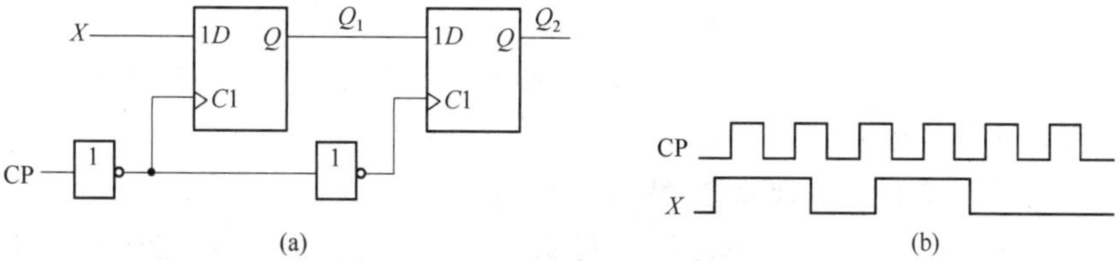


图　题 10.8

10.9　试画出图题 10.9 所示电路在连续 3 个 CP 周期脉冲作用下，$Q_1$，$Q_2$ 端的输出波形图(设各触发器初始状态均为 0)。

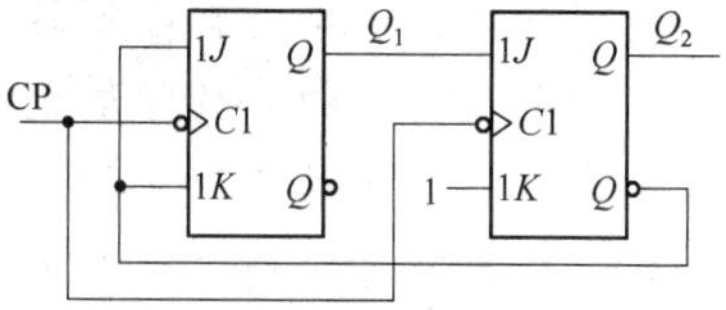


图　题 10.9

10.10　试将 D 触发器转换成 T 触发器。

10.11　图题 10.11 为由两个门控 RS 锁存器组成的某种主从结构触发器的逻辑图，试分析该触发器的逻辑功能：

(1) 列出特性表；(2) 写出特性方程；(3) 画出状态图；

(4) 说明为何种功能触发器。

10.12　试画出图题 10.12 所示电路在 8 个 CP 周期脉冲作用下，$Q_1$，$Q_2$，$Q_3$ 端的输出波形图(设各触发器初始状态均为 0)。

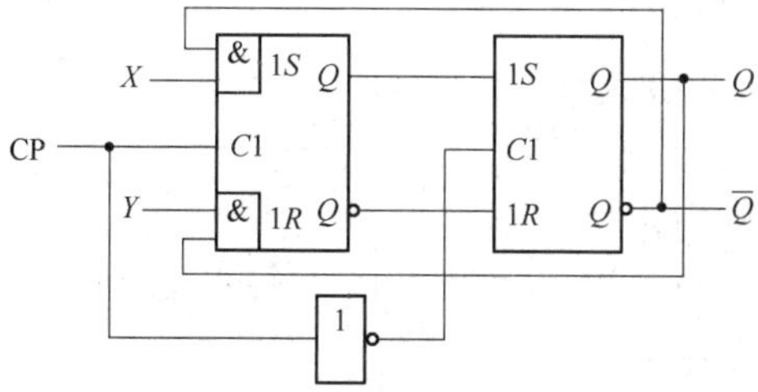


图　题 10.11

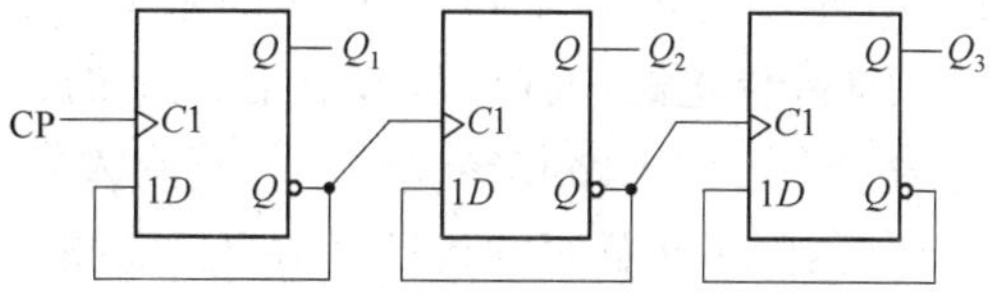


图　题 10.12

10.13　仿真题：在图题 10.13(a)中 $F_1$ 为边沿触发器，$F_2$ 为锁存器。试用 Quartus Ⅱ 软件对该电路仿真，根据图题 10.13(b)的输入波形，得到电路 $Q_{FF}$ 和 $Q_{LATCH}$ 的输出波形，分析触发器和锁存器的工作特点。(参考答案请扫描二维码 10-7)

10.14　仿真题：试用 Quartus Ⅱ 软件对图 10.37(a)所示电路进行仿真，验证图 10.37(b)的正确性。(参考答案请扫描二维码 10-8)

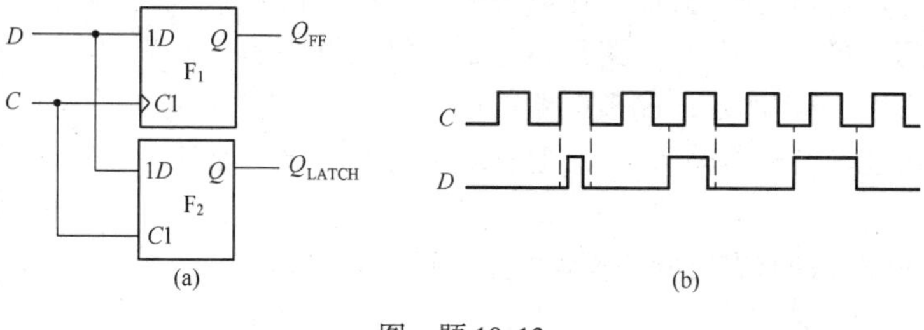


图　题 10.13

二维码 10-7　　二维码 10-8

# 第 11 章　时序逻辑电路的分析与设计

本章学习目标：

- 理解寄存器的电路结构和工作原理。
- 能分析串入-串/并出单向移位寄存器的电路结构，理解其工作原理。
- 理解双向移位寄存器 74194 的逻辑功能。
- 能分析由 JK 触发器组成的四位同步二进制计数器，并能根据电路的结构特点，设计任意位数的同步二进制计数器。
- 掌握 4 位同步二进制加法计数器 74161 的逻辑功能。
- 了解异步二进制计数器的特点，能利用 JK 触发器或 D 触发器设计异步二进制计数器。
- 能分析同步十进制计数器电路结构，理解电路工作原理。
- 能利用已有的计数器集成电路，使用反馈复位法和反馈置位法设计任意模计数器。
- 掌握能自启动环形计数器和扭环形计数器的工作原理。
- 掌握计数型序列信号发生器的设计方法。
- 掌握移存型序列信号发生器的设计方法。
- 掌握由小规模集成电路组成的同步时序电路的分析和设计方法。

在讨论时序电路的分析与设计之前，让我们先回顾一下在第 10 章中介绍过的时序电路结构框图和相关术语。

时序电路的结构框图如图 11.1 所示，其由两部分组成，一部分是组合电路，另一部分是存储电路，电路受时钟脉冲 CP 的控制，CP 作用于存储电路部分，图中未标出。

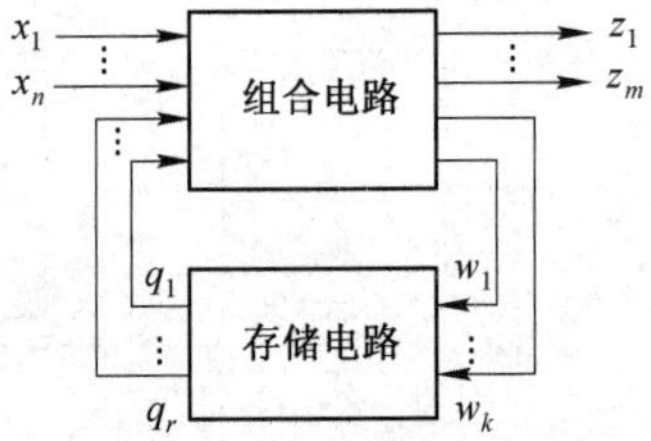


图 11.1　时序电路的结构框图

根据存储电路中存储单元状态改变的特点，可以将时序电路分为同步时序电路和异步时序电路两大类。在同步时序电路中，所有存储单元状态的改变是在统一的时钟脉冲控制下同时发生的。因此，同步时序电路中的存储单元，一般都用边沿触发器来实现。和同步时序电路不同，在异步时序电路中，各存储单元的状态改变不是同时发生的，有时时钟脉冲只控制存储电路中的部分存储单元，其他则靠输入信号或时序电路内部信号来控制。而在有些异步时序电路中甚至没有时钟脉冲，只靠输入信号经过内部电路传递去控制存储单元。因此，触发器和锁存器均能作为异步时序电路中的存储单元。

根据输出信号的特点，还可以将时序电路分为米里(Mealy)型和摩尔(Moore)型两类。在米里型电路中，输出信号不仅取决于存储电路的状态，而且还取决于外部输入信号；在摩尔型电路中，输出仅仅取决于存储电路的状态。可见，摩尔型电路只不过是米里型电路的一种特例而已。实际上，并不是每个时序电路都具有图 11.1 所示的完整电路结构。例如，有些时序电路中可能没有组合电路，而有些时序电路又可能没有外部输入信号，但它们仍具有时序电路的基本特征，仍属于时序电路。

描述时序电路的输入变量、输出变量和状态之间的逻辑关系，可采用三组方程：

① 输出方程：
$$Z=F(X,Q^n) \tag{11.1}$$

② 驱动方程： $$W=G(X,Q^n) \tag{11.2}$$

③ 状态方程： $$Q^{n+1}=H(W,Q^n) \tag{11.3}$$

在上述三组方程中，输出方程和驱动方程是组合逻辑关系，而状态方程描述了存储电路的新状态 $Q^{n+1}$ 与原状态 $Q^n$ 和激励信号 $W$ 之间的关系。除了用三组方程来描述时序电路的逻辑功能，一般还可以用状态表和状态图等方法来描述。

下面首先介绍由中规模集成电路构成的时序电路典型部件，然后讨论时序电路的一般分析与设计方法。

## 11.1 MSI 构成的时序电路

下面介绍几种常用的 MSI 时序电路部件及其主要应用。

### 11.1.1 寄存器和移位寄存器

**1. 寄存器**

寄存器是用于暂时存放二进制数据的时序逻辑部件，广泛地应用于各类数字系统中。

因为一个触发器（或锁存器）可以存放一位二进制数据，$N$ 个触发器就可以组成一个能存放 $N$ 位二进制数据的寄存器。此外，为了控制信号的接收、清除或输出，还必须有相应的控制电路与触发器相配合。所以，寄存器作为一个逻辑部件来使用，一般都包含有触发器堆和控制电路这两个部分。通常，MSI 多位数据寄存器分为两类，一类由多位 D 触发器并行组成，数据是在时钟脉冲有效边沿到来时存放的；另一类由 D 锁存器组成，数据是在门控信号某个约定电平下存入的。

图 11.2(a)所示为 4 位 D 触发器数据寄存器 74175，它有公共的时钟脉冲端和清零端，当时钟脉冲上升沿到来时，数据便存入寄存器中。另外，寄存器的每位输出都是互补的。

在组成中规模集成电路功能组件时，往往在它的公共控制端或输入端插入反相器或缓冲器，目的是减轻这些控制或输入器件的负载。如图 11.2(a)中 CP 和 $\overline{R}_D$ 输入处所示。

由图 11.2(b)的功能表可以看出，这种寄存器有三种工作状态，即清零、存数和保持。由于输出是互补的，因此该寄存器还可作为原码-反码转换器。

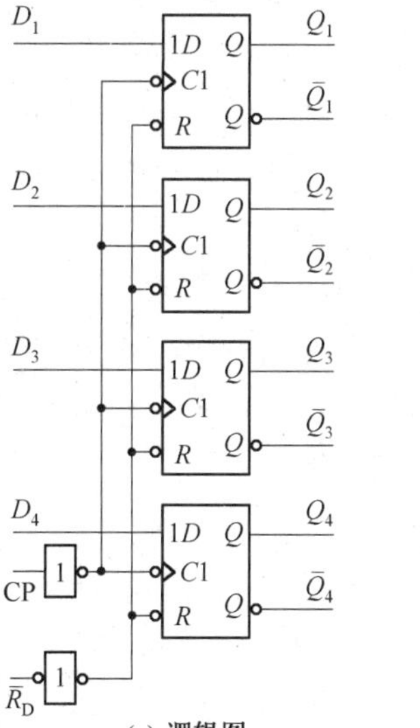

(a) 逻辑图

| 输　入 | | | 输　出 | |
|---|---|---|---|---|
| $\overline{R}_D$ | CP | $D$ | $Q^{n+1}$ | $\overline{Q}^{n+1}$ |
| 0 | × | × | 0 | 1 |
| 1 | ↑ | 1 | 1 | 0 |
| 1 | ↑ | 0 | 0 | 1 |
| 1 | 0 | × | $Q^n$ | $\overline{Q}^n$ |

(b) 功能表

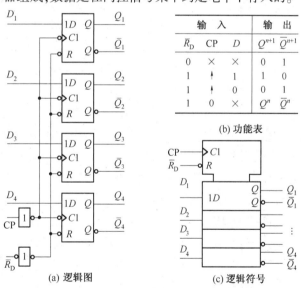

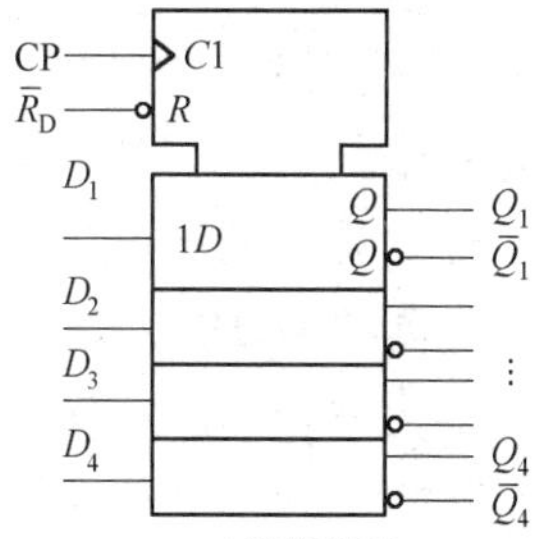

(c) 逻辑符号

图 11.2　4 位 D 触发寄存器(74175)

图 11.3 所示为具有三态输出的 4 位缓冲数据寄存器 74173，其中"▽"是三态输出符号，"▷"符号表明具有放大和驱动缓冲能力，$\overline{M}$、$\overline{N}$ 是输出控制端，$\overline{G}_1$，$\overline{G}_2$ 是置数使能端，其功能表如表 11.1 所示，表中字符"$Z$"表示高阻态。

用 D 锁存器组成的数据寄存器，其形式上与用 D 触发器组成的寄存器类似。但由于 D 锁存器在门控信号的作用期间是透明的，存在空翻现象，因此抗干扰性差。通常，这类锁存器结构的寄存器适用于数据处理单元和输入/输出接口，以及显示单元之间的暂存。

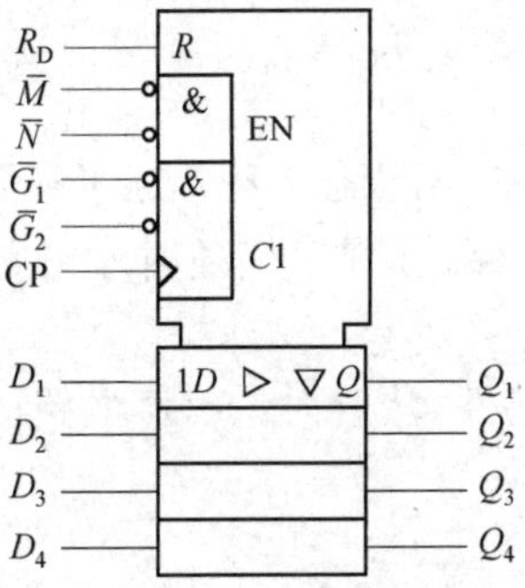


图 11.3 74173 的逻辑符号

**表 11.1 74173 的功能表**

| $R_D$ | CP | $\overline{G}_1$ | $\overline{G}_2$ | $\overline{M}$ | $\overline{N}$ | $Q_1$ | $Q_2$ | $Q_3$ | $Q_4$ |
|---|---|---|---|---|---|---|---|---|---|
| 1 | × | × | × | 0 | 0 | 0 | 0 | 0 | 0 |
| 0 | ↑ | 0 | 0 | 0 | 0 | $D_1$ | $D_2$ | $D_3$ | $D_4$ |
| 0 | | × | 1 | 0 | 0 | $Q_1$ | $Q_2$ | $Q_3$ | $Q_4$ |
| 0 | | 1 | × | 0 | 0 | $Q_1$ | $Q_2$ | $Q_3$ | $Q_4$ |
| × | | | | 1 | × | Z | Z | Z | Z |
| | | | | 0 | 1 | | | | |

## 2. 移位寄存器

移位寄存器(简称移存器)除了具有存放数据的功能,还具有移位功能。所谓移位,就是寄存器中所存数据能够在移位脉冲(通常是时钟脉冲)作用下依次左移或右移。

● 按移位方向,移位寄存器可分为:

① 单向移位寄存器——只能向一个方向(向左或向右)移位。

② 双向移位寄存器——既能向左也能向右移位。

● 按输入/输出的方式,移位寄存器可分为:

① 串入-串出——数据序列从第一级逐位输入,经移位从末级逐位输出。

② 串入-并出——数据序列串入后,由各级触发器 $Q$(或$\overline{Q}$)端同时取出。

③ 并入-串出——这是把一组数据序列的各位,用预置的方式先同时存入移位寄存器中,然后逐次移位输出。

④ 并入-并出——把一组数据序列的各位,同时预置到移位寄存器,然后各位仍以并行的方式同时取出。前面介绍的寄存器就属于并入-并出的方式。

移位寄存器中的触发器可用时钟控制器的 D、RS 或 JK 触发器实现。

(1) 单向移位寄存器

图 11.4(a)是用 4 个边沿 D 触发器组成的串入-串/并出右移寄存器。由图可见,移位脉冲(CP)同时加至各触发器的时钟端,所以它是同步时序电路;其中每个触发器的输出端 $Q$ 依次接到相邻右侧触发器的 $D$ 端;$D_0$ 端为串行输入端;$Q_3$($V_o$)端为串行输出端,$Q_0$~$Q_3$ 为并行输出端。因此它可以串行输入、串行输出或并行输出,简写为串入-串/并出。

各触发器的状态方程为:

$$Q_0^{n+1}=D_0=V_i,\quad Q_1^{n+1}=D_1=Q_0^n,$$
$$Q_2^{n+1}=D_2=Q_1^n,\quad Q_3^{n+1}=D_3=Q_2^n$$

可见,在第一个 CP 作用下,输入第一个数据 $V_i$ 将存入 $F_0$,同时 $F_0$ 内原有的数据 $Q_0^n$ 移到 $F_1$,$F_1$ 内原有的数据 $Q_1^n$ 移至 $F_2$,$F_2$ 内原有的数据 $Q_2^n$ 移至 $F_3$。总的效

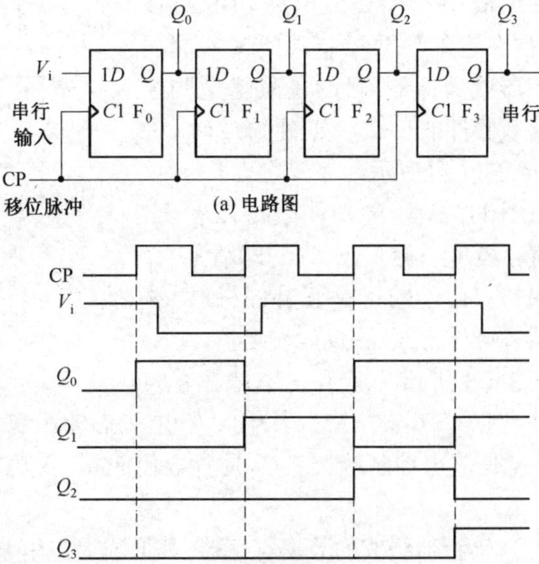


图 11.4 串入-串/并出单向移存器

果是，经过一个移位脉冲作用，寄存器的数据依次右移了一位。假设各触发器的初始状态都为0，由串行输入端 $V_i$ 输入一组与移位脉冲同步的串行数据，依次是1011（如图11.4(b)所示），则在移位脉冲作用下，移存器内数据移动的情况将如表11.2所示。相应的波形图如图11.4(b)所示。

可以看出，经过4个CP作用之后，串行输入的4位数据全部移入移存器，这时可以在4个触发器的 $Q$ 端得到并行输出的数据，即完成串入-并出的功能。因此，移存器可以用于数据的串行-并行转换。

如果需要得到串行输出的数据，只要再输入3个移位脉冲（CP），移存器中存放的4位数据便可从串行输出端 $Q_3$ 依次移出，从而实现串入-串出的功能。利用这种串入-串出功能，可以实现对串行数据的时间延迟。因为一组串行数据经过 $n$ 级串入-串出移存器，传输到串行输出端，需要 $n$ 个移位脉冲作用，所以这组数据被移存器延迟了 $nT$ 时间（$T$ 为移位脉冲周期）。

移位寄存器也可以进行左移。其原理和右移寄存器无本质差别，只是在连线上将每个触发器的输出端依次接到相邻左侧触发器的 $D$ 端即可。

(2) 双向移位寄存器

74194是一种功能较强、使用广泛的中规模集成移存器，它除了具有双向移位功能，还有并行置数、保持、异步清零功能。

74194的功能表如图11.5(a)所示，图11.5(b)为逻辑符号。$D_{SR}$ 为右移串行数据输入端，$D_{SL}$ 为左移串行数据输入端，$D_0 \sim D_3$ 为并行数据输入端，$Q_0 \sim Q_3$ 为并行数据输出端，$S_A$ 和 $S_B$ 为移存器工作状态控制端，$\overline{R}_D$ 为异步清零端，低电平有效。CP为时钟端，上升沿有效，时钟符号后的“→”表示右移，“←”表示左移。

**表11.2　图11.4的状态表**

| CP | $V_i$ | $Q_0$ | $Q_1$ | $Q_2$ | $Q_3$ |
|---|---|---|---|---|---|
| 0 | 1 | 0 | 0 | 0 | 0 |
| 1 | 0 | 1 | 0 | 0 | 0 |
| 2 | 1 | 0 | 1 | 0 | 0 |
| 3 | 1 | 1 | 0 | 1 | 0 |
| 4 | × | 1 | 1 | 0 | 1 |

| $\overline{R}_D$ | $S_A$ | $S_B$ | CP | 功能 |
|---|---|---|---|---|
| 0 | × | × | × | 清零 |
| 1 | 0 | 0 | ↑ | 保持 |
| 1 | 0 | 1 | ↑ | 右移 |
| 1 | 1 | 0 | ↑ | 左移 |
| 1 | 1 | 1 | ↑ | 并行置数 |

(a) 功能表

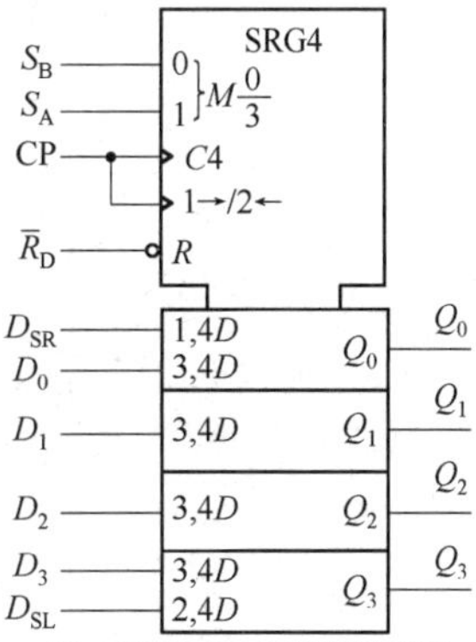


(b) ANSI/IEEE标准逻辑符号

图11.5　74194

图11.6为74194的工作波形图，从图中可以看出：

当 $\overline{R}_D = 0$ 时，各触发器同时被清零。正常工作时，应使 $\overline{R}_D = 1$。当 $S_A S_B = 00$ 时，CP上升沿到来后，实现“保持”功能；当 $S_A S_B = 01$ 时，CP上升沿到来后，实现“右移”功能；当 $S_A S_B = 10$ 时，CP上升沿到来后，实现“左移”功能；当 $S_A S_B = 11$ 时，CP上升沿到来后，实现“并行置数”功能。

用74194可以方便地组成多位移存器。图11.7是由两片74194组成8位移位寄存器的逻辑图。图中，74194(1)末位 $Q_3$ 端接到74194(2)的 $D_{SR}$ 端，而将74194(2)的 $Q_0$ 端接到74194(1)的 $D_{SL}$ 端，并将两片的CP，$\overline{R}_D$，$S_A$，$S_B$ 分别并联。这样连接后两片的8个输出端构成8位移存器的输出端 $Y_0 \sim Y_7$；两片的8个并行输入端构成8位数据并行输入端 $A_0 \sim A_7$。74194(1)片的 $D_{SR}$ 就是整个8位移存器的右移输入端；74194(2)的 $D_{SL}$ 就是整个8位移存器的左移输入端。

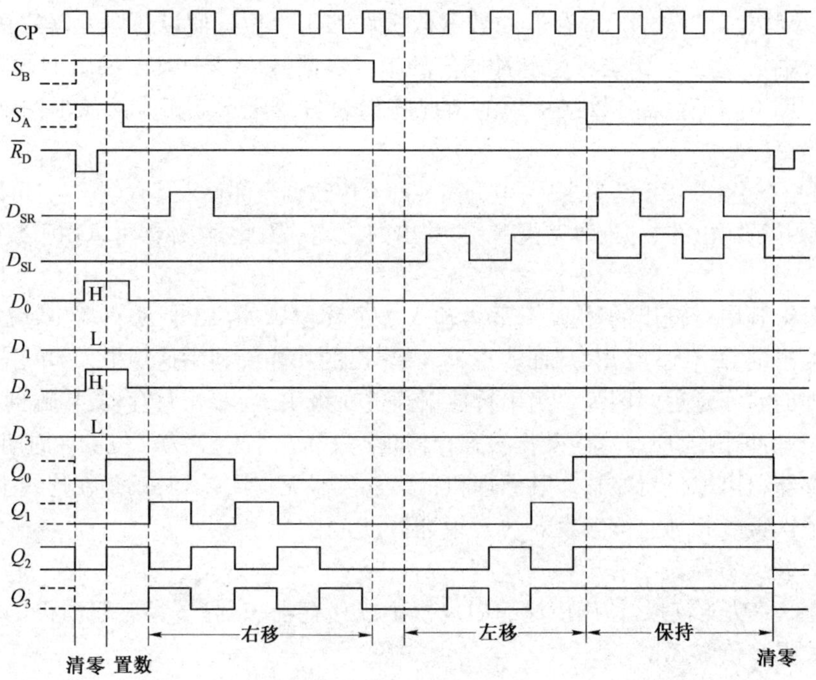


图 11.6　74194 的工作波形图

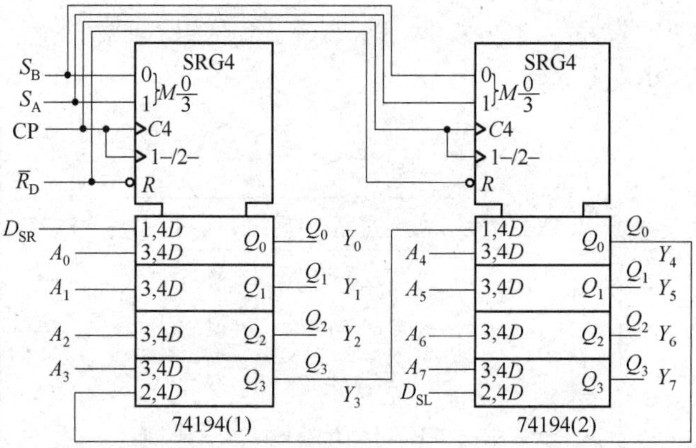


图 11.7　用两片 74194 接成八位双向移存器的逻辑图

### 3. 移位寄存器的应用举例

(1) 实现串行加法器

将移位寄存器和全加器构成串行加法器的示意图如图 11.8 所示。图中,$n$ 位移存器(1)和(2)均为并入-串出结构,用以实现对两并行输入数据($X$ 和 $Y$)的并-串转换。$n$+1 位移存器(3)为串入-并出结构,用以存放两数之和。D 触发器为进位触发器,用以存放运算过程中产生的进位信号。

串行加法器的工作受清零、置数、移位脉冲的控制。首先,清零脉冲使 3 个移存器中的所有触发器和进位触发器清零,然后,输入置数脉冲,分别将 $X$ 和 $Y$ 两个 $n$ 位并行数据存入移存器(1)和(2)中。这时,全加器对 $X$ 和 $Y$ 两数的最低位进行相加运算,产生本位结果和进位信号。接着,当第一个移位脉冲到达时,全加器输出的本位结果被存入移存器(3),而进位信号被存入进位触发器。同时,移存器(1)和(2)移出 $X$ 和 $Y$ 的次低位,全加器重新运算,产生次低位运算结果和进位输出。这样,随着移位脉冲的输入,全加器将对 $X$ 和 $Y$ 进行逐位运算,而运算的结果也被逐位存入移存器

(3)中。当输入 $n+1$ 个移位脉冲后，移存器(3)的输出 $Z$ 即为 $X$ 和 $Y$ 两数之和。

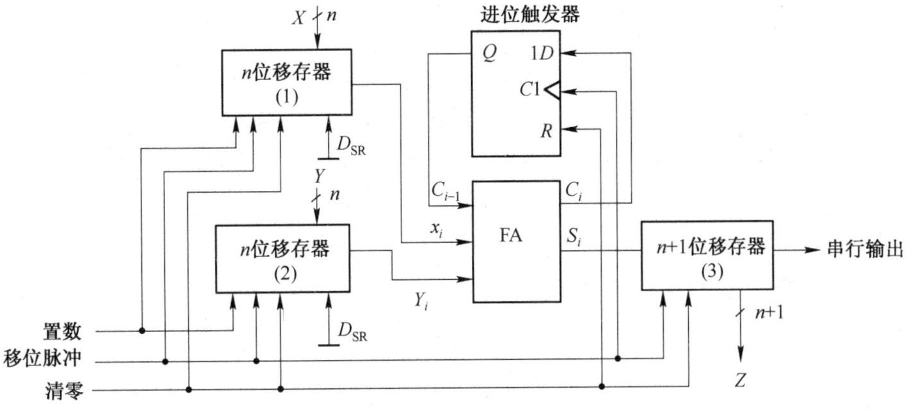


图 11.8　串行加法器的示意图

(2) 实现串行累加器

累加器是能对逐次输入的二进制数据进行总数相加的加法器。这里的二进制数据，既可以是一位的，也可以是多位的。例如，对一个有 4 位输入的累加器，依次输入 0011，1000，0101 3 个 4 位二进制数，累加器将依次对这 3 个数进行相加，最后得到的结果为 10000。若我们再输入数据 0111，则结果变为 10111。

由移存器和全加器组成的串行累加器的示意图如图 11.9 所示，该图和图 11.8 串行加法器类似，只是去除了移存器(2)，并将原移存器(3)的串行输出端反馈到全加器的输入端。

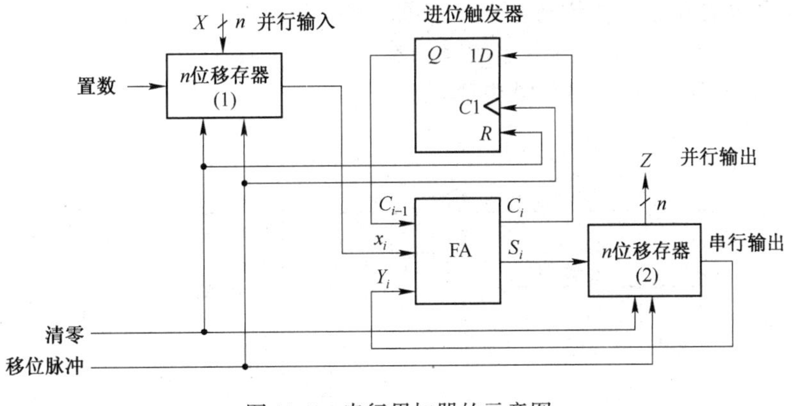


图 11.9　串行累加器的示意图

串行累加器的工作过程为：首先输入清零脉冲，使移存器和进位触发器清零。然后输入置数脉冲，将第一组数据 $X_1$ 存入移存器(1)，随后输入 $n$ 个移位脉冲，这样，$X_1$ 以串行的形式通过全加器，被存入了移存器(2)中。这时将第二组数据 $X_2$ 送到移存器(1)的并行输入端，并输入置数脉冲，$X_2$ 即存入移存器(1)，随后再输入 $n$ 个移位脉冲后，移存器(2)中的数据，即为 $X_1$ 和 $X_2$ 的和。按上述步骤操作，我们可以完成任意组数的求和运算。要注意的一点是，当数据的累加值超过 $n$ 位时，必须扩展移存器(2)的位数，否则高位数据将溢出，造成运算错误。

串行累加器电路简单，但速度较慢，经常用在低速数字系统中。

### 11.1.2　计数器

计数器是一种能统计输入脉冲个数的时序电路，而输入脉冲可以是有规律的，也可以是无规律的。计数器除了直接用于计数,还可以用于定时器、分频器、程序控制器、信号发生器等多种数字设备中,有时甚至可以把它当做通用部件来实现时序电路的设计。因此,计数器几乎已成为现代数字系统中不可缺少的组成部分。

目前常用的计数器种类繁多。按计数脉冲的作用方式分类,计数器可分为同步计数器和异步计数器。在同步计数器中,各个触发器受统一的时钟脉冲(即输入计数脉冲)控制,因此所有触发器状态的改变是同步的。而在异步计数器中,有的触发器直接受输入计数脉冲控制,有的则把其他触发器的输出用做时钟脉冲,因此所有触发器状态的改变有先有后,是异步的。

如果按进位基数(模)来分类,计数器可分为二进制计数器和非二进制计数器。

下面介绍几种常用的计数器,并选用一些 7400 系列集成计数器作为例子,来说明集成计数器的主要特点。常见的 7400 系列集成计数器如表 11.3 所示。

**表 11.3　常见 7400 系列集成计数器**

| 器　件 | 类　型 | 特　性 |
|---|---|---|
| 7492 | 异步模 12 | ÷2,÷6,÷12,异步清零 |
| 74160 | 同步十进制 | 4 位,同步置数,异步清零,使能控制 |
| 74161 | 同步二进制 | 4 位,同步置数,异步清零,使能控制 |
| 74163 | 同步二进制 | 4 位,同步置数,同步清零,使能控制 |
| 74176 | 异步十进制 | ÷2,÷5,÷10,异步清零,异步置数 |
| 74177 | 异步二进制 | ÷2,÷8,÷16,异步清零,异步置数 |
| 74191 | 同步二进制可逆 | 4 位,异步置数,使能控制行波时钟输出,最大/最小输出指示 |
| 74290 | 异步模 10 | ÷2,÷5,÷10,异步清零,异步置数 |
| 74293 | 异步二进制 | ÷2,÷8,÷16,异步清零 |

### 1. 同步二进制计数器

(1) 电路组成和逻辑功能分析

二进制计数器,通常是指使用自然二进制编码的计数器。同步二进制计数器的电路结构可有多种形式。图 11.10 所示逻辑图为 4 位同步二进制加法计数器的一种常见结构。它由 4 个下降沿触发的 JK 触发器组成。由于每个触发器的 $J$ 和 $K$ 相连接,变换为 $T$ 触发器,所以,可以看做是由 4 个 T 触发器组成的。4 个触发器的时钟都由统一的 CP 控制,所以是同步时序电路。CP 就是要被统计的计数脉冲;$C$ 为进位输出信号。

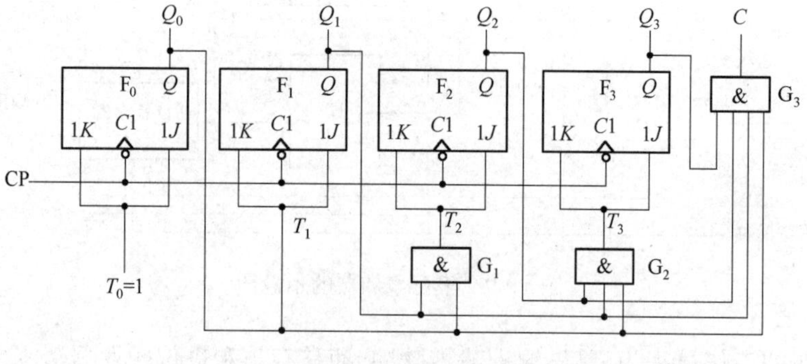


图 11.10　4 位同步二进制加法计数器的逻辑图

由图 11.10,可以写出驱动方程和输出方程:

$$T_0=1 \quad T_1=Q_0^n \quad T_2=Q_1^nQ_0^n \quad T_3=Q_2^nQ_1^nQ_0^n \quad C=Q_3^nQ_2^nQ_1^nQ_0^n$$

将上述驱动方程代入 T 触发器的特性方程($Q^{n+1}=T\overline{Q}^n+\overline{T}Q^n$),可得状态方程:

$$Q_0^{n+1}=\overline{Q}_0^n \quad Q_1^{n+1}=Q_1^n\oplus Q_0^n \quad Q_2^{n+1}=Q_2^n\oplus(Q_1^nQ_0^n) \quad Q_3^{n+1}=Q_3^n\oplus(Q_2^nQ_1^nQ_0^n)$$

根据上述状态方程和输出方程,可列出 4 位同步二进制加法计数器的状态表,如表 11.4 所示。由于该电路除了 CP 没有其他输入信号,因此状态表中就不用表明输入变量。

由表 11.4 可以看出:若把触发器的状态 $Q_3Q_2Q_1Q_0$ 的取值视为 4 位二进制数,那么从初始状态 0000 开始(一般工作时先用清零信号将各触发器复位成 0,使电路处于初始状态。图中未画出),电路的每个表示状态的二进制数恰好等于输入时钟脉冲的个数,而且每输入一个时钟脉冲,做加 1 运算。当计到 16 时,状态由 1111 变为 0000,完成一个循环周期,同时由进位输出端 $C$ 产生一个由 1→0 的下降沿。利用这个下降沿,可以作为向高位计数器的进位输出信号,使高位计数器加 1,从而实现"逢十六进一"的功能,所以该电路也称为模 16 同步加法计数器。

**表 11.4　4 位同步二进制加法计数器的状态表**

| $Q_3^n$ | $Q_2^n$ | $Q_1^n$ | $Q_0^n$ | $Q_3^{n+1}$ | $Q_2^{n+1}$ | $Q_1^{n+1}$ | $Q_0^{n+1}$ | $C$ |
|---|---|---|---|---|---|---|---|---|
| 0 | 0 | 0 | 0 | 0 | 0 | 0 | 1 | 0 |
| 0 | 0 | 0 | 1 | 0 | 0 | 1 | 0 | 0 |
| 0 | 0 | 1 | 0 | 0 | 0 | 1 | 1 | 0 |
| 0 | 0 | 1 | 1 | 0 | 1 | 0 | 0 | 0 |
| 0 | 1 | 0 | 0 | 0 | 1 | 0 | 1 | 0 |
| 0 | 1 | 0 | 1 | 0 | 1 | 1 | 0 | 0 |
| 0 | 1 | 1 | 0 | 0 | 1 | 1 | 1 | 0 |
| 0 | 1 | 1 | 1 | 1 | 0 | 0 | 0 | 0 |
| 1 | 0 | 0 | 0 | 1 | 0 | 0 | 1 | 0 |
| 1 | 0 | 0 | 1 | 1 | 0 | 1 | 0 | 0 |
| 1 | 0 | 1 | 0 | 1 | 0 | 1 | 1 | 0 |
| 1 | 0 | 1 | 1 | 1 | 1 | 0 | 0 | 0 |
| 1 | 1 | 0 | 0 | 1 | 1 | 0 | 1 | 0 |
| 1 | 1 | 0 | 1 | 1 | 1 | 1 | 0 | 0 |
| 1 | 1 | 1 | 0 | 1 | 1 | 1 | 1 | 0 |
| 1 | 1 | 1 | 1 | 0 | 0 | 0 | 0 | 1 |

(2) 同步二进制计数器的特点

① 同步二进制计数器的模为 $2^n$($n$ 为触发器的个数,也就是该计数器所用二进制码的位数),没有多余状态,因此状态利用率最高。

② 用 T 触发器构成的同步二进制计数器,电路连接有两条规律:

a. $T_0=1$,即每输入一个计数脉冲,最低位的触发器状态翻转一次。其原因是二进制数只有 0 和 1 两个码,而最低位每输入一个计数脉冲就必须加 1,导致该位翻转一次。

b. $T_i=Q_{i-1}\cdot Q_{i-2}\cdot\cdots\cdot Q_1\cdot Q_0(i\neq 0)$,即除了最低位,其他各位的翻转条件是它的低位的状态均为 1。其原因是只有所有低位的状态均为 1,再增加 1 时,才向高位进位加 1,导致此高位的状态翻转一次。

按上面两条规律,可以很方便地构成任意位同步二进制加法计数器。

③ 由于这种计数器属于同步时序电路,应该翻转的触发器直接受计数脉冲控制而同时翻转,所以工作速度较快。例如在图 11.10 中,当计数脉冲的下降沿到达后,仅需经过一级触发器的传输延迟时间 $t_{PF}$,应该翻转的触发器就全部翻转完毕,然后其进位信号再经过一级门的延迟时间 $t_{PG}$,即可到达任何一个高位触发器的 $T$ 输入端,为下次计数做好准备。可见,这种电路结构计数器的最高频率可达:

$$f_{\max}=\frac{1}{t_{PF}+t_{PG}}$$

(3) MSI 同步二进制计数器

MSI 同步二进制计数器的产品型号较多,且以 4 位二进制计数器为主。作为商品电路,除了能进行计数,一般的计数器还具有一些其他功能,使计数器的应用范围变得更为广泛。

74161 是具有清零、置数、计数和保持等 4 种功能的 4 位同步二进制加法计数器,其引脚图和 ANSI/IEEE 标准逻辑符号如图 11.11 所示。图中:

$Q_3\sim Q_0$ 为 4 个触发器的输出端,$Q_3$ 是最高位,$Q_0$ 是最低位。

CO 为进位输出端,$\mathrm{CO}=Q_3Q_2Q_1Q_0\cdot\mathrm{ENT}$。仅当 ENT = 1,且计数器的状态 $Q_3Q_2Q_1Q_0=1111$ 时,CO 才为 1。再经过一个 CP 脉冲作用后,$Q_3Q_2Q_1Q_0=0000$,CO 产生由 1→0 的下降沿,一般用这个下降沿作为进位输出信号。

CP 为计数脉冲输入端,上升沿有效。

$\overline{R}_D$ 为异步清零端,低电平有效,无论 CP 处于何种状态,一旦 $\overline{R}_D$ 端为低电平,所有触发器强迫置 0,使计数器输出为 0000。

$\overline{\mathrm{LD}}$ 为置数控制端,低电平有效。

$D_0\sim D_3$ 为置数数据输入端。当 $\overline{R}_D=1$,$\overline{\mathrm{LD}}=0$ 时,加在 $D_0\sim D_3$ 上的数据(预置数)在 CP 作用

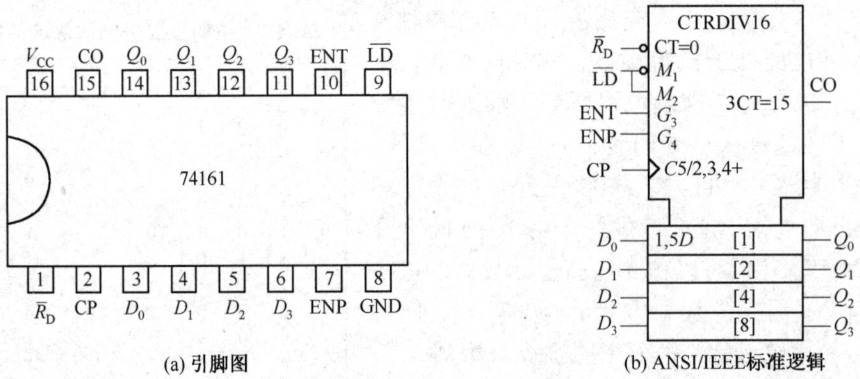


图 11.11　4 位同步二进制加法计数器 74161

下被置入相应的触发器。

ENT、ENP 为使能端,高电平有效。$\overline{R}_D=1$,$\overline{LD}=1$,如 ENT · ENP = 0 时,计数器将处于保持状态;只有 ENT · ENP = 1 时,计数器才能正常计数。此时,74161 的功能和图 11.10 所示电路的功能相同。

综合上述分析,可列出 74161 的功能表如表 11.5 所示。图 11.12 为 74161 的工作波形图。

**表 11.5　74161 的功能表**

| CP | $R_D$ | $\overline{LD}$ | ENP | ENT | 功　能 |
|---|---|---|---|---|---|
| × | 0 | × | × | × | 清零 |
| ↑ | 1 | 0 | × | × | 置数 |
| × | 1 | 1 | 0 | 1 | 保持(包括 CO 的状态) |
| × | 1 | 1 | × | 0 | 保持(CO=0) |
| ↑ | 1 | 1 | 1 | 1 | 计数 |

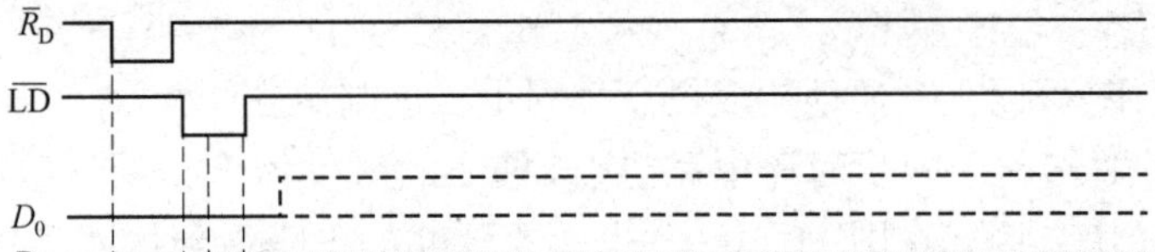

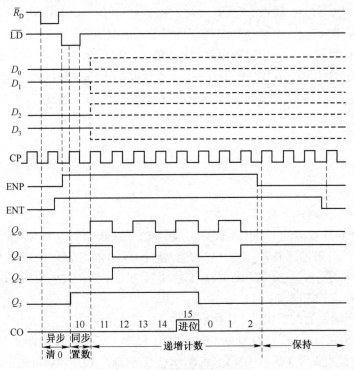

图 11.12　74161 的工作波形图

利用多片 74161 可实现计数器位数扩展。图 11.13 是用 3 片 74161 实现模 $2^{12}$ 计数器的一种连接图。图中低位片的进位输出端 CO,接到高位片的 ENT 端。由于每片的 $CO=Q_3Q_2Q_1Q_0\cdot ENT$,故只有所有的低位片的输出均为 1 时,该高位片的 ENT=1,允许计数,在下一个 CP 作用下加 1,实现了计数器位数的扩展。在这种连接方案中,片间进位信号 CO 是逐级传递的,因此,计数的最高频率将受到片数的限制。片数越多,计数频率越低。图 11.14 所示是实现位数扩展的另一种方案,该方案计数频率较高。

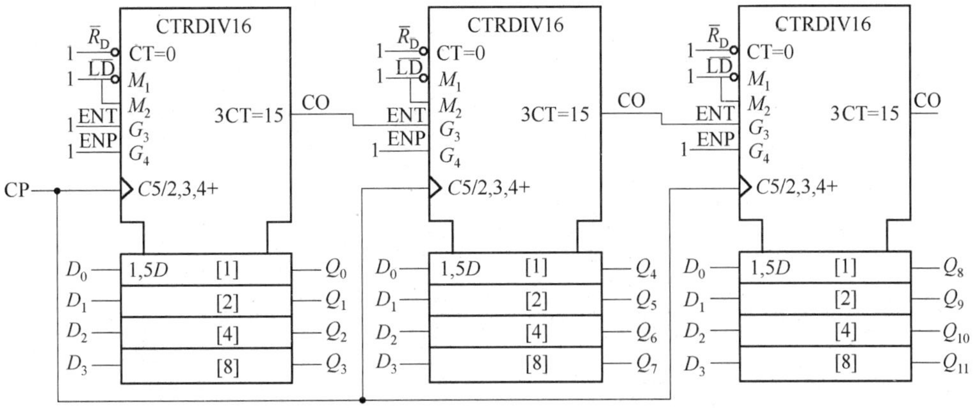


图 11.13 实现模 $2^{12}$ 计数器方案一

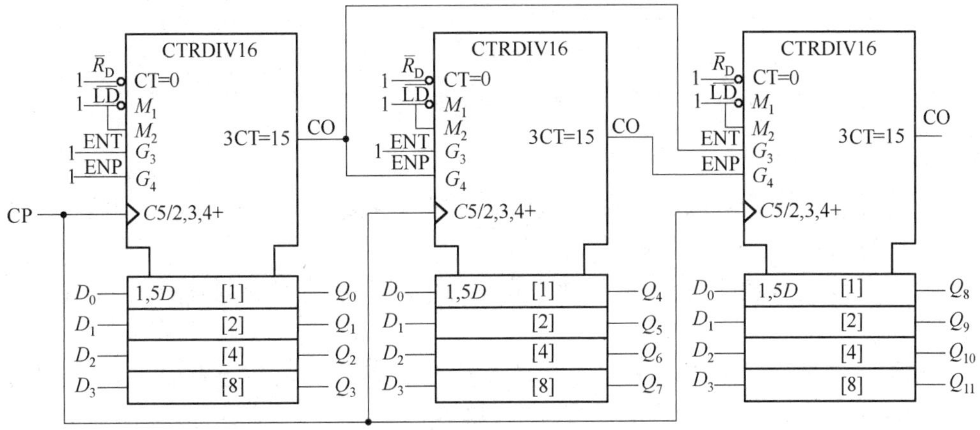


图 11.14 实现模 $2^{12}$ 计数器方案二

### 2. 异步二进制计数器

(1) 电路组成和逻辑功能分析

图 11.15(a)所示电路为 4 位异步二进制加法计数器的一种逻辑图。它由 4 个下降沿触发的 JK 触发器组成,其中低位触发器的输出 $Q$ 作为高位的时钟。由于电路中各触发器没有公共的时钟,故为异步时序电路。由图可见,每个触发器的输入 $J=K=1$,所以它们均处于翻转工作模式。每当输入时钟由 1 变为 0,即出现负跳变时,触发器就转换一次状态。这种状态转换,由低位向高位逐级推进,形似波浪,故图 11.15(a)所示计数器又称为行波计数器。

分析该计数器,可用直观的方法进行。在计数脉冲输入之前,首先在$\overline{R}_D$ 端输入一个较窄的负脉冲,使触发器处于 0 状态。然后将待计数的脉冲,从第一级触发器 $F_0$ 的 CP 端输入,每输入一个脉冲 $F_0$ 的状态就翻转一次,而每当 $Q_0$ 的状态从 1 变为 0 时,就引起 $Q_1$ 的状态翻转一次,依次类推,可以直接画出 $Q_0 \sim Q_3$ 相对于 CP 的波形图,如图 11.15(b)所示。图中初始状态为 $Q_3Q_2Q_1Q_0=0000$,到第 15 个脉冲以后,$Q_3Q_2Q_1Q_0=1111$,如再输入第 16 个脉冲,该计数器便复位到全 0 状态,完成一个循环周期。同时可利用 $Q_3$ 产生的负跳变,作为向高位计数器的进位信号。若将它接到高位触发器的时钟端,则高位触发器状态翻转一次,从而完成"逢十六进一"的功能。所以该电路为模 16 异步加法计数器,或称为 4 位异步二进制加法计数器。

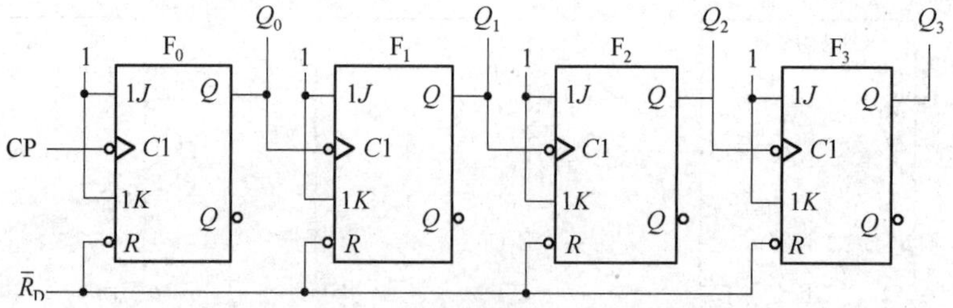

(a) 逻辑图

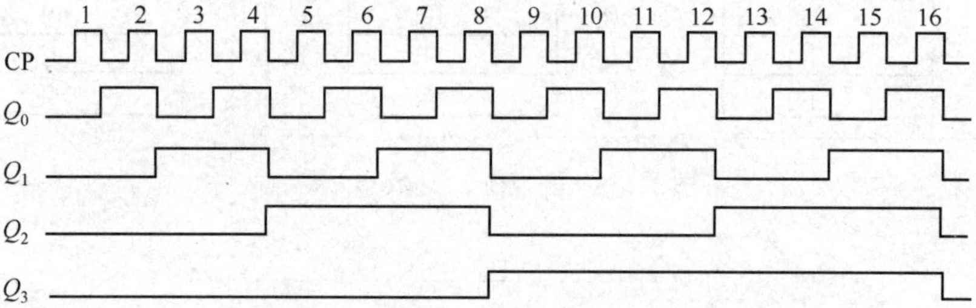

(b) 波形图

图 11.15　由 JK 触发器组成的 4 位异步二进制加法计数器的逻辑图及波形图

(2) 异步二进制计数器的特点

① 异步二进制计数器由触发器组成，每个触发器本身接成 T′触发器形式，触发器之间串接而成，低位触发器的输出作为高位触发器的时钟。

假设 $CP_i$ 是第 $i$ 位触发器 $F_i$ 的时钟脉冲输入端，$Q_{i-1}$ 和 $\overline{Q}_{i-1}$ 是低位触发器 $F_{i-1}$ 的输出，则级间连接的规律是：

a. 组成加法计数器时，如果用的是上升沿触发的触发器，则高位触发器的 $CP_i$ 应接低位触发器的 $\overline{Q}_{i-1}$ 端；如果是下降沿触发的触发器，则应接 $Q_{i-1}$ 端。

b. 组成减法计数器时，和上述情况正好相反，如果是上升沿触发，则 $CP_i$ 接 $Q_{i-1}$；如果是下降沿触发，则应使 $CP_i = \overline{Q}_{i-1}$。

图 11.16 所示逻辑图，是由四个 D 触发器组成的 4 位异步二进制减法计数器，这是由于触发器为上升沿触发，所以为减法计数。

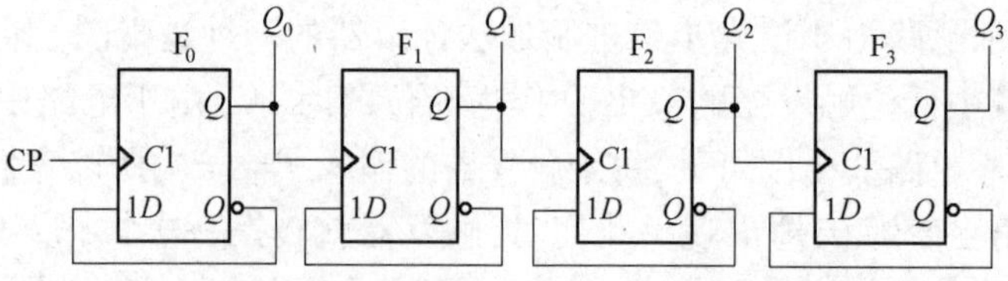

图 11.16　D 触发器组成的 4 位异步二进制减法计数器

② 异步二进制计数器中，触发器状态的翻转是由低位到高位逐级进行的。因此，计数速度（最高计数脉冲频率）较低。例如，由 1111 状态转换到 0000 状态，就需要经过 4 个触发器的传输延迟时间，才能建立新的稳定状态 0000，然后才允许输入下一个计数脉冲。设每个触发器的传输延迟时间为 $t_{PF}$，则允许计数脉冲最高频率为

$$f_{max} = 1/(4t_{PF})$$

若级数为 $n$，则

$$f_{max} = 1/(nt_{PF})$$

显然比同步二进制计数器的速度低，而且级数越多，速度越低。

③ 由图 11.15(b)的波形图可以看出,若 CP 的频率为 $f$,则 $Q_0 \sim Q_3$ 输出脉冲的频率分别为 $f/2$,$f/4$,$f/8$,$f/16$。针对计数器的这种分频功能,也把计数器叫做分频器。

**3. 同步十进制计数器**

(1) 电路组成和逻辑功能分析

同步十进制计数器,也称为 BCD 码计数器或模 10 计数器。由于 BCD 码种类较多,因而相应的十进制计数器电路也是各式各样的,最常见的为 8421 码十进制计数器。图 11.17 为 8421 码同步十进制加法计数器的逻辑图。该图实际上是在图 11.10 基础上修改而成的。在计数器的状态未达到 9(1001)之前,按二进制计数,一旦计数器状态达到 9,则在下一个计数脉冲输入后,计数器状态由 1001 变为 0000。

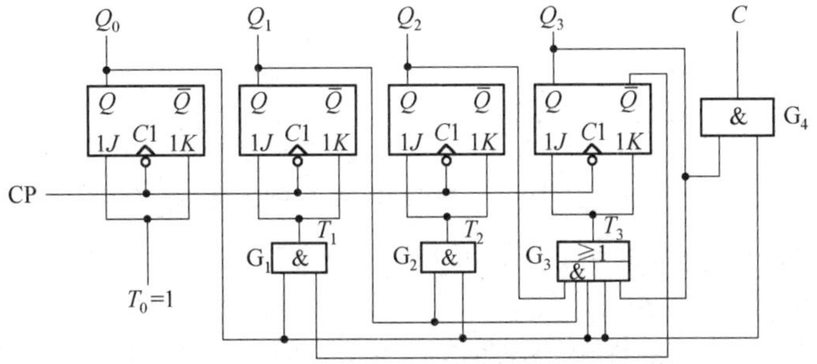


图 11.17　8421 码同步十进制加法计数器的逻辑图

由图 11.17 可以写出驱动方程和输出方程为:

$$T_0=1 \quad T_1=\overline{Q}_3^nQ_0^n \quad T_2=Q_1^nQ_0^n \quad T_3=Q_2^nQ_1^nQ_0^n+Q_3^nQ_0^n \quad C=Q_3^nQ_0^n$$

将驱动方程代入 T 触发器的特性方程,可得状态方程为:

$$Q_0^{n+1}=\overline{Q}_0^n \quad Q_1^{n+1}=Q_1^n\oplus(\overline{Q}_3^nQ_0^n) \quad Q_2^{n+1}=Q_2^n\oplus(Q_1^nQ_0^n) \quad Q_3^{n+1}=Q_3^n\oplus(Q_2^nQ_1^nQ_0^n+Q_3^nQ_0^n)$$

由状态方程和输出方程列出状态表如表 11.6 所示,状态图如图 11.18 所示。

由状态图可以看出:该计数器从初始状态 $Q_3Q_2Q_1Q_0=0000$ 开始,以 8421 码显示出输入计数脉冲的个数。当计到第 10 个脉冲时,状态由 1001 变为 0000 完成一次循环,同时由进位输出端 $C$ 产生一个 1→0 的下降沿,这个下降沿可以作为向高位计数器的进位输出信号,使高位计数器加 1,从而完成“逢十进一”的功能。所以该电路是 8421 码同步十进制加法计数器,它可以用来计一位十进制数。

(2) 有效状态和无效状态

该计数器由 4 个触发器组成。4 个触发器可以组成 16 种不同的状态,其中 0000~1001 这 10 个状态代表 8421 码,是有用的计数状态,称为有效状态。由图 11.18 可知,这 10 个有效状态构成一个闭合环,也就是说,计数器无论从哪个有效状态开始,输入 10 个计数脉冲都会返回到开始的状态,完成一次计数状态的循环,这种闭合循环称为有效循环。其余 6 个状态,即 1010~1111 是无用的状态,这些无用的状态称为无效状态。正常工作时,这些无效状态是不出现的,只有在刚接通电源,或工作中受到干扰时,电路才有可能偏离有效状态,进入无效状态。

(3) 自启动特性

如果电路由于某种原因进入无效状态,能在若干时钟脉冲作用下自行返回(直接或间接返回)到某个有效状态,进入有效循环,则称该电路具有自启动特性,否则就不具有自启动特性。由图 11.18 可知,该计数器一旦进入无效状态,最多经过两个计数脉冲作用,就可自行返回到有效循环中,所以该计数器具有自启动特性。

**表 11.6　图 11.17 电路的状态表**

| $Q_3^n$ | $Q_2^n$ | $Q_1^n$ | $Q_0^n$ | $Q_3^{n+1}$ | $Q_2^{n+1}$ | $Q_1^{n+1}$ | $Q_0^{n+1}$ | $C$ |
|---|---|---|---|---|---|---|---|---|
| 0 | 0 | 0 | 0 | 0 | 0 | 0 | 1 | 0 |
| 0 | 0 | 0 | 1 | 0 | 0 | 1 | 0 | 0 |
| 0 | 0 | 1 | 0 | 0 | 0 | 1 | 1 | 0 |
| 0 | 0 | 1 | 1 | 0 | 1 | 0 | 0 | 0 |
| 0 | 1 | 0 | 0 | 0 | 1 | 0 | 1 | 0 |
| 0 | 1 | 0 | 1 | 0 | 1 | 1 | 0 | 0 |
| 0 | 1 | 1 | 0 | 0 | 1 | 1 | 1 | 0 |
| 0 | 1 | 1 | 1 | 1 | 0 | 0 | 0 | 0 |
| 1 | 0 | 0 | 0 | 1 | 0 | 0 | 1 | 0 |
| 1 | 0 | 0 | 1 | 0 | 0 | 0 | 0 | 1 |
| 1 | 0 | 1 | 0 | 1 | 0 | 1 | 1 | 0 |
| 1 | 0 | 1 | 1 | 0 | 1 | 1 | 0 | 1 |
| 1 | 1 | 0 | 0 | 1 | 1 | 0 | 1 | 0 |
| 1 | 1 | 0 | 1 | 0 | 1 | 0 | 0 | 1 |
| 1 | 1 | 1 | 0 | 1 | 1 | 1 | 1 | 0 |
| 1 | 1 | 1 | 1 | 0 | 0 | 1 | 0 | 1 |

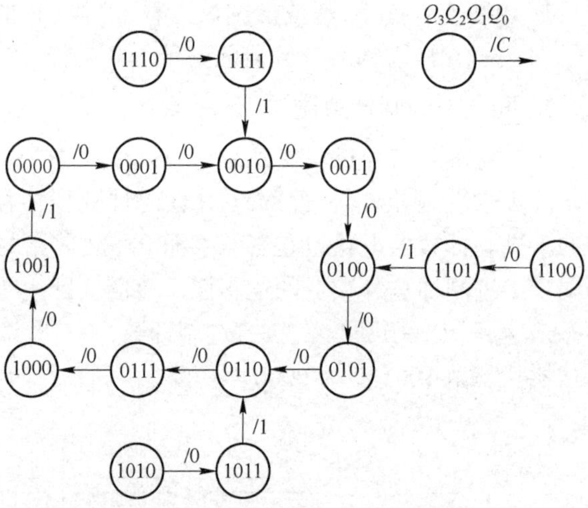


图 11.18　图 11.17 电路的状态图

一般来说，如果计数器的模不等于 $2^n$（$n$ 为触发器个数）时，就会存在无效状态，因而在分析电路逻辑功能时，都需检查该电路是否具有自启动特性。

（4）MSI 同步十进制计数器

MSI 同步十进制计数器商品电路也是多种多样的，MSI 同步十进制加法计数器 74160 的功能表和 ANSI/IEEE 标准逻辑符号如图 11.19 所示。其中$\overline{R}_D$，$\overline{LD}$，$D_0 \sim D_3$，ENP 和 ENT 等各输入端的名称与 74161 中各对应输入端相同。74160 和 74161 的功能表完全一样，但进位输出逻辑表达式不同。由于是十进制计数器，74160 的进位输出逻辑表达式 $CO = Q_3Q_0 \cdot ENT$。读者可以通过 QuartusⅡ软件验证，74160 具有自启动特性。

| CP | $\overline{R}_D$ | $\overline{LD}$ | ENP | ENT | 功　能 |
|---|---|---|---|---|---|
| × | 0 | × | × | × | 清零 |
| ↑ | 1 | 0 | × | × | 同步置数 |
| × | 1 | 1 | 0 | 1 | 保持（包括CO的状态） |
| × | 1 | 1 | × | 0 | 保持（CO=0） |
| ↑ | 1 | 1 | 1 | 1 | 计数 |

(a) 功能表

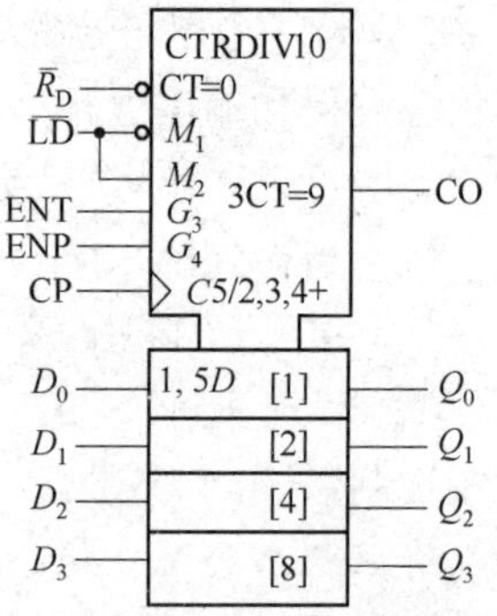


(b) ANSI/IEEE标准逻辑符号

图 11.19　同步十进制加法计数器 74160

**4. 异步十进制计数器**

异步十进制计数器可有多种结构，属 MSI 异步十进制计数器的型号有 74290、74176 和 74196 等，这些计数器的共同特点为：每个集成电路内部也是由两组彼此独立的计数器组成的，一组为模 2 计数器，另一组为模 5 计数器，通过外电路可将这两组计数器相连，构成模 10 计数器，故这类计数器也称为二-五-十进制计数器。下面详细介绍 74290 的工作原理。

（1）74290 的基本功能

图 11.20 是 74290 的逻辑图，图中括号内数字为引脚号。

由逻辑图可知，该电路有两个时钟输入端 $CP_0$ 和 $CP_1$，其中，$CP_0$ 是 T′触发器（由于 $J_0 = K_0 = 1$）

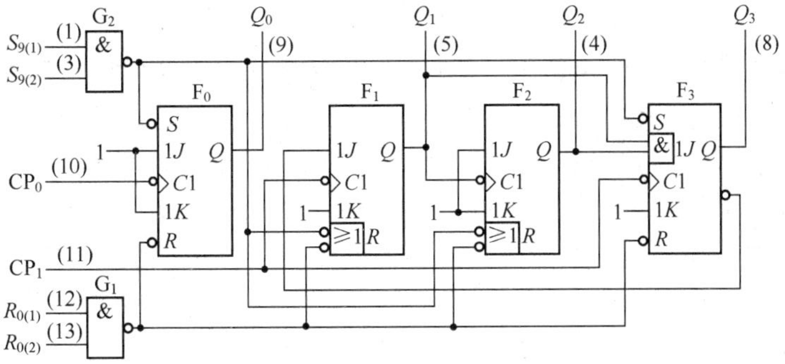


图 11.20　74290 的逻辑图

$F_0$的时钟输入端，而 $CP_1$是由 $F_3$、$F_2$、$F_1$这 3 个触发器组成的计数器电路的时钟输入端。该电路的逻辑功能如下。

① 直接清零（$Q_3Q_2Q_1Q_0=0000$）。当 $R_{0(1)}=R_{0(2)}=1$，且 $S_{9(1)}\cdot S_{9(2)}=0$ 时，由于与非门 $G_1$输出为 0，使所有触发器清零，计数器实现异步清零功能。

② 置 9（$Q_3Q_2Q_1Q_0=1001$）。当 $S_{9(1)}=S_{9(2)}=1$，且 $R_{0(1)}\cdot R_{0(2)}=0$ 时，与非门 $G_2$输出为 0，该信号使 $F_3$，$F_0$置 1，使 $F_2$，$F_1$清零，计数器实现异步置 9 功能。

③ 计数。当$\overline{S_{9(1)}\cdot S_{9(2)}}=1$，且$\overline{R_{0(1)}\cdot R_{0(2)}}=1$ 时，可实现二–五–十进制计数。其中，若在 $CP_0$端输入计数脉冲，由于 $F_0$已转换成 T′触发器，所以在 $Q_0$ 端输出可实现 1 位二进制计数（模 2 计数）功能。

下面说明由 $F_3$、$F_2$和 $F_1$构成的异步模 5 加法计数器。图 11.21 给出了异步模 5 加法计数器的原理图。

在图 11.21 中，$F_3$和 $F_1$这两个触发器为同步的，$CP_1$是其公共时钟输入端。$F_2$的时钟脉冲由 $Q_1$ 从高电平到低电平的变化所形成的下降沿而产生，即 $Q_1$ 的下降沿将引起 $F_2$的状态翻转。该电路的工作原理如下。

① 当电路清零时，$Q_3Q_2Q_1=000$，则$\overline{Q}_3=1$，所 $J_1=K_1=1$，$F_1$处于翻转状态。由 $F_1$和 $F_2$的连接可以看出，在最初几个输入脉冲的作用下，只要 $Q_3$ 保持 0，$F_1$和 $F_2$所构成的电路就等效为一个两位异步二进制加法计数器。所以在 $CP_1$的作用下，$Q_2Q_1$ 所经历的状态依次为 00，01，10，11。在前 3 种状态下，由于 $Q_2\cdot Q_1=0$，故 $J_3=Q_2\cdot Q_1=0$，而 $K_3=1$，$F_3$处于 0 状态，故 $Q_3$ 保持为零；而当 $Q_2Q_1$ 进入 11 状态后，由于 $Q_2$ 和 $Q_1$ 均为 1，使 $J_3=1$，使 $FF_3$由置 0 工作状态转变成翻转状态，这样，在 $CP_1$的作用下，在 $Q_2Q_1$ 由 11 状态变为 00 状态的同时，$Q_3$ 由 0 变为 1，即 $Q_3Q_2Q_1=100$。

② 当 $Q_3Q_2Q_1=100$ 时，$J_1=\overline{Q}_3=0$，使 $F_1$处于置 0 状态；由于 $J_3=Q_2\cdot Q_1=0$，使 $F_3$也处于置 0 状态。因此，在下一个 $CP_1$的作用下，$Q_2$ 和 $Q_1$ 将保持 0 状态不变，而 $Q_3$ 将由 1 状态转变成 0 状态，使计数器再一次回到 $Q_3Q_2Q_1=000$ 状态。

由上述分析，可画出图 11.21 所示电路的状态图，如图 11.22 所示。可见，这是一个异步模 5 加法计数器。它由 3 个触发器组成，除 5 个有效状态外，还有 3 个无效状态。读者可以验证，一旦进入无效状态，在时钟脉冲作用下，能自动回到有效状态，即该电路是能自启动的。

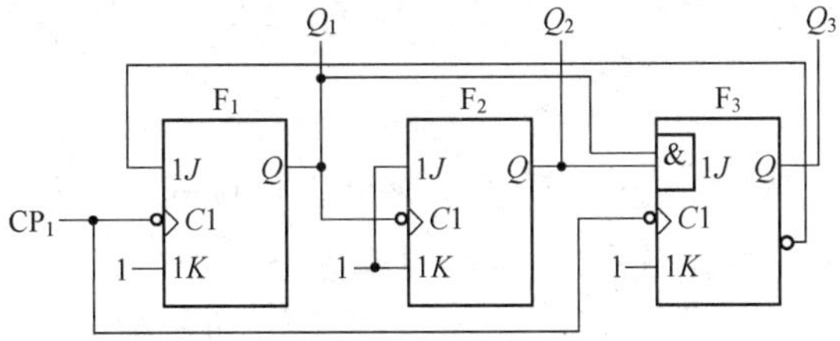


图 11.21　异步模 5 加法计数器的原理图

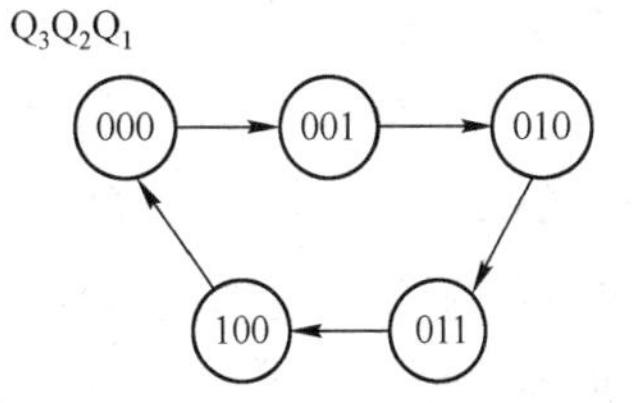


图 11.22　图 11.21 电路的状态图

(2) 由 74290 构成模 10 计数器

若在 $CP_0$端输入计数脉冲,将 $Q_0$ 和 $CP_1$连接,从 $Q_3Q_2Q_1Q_0$ 输出,则可实现 8421 码十进制计数器。这种连接方式是将计数脉冲先经过一级由 $F_0$组成的模 2 计数器进行分频,并将 $Q_0$ 端获得的二分频信号输入模 5 计数器进行计数,以实现 8421 码十进制计数器功能。

若在 $CP_1$端输入计数脉冲,将 $Q_3$ 和 $CP_0$连接,从 $Q_0Q_3Q_2Q_1$ 输出,则可实现 5421 码十进制计数器。这种连接方式是将计数脉冲先输入模 5 计数器,在 $Q_3$ 端获得五分频信号,再经过模 2 计数器进行二分频,以实现 5421 码十进制计数器功能。此时,$Q_0$ 为计数器的最高位,输出波形为方波(高电平持续时间等于低电平持续时间)。图 11.23 给出了 5421 码十进制计数器的波形图和状态图。

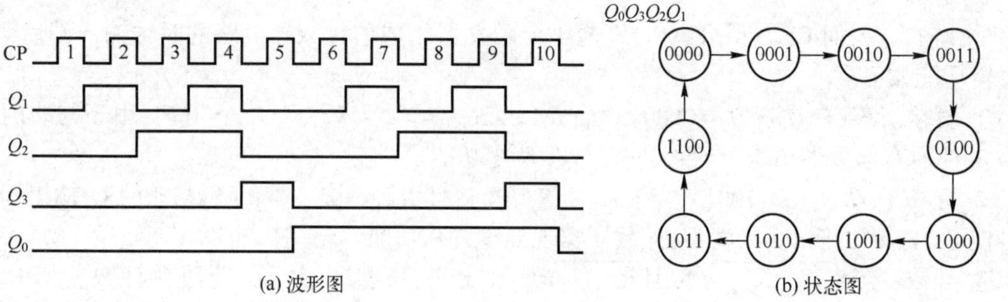


图 11.23　5421 码十进制计数器

将两片 74290 级联,可以实现模 100 计数器。这时,只需将低位片的 $Q_3$ 端与高位片的 $CP_0$ 端相连即可,如图 11.24 所示。

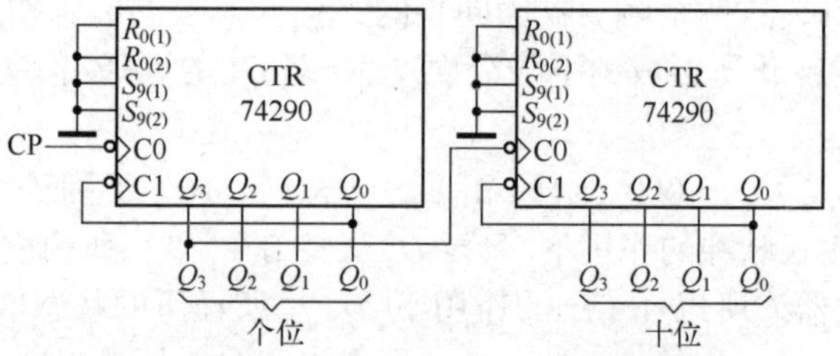


图 11.24　模 100 计数器的逻辑图

**5. 任意进制计数器**

目前市售的 MSI 计数器产品中,除二进制和十进制计数器外,还有六进制和十二进制等其他进制计数器。利用已有的中规模集成计数器,经过外电路的不同连接,可以很方便地获得任意进制计数器。当然,这个“任意”必须限制在已有计数器的计数范围之内。任意进制计数器的设计思想是:假定已有 $N$ 进制计数器,而需要得到 $M$ 进制计数器。在 $N>M$ 的条件下,只要设法使 $N$ 进制计数器在顺序计数过程中跳越 $N-M$ 个状态,就可获得 $M$ 进制计数。实现这种状态跳越的方法,常用的有异步反馈复位法(清零法)和同步反馈置位法(置数法)两种。下面结合举例分别予以说明。

(1) 异步反馈复位法(清零法)

反馈复位法是控制已有计数器(设模为 $N$)的异步清零端$\overline{R}_D$ 来获得任意进制(模为 $M$)计数器的一种方法。其原理是:假设已有计数器从初始状态 $S_0$(通常是触发器全为 0 的状态)开始计数,当接收到 $M$ 个计数脉冲后,电路进入 $S_M$ 状态。如果这时利用 $S_M$ 的二进制代码通过组合电路产生异步清零信号,并反馈到已有计数器的$\overline{R}_D$ 端,于是电路仅在 $S_M$ 状态短暂停留后就立即复

位到 $S_0$ 状态，这样就跳越了 $N-M$ 个状态而获得 $M$ 进制计数器。

**【例 11.1】** 用反馈复位法将中规模同步十进制加法计数器 74160 构成模 6 加法计数器。

**解：** 由于 $M=6$，$S_M$ 的状态为 $Q_3Q_2Q_1Q_0=0110$。考虑到 74160 的 $\overline{R}_D$ 为低电平有效，故反馈电路的输出简化表达式为 $\overline{R}_D=\overline{Q_2Q_1}$，由此，可得到模 6 加法计数器的连线图如 11.25(a)所示，图中 74160 用传统简化符号表示。图 11.25(b)和图 11.25(c)分别为该计数器状态图和波形图。

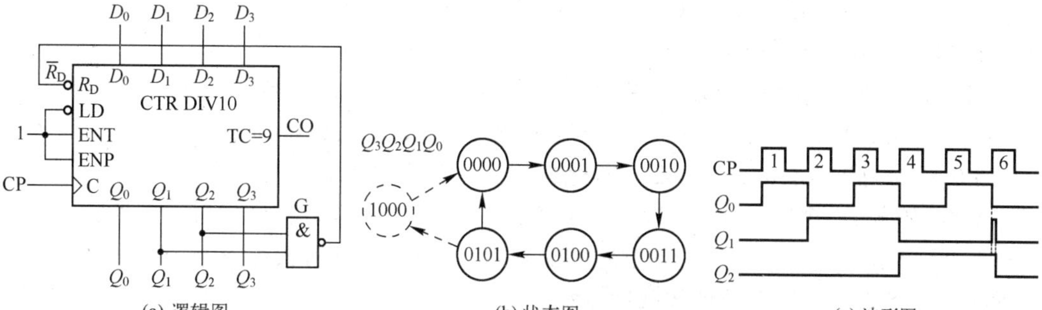

(a) 逻辑图　　(b) 状态图　　(c) 波形图

图 11.25　例 11.1 的图

由图可见，计数器从 0000 开始计数，当计到第 6 个脉冲后，电路进入 $Q_3Q_2Q_1Q_0=0110(S_M)$ 状态时，担任译码器功能的反馈门 G 输出低电平信号给 $\overline{R}_D$ 端，使计数器强迫清零。计数器清零后，$\overline{R}_D$ 端恢复为 1。下一个计数脉冲到来时，计数器又从初始状态 0000 开始计数，从而实现从 0000→0101 的六进制计数功能。

用反馈复位法获得的任意进制计数器存在两个问题：一是有一个极短暂的过渡状态 $S_M$，二是清零的可靠性较差。

由图 11.25(a)可知，当计数器计到 0101 时，再输入一个计数脉冲应该立即清零。然而用反馈复位法所得的电路，不立即清零，而是先转换到 0110 状态，通过译码反馈电路，使 $\overline{R}_D=0$，再使计数器清零。随后状态 0110 消失，$\overline{R}_D$ 又恢复到 1。可见，0110 这个状态不是真正的计数状态，而是瞬间即逝的过渡状态(在图 11.25(b)中用虚线表示)。然而它又是不可缺少的，否则就无法产生清零信号。由于 0110 这个短暂的过渡状态的出现，在输入第 6 个计数脉冲时，使 $Q_3Q_2Q_1Q_0$ 状态变化的途径为 0101→0110→0000，这样在 $Q_1$ 端将有一个很窄的脉冲(毛刺)发生，如图 11.25(c)所示。这样，如果在 $Q_1$ 端接有负载，就应当考虑这个窄脉冲对负载电路的影响。

另外，由于计数器停留在过渡状态 $S_M$ 的时间极短，因而在 $\overline{R}_D$ 端产生的置 0 负脉冲也极窄，考虑到各触发器性能的差异及负载情况的不同，它们直接清零的速度有快有慢，而只要有一个动作快的触发器先清零，经过门 G 的作用，就会使 $\overline{R}_D$ 立即恢复到 1，结果使动作慢的触发器来不及清零，从而达不到清零的目的。为了克服这一缺点，常采用如图 11.26 所示的改进电路。其思路是：用一个 RS 锁存器将 $\overline{R}_D=0$ 信号暂存一下，即加长清零负脉冲的宽度，从而保证有足够的作用时间，使计数器可靠清零。

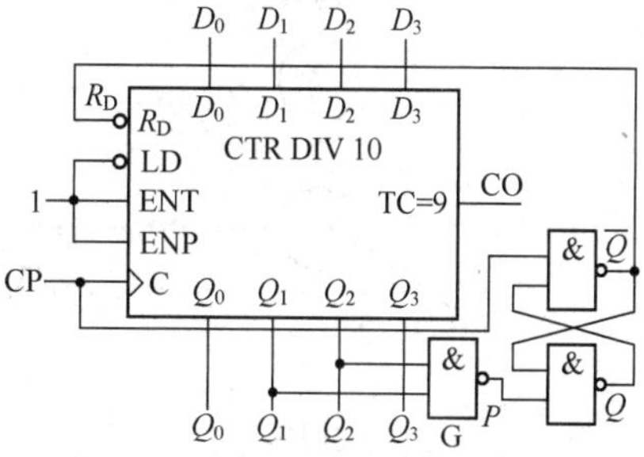

图 11.26　图 11.25(a)的改进电路

平时 RS 锁存器在 CP 作用下，总是处于 $Q=0$，$\overline{Q}=\overline{R}_D=1$。当第 6 个 CP 的上升沿(因为 74160 的 CP 是上升沿有效的)到来后，计数器状态进入 0110，使 $P=0$，RS 锁存器置 1，即 $Q=1$，$\overline{Q}=\overline{R}_D=0$，于是计数器清零。随之 $P$ 又变为 1，RS 锁存器保持 $Q=1$，$\overline{Q}=\overline{R}_D=0$。待到第 6 个 CP 脉冲下降沿到达时，才使 RS 锁存器复位到 0，即 $Q=0$，$\overline{Q}=\overline{R}_D=1$，使计数器清零信号撤销，这样可使 $\overline{R}_D=0$ 的时间加长到等于 CP 的宽度。

如果所用计数器的 CP 是下降沿有效的，则 CP 应该经过一个反相器再加至 RS 锁存器。

除了对可靠性要求特别高的地方，一般可不采用改进电路，而直接用图 11.25(a)所示的比较简单的电路。

(2) 同步反馈置位法(置数法)

反馈置位法是控制已有计数器的预置控制端$\overline{LD}$(当然以计数器有预置数功能为前提)来获得任意进制计数器的一种方法。其原理是：利用给计数器重复置入某个数值(可以是最小值，也可以是最大值)的方法来跳越 $N-M$ 个状态，从而获得 $M$ 进制计数器。

**【例 11.2】** 试用 74161 通过反馈置位法实现 8421 码十进制计数器功能。

**解：**由于 8421 码中无 1010～1111 这 6 个状态，所以必须利用反馈置位法来跳过这 6 个状态。11.27(a)为用 74161 构成的 8421 码计数器逻辑图，图中 74161 用传统符号表示，门 G 用来检测 8421 码的最后一个码 1001，一旦 $Q_3Q_2Q_1Q_0=1001$，门 G 将输出低电平信号，使$\overline{LD}=0$，计数器处于预置数工作状态，待第 10 个计数脉冲到来后，计数器的输出状态 $Q_3Q_2Q_1Q_0=D_3D_2D_1D_0=0000$，回到初始状态。在接下的计数脉冲到来后，计数器又从 0000 开始计数，从而实现从 0000→1001 的 8421 码十进制计数功能。其有效循环的状态图如图 11.27(b)所示。

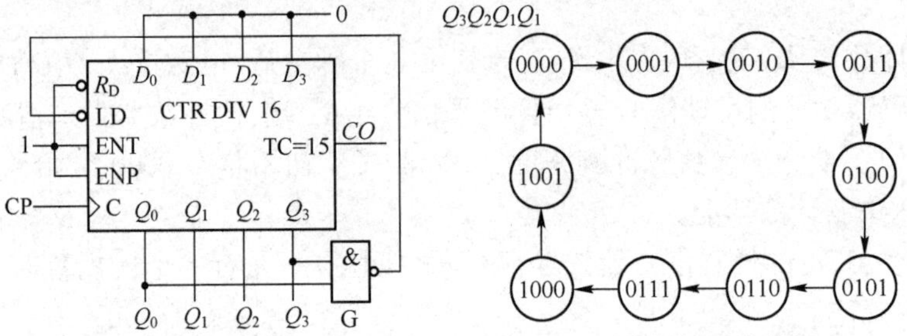


(a) 逻辑图　　(b) 有效循环的状态图

图 11.27　用反馈置位法将 74161 构成 8421 码十进制计数器

**【例 11.3】** 试用 74161 通过反馈置位法实现 5421 码十进制计数器功能。

**解：**5421 码的有效循环状态图如图 11.28(a)所示，观察状态图可以发现，在循环圈中存在两个跳跃点，第一个跳跃点为 0100，第二个跳跃点为 1100，在这两个跳跃点上，计数器将不再按

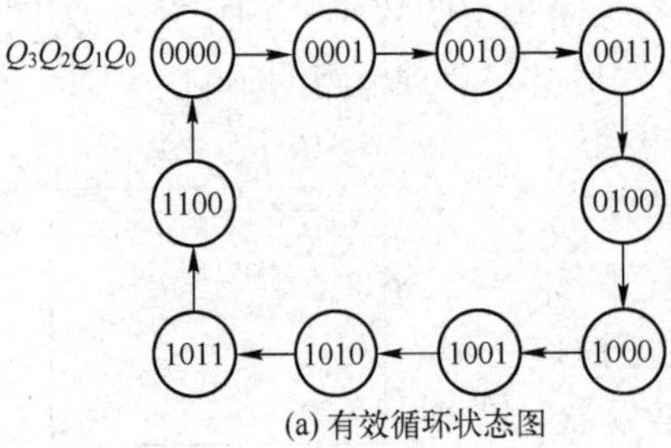


(a) 有效循环状态图

$\overline{LD}$

| $Q_3Q_2$ \ $Q_1Q_0$ | 00 | 01 | 11 | 10 |
|---|---|---|---|---|
| 00 | 1 | 1 | 1 | 1 |
| 01 | 0 | × | × | × |
| 11 | 0 | × | × | × |
| 10 | 1 | 1 | 1 | 1 |

(b) $\overline{LD}$的卡诺图

$D_3D_2D_1D_0$

| $Q_3Q_2$ \ $Q_1Q_0$ | 00 | 01 | 11 | 10 |
|---|---|---|---|---|
| 00 | ×××× | ×××× | ×××× | ×××× |
| 01 | 1000 | ×××× | ×××× | ×××× |
| 11 | 0000 | ×××× | ×××× | ×××× |
| 10 | ×××× | ×××× | ×××× | ×××× |

(c) $D_3D_2D_1D_0$的卡诺图

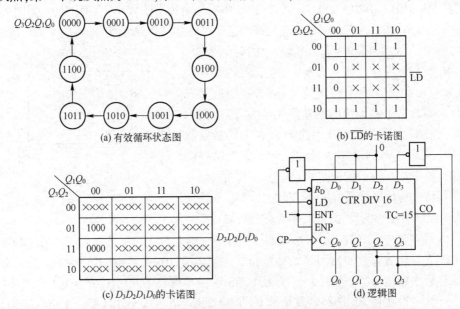

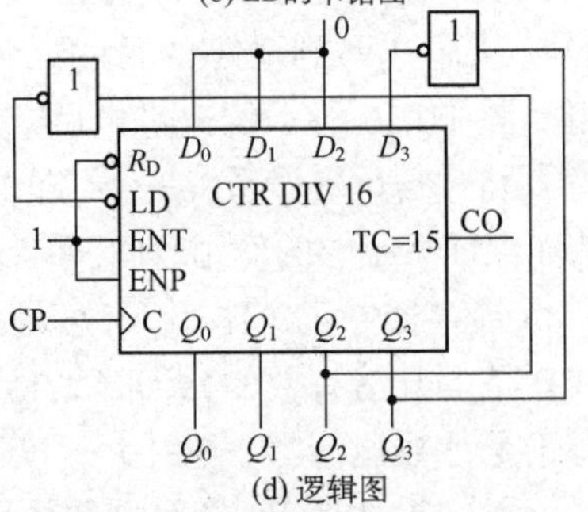


(d) 逻辑图

图 11.28　用反馈置位法将 74161 构成 5421 码十进制计数器

照加 1 规律计数，而需要跳过几个连续的状态。为求得$\overline{LD}$和 $D_3D_2D_1D_0$ 的逻辑表达式，我们可以借助如图 11.28(b) 所示的$\overline{LD}$的卡诺图，在图中对应于 $Q_3Q_2Q_1Q_0=0100$ 和 1100 的两个方格中填 0，表示在这两个状态下$\overline{LD}=0$，电路进入置数状态；图 11.28(c)为 $D_3D_2D_1D_0$ 的卡诺图，这里其实是将表示 4 个信号的 4 个卡诺图合到了一起。通过卡诺图化简，可求得$\overline{LD}$和 $D_3D_2D_1D_0$ 的表达式：$\overline{LD}=\overline{Q}_2$，$D_3D_2D_1D_0=\overline{Q}_3000$。图 11.28(d)给出了 5421 码十进制计数器的逻辑图。

由 Quartus Ⅱ 编辑的 5421 码十进制计数器的电路原理图如图 11.29 所示，其仿真波形图如图 11.30 所示，由仿真结果判断，所设计的电路是正确的。

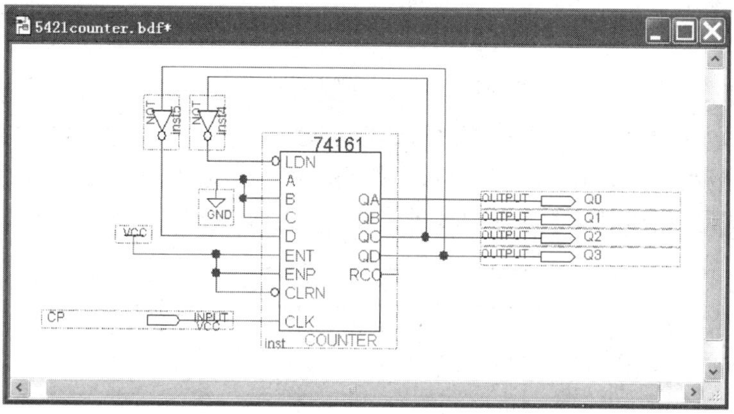


图 11.29　5421 码十进制计数器的电路原理图

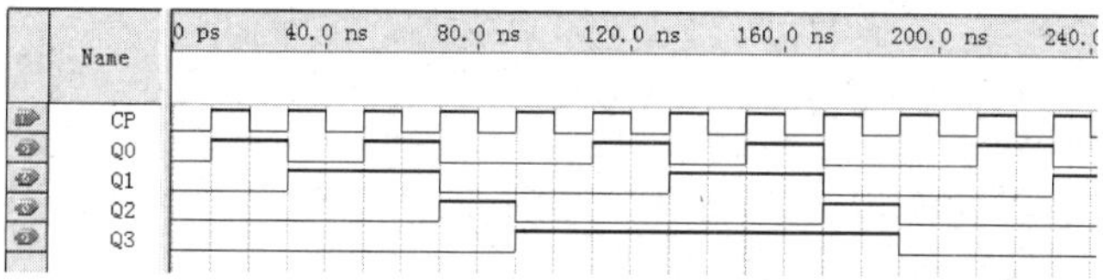


图 11.30　5421 码十进制计数器的仿真波形图

**【例 11.4】**　试用 74161 通过反馈置位法（预置最小值）实现模 100 同步计数器。

**解：**因为 $2^4<100<2^8$，所以要用两片 74161 组成计数器。

与例 11.2 类似，用反馈置位法预置最小值，可以取前 100 个状态，也可以取后 100 个状态。假定取前 100 个状态，反馈状态应为 $S_{M-1}=S_{99}$。将十进制数 $(99)_{10}$ 化为二进制数得 $(01100011)_2$，即反馈状态 $Q_7\sim Q_0=01100011$，故$\overline{LD}=\overline{Q_6Q_5Q_1Q_0}$，并且令输入数据为 0。用这种方法获得的模 100 计数器的逻辑图如图 11.31 所示。

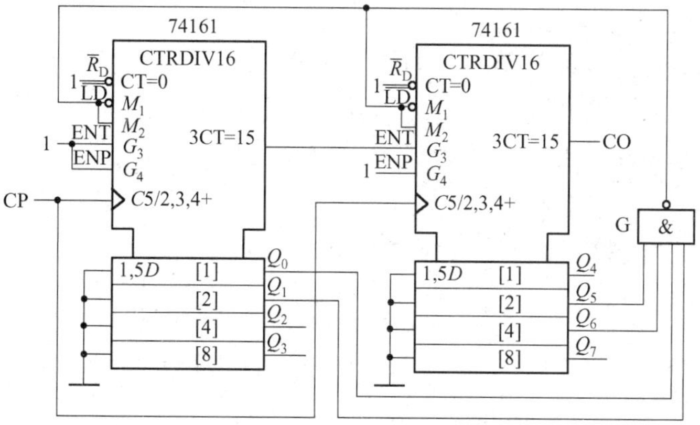


图 11.31　模 100 同步计数器的逻辑图

### 11.1.3 移位寄存器型计数器

移位寄存器型计数器，是指在移位寄存器的基础上加上反馈电路而构成的具有特殊编码的同步计数器。这种计数器的状态转移符合移位寄存器的规律。即除去第一级外，其余各级间满足 $Q_i^{n+1}=Q_{i-1}^n$。移位寄存器型计数器的框图如图 11.32 所示，图中，采用不同的反馈逻辑电路，可构成不同形式的计数器。下面介绍两种常用的计数器。

**1. 环形计数器**

(1) 电路组成

环形计数器的逻辑图如图 11.33 所示。它是把移位寄存器的串行输出端 $Q_3$ 反馈到串行输入端 $D_0$ 而构成的。由图可见，若去掉 $Q_3$ 的反馈线，就是一个用 D 触发器构成的 4 位右移寄存器（当然，触发器级数可以不限于 4 级，也可以用 JK 触发器，还可以连成左移的形式）。现在加了反馈线以后，就是一个自循环的右移寄存器，当做计数器来使用。

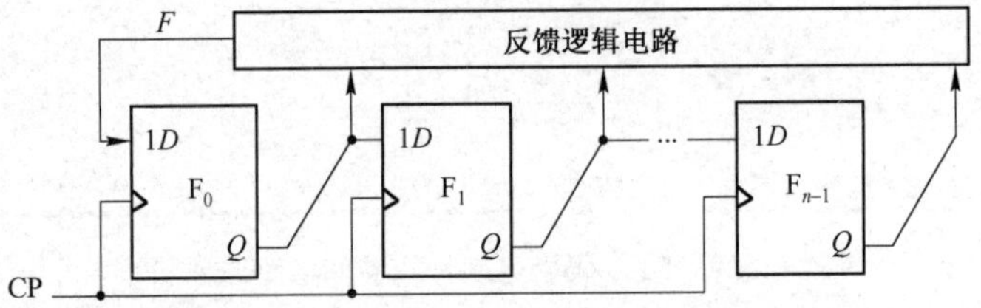


图 11.32　移位寄存器型计数器的框图

(2) 逻辑功能分析

根据图 11.33，其状态转换规律是：除了 $F_0$ 的新状态由反馈逻辑决定（即 $Q_0^{n+1}=Q_3^n$），其余各级触发器均应按照右移的规律移位。

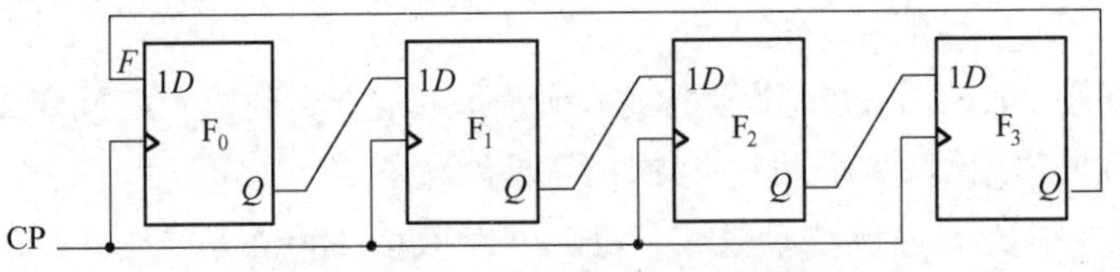


图 11.33　环形计数器的逻辑图

假设电路的初始状态为 $Q_0Q_1Q_2Q_3=1000$，则在 CP 的不断作用下，电路将按照 1000→0100→0010→0001→1000 的次序循环。如果用电路的不同状态来表示输入时钟脉冲的数目，显然该电路就可以当做模 4 计数器来使用。

如果电路的初始状态不同，将会有不同的状态循环。画出的完整状态图如图 11.34 所示。如果取由 1000，0100，0010 和 0001 组成的状态循环为所需要的有效循环，那么其他几种即为无效循环。由此可见，该电路是不能自启动的。

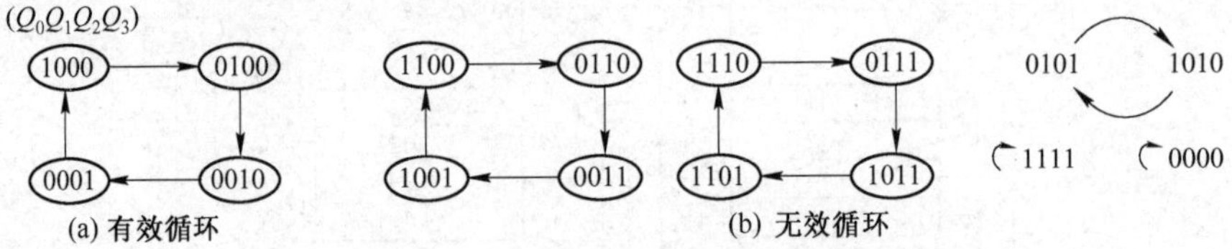


图 11.34　图 11.33 的完整状态图

(3) 实现自启动的方法

利用触发器的直接置位端和直接复位端,将电路初始状态预置成有效循环中的某一状态,这种方法虽然简单,但有两个缺点:其一,电路在工作中一旦受干扰脱离了有效循环,就不能自动返回;其二,对于中规模集成电路,由于受到引出线的限制,一个单片中的几个触发器不会同时引出直接置位端和直接复位端,因而不能采用预置的办法对某一级单独置 0 或置 1。为使环形计数器具有自启动特性,需重新设计其反馈逻辑电路,其步骤如下:

**表 11.7 反馈函数 *F* 的真值表**

| | $Q_0$ | $Q_1$ | $Q_2$ | $Q_3$ | $F$ |
|---|---|---|---|---|---|
| 有效状态 | 1 | 0 | 0 | 0 | 0 |
| | 0 | 1 | 0 | 0 | 0 |
| | 0 | 0 | 1 | 0 | 0 |
| | 0 | 0 | 0 | 1 | 1 |
| 无效状态 | 0 | 0 | 0 | 0 | 1 |
| | 0 | 0 | 1 | 1 | 0 |
| | 0 | 1 | 0 | 1 | 0 |
| | 0 | 1 | 1 | 0 | 0 |
| | 0 | 1 | 1 | 1 | 0 |
| | 1 | 0 | 0 | 1 | 0 |
| | 1 | 0 | 1 | 0 | 0 |
| | 1 | 0 | 1 | 1 | 0 |
| | 1 | 1 | 0 | 0 | 0 |
| | 1 | 1 | 0 | 1 | 0 |
| | 1 | 1 | 1 | 0 | 0 |
| | 1 | 1 | 1 | 1 | 0 |

① 列出反馈函数 $F$ 的真值表,如表 11.7 所示。

② 根据状态转换要求,写出各个状态下反馈到 $D_0$ 端的反馈函数 $F$ 的值。$F$ 的选择要保证环形计数器状态的 4 位码中向只有一个 1 的方向发展,以保证计数器按有效循环工作。

③ 画 $F$ 的卡诺图,如图 11.35 所示,并求出 $F=\overline{Q}_0\overline{Q}_1\overline{Q}_2$。

④ 按照重新设计的 $F$,画出能自启动的 4 位环形计数器逻辑图,如图 11.36 所示,其完整的状态图如图 11.37(a)所示,仿真波形图如图 11.37(b)所示。

(4) 用中规模集成移存器构成的环形计数器

用中规模集成移存器可以很方便地构成环形计数器。图 11.38 为利用 74194 构成的能自启动的环形计数器逻辑图和状态图。图中的反馈连接利用了 74194 的预置功能并进行全 0 序列检测,从而能有效地消除无效循环。

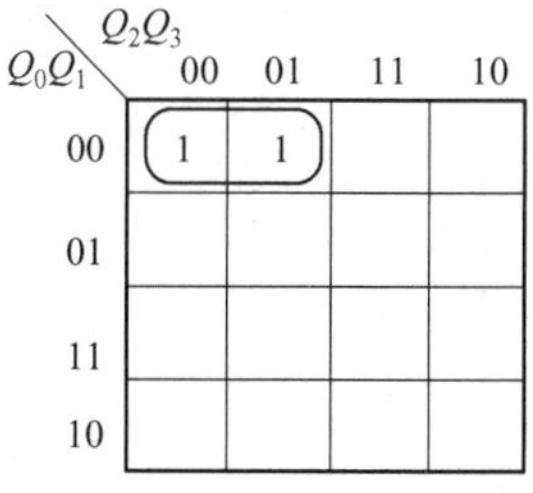


图 11.35 反馈函数 $F$ 的卡诺图

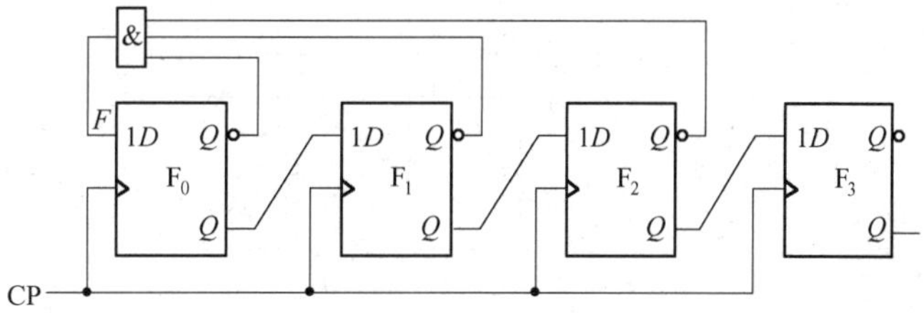


图 11.36 能自启动的 4 位环形计数器的逻辑图

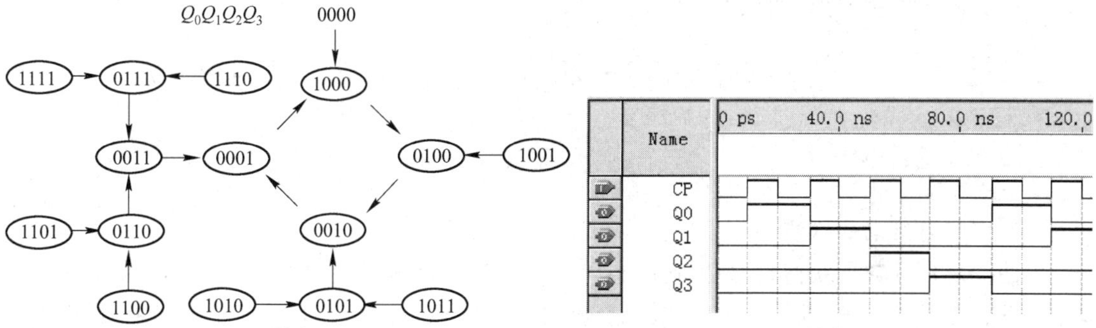


(a) 状态图　　(b) 仿真波形图

图 11.37 图 11.36 的状态图和仿真波形图

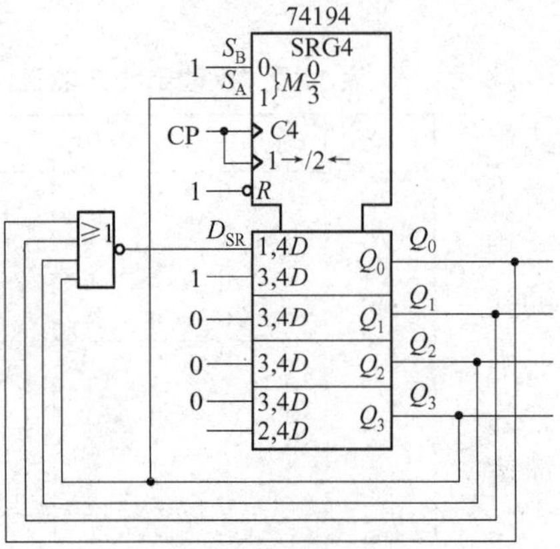


(a) 逻辑图

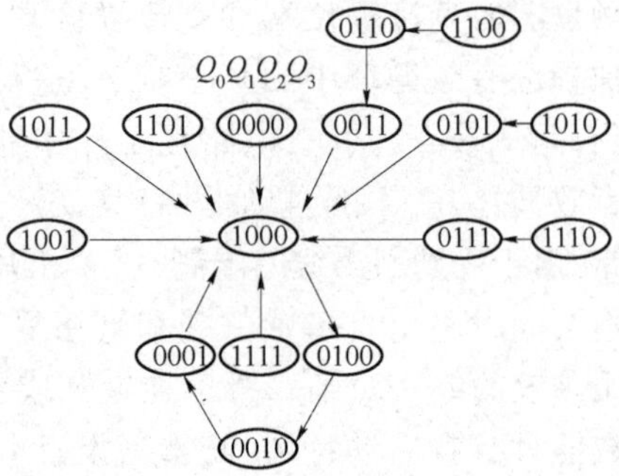


(b) 状态图

图 11.38　74194 构成的能自启动的环形计数器

(5) 环形计数器的特点

环形计数器的突出优点是，正常工作时所有触发器中只有一个是 1(或 0)状态，因此可以直接利用各个触发器的 $Q$ 端作为电路状态的输出，而不需要附加译码器。当连续输入时钟脉冲时，各个触发器的 $Q$(或$\overline{Q}$)端将按顺序出现矩形脉冲，所以常把这种电路叫做顺序脉冲发生器。其缺点是状态利用率低。因为 $n$ 级环形计数器仅有 $n$ 个有效状态，有 $2^n-n$ 个无效状态。

**2. 扭环形计数器**

(1) 电路组成和逻辑功能分析

扭环形计数器的逻辑图如图 11.39 所示。它与环形计数器不同之处是将最后一级触发器的 $\overline{Q}_3$ 端反馈到串行输入端 $D_0$，即 $D_0=\overline{Q}_3^n$。该电路的状态图如图 11.40 所示。可见，它有两个循环状态。一般选图 11.40(a)为有效循环(其状态编码称为右移码)，图 11.40(b)即为无效循环。显然，该电路可以当成模 8 计数器来使用，但是不能自启动。

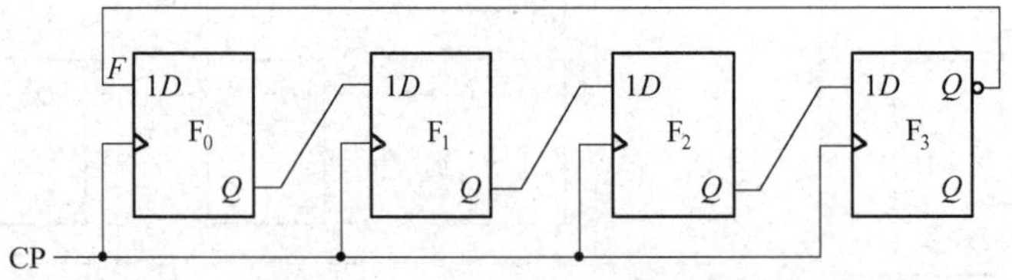


图 11.39　扭环形计数器的逻辑图

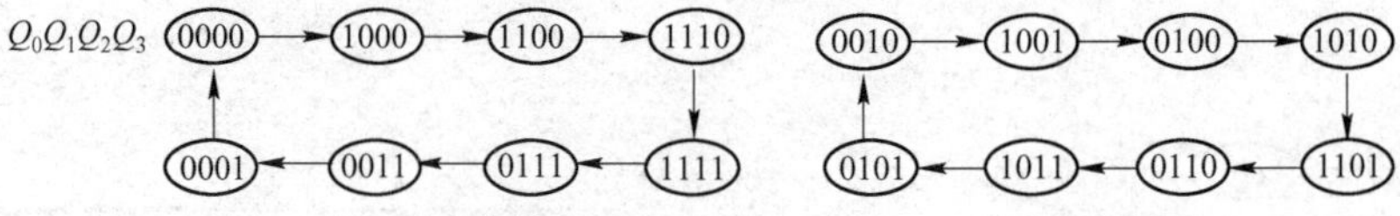


(a) 有效循环　　(b) 无效循环

图 11.40　图 11.39 的状态图

(2) 实现自启动的方法

为使扭环形计数器获得自启动特性，也可以用修改反馈函数的方法。其基本思想是修改无效循环的状态转换关系，即切断无效循环，将断开处的无效状态引导到相应的有效状态，从而实现自启动特性。具体步骤如下：

可以先由状态图(见图 11.40)直接画出所有状态下的反馈函数 $F$ 的卡诺图，如图 11.41(a)所示，图中无效状态对应的 $F$ 值用“×”表示，当无关项处理。再由卡诺图求出反馈函数 $F$ 的最简表达式。这里就存在一个如何合理地利用无关项的问题。如果按照图 11.41(a)的圈法,则得 $F=\overline{Q_3^n}$。由该反馈函数的逻辑表达式构成的扭环形计数器,即图 11.39 所示电路是不能自启动的,说明图 11.41(a)的圈法不合理。例如和无效状态 0010 对应方格中的“×”包含在圈中,意即当做 1 处理,所以 0010 的下一状态是 1001。如果把和 0010 对应方格中的“×”当做 0 处理,那么 0010 的下一状态即为有效状态 0001,从而进入有效循环。这样修改后的反馈函数 $F$ 的卡诺图圈法如图 11.41(b)所示。由该卡诺图可得:

$$F=D_0=\overline{Q_2^n Q_3^n}+Q_1^n\ \overline{Q_3^n}=\overline{Q_3^n}\cdot\overline{Q_2^n\cdot\overline{Q_1^n}}$$

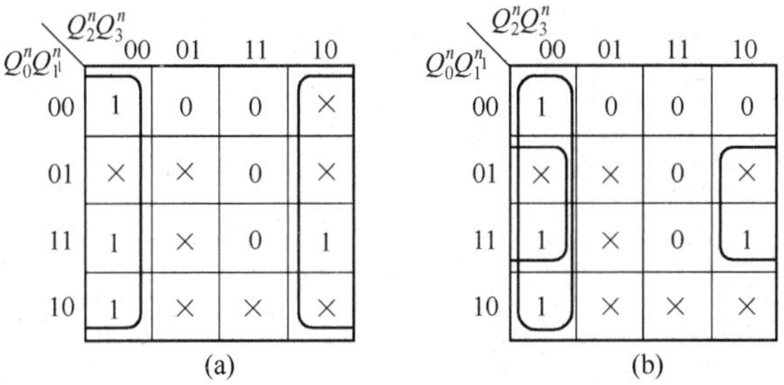

图 11.41　反馈函数 $F$ 的卡诺图

画出逻辑图和状态图分别如图 11.42 和图 11.43(a)所示。

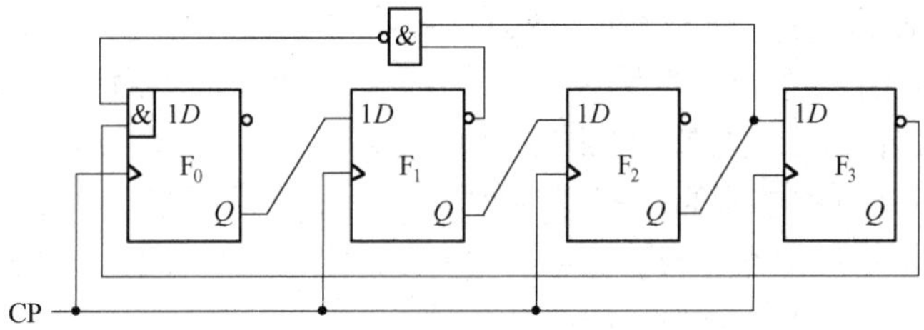

图 11.42　能自启动的扭环形计数器的逻辑图

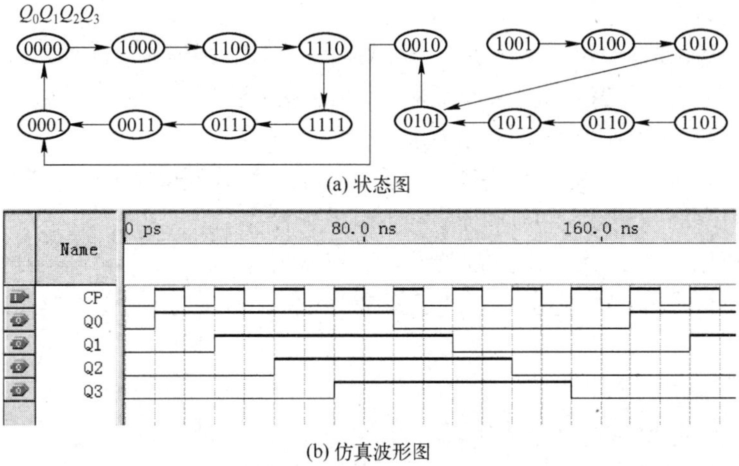

(a) 状态图

(b) 仿真波形图

图 11.43　图 11.42 的状态图和波形图

上述修改反馈函数的方案不是唯一的。但所选方案都应当保证每一个无效状态都能直接或间接地(即经过其他无效状态以后)转为某一个有效状态(当然状态转换要符合移位规律),并使所得电路为最简。

(3) 用中规模集成移存器构成的扭环形计数器

用中规模集成移存器也可以很方便地构成扭环形计数器。图 11.44 为用 74194 构成的一种能自启动的 4 位扭环形计数器的逻辑图和状态图。

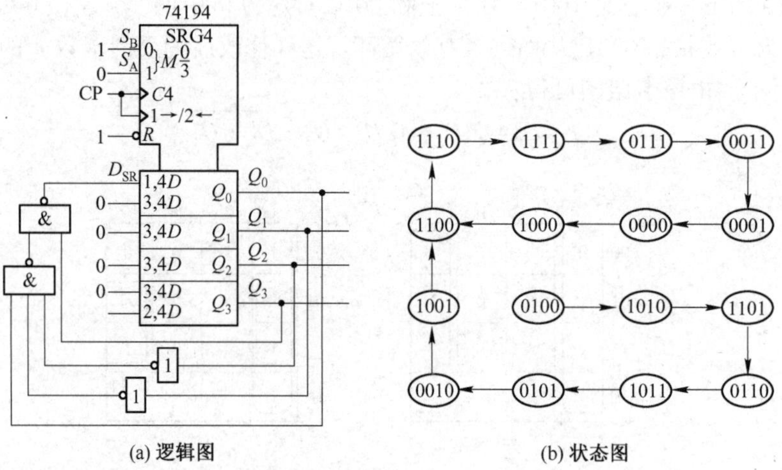


图 11.44 用 74194 构成的能自启动的 4 位扭环形计数器

(4) 扭环形计数器的特点

由以上分析可知,扭环形计数器有以下特点:若采用图 11.40(a)所示的有效循环,由于电路在每次转换状态时,仅有一个触发器改变状态(属循环码计数),因而将电路状态进行译码时不会产生功能冒险。另外,$n$ 位移存器构成的扭环形计数器共有 $2n$ 个有效状态(即计数器的模为 $2n$),状态利用率比环形计数器提高了一倍,但仍有 $2^n-2n$ 个无效状态。为了进一步提高状态利用率,可以使用最大长度移位寄存器型计数器(也称 $m$ 序列发生器),有关功能冒险和 $m$ 序列发生器等方面的内容,有兴趣的读者请参阅有关资料。

### 11.1.4 序列信号发生器

序列信号是在时钟脉冲作用下产生的一串周期性的二进制信号。序列信号发生器在数字设备中具有重要的作用。序列信号发生器有两种类型:一种为计数型,它由计数器辅以组合电路组成;另一种为移存型,它由移位寄存器辅以组合电路组成。

**【例 11.5】** 试设计一个能产生序列信号为 0101101 的计数型序列信号发生器。

**解**:由于序列信号的长度为 7,所以首先使用中规模集成计数器(这里选用 74161)设计七进制计数器。根据所需产生的序列信号,可得序列信号发生器的状态表如表11.8所示。

表 11.8 例 11.5 的状态表

| $Q_2^n$ | $Q_1^n$ | $Q_0^n$ | $Q_2^{n+1}$ | $Q_1^{n+1}$ | $Q_0^{n+1}$ | $Z$ |
|---|---|---|---|---|---|---|
| 0 | 0 | 0 | 0 | 0 | 1 | 0 |
| 0 | 0 | 1 | 0 | 1 | 0 | 1 |
| 0 | 1 | 0 | 0 | 1 | 1 | 0 |
| 0 | 1 | 1 | 1 | 0 | 0 | 1 |
| 1 | 0 | 0 | 1 | 0 | 1 | 1 |
| 1 | 0 | 1 | 1 | 1 | 0 | 0 |
| 1 | 1 | 0 | 0 | 0 | 0 | 1 |

由状态表可得输出方程:

$$Z=\overline{Q}_2^nQ_0^n+Q_2^n\,\overline{Q}_0^n=Q_2^n\oplus Q_0^n$$

根据输出方程画出逻辑图如图 11.45(a)所示。若输出信号 $Z$ 由一个 8 选 1 数据选择器产生,则可直接根据状态表画出逻辑图,如图 11.45(b)所示。

移存型序列信号发生器的一般结构图如图 11.46 所示。其基本工作原理为:将移位寄存器和外围组合电路构成一个移存型计数器,使该计数器的模和要产生的序列信号的长度相等,并使移位寄存器的串行输入信号 $F$(即组合电路的输出信号)和所要产生的序列信号相一致。

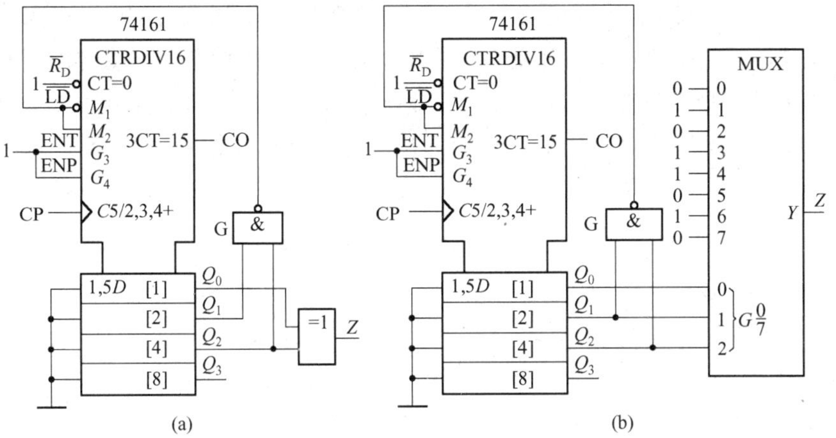


图 11.45　例 11.4 逻辑图

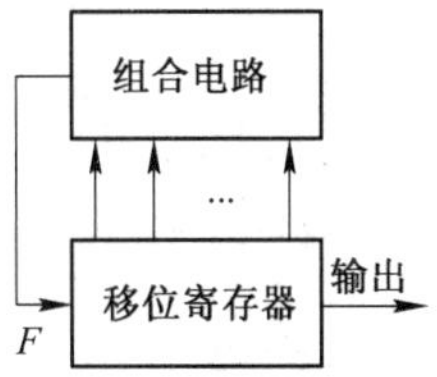


图 11.46　移存型序列信号发生器的一般结构图

**【例 11.6】**　试设计一个能产生序列信号为 00011101 的移存型序列信号发生器。

**解**：在本例中，由于待产生的序列信号的长度为 8，故考虑采用 3 位移位寄存器。如选用 74194，则仅用其中的 3 位：$Q_0$，$Q_1$，$Q_2$。由于输出序列的最左 3 位为 000，故电路中必包含的一个状态为 $Q_0Q_1Q_2=000$，同理必包含由左边第 2，3，4 位构成的 001。为此，我们可以把序列信号按 3 位为一组进行划分，如图 11.47 所示。由此得出该电路应具有 8 个状态，其状态表如表 11.9 所示。表中的 $F$ 即为移位寄存器所需的右移串行输入信号（$D_{SR}$）。直接从移位寄存器的 $Q_2$ 端输出，即可获得所需序列信号。

**表 11.9　例 11.6 的状态表**

| $Q_0^n$ | $Q_1^n$ | $Q_2^n$ | $Q_0^{n+1}$ | $Q_1^{n+1}$ | $Q_2^{n+1}$ | $F(D_{SR})$ |
|---|---|---|---|---|---|---|
| 0 | 0 | 0 | 1 | 0 | 0 | 1 |
| 1 | 0 | 0 | 1 | 1 | 0 | 1 |
| 1 | 1 | 0 | 1 | 1 | 1 | 1 |
| 1 | 1 | 1 | 0 | 1 | 1 | 0 |
| 0 | 1 | 1 | 1 | 0 | 1 | 1 |
| 1 | 0 | 1 | 0 | 1 | 0 | 0 |
| 0 | 1 | 0 | 0 | 0 | 1 | 0 |
| 0 | 0 | 1 | 0 | 0 | 0 | 0 |

根据表 11.9，可画出用于求 $F(D_{SR})$ 的卡诺图如图 11.48 所示。若选用 4 选 1 数据选择器实现反馈函数 $F$，并取数据选择器的地址信号 $A_1=Q_1$，$A_0=Q_2$，由图 11.48 容易看出，数据选择器的数据输入分别为：

$$D_0=1 \qquad D_1=0 \qquad D_2=Q_0^n \qquad D_3=\overline{Q_0^n}$$

最后的逻辑图如图 11.49 所示。

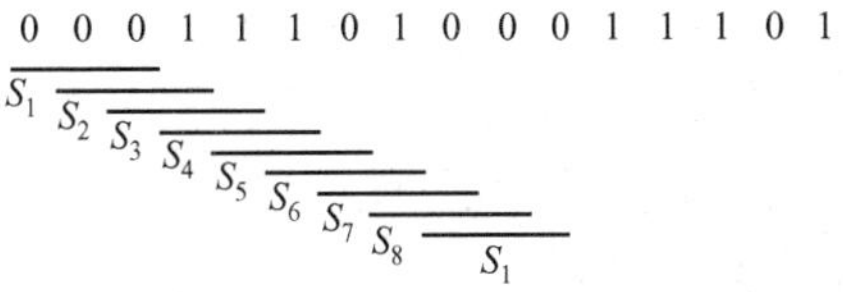


图 11.47　例 11.5 的状态划分示意图

| $Q_0^n$ \ $Q_1^nQ_2^n$ | 00 | 01 | 11 | 10 |
|---|---|---|---|---|
| 0 | 1 | 0 | 1 | 0 |
| 1 | 1 | 0 | 0 | 1 |

$F(D_{SR})$

图 11.48　例 11.6 的卡诺图

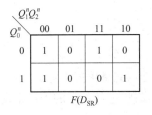

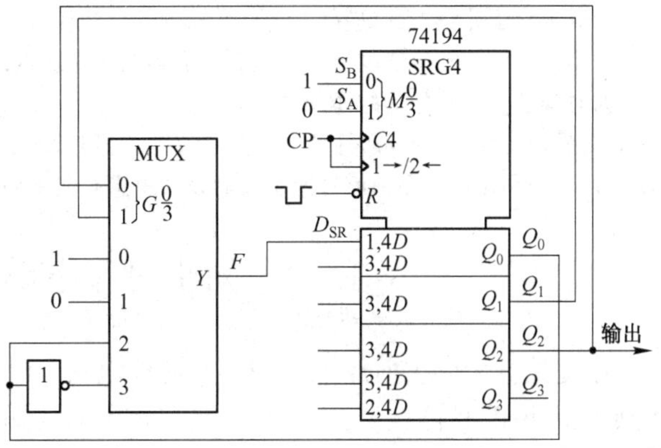


图 11.49　例 11.6 的逻辑图

**【例 11.7】**　试设计一个能产生序列信号为 10110 的移存型序列信号发生器。

**解**：由于序列信号的长度为 5，按例 11.6 的设计方法，把序列按 3 位划分，所得状态图如图 11.50(a)所示，可以发现 $S_1$ 和 $S_4$ 两个状态都是 101。参见图 11.46，在状态 $S_1$ 时要求 $F=1$，在状态 $S_4$ 时又要求 $F=0$，这显然是不可能的。这就表明，用 3 位移位寄存器和组合电路是不能产生这个序列信号的。为此我们采用 4 位移存器并将序列信号 10110 按 4 位划分状态，得到的状态图如图 11.50(b)所示。

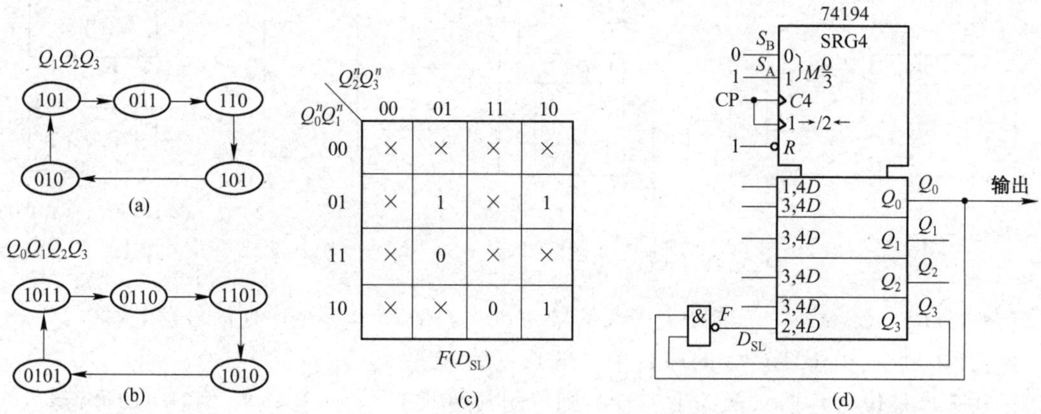


图 11.50　例 11.7 的设计过程

在本例设计中，仍选用 74194，并使其处于左移工作状态（即 $S_A=1, S_B=0$）。由图 11.50(b)所示状态图，可画出用于求 $F$（即 $D_{SL}$）的卡诺图如图 11.50(c)所示。化简卡诺图得：

$$F=\overline{Q}_0^n+\overline{Q}_3^n=\overline{Q_0^n \cdot Q_3^n}$$

最后画出逻辑图如图 11.50(d)所示。可以验证该序列信号发生器是可以自启动的。

**思考题 11.1（参考答案请扫描二维码 11-1）**

二维码 11-1

1. 图 11.4 所示移位寄存器中的触发器能用门控 D 锁存器替代吗？
2. 如何把 4 个双向移位寄存器 74194 连接成一个 16 位的双向移位寄存器？
3. 如何修改图 11.10，使其成为同步二进制减法计数器？
4. 如何理解 4 位同步二进制加法计数器 74161 异步清零和同步置数的概念？
5. 如何用 4 个负边沿触发 D 触发器连接成一个 4 位异步二进制减法计数器？
6. 要实现 1024 分频，至少需要多少个触发器？
7. 相对于异步计数器，二进制同步计数器的优点是什么？缺点是什么？
8. 采用异步反馈复位法设计任意进制计数器的主要缺点是什么？
9. 如何理解环形计数器的译码功能？
10. 组成模均为 16 的环形计数器、扭环形计数器和二进制计数器各需要多少个触发器？
11. 计数型和移存型序列信号发生器的设计思想有何不同？

## 11.2　同步时序电路的分析方法

时序电路分为同步时序电路与异步时序电路。时序电路的分析，就是根据给定的时序电路，指出其逻辑功能，具体地说，就是找出电路在不同的外部输入和当前状态条件下的输出情况和状态转换规律。本节仅讨论同步时序电路的分析方法。

由于时序电路是由组合电路和存储电路两部分组成的，所以，只要写出组合电路的逻辑函数式和存储电路的状态方程，就可以得出时序电路的状态方程和输出方程。然后，采用列状态表、画状态图或画时序图的方法归纳出电路的逻辑功能。

其具体步骤如下：

① 列出组合电路的逻辑函数式，即该时序电路的输出方程和时序电路中各触发器的驱动方程；

② 将上一步所得的驱动方程代入触发器的特性方程，导出电路的状态方程；

③ 根据状态方程和输出方程，列出状态表；

④ 由状态表画出状态图（或画出时序图）；

⑤ 由状态表或状态图（或时序图）说明电路的逻辑功能。

**【例 11.8】** 分析图 11.51 所示同步时序电路的逻辑功能。

**解：**① 写出触发器驱动方程及电路输出方程。由图 11.51 可写出：

$$J=AB \quad K=\overline{A+B} \quad Z=A\oplus B\oplus Q^n$$

② 将驱动方程代入 JK 触发器的特性方程，写出电路的状态方程：

$$Q^{n+1}=J\,\overline{Q}^n+\overline{K}Q^n=AB\,\overline{Q}^n+(A+B)Q^n=AB\,\overline{Q}^n+AQ^n+BQ^n$$

③ 列出状态表。由上述状态方程和输出方程，列出状态表如表 11.10 所示。表中第一栏为当前输入 $A$，$B$ 和触发器当前状态 $Q^n$ 的所有可能取值组合。第三栏为将当前输入和当前状态的取值代入输出方程求出的当前输出值。第二栏为将当前输入和当前状态代入状态方程求出的经过 CP 作用后的下一个状态值。

④ 画出状态图。由状态表画出的状态图如图 11.52 所示。状态图中，带箭头的弧线表示状态转换方向，弧线旁的标注为当前的输入/输出，即实现该状态转换所要求的条件（输入 $A$，$B$ 的当前取值），以及在当前状态和当前输入时的当前输出。

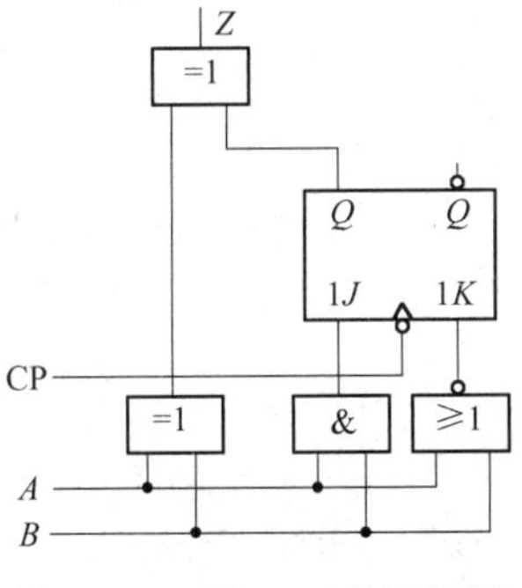


图 11.51　例 11.8 的逻辑图

**表 11.10　例 11.8 的状态表**

| $A$ | $B$ | $Q^n$ | $Q^{n+1}$ | $Z$ |
|---|---|---|---|---|
| 0 | 0 | 0 | 0 | 0 |
| 0 | 0 | 1 | 0 | 1 |
| 0 | 1 | 0 | 0 | 1 |
| 0 | 1 | 1 | 1 | 0 |
| 1 | 0 | 0 | 0 | 1 |
| 1 | 0 | 1 | 1 | 0 |
| 1 | 1 | 0 | 1 | 0 |
| 1 | 1 | 1 | 1 | 1 |

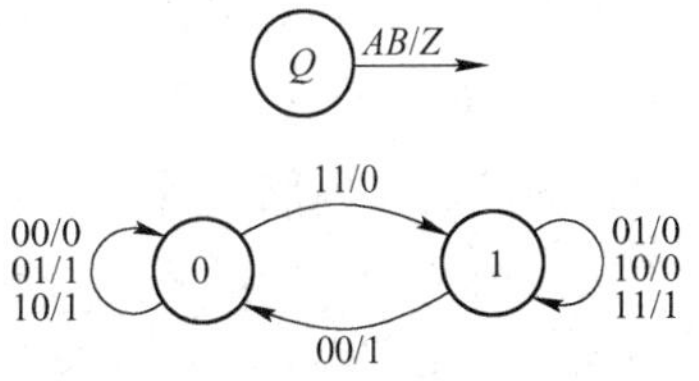


图 11.52　例 11.8 的状态图

⑤ 说明逻辑功能。由状态表可以看出，如果输入 $A$ 和 $B$ 分别表示两个一位二进制加数，$Q^n$ 表示低位的进位，$Z$ 表示相加之和，$Q^{n+1}$ 表示向高位的进位，那么这个状态表和前面介绍过的一位全加器的真值表（表 9.13）是一致的。所以该电路是一个时序全加器。将时序全加器和移位寄存器相结合，可方便地构成串行加法器，实现多位二进制数相加，其工作原理已在上节移位寄存器应用中做过介绍。

**【例 11.9】** 分析图 11.53 所示同步时序电路的逻辑功能。

**解：**① 写出各触发器的驱动方程：　$J_0=XQ_1^n,K_0=\overline{X}$；　$J_1=X,K_1=\overline{X}+\overline{Q}_0^n$

和电路的输出方程：　$Z=XQ_0^nQ_1^n$

② 写出电路的状态方程：$Q_0^{n+1}=J_0\,\overline{Q}_0^n+\overline{K}_0Q_0^n=XQ_1^n\,\overline{Q}_0^n+XQ_0^n$；$Q_1^{n+1}=J_1\,\overline{Q}_1^n+\overline{K}_1Q_1^n=X\,\overline{Q}_1^n+\overline{\overline{X}+\overline{Q}_0^n}Q_1^n$

整理得：$Q_0^{n+1}=X(Q_0^n+Q_1^n)$，　$Q_1^{n+1}=X(Q_0^n+\overline{Q}_1^n)$

③ 由状态方程和输出方程可列出状态表，如表 11.11 所示。

④ 由状态表画出状态图，如图 11.54 所示。

⑤ 说明逻辑功能。由状态图可知，该电路是用来检测输入序列为 1111 的检测电路。每当检测到输入序列为连续 4 个或者 4 个以上的 1 时，电路的输出 $Z$ 为 1；否则，输出 $Z$ 等于 0。

以上我们通过两个典型电路给出了分析同步时序电路的完整过程。事实上,对有些电路,只要执行其中某些步骤,例如写出3组方程或画出波形图,就可以充分理解电路的功能。在这种情况下,就不必机械地执行上述全过程。

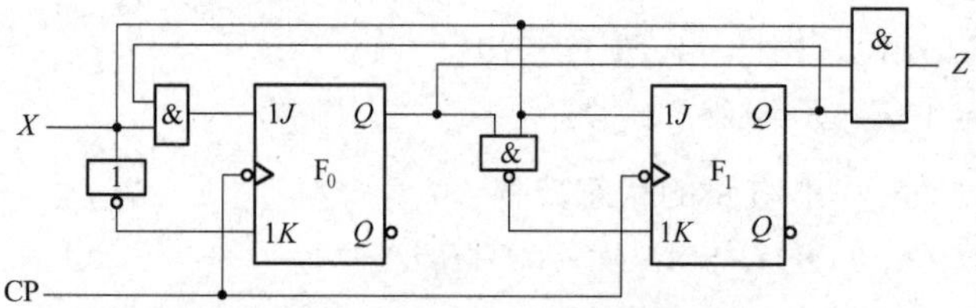


图 11.53　例 11.9 的逻辑图

**表 11.11　例 11.9 的状态表**

| $X$ | $Q_1^n$ | $Q_0^n$ | $Q_1^{n+1}$ | $Q_0^{n+1}$ | $Z$ |
|---|---|---|---|---|---|
| 0 | 0 | 0 | 0 | 0 | 0 |
| 0 | 0 | 1 | 0 | 0 | 0 |
| 0 | 1 | 0 | 0 | 0 | 0 |
| 0 | 1 | 1 | 0 | 0 | 0 |
| 1 | 0 | 0 | 1 | 0 | 0 |
| 1 | 0 | 1 | 1 | 1 | 0 |
| 1 | 1 | 0 | 0 | 1 | 0 |
| 1 | 1 | 1 | 1 | 1 | 1 |

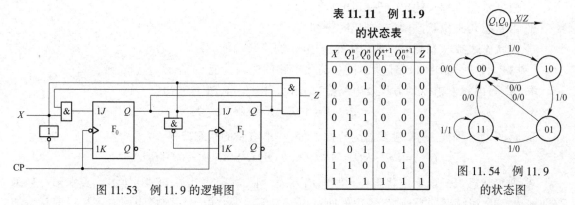

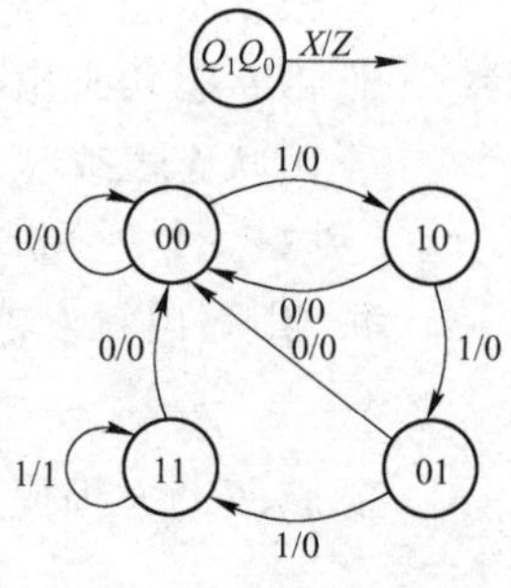


图 11.54　例 11.9 的状态图

另外,分析电路的最后一步,即说明逻辑功能,对初学者来说是比较困难的。它需要读者具备一定的电路知识,初学者应注意不断地积累。

**思考题 11.2(参考答案请扫描二维码 11−2)**

1. 如何理解图 11.51 所示时序全加器工作原理?

二维码 11−2

# 11.3　同步时序电路的设计方法

时序电路的设计(也称为综合),就是根据给定的逻辑功能要求,设计出相应的逻辑电路。它是时序电路分析的逆过程。下面介绍用 SSI 设计同步时序电路。

**1. 同步时序电路设计的一般步骤**

为说明同步时序电路的设计过程,先举一个简单的例子。

**【例 11.10】**　根据图 11.55(a)所示的状态表,用 D 触发器设计一个同步时序电路。

**解:**在图 11.55(a)中,状态是用字母($A,B,C,D$)表示的,为了便于用存储电路来表示时序电路的状态,我们按照图 11.55(b)所示列表分别给 $A,B,C,D$ 这 4 个状态进行编码。经编码后的状态表如图 11.55(c)所示。图 11.55(c)包含了所要设计电路的全部信息,它呈卡诺图形状。为了求得输出方程和驱动方程,将图 11.55(c)分解为图 11.55(d)、(e)、(f) 3 个独立的卡诺图,其中,图(d)为输出卡诺图,图(e)和(f)为驱动卡诺图。

| $S$ \ $x$ | 0 | 1 |
|---|---|---|
| $A$ | $A$/0 | $B$/0 |
| $B$ | $A$/0 | $C$/1 |
| $C$ | $B$/0 | $D$/0 |
| $D$ | $C$/1 | $D$/0 |

(a)

| $S$ | $Q_1$ | $Q_2$ |
|---|---|---|
| $A$ | 0 | 0 |
| $B$ | 0 | 1 |
| $C$ | 1 | 1 |
| $D$ | 1 | 0 |

(b)

| $Q_1^nQ_2^n$ \ $x$ | 0 | 1 |
|---|---|---|
| 00 | 00/0 | 01/0 |
| 01 | 00/0 | 11/1 |
| 11 | 01/0 | 10/0 |
| 10 | 11/1 | 10/0 |

$Q_1^{n+1}Q_2^{n+1}/z$

(c)

| $Q_1^nQ_2^n$ \ $x$ | 0 | 1 |
|---|---|---|
| 00 | 0 | 0 |
| 01 | 0 | 1 |
| 11 | 0 | 0 |
| 10 | 1 | 0 |

$z$

(d)

| $Q_1^nQ_2^n$ \ $x$ | 0 | 1 |
|---|---|---|
| 00 | 0 | 0 |
| 01 | 0 | 1 |
| 11 | 0 | 1 |
| 10 | 1 | 1 |

$D_1(=Q_1^{n+1})$

(e)

| $Q_1^nQ_2^n$ \ $x$ | 0 | 1 |
|---|---|---|
| 00 | 0 | 1 |
| 01 | 0 | 1 |
| 11 | 1 | 0 |
| 10 | 1 | 0 |

$D_2(=Q_2^{n+1})$

(f)

图 11.55　例 11.10 的设计过程

由输出卡诺图可得到输出方程：

$$z=x\,\overline{Q}_1^n Q_2^n+\overline{x}Q_1^n\,\overline{Q}_2^n$$

由驱动卡诺图可得到驱动方程：

$$D_1=Q_1^n\,\overline{Q}_2^n+xQ_2^n \qquad D_2=\overline{x}Q_1^n+x\,\overline{Q}_1^n=x\oplus Q_1^n$$

由上述输出方程和驱动方程，可画出符合设计要求的逻辑图，如图 11.56 所示。图中组合电路部分是由 2 级与非门实现的。

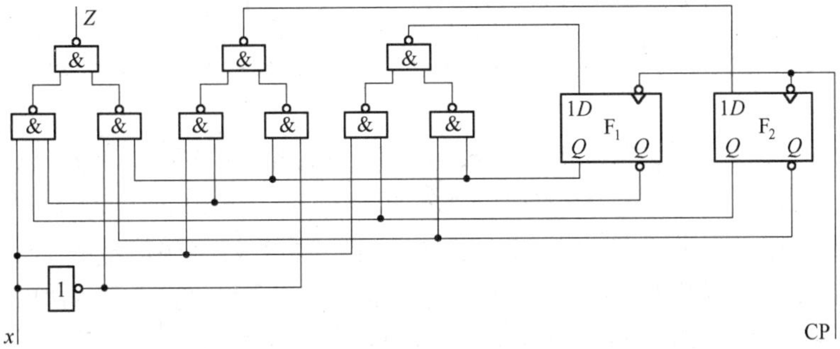


图 11.56　例 11.10 的逻辑图

通过以上举例，可以总结出同步时序电路的设计过程，归纳为一般步骤如下：

① 根据逻辑功能要求，建立原始状态表或状态图。

② 利用状态化简技术，简化原始状态表，消去多余状态（这一步例 11.10 未涉及）。

③ 状态分配或状态编码，即将简化后的状态用二进制码来表示。

④ 选择触发器类型，并根据编码后的状态表，求出驱动方程和输出方程。

⑤ 检查自启动特性。若所设计电路存在无效状态，则必须检查电路能否自启动，如果不能自启动，则需要修改设计。

⑥ 画逻辑图。

下面通过举例，对上述各步骤做进一步说明。

**【例 11.11】**　试设计一个“111”序列检测器。其要求是：当连续输入 3 个（或 3 个以上）1 时，输出为 1，否则输出 0。

**解：**① 建立原始状态表。

序列检测器的输入信号为一串随机序列，设输入序列为 $x$。其输出 $z$ 为检测结果，设输出序列为 $z$。根据设计要求，输入和输出序列之间满足如下关系：

| | | | | | | | | | | | | | |
|---|---|---|---|---|---|---|---|---|---|---|---|---|---|
| $x$： | 0 | 1 | 1 | 0 | 1 | 1 | 1 | 0 | 1 | 1 | 1 | 1 | 0 |
| | | | | | | | ↓ | | | | ↓ | ↓ | |
| $z$： | 0 | 0 | 0 | 0 | 0 | 0 | 1 | 0 | 0 | 0 | 1 | 1 | 0 |

为了能从串行输入序列中识别“111”序列，电路必须具有记忆能力，即通过电路的状态来记忆并区分前面已经输入的情况。

根据题意，首先假设以下几个状态：

$S_0$：输入 0 之后的状态，即未收到一个 1 以前的状态。

$S_1$：输入一个 1 以后的状态。

$S_2$：连续输入两个 1 以后的状态。

$S_3$：连续输入三个或三个以上 1 以后的状态。

设检测器开始处于 $S_0$ 状态。此后，若输入为 1，这是应当记忆的，电路状态应由 $S_0$ 转换到 $S_1$（表示已收到一个 1），但因为只收到一个 1，故输出为 0。

当电路处于 $S_1$ 状态时，若输入 1，这也是应该记忆的，电路状态应当由 $S_1$ 转换到 $S_2$（表示已连续收到两个 1），但因为只连续收到两个 1，故输出为 0。

当电路处于 $S_2$ 状态时，若输入为 1，这也是应该记忆的，电路状态应由 $S_2$ 转换到 $S_3$（表示已连续收到三个 1）。因为已经连续收到三个 1，故输出应为 1。

当电路处于 $S_3$ 状态时，若输入还是为 1，电路状态就不必转换了，可以停留在 $S_3$，准备接收更多的 1，且输出为 1。

另外，电路分别处于以上每种状态下，都可能输入 0。一旦输入为 0，就破坏了连续接收 1 的条件。所以电路无论处于什么状态，一旦收到 0，状态都应当转回到 $S_0$ 这一起始状态。当然，对应的输出应为 0。

综合以上分析，便可得到原始状态表如表 11.12 所示，其原始状态图如图 11.57 所示。

建立原始状态表或状态图是进行成功设计的关键一步，也是比较困难的一步。因为给出的设计要求，也许是一段文字描述，也许是一个具体的逻辑问题，有哪些信息需要记忆，怎样把它们表示成时序电路的状态，原状态、输入、输出、次态之间的逻辑关系等都是隐含的，怎样建立起状态表或状态图，没有一般规律可循，只能对具体问题做具体分析。

② 状态化简。

由图 11.57 可以发现，如分别以 $S_2$ 和 $S_3$ 为原状态，则在 $x=0$ 和 $x=1$ 的情况下，输出相同，而次态也相同，则称 $S_2$ 和 $S_3$ 两个状态是等价的，两个等价的状态可以去掉一个。如果去掉 $S_3$，用 $S_2$ 代替 $S_3$，可得化简后的状态图如图11.58所示。

**表 11.12　例 11.11 的原始状态表**

| $S$ \ $x$ | 0 | 1 |
|---|---|---|
| $S_0$ | $S_0/0$ | $S_1/0$ |
| $S_1$ | $S_0/0$ | $S_2/0$ |
| $S_2$ | $S_0/0$ | $S_3/1$ |
| $S_3$ | $S_0/0$ | $S_3/1$ |

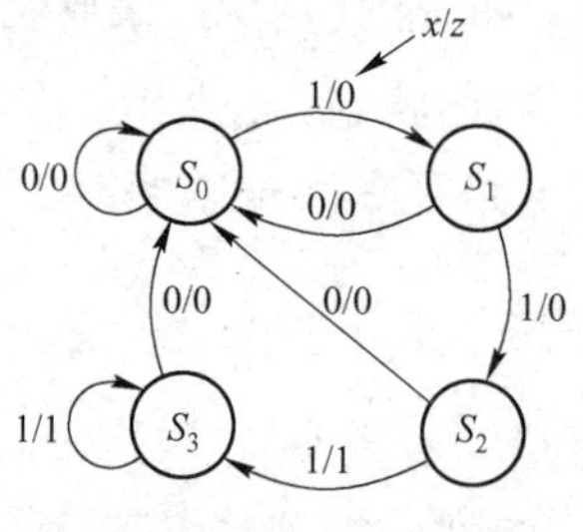


图 11.57　例 11.11 的原始状态图

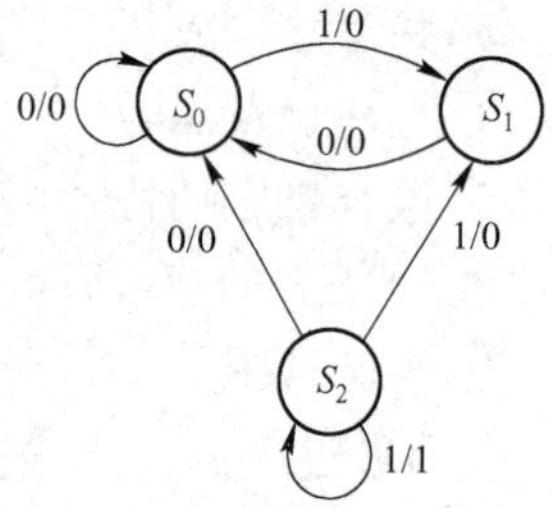


图 11.58　例 11.11 的简化状态图

对原始状态表或状态图进行化简，能去除原始状态表或状态图中的多余状态。由于时序电路的状态是由触发器来记忆和表征的，状态数越多，意味着所需要的触发器也越多，所以在满足设计要求的条件下，总希望状态数越少越好。常用的化简方法有多种，如观察法、隐含表法、输出分类法等，有兴趣的读者请参阅有关资料，本书将不进行详细介绍。

③ 状态编码。

因为图 11.58 中有 $M=3$ 个状态。根据 $2^{n-1}<M\leqslant 2^n$，可以确定触发器的个数 $n=2$。即用两个触发器来记忆 3 个不同的状态。由于两个触发器有 4 种不同的组合状态（00，01，10，11），假设我们选取 $S_0=00$，$S_1=01$，$S_2=10$，这样可得编码后的状态表如表 11.13 所示，其状态图如图 11.59 所示。表中 11 为无效状态。

在本例中，我们选择的状态编码是随意的，除了这一种方案，还可以选择许多种不同的方案。选择的状态编码方案不同，在设计中得到的驱动方程和输出方程也不同，其复杂程度也不同。因此，存在着最终电路是否经济、稳定可靠等问题。所以，设计时往往要经过仔细研究，反复比较，才能选择出最佳方案。而且，目前还没有很成熟的方法可以遵循。为寻求最佳编码方案，人们已经做了大量的研究工作，但是从理论角度来讲，状态编码问题至今还没有完全解决，仍是开关理论中的一大难题。

**表 11.13　例 11.11 编码后的状态表**

| $Q_1^nQ_0^n$ \ $x$ | 0 | 1 |
|---|---|---|
| 0　0 | 00/0 | 01/0 |
| 0　1 | 00/0 | 10/0 |
| 1　1 | ××/× | ××/× |
| 1　0 | 00/0 | 10/1 |

$Q_1^{n+1}Q_0^{n+1}/z$

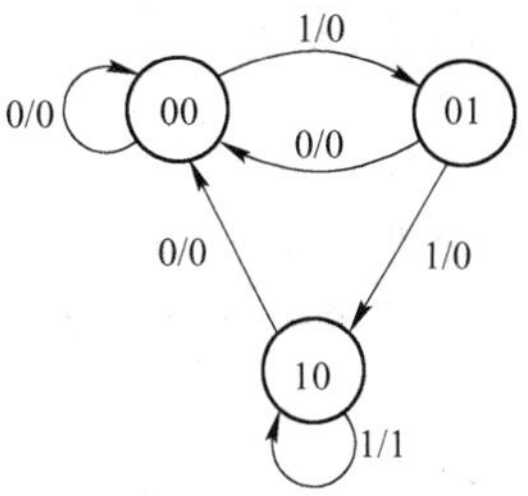


图 11.59　例 11.11 编码后的状态图

④ 选择触发器类型,求驱动方程和输出方程。

在例 11.10 中,使用的是 D 触发器。由于 D 触发器满足 $Q^{n+1}=D$,即状态方程和驱动方程相同,所以只要将状态表简单地分离,就能得到驱动卡诺图和输出卡诺图,由卡诺图可直接写出驱动方程和输出方程。但是,如果我们采用其他功能的触发器进行设计,就不能通过简单地分离状态表获得驱动卡诺图。为解决这一问题,我们可借助于触发器的输入表来确定各种不同功能的触发器在状态转换中所需要的输入。图 11.60 列出了 D 触发器、RS 触发器、T 触发器和 JK 触发器的输入表,在各表的左侧两列表示触发器状态转换前后的情况,而表的右侧列,则表示对应于某一特定的状态转换所需要的驱动输入。因此,在状态表的基础上,对照触发器输入表,就可以方便地得到驱动卡诺图。

| $Q^n$ | $Q^{n+1}$ | $D$ |
|---|---|---|
| 0 | 0 | 0 |
| 0 | 1 | 1 |
| 1 | 0 | 0 |
| 1 | 1 | 1 |

(a)

| $Q^n$ | $Q^{n+1}$ | $S$ | $R$ |
|---|---|---|---|
| 0 | 0 | 0 | × |
| 0 | 1 | 1 | 0 |
| 1 | 0 | 0 | 1 |
| 1 | 1 | × | 0 |

(b)

| $Q^n$ | $Q^{n+1}$ | $T$ |
|---|---|---|
| 0 | 0 | 0 |
| 0 | 1 | 1 |
| 1 | 0 | 1 |
| 1 | 1 | 0 |

(c)

| $Q^n$ | $Q^{n+1}$ | $J$ | $K$ |
|---|---|---|---|
| 0 | 0 | 0 | × |
| 0 | 1 | 1 | × |
| 1 | 0 | × | 1 |
| 1 | 1 | × | 0 |

(d)

图 11.60　触发器的输入表

在本例中,假设选用 JK 触发器。由表 11.13,并对照图 11.60(d),可分别画出驱动卡诺图和输出卡诺图,如图 11.61 所示。经化简得驱动方程:

$$J_1=xQ_0^n,K_1=\bar{x};\quad J_0=x\,\overline{Q}_1^n,K_0=1$$

输出方程:

$$z=xQ_1^n$$

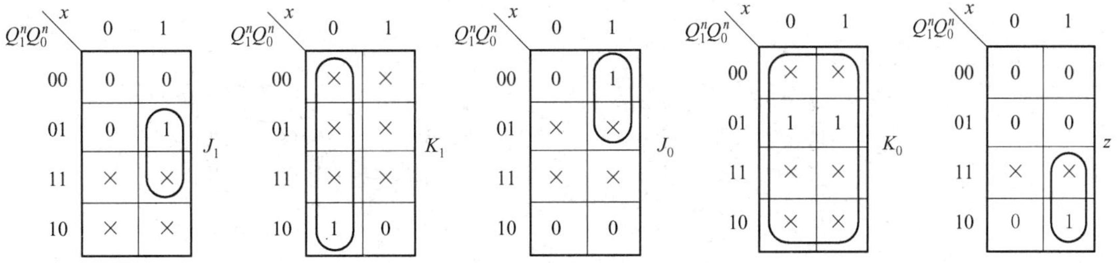

(a) $J_1$

| $Q_1^nQ_0^n$ \ $x$ | 0 | 1 |
|---|---|---|
| 00 | 0 | 0 |
| 01 | 0 | 1 |
| 11 | × | × |
| 10 | × | × |

(b) $K_1$

| $Q_1^nQ_0^n$ \ $x$ | 0 | 1 |
|---|---|---|
| 00 | × | × |
| 01 | × | × |
| 11 | × | × |
| 10 | 1 | 0 |

(c) $J_0$

| $Q_1^nQ_0^n$ \ $x$ | 0 | 1 |
|---|---|---|
| 00 | 0 | 1 |
| 01 | × | × |
| 11 | × | × |
| 10 | 0 | 0 |

(d) $K_0$

| $Q_1^nQ_0^n$ \ $x$ | 0 | 1 |
|---|---|---|
| 00 | × | × |
| 01 | 1 | 1 |
| 11 | × | × |
| 10 | × | × |

(e) $z$

| $Q_1^nQ_0^n$ \ $x$ | 0 | 1 |
|---|---|---|
| 00 | 0 | 0 |
| 01 | 0 | 0 |
| 11 | × | × |
| 10 | 0 | 1 |

图 11.61　例 11.11 的驱动卡诺图和输出卡诺图

除了通过画驱动卡诺图来求驱动方程,也可以利用状态表先求出状态方程,然后根据状态方程来求驱动方程。下面结合本例说明之。

由表 11.13,画出 $Q_1^{n+1}$、$Q_0^{n+1}$ 和输出 $z$ 的卡诺图如图 11.62 所示。经化简得状态方程:

$$\begin{cases}Q_1^{n+1}=xQ_0^n\,\overline{Q}_1^n+xQ_1^n\\ Q_0^{n+1}=x\,\overline{Q}_1^n\,\overline{Q}_0^n\end{cases}$$

输出方程为：$$z = xQ_1^n$$

由于选用的是 JK 触发器，其特性方程为：

$$Q^{n+1} = J\overline{Q}^n + \overline{K}Q^n$$

为了便于求驱动方程，在利用次态卡诺图化简时，应当考虑首先使所得状态方程的形式和 JK 触发器的特性方程一致。在此基础上，再使表达式最简。因此，在次态卡诺图中画圈时应将对应 $Q^n=0$ 的所有小方格划为一个区域，而将对应 $Q^n=1$ 的所有小方格划为另一个区域。然后分别在每个区域充分利用无关项，使所画的圈最少而且最大。例如，用图 11.62(a)求 $Q_1^{n+1}$ 时，就是按 $Q_1^n=0$ 的区域和 $Q_1^n=1$ 的区域分别圈选的，这样所得状态方程的形式一定是符合 JK 触发器特性方程的形式（如果选用 D 触发器，则不存在此问题）。

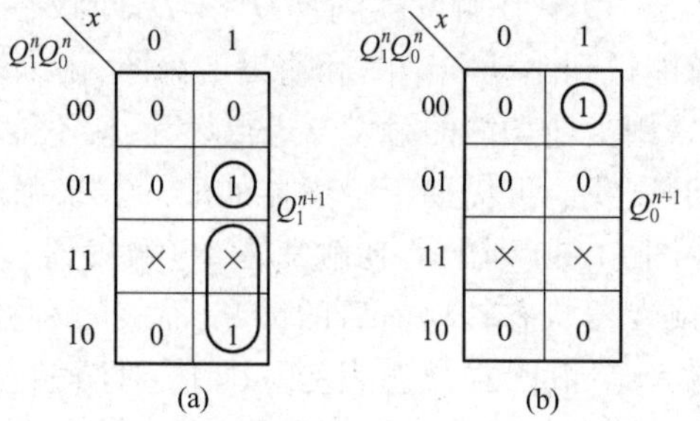

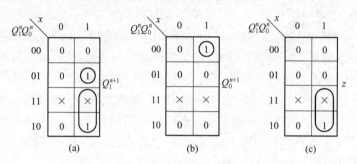

图 11.62　例 11.11 电路的次态和输出卡诺图

将上述所得状态方程和 JK 触发器特性方程比较，可得驱动方程为：

$$J_1 = xQ_0^n,\ K_1 = \overline{x};\quad J_0 = x\,\overline{Q}_1^n,\ K_0 = 1$$

⑤ 检查自启动特性。

因为本例存在无效状态 11，因此需要检查电路一旦进入无效状态 11，在 CP 作用下，它的下一状态能否进入有效状态。检查的方法可以直接利用图 11.62 的卡诺图。如果电路进入 11 状态，当 $x=0$ 时，下一状态为 00；当 $x=1$ 时，下一状态为 10（图中未包含在圈中的×当做 0 处理，包含在圈中的×当做 1 处理），故电路能自启动。当然，将电路的无效状态代入状态方程，也能得到相应的结果。其完整的状态图如图 11.63(a)所示。

⑥ 画出逻辑图，如图 11.63(b)所示。

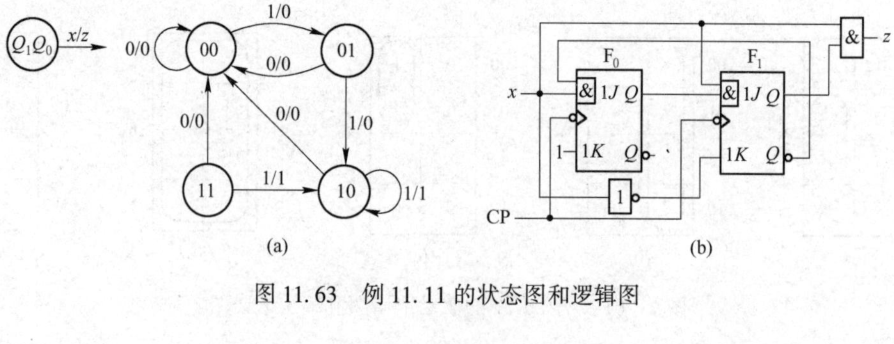


图 11.63　例 11.11 的状态图和逻辑图

**2. 设计举例**

**【例 11.12】**　试设计一个 $n$ 位串行二进制加法器。

**解**：设两个 $n$ 位二进制数分别为 $A=a_{n-1}\cdots a_1a_0$ 和 $B=b_{n-1}\cdots b_1b_0$。串行加法器的原理框图如图 11.64(a)所示，两加数 $A$ 和 $B$ 分别被存放于移位寄存器(1)和(2)中，在 CP 的作用下，$A$，$B$ 两数将同步由低位到高位逐位送入加法器中并相加，其和同时依次移入移存器(1)中，替代加数 $A$。

由于是逐位相加，加法器必须记忆前一次运算所产生的进位信号。进位信号可能出现的值为0或1，故加法器应有两个状态。加法器的状态图如图11.64(b)所示。图中，$s_i$ 为本位运算所产生的结果，$c_{i-1}$表示当前状态(低位向本位的进位信号)。和状态图所对应的状态表如图11.64(c)所示。由状态表，可写出输出方程和状态方程：

$$s_i = a_i \oplus b_i \oplus c_{i-1} \quad c_i = a_i b_i + a_i c_{i-1} + b_i c_{i-1}$$

若用D触发器作为存储单元电路，则可得驱动方程：

$$D = c_i = a_i b_i + a_i c_{i-1} + b_i c_{i-1}$$

加法器的逻辑图如图11.64(d)所示。

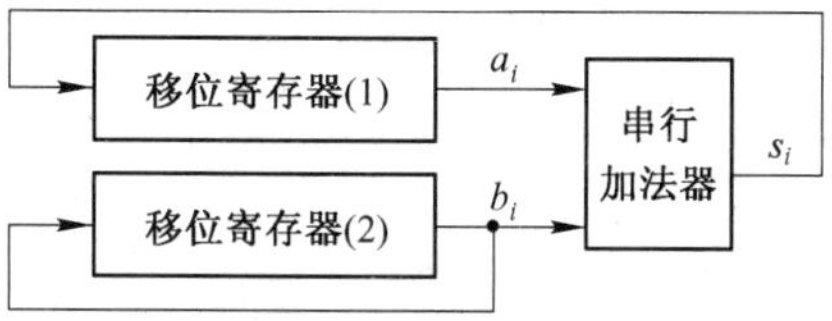


(a)

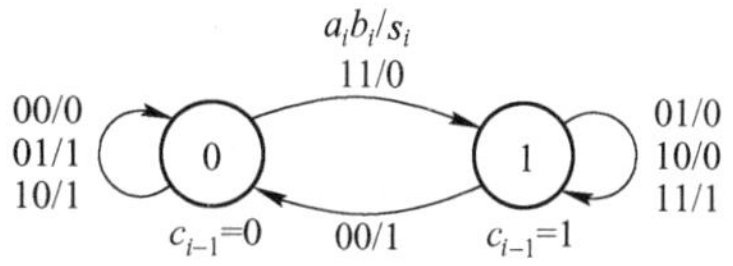


(b)

| $a_i$ | $b_i$ | $c_{i-1}$ | $c_i$ | $s_i$ |
|---|---|---|---|---|
| 0 | 0 | 0 | 0 | 0 |
| 0 | 0 | 1 | 0 | 1 |
| 0 | 1 | 0 | 0 | 1 |
| 0 | 1 | 1 | 1 | 0 |
| 1 | 0 | 0 | 0 | 1 |
| 1 | 0 | 1 | 1 | 0 |
| 1 | 1 | 0 | 1 | 0 |
| 1 | 1 | 1 | 1 | 1 |

(c)

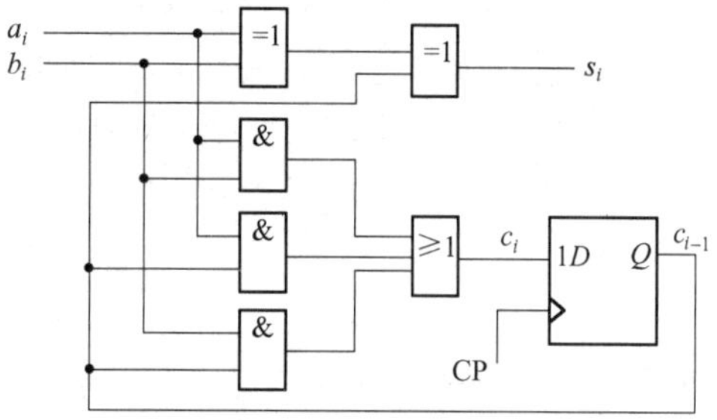


(d)

图11.64 串行二进制加法器设计

**【例11.13】** 试用JK触发器设计一个模4可逆计数器。$x$为控制信号，要求计数器当$x=0$时，做加计数；当$x=1$时，做减计数。

**解：**模4计数器须有4个状态，设分别为$S_0$，$S_1$，$S_2$和$S_3$，由题意可得其状态图如图11.65(a)所示，对应的状态表如图11.65(b)所示。将状态按如下方案编码：

$$S_0=00 \quad S_1=01 \quad S_2=10 \quad S_3=11$$

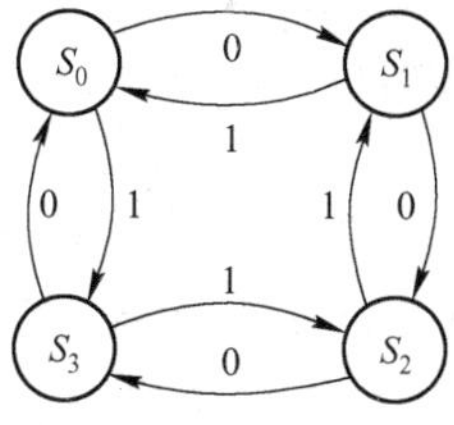


(a)

| S \ x | 0 | 1 |
|---|---|---|
| $S_0$ | $S_1$ | $S_3$ |
| $S_1$ | $S_2$ | $S_0$ |
| $S_2$ | $S_3$ | $S_1$ |
| $S_3$ | $S_0$ | $S_2$ |

(b)

| $Q_1^nQ_0^n$ \ x | 0 | 1 |
|---|---|---|
| 0 0 | 0 1 | 1 1 |
| 0 1 | 1 0 | 0 0 |
| 1 0 | 1 1 | 0 1 |
| 1 1 | 0 0 | 1 0 |

$Q_1^{n+1}Q_0^{n+1}$

(c)

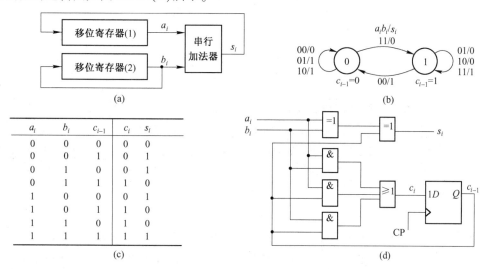

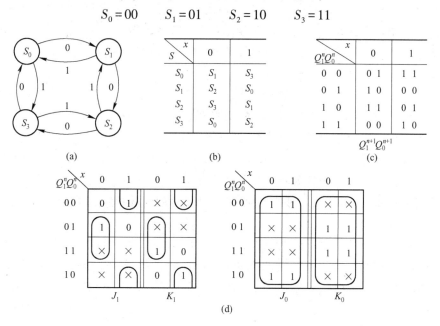

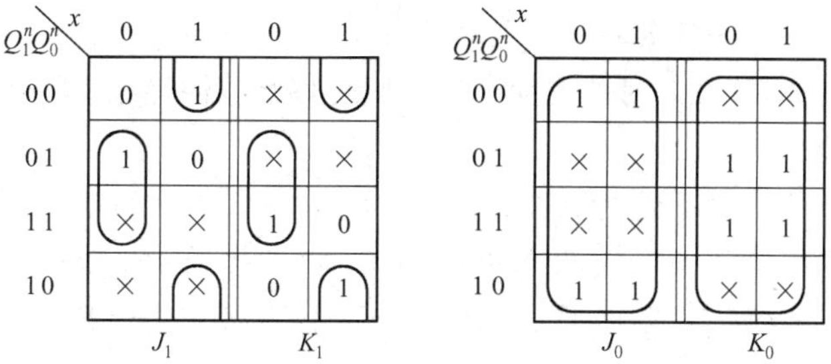


(d)

图11.65 模4可逆计数器设计

所得编码后的状态表如图 11.65(c)所示。状态表中的 $Q_1^nQ_0^n$ 同时也表示计数器的输出。根据 JK 触发器的输入表(见图 11.60(d)),可得到两个 JK 触发器的驱动卡诺图如图 11.65(d)所示。化简卡诺图,可得驱动方程为:

$$J_1=K_1=x\,\overline{Q}_0^n+\overline{x}Q_0^n=x\oplus Q_0^n,\quad J_0=K_0=1$$

画出的模 4 可逆计数器的逻辑图如图 11.66 所示。

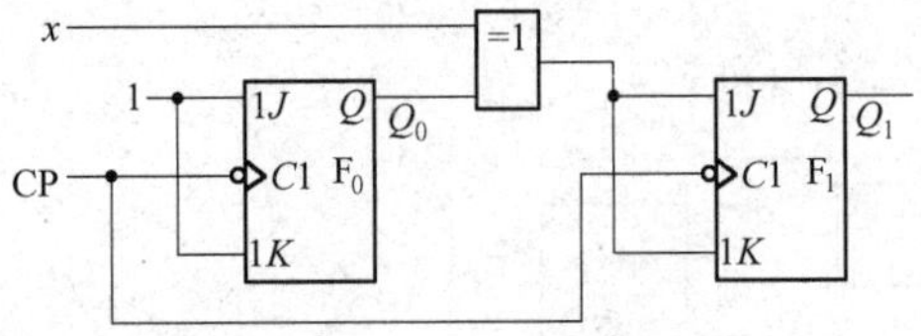


图 11.66　模 4 可逆计数器的逻辑图

**思考题 11.3(参考答案请扫描二维码 11-3)**

1. 请说明同步时序电路设计中求驱动方程的两种方法和各自的特点。
2. 同步时序电路设计中什么情况下要考虑自启动?为什么要考虑自启动特性?

二维码 11-3

## 本章小结

- 时序电路可分为同步时序电路和异步时序电路两大类。在同步时序电路中,所有存储单元状态的改变是在统一的时钟脉冲控制下同时发生的,异步时序电路不具备这种特点。同步时序电路的应用比异步电路更为广泛。
- 寄存器是用于暂时存放二进制码的时序逻辑器件,中规模多位数据寄存器一般由多个 D 触发器或 D 锁存器组成。
- 移位寄存器由无空翻的触发器组成,双向移位寄存器 74194 除了具有双向移位功能,还有并行置数、保持和异步清零等功能。移位寄存器常用于数据的串-并转换。
- 计数器是重要的时序逻辑部件,计数器种类很多,可分为同步计数器和异步计数器,也可分为二进制计数器和非二进制计数器。大多数集成计数器都具有清零和预置数功能,利用这些功能便于设计出任意进制计数器,任意进制计数器的设计一般可采用反馈复位法或反馈置位法。
- 环形计数器和扭环形计数器是两种移位寄存器型计数器,环形计数器具有计数和译码功能,扭环形计数器的输出码为循环码,循环码的特点是,译码时不会产生功能冒险。在环形计数器和扭环形计数器的设计中,必须考虑自启动特性。
- 序列信号发生器可分为两类:计数型序列信号发生器由计数器和组合电路组成;移存型序列信号发生器由移位寄存器和组合电路组成。
- 同步时序电路的分析,就是对给定的电路,确定它的逻辑功能。通常用状态表或状态图来表示其逻辑功能。
- 同步时序电路的设计,就是对给定的逻辑功能,画出相应的逻辑图。其设计过程一般分为以下几步:原始状态表或状态图的确定、状态化简、状态分配、选择触发器、求驱动方程和输出方程、画逻辑图。在整个设计过程中,确定原始状态表或状态图是难点。

# 习　　题

11.1　图题 11.1 为由 JK 触发器组成的移位寄存器。(1)假定串行输入序列为 101,说明其工作过程,画出波形图(输入波形应与 CP 同步),说明并行输入控制信号是高电平还是低电平有效。(2)假定要并行输入数据 $A=0,B=1,C=0$,说明工作过程。

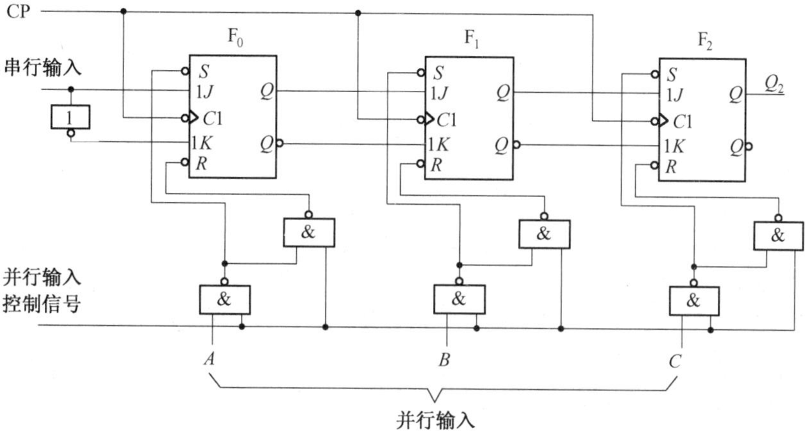


图　题 11.1

11.2　试用 D 触发器、与非门和一个 2 线–4 线译码器设计一个 4 位移位寄存器,移位寄存器的功能表如图题 11.2 所示。

| $S_A$ | $S_B$ | 功　　能 |
|---|---|---|
| 0 | 0 | 右移 |
| 0 | 1 | 左移 |
| 1 | 0 | 同步清零 |
| 1 | 1 | 同步置数 |

图　题 11.2

11.3　参照串行累加器的示意图(见图 11.9),用两片 4 位双向移位寄存器 74194、一个全加器、一个 D 触发器及少许逻辑门,设计一个 4 位累加器,画出逻辑图。74194 功能表和逻辑符号如图 11.5 所示。

11.4　试用 4 个 JK 触发器组成一个 4 位二进制异步减法计数器。

11.5　试分析图题 11.5 所示的计数器,画出状态图,说明计数器的模。同步十进制计数器 74160 功能表与逻辑符号如图 11.19 所示。

11.6　试分析图题 11.6 所示电路的功能,画出在 CP 作用下 $f_C$ 的波形图(设 74160 的初始状态为 $Q_3Q_2Q_1Q_0=0000$)。同步十进制计数器 74160 的功能表与逻辑符号如图 11.19 所示。

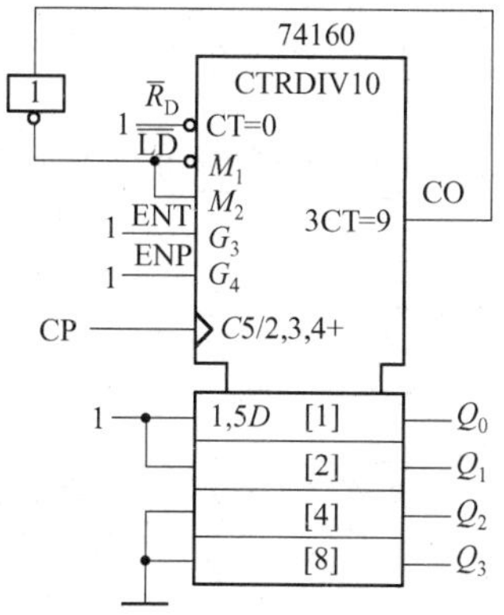


图　题 11.5

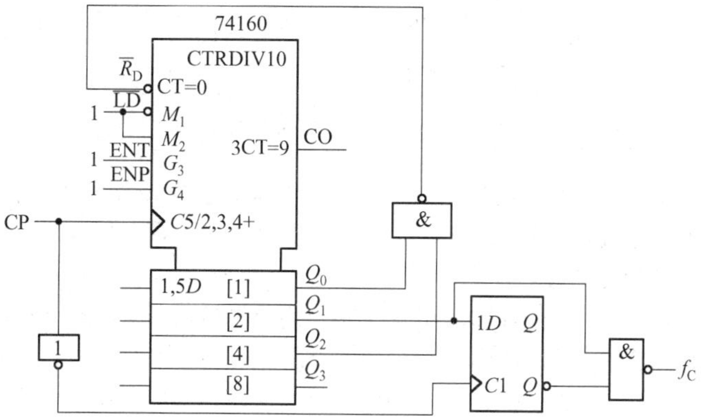


图　题 11.6

11.7　试用 4 位同步二进制加法计数器 74161 实现模 13 计数器。74161 功能表如表 11.5 所示。

11.8　试用 4 位同步二进制加法计数器 74161 实现模 193 计数器。74161 功能表如表 11.5 所示。

11.9　试画出图题 11.9 所示电路输出 $f$ 的波形图(设 74160 的初始状态为 $Q_3Q_2Q_1Q_0=0000$)。同步十进制计数器 74160 的功能表如图 11.19 所示。

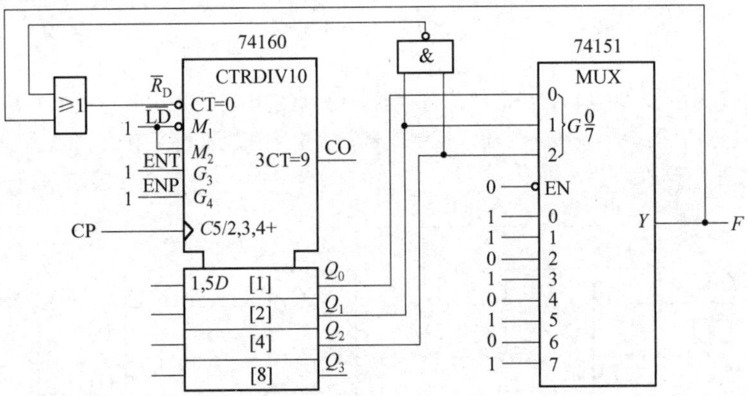


图　题 11.9

11.10　试用 4 位同步二进制加法计数器 74161 实现 5421 码计数器。74161 的功能表如表 11.5 所示。

11.11　试分析图题 11.11 所示电路逻辑功能,画出完整状态图,并说明电路能否自启动。4 位双向移位寄存器 74194 的功能表如图 11.5 所示。

11.12　试分析图题 11.12 所示电路,画出状态图。4 位双向移位寄存器 74194 的功能表如图 11.5 所示。

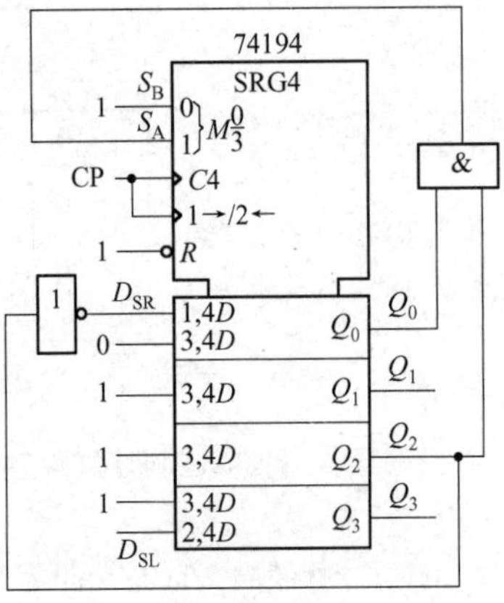


图　题 11.11

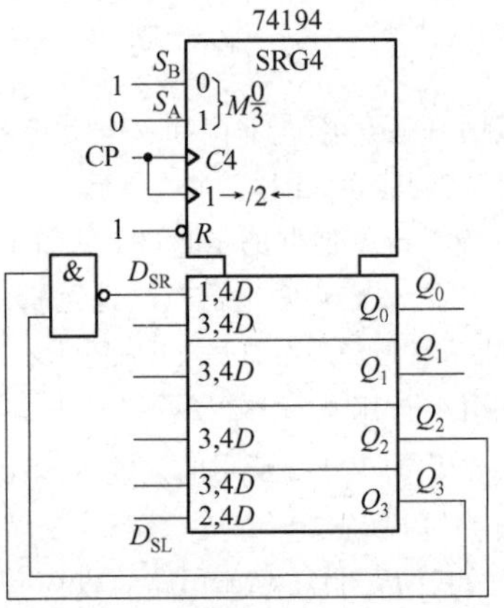


图　题 11.12

11.13　试用 4 位同步二进制加法计数器 74161 和其他组合电路构成能产生序列为 1100110101 的序列信号发生器。74161 的功能表如表 11.5 所示。

11.14　试用 4 位双向移位寄存器 74194 和其他组合电路构成能产生序列为 00001101 的序列信号发生器。74194 的功能表如图 11.5 所示。

11.15　试用 4 位双向移位寄存器 74194 和逻辑门完成电路设计,使电路状态转换符合图题 11.15 所示的状态图要求。74194 的功能表如图 11.5 所示。

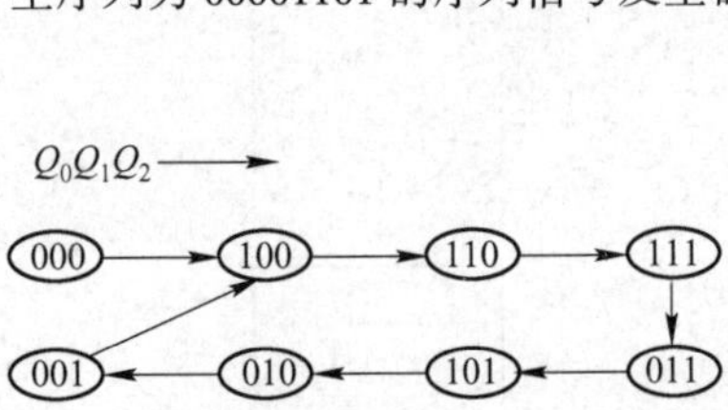


图　题 11.15

11.16　试分析图题 11.16 所示时序电路逻辑功能,写出电路的驱动方程、状态方程和输出方程,列出状态表,画出状态图。

11.17　试分析图题 11.17 所示时序电路逻辑功能,写出电路的驱动方程、状态方程和输出方程,列出状态表,画出状态图。若已知输入序列(串行输入)$x$ 为 01011011110,试求输出序列(设电路初始状态 $Q_2Q_1=00$)。

11.18　试画出串行二进制减法器的状态表和状态图。

11.19　试画出 1010 序列检测器的状态表和状态图。该同步时序电路有一个输入端 $x$,一个输出端 $z$,对应于序列 1010 的最后一个 0,输出 $z=1$。序列可以重复,例如:

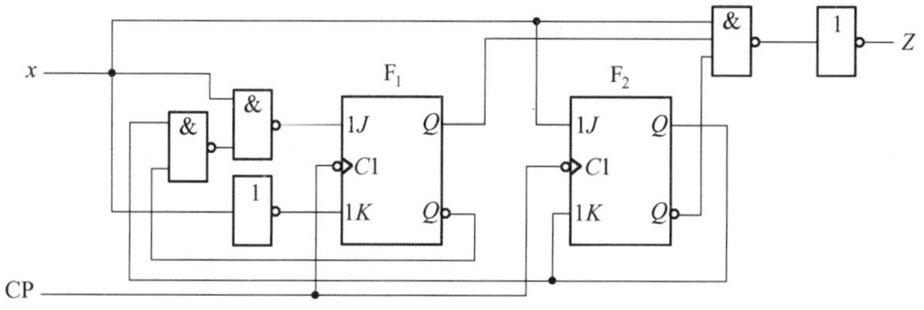


图　题 11.16

$$x = 00101001010101110$$

$$z = 00000100001010000$$

11.20　试用下降沿触发的 JK 触发器设计一个模 6 可逆同步计数器。计数器受 $x$ 输入信号控制，当 $x=0$ 时，计数器做加法计数；当 $x=1$ 时，计数器做减法计数。

11.21　根据图题 11.21 所示状态表，试分别用 D 触发器和 JK 触发器设计满足该表功能的同步时序电路。若已知输入序列为 00101100111，试求输出序列（设初始状态为 00）。

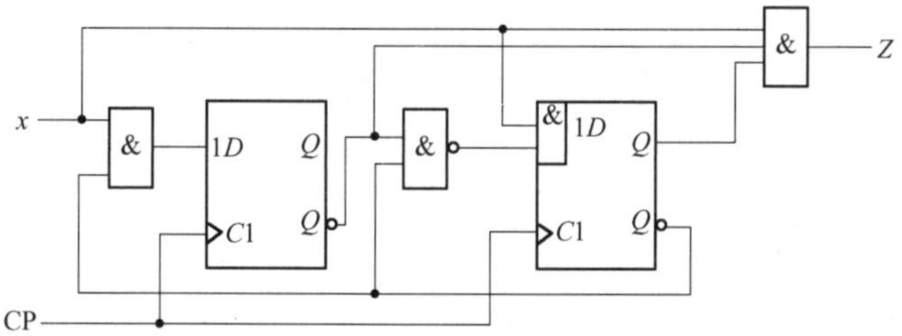


图　题 11.17

| $Q_2^nQ_1^n$ \ $x$ ($Q_2^{n+1}Q_1^{n+1}/Z$) | 0 | 1 |
|---|---|---|
| 0　0 | 00/0 | 01/0 |
| 0　1 | 00/0 | 11/1 |
| 1　1 | 00/0 | 11/0 |

图　题 11.21

11.22　仿真题：用一片 4 位二进制加法计数器 74161（功能表如表 11.5 所示）和少量逻辑门设计一个可变模计数器。可变模计数器的状态图如图题 11.22 所示，其中 $X$ 为控制信号。请写出设计过程，写出 $\overline{LD}$ 和 $D_3$、$D_2$、$D_1$、$D_0$ 的最简与或表达式，并用 Quartus Ⅱ 软件对电路进行仿真，验证所设计电路的正确性。（控制信号变化时计数器允许有过渡状态）（参考答案请扫描二维码 11-4）

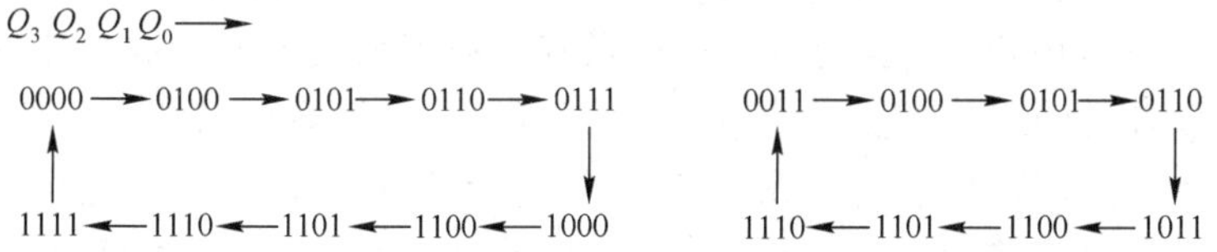


(a) $X$=0时的状态图　　(b) $X$=1时的状态图

图　题 11.22

11.23　仿真题：试用 4 个正边沿触发的 D 触发器和 1 片 4 位二进制加法器 7483 设计一个 4 位可变步长加法计数器，并用 Quartus Ⅱ 软件对所设计的计数器进行仿真，验证所设计电路的正确性。（计数器步长是指计数值随计数脉冲变化的增量。如 4 位二进制加法计数器 74161 每输入一个计数脉冲，计数值加 1，则步长为 1）。（参考答案请扫描二维码 11-5）

二维码 11-4　　二维码 11-5

# * 第 12 章　存储器和可编程逻辑器件

本章学习目标：

- 了解 PLD 器件中连接线和门的表示法，能识别阵列图中输出和输入信号之间的逻辑关系。
- 了解 ROM 的基本结构和相关参数。
- 掌握 PROM 的基本应用。
- 理解静态 RAM 和动态 RAM 的基本结构。
- 了解 ROM 和 RAM 的区别。
- 掌握存储器扩展技术。
- 了解 PLD 的基本结构。
- 理解 PAL 器件的工作原理和基本应用。
- 了解 GAL 器件的结构，理解 GAL 器件中 OLMC 的工作原理。
- 了解 PLD 的开发过程。

## 12.1　概　　述

数字逻辑器件通常分为三类：第一类是目前广泛使用的由基本逻辑门和触发器构成的中小规模集成逻辑器件。例如，在前面章节中介绍的各种 TTL 或 CMOS 逻辑门、触发器、译码器、计数器等，均属这一类，这一类逻辑器件通常称为标准产品。逻辑器件的标准产品批量大，成本低，价格便宜，器件速度也很快，是数字系统传统设计中使用的主要逻辑器件。但是，这类器件的密度不高，用它构成的数字系统硬件规模大，印制电路板走线复杂，焊点多，致使系统可靠性降低，功耗增大。第二类是由软件配置的大规模集成器件，如各种微处理器和单片微型计算机芯片等。这类器件密度高，其逻辑功能可由软件配置，用它构成数字系统可大大缩小硬件规模，提高系统的灵活性。但这类器件的工作速度不够高，不能直接用于对速度要求特别高的场合。另外这类器件通常要用若干标准集成芯片构成外围电路才能工作。第三类器件称为专用集成电路（ASIC，Application Specific Integrated Circuit）。ASIC是为满足一种或几种特定功能而设计制造的集成电路芯片，它的密度一般都很高，一片 ASIC 芯片就能取代一块由若干中小规模集成电路芯片构成的电路板，甚至一个完整的系统也能用一片 ASIC 芯片实现，因此使用 ASIC 能大大减小系统的硬件规模，降低系统功耗，提高系统的可靠性、保密性和工作速度。ASIC 的出现在一定程度上克服了上述两种逻辑器件的某些缺点。

ASIC 是一种用户定制电路（Custom Design IC）。它分为全定制和半定制两类。所谓全定制电路（Full Custom Design IC）是指半导体生产厂商根据用户的特定要求专门设计并制造的。集成电路的设计和制造过程比较复杂，一般都要经过电路设计、逻辑模拟、版图设计和集成电路制造的各道生产工序。这是一个周期长，费用高，并带有很大风险性的过程。因此，全定制专用集成电路只在大批量定型产品中使用。半定制电路（Semi-Custom Design IC）是指先由制造厂商生产出标准的半成品芯片，再根据用户要求由工厂或用户对半成品芯片进行再加工，最终实现所需逻辑功能的一类器件。最常见的半定制 ASIC 有两种，一种为门列阵（Gate Array），门列阵是在硅片上预先做好大量相同的基本单元电路，并把它们整齐地排成阵列，这种半成品的芯片称为母片。这种母片通用性强，可以大批量生产，因而单片成本较低。当用户需要制造满足特定要求的ASIC芯片时，可根据设计需要和所选用母片的结构，由用户或器件生产厂商设计出连线版图，再由器件生产厂商经过金属连线等简单工序，制成成品电路。因此，这种半定制ASIC与全定制ASIC相比，当生产量不是很大时，它的设计和生产周期短，成本低，风险也小得多。但门列阵的设计和制造仍离不开生产厂商，用户主动性较差，使用不方便。另一种半定制器件称为可编程逻辑器件(PLD，Programmable Logic Device)，这是一种较为新型的大规模集成逻辑器件。PLD芯片上的电路和金属引线都事先由器件生产厂商做好，但其逻辑功能在出厂时没有确定，用户可以根据需要，借助PLD开发工具(一般包括微型计算机、专用开发软件、编程器)对其编程，来确定器件的功能。因此，使用PLD器件，不必通过生产厂商，用户自己就能设计出符合要求的各种ASIC芯片。多数PLD器件都能重复编程，并具有加密功能，其兼有集成度高、速度快、灵活性好等优点，在目前得到了越来越广泛的应用。

本章在介绍存储器的基础上，将重点介绍PLD器件的工作原理及应用。由于PLD器件的阵列连接规模庞大，所以在PLD器件的描述中常使用一种简化的方法。

(1) PLD的连接表示法

PLD的连接表示法如图12.1所示。

图中，“固定连接”用交叉点上的“·”表示。这与传统表示法是相同的，可以理解为“焊死”的连接点。“可编程连接”用交叉点的‘×’表示，这表明行线和列线通过耦合元件接通。交叉点处无任何标记则表示“不连接”。

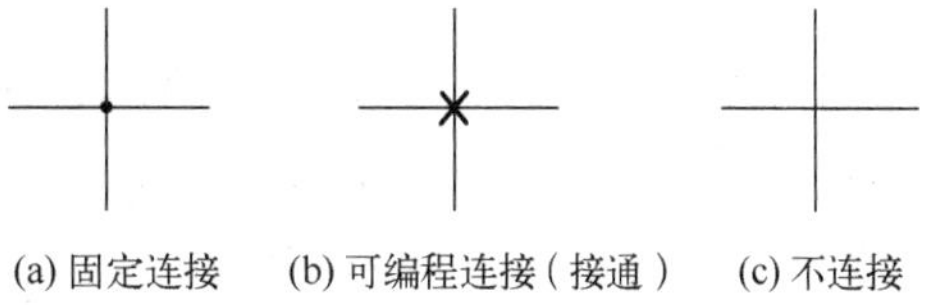


图12.1　PLD的连接表示法

(2) 逻辑门表示法

图12.2给出了在PLD中常用的三种逻辑门的传统表示法和PLD表示法。

图12.2(a)为反相缓冲器，它的两个输出分别是输入的原码和反码。

图12.2(b)和(c)分别为与门和或门的表示法。因为PLD中的与门和或门输入端很多，传统画法已不适用，而PLD表示法更适合于“阵列图”。

(3) 阵列图

为简化图形，PLD器件图一般画成“阵列图”形式。图12.3是有3个输入端的“与”阵列图，注意：与门$G_1$的输出$E=A\cdot\overline{A}\cdot B\cdot\overline{B}\cdot C\cdot\overline{C}=0$，$G_1$的输入与输入$A,B,C$的3对互补输出都是接通的，该乘积项总为逻辑0，这种状态称为与门的默认(Default)状态。为了画图方便，对于这种全部输入项都连通的默认状态，可简单地在对应的与门符号中用“×”来代替所有输入项所

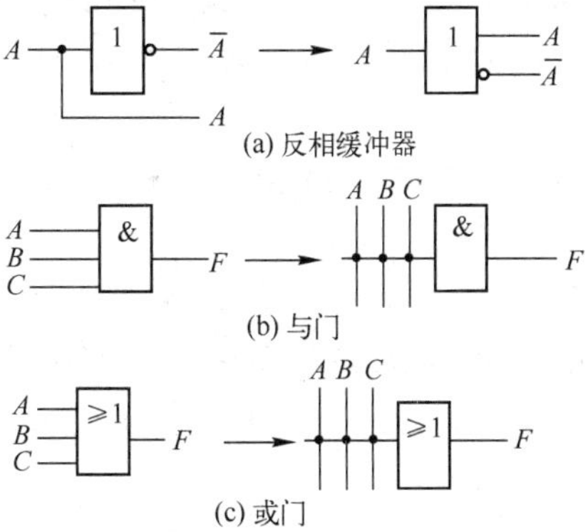


图12.2　PLD的逻辑门表示法

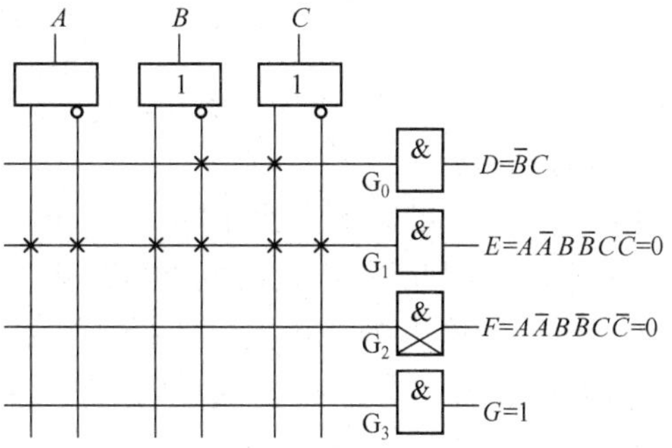


图12.3　阵列图

对应的编程连接符号“×”,如与门 $G_2$ 所表示的那样。与门 $G_3$ 与任何输入都不连通,表示该门的输出总为逻辑 1。

# 12.2 存　储　器

存储器是一种通用的大规模集成电路(LSI),是用来存放程序和数据(统称为信息)的器件。存储器按功能又可分为只读存储器(ROM,Read-Only Memory)和随机存取存储器(RAM,Random Access Memory)两种。

## 12.2.1 只读存储器(ROM)

ROM 是一种存放固定信息的半导体器件,ROM 中存储的信息是制造时由生产厂家一次写入的。这种器件在正常工作时只能读出信息,而不能写入信息,即使切断电源,器件中的信息也不会消失。所以,ROM 通常用来存储那些不经常改变的信息。

**1. ROM 的结构**

ROM 的基本结构如图 12.4 所示。它主要由地址译码器和存储阵列两部分组成。

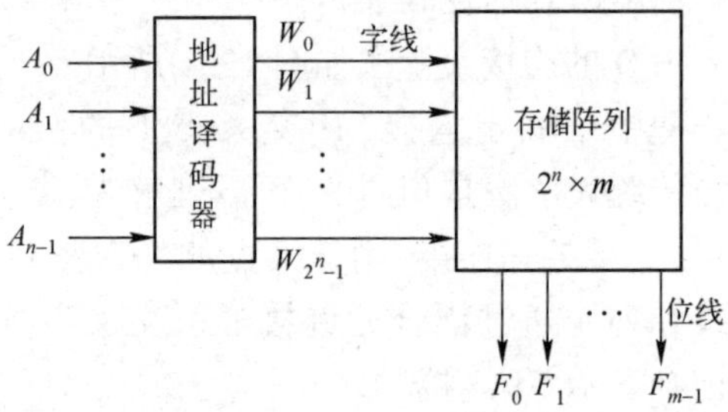

图 12.4　ROM 的基本结构

图中,$A_0 \sim A_{n-1}$为 $n$ 位地址码输入信号,地址译码器是全译码器,有 $W_0 \sim W_{2^n-1}$共 $2^n$ 条输出线。当给定一个地址输入码时,译码器只有一条输出线 $W_i$ 被选中,这个被选中的线可以在存储阵列中取得一个 $m$ 位的二进制信息,并使其呈现在存储阵列的数据输出线 $F_0 \sim F_{m-1}$上,这个 $m$ 位二进制信息称为一个“字”。因而 $W_0 \sim W_{2^n-1}$中每一条线又称为“字线”,$F_0 \sim F_{m-1}$又称为“位线”,字的位数称为“字长”。对于有 $n$ 条地址输入线、$m$ 条位线的 ROM,能存储 $2^n$ 个字的信息,每个字有 $m$ 位,每位可存储一个“0”或一个“1”的信息,整个存储阵列的存储容量用字数乘以位数来表示。图 12.4 所示 ROM 的存储容量为 $2^n \times m$。

衡量存储容量时,1K 表示 1024。例如 1K×4 的存储器,其存储容量为 1024×4 位;2K×8 的存储器,其存储容量为 2048×8 位。

存储器中能存储一位二进制信息的电路称为“基本存储单元”,它位于存储阵列的字线和位线的交叉点处。而一个字所对应的 $m$ 位基本存储单元的总体称为“存储单元”。ROM 中的基本存储单元的构成不用触发器,而是用二极管、三极管或 MOS 管。这种基本存储单元虽然写入不方便,但电路结构简单,有利于提高集成度。为简便起见,我们用图 12.5 所示电路来分析 ROM 的工作原理。

图 12.5 是 4×4 位的 ROM。图 12.5(a)是用二极管作为基本存储单元的电路结构,图 12.5(b)是该电路的真值表。

由图 12.5(a)可知,当地址输入 $A_1A_0=00$ 时,只有字线 $W_0=\overline{A_1}\ \overline{A_0}$ 为 1(即高电平),$W_1$,$W_2$,$W_3$ 均为低电平,因此只有与 $W_0$ 相连的二极管才导通,此时输出 $F_0F_1F_2F_3=0100$。同理,可得其他地址输入时的输出值,如图 12.5(b)所示。可见,在图 12.5(a)所示 ROM 中,共存有 4 个字,分别为 0100,1001,0110,0010,这是一个容量为 $2^2 \times 4$ 位的 ROM。

在图 12.5(a)中,字线和位线的每个交叉点都是一个基本存储单元,交叉点处接有二极管时,相当于存储“1”信息,没有接二极管时相当于存储“0”信息。交叉点处的二极管也称为存储管。

由图 12.5(b)所示真值表可以得到输出数据与输入地址变量之间的逻辑关系。

$$F_0=\overline{A}_1A_0,\quad F_1=\overline{A}_1\ \overline{A}_0+A_1\overline{A}_0,\quad F_2=A_1\ \overline{A}_0+A_1A_0,\quad F_3=\overline{A}_1A_0$$

这是一组组合逻辑函数式,因此,用 ROM 可以实现组合逻辑函数。

图 12.5(a)所示电路的阵列图如图 12.6 所示。其中与阵列表示译码器,或阵列表示存储阵列。与阵列和或阵列均为固定连接。

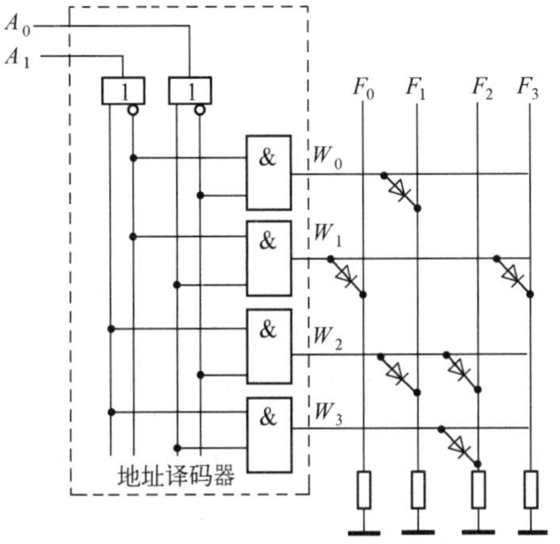


(a) 电路结构

| 地址 | | 数据 | | | |
|---|---|---|---|---|---|
| $A_1$ | $A_0$ | $F_0$ | $F_1$ | $F_2$ | $F_3$ |
| 0 | 0 | 0 | 1 | 0 | 0 |
| 0 | 1 | 1 | 0 | 0 | 1 |
| 1 | 0 | 0 | 1 | 1 | 0 |
| 1 | 1 | 0 | 0 | 1 | 0 |

(b) 真值表

图 12.5　二极管 ROM

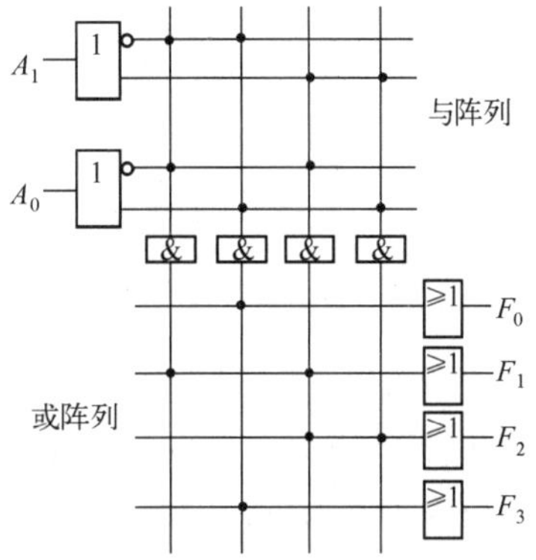


图 12.6　图 12.5(a)所示电路的阵列图

**2. 可编程只读存储器(PROM)**

固定 ROM 中的信息是制造时存入的,产品出厂后用户无法改动。然而用户经常希望根据自己的需要来确定 ROM 的存储内容,满足这种要求的器件称为可编程只读存储器。可编程只读存储器有多种类型。

(1) PROM(Programmable Read-Only Memory)

PROM 为能进行一次编程的 ROM。PROM 的结构和 ROM 的结构基本相同,PROM 在出厂时,每个基本存储单元都接有存储管,只是每个存储管的一个电极上都通过一根易熔的金属丝接到相应的位线上,如图 12.7 所示。

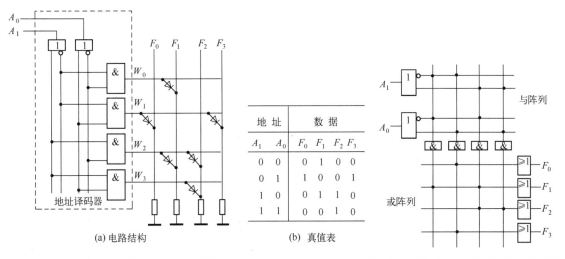

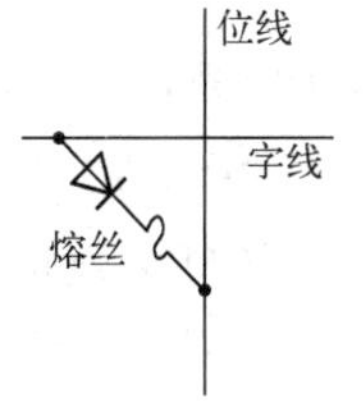


图 12.7　PROM 结构原理

用户对 PROM 编程(写入)是逐字逐位进行的。根据需要写入的信息,通过字线和位线选择某存储管,通过加入规定宽度和幅度的脉冲电流,决定是否将和该存储管相连接的熔丝熔断,被熔断的基本单元代表一种逻辑状态,而未被熔断的基本单元代表另一种逻辑状态。熔丝一旦熔断,就不可恢复,因此编程只允许进行一次。编程工作一般由和计算机相连的编程器来完成。

(2) EPROM(Erasable Prgrammable Read-only Memory)

EPROM 是一种可擦除、可重新编程的只读存储器。对已写入信息的 EPROM,如想改写,可用专用的紫外线灯照射芯片上的受光窗口,经过 10~20 分钟时间,就能将芯片中的原有信息擦除掉,又可以重新写入需要的信息。

图 12.8 给出了型号为 Intel 2716 的 EPROM 集成电路引脚图。它的容量为 2K×8 位。图中,$A_{10}\sim A_0$ 是地址输入线;$D_7\sim D_0$ 是数据线,正常工作时作为数据输出端,编程写入时为写入数据的输入端;$V_{CC}$和 GND 分别接工作电源电压+5V 和地;$\overline{CE}$是芯片允许(片使能)输入端;$\overline{OE}$是数据输出允许(输出使能)输入端;$V_{PP}$是编程写入电源输入端。

芯片的工作方式由$\overline{CE}$、$\overline{OE}$及 $V_{PP}$的不同组合决定，如表 12. 1 所示。

表 12. 1 中，编程(写入)时 $V_{PP}$要加 25V 的正电压，写入的数据由 $D_7 \sim D_0$ 端输入，写入数据的存储单元地址从 $A_{10} \sim A_0$ 端输入，$\overline{CE}$端输入一个宽度为 52ms 的正脉冲，数据便被写入存储单元。

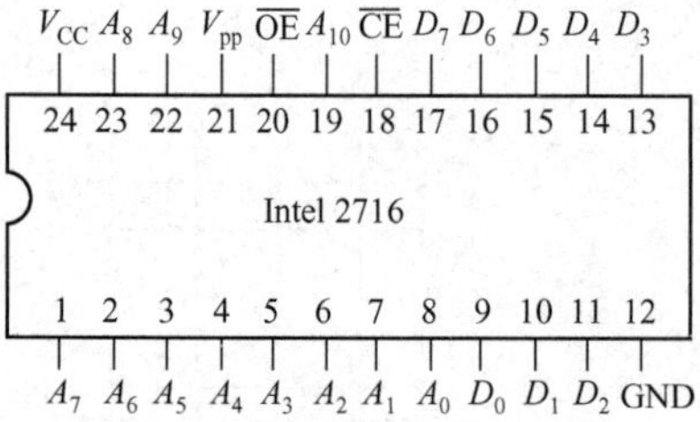


图 12. 8 Intel 2716 的引脚图

**表 12. 1 2716 的工作方式**

| 引脚<br>工作方式 | $\overline{CE}$ | $\overline{OE}$ | $V_{PP}$ | 数据 $D_7 \sim D_0$ 的状态 |
|---|---|---|---|---|
| 读出 | 0 | 0 | +5V | 读出的数据 |
| 未选中 | × | 1 | +5V | 高阻 |
| 待机 | 1 | × | +5V | 高阻 |
| 编程 | ⎍ | 1 | +25V | 写入的数据 |
| 禁止编程 | 0 | 1 | +25V | 高阻 |
| 校验读出 | 0 | 0 | +25V | 读出的校验数据 |

“待机”方式与“未选中”方式相似，它们的数据输出都呈高阻抗状态，所不同的是前者的功耗小(约 132mW)，后者的功耗大(约 525mW)。

“校验读出”方式与“读出”方式相似，只是 $V_{PP}=+25V$。这种方式可以将编程后的信息读出，以便与写入的内容进行比较及检验。

(3) $E^2PROM$(Electrically Erasable Programmable Read-Only Memory)

$E^2PROM$ 为电可擦可编程只读存储器。EPROM 擦除操作需用紫外线或 X 射线，擦除时间也较长，而且只能整体擦除，不能单独擦除某一存储单元的内容。$E^2PROM$ 克服了 EPROM 的这些缺点，擦除和编程都用电完成，且所需电流很小。这种器件既可整片擦除也可使某些数据存储单元独立擦除。在整片擦除时，擦除时间可在 10ms 以内。这种器件的另一个突出优点是，它的重复编程次数大大高于 EPROM，可达 10000 次以上(视型号不同而异)。

**3. PROM 的应用**

由于 ROM、PROM 或 EPROM 除编程和擦除方法不同外，在应用时并无根本区别，为此以下讨论以 PROM 为例进行。

(1) 实现组合逻辑函数

**【例 12. 1】** 试用 PROM 实现下列逻辑函数。

$$F_1(A,B,C)=AB+\overline{B}C$$
$$F_2(A,B,C)=(A+\overline{B}+C)(\overline{A}+B)$$
$$F_3(A,B,C)=A+BC$$

**解**：首先将逻辑函数转换为最小项之和的表达式：

$$F_1=(A,B,C)=AB+\overline{B}C=AB\overline{C}+ABC+\overline{A}\overline{B}C+A\overline{B}C=\sum m(1,5,6,7)$$

$$F_2(A,B,C)=(A+\overline{B}+C)(\overline{A}+B)=(A+\overline{B}+C)(\overline{A}+B+\overline{C})(\overline{A}+B+C)$$
$$=\prod M(2,4,5)=\sum m(0,1,3,6,7)$$

$$F_3(A,B,C)=A+BC=A\overline{B}\overline{C}+A\overline{B}C+AB\overline{C}+ABC+\overline{A}BC=\sum m(3,4,5,6,7)$$

由于 PROM 中的地址译码器能产生由全部地址码组成的最小项，因此，只需将函数的输入变量 $A,B,C$ 从 PROM 的地址输入端输入，然后根据上述函数最小项之和表达式，通过对或阵列编程，以实现函数。其 PROM 阵列图如图 12. 9 所示。

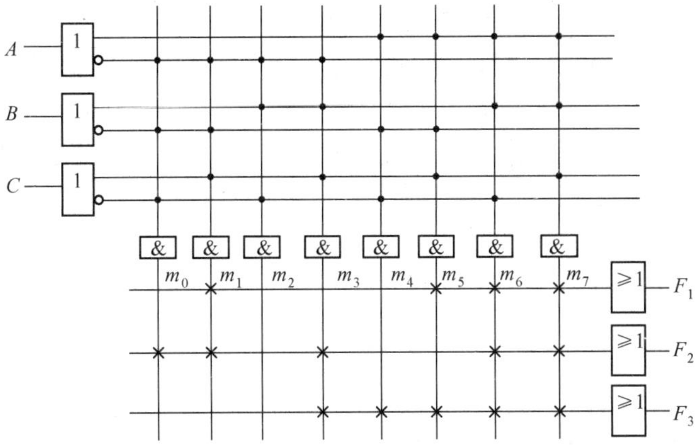


图 12.9　例 12.1 的 PROM 阵列图

(2) 实现数学函数表

PROM 可以用来存放一些通用函数表,例如三角函数、对数、指数、加法和乘法表等。用 PROM 储存某函数表后,使用时只要将自变量从地址端输入,在 PROM 的数据输出端就可以得到相应的函数值,这比用通用电路运算要快得多。

**【例 12.2】** 试用 PROM 构成 2×2 乘法器。

**解:**2×2 乘法器的输入是两个 2 位二进制数 $A_1A_0$ 和 $B_1B_0$,其乘积的最大值为 1001(即 11×11),因此所选用的 PROM 的容量为 $2^4$×4 位。

根据二进制数的乘法规则,可得到乘法器的真值表如表 12.2 所示。对照真值表,直接可画出实现该乘法器的 PROM 阵列图,如图 12.10 所示。

**表 12.2　2×2 乘法器的真值表**

| $A_1$ | $A_0$ | $B_1$ | $B_0$ | $F_3$ | $F_2$ | $F_1$ | $F_0$ |
|---|---|---|---|---|---|---|---|
| 0 | 0 | 0 | 0 | 0 | 0 | 0 | 0 |
| 0 | 0 | 0 | 1 | 0 | 0 | 0 | 0 |
| 0 | 0 | 1 | 0 | 0 | 0 | 0 | 0 |
| 0 | 0 | 1 | 1 | 0 | 0 | 0 | 0 |
| 0 | 1 | 0 | 0 | 0 | 0 | 0 | 0 |
| 0 | 1 | 0 | 1 | 0 | 0 | 0 | 1 |
| 0 | 1 | 1 | 0 | 0 | 0 | 1 | 0 |
| 0 | 1 | 1 | 1 | 0 | 0 | 1 | 1 |
| 1 | 0 | 0 | 0 | 0 | 0 | 0 | 0 |
| 1 | 0 | 0 | 1 | 0 | 0 | 1 | 0 |
| 1 | 0 | 1 | 0 | 0 | 1 | 0 | 0 |
| 1 | 0 | 1 | 1 | 0 | 1 | 1 | 0 |
| 1 | 1 | 0 | 0 | 0 | 0 | 0 | 0 |
| 1 | 1 | 0 | 1 | 0 | 0 | 1 | 1 |
| 1 | 1 | 1 | 0 | 0 | 1 | 1 | 0 |
| 1 | 1 | 1 | 1 | 1 | 0 | 0 | 1 |

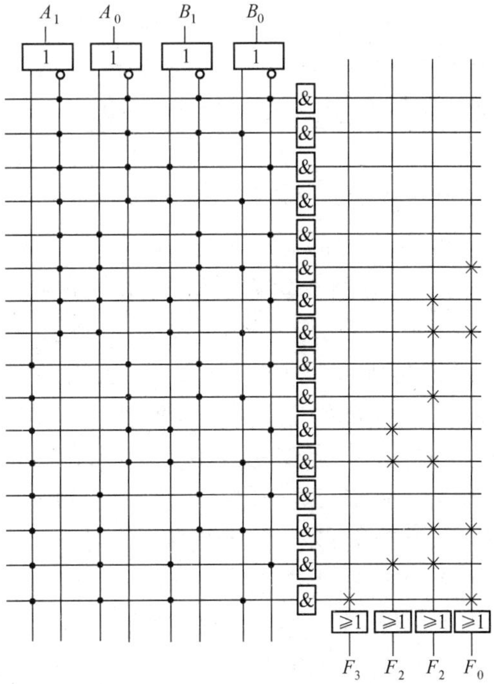


图 12.10　例 12.2 的 PROM 阵列图

由例 12.1 可知，利用 PROM 中的与阵列和或阵列，可以实现任何与或逻辑函数，即 PROM 可以实现各种组合电路；若再加上触发器，就可以构成各种时序电路。然而 PROM 的这种应用目前已不多见。利用大规模集成电路实现组合电路或时序电路更多的是采用可编程逻辑器件(PLD)。而 PROM 的主要用途是存储一些固定的二进制信息，如计算机程序、码转换表和一些恒定的数据表格(如例 12.2)等。

### 12.2.2 随机存取存储器(RAM)

RAM 可以随时从任一指定地址读出数据，也可以随时把数据写入任何指定的存储单元。RAM 在计算机中主要用来存放程序及程序执行过程中产生的中间数据、运算结果等。

RAM 按制造工艺可分为双极型 RAM 和场效应管 RAM。而场效应管 RAM 又分为静态 RAM (SRAM)和动态 RAM(DRAM)。双极 RAM 的存储速度快，但功耗较场效应管 RAM 大，集成度低；场效应管 RAM 功耗小，集成度高，特别是动态 RAM(DRAM)集成度更高，单片存储容量可达几百兆位甚至更大。

**1. RAM 的结构**

RAM 通常由地址译码器、存储矩阵和读/写控制电路三部分组成，如图 12.11 所示

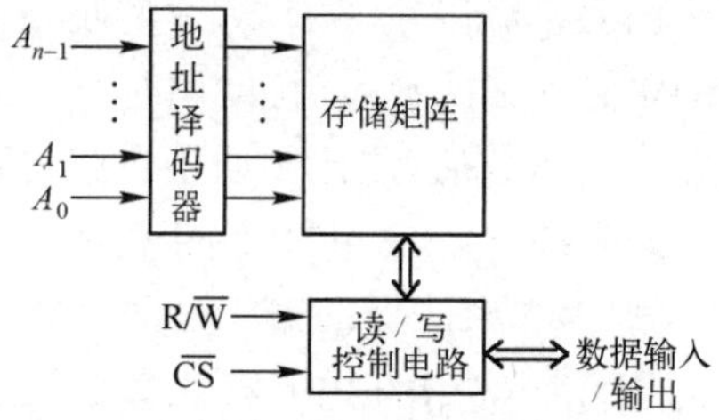


图 12.11　RAM 的结构框图

地址译码器将地址输入码译成某一条字线的输出信号，以指定待访问的存储单元。存储矩阵用于存放二进制信息，它由存储单元组成，每个存储单元在译码器和读/写控制电路的作用下，既能读出数据，又可以写入数据。读/写控制电路用于对电路的工作状态进行控制。其中$\overline{CS}$为片选输入端，当$\overline{CS}=0$时，RAM 的输入/输出端有效，芯片正常工作；$\overline{CS}=1$时，RAM 的输入/输出端对外呈高阻，芯片无效。当芯片被选中时(即$\overline{CS}=0$)，其工作状态受读/写控制信号 $R/\overline{W}$控制，当 $R/\overline{W}=1$ 时执行读操作，这时数据输入/输出端输出由地址码指定的存储单元的数据；当 $R/\overline{W}=0$ 时，执行写操作，数据从输入/输出端输入，被送到地址码指定的存储单元保存起来。RAM 的数据输入/输出结构为双向三态结构。

**2. RAM 的存储单元**

(1) *静态 RAM 基本存储电路*

静态 RAM 的基本存储单元由 6 个 NMOS 管组成，如图 12.12 的虚线框中所示。在图 12.12 中，$V_1$、$V_2$ 构成的 NMOS 反相器和 $V_3$、$V_4$ 构成的 NMOS 反相器交叉耦合组成一个 RS 锁存器，可存储一位二进制信息。$Q$ 和$\overline{Q}$是 RS 锁存器的互补输出端。$V_5$、$V_6$ 是行选通管，受行选线 $X_i$(相当于字线)控制，行选线 $X_i$ 为高电平时 $Q$ 和$\overline{Q}$的存储信息分别被送到位线 $B_j$ 和$\overline{B}_j$ 上。$V_7$、$V_8$ 为列选通管，受列选线 $Y_j$ 控制，$Y_j$ 为高电平时，位线 $B_j$ 和$\overline{B}_j$ 上的信息分别被送到输入/输出端 I/O 和$\overline{I/O}$上，从而使位线上的信息同外部数据线连通。

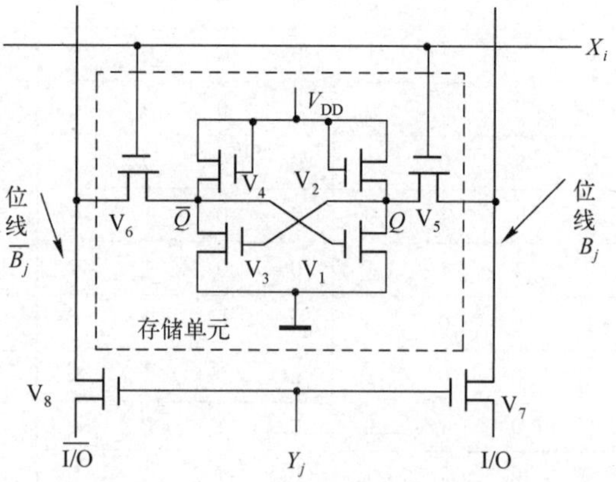


图 12.12　6 管 NMOS 静态存储单元

读出操作时，行选线 $X_i$ 和列选线 $Y_j$ 同时为 1，则存储信息由 $Q$ 和$\overline{Q}$处被读到 I/O 和$\overline{I/O}$端上。写入信息时，$X_i$ 和 $Y_j$ 仍必须为 1，同时将要写入的信息加到 I/O 端上，其$\overline{I/O}$端上为该信息

的反码，信息经 $V_7$、$V_5$ 和 $V_8$、$V_6$ 分别加到触发器的 $Q$ 和 $\overline{Q}$ 端，也就是加到了 $V_3$ 和 $V_1$ 的栅极，从而使锁存器更新状态，信息被写入。

（2）动态 RAM 的基本存储电路

动态 RAM 的存储矩阵由动态 MOS 基本存储单元组成。动态 MOS 基本存储单元通常利用 MOS 管栅极电容或其他寄生电容的电荷存储效应来存储信息。电容中存储的电荷在放电回路被阻断时能保存数毫秒到数百毫秒，但不能长久保存。为避免存储信息的丢失，必须定时给电容补充漏掉的电荷。通常把这种操作叫做“刷新”，刷新是动态 RAM 不可缺少的操作。

动态 RAM 的基本存储单元有单管电路、3 管电路和 4 管电路等。单管动态存储电路最简单，只用一只 MOS 管，如图 12.13 所示。

写入信息时，使字选线为高电平，门控管 VT 导通，待写入的信息经过位线（数据线 $D$）存入电容 $C_S$。读出时也要使字选线为高电平，VT 导通，存储在 $C_S$ 上的信息通过 VT 送到位线上。位线作为输出时可以等效为一个输出电容 $C_D$（如图 12.13 中虚线所示），因而读到位线上的信息（电荷）要对 $C_D$ 充电，这就使 $C_S$ 上的压降下降，破坏了 $C_S$ 上保存的信息，因此，称为“破坏性读出”。

单管动态存储电路，存储矩阵结构简单，但由于读出是“破坏性”的，故要保持存储信息，读出后必须重写入（刷新），使 $C_S$ 上的信号电平得到恢复，这就需要附加刷新电路。另外，通常在 $C_S$ 上呈现的代表 1 和 0 信息的电平值相差不大，而且信号较弱，故在数据输出端必须有高鉴别能力的输出放大器，这就使得外围电路比较复杂。通常容量较大的 RAM 集成电路采用这种电路。

3 管和 4 管电路比单管电路复杂，但外围电路比较简单。容量较小的（一般在 4K 以下）RAM 集成电路多采用多管电路，在这里就不做介绍了。

**3. RAM 容量的扩展**

当一片 RAM 的容量不满足要求时，可以将多片 RAM 按一定的方式连接起来，达到增加字数、位数或两者同时增加的目的，这就是 RAM 容量的扩展。下面以 RAM 集成电路的典型产品 Intel 2114 为例，说明 RAM 容量的扩展。Intel 2114 是容量为 1K×4 位的 MOS 静态 RAM，其引脚图如图 12.14 所示。图中 $A_0$ ~ $A_9$ 为地址端，$I/O_1$ ~ $I/O_4$ 为数据输入/输出端，$\overline{CS}$ 为片选输入端，$R/\overline{W}$ 为读/写控制端。

（1）RAM 的位扩展

如果一片 RAM 的字数已够用而每个字的位数（即字长）不够用时，可以对 RAM 进行位扩展。

用两片 Intel 2114 扩展成容量为 1K×8 位存储器的接法如图 12.5 所示。该接法很简单，只要把两片 Intel 2114 的地址端、$R/\overline{W}$ 及 $\overline{CS}$ 端分别并联起来即可，这时两片 Intel 2114 的数据输入/

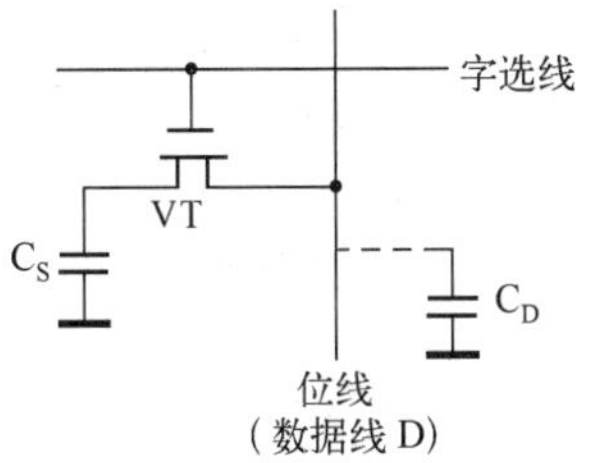


图 12.13　单管动态存储单元

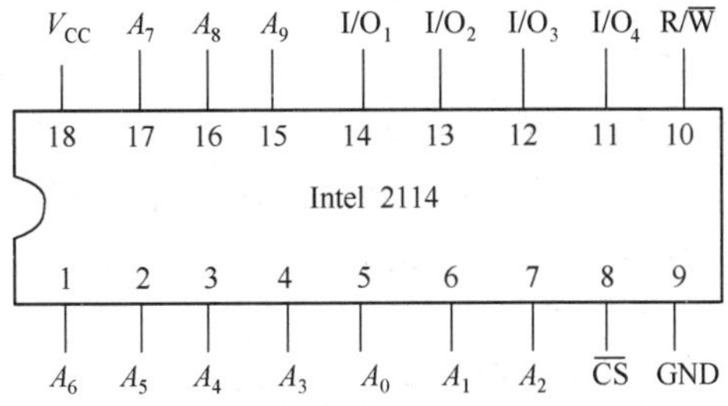


图 12.14　Intel 2114 的引脚图

输出端合起来形成总的数据输入/输出端。

(2) RAM 的字扩展

如果一片 RAM 的位数已够用而字数不够用时,可以对 RAM 进行字扩展。

图 12.16 所示为用两片 Intel 2114 扩展成容量为 2K×4 位存储器的例子。两片 Intel 2114 的数据输入/输出端分别并联在一起,扩展后 RAM 的最高位地址端 $A_{10}$ 经虚线框中的译码电路后,分别连接到两片 Intel 2114 的 $\overline{CS}$ 端。当 $A_{10}=0$ 时,选中(1)片;当 $A_{10}=1$ 时,选中(2)片。从而使整个存储器的容量扩展为 2K×4 位。

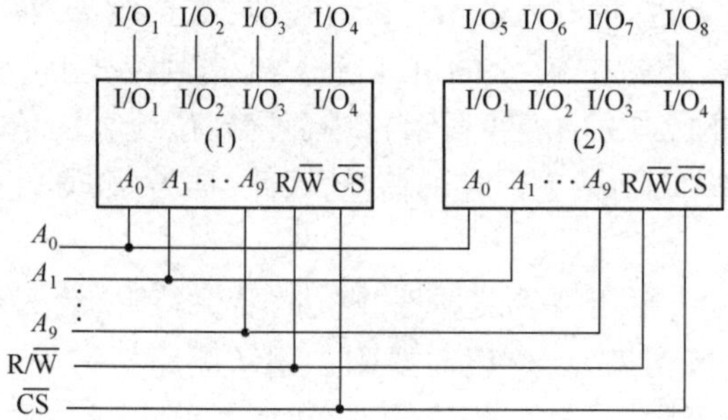


图 12.15 RAM 的位扩展

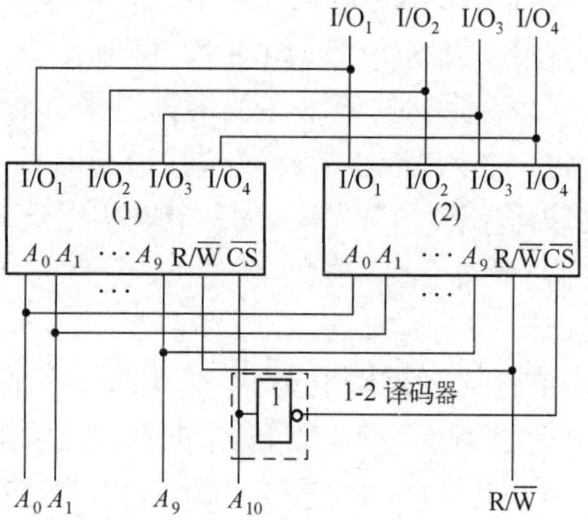


图 12.16 RAM 的字扩展

**思考题 12.2(参考答案请扫描二维码 12-1)**

1. 简述 ROM 和 RAM 的主要区别和工作特点。
2. ROM 有哪些种类?
3. 静态 RAM 和动态 RAM 各有什么优缺点?

二维码 12-1

## 12.3 可编程逻辑器件(PLD)

可编程逻辑器件(PLD)是自 1970 年代中期开始出现并在现代得到迅速发展的 ASIC 的一个重要分支。PLD 包括 PLA、PAL、GAL,以及现代 EPLD、FPGA 等多个品种。从严格意义上讲,前面讨论的 PROM、EPROM 也属于 PLD。根据 PLD 集成度高、速度快、保密性好、可重复编程等特点,PLD 已在计算机硬件、工业控制、现代通信、智能仪表和家用电器等领域得到越来越广泛的应用。

PLD 品种繁多,但它们的基本组成和工作原理是相似的。简单 PLD 的基本结构框图如图 12.17 所示。

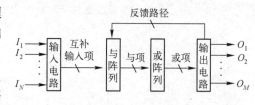

图 12.17 PLD 的基本结构框图

由图 12.17 可知,多数 PLD 都是由输入电路、与阵列、或阵列、输出电路和反馈路径组成的。根据与、或阵列的可编程性,PLD 器件可分为 3 种基本结构。

(1) 与阵列固定、或阵列可编程型结构

前面介绍的 PROM 就属于这种结构,故这种结构也称为 PROM 型结构。在 PROM 型结构中,与阵列为固定的(即不可编程的),且为全译码方式。因此,当输入端数为 $N$ 时,与阵列中与

门的个数为 $2^N$ 个。这样,随着输入端数的增加,与阵列的规模会急剧增加。因此,这种结构的 PLD 的工作速度一般要比其他结构的慢。

(2) 与、或阵列均可编程型结构

可编程逻辑阵列(PLA,Programmable Logic Array)属于这种结构,因此这种结构也称为 PLA 型结构。在 PLA 型结构中,与阵列不是全译码方式,因而其工作速度比 PROM 型结构的快。由于其与、或阵列都可编程,设计者在进行逻辑电路设计时,就不必像使用 PROM 器件那样,把逻辑函数用最小项之和的形式表示,而可以采用逻辑函数的简化形式。这样,既有利于 PLA 器件内部资源的充分利用,也给设计带来了方便。但发展 PLA 器件带来的问题是增加了编程的难度和费用,并终因缺乏质高价廉的开发工具支持,而未能得到广泛的应用。

(3) 与阵列可编程、或阵列固定型结构

这种结构又称为 PAL 型结构,因为最早采用这种结构的 PLD 是可编程阵列逻辑 PAL(Programmable Array Logic),这种结构的与阵列不是全译码方式的,因而具有 PLA 型结构速度快的优点。同时,它只有一个阵列(与阵列)是可编程的,因而它的编程容易实现,费用也低,目前很多 PLD 都采用这种基本结构。

下面主要介绍 PAL 器件和通用阵列逻辑(GAL,Generic Array Logic)器件,其中 GAL 也采用 PAL 型结构。另外还对复杂可编程逻辑器件(CPLD)和现场可编程门阵列(FPGA)器件做简单介绍。

### 12.3.1 可编程阵列逻辑(PAL)

PAL 器件,最早是在 20 世纪 70 年代后期由美国 MMI 公司推出的。该公司沿用了 PROM 器件中采用的熔丝式双极型工艺,因而器件的工作速度很快,是具有代表性的 PLD。

PAL 的基本结构如图 12.18 所示,它由可编程的与阵列和固定的或阵列组成。图 12.18 表明,它允许输出两个或函数($F_0$ 和 $F_1$),每个或函数可由两个与项组成。设计者可根据所要实现的逻辑函数安排与阵列的编程。实际产品中,乘积项(与项)可多达 8 个,这对大多数场合来说是足够的。

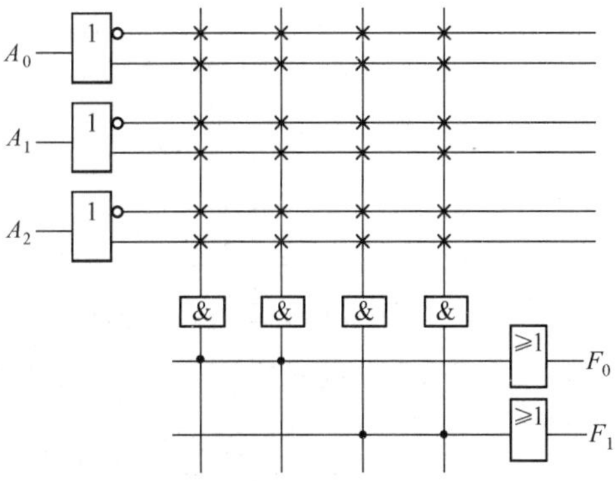

图 12.18 PAL 的基本结构

**1. PAL 的输出结构**

尽管 PAL 有多种型号的产品,然而它们的与阵列结构是类同的,只是阵列的规模略有不同。PAL 的输出结构则不同,常见的有如下几种:

(1) 组合输出型

这种输出结构适用于实现组合电路。常见的有或门输出、或非门输出及带互补输出端的或门输出等。或门的输入端数也不相同,一般在 2~8 之间。有的输出端还兼做输入端。

① 专用输出结构。专用输出结构内部只有与阵列和或阵列,其输出有 3 种形式:高有效、低有效和互补输出。例如,4 输入端的或非门输出的专用输出结构如图 12.19 所示。由于输出部分采用或非门,所以是低电平输出有效的。

② 可编程 I/O 结构。可编程 I/O 结构如图 12.20 所示。这种结构具有三态门和输出反馈的特点,可用与阵列中的与项(由最上面一个与门产生)来直接控制三态门的输出。当三态门关闭时,输出端(I/O)呈高阻状态,I/O 端就可以通过缓冲器 $G_2$ 作为输入端使用;当三态门打开时,

I/O 端作为输出,同时该输出信号通过 $G_2$ 反馈到与阵列中。这种类型的 PAL 可用于实现移位操作、传送串行数据等功能。由于三态门只受一个与门的输出控制,所以只能用一个与项来控制三态门,这一点在编程时应该注意。

(2) 寄存器输出型

寄存器输出型是指输出电路中带有触发器的输出结构,这种结构适合于组成时序电路。常见的结构如下。

① 寄存器输出结构。寄存器输出结构如图 12.21 所示。在 CP 的上升沿,将或门的输出(最多可以是 8 个乘积项之和)存入 D 触发器。三态门由 EN 信号控制,输出为低电平有效。触发器的$\overline{Q}$端信号可通过缓冲器反馈到与阵列。因而这种结构的 PAL 能记忆原来的状态,从而实现时序逻辑功能。

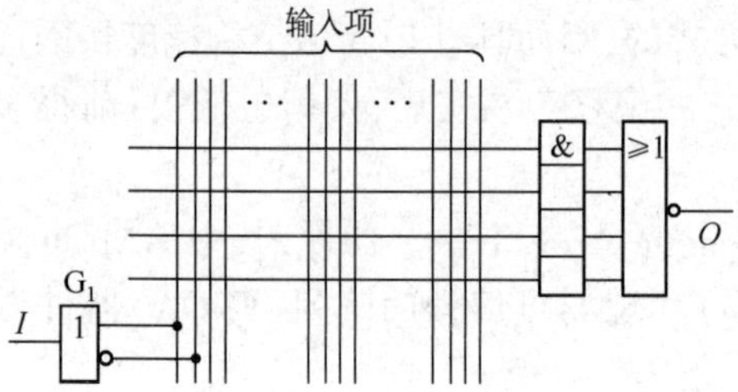


图 12.19　专用输出结构

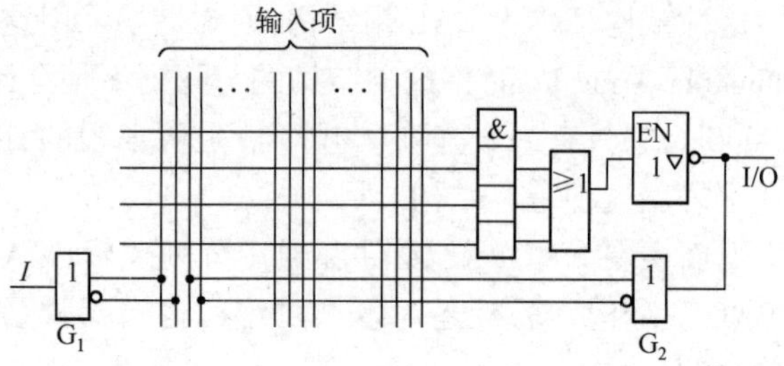


图 12.20　可编程 I/O 结构

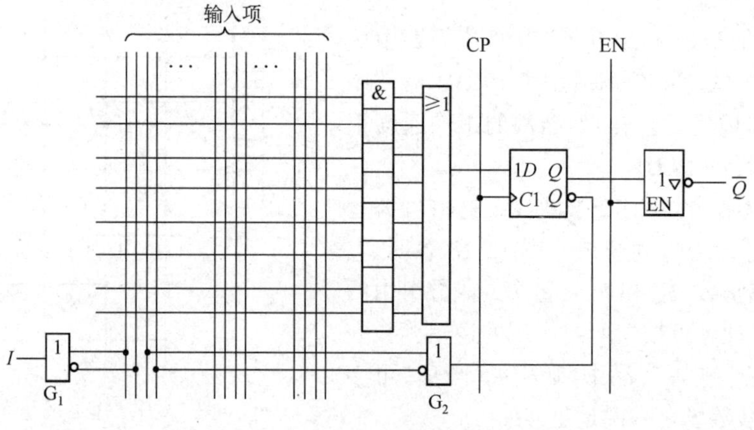


图 12.21　寄存器输出结构

② 带异或门的寄存器输出结构。这种结构如图 12.22 所示。它的输出部分有两个或门,它

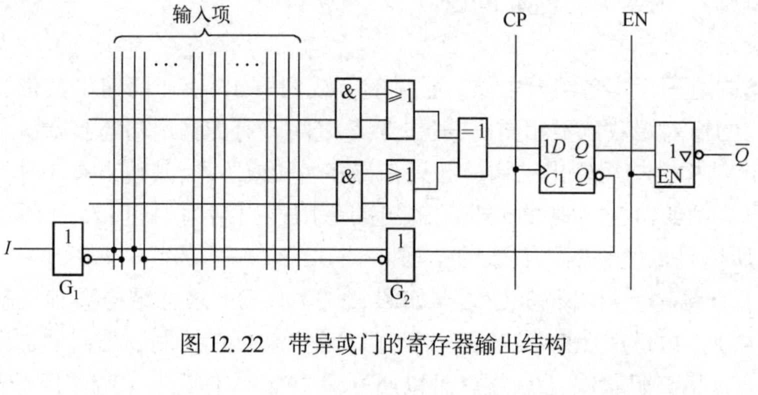


图 12.22　带异或门的寄存器输出结构

们的输出由一个异或门进行异或运算后，再经 D 触发器和三态门输出。这种类型的 PAL 适用于实现二进制计数器等时序电路。

(3) 算术运算反馈结构

如图 12.23 所示，这种结构的主要特点是反馈信号 $A$ 和输入信号 $B$ 通过四种不同形式的或运算，把信号 $(A+B)$、$(A+\overline{B})$、$(\overline{A}+\overline{B})$、$(\overline{A}+B)$ 送到输入项，使得与阵列中的与门输入含有或运算因子。

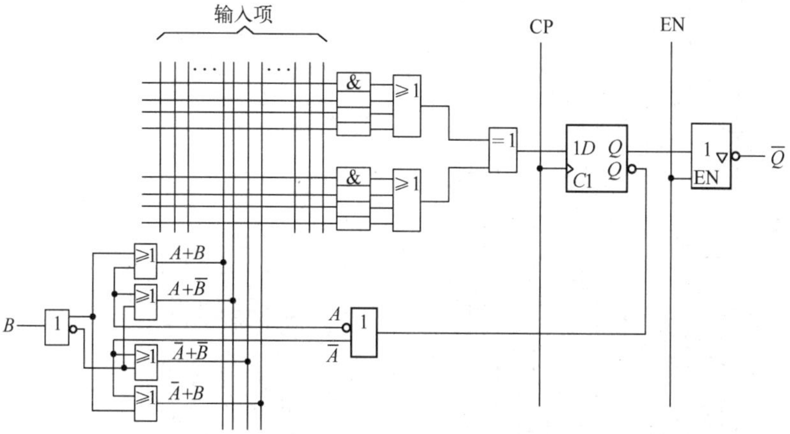


图 12.23　算术运算反馈结构

除以上几种典型结构外，还有一些其他输出结构的 PAL 产品，例如，互补输出型、可编程输出极性型、积项共享型等，这里不再一一介绍。常用 PAL 器件的结构代码如表 12.3 所示。

**表 12.3　PAL 器件的结构代码**

| 类型 | 代码 | 含　义 | 实　例 |
|---|---|---|---|
| 组合输出型 | H | 高有效输出 | PAL10H8 |
| | L | 低有效输出 | PAL10L8 |
| | P | 可编程输出极性 | PAL16P8 |
| | C | 互补输出 | PAL16C1 |
| | XP | 异或门、可编程输出极性 | AmPAL22XP10 |
| | S | 积项共享 | PAL20S10 |
| 寄存器输出型 | R | 寄存器型输出 | PAL16R8 |
| | X | 带异或门的寄存器型 | PAL16X4 |
| | RP | 带可编程极性寄存器型 | PAL16PR8 |
| | RS | 带乘积项共享的寄存器型 | PAL20RS10 |
| | V | 通用型 | AmPAL22V10 |

PAL16R8 是寄存器型 PAL 器件的典型产品，它有 16 个输入端(包括反馈)，8 个输出端，R 表示输出结构为带寄存器的。PAL16R8 的逻辑图如图 12.24 所示，这是一个 20 引脚的器件，10 脚和 20 脚分别接地和电源，图中没有标出。图中，1 脚为专用时钟脉冲输入端，11 脚为输出选通信号输入端。它共有 64 个乘积项，即 64 个与门。每个与门的输入多达 32 个，并均为可编程结构。

**2. PAL 应用举例**

为了具体说明 PAL 的编程情况及应用，下面分别列举组合电路及时序电路两个例子。

**【例 12.3】**　用 PAL 实现 2×2 乘法器。

**解：**由于 PAL 与阵列可编程，所以应求出输出函数的最简与或式。若采用 PAL16L8，该器件输出采用带反相器三态门结构，所以应首先求出输出反函数的最简与或式。由表 12.2 可得

$$\overline{F}_3 = \overline{m_{15}} = \overline{A}_1+\overline{A}_0+\overline{B}_1+\overline{B}_0$$

$$\overline{F}_2 = \overline{m_{10}+m_{11}+m_{14}} = \overline{A}_1+\overline{B}_1+A_0B_0$$

$$\overline{F}_1 = \overline{m_6+m_7+m_9+m_{11}+m_{13}+m_{14}} = \overline{A}_1\overline{B}_0+\overline{B}_1\overline{B}_0+\overline{A}_1\overline{B}_1+\overline{A}_0\overline{B}_0+A_1A_0B_1B_0$$

$$\overline{F}_0 = \overline{m_5+m_7+m_{13}+m_{15}} = \overline{A}_0+\overline{B}_0$$

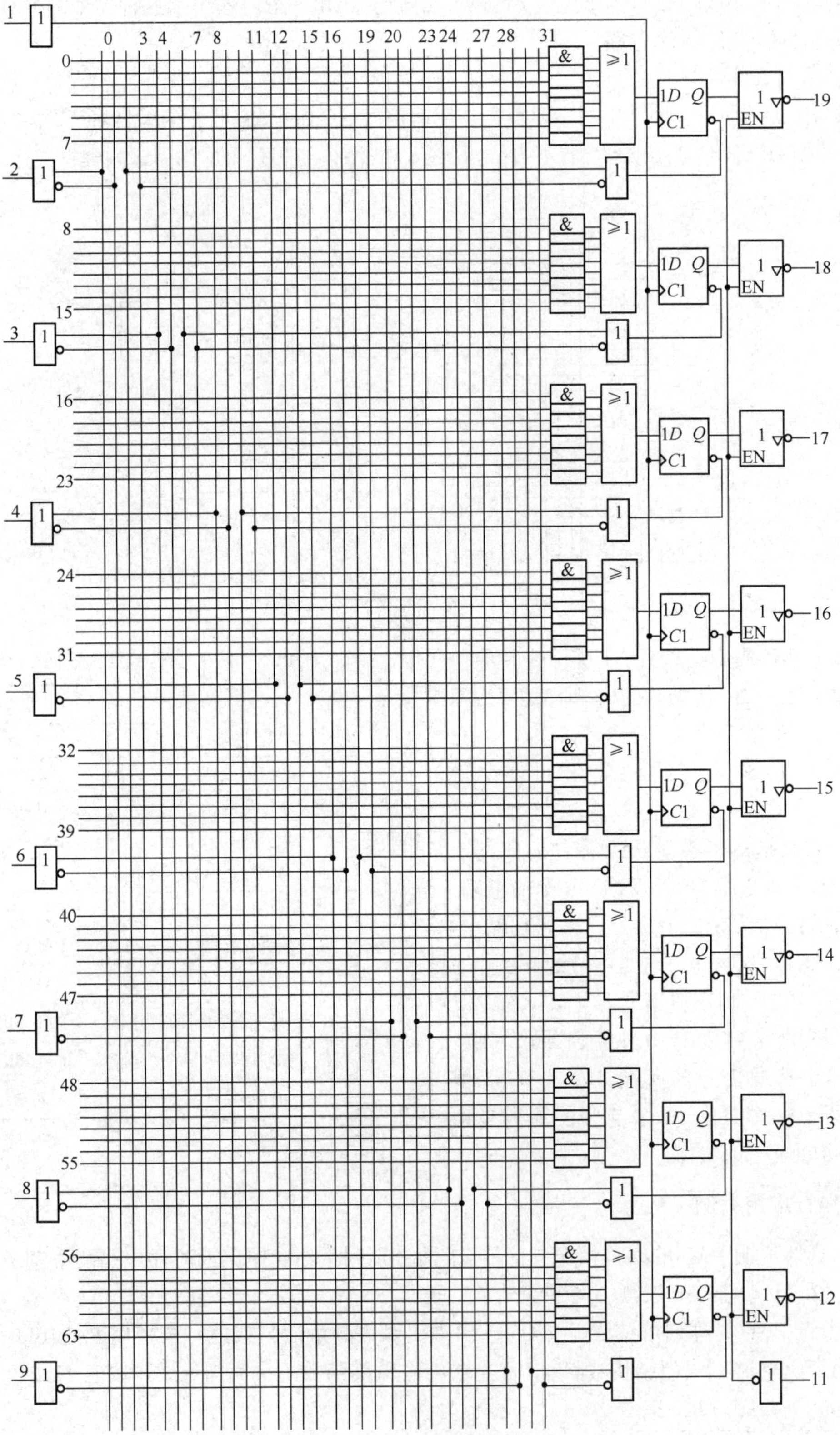


图 12.24　PAL16R8 的逻辑图

由于 PAL 器件或门阵列固定不可编程，所以或门阵列无信号的输出端应为 0。在所设计的电路中，全部输入变量（原变量与反变量）之乘积，应恒为 0，如 $A_1\overline{A}_1A_0\overline{A}_0B_1\overline{B}_1B_0\overline{B}_0=0$。另外，由于 PAL16L8 为三态输出，所以只有当输出电路中最上面的与项为 1 时，输出才有效。用 PAL16L8 实现 2×2 乘法器的电路如图 12.25 所示。

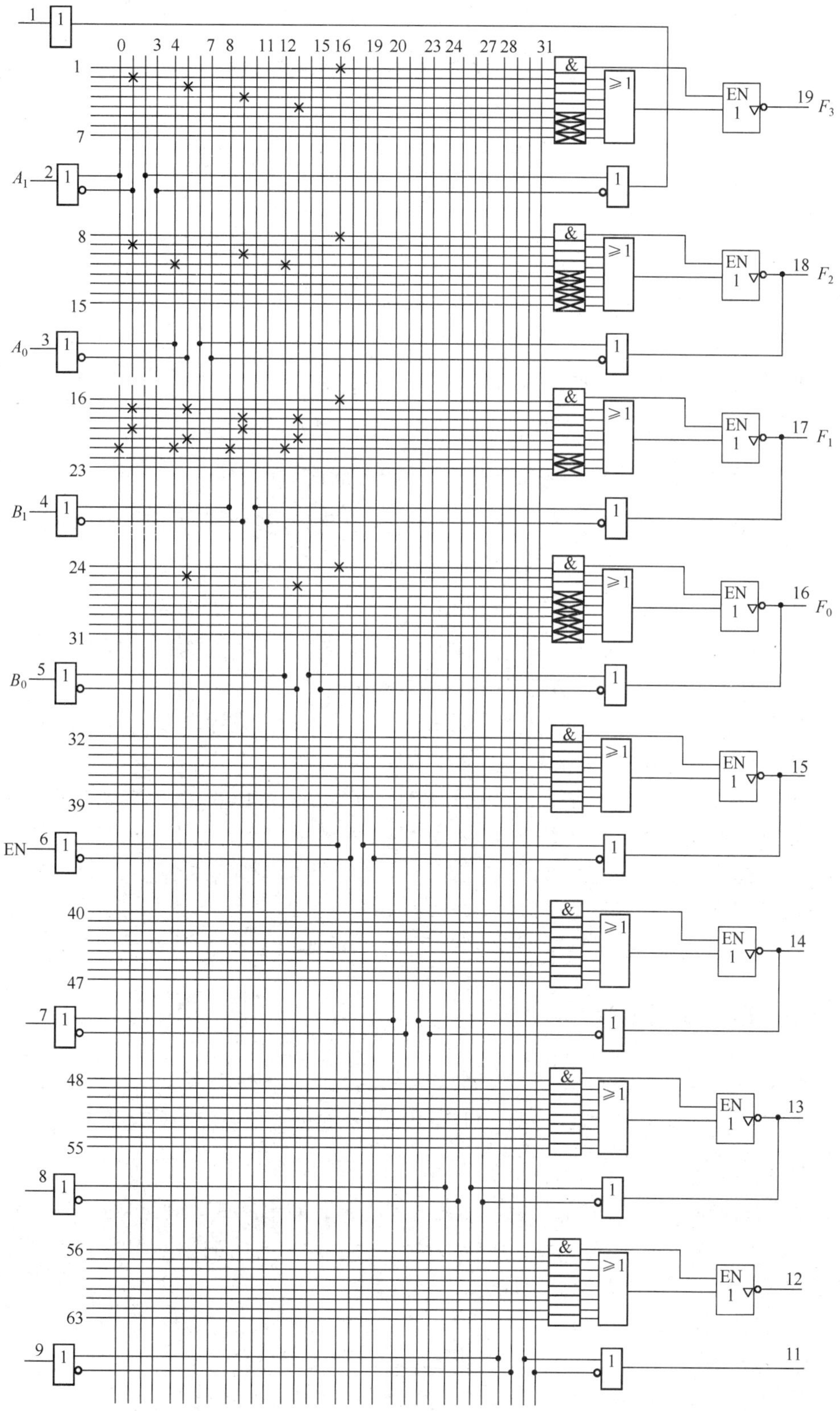


图 12.25 用 PAL16L8 构成 2×2 乘法器的电路

【例 12.4】 用 PAL 实现可逆四位二进制同步计数器。$X$ 为控制端,当 $X=0$ 时做加计数;当 X=1 时做减计数。

**解**:计数器为时序电路,这里选用带寄存器输出的 PAL 器件 PAL16R8,由于该器件采用带反相器的三态输出结构,若设计数器的四位输出分别为 $F_3 \sim F_0$,则 PAL16R8 中对应的 D 触发器状态分别为 $\overline{Q}_3=F_3$,$\overline{Q}_2=F_2$,$\overline{Q}_1=F_1$,$\overline{Q}_0=F_0$。若不考虑输出反相器,则相当于当 $X=0$ 时做减计数;当 $X=1$ 时做加计数。由第 11 章内容可知,四位二进制加法计数器的状态方程为:

$$Q_0^{n+1}=\overline{Q}_0^n \quad Q_1^{n+1}=Q_1^n \oplus Q_0^n \quad Q_2^{n+1}=Q_2^n \oplus (Q_1^nQ_0^n) \quad Q_3^{n+1}=Q_3^n \oplus (Q_2^nQ_1^nQ_0^n)$$

四位二进制减法计数器的状态方程为:

$$Q_0^{n+1}=\overline{Q}_0^n \quad Q_1^{n+1}=Q_1^n \oplus \overline{Q}_0^n \quad Q_2^{n+1}=Q_2^n \oplus (\overline{Q}_1^n\,\overline{Q}_0^n) \quad Q_3^{n+1}=Q_3^n \oplus (\overline{Q}_2^n\,\overline{Q}_1^n\,\overline{Q}_0^n)$$

因此,可逆计数器的状态方程为

$$Q_0^{n+1}=\overline{Q}_0^n$$

$$Q_1^{n+1}=\overline{X}(Q_1^nQ_0^n+\overline{Q}_1^n\,\overline{Q}_0^n)+X(Q_1^n\,\overline{Q}_0^n+\overline{Q}_1^nQ_0^n)$$

$$Q_2^{n+1}=\overline{X}(\overline{Q}_2^n\,\overline{Q}_1^n\,\overline{Q}_0^n+Q_2^nQ_1^n+Q_2^nQ_0^n)+X(\overline{Q}_2^nQ_1^nQ_0^n+Q_2^n\,\overline{Q}_1^n+Q_2^n\,\overline{Q}_0^n$$

$$Q_3^{n+1}=\overline{X}(\overline{Q}_3^n\,\overline{Q}_2^n\,\overline{Q}_1^n\,\overline{Q}_0^n+Q_3^nQ_2^n+Q_3^nQ_1^n+Q_3^nQ_0^n)+X(\overline{Q}_3^nQ_2^nQ_1^nQ_0^n+Q_3^n\,\overline{Q}_2^n+Q_3^n\,\overline{Q}_1^n+Q_3^n\,\overline{Q}_0^n)$$

由于 PAL16R8 输出结构中的寄存器为 D 触发器,D 触发器的特征方程为 $Q^{n+1}=D$,并根据上式,可得用 PAL16R8 实现的四位可逆计数器电路如图 12.26 所示。

**3. PAL 器件的性能特点**

PAL 器件在逻辑设计领域内有着独特的地位。它既有超越常规器件的多种性能,也有 PLA 和 PROM 所不及的许多优点。概括起来主要有以下几点:

(1) 其逻辑可由用户定义,用可编程设计方式代替常规逻辑设计方式。

(2) 编程容易,开发简单,简化了系统设计和布线的过程。

(3) 器件密度大,可代替 4 片以上的中小规模标准数字集成电路,比用常规器件节省空间。

(4) 器件传输延迟小,工作效率高,有利于提高系统的工作速度。

(5) 具有可编程的三态输出,引脚配置灵活,输入/输出引脚数量可变。

(6) 具有加密功能,有利于系统保密。

(7) 采用多种工艺制造,可满足不同系统不同场合的各种需要。

### 12.3.2 通用阵列逻辑(GAL)

GAL 器件是由美国 Lattice 公司于 1985 年最先推出的一种新型 PLD。它继承并发展了 PAL、PROM 等 PLD 的优点,克服了原有 PLD 的不足,是数字系统设计的理想器件。

**1. GAL 基本结构**

GAL 基本结构和 PAL 类似,都是由可编程的与阵列和固定的或阵列组成的,其差别主要是输出结构不同。下面以典型产品 GAL16V8 为例,介绍 GAL 的结构和原理。图 12.27 所示是 GAL16V8 的逻辑图。它由下列部分组成:

(1) 8 个输入缓冲器;

(2) 8 个输出逻辑宏单元(OLMC,Output Logic Macro Cell);

(3) 可编程与门阵列,由 8×8 个与门构成,形成 64 个乘积项,每个与门有 32 个输入端;

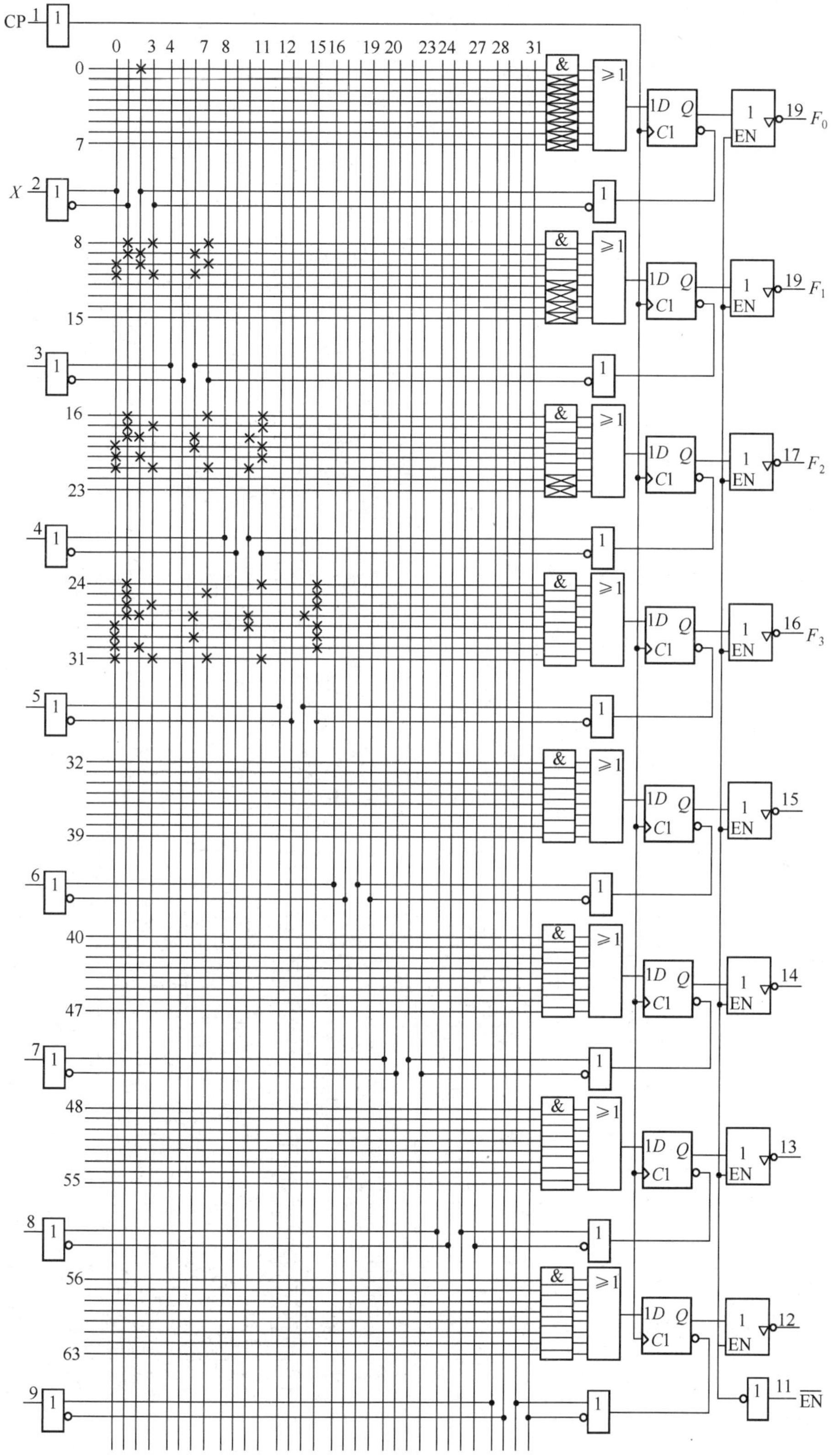


图 12.26　用 PAL16R8 构成 4 位可逆计数器的电路

(4) 一个 CP 端(引脚 1)和一个输出三态控制端$\overline{\mathrm{OE}}$(引脚 11)；

(5) 接地端(引脚 10)和电源端(引脚 20)。

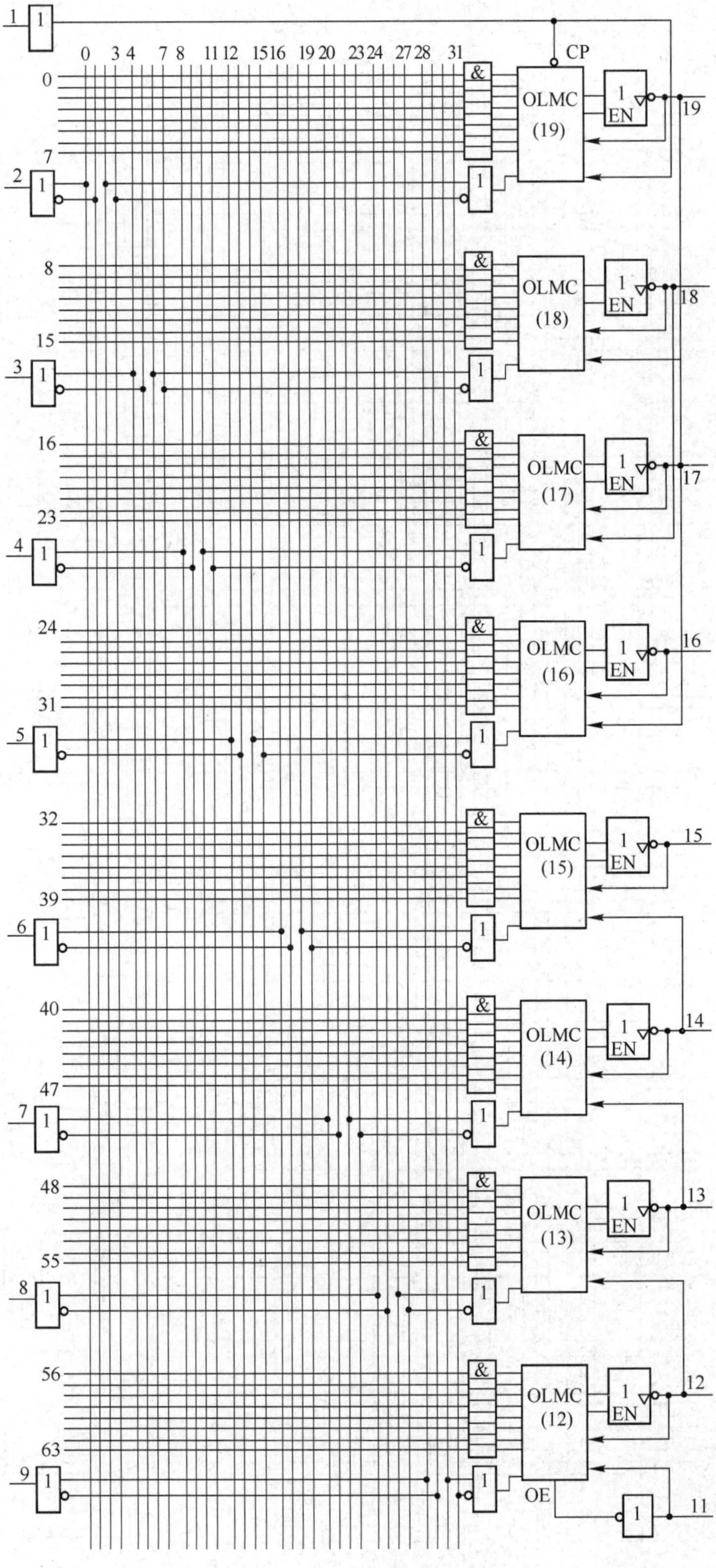


图 12.27　GAL16V8 逻辑图

GAL16V8 中的 16 表示可配置为输入端的最大个数,8 表示可配置为输出端的最大个数。GAL 的每个输出引脚上都有一个输出逻辑宏单元(OLMC)。OLMC 的结构如图 12.28 的虚线框内所示，主要由四个部分组成：

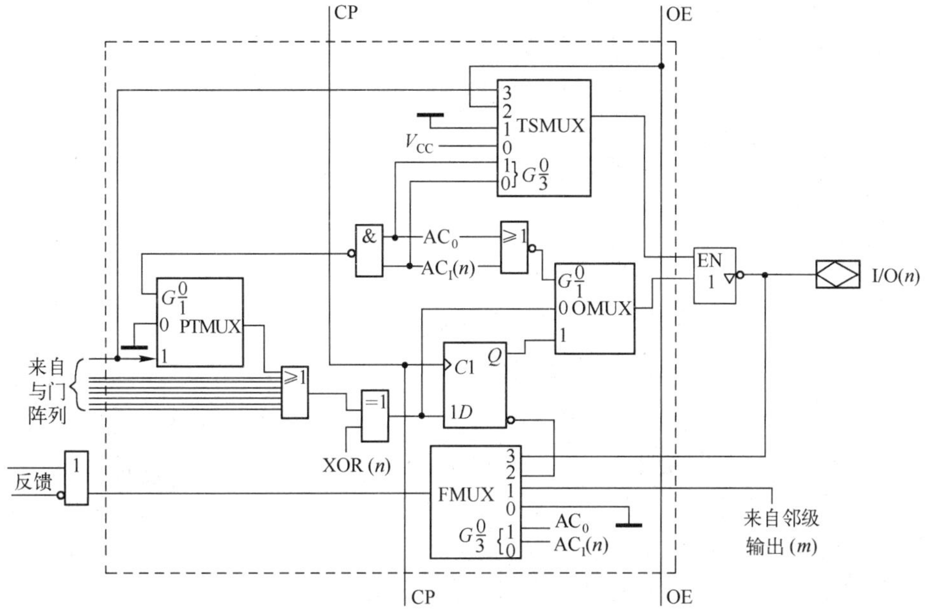


图 12.28　GAL 的输出逻辑宏单元

（1）8 输入或门，它构成 GAL 的或阵列。

（2）异或门，8 输入或门的输出与 XOR(*n*)异或后，输出到 D 触发器的 *D* 端。XOR(*n*)为极性选择控制端，通过 XOR(*n*)的状态来改变异或门的输出极性，这就大大增加了电路的使用灵活性。

（3）D 触发器。

（4）4 个数据选择器。其中：

① PTMUX 为乘积项数据选择器，用于控制来自与阵列的第一乘积项。其控制信号是 $AC_0$ 和 $AC_1(n)$的与非，当$\overline{AC_0 \cdot AC_1(n)}=1$ 时，第一乘积项作为或门的第一个输入项。

② OMUX 为输出数据选择器，用于控制输出为组合型还是寄存器型。其控制信号也是 $AC_0$ 和 $AC_1(n)$，当$\overline{AC_0+AC_1(n)}=0$ 时，OMUX 把 D 触发器的 *D* 端信号送到输出缓冲器，这时为组合型输出；当$\overline{AC_0+AC_1(n)}=1$ 时，OMUX 把 D 触发器的 *Q* 值送到输出缓冲器，即为寄存型输出。

③ TSMUX 为三态数据选择器。它有 4 个数据输入端，受 $AC_0$ 和 $AC_1(n)$控制，其输出作为输出缓冲器的三态控制信号。当 $AC_0$ 和 $AC_1(n)$为 11 时取与阵列的第一乘积项作为缓冲器的三态控制信号；为 10 时取 OE 作为该三态控制信号；为 01 时取地电平作为三态控制信号，使输出缓冲器被封锁，呈高阻态；为 00 时则取电源 $V_{CC}$ 为三态控制信号，输出缓冲器被选通。

④ FMUX 为反馈源数据选择器。它根据控制信号 $AC_0$ 和 $AC_1(n)$的值选择不同信号反馈给与阵列作为输入信号。这些不同信号是：地电平，邻级 OLMC 输出端，本级 D 触发器的$\overline{Q}$端和本级 OLMC 输出端。

$AC_0$、$AC_1(n)$及 XOR(*n*)均为 GAL 器件片内结构控制字中的结构控制位。结构控制字共有 82 位，不同的控制内容，可使 OLMC 被配置成不同的功能组态。OLMC 的功能组态表如表 12.4 所示。

表 12.4　OLMC 的功能组态表

| 功　　能 | SYN | $AC_0$ | $AC_1(n)$ | XOR$(n)$ | 输出极性 | 备　　注 |
|---|---|---|---|---|---|---|
| 纯输入方式 | 1 | 0 | 1 | — | — | 1 和 11 引脚为数据输出,三态门不通 |
| 纯组合输出 | 1 | 0 | 0 | 0<br>1 | 低有效<br>高有效 | 1 和 11 引脚为数据输入,所有输出是组合的,三态门总选通 |
| 组合输出 | 1 | 1 | 1 | 0<br>1 | 低有效<br>高有效 | 1 和 11 引脚为数据输入,所有输出是组合的,但三态门由第一乘积项选通 |
| 有寄存能力的组合输出 | 0 | 1 | 1 | 0<br>1 | 低有效<br>高有效 | 1 引脚为 CP,11 引脚为$\overline{OE}$,这个宏单元是组合的,但其余宏单元至少有一个输出为寄存器的 |
| 寄存输出 | 0 | 1 | 0 | 0<br>1 | 低有效<br>高有效 | 1 引脚为 CP,11 引脚为$\overline{OE}$ |

表 12.4 中,SYN 也是结构控制字中的控制位,它决定 GAL 器件具有纯粹组合型能力(当 SYN=1 时),还是具有寄存器型输出能力(当 SYN=0 时)。另外,在两个输出逻辑宏单元 OLMC(12)和 OLMC(19)中,SYN 还替代 $AC_1(m)$,$\overline{SYN}$替代 $AC_0$,作为 FMUX 的控制输入,以维持与 PAL 器件的完全兼容性。这里,$n$ 指本位,$m$ 指邻位。

需要说明的是,控制字的内容是在编程时由编程器根据用户定义的引脚以及实现的函数自动写入的,对于用户来说是透明的。

**2. GAL 的主要特点**

(1) 通用性强。GAL 的优点首先在于通用,它的各个宏单元可以根据需要任意组态,既可实现组合电路,又可实现时序电路;既可实现摩尔型时序电路,也能实现米里型时序电路。因而使用十分灵活。

(2) 100%可编程。GAL 器件大多采用先进的电可擦除 CMOS(Electrically Erasable CMOS,简称 $E^2$CMOS)工艺,数秒内即可完成芯片的擦除和编程,并可重复编程。一般 GAL 器件通常可擦写百次以上,甚至上千次。正因为编程出现错误可以擦去重编,反复修改,直至得到正确的结果,因而可达 100%的编程,同时也将设计的风险降为零。

(3) 速度快,功耗低。由于采用先进的 $E^2$CMOS 工艺,使 GAL 器件具有双极型 PAL 器件的高速性能,而功耗仅为双极型 PAL 器件的 1/2~1/4。

(4) 100%可测试。GAL 的宏单元接成时序状态,可以通过测试软件对它们的状态进行预置,从而可以随意将电路置于某一状态,以缩短测试过程,保证电路在编程以后,对编程结果 100%的可测。

除上述几点外,GAL 器件片内还具备由加密单元及可编程存储器组成的电子标签字,通过编程加密单元可使电路具有加密功能,而写入电子标签则便于对文档管理并提高生产效率。

正因如此,GAL 一度被认为是最理想的 PLD 器件。

### 12.3.3　复杂可编程逻辑器件(CPLD)

随着集成电路的发展,单个芯片上可以集成越来越多的门,从而促进了复杂可编程逻辑器件(CPLD)的发展。一个 CPLD 芯片上集成了许多相互连接的 PAL 和 PLA。当同一芯片上同时包含了存储单元(如触发器)时,就可以在一片 CPLD 上实现一个小型的数字系统。

图 12.29 为 Xilinx XCR3064XL CPLD 的内部结构。这个 CPLD 含有 4 个功能块,每一个块包含 16 个逻辑宏单元(MC1,MC2,…)。一个功能块是一个如 PLA 结构的可编程与或阵列。每一个逻辑宏单元包含一个触发器和几个数据选择器,数据选择器用于将信号从功能块送到输入/

输出(I/O)块或者内连矩阵(IA)。IA 从逻辑宏单元的输出或者 I/O 块选择信号,然后将信号反馈到功能块的输入端。因此,某个功能块产生的信号可以作为其他功能块的输入信号。I/O 块为集成电路上的双向 I/O 引脚与 CPLD 内部相连提供了接口。

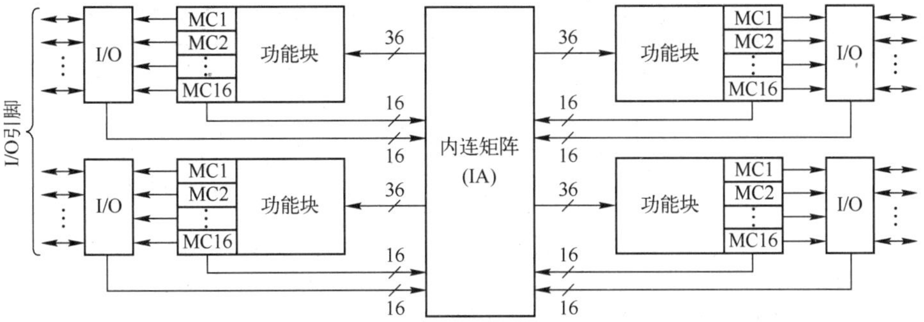

图 12.29　Xilinx XCR3064XL CPLD 的内部结构

图 12.30 说明了 PLA 上产生的信号如何经过逻辑宏单元传到 I/O。IA 上的 36 个输出端(或者其反相端)均可与 48 个与门的任一输入端相连。每一个或门最多可以连接 48 个由与阵列产生的乘积项。图中逻辑宏单元逻辑与实际逻辑相比做了简化。MUX(1)可通过编程选择或门的输出(或者反相输出)。作为逻辑宏单元输出端的 MUX(2)可以通过编程选择组合电路输出端($G$)或者触发器的输出端($Q$)。这个输出连接了内连矩阵和输出单元。输出单元包含一个用于驱动 I/O 引脚的三态缓冲器(3)。缓冲器的可编程使能输入端可以通过编程由多个信号源来控制。当 I/O 引脚用做输入时,缓冲器要置为无效。

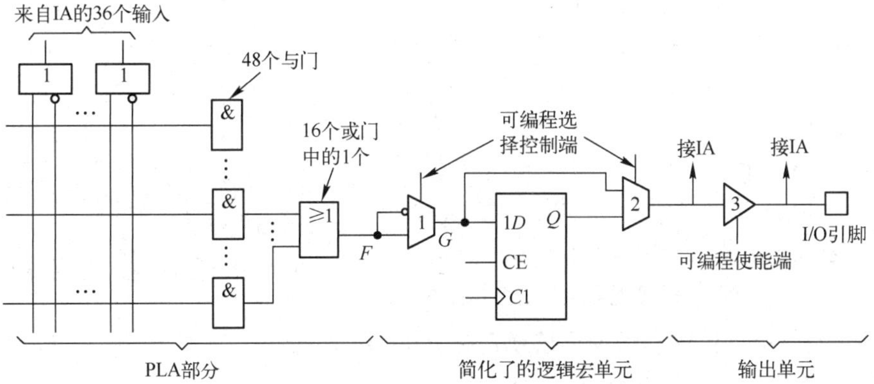

图 12.30　CPLD 的功能块和逻辑宏单元(XCR3064 的简图)

高端的 CAD 软件可以用于对 PLD 内部的连线进行编程和设计逻辑电路。软件的输入形式可以是逻辑电路图、逻辑方程和硬件描述语言(HDL)。CAD 软件对输入进行处理,确定需要产生的逻辑函数并使这些逻辑函数与 PLD 匹配,确定 PLD 的内部连线和产生编程代码。

### 12.3.4　现场可编程门阵列(FPGA)

这一节我们将介绍现场可编程门阵列(FPGA)在组合逻辑设计中的应用。FPGA 是在一片 IC 上集成了一个由相同的逻辑单元组成的阵列和可编程互连资源。用户可以通过对每一个逻辑单元和互连资源进行编程来实现函数。图 12.31 所示是一个典型的 FPGA 的一部分布局。FPGA 内部包含逻辑单元阵列,也叫做可配置逻辑模块(CLB)。CLB 阵列的周围是 I/O 接口模块。这些 I/O 模块将 CLB 的信号连接到集成电路的引脚。CLB 之间的空间用于 CLB 的 I/O 引脚之间的布线。

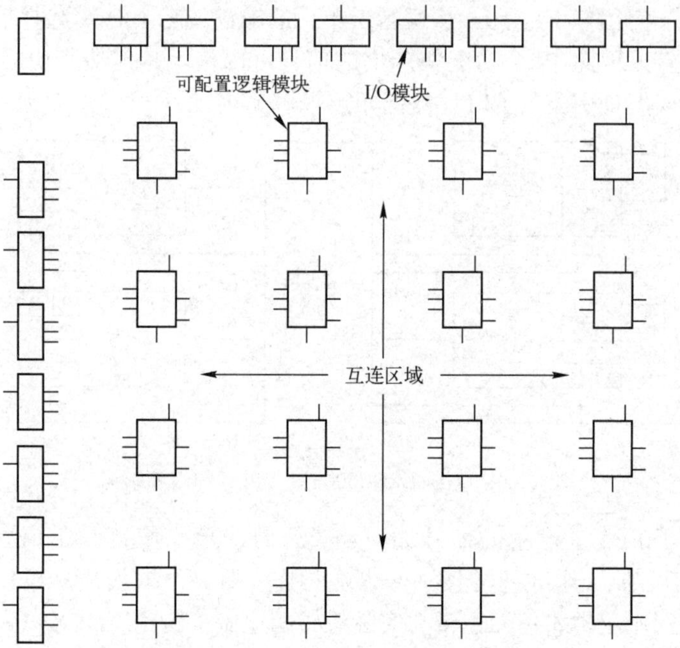


图 12.31　典型 FPGA 的一部分布局

图 12.32 所示为一个简单的 CLB。这个 CLB 包含了 2 个函数发生器、2 个触发器和多个不同的数据选择器，用于对 CLB 内部信号进行选择连接。函数发生器有 4 个输入端，能够实现任何变量个数小于等于 4 的函数。函数发生器通过查找表（LUT）方式实现。4 输入的 LUT 实质上就是一个 16 字×1 位的 ROM。这个 ROM 中存储了用于产生函数的真值表。数据选择器 H 根据 $H_1$ 的值选择 $F$ 或 $G$。CLB 包含有两个组合逻辑输出端（$X$ 和 $Y$）和两个触发器输出端（XQ 和 YQ）。$X$、$Y$ 输出和触发器输入是由可编程数据选择器进行选择的。这些可编程选择在配置 FPGA 时进行。例如，输出 $X$ 可以来自函数发生器的输出 $F$，输出 $Y$ 可以来自数据选择器 H。

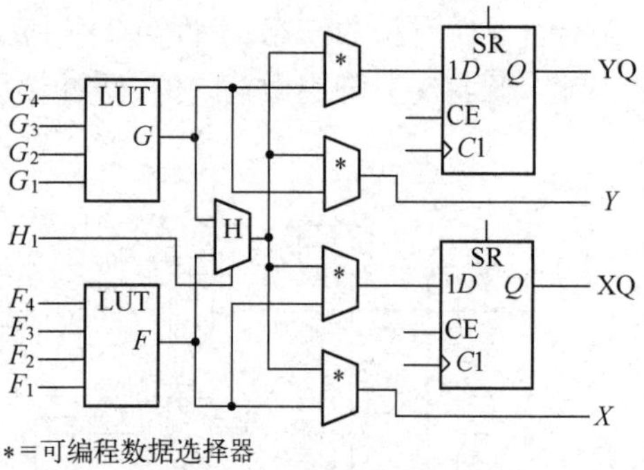


图 12.32　简化的 CLB

下面介绍逻辑函数的分解。

为了用 4 变量函数发生器实现超过 4 变量的逻辑函数，必须将函数分解成几个子函数，使每个子函数仅包含 4 个变量。函数分解的一种方法是用香农展开定理，我们先用例子说明该定理，根据变量 $a$ 展开变量为 $a$、$b$、$c$ 和 $d$ 的逻辑函数：

$$\begin{aligned} F(a,b,c,d) &= \bar{c}\bar{d}+\bar{a}\bar{b}c+bcd+a\bar{c} \\ &= \bar{a}(\bar{c}\bar{d}+\bar{b}c+bcd)+a(\bar{c}\bar{d}+bcd+\bar{c}) \\ &= \bar{a}(\bar{c}\bar{d}+\bar{b}c+cd)+a(\bar{c}+bd)=\bar{a}F_0+aF_1 \end{aligned} \tag{12.1}$$

可以看到，$F_0$ 和 $F_1$ 均为 $b$、$c$ 和 $d$ 的逻辑函数，而不再包含变量 $a$。

函数的分解也可以由真值表或者卡诺图来完成。图 12.33 为式（12.1）的卡诺图。图的左半部分 $a=0$，实际上是三变量函数 $F_0(b,c,d)$ 的卡诺图，化简得到 $F_0=\bar{c}\bar{d}+\bar{b}c+cd$。图的右半部分 $a=1$，实际上是三变量函数 $F_1(b,c,d)$ 的卡诺图，化简得到 $F_1=\bar{c}+bd$。由卡诺图得到的 $F_0$ 与 $F_1$ 和式（12.1）中的 $F_0$ 与 $F_1$ 相同。

利用香农展开定理对 $n$ 变量函数根据变量 $x_i$ 进行分解的一般形式为

$$
\begin{aligned}
&F(x_1,x_2,\cdots,x_{i-1},x_i,x_{i+1},\cdots,x_n)\\
&=\bar{x}_iF(x_1,x_2,\cdots,x_{i-1},0,x_{i+1},\cdots,x_n)+x_iF(x_1,x_2,\cdots,x_{i-1},1,x_{i+1},\cdots,x_n)\\
&=\bar{x}_iF_0+x_iF_1
\end{aligned}
\tag{12.2}
$$

其中，$F_0$ 是将原函数中的 $x_i$ 用 0 代替得到的 $(n-1)$ 变量函数，$F_1$ 是将原函数中的 $x_i$ 用 1 代替得到的 $(n-1)$ 变量函数。将式(12.2)中 $x_i$ 分别置 0 和 1，能证明该定理。由于当 $x_i=0$ 和 $x_i=1$ 时，等式两边均相等，因此定理是正确的。

将香农展开定理应用于 5 变量函数得到

$$F(a,b,c,d,e)=\bar{a}F(0,b,c,d,e)+aF(1,b,c,d,e)=\bar{a}F_0+aF_1 \tag{12.3}$$

这说明 5 变量函数能够用两个 4 变量函数发生器和一个 2 选 1 数据选择器实现，如图 12.34(a)所示。而且可以看出，任一 5 变量函数均可以用图 12.32 的 CLB 来实现。

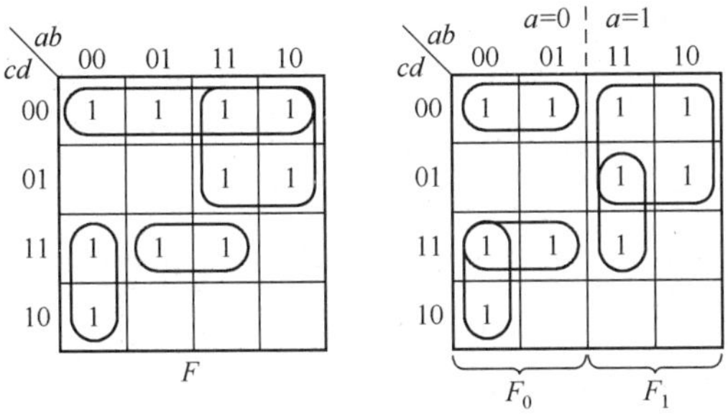


图 12.33　利用卡诺图分解函数

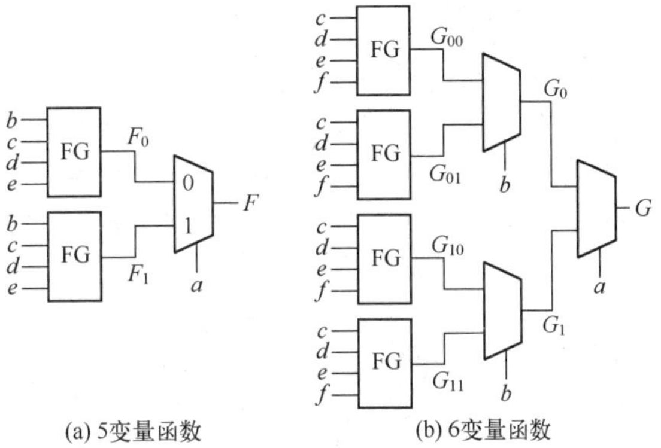


图 12.34　利用函数发生器实现 5 变量和 6 变量函数

为了用 4 变量函数发生器实现 6 变量函数，我们可以利用两次香农展开定理：

$$G(a,b,c,d,e,f)=\bar{a}G(0,b,c,d,e,f)+aG(1,b,c,d,e,f)=\bar{a}G_0+aG_1$$

$$G_0=\bar{b}G(0,0,c,d,e,f)+bG(0,1,c,d,e,f)=\bar{b}G_{00}+bG_{01}$$

$$G_1=\bar{b}G(1,0,c,d,e,f)+bG(1,1,c,d,e,f)=\bar{b}G_{10}+bG_{11}$$

因为 $G_{00}$、$G_{01}$、$G_{10}$ 和 $G_{11}$ 都为 4 变量函数，所以我们可以用 4 个 4 变量函数发生器和 3 个 2 选 1 数据选择器实现任一 6 变量函数，如图 12.34(b)所示。因此，我们可以用两个如图 12.32 所示的 CLB 实现任一 6 变量函数。或者，我们可以写成

$$G(a,b,c,d,e,f)=\bar{a}\bar{b}G_{00}+\bar{a}bG_{01}+a\bar{b}G_{10}+abG_{11}$$

然后用 4 个函数发生器和一个 4 选 1 数据选择器实现 $G$。总的来说，我们可以用 $2^{n-4}$ 个 4 变量函数发生器和一个 $2^{n-4}$ 选 1 数据选择器实现 $n$ 变量函数($n>4$)。这里考虑的是最坏的情况，因为许多 $n$ 变量函数可以用更少的函数发生器生成。

### 12.3.5　PLD 的开发过程

PLD 器件种类和型号繁多，不同的公司都针对自己的器件研制了各种功能完善的 PLD 开发系统。PLD 开发系统包括开发硬件和开发软件两部分，硬件包括计算机和编程器，开发软件都可以在计算机上运行。编程器是对 PLD 进行写入和擦除的专用设备，它能提供编程信息写入或擦除操作所需电压和控制信号，并通过并行或串行接口从计算机接收编程数据，最终写入 PLD 中。

PLD 的设计流程一般包括设计分析、设计输入、设计处理和器件编程 4 个步骤，与后 3 个步骤

对应的有功能仿真、时序仿真和器件测试3个校验过程。设计流程图如图12.35所示。

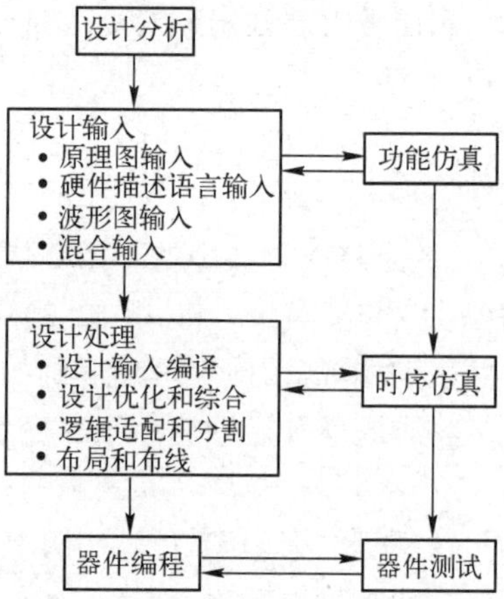


图12.35 PLD的设计流程图

**1. 设计步骤**

(1) 设计分析

设计分析是指在利用PLD进行数字系统设计之前,根据PLD开发环境及设计要求(如系统复杂度、工作频率、功耗、引脚数、封装形式及成本等),选择适当的设计方案和器件类型。

(2) 设计输入

设计输入是指设计者将所要设计的数字系统以开发软件所要求的某种形式表达出来,并输入到相应的开发软件中。设计输入有多种表达方式,常用的有原理图输入方式、硬件描述语言文本输入方式和混合输入方式。

原理图输入方式和硬件描述语言文本输入方式各有特点,硬件描述语言的设计简单,但要求设计者具有良好的编程基础;原理图输入可以很直观地描述电路间的连接关系,但在设计复杂逻辑电路时非常烦琐。在逻辑设计的过程中,要根据具体的情况选择适当的输入方式,必要时也可两者混合使用,如顶层设计采用原理图输入,底层设计采用硬件描述语言输入。

(3) 设计处理

设计处理主要是根据所选择的器件型号,将设计输入文件转换为具体电路结构并下载编程(或配置)文件。设计处理是设计的核心环节,由计算机软件来完成,设计者仅需设置与"设计实现策略"相关的参数来控制编译的过程。设计处理包括以下任务。

① 设计输入编译。其主要功能是检查设计输入的逻辑完整性和一致性,并建立各种设计输入文件之间的连接关系。

② 逻辑设计优化。主要是化简设计输入逻辑,以减少设计所占用的器件资源。

③ 设计综合。它将模块化设计中产生的多个文件合并为一个网表文件,使层次设计平面化。

④ 逻辑适配和分割。按系统默认的或用户设定的适配原则,把设计分为多个适合器件内部逻辑资源实现的逻辑形式。

⑤ 布局和布线。布局是将已分割的逻辑小块配置到所选器件内部逻辑资源的具体位置,并使逻辑块之间易于连线,且连线最少。布线是利用器件的连线资源,完成各个功能块之间的信号连接。

设计处理最后生成供PLD器件下载编程或配置使用的数据下载文件,如对CPLD产生的是熔丝图文件,对FPGA产生的是位流数据文件。

(4) 器件编程

器件编程是将设计处理生成的编程数据文件下载到具体的PLD中,使其按照所设计的功能来工作。器件编程需要满足一定的条件,如编程电压、编程时序和编程算法等。普通的CPLD需要专用的编程器来完成器件编程;基于SRAM的FPGA可由PROM或微处理器来进行器件编程;具有在线可编程性能的CPLD和FPGA器件,则可以直接利用计算机的并行口通过相应的下载电缆,直接对焊接在电路板上的器件进行编程。

**2. 设计校验**

设计校验是对上述逻辑设计进行仿真和测试,以验证逻辑设计是否满足设计功能要求。它与设计过程同步进行,包括功能仿真、时序仿真和器件测试。

功能仿真一般在设计输入阶段进行,它只验证逻辑设计的正确性,而不考虑器件内部由于布局、布线可能造成的信号延迟等因素。

时序仿真是在选择了具体的器件并完成布局、布线后进行的仿真。由于选择不同的器件、不同的布局及布线方案会给设计带来极大的影响，因此，时序仿真对于分析定时关系、估计设计性能是非常必要的。

器件编程后，需要在线测试器件的功能和性能指标，看其是否达到最终目标。对于支持联合测试行动小组（Joint Text Action Group，JTAG）技术、具有边界扫描测试（Boundary Scan Testing，BST）或在系统编程功能的器件，可方便地用编译时产生的文件对器件进行校验。

Quartus Ⅱ是 Altera 公司提供的一套集成了编译、布局布线和仿真工具在内的综合开发环境（常称为 Quartus Ⅱ软件）。它能完成从代码输入（或原理图输入）到物理实现的全部实际流程。支持 Altera 公司的所有 FPGA 和 CPLD 器件。从 www. altera. com 可以下载 Quartus Ⅱ开发环境。Quartus Ⅱ开发环境的使用简介见附录 C. 3。

**思考题 12. 3（参考答案请扫描二维码 12-2）**

1. 试比较 EPROM、PLA、PAL 在与阵列和或阵列上的异同。
2. 如何理解 GAL 器件的通用性？

二维码 12-2

## 本 章 小 结

- 半导体存储器的主要功能是存储信息，是数字系统中应用最广泛的器件之一，半导体存储器采用按地址存放数据的方式，存储器的电路结构包含地址译码器、存储矩阵和读写控制电路。
- 随着集成电路技术的提高，可编程 ROM 的擦除和改写几乎可以与 RAM 一样方便，但它们有本质的区别：ROM 中存储的数据可以永久性保存，而 RAM 只能暂存数据，一旦掉电数据便会消失，即 RAM 为易失性器件。
- MOS 型 RAM 可分为静态和动态两类，静态 RAM 速度快、成本高、体积大；动态 RAM 体积小、成本低，但需加外围电路，且速度较慢。
- 在数字系统中，单片存储器的容量往往不能满足要求，存储器容量的扩展是一个很重要的实用技术。
- PLD 具有可重复编程、集成度高、速度快、灵活性好等优点，目前得到了越来越广泛的应用。本章介绍的 PLD（PAL 和 GAL）属低密度器件。不论是 PAL 或 GAL，它们均具有与阵列可编程、或阵列固定的电路结构，GAL 器件的输出逻辑宏单元（OLMC），大大增强了器件的应用范围。CPLD 和 FPGA 属高密度器件，是现代数字系统设计领域中使用的主流器件。

## 习　　题

12. 1　ROM 有哪几种类型？它们之间有何异同点？

12. 2　试比较 ROM 和 RAM 在功用、电路结构和工作原理上的不同点。

12. 3　试用 PROM 实现能将 4 位格雷码转换为二进制码的码转换电路，指出需要多大容量的 PROM，画出阵列图。

12. 4　用 Intel 2114 构成 4K×8 位的 RAM，画出电路图？

12. 5　试比较 EPROM、PLA 和 PAL 在与阵列和或阵列编程特性上的异同。

12. 6　试比较 PAL 和 GAL 的异同。

12. 7　用 PAL 或 GAL 设计逻辑电路有哪些优点？

12. 8　GAL 器件的结构控制字中 SYN、$AC_0$、$AC_1(n)$ 和 XOR$(n)$ 是如何影响 OLMC 的功能组态的？假设 SYN＝0，$AC_0$＝0，$AC_1(n)$＝0，请画出 OLMC$(n)$ 的等效电路图。

# 第 13 章　脉冲信号的产生与整形

本章学习目标：

- 了解 555 定时器的电路结构和逻辑功能。
- 了解施密特触发器的电压传输特性和工作特点。
- 能用 555 定时器设计出符合特定参数要求的施密特触发器。
- 了解施密特触发器的基本应用。
- 了解单稳态触发器的工作特点。
- 能分析由 555 定时器或施密特触发器构成的单稳态触发器。
- 了解集成单稳态触发器的基本应用。
- 能分析由 555 定时器或施密特触发器构成的多谐振荡器。
- 了解石英晶体多谐振荡器的电路结构和工作原理。

在数字技术的各种应用中，经常要用到矩形波、方波、三角波和锯齿波等脉冲波形。其中矩形波和方波是较重要的脉冲信号，它们经常用来作为电路的开关信号和控制信号。许多其他形状的脉冲信号也可以由它们变换而得到。本章将介绍多谐振荡器、施密特触发器和单稳态触发器。其中，多谐振荡器能直接产生脉冲信号，施密特触发器能对已有脉冲信号进行变换、整形，单稳态触发器可用于脉冲信号的定时、延迟等。

## 13.1　555 集成定时器

555（集成）定时器是一种将模拟和数字电路集成于一体的电子器件，使用十分灵活方便，只要外加少量的阻容元件，就能构成多种用途的电路，如施密特触发器、单稳态触发器、多谐振荡器等，使其在电子技术中得到了非常广泛的应用。

555 定时器的型号较多，常用的有 5G555（双极型）和 CC7555（CMOS 型）两种。555 定时器型号虽多，但其内部电路结构相似，引脚排列及功能完全相同。下面以 5G555 为例，介绍其电路结构及功能。

**1. 5G555 定时器的电路结构**

图 13.1 所示是 5G555 定时器的电路图和引脚图。它由以下几部分构成。

（1）分压器

分压器由三个阻值均为 5kΩ 的电阻串联构成，为电压比较器 $C_1$ 和 $C_2$ 提供参考电压。若控制电压输入端（CO 端，引脚 5）外加控制电压 $V_{CO}$，则 $C_1$ 和 $C_2$ 的参考电压分别为 $V_{R1}=V_{CO}$，$V_{R2}=\frac{1}{2}V_{CO}$；不加控制电压时，该引出端不可悬空，一般要通过一个小电容（如 0.01 μF）接地，以旁路高频干扰。这时两参考电压分别为 $V_{R1}=\frac{2}{3}V_{CC}$，$V_{R2}=\frac{1}{3}V_{CC}$。

（2）比较器

$C_1$ 和 $C_2$ 是两个结构完全相同的高精度电压比较器，分别由高增益运算放大器构成。$C_1$ 的信号输入端为运算放大器的反相输入端（TH 端，引脚 6），$C_1$ 的同相输入端接参考电压 $V_{R1}$；$C_2$ 的信号输入端为运算放大器的同相输入端（$\overline{TR}$端，引脚 2），$C_2$ 的反相输入端接参考电压 $V_{R2}$。两比

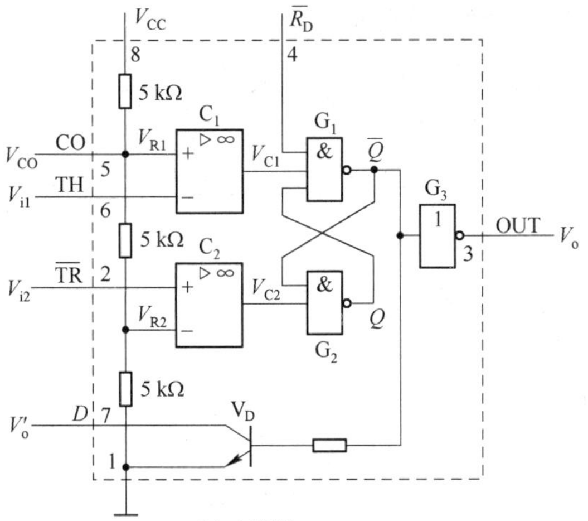

(a) 电路图

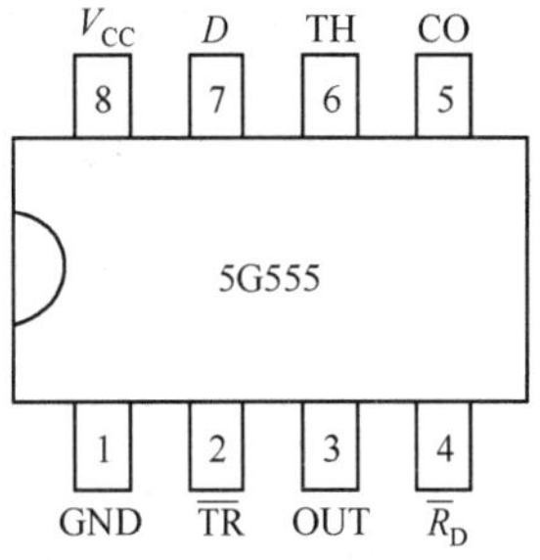

(b) 引脚图

图 13.1　5G555 定时器

较器的输出分别为 $V_{C1}$ 和 $V_{C2}$。

(3) RS 锁存器

两个与非门 $G_1$、$G_2$ 构成 RS 锁存器,低电平触发。比较器 $C_1$ 和 $C_2$ 的输出 $V_{C1}$ 和 $V_{C2}$ 控制锁存器的状态,即决定电路的输出状态。$\overline{R}_D$(引脚 4)是锁存器的外部复位端,低电平有效。当 $\overline{R}_D=0$ 时,$\overline{Q}=1$,使电路输出(OUT 端,引脚 3)为 0,正常工作时,$\overline{R}_D$ 端应接高电平。

(4) 三极管放电开关

三极管 $V_D$ 构成放电开关,其状态受 RS 锁存器的 $\overline{Q}$ 端控制,当 $\overline{Q}=0$ 时,$V_D$ 截止;当 $\overline{Q}=1$ 时,$V_D$ 饱和导通。此时,放电端($D$ 端,引脚 7)如有外接电容,则通过 $V_D$ 放电。由于放电端的逻辑状态与输出 $V_o$ 是相同的,故放电端也可以作为集电极开路输出端 $V'_o$。

(5) 输出缓冲器

输出缓冲器由反相器 $G_3$ 构成,其作用是提高 5G555 的带负载能力,并隔离负载对 5G555 的影响。

**2. 5G555 定时器的逻辑功能**

当 CO 端不外接控制电压时,5G555 定时器的功能表如表 13.1 所示。现说明如下:

① 只要 $\overline{R}_D=0$,不管 $V_{i1}$、$V_{i2}$ 为何值,都使 $\overline{Q}=1$,因此电路输出 $V_o=0$,$V_D$ 导通。正常工作时 $\overline{R}_D=1$。

**表 13.1　5G555 的功能表**

| $\overline{R}_D$ | $V_{i1}$(TH) | $V_{i2}$($\overline{TR}$) | $V_o$(OUT) | $V_D$(放电管) |
|---|---|---|---|---|
| 0 | × | × | 0 | 导通 |
| 1 | $>\frac{2}{3}V_{CC}$ | $>\frac{1}{3}V_{CC}$ | 0 | 导通 |
| 1 | $<\frac{2}{3}V_{CC}$ | $<\frac{1}{3}V_{CC}$ | 1 | 截止 |
| 1 | $<\frac{2}{3}V_{CC}$ | $>\frac{1}{3}V_{CC}$ | 不变 | 不变 |

② 当 $\overline{R}_D=1$,且 $V_{i1}>\frac{2}{3}V_{CC}$,$V_{i2}>\frac{1}{3}V_{CC}$ 时,比较器 $C_1$ 的输出 $V_{C1}=0$,比较器 $C_2$ 的输出 $V_{C2}=1$,从而使 RS 触发器的 $\overline{Q}=1$,$V_o=0$,$V_D$ 导通。

③ 当 $\overline{R}_D=1$,且 $V_{i1}<\frac{2}{3}V_{CC}$,$V_{i2}<\frac{1}{3}V_{CC}$ 时,$V_{C1}=1$,$V_{C2}=0$,$\overline{Q}=0$,$V_o=1$,$V_D$ 截止。

④ 当 $\overline{R}_D=1$,且 $V_{i1}<\frac{2}{3}V_{CC}$,$V_{i2}>\frac{1}{3}V_{CC}$ 时,两个比较器输出均为 1,根据与非门 RS 锁存器的特性,其状态保持不变,所以 $V_o$ 和 $V_D$ 的状态也保持不变。

由以上说明可知，当$\overline{R}_D=1$时，只要 TH 端（即$V_{i1}$输入端）加高电平（大于$\frac{2}{3}V_{CC}$），$\overline{Q}$总为 1，$V_o=0$，所以称 TH 为高电平触发端。同样，只有当$\overline{TR}$为低电平（小于$\frac{1}{3}V_{CC}$）时，才能使$Q=1$，$V_o=1$，所以称$\overline{TR}$为低电平触发端。

5G555 为双极型定时器，其特点为：电源电压范围较宽，可在 4.5～18V 内正常工作；其输出电平能与 TTL、CMOS 电路兼容，且驱动电流大，灌、拉电流可达 200mA。

## 13.2　施密特触发器

施密特触发器又称为电平触发的双稳态触发器，其电路符号及电压传输特性如图 13.2 所示。其中图 13.2(a)为不带反相器的施密特触发器，图 13.2(b)是带反相器的施密特触发器。

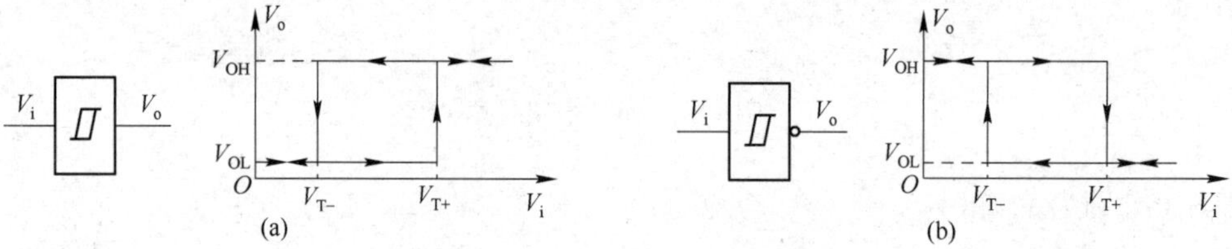


图 13.2　施密特触发器的电路符号及电压传输特性

由施密特触发器的电压传输特性可以看出，它具有如下特点：

(1) 有两个稳定状态。一个稳态输出为高电平$V_{OH}$，另一个稳态输出为低电平$V_{OL}$。但是这两个稳定状态要靠输入信号电平来维持。

(2) 具有滞回电压传输特性。当输入信号高于$V_{T+}$时，电路处于一个稳定状态，$V_{T+}$被称为上触发电平或正向阈值电压；当输入信号低于$V_{T-}$时，电路处于另一稳定状态，$V_{T-}$被称为下触发电平或负向阈值电压；而当输入信号处于两触发电平之间时，其输出保持原状态不变。

施密特触发器可由多种方法构成，下面介绍由 555 定时器构成的施密特触发器和集成施密特触发器。

### 13.2.1　用 555 定时器构成的施密特触发器

只要把 555 定时器的 TH 端（引脚 6）和$\overline{TR}$（引脚 2）连在一起作为信号输入端，即可构成施密特触发器，如图 13.3(a)所示。

设输入信号如图 13.3(b)所示，图 13.3(a)所示电路的工作原理如下。

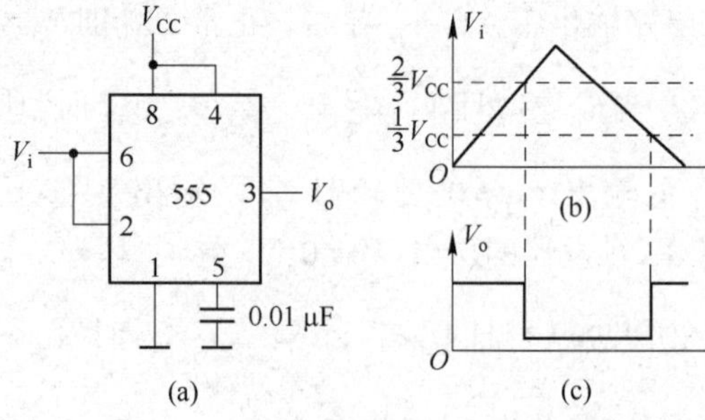


图 13.3　用 555 定时器构成的施密特触发器

首先分析输入电压$V_i$由 0 逐渐升高的工作过程：

当$V_i<\frac{1}{3}V_{CC}$时，$V_{C1}=1$，$V_{C2}=0$，故$V_o=V_{OH}$。

当$\frac{1}{3}V_{CC}<V_i<\frac{2}{3}V_{CC}$时，$V_{C1}=V_{C2}=1$，故$V_o=V_{OH}$不变。

当$V_i>\frac{2}{3}V_{CC}$以后，$V_{C1}=0$，$V_{C2}=1$，故$V_o=V_{OL}$。

其次分析输入电压$V_i$从高于$\frac{2}{3}V_{CC}$开始下降的工作过程：

当$\frac{1}{3}V_{CC}<V_i<\frac{2}{3}V_{CC}$时，$V_{C1}=V_{C2}=1$，故 $V_o=V_{OL}$不变。

当 $V_i<\frac{1}{3}V_{CC}$以后，$V_{C1}=1$，$V_{C2}=0$，故 $V_o=V_{OH}$。

根据以上分析，由图 13.3(b)所示输入波形，可得输出波形如图 13.3(c)所示。该施密特触发器的 $V_{T+}=\frac{2}{3}V_{CC}$，$V_{T-}=\frac{1}{3}V_{CC}$。定义回差电压 $\Delta V_T=V_{T+}-V_{T-}$，则该施密特触发器的回差电压为

$$\Delta V_T=V_{T+}-V_{T-}=\frac{1}{3}V_{CC}$$

如果在 555 定时器的控制电压输入端(CO 端，引脚 5)外接直流电压 $V_{CO}$，则电路的 $V_{T+}=V_{CO}$，$V_{T-}=\frac{1}{2}V_{CO}$，$\Delta V_T=\frac{1}{2}V_{CO}$。可见改变 $V_{CO}$数值，就能调节电路的回差电压。

如果在放电端($D$ 端，引脚 7)经一个电阻接到另一个电源 $V'_{CC}$，则该端输出电压 $V'_o$ 的波形形状与 $V_o$ 相同，但 $V'_o$ 的幅度可随 $V'_{CC}$而变，因此可用做电平转换，并有较大的驱动能力。

### 13.2.2 集成施密特触发器

集成施密特触发器产品的种类较多，属 TTL 电路的有 7413、7414、74132 等，属 CMOS 电路的有 CC40106、CC4583 等。

TTL 集成施密特触发器的上触发电平 $V_{T+}$约为 1.7V，下触发电平 $V_{T-}$约为 0.8V，其回差电压约为 0.9V。

CMOS 集成施密特触发器具有 CMOS 电路电压范围宽的特点，所以工作在不同的电源电压情况下，所得 $V_{T+}$、$V_{T-}$和 $\Delta V_T$ 的数值是不同的，而且由于集成电路内部器件特性差异较大，$V_{T+}$、$V_{T-}$和 $\Delta V_T$ 皆有一定的分散性。例如，CC40106 当电源电压 $V_{CC}=15V$ 时，$V_{T+}=6.8\sim10.8V$，$V_{T-}=4\sim7.4V$，$\Delta V_T=1.6\sim5V$。当 $V_{CC}=5V$ 时，$V_{T+}=2.2\sim3.6V$，$V_{T-}=0.9\sim2.8V$，$\Delta V_T=0.3\sim1.6V$。

### 13.2.3 施密特触发器的应用

施密特触发器的主要应用是把缓慢变化的不规则信号变换成良好的矩形脉冲。

(1) 波形变换

利用施密特触发器的特性，可以把边沿变化缓慢的周期性脉冲信号变换为同频率的矩形脉冲。图 13.4(a)是把规则的正弦波变换成矩形波的例子。

(2) 脉冲整形

若输入信号是一个顶部和前后沿受干扰而发生畸变的不规则脉冲波形，我们可以适当调节施密特触发器的回差电压，得到整齐的矩形脉冲，如图 13.4(b)所示。需要注意的是，施密特触发器整形运用时，应适当提高回差电压，才能收到较好的整形效果。如果回差电压较小，例如 $\Delta V_T$ 小于顶部干扰信号的幅度，则不但整形效果较差，而且可能产生错误输出。但回差电压过大，又会降低触发灵敏度，所以应当根据具体情况灵活运用。

(3) 幅度鉴别

当施密特触发器的输入信号是一串幅度不等的脉冲时，可以通过调整电路的 $V_{T+}$和 $V_{T-}$，使只有当输入信号中幅度超过 $V_{T+}$的脉冲才能使施密特触发器翻转，从而得到所需要的矩形脉冲。即将输入信号中幅度超过 $V_{T+}$的脉冲选出，而将幅度较小的脉冲消除，所以具有幅度鉴别能力。图 13.4(c)是用施密特触发器实现幅度鉴别的例子。

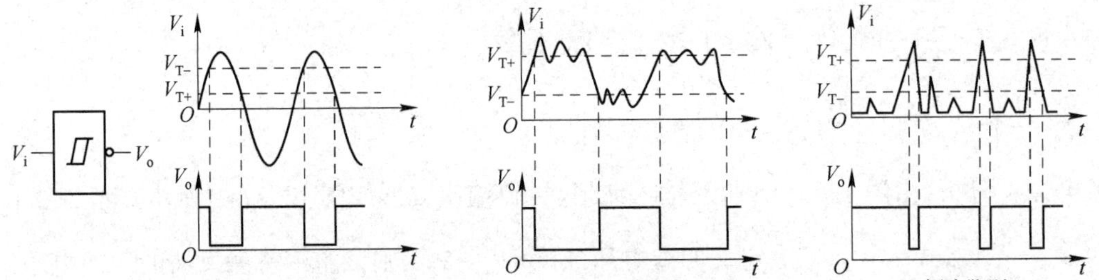

(a) 波形变换　　(b) 脉冲整形　　(c) 幅度鉴别

图 13.4　施密特触发器的应用

此外，用施密特触发器还能构成单稳态触发器和多谐振荡器，具体内容在下面两节中介绍。

二维码 13-1

**思考题 13.2(参考答案请扫描二维码 13-1)**

1. 在电源电压不变的情况下，用什么方法能使图 13.3(a)所示的施密特触发电路的 $V_{T+}$ 增高？

## 13.3　单稳态触发器

单稳态触发器的特点是：电路有两种工作状态，分别是稳态和暂稳态。在没有外界触发信号作用时，电路处于稳态，并且能一直保持下去。在外界信号作用下，电路由稳态转换为暂稳态。暂稳态是一个不能长久保持的状态，经过一段时间后，电路会自动返回到稳态。暂稳态的持续时间为电路输出脉冲的宽度，它仅取决于电路本身的参数，而与触发脉冲无关。

单稳态触发器常用于脉冲的整形、定时和延时等。

### 13.3.1　用 555 定时器构成的单稳态触发器

**1. 电路组成及工作原理**

由 555 定时器构成的单稳态触发器如图 13.5 所示。输入负触发脉冲加在低电平触发端($\overline{TR}$端，引脚 2)。R，C 是外接的定时元件。该电路用输入脉冲的下降沿触发。

电路工作原理如下。

(1) 稳态

未加入负触发脉冲时，$V_i$ 为高电平(大于$\frac{1}{3}V_{CC}$) 则 $V_{C2}=1$。下面讨论 TH 端的电平 $V_C$。

不妨假设接通电源后 555 定时器的输出 $V_o=V_{OH}$，则门 $G_3$ 的输入必然为低电平，放电管 $V_D$ 必然截止，$D$ 端对外如同开路。这样，$V_{CC}$通过电阻 R 对电容 C 充电，使 $V_C$ 点电位升高。当 $V_C$ 略大于$\frac{2}{3}V_{CC}$时，将使比较器 $C_1$ 的输出 $V_{C1}$为低电平，即 $V_{C1}=0$，使$\overline{Q}=1$，$V_o=V_{OL}$。$\overline{Q}=1$ 将使 $V_D$ 导通，电容 C 通过 $V_D$ 迅速放电，使 $V_C$回到低电平上。这时，$V_{C1}=V_{C2}=1$，RS 锁存器将保持 0 状态不变，因而输出保持 $V_o=V_{OL}$的稳定状态。

(2) 暂稳态

当输入负触发脉冲的下降沿到达时，首先使比较器 $C_2$ 的输出 $V_{C2}=0$，由于 $V_{C1}=1$，则 RS 锁存器被置 1，即 $Q=1$，$\overline{Q}=0$，输出 $V_o$由 $V_{OL}$跳变为 $V_{OH}$，电路进入暂稳态。

在暂稳态期间，由于$\overline{Q}=0$，$V_D$截止，$V_{CC}$经过 R 向 C 充电。当 C 充电到使 $V_C$略高于$\frac{2}{3}V_{CC}$时，

将使 $V_{C1}=0$(要注意的是:输入的负触发脉冲必须是窄脉冲,在 $V_C$ 充电到$\frac{2}{3}V_{CC}$之前,输入要提前回到高电平,使 $V_{C2}=1$)。这样,RS 锁存器被置 0,$V_o$ 又返回到 $V_o=V_{OL}$的起始状态。同时,由于$\overline{Q}=1$,$V_D$ 导通,C 经过 $V_D$放电,直到 $V_C\approx 0$,电路恢复到原来的稳态。电路的工作波形如图 13.6 所示。

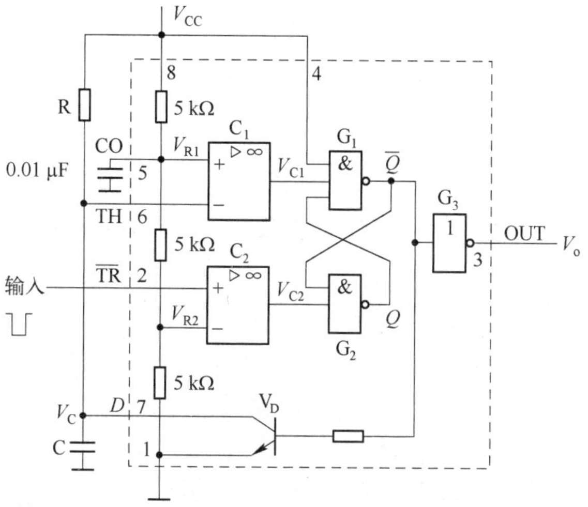


图 13.5　由 555 定时器构成的单稳态触发器

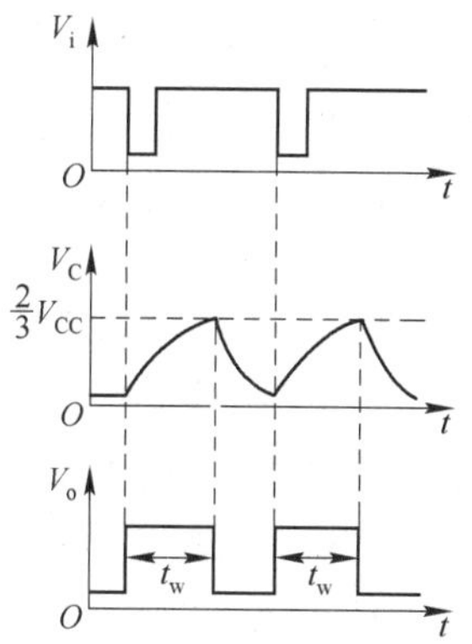


图 13.6　单稳态触发器的工作波形

**2. 输出脉冲宽度估算**

输出脉冲宽度 $t_w$ 即为暂稳态的持续时间,它等于电容电压 $V_C$ 从 0 上升到$\frac{2}{3}V_{CC}$所需时间,故

$$t_w\approx RC\ln\frac{V_{CC}}{V_{CC}-\frac{2}{3}V_{CC}}=RC\ln 3=1.1RC$$

上式说明,该电路输出脉冲宽度仅取决于外接定时元件 R 和 C 的值,而与电源电压无关。通常外接电阻 R 的取值范围为几百欧到几兆欧,外接电容 C 的取值范围为几百皮法到几百微法,相应的 $t_w$ 为几微秒到几分钟,精度可达 0.1%。这种单稳态电路要求输入负触发脉冲的宽度小于 $t_w$,否则应在 $V_i$和触发器输入端($\overline{\text{TR}}$端)之间接入 RC 微分电路。

## 13.3.2　用施密特触发器构成的单稳态触发器

图 13.7(a)所示电路是用 CMOS 集成施密特触发器构成的单稳态触发器。图中,触发脉冲经 RC 微分电路加到施密特触发器的输入端,在触发脉冲作用下,使得施密特触发器的输入电压依次经过 $V_{T+}$和 $V_{T-}$两个转换电平,从而在输出端得到一定宽度的矩形脉冲。具体工作过程如下:

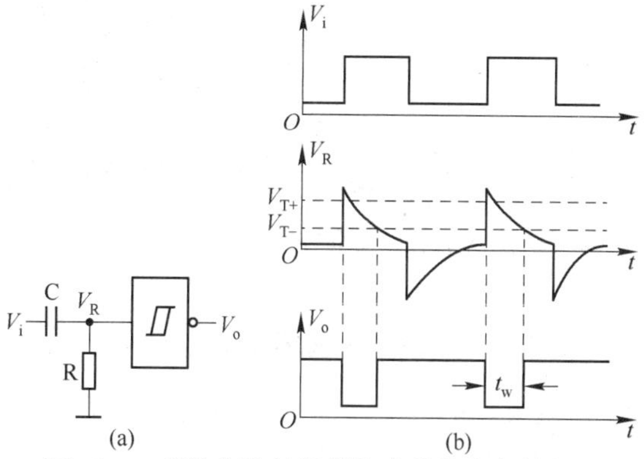


图 13.7　用施密特触发器构成的单稳态触发器

稳态时,$V_i=0$,$V_R=0$,$V_o=V_{OH}$。当幅度为 $V_{DD}$的正触发脉冲加到电路输入端时,$V_R$跳变到 $V_{DD}$。由于 $V_{DD}>V_{T+}$,所以电路状态翻转,$V_o=$

$V_{OL}$，进入暂稳态。在暂稳态期间，随着对电容 C 的充电，$V_R$按指数规律下降，当 $V_R$下降到略低于 $V_{T-}$时，电路状态再次翻转，返回到原来的稳态，输出 $V_o=V_{OH}$。

电路各点的波形如图 13.7(b)所示。$t_w$ 取决于 RC 微分电路中电阻 R 上的电压 $V_R$从初始值 $V_{DD}$下降到 $V_{T-}$所需的时间。根据简单 RC 电路过渡过程分析的三要素法，可得：

$$t_w=RC\ln\frac{V_R(\infty)-V_R(0^+)}{V_R(\infty)-V_R(t_w)}=RC\ln\frac{V_{DD}}{V_{T-}}$$

### 13.3.3 集成单稳态触发器

集成单稳态触发器产品有多种，属于 TTL 系列的有 74121、74122、74123 等，属于 CMOS 系列的有 CC4528、CC4098 等。在使用这些器件时只需外接少量定时元件即可。集成单稳态触发器一般都具有上升沿触发输入端和下降沿触发输入端，使用时可以任意选取，并有互补输出端 $Q$(输出正脉冲)和$\overline{Q}$(输出负脉冲)，使用极为方便。

图 13.8 是 74121 的电路符号。符号中打×的输入(引脚 9,10,11)表示“非逻辑连接”，用以连接外接电阻、电容或基准电压等。符号中的限定符“1 ⎍⎍”表示“非重复触发单稳态触发器”，单稳态触发器一旦被触发后，不管在此期间触发器输入有什么变化，输出脉宽均不变。若限定符为“⎍⎍”，则表示“可重复触发单稳态触发器”。可重复触发单稳态触发器被触发后，如果尚未回到稳态又有触发信号输入，则输出固定脉宽要从最后一次触发输入算起。CC4098 就是可重复触发单稳态触发器。

74121 的$\overline{A}_1$ 和$\overline{A}_2$ 为两个下降沿触发输入端，$B$ 为上升沿触发输入端。74121 稳态时处于 $Q=0$ 和$\overline{Q}=1$ 的状态，一旦被触发，$Q$ 端和$\overline{Q}$端能分别输出一个正脉冲和一个负脉冲。74121 功能表如表 13.2 所示。表的左侧是单稳态触发器不受触发(稳态)的情况，右侧是受触发的情况。

**表 13.2 74121 的功能表**

| $\overline{A}_1$ | $\overline{A}_2$ | $B$ | $Q$ | $\overline{Q}$ | $\overline{A}_1$ | $\overline{A}_2$ | $B$ | $Q$ | $\overline{Q}$ |
|---|---|---|---|---|---|---|---|---|---|
| 0 | × | 1 | 0 | 1 | 1 | ↓ | 1 | ⎍ | ⊔ |
| × | 0 | 1 | 0 | 1 | ↓ | 1 | 1 | ⎍ | ⊔ |
| × | × | 0 | 0 | 1 | ↓ | ↓ | 1 | ⎍ | ⊔ |
| 1 | 1 | × | 0 | 1 | 0 | × | ↑ | ⎍ | ⊔ |
| | | | | | × | 0 | ↑ | ⎍ | ⊔ |

74121 电路内部有一个电阻 $R_{int}\approx 2\text{k}\Omega$。如果 $R_{int}$作为定时电阻，则只需外接定时电容 $C_{ext}$即可，电路连接如图 13.9(a)所示。通常的用法是将外接电阻 $R_{ext}$ 和电容 $C_{ext}$ 作为定时元件，如图 13.9(b)所示。这时 $Q$ 和$\overline{Q}$端输出脉冲宽度 $t_w$ 可由下式确定：

$$t_w\approx 0.7R_{ext}C_{ext}$$

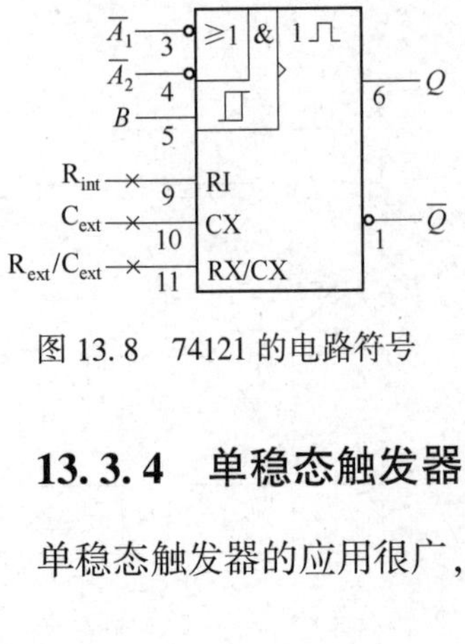


图 13.8 74121 的电路符号

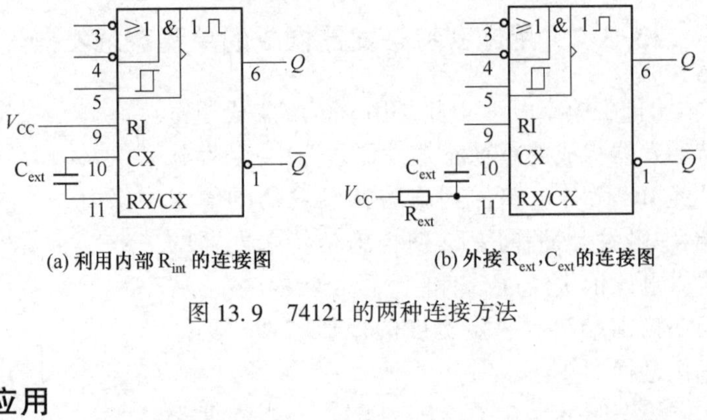


(a) 利用内部 $R_{int}$ 的连接图 (b) 外接 $R_{ext}$，$C_{ext}$的连接图

图 13.9 74121 的两种连接方法

### 13.3.4 单稳态触发器的应用

单稳态触发器的应用很广，下面举几例说明其主要用途。

**1. 脉冲的整形**

把不规则的脉冲波形输入到单稳态触发器,只要能使单稳态触发器工作状态翻转,输出就成为具有一定宽度和一定幅度,而且边沿陡峭的矩形脉冲,从而起到脉冲整形的作用。图 13.10 为用 74121 构成的脉冲整形电路及工作波形,调节 $R_{ext}$ 和 $C_{ext}$,可改变输出脉冲的宽度。

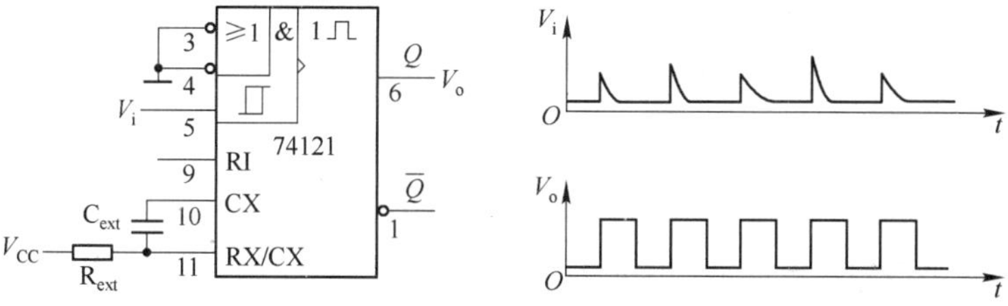


(a) (b)

图 13.10　用 74121 构成的脉冲整形电路及工作波形

**2. 脉冲的延时**

在某些数字系统中,有时需要在一个脉冲信号到达后,经过一段时间的延迟后再产生一个滞后的脉冲信号,以控制两个相继进行的操作。图 13.11(a)为两个 74121 构成的脉冲延时电路,图 13.11(b)为其工作波形。由工作波形可以看出,输出脉冲 $V_o$ 滞后于输入脉冲 $V_i$ 一段时间。延迟时间 $t_d$ 恰好为由 74121(1)的外接 $C_{ext1}$ 和 $R_{ext1}$ 所决定的暂稳态时间 $t_{w1}$,且 $V_o$ 的脉冲宽度 $t_{w2}$ 可由 74121(2)的外接 $C_{ext2}$ 和 $R_{ext2}$ 来调节。由于延时电路的延迟时间是从 $V_i$ 的上升沿算起的,故 $V_i$ 应接在 74121(1)的 $B$ 触发端。由于 74121(1)以 $Q_1$ 端信号触发 74121(2),故应将 $Q_1$ 接在 74121(2)的下降沿触发端。

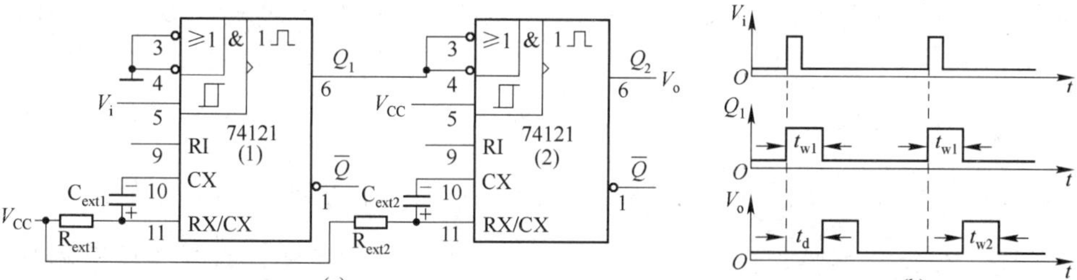


(a) (b)

图 13.11　用两个 74121 构成脉冲延时电路及工作波形

**3. 脉冲的定时**

由于单稳态触发器能输出一定宽度的矩形脉冲,如果利用此脉冲去控制某一电路,使之在有脉冲期间动作,这就起到了定时作用。图 13.12(a)所示为用 74121 构成的测量电路。利用单稳态触发器产生的脉冲宽度为 $t_w$ 的正矩形脉冲来控制一个与门,与门的另一输入端加入待测高频

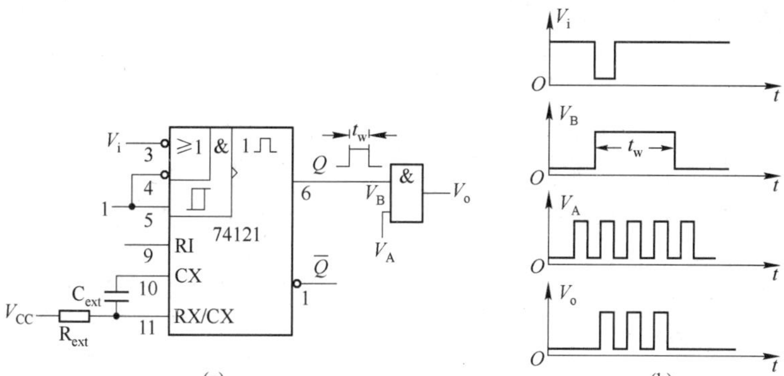


(a) (b)

图 13.12　用 74121 构成的测量电路及工作波形

信号$V_A$，由于只有在这个矩形脉冲存在的时间 $t_w$ 内，信号 $V_A$ 才能通过与门，因此如果调节 $t_w=1s$，则输出 $V_o$ 脉冲的个数便是 $V_A$ 的频率。

二维码 13-2

**思考题 13.3（参考答案请扫描二维码 13-2）**

1. 在图 13.5 所示的单稳态触发电路中，对输入负触发脉冲的宽度有无限制？当输入负触发脉冲的宽度大于输出脉冲宽度时，电路会出现何种状况？

# 13.4 多谐振荡器

在数字系统中，经常用矩形脉冲作为时钟信号来控制和协调整个系统的工作。能自行产生具有一定频率和一定脉宽的矩形脉冲的电路称为矩形波发生器。由于矩形波中包含有丰富的高次谐波，所以又称为多谐振荡器。和单稳态触发器或施密特触发器不同，多谐振荡器没有稳定状态，只有两个暂稳态。两个暂稳态之间的相互转换都不需要外加触发信号，而是靠电路自身完成的。

## 13.4.1 用 555 定时器构成的多谐振荡器

**1. 电路组成及工作原理**

用 555 定时器构成的多谐振荡器如图 13.13 所示。图中电阻 $R_1$、$R_2$ 和电容 C 为外接定时元件。

电路工作原理如下。

在电路未加电源电压之前，C 上的电压 $V_C=0$。下面讨论电路接通电源后的情况。

在电路刚接通电源的瞬间，由于 C 两端电压不能突变，故 $V_C$ 仍保持为 0。这时两个比较器的输出分别为 $V_{C1}=1$，$V_{C2}=0$，则 $\overline{Q}=0$，放电管 $V_D$ 截止，电路输出 $V_o=Q=1$。接着，电源 $V_{CC}$ 经 $R_1$ 和 $R_2$ 向 C 充电，$V_C$ 按指数规律上升。当 $V_C$ 上升到略大于 $\frac{2}{3}V_{CC}$ 时，比较器 $C_1$ 和 $C_2$ 的输出分别转换为 $V_{C1}=0$，$V_{C2}=1$，RS 锁存器的状态翻转为 $Q=0$，$\overline{Q}=1$，$V_D$ 导通，$V_o$ 由 1 变为 0。

$V_D$ 导通后，C 经 $R_2$ 和 $V_D$ 放电，$V_C$ 由 $\frac{2}{3}V_{CC}$ 开始呈指数规律下降。当 $V_C$ 下降到略低于 $\frac{1}{3}V_{CC}$ 时，$C_1$ 和 $C_2$ 的输出分别转换为 $V_{C1}=1$，$V_{C2}=0$，RS 锁存器的状态又翻转为 $Q=1$，$\overline{Q}=0$，$V_o=1$，$V_D$ 截止。随后，$V_{CC}$ 又重新对 C 充电，如此周而复始形成振荡，从而在输出端得到周期性矩形脉冲，稳定后多谐振荡器的工作波形如图 13.14 所示。

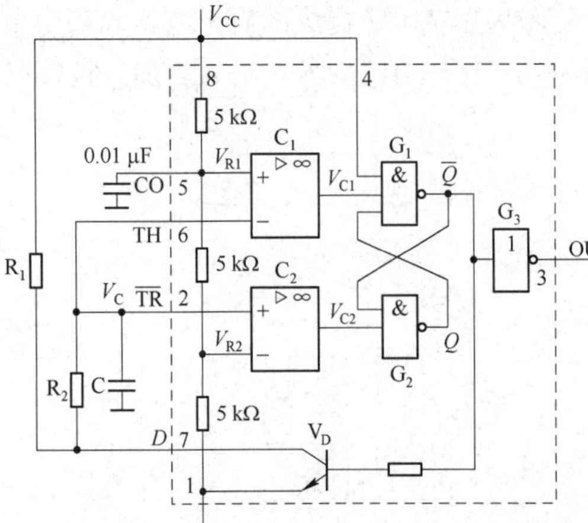


图 13.13　用 555 定时器构成的多谐振荡器

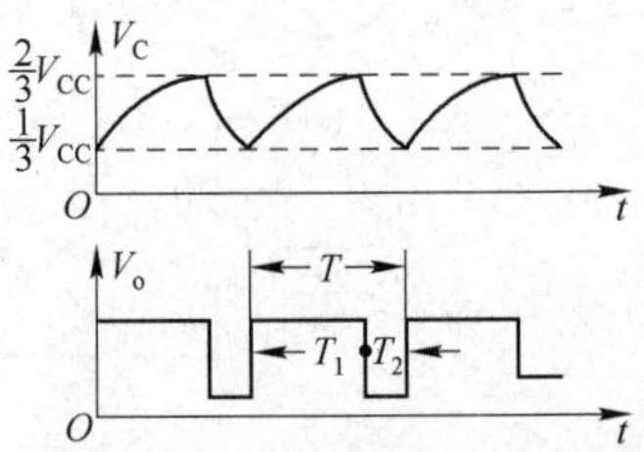


图 13.14　多谐振荡器的工作波形

图 13.13 的仿真结果如图 13.15 所示，图中上面的波形为电容 C1 的电压波形，下面波形为振荡器输出波形。

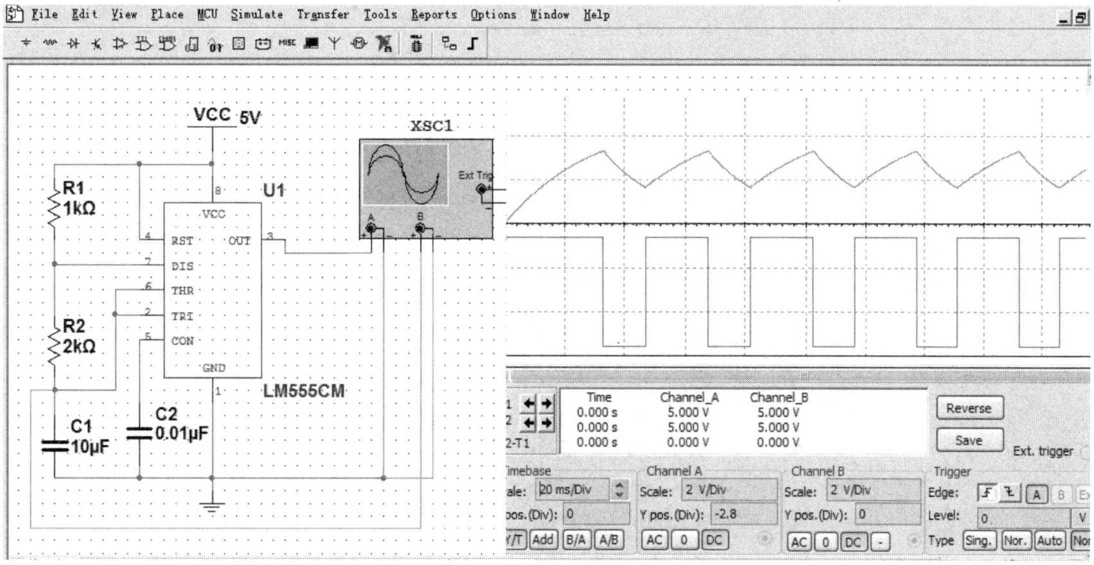


图 13.15　555 定时器构成的多谐振荡器的仿真结果

**2. 振荡周期估算**

由图 13.14 所示波形可知，电路的振荡周期为

$$T=T_1+T_2$$

式中，$T_1$ 为 $V_C$ 从$\frac{1}{3}V_{CC}$上升到$\frac{2}{3}V_{CC}$所需时间，充电时间常数 $\tau_1=(R_1+R_2)C$，故

$$T_1=(R_1+R_2)C\ln\frac{V_{CC}-\frac{1}{3}V_{CC}}{V_{CC}-\frac{2}{3}V_{CC}}=(R_1+R_2)C\ln2$$

$T_2$ 为 $V_C$从$\frac{2}{3}V_{CC}$下降到$\frac{1}{3}V_{CC}$所需时间，放电时间常数 $\tau_2=R_2C$，故

$$T_2=R_2C\ln\frac{0-\frac{2}{3}V_{CC}}{0-\frac{1}{3}V_{CC}}=R_2C\ln2$$

因此
$$T=T_1+T_2=(R_1+2R_2)C\ln2\approx0.7(R_1+2R_2)C$$

正脉宽 $T_1$ 与周期 $T$ 之比称做占空比，用 $q$ 表示，则

$$q=\frac{T_1}{T}=\frac{R_1+R_2}{R_1+2R_2}$$

由上面多谐振荡器的振荡周期 $T$ 的表达式可知，由 555 定时器构成的多谐振荡器其振荡周期和外接定时元件值成正比，所以该振荡器频率调节很方便。另外，由占空比表达式可知，该电路的占空比调节不灵活，且 $q>0.5$。

**3. 改进电路**

在图 13.13 所示电路的基础上增加一个可调电位器 RP，再用 $VD_1$ 及 $VD_2$ 两个二极管把充电回路和放电回路完全分开，如图 13.16 所示，就构成了占空比可调的多谐振荡器。调节电位器 RP 就可改变输出矩形波的占空比。

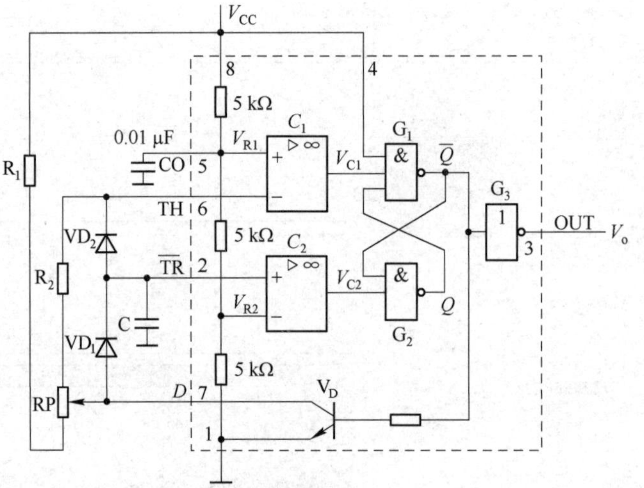


图 13.16　多谐振荡器的改进电路

如果把 RP 分成两部分，把靠近 $R_1$ 一侧的部分归并到 $R_1$，靠近 $R_2$ 一侧的部分归并到 $R_2$，那么其充电回路是 $V_{CC}$ 经 $R_1$、$VD_1$ 对电容 C 充电，充电时间常数是 $\tau_1=R_1C$；放电回路是电容通过 $VD_2$、$R_2$ 和 $V_D$ 放电，放电时间常数是 $\tau_2=R_2C$。因此

$$T_1\approx 0.7R_1C \qquad T_2\approx 0.7R_2C$$

$$q=\frac{T_1}{T_1+T_2}=\frac{R_1}{R_1+R_2}$$

由上式可知，若 $R_1\geqslant R_2$，则 $T_1\geqslant T_2$；反之 $T_1\leqslant T_2$。

### 13.4.2　用施密特触发器构成的多谐振荡器

#### 1. 电路组成及工作原理

图 13.17(a) 所示电路是用施密特触发器构成的多谐振荡器。它是将施密特触发器的反相输出端经 RC 积分电路接回到输入端构成的。

接通电源的瞬间，由于电容 C 的初始电压为 0，即施密特触发器的输入电压 $V_i$ 为低电平，故电路输出 $V_o$ 为高电平，电路进入第一个暂稳态。在此期间，输出高电平经电阻 R 向电容 C 充电，使 $V_i$ 以指数规律增加。当电容 C 上的电压增加到略大于施密特触发器的上触发电平 $V_{T+}$ 时，施密特触发器的输出从高电平跳变到低电平，电路从第一个暂稳态转换为第二个暂稳态。

在第二个暂稳态期间，电容 C 经电阻 R 放电，使施密特触发器的输入电压 $V_i$ 按指数规律下降。当电容 C 上的电压 $V_C$ 下降到略低于施密特触发器的下触发电平 $V_{T-}$ 时，输出 $V_o$ 从低电平跳变到高电平，电路从第二个暂稳态又返回到第一个暂稳态。

电路如此周而复始地改变状态，产生自激振荡。电路的工作波形如图 13.17(b) 所示。

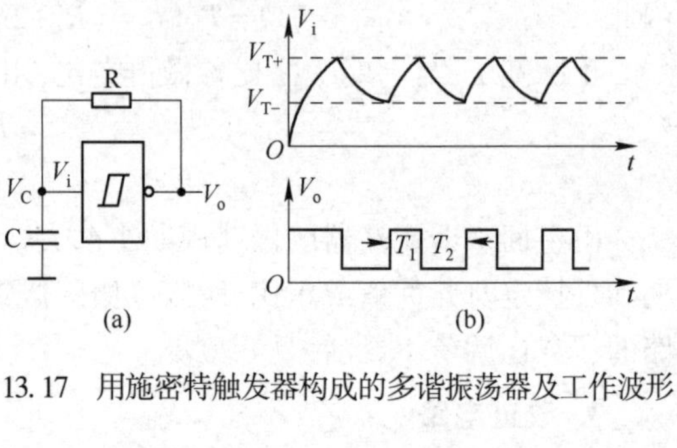


图 13.17　用施密特触发器构成的多谐振荡器及工作波形

#### 2. 振荡周期估算

若使用的是 CMOS 施密特触发器，而且 $V_{OH}\approx V_{DD}$，$V_{OL}\approx 0$，则由图 13.17(b) 所示波形可得电

路的振荡周期为：

$$T=T_1+T_2=RC\ln\frac{V_{DD}-V_{T-}}{V_{DD}-V_{T+}}+RC\ln\frac{0-V_{T+}}{0-V_{T-}}=RC\ln\left(\frac{V_{DD}-V_{T-}}{V_{DD}-V_{T+}}\cdot\frac{V_{T+}}{V_{T-}}\right)$$

### 13.4.3 石英晶体多谐振荡器

前面介绍的多谐振荡器具有工作可靠，电路简单，调节方便等优点，其缺点是振荡频率不能太高，一般不超过几百 kHz。另外，这些电路的振荡频率取决于时间常数 $\tau$、转换电平及电源电压等参数，当受环境温度变化、电源电压波动等外界条件影响时，决定振荡频率的参数的变化，将导致振荡频率的不稳定。在频率高、对频率要求十分稳定的场合，常采用石英晶体多谐振荡器。

图 13.18 所示为石英晶体的符号和阻抗频率特性。由图可以看出，石英晶体对频率特别敏感，在石英晶体两端加不同频率的信号时，石英晶体呈不同的阻抗特性和不同的阻抗值。当信号频率为 $f_0$ 时，石英晶体呈纯电阻特性，且阻抗值最小（接近于 0）；当信号频率大于或小于 $f_0$ 时，石英晶体分别呈电感性和电容性，且阻抗值随偏离 $f_0$ 的距离的增加而迅速增大。$f_0$ 称为石英晶体的固有频率或谐振频率，它只与石英晶体的切割方向、外形和尺寸有关，且不受外围电路参数的影响。石英晶体的固有频率的稳定度可达 $10^{-7}$，足以满足数字系统对频率稳定度的要求。

图 13.19 所示电路是用 CMOS 反相器和石英晶体构成的多谐振荡器。图中反相器 $G_1$ 用于产生振荡；$R_f$ 是反馈电阻（阻值约为 10～100MΩ），其作用是为 $G_1$ 提供适当的偏置，使之工作在放大区，以增强电路的稳定性和改善振荡器的输出波形；振荡器的振荡频率取决于石英晶体的固有频率 $f_0$；$C_1$ 是温度特性校正电容（一般取 20～40pF）；$C_2$ 是频率微调电容（调节范围一般为 5～35pF）。反相器 $G_2$ 的作用是对输出信号整形和缓冲，以便得到较为理想的矩形波和增加电路的驱动能力。

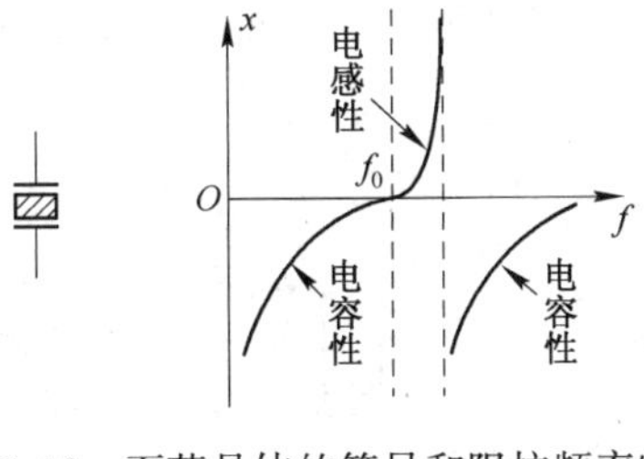


图 13.18 石英晶体的符号和阻抗频率特性

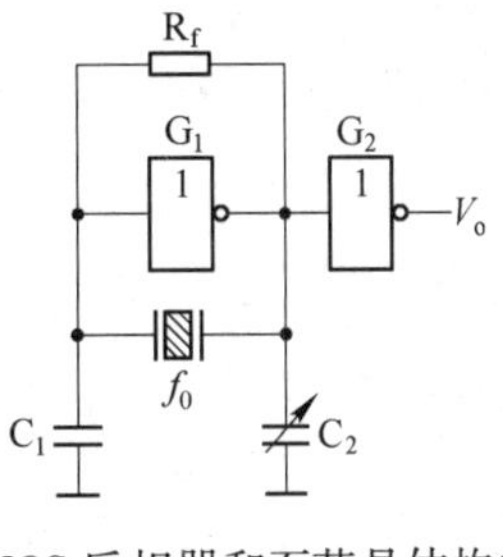


图 13.19 用 CMOS 反相器和石英晶体构成的多谐振荡器

石英晶体多谐振荡器的突出优点是有极高的频率稳定度，多用于要求高精度时基的数字系统中。

二维码 13-3

**思考题 13.4（参考答案请扫描二维码 13-3）**

1. 如何理解“图 13.13 所示的多谐振荡器频率调节较方便，但占空比调节不灵活”这句话？

2. 石英晶体多谐振荡器与 555 定时器构成的多谐振荡器相比，有哪些优点？

## 本章小结

● 本章介绍的脉冲电路分为两类：一类是脉冲整形电路，如施密特触发器和单稳态触发器；另一类是周期脉冲产生电路，如多谐振荡器。

- 555 定时器是一种将模拟和数字电路集成于一体的电子器件，它可以构成施密特触发器、单稳态触发器、多谐振荡器等脉冲电路，还可以连接成多种其他应用电路。
- 施密特触发器是由电平触发的双稳态器件，它的主要功能是把缓慢变化的不规则信号变换成较理想的矩形波。
- 单稳态触发器有两种工作状态：稳态和暂稳态。在没有外界信号作用时，电路处于稳态，并且能一直保持下去；在外界触发信号作用下，电路由稳态转换为暂稳态，经过一段时间后，电路会自动返回到稳态。单稳态触发器常用于脉冲的整形、定时和延迟。
- 多谐振荡器能自行产生具有一定频率和一定脉宽的周期矩形脉冲，多谐振荡器没有稳态，只有两个暂稳态，两个暂稳态之间的相互转换都不需要外加触发信号，而是靠电路自身完成的。
- 在单稳态触发器和多谐振荡器电路的分析中，采用了波形分析法，这种方法物理概念清楚，简单实用。

## 习　题

13.1　555 定时器按图题 13.1(a)连接，其中 $V_{CC}=5V$。输入 $V_{i1}$ 和 $V_{i2}$ 的波形如图题 13.1(b)所示。请画出定时器输出 $V_o$ 的波形，555 定时器功能表如表 13.1 所示（假设 $V_o$ 初态为 1）

13.2　在图 13.3(a)所示的用 555 定时器构成的施密特触发器电路中，555 定时器功能表如表 13.1 所示。试问：

(1) 当 $V_{CC}=12V$，且没有外接控制电压时，$V_{T+}$、$V_{T-}$ 和 $\Delta V_T$ 各为多少？

(2) 当 $V_{CC}=9V$，控制电压 $V_{CO}=5V$ 时，$V_{T+}$、$V_{T-}$ 和 $\Delta V_T$ 各为多少？

13.3　图题 13.3(a)所示是一个脉冲展宽电路。图中施密特触发器和反相器均为 CMOS 电路。若已知输入信号 $V_i$ 的波形如图题 13.3(b)所示，并假定它的低电平持续时间比时间常数 $RC$ 大得多，试定性画出 $V_C$ 和输出电压 $V_o$ 的波形。

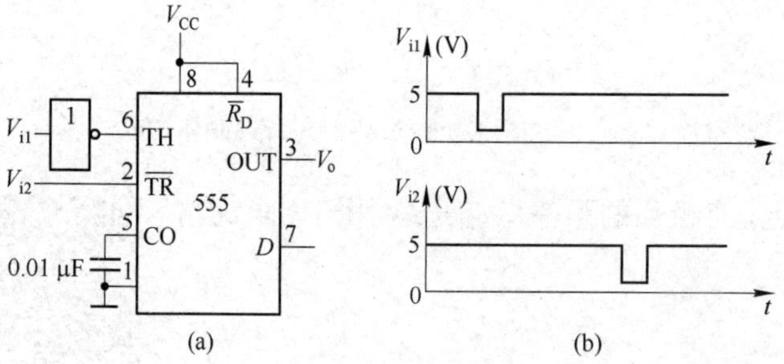


图　题 13.1

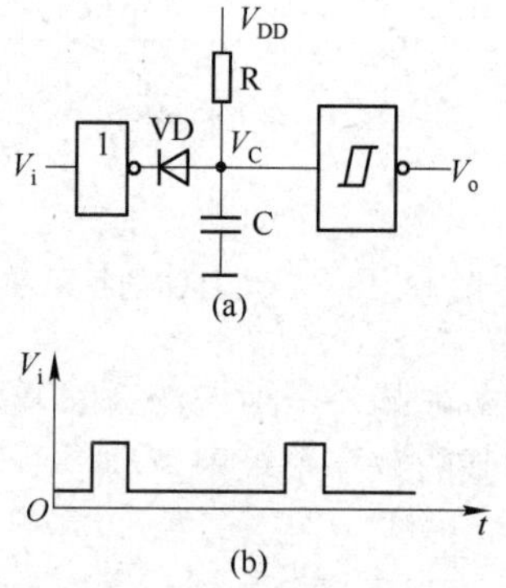


图　题 13.3

13.4　由 555 定时器构成的单稳态触发器如图 13.5 所示。假设外接电源 $V_{CC}=5V$，$R=330\Omega$，$C=0.1\mu F$，输入 $V_i$ 波形如图题 13.4 所示。请画出输出波形。555 定时器功能表如表 13.1 所示。

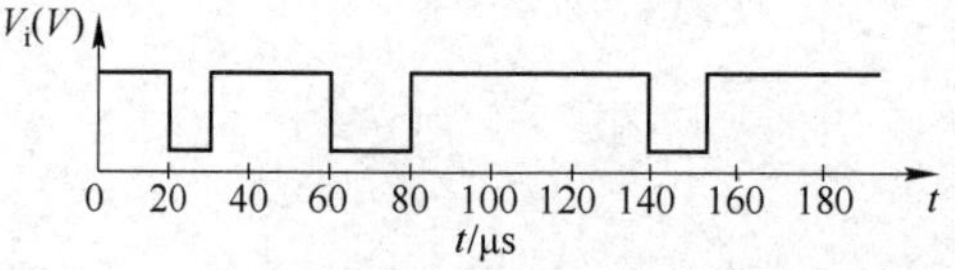


图　题 13.4

13.5　图题 13.5(a)所示是用集成单稳态触发器 74121 和 D 触发器构成的噪声消除电路,图题 13.5(b)为输入信号。设 74121 的输出脉冲宽度 $t_w$ 满足 $t_n<t_w<t_s$(其中 $t_n$ 为噪声脉宽,$t_s$ 为信号脉宽),试定性画出$\overline{Q}$和 $V_o$ 的波形。74121 功能表如表 13.2 所示。

13.6　图题 13.6(a)是由集成单稳态触发器 74121 和逻辑门构成的脉冲宽度鉴别电路。若 74121 输出 $Q$ 的脉冲宽度为 $t_w$。试根据图题 13.6(b)所示输入 $V_i$ 的波形,画出$\overline{Q}$、$Q$、$V_{o1}$、$V_{o2}$的波形。74121 功能表如表 13.2 所示。

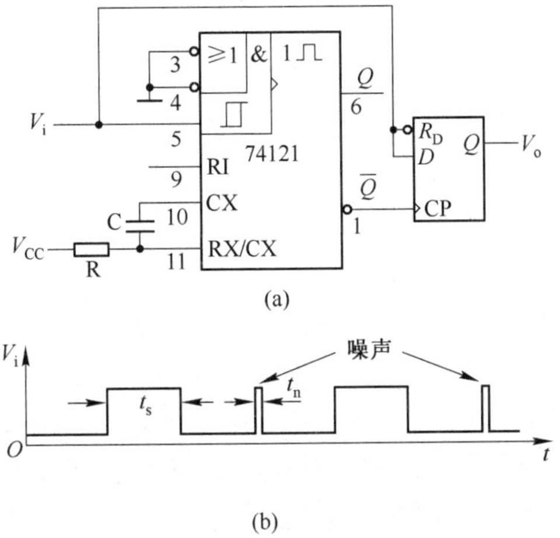


图　题 13.5

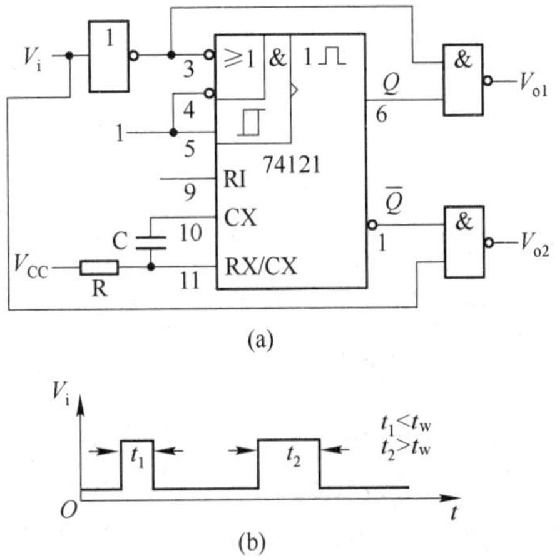


图　题 13.6

13.7　在图 13.13 所示用 555 定时器构成的多谐振荡器中,若 $R_1=R_2=5.1\mathrm{k}\Omega$,$C=0.01\mu\mathrm{F}$,$V_{CC}=12\mathrm{V}$,试计算电路的振荡频率和占空比。若要保持频率不变,而使占空比 $q=1/2$,试画出改进电路。555 定时器功能表如表 13.1 所示。

13.8　分析图题 13.8 所示电路,555 定时器功能表如表 13.1 所示。说明:

(1) 按钮 S 未按下时,两个 555 定时器工作在什么状态?

(2) 每按动一下按钮后两个 555 定时器如何工作?

(3) 画出每次按动按钮后两个 555 定时器的输出电压波形。

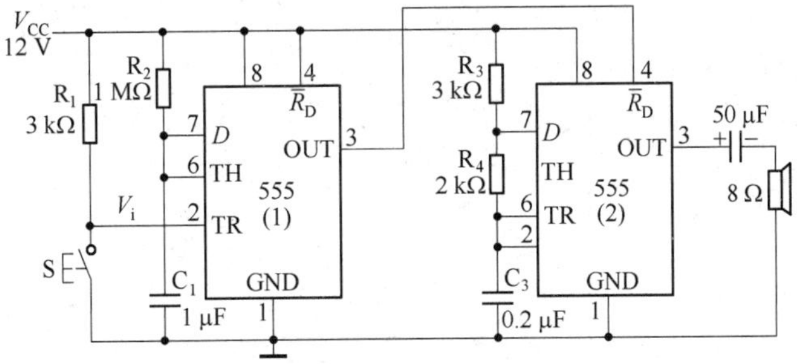

图　题 13.8

# 第 四 部 分

## *第 14 章　电子电路应用举例

本章学习目标：

- 了解液位控制电路的结构和工作原理；
- 了解倒车警示电路的结构和工作原理；
- 了解抢答器电路的结构和工作原理。

本教材前面章节简述了电子电路的特点和构成，分别从模拟电路和数字电路两个方面详细进行了介绍。共发射极放大电路、积分电路、数据选择器等基本的单元电路是如何构成实际使用的电子电路的？模拟电路和数字电路又是如何进行连接实现某一特定功能的？

本章主要介绍几个简单的实用电路，旨在使读者通过模拟电路和数字电路理论知识的学习逐步过渡到运用所学知识解决实际问题——从看懂现成的已知简单电路开始，由简到繁，最终学会按照要求设计电路。

### 14.1　液位控制电路

实际生产生活中经常会用到液位控制，目前有各种各样的液位控制电路，图 14.1 所示电路即为其中一种。该电路可以用来使液面维持在两个指定的液位 A 和 B 之间，实现充液或抽液两种工作模式的控制及转换。

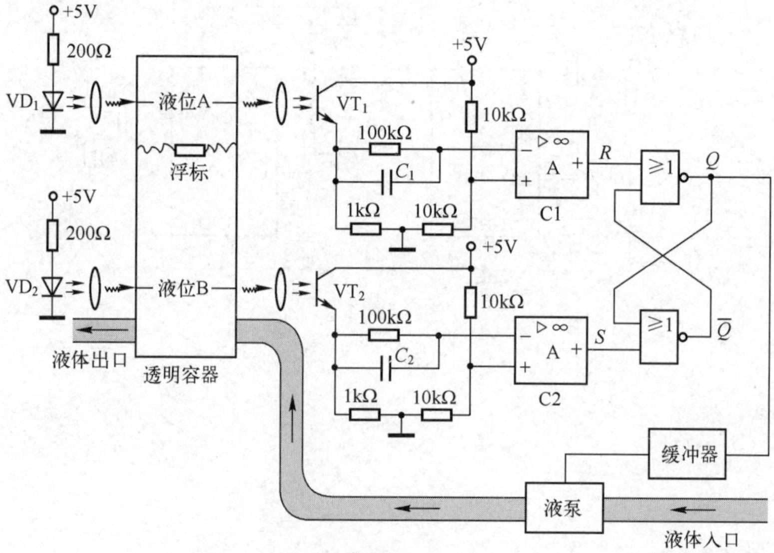


图 14.1　液位控制电路

当液面到达液位 A(此时液位过高)时，发光二极管 $VD_1$ 发出的光被浮标遮挡，光敏三极管 $VT_1$ 没有光电流，此时比较器 C1 的输入信号低于参考电压(2.5V)，其输出为高电平，也即或非门构成的基本 RS 触发器的 $R$ 端输入为 1。由于发光二极管 $VD_2$发出的光到达光敏三极管 $VT_2$，产生光电流，使比较器 C2 的输入信号高于参考电压，所以 RS 触发器的 $S$ 端输入为低电平。也就是说，当液位过高时，RS 触发器两个输入端分别为 $R=1$，$S=0$，触发器完成复位，输出 $Q=0$。此时液泵停止工作，不再充液。

当液面到达液位 B（此时液位过低）时，$VD_2$发出的光被浮标遮挡，$VT_2$不会产生光电流，此时比较器 C2 的输入信号低于参考电压，RS 触发器的 $S$ 端输入为高电平。而比较器 C1 的输入信号电压高于参考电压，其输出为低电平，也即 RS 触发器的 $R$ 端输入为 0。这时，RS 触发器两个输入端分别为 $R=0$，$S=1$，触发器置 1，输出 $Q=1$。此时液泵工作，开始充液，使液面不断升高。

当液面处于液位 A 和 B 之间，$VD_1$和 $VD_2$发出的光都不会被浮标遮挡，$VT_1$和 $VT_2$被光照射均会产生光电流。此时比较器 C1 和比较器 C2 的输入信号电压都高于参考电压，所以输出都是低电平。也即或非门构成的基本 RS 触发器的 $R$ 端和 $S$ 端输入均为 0（$R=0$，$S=0$），这时，RS 触发器的输出 $Q$ 保持不变。如果 $Q=1$，则液泵充液；如果 $Q=0$，则液泵抽液。

如果对此电路做一些改变，即可用来控制物体的运动处于指定的边界条件以内。

## 14.2　倒车警示电路

倒车警示电路是一种常用的汽车电路，也有很多不同的电路结构。图 14.2 所示为采用 555 定时器构成的倒车警示电路。

倒车警示电路工作原理如下：手动开关 S 闭合时，二极管 VD 导通发光，三极管 $VT_1$的基极会有小电流流过，$VT_1$导通。正电源的电压加到 555 定时器上，555 定时器此时构成多谐振荡电路，输出端 3 周期性地向三极管 $VT_2$的基极发出持续时间不等的正负脉冲信号（振荡频率由 $R_1$、$R_2$和 $C_1$决定）。当正脉冲通过 $R_4$输出加到 $VT_2$的基极时，$VT_2$导通，正电源的电压会加到压电蜂鸣器上，使其发声，作为警示、提示及通知使用。

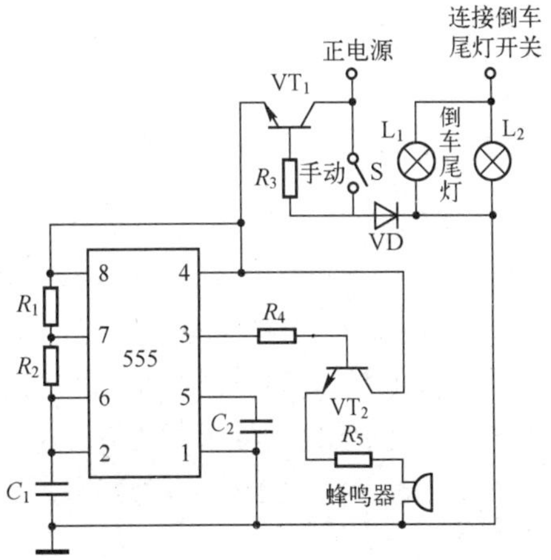

图 14.2　倒车警示电路

## 14.3　抢答器电路

抢答器也是经常用到的一类实用电路，有各种各样不同的电路结构。本节以四路抢答器电路为例介绍抢答器的工作原理，如图 14.3 所示。该电路主要由四个 D 触发器和四个或非门构成，有一个由主持人控制的弹性按键 $S_R$，用于抢答复位和抢答开始的控制。$S_1$、$S_2$、$S_3$和 $S_4$是四个抢答按键，按动按键可以发出抢答信号。抢答开始后，先按动按键者抢答成功，其对应的 LED 灯点亮，同时会封锁其余 3 路按键。

抢答器的工作原理分析如下：主持人按下 $S_R$（此时 $S_R$闭合）后，四个或非门 $G_1$、$G_2$、$G_3$和 $G_4$因为有高电平输入，因此输出均为低电平。由于或非门输出与 D 触发器的复位端相连，这样四个 D 触发器的复位端都是低电平，各触发器同时清零，$Q_1$、$Q_2$、$Q_3$和 $Q_4$输出端均为低电平。主持人再次按下 $S_R$（此时 $S_R$弹起断开），由于四个或非门输入都是低电平，四个或非门输出均为高电平，此时复位端为高电平，处于抢答准备状态。

若某一按键先于其他按键按下（以 $S_2$为例），此时触发器 $F_2$获得时钟正脉冲，$F_2$的输出 $Q_2=1$，此时 $VD_2$导通发光。而 $F_2$的输出端 $Q_2$分别连接 $G_1$、$G_3$和 $G_4$的输入端，使 $G_1$、$G_3$和 $G_4$的输出为

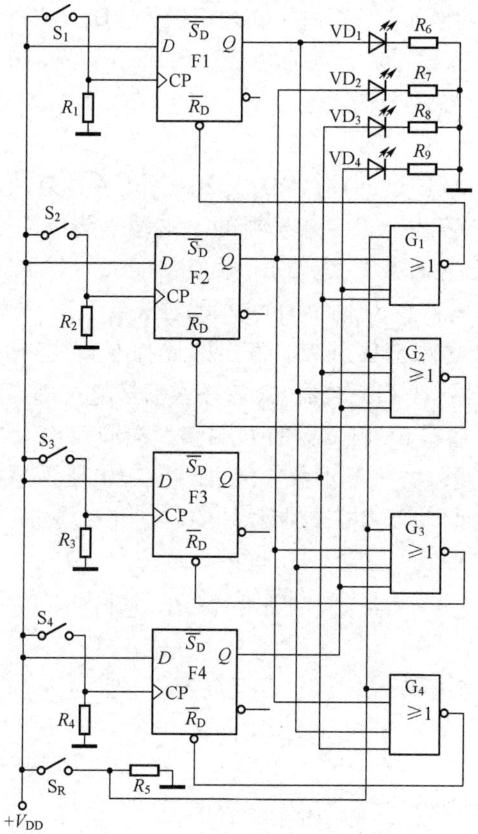


图 14.3　抢答器电路

低电平。而 $G_1$、$G_3$ 和 $G_4$ 的输出又分别与触发器 $F_1$、$F_3$ 和 $F_4$ 的复位端连接。由于这三个或非门的输出均为低电平，此时即便 $S_1$、$S_3$ 和 $S_4$ 这三个开关闭合（按键按下），因为三个触发器的复位端为低电平，三个触发器的输出均为 0，$VD_1$、$VD_3$ 和 $VD_4$ 均截止，不发光。

这个电路还可以连接七段译码器使数码管显示抢答者编号，亦可连接蜂鸣器使其发声，提示有人抢答。

本电路只供四组（人）抢答，如果需要更多的输入端，则增加 D 触发器的个数修改电路即可。

## 本章小结

- 液位控制电路由传感器、比较器、触发器及控制部分构成，主要用来使液位控制在一定的范围之内。
- 倒车警示电路的核心是 555 定时器，控制信号通过 555 定时器产生的输出可以形成警示，起到提醒作用。
- 抢答器电路主要由 D 触发器和或非门构成，当一路抢答成功时会给出指示（灯亮）并封锁其余的三路信号输入。

## 习　题

14.1　图 14.1 所示的液位控制电路中，液面是否可能高于液位 A 或者低于液位 B？

14.2　图 14.3 所示的抢答器电路中，当一路抢答成功后，如何封锁其余三路的输入？

# 第五部分　附　录

## 附录 A　半导体分立元件和集成电路型号命名方法

目前半导体分立元件的命名国际上没有一个统一的标准，不同国家甚至各制造公司都有自己的一套命名方法。这里主要介绍国产半导体分立元件和集成电路的型号命名方法，目前国内也比较常用的美国电子工业协会分立元件命名方法，以及国际电子联合会半导体器件型号命名方法。

表 A.1　国产半导体分立元件型号命名法(据国家标准 GB249—89)

| 第一部分 | | 第二部分 | | 第三部分 | | | | 第四部分 | 第五部分 |
|---|---|---|---|---|---|---|---|---|---|
| 用数字表示器件电极的数目 | | 用字母表示器件的材料和极性 | | 用字母表示器件的类型 | | | | 用数字表示器件序号 | 用字母表示规格号 |
| 符号 | 意义 | 符号 | 意义 | 符号 | 意义 | 符号 | 意义 | | |
| 2 | 二极管 | A | N 型，锗材料 | P | 小信号管 | D | 低频大功率管(截止频率<3MHz，耗散功率≥1W) | | |
| | | B | P 型，锗材料 | V | 混频检波管 | | | | |
| | | C | N 型，硅材料 | W | 电压调整管和电压基准管 | | | | |
| | | D | P 型，硅材料 | | | | | | |
| | | | | C | 变容管 | A | 高频大功率管(截止频率≥3MHz，耗散功率≥1W | | |
| 3 | 三极管 | A | PNP 型，锗材料 | Z | 整流管 | | | | |
| | | B | NPN 型，锗材料 | L | 整流堆 | | | | |
| | | C | PNP 型，硅材料 | S | 隧道管 | | | | |
| | | D | NPN 型，硅材料 | N | 阻尼管 | T | 半导体闸流管 | | |
| | | E | 化合物材料 | U | 光电器件 | | (可控硅整流器) | | |
| | | | | K | 开关管 | Y | 体效应器件 | | |
| | | | | X | 低频小功率管(截止频率<3MHz，耗散功率<1W) | B | 雪崩管 | | |
| | | | | | | J | 阶跃恢复管 | | |
| | | | | | | CS | 场效应器件 | | |
| | | | | | | BT | 半导体特殊器件 | | |
| | | | | G | 高频小功率管(截止频率≥3MHz，耗散功率<1W) | FH | 复合管 | | |
| | | | | | | PIN | PIN 型管 | | |
| | | | | | | JG | 激光器件 | | |

例如：

2AP9——N 型锗材料普通二极管

2DW56——P 型硅材料稳压二极管

3DX6B——NPN 型硅材料低频小功率三极管

3AG11G——PNP 型锗材料高频小功率三极管

**表 A.2    国产半导体集成电路的型号命名方法（据国家标准 GB3430—89）**

| 第一部分：国标 | | 第二部分：电路类型 | | 第三部分：电路系列和代号 | 第四部分：温度范围 | | 第五部分：封装形式 | |
|---|---|---|---|---|---|---|---|---|
| 字母 | 含义 | 字母 | 含义 | | 字母 | 含义 | 字母 | 含义 |
| C | 中国制造 | B | 非线性电路 | 用数字或数字与字母混合表示集成电路系列和代号 | C | 0~70℃ | B | 塑料扁平 |
| | | C | CMOS 电路 | | | | C | 陶瓷芯片载体封装 |
| | | D | 音响、电视电路 | | G | −25~70℃ | D | 多层陶瓷双列直插封装 |
| | | E | ECL 电路 | | | | E | 塑料芯片载体封装 |
| | | F | 线性放大器 | | | | | |
| | | H | HTL 电路 | | L | −25~85℃ | F | 多层陶瓷扁平封装 |
| | | J | 接口电路 | | | | G | 网络阵列封装 |
| | | M | 存储器 | | | | | |
| | | W | 稳压器 | | E | −40~85℃ | H | 黑瓷扁平封装 |
| | | T | TTL 电路 | | | | J | 黑瓷双列直插封装 |
| | | μ | 微型机电路 | | | | | |
| | | A/D | A/D 转换器 | | R | −55~85℃ | K | 金属菱形封装 |
| | | D/A | D/A 转换器 | | | | P | 塑料双列直插封装 |
| | | SC | 通信专用电路 | | | | | |
| | | SS | 敏感电路 | | M | −55~125℃ | S | 塑料单列直插封装 |
| | | SW | 钟表电路 | | | | T | 金属圆形封装 |

例：

```
C  F  741  C T
```
金属圆形封装
0~70℃
器件代号
线性放大器
中国国家标准

**表 A.3    美国电子工业协会分立元件命名方法**

| 第一部分 | | 第二部分 | | 第三部分 | 第四部分 | 第五部分 |
|---|---|---|---|---|---|---|
| 符号表示器件用途的类型 | | 用数字表示 pn 结数目 | | | 多位数字 | 字母 |
| JAN | 军级 | 1 | 二极管 | N 表示该器件已在美国电子工业协会（EIA）注册登记 | 该器件在美国电子工业协会登记的顺序号 | 同一型号器件不同规格 |
| JANTX | 特军级 | 2 | 三极管 | | | |
| JANTXV | 超特军级 | 3 | 三个 pn 结器件 | | | |
| JANS | 宇航级 | N | N 个 pn 结器件 | | | |
| （无） | 非军用品 | | | | | |

例：2N7002K：表示非军用品；2—三极管，N 沟道增强型 MOSFET；N—EIA 注册标志；7002—EIA 登记顺序号，K—2N7002 的规格。

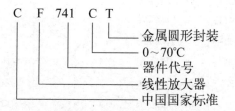

**表 A.4　国际电子联合会半导体器件型号命名方法**

<table>
<tr><th colspan="2">第一部分：<br>字母表示材料</th><th colspan="4">第二部分：字母表示类型及主要特性</th><th colspan="2">第三部分：数字或数字字母组合表示登记号</th><th>第四部分：<br>字母表示规格</th></tr>
<tr><td rowspan="2">A</td><td rowspan="2">锗材料</td><td>A</td><td>检波、开关和混频二极管</td><td>M</td><td>封闭磁路中的霍尔元件</td><td rowspan="5">三位数字</td><td rowspan="5">通用半导体器件产品的登记序号</td><td rowspan="10">同一型号器件通过不同字母区分规格</td></tr>
<tr><td>B</td><td>变容二极管</td><td>P</td><td>光敏元件</td></tr>
<tr><td rowspan="2">B</td><td rowspan="2">硅材料</td><td>C</td><td>低频小功率三极管</td><td>Q</td><td>发光器件</td></tr>
<tr><td>D</td><td>低频大功率三极管</td><td>R</td><td>小功率可控硅</td></tr>
<tr><td rowspan="2">C</td><td rowspan="2">砷化镓</td><td>E</td><td>隧道二极管</td><td>S</td><td>小功率开关管</td></tr>
<tr><td>F</td><td>高频小功率三极管</td><td>T</td><td>大功率可控硅</td><td rowspan="5">一个字母<br>+<br>两位数字</td><td rowspan="5">专用半导体器件产品的登记序号</td></tr>
<tr><td rowspan="2">D</td><td rowspan="2">锑化铟</td><td>G</td><td>复合器件及其他器件</td><td>U</td><td>大功率开关管</td></tr>
<tr><td>H</td><td>磁敏二极管</td><td>X</td><td>倍增二极管</td></tr>
<tr><td rowspan="2">R</td><td rowspan="2">复合材料</td><td>K</td><td>开放磁路中的霍尔元件</td><td>Y</td><td>整流二极管</td></tr>
<tr><td>L</td><td>高频大功率三极管</td><td>Z</td><td>稳压二极管</td></tr>
</table>

注：许多欧洲国家采用这种命名方法（该方法一般以两个字母开头表示材料和型号），但极性的确定（NPN 或 PNP）需查阅手册或测量。

例：

B　C　817　W

W —— BC817 型号以某参数区分的规格 W

817 —— 通用登记序号

C —— 低频小功率三极管

B —— 硅材料

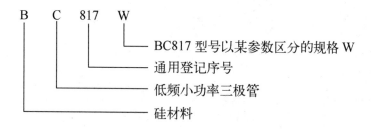

# 附录 B　半导体器件产品说明书举例

这里分别以二极管(荷兰恩智浦半导体)、三极管(美国仙童公司)和场效应管(中国长电科技)为例介绍常见的半导体器件产品说明书所包含的技术指标和参数(说明:此处为保持图文一致,变量均用正体表示)。

## B.1　二极管(1N4148)技术指标及参数

### 1. 特点、应用和描述

**FEATURES**

- Hermetically sealed leaded glass SOD27 (DO-35) package
- High switching speed: max. 4 ns
- General application
- Continuous reverse voltage: max. 75 V
- Repetitive peak reverse voltage: max. 75 V
- Repetitive peak forward current: max. 450 mA.

**APPLICATIONS**

- High-speed switching.

**DESCRIPTION**

The 1N4148 and 1N4448 are high-speed switching diodes fabricated in planar technology, and encapsulated in hermetically sealed leaded glass SOD27 (DO-35) packages.

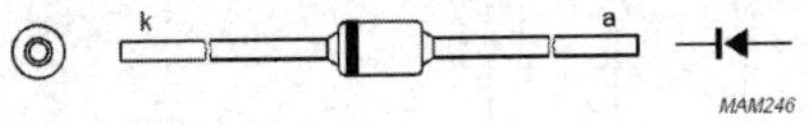


The diodes are type branded.

Fig.1 Simplified outline (SOD27; DO-35) and symbol.

图 B1.1　简化轮廓及符号

### 2. 极限参数

**LIMITING VALUES**

In accordance with the Absolute Maximum Rating System(IEC 134).

| SYMBOL | PARAMETER | CONDITIONS | MIN. | MAX. | UNIT |
|---|---|---|---|---|---|
| $V_{RRM}$ | repetitive peak reverse voltage | | — | 75 | V |
| $V_R$ | continuous reverse voltage | | — | 75 | V |
| $I_F$ | continuous forward current | see Fig. 2; note 1 | — | 450 | mA |
| $I_{FRM}$ | repetitive peak forward current | | — | 450 | mA |
| $I_{FSM}$ | non-repetitive peak forward current | square wave; $T_j=25℃$ prior to surge; see Fig. 4<br>t = 1μs<br>t = 1ms<br>t = 1s | <br>—<br>—<br>— | <br>4<br>1<br>0.5 | <br>A<br>A<br>A |
| $P_{tot}$ | total power dissipation | $T_{amb}=25℃$; note 1 | — | 500 | mW |
| $T_{stg}$ | storage temperature | | -65 | +200 | ℃ |
| $T_j$ | junction temperature | | — | 200 | ℃ |

### 3. 电特性

**ELECTRICAL CHARACTERISTICS**

$T_j=25℃$ unless otherwise specified.

| SYMBOL | PARAMETER | CONDITIONS | MIN. | MAX. | UNIT |
|---|---|---|---|---|---|
| $V_F$ | forward voltage<br>1N4148<br>1N4448 | see Fig. 3<br>$I_F=10mA$<br>$I_F=5mA$<br>$I_F=100mA$ | <br>—<br>0.62<br>— | <br>1<br>0.72<br>1 | <br>V<br>V<br>V |

续表

| SYMBOL | PARAMETER | CONDITIONS | MIN. | MAX. | UNIT |
|---|---|---|---|---|---|
| $I_R$ | reverse current | $V_R=20V$; see Fig. 5 | | 25 | nA |
| | | $V_R=20V$; $T_j=150℃$; see Fig. 5 | — | 50 | μA |
| $I_R$ | reverse current; 1N4448 | $V_R=20V$; $T_j=100℃$; see Fig. 5 | — | 3 | μA |
| $C_d$ | diode capacitance | f = 1MHz; $V_R=0$; see Fig. 6 | | 4 | pF |
| $t_{rr}$ | reverse recovery time | when switched from $I_F=10mA$ to $I_R=60mA$; $R_L=100\Omega$; measured at $I_R=1mA$; see Fig. 7 | | 4 | ns |
| $V_{fr}$ | forward recovery voltage | when switched from $I_F=50mA$; $t_r=20ns$; see Fig. 8 | — | 2. 5 | V |

## 4. 热特性

**THERMAL CHARACTERISTICS**

| SYMBOL | PARAMETER | CONDITIONS | VALUE | UNIT |
|---|---|---|---|---|
| $R_{th\ j\text{-}tp}$ | thermal resistance from junction to tie-point | lead length 10mm | 240 | K/W |
| $R_{th\ j\text{-}a}$ | thermal resistance from junction to ambient | lead length 10mm; note 1 | 350 | K/W |

## 5. 通过曲线描述的参数

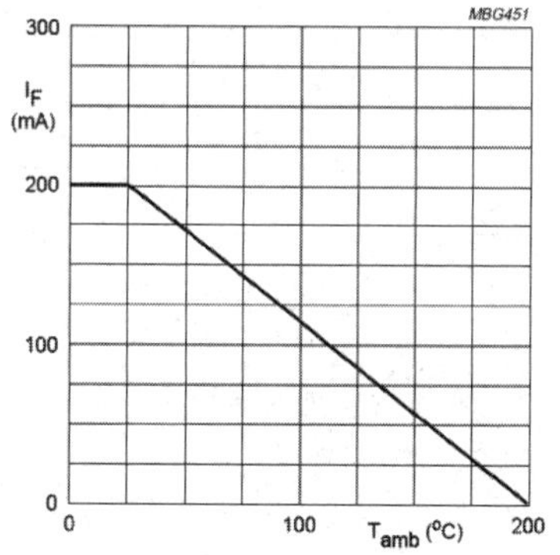


Device mounted on an FR4 printed-circuit board; lead length 10 mm.

图 B1. 2 正向最大允许电流与环境温度的关系

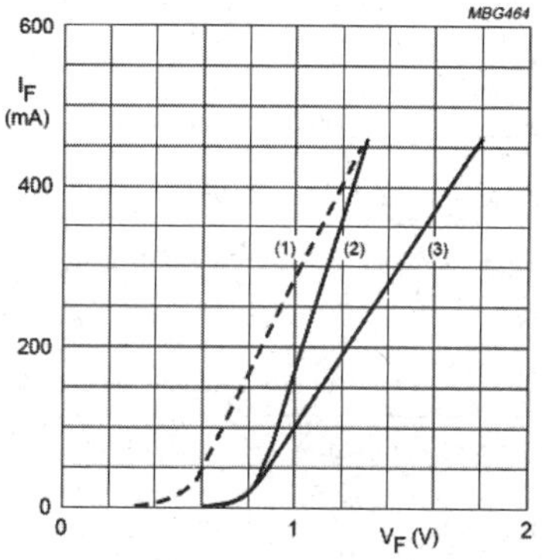


(1) $T_j=175$ °C; typical values.
(2) $T_j=25$ °C; typical values.
(3) $T_j=25$ °C; maximum values.

图 B1. 3 正向电流与正向电压的关系

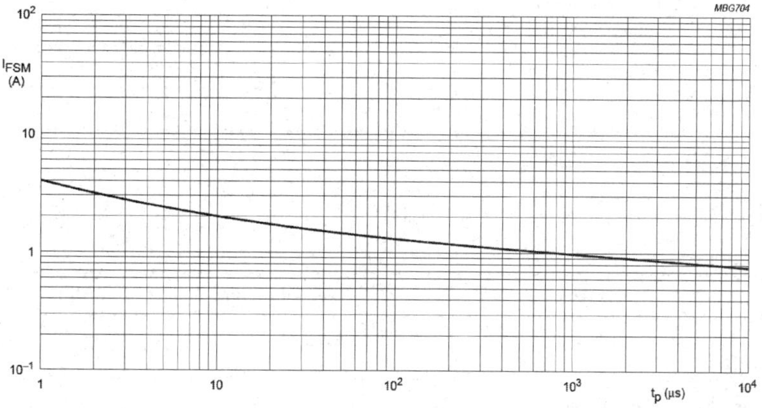


Based on square wave currents.
$T_j=25$ °C prior to surge.

图 B1. 4 最大允许非重复峰值正向电流与脉冲宽度的关系

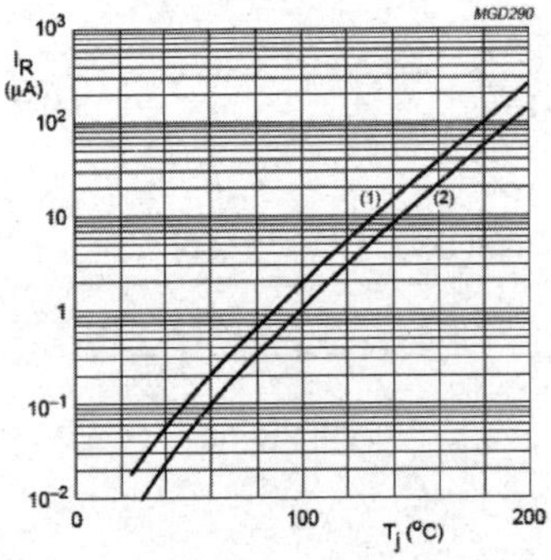


图 B1.5　反向电流与结温的关系
(1) $V_R = 75V$; (2) $V_R = 20V$

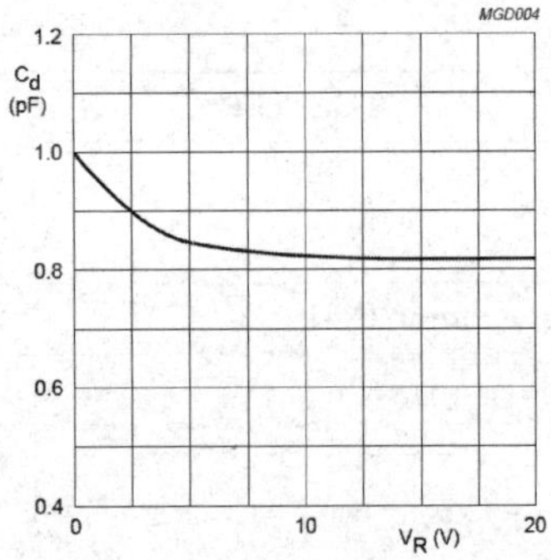


图 B1.6　反向电压与电容的关系
($f = 1MHz, T_j = 25℃$)

# B.2　三极管(2N4124)技术指标及参数

## 1. 特点描述及绝对最大额定参数

**NPN General Purpose Amplifier**

This device is designed as a general purpose amplifier and switch.

The useful dynamic range extends to 100mA as a switch and to 100MHz as an amplifier.

**Absolute Maximum Ratings** * 　TA = 25℃ uniess otherwise noted

| Symbol | Parameter | Value | Units |
|---|---|---|---|
| $V_{CEO}$ | Collector-Emitter Voltage | 25 | V |
| $V_{CBO}$ | Collector-Base Voltage | 30 | V |
| $V_{EBO}$ | Emitter-Base Voltage | 5.0 | V |
| $I_C$ | Collector Current-Continuous | 200 | mA |
| $T_J, T_{stg}$ | Operating and Storage Junction Temperature Range | -55 to+150 | ℃ |

* These ratings are limiting values above which the serviceability of any semiconductor device may be impaired.

## 2. 热特性

**Thermal Characteristics** 　TA = 25℃ uniess otherwise noted

| Symbol | Characteristic | Max | | Units |
|---|---|---|---|---|
| | | 2N4124 | * MMBT4124 | |
| $P_D$ | Total Device Dissipation<br>Derate above 25℃ | 625<br>5.0 | 350<br>2.8 | mW<br>mW/℃ |
| $R_{\theta JC}$ | Thermal Resistance, Junction to Case | 83.3 | | ℃/W |
| $R_{\theta JA}$ | Thermal Resistance, Junction to Ambient | 200 | 357 | ℃/W |

* Device mounted on FR-4 PCB 1.6"×1.6"×0.06".

## 3. 电特性

**Electrical Characteristics** 　TA = 25℃ unless otherwise noted

| Symbol | Parameter | Test Conditions | Min | Max | Units |
|---|---|---|---|---|---|
| **OFF CHARACTERISTICS** | | | | | |
| $V_{(BR)CEO}$ | Collector-Emitter Breakdown Voltage | $I_C = 1.0mA, I_B = 0$ | 25 | | V |
| $V_{(BR)CBO}$ | Collector-Base Breakdown Voltage | $I_C = 10\mu A, I_E = 0$ | 30 | | V |

续表

| | | | | | |
|---|---|---|---|---|---|
| $V_{(BR)EBO}$ | Emitter-Base Breakdown Voltage | $I_C=10\mu A, I_C=0$ | 5.0 | | V |
| $I_{CBO}$ | Collector Cutoff Current | $V_{CB}=20V, I_E=0$ | | 50 | nA |
| $I_{EBO}$ | Emitter Cutoff Current | $V_{EB}=3.0V, I_C=0$ | | 50 | nA |

**ON CHARACTERISTICS** *

| | | | | | |
|---|---|---|---|---|---|
| $h_{FE}$ | DC Current Gain | $I_C=2.0mA, V_{CE}=1.0V$<br>$I_C=50mA, V_{CE}=1.0V$ | 120<br>60 | 360 | |
| $V_{CE(sat)}$ | Collector-Emitter Saturation Voltage | $I_C=50mA, I_B=5.0mA$ | | 0.3 | V |
| $V_{BE(sat)}$ | Base-Emitter Saturation Voltage | $I_C=50mA, I_B=5.0mA$ | | 0.95 | V |

**SMALL SIGNAL CHARACTERISTICS**

| | | | | | |
|---|---|---|---|---|---|
| $f_T$ | Current Gain-Bandwidth Product | $I_C=10mA, V_{CE}=20V$,<br>$f=100MHz$ | 300 | | MHz |
| $C_{obo}$ | Output Capacitance | $V_{CB}=5.0V, I_E=0$<br>$f=100kHz$ | | 4.0 | pF |
| $C_{ibo}$ | Input Capacitance | $V_{BE}=0.5V, I_C=0$,<br>$f=1.0kHz$ | | 8.0 | pF |
| $C_{cb}$ | Collector-Base Capcitance | $V_{CB}=5.0V, I_E=0$,<br>$f=100kHz$ | | 4.0 | pF |
| $h_{fe}$ | Small-Signal Current Gain | $V_{CE}=10V, I_C=2.0mA$,<br>$f=1.0kHz$ | 120 | 480 | |
| NF | Noise Figure | $I_C=100\mu A, V_{CE}=5.0V$,<br>$R_S=1.0k\Omega, f=10Hz$ to $15.7kHz$ | | 5.0 | dB |

## 4. 典型参数曲线

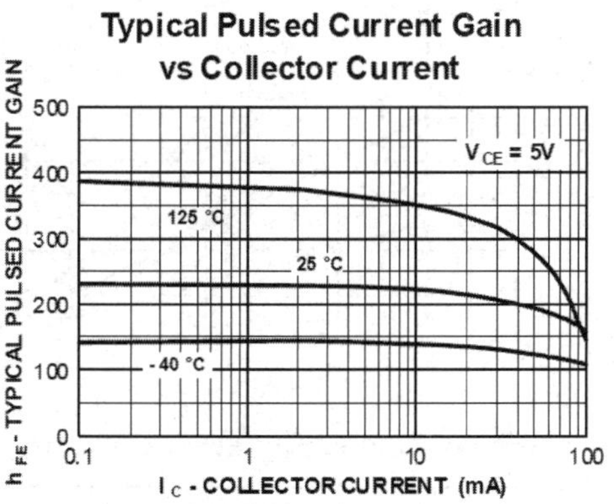


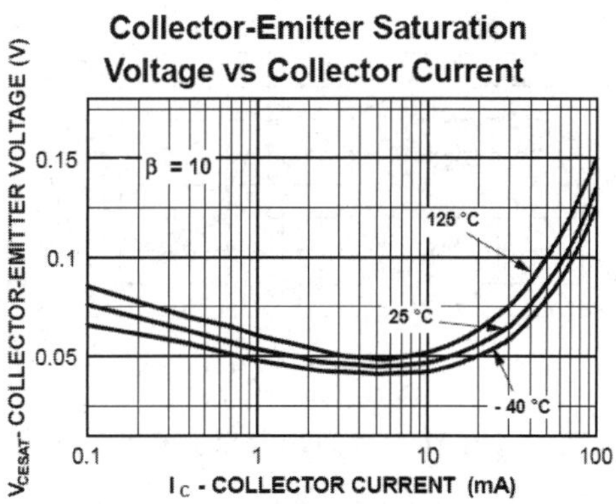


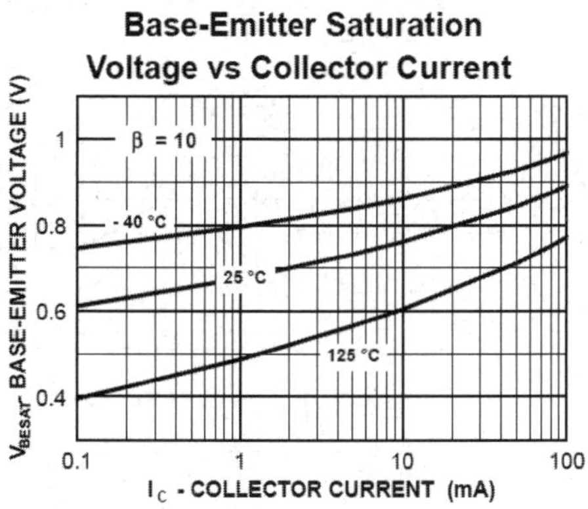


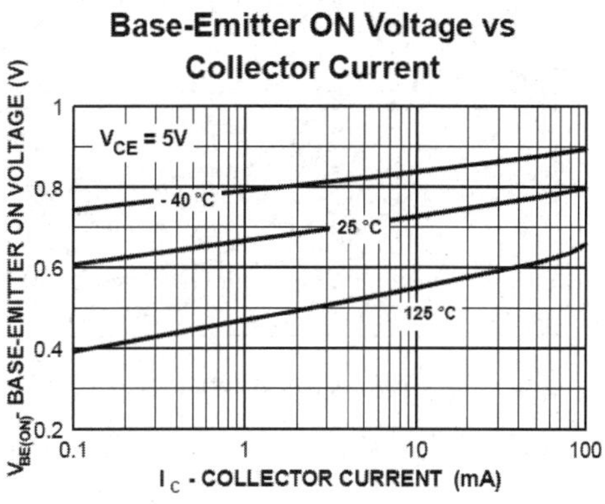

## Collector-Cutoff Current vs Ambient Temperature

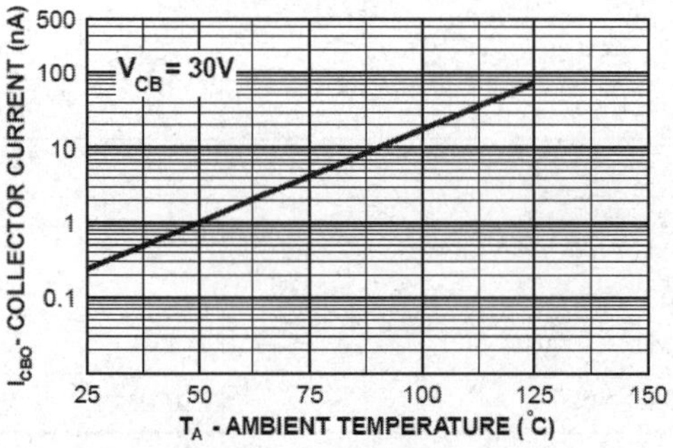


## Capacitance vs Reverse Bias Voltage

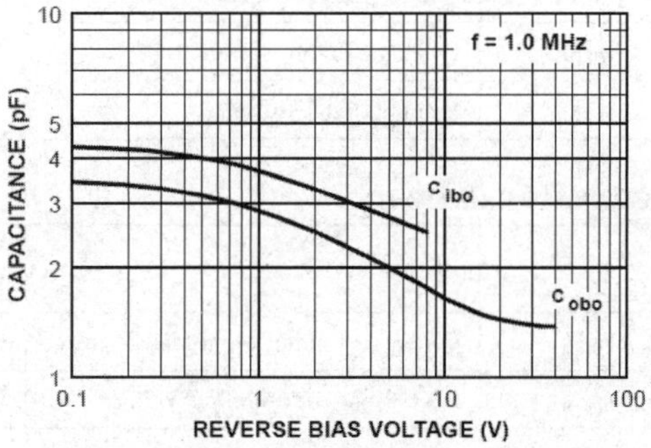


## Noise Figure vs Frequency

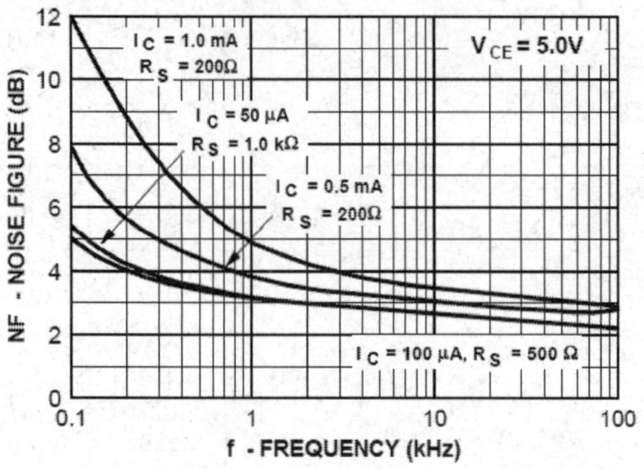


## Noise Figure vs Source Resistance

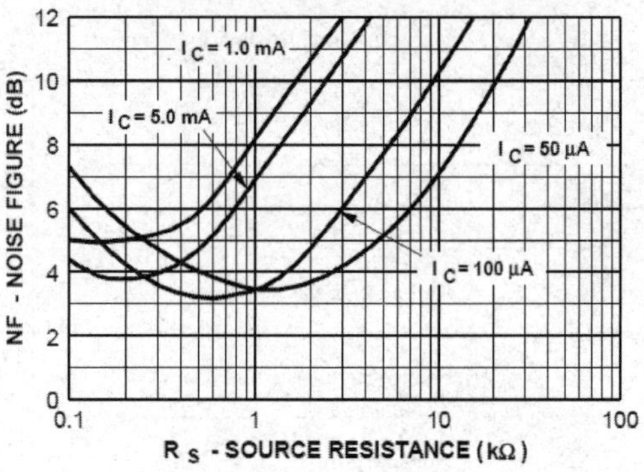


## Current Gain and Phase Angle vs Frequency

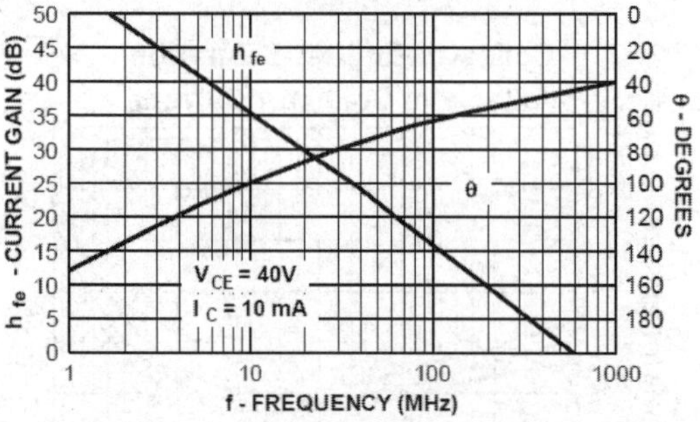


## Power Dissipation vs Ambient Temperature

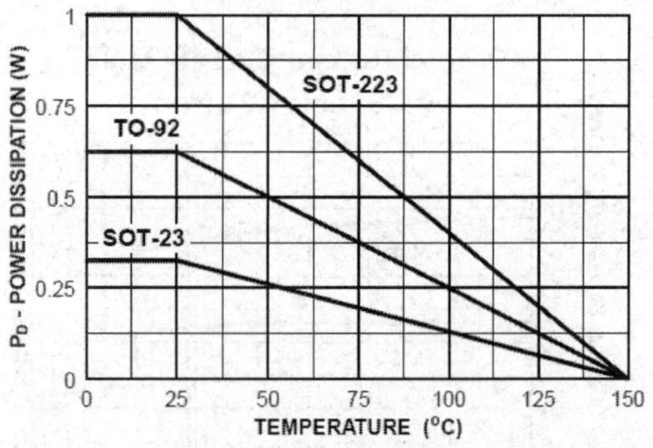


## Turn-On Time vs Collector Current

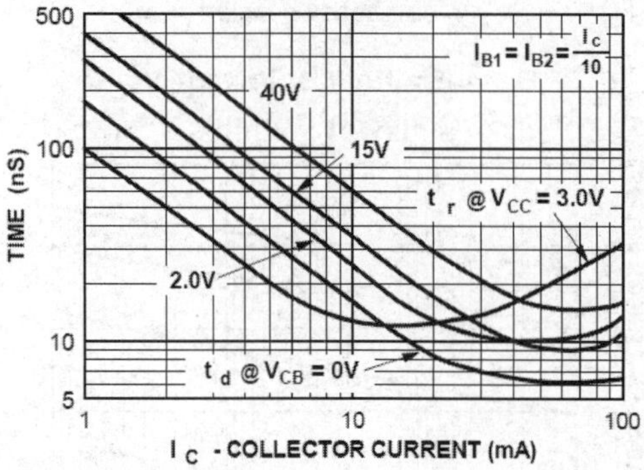


## Rise Time vs Collector Current

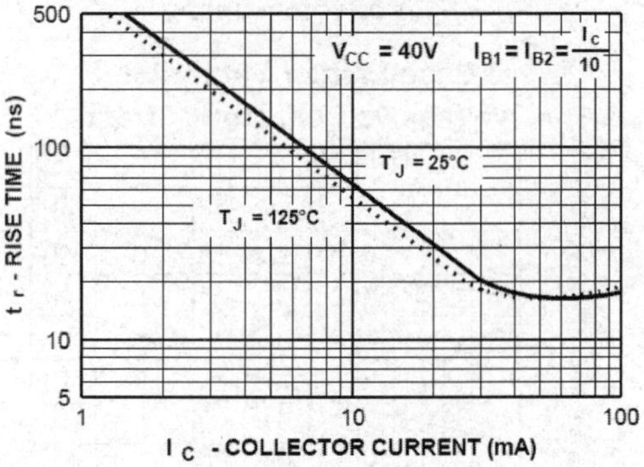

### Storage Time vs Collector Current

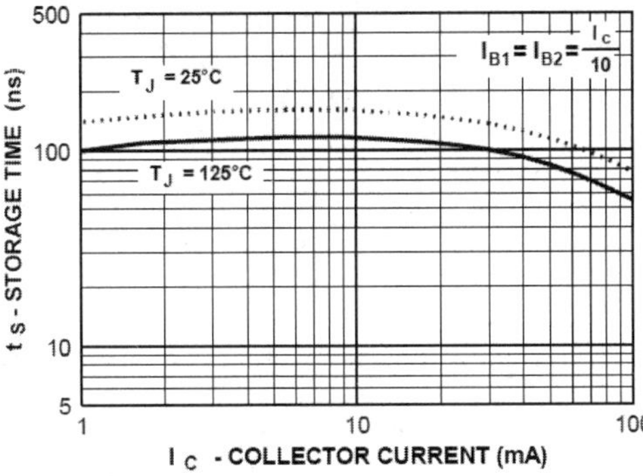


### Fall Time vs Collector Current

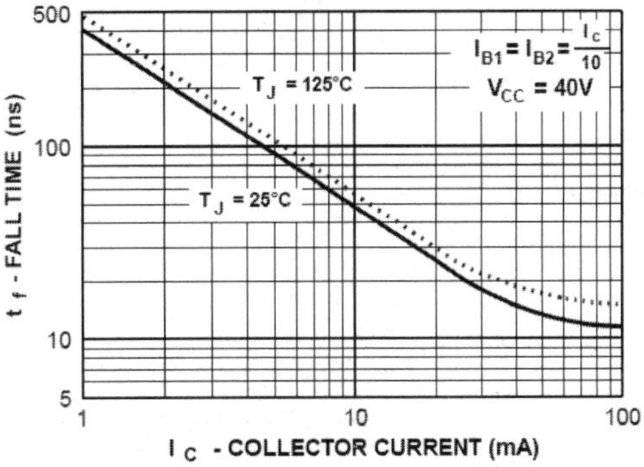


### Current Gain

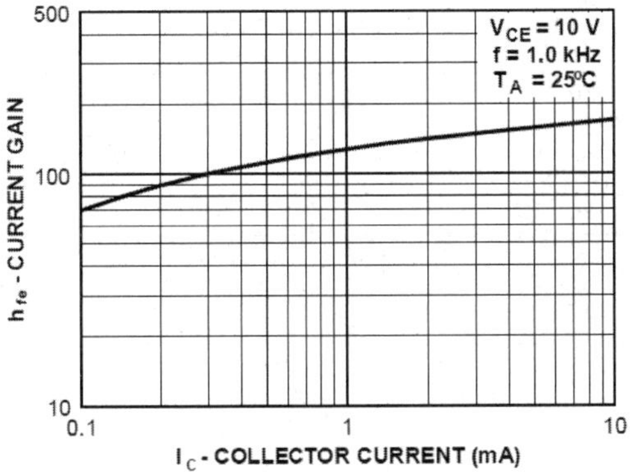


### Output Admittance

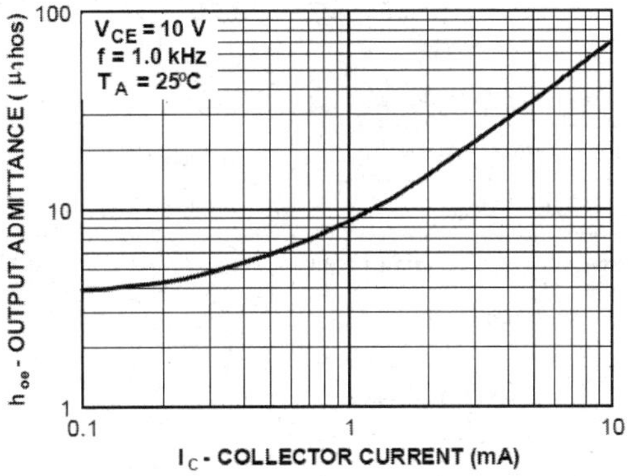


### Input Impedance

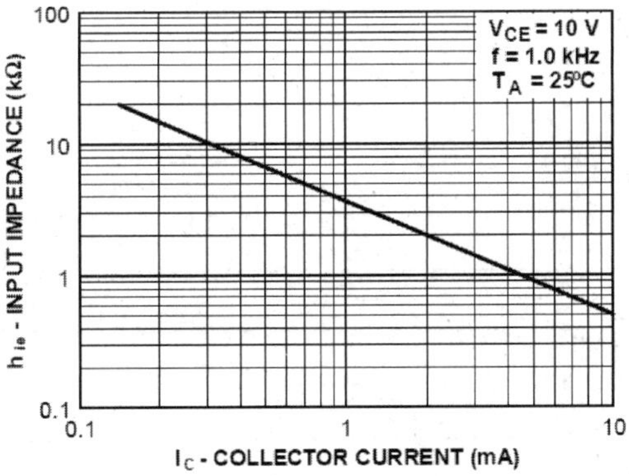


### Voltage Feedback Ratio

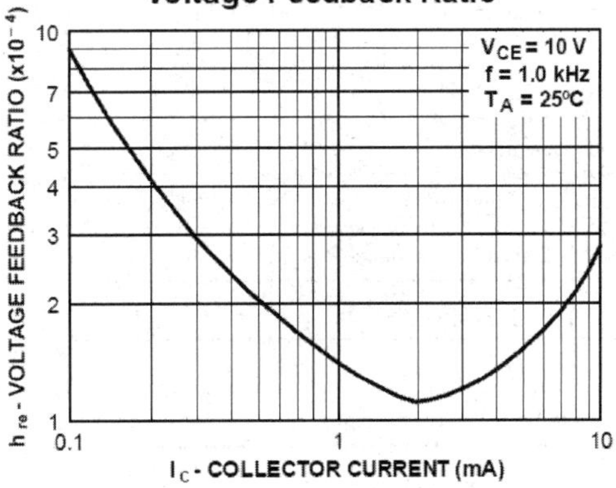


## B. 3　场效应管(2N7002)技术指标及参数

### 1. 特点描述及绝对最大额定参数

**2N7002**　　MOSFET (N-Channel)

**FEATURES**

- High density cell design for low $R_{DS(ON)}$
- Voltage controlled small signal switch
- Rugged and reliable
- High saturation current capability

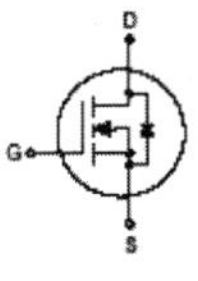


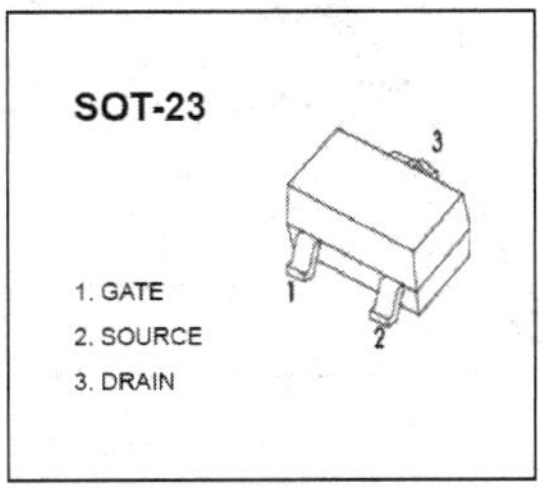

**Marking: 7002**

**MAXIMUM RATINGS ($T_a$ = 25℃ unless otherwise noted)**

| Parameter | Symbol | Value | Unit |
|---|---|---|---|
| Drain-Source Voltage | $V_{DS}$ | 60 | V |
| Gate-Source Voltage | $V_{GS}$ | 20 | V |
| Continuous Drain Current | $I_D$ | 0. 115 | A |
| Power Dissipation | $P_D$ | 0. 225 | W |
| Thermal Resistance from Junction to Ambient | $R_{\theta JA}$ | 556 | ℃/W |
| Junction Temperature | $T_J$ | 150 | ℃ |
| Storage Temperature | $T_{\theta t0}$ | -50 ~ +150 | |

## 2. 电特性

**ELECTRICAL CHARACTERISTICS ($T_a$ = 25℃ unless otherwise specified)**

| Parameter | Symbol | Test conditions | Min | Typ | Max | Unit |
|---|---|---|---|---|---|---|
| Drain-Source Breakdown Voltage | $V_{(BR)DSS}$ | $V_{GS}=0V, I_D=250\mu A$ | 60 | | | V |
| Gate-Threshold Voltage | $V_{Ih(GS)}$ | $V_{DS}=V_{GS}, I_D=250\mu A$ | 1 | | 2. 5 | |
| Gate-body Leakage | $I_{GSS}$ | $V_{DS}=0V, V_{GS}=\pm 20V$ | | | ±80 | nA |
| Zero Gate Voltage Drain Current | $I_{DSS}$ | $V_{DS}=60V, V_{GS}=0V$ | | | 80 | nA |
| On-state Drain Current | $I_{D(ON)}$ | $V_{GS}=10V, V_{DS}=7V$ | 500 | | | mA |
| Drain-Source On-Resistance | $R_{DS(on)}$ | $V_{GS}=10V, I_D=500mA$ | | | 7 | Ω |
| | | $V_{GS}=5V, I_D=50mA$ | | | 7 | |
| Forward Trans conductance | $g_{fs}$ | $V_{DS}=10V, I_D=200mA$ | 80 | | | ms |
| Drain-source on-voltage | $V_{DS(on)}$ | $V_{GS}=10V, I_D=500mA$ | | | 3. 75 | V |
| | | $V_{GS}=5V, I_D=50mA$ | | | 0. 375 | V |
| Diode Forward Voltage | $V_{SD}$ | $I_S=115mA, V_{GS}=0V$ | 0. 55 | | 1. 2 | V |
| Input Capacitacne * | $C_{iss}$ | $V_{DS}=25V, V_{GS}=0V$, f = 1MHz | | | 50 | pF |
| Output Capacitance * | $C_{OSS}$ | | | | 25 | |
| Reverse Transfer Capacitance * | $C_{tss}$ | | | | 5 | |

**SWITCHING TIME**

| | | | | | | |
|---|---|---|---|---|---|---|
| Turn-on Time * | $t_{d(on)}$ | $V_{DD}=25V, R_L=50\Omega$, $I_D=500mA, V_{GEN}=10V$, $R_G=25\Omega$ | | | 20 | ns |
| Turn-off Time * | $t_{d(off)}$ | | | | 40 | |

## 3. 典型参数曲线

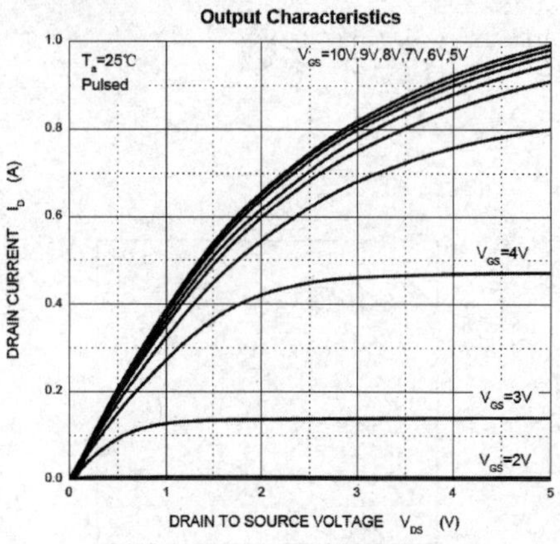


图 B3. 1 $V_{DS}$-$I_D$关系曲线

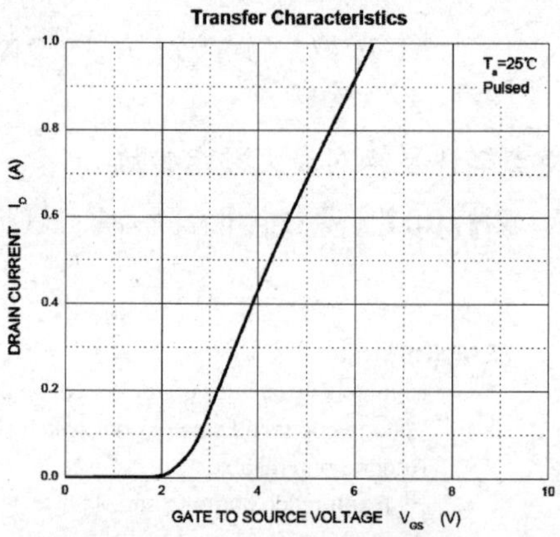


图 B3. 2 $V_{GS}$-$I_D$关系曲线

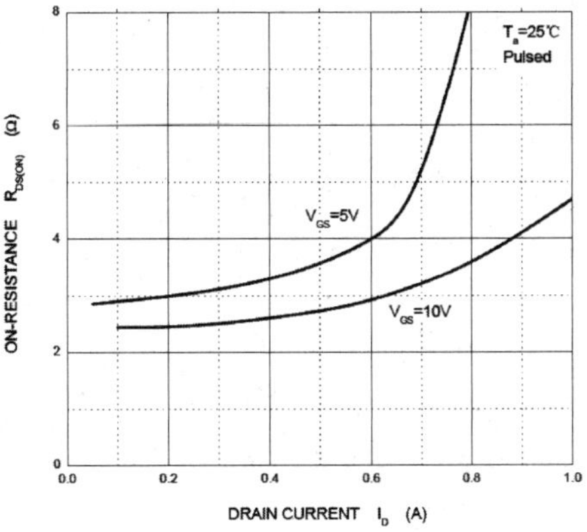


图 B3.3 $I_D$-$R_{DS(ON)}$关系曲线

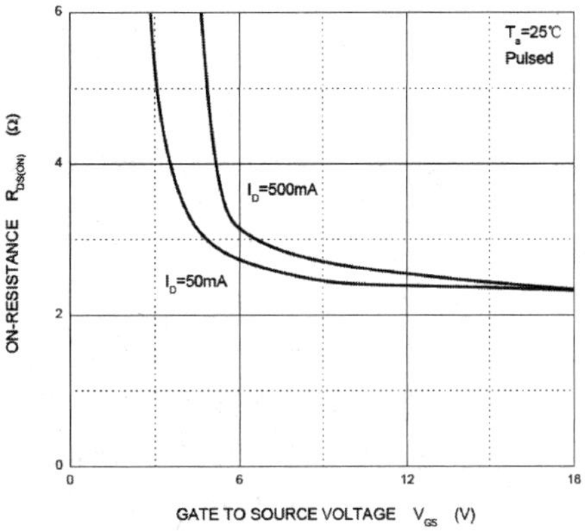


图 B3.4 $V_{GS}$-$R_{DS(ON)}$关系曲线

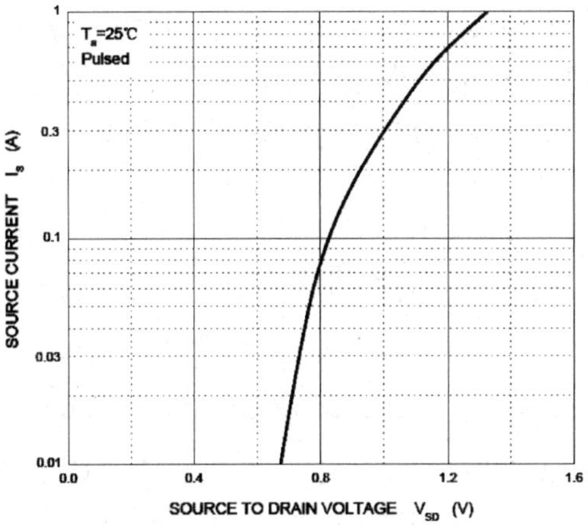


图 B3.5 $V_{SD}$-$I_S$关系曲线

# 附录C　电子电路教学常用EDA软件简介

电子设计自动化(Electronic Design Automation,EDA)代表了当今电子设计技术的最新发展方向,它是一种以计算机为基础工作平台、帮助电子设计工程师从事电子元件产品和系统设计的综合工具。利用EDA,根据硬件描述语言(Hardware Description language,HDL),人们可以实现对电子产品从电路设计、性能分析到IC版图或PCB (Printed Circuit Board, 印制电路板)版图设计的整个过程在计算机上自动处理完成。

EDA技术借助计算机存储量大、运行速度快的特点,可对设计方案进行人工难以完成的模拟评估、设计检验、设计优化和数据处理等工作。目前,EDA已经成为集成电路、印制电路板、电子整机系统设计的主要技术手段。常用EDA软件有很多,可用来进行电路设计、仿真和PCB自动布线。下面简要介绍电子电路教学中常用的几种EDA软件,并对本教材中采用的Multisim进行较为详细的说明,帮助读者更好地了解Multisim软件的特点及在电子电路学习中的作用。

## C.1　几种常用的EDA软件

**1. SPICE(Simulation Program with Integrated Circuit Emphasis)**

SPICE是较早出现的EDA软件之一。由美国加州大学于1972年推出,用FORTRAN语言开发而成,1985年用C语言进行了改写,1988年被定为美国国家工业标准。PSPICE则是由美国Microsim公司在SPICE 2G版本的基础上升级并用于PC上的SPICE版本,自20世纪80年代以来在我国得到广泛应用,并且从6.0版本开始引入图形界面。PSpice是功能最为强大的模拟和数字电路混合仿真EDA软件,可以进行各种各样的电路仿真、激励建立、温度与噪声分析、模拟控制、波形输出、数据输出,并在同一窗口内同时显示模拟与数字的仿真结果。

**2. Multisim**

Multisim是由加拿大图像交互技术公司(Interactive Image Technoligics Ltd,简称IIT公司)于20世纪80年代后期推出的以Windows为基础的电路仿真工具,其特点是人机交互界面形象直观,适用于板级的模拟/数字电路板的设计工作,包含电路原理图的图形输入,电路硬件描述语言输入方式,具有丰富的仿真分析能力。通过Multisim和虚拟仪器技术,PCB设计师可以完成从理论到原理图捕获与仿真,以及原型设计和测试这样一个完整的综合设计流程,非常适合电子学教学。

**3. Protel**

Protel由PROTEL公司于20世纪80年代末推出,现在普遍使用的是功能强大的Protel 99SE,它是电路设计和PCB设计者的首选软件。它包含了电路原理图绘制、模拟电路与数字电路混合信号仿真、多层印制电路板设计与自动布局布线等功能。Protel是完整的全方位电路设计系统,同时具有电路仿真功能和PLD开发功能,它界面友好,使用方便。

**4. MATLAB**

MATLAB(Matrix Laboratory)是Mathworks公司开发的一种集计算、图形可视化和编辑功能于一体的功能强大、操作简便的工程应用软件，广泛应用于各个领域。MATLAB 配备的电力系统工具包（Power System Blockset）使得它可以用于电力电子仿真。Power System 的仿真基于 MATLAB 的 Simulink 图形环境，使用起来与 PSPICE 一样方便。Simulink 是 MATLAB 最重要的功能模块之一，是交互式、模块化的建模和仿真的动态分析系统，可以方便快捷地进行电路原理验证，直观地实现电路的调试和优化。

**5. TINA**

TINA 是匈牙利 Designsoft 公司设计推出的电子电路仿真分析、设计软件，易于使用，功能强大，目前流行于 40 多个国家，大约含有两万多个分立或集成电路元器件，分析的结果可展现在完善的图表中或显示在一系列虚拟设备里，是现代化的电路模拟与教学 EDA 软件。TINA 除了具备一般的电路仿真分析功能，还有一个与外界连接的功能。只要连接到实验箱上，就能将实际的电路直接显示在计算机的屏幕上。并且 TINA 具有独特的训练环境，可以进行监测并介绍故障排除技巧，方便进行电子学教学。

**6. Quartus Ⅱ**

可编程逻辑器件的基本设计方法是借助 EDA 设计软件，用原理图、状态机、硬件描述语言等方法生成相应的目标文件，最后用编程器或下载电缆由 CPLD/FPGA 目标器件实现。CPLD/FPGA 的开发工具一般由器件生产厂家提供，生产 CPLD/FPGA 的厂家很多，但最有代表性的厂家有 Altera、Xilinx 和 Lattice 公司。

Quartus Ⅱ 软件是由 Altera 公司为开发其可编程逻辑器件而推出的 SOPC-EDA 应用开发系统软件，它提供了数字系统 EDA 的综合开发环境，支持设计输入、编译、综合、布局、布线、时序分析、仿真、编程下载等设计过程。它包含多种可编程配置的 LPM（Library of Parameterized Modules）功能模块，如 ROM、RAM、FIFO、移位寄存器、硬件乘法器、嵌入式逻辑分析仪、内部存储器、在系统编辑器等，可以用于构建复杂、高级的逻辑系统。它可将 Altera 公司早期的 EDA 软件 MAX+PLUS Ⅱ 中的设计工程转换到 Quartus Ⅱ 环境下执行，使得设计者先前的设计成果得到继承应用。Quartus Ⅱ 可以直接调用 Synplify Pro、LeonardoSpectrum 及 ModelSim 等第三方 EDA 工具来完成设计任务的综合与仿真。此外，Quartus Ⅱ 还可以与 MATLAB 和 DSP Builder 结合进行基于 FPGA 的 DSP 系统的开发，还可以与 SOPC Builder 结合实现 SOPC 系统的开发。

EDA 技术涉及面很宽，目前已经渗透到各行各业，在电子、机械、通信、航空航天、生物医学、化工、军事等多个领域发挥着巨大的作用，其快速发展推动了产品设计与制造、科研、教学等的不断进步。

## C. 2 Multisim 仿真软件

Multisim 14.0 的使用说明请扫描二维码 C. 2。

二维码 C. 2

## C.3　Quartus Ⅱ开发环境使用简介

QuartusⅡ的使用说明请扫描二维码 C.3。

二维码 C.3

# 附录 D　集成电路基础知识

集成电路(IC,即通常所说的“芯片”chip)是指以半导体材料为基片,采用专门的工艺技术将元器件和连接线集成在基片之上,集信息处理、存储、传输于一体的电路或系统。集成电路被誉为“20 世纪世界最伟大 20 项工程技术”之一,已成为当代各行各业智能工作的基石。

集成电路规模的划分,目前在国际上尚无严格、确切的定义,人们一般按芯片上所含逻辑门电路或晶体管的个数(集成度)作为划分标志,将集成电路分为小规模集成电路(Small Scale Integration,SSI)、中规模集成电路(Medium Scale Integration,MSI)、大规模集成电路(Large Scale Integration,LSI)、超大规模集成电路(Very Large Scale Integration,VLSI)、甚大/特大规模集成电路(Ultra Large Scale Integration,ULSI)和巨大规模集成电路(Gigantic Scale Integration,GSI)。有的情况下,使用 VLSI 往往也包含了 ULSI 或 GSI 的含义。表 D. 1 所示为划分集成电路规模的标准。

**表 D. 1　划分集成电路规模的标准**

| 类　别 | 数字集成电路 | 模拟集成电路 |
|---|---|---|
| SSI | $<10^2$ | <50 |
| MSI | $10^2 \sim 10^3$ | 50~100 |
| LSI | $10^3 \sim 10^5$ | 100~300 |
| VLSI | $10^5 \sim 10^7$ | >300 |
| ULSI | $10^7 \sim 10^9$ | |
| GSI | $>10^9$ | |

集成电路要经过复杂的工序才能生产出来,这些工序包括把很薄的硅晶片分层,精确地上涂料,把计算机上设计出来的电路图用光照到金属薄膜上,制造出掩模,在不同的区域蚀刻形成微部件。该过程涉及的 IC 基本概念有:

- 晶圆(片):硅棒是生产单晶硅片的原材料,由普通硅沙提纯、拉制而成。把硅棒切成一片一片厚度近似相等的薄薄的圆片,对其进行修整至合适直径,称为切割晶圆。直径越大的圆片,所能刻制的集成电路越多,芯片的成本也就越低,但材料技术和生产技术要求会更高。晶圆按其直径分为 4 英寸、5 英寸、6 英寸、8 英寸等规格,近来已发展出 12 英寸甚至更大规格。
- 流片:像流水线一样通过一系列工艺步骤制造芯片,称做流片。现在,为了测试集成电路设计是否成功,也需要进行流片检验,即检验从电路图到芯片的每一个工艺步骤、性能和功能是否达到要求。如果流片成功,就可以大规模生产;否则需要进行相应的优化设计。
- 光刻:为 IC 生产的主要工艺手段,指用光技术在晶圆上刻蚀电路。
- 封装:指把硅片上的电路管脚,用导线接引到外部接头处,以便与其他器件连接。
- 线宽:指 IC 生产工艺可达到的最小线条宽度,集成电路技术的发展体现在设计线宽的不断缩小上。线宽越小,集成度就越高,在同一面积上,就能集成更多的电路单元。

# 附录 E　常见电子电路术语中英文对照

### 第 1 章

electronics　电子学
electronic circuit　电子线路
electronic system　电子系统
circuit element　电路元件
transistor　三极管(晶体管)
semiconductor　半导体
integrated circuits（IC）　集成电路
analog signal/circuit　模拟信号/电路
digital signal/circuit　数字信号/电路
analog to digital converter（ADC）　A/D 转换器
digital to analog converter（DAC）　D/A 转换器
voltage source　电压源
current source　电流源
sinusoidal waveform　正弦波形
resistor　电阻(器)
resistance　电阻(值)
capacitor　电容(器)
capacitance　电容(量)
circuit model　电路模型
impedance　阻抗

### 第 2 章

intrinsic semiconductor　本征半导体
doped semiconductor　掺杂半导体
P-type semiconductor　P 型半导体
N-type semiconductor　N 型半导体
free electron　自由电子
hole/vacancy　空穴
carriers　载流子
PN junction　PN 结
switch　开关
volt-ampere characteristic　伏安特性
diffusion　扩散
drift　漂移
diode　二极管
silicon diode　硅二极管
germanium diode　锗二极管
anode　阳极
cathode　阴极
light-emitting diode（LED）　发光二极管
photodiode　光电二极管
zener diode　稳压二极管
rectifier　整流器
clipper circuit　限幅电路
clamp circuit　钳位电路
PNP transistor　PNP 型晶体管
NPN transistor　NPN 型晶体管
emitter　发射极
collector　集电极
base　基极
current amplification coefficient　电流放大系数
field effect transistor（FET）　场效应管
p-channel　P 沟道
n-channel　N 沟道
junction FET(JFET)　结型场效应管
metal-oxide-semiconductor（MOS）
　金属氧化物半导体
depletion mode MOSFET(D-MOSFET)
　耗尽型 MOS 场效应管
enhancement mode MOSFET(E-MOSFET)
　增强型 MOS 场效应管
source　源极
gate　栅极
drain　漏极
transconductance　跨导
pinch-off voltage　夹断电压

### 第 3 章

sinusoidal voltage　正弦电压
direct current path/component　直流通路/分量
alternating current path/ component
　交流通路/分量
amplifier　放大器
forward bias　正向偏置
reverse bias　反向偏置
quiescent point（Q-point）　静态工作点
equivalent circuit　等效电路
voltage gain　电压放大倍数
overall voltage gain　总的电压放大倍数
Ohm's law　欧姆定律
Kirchhoff's Voltage Law(KVL)

基尔霍夫电压定律

Kirchhoff's Current Law(KCL)　基尔霍夫电流定律

open-circuit voltage　开路电压

short-circuit current　短路电流

saturation　饱和

cut-off　截止

active region　放大区

saturation region　饱和区

cut-off region　截止区

distortion　失真

saturation distortion　饱和失真

cut-off distortion　截止失真

AC load line　交流负载线

DC load line　直流负载线

fixed-bias circuit　固定偏置电路

voltage-divider bias　分压偏置

small signal model　小信号模型

common emitter amplifier　共射极放大器

common base amplifier　共基极放大器

common gate amplifier　共栅极放大器

common collector amplifier　共集电极放大器

emitter/voltage follower　射极跟随器（电压跟随器）

common source amplifier　共源极放大器

common drain amplifier　共漏极放大器

multistage amplifier　多级放大器

resistance-capacitance coupled amplifier　阻容耦合放大器

direct- coupled amplifier　直接耦合放大器

input resistance　输入电阻

output resistance　输出电阻

load resistance　负载电阻

dynamic resistance　动态电阻

load current　负载电流

bypass capacitor　旁路电容

coupled capacitor　耦合电容

direct current circuit (DC)　直流电路

alternating current circuit (AC)　交流电路

sinusoidal ac circuit　正弦交流电路

average value　平均值

effective value　有效值

root-mean-square value (rms)　均方根值

instantaneous value　瞬时值

phase　相位

phase shift　相移

open　开路

short　短路

cut-off frequency　截止频率

upper cut-off frequency　上限截止频率

lower cut-off frequency　下限截止频率

high frequency　高频

low frequency　低频

common-mode gain　共模增益

input impedance　输入阻抗

frequency response characteristic　频率响应特性(曲线)

amplitude-frequency response characteristic　幅频特性

phase-frequency response characteristic　相频特性

pass-band　通频带

bandwidth (BW)　带宽

the Bode plot　波特图

comparator　比较器

## 第 4 章

amplifier with feedback　反馈放大器

open loop　开环

closed-loop　闭环

open-loop gain　开环增益

closed-loop gain　闭环增益

positive feedback　正反馈

negative feedback　负反馈

series negative feedback　串联负反馈

parallel negative feedback　并联负反馈

feedback path　反馈通道

## 第 5 章

zero drift　零点漂移

differential amplifier　差动放大器

ideal operational amplifier(op-amp)　理想运算放大器

offset voltage　失调电压

offset current　失调电流

common-mode signal　共模信号

differential signal　差模信号

common-mode rejection ratio (CMRR)　共模抑制比

virtual ground　虚地

virtual-short-circuit　虚短

virtual-open-circuit　虚断

inverting amplifier　反相放大器

noninverting amplifier　同相放大器
summing amplifier　求和放大器
integrator( circuit)　积分电路
differentiator( circuit)　微分电路
power amplifier　功率放大器
cross-over distortion　交越失真
class A power amplifier　甲类功率放大器
class B push-pull power amplifier
　乙类推挽功率放大器
output transformerless power amplifier
　OTL 功率放大器
output capacitorless power amplifier
　OCL 功率放大器
triangular wave generator　三角波发生器
square wave generator　方波发生器
step input voltage　阶跃输入电压
instrumentation amplifier　仪表放大器

**第 6 章**

oscillator　振荡器
RC oscillator　RC 振荡器
LC oscillator　LC 振荡器
sinusoidal oscillator　正弦波振荡器

**第 7 章**

power supply　电源
full-wave rectifier　全波整流
half-wave rectifier　半波整流
inductor filter　电感滤波器
capacitor filter　电容滤波器
time constant　时间常数
series (voltage) regulator　串联型稳压电源
switching (voltage) regulator　开关型稳压电源
IC (voltage) regulator　集成稳压器

**第 8 章**

binary　二进制
octal　八进制
decimal　十进制
hexadecimal　十六进制
bit　(二进制)位
weight　权
binary coded decimal　(BCD)二-十进制编码
gate　门电路
AND gate　与门
OR gate　或门
NOT gate　非门
NAND gate　与非门
NOR gate　或非门
Exclusive-OR gate　异或门
Exclusive-NOR gate　同或门
inverter　反相器
Boolean algebra　布尔代数
truth table　真值表
commutative law　交换律
associative law　结合律
distributive law　分配律
sum term　和项
product term　积项
sum of products( SOP)　积之和
product of sums( POS)　和之积
the Karnaugh map　卡诺图
adjacency　相邻
Don't care　无关
logic function　逻辑函数
logic expression　逻辑表达式
minimization　最小化

**第 9 章**

combination logic circuit　组合逻辑电路
data　数据
Enable　使能
decoder　译码器
coder　编码器
priority coder　优先编码器
multiplexer( MUX)　数据选择器(多路复用器)
look-ahead carry　超前进位
ripple carry　串行进位(逐位进位)
half-adder　半加器
full-adder　全加器
carry　进位
seven-segment display　七段显示器

**第 10 章**

clear　清除(清零)
clock pulse　时钟脉冲
trigger pulse　触发脉冲
positive edge　上升沿
negative edge　下降沿
timing diagram　时序图
waveform　波形图
complement　补码
R-S flip-flop　RS 触发器
D flip-flop　D 触发器
J-K flip-flop　JK 触发器

master-slave flip-flop　主从型触发器
edge-triggered flip-flop　边沿型触发器
transisitor-transisitor logic
　　晶体管-晶体管逻辑电路
set　置位
reset　复位
direct-set terminal　直接置位端
direct-reset terminal　直接复位端
propagation delay time　传输延迟时间

## 第 11 章

sequential logic circuit　时序逻辑电路
register　寄存器
serial　串行
parallel　并行
shift register　移位寄存器
bidirectional shift register　双向移位寄存器
counter　计数器
modulus　模
state　状态
state diagram　状态图
terminal count　计数器输出
cascade　串联
recycle　循环
synchronous counter　同步计数器
asynchronous counter　异步计数器
adding counter　加法计数器
subtracting counter　减法计数器

## 第 12 章

bus　总线
write　写
read　读
static random-access memory(SRAM)
　　静态存储器
dynamic random-access memory(DRAM)
　　动态存储器
read-only memory(ROM)　只读存储器
random-access memory(RAM)　随机存取存储器
programmable ROM(PROM)　可编程 ROM
erasable programmable read-only memory
(EPROM)　可擦除可编程只读存储器
flash memory 闪存

## 第 13 章

timer　定时器
monostable flip-flop　单稳态触发器
bistable flip-flop　双稳态触发器
astable oscillator　无稳态振荡器
multivibrator　多谐振荡器
crystal　晶体
555 timer　555 定时器
series resonance　串联谐振
parallel resonance　并联谐振
resonance frequency　谐振频率

# 附录F　部分习题参考答案

## 第2章

**2.2**　不同欧姆挡所对应的表的内阻 $R_o$ 不同。

**2.3**　2只二极管背靠背连接不能构成1只三极管。作为放大器件,晶体管的发射极与集电极不能对调。

**2.4**　(a) VD通,$V_o=-5.7\text{V}$;　(b) $VD_1$ 通,$VD_2$ 截止,$V_o=-0.7\text{V}$

**2.5**　图题解2.5均为一个周期的波形。

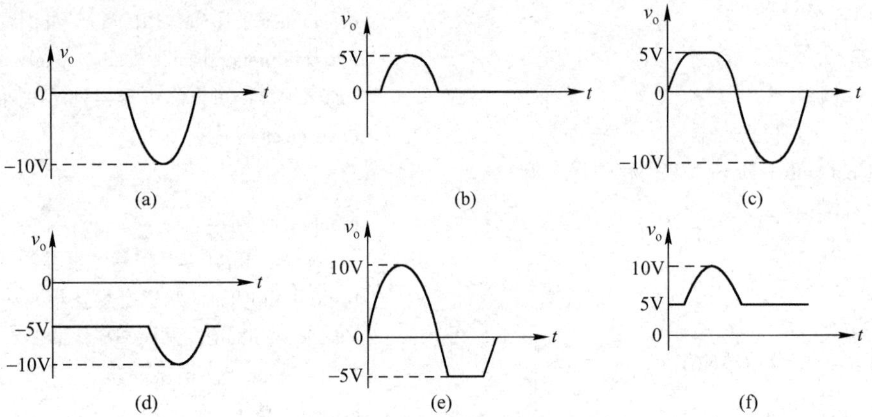


图　题解2.5

**2.6**　实际及理想情况下的输出波形如图题解2.6(a)和(b)所示。

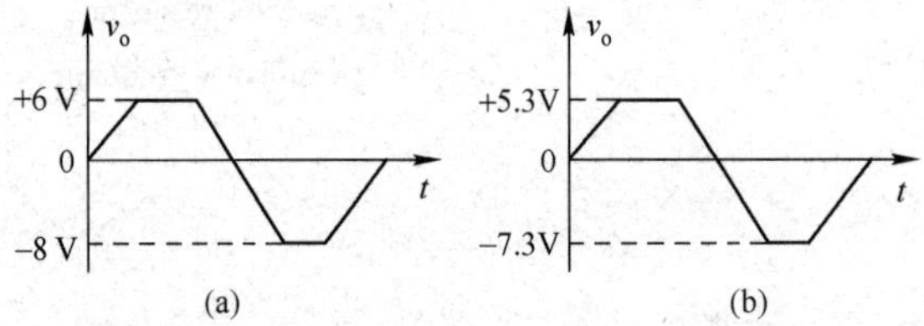


图　题解2.6

**2.7**　(1) 串联四种:14V;8.7V;6.7V;1.4V。并联四种接法,电压值6V或0.7V。

(2) ⓐ $V_o=6\text{V}$;　ⓑ $V_o=6\text{V}$;　ⓒ $V_o=6\text{V}$;　ⓓ $V_o=4.8\text{V}$

**2.8**　(1) $VD_A$ 和 $VD_B$ 均导通,$V_F=0\text{V}$,$I_R\approx3.08\text{mA}$,$I_A=I_B=\frac{1}{2}I_R\approx1.54\text{mA}$

(2) $VD_B$ 导通,$VD_A$ 截止,$V_F=0\text{V}$,$I_R=I_B\approx3.08\text{mA}$,$I_A\approx0$

(3) $VD_A$ 和 $VD_B$ 均导通,$V_F=3\text{V}$,$I_A=I_B=\frac{1}{2}I_R\approx1.15\text{mA}$

**2.11**　①B　②E　③C;PNP;锗

**2.12**　(1) 可以;　(2) 不行;　(3) 不行。

**2.16**　(a) N沟道耗尽型MOS场效应管;(b) N沟道增强型MOS场效应管;(c) P沟道耗尽型MOS场效应管;(d) P沟道增强型MOS场效应管。

**2.17**　(a) N沟道增强型MOSFET,$V_T=2.5\text{V}$;(b) N沟道耗尽型MOSFET,$V_P=-3\text{V}$。

## 第3章

**3.1**　(a) 无放大作用　　(b) 无放大作用　　(c) 无放大作用

(d) 无放大作用　　(e) 无放大作用　　(f) 无放大作用

(g) 有放大作用　　(h) 无放大作用　　(i) 无放大作用

**3.3** SA 相连时,工作在线性放大区,$I_C = 1.824\text{mA}$。

SB 相连时,工作在饱和区,$I_C = 3\text{mA}$。

SC 相连时,工作在截止区,$I_C = 0$。

**3.5** (1) 工作点合适。

(2) 无法正常工作。

(3) 过 $Q$ 点及与横轴的交点(-9.12V, 0)连线, 即为交流负载线。$V_{omax} = 4.32\text{V}$, 有效值近似为 3.1V。

**3.6** (1) $I_B = 28\mu\text{A}$, $I_C = 1.4\text{mA}$, $V_{CE} = 6.4\text{V}$

(3) $A_V \approx -4.41$, $A_{VS} \approx -4.039$

(4) $R_i \approx 10.9\text{k}\Omega$, $R_o \approx 2\text{k}\Omega$

**3.7** (1) $I_B = -38\mu\text{A}$, $I_C = -3.8\text{mA}$, $V_{CE} = -4.47\text{V}$

(3) $A_V = -149.6$, $R_i \approx 891\Omega$, $R_o \approx 2\text{k}\Omega$。

(4) 截止失真。采用减小 $R_b$ 的方法来消除截止失真。

**3.8** (1) $A_V = -220$; (2) $A_V = -88$; (3) $R_i \approx 1.362\text{k}\Omega$, $R_o \approx 3\text{k}\Omega$;

(4) $R_L = \infty$, $A_{VS} \approx -160.9$; $R_L = 2\text{k}\Omega$, $A_{VS} \approx -64.4$

**3.9** (1) $I_B \approx 38\mu\text{A}$, $I_C \approx 1.9\text{mA}$, $V_{CE} = 6.5\text{V}$

若换成 $\beta = 100$ 的同类型管子,仍可正常工作。

(2) $\dot{A}_v = -167$

(3) $R_i \approx 859\Omega$, $R_o \approx 3\text{k}\Omega$

(4) $A_v \approx -1.46$

**3.10** (1) $I_B \approx 0.01\text{mA}$, $I_C \approx 1\text{mA}$, $V_{CE} = 6.4\text{V}$

(3) $R_L = 1.2\text{k}\Omega$, $A_V \approx 0.9626$, $R_i = 86.72\text{k}\Omega$, $R_o = 27.98\Omega$

$R_L = \infty$, $A_V \approx 0.9852$, $R_i = 282\text{k}\Omega$, $R_o = 27.98\Omega$

**3.11** (1) $V_B = 4\text{V}$, $I_C \approx 2.87\text{mA}$, $I_B = 28.7\mu\text{A}$, $V_{CE} \approx 9.8\text{V}$, $r_{be} = 1.11\text{k}\Omega$

(3) $A_V \approx -15.97$, $R_i = 2.35\text{k}\Omega$, $R_o = 1\text{k}\Omega$

**3.12** (1) 共基组态;$I_B \approx 0.038\text{mA}$, $I_C \approx 1.9\text{mA}$, $V_{CE} = 9.55\text{V}$

(3) $A_V \approx 28.4$, $R_i \approx 17.3\Omega$, $R_o = 500\Omega$

**3.14** (1) 60dB, $10^8$Hz, $10^2$Hz; (2) 57 dB

**3.18** $I_D = 2.07\text{mA}$, $V_{GS} = -0.21\text{V}$, $V_{DS} = 5.58\text{V}$。

**3.19** $A_V = -14.946$, $R_i = 23.79\text{k}\Omega$, $R_o = 4.7\text{k}\Omega$

**3.20** $R_{i2} = R_{b2} /\!/ [r_{be} + (1+\beta)(R_{e2} /\!/ R_L)]$, $R_i = R_{i1} = R_{b1} /\!/ [r_{be} + (1+\beta)(R_{e1} /\!/ R_{i2}]$

$R_{o1} = R_{e1} /\!/ \dfrac{r_{be} + R_s /\!/ R_{b1}}{1+\beta}$, $R_o = R_{o2} = R_{e2} /\!/ \dfrac{r_{be} + R_{b2} /\!/ R_{o1}}{1+\beta}$

**3.21** (2) $R_i = 248\text{k}\Omega$, $R_o = 12\text{k}\Omega$

(3) $R_L = 3.6\text{k}\Omega$, $A_V = -45.2$; $R_L = \infty$, $A_V = -196$

**3.22** (1) $V_1$: $I_D = 1\text{mA}$, $V_{GS} = 0\text{V}$, $V_{DS} = 5.8\text{V}$; $V_2$: $I_B = 0.028\text{mA}$, $I_C = 0.84\text{mA}$, $V_{CE} = 6.12\text{V}$

(2) $r_{be} \approx 1.2\text{k}\Omega$, $R_{i2} \approx 3\text{k}\Omega$; $\dot{A}_{v1} = -2$, $\dot{A}_{v2} = -20.33$, $\dot{A}_{vs} \approx 41$; $R_i = 3.3\text{M}\Omega$, $R_o = 5.1\text{k}\Omega$

## 第4章

**4.2** (a) 电压串联交流正反馈; (b) 电流并联交、直流负反馈; (c) 电压并联交、直流负反馈;

(d) 电流串联交、直流负反馈; (e) 电压串联交流负反馈; (f) 电压并联交流负反馈;

(g) 电压串联交、直流负反馈。

**4.3** (a) 不能稳定电压, $R_i$ 减小, $R_o$ 增大; (b) 稳定输出电流, $R_i$ 减小, $R_o$ 增大;

(c) 稳定输出电压, $R_i$ 减小, $R_o$ 减小; (d) 稳定输出电流, $R_i$ 增大, $R_o$ 增大;

(e) 稳定输出电压, $R_i$ 增大, $R_o$ 减小; (f) 稳定输出电压, $R_i$ 减小, $R_o$ 减小;

(g) 稳定输出电压，$R_i$ 增大，$R_o$ 减小。

**4.5** 引入交流电流并联负反馈，反馈线自 $V_2$ 发射极通过电容和反馈电阻 $R_f$ 引至 $V_1$ 基极。

**4.7** $A_{vf}\approx 99$，$V_f=99\text{mV}$，$V_i=0.99\text{mV}$

**4.8** $A_{vf}=10$，$F=0.099$

**4.9** (1) $R_{f1}$：电流串联交、直流负反馈；$R_{f2}$：电压并联交、直流负反馈。

作用：直流负反馈，用来稳定直流工作点；交流负反馈，用来稳定输出电流或电压，改变阻抗。

(2) $R_{f1}$引入的串联负反馈使 $R_i$ 增大，而 $R_{f2}$引入的并联反馈使 $R_i$ 减小；

(3) 将 $R_{f2}$断开不行，因为 $V_1$ 将失去直流偏置。通过保留 $R_{f2}$直流偏置，去除其交流偏置（在电阻 $R_{e5}$两端并联一个足够大的电容）可解决此问题。

## 第 5 章

**5.4** (1) $v_{id}=1\text{V}$，$v_{ic}=1\text{V}$； (2) $v_{od}=100\text{V}$； (3) $A_{vc}=1$，$A_{vd}=999.5$，$K_{CMRR}=999.5$。

**5.6** (1) 该电路称为乙类双电源互补对称功率放大电路，输出级为共集电极放大电路。

(2) 该电路的输出电压与输入电压的相位是反相的关系。

**5.7** (1) $I_{BQ1}=I_{BQ2}=4.71\mu\text{A}$，$I_{CQ1}=I_{CQ2}=706.5\mu\text{A}$，$V_{CEQ1}=V_{CEQ2}=8.64\text{V}$

(2) $A_{vd}=-57.2$

(3) $R_{id}=43.72\text{k}\Omega$，$R_{od}=20\text{k}\Omega$

(4) $R_{ic}=1.5\text{M}\Omega$，$A_{vc}\approx 0$，$K_{CMRR}\approx\infty$

**5.8** $v_i\approx 0.062\text{V}$。

**5.9** $A_{vd}=-\dfrac{\beta R_{c1}}{(1+\beta)R_{e1}+r_{be1}}$，$A_{vd1}=-\dfrac{1}{2}\dfrac{\beta R_{c1}}{(1+\beta)R_{e1}+r_{be1}}$，$R_{id}=2[r_{be1}+(1+\beta)R_{e1}]$

**5.10** (1) $V_o\approx 5.3\text{V}$ (2) $K_{CMRR}\approx 120$

(3) $v_o=0.588\text{V}$

**5.11** $A_v=-R_f/R_1=-10$

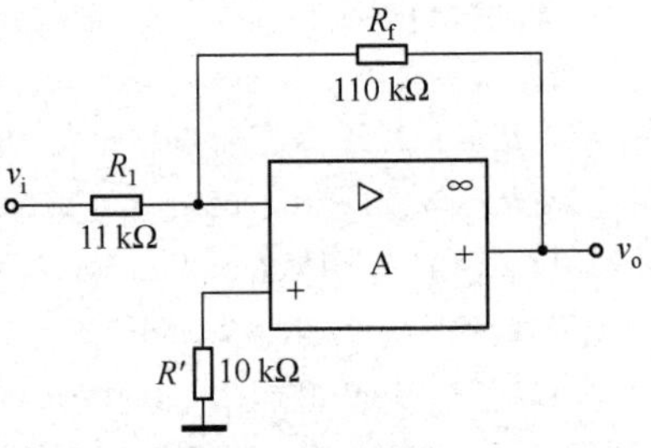


图 题解 5.11

**5.12** $v_o=v_{o2}-v_{o1}=6\,v_i$

**5.13** $v_{o1}=-\left(\dfrac{R_3}{R_1}v_1+\dfrac{R_3}{R_2}v_2\right)$，$v_o=-\left(\dfrac{R_5}{R_4}v_{o1}+\dfrac{R_5}{R_6}v_3\right)$

**5.14** 可以采用不同方案，图题解 5.14 为选用三个运放实现，给出了各个电阻与 $R$ 的比值关系。

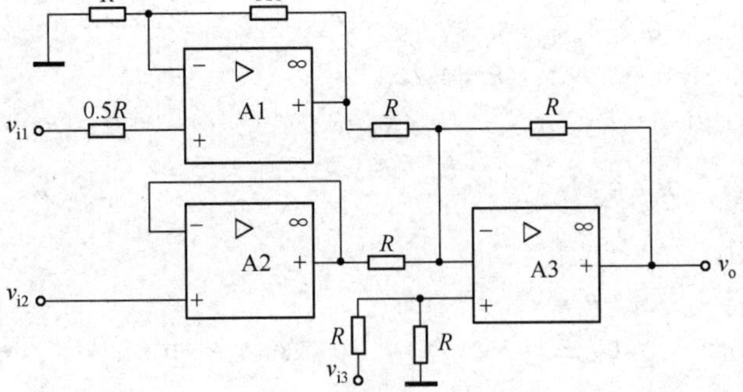


图 题解 5.14

**5.15** $v_o=-1.25\,v_{i1}-2\,v_{i2}+2.32\,v_{i3}+1.16\,v_{i4}$

**5.16** $v_o=-7\text{mV}$

**5.17** 参见图题解 5.17。

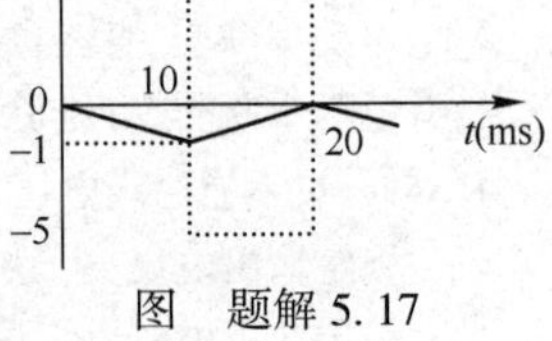


图 题解 5.17

**5.18** 参见图题解 5.18。

**5.19** (1) $A_1$ 为积分电路；$A_2$ 为滞回比较器

(2) 滞回比较器的两个阈值电压为：$V_H=4\text{V}$；$V_L=-4\text{V}$

当 $v_{o1}=-4\text{V}$，即 $t=40\text{s}$ 时，$v_o$从$-12\text{V}$ 跳变到$+12\text{V}$；当 $t>40\text{s}$ 时 $v_{o1}<V_+=-4\text{V}$，

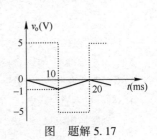

$v_o = +12\text{V}$

（3）输出波形如图题解 5.19 所示。

**5.20** $v_{o1} = -0.15\text{V}$，$v_{o2} = 1.5\text{V}$，$v_{o3} = 6\text{V}$

**5.21** $v_{o1} = -2v_i$，$v_{o3} = -500\int v_{o2}\text{d}t$

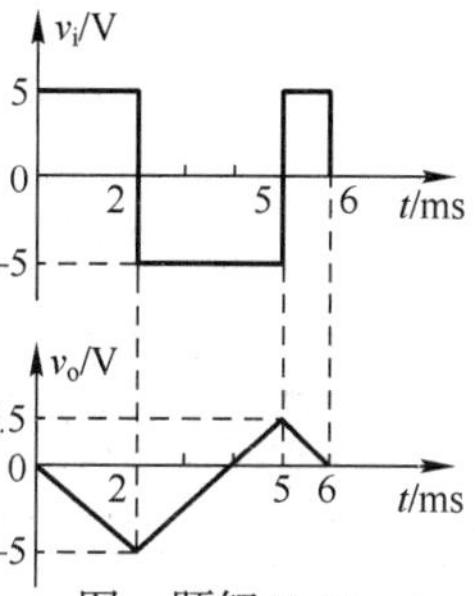


图　题解 5.18

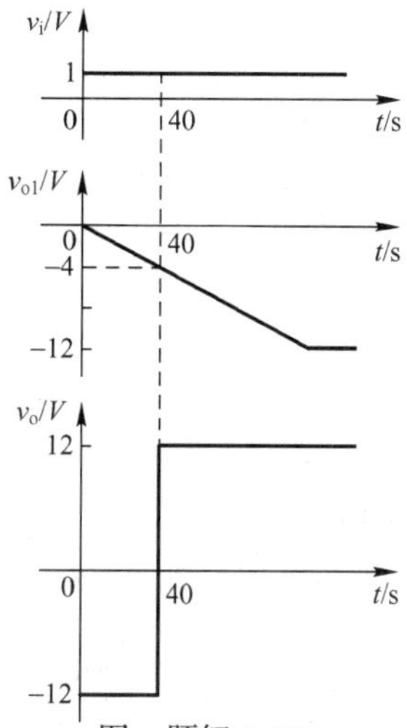


图　题解 5.19

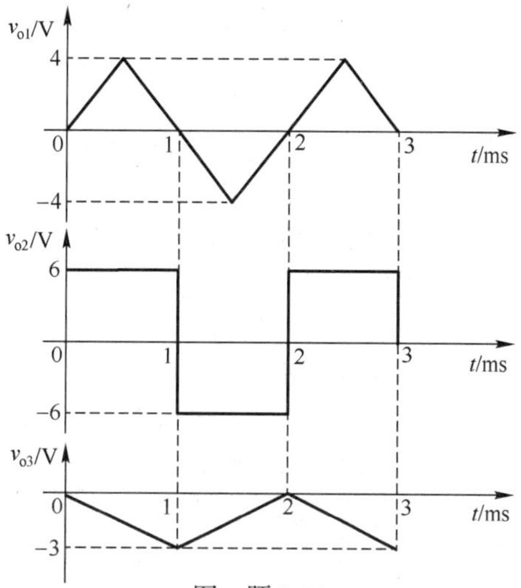


图　题 5.21

## 第 6 章

**6.4** $f = f_0$ 时，$|F_{max}| = 1/3$。此时根据起振条件 $|\dot{A}\dot{F}| > 1$，可以求出电路的电压增益应满足 $|\dot{A}| > 3$。

**6.5** （1）$RC$ 正弦波振荡电路；（2）$LC$ 正弦波振荡电路。

**6.6** （1）J 与 M，K 与 N；（2）$R_2 > 2R_1 = 400\text{k}\Omega$；（3）$f_0 = \dfrac{1}{2\pi RC} \approx 995\text{Hz}$；（4）负温度系数

**6.7** （a）不能满足相位平衡条件 $\varphi_a + \varphi_f = 2n\pi$，不能振荡。

（b）不能满足相位平衡条件 $\varphi_a + \varphi_f = 2n\pi$，不能振荡。

（c）不满足相位平衡条件，不能振荡。

（d）放大电路相移 180°，反馈网络相移 180°，总相移为 360°。为正反馈，能振荡。

（e）放大电路相移 180°，三级 $RC$ 相移小于 270°，必存在一频率使总相移为 360°。为正反馈，能振荡。

（f）总相移小于 360°，不能振荡。

**6.8** 1 与 6，2 与 4，3 与 5 相接。

**6.9** （a）不满足相位条件，可将 $C_1$ 和 $L$ 位置互换，构成 $LC$ 电容三点式振荡电路。为了保证放大电路静态工作点正常，可在电感支路中串联一个小电容隔直。

（b）满足相位条件，能振荡。$LC$ 电容三点式振荡电路。

**6.10** （a）J 与 M，K 与 N；（b）M 与 N，K 与 J。

## 第 7 章

**7.4** （1）正半周断开，负半周变压器副边短路，过流损毁；

（2）正半周不影响，变压器副边短路，过流损毁；（3）正半周断开，负半周正常。半波整流。

**7.5** （1）（d）最好，（c）不能起到滤波作用；（2）$R_L$ 较大，应选（a）；（3）$R_L$ 变化较大，应选（b）和（d）。

**7.6** （1）$V_o = V_Z = 10\text{V}$；$I_o = 10\text{mA}$；$I_R = 14\text{mA}$；$I_Z = 4\text{mA}$　（2）$V_o = 8\text{V}$；$I_o = 16\text{mA}$；$I_R = 16\text{mA}$；$I_Z = 0$

**7.7** 二极管 VD1，稳压管及电容极性都接反了。

**7.8** （1）18V；（2）28.28V；（3）20V

**7.9** （1）比较放大器，其作用是将稳压电路输出电压的变化进行放大，然后送到调整管的基极。

（2）$V_o = 12.5\text{V}$；（3）127.5mA。

**7.10** $V_o = 40.5\text{V}$

# 第 8 章

**8.1** （1） $(101011)_2=(43)_{10}$ （2） $(1101.101)_2=(13.625)_{10}$ （3） $(0.1011)_2=(0.6875)_{10}$

**8.2** （1） $(75)_{10}=(1001011)_2$ （2） $(0.756)_{10}=(0.110000)_2$ （3） $(57.83)_{10}=(111001.110101)_2$

**8.3** （1） $(0.11011)_2=(0.D8)_{16}=(0.66)_8$ （2） $(10111101)_2=(BD)_{16}=(275)_8$

（3） $(110111.01111)_2=(37.78)_{16}=(67.36)_8$

**8.4** （1） $(136.5)_8=(1011110.101)_2$ （2） $(465.43)_8=(100110101.100011)_2$

（3） $(8E.D)_{16}=(10001110.1101)_2$ （4） $(57B.F2)_{16}=(10101111011.1111001)_2$

**8.5** （1） $(932.1)_{10}=(100100110010.0001)_{8421BCD}$ （2） $(67.58)_{10}=(01100111.01011000)_{8421BCD}$

**8.6** （1） $(10001001.01110101)_{8421BCD}=(89.75)_{10}$ （2） $(11001101.11100010)_{2421BCD}=(67.82)_{10}$

（3） $(010011001000)_{5421BCD}=(495)_{10}$ （4） $(10100011.01110110)_{余3BCD}=(70.43)_{10}$

**8.7** 如表题解 8.7 所示。

**8.8** 如表题解 8.8 所示。

**8.9** 如表题解 8.9 所示。

**表 题解 8.7**

| | 原码 | 反码 | 补码 |
|---|---|---|---|
| $(+1011)_2$ | 01011 | 01011 | 01011 |
| $(+011001)_2$ | 0011001 | 0011001 | 0011001 |
| $(-1101)_2$ | 11101 | 10010 | 10011 |
| $(-001101)_2$ | 1001101 | 1110010 | 1110011 |

**表 题解 8.8**

| | 反码 | 补码 |
|---|---|---|
| $(001011)_2$ | $(001011)_2$ | $(001011)_2$ |
| $(011011)_2$ | $(011011)_2$ | $(011011)_2$ |
| $(101011)_2$ | $(110100)_2$ | $(110101)_2$ |
| $(111011)_2$ | $(100100)_2$ | $(100101)_2$ |

**表 题解 8.9**

| | 原码 | 补码 |
|---|---|---|
| （1） | 00010011 | 00010011 |
| （2） | 00101011 | 00101011 |
| （3） | 10010001 | 11101111 |
| （4） | 11001111 | 10110001 |
| （5） | 11110011 | 10001101 |
| （6） | 11111101 | 10000011 |

**8.10** （1） 0111 0011 （2） 0111 1010 （3） 1011 0101(和为负数,其绝对值 01001011)

（4） 0010 1000 （5） 1100 0110(和为负数,其绝对值为 00111110)

（6） 1000 0001(和为负数,其绝对值为 01111111)

**8.12** （1） $F'=(\bar{A}+\bar{B})(C+D)$ $\bar{F}=(A+B)(\bar{C}+\bar{D})$

（2） $F'=[(A+\bar{B})C+D]E+G$ $\bar{F}=[(\bar{A}+B)\bar{C}+\bar{D}]\bar{E}+\bar{G}$

（3） $F'=\overline{(A+\bar{B})C}\cdot\overline{A(\overline{B+C})}$ $\bar{F}=\overline{(\bar{A}+B)\bar{C}}\cdot\overline{\bar{A}(\overline{\bar{B}+\bar{C}})}$

**8.13** （1） $F=\sum m(3,6,7)=\prod M(0,1,2,4,5)$

（2） $F=\sum m(0,1,2,5)=\prod M(3,4,6,7)$

（3） $F=\sum m(1,4,5,6,7)=\prod M(0,2,3)$

**8.14** （1） $F=AB+\bar{A}C$ （2） $F=C$ （3） $F=1$ （4） $F=AC+\bar{B}C$ （5） $F=1$

**8.15** （1） $F=\bar{D}+AB+AC$ （2） $F=\bar{A}\bar{D}+\bar{B}\bar{C}+CD$ （3） $F=CD+A\bar{B}D+\bar{A}\bar{B}C$

（4） $F=AB+\bar{A}\bar{B}+AC$ （5） $F=\bar{A}\bar{B}\bar{C}+\bar{A}BC+B\bar{C}D+\bar{B}CD$ （6） $F=B\bar{C}\bar{D}+A\bar{C}D+BCD+AC\bar{D}$

（7） $F=\bar{A}+\bar{C}\bar{D}+\bar{B}\bar{D}+\bar{B}\bar{C}$ （8） $F=\bar{A}B+CD+\bar{B}\bar{D}$

**8.16** （1） $F=\bar{A}\bar{B}+\bar{B}\bar{D}$ （2） $F=\bar{C}+BD+\bar{B}\bar{D}$ （3） $F=A+B\bar{C}\bar{D}+\bar{B}\bar{C}D+\bar{B}C\bar{D}$

（4） $F=\bar{A}\bar{C}+BD+BC$ （5） $F=C+\bar{B}\bar{D}+A\bar{B}+A\bar{D}$ （6） $F=\bar{C}+\bar{A}\bar{B}$

**8.17** （1） $F=A\bar{B}+\bar{B}C+B\bar{C}=\overline{\overline{A\bar{B}}\cdot\overline{\bar{B}C}\cdot\overline{B\bar{C}}}$ 最简与或式及与非-与非式

$F=\overline{\bar{A}\bar{B}\bar{C}+BC}=\overline{\overline{A+B+C}+\overline{\bar{B}+\bar{C}}}$ 最简与或非式及或非-或非式

（2） $F=\bar{A}\bar{D}+\bar{B}\bar{D}+\bar{A}BC=\overline{\overline{\bar{A}\bar{D}}\cdot\overline{\bar{B}\bar{D}}\cdot\overline{\bar{A}BC}}$ 最简与或式及与非-与非式

$F=\overline{\bar{C}D+AB+\bar{B}D}=\overline{\overline{C+\bar{D}}+\overline{\bar{A}+\bar{B}}+\overline{B+\bar{D}}}$　　最简与或非式及或非-或非式

（3）　$F=B\bar{D}+\bar{A}C+C\bar{D}=\overline{\overline{B\bar{D}}\cdot\overline{\bar{A}C}\cdot\overline{C\bar{D}}}$　　最简与或式及与非-与非式

$F=\overline{\bar{B}\bar{C}+\bar{C}D+AD}=\overline{\overline{B+C}+\overline{C+\bar{D}}+\overline{\bar{A}+\bar{D}}}$　　最简与或非式及或非-或非式

**8.18**　（1）$F(A,B,C,D)=ABCD+\bar{A}\bar{B}C+A\bar{B}\bar{C}+\bar{C}\bar{D}$

（2）$F(A,B,C,D)=AD+CD+\bar{B}C+\bar{B}D$

## 第9章

**9.1**　电路表达式：$F=\bar{A}\bar{B}\bar{C}+ABC$

功能：当 $ABC$ 相同时，$F$ 输出为1，一致电路。

**9.2**　电路表达式：$F=\sum m(1,2,4,7)$。

功能：3位奇偶校验电路。

**9.3**　设表示8421码的4位输入变量为 $A\sim D$，$A$ 为最高位，监视器输出变量为 $F$，输出表达式为：$F=A+B=\overline{1\cdot A\cdot 1\cdot B}$。

**9.4**　设用3个变量 $A$、$B$、$C$ 分别表示3台设备，变量为0，表示对应设备工作正常；变量为1，表示对应设备发生故障。用3个变量 $R$、$Y$、$G$ 分别表示驱动红、黄、绿3个灯的信号，并设高电平驱动灯亮。表达式分别为：

$R=AB+AC+BC$，　$Y=\bar{A}\bar{B}C+\bar{A}B\bar{C}+A\bar{B}\bar{C}$，　$G=\bar{A}\bar{B}\bar{C}$

**9.5**　设用3个变量 $A$、$B$、$C$ 分别表示每个数位，用 $F$ 表示校验电路输出。

输出表达式为：$F(A,B,C)=\bar{A}\bar{B}\bar{C}+\bar{A}BC+A\bar{B}C+AB\bar{C}=\overline{\overline{\bar{A}\bar{B}\bar{C}}\cdot\overline{\bar{A}BC}\cdot\overline{A\bar{B}C}\cdot\overline{AB\bar{C}}}$

**9.6**　设医院、工厂、学校、舞厅分别用 $X_3\sim X_0$ 表示，由于输入信号（被编码的对象）共有4个，即 $N=4$，则输出为一组 $n=2$ 的两位二进制代码，设为 $A_1$、$A_0$。编码可按下列定义：

$$X_0\to A_1A_0=00,X_1\to A_1A_0=01,X_2\to A_1A_0=10,X_3\to A_1A_0=11$$

（1）第一种情况为具有输入互相排斥约束条件的编码，由上述定义可以得到编码器的真值表、卡诺图，由卡诺图化简可得 $A_1=X_2+X_3$，$A_0=X_1+X_3$ 根据表达式可画出编码器的逻辑图。真值表、卡诺图和逻辑图如图题解9.6A所示。

| $X_3\ X_2\ X_1\ X_0$ | $A_1\ A_0$ |
|---|---|
| 0 0 0 0 | × × |
| 0 0 0 1 | 0 0 |
| 0 0 1 0 | 0 1 |
| 0 0 1 1 | × × |
| 0 1 0 0 | 1 0 |
| 0 1 0 1 | × × |
| 0 1 1 0 | × × |
| 0 1 1 1 | × × |
| 1 0 0 0 | 1 1 |
| 1 0 0 1 | × × |
| 1 0 1 0 | × × |
| 1 0 1 1 | × × |
| 1 1 0 0 | × × |
| 1 1 0 1 | × × |
| 1 1 1 0 | × × |
| 1 1 1 1 | × × |

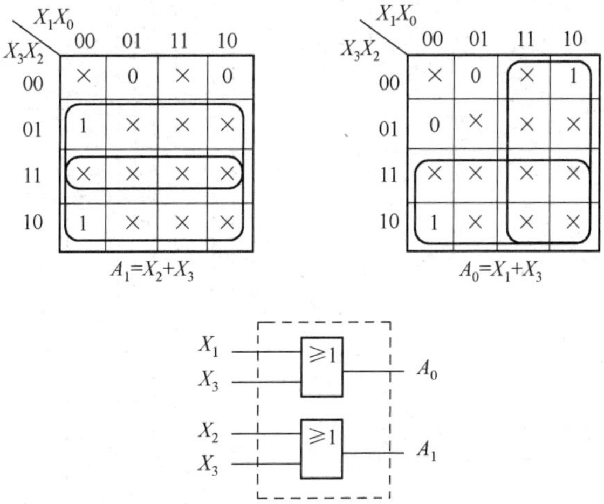


图　题解9.6A

（2）第二情况为无约束条件的优先编码，即允许多个输入端同时为有效电平，根据定义输入信号优先级的高低次序为 $X_3$、$X_2$、$X_1$、$X_0$，即医院的优先级最高，舞厅最低。根据优先级的高低和代码定义，可得4线-2线优先编码器的真值表。为指示无信号输入情况，表中增加了EO输出。对卡诺图化简可得

$$A_1=X_2+X_3\quad A_0=X_3+X_1\bar{X}_2\quad \mathrm{EO}=\overline{X_3X_2X_1X_0}=\overline{X_3+X_2+X_1+X_0}$$

于是可得 4 线-2 线优先编码器的逻辑图。真值表、卡诺图和逻辑图如图题解 9.6B 所示。

| $X_3X_2X_1X_0$ | $A_1$ | $A_0$ | EO |
|---|---|---|---|
| 0 0 0 0 | 0 | 0 | 1 |
| 0 0 0 1 | 0 | 0 | 0 |
| 0 0 1 0 | 0 | 1 | 0 |
| 0 0 1 1 | 0 | 1 | 0 |
| 0 1 0 0 | 1 | 0 | 0 |
| 0 1 0 1 | 1 | 0 | 0 |
| 0 1 1 0 | 1 | 0 | 0 |
| 0 1 1 1 | 1 | 0 | 0 |
| 1 0 0 0 | 1 | 1 | 0 |
| 1 0 0 1 | 1 | 1 | 0 |
| 1 0 1 0 | 1 | 1 | 0 |
| 1 0 1 1 | 1 | 1 | 0 |
| 1 1 0 0 | 1 | 1 | 0 |
| 1 1 0 1 | 1 | 1 | 0 |
| 1 1 1 0 | 1 | 1 | 0 |
| 1 1 1 1 | 1 | 1 | 0 |

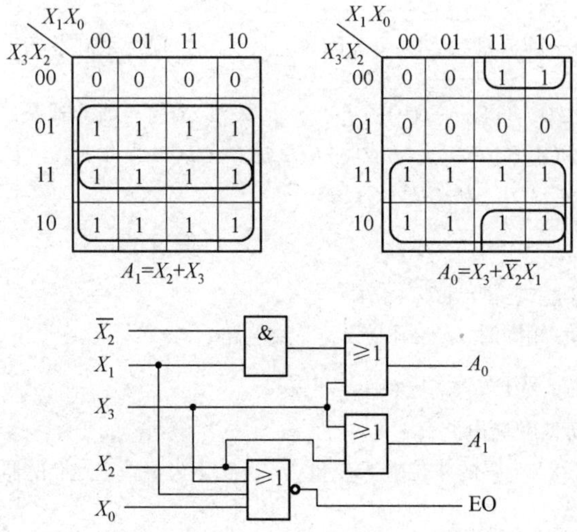


图　题解 9.6B

**9.7**　可用 5 片 3 线-8 线译码器 74138 扩展成一个 5 线-32 线译码器,电路图如图题解 9.7 所示。

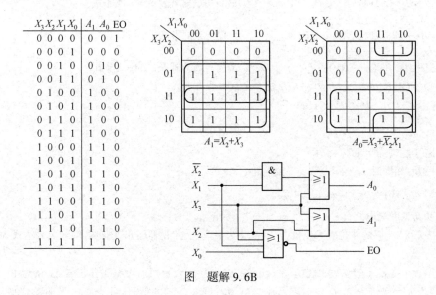

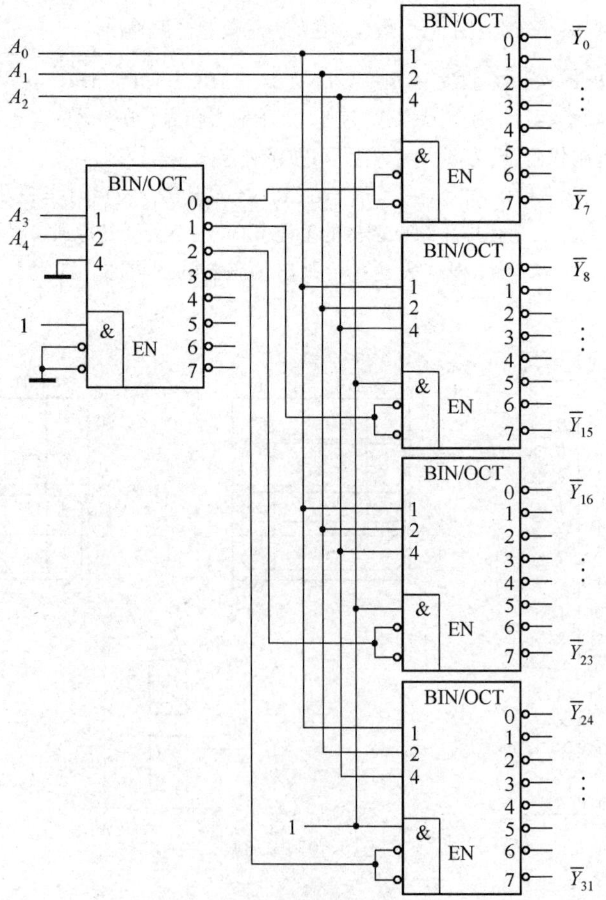


图　题解 9.7

**9.8** 首先将表达式转换为最小项之和形式,然后利用译码器 74154 加与非门实现。

$$
(1)\begin{cases}F_1(A,B,C,D) = \bar{A}\bar{B}C + A\bar{C}D = \sum m(2,3,9,13)\\ F_2(A,B,C,D) = \sum m(1,3,5,7,9)\\ F_3(A,B,C,D) = \prod M(0,1,4 \sim 10,13 \sim 15) = \sum m(2,3,11,12)\end{cases}
$$

$$
(2)\begin{cases}F_1(A,B,C,D) = \prod M(1,3,4,5,7,8,9,10,12,14) = \sum m(0,2,6,11,13,15)\\ F_2(A,B,C,D) = \sum m(2,7,10,13)\\ F_3(A,B,C,D) = BC\bar{D} + A\bar{B}D = \sum m(6,9,11,14)\end{cases}
$$

**9.9** $F_1(C,B,A) = \sum m(0,2,4,6) = \bar{A}$ $\quad F_2(C,B,A) = \sum m(1,3,5,7) = A$

**9.10** 设 4 位二进制码为 $B_3B_2B_1B_0$,4 位格雷码为 $R_3R_2R_1R_0$。根据两码之间的关系可得:

$$R_3(B_3,B_2,B_1,B_0) = \sum m(8 \sim 15) = B_3$$

$$R_2(B_3,B_2,B_1,B_0) = \sum m(4 \sim 11) = \overline{\bar{m}_4\,\bar{m}_5\,\bar{m}_6\,\bar{m}_7\,\bar{m}_8\,\bar{m}_9\,\bar{m}_{10}\,\bar{m}_{11}}$$

$$R_1(B_3,B_2,B_1,B_0) = \sum m(2 \sim 5,10 \sim 13) = \overline{\bar{m}_2\,\bar{m}_3\,\bar{m}_4\,\bar{m}_5\,\bar{m}_{10}\,\bar{m}_{11}\,\bar{m}_{12}\,\bar{m}_{13}}$$

$$R_0(B_3,B_2,B_1,B_0) = \sum m(1,2,5,6,9,10,13,14) = \overline{\bar{m}_1\,\bar{m}_2\,\bar{m}_5\,\bar{m}_6\,\bar{m}_9\,\bar{m}_{10}\,\bar{m}_{13}\,\bar{m}_{14}}$$

则将译码器 74154 使能端均接低电平,码输入端从高位到低位分别接 $B_3$、$B_2$、$B_1$、$B_0$,根据上述表达式,在译码器后加 3 个 8 输入端与非门,可得 $R_2$、$R_1$、$R_0$,$R_3$ 可直接输出。图略。

**9.12** (1) $F(A,B,C) = \prod M(0,1,3,6)=\bar{A}B\bar{C}+A\bar{B}\bar{A}+A\bar{B}C+ABC=m_2 \cdot 1+m_4 \cdot 1+m_5 \cdot 1+m_7 \cdot 1$

根据表达式可知,如将 $A,B,C$ 按高低位顺序分别连接到数据选择器 74151 的地址码输入端,令 74151 的数据输入端 $D_0=D_1=D_3=D_6=0,D_2=D_4=D_5=D_7=1$,则数据选择器的输出等于函数 $F$,图略。注意,数据选择器的选通控制端$\overline{\text{ST}}$必须接有效电平。

(2) $F(A,B,C) = \sum m(1,2,3,4,5)$

和(1)的解法相同,将 $A,B,C$ 按高低位顺序分别连接到数据选择器 74151 的地址码输入端,令 74151 的数据输入端 $D_0=D_5=D_6=D_7=0,D_1=D_2=D_3=D_4=1$,则数据选择器的输出等于函数 $F$,图略。注意,数据选择器的选通控制端$\overline{\text{ST}}$必须接有效电平。

(3) $F(A,B,C) = A\bar{B} + AC + \bar{B}C = \sum m(1,4,5,7)$

和(1)的解法相同,将 $A,B,C$ 按高低位顺序分别连接到数据选择器 74151 的地址码输入端,令 74151 的数据输入端 $D_0 = D_2 = D_3 = D_6 = 0,D_1 = D_4 = D_5 = D_7 = 1$,则数据选择器的输出等于函数 $F$,图略。注意,数据选择器的选通控制端$\overline{\text{ST}}$ 必须接有效电平。

**9.13** (1) 如变量 $A$ 和 $B$ 分别接数据选择器的地址码输入端 $A_1$ 和 $A_0$,则数据选择器的数据输入端 $D_0=D$,$D_1=\bar{D}$,$D_2=C\bar{D}$,$D_3=\bar{C}+D$。注意所选数据选择器如带选通控制端,选通控制端应接有效电平。

(2) 如变量 $A$ 和 $B$ 分别接数据选择器的地址码输入端 $A_1$ 和 $A_0$,则数据选择器的数据输入端 $D_0=D,D_1=\bar{C}+\bar{D},D_2=D,D_3=\bar{C}+D$。注意所选数据选择器如带选通控制端,选通控制端应接有效电平。

(3) 如变量 $A$ 和 $B$ 分别接数据选择器的地址码输入端 $A_1$ 和 $A_0$,则数据选择器的数据输入端 $D_0=D,D_1=1$,$D_2=0,D_3=C$。注意所选数据选择器如带选通控制端,选通控制端应接有效电平。

**9.14** 由全加器真值表可以写出输出逻辑表达式

$$S_i(A_i,B_i,C_{i-1}) = (\bar{A}_i\bar{B}_i + A_iB_i)C_{i-1} + (A_i\bar{B}_i + \bar{A}_iB_i)\,\bar{C}_{i-1} = \sum m(1,2,4,7)$$

$$C_i(A_i,B_i,C_{i-1}) = (\bar{A}_iB_i + A_i\bar{B}_i)C_{i-1} + A_iB_i = \sum m(3,5,6,7)$$

根据表达式,参照习解 9.8 画出电路(图略)。

**9.15** 设 4 位 8421BCD 代码用 $B_3 \sim B_0$ 表示,监测器输出为 $F$。监测器输出表达式为:

$$F(B_3,B_2,B_1,B_0) = \sum m(10,11,12,13,14,15)$$

如变量 $B_3$ 和 $B_2$ 分别接数据选择器的地址码输入端 $A_1$ 和 $A_0$，则数据选择器的数据输入端 $D_0=D_1=0$，$D_2=B_1$，$D_3=1$。按照说明连接电路即可（图略）。注意，所选数据选择器如带选通控制端，选通控制端应接有效电平。

**9.16** 设全减器的输入为 $M_i$，$S_i$，$B_{i-1}$，分别表示被减数、减数和低位向本位的借位，全减器的输出 $D_i$，$B_i$ 分别表示本位差和本位向高位的借位。全减器的真值表如图题解 9.16 所示，由表可得：

$$D_i(M_i,S_i,B_{i-1})=\overline{M}_i\overline{S}_iB_{i-1}+\overline{M}_iS_i\overline{B}_{i-1}+M_i\overline{S}_i\overline{B}_{i-1}+M_iS_iB_{i-1}$$

$$B_i(M_i,S_i,B_{i-1})=\overline{M}_i\overline{S}_iB_{i-1}+\overline{M}_iS_i\overline{B}_{i-1}+\overline{M}_iS_iB_{i-1}+M_iS_iB_{i-1}$$

如变量 $M_i$ 和 $S_i$ 分别接数据选择器的地址码输入端 $A_1$ 和 $A_0$，则用 1/2 数据选择器（74153 为双 4 选 1）实现 $D_i$，对应的数据输入端 $D_0=D_3=B_{i-1}$，$D_1=D_2=\overline{B}_{i-1}$；用另 1/2 数据选择器实现 $B_i$，对应的数据输入端 $D_0=D_3=B_{i-1}$，$D_1=1$，$D_2=0$。按照说明连接电路即可（图略）。注意选通控制端应接有效电平。

全减器的真值表

| $M_i$ | $S_i$ | $B_{i-1}$ | $D_i$ | $B_i$ |
|---|---|---|---|---|
| 0 | 0 | 0 | 0 | 0 |
| 0 | 0 | 1 | 1 | 1 |
| 0 | 1 | 0 | 1 | 1 |
| 0 | 1 | 1 | 0 | 1 |
| 1 | 0 | 0 | 1 | 0 |
| 1 | 0 | 1 | 0 | 0 |
| 1 | 1 | 0 | 0 | 0 |
| 1 | 1 | 1 | 1 | 1 |

图　题解 9.16

**9.17** $F(a,b,c,d)=\sum m(1,3,5,6,9,10,12,14)$

**9.18** 电路如图题解 9.18 所示。

**9.19** 当余 3BCD 码高位为 0 时，余 3BCD 码减去 0011，就是 2421BCD 码，即应当加上 0011 的补码 1101；当余 3BCD 码高位为 1 时，余 3BCD 码加上 0011，即为 2421BCD 码。综合以上两种情况，可画出电路如图题解 9.19 所示。

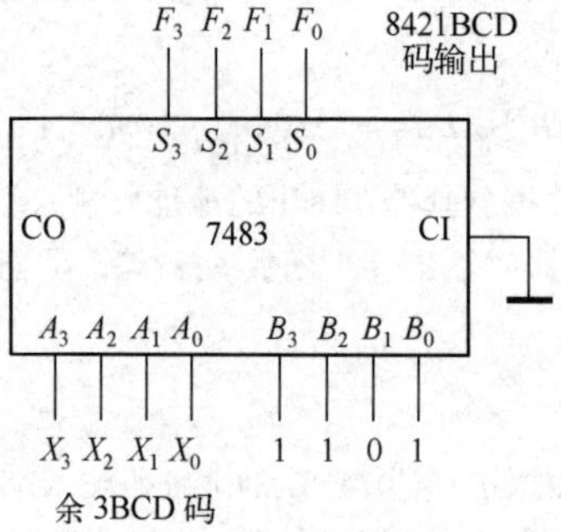


图　题解 9.18

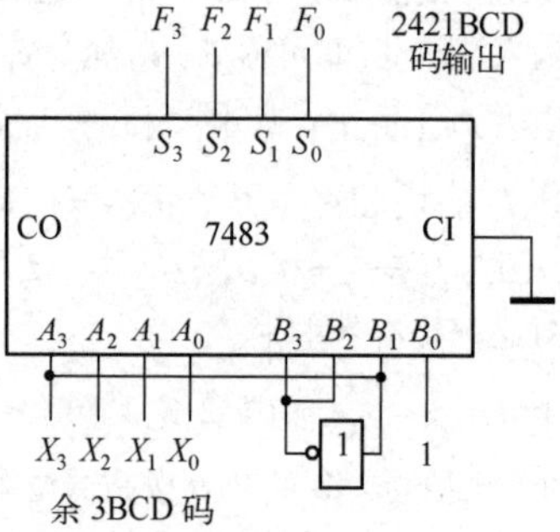


图　题解 9.19

**9.20** 156 的二进制表示为 10011100，故只要将两片 74HC85 扩展成一个 8 位比较器，然后将输入信号和固定二进制数 10011100 接入比较器比较即可（图略）。

**9.21**

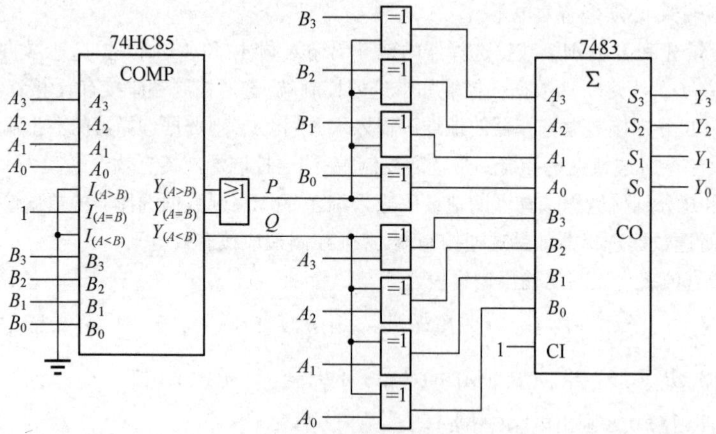


图　题解 9.21

# 第 10 章

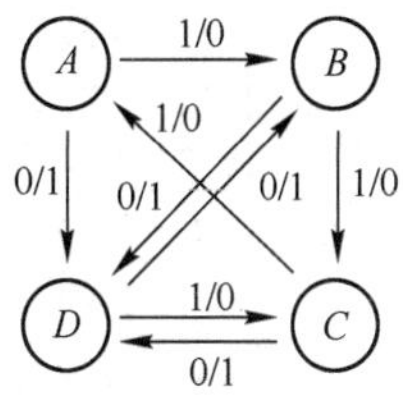

图　题解 10.1

**10.1**　状态图如图题解 10.1 所示。由状态表可知：$Z=\overline{X}$。

**10.2**　当 $X=010101000$ 时，输出序列 $Z=000000001$，状态序列为 $DCBBDCBDB$。

**10.3**　状态转换图为：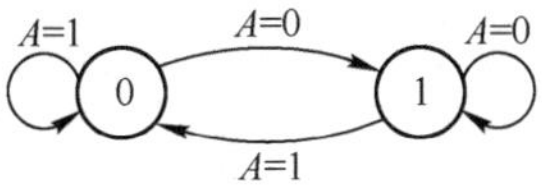


状态方程为：$\begin{cases}Q^{n+1}=\overline{A}\\B=0\end{cases}$，$\begin{cases}Q^{n+1}=Q^{n}\\B=1\end{cases}$

**10.4**　对应的波形图如图题解 10.4 所示。

**10.5**　对应的波形图如图题解 10.5 所示。

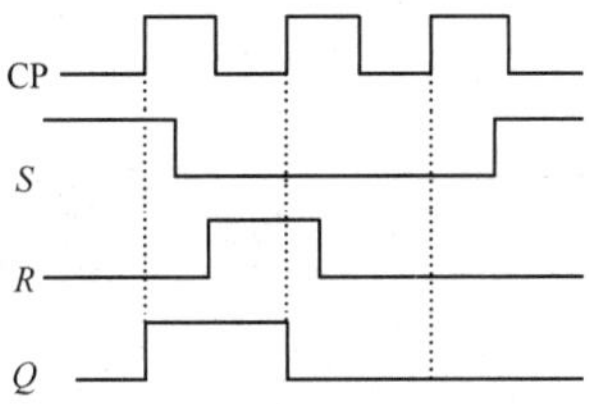

图　题解 10.4

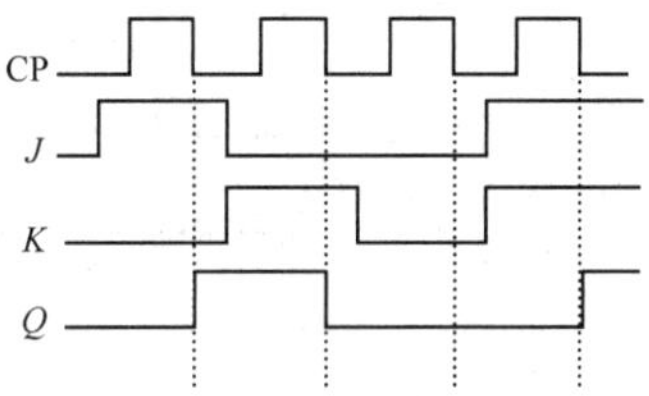

图　题解 10.5

**10.6**　波形图如图题解 10.6 所示。

**10.7**　波形图如图题解 10.7 所示。

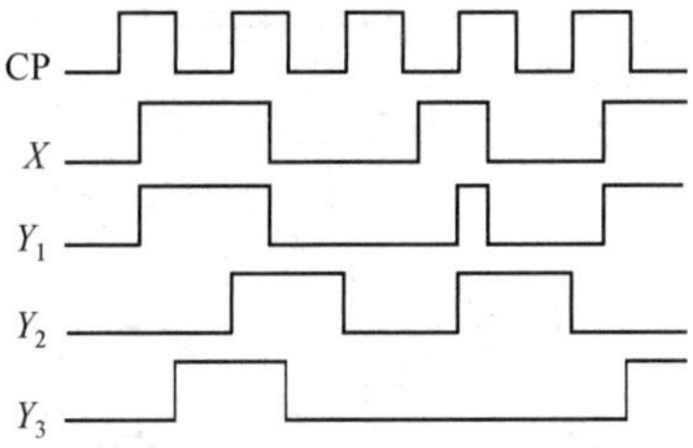

图　题解 10.6

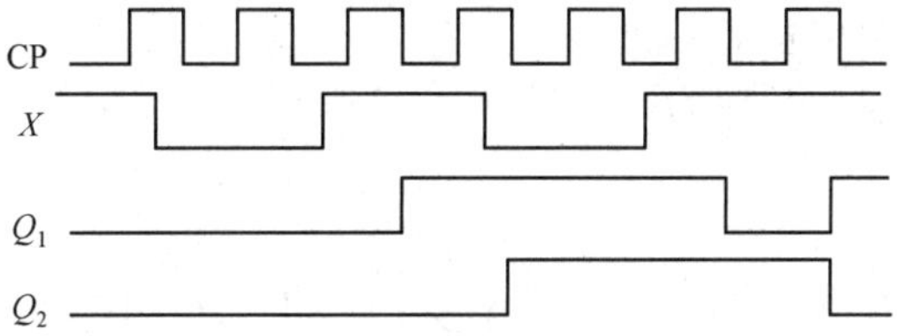

图　题解 10.7

**10.8**　波形图如图题解 10.8 所示。

**10.9**　波形图如图题解 10.9 所示。

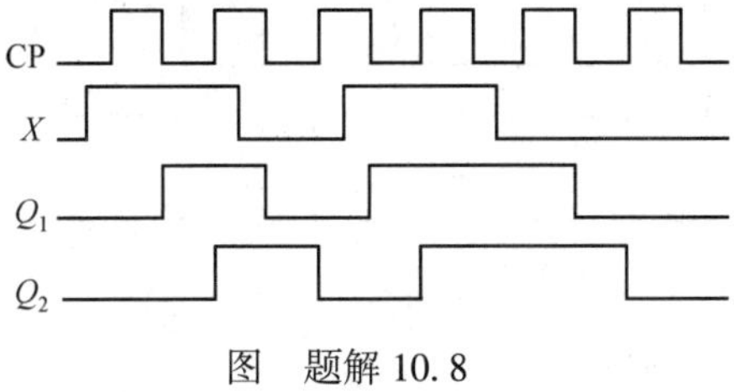

图　题解 10.8

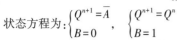

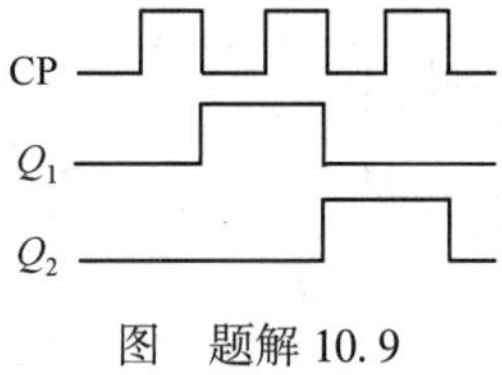

图　题解 10.9

**10.10**　T 触发器的特性方程为 $Q^{n+1}=T\overline{Q}^{n}+\overline{T}Q^{n}=T\oplus Q^{n}$，$D$ 触发器的特性方程为 $Q^{n+1}=D$ 比较两式可得，$D=T\oplus Q^{n}$。图略。

**10.11**　（1）特性表如表题解 10.11 所示。

（2）特性方程为 $Q^{n+1}=X\overline{Q}^{n}+\overline{Y}Q^{n}$

（3）状态图如图题解 10.11 所示。

（4）图示电路为下降边沿触发的主从结构 JK 触发器。

**10.12**　波形图如图题解 10.12 所示。

**表　题解 10.11**

| CP | $X$ | $Y$ | $Q^n$ | $Q^{n+1}$ |
|---|---|---|---|---|
| × | × | × | × | $Q^n$ |
| ⎍ | 0 | 0 | 0 | 0 |
| ⎍ | 0 | 0 | 1 | 1 |
| ⎍ | 0 | 1 | 0 | 0 |
| ⎍ | 0 | 1 | 1 | 0 |
| ⎍ | 1 | 0 | 0 | 1 |
| ⎍ | 1 | 0 | 1 | 1 |
| ⎍ | 1 | 1 | 0 | 1 |
| ⎍ | 1 | 1 | 1 | 0 |

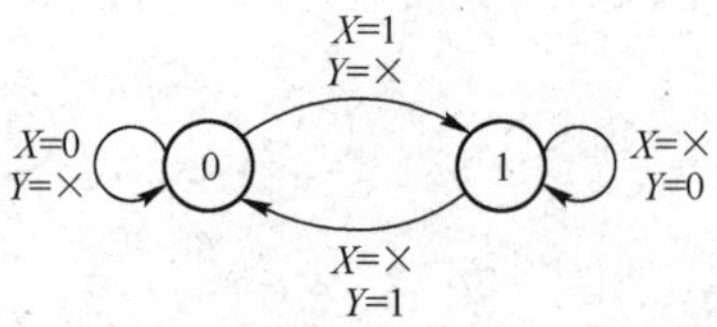


图　题解 10.11

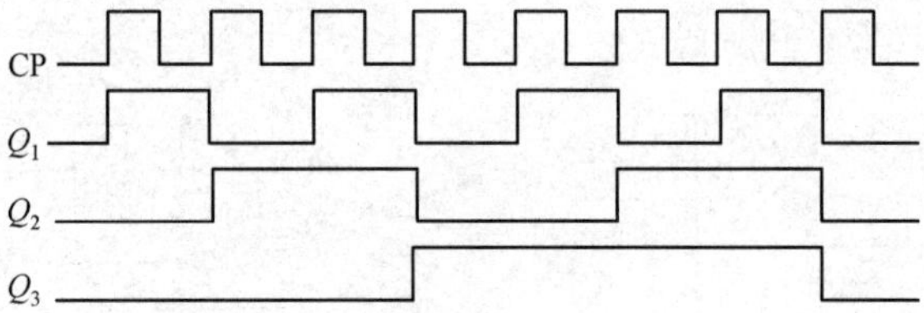


图　题解 10.12

## 第 11 章

**11.1**　(1) 串行输入时,并行输入控制信号为 0,在串行输入端依次加入 1→0→1,在 CP 脉冲作用下做右移操作。波形图如图题解 11.1 所示。

(2) 并行输入时,并行输入控制信号为 1,当 $ABC$ 加 010 时,$Q_0Q_1Q_2$ 立即被置为 010(异步工作)。

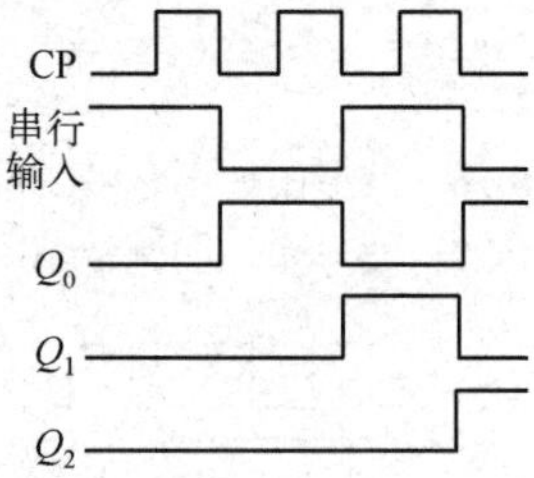


图　题解 11.1

**11.2**　电路示意图如图题解 11.2 所示。

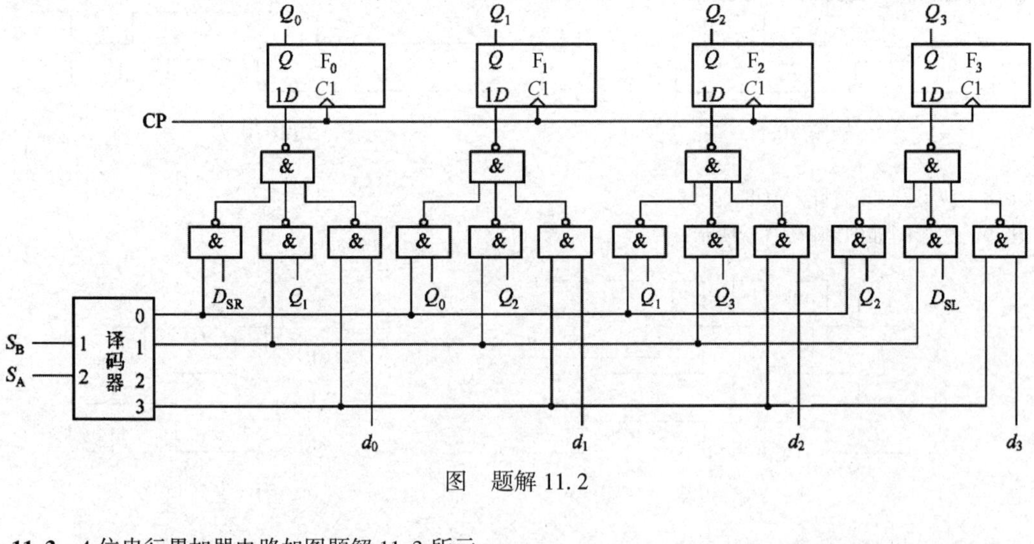


图　题解 11.2

**11.3**　4 位串行累加器电路如图题解 11.3 所示。

**11.4**　使用下降沿触发的 JK 触发器,构成异步二进制计数器时,应先将每个 JK 触发器的驱动端 $J$ 和 $K$ 并接逻辑 1,构成 T′触发器,为实现减法计数,触发器间连接的规则为:将 $CP_i$ 接$\overline{Q}_{i-1}$。电路如图题解 11.4 所示。

**11.5**　状态图为($Q_3Q_2Q_1Q_0$→):0011→0100→0101→0110→0111→1000→1001→0011

该电路为模 7 计数器。

**11.6**　当 $Q_0Q_2=1$ 时,$\overline{R}_D=0$,计数器清零。

$Q_2Q_1Q_0$ 的状态变化为:000→001→010→011→100→000

$Q_1$ 的序列为:00110001…;在 $Q_1$ 作用下,D 触发器的状态变化为:000110001…(注意:D 触发器的状态变化

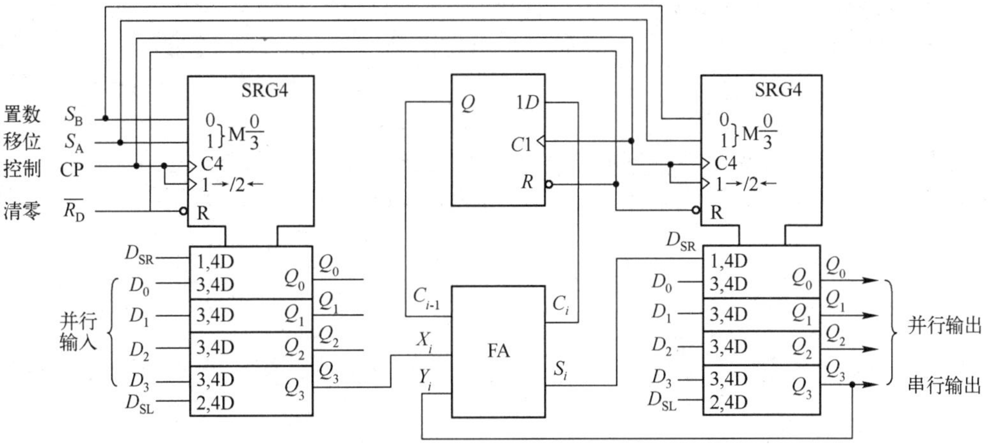


图　题解 11.3

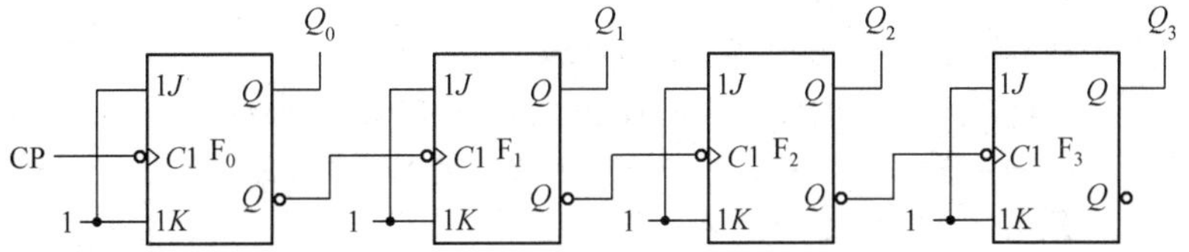


图　题解 11.4

发生在 CP 脉冲的下降沿)，因此$\overline{Q}$:111001110…。

$f_c=\overline{Q_1\overline{Q}}$,可以画出波形如图题解 11.6 所示。

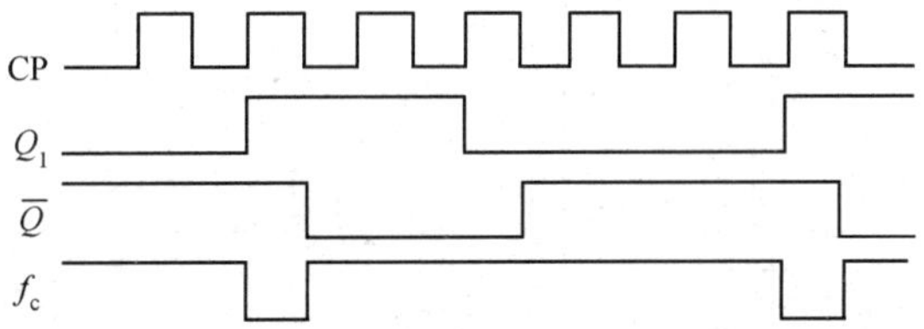


图　题解 11.6

**11.7**　方法一:用反馈复位法(清零法)。因为 74161 具有异步清零功能,所以反馈点在 $Q_3Q_2Q_1Q_0=1101$ 处。$\overline{R}_D=\overline{Q_3Q_2Q_0}$,ENT · ENP = 1,$\overline{LD}=1$。

方法二:用反馈置位法(置数法)。因为 74161 是同步置数功能,所以反馈点在 $Q_3Q_2Q_1Q_0=1100$ 处。$\overline{R}_D=1$,ENT · ENP = 1,$\overline{LD}=\overline{Q_3Q_2}$,$D_3D_2D_1D_0=0000$。

**11.8**　用反馈置数法实现。电路如图题解 11.8 所示。

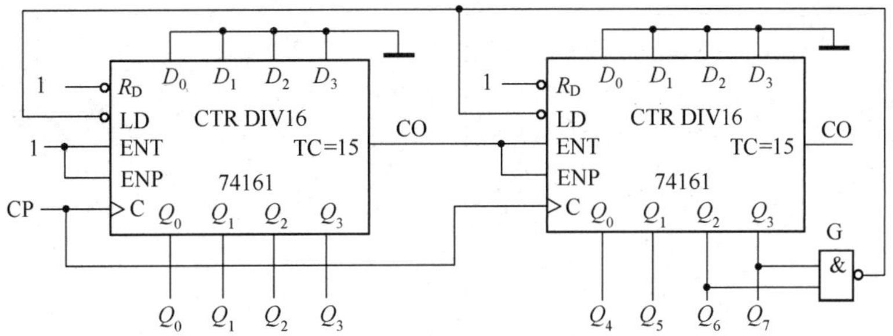


图　题解 11.8

**11.9** 输出波形如图题解 11.9 所示。

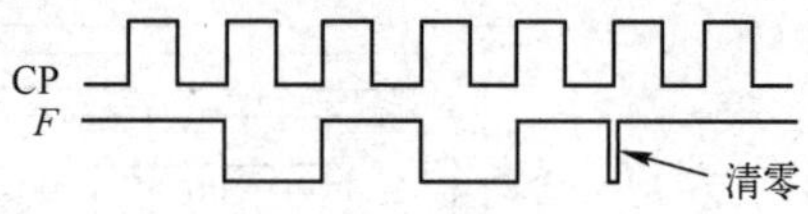


图　题解 11.9

**11.10** 用置数法实现。分析 5421BCD 码,可按下列方程连接电路(电路图略)。

$\overline{LD}=\overline{Q}_2$，　$\overline{R}_D=1$，　$ENT=ENP=1$，　$D_3D_2D_1D_0=\overline{Q}_3000$

**11.11** 这是一个可自启动 3 位扭环计数器, 状态图如图题解 11.11 所示。

**11.12** 这是一个可自启动 7 分频电路。状态图如图题解 11.12 所示。

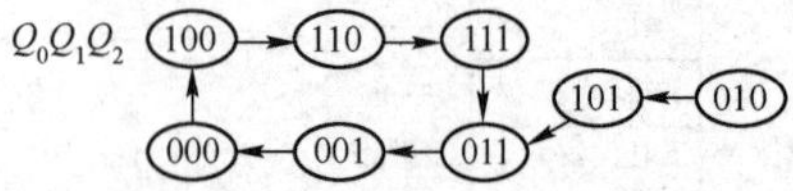


图　题解 11.11

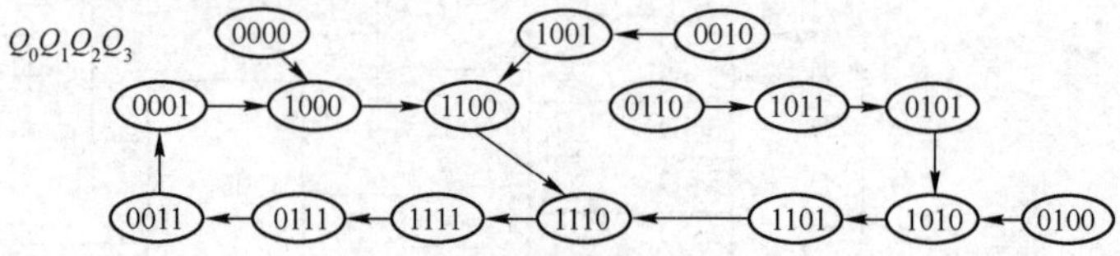


图　题解 11.12

**11.13** (1) 将 74161 构成模 10 计数器(利用置数法或清零法,取前 10 个状态)。

(2) 在计数器后加组合电路实现,其输出方程为:$F=\overline{Q}_3\overline{Q}_1+Q_2Q_0+Q_3Q_0$。图略。

**11.14** (1) 使所设计电路按下列状态变换($Q_0Q_1Q_2Q_3$):

0000→0001→0011→0110→1101→1010→0100→1000→0000

(2) 使 74194 工作在左移状态($S_A=1,S_B=0$)。根据状态变换要求并考虑自启动特性,可求得:$D_{SL}=\overline{Q}_0\overline{Q}_1\overline{Q}_2+\overline{Q}_0Q_2\overline{Q}_3$(结果不唯一),电路图如图题解 11.14 所示。

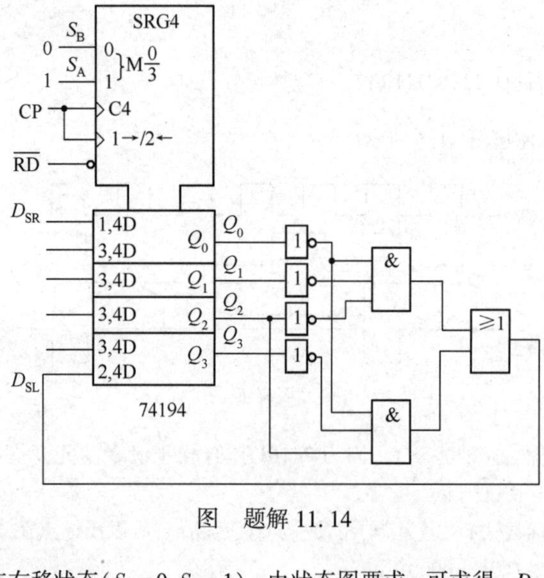


图　题解 11.14

**11.15** 使 74194 工作在右移状态($S_A=0,S_B=1$), 由状态图要求, 可求得: $D_{SR}=Q_0\oplus Q_2+\overline{Q}_0\overline{Q}_1$。图略。

**11.16** 状态表和状态图如图题解 11.16 所示。

| $x$ | $Q_2^n$ | $Q_1^n$ | $Q_2^{n+1}$ | $Q_1^{n+1}$ | $Z$ |
|---|---|---|---|---|---|
| 0 | 0 | 0 | 0 | 1 | 0 |
| 0 | 0 | 1 | 0 | 0 | 0 |
| 0 | 1 | 0 | 0 | 1 | 0 |
| 0 | 1 | 1 | 0 | 0 | 0 |
| 1 | 0 | 0 | 1 | 0 | 0 |
| 1 | 0 | 1 | 1 | 1 | 1 |
| 1 | 1 | 0 | 0 | 1 | 0 |
| 1 | 1 | 1 | 0 | 1 | 0 |

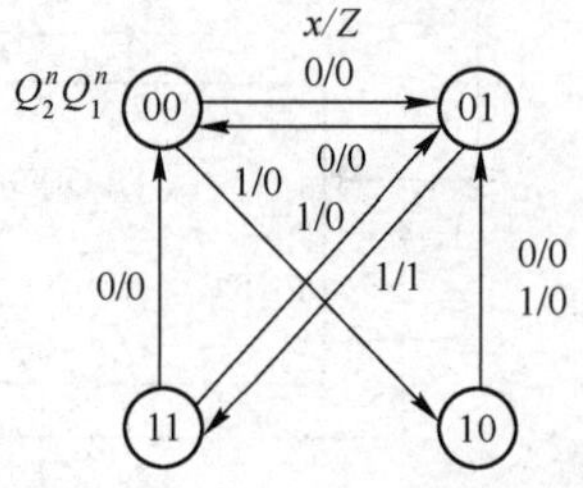


图　题解 11.16

**11.17** 状态表和状态图如图题解 11.17 所示。输出序列 $Z$ 为:00000000010。

| $x$ | $Q_2^n$ | $Q_1^n$ | $Q_2^{n+1}$ | $Q_1^{n+1}$ | $Z$ |
|---|---|---|---|---|---|
| 0 | 0 | 0 | 0 | 0 | 0 |
| 0 | 0 | 1 | 0 | 0 | 0 |
| 0 | 1 | 0 | 0 | 0 | 0 |
| 0 | 1 | 1 | 0 | 0 | 0 |
| 1 | 0 | 0 | 0 | 1 | 0 |
| 1 | 0 | 1 | 1 | 1 | 0 |
| 1 | 1 | 0 | 1 | 0 | 1 |
| 1 | 1 | 1 | 1 | 0 | 0 |

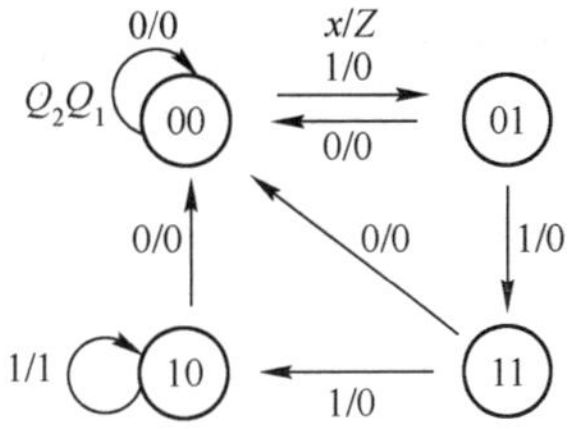


图　题解 11.17

**11.18** 设本位的被减数、减数和差分别用 $A_i$、$B_i$ 和 $Z_i$ 表示，状态表和状态图如图题解 11.18 所示。

| $A_i$ | $B_i$ | $Q^n$ | $Q^{n+1}$ | $Z_i$ |
|---|---|---|---|---|
| 0 | 0 | 0 | 0 | 0 |
| 0 | 0 | 1 | 1 | 1 |
| 0 | 1 | 0 | 1 | 1 |
| 0 | 1 | 1 | 1 | 0 |
| 1 | 0 | 0 | 0 | 1 |
| 1 | 0 | 1 | 0 | 0 |
| 1 | 1 | 0 | 0 | 0 |
| 1 | 1 | 1 | 1 | 1 |

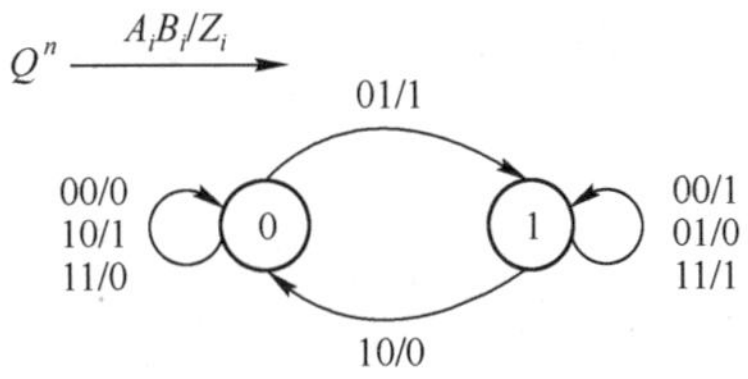


图　题解 11.18

**11.19** 电路需有 4 个状态,用两个触发器 $F_1$ 和 $F_0$ 的组合状态 $Q_1Q_0$ 表示。设:

$S_0=00$,表示没有接收到 1 的状态(或接收到连续两个或两个以上 0 以后的状态);

$S_1=01$,表示接收到一个 1(或连续多个 1)以后的状态;

$S_2=10$,表示接收到 10(即在 $S_1$ 状态后,接收到一个 0)以后的状态;

$S_3=11$,表示接收到 101 以后的状态。

状态表和状态图如图题解 11.19 所示。

| $x$ | $Q_2^n$ | $Q_1^n$ | $Q_2^{n+1}$ | $Q_1^{n+1}$ | $Z$ |
|---|---|---|---|---|---|
| 0 | 0 | 0 | 0 | 0 | 0 |
| 0 | 0 | 1 | 1 | 0 | 0 |
| 0 | 1 | 0 | 0 | 0 | 0 |
| 0 | 1 | 1 | 1 | 0 | 1 |
| 1 | 0 | 0 | 0 | 1 | 0 |
| 1 | 0 | 1 | 0 | 1 | 0 |
| 1 | 1 | 0 | 1 | 1 | 0 |
| 1 | 1 | 1 | 0 | 1 | 0 |

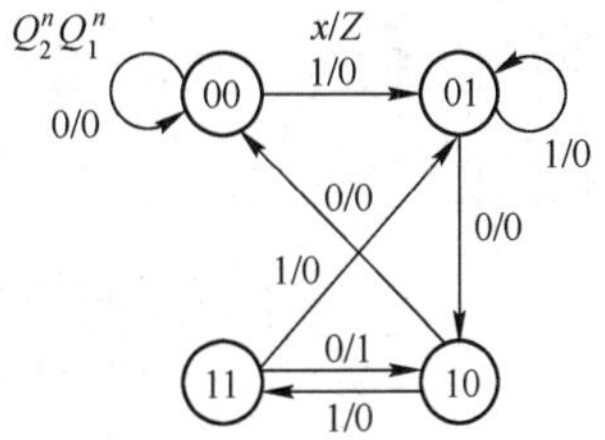


图　题解 11.19

**11.20** 模 6 可逆同步计数器需用 3 个触发器组成，首先画出计数器状态表，如图题解 11.20 所示。根据状态表，列出状态方程，并分离出驱动方程。按方程画出电路即可。图略。经检查电路能自启动。注:答案不唯一。

**11.21** 根据状态表可得到状态方程和输出方程:$Q_2^{n+1}=xQ_1^n$，$Q_1^{n+1}=x$，$Z=x\overline{Q_2^n}Q_1^n$

如用 D 触发器实现，可得:$D_2=xQ_1^n$，$D_1=x$，$Z=x\overline{Q_2^n}Q_1^n$

如用 JK 触发器实现，可得:$J_2=xQ_1^n$，$K_2=\overline{xQ_1^n}$；$J_1=x$，$K_1=\bar{x}$；$Z=x\overline{Q_2^n}Q_1^n$

按上面方程连接电路即可。经检查电路可以自启动。图略。

输出序列为:$Z=00000100010$。

| $x$ | $Q_2^n$ | $Q_1^n$ | $Q_0^n$ | $Q_2^{n+1}$ | $Q_1^{n+1}$ | $Q_0^{n+1}$ |
|---|---|---|---|---|---|---|
| 0 | 0 | 0 | 0 | 0 | 0 | 1 |
| 0 | 0 | 0 | 1 | 0 | 1 | 0 |
| 0 | 0 | 1 | 0 | 0 | 1 | 1 |
| 0 | 0 | 1 | 1 | 1 | 0 | 0 |
| 0 | 1 | 0 | 0 | 1 | 0 | 1 |
| 0 | 1 | 0 | 1 | 0 | 0 | 0 |
| 0 | 1 | 1 | 0 | × | × | × |
| 0 | 1 | 1 | 1 | × | × | × |
| 1 | 0 | 0 | 0 | 1 | 0 | 1 |
| 1 | 0 | 0 | 1 | 0 | 0 | 0 |
| 1 | 0 | 1 | 0 | 0 | 0 | 1 |
| 1 | 0 | 1 | 1 | 0 | 1 | 0 |
| 1 | 1 | 0 | 0 | 0 | 1 | 1 |
| 1 | 1 | 0 | 1 | 1 | 0 | 0 |
| 1 | 1 | 1 | 0 | × | × | × |
| 1 | 1 | 1 | 1 | × | × | × |

图　题解 11.20

$J_2 = x\overline{Q}_1^n\overline{Q}_0^n + \bar{x}Q_1^nQ_0^n$，　　$K_2 = x \oplus Q_0^n$

$J_1 = \bar{x}\overline{Q}_2^nQ_0^n + xQ_2^n\overline{Q}_0^n$，　　$K_1 = x \oplus Q_0^n$

$J_0 = K_0 = 1$

## 第 12 章

**12.3**　设 4 位格雷码 $R = R_3R_2R_1R_0$，4 位二进制码 $B = B_3B_2B_1B_0$，根据表 8.3 可求得：

$$B_3(R_3,R_2,R_1,R_0) = \sum m(8,9,10,11,12,13,14,15)$$

$$B_2(R_3,R_2,R_1,R_0) = \sum m(4,5,6,7,8,9,10,11)$$

$$B_1(R_3,R_2,R_1,R_0) = \sum m(2,3,4,5,8,9,14,15)$$

$$B_0(R_3,R_2,R_1,R_0) = \sum m(1,2,4,7,8,11,13,14)$$

可见，实现转换电路的 PROM 容量应为 16×4，转换器阵列图如图题解 12.3 所示。

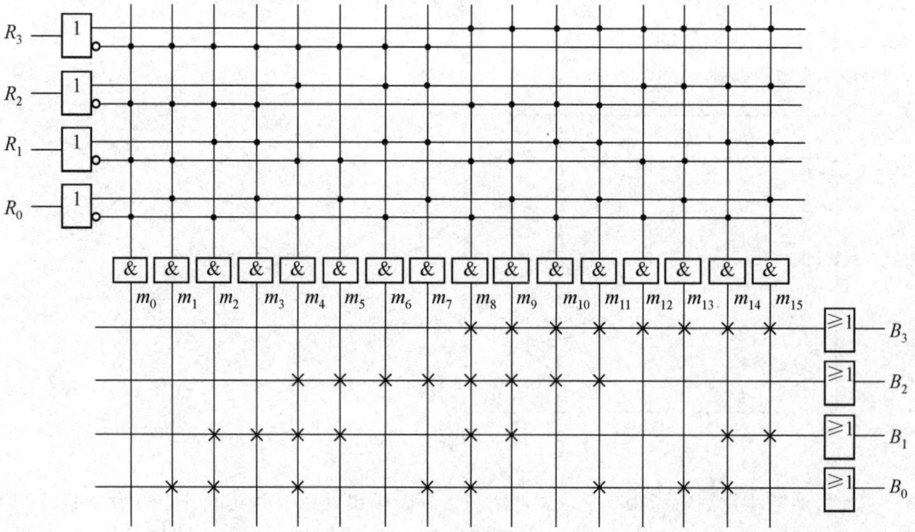


图　题解 12.3

**12.4**　Inte12114 为 1K×4 位的 RAM，扩展成 4K×8 位的 RAM 需要 8 片 2114。8 片分成两组，首先将每组的 4 片 RAM 模仿图 12.16 进行字扩展，扩展后每组的容量为 4K×4。然后模仿图 12.15 进行位扩展，即可组成 4K×8 位的 RAM。图略。

**12.8**　SYN、$AC_0$、$AC_1(n)$ 和 XOR$(n)$ 都是结构控制字中的一位数据，通过对结构控制字编程，便可设定 OLMC 的工作模式。当 SYN = 0，$AC_0 = 1$，$AC_1(n) = 0$ 时，OLMC 成为寄存器输出结构，分析图 12.28 可知，OLMC$(n)$

的等效电路如图题解 12.8 所示。

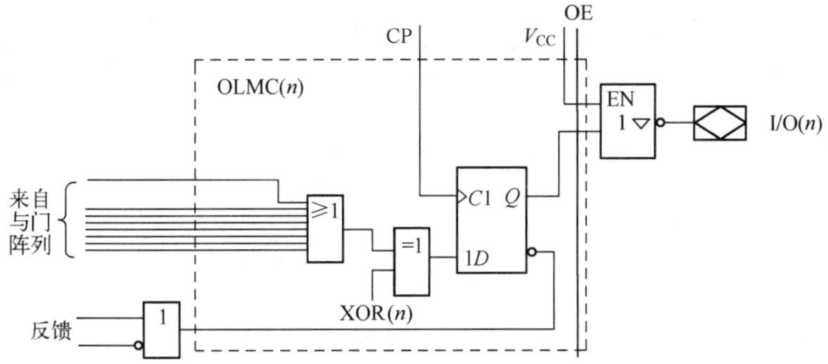


图　题解 12.8

## 第 13 章

**13.1**　对应的波形图如图题解 13.1 所示。

**13.2**　（1）$V_T = \frac{2}{3}V_{CC} = 8V$，$V_{T-} = \frac{1}{3}V_{CC} = 4V$，$\Delta V_T = V_{T+} - V_{T-} = 4V$；

（2）$V_{T+} = V_{CO} = 5V$，$V_{T-} = \frac{1}{3}V_{CO} = 2.5V$，$\Delta V_T = V_{T+} - V_{T-} = 2.5V$。

**13.3**　对应的波形如图题解 13.3 所示。

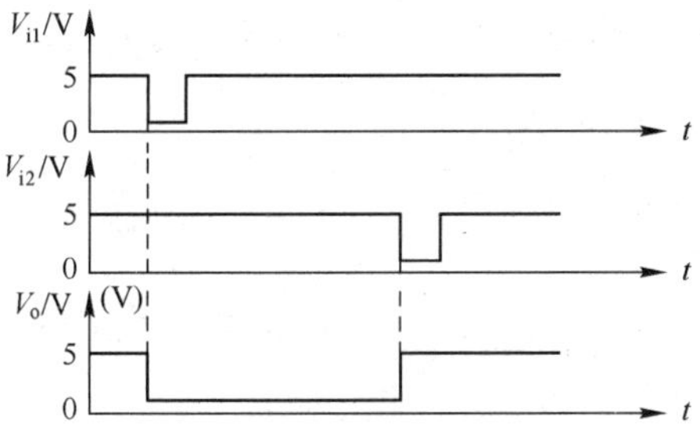


图　题解 13.1

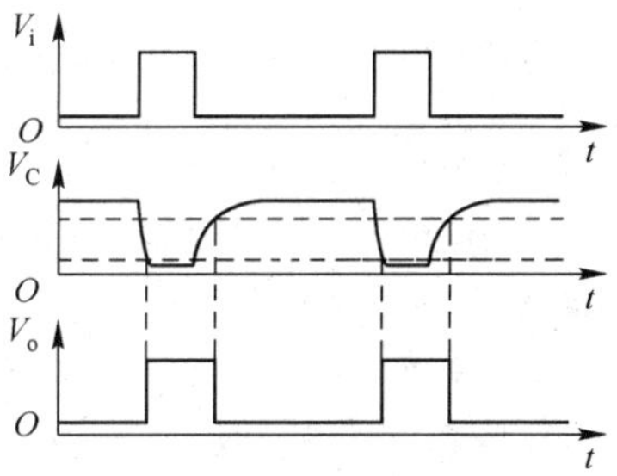


图　题解 13.3

**13.4**　$t_w = 1.1RC = 36.3\mu s$，波形图如图题解 13.4 所示。

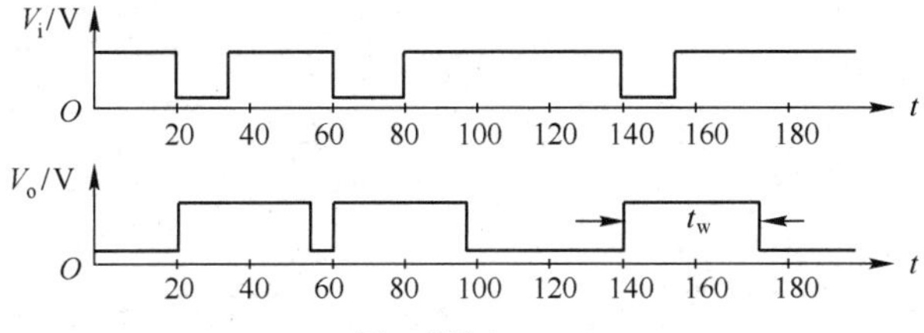


图　题解 13.4

**13.5**　波形图如图题解 13.5 所示。

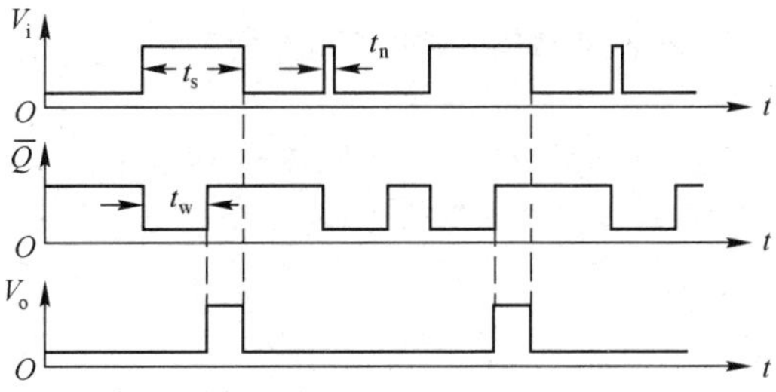


图　题解 13.5

**13.6** 波形图如图题解 13.6 所示。

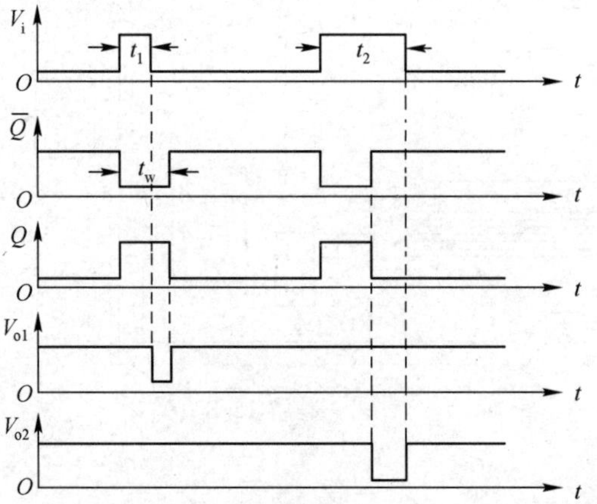


图　题解 13.6

**13.7** （1）$q=\frac{T_1}{T}=\frac{R_1+R_2}{R_1+2R_2}=\frac{2\times5.1}{3\times5.1}=\frac{2}{3}$

$T=T_1+T_2=(R_1+R_2)(\ln2+R_2C\ln2)\approx0.7(R_1+2R_2)C$

$f=\frac{1}{T}=\frac{1}{0.7(R_1+2R_2)C}=\frac{1}{0.7\times3\times5.1\times0.01\times10^{-3}}=9.34\times10^3\text{Hz}$

（2）改进电路如图 13.16 所示。为使占空比为 0.5，令 $R_1=R_2=R$。取电容 $C=0.01\mu F$，而要使振荡频率不变，应使 $f=\frac{1}{T}=\frac{1}{0.7\times2R\times0.01\times10^{-3}}=9.34\times10^3$，得 $R_1=R_2=7.65k\Omega$。

**13.8** （1）按钮 S 未按时，左边的 555 定时器构成的单稳态触发器处于稳态状态，输出为 0；右边的 555 定时器构成的振荡器，处于清零状态。

（2）每按动一下按钮后，左边单稳态触发器就产生一个宽度为 $t_w$ 的正向脉冲输出，$t_w=1.1R_2C_1=1.1s$；右边的定时器开始振荡，输出脉冲波形，其振荡周期为

$$T=0.7(R_3+2R_4)C_3=0.98\times10^{-3}s$$

波形示意图如图题解 13.8 所示。

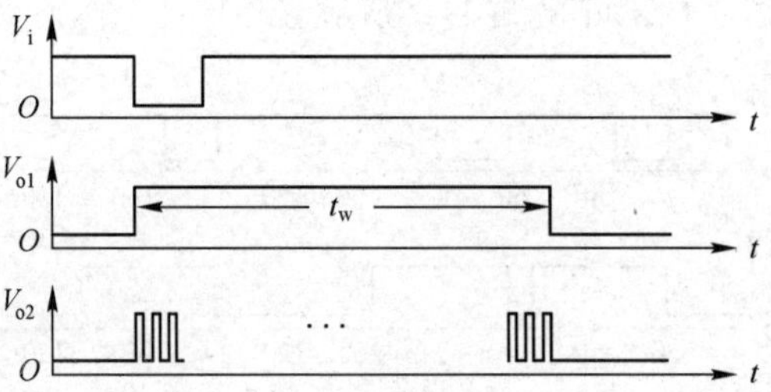


图　题解 13.8

## 第 14 章

**14.1** 当液位达到 A，系统开始抽液；当液位达到 B，系统开始充液。因此 A 和 B 是液位的两个极限位置，液位不可能高于 A 或者低于 B。

**14.2** 当某一路抢答成功，对应的触发器输出为高电平，该输出连接其他 3 个或非门，使或非门输出为低电平，该低电平与其余 3 路输入信号所在的触发器电路的复位端相连，使这 3 个触发器输出均为低电平。

# 参考文献


1 Paul Horowitz & Winfield Hill. The Art of Electronics. 3rd ed. Cambridge University Press,2015

2 Richard Spencer & Mohammed Ghausi. Introduction to Electronic Circuit Design. Prentice Hall,2003

3 Allan R Hambley. Electronics. 2nd ed. Pearson Education Inc. Prentice Hall,2000

4 Thomas L. Floyd. Digital Fundamentals. 11th ed. Pearson Education Inc. Prentice Hall,2014

5 Adel S. Sedra and Kenneth C. Smith. Microelectronic Circuits. 8th ed. Oxford University Press Inc,2019

6 John Bird. Electrical Circuit Theory and Technology. 7th ed. Routledge,2022

7 Ralph J Smith. Electronics: circuits & devices. 3rd ed. Wiley,1991

8 Rorbert L. Boylestad, Louis Nashelsky. Electronic Devices and Circuit Theory. 8th ed. Pearson Education Inc. New Jersey,2002

9 Donald A. Neamen. Electronics:Circuit analysis and design. 4th ed. McGraw-Hill, 2009

10 杨素行．模拟电子技术基础简明教程．第四版．北京:高等教育出版社,2021

11 康华光．电子技术基础．第七版．北京:高等教育出版社,2021

12 安玉景．电子技术基础．北京:人民邮电出版社,1998

13 唐竞新．模拟电子技术基础解题指南．北京:清华大学出版社,1998

14 张英全．模拟电子技术．北京:机械工业出版社,2000

15 漆德宁．模拟电子技术．合肥:中国科学技术大学出版社,2000

16 秦曾煌．电工学．第七版．北京:高等教育出版社,2009

17 戴士弘．模拟电子技术．北京:电子工业出版社,1998

18 华容茂．电路与模拟电子技术教程．北京:电子工业出版社,2005

19 王远．模拟电子技术基础．北京:机械工业出版社,2017

20 陈大钦．模拟电子技术基础问答·例题·试题．武汉:华中理工大学出版社,1996

21 荷兰恩智浦半导体、美国仙童公司、中国长电科技官方网站

22 王志功,沈永朝．电路与电子线路基础(电子线路部分)．第二版．北京:高等教育出版社,2016

23 (美)R·F·格拉夫．电子电路百科全书．北京:科学出版社,1991


全书 Multisim 仿真所有源文件